いろいろな行列

・**単位行列**

正方行列で，対角線上に並ぶ成分がすべて 1 で，その他の成分がすべて 0 である行列を単位行列という。以降，n 次単位行列を E_n と表す（特に問題がない場合は単にEと表す）。

・**逆行列**

Aをn次正方行列とする。行列Aに対して，ある行列Xが存在して，$XA=AX=E_n$ となるとき，行列Xを行列Aの逆行列といい，A^{-1} と表す。

・**正則行列**

Aをn次正方行列とする。行列Aが逆行列をもつとき，すなわち，行列Aに対して，ある行列Xが存在して，$XA=AX=E_n$ となるとき，行列Aを正則行列という。

・**転置行列**

行列Aの行と列を入れ替えた行列を，行列Aの転置行列といい，${}^tA$ と表す。

・**上三角行列・下三角行列・対角行列**

Aをn次正方行列とし，その $(i,\ j)$ 成分を a_{ij} $(1 \leqq i \leqq n,\ 1 \leqq j \leqq n)$ とする。$i>j$ に対して $a_{ij}=0$ であるような行列Aを上三角行列という。同様に，$i<j$ に対して $a_{ij}=0$ であるような行列Aを下三角行列という。更に，上三角行列でも下三角行列でもある行列A，すなわち $i \neq j$ に対して $a_{ij}=0$ である行列Aを対角行列という。なお，行列Aの $a_{11},\ a_{22},\ \cdots\cdots,\ a_{nn}$ のような対角線上の成分を対角成分という。

連立 1 次方程式

連立 1 次方程式と行列

・**係数行列・定数項ベクトル・未知数ベクトル**

行列を用いて表された連立 1 次方程式

$$\begin{pmatrix} a_{11} & a_{12} & a_{13} \\ a_{21} & a_{22} & a_{23} \\ a_{31} & a_{32} & a_{33} \end{pmatrix}\begin{pmatrix} x_1 \\ x_2 \\ x_3 \end{pmatrix}=\begin{pmatrix} b_1 \\ b_2 \\ b_3 \end{pmatrix}$$

に対し，行列 $\begin{pmatrix} a_{11} & a_{12} & a_{13} \\ a_{21} & a_{22} & a_{23} \\ a_{31} & a_{32} & a_{33} \end{pmatrix}$ を連立 1 次方程式の係数行列，$\begin{pmatrix} b_1 \\ b_2 \\ b_3 \end{pmatrix}$ を連立 1 次方程式の定数項ベクトル，$\begin{pmatrix} x_1 \\ x_2 \\ x_3 \end{pmatrix}$ を連

う。

$A=\begin{pmatrix} a_{11} & a_{12} & a_{13} \\ a_{21} & a_{22} & a_{23} \\ a_{31} & a_{32} & a_{33} \end{pmatrix}$，$\boldsymbol{b}=\begin{pmatrix} b_1 \\ b_2 \\ b_3 \end{pmatrix}$，$\boldsymbol{x}=\begin{pmatrix} x_1 \\ x_2 \\ x_3 \end{pmatrix}$ とすると，連立 1 次方程式は

$$A\boldsymbol{x}=\boldsymbol{b}$$

と表され，これを連立 1 次方程式の行列表示という。

行基本変形と行列の階数

・**階段形**

$(i,\ j)$ 成分を a_{ij} とする $m \times n$ 行列が次の条件を満たすとき，階段形であるという。

整数 r $(0 \leqq r \leqq m)$ と，r 個の整数 $c_1,\ c_2,\ \cdots\cdots,\ c_r$ $(1 \leqq c_1 < c_2 < \cdots\cdots < c_r \leqq n)$ が存在して

[1]　$1 \leqq i \leqq r$ かつ $1 \leqq j \leqq c_i - 1$ のとき $a_{ij}=0$

[2]　$r+1 \leqq i \leqq m$ のとき

$$a_{ij}=0 \quad (j=1,\ 2,\ \cdots\cdots,\ n)$$

[3]　$1 \leqq i \leqq r$ のとき $a_{ic_i} \neq 0$

が成り立つ。

・**主成分（ピボット）・主番号・主列ベクトル**

階段形の定義において

[1]　$(i,\ c_i)$ 成分を i 番目の主成分（ピボット成分）

[2]　r 個の整数 $c_1,\ c_2,\ \cdots\cdots,\ c_r$ を主番号

[3]　各 c_i 番目の列（列ベクトル）を i 番目の主列（主列ベクトル）という。

・**階数**

Aを階段行列とするとき，階段形の定義で与えられた整数rを，行列Aの階数という。すなわち，整数rとは階段行列Aの階段の段の数のことである。

・**簡約階段形**

Aを $m \times n$ 行列とする。行列Aが次の条件を満たすとき，簡約階段形であるという。

[1]　行列Aは階段形である。

[2]　主成分はすべて 1 である。

[3]　各主列ベクトルにおいて，主成分以外の上下の成分はすべて 0 である。

・**行列の階数**

行列Aの簡約階段化行列の階数を，Aの階数といい，$\mathrm{rank}\,A$ と書く。

大数 154901

基本変形と基本行列

行列の標準形

・基本行列

次の 3 つの形の行列を基本行列という。ただし，m を自然数とする。

[1]　次の条件を満たす m 次正方行列
i，j は自然数であり，$1 \leqq i \leqq m$，$1 \leqq j \leqq m$，$i \neq j$ を満たすとする。対角成分のうち，$(i,\ i)$ 成分と $(j,\ j)$ 成分は 0 であり，その他の成分はすべて 1 である。対角成分以外の成分のうち，$(i,\ j)$ 成分と $(j,\ i)$ 成分は 1 であり，その他の成分はすべて 0 である。この行列を P_{ij} と表す。

[2]　次の条件を満たす m 次正方行列
i は自然数であり，$1 \leqq i \leqq m$ を満たすとする。また，c は実数の定数であり，$c \neq 0$ を満たすとする。対角成分のうち，$(i,\ i)$ 成分は c であり，その他の成分はすべて 1 である。対角成分以外の成分はすべて 0 である。この行列を $P_i(c)$ と表す。

[3]　次の条件を満たす m 次正方行列
i，j は自然数であり，$1 \leqq i \leqq m$，$1 \leqq j \leqq m$，$i \neq j$ を満たすとする。また，c は実数の定数であるとする。対角成分はすべて 1 である。対角成分以外の成分のうち，$(i,\ j)$ 成分は c であり，その他の成分はすべて 0 である。この行列を $P_{ij}(c)$ と表す。

行列式

行列式とは

・ 2 次正方行列の行列式

$A=\begin{pmatrix} a & b \\ c & d \end{pmatrix}$ とするとき，$ad-bc$ の値を行列 A の行列式といい，$\det(A)$，$|A|$ などと表す。

・ $\boldsymbol{n}$ 次正方行列の行列式

n 次正方行列に対して実数を対応させる関数で，次の 3 つの性質を満たすものを考える。A を n 次正方行列とするとき，行列 A に対応するその関数の値を，行列 A の行列式といい，$\det(A)$，$|A|$ などと表す。

[1]　E を n 次単位行列とするとき，
$\det(E)=1$ である。

[2]　$k \in \mathbb{R}$，$l \in \mathbb{R}$ に対して，次の等式が成り立つ。この性質を行多重線形性という。

$$\begin{vmatrix} a_{11} & a_{12} & \cdots & a_{1n} \\ \vdots & \vdots & & \vdots \\ a_{i-1\,1} & a_{i-1\,2} & \cdots & a_{i-1\,n} \\ kb_{i1}+lc_{i1} & kb_{i2}+lc_{i2} & \cdots & kb_{in}+lc_{in} \\ a_{i+1\,1} & a_{i+1\,2} & \cdots & a_{i+1\,n} \\ \vdots & \vdots & & \vdots \\ a_{n1} & a_{n2} & \cdots & a_{nn} \end{vmatrix}$$

$$=k\begin{vmatrix} a_{11} & a_{12} & \cdots & a_{1n} \\ \vdots & \vdots & & \vdots \\ a_{i-1\,1} & a_{i-1\,2} & \cdots & a_{i-1\,n} \\ b_{i1} & b_{i2} & \cdots & b_{in} \\ a_{i+1\,1} & a_{i+1\,2} & \cdots & a_{i+1\,n} \\ \vdots & \vdots & & \vdots \\ a_{n1} & a_{n2} & \cdots & a_{nn} \end{vmatrix}+l\begin{vmatrix} a_{11} & a_{12} & \cdots & a_{1n} \\ \vdots & \vdots & & \vdots \\ a_{i-1\,1} & a_{i-1\,2} & \cdots & a_{i-1\,n} \\ c_{i1} & c_{i2} & \cdots & c_{in} \\ a_{i+1\,1} & a_{i+1\,2} & \cdots & a_{i+1\,n} \\ \vdots & \vdots & & \vdots \\ a_{n1} & a_{n2} & \cdots & a_{nn} \end{vmatrix}$$

[3]　i，j を $1 \leqq i \leqq n$，$1 \leqq j \leqq n$，$i \neq j$ を満たす自然数とする。行列 A の i 行目と j 行目を入れ替えた行列を B とするとき，
$\det(B)=-\det(A)$ が成り立つ。この性質を行交代性という。

還元定理と余因子展開

・小行列式・余因子

A を n 次正方行列 $(n \geqq 2)$ とし，その $(i,\ j)$ 成分を a_{ij} とする。

[1]　行列 A の i 行目と j 列目を取り除いて得られる $(n-1)$ 次の行列の行列式を，行列 A の $(i,\ j)$ 小行列式という。

[2]　行列 A の $(i,\ j)$ 小行列式を m_{ij} とするとき，$(-1)^{i+j}m_{ij}$ を行列 A の $(i,\ j)$ 余因子といい，$\tilde{a}_{ij}$ と表す。

・余因子行列

A を n 次正方行列とし，その $(i,\ j)$ 成分を a_{ij} とする。行列 A の $(i,\ j)$ 余因子 $\tilde{a}_{ij}$ を並べて得られる $\begin{pmatrix} \tilde{a}_{11} & \tilde{a}_{21} & \cdots & \tilde{a}_{n1} \\ \tilde{a}_{12} & \tilde{a}_{22} & \cdots & \tilde{a}_{n2} \\ \vdots & \vdots & \ddots & \vdots \\ \tilde{a}_{1n} & \tilde{a}_{2n} & \cdots & \tilde{a}_{nn} \end{pmatrix}$ を A の余因子行列といい，$\tilde{A}$ と表す。

ベクトル空間

ベクトル空間とベクトル空間の部分空間

・ベクトル空間

集合 V に，次のような構造が定まっているとする。

[1]　任意の $\boldsymbol{v} \in V$，$\boldsymbol{w} \in V$ に対して，和と呼ばれる $\boldsymbol{v}+\boldsymbol{w} \in V$ が定まる。

[2]　任意の $\boldsymbol{v} \in V$，$c \in \mathbb{R}$ に対して，定数倍（スカラー倍）と呼ばれる $c\boldsymbol{v} \in V$ が定まる。

チャート式®シリーズ

大学教養　線形代数の基礎

はじめに

大学受験を目的としたチャート式の学習参考書は，およそ100年前に誕生しました。
戦争によって，発行が途絶えた時期もあったものの，多くの皆さんに愛され続けながら，チャート式の歴史は現在に至っています。
この間，時代は大きく変わりました。科学技術の進展に伴い，私たちを取り巻く環境や生活は驚くほど変化し，そして便利なものとなりました。
この発展を基礎で支える学問の１つが数学です。数学の応用範囲は以前にも増して広がり，現代において，数学の果たす役割はますます重要なものとなっています。

チャートとは

問題の急所がどこにあるか，

その解法をいかにして思いつくか

をわかりやすく示したものであり，その性格は，100年前の刊行当時と何ら変わりありません。
チャートを用いて学習内容をわかりやすく解説するという特徴も，高等学校までのチャート式学習参考書と今回発行する大学向け参考書で，変わりのないところです。チャート式は，わかりやすさを追究しながら，常に時代とともに進化を続けています。

CHART とは何？
C.O.D（*The Concise Oxford Dictionary*）には，CHART—Navigator's sea map with coast outlines, rocks, shoals, *etc.* と説明してある。
海図—浪風荒き問題の海に船出する若き船人に捧げられた海図—問題海の全面をことごとく一眸の中に収め，もっとも安らかな航路を示し，あわせて乗り上げやすい暗礁や浅瀬を一目瞭然たらしめるCHART！
昭和初年チャート式代数学巻頭言

大学で学ぶ数学は，高校までの数学に比べて複雑で，奥の深いものです。
授業の進度も速いため，学生の皆さんには，主体的に学び，より積極的に探究しようとする態度が求められます。
チャート式は，自ら考える皆さんの味方です。
大学受験を目的として刊行されたチャート式ですが，受験問題が解けるようになることは１つの通過点であって，数学を学ぶことのゴールではありません。
これまで見たことのない数学の世界が，皆さんの前に広がっています。
新たな数学の学習をスタートさせましょう。チャート式といっしょに。

数研出版編集部

はしがき

本書は，大学初年度に理工系分野等を学ぶ学生のために，その数学的な基本となる線形代数学の基礎の内容を理解するために編集された学習参考書です。

本書に先がけて発行した，大学生用のテキスト

数研講座シリーズ　大学教養　線形代数の基礎

に掲載された問題のすべてと本書独自に採録した問題を解決するため，例題として示したものは問題を解く上での考え方を示す指針（GUIDE & SOLUTION）と詳しい解答を本文中で掲載し，また，PRACTICE や EXERCISES として示したものは詳しい解答を巻末に，問題文とともに掲載しています。更に，各章，各節では，基本事項としてその節で扱う定義や定理，重要な性質等を，上記テキストをもとにまとめています。本書を上記のテキストと一緒に読み進めることで，その発想やアイデアの源泉に精通し，理解が深まるように書かれています。

大学で学ぶ線形代数学は，代数学の一分野です。代数学とはその名の通り，「数の代わり」として文字を使って数に関するさまざまな性質を系統だてて研究する学問で，線形代数学は，主に行列を使って学習していきます。行列は，高校数学でも以前は大きく扱われていて，文科系の生徒も学び，一時期は大学入試問題の花形でした。高校数学でも扱われたという事実が物語るように，線形代数学は大学初年度で学ぶ微分積分学とともに大変重要な学問で，理数科だけでなく工学科，経済学科の授業にも登場します。

しかし，それを表面的に示すことが難しいのが線形代数学の特長です。なぜならば，線形代数学は，以下のような 2 つの重要な側面が，抽象的な表現方法によって補完し合うことで成り立っているからです。それは

(A)　計算のための精緻なアルゴリズム　と，(B)　その計算の深奥にある広大な理論

という 2 つの側面です。

ここで，(B) は理論のためだけにあるのではなく，(B) をきちんと理解することにより，より柔軟で汎用性のある計算の発想を自分の力で考え出すことができるようになるという点で，極めて実際的な意義を見出すことができます。つまり，(A) か (B) かのどちらかに偏るのではなく，どちらにもバランスよく精通していることこそが，線形代数学をよく理解することなのです。

上記を踏まえ，(A) については，基本的には「計算ができさえすればよい」という発想で学習を進めてもよいでしょう。ここで学ぶことは「計算術」で，それは行列に精通することであり，行列の計算の達人（「行列使い」）になることです。行列の計算が上手にできて，それを使っていろいろな問題を解く力が備わるということが目標となります。

次に，(B) については，「使い方からその意味へ」という発想の転換が必要です。ただただ使えるというだけでなく，その意味まで理解して使えるようになること，つまり，ただ闇雲に使えればよいという考え方から脱皮して，その本当の意味を学習し，より柔軟で豊かな発想力や計算力・応用力を養うことが目標となります。

本書は，高等学校のチャート式参考書と同様な方針のもとに編集されています。既習事項との円滑な接続にも十分配慮していますので，安心して学習を進めることができます。

高校で数学を面白いと感じたのは，わかった！と思い，そして，問題を自力で解けたときではないでしょうか。それは，大学数学でも同じです。

本書で，しっかりと学習して，数学の面白さ，線形代数学の奥深さを存分に味わってください。

本書の構成

章はじめ

例 題 一 覧

例題番号	レベル	例題タイトル	掲載頁

各章の初めに，その章で扱う例題のレベル，タイトル，および掲載頁を示した。

基本事項

テキスト「数研講座シリーズ　大学教養　線形代数の基礎」の内容をもとに，各章の各節の最初には，定義や定理，証明，性質，注意事項などを，基本事項としてまとめてある。

基本 例題 000 例題タイトル ★☆☆

重要 例題 000 例題タイトル ★★★

上記のテキストで扱われた練習，補充問題，章末問題は基本例題として，また本書だけの独自問題は重要例題として掲載し，関連する基本事項の引用を示した。

GUIDE & SOLUTION

例題を解くための考え方や関連する定義や定理，具体的な解答方針などを簡潔にまとめた。

解答

例題の詳しい解答，図，証明を示し，途中の計算式も紙面の許す限り掲載した。最終の答の数値等は太字で示し，証明の終わりには ■ を付けた。別解，補足，参考，注意，研究 も適宜示した。

INFORMATION

例題に関連する参考事項や補足事項などを，枠囲みで適宜示した。

PRACTICE … 00

例題の類題や関連する問題，発展させた問題などを，適宜掲載した。上記テキストの練習，補充問題からの問題が中心である。詳しい解答は，巻末に問題文とともに掲載した。

EXERCISES

章末にその章に関連する問題を，節の順に掲載した。上記テキストの章末問題が中心である。詳しい解答は，巻末に問題文とともに掲載した。

! Hint　考え方が難しい問題には，適宜解答の手助けとなるヒントを示した。

目次

問題数

基本例題	110 題
重要例題	15 題
例題総数	125 題
PRACTICE	64 題
EXERCISES	73 題
総問題数	262 題

1 第1章 ベクトル，行列

例　題　一　覧

0 数ベクトル

基本事項

A 数ベクトルとは

定義 n次元数ベクトル

n を自然数とする。n 個の実数の組の集合を $\mathrm{R}^n=\left\{\begin{pmatrix} a_1 \\ \vdots \\ a_n \end{pmatrix} \middle| a_1\in\mathrm{R},\ \cdots\cdots,\ a_n\in\mathrm{R}\right\}$ と書き，その要素を **n次元数ベクトル** という。

定義 数ベクトルの相等

$\boldsymbol{x}=\begin{pmatrix} a_1 \\ \vdots \\ a_n \end{pmatrix}\in\mathrm{R}^n$, $\boldsymbol{y}=\begin{pmatrix} b_1 \\ \vdots \\ b_n \end{pmatrix}\in\mathrm{R}^n$ とするとき，$\boldsymbol{x}=\boldsymbol{y}$ とは，すべての i $(1\leqq i\leqq n)$ に対して $a_i=b_i$ が成り立つこととする。

B 数ベクトルの演算

定義 数ベクトルの和・実数倍

[1] $\boldsymbol{a}=\begin{pmatrix} a_1 \\ \vdots \\ a_n \end{pmatrix}\in\mathrm{R}^n$, $\boldsymbol{b}=\begin{pmatrix} b_1 \\ \vdots \\ b_n \end{pmatrix}\in\mathrm{R}^n$ とするとき，$\boldsymbol{a}+\boldsymbol{b}=\begin{pmatrix} a_1+b_1 \\ \vdots \\ a_n+b_n \end{pmatrix}$ とする。

[2] $\boldsymbol{a}=\begin{pmatrix} a_1 \\ \vdots \\ a_n \end{pmatrix}\in\mathrm{R}^n$ とするとき，$k\in\mathrm{R}$ に対して，$k\boldsymbol{a}=\begin{pmatrix} ka_1 \\ \vdots \\ ka_n \end{pmatrix}$ とする。

定義 零ベクトル・逆ベクトル

[1] $\boldsymbol{0}=\begin{pmatrix} 0 \\ \vdots \\ 0 \end{pmatrix}\in\mathrm{R}^n$ とするとき，$\boldsymbol{0}$ を **n次元零ベクトル** という。

[2] $\boldsymbol{a}=\begin{pmatrix} a_1 \\ \vdots \\ a_n \end{pmatrix}\in\mathrm{R}^n$に対して，$-\boldsymbol{a}=\begin{pmatrix} -a_1 \\ \vdots \\ -a_n \end{pmatrix}\in\mathrm{R}^n$とするとき，$-\boldsymbol{a}$を$\boldsymbol{a}$の**逆ベクトル**という。

定理 零ベクトル・逆ベクトルの性質

$\boldsymbol{0}$ を n 次元零ベクトルとするとき，$\boldsymbol{a}\in\mathrm{R}^n$ に対して，次が成り立つ。

[1] $\boldsymbol{a}+\boldsymbol{0}=\boldsymbol{0}+\boldsymbol{a}=\boldsymbol{a}$　[2] $\boldsymbol{a}+(-\boldsymbol{a})=\boldsymbol{0}$　[3] $-\boldsymbol{a}=(-1)\cdot\boldsymbol{a}$

定理 数ベクトルの演算規則

$\boldsymbol{u}\in\mathrm{R}^n$, $\boldsymbol{v}\in\mathrm{R}^n$, $\boldsymbol{w}\in\mathrm{R}^n$, $k\in\mathrm{R}$, $l\in\mathrm{R}$ に対して，次が成り立つ。

[1] $(\boldsymbol{u}+\boldsymbol{v})+\boldsymbol{w}=\boldsymbol{u}+(\boldsymbol{v}+\boldsymbol{w})$ （結合法則）　[2] $\boldsymbol{v}+\boldsymbol{w}=\boldsymbol{w}+\boldsymbol{v}$ （交換法則）

[3] $k(l\boldsymbol{v})=(kl)\boldsymbol{v}$　[4] $(k+l)\boldsymbol{v}=k\boldsymbol{v}+l\boldsymbol{v}$ （分配法則）

[5] $k(\boldsymbol{v}+\boldsymbol{w})=k\boldsymbol{v}+k\boldsymbol{w}$ （分配法則）　[6] $1\cdot\boldsymbol{v}=\boldsymbol{v}$

基本 例題 001 数ベクトルの成分と数ベクトルの和 ★☆☆

次の問いに答えよ。

(1) 数ベクトル $\begin{pmatrix} 1 \\ -1 \\ 0 \end{pmatrix}$, $\begin{pmatrix} x \\ y \\ z \\ w \end{pmatrix}$ の第 3 成分をそれぞれ答えよ。

(2) $\boldsymbol{a}=\begin{pmatrix} 1 \\ 2 \\ 3 \\ 4 \end{pmatrix}$, $\boldsymbol{b}=\begin{pmatrix} 2 \\ -1 \\ -3 \\ 4 \end{pmatrix}$ とするとき，次を計算せよ。

(ア) $2\boldsymbol{a}+\boldsymbol{b}$　　(イ) $-\boldsymbol{a}+3\boldsymbol{b}$

p. 6 基本事項 A，B

GUIDE & SOLUTION

(1) $\begin{pmatrix} 1 \\ -1 \\ 0 \end{pmatrix}$ の上から 3 番目の成分，$\begin{pmatrix} x \\ y \\ z \\ w \end{pmatrix}$ の上から 3 番目の成分をそれぞれ答える。

(2) 数ベクトルの和・実数倍の定義に従って計算する。和を計算する際は，数ベクトルの対応する成分同士の和を求める。実数倍を計算する際は，数ベクトルのすべての成分を実数倍する。

解答

(1) $\begin{pmatrix} 1 \\ -1 \\ 0 \end{pmatrix}$ の第 3 成分は **0**，$\begin{pmatrix} x \\ y \\ z \\ w \end{pmatrix}$ の第 3 成分は $\boldsymbol{z}$ である。

(2) (ア)

$$2\boldsymbol{a}+\boldsymbol{b}=2\begin{pmatrix} 1 \\ 2 \\ 3 \\ 4 \end{pmatrix}+\begin{pmatrix} 2 \\ -1 \\ -3 \\ 4 \end{pmatrix}=\begin{pmatrix} 2\cdot 1 \\ 2\cdot 2 \\ 2\cdot 3 \\ 2\cdot 4 \end{pmatrix}+\begin{pmatrix} 2 \\ -1 \\ -3 \\ 4 \end{pmatrix}$$

$$=\begin{pmatrix} 2 \\ 4 \\ 6 \\ 8 \end{pmatrix}+\begin{pmatrix} 2 \\ -1 \\ -3 \\ 4 \end{pmatrix}=\begin{pmatrix} 2+2 \\ 4+(-1) \\ 6+(-3) \\ 8+4 \end{pmatrix}=\begin{pmatrix} \mathbf{4} \\ \mathbf{3} \\ \mathbf{3} \\ \mathbf{12} \end{pmatrix}$$

(イ)

$$-\boldsymbol{a}+3\boldsymbol{b}=-\begin{pmatrix} 1 \\ 2 \\ 3 \\ 4 \end{pmatrix}+3\begin{pmatrix} 2 \\ -1 \\ -3 \\ 4 \end{pmatrix}=\begin{pmatrix} -1 \\ -2 \\ -3 \\ -4 \end{pmatrix}+\begin{pmatrix} 3\cdot 2 \\ 3\cdot(-1) \\ 3\cdot(-3) \\ 3\cdot 4 \end{pmatrix}$$

$$=\begin{pmatrix} -1 \\ -2 \\ -3 \\ -4 \end{pmatrix}+\begin{pmatrix} 6 \\ -3 \\ -9 \\ 12 \end{pmatrix}=\begin{pmatrix} -1+6 \\ -2+(-3) \\ -3+(-9) \\ -4+12 \end{pmatrix}=\begin{pmatrix} \mathbf{5} \\ \mathbf{-5} \\ \mathbf{-12} \\ \mathbf{8} \end{pmatrix}$$

基本 例題 002 数ベクトルの演算 ★☆☆

n 次元数ベクトル $\boldsymbol{u}$，$\boldsymbol{v}$，$\boldsymbol{w}$ と実数 k，l に対して，次が成り立つことを示せ。

(1) $(\boldsymbol{u}+\boldsymbol{v})+\boldsymbol{w}=\boldsymbol{u}+(\boldsymbol{v}+\boldsymbol{w})$ （結合法則）　(2) $k(l\boldsymbol{v})=(kl)\boldsymbol{v}$

(3) $(k+l)\boldsymbol{v}=k\boldsymbol{v}+l\boldsymbol{v}$ （分配法則）　(4) $1\cdot\boldsymbol{v}=\boldsymbol{v}$

p.6 基本事項B

GUIDE & SOLUTION

$\boldsymbol{u}=\begin{pmatrix}p_1\\p_2\\\vdots\\p_n\end{pmatrix}$，$\boldsymbol{v}=\begin{pmatrix}q_1\\q_2\\\vdots\\q_n\end{pmatrix}$，$\boldsymbol{w}=\begin{pmatrix}r_1\\r_2\\\vdots\\r_n\end{pmatrix}$ とし，数ベクトルの和・定数倍の定義に従って示す。

いずれも左辺を変形して，右辺を導くとよい。

解答

$\boldsymbol{u}=\begin{pmatrix}p_1\\p_2\\\vdots\\p_n\end{pmatrix}$，$\boldsymbol{v}=\begin{pmatrix}q_1\\q_2\\\vdots\\q_n\end{pmatrix}$，$\boldsymbol{w}=\begin{pmatrix}r_1\\r_2\\\vdots\\r_n\end{pmatrix}$ とする。

(1)
$$(\boldsymbol{u}+\boldsymbol{v})+\boldsymbol{w}=\left\{\begin{pmatrix}p_1\\p_2\\\vdots\\p_n\end{pmatrix}+\begin{pmatrix}q_1\\q_2\\\vdots\\q_n\end{pmatrix}\right\}+\begin{pmatrix}r_1\\r_2\\\vdots\\r_n\end{pmatrix}=\begin{pmatrix}p_1+q_1\\p_2+q_2\\\vdots\\p_n+q_n\end{pmatrix}+\begin{pmatrix}r_1\\r_2\\\vdots\\r_n\end{pmatrix}=\begin{pmatrix}p_1+q_1+r_1\\p_2+q_2+r_2\\\vdots\\p_n+q_n+r_n\end{pmatrix}$$
$$=\begin{pmatrix}p_1\\p_2\\\vdots\\p_n\end{pmatrix}+\begin{pmatrix}q_1+r_1\\q_2+r_2\\\vdots\\q_n+r_n\end{pmatrix}=\begin{pmatrix}p_1\\p_2\\\vdots\\p_n\end{pmatrix}+\left\{\begin{pmatrix}q_1\\q_2\\\vdots\\q_n\end{pmatrix}+\begin{pmatrix}r_1\\r_2\\\vdots\\r_n\end{pmatrix}\right\}=\boldsymbol{u}+(\boldsymbol{v}+\boldsymbol{w})\quad\blacksquare$$

(2)
$$k(l\boldsymbol{v})=k\left\{l\begin{pmatrix}q_1\\q_2\\\vdots\\q_n\end{pmatrix}\right\}=k\begin{pmatrix}lq_1\\lq_2\\\vdots\\lq_n\end{pmatrix}=\begin{pmatrix}klq_1\\klq_2\\\vdots\\klq_n\end{pmatrix}=kl\begin{pmatrix}q_1\\q_2\\\vdots\\q_n\end{pmatrix}=(kl)\boldsymbol{v}\quad\blacksquare$$

(3)
$$(k+l)\boldsymbol{v}=(k+l)\begin{pmatrix}q_1\\q_2\\\vdots\\q_n\end{pmatrix}=\begin{pmatrix}(k+l)q_1\\(k+l)q_2\\\vdots\\(k+l)q_n\end{pmatrix}=\begin{pmatrix}kq_1+lq_1\\kq_2+lq_2\\\vdots\\kq_n+lq_n\end{pmatrix}=\begin{pmatrix}kq_1\\kq_2\\\vdots\\kq_n\end{pmatrix}+\begin{pmatrix}lq_1\\lq_2\\\vdots\\lq_n\end{pmatrix}=k\begin{pmatrix}q_1\\q_2\\\vdots\\q_n\end{pmatrix}+l\begin{pmatrix}q_1\\q_2\\\vdots\\q_n\end{pmatrix}$$
$$=k\boldsymbol{v}+l\boldsymbol{v}\quad\blacksquare$$

(4)
$$1\cdot\boldsymbol{v}=1\cdot\begin{pmatrix}q_1\\q_2\\\vdots\\q_n\end{pmatrix}=\begin{pmatrix}1\cdot q_1\\1\cdot q_2\\\vdots\\1\cdot q_n\end{pmatrix}=\begin{pmatrix}q_1\\q_2\\\vdots\\q_n\end{pmatrix}=\boldsymbol{v}\quad\blacksquare$$

PRACTICE … 01

$\boldsymbol{a}+\boldsymbol{0}=\boldsymbol{0}+\boldsymbol{a}=\boldsymbol{a}$ を示せ。

1 行列とは

基本事項

A 行列

定義 行列

いくつかの数を縦横に長方形状に並べたものを **行列** という。
また，このそれぞれの数を，その行列の **成分** または **要素** という。
行列において，成分の横の並びを **行** といい，縦の並びを **列** という。
行数が m，列数が n の行列を，**m 行 n 列の行列**，**(m, n) 型行列**，**$m\times n$ 行列** などという。
特に，行数と列数が等しい行列を **正方行列** といい，その行数（列数）を正方行列の **次数** という。
行数と列数がともに n の正方行列を，**n 次正方行列** という。
上から i 番目の行を第 i 行，左から j 番目の列を第 j 列といい，これらの交わるところにある成分を第 $(i,\ j)$ 成分という。
$m\times n$ 行列 A に対して，第 $(i,\ j)$ 成分を a_{ij} のように表すことが多い。このとき，行列 A は右のように表される。

$$\begin{pmatrix} a_{11} & a_{12} & \cdots & a_{1n} \\ a_{21} & a_{22} & \cdots & a_{2n} \\ \vdots & \vdots & & \vdots \\ a_{m1} & a_{m2} & \cdots & a_{mn} \end{pmatrix}$$

定義 列ベクトル・行ベクトル

$A=\begin{pmatrix} a & b \\ c & d \end{pmatrix}$ とするとき，1 列目に現れる行列 $\begin{pmatrix} a \\ c \end{pmatrix}$ と，2 列目に現れる行列 $\begin{pmatrix} b \\ d \end{pmatrix}$ を行列 A の **列ベクトル** という。
同様に，1 行目に現れる行列 $(a\quad b)$ と，2 行目に現れる行列 $(c\quad d)$ を行列 A の **行ベクトル** という。
$m\times n$ 行列に対しても，同様に定義する。

定義 行列の相等

$$A=\begin{pmatrix} a_{11} & a_{12} & \cdots & a_{1n} \\ a_{21} & a_{22} & \cdots & a_{2n} \\ \vdots & \vdots & & \vdots \\ a_{m1} & a_{m2} & \cdots & a_{mn} \end{pmatrix},\ B=\begin{pmatrix} b_{11} & b_{12} & \cdots & b_{1n'} \\ b_{21} & b_{22} & \cdots & b_{2n'} \\ \vdots & \vdots & & \vdots \\ b_{m'1} & b_{m'2} & \cdots & b_{m'n'} \end{pmatrix}$$ とする。

$m=m'$ かつ $n=n'$ かつ $a_{ij}=b_{ij}$ $(i=1,\ 2,\ \cdots\cdots,\ m,\ j=1,\ 2,\ \cdots\cdots,\ n)$ が成り立つとき，行列 A，B は等しいといい，$A=B$ と表す。

B　行列の和・定数倍

定義　行列の和と差

$A=\begin{pmatrix} a_{11} & a_{12} & \cdots & a_{1n} \\ a_{21} & a_{22} & \cdots & a_{2n} \\ \vdots & \vdots & & \vdots \\ a_{m1} & a_{m2} & \cdots & a_{mn} \end{pmatrix}$，$B=\begin{pmatrix} b_{11} & b_{12} & \cdots & b_{1n} \\ b_{21} & b_{22} & \cdots & b_{2n} \\ \vdots & \vdots & & \vdots \\ b_{m1} & b_{m2} & \cdots & b_{mn} \end{pmatrix}$ とするとき，A と B の和 $A+B$ および差 $A-B$ を次のように定める。

$$A\pm B=\begin{pmatrix} a_{11}\pm b_{11} & a_{12}\pm b_{12} & \cdots & a_{1n}\pm b_{1n} \\ a_{21}\pm b_{21} & a_{22}\pm b_{22} & \cdots & a_{2n}\pm b_{2n} \\ \vdots & \vdots & & \vdots \\ a_{m1}\pm b_{m1} & a_{m2}\pm b_{m2} & \cdots & a_{mn}\pm b_{mn} \end{pmatrix} \quad \text{(複号同順)}$$

定義　行列の定数倍

$A=\begin{pmatrix} a_{11} & a_{12} & \cdots & a_{1n} \\ a_{21} & a_{22} & \cdots & a_{2n} \\ \vdots & \vdots & & \vdots \\ a_{m1} & a_{m2} & \cdots & a_{mn} \end{pmatrix}$ とするとき，$k\in\mathbb{R}$ に対して，A の k 倍である kA を次のように定める。　$kA=\begin{pmatrix} ka_{11} & ka_{12} & \cdots & ka_{1n} \\ ka_{21} & ka_{22} & \cdots & ka_{2n} \\ \vdots & \vdots & & \vdots \\ ka_{m1} & ka_{m2} & \cdots & ka_{mn} \end{pmatrix}$

特に，A の (-1) 倍 $(-1)\cdot A$ を，$-A$ で表す。
成分がすべて 0 である行列を **零行列**（ゼロ行列）という。

定理　零行列と行列の演算

A を $m\times n$ 行列，O を $m\times n$ 零行列とするとき，次が成り立つ。
[1]　$A+O=O+A=A$　　　　[2]　$A+(-A)=(-A)+A=O$

例えば，[1] の $A+O=A$ の証明は次の通りである。

$A=\begin{pmatrix} a_{11} & a_{12} & \cdots & a_{1n} \\ a_{21} & a_{22} & \cdots & a_{2n} \\ \vdots & \vdots & & \vdots \\ a_{m1} & a_{m2} & \cdots & a_{mn} \end{pmatrix}$ とすると

$$A+O=\begin{pmatrix} a_{11} & a_{12} & \cdots & a_{1n} \\ a_{21} & a_{22} & \cdots & a_{2n} \\ \vdots & \vdots & & \vdots \\ a_{m1} & a_{m2} & \cdots & a_{mn} \end{pmatrix}+\begin{pmatrix} 0 & 0 & \cdots & 0 \\ 0 & 0 & \cdots & 0 \\ \vdots & \vdots & & \vdots \\ 0 & 0 & \cdots & 0 \end{pmatrix}$$

$$=\begin{pmatrix} a_{11}+0 & a_{12}+0 & \cdots & a_{1n}+0 \\ a_{21}+0 & a_{22}+0 & \cdots & a_{2n}+0 \\ \vdots & \vdots & & \vdots \\ a_{m1}+0 & a_{m2}+0 & \cdots & a_{mn}+0 \end{pmatrix}=\begin{pmatrix} a_{11} & a_{12} & \cdots & a_{1n} \\ a_{21} & a_{22} & \cdots & a_{2n} \\ \vdots & \vdots & & \vdots \\ a_{m1} & a_{m2} & \cdots & a_{mn} \end{pmatrix}=A \quad ■$$

基本 例題 003 行列の成分と列ベクトル・行ベクトル ★☆☆

次の問いに答えよ。

(1) 行列 $\begin{pmatrix} 2 & -1 & 3 & 6 \\ 9 & 0 & 3 & 8 \\ 0 & 1 & 1 & -2 \\ -1 & 1 & 0 & 5 \end{pmatrix}$ の (2, 3) 成分と (4, 1) 成分を答えよ。

(2) $A=\begin{pmatrix} 3 & -4 \\ 1 & 5 \end{pmatrix}$, $B=\begin{pmatrix} 1 & 2 & 3 \\ 4 & 5 & 6 \\ 7 & 8 & 9 \end{pmatrix}$ とするとき，行列 A，B の行ベクトルと列ベクトルをすべて答えよ。

p.9 基本事項A

GUIDE & SOLUTION

(1) (2, 3) 成分とは，上から 2 番目の行と左から 3 番目の列の交わりにある成分であり，(4, 1) 成分とは，上から 4 番目の行と左から 1 番目の列の交わりにある成分である。

(2) 行列 A の行ベクトルとは 1 行目と 2 行目に現れる 1×2 行列，行列 A の列ベクトルとは 1 列目と 2 列目に現れる 2×1 行列である。
行列 B の行ベクトルとは 1 行目と 2 行目と 3 行目に現れる 1×3 行列，行列 B の列ベクトルとは 1 列目と 2 列目と 3 列目に現れる 3×1 行列である。

解答

(1) (2, 3) 成分は　**3**
(4, 1) 成分は　**−1**

(2) 行列 A について
行ベクトルは　$\begin{pmatrix} 3 & -4 \end{pmatrix}$, $\begin{pmatrix} 1 & 5 \end{pmatrix}$
列ベクトルは　$\begin{pmatrix} 3 \\ 1 \end{pmatrix}$, $\begin{pmatrix} -4 \\ 5 \end{pmatrix}$

行列 B について
行ベクトルは　$\begin{pmatrix} 1 & 2 & 3 \end{pmatrix}$, $\begin{pmatrix} 4 & 5 & 6 \end{pmatrix}$, $\begin{pmatrix} 7 & 8 & 9 \end{pmatrix}$
列ベクトルは　$\begin{pmatrix} 1 \\ 4 \\ 7 \end{pmatrix}$, $\begin{pmatrix} 2 \\ 5 \\ 8 \end{pmatrix}$, $\begin{pmatrix} 3 \\ 6 \\ 9 \end{pmatrix}$

補足　「$m\times n$ 行列」と書いたときの m と n は，それぞれ行数と列数である。「行・列」の順番であることに注意する。また，成分 a_{ij} における i は行の番号を表し，j は列の番号を表す。これも「行・列」の順番であることに注意する。

基本 例題 004 行列の相等 ★☆☆

次の等式が成り立つように，a，b，c，d の値を定めよ。

(1) $\begin{pmatrix} -3 & a \\ 3-b & 0 \end{pmatrix}=\begin{pmatrix} 3c & -2 \\ 2b & d-1 \end{pmatrix}$

(2) $\begin{pmatrix} a & c+2 \\ b-3 & -4 \end{pmatrix}=\begin{pmatrix} 1 & -3c \\ 0 & 2d \end{pmatrix}$

(3) $\begin{pmatrix} 1 & 0 & 1 \\ 0 & 1 & 0 \end{pmatrix}=\begin{pmatrix} a+b & b-c & c+d \\ a-c & b+d & a-d \end{pmatrix}$

p. 9 基本事項A

GUIDE & SOLUTION

行列の相等の定義に従って考える。
(1)，(2) は左辺の行列，右辺の行列ともに 2×2 行列，(3) は 2×3 行列であるから，左辺の行列と右辺の行列の行数と列数は等しい。
よって，左辺の行列と右辺の行列の対応する成分がすべて等しくなるように a，b，c，d の値を定める。

解答

(1) $-3=3c$，$a=-2$，$3-b=2b$，$0=d-1$ から

$$\boldsymbol{a=-2,\ b=1,\ c=-1,\ d=1}$$

(2) $a=1$，$c+2=-3c$，$b-3=0$，$-4=2d$ から

$$\boldsymbol{a=1,\ b=3,\ c=-\frac{1}{2},\ d=-2}$$

(3) $1=a+b$，$0=b-c$，$1=c+d$，$0=a-c$，$1=b+d$，$0=a-d$ から

$$\boldsymbol{a=b=c=d=\frac{1}{2}}$$

補足 行数または列数が一致しないときは行列が等しくなることはない。

例えば，$\begin{pmatrix} 0 & 0 \\ 0 & 0 \end{pmatrix}$ と $\begin{pmatrix} 0 & 0 & 0 \\ 0 & 0 & 0 \\ 0 & 0 & 0 \end{pmatrix}$ はすべての成分が同じ 0 であるが，等しい行列とはいわない。

基本 例題 005 行列の和・差・定数倍 ★☆☆

$F=\begin{pmatrix} 0 & 1 \\ -1 & 3 \end{pmatrix}$, $G=\begin{pmatrix} -5 & -7 \\ 2 & -1 \end{pmatrix}$ とするとき，次の等式を満たす行列 X を求めよ。

$$2X-F=\frac{1}{3}\{2G-(4F-X)\}$$

p.10 基本事項B

GUIDE & SOLUTION

まず，与えられた等式を X について解いて，X を F，G で表す。そして，F，G に成分表示された行列を代入する。その後は，行列の和と差・定数倍の定義に従って計算する。

CHART **行列 F，G の計算**
和・差・定数倍なら文字式 F，G の計算と同じ

解答

与えられた等式より　$3(2X-F)=2G-(4F-X)$

よって　$X=\frac{1}{5}(-F+2G)$　◀ X について解く。

ゆえに　◀ F，G に成分表示された行列を代入する。

$$\boldsymbol{X}=\frac{1}{5}\left\{-\begin{pmatrix} 0 & 1 \\ -1 & 3 \end{pmatrix}+2\begin{pmatrix} -5 & -7 \\ 2 & -1 \end{pmatrix}\right\}$$

$$=\frac{1}{5}\left\{\begin{pmatrix} 0 & -1 \\ -(-1) & -3 \end{pmatrix}+\begin{pmatrix} 2\cdot(-5) & 2\cdot(-7) \\ 2\cdot 2 & 2\cdot(-1) \end{pmatrix}\right\}$$

$$=\frac{1}{5}\left\{\begin{pmatrix} 0 & -1 \\ 1 & -3 \end{pmatrix}+\begin{pmatrix} -10 & -14 \\ 4 & -2 \end{pmatrix}\right\}$$

$$=\frac{1}{5}\begin{pmatrix} 0+(-10) & -1+(-14) \\ 1+4 & -3+(-2) \end{pmatrix}$$

$$=\frac{1}{5}\begin{pmatrix} -10 & -15 \\ 5 & -5 \end{pmatrix}$$

$$=\begin{pmatrix} \frac{1}{5}\cdot(-10) & \frac{1}{5}\cdot(-15) \\ \frac{1}{5}\cdot 5 & \frac{1}{5}\cdot(-5) \end{pmatrix}=\begin{pmatrix} \mathbf{-2} & \mathbf{-3} \\ \mathbf{1} & \mathbf{-1} \end{pmatrix}$$

PRACTICE … 02

(1) 次を計算せよ。

(ア) $2\begin{pmatrix} 3 & -1 \\ -2 & 1 \end{pmatrix}-\begin{pmatrix} -6 & 3 \\ 1 & 0 \end{pmatrix}$　　(イ) $\frac{1}{3}\begin{pmatrix} 1 & 6 \\ -3 & 0 \end{pmatrix}+\frac{1}{2}\begin{pmatrix} 1 & -4 \\ 2 & -1 \end{pmatrix}$

(2) $B=\begin{pmatrix} -1 & 3 \\ 0 & 0 \end{pmatrix}$, $C=\begin{pmatrix} 2 & 0 \\ 1 & 4 \end{pmatrix}$, $D=\begin{pmatrix} 1 & 0 \\ -1 & 1 \end{pmatrix}$ とするとき，次を計算せよ。

(ア) $B+C-D$　　(イ) $B-2C+3D$

基本 例題 006 零行列と行列の演算 ★☆☆

O を $m\times n$ 零行列とするとき，任意の $m\times n$ 行列 A に対して，$O+A=A$ が成り立つことを示せ。

p.10 基本事項B

GUIDE & SOLUTION

$$A=\begin{pmatrix} a_{11} & a_{12} & \cdots & a_{1n} \\ a_{21} & a_{22} & \cdots & a_{2n} \\ \vdots & \vdots & & \vdots \\ a_{m1} & a_{m2} & \cdots & a_{mn} \end{pmatrix}$$ とし，行列の和の定義に従って示す。

左辺を変形して，右辺を導く。

解答

$$A=\begin{pmatrix} a_{11} & a_{12} & \cdots & a_{1n} \\ a_{21} & a_{22} & \cdots & a_{2n} \\ \vdots & \vdots & & \vdots \\ a_{m1} & a_{m2} & \cdots & a_{mn} \end{pmatrix}$$ とすると

$$O+A=\begin{pmatrix} 0 & 0 & \cdots & 0 \\ 0 & 0 & \cdots & 0 \\ \vdots & \vdots & & \vdots \\ 0 & 0 & \cdots & 0 \end{pmatrix}+\begin{pmatrix} a_{11} & a_{12} & \cdots & a_{1n} \\ a_{21} & a_{22} & \cdots & a_{2n} \\ \vdots & \vdots & & \vdots \\ a_{m1} & a_{m2} & \cdots & a_{mn} \end{pmatrix}$$

$$=\begin{pmatrix} 0+a_{11} & 0+a_{12} & \cdots & 0+a_{1n} \\ 0+a_{21} & 0+a_{22} & \cdots & 0+a_{2n} \\ \vdots & \vdots & & \vdots \\ 0+a_{m1} & 0+a_{m2} & \cdots & 0+a_{mn} \end{pmatrix}$$

$$=\begin{pmatrix} a_{11} & a_{12} & \cdots & a_{1n} \\ a_{21} & a_{22} & \cdots & a_{2n} \\ \vdots & \vdots & & \vdots \\ a_{m1} & a_{m2} & \cdots & a_{mn} \end{pmatrix}$$

$$=A \quad \blacksquare$$

INFORMATION

$A+O=A$ も同様に示され（10ページ参照），$A+O=O+A=A$ が成り立つ。

また　$A+(-A)=A+\{(-1)\cdot A\}$

$\qquad=\{1+(-1)\}A=0\cdot A=O$

$(-A)+A=\{(-1)\cdot A\}+A$

$\qquad=\{(-1)+1\}A=0\cdot A=O$

よって，$A+(-A)=(-A)+A=O$ が成り立つ。

2 行列の積

基本事項

A 行列と移動　　B 1次変換と行列・ベクトルの積

平面上の点を平面上の点に移す移動（対応）を，平面の **変換** という。

定義　1次変換

座標平面上において，点Pを点P′に移す変換を考える。点Pの座標を (x, y)，点P′の座標を (x', y') とするとき，次の等式が成り立つような変換を（平面上の）**1次変換** という。

$$\begin{cases} x'=px+qy \\ y'=rx+sy \end{cases} \quad (p\in\mathbb{R},\ q\in\mathbb{R},\ r\in\mathbb{R},\ s\in\mathbb{R})$$

この1次変換を f とするとき，f は行列 $\begin{pmatrix} p & q \\ r & s \end{pmatrix}$ で表される。

この行列を **1次変換 f を表す行列** または **f の表現行列** という。

また，1次変換による点の移動先を，1次変換による点の **像** という。

定義　行列と数ベクトルの積

$A=\begin{pmatrix} a_{11} & a_{12} & \cdots & a_{1n} \\ a_{21} & a_{22} & \cdots & a_{2n} \\ \vdots & \vdots & & \vdots \\ a_{m1} & a_{m2} & \cdots & a_{mn} \end{pmatrix}$，$\boldsymbol{v}=\begin{pmatrix} v_1 \\ v_2 \\ \vdots \\ v_n \end{pmatrix}\in\mathbb{R}^n$ とするとき，積 $A\boldsymbol{v}$ を，次のように定義する。

$$A\boldsymbol{v}=\begin{pmatrix} a_{11} & a_{12} & \cdots & a_{1n} \\ a_{21} & a_{22} & \cdots & a_{2n} \\ \vdots & \vdots & & \vdots \\ a_{m1} & a_{m2} & \cdots & a_{mn} \end{pmatrix}\begin{pmatrix} v_1 \\ v_2 \\ \vdots \\ v_n \end{pmatrix}=\begin{pmatrix} a_{11}v_1+a_{12}v_2+\cdots\cdots+a_{1n}v_n \\ a_{21}v_1+a_{22}v_2+\cdots\cdots+a_{2n}v_n \\ \vdots \\ a_{m1}v_1+a_{m2}v_2+\cdots\cdots+a_{mn}v_n \end{pmatrix}$$

C 合成変換と行列の積

f, g を平面上の1次変換とする。座標平面上の任意の点Pについて，Pを $g(f(\mathrm{P}))$ に写す変換を，1次変換 f, g の **合成変換** といい，$g\circ f$ と表す。すなわち，$g\circ f(\mathrm{P})=g(f(\mathrm{P}))$ である。

定義　2×2 行列の積

$A=\begin{pmatrix} a & b \\ c & d \end{pmatrix}$，$B=\begin{pmatrix} p & q \\ r & s \end{pmatrix}$ とするとき，行列 A，B の積 AB を次で定義する。

$$AB=\begin{pmatrix} a & b \\ c & d \end{pmatrix}\begin{pmatrix} p & q \\ r & s \end{pmatrix}=\begin{pmatrix} ap+br & aq+bs \\ cp+dr & cq+ds \end{pmatrix}$$

A，B を 2×2 行列とするとき，一般に $AB=BA$ は成り立たない。

定義　一般の行列の積

$$P=\begin{pmatrix} p_{11} & p_{12} & \cdots & p_{1m} \\ p_{21} & p_{22} & \cdots & p_{2m} \\ \vdots & \vdots & & \vdots \\ p_{l1} & p_{l2} & \cdots & p_{lm} \end{pmatrix},\ Q=\begin{pmatrix} q_{11} & q_{12} & \cdots & q_{1n} \\ q_{21} & q_{22} & \cdots & q_{2n} \\ \vdots & \vdots & & \vdots \\ q_{m1} & q_{m2} & \cdots & q_{mn} \end{pmatrix}$$ とするとき，行列 P，Q の積 PQ を次のように定義する。

$$PQ=\begin{pmatrix} p_{11} & p_{12} & \cdots & p_{1m} \\ p_{21} & p_{22} & \cdots & p_{2m} \\ \vdots & \vdots & & \vdots \\ p_{l1} & p_{l2} & \cdots & p_{lm} \end{pmatrix}\begin{pmatrix} q_{11} & q_{12} & \cdots & q_{1n} \\ q_{21} & q_{22} & \cdots & q_{2n} \\ \vdots & \vdots & & \vdots \\ q_{m1} & q_{m2} & \cdots & q_{mn} \end{pmatrix}$$

$$=\begin{pmatrix} p_{11}q_{11}+p_{12}q_{21}+\cdots\cdots+p_{1m}q_{m1} & p_{11}q_{12}+p_{12}q_{22}+\cdots\cdots+p_{1m}q_{m2} & \cdots & p_{11}q_{1n}+p_{12}q_{2n}+\cdots\cdots+p_{1m}q_{mn} \\ p_{21}q_{11}+p_{22}q_{21}+\cdots\cdots+p_{2m}q_{m1} & p_{21}q_{12}+p_{22}q_{22}+\cdots\cdots+p_{2m}q_{m2} & \cdots & p_{21}q_{1n}+p_{22}q_{2n}+\cdots\cdots+p_{2m}q_{mn} \\ \vdots & \vdots & & \vdots \\ p_{l1}q_{11}+p_{l2}q_{21}+\cdots\cdots+p_{lm}q_{m1} & p_{l1}q_{12}+p_{l2}q_{22}+\cdots\cdots+p_{lm}q_{m2} & \cdots & p_{l1}q_{1n}+p_{l2}q_{2n}+\cdots\cdots+p_{lm}q_{mn} \end{pmatrix}$$

積 PQ の第 $(i,\ j)$ 成分を r_{ij} とすると，次のようになる。

$$r_{ij}=p_{i1}q_{1j}+p_{i2}q_{2j}+\cdots\cdots+p_{im}q_{mj}=\sum_{k=1}^{m} p_{ik}q_{kj}$$

また，$l\times m$ 行列と $m\times n$ 行列の積は，$l\times n$ 行列になる。

更に，行列 A，B の積 AB が定義されるのは，(行列 A の列数) と (行列 B の行数) が一致するときのみである。

D　行列の積の性質

定理　行列の積の演算法則

$(AB)C=A(BC)$　(結合法則)
$A(B+C)=AB+AC$　(分配法則)
$(A+B)C=AC+BC$　(分配法則)

A を正方行列とするとき，$AA\cdots\cdots A$ (n 個の積) を A^n と表し，A の n 乗 (A の **べき乗**) という。

定理　零行列を含む行列の積

A を $m\times n$ 行列，$O_{n\times p}$ を $n\times p$ 零行列，$O_{m\times p}$ を $m\times p$ 零行列，$O_{q\times m}$ を $q\times m$ 零行列，$O_{q\times n}$ を $q\times n$ 零行列とするとき，$AO_{n\times p}=O_{m\times p}$，$O_{q\times m}A=O_{q\times n}$ が成り立つ。

A を $m\times n$ 行列，B を $n\times p$ 行列，$O_{m\times p}$ を $m\times p$ 零行列とするとき，$AB=O_{m\times p}$ であっても，行列 A または行列 B が零行列であるとは限らない。行列 A または行列 B が零行列でないにも関わらず，$AB=O_{m\times p}$ となるような行列 A，B を **零因子** という。

基本 例題 007 1次変換と行列 ★☆☆

y 軸に関する対称移動を表す行列と原点Oに関する対称移動を表す行列をそれぞれ求めよ。

◀ p.15 基本事項A，B

GUIDE & SOLUTION

Pを，原点をOとする座標平面上の任意の点とし，その座標を $(x,\ y)$ として考える。
それぞれの対称移動により，点Pが点Qに移るとし，点Qの座標を $(X,\ Y)$ とする。
y 軸に関する対称移動を考えると，$(X,\ Y)=(-x,\ y)$ が成り立つ。また，原点Oに関する対称移動を考えると，$(X,\ Y)=(-x,\ -y)$ が成り立つ。

解答

Pを，原点をOとする座標平面上の任意の点とし，その座標を $(x,\ y)$ とする。
それぞれの対称移動により，点Pが点Qに移るとし，点Qの座標を $(X,\ Y)$ とする。

(y 軸に関する対称移動)

y 軸に関する対称移動を F とする。
対称移動 F により，点Pの位置ベクトル $\overrightarrow{\mathrm{OP}}$ が点Qの位置ベクトル $\overrightarrow{\mathrm{OQ}}$ に移されると考えると　$\overrightarrow{\mathrm{OQ}}=F(\overrightarrow{\mathrm{OP}})$

$\overrightarrow{\mathrm{OP}}=\begin{pmatrix} x \\ y \end{pmatrix}$，$\overrightarrow{\mathrm{OQ}}=\begin{pmatrix} X \\ Y \end{pmatrix}$ であるから　$\begin{pmatrix} X \\ Y \end{pmatrix}=F\left(\begin{pmatrix} x \\ y \end{pmatrix}\right)$

$(X,\ Y)=(-x,\ y)$ が成り立つから　$\begin{cases} X=(-1)\cdot x+0\cdot y \\ Y=\quad 0\cdot x+1\cdot y \end{cases}$

よって，対称移動 F を表す行列は　$\begin{pmatrix} \mathbf{-1} & \mathbf{0} \\ \mathbf{0} & \mathbf{1} \end{pmatrix}$

(原点Oに関する対称移動)

原点Oに関する対称移動を G とする。
対称移動 G により，点Pの位置ベクトル $\overrightarrow{\mathrm{OP}}$ が点Qの位置ベクトル $\overrightarrow{\mathrm{OQ}}$ に移されると考えると　$\overrightarrow{\mathrm{OQ}}=G(\overrightarrow{\mathrm{OP}})$

$\overrightarrow{\mathrm{OP}}=\begin{pmatrix} x \\ y \end{pmatrix}$，$\overrightarrow{\mathrm{OQ}}=\begin{pmatrix} X \\ Y \end{pmatrix}$ であるから　$\begin{pmatrix} X \\ Y \end{pmatrix}=G\left(\begin{pmatrix} x \\ y \end{pmatrix}\right)$

$(X,\ Y)=(-x,\ -y)$ が成り立つから　$\begin{cases} X=(-1)\cdot x+\quad 0\cdot y \\ Y=\quad 0\cdot x+(-1)\cdot y \end{cases}$

よって，対称移動 G を表す行列は　$\begin{pmatrix} \mathbf{-1} & \mathbf{0} \\ \mathbf{0} & \mathbf{-1} \end{pmatrix}$

PRACTICE … 03

直線 $y=-x$ に関する対称移動による変換が1次変換であることを示し，その1次変換を表す行列を求めよ。

基本 例題 008 行列と数ベクトルの積 ★☆☆

次を計算せよ。

(1) $\begin{pmatrix} a & b \end{pmatrix}\begin{pmatrix} p \\ r \end{pmatrix}$

(2) $\begin{pmatrix} c & d & e \end{pmatrix}\begin{pmatrix} s \\ t \\ u \end{pmatrix}$

(3) $\begin{pmatrix} 1 & 4 \\ 2 & 3 \end{pmatrix}\begin{pmatrix} 1 \\ 3 \end{pmatrix}$

(4) $\begin{pmatrix} 1 & -2 \\ -3 & 4 \\ 5 & -6 \end{pmatrix}\begin{pmatrix} 7 \\ 8 \end{pmatrix}$

p. 15 基本事項B

GUIDE & SOLUTION

行列と数ベクトルの積の定義に従って計算する。

解答

(1) $\begin{pmatrix} a & b \end{pmatrix}\begin{pmatrix} p \\ r \end{pmatrix}=\boldsymbol{(ap+br)}$

(2) $\begin{pmatrix} c & d & e \end{pmatrix}\begin{pmatrix} s \\ t \\ u \end{pmatrix}=\boldsymbol{(cs+dt+eu)}$

(3) $\begin{pmatrix} 1 & 4 \\ 2 & 3 \end{pmatrix}\begin{pmatrix} 1 \\ 3 \end{pmatrix}=\begin{pmatrix} 1\cdot1+4\cdot3 \\ 2\cdot1+3\cdot3 \end{pmatrix}=\begin{pmatrix} \mathbf{13} \\ \mathbf{11} \end{pmatrix}$

(4) $\begin{pmatrix} 1 & -2 \\ -3 & 4 \\ 5 & -6 \end{pmatrix}\begin{pmatrix} 7 \\ 8 \end{pmatrix}=\begin{pmatrix} 1\cdot7+(-2)\cdot8 \\ (-3)\cdot7+4\cdot8 \\ 5\cdot7+(-6)\cdot8 \end{pmatrix}=\begin{pmatrix} \mathbf{-9} \\ \mathbf{11} \\ \mathbf{-13} \end{pmatrix}$

INFORMATION

行列とベクトルの積により，次のように連立1次方程式を簡潔に表すことができる。

例えば，$\begin{cases} 4x+5y=9 \\ 6x+7y=2 \end{cases}$ を $\begin{pmatrix} 4 & 5 \\ 6 & 7 \end{pmatrix}\begin{pmatrix} x \\ y \end{pmatrix}=\begin{pmatrix} 9 \\ 2 \end{pmatrix}$ のように表せる。この表し方によると，

$\begin{pmatrix} 4 & 5 \\ 6 & 7 \end{pmatrix}=A$，$\begin{pmatrix} x \\ y \end{pmatrix}=\boldsymbol{x}$，$\begin{pmatrix} 9 \\ 2 \end{pmatrix}=\boldsymbol{b}$ とおけば，上の連立1次方程式は $A\boldsymbol{x}=\boldsymbol{b}$ と表される。

連立1次方程式を行列を用いて調べることは，行列の応用として，第2章で詳しく学習する。

基本 例題 009　1次変換による点の像　★☆☆

行列Aで表される1次変換による点Pの像を求めよ。

(1) $A=\begin{pmatrix} 1 & 2 \\ -2 & 1 \end{pmatrix}$, P(3, 4)　　(2) $A=\begin{pmatrix} 0 & -1 \\ -1 & 0 \end{pmatrix}$, P(1, 2)

p. 15 基本事項B

GUIDE & SOLUTION

1次変換を表す行列と位置ベクトルの積により求める。1次変換の定義に従って求めてもよい。

解答

行列Aで表される1次変換による点Pの像の座標を(x, y)とする。

(1) $\begin{pmatrix} x \\ y \end{pmatrix}=\begin{pmatrix} 1 & 2 \\ -2 & 1 \end{pmatrix}\begin{pmatrix} 3 \\ 4 \end{pmatrix}=\begin{pmatrix} 1\cdot3+2\cdot4 \\ (-2)\cdot3+1\cdot4 \end{pmatrix}=\begin{pmatrix} 11 \\ -2 \end{pmatrix}$

よって　**(11, −2)**

別解 $\begin{cases} x=1\cdot3+2\cdot4=11 \\ y=(-2)\cdot3+1\cdot4=-2 \end{cases}$

よって　**(11, −2)**

(2) $\begin{pmatrix} x \\ y \end{pmatrix}=\begin{pmatrix} 0 & -1 \\ -1 & 0 \end{pmatrix}\begin{pmatrix} 1 \\ 2 \end{pmatrix}=\begin{pmatrix} 0\cdot1+(-1)\cdot2 \\ (-1)\cdot1+0\cdot2 \end{pmatrix}=\begin{pmatrix} -2 \\ -1 \end{pmatrix}$

よって　**(−2, −1)**

別解 $\begin{cases} x=0\cdot1+(-1)\cdot2=-2 \\ y=(-1)\cdot1+0\cdot2=-1 \end{cases}$

よって　**(−2, −1)**

INFORMATION

1次変換を表す行列が$\begin{pmatrix} a & b \\ c & d \end{pmatrix}$であるとき，上の例題と同様に考えて

$$\begin{pmatrix} a & b \\ c & d \end{pmatrix}\begin{pmatrix} 0 \\ 0 \end{pmatrix}=\begin{pmatrix} 0 \\ 0 \end{pmatrix},\quad \begin{pmatrix} a & b \\ c & d \end{pmatrix}\begin{pmatrix} 1 \\ 0 \end{pmatrix}=\begin{pmatrix} a \\ c \end{pmatrix},\quad \begin{pmatrix} a & b \\ c & d \end{pmatrix}\begin{pmatrix} 0 \\ 1 \end{pmatrix}=\begin{pmatrix} b \\ d \end{pmatrix}$$

であることから，次が成り立つ。

行列$\begin{pmatrix} a & b \\ c & d \end{pmatrix}$で表される1次変換によって，

[1]　原点OはO自身に移される。

[2]　点(1, 0)は点(a, c)に，点(0, 1)は点(b, d)に移される。

また，次も成り立つ。

1次変換による2点(1, 0)，(0, 1)の像が，それぞれ(a, c)，(b, d)であるとき，その1次変換を表す行列は$\begin{pmatrix} a & b \\ c & d \end{pmatrix}$である。

重要 例題 010 不動直線 ★★☆

次の問いに答えよ。

(1) xy 平面上の直線のうち，行列 $\begin{pmatrix} -\frac{3}{5} & \frac{4}{5} \\ \frac{4}{5} & \frac{3}{5} \end{pmatrix}$ で定められる 1 次変換により，不変に保たれる直線の方程式をすべて求めよ。

(2) $A=\begin{pmatrix} p & q \\ q & -p \end{pmatrix}$ $(p^2+q^2=1)$ とする。行列 A によって，xy 平面上の直線 $y=3x$ が不変に保たれるように，p，q の値を定めよ。

◢ p. 15 基本事項B

GUIDE & SOLUTION

(1) xy 平面上の直線の方程式は $x=t$ (t は実数) または $y=ax+b$ (a，b は実数) と表される。まず，与えられた 1 次変換による，直線 $x=t$ の移動を考える。その後，与えられた 1 次変換による，直線 $y=ax+b$ の移動を考える。

(2) 直線 $y=3x$ 上の任意の点の座標は $(x,\ 3x)$ と表される。与えられた 1 次変換による，直線 $y=3x$ の移動を考える。

解答

(1) 点 $(x,\ y)$ が与えられた 1 次変換により，点 $(X,\ Y)$ に移されるとすると

$$\begin{pmatrix} X \\ Y \end{pmatrix}=\begin{pmatrix} -\frac{3}{5} & \frac{4}{5} \\ \frac{4}{5} & \frac{3}{5} \end{pmatrix}\begin{pmatrix} x \\ y \end{pmatrix}=\begin{pmatrix} -\frac{3}{5}x+\frac{4}{5}y \\ \frac{4}{5}x+\frac{3}{5}y \end{pmatrix}$$

よって　$X=-\frac{3}{5}x+\frac{4}{5}y,\ Y=\frac{4}{5}x+\frac{3}{5}y$　…… ①

[1] 点 $(x,\ y)$ が直線 $x=t$ (t は実数) 上の点のとき

直線 $x=t$ 上の任意の点の座標は $(t,\ y)$ と表されるから，① より

$$X=-\frac{3}{5}t+\frac{4}{5}y \quad \cdots\cdots ②,\quad Y=\frac{4}{5}t+\frac{3}{5}y \quad \cdots\cdots ③$$

②×3−③×4 より　$3X-4Y=-5t$　すなわち　$3X-4Y+5t=0$

よって，直線 $x=t$ は直線 $3x-4y+5t=0$ に移される。

したがって，直線 $x=t$ は与えられた 1 次変換によって不変に保たれていない。

[2] 点 $(x,\ y)$ が直線 $y=ax+b$ (a，b は実数) 上の点のとき

直線 $y=ax+b$ 上の任意の点の座標は $(x,\ ax+b)$ と表されるから，① より

$$X=-\frac{3}{5}x+\frac{4}{5}(ax+b)=\frac{4a-3}{5}x+\frac{4}{5}b \quad \cdots\cdots ④$$

$$Y=\frac{4}{5}x+\frac{3}{5}(ax+b)=\frac{3a+4}{5}x+\frac{3}{5}b \quad \cdots\cdots ⑤$$

④×$(3a+4)$－⑤×$(4a-3)$ より

$$(3a+4)X-(4a-3)Y=5b \qquad \text{すなわち} \qquad (4a-3)Y=(3a+4)X-5b$$

よって，直線 $y=ax+b$ は直線 $(4a-3)y=(3a+4)x-5b$ ……⑥ に移される。

(ア) $b\neq 0$ のとき

直線 $y=ax+b$ が与えられた1次変換によって不変に保たれるための条件は

$$-5=4a-3, \quad -5a=3a+4$$

これらを解いて　$a=-\dfrac{1}{2}$

したがって　$y=-\dfrac{1}{2}x+b \quad (b\neq 0)$

(イ) $b=0$ のとき

直線 $y=ax$ が与えられた1次変換によって不変に保たれるための条件は

$$1\cdot(3a+4)=a(4a-3)$$

変形すると　$(a-2)(2a+1)=0$

これを解いて　$a=2,\ -\dfrac{1}{2}$

したがって　$y=2x,\ y=-\dfrac{1}{2}x$

以上から，求める直線の方程式は　**$y=2x,\ y=-\dfrac{1}{2}x+b$ （b は任意の実数）**

研究　行列 $\begin{pmatrix} -\dfrac{3}{5} & \dfrac{4}{5} \\ \dfrac{4}{5} & \dfrac{3}{5} \end{pmatrix}$ (対称行列) で定められる1次変換は，直線 $y=2x$ に関する対称移動である。

(2) 直線 $y=3x$ 上の任意の点の座標は $(x,\ 3x)$ と表される。

(1)と同様にして，点 $(x,\ 3x)$ が与えられた1次変換により，点 $(X,\ Y)$ に移されるとすると　$\begin{pmatrix} X \\ Y \end{pmatrix}=\begin{pmatrix} p & q \\ q & -p \end{pmatrix}\begin{pmatrix} x \\ 3x \end{pmatrix}=\begin{pmatrix} (p+3q)x \\ (-3p+q)x \end{pmatrix}$ ……⑦

よって　$X=(p+3q)x$ ……⑧，　$Y=(-3p+q)x$ ……⑨

⑧×$(-3p+q)$－⑨×$(p+3q)$ より

$$(-3p+q)X-(p+3q)Y=0 \qquad \text{すなわち} \qquad (p+3q)Y=(-3p+q)X$$

よって，直線 $y=3x$ は直線 $(p+3q)y=(-3p+q)x$ ……⑩ に移される。

直線 $y=3x$ が与えられた1次変換によって不変に保たれるための条件は

$$1\cdot(-3p+q)=3(p+3q)$$

変形すると　$q=-\dfrac{3}{4}p$

$p^2+q^2=1$ から　$p^2+\left(-\dfrac{3}{4}p\right)^2=1$

これを解いて，$p=\pm\dfrac{4}{5}$ であるから　**$(p,\ q)=\left(\pm\dfrac{4}{5},\ \mp\dfrac{3}{5}\right)$ （複号同順）**

基本 例題 011 2×2 行列の積 ★☆☆

次の問いに答えよ。

(1) $\begin{pmatrix}1&4\\2&3\end{pmatrix}\begin{pmatrix}1&4\\2&3\end{pmatrix}$ を計算せよ。

(2) A，B を異なる 2×2 行列とするとき，$AB=BA$ が成り立つような A，B をみつけよ。

p. 15 基本事項C

GUIDE & SOLUTION

(1) 2×2 行列の積の定義に従って計算する。

(2) $A=\begin{pmatrix}1&0\\0&1\end{pmatrix}$，$B=\begin{pmatrix}a&b\\c&d\end{pmatrix}$ とすると

$$AB=\begin{pmatrix}1&0\\0&1\end{pmatrix}\begin{pmatrix}a&b\\c&d\end{pmatrix}=\begin{pmatrix}1\cdot a+0\cdot c&1\cdot b+0\cdot d\\0\cdot a+1\cdot c&0\cdot b+1\cdot d\end{pmatrix}=\begin{pmatrix}a&b\\c&d\end{pmatrix}$$

$$BA=\begin{pmatrix}a&b\\c&d\end{pmatrix}\begin{pmatrix}1&0\\0&1\end{pmatrix}=\begin{pmatrix}a\cdot 1+b\cdot 0&a\cdot 0+b\cdot 1\\c\cdot 1+d\cdot 0&c\cdot 0+d\cdot 1\end{pmatrix}=\begin{pmatrix}a&b\\c&d\end{pmatrix}$$

よって，$A=\begin{pmatrix}1&0\\0&1\end{pmatrix}$ に対し，B を任意の 2×2 行列とすると，$AB=BA$ が成り立つ。

解答

(1) $$\begin{pmatrix}1&4\\2&3\end{pmatrix}\begin{pmatrix}1&4\\2&3\end{pmatrix}=\begin{pmatrix}1\cdot 1+4\cdot 2&1\cdot 4+4\cdot 3\\2\cdot 1+3\cdot 2&2\cdot 4+3\cdot 3\end{pmatrix}$$

$$=\begin{pmatrix}\mathbf{9}&\mathbf{16}\\\mathbf{8}&\mathbf{17}\end{pmatrix}$$

(2) $\boldsymbol{A}=\begin{pmatrix}\mathbf{1}&\mathbf{0}\\\mathbf{0}&\mathbf{1}\end{pmatrix}$，$\boldsymbol{B}=\begin{pmatrix}\mathbf{1}&\mathbf{1}\\\mathbf{1}&\mathbf{1}\end{pmatrix}$ とすると

$$AB=\begin{pmatrix}1&0\\0&1\end{pmatrix}\begin{pmatrix}1&1\\1&1\end{pmatrix}$$

$$=\begin{pmatrix}1\cdot 1+0\cdot 1&1\cdot 1+0\cdot 1\\0\cdot 1+1\cdot 1&0\cdot 1+1\cdot 1\end{pmatrix}=\begin{pmatrix}1&1\\1&1\end{pmatrix}$$

$$BA=\begin{pmatrix}1&1\\1&1\end{pmatrix}\begin{pmatrix}1&0\\0&1\end{pmatrix}$$

$$=\begin{pmatrix}1\cdot 1+1\cdot 0&1\cdot 0+1\cdot 1\\1\cdot 1+1\cdot 0&1\cdot 0+1\cdot 1\end{pmatrix}=\begin{pmatrix}1&1\\1&1\end{pmatrix}$$

よって　$AB=BA$

PRACTICE … 04

$\begin{pmatrix}1&2\\3&4\end{pmatrix}\begin{pmatrix}-1&3\\4&0\end{pmatrix}$ を計算せよ。

基本 例題 012 一般の行列の積 ★☆☆

次の問いに答えよ。

(1) $\begin{pmatrix} 1 & 2 & 0 & 1 \\ -1 & 0 & 2 & 1 \\ 0 & 1 & 2 & 3 \\ 1 & 1 & 0 & 1 \end{pmatrix}\begin{pmatrix} -2 & 1 \\ 0 & 1 \\ 1 & 3 \\ 2 & -2 \end{pmatrix}$ を計算せよ。

(2) 次のように行列 A, B が与えられるとき，行列の積 AB が計算できるものはどれか答えよ。また，行列の積 AB が計算できるものについては求めよ。

(ア) $A=\begin{pmatrix} 0 & 2 & -3 \\ 1 & 1 & -1 \\ 1 & 3 & 2 \end{pmatrix}$, $B=\begin{pmatrix} 2 \\ 1 \\ -2 \end{pmatrix}$　　(イ) $A=\begin{pmatrix} 0 & 0 \\ 0 & 0 \end{pmatrix}$, $B=\begin{pmatrix} 0 & 0 & 0 \\ 0 & 0 & 0 \\ 0 & 0 & 0 \end{pmatrix}$

(ウ) $A=\begin{pmatrix} 4 \\ 5 \\ 6 \end{pmatrix}$, $B=\begin{pmatrix} 1 & 2 & 3 \end{pmatrix}$

p. 16 基本事項D

GUIDE & SOLUTION

(2) 一般の行列の積の定義に従って考える。2 つの行列の積は，左から掛ける行列の列数と右から掛ける行列の行数が等しい場合にのみ定義される。

解答

(1) $\begin{pmatrix} 1 & 2 & 0 & 1 \\ -1 & 0 & 2 & 1 \\ 0 & 1 & 2 & 3 \\ 1 & 1 & 0 & 1 \end{pmatrix}\begin{pmatrix} -2 & 1 \\ 0 & 1 \\ 1 & 3 \\ 2 & -2 \end{pmatrix}$

$$=\begin{pmatrix} 1\cdot(-2)+2\cdot0+0\cdot1+1\cdot2 & 1\cdot1+2\cdot1+0\cdot3+1\cdot(-2) \\ (-1)\cdot(-2)+0\cdot0+2\cdot1+1\cdot2 & (-1)\cdot1+0\cdot1+2\cdot3+1\cdot(-2) \\ 0\cdot(-2)+1\cdot0+2\cdot1+3\cdot2 & 0\cdot1+1\cdot1+2\cdot3+3\cdot(-2) \\ 1\cdot(-2)+1\cdot0+0\cdot1+1\cdot2 & 1\cdot1+1\cdot1+0\cdot3+1\cdot(-2) \end{pmatrix}=\begin{pmatrix} \mathbf{0} & \mathbf{1} \\ \mathbf{6} & \mathbf{3} \\ \mathbf{8} & \mathbf{1} \\ \mathbf{0} & \mathbf{0} \end{pmatrix}$$

(2) 行列の積 AB が計算できるものは　(ア), (ウ)

(ア) $AB=\begin{pmatrix} 0 & 2 & -3 \\ 1 & 1 & -1 \\ 1 & 3 & 2 \end{pmatrix}\begin{pmatrix} 2 \\ 1 \\ -2 \end{pmatrix}=\begin{pmatrix} 0\cdot2+2\cdot1+(-3)\cdot(-2) \\ 1\cdot2+1\cdot1+(-1)\cdot(-2) \\ 1\cdot2+3\cdot1+2\cdot(-2) \end{pmatrix}=\begin{pmatrix} \mathbf{8} \\ \mathbf{5} \\ \mathbf{1} \end{pmatrix}$

◀(3×3 行列)×(3×1 行列)

(ウ) $AB=\begin{pmatrix} 4 \\ 5 \\ 6 \end{pmatrix}\begin{pmatrix} 1 & 2 & 3 \end{pmatrix}=\begin{pmatrix} 4\cdot1 & 4\cdot2 & 4\cdot3 \\ 5\cdot1 & 5\cdot2 & 5\cdot3 \\ 6\cdot1 & 6\cdot2 & 6\cdot3 \end{pmatrix}=\begin{pmatrix} \mathbf{4} & \mathbf{8} & \mathbf{12} \\ \mathbf{5} & \mathbf{10} & \mathbf{15} \\ \mathbf{6} & \mathbf{12} & \mathbf{18} \end{pmatrix}$

◀(3×1 行列)×(1×3 行列)

PRACTICE … 05

$\begin{pmatrix} 1 & 2 & 3 \\ 4 & 5 & 6 \\ 3 & 2 & 1 \end{pmatrix}\begin{pmatrix} 3 & 2 & 1 \\ 6 & 5 & 4 \\ 1 & 2 & 3 \end{pmatrix}$ を計算せよ。

基本 例題 013 行列の積の演算法則 (1) ★☆☆

$A=\begin{pmatrix} 1 & 2 \\ 0 & 1 \end{pmatrix}$，$B=\begin{pmatrix} 3 & -2 \\ -1 & 1 \end{pmatrix}$，$C=\begin{pmatrix} -2 & 2 \\ 0 & -1 \end{pmatrix}$ とするとき，

$A\{(CB-A)-B\}$ を計算せよ。

◢ p. 15 基本事項C

GUIDE & SOLUTION

行列の差，2×2 行列の積の定義に従って計算する。
内側の括弧の中から順に計算していく。

解答

$$A\{(CB-A)-B\}$$
$$=\begin{pmatrix} 1 & 2 \\ 0 & 1 \end{pmatrix}\left[\left\{\begin{pmatrix} -2 & 2 \\ 0 & -1 \end{pmatrix}\begin{pmatrix} 3 & -2 \\ -1 & 1 \end{pmatrix}-\begin{pmatrix} 1 & 2 \\ 0 & 1 \end{pmatrix}\right\}-\begin{pmatrix} 3 & -2 \\ -1 & 1 \end{pmatrix}\right]$$
$$=\begin{pmatrix} 1 & 2 \\ 0 & 1 \end{pmatrix}\left[\left\{\begin{pmatrix} (-2)\cdot3+2\cdot(-1) & (-2)\cdot(-2)+2\cdot1 \\ 0\cdot3+(-1)\cdot(-1) & 0\cdot(-2)+(-1)\cdot1 \end{pmatrix}-\begin{pmatrix} 1 & 2 \\ 0 & 1 \end{pmatrix}\right\}-\begin{pmatrix} 3 & -2 \\ -1 & 1 \end{pmatrix}\right]$$
$$=\begin{pmatrix} 1 & 2 \\ 0 & 1 \end{pmatrix}\left[\left\{\begin{pmatrix} -8 & 6 \\ 1 & -1 \end{pmatrix}-\begin{pmatrix} 1 & 2 \\ 0 & 1 \end{pmatrix}\right\}-\begin{pmatrix} 3 & -2 \\ -1 & 1 \end{pmatrix}\right]$$
$$=\begin{pmatrix} 1 & 2 \\ 0 & 1 \end{pmatrix}\left\{\begin{pmatrix} -8-1 & 6-2 \\ 1-0 & -1-1 \end{pmatrix}-\begin{pmatrix} 3 & -2 \\ -1 & 1 \end{pmatrix}\right\}$$
$$=\begin{pmatrix} 1 & 2 \\ 0 & 1 \end{pmatrix}\left\{\begin{pmatrix} -9 & 4 \\ 1 & -2 \end{pmatrix}-\begin{pmatrix} 3 & -2 \\ -1 & 1 \end{pmatrix}\right\}$$
$$=\begin{pmatrix} 1 & 2 \\ 0 & 1 \end{pmatrix}\begin{pmatrix} -9-3 & 4-(-2) \\ 1-(-1) & -2-1 \end{pmatrix}$$
$$=\begin{pmatrix} 1 & 2 \\ 0 & 1 \end{pmatrix}\begin{pmatrix} -12 & 6 \\ 2 & -3 \end{pmatrix}$$
$$=\begin{pmatrix} 1\cdot(-12)+2\cdot2 & 1\cdot6+2\cdot(-3) \\ 0\cdot(-12)+1\cdot2 & 0\cdot6+1\cdot(-3) \end{pmatrix}$$
$$=\begin{pmatrix} \mathbf{-8} & \mathbf{0} \\ \mathbf{2} & \mathbf{-3} \end{pmatrix}$$

PRACTICE … 06

$A=\begin{pmatrix} 1 & 0 & 1 \\ -1 & 0 & -2 \\ 1 & 2 & 2 \end{pmatrix}$，$B=\begin{pmatrix} -2 & 1 & -5 \\ 3 & 1 & 2 \\ 4 & 2 & 1 \end{pmatrix}$，$C=\begin{pmatrix} 0 & 0 & 2 \\ 1 & -1 & 0 \\ 1 & 1 & -1 \end{pmatrix}$ とするとき，

$A\{(CB-A)-B\}$ を計算せよ。

基本 例題 014 行列の積と交換法則 ★☆☆

$A=\begin{pmatrix}1 & 0 & 3\\ 0 & -1 & 2\\ 2 & 1 & -1\end{pmatrix}$, $B=\begin{pmatrix}2 & 3 & -2\\ 1 & -2 & -1\\ 0 & 1 & 1\end{pmatrix}$ とするとき，AB, BA を計算し，$AB=BA$ が成り立つか調べよ。

p. 16 基本事項D

GUIDE & SOLUTION

一般の行列の積の定義に従って，AB, BA をそれぞれ計算する。

解答

$$AB$$
$$=\begin{pmatrix}1 & 0 & 3\\ 0 & -1 & 2\\ 2 & 1 & -1\end{pmatrix}\begin{pmatrix}2 & 3 & -2\\ 1 & -2 & -1\\ 0 & 1 & 1\end{pmatrix}$$
$$=\begin{pmatrix}1\cdot2+0\cdot1+3\cdot0 & 1\cdot3+0\cdot(-2)+3\cdot1 & 1\cdot(-2)+0\cdot(-1)+3\cdot1\\ 0\cdot2+(-1)\cdot1+2\cdot0 & 0\cdot3+(-1)\cdot(-2)+2\cdot1 & 0\cdot(-2)+(-1)\cdot(-1)+2\cdot1\\ 2\cdot2+1\cdot1+(-1)\cdot0 & 2\cdot3+1\cdot(-2)+(-1)\cdot1 & 2\cdot(-2)+1\cdot(-1)+(-1)\cdot1\end{pmatrix}$$
$$=\begin{pmatrix}\mathbf{2} & \mathbf{6} & \mathbf{1}\\ \mathbf{-1} & \mathbf{4} & \mathbf{3}\\ \mathbf{5} & \mathbf{3} & \mathbf{-6}\end{pmatrix}$$

$$BA$$
$$=\begin{pmatrix}2 & 3 & -2\\ 1 & -2 & -1\\ 0 & 1 & 1\end{pmatrix}\begin{pmatrix}1 & 0 & 3\\ 0 & -1 & 2\\ 2 & 1 & -1\end{pmatrix}$$
$$=\begin{pmatrix}2\cdot1+3\cdot0+(-2)\cdot2 & 2\cdot0+3\cdot(-1)+(-2)\cdot1 & 2\cdot3+3\cdot2+(-2)\cdot(-1)\\ 1\cdot1+(-2)\cdot0+(-1)\cdot2 & 1\cdot0+(-2)\cdot(-1)+(-1)\cdot1 & 1\cdot3+(-2)\cdot2+(-1)\cdot(-1)\\ 0\cdot1+1\cdot0+1\cdot2 & 0\cdot0+1\cdot(-1)+1\cdot1 & 0\cdot3+1\cdot2+1\cdot(-1)\end{pmatrix}$$
$$=\begin{pmatrix}\mathbf{-2} & \mathbf{-5} & \mathbf{14}\\ \mathbf{-1} & \mathbf{1} & \mathbf{0}\\ \mathbf{2} & \mathbf{0} & \mathbf{1}\end{pmatrix}$$

よって　$\boldsymbol{AB \neq BA}$

補足　2つの行列の積 AB が定義されても，BA が定義されるとは限らない。また，仮に BA が定義されても，必ずしも AB と等しくない。すなわち，2つの行列の積について，一般に $AB=BA$ は成り立たない。

基本 例題 015 行列の積の演算法則 (2) ★☆☆

A，B を n 次正方行列とするとき，次を簡単にせよ。

(1) $(A-B)^2$　　(2) $2(A+B)^2+2(A-C)^2-(B-A+C)^2$

(3) $(B-A+C)^3$

p. 16 基本事項D

GUIDE & SOLUTION

多項式の展開と同様に展開すればよいが，一般には行列の積における交換法則は成り立たないことに注意する。そこで，次のように地道に考えるとよい。

(1) $(A-B)^2=(A-B)(A-B)$

(2) $2(A+B)^2+2(A-C)^2-(B-A+C)^2$
$=2(A+B)(A+B)+2(A-C)(A-C)-(B-A+C)(B-A+C)$

(3) $(B-A+C)^3=(B-A+C)^2(B-A+C)$

CHART **行列 A，B の計算**
積は，文字式 A，B の積とは違って，一般に $AB \neq BA$

解答

(1) $(A-B)^2$
$=(A-B)(A-B)$
$=A(A-B)-B(A-B)$
$=\boldsymbol{A^2-AB-BA+B^2}$

(2) $2(A+B)^2+2(A-C)^2-(B-A+C)^2$
$=2(A+B)(A+B)+2(A-C)(A-C)-(B-A+C)(B-A+C)$
$=2\{A(A+B)+B(A+B)\}+2\{A(A-C)-C(A-C)\}$
$\quad-\{B(B-A+C)-A(B-A+C)+C(B-A+C)\}$
$=2(A^2+AB+BA+B^2)+2(A^2-AC-CA+C^2)$
$\quad-(B^2-BA+BC-AB+A^2-AC+CB-CA+C^2)$
$=\boldsymbol{3A^2+B^2+C^2+3AB+3BA-BC-CB-CA-AC}$

(3) $(B-A+C)^3$
$=(B-A+C)^2(B-A+C)$
$=(B^2-BA+BC-AB+A^2-AC+CB-CA+C^2)(B-A+C)$
$=B^2(B-A+C)-BA(B-A+C)+BC(B-A+C)$
$\quad-AB(B-A+C)+A^2(B-A+C)-AC(B-A+C)$
$\quad+CB(B-A+C)-CA(B-A+C)+C^2(B-A+C)$
$=\boldsymbol{-A^3+B^3+C^3+A^2B+ABA+BA^2-B^2A-BAB-AB^2}$
$\quad\boldsymbol{+B^2C+BCB+CB^2+C^2B+CBC+BC^2-C^2A-CAC-AC^2}$
$\quad\boldsymbol{+A^2C+ACA+CA^2-ABC-BCA-CAB-CBA-BAC-ACB}$

基本 例題 016 零因子 ★☆☆

$A=\begin{pmatrix} -2 & 3 \\ a & 6 \end{pmatrix}$, $B=\begin{pmatrix} 3 & -6 \\ 2 & b \end{pmatrix}$ とするとき，行列 A，B が零因子となるように，a，b の値を定めよ。

◢ p. 15 基本事項C

GUIDE & SOLUTION

$O=\begin{pmatrix} 0 & 0 \\ 0 & 0 \end{pmatrix}$ とするとき，$AB=O$，$BA=O$ の 2 通りの場合が考えられる。そこで，AB，BA を計算し，行列の相等の定義に従って，a，b の値を定める。

解答

$O=\begin{pmatrix} 0 & 0 \\ 0 & 0 \end{pmatrix}$ とするとき，

ここで
$$AB=\begin{pmatrix} -2 & 3 \\ a & 6 \end{pmatrix}\begin{pmatrix} 3 & -6 \\ 2 & b \end{pmatrix}$$
$$=\begin{pmatrix} (-2)\cdot 3+3\cdot 2 & (-2)\cdot(-6)+3\cdot b \\ a\cdot 3+6\cdot 2 & a\cdot(-6)+6\cdot b \end{pmatrix}$$
$$=\begin{pmatrix} 0 & 3b+12 \\ 3a+12 & -6a+6b \end{pmatrix}$$
$$BA=\begin{pmatrix} 3 & -6 \\ 2 & b \end{pmatrix}\begin{pmatrix} -2 & 3 \\ a & 6 \end{pmatrix}$$
$$=\begin{pmatrix} 3\cdot(-2)+(-6)\cdot a & 3\cdot 3+(-6)\cdot 6 \\ 2\cdot(-2)+b\cdot a & 2\cdot 3+b\cdot 6 \end{pmatrix}$$
$$=\begin{pmatrix} -6a-6 & -27 \\ ab-4 & 6b+6 \end{pmatrix}$$

よって，$AB=O$ の場合のみ考えられ，$BA=O$ の場合は考えられない。

$AB=O$ から　　$3b+12=0$，$3a+12=0$，$-6a+6b=0$

ゆえに　　$\boldsymbol{a=-4}$，$\boldsymbol{b=-4}$

INFORMATION

$AB=O$ のとき，A は B の左零因子である，または B は A の右零因子であるという。また，$BA=O$ のとき，A は B の右零因子である，または B は A の左零因子であるという。

PRACTICE … 07

O_2 を 2×2 零行列，O_3 を 3×3 零行列，$O_{2\times 3}$ を 2×3 零行列とするとき，任意の 2×3 行列 A に対して，$AO_3=O_{2\times 3}$，$O_2A=O_{2\times 3}$ が成り立つことを示せ。

3 いろいろな行列

基本事項

A 単位行列

平面上の任意の点Pを点Pそれ自身に移す変換を **恒等変換** という。

定義 単位行列

正方行列で，対角成分がすべて1で，その他の成分がすべて0である行列を **単位行列** という。
以降，n 次単位行列を E_n と表す（特に問題がない場合は単に E と表す）。

$$\begin{pmatrix} 1 & 0 & \cdots & 0 \\ 0 & 1 & \ddots & \vdots \\ \vdots & \ddots & \ddots & 0 \\ 0 & \cdots & 0 & 1 \end{pmatrix}$$

定理 単位行列の性質

A を n 次正方行列とするとき，$AE_n=E_nA=A$ が成り立つ。

積に関して交換法則が成り立つことを，積に関して **可換** であるという。

B 逆行列と正則行列

定義 逆行列

A を n 次正方行列とする。行列 A に対して，ある行列 X が存在して，$XA=AX=E_n$ となるとき，行列 X を行列 A の **逆行列** といい，A^{-1} と表す。

任意の正方行列に対して，その逆行列が存在するとは限らないが，もし存在するならば一意的である。

定義 正則行列

A を n 次正方行列とする。行列 A が逆行列をもつとき，すなわち，行列 A に対して，ある行列 X が存在して，$XA=AX=E_n$ となるとき，行列 A を **正則行列** という。

定理 逆行列の性質

A，B を正則な n 次正方行列とするとき，次が成り立つ。
[1] $A^{-1}A=AA^{-1}=E_n$ である。
[2] $AB=E_n$ ならば $B=A^{-1}$，$A=B^{-1}$ である。
[3] $(A^{-1})^{-1}=A$ である。
[4] $(AB)^{-1}=B^{-1}A^{-1}$ である。
[5] $k \neq 0$ のとき，$(kA)^{-1}=\frac{1}{k}A^{-1}$ である。

定理　2次正方行列の逆行列の性質

$A=\begin{pmatrix} a & b \\ c & d \end{pmatrix}$ とするとき，次が成り立つ。

[1]　$ad-bc \neq 0$ のとき，行列Aは正則であり，$A^{-1}=\dfrac{1}{ad-bc}\begin{pmatrix} d & -b \\ -c & a \end{pmatrix}$ となる。

[2]　$ad-bc=0$ のとき，行列Aは正則でない。

fを平面上の変換とする。変換fに対して，ある変換gが存在して，$g \circ f$，$f \circ g$ がともに恒等変換であるとき，変換gを変換fの **逆変換** といい，f^{-1} と表す。

C　転置行列

定義　転置行列

Aを $m \times n$ 行列とするとき，Aの行と列を入れ替えた行列を，Aの **転置行列** といい，

${}^t\!A$ と表す。例えば，$A=\begin{pmatrix} a_{11} & a_{12} & \cdots & a_{1n} \\ a_{21} & a_{22} & \cdots & a_{2n} \\ \vdots & \vdots & & \vdots \\ a_{m1} & a_{m2} & \cdots & a_{mn} \end{pmatrix}$ とすると，${}^t\!A=\begin{pmatrix} a_{11} & a_{21} & \cdots & a_{m1} \\ a_{12} & a_{22} & \cdots & a_{m2} \\ \vdots & \vdots & & \vdots \\ a_{1n} & a_{2n} & \cdots & a_{mn} \end{pmatrix}$ である。

定理　転置行列の性質

[1]　Aを $m \times n$ 行列とするとき，${}^t({}^t\!A)=A$ である。
[2]　A，Bを $m \times n$ 行列とするとき，${}^t(A+B)={}^t\!A+{}^t\!B$ である。
[3]　Aを $m \times n$ 行列，$k \in \mathbb{R}$ とするとき，${}^t(kA)=k\,{}^t\!A$ である。
[4]　Aを $m \times n$ 行列，Bを $n \times l$ 行列とするとき，${}^t(AB)={}^t\!B\,{}^t\!A$ である。

D　三角行列，対角行列

定義　上三角行列・下三角行列・対角行列

Aをn次正方行列とし，その $(i,\ j)$ 成分を a_{ij} $(1 \leqq i \leqq n,\ 1 \leqq j \leqq n)$ とする。$i>j$ に対して $a_{ij}=0$ であるような行列Aを **上三角行列** という。同様に，$i<j$ に対して $a_{ij}=0$ であるような行列Aを **下三角行列** という。更に，上三角行列でも下三角行列でもある行列A，すなわち $i \neq j$ に対して $a_{ij}=0$ である行列Aを **対角行列** という。

$$\begin{pmatrix} a_{11} & & & \\ & a_{22} & & \\ & & \ddots & \\ \text{\huge 0} & & & a_{nn} \end{pmatrix} \qquad \begin{pmatrix} a_{11} & & & \text{\huge 0} \\ & a_{22} & & \\ & & \ddots & \\ & & & a_{nn} \end{pmatrix} \qquad \begin{pmatrix} a_{11} & & & \text{\huge 0} \\ & a_{22} & & \\ & & \ddots & \\ \text{\huge 0} & & & a_{nn} \end{pmatrix}$$

上三角行列　　　下三角行列　　　対角行列

定理　対角行列のべき乗

$A=\begin{pmatrix} d_1 & & & \\ & d_2 & & \\ & & \ddots & \\ & & & d_n \end{pmatrix}$ とするとき，$A^m=\begin{pmatrix} {d_1}^m & & & \\ & {d_2}^m & & \\ & & \ddots & \\ & & & {d_n}^m \end{pmatrix}$ (m は自然数) である。

基本 例題 017 単位行列の性質 ★☆☆

任意の 3 次正方行列 Y に対して，$YE_3=E_3Y=Y$ を示せ。 p.28 基本事項A

GUIDE & SOLUTION

$Y=\begin{pmatrix} a & b & c \\ d & e & f \\ g & h & i \end{pmatrix}$ として考えるとよい。

E_3Y を計算する際は，一般の行列の積の定義に従って計算する。

解答

$Y=\begin{pmatrix} a & b & c \\ d & e & f \\ g & h & i \end{pmatrix}$ とすると

$$\begin{aligned}
YE_3&=\begin{pmatrix} a & b & c \\ d & e & f \\ g & h & i \end{pmatrix}\begin{pmatrix} 1 & 0 & 0 \\ 0 & 1 & 0 \\ 0 & 0 & 1 \end{pmatrix}\\
&=\begin{pmatrix} a\cdot1+b\cdot0+c\cdot0 & a\cdot0+b\cdot1+c\cdot0 & a\cdot0+b\cdot0+c\cdot1 \\ d\cdot1+e\cdot0+f\cdot0 & d\cdot0+e\cdot1+f\cdot0 & d\cdot0+e\cdot0+f\cdot1 \\ g\cdot1+h\cdot0+i\cdot0 & g\cdot0+h\cdot1+i\cdot0 & g\cdot0+h\cdot0+i\cdot1 \end{pmatrix}\\
&=\begin{pmatrix} a & b & c \\ d & e & f \\ g & h & i \end{pmatrix}\\
&=Y
\end{aligned}$$

$$\begin{aligned}
E_3Y&=\begin{pmatrix} 1 & 0 & 0 \\ 0 & 1 & 0 \\ 0 & 0 & 1 \end{pmatrix}\begin{pmatrix} a & b & c \\ d & e & f \\ g & h & i \end{pmatrix}\\
&=\begin{pmatrix} 1\cdot a+0\cdot d+0\cdot g & 1\cdot b+0\cdot e+0\cdot h & 1\cdot c+0\cdot f+0\cdot i \\ 0\cdot a+1\cdot d+0\cdot g & 0\cdot b+1\cdot e+0\cdot h & 0\cdot c+1\cdot f+0\cdot i \\ 0\cdot a+0\cdot d+1\cdot g & 0\cdot b+0\cdot e+1\cdot h & 0\cdot c+0\cdot f+1\cdot i \end{pmatrix}\\
&=\begin{pmatrix} a & b & c \\ d & e & f \\ g & h & i \end{pmatrix}\\
&=Y
\end{aligned}$$

よって　$YE_3=E_3Y=Y$ ■

INFORMATION

28 ページの単位行列の性質が成り立つことも同様にして確かめられる。

基本 例題 018 単位行列を含む行列の計算 ★☆☆

$A=\begin{pmatrix} 1 & -2 & 3 \\ 0 & 3 & 0 \\ -3 & 2 & 1 \end{pmatrix}$, $E=\begin{pmatrix} 1 & 0 & 0 \\ 0 & 1 & 0 \\ 0 & 0 & 1 \end{pmatrix}$ とするとき，$(2A-2E)(A-5E)$ を計算せよ。

p. 28 基本事項A

GUIDE & SOLUTION

与えられた式が簡単に変形できるため，先に与えられた式を変形してから成分表示された行列を代入する。

解答

$$A^2$$
$$=\begin{pmatrix} 1 & -2 & 3 \\ 0 & 3 & 0 \\ -3 & 2 & 1 \end{pmatrix}\begin{pmatrix} 1 & -2 & 3 \\ 0 & 3 & 0 \\ -3 & 2 & 1 \end{pmatrix}$$
$$=\begin{pmatrix} 1\cdot1+(-2)\cdot0+3\cdot(-3) & 1\cdot(-2)+(-2)\cdot3+3\cdot2 & 1\cdot3+(-2)\cdot0+3\cdot1 \\ 0\cdot1+3\cdot0+0\cdot(-3) & 0\cdot(-2)+3\cdot3+0\cdot2 & 0\cdot3+3\cdot0+0\cdot1 \\ (-3)\cdot1+2\cdot0+1\cdot(-3) & (-3)\cdot(-2)+2\cdot3+1\cdot2 & (-3)\cdot3+2\cdot0+1\cdot1 \end{pmatrix}=\begin{pmatrix} -8 & -2 & 6 \\ 0 & 9 & 0 \\ -6 & 14 & -8 \end{pmatrix}$$

$$(2A-2E)(A-5E)$$
$$=2A(A-5E)-2E(A-5E)$$
$$=2A^2-10A-2A+10E$$
$$=2A^2-12A+10E$$
$$=2\begin{pmatrix} -8 & -2 & 6 \\ 0 & 9 & 0 \\ -6 & 14 & -8 \end{pmatrix}-12\begin{pmatrix} 1 & -2 & 3 \\ 0 & 3 & 0 \\ -3 & 2 & 1 \end{pmatrix}+10\begin{pmatrix} 1 & 0 & 0 \\ 0 & 1 & 0 \\ 0 & 0 & 1 \end{pmatrix}$$
$$=\begin{pmatrix} 2\cdot(-8) & 2\cdot(-2) & 2\cdot6 \\ 2\cdot0 & 2\cdot9 & 2\cdot0 \\ 2\cdot(-6) & 2\cdot14 & 2\cdot(-8) \end{pmatrix}-\begin{pmatrix} 12\cdot1 & 12\cdot(-2) & 12\cdot3 \\ 12\cdot0 & 12\cdot3 & 12\cdot0 \\ 12\cdot(-3) & 12\cdot2 & 12\cdot1 \end{pmatrix}+\begin{pmatrix} 10\cdot1 & 10\cdot0 & 10\cdot0 \\ 10\cdot0 & 10\cdot1 & 10\cdot0 \\ 10\cdot0 & 10\cdot0 & 10\cdot1 \end{pmatrix}$$
$$=\begin{pmatrix} -16 & -4 & 12 \\ 0 & 18 & 0 \\ -12 & 28 & -16 \end{pmatrix}-\begin{pmatrix} 12 & -24 & 36 \\ 0 & 36 & 0 \\ -36 & 24 & 12 \end{pmatrix}+\begin{pmatrix} 10 & 0 & 0 \\ 0 & 10 & 0 \\ 0 & 0 & 10 \end{pmatrix}$$
$$=\begin{pmatrix} -16-12+10 & -4-(-24)+0 & 12-36+0 \\ 0-0+0 & 18-36+10 & 0-0+0 \\ -12-(-36)+0 & 28-24+0 & -16-12+10 \end{pmatrix}=\begin{pmatrix} \mathbf{-18} & \mathbf{20} & \mathbf{-24} \\ \mathbf{0} & \mathbf{-8} & \mathbf{0} \\ \mathbf{24} & \mathbf{4} & \mathbf{-18} \end{pmatrix}$$

PRACTICE … 08

$A=\begin{pmatrix} 1 & -2 & 3 \\ 0 & 3 & 0 \\ -3 & 2 & 1 \end{pmatrix}$, $B=\begin{pmatrix} 1 & 0 & 1 \\ 2 & 0 & -2 \\ 1 & -1 & 3 \end{pmatrix}$, $E=\begin{pmatrix} 1 & 0 & 0 \\ 0 & 1 & 0 \\ 0 & 0 & 1 \end{pmatrix}$ とするとき，次を計算せよ。

(1) $A(3B-5E)+EB$　　(2) $BAB-E^3$

基本 例題 019 逆行列 ★☆☆

$\begin{pmatrix} \frac{3}{2} & -1 \\ -\frac{5}{2} & 2 \end{pmatrix}$ が $\begin{pmatrix} 4 & 2 \\ 5 & 3 \end{pmatrix}$ の逆行列であることを，定義に基づいて確かめよ。

p. 28 基本事項B

GUIDE & SOLUTION

逆行列の定義に従って

$$\begin{pmatrix} \frac{3}{2} & -1 \\ -\frac{5}{2} & 2 \end{pmatrix}\begin{pmatrix} 4 & 2 \\ 5 & 3 \end{pmatrix}=\begin{pmatrix} 4 & 2 \\ 5 & 3 \end{pmatrix}\begin{pmatrix} \frac{3}{2} & -1 \\ -\frac{5}{2} & 2 \end{pmatrix}=\begin{pmatrix} 1 & 0 \\ 0 & 1 \end{pmatrix}$$

となることを確かめる。

$\begin{pmatrix} \frac{3}{2} & -1 \\ -\frac{5}{2} & 2 \end{pmatrix}\begin{pmatrix} 4 & 2 \\ 5 & 3 \end{pmatrix}$，$\begin{pmatrix} 4 & 2 \\ 5 & 3 \end{pmatrix}\begin{pmatrix} \frac{3}{2} & -1 \\ -\frac{5}{2} & 2 \end{pmatrix}$ は 2×2 行列の積の定義に従って計算する。

解答

$$\begin{pmatrix} \frac{3}{2} & -1 \\ -\frac{5}{2} & 2 \end{pmatrix}\begin{pmatrix} 4 & 2 \\ 5 & 3 \end{pmatrix}=\begin{pmatrix} \frac{3}{2}\cdot 4+(-1)\cdot 5 & \frac{3}{2}\cdot 2+(-1)\cdot 3 \\ \left(-\frac{5}{2}\right)\cdot 4+2\cdot 5 & \left(-\frac{5}{2}\right)\cdot 2+2\cdot 3 \end{pmatrix}=\begin{pmatrix} 1 & 0 \\ 0 & 1 \end{pmatrix}$$

$$\begin{pmatrix} 4 & 2 \\ 5 & 3 \end{pmatrix}\begin{pmatrix} \frac{3}{2} & -1 \\ -\frac{5}{2} & 2 \end{pmatrix}=\begin{pmatrix} 4\cdot\frac{3}{2}+2\cdot\left(-\frac{5}{2}\right) & 4\cdot(-1)+2\cdot 2 \\ 5\cdot\frac{3}{2}+3\cdot\left(-\frac{5}{2}\right) & 5\cdot(-1)+3\cdot 2 \end{pmatrix}=\begin{pmatrix} 1 & 0 \\ 0 & 1 \end{pmatrix}$$

よって，$\begin{pmatrix} \frac{3}{2} & -1 \\ -\frac{5}{2} & 2 \end{pmatrix}$ は $\begin{pmatrix} 4 & 2 \\ 5 & 3 \end{pmatrix}$ の逆行列である。■

補足　行列 $\begin{pmatrix} 4 & 2 \\ 5 & 3 \end{pmatrix}$ の逆行列として，行列 $\begin{pmatrix} \frac{3}{2} & -1 \\ -\frac{5}{2} & 2 \end{pmatrix}$ は次のように求められる。

$$\frac{1}{4\cdot 3-2\cdot 5}\begin{pmatrix} 3 & -2 \\ -5 & 4 \end{pmatrix}=\begin{pmatrix} \frac{3}{2} & -1 \\ -\frac{5}{2} & 2 \end{pmatrix}$$

PRACTICE … 09

$\begin{pmatrix} \cos\theta & \sin\theta \\ -\sin\theta & \cos\theta \end{pmatrix}$ が $\begin{pmatrix} \cos\theta & -\sin\theta \\ \sin\theta & \cos\theta \end{pmatrix}$ の逆行列であることを，定義に基づいて確かめよ。

基本 例題 020 逆行列の存在 ★☆☆

次の行列は逆行列をもつか調べ，もつ場合にはそれを求めよ。

(1) $\begin{pmatrix} 0 & 1 \\ -1 & 1 \end{pmatrix}$　　(2) $\begin{pmatrix} 2 & 3 \\ 4 & 5 \end{pmatrix}$

(3) $\begin{pmatrix} 6 & 9 \\ -4 & -6 \end{pmatrix}$　　(4) $\begin{pmatrix} 4 & -2 \\ 8 & -4 \end{pmatrix}$

p. 29 基本事項B

GUIDE & SOLUTION

2 次正方行列の逆行列の性質の定理を用いて考える。

解答

(1) $0\cdot1-1\cdot(-1)=1\neq0$

よって，行列 $\begin{pmatrix} \mathbf{0} & \mathbf{1} \\ \mathbf{-1} & \mathbf{1} \end{pmatrix}$ は逆行列をもつ。

行列 $\begin{pmatrix} 0 & 1 \\ -1 & 1 \end{pmatrix}$ の逆行列は

$$\frac{1}{1}\begin{pmatrix} 1 & -1 \\ -(-1) & 0 \end{pmatrix}=\begin{pmatrix} \mathbf{1} & \mathbf{-1} \\ \mathbf{1} & \mathbf{0} \end{pmatrix}$$

(2) $2\cdot5-3\cdot4=-2\neq0$

よって，行列 $\begin{pmatrix} \mathbf{2} & \mathbf{3} \\ \mathbf{4} & \mathbf{5} \end{pmatrix}$ は逆行列をもつ。

行列 $\begin{pmatrix} 2 & 3 \\ 4 & 5 \end{pmatrix}$ の逆行列は

$$\frac{1}{-2}\begin{pmatrix} 5 & -3 \\ -4 & 2 \end{pmatrix}=\begin{pmatrix} -\frac{\mathbf{5}}{\mathbf{2}} & \frac{\mathbf{3}}{\mathbf{2}} \\ \mathbf{2} & \mathbf{-1} \end{pmatrix}$$

(3) $6\cdot(-6)-9\cdot(-4)=0$

よって，行列 $\begin{pmatrix} \mathbf{6} & \mathbf{9} \\ \mathbf{-4} & \mathbf{-6} \end{pmatrix}$ は逆行列をもたない。

(4) $4\cdot(-4)-(-2)\cdot8=0$

よって，行列 $\begin{pmatrix} \mathbf{4} & \mathbf{-2} \\ \mathbf{8} & \mathbf{-4} \end{pmatrix}$ は逆行列をもたない。

PRACTICE … 10

行列 $\begin{pmatrix} 1 & 0 & 1 \\ -2 & 1 & 0 \\ 2 & -1 & 1 \end{pmatrix}$ は逆行列をもつか調べ，もつ場合にはそれを求めよ。

基本 例題 021 逆行列の性質(1) ★☆☆

次の問いに答えよ。

(1) n 次正方行列 A，B がそれぞれ逆行列 A^{-1}，B^{-1} をもつとする。このとき，$A=2B$ が成り立つならば，$2A^{-1}=B^{-1}$ が成り立つことを示せ。

(2) 零行列でない正方行列 A，B について，$AB=O$ が成り立つならば，A は正則でないことを示せ。

(3) 行列 A，B，C がそれぞれ逆行列 A^{-1}，B^{-1}，C^{-1} をもつとき，積 ABC の逆行列が $C^{-1}B^{-1}A^{-1}$ であることを示せ。

◢ p. 28 基本事項B

GUIDE & SOLUTION

(1) 逆行列の定義に従って考える。行列 A，B がそれぞれ逆行列 A^{-1}，B^{-1} をもつから，$AA^{-1}=E$，$B^{-1}B=E$ または $A^{-1}A=E$，$BB^{-1}=E$ となることを念頭におく。

(2) 正則行列の定義に従って背理法により示す。行列 A が正則である，すなわち，行列 A が逆行列をもつと仮定し，その逆行列を A^{-1} とすると，$A^{-1}A=E$ が成り立つ。そこで，与えられた等式 $AB=O$ の両辺に左から A^{-1} を掛けると，$B=O$ となり，これは行列 B が零行列でないことに矛盾する。

(3) 行列 A，B，C がそれぞれ逆行列 A^{-1}，B^{-1}，C^{-1} をもつから，
$A^{-1}A=AA^{-1}=E$，$B^{-1}B=BB^{-1}=E$，$C^{-1}C=CC^{-1}=E$ が成り立つことを念頭におく。このもとで，$(ABC)(C^{-1}B^{-1}A^{-1})=E$，$(C^{-1}B^{-1}A^{-1})(ABC)=E$ となる。これで積 ABC の逆行列が $C^{-1}B^{-1}A^{-1}$ であることが示される。

CHART **証明の問題** 結論からお迎えにいく

解答

(1) 行列 A は逆行列 A^{-1} をもつから　$AA^{-1}=E$

$A=2B$ から　$2BA^{-1}=E$ ……(＊)

行列 B の逆行列 B^{-1} を(＊)の両辺に左から掛けると　$2A^{-1}=B^{-1}$ ■

(2) 背理法により示す。

行列 A が正則である，すなわち，行列 A が逆行列をもつと仮定する。

行列 A の逆行列を A^{-1} とし，A^{-1} を $AB=O$ の両辺に左から掛けると　$B=O$

これは，B が零行列でないことに矛盾する。

よって，$AB=O$ が成り立つならば，行列 A は正則でない。■

(3)
$$\begin{aligned}(ABC)(C^{-1}B^{-1}A^{-1})&=AB(CC^{-1})B^{-1}A^{-1}=ABEB^{-1}A^{-1}\\&=A(BB^{-1})A^{-1}=AEA^{-1}=AA^{-1}=E\end{aligned}$$
$$\begin{aligned}(C^{-1}B^{-1}A^{-1})(ABC)&=C^{-1}B^{-1}(A^{-1}A)BC=C^{-1}B^{-1}EBC\\&=C^{-1}(B^{-1}B)C=C^{-1}EC=C^{-1}C=E\end{aligned}$$

よって，積 ABC の逆行列は $C^{-1}B^{-1}A^{-1}$ である。■

重要 例題 022 逆行列の性質 (2) ★★☆

Aを，実数を成分とする 2×2 行列とする。

(1) $A^2=E$ を満たすとき，行列Aを求めよ。

(2) $A^2=-E$ を満たすとき，行列Aを求めよ。

p. 28 基本事項B

GUIDE & SOLUTION

p, q, r, sを実数として，$A=\begin{pmatrix} p & q \\ r & s \end{pmatrix}$とする。

(1) $A^2=E$ から，行列Aは正則であり，その逆行列を A^{-1} とすると，$A^{-1}=A$ となる。

(2) $A^2=-E$ から，$(-A)A=A(-A)=E$ より，行列Aは正則であり，$A^{-1}=-A$ となる。

解答

p, q, r, sを実数として，$A=\begin{pmatrix} p & q \\ r & s \end{pmatrix}$とする。

(1) $A^2=E$ から，行列Aは正則であり，その逆行列を A^{-1} とすると，$A^{-1}=A$ ……① となる。

行列Aは正則であるから　$ps-qr\neq 0$ ……②

また　$A^{-1}=\dfrac{1}{ps-qr}\begin{pmatrix} s & -q \\ -r & p \end{pmatrix}=\begin{pmatrix} \dfrac{s}{ps-qr} & -\dfrac{q}{ps-qr} \\ -\dfrac{r}{ps-qr} & \dfrac{p}{ps-qr} \end{pmatrix}$

①から
$$\begin{cases} \dfrac{s}{ps-qr}=p & \cdots\cdots ③ \\ -\dfrac{q}{ps-qr}=q & \cdots\cdots ④ \\ -\dfrac{r}{ps-qr}=r & \cdots\cdots ⑤ \\ \dfrac{p}{ps-qr}=s & \cdots\cdots ⑥ \end{cases}$$

④から　$q(ps-qr+1)=0$

[1] $q=0$ のとき

②から　$ps\neq 0$

③から　$p^2=1$

よって　$p=\pm 1$

⑥から　$s^2=1$

よって　$s=\pm 1$

⑤から　$r(ps+1)=0$

(ア) $ps \neq -1$ のとき，$r=0$ である。

このとき　$p=1,\ s=1$　または　$p=-1,\ s=-1$

(イ) $ps=-1$ のとき，r は任意の実数である。

このとき　$p=1,\ s=-1$　または　$p=-1,\ s=1$

よって　$\boldsymbol{A=\begin{pmatrix} \pm 1 & 0 \\ 0 & \pm 1 \end{pmatrix},\ \begin{pmatrix} \pm 1 & 0 \\ r & \mp 1 \end{pmatrix}}$ **(r は任意の実数)（どちらも複号同順）**

[2]　$q \neq 0$ のとき　$ps-qr=-1$　…… ⑦

④，⑤ は成り立つ。

③，⑥ から　$s=-p$

これを ⑦ に代入すると，$-p^2-qr=-1$ であるから　$r=-\dfrac{p^2-1}{q}$

よって　$\boldsymbol{A=\begin{pmatrix} p & q \\ -\dfrac{p^2-1}{q} & -p \end{pmatrix}}$ **(p は任意の実数，q は 0 でない任意の実数)**

(2)　$A^2=-E$ から，$(-A)A=A(-A)=E$ より，行列 A は正則であり，(1) と同様にその逆行列を A^{-1} とすると，$A^{-1}=-A$　…… ⑧ となる。

行列 A は正則であるから　$ps-qr \neq 0$　…… ②

$-A=\begin{pmatrix} -p & -q \\ -r & -s \end{pmatrix}$ であり，(1) と同様にして，⑧ から

$$\begin{cases} \dfrac{s}{ps-qr}=-p & \cdots\cdots ⑨ \\ -\dfrac{q}{ps-qr}=-q & \cdots\cdots ⑩ \\ -\dfrac{r}{ps-qr}=-r & \cdots\cdots ⑪ \\ \dfrac{p}{ps-qr}=-s & \cdots\cdots ⑫ \end{cases}$$

⑩ から　$q(ps-qr-1)=0$

[1]　$q=0$ のとき

② から　$ps \neq 0$

⑨ から　$p^2=-1$

ところが，これを満たす実数 p の値は存在しない。

[2]　$q \neq 0$ のとき　$ps-qr=1$　…… ⑬

⑩，⑪ は成り立つ。

⑨，⑫ から　$s=-p$

これを ⑬ に代入すると，$-p^2-qr=1$ であるから　$r=-\dfrac{p^2+1}{q}$

よって　$\boldsymbol{A=\begin{pmatrix} p & q \\ -\dfrac{p^2+1}{q} & -p \end{pmatrix}}$ **(p は任意の実数，q は 0 でない任意の実数)**

基本 例題 023 区分けされた行列の積 ★★☆

$2l\times 2m$ 行列 $A=\begin{pmatrix} a_{11} & \cdots & a_{1m} & 0 & \cdots & 0 \\ \vdots & & \vdots & \vdots & & \vdots \\ a_{l1} & \cdots & a_{lm} & 0 & \cdots & 0 \\ 0 & \cdots & 0 & a_{l+1\,m+1} & \cdots & a_{l+1\,2m} \\ \vdots & & \vdots & \vdots & & \vdots \\ 0 & \cdots & 0 & a_{2l\,m+1} & \cdots & a_{2l\,2m} \end{pmatrix}$ に対して，$A_1=\begin{pmatrix} a_{11} & \cdots & a_{1m} \\ \vdots & & \vdots \\ a_{l1} & \cdots & a_{lm} \end{pmatrix}$,

$A_2=\begin{pmatrix} a_{l+1\,m+1} & \cdots & a_{l+1\,2m} \\ \vdots & & \vdots \\ a_{2l\,m+1} & \cdots & a_{2l\,2m} \end{pmatrix}$ とする。同様に，$2m\times 2n$ 行列

$B=\begin{pmatrix} b_{11} & \cdots & b_{1n} & 0 & \cdots & 0 \\ \vdots & & \vdots & \vdots & & \vdots \\ b_{m1} & \cdots & b_{mn} & 0 & \cdots & 0 \\ 0 & \cdots & 0 & b_{m+1\,n+1} & \cdots & b_{m+1\,2n} \\ \vdots & & \vdots & \vdots & & \vdots \\ 0 & \cdots & 0 & b_{2m\,n+1} & \cdots & b_{2m\,2n} \end{pmatrix}$ に対して，$B_1=\begin{pmatrix} b_{11} & \cdots & b_{1n} \\ \vdots & & \vdots \\ b_{m1} & \cdots & b_{mn} \end{pmatrix}$,

$B_2=\begin{pmatrix} b_{m+1\,n+1} & \cdots & b_{m+1\,2n} \\ \vdots & & \vdots \\ b_{2m\,n+1} & \cdots & b_{2m\,2n} \end{pmatrix}$ とする。このとき，$AB=\begin{pmatrix} A_1B_1 & O \\ O & A_2B_2 \end{pmatrix}$ となることを示せ。

GUIDE & SOLUTION

成分が 0 のものも含めて，行列 A，B の $(i,\ j)$ 成分をそれぞれ a_{ij}，b_{ij} とし，AB の $(i,\ j)$ 成分を a_{ij}，b_{ij} を用いて表す。
その際に，場合分けが生じることに注意する。

解答

成分が 0 のものも含めて，行列 A，B の $(i,\ j)$ 成分をそれぞれ a_{ij}，b_{ij} とする。

AB の $(i,\ j)$ 成分は　$\displaystyle\sum_{k=1}^{2m} a_{ik}b_{kj}$

[1]　$1\leqq i\leqq l$，$1\leqq j\leqq n$ のとき

$m+1\leqq k\leqq 2m$ に対して $a_{ik}=0$，$b_{kj}=0$ であるから　$\displaystyle\sum_{k=1}^{2m} a_{ik}b_{kj}=\sum_{k=1}^{m} a_{ik}b_{kj}$

[2]　$1\leqq i\leqq l$，$n+1\leqq j\leqq 2n$ のとき

$m+1\leqq k\leqq 2m$ に対して $a_{ik}=0$，$1\leqq k\leqq m$ に対して $b_{kj}=0$ であるから　$\displaystyle\sum_{k=1}^{2m} a_{ik}b_{kj}=0$

[3]　$l+1\leqq i\leqq 2l$，$1\leqq j\leqq n$ のとき

$1\leqq k\leqq m$ に対して $a_{ik}=0$，$m+1\leqq k\leqq 2m$ に対して $b_{kj}=0$ であるから　$\displaystyle\sum_{k=1}^{2m} a_{ik}b_{kj}=0$

[4]　$l+1\leqq i\leqq 2l$，$n+1\leqq j\leqq 2n$ のとき

$1\leqq k\leqq m$ に対して $a_{ik}=0$，$b_{kj}=0$ であるから　$\displaystyle\sum_{k=1}^{2m} a_{ik}b_{kj}=\sum_{k=m+1}^{2m} a_{ik}b_{kj}$

以上から　$AB=\begin{pmatrix} A_1B_1 & O \\ O & A_2B_2 \end{pmatrix}$ ■

◀39 ページの INFORMATION を参照。

重要 例題 024 区分けされた行列の逆行列 ★★☆

A，B，C を n 次正方行列，O を n 次零行列とし，$P=\begin{pmatrix} A & B \\ O & C \end{pmatrix}$ とする。行列 P が正則であるための必要十分条件は行列 A，C がともに正則であることを示し，行列 P の逆行列を求めよ。ただし，X，Y を n 次正方行列，E_n を n 次単位行列とするとき，$XY=E_n$ が成り立つならば，$YX=E_n$ が成り立つことを利用してもよい。

GUIDE & SOLUTION

「行列 P が正則である」$\Longrightarrow$「行列 A，C がともに正則である」と「行列 A，C がともに正則である」$\Longrightarrow$「行列 P が正則である」をそれぞれ示す。前者を示す際，行列 P の逆行列を P^{-1} とすると，S，T，U，V を n 次正方行列として，$P^{-1}=\begin{pmatrix} S & T \\ U & V \end{pmatrix}$ と表されることを念頭におく。

解答

$2n$ 次単位行列を E_{2n} とする。
行列 P が正則であるとする。
行列 P の逆行列を P^{-1} とすると，$P^{-1}P=E_{2n}$ である。
ただし，S，T，U，V を n 次正方行列として，$P^{-1}=\begin{pmatrix} S & T \\ U & V \end{pmatrix}$ と表される。

ここで　$P^{-1}P=\begin{pmatrix} S & T \\ U & V \end{pmatrix}\begin{pmatrix} A & B \\ O & C \end{pmatrix}=\begin{pmatrix} SA & SB+TC \\ UA & UB+VC \end{pmatrix}$

また　$E_{2n}=\begin{pmatrix} E_n & O \\ O & E_n \end{pmatrix}$

よって　$\begin{cases} SA=E_n & \cdots\cdots ① \\ SB+TC=O & \cdots\cdots ② \\ UA=O & \cdots\cdots ③ \\ UB+VC=E_n & \cdots\cdots ④ \end{cases}$

① から，$AS=E_n$ も成り立つから，行列 A は正則であり，その逆行列を A^{-1} とすると

$$S=A^{-1} \quad \cdots\cdots ⑤$$

③ の両辺に右から A^{-1} を掛けると　$U=O$ ……⑥
⑥ を ④ に代入すると　$VC=E_n$
よって，$CV=E_n$ も成り立つから，行列 C は正則であり，その逆行列を C^{-1} とすると

$$V=C^{-1}$$

⑤ を ② に代入すると　$A^{-1}B+TC=O$ ……⑦
⑦ の両辺に右から C^{-1} を掛けると　$A^{-1}BC^{-1}+T=O$
よって　$T=-A^{-1}BC^{-1}$

ゆえに　$P^{-1}=\begin{pmatrix} A^{-1} & -A^{-1}BC^{-1} \\ O & C^{-1} \end{pmatrix}$

逆に，行列 A，C がともに正則であるとする。

行列 A，C の逆行列をそれぞれ A^{-1}，C^{-1} とし，$Q=\begin{pmatrix} A^{-1} & -A^{-1}BC^{-1} \\ O & C^{-1} \end{pmatrix}$ とすると

$$QP=\begin{pmatrix} A^{-1} & -A^{-1}BC^{-1} \\ O & C^{-1} \end{pmatrix}\begin{pmatrix} A & B \\ O & C \end{pmatrix}$$
$$=\begin{pmatrix} E_n & O \\ O & E_n \end{pmatrix}=E_{2n}$$
$$PQ=\begin{pmatrix} A & B \\ O & C \end{pmatrix}\begin{pmatrix} A^{-1} & -A^{-1}BC^{-1} \\ O & C^{-1} \end{pmatrix}$$
$$=\begin{pmatrix} E_n & O \\ O & E_n \end{pmatrix}=E_{2n}$$

よって，行列 P は正則である。

また，行列 P の逆行列は　$\boldsymbol{P^{-1}=\begin{pmatrix} A^{-1} & -A^{-1}BC^{-1} \\ O & C^{-1} \end{pmatrix}}$ ■

研究　A，B，C を n 次正方行列，O を n 次零行列とし，$P=\begin{pmatrix} A & O \\ B & C \end{pmatrix}$ とする。行列 P が正則であるための必要十分条件は行列 A，C がともに正則であることであり，行列 P の逆行列を P^{-1} とすると，$P^{-1}=\begin{pmatrix} A^{-1} & O \\ -C^{-1}BA^{-1} & C^{-1} \end{pmatrix}$ である。

研究　問題文中の「$XY=E_n$ が成り立つならば，$YX=E_n$ が成り立つ」ことは一般的に成り立つ。よって，どちらか一方が得られただけで，行列 X は行列 Y の逆行列である，または行列 Y は行列 X の逆行列であると結論付けることができる。

INFORMATION

基本例題 023，重要例題 024 では，行列を小さなブロックに分けて考えた。

一般に，A を $m\times n$ 行列とし，行列 A を pq 個 $(1\leqq p\leqq m,\ 1\leqq q\leqq n)$ に区分けし，(すなわち，$p-1$ 本の横線と $q-1$ 本の縦線で行列 A を分ける)，上から s 番目，左から t 番目のブロックの行列を B_{st} とすると，行列 A は

$$A=\begin{pmatrix} B_{11} & B_{12} & \cdots & B_{1q} \\ B_{21} & B_{22} & \cdots & B_{2q} \\ \vdots & \vdots & & \vdots \\ B_{p1} & B_{p2} & \cdots & B_{pq} \end{pmatrix}$$

と表される。

これを行列の **区分け（ブロック分け）** という。また，得られた各ブロック B_{st} を行列 A の **小行列** という。

基本 例題 025 逆変換 ★☆☆

次の問いに答えよ。

(1) x 軸に関する対称移動を f とすると，f の逆変換は f 自身である，すなわち，$f^{-1}=f$ であることを，点の座標を考えることにより示せ。

(2) y 軸に関する対称移動を g とすると，g の逆変換は g 自身である，すなわち，$g^{-1}=g$ であることを，点の座標を考えることにより示せ。

(3) 原点に関する対称移動を h とすると，h の逆変換は h 自身である，すなわち，$h^{-1}=h$ であることを，点の座標を考えることにより示せ。

◢ p. 29 基本事項B

GUIDE & SOLUTION

Pを，原点をOとする座標平面上の任意の点とし，その座標を $(x,\ y)$ とする。また，それぞれの1次変換による点Pの像 $f(\mathrm{P})$ を点Qとする。

(1) は次のように考える。点Qの x 座標は点Pの x 座標と同じである。また，点Qの y 座標は点Pの y 座標の (-1) 倍である。よって，点Qの座標は $(x,\ -y)$ である。同様にして，$f\circ f(\mathrm{P})$ すなわち $f(\mathrm{Q})$ の座標は $(x,\ y)$ である。よって，$f\circ f$ は恒等変換であるから，$f^{-1}=f$ である。

(2), (3) も同様にして考える。

解答

Pを，原点をOとする座標平面上の任意の点とし，その座標を $(x,\ y)$ とする。
また，それぞれの1次変換による点Pの像 $f(\mathrm{P})$ を点Qとする。

(1) 点Qの座標は　$(x,\ -y)$

$f\circ f(\mathrm{P})$ すなわち $f(\mathrm{Q})$ の座標は　$(x,\ y)$

よって，$f\circ f$ は恒等変換であるから　$f^{-1}=f$ ■

(2) 点Qの座標は　$(-x,\ y)$

$g\circ g(\mathrm{P})$ すなわち $g(\mathrm{Q})$ の座標は　$(x,\ y)$

よって，$g\circ g$ は恒等変換であるから　$g^{-1}=g$ ■

(3) 点Qの座標は　$(-x,\ -y)$

$h\circ h(\mathrm{P})$ すなわち $h(\mathrm{Q})$ の座標は　$(x,\ y)$

よって，$h\circ h$ は恒等変換であるから　$h^{-1}=h$ ■

基本 例題 026 転置行列の性質 ★☆☆

次の問いに答えよ。

(1) k を実数，A を $l\times m$ 行列とするとき，${}^t(kA)=k{}^tA$ を示せ。

(2) A を $l\times m$ 行列，B を $m\times n$ 行列とするとき，${}^t(AB)={}^tB{}^tA$ を示せ。

(3) A を $l\times m$ 行列，B を $m\times n$ 行列，C を $n\times p$ 行列とするとき，${}^t(ABC)={}^tC{}^tB{}^tA$ を示せ。

p. 29 基本事項C

GUIDE & SOLUTION

(1) 行列 A の $(i,\ j)$ 成分を a_{ij} とすると，${}^tA$ の $(i,\ j)$ 成分は a_{ji} である。また，kA の $(i,\ j)$ 成分は ka_{ij} であるから，${}^t(kA)$ の $(i,\ j)$ 成分は ka_{ji} である。

(2) 行列 A，B の $(i,\ j)$ 成分をそれぞれ a_{ij}，b_{ij} とすると，${}^tA$，${}^tB$ の $(i,\ j)$ 成分はそれぞれ a_{ji}，b_{ji} である。${}^tB{}^tA$ の $(i,\ j)$ 成分が AB の $(j,\ i)$ 成分に一致することを示す。

(3) ${}^t(ABC)={}^t\{(AB)C\}$ と考え，(2) を利用する。

CHART **証明の問題** 結論からお迎えにいく

解答

(1) 行列 A の $(i,\ j)$ 成分を a_{ij} とすると，${}^tA$ の $(i,\ j)$ 成分は a_{ji} である。
また，$k{}^tA$ の $(i,\ j)$ 成分は ka_{ji} である。
よって　${}^t(kA)=k{}^tA$ ■

(2) 行列 A，B の $(i,\ j)$ 成分をそれぞれ a_{ij}，b_{ij} とすると，${}^tA$，${}^tB$ の $(i,\ j)$ 成分はそれぞれ a_{ji}，b_{ji} である。

よって，${}^tB{}^tA$ の $(i,\ j)$ 成分は　$\sum_{k=1}^{m} b_{ki}a_{jk}=\sum_{k=1}^{m} a_{jk}b_{ki}$ ……(＊)

また，AB の $(i,\ j)$ 成分は　$\sum_{k=1}^{m} a_{ik}b_{kj}$

(＊) は AB の $(j,\ i)$ 成分であるから　${}^t(AB)={}^tB{}^tA$ ■

(3) (2) により　${}^t(ABC)={}^t\{(AB)C\}={}^tC\,{}^t(AB)={}^tC{}^tB{}^tA$ ■

INFORMATION

29 ページの転置行列の性質 [1]，[2] は次の通りである。

[1] 行列に行と列の入れ替えを 2 回行えばもとの行列に戻ることから，転置行列の定義より成り立つ。■

[2] 行列 A，B の $(i,\ j)$ 成分が a_{ij}，b_{ij} であるとき，行列 A，B の転置行列 ${}^tA$，${}^tB$ の $(i,\ j)$ 成分は，それぞれ a_{ji}，b_{ji} である。
また，行列 $A+B$ の $(i,\ j)$ 成分は $a_{ij}+b_{ij}$ であるから，行列 $A+B$ の転置行列 ${}^t(A+B)$ の $(i,\ j)$ 成分は $a_{ji}+b_{ji}$ である。
よって，${}^t(A+B)={}^tA+{}^tB$ が成り立つ。■

基本 例題 027 上三角行列・下三角行列 ★☆☆

A，B が 2 次の上三角行列であるとき，AB も上三角行列であることを示せ。
また，A，B が 2 次の下三角行列であるとき，AB も下三角行列であることを示せ。

p. 29 基本事項D

GUIDE & SOLUTION

A，B が 2 次の上三角行列であるとき，$A=\begin{pmatrix} a & b \\ 0 & c \end{pmatrix}$，$B=\begin{pmatrix} d & e \\ 0 & f \end{pmatrix}$ として，AB を計算する。

A，B が 2 次の下三角行列であるとき，$A=\begin{pmatrix} g & 0 \\ h & i \end{pmatrix}$，$B=\begin{pmatrix} j & 0 \\ k & l \end{pmatrix}$ として，AB を計算する。

AB を計算する際は，2×2 行列の積の定義に従って計算する。

解答

$A=\begin{pmatrix} a & b \\ 0 & c \end{pmatrix}$，$B=\begin{pmatrix} d & e \\ 0 & f \end{pmatrix}$ とすると

$$\begin{aligned} AB &= \begin{pmatrix} a & b \\ 0 & c \end{pmatrix}\begin{pmatrix} d & e \\ 0 & f \end{pmatrix} \\ &= \begin{pmatrix} a\cdot d+b\cdot 0 & a\cdot e+b\cdot f \\ 0\cdot d+c\cdot 0 & 0\cdot e+c\cdot f \end{pmatrix} \\ &= \begin{pmatrix} ad & ae+bf \\ 0 & cf \end{pmatrix} \end{aligned}$$

よって，A，B が 2 次の上三角行列であるとき，AB も上三角行列である。■

$A=\begin{pmatrix} g & 0 \\ h & i \end{pmatrix}$，$B=\begin{pmatrix} j & 0 \\ k & l \end{pmatrix}$ とすると

$$\begin{aligned} AB &= \begin{pmatrix} g & 0 \\ h & i \end{pmatrix}\begin{pmatrix} j & 0 \\ k & l \end{pmatrix} \\ &= \begin{pmatrix} g\cdot j+0\cdot k & g\cdot 0+0\cdot l \\ h\cdot j+i\cdot k & h\cdot 0+i\cdot l \end{pmatrix} \\ &= \begin{pmatrix} gj & 0 \\ hj+ik & il \end{pmatrix} \end{aligned}$$

よって，A，B が 2 次の下三角行列であるとき，AB も下三角行列である。■

研究 A，B が n 次の上三角行列であるとき，AB も上三角行列である。また，A，B が n 次の下三角行列であるとき，AB の下三角行列である。

EXERCISES

1 Aを2次正方行列，Eを2次単位行列とする。$E+A$，$E-A$ がともに逆行列をもたないならば，$A^2=E$ であることを示せ。

2 Aを零行列でない2次正方行列，Oを 2×2 零行列とする。行列Aが正則でないならば，零行列でない2次正方行列Bが存在して $AB=O$ となることを示せ。

3 次を満たす行列 A，B の例を挙げよ。

(1) $A+B$ は定義されるが，AB は定義されない。

(2) AB は定義されるが，$A+B$ は定義されない。

(3) AB は定義されるが，BA は定義されない。

(4) AB，BA がともに定義されるが，$AB\neq BA$ となる。

4 正則な2次の上三角行列の逆行列は上三角行列であることを示せ。また，正則な2次の下三角行列の逆行列は下三角行列であることを示せ。

5 Aをn次正方行列とし，その $(i,\ j)$ 成分を a_{ij} として，$\mathrm{tr}(A)=a_{11}+a_{22}+\cdots\cdots+a_{nn}$ とする。P，Q をn次正方行列とするとき，次を示せ。

(1) $\mathrm{tr}(P+Q)=\mathrm{tr}(P)+\mathrm{tr}(Q)$

(2) $\mathrm{tr}(cP)=c\,\mathrm{tr}(P)$ （c は実数）

(3) $\mathrm{tr}({}^tP)=\mathrm{tr}(P)$

(4) $\mathrm{tr}(PQ)=\mathrm{tr}(QP)$

! Hint **5** 行列 P，Q の $(i,\ j)$ 成分をそれぞれ p_{ij}，q_{ij} とすると

(1) $P+Q$ の $(i,\ j)$ 成分は $p_{ij}+q_{ij}$ である。

(2) cP の $(i,\ j)$ 成分は cp_{ij} である。

(3) ${}^tP$ の $(i,\ j)$ 成分は p_{ji} である。

(4) PQ の $(i,\ j)$ 成分は $\sum_{l=1}^{n} p_{il}q_{lj}$ である。

EXERCISES

6 A，B がともに n 次正方行列で，$AB=BA$ が成り立つとき，等式
$(A+B)^m=\sum_{k=0}^{m} {}_m\mathrm{C}_k A^k B^{m-k}$ が成り立つことを証明せよ。ただし，$A^0=E$，$B^0=E$ とし，m は自然数とする。

7 $A=\begin{pmatrix} a & 1 & 0 \\ 0 & a & 1 \\ 0 & 0 & a \end{pmatrix}$（$a$ は実数）とする。

(1) A^3 を計算せよ。　　(2) A^{100} を求めよ。

8 $A=\begin{pmatrix} 1 & a & 0 & 0 & 0 & 0 \\ 0 & 1 & a & 0 & 0 & 0 \\ 0 & 0 & 1 & 0 & 0 & 0 \\ 0 & 0 & 0 & 1 & a & 0 \\ 0 & 0 & 0 & 0 & 1 & a \\ 0 & 0 & 0 & 0 & 0 & 1 \end{pmatrix}$（$a$ は実数）とするとき，A^n を求めよ。

9 A が n 次対角行列でその対角成分が互いに相異なるとき，行列 A と可換な行列をすべて求めよ。

! Hint

6 n 次正方行列 A，B について $AB=BA$ が成り立つから，高校で扱った二項定理と同様にして示すことができる。その際，二項係数について，${}_{l+1}\mathrm{C}_k={}_l\mathrm{C}_{k-1}+{}_l\mathrm{C}_k$ が成り立つことを利用する。

7 $B=\begin{pmatrix} 0 & 1 & 0 \\ 0 & 0 & 1 \\ 0 & 0 & 0 \end{pmatrix}$ とすると，$A=aE+B$ と表すことができる。

(1) $A^3=(aE+B)^3$ を計算すればよいが，$B^2=\begin{pmatrix} 0 & 0 & 1 \\ 0 & 0 & 0 \\ 0 & 0 & 0 \end{pmatrix}$，$B^3=\begin{pmatrix} 0 & 0 & 0 \\ 0 & 0 & 0 \\ 0 & 0 & 0 \end{pmatrix}$ となる。

(2) (1) より，$m \geqq 3$ に対して $B^m=O$ が成り立つ。これを利用して，(1) と同様に，$A^{100}=(aE+B)^{100}$ を計算する。

9 行列 A の $(i,\ j)$ 成分を a_{ij} とすると，$i \neq j$ のとき $a_{ij}=0$ である。求める行列を X とすると，X は n 次正方行列である。その $(i,\ j)$ 成分を x_{ij} とすると，AX の $(i,\ j)$ 成分は $\sum_{k=1}^{n} a_{ik}x_{kj}=a_{ii}x_{ij}$，$XA$ の $(i,\ j)$ 成分は $\sum_{k=1}^{n} x_{ik}a_{kj}=x_{ij}a_{jj}$ である。これで $AX=XA$ となるための必要条件を求めることができる。

2 第2章 連立1次方程式

1 連立1次方程式と行列
2 行基本変形と行列の階数
3 連立1次方程式とその解

例　題　一　覧

1 連立1次方程式と行列

基本事項

A 連立1次方程式の行列を用いた書き方

n 個の変数からなる2本以上の1次方程式の組を **n 元連立1次方程式** という（n は2以上の自然数）。

定義　係数行列・定数項ベクトル・未知数ベクトル

行列を用いて表された連立1次方程式 $\begin{pmatrix} a_{11} & a_{12} & a_{13} \\ a_{21} & a_{22} & a_{23} \\ a_{31} & a_{32} & a_{33} \end{pmatrix}\begin{pmatrix} x_1 \\ x_2 \\ x_3 \end{pmatrix}=\begin{pmatrix} b_1 \\ b_2 \\ b_3 \end{pmatrix}$ に対し，行列 $\begin{pmatrix} a_{11} & a_{12} & a_{13} \\ a_{21} & a_{22} & a_{23} \\ a_{31} & a_{32} & a_{33} \end{pmatrix}$ を連立1次方程式の **係数行列**，$\begin{pmatrix} b_1 \\ b_2 \\ b_3 \end{pmatrix}$ を連立1次方程式の **定数項ベクトル**，$\begin{pmatrix} x_1 \\ x_2 \\ x_3 \end{pmatrix}$ を **未知数ベクトル** という。$A=\begin{pmatrix} a_{11} & a_{12} & a_{13} \\ a_{21} & a_{22} & a_{23} \\ a_{31} & a_{32} & a_{33} \end{pmatrix}$，$\boldsymbol{b}=\begin{pmatrix} b_1 \\ b_2 \\ b_3 \end{pmatrix}$，$\boldsymbol{x}=\begin{pmatrix} x_1 \\ x_2 \\ x_3 \end{pmatrix}$ とすると，連立1次方程式は $A\boldsymbol{x}=\boldsymbol{b}$ と表され，これを連立1次方程式の **行列表示** という。

B 連立1次方程式を解く　C 拡大係数行列と行基本変形

$A=\begin{pmatrix} a_{11} & a_{12} & \cdots & a_{1n} \\ a_{21} & a_{22} & \cdots & a_{2n} \\ \vdots & \vdots & & \vdots \\ a_{m1} & a_{m2} & \cdots & a_{mn} \end{pmatrix}$，$\boldsymbol{b}=\begin{pmatrix} b_1 \\ b_2 \\ \vdots \\ b_m \end{pmatrix}$，$\boldsymbol{x}=\begin{pmatrix} x_1 \\ x_2 \\ \vdots \\ x_n \end{pmatrix}$ とする。これらを用いて表される連立1次方程式 $A\boldsymbol{x}=\boldsymbol{b}$ の係数行列 A と定数項ベクトル $\boldsymbol{b}$ を並べて作られた次の行列を，この連立1次方程式の **拡大係数行列** という。

$$(A \mid \boldsymbol{b})=\left(\begin{array}{cccc|c} a_{11} & a_{12} & \cdots & a_{1n} & b_1 \\ a_{21} & a_{22} & \cdots & a_{2n} & b_2 \\ \vdots & \vdots & & \vdots & \vdots \\ a_{m1} & a_{m2} & \cdots & a_{mn} & b_m \end{array}\right)$$

連立1次方程式の解法におけるそれぞれの操作を拡大係数行列の行の操作におき換えることにより，連立1次方程式の解法を拡大係数行列の操作によってシミュレーションできる。連立1次方程式をそのまま変形して解く際と同様に，拡大係数行列が操作によって変わってもそれぞれ対応する連立1次方程式は同じ解をもつ。

基本 例題 028 連立1次方程式を行列を用いて表す ★☆☆

次の連立1次方程式を，行列を用いて表せ。

(1) $\begin{cases} x+y=2 \\ 2x-y=1 \end{cases}$

(2) $\begin{cases} 3x-y+2z=0 \\ -x+4y-z=2 \end{cases}$

(3) $\begin{cases} x+3y-z=0 \\ -2x-y+3z=-4 \end{cases}$

(4) $\begin{cases} x+2y+z=-4 \\ 2x-y+3z=1 \\ 3x-5y+7z=6 \end{cases}$

(5) $\begin{cases} -x+2y=0 \\ x-y+3z=-1 \\ 3x+y-2z=0 \end{cases}$

p.46 基本事項A

GUIDE & SOLUTION

行列とベクトルの積を用いて，与えられた連立1次方程式を表示する。
(1)は2つの変数（未知数）をもつ2個の1次方程式の組であるから，係数行列は2×2行列である。
(2)，(3)は3つの変数（未知数）をもつ2個の1次方程式の組であるから，係数行列は2×3行列である。
(4)，(5)は3つの変数（未知数）をもつ3個の1次方程式の組であるから，係数行列は3×3行列である。

解答

(1) $\begin{pmatrix} 1 & 1 \\ 2 & -1 \end{pmatrix}\begin{pmatrix} \boldsymbol{x} \\ \boldsymbol{y} \end{pmatrix}=\begin{pmatrix} 2 \\ 1 \end{pmatrix}$

(2) $\begin{pmatrix} 3 & -1 & 2 \\ -1 & 4 & -1 \end{pmatrix}\begin{pmatrix} \boldsymbol{x} \\ \boldsymbol{y} \\ \boldsymbol{z} \end{pmatrix}=\begin{pmatrix} 0 \\ 2 \end{pmatrix}$

(3) $\begin{pmatrix} 1 & 3 & -1 \\ -2 & -1 & 3 \end{pmatrix}\begin{pmatrix} \boldsymbol{x} \\ \boldsymbol{y} \\ \boldsymbol{z} \end{pmatrix}=\begin{pmatrix} 0 \\ -4 \end{pmatrix}$

(4) $\begin{pmatrix} 1 & 2 & 1 \\ 2 & -1 & 3 \\ 3 & -5 & 7 \end{pmatrix}\begin{pmatrix} \boldsymbol{x} \\ \boldsymbol{y} \\ \boldsymbol{z} \end{pmatrix}=\begin{pmatrix} -4 \\ 1 \\ 6 \end{pmatrix}$

(5) $\begin{pmatrix} -1 & 2 & 0 \\ 1 & -1 & 3 \\ 3 & 1 & -2 \end{pmatrix}\begin{pmatrix} \boldsymbol{x} \\ \boldsymbol{y} \\ \boldsymbol{z} \end{pmatrix}=\begin{pmatrix} 0 \\ -1 \\ 0 \end{pmatrix}$

基本 例題 029 連立1次方程式の解法（復習） ★☆☆

連立1次方程式 $\begin{cases} x+2y+3z=3 \\ 2x+\ y+3z=0 \\ -2x+3y+2z=1 \end{cases}$ を，未知数を消去していくことにより解け。

p. 46 基本事項B

GUIDE & SOLUTION

行列を用いた解法の準備として，高等学校までで学んだように，各方程式を定数倍して和・差を考える **加減法** により方程式を解く。
まず，第1式の x を含む項の係数は1であるから，第2式，第3式に第1式の定数倍を加えて，第2式，第3式から x を含む項を消去する。
次に，第2式を定数倍して，第2式の y を含む項の係数を1にする。その後，第1式，第3式に第2式の定数倍を加えて，第1式，第3式から y を含む項を消去する。
以降，同様である。

解答

$\begin{cases} x+2y+3z=3 & \cdots\cdots ① \\ 2x+\ y+3z=0 & \cdots\cdots ② \\ -2x+3y+2z=1 & \cdots\cdots ③ \end{cases}$ とする。

① の -2 倍を ② に足し，① の2倍を ③ に足して，改めて上から番号を振り直すと

$$\begin{cases} x+2y+3z=\ \ 3 & \cdots\cdots ① \\ -3y-3z=-6 & \cdots\cdots ② \\ 7y+8z=\ \ 7 & \cdots\cdots ③ \end{cases}$$

◀第2式，第3式から x を含む項を消去する。

② を $-\dfrac{1}{3}$ 倍して，改めて上から番号を振り直すと

$$\begin{cases} x+2y+3z=3 & \cdots\cdots ① \\ y+\ z=2 & \cdots\cdots ② \\ 7y+8z=7 & \cdots\cdots ③ \end{cases}$$

◀第2式の y を含む項の係数を1にする。

② の -2 倍を ① に足し，② の -7 倍を ③ に足して，改めて上から番号を振り直すと

$$\begin{cases} x\ +z=-1 & \cdots\cdots ① \\ y+z=\ \ 2 & \cdots\cdots ② \\ z=-7 & \cdots\cdots ③ \end{cases}$$

◀第1式，第3式から y を含む項を消去する。

③ の -1 倍を ① に足し，③ の -1 倍を ② に足して，改めて上から番号を振り直すと

$$\begin{cases} x\ =\ \ 6 & \cdots\cdots ① \\ y\ =\ \ 9 & \cdots\cdots ② \\ z=-7 & \cdots\cdots ③ \end{cases}$$

◀第1式，第2式から z を含む項を消去する。

よって，求める解は $\begin{cases} \boldsymbol{x=\ \ 6} \\ \boldsymbol{y=\ \ 9} \\ \boldsymbol{z=-7} \end{cases}$

基本 例題 030 行基本操作による連立 1 次方程式の解法 ★☆☆

次の連立 1 次方程式を，拡大係数行列に行の操作を施すことにより解け。

(1) $\begin{cases} x+2y+3z=3 \\ 2x+y+3z=0 \\ -2x+3y+2z=1 \end{cases}$

(2) $\begin{cases} 3x-y+2z=1 \\ x-y+6z=5 \\ 2x-y+6z=7 \end{cases}$

p. 46 基本事項C

GUIDE & SOLUTION

(1) 基本例題 029 の操作を拡大係数行列の行の操作におき換えればよい。具体的には，次の通りである。
まず，2 行目，3 行目に 1 行目の定数倍を加えて，(2, 1) 成分，(3, 1) 成分を 0 にする。
次に，2 行目を定数倍して，(2, 2) 成分を 1 にする。その後，1 行目，3 行目に 2 行目の定数倍を加えて，(1, 2) 成分，(3, 2) 成分を 0 にする。以降，同様である。
(2) (1) と同様にして解く。
まず，1 行目と 2 行目を入れ替えて (1, 1) 成分を 1 にするとよい。

解答

(1) 与えられた連立 1 次方程式は $\begin{pmatrix} 1 & 2 & 3 \\ 2 & 1 & 3 \\ -2 & 3 & 2 \end{pmatrix}\begin{pmatrix} x \\ y \\ z \end{pmatrix}=\begin{pmatrix} 3 \\ 0 \\ 1 \end{pmatrix}$ と表され，この拡大係数行列は $\left(\begin{array}{ccc|c} 1 & 2 & 3 & 3 \\ 2 & 1 & 3 & 0 \\ -2 & 3 & 2 & 1 \end{array}\right)$ である。

これに行の操作を施すと

$$\left(\begin{array}{ccc|c} 1 & 2 & 3 & 3 \\ 2 & 1 & 3 & 0 \\ -2 & 3 & 2 & 1 \end{array}\right) \longrightarrow \left(\begin{array}{ccc|c} 1 & 2 & 3 & 3 \\ 0 & -3 & -3 & -6 \\ -2 & 3 & 2 & 1 \end{array}\right)$$

$$\longrightarrow \left(\begin{array}{ccc|c} 1 & 2 & 3 & 3 \\ 0 & -3 & -3 & -6 \\ 0 & 7 & 8 & 7 \end{array}\right) \longrightarrow \left(\begin{array}{ccc|c} 1 & 2 & 3 & 3 \\ 0 & 1 & 1 & 2 \\ 0 & 7 & 8 & 7 \end{array}\right)$$

$$\longrightarrow \left(\begin{array}{ccc|c} 1 & 0 & 1 & -1 \\ 0 & 1 & 1 & 2 \\ 0 & 7 & 8 & 7 \end{array}\right) \longrightarrow \left(\begin{array}{ccc|c} 1 & 0 & 1 & -1 \\ 0 & 1 & 1 & 2 \\ 0 & 0 & 1 & -7 \end{array}\right)$$

$$\longrightarrow \left(\begin{array}{ccc|c} 1 & 0 & 0 & 6 \\ 0 & 1 & 1 & 2 \\ 0 & 0 & 1 & -7 \end{array}\right) \longrightarrow \left(\begin{array}{ccc|c} 1 & 0 & 0 & 6 \\ 0 & 1 & 0 & 9 \\ 0 & 0 & 1 & -7 \end{array}\right)$$

よって，求める解は $\begin{cases} \boldsymbol{x}=6 \\ \boldsymbol{y}=9 \\ \boldsymbol{z}=-7 \end{cases}$

(2) 与えられた連立1次方程式は $\begin{pmatrix} 3 & -1 & 2 \\ 1 & -1 & 6 \\ 2 & -1 & 6 \end{pmatrix}\begin{pmatrix} x \\ y \\ z \end{pmatrix}=\begin{pmatrix} 1 \\ 5 \\ 7 \end{pmatrix}$ と表され，この拡大係数行列は $\left(\begin{array}{ccc|c} 3 & -1 & 2 & 1 \\ 1 & -1 & 6 & 5 \\ 2 & -1 & 6 & 7 \end{array}\right)$ である。

これに行の操作を施すと

$$\left(\begin{array}{ccc|c} 3 & -1 & 2 & 1 \\ 1 & -1 & 6 & 5 \\ 2 & -1 & 6 & 7 \end{array}\right) \longrightarrow \left(\begin{array}{ccc|c} 1 & -1 & 6 & 5 \\ 3 & -1 & 2 & 1 \\ 2 & -1 & 6 & 7 \end{array}\right) \longrightarrow \left(\begin{array}{ccc|c} 1 & -1 & 6 & 5 \\ 0 & 2 & -16 & -14 \\ 2 & -1 & 6 & 7 \end{array}\right)$$

$$\longrightarrow \left(\begin{array}{ccc|c} 1 & -1 & 6 & 5 \\ 0 & 2 & -16 & -14 \\ 0 & 1 & -6 & -3 \end{array}\right) \longrightarrow \left(\begin{array}{ccc|c} 1 & -1 & 6 & 5 \\ 0 & 1 & -6 & -3 \\ 0 & 2 & -16 & -14 \end{array}\right)$$

$$\longrightarrow \left(\begin{array}{ccc|c} 1 & 0 & 0 & 2 \\ 0 & 1 & -6 & -3 \\ 0 & 2 & -16 & -14 \end{array}\right) \longrightarrow \left(\begin{array}{ccc|c} 1 & 0 & 0 & 2 \\ 0 & 1 & -6 & -3 \\ 0 & 0 & -4 & -8 \end{array}\right)$$

$$\longrightarrow \left(\begin{array}{ccc|c} 1 & 0 & 0 & 2 \\ 0 & 1 & -6 & -3 \\ 0 & 0 & 1 & 2 \end{array}\right) \longrightarrow \left(\begin{array}{ccc|c} 1 & 0 & 0 & 2 \\ 0 & 1 & 0 & 9 \\ 0 & 0 & 1 & 2 \end{array}\right)$$

よって，求める解は $\begin{cases} \boldsymbol{x}=2 \\ \boldsymbol{y}=9 \\ \boldsymbol{z}=2 \end{cases}$

補足 (1)，(2) ともに一連の行の操作の手順は1通りでない。

PRACTICE … 11

次の連立1次方程式を，拡大係数行列に行の操作を施すことにより解け。

(1) $\begin{cases} 2x+3y-z=-3 \\ x-2y-2z=-1 \\ -x-y+z=2 \end{cases}$

(2) $\begin{cases} x+y+2z+3w=2 \\ 3y+3z-4w=-4 \\ x+2y+3z+2w=1 \\ x+3y+5z+2w=-1 \end{cases}$

2 行基本変形と行列の階数

基本事項

A 行基本操作と行基本変形

次の 3 つの操作を行列の **行基本操作** という。

(R1) i 行目と j 行目を入れ替える $(i \neq j)$。

(R2) i 行目を c 倍する $(c \neq 0)$。

(R3) j 行目の c 倍を i 行目に足す $(i \neq j)$。

これらを (R1)：$\underset{\longrightarrow}{\textcircled{i} \Longleftrightarrow \textcircled{j}}$ (R2)：$\underset{\longrightarrow}{\textcircled{i} \times c}$ (R3)：$\underset{\longrightarrow}{\textcircled{j} \times c + \textcircled{i}}$ のように表す。

行基本操作を有限回繰り返して行列を変形することを **行基本変形** という。

また，行基本操作の<u>逆の操作</u>も行基本操作である。すなわち，行列に行基本操作を施したとき，更に逆の操作に対応する行基本操作を施すことによって，もとの行列に戻すことができる。このことから，行基本操作は **可逆** であるという。

[1] $\textcircled{i} \Longleftrightarrow \textcircled{j}$ の逆操作は，自分自身 $\textcircled{i} \Longleftrightarrow \textcircled{j}$ である。

[2] $\textcircled{i} \times c$ $(c \neq 0)$ の逆操作は，$\textcircled{i} \times \dfrac{1}{c}$ である。

[3] $\textcircled{j} \times c + \textcircled{i}$ の逆操作は，$\textcircled{j} \times (-c) + \textcircled{i}$ である。

注意 i 行目を 0 倍する，j 行目を i 行目でおき換える，j 番目の c 倍を i 行目に足したものを k 行目 $(i \neq k)$ とする操作は，いずれも行基本変形ではない。実際，これらの操作は可逆でない。

B 簡約階段形

<u>定義 階段形</u>

m，n を正の整数とする。$m \times n$ 行列 $\begin{pmatrix} a_{11} & a_{12} & \cdots & a_{1n} \\ a_{21} & a_{22} & \cdots & a_{2n} \\ \vdots & \vdots & & \vdots \\ a_{m1} & a_{m2} & \cdots & a_{mn} \end{pmatrix}$ が次の条件を満たすとき，**階段形** であるという。

整数 r $(0 \leqq r \leqq m)$ と，r 個の整数 c_1，c_2，……，c_r (ただし，$1 \leqq c_1 < c_2 < \cdots\cdots < c_r \leqq n$) が存在して

[1] $1 \leqq i \leqq r$ かつ $1 \leqq j \leqq c_i - 1$ のとき $a_{ij} = 0$

[2] $r+1 \leqq i \leqq m$ のとき $a_{ij} = 0$ $(j = 1, 2, \cdots\cdots, n)$

[3] $1 \leqq i \leqq r$ のとき $a_{ic_i} \neq 0$

が成り立つ。

階段形の行列を **階段行列** ということがある。

注意 $r = 0$ のときの階段形の行列は，零行列である。

定義　主成分（ピボット）・主番号・主列ベクトル

階段形の定義において
[1]　$(i,\ c_i)$ 成分を i 番目の **主成分**（ピボット成分）
[2]　r 個の整数 $c_1,\ c_2,\ \cdots\cdots,\ c_r$ を **主番号**
[3]　各 c_i 番目の列（列ベクトル）を i 番目の **主列**（主列ベクトル）
という。

定義　階数

Aを階段行列とするとき，階段形の定義で与えられた整数rを，行列Aの **階数** という。
すなわち，整数rとは階段行列Aの階段の段の数のことである。

定義　簡約階段形

Aを $m\times n$ 行列とする。行列Aが次の条件を満たすとき，**簡約階段形** であるという。
[1]　行列Aは階段形である。
[2]　主成分はすべて1である。
[3]　各主列ベクトルにおいて，主成分以外の上下の成分はすべて0である。

C　行基本変形と簡約階段形

定理　行基本変形と簡約階段形

任意の行列は，行基本変形により，簡約階段形に変形できる。

簡約階段形に変形された行列を，もとの行列の **簡約階段化行列**（簡約階段化された行列）ともいう。

定理　簡約階段化行列の一意性

与えられた行列に対して，簡約階段化行列は1通りに定まる。

D　行列の階数

定義　行列の階数

行列Aの簡約階段化行列の階数を，Aの **階数** といい，$\operatorname{rank} A$ と書く。

定理　階数の性質

Aを $m\times n$ 行列とするとき，不等式 $\operatorname{rank} A \leqq \min\{m,\ n\}$ が成り立つ。

注意　$\min\{m,\ n\}$ は $m,\ n$ のうち，大きくないものを表す。

基本 例題 031 行列の行基本操作 ★☆☆

次の行列に，それぞれ括弧内で示された行基本変形を施した結果を答えよ。

(1) $\begin{pmatrix} 1 & 2 & 3 \\ 3 & 4 & -1 \\ -2 & 4 & 7 \end{pmatrix}$ (①×2+③)

(2) $\begin{pmatrix} 1 & 0 \\ 2 & -1 \\ -3 & 2 \end{pmatrix}$ (①×(−2)+②，①×3+③)

p. 51 基本事項A

GUIDE & SOLUTION

①，②，③は，それぞれ行列の1行目，2行目，3行目を表す。
(1)は，1行目を2倍して3行目に足す。
(2)は，1行目を(−2)倍して2行目に足し，1行目を3倍して3行目に足す。

解答

(1) $\begin{pmatrix} 1 & 2 & 3 \\ 3 & 4 & -1 \\ -2 & 4 & 7 \end{pmatrix} \longrightarrow \begin{pmatrix} \mathbf{1} & \mathbf{2} & \mathbf{3} \\ \mathbf{3} & \mathbf{4} & \mathbf{-1} \\ \mathbf{0} & \mathbf{8} & \mathbf{13} \end{pmatrix}$

(2) $\begin{pmatrix} 1 & 0 \\ 2 & -1 \\ -3 & 2 \end{pmatrix} \longrightarrow \begin{pmatrix} 1 & 0 \\ 0 & -1 \\ -3 & 2 \end{pmatrix}$

$\longrightarrow \begin{pmatrix} \mathbf{1} & \mathbf{0} \\ \mathbf{0} & \mathbf{-1} \\ \mathbf{0} & \mathbf{2} \end{pmatrix}$

補足 以後，行列の変形を表す際に，①，②，③，……，はそれぞれ変形する前の行列の1行目，2行目，3行目，…… を表すものとする。

PRACTICE … 12

次の問いに答えよ。

(1) 行列 $\begin{pmatrix} 3 & 4 \\ -2 & 0 \end{pmatrix}$ に，行基本変形を施すことにより $\begin{pmatrix} 1 & 0 \\ 0 & 1 \end{pmatrix}$ に変形せよ。

(2) 行列 $\begin{pmatrix} 3 & 2 & -1 \\ -1 & 1 & 1 \\ 4 & 1 & 2 \end{pmatrix}$ に，ある行基本操作を施すと行列 $\begin{pmatrix} 3 & 2 & -1 \\ -1 & 1 & 1 \\ 0 & 5 & 6 \end{pmatrix}$ が得られる。

この行基本操作が可逆であることを示せ。

基本 例題 032 階段形の行列 ★☆☆

次の階段形の行列の主番号，主列ベクトル，主成分，階数を答えよ。

(1) $\begin{pmatrix} 1 & 2 & -7 \\ 0 & 1 & 4 \\ 0 & 0 & 0 \end{pmatrix}$ (2) $\begin{pmatrix} 4 & 8 & 1 \\ 0 & 0 & 2 \\ 0 & 0 & 0 \end{pmatrix}$ (3) $\begin{pmatrix} 0 & 5 & 3 \\ 0 & 0 & 1 \\ 0 & 0 & 0 \end{pmatrix}$ (4) $\begin{pmatrix} -1 & -1 & 0 \\ 0 & 0 & 0 \\ 0 & 0 & 0 \end{pmatrix}$

p. 52 基本事項B

GUIDE & SOLUTION

主成分（ピボット），主番号，主列ベクトル，階数の定義に従って答える。

解答

(1) **主番号は 1，2** である。

主番号 1 の **主列ベクトルは** $\begin{pmatrix} \mathbf{1} \\ \mathbf{0} \\ \mathbf{0} \end{pmatrix}$ で **主成分は 1** である。

主番号 2 の **主列ベクトルは** $\begin{pmatrix} \mathbf{2} \\ \mathbf{1} \\ \mathbf{0} \end{pmatrix}$ で **主成分は 1** である。

また，**階数は 2** である。

(2) **主番号は 1，3** である。

主番号 1 の **主列ベクトルは** $\begin{pmatrix} \mathbf{4} \\ \mathbf{0} \\ \mathbf{0} \end{pmatrix}$ で **主成分は 4** である。

主番号 3 の **主列ベクトルは** $\begin{pmatrix} \mathbf{1} \\ \mathbf{2} \\ \mathbf{0} \end{pmatrix}$ で **主成分は 2** である。

また，**階数は 2** である。

(3) **主番号は 2，3** である。

主番号 2 の **主列ベクトルは** $\begin{pmatrix} \mathbf{5} \\ \mathbf{0} \\ \mathbf{0} \end{pmatrix}$ で **主成分は 5** である。

主番号 3 の **主列ベクトルは** $\begin{pmatrix} \mathbf{3} \\ \mathbf{1} \\ \mathbf{0} \end{pmatrix}$ で **主成分は 1** である。

また，**階数は 2** である。

(4) **主番号は 1** である。

主番号 1 の **主列ベクトルは** $\begin{pmatrix} \mathbf{-1} \\ \mathbf{0} \\ \mathbf{0} \end{pmatrix}$ で **主成分は −1** である。

また，**階数は 1** である。

基本 例題 033 階段形行列 $(A \quad B)$ と行列 A ★★☆

A を $m\times l$ 行列，B を $m\times n$ 行列とし，C を行列 A，B を横に並べてできた $m\times(l+n)$ 行列とする。行列 C が階段形ならば，行列 A も階段形であることを示せ。

p.51，52 基本事項B

GUIDE & SOLUTION

階段形の定義に従って示す。$\mathrm{rank}\,C=r$ とし，$r=0$ の場合と $r\neq 0$ の場合に分けて考える。
$r=0$ の場合，行列 C は零行列であり，階数 0 の階段形である。
$r\neq 0$ の場合，行列 C の主番号を c_1，c_2，……，c_r とし，更に $l<c_1$，$c_1\leqq l<c_r$，$c_r\leqq l$ の 3 つの場合に分けて考える。

解答

行列 C の $(i,\ j)$ 成分を p_{ij} とし，$\mathrm{rank}\,C=r$ とする。

[Ⅰ] $r=0$ のとき

行列 C は零行列であり，階数 0 の階段形である。
よって，行列 A も零行列であり，階数 0 の階段形である。

[Ⅱ] $r\neq 0$ のとき

r 個の整数 c_1，c_2，……，c_r $(1\leqq c_1<c_2<\cdots\cdots<c_r\leqq l+n)$ が存在して，次を満たす。

[1] $1\leqq i\leqq r$ かつ $1\leqq j\leqq c_i-1$ のとき，$p_{ij}=0$ である。
[2] $r+1\leqq i\leqq m$ のとき，すべての j $(1\leqq j\leqq l+n)$ に対して，$p_{ij}=0$ である。
[3] $1\leqq i\leqq r$ のとき，$p_{ic_i}\neq 0$ である。

(ア) $l<c_1$ のとき

行列 A は零行列であり，階数 0 の階段形である。

(イ) $c_1\leqq l<c_r$ のとき

ある整数 k $(1\leqq k<r)$ に対して，$c_k\leqq l<c_{k+1}$ である。
このとき，行列 A は c_1，c_2，……，c_k を主番号とする階数 k の階段形である。

(ウ) $c_r\leqq l$ のとき

行列 A は c_1，c_2，……，c_r を主番号とする階数 r の階段形である。

以上から，行列 A は階段形である。 ■

INFORMATION

上の例題で示した事実と同様に，次も成り立つ。
A を $m\times l$ 行列，B を $m\times n$ 行列とし，C を行列 A，B を横に並べてできた $m\times(l+n)$ 行列とする。行列 C が簡約階段形ならば，行列 A も簡約階段形である。

基本 例題 034 簡約階段形の行列 ★☆☆

次の問いに答えよ。

(1) 階段形であるが簡約階段形でない 3×2 行列の例を 2 つあげよ。

(2) 次の階段形の行列は簡約階段形の行列でない。簡約階段形の定義のどの条件が満たされていないか，それぞれ答えよ。

(ア) $\begin{pmatrix} 2 & 0 & 4 \\ 0 & 1 & 5 \\ 0 & 0 & 1 \end{pmatrix}$　(イ) $\begin{pmatrix} 1 & 2 & -7 \\ 0 & 1 & 4 \\ 0 & 0 & 0 \end{pmatrix}$　(ウ) $\begin{pmatrix} 4 & 8 & 1 \\ 0 & 0 & 2 \\ 0 & 0 & 0 \end{pmatrix}$

(エ) $\begin{pmatrix} 0 & 5 & 3 \\ 0 & 0 & 1 \\ 0 & 0 & 0 \end{pmatrix}$　(オ) $\begin{pmatrix} -1 & -1 & 0 \\ 0 & 0 & 0 \\ 0 & 0 & 0 \end{pmatrix}$

p. 51，52 基本事項B

GUIDE & SOLUTION

(1) 階段形と簡約階段形の定義に従って考える。簡約階段形の定義は階段形の定義に，2つの条件が付加されたものである。その付加された2つの条件が満たされていない階段形行列を答えればよい。

(2) 簡約階段形の定義に従って考える。5つの行列はすべて階段形の行列であるから，簡約階段形の定義のうち，階段形の定義に付加された2つの条件のどちらかが満たされていないことを念頭におく。

解答

(1) (例) $\begin{pmatrix} \mathbf{1} & \mathbf{0} \\ \mathbf{0} & \mathbf{2} \\ \mathbf{0} & \mathbf{0} \end{pmatrix}$, $\begin{pmatrix} \mathbf{1} & \mathbf{1} \\ \mathbf{0} & \mathbf{1} \\ \mathbf{0} & \mathbf{0} \end{pmatrix}$

補足 行列 $\begin{pmatrix} 1 & 0 \\ 0 & 2 \\ 0 & 0 \end{pmatrix}$ は簡約階段形の定義の条件 [2] を満たしておらず，行列 $\begin{pmatrix} 1 & 1 \\ 0 & 1 \\ 0 & 0 \end{pmatrix}$ は簡約階段形の定義の条件 [3] を満たしていない。

(2) (ア) 主成分がすべて 1 であるという条件，各主列における主成分の上下の成分がすべて 0 であるという条件が満たされていない。

(イ) 各主列における主成分の上下の成分がすべて 0 であるという条件が満たされていない。

(ウ) 主成分がすべて 1 であるという条件，各主列における主成分の上下の成分がすべて 0 であるという条件が満たされていない。

(エ) 主成分がすべて 1 であるという条件，各主列における主成分の上下の成分がすべて 0 であるという条件が満たされていない。

(オ) 主成分がすべて 1 であるという条件が満たされていない。

基本 例題 035 行列の簡約階段化 ★☆☆

次の行列を簡約階段化せよ。

(1) $\begin{pmatrix} 3 & 1 & 2 \\ 2 & 1 & 3 \end{pmatrix}$　(2) $\begin{pmatrix} 0 & 1 & 2 & 3 \\ 1 & 0 & 0 & 0 \\ 0 & 0 & 0 & 1 \\ 3 & 2 & 1 & 0 \end{pmatrix}$

◀ p. 52 基本事項C

GUIDE & SOLUTION

基本例題 030 と同様に，それぞれの行列に行基本変形を施して簡約階段化する。
(2) はまず 1 行目と 2 行目を入れ替えて (1, 1) 成分を 1 にするとよい。

解答

(1) $\begin{pmatrix} 3 & 1 & 2 \\ 2 & 1 & 3 \end{pmatrix} \xrightarrow{①\times\frac{1}{3}} \begin{pmatrix} 1 & \frac{1}{3} & \frac{2}{3} \\ 2 & 1 & 3 \end{pmatrix} \xrightarrow{①\times(-2)+②} \begin{pmatrix} 1 & \frac{1}{3} & \frac{2}{3} \\ 0 & \frac{1}{3} & \frac{5}{3} \end{pmatrix} \xrightarrow{②\times 3} \begin{pmatrix} 1 & \frac{1}{3} & \frac{2}{3} \\ 0 & 1 & 5 \end{pmatrix} \xrightarrow{②\times\left(-\frac{1}{3}\right)+①} \begin{pmatrix} \mathbf{1} & \mathbf{0} & \mathbf{-1} \\ \mathbf{0} & \mathbf{1} & \mathbf{5} \end{pmatrix}$

(2) $\begin{pmatrix} 0 & 1 & 2 & 3 \\ 1 & 0 & 0 & 0 \\ 0 & 0 & 0 & 1 \\ 3 & 2 & 1 & 0 \end{pmatrix} \xrightarrow{①\leftrightarrow②} \begin{pmatrix} 1 & 0 & 0 & 0 \\ 0 & 1 & 2 & 3 \\ 0 & 0 & 0 & 1 \\ 3 & 2 & 1 & 0 \end{pmatrix} \xrightarrow{①\times(-3)+④} \begin{pmatrix} 1 & 0 & 0 & 0 \\ 0 & 1 & 2 & 3 \\ 0 & 0 & 0 & 1 \\ 0 & 2 & 1 & 0 \end{pmatrix}$

$\xrightarrow{②\times(-2)+④} \begin{pmatrix} 1 & 0 & 0 & 0 \\ 0 & 1 & 2 & 3 \\ 0 & 0 & 0 & 1 \\ 0 & 0 & -3 & -6 \end{pmatrix} \xrightarrow{④\times\left(-\frac{1}{3}\right)} \begin{pmatrix} 1 & 0 & 0 & 0 \\ 0 & 1 & 2 & 3 \\ 0 & 0 & 0 & 1 \\ 0 & 0 & 1 & 2 \end{pmatrix}$

$\xrightarrow{③\leftrightarrow④} \begin{pmatrix} 1 & 0 & 0 & 0 \\ 0 & 1 & 2 & 3 \\ 0 & 0 & 1 & 2 \\ 0 & 0 & 0 & 1 \end{pmatrix} \xrightarrow{③\times(-2)+②} \begin{pmatrix} 1 & 0 & 0 & 0 \\ 0 & 1 & 0 & -1 \\ 0 & 0 & 1 & 2 \\ 0 & 0 & 0 & 1 \end{pmatrix}$

$\xrightarrow{④\times 1+②} \begin{pmatrix} 1 & 0 & 0 & 0 \\ 0 & 1 & 0 & 0 \\ 0 & 0 & 1 & 2 \\ 0 & 0 & 0 & 1 \end{pmatrix} \xrightarrow{④\times(-2)+③} \begin{pmatrix} \mathbf{1} & \mathbf{0} & \mathbf{0} & \mathbf{0} \\ \mathbf{0} & \mathbf{1} & \mathbf{0} & \mathbf{0} \\ \mathbf{0} & \mathbf{0} & \mathbf{1} & \mathbf{0} \\ \mathbf{0} & \mathbf{0} & \mathbf{0} & \mathbf{1} \end{pmatrix}$

PRACTICE … 13

次の行列を簡約階段化せよ。

(1) $\begin{pmatrix} 1 & 2 & -2 \\ 0 & 1 & 3 \\ 0 & 2 & 1 \end{pmatrix}$　(2) $\begin{pmatrix} -2 & 2 & -2 & 4 & -2 \\ 1 & -1 & 2 & 0 & 2 \\ -1 & 2 & -2 & 1 & 0 \\ 0 & 0 & 0 & 1 & -3 \end{pmatrix}$

基本 例題 036 行列の階数 ★☆☆

次の行列の階数を求めよ。

(1) $\begin{pmatrix} 1 & 2 \\ 3 & 4 \end{pmatrix}$　(2) $\begin{pmatrix} 3 & 1 & 2 \\ 0 & -1 & 4 \end{pmatrix}$　(3) $\begin{pmatrix} 1 & 2 & -3 \\ 1 & 1 & 1 \\ 2 & 2 & 2 \end{pmatrix}$

◢ p. 52 基本事項D

GUIDE & SOLUTION

基本例題 035 と同様に，与えられた行列を簡約階段化する。得られた簡約階段形の階数（階段の段の数）が求める階数である。

解答

(1) 与えられた行列を簡約階段化すると

$$\begin{pmatrix} 1 & 2 \\ 3 & 4 \end{pmatrix} \xrightarrow{①\times(-3)+②} \begin{pmatrix} 1 & 2 \\ 0 & -2 \end{pmatrix} \xrightarrow{②\times\left(-\frac{1}{2}\right)} \begin{pmatrix} 1 & 2 \\ 0 & 1 \end{pmatrix} \xrightarrow{②\times(-2)+①} \begin{pmatrix} 1 & 0 \\ 0 & 1 \end{pmatrix}$$

よって，求める階数は　**2**

(2) 与えられた行列を簡約階段化すると

$$\begin{pmatrix} 3 & 1 & 2 \\ 0 & -1 & 4 \end{pmatrix} \xrightarrow{①\times\frac{1}{3}} \begin{pmatrix} 1 & \frac{1}{3} & \frac{2}{3} \\ 0 & -1 & 4 \end{pmatrix} \xrightarrow{②\times(-1)} \begin{pmatrix} 1 & \frac{1}{3} & \frac{2}{3} \\ 0 & 1 & -4 \end{pmatrix} \xrightarrow{②\times\left(-\frac{1}{3}\right)+①} \begin{pmatrix} 1 & 0 & 2 \\ 0 & 1 & -4 \end{pmatrix}$$

よって，求める階数は　**2**

(3) 与えられた行列を簡約階段化すると

$$\begin{pmatrix} 1 & 2 & -3 \\ 1 & 1 & 1 \\ 2 & 2 & 2 \end{pmatrix} \xrightarrow{①\times(-1)+②} \begin{pmatrix} 1 & 2 & -3 \\ 0 & -1 & 4 \\ 2 & 2 & 2 \end{pmatrix} \xrightarrow{①\times(-2)+③} \begin{pmatrix} 1 & 2 & -3 \\ 0 & -1 & 4 \\ 0 & -2 & 8 \end{pmatrix}$$

$$\xrightarrow{②\times(-1)} \begin{pmatrix} 1 & 2 & -3 \\ 0 & 1 & -4 \\ 0 & -2 & 8 \end{pmatrix} \xrightarrow{②\times(-2)+①} \begin{pmatrix} 1 & 0 & 5 \\ 0 & 1 & -4 \\ 0 & -2 & 8 \end{pmatrix} \xrightarrow{②\times2+③} \begin{pmatrix} 1 & 0 & 5 \\ 0 & 1 & -4 \\ 0 & 0 & 0 \end{pmatrix}$$

よって，求める階数は　**2**

PRACTICE … 14

次の行列の階数を求めよ。

(1) $\begin{pmatrix} 1 & 2 & -1 & 0 & -1 \\ 0 & 1 & 1 & -1 & -1 \\ 0 & -2 & 2 & 2 & 2 \\ 1 & 2 & -1 & 2 & 1 \end{pmatrix}$　(2) $\begin{pmatrix} 1 & 2 & 5 & -1 & -2 \\ 0 & 2 & 2 & 1 & 1 \\ 1 & -3 & 0 & -3 & 2 \\ 0 & 1 & 0 & 0 & 1 \end{pmatrix}$

基本 例題 037 文字を含む行列の階数(1) ★★☆

行列 $\begin{pmatrix} 1 & 1 & 1 \\ 1 & a & a \\ 1 & a & 2 \end{pmatrix}$ (a は定数) の階数を求めよ。

p. 52 基本事項D

GUIDE & SOLUTION

与えられた行列を簡約階段化するが，a の値によって得られる行列が異なる。そこで，まずは与えられた行列に行基本変形を施し，その後 a の値によって場合分けする。

解答

与えられた行列に行基本変形を施すと

$$\begin{pmatrix} 1 & 1 & 1 \\ 1 & a & a \\ 1 & a & 2 \end{pmatrix} \xrightarrow{①\times(-1)+②} \begin{pmatrix} 1 & 1 & 1 \\ 0 & a-1 & a-1 \\ 1 & a & 2 \end{pmatrix} \xrightarrow{①\times(-1)+③} \begin{pmatrix} 1 & 1 & 1 \\ 0 & a-1 & a-1 \\ 0 & a-1 & 1 \end{pmatrix} \quad \cdots\cdots ①$$

[1] $a=1$ のとき，行列 ① は $\begin{pmatrix} 1 & 1 & 1 \\ 0 & 0 & 0 \\ 0 & 0 & 1 \end{pmatrix}$ となる。これを簡約階段化すると

$$\begin{pmatrix} 1 & 1 & 1 \\ 0 & 0 & 0 \\ 0 & 0 & 1 \end{pmatrix} \xrightarrow{②\leftrightarrow③} \begin{pmatrix} 1 & 1 & 1 \\ 0 & 0 & 1 \\ 0 & 0 & 0 \end{pmatrix} \xrightarrow{②\times(-1)+①} \begin{pmatrix} 1 & 1 & 0 \\ 0 & 0 & 1 \\ 0 & 0 & 0 \end{pmatrix}$$

よって，階数は　2

[2] $a \neq 1$ のとき，行列 ① に，更に行基本変形を施すと

$$\begin{pmatrix} 1 & 1 & 1 \\ 0 & a-1 & a-1 \\ 0 & a-1 & 1 \end{pmatrix} \xrightarrow{②\times\frac{1}{a-1}} \begin{pmatrix} 1 & 1 & 1 \\ 0 & 1 & 1 \\ 0 & a-1 & 1 \end{pmatrix}$$

$$\xrightarrow{②\times(-1)+①} \begin{pmatrix} 1 & 0 & 0 \\ 0 & 1 & 1 \\ 0 & a-1 & 1 \end{pmatrix} \xrightarrow{②\times\{-(a-1)\}+③} \begin{pmatrix} 1 & 0 & 0 \\ 0 & 1 & 1 \\ 0 & 0 & -a+2 \end{pmatrix} \quad \cdots\cdots ②$$

(ア) $a=2$ のとき，行列 ② は $\begin{pmatrix} 1 & 0 & 0 \\ 0 & 1 & 1 \\ 0 & 0 & 0 \end{pmatrix}$ となる。よって，階数は　2

(イ) $a \neq 2$ のとき，行列 ② を簡約階段化すると

$$\begin{pmatrix} 1 & 0 & 0 \\ 0 & 1 & 1 \\ 0 & 0 & -a+2 \end{pmatrix} \xrightarrow{③\times\left(-\frac{1}{a-2}\right)} \begin{pmatrix} 1 & 0 & 0 \\ 0 & 1 & 1 \\ 0 & 0 & 1 \end{pmatrix} \xrightarrow{③\times(-1)+②} \begin{pmatrix} 1 & 0 & 0 \\ 0 & 1 & 0 \\ 0 & 0 & 1 \end{pmatrix}$$

よって，階数は　3

以上から，与えられた行列の階数は　**$a=1$，2 のとき 2，$a \neq 1$，2 のとき 3**

PRACTICE … 15

行列 $\begin{pmatrix} 2 & 1 & 2 \\ 1 & a & 1 \\ b & 2 & 4 \end{pmatrix}$ (a，b は定数) の階数を求めよ。

重要 例題 038 文字を含む行列の階数 (2) ★★★

行列 $\begin{pmatrix} a & b & c \\ 0 & d & e \\ 0 & 0 & f \end{pmatrix}$ (a, b, c, d, e, f は定数) の階数を求めよ。

p.52 基本事項D

GUIDE & SOLUTION

基本例題 037 と同様にして考えることができるが，行列の形から，まず $f=0$ と $f\neq0$ で場合分け，次に $d=0$ と $d\neq0$ で場合分け，……，と考えていくとよい。

解答

[1] $f=0$ のとき

(ア) $d=0$ のとき

(P) $e=0$ のとき

(X) $a=b=c=0$ のとき，階数は **0**

(Y) $a\neq0$ または $b\neq0$ または $c\neq0$ のとき，階数は **1**

(Q) $e\neq0$ のとき，与えられた行列に行基本変形を施すと

$$\begin{pmatrix} a & b & c \\ 0 & 0 & e \\ 0 & 0 & 0 \end{pmatrix} \xrightarrow{②\times\frac{1}{e}} \begin{pmatrix} a & b & c \\ 0 & 0 & 1 \\ 0 & 0 & 0 \end{pmatrix} \xrightarrow{②\times(-c)+①} \begin{pmatrix} a & b & 0 \\ 0 & 0 & 1 \\ 0 & 0 & 0 \end{pmatrix} \quad \cdots\cdots ①$$

(X) $a=b=0$ のとき，行列 ① を簡約階段化すると $\begin{pmatrix} 0 & 0 & 0 \\ 0 & 0 & 1 \\ 0 & 0 & 0 \end{pmatrix} \xrightarrow{①\leftrightarrow②} \begin{pmatrix} 0 & 0 & 1 \\ 0 & 0 & 0 \\ 0 & 0 & 0 \end{pmatrix}$

よって，階数は **1**

(Y) $a\neq0$ または $b\neq0$ のとき，階数は **2**

(イ) $d\neq0$ のとき，与えられた行列に行基本変形を施すと

$$\begin{pmatrix} a & b & c \\ 0 & d & e \\ 0 & 0 & 0 \end{pmatrix} \xrightarrow{②\times\frac{1}{d}} \begin{pmatrix} a & b & c \\ 0 & 1 & \frac{e}{d} \\ 0 & 0 & 0 \end{pmatrix} \xrightarrow{②\times(-b)+①} \begin{pmatrix} a & 0 & \frac{cd-be}{d} \\ 0 & 1 & \frac{e}{d} \\ 0 & 0 & 0 \end{pmatrix} \quad \cdots\cdots ②$$

(P) $a=0$ のとき

(X) $cd-be=0$ すなわち $be=cd$ のとき，行列 ② を簡約階段化すると

$$\begin{pmatrix} 0 & 0 & 0 \\ 0 & 1 & \frac{e}{d} \\ 0 & 0 & 0 \end{pmatrix} \xrightarrow{①\leftrightarrow②} \begin{pmatrix} 0 & 1 & \frac{e}{d} \\ 0 & 0 & 0 \\ 0 & 0 & 0 \end{pmatrix}$$

よって，階数は **1**

(Y) $cd-be\neq0$ すなわち $be\neq cd$ のとき，行列 ② を簡約階段化すると

$$\begin{pmatrix} 0 & 0 & \frac{cd-be}{d} \\ 0 & 1 & \frac{e}{d} \\ 0 & 0 & 0 \end{pmatrix} \xrightarrow{①\leftrightarrow②} \begin{pmatrix} 0 & 1 & \frac{e}{d} \\ 0 & 0 & \frac{cd-be}{d} \\ 0 & 0 & 0 \end{pmatrix}$$

$$\xrightarrow{②\times\frac{d}{cd-be}} \begin{pmatrix} 0 & 1 & \frac{e}{d} \\ 0 & 0 & 1 \\ 0 & 0 & 0 \end{pmatrix} \xrightarrow{②\times\left(-\frac{e}{d}\right)+①} \begin{pmatrix} 0 & 1 & 0 \\ 0 & 0 & 1 \\ 0 & 0 & 0 \end{pmatrix}$$

よって，階数は　**2**

(Q)　$a \neq 0$ のとき，行列 ② を簡約階段化すると

$$\begin{pmatrix} a & 0 & \frac{cd-be}{d} \\ 0 & 1 & \frac{e}{d} \\ 0 & 0 & 0 \end{pmatrix} \xrightarrow{①\times\frac{1}{a}} \begin{pmatrix} 1 & 0 & \frac{cd-be}{ad} \\ 0 & 1 & \frac{e}{d} \\ 0 & 0 & 0 \end{pmatrix}$$

よって，階数は　**2**

[2]　$f \neq 0$ のとき，与えられた行列に行基本変形を施すと

$$\begin{pmatrix} a & b & c \\ 0 & d & e \\ 0 & 0 & f \end{pmatrix} \xrightarrow{③\times\frac{1}{f}} \begin{pmatrix} a & b & c \\ 0 & d & e \\ 0 & 0 & 1 \end{pmatrix} \xrightarrow{③\times(-c)+①} \begin{pmatrix} a & b & 0 \\ 0 & d & e \\ 0 & 0 & 1 \end{pmatrix} \xrightarrow{③\times(-e)+②} \begin{pmatrix} a & b & 0 \\ 0 & d & 0 \\ 0 & 0 & 1 \end{pmatrix} \quad \cdots\cdots ③$$

(ア)　$d=0$ のとき，行列 ③ に行基本変形を施すと

$$\begin{pmatrix} a & b & 0 \\ 0 & 0 & 0 \\ 0 & 0 & 1 \end{pmatrix} \xrightarrow{② \leftrightarrow ③} \begin{pmatrix} a & b & 0 \\ 0 & 0 & 1 \\ 0 & 0 & 0 \end{pmatrix}$$

(P)　$a=b=0$ のとき，行列 ③ を簡約階段化すると

$$\begin{pmatrix} 0 & 0 & 0 \\ 0 & 0 & 0 \\ 0 & 0 & 1 \end{pmatrix} \xrightarrow{③ \leftrightarrow ①} \begin{pmatrix} 0 & 0 & 1 \\ 0 & 0 & 0 \\ 0 & 0 & 0 \end{pmatrix}$$

よって，階数は　**1**

(Q)　$a \neq 0$ または $b \neq 0$ のとき，階数は　**2**

(イ)　$d \neq 0$ のとき，行列 ③ に，更に行基本変形を施すと

$$\begin{pmatrix} a & b & 0 \\ 0 & d & 0 \\ 0 & 0 & 1 \end{pmatrix} \xrightarrow{②\times\frac{1}{d}} \begin{pmatrix} a & b & 0 \\ 0 & 1 & 0 \\ 0 & 0 & 1 \end{pmatrix} \xrightarrow{②\times(-b)+①} \begin{pmatrix} a & 0 & 0 \\ 0 & 1 & 0 \\ 0 & 0 & 1 \end{pmatrix} \quad \cdots\cdots ④$$

(P)　$a=0$ のとき，行列 ④ を簡約階段化すると

$$\begin{pmatrix} 0 & 0 & 0 \\ 0 & 1 & 0 \\ 0 & 0 & 1 \end{pmatrix} \xrightarrow{① \leftrightarrow ②} \begin{pmatrix} 0 & 1 & 0 \\ 0 & 0 & 0 \\ 0 & 0 & 1 \end{pmatrix} \xrightarrow{② \leftrightarrow ③} \begin{pmatrix} 0 & 1 & 0 \\ 0 & 0 & 1 \\ 0 & 0 & 0 \end{pmatrix}$$

よって，階数は　**2**

(Q)　$a \neq 0$ のとき，行列 ④ を簡約階段化すると

$$\begin{pmatrix} a & 0 & 0 \\ 0 & 1 & 0 \\ 0 & 0 & 1 \end{pmatrix} \xrightarrow{①\times\frac{1}{a}} \begin{pmatrix} 1 & 0 & 0 \\ 0 & 1 & 0 \\ 0 & 0 & 1 \end{pmatrix}$$

よって，階数は　**3**

PRACTICE … 16

行列 $\begin{pmatrix} 1 & 1 & 1 & x \\ 1 & 1 & x & 1 \\ 1 & x & 1 & 1 \\ x & 1 & 1 & 1 \end{pmatrix}$ (x は定数) の階数を求めよ。

3 連立1次方程式とその解

基本事項

A 行基本変形と連立1次方程式

定理 行基本変形と連立1次方程式

Aを $m\times n$ 行列とし，$\boldsymbol{b}$を $m\times 1$ 行列とする。
このとき，x_1，x_2，……，x_n を変数とする連立1次方程式が

$$A\boldsymbol{x}=\boldsymbol{b} \quad \cdots\cdots (*)$$

と表されているとする。ただし，$\boldsymbol{x}=\begin{pmatrix} x_1 \\ x_2 \\ \vdots \\ x_n \end{pmatrix}$ である。

$(*)$ の拡大係数行列 $(\,A\mid\boldsymbol{b}\,)$ に行基本変形を施して，$(\,B\mid\boldsymbol{b}'\,)$ が得られたとする。ただし，Bは $m\times n$ 行列，$\boldsymbol{b}'$ は $m\times 1$ 行列である。
このとき，連立1次方程式 $B\boldsymbol{x}=\boldsymbol{b}'$ で表される連立1次方程式と $(*)$ は同値である。

B 解の存在と自由度

定理 連立1次方程式の解の存在とその個数

Aを $m\times n$ 行列とし，$\boldsymbol{b}$を $m\times 1$ 行列とする。
このとき，x_1，x_2，……，x_n を変数とする連立1次方程式が

$$A\boldsymbol{x}=\boldsymbol{b} \quad \cdots\cdots ①$$

と表されているとする。ただし，$\boldsymbol{x}=\begin{pmatrix} x_1 \\ x_2 \\ \vdots \\ x_n \end{pmatrix}$ である。

[1] ① が解をもつための必要十分条件は，等式 $\mathrm{rank}\,A=\mathrm{rank}(\,A\mid\boldsymbol{b}\,)$ ……② が成り立つことである。
[2] ② が成り立つとき，① の解の自由度は $n-\mathrm{rank}\,A$ である。
[3] $\mathrm{rank}\,A=m$ が成り立つならば，① は解をもち，その解の自由度は $n-m$ である。

補足 解の自由度については，基本例題 040 を参照。

C　同次連立 1 次方程式

連立 1 次方程式

$$\begin{cases} a_{11}x_1+a_{12}x_2+\cdots\cdots+a_{1n}x_n=b_1 \\ a_{21}x_1+a_{22}x_2+\cdots\cdots+a_{2n}x_n=b_2 \\ \qquad\qquad\vdots \\ a_{m1}x_1+a_{m2}x_2+\cdots\cdots+a_{mn}x_n=b_m \end{cases} \quad \cdots\cdots(*)$$

とする。

$(b_1,\ b_2,\ \cdots\cdots,\ b_m)=(0,\ 0,\ \cdots\cdots,\ 0)$ のとき，$(*)$ を **同次連立 1 次方程式** といい，

$(b_1,\ b_2,\ \cdots\cdots,\ b_m)\neq(0,\ 0,\ \cdots\cdots,\ 0)$ のとき，$(*)$ を **非同次連立 1 次方程式** という。

同次連立 1 次方程式は必ず解をもつ。

実際，$(*)$ において，

$(b_1,\ b_2,\ \cdots\cdots,\ b_m)=(0,\ 0,\ \cdots\cdots,\ 0)$ のとき，$(*)$ は $(x_1,\ x_2,\ \cdots\cdots,\ x_n)=(0,\ 0,\ \cdots\cdots,\ 0)$ を解としてもつ。

これを $(*)$ の **自明な解** といい，そうでない解を **非自明な解** という。

定理　同次連立 1 次方程式の解

A を $m\times n$ 行列とし，$\mathbf{0}_m$ を m 次元零ベクトルとする。

このとき，$x_1,\ x_2,\ \cdots\cdots,\ x_n$ を変数とする連立 1 次方程式が

$$A\boldsymbol{x}=\mathbf{0}_m \quad \cdots\cdots(*)$$

と表されているとする。ただし，$\boldsymbol{x}=\begin{pmatrix} x_1 \\ x_2 \\ \vdots \\ x_n \end{pmatrix}$ である。

このとき，次が成り立つ。

[1]　$\operatorname{rank} A=n$ ならば，$(*)$ は自明な解しかもたない。

[2]　$\operatorname{rank} A<n$ ならば，$(*)$ は非自明な解をもつ。

PRACTICE … 17

連立 1 次方程式 $\begin{cases} x+y=2 \\ 2x-y=1 \end{cases}$ を，拡大係数行列を簡約階段化することにより解け。

基本 例題 039 連立1次方程式とその解（不能の場合） ★☆☆

連立1次方程式 $\begin{cases} x+2y+3z=3 \\ 2x+\ \ y+3z=0 \\ -2x+3y+\ \ z=1 \end{cases}$ を解け。

p. 62 基本事項A

GUIDE & SOLUTION

与えられた連立1次方程式を，行列を用いて表したときの拡大係数行列を簡約階段化するが，得られる簡約階段形が $(0\ \ 0\ \ \cdots\ \ 0\,|\,1)$ という行を含み，これは $0=1$ を意味する。よって，与えられた連立1次方程式は解をもたない。

CHART **連立1次方程式 $A\boldsymbol{x}=\boldsymbol{b}$ の解法**
拡大係数行列 $(A\,|\,\boldsymbol{b})$ を簡約階段化

解答

与えられた連立1次方程式は $\begin{pmatrix} 1 & 2 & 3 \\ 2 & 1 & 3 \\ -2 & 3 & 1 \end{pmatrix}\begin{pmatrix} x \\ y \\ z \end{pmatrix}=\begin{pmatrix} 3 \\ 0 \\ 1 \end{pmatrix}$ と表され，この拡大係数行列は

$\left(\begin{array}{ccc|c} 1 & 2 & 3 & 3 \\ 2 & 1 & 3 & 0 \\ -2 & 3 & 1 & 1 \end{array}\right)$ である。

これを簡約階段化すると

$$\left(\begin{array}{ccc|c} 1 & 2 & 3 & 3 \\ 2 & 1 & 3 & 0 \\ -2 & 3 & 1 & 1 \end{array}\right) \xrightarrow{①\times(-2)+②} \left(\begin{array}{ccc|c} 1 & 2 & 3 & 3 \\ 0 & -3 & -3 & -6 \\ -2 & 3 & 1 & 1 \end{array}\right) \xrightarrow{①\times 2+③} \left(\begin{array}{ccc|c} 1 & 2 & 3 & 3 \\ 0 & -3 & -3 & -6 \\ 0 & 7 & 7 & 7 \end{array}\right)$$

$$\xrightarrow{②\times\left(-\frac{1}{3}\right)} \left(\begin{array}{ccc|c} 1 & 2 & 3 & 3 \\ 0 & 1 & 1 & 2 \\ 0 & 7 & 7 & 7 \end{array}\right) \xrightarrow{②\times(-2)+①} \left(\begin{array}{ccc|c} 1 & 0 & 1 & -1 \\ 0 & 1 & 1 & 2 \\ 0 & 7 & 7 & 7 \end{array}\right)$$

$$\xrightarrow{②\times(-7)+③} \left(\begin{array}{ccc|c} 1 & 0 & 1 & -1 \\ 0 & 1 & 1 & 2 \\ 0 & 0 & 0 & -7 \end{array}\right) \xrightarrow{③\times\left(-\frac{1}{7}\right)} \left(\begin{array}{ccc|c} 1 & 0 & 1 & -1 \\ 0 & 1 & 1 & 2 \\ 0 & 0 & 0 & 1 \end{array}\right)$$

$$\xrightarrow{③\times 1+①} \left(\begin{array}{ccc|c} 1 & 0 & 1 & 0 \\ 0 & 1 & 1 & 2 \\ 0 & 0 & 0 & 1 \end{array}\right) \xrightarrow{③\times(-2)+②} \left(\begin{array}{ccc|c} 1 & 0 & 1 & 0 \\ 0 & 1 & 1 & 0 \\ 0 & 0 & 0 & 1 \end{array}\right)$$

よって，与えられた連立1次方程式は $\begin{cases} x\ \ +z=0 \\ \ \ y+z=0 \\ \ \ \ \ 0=1 \end{cases}$ ……（＊）と同値である。

ところが，（＊）の第3式 $0=1$ は明らかに成り立たない。
したがって，与えられた連立1次方程式は **解をもたない。**

基本 例題 040 連立１次方程式とその解（不定の場合） ★☆☆

連立１次方程式 $\begin{cases} x+3y+3z=-1 \\ 2x+6y-z=5 \end{cases}$ を解け。

p. 62 基本事項A

GUIDE & SOLUTION

基本例題 039 と同様に，与えられた連立１次方程式を，行列を用いて表したときの拡大係数行列を簡約階段化し，簡約階段形に対応する連立１次方程式を解く。

CHART　**連立１次方程式 $A\boldsymbol{x}=\boldsymbol{b}$ の解法**
拡大係数行列（$A \mid \boldsymbol{b}$）を簡約階段化

解答

与えられた連立１次方程式は $\begin{pmatrix} 1 & 3 & 3 \\ 2 & 6 & -1 \end{pmatrix}\begin{pmatrix} x \\ y \\ z \end{pmatrix}=\begin{pmatrix} -1 \\ 5 \end{pmatrix}$ と表され，この拡大係数行列は

$\left(\begin{array}{ccc|c} 1 & 3 & 3 & -1 \\ 2 & 6 & -1 & 5 \end{array}\right)$ である。

これを簡約階段化すると

$$\left(\begin{array}{ccc|c} 1 & 3 & 3 & -1 \\ 2 & 6 & -1 & 5 \end{array}\right) \xrightarrow{①\times(-2)+②} \left(\begin{array}{ccc|c} 1 & 3 & 3 & -1 \\ 0 & 0 & -7 & 7 \end{array}\right)$$

$$\xrightarrow{②\times\left(-\frac{1}{7}\right)} \left(\begin{array}{ccc|c} 1 & 3 & 3 & -1 \\ 0 & 0 & 1 & -1 \end{array}\right) \xrightarrow{②\times(-3)+①} \left(\begin{array}{ccc|c} 1 & 3 & 0 & 2 \\ 0 & 0 & 1 & -1 \end{array}\right)$$

よって，与えられた連立１次方程式は $\begin{cases} x+3y=2 \\ z=-1 \end{cases}$ と同値である。

これを解くと $\begin{cases} \boldsymbol{x=2-3c} \\ \boldsymbol{y=c} \\ \boldsymbol{z=-1} \end{cases}$ **（c は任意定数）**

補足　一般的に，連立１次方程式の解を表示する上で，右のように段が落ちない列に対応する変数を任意定数とすると，解が容易に求められる。

$$\begin{matrix} x & y & z & \\ \end{matrix}$$
$$\left(\begin{array}{ccc|c} 1 & 3 & 0 & 2 \\ 0 & 0 & 1 & -1 \end{array}\right)$$

INFORMATION

上の例題の解は，c という任意定数を用いて表されているが，一般に，連立１次方程式のすべての解を表すために必要な任意定数の個数を，**解の自由度** という。

基本 例題 041 連立1次方程式が解をもつかの判定 ★☆☆

次の連立1次方程式が解をもつか判定せよ。

(1) $\begin{cases} 2x-\ \ y+5z=-1 \\ \quad\ \ 2y+2z=\ \ 6 \\ x\qquad\ +3z=\ \ 1 \end{cases}$ (2) $\begin{cases} 2x\qquad +3z=7 \\ x-\ \ y+\ \ z=3 \\ 4x-6y+3z=7 \end{cases}$ (3) $\begin{cases} 6x+8y+10z=-3 \\ 11x+6y+14z=\ \ 1 \\ 8x+4y+10z=\ \ 7 \end{cases}$

p.62 基本事項B

GUIDE & SOLUTION

与えられた連立1次方程式を，行列を用いて表したときの係数行列と拡大係数行列の階数をそれぞれ求める（拡大係数行列の階数を求めれば，係数行列の階数は自ずとわかる）。そして，連立1次方程式の解の存在とその個数の定理を用いて，与えられた連立1次方程式が解をもつか判定する。

解答

与えられた連立1次方程式を，行列を用いて表したときの係数行列をA，拡大係数行列をBとする。

(1) $A=\begin{pmatrix} 2 & -1 & 5 \\ 0 & 2 & 2 \\ 1 & 0 & 3 \end{pmatrix}$, $B=\left(\begin{array}{ccc|c} 2 & -1 & 5 & -1 \\ 0 & 2 & 2 & 6 \\ 1 & 0 & 3 & 1 \end{array}\right)$ である。

行列Bを簡約階段化すると

$$\left(\begin{array}{ccc|c} 2 & -1 & 5 & -1 \\ 0 & 2 & 2 & 6 \\ 1 & 0 & 3 & 1 \end{array}\right) \xrightarrow{①\leftrightarrow③} \left(\begin{array}{ccc|c} 1 & 0 & 3 & 1 \\ 0 & 2 & 2 & 6 \\ 2 & -1 & 5 & -1 \end{array}\right) \xrightarrow{①\times(-2)+③} \left(\begin{array}{ccc|c} 1 & 0 & 3 & 1 \\ 0 & 2 & 2 & 6 \\ 0 & -1 & -1 & -3 \end{array}\right)$$

$$\xrightarrow{②\times\frac{1}{2}} \left(\begin{array}{ccc|c} 1 & 0 & 3 & 1 \\ 0 & 1 & 1 & 3 \\ 0 & -1 & -1 & -3 \end{array}\right) \xrightarrow{②\times1+③} \left(\begin{array}{ccc|c} 1 & 0 & 3 & 1 \\ 0 & 1 & 1 & 3 \\ 0 & 0 & 0 & 0 \end{array}\right)$$

よって，$\mathrm{rank}\,A=\mathrm{rank}\,B=2$ であるから，与えられた連立1次方程式は **解をもつ。**

(2) $A=\begin{pmatrix} 2 & 0 & 3 \\ 1 & -1 & 1 \\ 4 & -6 & 3 \end{pmatrix}$, $B=\left(\begin{array}{ccc|c} 2 & 0 & 3 & 7 \\ 1 & -1 & 1 & 3 \\ 4 & -6 & 3 & 7 \end{array}\right)$ である。

行列Bを簡約階段化すると

$$\left(\begin{array}{ccc|c} 2 & 0 & 3 & 7 \\ 1 & -1 & 1 & 3 \\ 4 & -6 & 3 & 7 \end{array}\right)$$

$$\xrightarrow{①\leftrightarrow②} \left(\begin{array}{ccc|c} 1 & -1 & 1 & 3 \\ 2 & 0 & 3 & 7 \\ 4 & -6 & 3 & 7 \end{array}\right) \xrightarrow{①\times(-2)+②} \left(\begin{array}{ccc|c} 1 & -1 & 1 & 3 \\ 0 & 2 & 1 & 1 \\ 4 & -6 & 3 & 7 \end{array}\right) \xrightarrow{①\times(-4)+③} \left(\begin{array}{ccc|c} 1 & -1 & 1 & 3 \\ 0 & 2 & 1 & 1 \\ 0 & -2 & -1 & -5 \end{array}\right)$$

$$\xrightarrow{\text{②}\times\frac{1}{2}} \left(\begin{array}{ccc|c} 1 & -1 & 1 & 3 \\ 0 & 1 & \frac{1}{2} & \frac{1}{2} \\ 0 & -2 & -1 & -5 \end{array}\right) \xrightarrow{\text{②}\times1+\text{①}} \left(\begin{array}{ccc|c} 1 & 0 & \frac{3}{2} & \frac{7}{2} \\ 0 & 1 & \frac{1}{2} & \frac{1}{2} \\ 0 & -2 & -1 & -5 \end{array}\right) \xrightarrow{\text{②}\times2+\text{③}} \left(\begin{array}{ccc|c} 1 & 0 & \frac{3}{2} & \frac{7}{2} \\ 0 & 1 & \frac{1}{2} & \frac{1}{2} \\ 0 & 0 & 0 & -4 \end{array}\right)$$

$$\xrightarrow{\text{③}\times\left(-\frac{1}{4}\right)} \left(\begin{array}{ccc|c} 1 & 0 & \frac{3}{2} & \frac{7}{2} \\ 0 & 1 & \frac{1}{2} & \frac{1}{2} \\ 0 & 0 & 0 & 1 \end{array}\right) \xrightarrow{\text{③}\times\left(-\frac{7}{2}\right)+\text{①}} \left(\begin{array}{ccc|c} 1 & 0 & \frac{3}{2} & 0 \\ 0 & 1 & \frac{1}{2} & \frac{1}{2} \\ 0 & 0 & 0 & 1 \end{array}\right) \xrightarrow{\text{③}\times\left(-\frac{1}{2}\right)+\text{②}} \left(\begin{array}{ccc|c} 1 & 0 & \frac{3}{2} & 0 \\ 0 & 1 & \frac{1}{2} & 0 \\ 0 & 0 & 0 & 1 \end{array}\right)$$

よって，$\operatorname{rank}A=2$，$\operatorname{rank}B=3$ より，$\operatorname{rank}A\neq\operatorname{rank}B$ であるから，与えられた連立1次方程式は **解をもたない。**

(3) $A=\begin{pmatrix} 6 & 8 & 10 \\ 11 & 6 & 14 \\ 8 & 4 & 10 \end{pmatrix}$，$B=\left(\begin{array}{ccc|c} 6 & 8 & 10 & -3 \\ 11 & 6 & 14 & 1 \\ 8 & 4 & 10 & 7 \end{array}\right)$ である。

行列Bを簡約階段化すると

$$\left(\begin{array}{ccc|c} 6 & 8 & 10 & -3 \\ 11 & 6 & 14 & 1 \\ 8 & 4 & 10 & 7 \end{array}\right) \xrightarrow{\text{①}\times\frac{1}{6}} \left(\begin{array}{ccc|c} 1 & \frac{4}{3} & \frac{5}{3} & -\frac{1}{2} \\ 11 & 6 & 14 & 1 \\ 8 & 4 & 10 & 7 \end{array}\right) \xrightarrow{\text{①}\times(-11)+\text{②}} \left(\begin{array}{ccc|c} 1 & \frac{4}{3} & \frac{5}{3} & -\frac{1}{2} \\ 0 & -\frac{26}{3} & -\frac{13}{3} & \frac{13}{2} \\ 8 & 4 & 10 & 7 \end{array}\right)$$

$$\xrightarrow{\text{①}\times(-8)+\text{③}} \left(\begin{array}{ccc|c} 1 & \frac{4}{3} & \frac{5}{3} & -\frac{1}{2} \\ 0 & -\frac{26}{3} & -\frac{13}{3} & \frac{13}{2} \\ 0 & -\frac{20}{3} & -\frac{10}{3} & 11 \end{array}\right) \xrightarrow{\text{②}\times\left(-\frac{3}{26}\right)} \left(\begin{array}{ccc|c} 1 & \frac{4}{3} & \frac{5}{3} & -\frac{1}{2} \\ 0 & 1 & \frac{1}{2} & -\frac{3}{4} \\ 0 & -\frac{20}{3} & -\frac{10}{3} & 11 \end{array}\right)$$

$$\xrightarrow{\text{②}\times\left(-\frac{4}{3}\right)+\text{①}} \left(\begin{array}{ccc|c} 1 & 0 & 1 & \frac{1}{2} \\ 0 & 1 & \frac{1}{2} & -\frac{3}{4} \\ 0 & -\frac{20}{3} & -\frac{10}{3} & 11 \end{array}\right) \xrightarrow{\text{②}\times\frac{20}{3}+\text{③}} \left(\begin{array}{ccc|c} 1 & 0 & 1 & \frac{1}{2} \\ 0 & 1 & \frac{1}{2} & -\frac{3}{4} \\ 0 & 0 & 0 & 6 \end{array}\right)$$

$$\xrightarrow{\text{③}\times\frac{1}{6}} \left(\begin{array}{ccc|c} 1 & 0 & 1 & \frac{1}{2} \\ 0 & 1 & \frac{1}{2} & -\frac{3}{4} \\ 0 & 0 & 0 & 1 \end{array}\right) \xrightarrow{\text{③}\times\left(-\frac{1}{2}\right)+\text{①}} \left(\begin{array}{ccc|c} 1 & 0 & 1 & 0 \\ 0 & 1 & \frac{1}{2} & -\frac{3}{4} \\ 0 & 0 & 0 & 1 \end{array}\right) \xrightarrow{\text{③}\times\frac{3}{4}+\text{②}} \left(\begin{array}{ccc|c} 1 & 0 & 1 & 0 \\ 0 & 1 & \frac{1}{2} & 0 \\ 0 & 0 & 0 & 1 \end{array}\right)$$

よって，$\operatorname{rank}A=2$，$\operatorname{rank}B=3$ より，$\operatorname{rank}A\neq\operatorname{rank}B$ であるから，与えられた連立1次方程式は **解をもたない。**

補足 (1)の解は $\begin{cases} x=1-3c \\ y=3-\ \ c \\ z=\ \ \ \ \ \ \ c \end{cases}$ (cは任意定数) である。

基本 例題 042 連立1次方程式が解をもつための条件 ★★☆

連立1次方程式 $\begin{cases} x-\ y+4z=-1 \\ 2x-5y+2z=\ \ 1 \\ 3x+6y+az=\ \ 4 \end{cases}$ が解をもつための，定数 a の条件を求めよ。
また，そのときの解を求めよ。 p. 62 基本事項B

GUIDE & SOLUTION

与えられた連立1次方程式を，行列を用いて表したときの係数行列と拡大係数行列をそれぞれ A，B とする。a の値によって場合分けして，$\mathrm{rank}\,A$，$\mathrm{rank}\,B$ を求め，$\mathrm{rank}\,A=\mathrm{rank}\,B$ となる条件を求める。

解答

与えられた連立1次方程式は $\begin{pmatrix} 1 & -1 & 4 \\ 2 & -5 & 2 \\ 3 & 6 & a \end{pmatrix}\begin{pmatrix} x \\ y \\ z \end{pmatrix}=\begin{pmatrix} -1 \\ 1 \\ 4 \end{pmatrix}$ と表され，この拡大係数行列は

$\left(\begin{array}{ccc|c} 1 & -1 & 4 & -1 \\ 2 & -5 & 2 & 1 \\ 3 & 6 & a & 4 \end{array}\right)$ である。

$A=\begin{pmatrix} 1 & -1 & 4 \\ 2 & -5 & 2 \\ 3 & 6 & a \end{pmatrix}$，$B=\left(\begin{array}{ccc|c} 1 & -1 & 4 & -1 \\ 2 & -5 & 2 & 1 \\ 3 & 6 & a & 4 \end{array}\right)$ とし，行列 B に行基本変形を施すと

$$\left(\begin{array}{ccc|c} 1 & -1 & 4 & -1 \\ 2 & -5 & 2 & 1 \\ 3 & 6 & a & 4 \end{array}\right)$$

$$\xrightarrow{①\times(-2)+②}\left(\begin{array}{ccc|c} 1 & -1 & 4 & -1 \\ 0 & -3 & -6 & 3 \\ 3 & 6 & a & 4 \end{array}\right)$$

$$\xrightarrow{①\times(-3)+③}\left(\begin{array}{ccc|c} 1 & -1 & 4 & -1 \\ 0 & -3 & -6 & 3 \\ 0 & 9 & a-12 & 7 \end{array}\right)\xrightarrow{②\times\left(-\frac{1}{3}\right)}\left(\begin{array}{ccc|c} 1 & -1 & 4 & -1 \\ 0 & 1 & 2 & -1 \\ 0 & 9 & a-12 & 7 \end{array}\right)$$

$$\xrightarrow{②\times1+①}\left(\begin{array}{ccc|c} 1 & 0 & 6 & -2 \\ 0 & 1 & 2 & -1 \\ 0 & 9 & a-12 & 7 \end{array}\right)\xrightarrow{②\times(-9)+③}\left(\begin{array}{ccc|c} 1 & 0 & 6 & -2 \\ 0 & 1 & 2 & -1 \\ 0 & 0 & a-30 & 16 \end{array}\right)\ \cdots\cdots(*)$$

[1] $a-30=0$ すなわち $a=30$ のとき
$\mathrm{rank}\,A=2$，$\mathrm{rank}\,B=3$ より，$\mathrm{rank}\,A\neq\mathrm{rank}\,B$ であるから，与えられた連立1次方程式は解をもたない。

[2] $a-30\neq0$ すなわち $a\neq30$ のとき
$\mathrm{rank}\,A=3$，$\mathrm{rank}\,B=3$ より，$\mathrm{rank}\,A=\mathrm{rank}\,B$ であるから，与えられた連立1次方程式は解をもつ。

よって，与えられた連立１次方程式が解をもつための条件は

$$\boldsymbol{a \neq 30}$$

このとき，行列 (＊) を簡約階段化すると

$$\left(\begin{array}{ccc|c} 1 & 0 & 6 & -2 \\ 0 & 1 & 2 & -1 \\ 0 & 0 & a-30 & 16 \end{array}\right)$$

$$\xrightarrow{③\times\frac{1}{a-30}} \left(\begin{array}{ccc|c} 1 & 0 & 6 & -2 \\ 0 & 1 & 2 & -1 \\ 0 & 0 & 1 & \dfrac{16}{a-30} \end{array}\right)$$

$$\xrightarrow{③\times(-6)+①} \left(\begin{array}{ccc|c} 1 & 0 & 0 & -\dfrac{2a+36}{a-30} \\ 0 & 1 & 2 & -1 \\ 0 & 0 & 1 & \dfrac{16}{a-30} \end{array}\right) \xrightarrow{③\times(-2)+②} \left(\begin{array}{ccc|c} 1 & 0 & 0 & -\dfrac{2a+36}{a-30} \\ 0 & 1 & 0 & -\dfrac{a+2}{a-30} \\ 0 & 0 & 1 & \dfrac{16}{a-30} \end{array}\right)$$

よって，与えられた連立１次方程式は $\begin{cases} x = -\dfrac{2a+36}{a-30} \\ y = -\dfrac{a+2}{a-30} \\ z = \dfrac{16}{a-30} \end{cases}$ と同値である。

これより　$\begin{cases} \boldsymbol{x = -\dfrac{2a+36}{a-30}} \\ \boldsymbol{y = -\dfrac{a+2}{a-30}} \\ \boldsymbol{z = \dfrac{16}{a-30}} \end{cases}$

PRACTICE … 18

次の連立１次方程式が解をもつための，定数 a の条件を求めよ。
また，そのときの解を求めよ。

(1) $\begin{cases} x+2z-u+5v=-1 \\ y-z+u-v=9 \\ x+2z+u+3v=1 \\ y-z+4u-4v=a \end{cases}$　　(2) $\begin{cases} x-2y+5z-2w=2 \\ -3x+y+2z-w=-2 \\ 2x-y+z+w=2 \\ 4x-2y-3z+aw=-1 \end{cases}$

基本 例題 043 同次連立1次方程式 ★☆☆

同次連立1次方程式 $\begin{cases} x+2y+cz=0 \\ -2x-3y-\ z=0 \\ cx+4y+3z=0 \end{cases}$ が非自明な解をもつための，定数 c の条件を求めよ。

p. 63 基本事項C

GUIDE & SOLUTION

同次連立1次方程式の解の定理を用いて考える。
与えられた同次連立1次方程式を，行列を用いて表したときの係数行列を A とすると，A は 3×3 行列であるから，$\mathrm{rank}\,A<3$ となるような定数 c の条件を求める。

解答

与えられた同次連立1次方程式を，行列を用いて表すと

$$\begin{pmatrix} 1 & 2 & c \\ -2 & -3 & -1 \\ c & 4 & 3 \end{pmatrix}\begin{pmatrix} x \\ y \\ z \end{pmatrix}=\begin{pmatrix} 0 \\ 0 \\ 0 \end{pmatrix}$$

$A=\begin{pmatrix} 1 & 2 & c \\ -2 & -3 & -1 \\ c & 4 & 3 \end{pmatrix}$ として，行列 A に行基本変形を施すと

$$\begin{pmatrix} 1 & 2 & c \\ -2 & -3 & -1 \\ c & 4 & 3 \end{pmatrix} \xrightarrow{①\times2+②} \begin{pmatrix} 1 & 2 & c \\ 0 & 1 & 2c-1 \\ c & 4 & 3 \end{pmatrix} \xrightarrow{①\times(-c)+③} \begin{pmatrix} 1 & 2 & c \\ 0 & 1 & 2c-1 \\ 0 & -2c+4 & -c^2+3 \end{pmatrix}$$

$$\xrightarrow{②\times(-2)+①} \begin{pmatrix} 1 & 0 & -3c+2 \\ 0 & 1 & 2c-1 \\ 0 & -2c+4 & -c^2+3 \end{pmatrix} \xrightarrow{②\times(2c-4)+③} \begin{pmatrix} 1 & 0 & -3c+2 \\ 0 & 1 & 2c-1 \\ 0 & 0 & 3c^2-10c+7 \end{pmatrix}$$

与えられた同次連立1次方程式が，非自明な解をもつための条件は

$$\mathrm{rank}\,A<3$$

よって　$3c^2-10c+7=0$

ゆえに　$(c-1)(3c-7)=0$

これを解いて　$c=1,\ \dfrac{7}{3}$

したがって，与えられた同次連立1次方程式が，非自明な解をもつための条件は

$$\boldsymbol{c=1,\ \frac{7}{3}}$$

EXERCISES

10 次の行列を簡約階段化せよ。

(1) $\begin{pmatrix} 1 & 2 & 3 & 4 \\ -4 & -3 & -2 & -1 \end{pmatrix}$　(2) $\begin{pmatrix} 1 & -1 & 4 \\ 1 & 0 & -2 \\ -2 & 1 & 0 \end{pmatrix}$

(3) $\begin{pmatrix} 1 & -4 & 1 & -4 \\ 2 & -3 & 2 & -3 \\ 3 & -2 & 3 & -2 \\ 4 & -1 & 4 & -1 \end{pmatrix}$　(4) $\begin{pmatrix} 0 & 1 & 3 & 2 & 4 \\ 2 & 4 & 4 & 3 & 0 \\ 1 & 1 & -1 & 0 & 3 \\ 0 & -1 & 3 & 2 & 4 \end{pmatrix}$

11 次の行列の階数を求めよ。

(1) $\begin{pmatrix} 1 & -1 & -3 \\ 5 & -2 & 0 \\ -3 & 0 & -6 \end{pmatrix}$　(2) $\begin{pmatrix} 3 & 2 & -1 \\ 1 & 0 & -2 \\ -2 & 2 & 1 \end{pmatrix}$　(3) $\begin{pmatrix} 2 & -5 & 2 \\ 1 & -3 & 0 \\ 0 & 1 & 1 \end{pmatrix}$　(4) $\begin{pmatrix} 1 & 1 & -1 \\ 2 & 3 & -3 \\ 1 & -3 & 3 \end{pmatrix}$

(5) $\begin{pmatrix} 3 & -1 & 1 & -2 \\ 1 & -3 & 2 & -3 \\ 4 & -2 & 3 & 1 \end{pmatrix}$　(6) $\begin{pmatrix} 0 & 2 & 1 & 1 \\ -1 & 3 & 2 & 0 \\ -2 & 0 & 4 & 0 \\ 1 & -1 & -1 & 1 \end{pmatrix}$　(7) $\begin{pmatrix} -2 & -1 & -6 & -2 & -3 \\ -1 & 2 & 3 & 2 & 10 \\ 2 & 1 & 6 & 0 & -7 \\ 3 & 2 & 9 & 2 & -6 \end{pmatrix}$　(8) $\begin{pmatrix} 0 & 1 & 2 & 3 & 4 \\ 1 & 2 & 3 & 4 & 0 \\ 2 & 3 & 4 & 0 & 1 \\ 3 & 4 & 0 & 1 & 2 \\ 4 & 0 & 1 & 2 & 3 \end{pmatrix}$

12 次の行列の階数を求めよ。

(1) $\begin{pmatrix} x & 1 & 0 \\ 1 & x & 1 \\ 0 & 1 & x \end{pmatrix}$　(2) $\begin{pmatrix} x & 1 & 1 \\ 1 & x & 1 \\ 1 & 1 & x \end{pmatrix}$　(3) $\begin{pmatrix} 1 & 1 & 1 & 1 \\ 1 & x & 1 & 1 \\ 1 & 1 & x & 1 \\ 1 & 1 & 1 & x^2 \end{pmatrix}$　(4) $\begin{pmatrix} 1 & x & 1 & 1 \\ x & 1 & x & 1 \\ 1 & x & 1 & x \\ 1 & 1 & x & 1 \end{pmatrix}$

13 次の連立 1 次方程式を解け。

(1) $\begin{cases} -x+5y+5z=3 \\ 4x-7y+6z=1 \end{cases}$　(2) $\begin{cases} 3x+y+z=-5 \\ 4x+3y-z=-2 \\ 5x+4y+z=6 \end{cases}$

(3) $\begin{cases} 2x-y+z-4w=-2 \\ 3y+2z+5w=6 \\ x+5z+w=2 \\ 4x+2y-2w=0 \end{cases}$　(4) $\begin{cases} x+2y+3z=8 \\ 2x+3y-2w=6 \\ x-5z+2w=-4 \\ y+2z-4w=2 \end{cases}$

(5) $\begin{cases} -4x+5y+6z-7w=-1 \\ 3x-4y-5z+6w=0 \\ -2x+3y+4z-5w=1 \\ x-2y-3z+4w=-2 \end{cases}$　(6) $\begin{cases} 2x-y+3z+2u-v=2 \\ x+y-z-u+v=3 \\ 3x+2y-z-v=1 \end{cases}$

EXERCISES

14 次の連立1次方程式について，解の自由度を求めてから解け。

(1) $\begin{cases} x-4y-11z+11w=1 \\ 3x-15y-42z+42w=3 \\ 2x-12y-34z+34w=2 \\ x-7y-20z+20w=1 \end{cases}$　(2) $\begin{cases} x-4y-11z+11w=1 \\ 7x-19y-48z+46w=1 \\ 6x-16y-40z+38w=2 \\ 3x-9y-23z+22w=3 \end{cases}$

15 次の問いに答えよ。

(1) 連立1次方程式 $\begin{cases} -x+y+w=a \\ -4x+2y+z+3w=b \\ -5x+3y+z+4w=c \\ 3x-y-z-2w=d \end{cases}$ が解をもつための，a，b，c，d の条件を求めよ。

(2) 連立1次方程式 $\begin{cases} x-4y-11z+11w=p \\ 3x-15y-42z+42w=q \\ -2x+12y+34z-34w=r \\ -x+7y+20z-20w=s \end{cases}$ が解をもつための，p，q，r，s の条件を求めよ。

16 連立1次方程式 $\begin{cases} x+y+2z=5 \\ 2x-2y+az=5 \\ x+ay+z=2 \end{cases}$ が解をもつための，定数 a の条件を求めよ。また，そのときの解を求めよ。

17 連立1次方程式 $\begin{cases} ax+y=1 \\ x+by=1 \\ x+y=c \end{cases}$ が自由度1の解をもつための，定数 a，b，c の条件を求めよ。また，定数 a，b，c がその条件を満たしているとき，与えられた連立1次方程式を行列を用いて表したときの拡大係数行列の階数を求めよ。

18 次の問いに答えよ。

(1) 連立1次方程式 $\begin{cases} ax+y+1=0 \\ x+ay+1=0 \end{cases}$ が解をもつための，定数 a の条件を求めよ。

(2) 連立1次方程式 $\begin{cases} bx+y+1=0 \\ x+by+1=0 \\ x+y+c=0 \end{cases}$ が解をもつための，定数 b，c の条件を求めよ。

! Hint **18** (1) 与えられた連立1次方程式を $\begin{cases} ax+y=-1 \\ x+ay=-1 \end{cases}$ と変形し，この連立1次方程式を行列を用いて表したときの係数行列と拡大係数行列を考える。

(2) 与えられた連立1次方程式の第1式と第2式の組は，(1)の連立1次方程式と一致するから，(1)の結果を利用する。

第3章

3 基本変形と基本行列

例題一覧

1 行列の標準形

基本事項

A 行基本操作と基本行列

定義 基本行列

次の 3 つの形の行列を **基本行列** という。ただし，m を自然数とする。

[1] 右の図のような m 次正方行列
i，j は自然数であり，$1 \leqq i \leqq m$，$1 \leqq j \leqq m$，$i \neq j$ を満たすとする。
対角成分のうち，$(i,\ i)$ 成分と $(j,\ j)$ 成分は 0 であり，その他の成分はすべて 1 である。対角成分以外の成分のうち，$(i,\ j)$ 成分と $(j,\ i)$ 成分は 1 であり，その他の成分はすべて 0 である。この行列を P_{ij} と表す。

$$P_{ij}=\begin{bmatrix} 1 & & & & & & & & \\ & \ddots & & & & & & 0 & \\ & & 1 & & & & & & \\ & & & 0 & \cdots & 1 & & & \\ & & & \vdots & 1 & \vdots & & & \\ & & & \vdots & \ddots & \vdots & & & \\ & & & \vdots & 1 & \vdots & & & \\ & & & 1 & \cdots & 0 & & & \\ & 0 & & & & & 1 & & \\ & & & & & & & \ddots & \\ & & & & & & & & 1 \end{bmatrix}\begin{matrix} \\ \\ \\ \cdots i \\ \\ \\ \\ \cdots j \\ \\ \\ \\ \end{matrix}$$

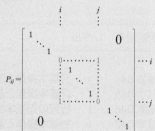

[2] 右の図のような m 次正方行列
i は自然数であり，$1 \leqq i \leqq m$ を満たすとする。
また，c は実数の定数であり，$c \neq 0$ を満たすとする。
対角成分のうち，$(i,\ i)$ 成分は c であり，その他の成分はすべて 1 である。対角成分以外の成分はすべて 0 である。
この行列を $P_i(c)$ と表す。

$$P_i(c)=\begin{bmatrix} 1 & & & & & & \\ & \ddots & & & & 0 & \\ & & 1 & & & & \\ & & & c & & & \\ & & & & 1 & & \\ & 0 & & & & \ddots & \\ & & & & & & 1 \end{bmatrix}\begin{matrix} \\ \\ \\ \cdots i \\ \\ \\ \\ \end{matrix}$$

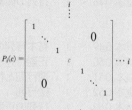

[3] 右の図のような m 次正方行列
i，j は自然数であり，$1 \leqq i \leqq m$，$1 \leqq j \leqq m$，$i \neq j$ を満たすとする。また，c は実数の定数であるとする。
対角成分はすべて 1 である。 対角成分以外の成分のうち，$(i,\ j)$ 成分は c であり，その他の成分はすべて 0 である。この行列を $P_{ij}(c)$ と表す。

$$P_{ij}(c)=\begin{bmatrix} 1 & & & & & \\ & \ddots & & & 0 & \\ & & 1 & \cdots & c & \\ & & & \ddots & \vdots & \\ & & & & 1 & \\ & 0 & & & & \ddots \\ & & & & & & 1 \end{bmatrix}\begin{matrix} \\ \\ \cdots i \\ \\ \\ \\ \\ \end{matrix}$$

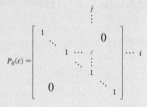

定理 基本行列と行基本変形

Aを $m \times n$ 行列とする。i，j $(i \neq j)$ を自然数，c を実数の定数とする。行列Aに基本行列 P_{ij}，$P_i(c)$，$P_{ij}(c)$ を左から掛けることは，それぞれ行列Aに行基本操作 (R1)，(R2)，(R3) を施すことに対応する。

[1] 行列Aに (R1) を施して得られる行列を B_1 とすると，$B_1=P_{ij}A$ が成り立つ。

[2] 行列Aに (R2) を施して得られる行列を B_2 とすると，$B_2=P_i(c)A$ が成り立つ。

[3] 行列Aに (R3) を施して得られる行列を B_3 とすると，$B_3=P_{ij}(c)A$ が成り立つ。

更に，行列に何回かの行基本操作を続けて施すことは，対応する基本行列をその行列に左から順に掛けることにより実現される。

定理　基本行列と簡約階段形

任意の $m\times n$ 行列Aに対して，有限個のm次基本行列 Q_1，Q_2，……，Q_s が存在して，$Q_1Q_2\cdots\cdots Q_sA$ が簡約階段形となる。

B　基本行列と列基本変形

行基本操作に対応して，次の 3 つの操作を行列の **列基本操作** という。

(C1)　i 列目と j 列目を入れ替える $(i\neq j)$。　(C2)　i 列目を c 倍する $(c\neq 0)$。

(C3)　j 列目の c 倍を i 列目に足す $(i\neq j)$。

これらを (C1)　$\underset{\longrightarrow}{\boxed{i}\Longleftrightarrow\boxed{j}}$　(C2)　$\underset{\longrightarrow}{\boxed{i}\times c}$　(C3)　$\underset{\longrightarrow}{\boxed{j}\times c+\boxed{i}}$ のように表す。

列基本操作を有限回繰り返して行列を変形することを **列基本変形** という。

行基本操作と同様に，列基本操作の逆の操作も列基本操作である。すなわち，列基本操作も **可逆** であり，行列に列基本操作を施したとき，更に逆の操作に対応する列基本操作を施すことによって，もとの行列に戻すことができる。

定理　基本行列と列基本変形

Aを $m\times n$ 行列とする。i，j $(i\neq j)$ を自然数，c を実数の定数とする。行列Aに基本行列 P_{ij}，$P_i(c)$，$P_{ij}(c)$ を右から掛けることは，それぞれ行列Aに列基本操作 (C1)，(C2)，(C3) を施すことに対応する。

[1]　行列Aに (C1) を施して得られる行列を B_1 とすると，$B_1=AP_{ij}$ が成り立つ。

[2]　行列Aに (C2) を施して得られる行列を B_2 とすると，$B_2=AP_i(c)$ が成り立つ。

[3]　行列Aに (C3) を施して得られる行列を B_3 とすると，$B_3=AP_{ji}(c)$ が成り立つ。

更に，行列に何回かの列基本操作を続けて施すことは，対応する基本行列をその行列に右から順に掛けることにより実現される。

C　行列の標準形

定理　行列の標準形

Aを $m\times n$ 行列とし，$\mathrm{rank}\,A=r$ であるとする。このとき，行基本変形と列基本変形により，行列Aを次の形に変形することができる。

[1]　r 個の $(i,\ i)$ 成分 $(i=1,\ 2,\ \cdots\cdots,\ r)$ は 1 である。

[2]　残りの他の成分はすべて 0 である。

すなわち，行列Aに対して，m次基本行列の有限個の積である行列Qと，n次基本行列の有限個の積である行列Pが存在して，行列QAPが右の形の行列になる。

$$\begin{pmatrix} 1 & & 0 \\ & \ddots & \\ 0 & & 1 \end{pmatrix}$$

このような形の行列を，行列Aの **標準形** という。52 ページの簡約階段化行列の一意性の定理により，行列Aに対して，Aの簡約階段化行列は 1 通りに定まる。このことと上の定理の証明 (証明は省略) から，行列Aに対して，Aの標準形の行列も 1 通りに定まる。

補足　以降，行基本変形と列基本変形を合わせて，単に **基本変形** ということがある。

基本 例題 044 行基本操作と基本行列 (1) ★☆☆

次の行列に，それぞれ括弧内で示された基本行列を左から掛けて，その結果が対応する行基本操作を施したものであることを示せ。

(1) $\begin{pmatrix} -4 & 2 & 1 & -1 \\ 1 & 3 & 2 & 1 \end{pmatrix}$ (P_{12})　　(2) $\begin{pmatrix} 1 & 3 & -2 \\ 3 & 2 & 1 \end{pmatrix}$ $(P_{21}(-3))$

p. 74 基本事項A

GUIDE & SOLUTION

(1) 基本行列 $\begin{pmatrix} 0 & 1 \\ 1 & 0 \end{pmatrix}$ を与えられた行列に左から掛ける。

(2) 基本行列 $\begin{pmatrix} 1 & 0 \\ -3 & 1 \end{pmatrix}$ を与えられた行列に左から掛ける。

解答

(1) 基本行列 $\begin{pmatrix} 0 & 1 \\ 1 & 0 \end{pmatrix}$ を与えられた行列に左から掛けると

$$\begin{pmatrix} 0 & 1 \\ 1 & 0 \end{pmatrix}\begin{pmatrix} -4 & 2 & 1 & -1 \\ 1 & 3 & 2 & 1 \end{pmatrix}=\begin{pmatrix} 0\cdot(-4)+1\cdot1 & 0\cdot2+1\cdot3 & 0\cdot1+1\cdot2 & 0\cdot(-1)+1\cdot1 \\ 1\cdot(-4)+0\cdot1 & 1\cdot2+0\cdot3 & 1\cdot1+0\cdot2 & 1\cdot(-1)+0\cdot1 \end{pmatrix}$$
$$=\begin{pmatrix} 1 & 3 & 2 & 1 \\ -4 & 2 & 1 & -1 \end{pmatrix}$$

よって，与えられた行列に基本行列 P_{12} を左から掛けた結果は，与えられた行列の1行目と2行目を入れ替える行基本操作を施したものである。■

(2) 基本行列 $\begin{pmatrix} 1 & 0 \\ -3 & 1 \end{pmatrix}$ を与えられた行列に左から掛けると

$$\begin{pmatrix} 1 & 0 \\ -3 & 1 \end{pmatrix}\begin{pmatrix} 1 & 3 & -2 \\ 3 & 2 & 1 \end{pmatrix}=\begin{pmatrix} 1\cdot1+0\cdot3 & 1\cdot3+0\cdot2 & 1\cdot(-2)+0\cdot1 \\ (-3)\cdot1+1\cdot3 & (-3)\cdot3+1\cdot2 & (-3)\cdot(-2)+1\cdot1 \end{pmatrix}$$
$$=\begin{pmatrix} 1 & 3 & -2 \\ 0 & -7 & 7 \end{pmatrix}$$

よって，与えられた行列に基本行列 $P_{21}(-3)$ を左から掛けた結果は，与えられた行列の1行目の (-3) 倍を2行目に足す行基本操作を施したものである。■

PRACTICE … 19

次の行列に，それぞれ括弧内で示された基本行列を左から掛けて，その結果が対応する行基本操作を施したものであることを示せ。

(1) $\begin{pmatrix} 1 & 2 & 3 \\ -2 & 3 & 1 \\ 3 & -1 & 2 \end{pmatrix}$ $(P_{21}(2))$　　(2) $\begin{pmatrix} 2 & 1 & 2 & 3 \\ 2 & 1 & -1 & 2 \\ -1 & 2 & 3 & 0 \end{pmatrix}$ $(P_3(-1))$

基本 例題 045 行基本操作と基本行列 (2) ★☆☆

次の問いに答えよ。

(1) 行列Aに，行基本操作 ①×1+②，②×(−2)+③，③×(−3) を，左から順に施した結果を，基本行列を用いて表せ。

(2) 行列Bに，行基本操作 ①⟺③，②×(−1)，①×(−2)+③，①×$\frac{1}{7}$ を，左から順に施した結果を，基本行列を用いて表せ。

(3) ${}^tP_{ij}=P_{ij}$，${}^t\{P_i(c)\}=P_i(c)$，${}^t\{P_{ij}(c)\}=P_{ji}(c)$ を証明せよ。 p. 74 基本事項A

GUIDE & SOLUTION

(1) まず，行列Aに行基本操作 ①×1+② を施した結果は $P_{21}(1)A$ に等しい。次に，行基本操作 ②×(−2)+③ を施した結果は $P_{32}(-2)P_{21}(1)A$ に等しい。以降，同様に行基本操作に対応する基本行列を左から順に掛ける。

(2) (1)と同様に考える。

(3) 基本行列 $P_i(c)$ は対角行列であるから，${}^t\{P_i(c)\}=P_i(c)$ が成り立つことは自明である。基本行列 P_{ij}，$P_{ij}(c)$ については，対角成分以外の成分を考えるとよい。

解答

(1) 行基本操作 ①×1+② を施した結果は，基本行列 $P_{21}(1)$ を行列Aに左から掛けた結果に等しく，行基本操作 ②×(−2)+③ を施した結果は，基本行列 $P_{32}(-2)$ を更に左から掛けた結果に等しく，行基本操作 ③×(−3) を施した結果は，基本行列 $P_3(-3)$ を更に左から掛けた結果に等しい。

よって　$\boldsymbol{P_3(-3)P_{32}(-2)P_{21}(1)A}$

(2) 行基本操作 ①⟺③ を施した結果は，基本行列 P_{13} を行列Bに左から掛けた結果に等しく，行基本操作 ②×(−1) を施した結果は，基本行列 $P_2(-1)$ を更に左から掛けた結果に等しく，行基本操作 ①×(−2)+③ を施した結果は，基本行列 $P_{31}(-2)$ を更に左から掛けた結果に等しく，行基本操作 ①×$\frac{1}{7}$ を施した結果は，基本行列 $P_1\left(\frac{1}{7}\right)$ を更に左から掛けた結果に等しい。

よって　$\boldsymbol{P_1\left(\frac{1}{7}\right)P_{31}(-2)P_2(-1)P_{13}B}$

(3) 基本行列 P_{ij} の対角成分以外の成分について，$(i,\ j)$ 成分と $(j,\ i)$ 成分のみ 1 であり，その他はすべて 0 であるから　${}^tP_{ij}=P_{ij}$

基本行列 $P_i(c)$ は対角行列であるから　${}^t\{P_i(c)\}=P_i(c)$

基本行列 $P_{ij}(c)$ の対角成分以外の成分について，$(i,\ j)$ 成分のみ c であり，その他はすべて 0 であるから　${}^t\{P_{ij}(c)\}=P_{ji}(c)$ ■

PRACTICE … 20

行列Aに，行基本操作 ①×2+②，①×(−2)+③，②×1+③，③×(−1)+①，③×(−2)+② を，左から順に施した結果を，基本行列を用いて表せ。

基本 例題 046 行列の列基本操作 ★☆☆

次の問いに答えよ。

(1) 行列 $\begin{pmatrix} 1 & 2 & 3 \\ 3 & 4 & -1 \\ -2 & 4 & 7 \end{pmatrix}$ に，列基本操作 $\boxed{1}\times(-2)+\boxed{2}$ を施した結果を答えよ。

(2) 行列 $\begin{pmatrix} 1 & 2 & 3 \\ 3 & 4 & -1 \\ -2 & 4 & 7 \end{pmatrix}$ に，基本行列 $P_{12}(-2)$ を右から掛けて，その結果が (1) の結果に一致することを示せ。

p. 75 基本事項 B

GUIDE & SOLUTION

(1) において，$\boxed{1}$，$\boxed{2}$ は，それぞれ行列の 1，2 列目を表す。1 列目の (-2) 倍を 2 列目に足す。(2) では，基本行列 $\begin{pmatrix} 1 & -2 & 0 \\ 0 & 1 & 0 \\ 0 & 0 & 1 \end{pmatrix}$ を与えられた行列に右から掛ける。

解答

(1) $\begin{pmatrix} 1 & 2 & 3 \\ 3 & 4 & -1 \\ -2 & 4 & 7 \end{pmatrix} \longrightarrow \begin{pmatrix} 1 & 0 & 3 \\ 3 & -2 & -1 \\ -2 & 8 & 7 \end{pmatrix}$

補足 以後，行列の変形を表す際に，$\boxed{1}$，$\boxed{2}$，$\boxed{3}$，……，はそれぞれ変形する前の行列の 1 列目，2 列目，3 列目，…… を表すものとする。

(2) 基本行列 $\begin{pmatrix} 1 & -2 & 0 \\ 0 & 1 & 0 \\ 0 & 0 & 1 \end{pmatrix}$ を与えられた行列に右から掛けると

$$\begin{pmatrix} 1 & 2 & 3 \\ 3 & 4 & -1 \\ -2 & 4 & 7 \end{pmatrix}\begin{pmatrix} 1 & -2 & 0 \\ 0 & 1 & 0 \\ 0 & 0 & 1 \end{pmatrix}$$

$$=\begin{pmatrix} 1\cdot1+2\cdot0+3\cdot0 & 1\cdot(-2)+2\cdot1+3\cdot0 & 1\cdot0+2\cdot0+3\cdot1 \\ 3\cdot1+4\cdot0+(-1)\cdot0 & 3\cdot(-2)+4\cdot1+(-1)\cdot0 & 3\cdot0+4\cdot0+(-1)\cdot1 \\ (-2)\cdot1+4\cdot0+7\cdot0 & (-2)\cdot(-2)+4\cdot1+7\cdot0 & (-2)\cdot0+4\cdot0+7\cdot1 \end{pmatrix}=\begin{pmatrix} 1 & 0 & 3 \\ 3 & -2 & -1 \\ -2 & 8 & 7 \end{pmatrix}$$

よって，与えられた行列に基本行列 $P_{12}(-2)$ を右から掛けた結果は，(1) の結果と一致する。■

PRACTICE … 21

(1) 次の行列に，それぞれ括弧内で示された列基本操作を施した結果を答えよ。

(ア) $\begin{pmatrix} a & b \\ c & d \end{pmatrix}$ $(\boxed{1}\Leftrightarrow\boxed{2})$　　(イ) $\begin{pmatrix} 2 & 2 & -3 \\ 0 & -1 & 2 \end{pmatrix}$ $\left(\boxed{1}\times\frac{1}{2}\right)$

(2) 次の行列に，それぞれ括弧内で示された基本行列を右から掛けて，その結果がそれぞれ (1) の結果に一致することを示せ。

(ア) $\begin{pmatrix} a & b \\ c & d \end{pmatrix}$ (P_{12})　　(イ) $\begin{pmatrix} 2 & 2 & -3 \\ 0 & -1 & 2 \end{pmatrix}$ $\left(P_1\left(\frac{1}{2}\right)\right)$

基本 例題 047 列基本操作と基本行列 ★☆☆

次の問いに答えよ。

(1) 行列Aに，列基本操作 $\boxed{1}\times(-4)+\boxed{4}$，$\boxed{3}\times(-1)+\boxed{4}$ を左から順に施した結果を，基本行列を用いて表せ。

(2) 行列Bに，列基本操作 $\boxed{1}\times(-3)+\boxed{3}$，$\boxed{2}\Leftrightarrow\boxed{3}$，$\boxed{2}\times2+\boxed{3}$ を，左から順に施した結果を，基本行列を用いて表せ。

(3) 行列Cに，列基本操作 $\boxed{1}\Leftrightarrow\boxed{3}$，$\boxed{1}\times(-2)+\boxed{3}$，$\boxed{2}\times(-1)$，$\boxed{3}\times\frac{1}{7}$，$\boxed{3}\times3+\boxed{1}$ を左から順に施した結果を，基本行列を用いて表せ。

p. 75 基本事項B

GUIDE & SOLUTION

(1) まず，行列Aに列基本操作 $\boxed{1}\times(-4)+\boxed{4}$ を施した結果は $AP_{14}(-4)$ に等しい。次に，列基本操作 $\boxed{3}\times(-1)+\boxed{4}$ を施した結果は $AP_{14}(-4)P_{34}(-1)$ に等しい。

(2) まず，行列Bに列基本操作 $\boxed{1}\times(-3)+\boxed{3}$ を施した結果は $BP_{13}(-3)$ に等しい。次に，列基本操作 $\boxed{2}\Leftrightarrow\boxed{3}$ を施した結果は $BP_{13}(-3)P_{23}$ に等しい。以降，同様に列基本操作に対応する基本行列を右から順に掛ける。

(3) まず，行列Cに列基本操作 $\boxed{1}\Leftrightarrow\boxed{3}$ を施した結果は CP_{13} に等しい。次に，列基本操作 $\boxed{1}\times(-2)+\boxed{3}$ を施した結果は $CP_{13}P_{13}(-2)$ に等しい。以降，同様に列基本操作に対応する基本行列を右から順に掛けていく。

解答

(1) 列基本操作 $\boxed{1}\times(-4)+\boxed{4}$ を施した結果は，基本行列 $P_{14}(-4)$ を行列Aに右から掛けた結果に等しく，列基本操作 $\boxed{3}\times(-1)+\boxed{4}$ を施した結果は，基本行列 $P_{34}(-1)$ を更に右から掛けた結果に等しい。

よって　$\boldsymbol{AP_{14}(-4)P_{34}(-1)}$

(2) 列基本操作 $\boxed{1}\times(-3)+\boxed{3}$ を施した結果は，基本行列 $P_{13}(-3)$ を行列Bに右から掛けた結果に等しく，列基本操作 $\boxed{2}\Leftrightarrow\boxed{3}$ を施した結果は，基本行列 P_{23} を更に右から掛けた結果に等しく，列基本操作 $\boxed{2}\times2+\boxed{3}$ を施した結果は，基本行列 $P_{23}(2)$ を更に右から掛けた結果に等しい。

よって　$\boldsymbol{BP_{13}(-3)P_{23}P_{23}(2)}$

(3) 列基本操作 $\boxed{1}\Leftrightarrow\boxed{3}$ を施した結果は，基本行列 P_{13} を行列Cに右から掛けた結果に等しく，列基本操作 $\boxed{1}\times(-2)+\boxed{3}$ を施した結果は，基本行列 $P_{13}(-2)$ を更に右から掛けた結果に等しく，列基本操作 $\boxed{2}\times(-1)$ を施した結果は，基本行列 $P_2(-1)$ を更に右から掛けた結果に等しく，列基本操作 $\boxed{3}\times\frac{1}{7}$ を施した結果は，基本行列 $P_3\left(\frac{1}{7}\right)$ を更に右から掛けた結果に等しく，列基本操作 $\boxed{3}\times3+\boxed{1}$ を施した結果は，基本行列 $P_{31}(3)$ を更に右から掛けた結果に等しい。

よって　$\boldsymbol{CP_{13}P_{13}(-2)P_2(-1)P_3\left(\frac{1}{7}\right)P_{31}(3)}$

基本 例題 048 行列の簡約階段形と標準形 ★☆☆

次の行列の簡約階段形および標準形を求めよ。

(1) $\begin{pmatrix} 3 & 1 & 2 \\ 2 & 1 & 3 \end{pmatrix}$

(2) $\begin{pmatrix} -2 & 3 & -2 \\ 0 & 1 & 2 \\ -2 & 4 & 0 \end{pmatrix}$

(3) $\begin{pmatrix} 1 & 0 & 1 & 1 \\ 0 & 3 & 0 & 0 \\ 0 & 2 & 3 & 0 \end{pmatrix}$

p. 75 基本事項C

GUIDE & SOLUTION

まず，与えられた行列を簡約階段化する。その後，列基本変形により，標準形に変形する。

解答

(1) 与えられた行列を簡約階段化すると

$$\begin{pmatrix} 3 & 1 & 2 \\ 2 & 1 & 3 \end{pmatrix} \xrightarrow{①\times\frac{1}{3}} \begin{pmatrix} 1 & \frac{1}{3} & \frac{2}{3} \\ 2 & 1 & 3 \end{pmatrix} \xrightarrow{①\times(-2)+②} \begin{pmatrix} 1 & \frac{1}{3} & \frac{2}{3} \\ 0 & \frac{1}{3} & \frac{5}{3} \end{pmatrix}$$

$$\xrightarrow{②\times 3} \begin{pmatrix} 1 & \frac{1}{3} & \frac{2}{3} \\ 0 & 1 & 5 \end{pmatrix} \xrightarrow{②\times\left(-\frac{1}{3}\right)+①} \begin{pmatrix} 1 & 0 & -1 \\ 0 & 1 & 5 \end{pmatrix}$$

よって，簡約階段形は $\begin{pmatrix} \mathbf{1} & \mathbf{0} & \mathbf{-1} \\ \mathbf{0} & \mathbf{1} & \mathbf{5} \end{pmatrix}$

これに列基本変形を施すと

$$\begin{pmatrix} 1 & 0 & -1 \\ 0 & 1 & 5 \end{pmatrix} \xrightarrow{\boxed{1}\times 1+\boxed{3}} \begin{pmatrix} 1 & 0 & 0 \\ 0 & 1 & 5 \end{pmatrix} \xrightarrow{\boxed{2}\times(-5)+\boxed{3}} \begin{pmatrix} 1 & 0 & 0 \\ 0 & 1 & 0 \end{pmatrix}$$

よって，標準形は $\begin{pmatrix} \mathbf{1} & \mathbf{0} & \mathbf{0} \\ \mathbf{0} & \mathbf{1} & \mathbf{0} \end{pmatrix}$

(2) 与えられた行列を簡約階段化すると

$$\begin{pmatrix} -2 & 3 & -2 \\ 0 & 1 & 2 \\ -2 & 4 & 0 \end{pmatrix} \xrightarrow{③\times\left(-\frac{1}{2}\right)} \begin{pmatrix} -2 & 3 & -2 \\ 0 & 1 & 2 \\ 1 & -2 & 0 \end{pmatrix}$$

$$\xrightarrow{① \leftrightarrow ③} \begin{pmatrix} 1 & -2 & 0 \\ 0 & 1 & 2 \\ -2 & 3 & -2 \end{pmatrix} \xrightarrow{①\times 2+③} \begin{pmatrix} 1 & -2 & 0 \\ 0 & 1 & 2 \\ 0 & -1 & -2 \end{pmatrix}$$

$$\xrightarrow{②\times 2+①}\begin{pmatrix}1&0&4\\0&1&2\\0&-1&-2\end{pmatrix}\xrightarrow{②\times 1+③}\begin{pmatrix}1&0&4\\0&1&2\\0&0&0\end{pmatrix}$$

よって，簡約階段形は　$\begin{pmatrix}\mathbf{1}&\mathbf{0}&\mathbf{4}\\\mathbf{0}&\mathbf{1}&\mathbf{2}\\\mathbf{0}&\mathbf{0}&\mathbf{0}\end{pmatrix}$

これに列基本変形を施すと

$$\begin{pmatrix}1&0&4\\0&1&2\\0&0&0\end{pmatrix}\xrightarrow{\boxed{1}\times(-4)+\boxed{3}}\begin{pmatrix}1&0&0\\0&1&2\\0&0&0\end{pmatrix}\xrightarrow{\boxed{2}\times(-2)+\boxed{3}}\begin{pmatrix}1&0&0\\0&1&0\\0&0&0\end{pmatrix}$$

よって，標準形は　$\begin{pmatrix}\mathbf{1}&\mathbf{0}&\mathbf{0}\\\mathbf{0}&\mathbf{1}&\mathbf{0}\\\mathbf{0}&\mathbf{0}&\mathbf{0}\end{pmatrix}$

(3) 与えられた行列を簡約階段化すると

$$\begin{pmatrix}1&0&1&1\\0&3&0&0\\0&2&3&0\end{pmatrix}\xrightarrow{②\times\frac{1}{3}}\begin{pmatrix}1&0&1&1\\0&1&0&0\\0&2&3&0\end{pmatrix}\xrightarrow{②\times(-2)+③}\begin{pmatrix}1&0&1&1\\0&1&0&0\\0&0&3&0\end{pmatrix}$$

$$\xrightarrow{③\times\frac{1}{3}}\begin{pmatrix}1&0&1&1\\0&1&0&0\\0&0&1&0\end{pmatrix}\xrightarrow{③\times(-1)+①}\begin{pmatrix}1&0&0&1\\0&1&0&0\\0&0&1&0\end{pmatrix}$$

よって，簡約階段形は　$\begin{pmatrix}\mathbf{1}&\mathbf{0}&\mathbf{0}&\mathbf{1}\\\mathbf{0}&\mathbf{1}&\mathbf{0}&\mathbf{0}\\\mathbf{0}&\mathbf{0}&\mathbf{1}&\mathbf{0}\end{pmatrix}$

これに列基本操作を施すと

$$\begin{pmatrix}1&0&0&1\\0&1&0&0\\0&0&1&0\end{pmatrix}\xrightarrow{\boxed{1}\times(-1)+\boxed{4}}\begin{pmatrix}1&0&0&0\\0&1&0&0\\0&0&1&0\end{pmatrix}$$

よって，標準形は　$\begin{pmatrix}\mathbf{1}&\mathbf{0}&\mathbf{0}&\mathbf{0}\\\mathbf{0}&\mathbf{1}&\mathbf{0}&\mathbf{0}\\\mathbf{0}&\mathbf{0}&\mathbf{1}&\mathbf{0}\end{pmatrix}$

PRACTICE … 22

次の行列の簡約階段形および標準形を求めよ。

(1) $\begin{pmatrix}1&5&3\\2&-4&-1\end{pmatrix}$　(2) $\begin{pmatrix}2&1&3\\0&1&1\\-3&-2&-5\end{pmatrix}$　(3) $\begin{pmatrix}1&-3&1&0\\0&-2&1&1\\0&1&0&0\end{pmatrix}$

2 行列の正則性

基本事項

A 連立1次方程式と正則行列の関係　B 正則行列の判定

定理 正則行列と階数

A を n 次正方行列とするとき，次の3つの条件は同値である。
[1] 行列 A は正則である。　[2] $\mathrm{rank}\,A=n$
[3] 行列 A は有限個の基本行列の積で表される。

C 正則行列と階数の定理の証明

補題 基本行列の正則性

基本行列 P_{ij}，$P_i(c)$ $(c\neq 0)$，$P_{ij}(c)$ は正則であり，$P_{ij}{}^{-1}=P_{ij}$，$\{P_i(c)\}^{-1}=P_i\left(\dfrac{1}{c}\right)$，$\{P_{ij}(c)\}^{-1}=P_{ij}(-c)$ が成り立つ。

特に，基本行列の逆行列は基本行列である。

定理 行列の階数の性質

A を $m\times n$ 行列とするとき，次が成り立つ。
[1] P を m 次正則行列とするとき，$\mathrm{rank}\,PA=\mathrm{rank}\,A$ である。
[2] Q を n 次正則行列とするとき，$\mathrm{rank}\,AQ=\mathrm{rank}\,A$ である。
[3] $\mathrm{rank}\,{}^t\!A=\mathrm{rank}\,A$ である。

正則行列と階数の定理と上の定理の [2] から，行列に列基本操作を施して得られる行列の階数は，もとの行列の階数に等しいことがわかる（証明は，本書では省略する）。

3 逆行列

基本事項

A 逆行列と基本変形　B 逆行列の求め方

定理 逆行列と行基本変形

A を任意の正則行列とする。行列 A から単位行列に変形する際に施す行基本変形を単位行列に施すと，行列 A の逆行列が得られる。

PRACTICE … 23

連立1次方程式 $\begin{cases} x+3y=-1 \\ 2x+5y=\ \ 4 \end{cases}$ を行列を用いて表し，係数行列の逆行列を求めることにより解け。

基本 例題 049 基本行列の正則性 ★☆☆

基本行列 P_{ij}，$P_i(c)$，$P_{ij}(c)$ が正則であることを示せ。 p. 82 基本事項C（第2節）

GUIDE & SOLUTION

基本行列 P_{ij} について，$P_{ij}{}^2=E$ を示す。これは，基本行列 P_{ij} の逆行列が P_{ij} ということである。

基本行列 $P_i(c)$ について，$P_i\left(\dfrac{1}{c}\right)P_i(c)=P_i(c)P_i\left(\dfrac{1}{c}\right)=E$ を示す。これは，基本行列 $P_i(c)$ の逆行列が $P_i\left(\dfrac{1}{c}\right)$ ということである。

基本行列 $P_{ij}(c)$ について，$P_{ij}(-c)P_{ij}(c)=P_{ij}(c)P_{ij}(-c)=E$ を示す。これは，基本行列 $P_{ij}(c)$ の逆行列が $P_{ij}(-c)$ ということである。

解答

[1] 基本行列 P_{ij} に基本行列 P_{ij} を左から掛けると，基本行列 P_{ij} の i 行目と j 行目が入れ替わり，積は単位行列となる。

よって，$P_{ij}{}^2=E$ が成り立つから，基本行列 P_{ij} は正則である。 ■

補足 基本行列 P_{ij} に基本行列 P_{ij} を右から掛けて，基本行列 P_{ij} の i 列目と j 列目が入れ替わり，積が単位行列となると考えてもよい。

[2] $c \neq 0$ に対して，基本行列 $P_i(c)$ に基本行列 $P_i\left(\dfrac{1}{c}\right)$ を左から掛けると，基本行列 $P_i(c)$ の $(i,\ i)$ 成分は1になり，積は単位行列となる。

また，単位行列 $P_i(c)$ に基本行列 $P_i\left(\dfrac{1}{c}\right)$ を右から掛けると，基本行列 $P_i(c)$ の $(i,\ i)$ 成分は1になり，積は単位行列となる。

よって，$P_i\left(\dfrac{1}{c}\right)P_i(c)=P_i(c)P_i\left(\dfrac{1}{c}\right)=E$ が成り立つから，基本行列 $P_i(c)$ は正則である。

■

[3] 基本行列 $P_{ij}(c)$ に基本行列 $P_{ij}(-c)$ を左から掛けると，基本行列 $P_{ij}(c)$ の $(i,\ j)$ 成分が0になり，積は単位行列となる。

また，基本行列 $P_{ij}(c)$ に基本行列 $P_{ij}(-c)$ を右から掛けると，基本行列 $P_{ij}(c)$ の $(i,\ j)$ 成分が0になり，積は単位行列となる。

よって，$P_{ij}(-c)P_{ij}(c)=P_{ij}(c)P_{ij}(-c)=E$ が成り立つから，基本行列 $P_{ij}(c)$ は正則である。 ■

PRACTICE … 24

行列 $P_{13}P_{23}(2)P_3(-1)$ の逆行列を，基本行列の積の形で表せ。

基本 例題 050 正則行列と階数の定理 ★☆☆

$A=\begin{pmatrix}1&0&2\\0&3&0\\4&0&5\end{pmatrix}$ とするとき，$\mathrm{rank}\,A=3$ であることと，行列Aは有限個の基本行列の積で表されることを示せ。

p. 82 基本事項C（第2節）

GUIDE & SOLUTION

まず，行列Aを簡約階段化して $\mathrm{rank}\,A=3$ であることを示す。次に，行列Aが有限個の基本行列の積で表されることを示す。その際，行列Aを簡約階段化する過程の行基本操作に対応する基本行列を考え，それらを行列Aに左から順に掛ける。行列Aに左から掛けた基本行列の積の逆行列を考えることにより，行列Aを有限個の基本行列の積で表す。

解答

行列Aを簡約階段化すると

$$\begin{pmatrix}1&0&2\\0&3&0\\4&0&5\end{pmatrix}\xrightarrow{①\times(-4)+③}\begin{pmatrix}1&0&2\\0&3&0\\0&0&-3\end{pmatrix}\xrightarrow{②\times\frac{1}{3}}\begin{pmatrix}1&0&2\\0&1&0\\0&0&-3\end{pmatrix}$$

$$\xrightarrow{③\times\left(-\frac{1}{3}\right)}\begin{pmatrix}1&0&2\\0&1&0\\0&0&1\end{pmatrix}\xrightarrow{③\times(-2)+①}\begin{pmatrix}1&0&0\\0&1&0\\0&0&1\end{pmatrix}$$

よって　　$\mathrm{rank}\,A=3$

また，上の簡約階段化におけるそれぞれの行基本操作は，基本行列 $P_{31}(-4)$，$P_2\left(\frac{1}{3}\right)$，$P_3\left(-\frac{1}{3}\right)$，$P_{13}(-2)$ をそれぞれ順に行列Aに左から掛けることに対応しているから

$$P_{13}(-2)P_3\left(-\frac{1}{3}\right)P_2\left(\frac{1}{3}\right)P_{31}(-4)A=E$$

ゆえに　　$A=\{P_{31}(-4)\}^{-1}\left\{P_2\left(\frac{1}{3}\right)\right\}^{-1}\left\{P_3\left(-\frac{1}{3}\right)\right\}^{-1}\{P_{13}(-2)\}^{-1}$

$=P_{31}(4)P_2(3)P_3(-3)P_{13}(2)$

よって，行列Aは有限個の基本行列の積で表される。■

INFORMATION

行列Aは正則である。実際，行列Aの逆行列が存在し，その逆行列は

$\begin{pmatrix}-\frac{5}{3}&0&\frac{2}{3}\\0&\frac{1}{3}&0\\\frac{4}{3}&0&-\frac{1}{3}\end{pmatrix}$ である。よって，82ページで扱った正則行列と階数の定理が成り立つことがわかる。

基本 例題 051 逆行列と行基本変形の定理 ★☆☆

次の問いに答えよ。

(1) 行列 $\begin{pmatrix} 0 & 1 & 4 \\ 1 & -3 & 0 \\ 2 & 0 & 1 \end{pmatrix}$ を簡約階段化せよ。

(2) 行列 $\begin{pmatrix} 1 & 0 & 0 \\ 0 & 1 & 0 \\ 0 & 0 & 1 \end{pmatrix}$ に，(1) と同じ行基本変形を施すことにより，行列 $\begin{pmatrix} 0 & 1 & 4 \\ 1 & -3 & 0 \\ 2 & 0 & 1 \end{pmatrix}$ の逆行列を求めよ。

p. 82 基本事項A（第3節）

GUIDE & SOLUTION

(1) 与えられた行列に行基本変形を施すことにより，簡約階段形に変形する。

(2) 逆行列と行基本変形の定理に従い，行列 $\begin{pmatrix} 1 & 0 & 0 \\ 0 & 1 & 0 \\ 0 & 0 & 1 \end{pmatrix}$ に，(1) と同じ行基本変形を施す。

解答

(1) $\begin{pmatrix} 0 & 1 & 4 \\ 1 & -3 & 0 \\ 2 & 0 & 1 \end{pmatrix} \xrightarrow{①\leftrightarrow②} \begin{pmatrix} 1 & -3 & 0 \\ 0 & 1 & 4 \\ 2 & 0 & 1 \end{pmatrix} \xrightarrow{①\times(-2)+③} \begin{pmatrix} 1 & -3 & 0 \\ 0 & 1 & 4 \\ 0 & 6 & 1 \end{pmatrix} \xrightarrow{②\times3+①} \begin{pmatrix} 1 & 0 & 12 \\ 0 & 1 & 4 \\ 0 & 6 & 1 \end{pmatrix}$

$\xrightarrow{②\times(-6)+③} \begin{pmatrix} 1 & 0 & 12 \\ 0 & 1 & 4 \\ 0 & 0 & -23 \end{pmatrix} \xrightarrow{③\times\left(-\frac{1}{23}\right)} \begin{pmatrix} 1 & 0 & 12 \\ 0 & 1 & 4 \\ 0 & 0 & 1 \end{pmatrix} \xrightarrow{③\times(-12)+①} \begin{pmatrix} 1 & 0 & 0 \\ 0 & 1 & 4 \\ 0 & 0 & 1 \end{pmatrix} \xrightarrow{③\times(-4)+②} \boldsymbol{\begin{pmatrix} 1 & 0 & 0 \\ 0 & 1 & 0 \\ 0 & 0 & 1 \end{pmatrix}}$

(2) $\begin{pmatrix} 1 & 0 & 0 \\ 0 & 1 & 0 \\ 0 & 0 & 1 \end{pmatrix} \xrightarrow{①\leftrightarrow②} \begin{pmatrix} 0 & 1 & 0 \\ 1 & 0 & 0 \\ 0 & 0 & 1 \end{pmatrix} \xrightarrow{①\times(-2)+③} \begin{pmatrix} 0 & 1 & 0 \\ 1 & 0 & 0 \\ 0 & -2 & 1 \end{pmatrix} \xrightarrow{②\times3+①} \begin{pmatrix} 3 & 1 & 0 \\ 1 & 0 & 0 \\ 0 & -2 & 1 \end{pmatrix}$

$\xrightarrow{②\times(-6)+③} \begin{pmatrix} 3 & 1 & 0 \\ 1 & 0 & 0 \\ -6 & -2 & 1 \end{pmatrix} \xrightarrow{③\times\left(-\frac{1}{23}\right)} \begin{pmatrix} 3 & 1 & 0 \\ 1 & 0 & 0 \\ \frac{6}{23} & \frac{2}{23} & -\frac{1}{23} \end{pmatrix}$

$\xrightarrow{③\times(-12)+①} \begin{pmatrix} -\frac{3}{23} & -\frac{1}{23} & \frac{12}{23} \\ 1 & 0 & 0 \\ \frac{6}{23} & \frac{2}{23} & -\frac{1}{23} \end{pmatrix} \xrightarrow{③\times(-4)+②} \begin{pmatrix} -\frac{3}{23} & -\frac{1}{23} & \frac{12}{23} \\ -\frac{1}{23} & -\frac{8}{23} & \frac{4}{23} \\ \frac{6}{23} & \frac{2}{23} & -\frac{1}{23} \end{pmatrix}$

よって，行列 $\begin{pmatrix} 0 & 1 & 4 \\ 1 & -3 & 0 \\ 2 & 0 & 1 \end{pmatrix}$ の逆行列は $\boldsymbol{\begin{pmatrix} -\frac{3}{23} & -\frac{1}{23} & \frac{12}{23} \\ -\frac{1}{23} & -\frac{8}{23} & \frac{4}{23} \\ \frac{6}{23} & \frac{2}{23} & -\frac{1}{23} \end{pmatrix}}$

PRACTICE … 25

$ad-bc \neq 0$ のとき，行列 $\begin{pmatrix} a & b \\ c & d \end{pmatrix}$ から行列 $\begin{pmatrix} 1 & 0 \\ 0 & 1 \end{pmatrix}$ を得るために施す行基本変形を，行列 $\begin{pmatrix} 1 & 0 \\ 0 & 1 \end{pmatrix}$ に施すことにより，行列 $\begin{pmatrix} a & b \\ c & d \end{pmatrix}$ の逆行列が得られることを示せ。

基本 例題 052 逆行列 ★☆☆

次の逆行列を求めよ。

(1) $\begin{pmatrix} 1 & 0 & 1 \\ -2 & 1 & 0 \\ 2 & -1 & 1 \end{pmatrix}$ (2) $\begin{pmatrix} \frac{2}{7} & 0 & -\frac{1}{7} \\ \frac{8}{21} & -\frac{1}{3} & \frac{1}{7} \\ \frac{1}{21} & \frac{1}{3} & \frac{1}{7} \end{pmatrix}$

p. 82 基本事項B(第3節)

GUIDE & SOLUTION

(1) 行列 $\left(\begin{array}{ccc|ccc} 1 & 0 & 1 & 1 & 0 & 0 \\ -2 & 1 & 0 & 0 & 1 & 0 \\ 2 & -1 & 1 & 0 & 0 & 1 \end{array}\right)$ を簡約階段化する。

(2) 行列 $\left(\begin{array}{ccc|ccc} \frac{2}{7} & 0 & -\frac{1}{7} & 1 & 0 & 0 \\ \frac{8}{21} & -\frac{1}{3} & \frac{1}{7} & 0 & 1 & 0 \\ \frac{1}{21} & \frac{1}{3} & \frac{1}{7} & 0 & 0 & 1 \end{array}\right)$ を簡約階段化する。

その際，まず3行目を21倍するとよい。

CHART 行列Aの逆行列の求め方
行列 $(A \mid E)$ を簡約階段化する

解答

それぞれ与えられた行列をA，その逆行列を A^{-1} とし，$E=\begin{pmatrix} 1 & 0 & 0 \\ 0 & 1 & 0 \\ 0 & 0 & 1 \end{pmatrix}$ とする。

(1) 行列 $(A \mid E)$ を簡約階段化すると

$$\left(\begin{array}{ccc|ccc} 1 & 0 & 1 & 1 & 0 & 0 \\ -2 & 1 & 0 & 0 & 1 & 0 \\ 2 & -1 & 1 & 0 & 0 & 1 \end{array}\right)$$

$$\xrightarrow{①\times 2+②} \left(\begin{array}{ccc|ccc} 1 & 0 & 1 & 1 & 0 & 0 \\ 0 & 1 & 2 & 2 & 1 & 0 \\ 2 & -1 & 1 & 0 & 0 & 1 \end{array}\right)$$

$$\xrightarrow{①\times(-2)+③} \left(\begin{array}{ccc|ccc} 1 & 0 & 1 & 1 & 0 & 0 \\ 0 & 1 & 2 & 2 & 1 & 0 \\ 0 & -1 & -1 & -2 & 0 & 1 \end{array}\right) \xrightarrow{②\times 1+③} \left(\begin{array}{ccc|ccc} 1 & 0 & 1 & 1 & 0 & 0 \\ 0 & 1 & 2 & 2 & 1 & 0 \\ 0 & 0 & 1 & 0 & 1 & 1 \end{array}\right)$$

$$\xrightarrow{③\times(-1)+①} \left(\begin{array}{ccc|ccc} 1 & 0 & 0 & 1 & -1 & -1 \\ 0 & 1 & 2 & 2 & 1 & 0 \\ 0 & 0 & 1 & 0 & 1 & 1 \end{array}\right) \xrightarrow{③\times(-2)+②} \left(\begin{array}{ccc|ccc} 1 & 0 & 0 & 1 & -1 & -1 \\ 0 & 1 & 0 & 2 & -1 & -2 \\ 0 & 0 & 1 & 0 & 1 & 1 \end{array}\right)$$

よって　$A^{-1}=\begin{pmatrix} \mathbf{1} & \mathbf{-1} & \mathbf{-1} \\ \mathbf{2} & \mathbf{-1} & \mathbf{-2} \\ \mathbf{0} & \mathbf{1} & \mathbf{1} \end{pmatrix}$

(2) 行列 $(A \mid E)$ を簡約階段化すると

$$\left(\begin{array}{ccc|ccc} \frac{2}{7} & 0 & -\frac{1}{7} & 1 & 0 & 0 \\ \frac{8}{21} & -\frac{1}{3} & \frac{1}{7} & 0 & 1 & 0 \\ \frac{1}{21} & \frac{1}{3} & \frac{1}{7} & 0 & 0 & 1 \end{array}\right)$$

$$\xrightarrow{③\times 21} \left(\begin{array}{ccc|ccc} \frac{2}{7} & 0 & -\frac{1}{7} & 1 & 0 & 0 \\ \frac{8}{21} & -\frac{1}{3} & \frac{1}{7} & 0 & 1 & 0 \\ 1 & 7 & 3 & 0 & 0 & 21 \end{array}\right) \xrightarrow{① \leftrightarrow ③} \left(\begin{array}{ccc|ccc} 1 & 7 & 3 & 0 & 0 & 21 \\ \frac{8}{21} & -\frac{1}{3} & \frac{1}{7} & 0 & 1 & 0 \\ \frac{2}{7} & 0 & -\frac{1}{7} & 1 & 0 & 0 \end{array}\right)$$

$$\xrightarrow{①\times\left(-\frac{8}{21}\right)+②} \left(\begin{array}{ccc|ccc} 1 & 7 & 3 & 0 & 0 & 21 \\ 0 & -3 & -1 & 0 & 1 & -8 \\ \frac{2}{7} & 0 & -\frac{1}{7} & 1 & 0 & 0 \end{array}\right) \xrightarrow{①\times\left(-\frac{2}{7}\right)+③} \left(\begin{array}{ccc|ccc} 1 & 7 & 3 & 0 & 0 & 21 \\ 0 & -3 & -1 & 0 & 1 & -8 \\ 0 & -2 & -1 & 1 & 0 & -6 \end{array}\right)$$

$$\xrightarrow{②\times\left(-\frac{1}{3}\right)} \left(\begin{array}{ccc|ccc} 1 & 7 & 3 & 0 & 0 & 21 \\ 0 & 1 & \frac{1}{3} & 0 & -\frac{1}{3} & \frac{8}{3} \\ 0 & -2 & -1 & 1 & 0 & -6 \end{array}\right) \xrightarrow{②\times(-7)+①} \left(\begin{array}{ccc|ccc} 1 & 0 & \frac{2}{3} & 0 & \frac{7}{3} & \frac{7}{3} \\ 0 & 1 & \frac{1}{3} & 0 & -\frac{1}{3} & \frac{8}{3} \\ 0 & -2 & -1 & 1 & 0 & -6 \end{array}\right)$$

$$\xrightarrow{②\times 2+③} \left(\begin{array}{ccc|ccc} 1 & 0 & \frac{2}{3} & 0 & \frac{7}{3} & \frac{7}{3} \\ 0 & 1 & \frac{1}{3} & 0 & -\frac{1}{3} & \frac{8}{3} \\ 0 & 0 & -\frac{1}{3} & 1 & -\frac{2}{3} & -\frac{2}{3} \end{array}\right) \xrightarrow{③\times(-3)} \left(\begin{array}{ccc|ccc} 1 & 0 & \frac{2}{3} & 0 & \frac{7}{3} & \frac{7}{3} \\ 0 & 1 & \frac{1}{3} & 0 & -\frac{1}{3} & \frac{8}{3} \\ 0 & 0 & 1 & -3 & 2 & 2 \end{array}\right)$$

$$\xrightarrow{③\times\left(-\frac{2}{3}\right)+①} \left(\begin{array}{ccc|ccc} 1 & 0 & 0 & 2 & 1 & 1 \\ 0 & 1 & \frac{1}{3} & 0 & -\frac{1}{3} & \frac{8}{3} \\ 0 & 0 & 1 & -3 & 2 & 2 \end{array}\right) \xrightarrow{③\times\left(-\frac{1}{3}\right)+②} \left(\begin{array}{ccc|ccc} 1 & 0 & 0 & 2 & 1 & 1 \\ 0 & 1 & 0 & 1 & -1 & 2 \\ 0 & 0 & 1 & -3 & 2 & 2 \end{array}\right)$$

よって　$A^{-1}=\begin{pmatrix} \mathbf{2} & \mathbf{1} & \mathbf{1} \\ \mathbf{1} & \mathbf{-1} & \mathbf{2} \\ \mathbf{-3} & \mathbf{2} & \mathbf{2} \end{pmatrix}$

PRACTICE … 26

次の行列の逆行列を求めよ。

(1) $\begin{pmatrix} 0 & 1 & -1 \\ 1 & -2 & 2 \\ -1 & 2 & -1 \end{pmatrix}$　　(2) $\begin{pmatrix} 3 & -2 & -2 \\ 1 & -1 & 4 \\ 0 & -1 & 2 \end{pmatrix}$

基本 例題 053 行列の正則判定と逆行列 ★☆☆

行列 $\begin{pmatrix} 1 & -1 & 1 \\ 0 & 1 & 1 \\ 2 & 0 & 2 \end{pmatrix}$ が正則であるか調べ，正則ならば逆行列を求めよ。

p. 82 基本事項B（第3節）

GUIDE & SOLUTION

$A=\begin{pmatrix} 1 & -1 & 1 \\ 0 & 1 & 1 \\ 2 & 0 & 2 \end{pmatrix}$，$E=\begin{pmatrix} 1 & 0 & 0 \\ 0 & 1 & 0 \\ 0 & 0 & 1 \end{pmatrix}$ とする。基本例題 052 と同様に，行列 $(A \mid E)$ を簡約階段化する。正則行列と階数の定理から，$\operatorname{rank} A=3$ ならば行列 A は正則であり，$\operatorname{rank} A<3$ ならば行列 A は正則でない。

解答

$A=\begin{pmatrix} 1 & -1 & 1 \\ 0 & 1 & 1 \\ 2 & 0 & 2 \end{pmatrix}$，$E=\begin{pmatrix} 1 & 0 & 0 \\ 0 & 1 & 0 \\ 0 & 0 & 1 \end{pmatrix}$ とする。行列 $(A \mid E)$ を簡約階段化すると

$$\left(\begin{array}{ccc|ccc} 1 & -1 & 1 & 1 & 0 & 0 \\ 0 & 1 & 1 & 0 & 1 & 0 \\ 2 & 0 & 2 & 0 & 0 & 1 \end{array}\right)$$

$$\xrightarrow{①\times(-2)+③} \left(\begin{array}{ccc|ccc} 1 & -1 & 1 & 1 & 0 & 0 \\ 0 & 1 & 1 & 0 & 1 & 0 \\ 0 & 2 & 0 & -2 & 0 & 1 \end{array}\right) \xrightarrow{②\times1+①} \left(\begin{array}{ccc|ccc} 1 & 0 & 2 & 1 & 1 & 0 \\ 0 & 1 & 1 & 0 & 1 & 0 \\ 0 & 2 & 0 & -2 & 0 & 1 \end{array}\right)$$

$$\xrightarrow{②\times(-2)+③} \left(\begin{array}{ccc|ccc} 1 & 0 & 2 & 1 & 1 & 0 \\ 0 & 1 & 1 & 0 & 1 & 0 \\ 0 & 0 & -2 & -2 & -2 & 1 \end{array}\right) \xrightarrow{③\times\left(-\frac{1}{2}\right)} \left(\begin{array}{ccc|ccc} 1 & 0 & 2 & 1 & 1 & 0 \\ 0 & 1 & 1 & 0 & 1 & 0 \\ 0 & 0 & 1 & 1 & 1 & -\frac{1}{2} \end{array}\right)$$

$$\xrightarrow{③\times(-2)+①} \left(\begin{array}{ccc|ccc} 1 & 0 & 0 & -1 & -1 & 1 \\ 0 & 1 & 1 & 0 & 1 & 0 \\ 0 & 0 & 1 & 1 & 1 & -\frac{1}{2} \end{array}\right) \xrightarrow{③\times(-1)+②} \left(\begin{array}{ccc|ccc} 1 & 0 & 0 & -1 & -1 & 1 \\ 0 & 1 & 0 & -1 & 0 & \frac{1}{2} \\ 0 & 0 & 1 & 1 & 1 & -\frac{1}{2} \end{array}\right)$$

$\operatorname{rank} A=3$ であるから，行列 A は正則である。

行列 A の逆行列は $\quad \begin{pmatrix} \mathbf{-1} & \mathbf{-1} & \mathbf{1} \\ \mathbf{-1} & \mathbf{0} & \boldsymbol{\frac{1}{2}} \\ \mathbf{1} & \mathbf{1} & \boldsymbol{-\frac{1}{2}} \end{pmatrix}$

PRACTICE … 27

次の行列が正則であるか調べ，正則ならば逆行列を求めよ。

(1) $\begin{pmatrix} 5 & -6 & 7 \\ 4 & -2 & 3 \\ 1 & 0 & -2 \end{pmatrix}$ (2) $\begin{pmatrix} 1 & -1 & -3 \\ 3 & 4 & -2 \\ 1 & 0 & -2 \end{pmatrix}$

EXERCISES

19 次の行列の簡約階段形および標準形を求めよ。

(1) $\begin{pmatrix} 3 & 1 & 2 \\ -4 & -1 & -5 \end{pmatrix}$　(2) $\begin{pmatrix} 1 & 3 & 3 \\ -1 & 2 & -3 \\ -3 & 1 & -9 \end{pmatrix}$

(3) $\begin{pmatrix} 3 & 1 & 2 & 3 \\ 2 & 1 & 3 & 0 \\ -3 & 1 & 2 & 3 \end{pmatrix}$　(4) $\begin{pmatrix} -2 & -1 & -6 & -2 \\ -1 & 2 & -3 & 2 \\ 2 & 1 & 6 & 0 \\ 3 & 2 & 9 & 2 \end{pmatrix}$

(5) $\begin{pmatrix} 2 & 2 & 1 & 3 & 0 \\ 1 & -1 & 0 & 0 & -5 \\ -3 & 1 & 2 & 3 & -2 \\ -2 & 3 & 1 & 2 & 3 \end{pmatrix}$　(6) $\begin{pmatrix} 8 & 12 & 2 & 1 & 1 & 11 \\ 16 & 24 & 4 & 2 & 1 & 22 \\ 14 & 21 & 4 & 2 & 1 & 20 \\ 12 & 18 & 3 & 2 & 1 & 17 \\ 15 & 22 & 4 & 2 & 1 & 22 \end{pmatrix}$

20 次の行列が正則であるか調べ，正則ならば逆行列を求めよ。

(1) $\begin{pmatrix} 1 & 0 & 1 \\ 2 & -1 & 0 \\ -2 & 1 & 1 \end{pmatrix}$　(2) $\begin{pmatrix} 5 & -3 & 13 \\ 2 & -2 & 6 \\ 4 & -3 & 11 \end{pmatrix}$　(3) $\begin{pmatrix} 1 & 2 & 3 \\ 3 & 2 & 1 \\ 2 & 1 & 3 \end{pmatrix}$

(4) $\begin{pmatrix} 1 & 1 & -2 \\ 4 & 7 & 1 \\ 1 & 2 & 1 \end{pmatrix}$　(5) $\begin{pmatrix} 1 & 3 & 1 \\ -1 & 6 & -1 \\ -1 & 0 & 2 \end{pmatrix}$　(6) $\begin{pmatrix} 1 & -1 & 3 \\ 3 & -2 & 0 \\ 0 & 1 & 3 \end{pmatrix}$

(7) $\begin{pmatrix} 1 & 1 & 2 & 2 \\ 1 & -1 & -2 & 2 \\ 3 & -3 & -4 & 4 \\ 3 & 3 & 4 & 4 \end{pmatrix}$　(8) $\begin{pmatrix} 4 & 2 & -1 & 1 \\ 2 & 3 & 1 & 2 \\ 0 & 3 & 2 & 2 \\ 2 & 4 & 2 & 3 \end{pmatrix}$　(9) $\begin{pmatrix} 6 & 13 & 1 & -17 \\ 4 & 8 & 1 & -11 \\ -1 & -2 & 0 & 3 \\ 0 & -1 & 0 & 1 \end{pmatrix}$

21 次の行列が正則であるか調べ，正則ならば逆行列を求めよ。

(1) $\begin{pmatrix} 2 & 1 & 0 \\ 1 & 1 & a \\ 0 & a & 1 \end{pmatrix}$　(2) $\begin{pmatrix} 1 & a & 3 \\ a & a & 3 \\ 3 & 3 & 3 \end{pmatrix}$

22 行列 $\begin{pmatrix} 1 & 0 & 0 & 0 \\ a & 1 & 0 & 0 \\ a^2 & 2a & 1 & 0 \\ a^3 & 3a^2 & 3a & 1 \end{pmatrix}$ の逆行列を求めよ。

23 $n \geqq 2$ のとき，n 次正方行列 $\begin{pmatrix} 1 & x & \cdots & x \\ x & \ddots & \ddots & \vdots \\ \vdots & \ddots & \ddots & x \\ x & \cdots & x & 1 \end{pmatrix}$ の標準形を求めよ。

EXERCISES

24 連立1次方程式 $\begin{cases} 6x+2y+\ z+2w=-\ 3 \\ -3x-\ y+2z+2w=\ 10 \\ -6x-2y-\ z\qquad\ =\ \ 7 \\ 9x+3y+2z+2w=-\ 6 \end{cases}$ は連立1次方程式

$\begin{cases} z+2y+6x+2w=-\ 3 \\ 2z-\ y-3x+2w=\ 10 \\ -\ z-2y-6x\qquad\ =\ \ 7 \\ 2z+3y+9x+2w=-\ 6 \end{cases}$ と同値である。これを踏まえ，連立1次方程式

$\begin{cases} 6x+2y+\ z+2w=-\ 3 \\ -3x-\ y+2z+2w=\ 10 \\ -6x-2y-\ z\qquad\ =\ \ 7 \\ 9x+3y+2z+2w=-\ 6 \end{cases}$ を，拡大係数行列に列基本変形を施すことにより解け。

25 行列 A，B に対し，これらの積 AB が定義されるとき，次の問いに答えよ。

(1) 不等式 $\operatorname{rank} AB \leqq \operatorname{rank} A$ が成り立つことを示せ。また，行列 B が正則ならば，不等式において等号が成り立つことを示せ。

(2) 不等式 $\operatorname{rank} AB \leqq \operatorname{rank} B$ が成り立つことを示せ。また，行列 A が正則ならば，不等式において等号が成り立つことを示せ。

26 A，B，C を n 次正方行列，O を $n\times n$ 零行列とし，$X=\begin{pmatrix} A & B \\ O & C \end{pmatrix}$ とする。このとき，$\operatorname{rank} X \geqq \operatorname{rank} A+\operatorname{rank} C$ が成り立つことを示せ。

! Hint **25** (1) まずは，行列 A の簡約階段形を考え，その後，行列 A の型によって場合分けして不等式を示す。

(2) (1)を利用して示す。その際，$\operatorname{rank} AB=\operatorname{rank} {}^t(AB)$，${}^t(AB)={}^tB\,{}^tA$，$\operatorname{rank} {}^tB=\operatorname{rank} B$ であることを利用する。

26 行列 X の階数を考えやすくなるように，行列 X に基本変形を施すとよい。その際，行列 A，C が，n 次正則行列 P と Q，S と T により標準形 PAQ，SCT に変形されるとすると，

$\begin{pmatrix} P & O \\ O & S \end{pmatrix}\begin{pmatrix} A & B \\ O & C \end{pmatrix}\begin{pmatrix} Q & O \\ O & T \end{pmatrix}=\begin{pmatrix} PA & PB \\ O & SC \end{pmatrix}\begin{pmatrix} Q & O \\ O & T \end{pmatrix}=\begin{pmatrix} PAQ & PBT \\ O & SCT \end{pmatrix}$ となり，見通しがよくなる。

4 第4章 行列式

例 題 一 覧

1 行列式とは

基本事項

A　2次正方行列の行列式

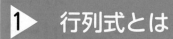

連立1次方程式 $\begin{cases} ax+by=p \\ cx+dy=q \end{cases}$ $(ad-bc \neq 0)$ の解は

$$\begin{cases} x=\dfrac{dp-bq}{ad-bc} \\ y=\dfrac{-cp+aq}{ad-bc} \end{cases}$$

である。

この公式を2元連立1次方程式の **クラメールの公式** という。

定義　2次正方行列の行列式

$A=\begin{pmatrix} a & b \\ c & d \end{pmatrix}$ とするとき，$ad-bc$ の値を行列 A の **行列式** といい

$$\det(A),\ |A|$$

などと表す。

定理　2次正方行列の行列式の性質

[1]　$E=\begin{pmatrix} 1 & 0 \\ 0 & 1 \end{pmatrix}$ に対して，$\det(E)=1$ である。

[2]　$k \in \mathrm{R}$，$l \in \mathrm{R}$ に対して，次が成り立つ。

(ア)　$\begin{vmatrix} ka_1+la_2 & kb_1+lb_2 \\ c & d \end{vmatrix}=k\begin{vmatrix} a_1 & b_1 \\ c & d \end{vmatrix}+l\begin{vmatrix} a_2 & b_2 \\ c & d \end{vmatrix}$

(イ)　$\begin{vmatrix} a & b \\ kc_1+lc_2 & kd_1+ld_2 \end{vmatrix}=k\begin{vmatrix} a & b \\ c_1 & d_1 \end{vmatrix}+l\begin{vmatrix} a & b \\ c_2 & d_2 \end{vmatrix}$

[3]　$\begin{vmatrix} a & b \\ c & d \end{vmatrix}=-\begin{vmatrix} c & d \\ a & b \end{vmatrix}$ が成り立つ。

B　一般の n 次正方行列の行列式

定義　n 次正方行列の行列式

n 次正方行列に対して実数を対応させる関数で，次の3つの性質を満たすものを考える。A を n 次正方行列とするとき，行列 A に対応するその関数の値を，行列 A の **行列式** といい，$\det(A)$，$|A|$ と表す。

[1]　E を n 次単位行列とするとき，$\det(E)=1$ である。

[2]　$k \in \mathrm{R}$，$l \in \mathrm{R}$ に対して，次の等式が成り立つ。この性質を **行多重線形性** という。

$$\begin{vmatrix} a_{11} & a_{12} & \cdots & a_{1n} \\ \vdots & \vdots & & \vdots \\ a_{i-1\,1} & a_{i-1\,2} & \cdots & a_{i-1\,n} \\ kb_{i1}+lc_{i1} & kb_{i2}+lc_{i2} & \cdots & kb_{in}+lc_{in} \\ a_{i+1\,1} & a_{i+1\,2} & \cdots & a_{i+1\,n} \\ \vdots & \vdots & & \vdots \\ a_{n1} & a_{n2} & \cdots & a_{nn} \end{vmatrix}$$

$$= k\begin{vmatrix} a_{11} & a_{12} & \cdots & a_{1n} \\ \vdots & \vdots & & \vdots \\ a_{i-1\,1} & a_{i-1\,2} & \cdots & a_{i-1\,n} \\ b_{i1} & b_{i2} & \cdots & b_{in} \\ a_{i+1\,1} & a_{i+1\,2} & \cdots & a_{i+1\,n} \\ \vdots & \vdots & & \vdots \\ a_{n1} & a_{n2} & \cdots & a_{nn} \end{vmatrix} + l\begin{vmatrix} a_{11} & a_{12} & \cdots & a_{1n} \\ \vdots & \vdots & & \vdots \\ a_{i-1\,1} & a_{i-1\,2} & \cdots & a_{i-1\,n} \\ c_{i1} & c_{i2} & \cdots & c_{in} \\ a_{i+1\,1} & a_{i+1\,2} & \cdots & a_{i+1\,n} \\ \vdots & \vdots & & \vdots \\ a_{n1} & a_{n2} & \cdots & a_{nn} \end{vmatrix}$$

[3]　i，j を $1 \leqq i \leqq n$，$1 \leqq j \leqq n$，$i \neq j$ を満たす自然数とする。行列 A の i 行目と j 行目を入れ替えた行列を B とするとき，$\det(B) = -\det(A)$ が成り立つ。
この性質を **行交代性** という。

行列式の定義の方法はいくつかあり，他の書籍では別の定義が採用されている場合があるが，どのように定義してもそれらは同値である。
また，上のような条件を満たす関数が存在するか，存在するとして一意に定まるかも確かめる必要があるが，本書では証明を省略する。

$A = \begin{pmatrix} a_{11} & a_{12} & \cdots & a_{1n} \\ a_{21} & a_{22} & \cdots & a_{2n} \\ \vdots & \vdots & \ddots & \vdots \\ a_{n1} & a_{n2} & \cdots & a_{nn} \end{pmatrix}$ とするとき，$\det(A)$ を $|a_{ij}|$ や $\begin{vmatrix} a_{11} & a_{12} & \cdots & a_{1n} \\ a_{21} & a_{22} & \cdots & a_{2n} \\ \vdots & \vdots & \ddots & \vdots \\ a_{n1} & a_{n2} & \cdots & a_{nn} \end{vmatrix}$ などとも表す。
ただし，行列式を表す記号のうち $|A|$ は絶対値の記号と混同されやすいため，注意が必要である。実際，行列式は絶対値と関係なく，$|A| < 0$ となることもある。

系　行列式の性質 (1)

A を正方行列とし，その第 i 行ベクトルと第 j 行ベクトルが一致するとき，$\det(A) = 0$ が成り立つ。

基本 例題 054 2次正方行列の逆行列 ★☆☆

$A=\begin{pmatrix} a & b \\ c & d \end{pmatrix}$, $E=\begin{pmatrix} 1 & 0 \\ 0 & 1 \end{pmatrix}$ とする。$ad-bc \neq 0$ かつ $a=0$ のとき，行列Aの逆行列を，行列 $(A \mid E)$ を簡約階段化することにより求めよ。

GUIDE & SOLUTION

$ad-bc \neq 0$ かつ $a=0$ のとき，$bc \neq 0$ であるから，$b \neq 0$，$c \neq 0$ となる。そこで，まずは行列 $(A \mid E)$ の2行目を $\dfrac{1}{c}$ 倍し，1行目と2行目を入れ替える。

解答

$ad-bc \neq 0$ かつ $a=0$ のとき，$bc \neq 0$ より　　$b \neq 0$，$c \neq 0$

このとき，行列 $(A \mid E)$ を簡約階段化すると

$$\left(\begin{array}{cc|cc} 0 & b & 1 & 0 \\ c & d & 0 & 1 \end{array}\right)$$

$$\xrightarrow{②\times\frac{1}{c}} \left(\begin{array}{cc|cc} 0 & b & 1 & 0 \\ 1 & \dfrac{d}{c} & 0 & \dfrac{1}{c} \end{array}\right) \xrightarrow{①\leftrightarrow②} \left(\begin{array}{cc|cc} 1 & \dfrac{d}{c} & 0 & \dfrac{1}{c} \\ 0 & b & 1 & 0 \end{array}\right)$$

$$\xrightarrow{②\times\frac{1}{b}} \left(\begin{array}{cc|cc} 1 & \dfrac{d}{c} & 0 & \dfrac{1}{c} \\ 0 & 1 & \dfrac{1}{b} & 0 \end{array}\right) \xrightarrow{②\times\left(-\frac{d}{c}\right)+①} \left(\begin{array}{cc|cc} 1 & 0 & -\dfrac{d}{bc} & \dfrac{1}{c} \\ 0 & 1 & \dfrac{1}{b} & 0 \end{array}\right)$$

よって，求める逆行列は　$\boldsymbol{\begin{pmatrix} -\dfrac{d}{bc} & \dfrac{1}{c} \\ \dfrac{1}{b} & 0 \end{pmatrix}}$

補足　第1章で扱った2次正方行列の逆行列の公式により，行列 $\begin{pmatrix} a & b \\ c & d \end{pmatrix}$ $(ad-bc \neq 0)$ の逆行列を求めると，$\dfrac{1}{ad-bc}\begin{pmatrix} d & -b \\ -c & a \end{pmatrix}$ となる。これに $a=0$ を代入すると，解答で求めた逆行列に一致することがわかる。

PRACTICE … 28

行列 $\begin{pmatrix} \sin\theta & -\cos\theta \\ \cos\theta & \sin\theta \end{pmatrix}$ の逆行列を求めよ。

基本 例題 055　平行四辺形の面積　★☆☆

次の問いに答えよ。

(1)　4点 (0, 0), (1, 0), (0, 1), (1, 1) を頂点とする正方形の $\begin{pmatrix} 5 & 6 \\ -3 & 4 \end{pmatrix}$ が表す1次変換による像の面積を求めよ。

(2)　連立1次方程式 $\begin{cases} x+2y=-1 \\ 4x+9y=\ \ 1 \end{cases}$ を，クラメールの公式を用いて解け。

p. 92 基本事項A

GUIDE & SOLUTION

(1)　平面上の平行四辺形の1次変換による像は平行四辺形である。4点 (0, 0), (1, 0), (0, 1), (1, 1) を頂点とする面積1の正方形の1次変換による像を考えるから，求める像の面積は与えられた1次変換を表す行列の行列式の絶対値である。

解答

(1)　$A=\begin{pmatrix} 5 & 6 \\ -3 & 4 \end{pmatrix}$ とすると，求める像の面積は　$|\det(A)|=|5\cdot 4-6\cdot(-3)|=\mathbf{38}$

参考　4点 (0, 0), (1, 0), (0, 1), (1, 1) を頂点とする正方形の $\begin{pmatrix} 5 & 6 \\ -3 & 4 \end{pmatrix}$ が表す1次変換による像は，4点 (0, 0), (5, −3), (6, 4), (11, 1) を頂点とする平行四辺形である。

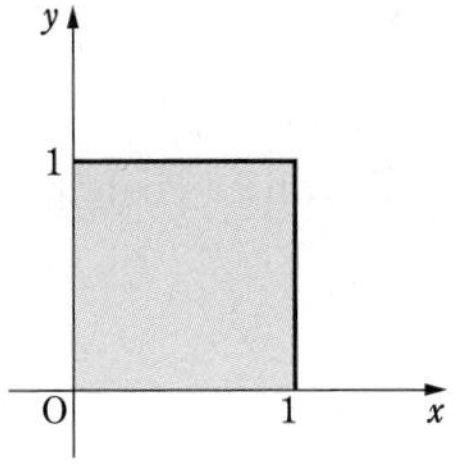

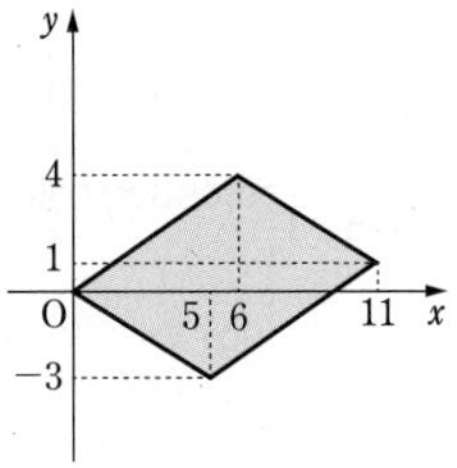

(2)　$\boldsymbol{x}=\dfrac{9\cdot(-1)-2\cdot 1}{1\cdot 9-2\cdot 4}=\mathbf{-11}$，$\boldsymbol{y}=\dfrac{-4\cdot(-1)+1\cdot 1}{1\cdot 9-2\cdot 4}=\mathbf{5}$

PRACTICE … 29

次の連立1次方程式を，クラメールの公式を用いて解け。

(1)　$\begin{cases} 3x-y=7 \\ x+y=1 \end{cases}$　　(2)　$\begin{cases} 3x-4y=-5 \\ 7x+2y=\ \ 1 \end{cases}$

基本 例題 056 2次正方行列の行列式 ★☆☆

次の問いに答えよ。

(1) 次の行列式を計算せよ。

(ア) $\begin{vmatrix} 4 & 3 \\ -3 & 1 \end{vmatrix}$ (イ) $\begin{vmatrix} \sin\theta & -1 \\ -1 & -\sin\theta \end{vmatrix}$

(ウ) $\begin{vmatrix} \cosh x & \sinh x \\ \sinh x & \cosh x \end{vmatrix}$

(2) $\begin{vmatrix} 5 & a \\ 7 & -8 \end{vmatrix}=2$ となるように，定数 a の値を定めよ。

(3) $\begin{vmatrix} 1 & b \\ 2b & -3 \end{vmatrix}=-19$ となるように，定数 b の値を定めよ。

p. 92 基本事項A

GUIDE & SOLUTION

(1) 2次正方行列の行列式の定義に従って計算する。
(2), (3) 2次正方行列の行列式の定義に従って定数の値を定める。

解答

(1) (ア) $\begin{vmatrix} 4 & 3 \\ -3 & 1 \end{vmatrix}=4\cdot1-3\cdot(-3)$
$=\mathbf{13}$

(イ) $\begin{vmatrix} \sin\theta & -1 \\ -1 & -\sin\theta \end{vmatrix}=\sin\theta\cdot(-\sin\theta)-(-1)\cdot(-1)$
$=\boldsymbol{-\sin^2\theta-1}$

(ウ) $\begin{vmatrix} \cosh x & \sinh x \\ \sinh x & \cosh x \end{vmatrix}=\cosh x\cdot\cosh x-\sinh x\cdot\sinh x=\cosh^2 x-\sinh^2 x=\mathbf{1}$

(2) $\begin{vmatrix} 5 & a \\ 7 & -8 \end{vmatrix}=5\cdot(-8)-a\cdot7=-40-7a$

よって，$-40-7a=2$ から　$\boldsymbol{a=-6}$

(3) $\begin{vmatrix} 1 & b \\ 2b & -3 \end{vmatrix}=1\cdot(-3)-b\cdot2b=-3-2b^2$

よって，$-3-2b^2=-19$ から　$\boldsymbol{b=\pm2\sqrt{2}}$

PRACTICE … 30

次の問いに答えよ。

(1) $\begin{vmatrix} -\cos x & \sin x \\ \cos x & \sin x \end{vmatrix}$ を計算せよ。

(2) $\begin{vmatrix} 2 & 3 \\ a & 4 \end{vmatrix}=1$ となるように，定数 a の値を定めよ。

基本 例題 057 行列式の行多重線形性・行交代性 ★☆☆

次の行列式を一般的な正方行列の行列式の定義に基づいて計算せよ。

(1) $\begin{vmatrix} 6 & -3 \\ 1 & 0 \end{vmatrix}$　(2) $\begin{vmatrix} 2 & 4 \\ -1 & 3 \end{vmatrix}$　(3) $\begin{vmatrix} \sin\theta & -\sin\theta \\ \cos\theta & -\cos\theta \end{vmatrix}$　(4) $\begin{vmatrix} -6 & -3 \\ 8 & 4 \end{vmatrix}$

◀ p. 92, 93 基本事項B

GUIDE & SOLUTION

それぞれ，行多重線形性を適用する。そして，必要に応じて行交代性を用いて，$\begin{vmatrix} 1 & 0 \\ 0 & 1 \end{vmatrix}$ や $\begin{vmatrix} 1 & 0 \\ 1 & 0 \end{vmatrix}$ を作り出す。

解答

(1) $\begin{vmatrix} 6 & -3 \\ 1 & 0 \end{vmatrix} \overset{①\leftrightarrow②}{=} -\begin{vmatrix} 1 & 0 \\ 6 & -3 \end{vmatrix} = -\left\{6\begin{vmatrix} 1 & 0 \\ 1 & 0 \end{vmatrix} + (-3)\begin{vmatrix} 1 & 0 \\ 0 & 1 \end{vmatrix}\right\} = -6\begin{vmatrix} 1 & 0 \\ 1 & 0 \end{vmatrix} - (-3)\begin{vmatrix} 1 & 0 \\ 0 & 1 \end{vmatrix}$

ここで，$\begin{vmatrix} 1 & 0 \\ 1 & 0 \end{vmatrix} = -\begin{vmatrix} 1 & 0 \\ 1 & 0 \end{vmatrix}$ であるから　$\begin{vmatrix} 1 & 0 \\ 1 & 0 \end{vmatrix} = 0$

よって　$\begin{vmatrix} 6 & -3 \\ 1 & 0 \end{vmatrix} = -6\cdot 0 - (-3)\cdot 1 = \mathbf{3}$

(2) $\begin{vmatrix} 2 & 4 \\ -1 & 3 \end{vmatrix} = 2\begin{vmatrix} 1 & 0 \\ -1 & 3 \end{vmatrix} + 4\begin{vmatrix} 0 & 1 \\ -1 & 3 \end{vmatrix} = 2\left(-\begin{vmatrix} 1 & 0 \\ 1 & 0 \end{vmatrix} + 3\begin{vmatrix} 1 & 0 \\ 0 & 1 \end{vmatrix}\right) + 4\left(-\begin{vmatrix} 0 & 1 \\ 1 & 0 \end{vmatrix} + 3\begin{vmatrix} 0 & 1 \\ 0 & 1 \end{vmatrix}\right)$

$= \{2\cdot 3 - 4\cdot(-1)\}\begin{vmatrix} 1 & 0 \\ 0 & 1 \end{vmatrix} - 2\begin{vmatrix} 1 & 0 \\ 1 & 0 \end{vmatrix} + 4\cdot 3\begin{vmatrix} 0 & 1 \\ 0 & 1 \end{vmatrix}$

ここで，$\begin{vmatrix} 0 & 1 \\ 0 & 1 \end{vmatrix} = -\begin{vmatrix} 0 & 1 \\ 0 & 1 \end{vmatrix}$ であるから　$\begin{vmatrix} 0 & 1 \\ 0 & 1 \end{vmatrix} = 0$

よって　$\begin{vmatrix} 2 & 4 \\ -1 & 3 \end{vmatrix} = \{2\cdot 3 - 4\cdot(-1)\}\cdot 1 - 2\cdot 0 + 4\cdot 3\cdot 0 = \mathbf{10}$

(3) $\begin{vmatrix} \sin\theta & -\sin\theta \\ \cos\theta & -\cos\theta \end{vmatrix}$

$= \sin\theta\begin{vmatrix} 1 & 0 \\ \cos\theta & -\cos\theta \end{vmatrix} + (-\sin\theta)\begin{vmatrix} 0 & 1 \\ \cos\theta & -\cos\theta \end{vmatrix}$

$= \sin\theta\left\{\cos\theta\begin{vmatrix} 1 & 0 \\ 1 & 0 \end{vmatrix} + (-\cos\theta)\begin{vmatrix} 1 & 0 \\ 0 & 1 \end{vmatrix}\right\} + (-\sin\theta)\cdot\left\{\cos\theta\begin{vmatrix} 0 & 1 \\ 1 & 0 \end{vmatrix} + (-\cos\theta)\begin{vmatrix} 0 & 1 \\ 0 & 1 \end{vmatrix}\right\}$

$= \{\sin\theta\cdot(-\cos\theta) - \sin\theta\cdot\cos\theta\cdot(-1)\}\begin{vmatrix} 1 & 0 \\ 0 & 1 \end{vmatrix} = \mathbf{0}$

(4) $\begin{vmatrix} -6 & -3 \\ 8 & 4 \end{vmatrix} = (-6)\begin{vmatrix} 1 & 0 \\ 8 & 4 \end{vmatrix} + (-3)\begin{vmatrix} 0 & 1 \\ 8 & 4 \end{vmatrix}$

$= (-6)\cdot\left(8\begin{vmatrix} 1 & 0 \\ 1 & 0 \end{vmatrix} + 4\begin{vmatrix} 1 & 0 \\ 0 & 1 \end{vmatrix}\right) + (-3)\cdot\left(8\begin{vmatrix} 0 & 1 \\ 1 & 0 \end{vmatrix} + 4\begin{vmatrix} 0 & 1 \\ 0 & 1 \end{vmatrix}\right)$

$= \{(-6)\cdot 4 - 3\cdot 8\cdot(-1)\}\begin{vmatrix} 1 & 0 \\ 0 & 1 \end{vmatrix} = \mathbf{0}$

2 行列式の計算

基本事項

A　3次正方行列の行列式の計算（サラスの方法）

$\begin{vmatrix} a & b & c \\ d & e & f \\ g & h & i \end{vmatrix} = aei+bfg+cdh-afh-bdi-ceg$ が成り立つ。

3次正方行列の行列式はこの公式で計算でき，この公式を用いた行列式の計算方法を **サラスの方法** という。

サラスの方法は，右の図のようにして覚えるとよい。
右の図の「左上から右下」の方向の並び

$aei \quad bfg \quad cdh$

に対しては符号＋を，「右上から左下」の方向の並び

$afh \quad bdi \quad ceg$

に対しては符号－を，それぞれ付けて足し合せる。

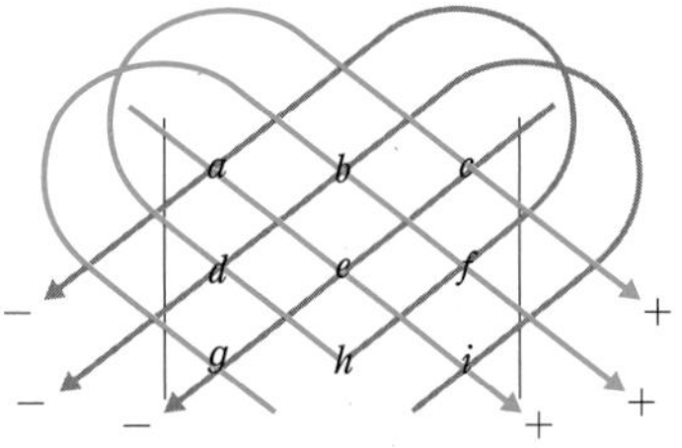

補足　3次正方行列の行列式は6個の項の和である。これらの項の符号は，3個の文字1，2，3の置換を考えたときの置換の符号と一致する（詳しくは，『数研講座シリーズ　大学教養　線形代数』を参照)。
一般に，n次正方行列の行列式は $n!=n(n-1)\cdot\cdots\cdots\cdot2\cdot1$ 個の項の和である。

注意　サラスの方法は3次正方行列の行列式を求める際のみに適用できる。4次以上の正方行列の行列式を求める際には適用できない。

系　行列式の性質 (2)

Aを正方行列とし，Aのある行の成分がすべて0であるとき，$\det(A)=0$ が成り立つ。

系　行列式の性質 (3)

Aを対角行列とするとき，$\det(A)$ は行列Aのすべての対角成分の積に等しい。

系　行列式の性質 (4)

Aをn次正方行列として，$A=\begin{pmatrix} D_1 & O_1 \\ O_2 & D_2 \end{pmatrix}$ と表されるとする。ただし，m_1，m_2 は $m_1+m_2=n$ を満たし，D_1 を m_1 次正方行列，D_2 を m_2 次正方行列，O_1 を $m_1\times m_2$ 零行列，O_2 を $m_2\times m_1$ 零行列とする。このとき，$\det(A)=\det(D_1)\cdot\det(D_2)$ が成り立つ。

基本 例題 058　3 次以上の正方行列の行列式　★☆☆

次の行列式を計算せよ。

(1) $\begin{vmatrix} 3 & 0 & 0 \\ 0 & 9 & 8 \\ 0 & -3 & 6 \end{vmatrix}$　(2) $\begin{vmatrix} -1 & 0 & 0 & 0 \\ 0 & 2 & 1 & 0 \\ 0 & -1 & 0 & 1 \\ 0 & 0 & 2 & -5 \end{vmatrix}$　(3) $\begin{vmatrix} 4 & 0 & 0 & 0 \\ 0 & 2 & 5 & 0 \\ 0 & -1 & 2 & 0 \\ 0 & 0 & 0 & -2 \end{vmatrix}$

p. 98 基本事項A

GUIDE & SOLUTION

(1), (2)　行列式の性質 (4) を用いると簡単に計算できそうである。

(3)　行列式の性質 (4) を 2 回用いると簡単に計算できそうである。

解答

(1) $\begin{vmatrix} 3 & 0 & 0 \\ 0 & 9 & 8 \\ 0 & -3 & 6 \end{vmatrix}=3\begin{vmatrix} 9 & 8 \\ -3 & 6 \end{vmatrix}=3\{9\cdot6-8\cdot(-3)\}=\mathbf{234}$

(2) $\begin{vmatrix} -1 & 0 & 0 & 0 \\ 0 & 2 & 1 & 0 \\ 0 & -1 & 0 & 1 \\ 0 & 0 & 2 & -5 \end{vmatrix}$

$=-\begin{vmatrix} 2 & 1 & 0 \\ -1 & 0 & 1 \\ 0 & 2 & -5 \end{vmatrix}$

$=-\{2\cdot0\cdot(-5)+1\cdot1\cdot0+0\cdot(-1)\cdot2-2\cdot1\cdot2-1\cdot(-1)\cdot(-5)-0\cdot0\cdot0\}=\mathbf{9}$

(3) $\begin{vmatrix} 4 & 0 & 0 & 0 \\ 0 & 2 & 5 & 0 \\ 0 & -1 & 2 & 0 \\ 0 & 0 & 0 & -2 \end{vmatrix}=4\begin{vmatrix} 2 & 5 & 0 \\ -1 & 2 & 0 \\ 0 & 0 & -2 \end{vmatrix}=4\begin{vmatrix} 2 & 5 \\ -1 & 2 \end{vmatrix}\cdot(-2)$

$=4\{2\cdot2-5\cdot(-1)\}\cdot(-2)=\mathbf{-72}$

PRACTICE … 31

次の行列式を，サラスの方法を用いることにより計算せよ。

(1) $\begin{vmatrix} 1 & 2 & 3 \\ 4 & 5 & 6 \\ 7 & 8 & 9 \end{vmatrix}$　(2) $\begin{vmatrix} 1 & 2 & \sqrt{2} \\ 1 & \sqrt{2} & 1 \\ \sqrt{2} & 2 & \sqrt{2} \end{vmatrix}$

(3) $\begin{vmatrix} -1 & 2 & 3 \\ 3 & -2 & 1 \\ 2 & 1 & 3 \end{vmatrix}$　(4) $\begin{vmatrix} x & y & z \\ z & x & y \\ y & z & x \end{vmatrix}$

基本 例題 059 行列式の性質 (1) ★☆☆

A を n 次正方行列 A とするとき，$\det(cA)=c^n\cdot\det(A)$ （c は定数）であることを示せ。

p. 98 基本事項A

GUIDE & SOLUTION

行列式 $\det(cA)$ の1行目から n 行目に関して行多重線形性を適用する。

解答

$$A=\begin{pmatrix} a_{11} & a_{12} & a_{13} & \cdots & a_{1n} \\ a_{21} & a_{22} & a_{23} & \cdots & a_{2n} \\ a_{31} & a_{32} & a_{33} & \cdots & a_{3n} \\ \vdots & \vdots & \vdots & \ddots & \vdots \\ a_{n1} & a_{n2} & a_{n3} & \cdots & a_{nn} \end{pmatrix}$$ とすると

$$cA=\begin{pmatrix} ca_{11} & ca_{12} & ca_{13} & \cdots & ca_{1n} \\ ca_{21} & ca_{22} & ca_{23} & \cdots & ca_{2n} \\ ca_{31} & ca_{32} & ca_{33} & \cdots & ca_{3n} \\ \vdots & \vdots & \vdots & \ddots & \vdots \\ ca_{n1} & ca_{n2} & ca_{n3} & \cdots & ca_{nn} \end{pmatrix}$$

行多重線形性により

$$\det(cA)=\begin{vmatrix} ca_{11} & ca_{12} & ca_{13} & \cdots & ca_{1n} \\ ca_{21} & ca_{22} & ca_{23} & \cdots & ca_{2n} \\ ca_{31} & ca_{32} & ca_{33} & \cdots & ca_{3n} \\ \vdots & \vdots & \vdots & \ddots & \vdots \\ ca_{n1} & ca_{n2} & ca_{n3} & \cdots & ca_{nn} \end{vmatrix}$$

$$=c\begin{vmatrix} a_{11} & a_{12} & a_{13} & \cdots & a_{1n} \\ ca_{21} & ca_{22} & ca_{23} & \cdots & ca_{2n} \\ ca_{31} & ca_{32} & ca_{33} & \cdots & ca_{3n} \\ \vdots & \vdots & \vdots & \ddots & \vdots \\ ca_{n1} & ca_{n2} & ca_{n3} & \cdots & ca_{nn} \end{vmatrix}$$

$$=c^2\begin{vmatrix} a_{11} & a_{12} & a_{13} & \cdots & a_{1n} \\ a_{21} & a_{22} & a_{23} & \cdots & a_{2n} \\ ca_{31} & ca_{32} & ca_{33} & \cdots & ca_{3n} \\ \vdots & \vdots & \vdots & \ddots & \vdots \\ ca_{n1} & ca_{n2} & ca_{n3} & \cdots & ca_{nn} \end{vmatrix}$$

同様にして $$\det(cA)=c^n\begin{vmatrix} a_{11} & a_{12} & a_{13} & \cdots & a_{1n} \\ a_{21} & a_{22} & a_{23} & \cdots & a_{2n} \\ a_{31} & a_{32} & a_{33} & \cdots & a_{3n} \\ \vdots & \vdots & \vdots & \ddots & \vdots \\ a_{n1} & a_{n2} & a_{n3} & \cdots & a_{nn} \end{vmatrix}=c^n\cdot\det(A)$$ ■

基本 例題 060 行列式の性質 (2) ★☆☆

Aを正方行列とし，その第 i 行ベクトルが第 j 行ベクトルの定数倍であるとき，$\det(A)=0$ であることを示せ。

p. 98 基本事項A

GUIDE & SOLUTION

Aをn次正方行列として，第j行ベクトルを$(a_{j1}\ \ a_{j2}\ \ \cdots\ \ a_{jn})$とすると，行列$A$の第$i$行ベクトルが第$j$行ベクトルの$c$倍であるとき，第$i$行ベクトルは$(ca_{j1}\ \ ca_{j2}\ \ \cdots\ \ ca_{jn})$と表される。行列式 $\det(A)$ の i 行目に関して行多重線形性を適用する。

解答

Aをn次正方行列とし，その第i行ベクトルが第j行ベクトルのc倍であるとして，

$$A=\begin{pmatrix} a_{11} & a_{12} & \cdots & a_{1n} \\ \vdots & \vdots & & \vdots \\ a_{i-1\,1} & a_{i-1\,2} & \cdots & a_{i-1\,n} \\ ca_{j1} & ca_{j2} & \cdots & ca_{jn} \\ a_{i+1\,1} & a_{i+1\,2} & \cdots & a_{i+1\,n} \\ \vdots & \vdots & & \vdots \\ a_{j1} & a_{j2} & \cdots & a_{jn} \\ \vdots & \vdots & & \vdots \\ a_{n1} & a_{n2} & \cdots & a_{nn} \end{pmatrix}$$ とする。

行多重線形性により

$$\det(A)=\begin{vmatrix} a_{11} & a_{12} & \cdots & a_{1n} \\ \vdots & \vdots & & \vdots \\ a_{i-1\,1} & a_{i-1\,2} & \cdots & a_{i-1\,n} \\ ca_{j1} & ca_{j2} & \cdots & ca_{jn} \\ a_{i+1\,1} & a_{i+1\,2} & \cdots & a_{i+1\,n} \\ \vdots & \vdots & & \vdots \\ a_{j1} & a_{j2} & \cdots & a_{jn} \\ \vdots & \vdots & & \vdots \\ a_{n1} & a_{n2} & \cdots & a_{nn} \end{vmatrix}=c\begin{vmatrix} a_{11} & a_{12} & \cdots & a_{1n} \\ \vdots & \vdots & & \vdots \\ a_{i-1\,1} & a_{i-1\,2} & \cdots & a_{i-1\,n} \\ a_{j1} & a_{j2} & \cdots & a_{jn} \\ a_{i+1\,1} & a_{i+1\,2} & \cdots & a_{i+1\,n} \\ \vdots & \vdots & & \vdots \\ a_{j1} & a_{j2} & \cdots & a_{jn} \\ \vdots & \vdots & & \vdots \\ a_{n1} & a_{n2} & \cdots & a_{nn} \end{vmatrix}$$

行交代性により

$$\begin{vmatrix} a_{11} & a_{12} & \cdots & a_{1n} \\ \vdots & \vdots & & \vdots \\ a_{i-1\,1} & a_{i-1\,2} & \cdots & a_{i-1\,n} \\ a_{j1} & a_{j2} & \cdots & a_{jn} \\ a_{i+1\,1} & a_{i+1\,2} & \cdots & a_{i+1\,n} \\ \vdots & \vdots & & \vdots \\ a_{j1} & a_{j2} & \cdots & a_{jn} \\ \vdots & \vdots & & \vdots \\ a_{n1} & a_{n2} & \cdots & a_{nn} \end{vmatrix}=-\begin{vmatrix} a_{11} & a_{12} & \cdots & a_{1n} \\ \vdots & \vdots & & \vdots \\ a_{i-1\,1} & a_{i-1\,2} & \cdots & a_{i-1\,n} \\ a_{j1} & a_{j2} & \cdots & a_{jn} \\ a_{i+1\,1} & a_{i+1\,2} & \cdots & a_{i+1\,n} \\ \vdots & \vdots & & \vdots \\ a_{j1} & a_{j2} & \cdots & a_{jn} \\ \vdots & \vdots & & \vdots \\ a_{n1} & a_{n2} & \cdots & a_{nn} \end{vmatrix}$$

◀ ⓘ ⟷ ⓙ

よって

$$\begin{vmatrix} a_{11} & a_{12} & \cdots & a_{1n} \\ \vdots & \vdots & & \vdots \\ a_{i-1\,1} & a_{i-1\,2} & \cdots & a_{i-1\,n} \\ a_{j1} & a_{j2} & \cdots & a_{jn} \\ a_{i+1\,1} & a_{i+1\,2} & \cdots & a_{i+1\,n} \\ \vdots & \vdots & & \vdots \\ a_{j1} & a_{j2} & \cdots & a_{jn} \\ \vdots & \vdots & & \vdots \\ a_{n1} & a_{n2} & \cdots & a_{nn} \end{vmatrix}=0$$

したがって　$\det(A)=0$ ■

3 行列式と行列の積

基本事項

A 基本行列の行列式

定理 基本行列の行列式

基本行列の行列式について，$\det(P_{ij})=-1$，$\det(P_i(c))=c\ (c\neq 0)$，$\det(P_{ij}(c))=1$ が成り立つ。

定理 行基本操作と行列式

Aを正方行列とするとき，次が成り立つ。

[1] 行列Aに行基本操作 (R1) (i 行目と j 行目を入れ替える操作 ($i\neq j$)) を施して得られる行列をXとすると，$\det(X)=-\det(A)$ である。

[2] 行列Aに行基本操作 (R2) (i 行目を c 倍する操作 ($c\neq 0$)) を施して得られる行列をYとすると，$\det(Y)=c\cdot\det(A)$ である。

[3] 行列Aに行基本操作 (R3) (j 行目の c 倍を i 行目に足す操作 ($i\neq j$)) を施して得られる行列をZとすると，$\det(Z)=\det(A)$ である。

定理 基本行列の積と行列式の積

Aをn次正方行列，Pをn次基本行列とするとき，$\det(PA)=\det(P)\cdot\det(A)$が成り立つ。

B 行列の積と行列式

定理 行列の積と行列式

A，Bをn次正方行列とするとき，$\det(AB)=\det(A)\cdot\det(B)$ が成り立つ。

系 逆行列と行列式

Aを正則行列とするとき，$\det(A)\neq 0$ である。また，$\det(A^{-1})=\dfrac{1}{\det(A)}$ が成り立つ。

4 行列の性質と行列式

基本事項

A 正則行列と行列式

定理 行列の正則性と行列式

Aをn次正方行列とするとき，次の4つの条件は同値である。

[1]　行列Aは正則である。　[2]　$\mathrm{rank}\,A=n$
[3]　行列Aは有限個の基本行列の積で表される。　[4]　$\det(A)\neq 0$

B　転置行列と行列式

定理　転置行列の行列式

Aを正方行列とするとき，$\det({}^tA)=\det(A)$ が成り立つ。

この定理により，行列式に関して，列多重線形性，列交代性が成り立つ。
また，98ページの行列式の性質(2)に関連して次の系が成り立つ。

系　行列式の性質(5)

Aを正方行列とし，Aのある列の成分がすべて0であるとき，$\det(A)=0$ が成り立つ。

更に，102ページの行基本操作と行列式の定理に関連して，次の定理が成り立つ。

定理　列基本操作と行列式

Aを正方行列とするとき，次が成り立つ。
[1]　行列Aに列基本操作 (C1) (i列目とj列目を入れ替える操作 ($i\neq j$)) を施して得られる行列をXとすると，$\det(X)=-\det(A)$ である。
[2]　行列Aに列基本操作 (C2) (i列目をc倍する操作 ($c\neq 0$)) を施して得られる行列をYとすると，$\det(Y)=c\cdot\det(A)$ である。
[3]　行列Aに列基本操作 (C3) (j列目のc倍をi列目に足す操作 ($i\neq j$)) を施して得られる行列をZとすると，$\det(Z)=\det(A)$ である。

定理　クラメールの公式

$A=\begin{pmatrix} a_{11} & a_{12} & \cdots & a_{1n} \\ a_{21} & a_{22} & \cdots & a_{2n} \\ \vdots & \vdots & \ddots & \vdots \\ a_{n1} & a_{n2} & \cdots & a_{nn} \end{pmatrix}$, $\boldsymbol{b}=\begin{pmatrix} b_1 \\ b_2 \\ \vdots \\ b_n \end{pmatrix}$, $\boldsymbol{x}=\begin{pmatrix} x_1 \\ x_2 \\ \vdots \\ x_n \end{pmatrix}$ として，これらを用いて表されるn個の未知数 x_1，x_2，……，x_n についての，n個の方程式からなる連立1次方程式
$A\boldsymbol{x}=\boldsymbol{b}$ ……(＊) を考える。$\det(A)\neq 0$ のとき，(＊) の唯一の解は次で与えられる。

$$\boldsymbol{x}=\begin{pmatrix} x_1 \\ x_2 \\ \vdots \\ x_n \end{pmatrix},\quad x_i=\frac{\det(A_{i,b})}{\det(A)} \quad (1\leqq i\leqq n)$$

ただし，$A_{i,b}$ は行列Aの第i列を$\boldsymbol{b}$に取り替えて得られるn次正方行列である。

基本 例題 061 行列の性質と行列式 ★☆☆

次の問いに答えよ。

(1) a を定数とする。行列 $\begin{pmatrix} 0 & -2 & 1 \\ 3 & 0 & 1 \\ a & 0 & 1 \end{pmatrix}$ が正則であるための条件を，行列式を考えることにより求めよ。

(2) 次の問いに答えよ。

(ア) 行列 A に列基本操作 $\boxed{i} \Longleftrightarrow \boxed{j}$ を施して得られる行列を X とするとき，$\det(X)=-\det(A)$ が成り立つことを示せ。

(イ) 行列 A に列基本操作 $\boxed{i}\times c$ を施して得られる行列を Y とするとき，$\det(Y)=c\cdot\det(A)$ が成り立つことを示せ。

(ウ) 行列 A に列基本操作 $\boxed{j}\times c+\boxed{i}$ を施して得られる行列を Z とするとき，$\det(Z)=\det(A)$ が成り立つことを示せ。

◢ p. 103 基本事項A，B

GUIDE & SOLUTION

(1) 行列が正則であることは，その行列式が0でない値となることと同値である。よって，与えられた行列の行列式を a を用いて表し，その行列式が0とならないような a の値の条件を考える。

(2) 行列 X，Y，Z をそれぞれ行列 A と基本行列の積で表す。そして，行列の積と行列式の定理，基本行列の行列式の定理を用いて，等式を示す。

解答

(1) $\begin{vmatrix} 0 & -2 & 1 \\ 3 & 0 & 1 \\ a & 0 & 1 \end{vmatrix}$

$=0\cdot0\cdot1+(-2)\cdot1\cdot a+1\cdot3\cdot0-0\cdot1\cdot0-(-2)\cdot3\cdot1-1\cdot0\cdot a$

$=6-2a$

よって，与えられた行列が正則であるための条件は

$6-2a\neq0$ すなわち $\boldsymbol{a\neq3}$

(2) (ア) $X=AP_{ij}$ であるから

$\det(X)=\det(A)\cdot\det(P_{ij})=-\det(A)$ ■

(イ) $Y=AP_i(c)$ であるから

$\det(Y)=\det(A)\cdot\det(P_i(c))=c\cdot\det(A)$ ■

(ウ) $Z=AP_{ji}(c)$ であるから

$\det(Z)=\det(A)\cdot\det(P_{ji}(c))=\det(A)$ ■

コラム クラメールの公式の証明

103 ページの基本事項で，n 個の方程式からなる n 元連立 1 次方程式のクラメールの公式を紹介した。ここでは，この公式の証明を与える。

証明　$A\boldsymbol{x}=\boldsymbol{b}$ より，$b_j=a_{j1}x_1+a_{j2}x_2+\cdots\cdots+a_{j\,i-1}x_{i-1}+a_{ji}x_i+a_{j\,i+1}x_{i+1}+\cdots\cdots+a_{jn}x_n$ $(j=1,\ 2,\ \cdots\cdots,\ n)$ であり，

$$A_{i,b}=\begin{pmatrix} a_{11} & a_{12} & \cdots & a_{1\,i-1} & b_1 & a_{1\,i+1} & \cdots & a_{1n} \\ a_{21} & a_{22} & \cdots & a_{2\,i-1} & b_2 & a_{2\,i+1} & \cdots & a_{2n} \\ \vdots & \vdots & & \vdots & \vdots & \vdots & & \vdots \\ a_{n1} & a_{n2} & \cdots & a_{n\,i-1} & b_n & a_{n\,i+1} & \cdots & a_{nn} \end{pmatrix}$$ であるから，列多重線形性により

$$\det(A_{i,b})$$

$$=\begin{vmatrix} a_{11} & a_{12} & \cdots & a_{1\,i-1} & b_1 & a_{1\,i+1} & \cdots & a_{1n} \\ a_{21} & a_{22} & \cdots & a_{2\,i-1} & b_2 & a_{2\,i+1} & \cdots & a_{2n} \\ \vdots & \vdots & & \vdots & \vdots & \vdots & & \vdots \\ a_{n1} & a_{n2} & \cdots & a_{n\,i-1} & b_n & a_{n\,i+1} & \cdots & a_{nn} \end{vmatrix}$$

$$=\begin{vmatrix} a_{11} & a_{12} & \cdots & a_{1\,i-1} & a_{11}x_1+a_{12}x_2+\cdots\cdots+a_{1\,i-1}x_{i-1}+a_{1i}x_i+a_{1\,i+1}x_{i+1}+\cdots\cdots+a_{1n}x_n & a_{1\,i+1} & \cdots & a_{1n} \\ a_{21} & a_{22} & \cdots & a_{2\,i-1} & a_{21}x_1+a_{22}x_2+\cdots\cdots+a_{2\,i-1}x_{i-1}+a_{2i}x_i+a_{2\,i+1}x_{i+1}+\cdots\cdots+a_{2n}x_n & a_{2\,i+1} & \cdots & a_{2n} \\ \vdots & \vdots & & \vdots & \vdots & \vdots & & \vdots \\ a_{n1} & a_{n2} & \cdots & a_{n\,i-1} & a_{n1}x_1+a_{n2}x_2+\cdots\cdots+a_{n\,i-1}x_{i-1}+a_{ni}x_i+a_{n\,i+1}x_{i+1}+\cdots\cdots+a_{nn}x_n & a_{n\,i+1} & \cdots & a_{nn} \end{vmatrix}$$

$$=x_1\begin{vmatrix} a_{11} & a_{12} & \cdots & a_{1\,i-1} & a_{11} & a_{1\,i+1} & \cdots & a_{1n} \\ a_{21} & a_{22} & \cdots & a_{2\,i-1} & a_{21} & a_{2\,i+1} & \cdots & a_{2n} \\ \vdots & \vdots & & \vdots & \vdots & \vdots & & \vdots \\ a_{n1} & a_{n2} & \cdots & a_{n\,i-1} & a_{n1} & a_{n\,i+1} & \cdots & a_{nn} \end{vmatrix}+x_2\begin{vmatrix} a_{11} & a_{12} & \cdots & a_{1\,i-1} & a_{12} & a_{1\,i+1} & \cdots & a_{1n} \\ a_{21} & a_{22} & \cdots & a_{2\,i-1} & a_{22} & a_{2\,i+1} & \cdots & a_{2n} \\ \vdots & \vdots & & \vdots & \vdots & \vdots & & \vdots \\ a_{n1} & a_{n2} & \cdots & a_{n\,i-1} & a_{n2} & a_{n\,i+1} & \cdots & a_{nn} \end{vmatrix}$$

$$+\cdots\cdots+x_{i-1}\begin{vmatrix} a_{11} & a_{12} & \cdots & a_{1\,i-1} & a_{1\,i-1} & a_{1\,i+1} & \cdots & a_{1n} \\ a_{21} & a_{22} & \cdots & a_{2\,i-1} & a_{2\,i-1} & a_{2\,i+1} & \cdots & a_{2n} \\ \vdots & \vdots & & \vdots & \vdots & \vdots & & \vdots \\ a_{n1} & a_{n2} & \cdots & a_{n\,i-1} & a_{n\,i-1} & a_{n\,i+1} & \cdots & a_{nn} \end{vmatrix}$$

$$+x_i\begin{vmatrix} a_{11} & a_{12} & \cdots & a_{1\,i-1} & a_{1i} & a_{1\,i+1} & \cdots & a_{1n} \\ a_{21} & a_{22} & \cdots & a_{2\,i-1} & a_{2i} & a_{2\,i+1} & \cdots & a_{2n} \\ \vdots & \vdots & & \vdots & \vdots & \vdots & & \vdots \\ a_{n1} & a_{n2} & \cdots & a_{n\,i-1} & a_{ni} & a_{n\,i+1} & \cdots & a_{nn} \end{vmatrix}+x_{i+1}\begin{vmatrix} a_{11} & a_{12} & \cdots & a_{1\,i-1} & a_{1\,i+1} & a_{1\,i+1} & \cdots & a_{1n} \\ a_{21} & a_{22} & \cdots & a_{2\,i-1} & a_{2\,i+1} & a_{2\,i+1} & \cdots & a_{2n} \\ \vdots & \vdots & & \vdots & \vdots & \vdots & & \vdots \\ a_{n1} & a_{n2} & \cdots & a_{n\,i-1} & a_{n\,i+1} & a_{n\,i+1} & \cdots & a_{nn} \end{vmatrix}$$

$$+\cdots\cdots+x_n\begin{vmatrix} a_{11} & a_{12} & \cdots & a_{1\,i-1} & a_{1n} & a_{1\,i+1} & \cdots & a_{1n} \\ a_{21} & a_{22} & \cdots & a_{2\,i-1} & a_{2n} & a_{2\,i+1} & \cdots & a_{2n} \\ \vdots & \vdots & & \vdots & \vdots & \vdots & & \vdots \\ a_{n1} & a_{n2} & \cdots & a_{n\,i-1} & a_{nn} & a_{n\,i+1} & \cdots & a_{nn} \end{vmatrix}$$

$$=x_i\begin{vmatrix} a_{11} & a_{12} & \cdots & a_{1\,i-1} & a_{1i} & a_{1\,i+1} & \cdots & a_{1n} \\ a_{21} & a_{22} & \cdots & a_{2\,i-1} & a_{2i} & a_{2\,i+1} & \cdots & a_{2n} \\ \vdots & \vdots & & \vdots & \vdots & \vdots & & \vdots \\ a_{n1} & a_{n2} & \cdots & a_{n\,i-1} & a_{ni} & a_{n\,i+1} & \cdots & a_{nn} \end{vmatrix}=x_i\cdot\det(A)$$

よって，$\det(A)\neq 0$ のとき，$x_i=\dfrac{\det(A_{i,b})}{\det(A)}$ となり，公式が成り立つ。 ■

5 還元定理と余因子展開

基本事項

A 還元定理

定理 還元定理

Aをn次正方行列 ($n \geqq 2$) とし，その $(1,\ 1)$ 成分を a_{11} とする。
[1] 下の左の図のように，行列Aの1列目において a_{11} 以外の成分がすべて0である。
[2] 下の右の図のように，行列Aの1行目において a_{11} 以外の成分がすべて0である。
このとき，行列Aから1行目と1列目を取り除いて得られる $(n-1)$ 次正方行列を A' とすると，$\det(A)=a_{11}\cdot\det(A')$ が成り立つ。

$$\begin{pmatrix} a_{11} & * & \cdots & * \\ 0 & & & \\ \vdots & & A' & \\ 0 & & & \end{pmatrix} \qquad \begin{pmatrix} a_{11} & 0 & \cdots & 0 \\ * & & & \\ \vdots & & A' & \\ * & & & \end{pmatrix}$$

系 上三角行列，下三角行列の行列式

Aをn次正方行列とし，その $(i,\ j)$ 成分を a_{ij} とする。
[1] Aが上三角行列である，すなわち $i>j$ に対して $a_{ij}=0$ である。
[2] Aが下三角行列である，すなわち $i<j$ に対して $a_{ij}=0$ である。
このとき，次が成り立つ。

$$\det(A)=a_{11}a_{22}\cdots\cdots a_{nn}$$ （右辺は行列Aの対角成分すべての積）

B 余因子展開

定義 小行列式，余因子

Aをn次正方行列 ($n \geqq 2$) とし，その $(i,\ j)$ 成分を a_{ij} とする。
[1] 行列Aの i 行目と j 列目を取り除いて得られる $(n-1)$ 次の行列の行列式を，行列Aの $(i,\ j)$ **小行列式** という。
[2] 行列Aの $(i,\ j)$ 小行列式を m_{ij} とするとき，$(-1)^{i+j}m_{ij}$ を行列Aの $(i,\ j)$ **余因子** といい，$\tilde{a}_{ij}$ と表す。

定理　余因子展開

A を n 次正方行列 $(n\geqq 2)$ とし，その $(i,\ j)$ 成分を a_{ij} とするとき，次が成り立つ。

[1]　$\det(A)=a_{i1}\tilde{a}_{i1}+a_{i2}\tilde{a}_{i2}+\cdots\cdots+a_{in}\tilde{a}_{in}$　（i 行目における余因子展開）

[2]　$\det(A)=a_{1j}\tilde{a}_{1j}+a_{2j}\tilde{a}_{2j}+\cdots\cdots+a_{nj}\tilde{a}_{nj}$　（j 列目における余因子展開）

定理　余因子展開（一般形）

A を n 次正方行列とし，その $(i,\ j)$ 成分を a_{ij} とするとき，次が成り立つ。

[1]　$a_{i1}\tilde{a}_{k1}+a_{i2}\tilde{a}_{k2}+\cdots\cdots+a_{in}\tilde{a}_{kn}=\begin{cases}\det(A) & (k=i)\\ 0 & (k\neq i)\end{cases}$

[2]　$a_{1j}\tilde{a}_{1k}+a_{2j}\tilde{a}_{2k}+\cdots\cdots+a_{nj}\tilde{a}_{nk}=\begin{cases}\det(A) & (k=j)\\ 0 & (k\neq j)\end{cases}$

C　余因子行列と逆行列

定義　余因子行列

A を n 次正方行列とし，その $(i,\ j)$ 成分を a_{ij} とする。行列 A の $(i,\ j)$ 余因子 $\tilde{a}_{ij}$ を並べて得られる $\begin{pmatrix}\tilde{a}_{11} & \tilde{a}_{21} & \cdots & \tilde{a}_{n1}\\ \tilde{a}_{12} & \tilde{a}_{22} & \cdots & \tilde{a}_{n2}\\ \vdots & \vdots & \ddots & \vdots\\ \tilde{a}_{1n} & \tilde{a}_{2n} & \cdots & \tilde{a}_{nn}\end{pmatrix}$ を A の **余因子行列** といい，$\tilde{A}$ と表す。

定理　余因子展開（行列形）

A を n 次正方行列とし，その $(i,\ j)$ 成分を a_{ij} とするとき，$A\tilde{A}=\tilde{A}A=\det(A)E$ が成り立つ。

定理　逆行列の明示公式

A を正則行列とするとき，$A^{-1}=\dfrac{1}{\det(A)}\tilde{A}$ が成り立つ。

逆行列の明示公式は，実際の逆行列の計算において実用的であるというわけではない。この公式の意義は実用面ではなく，より理論的な面にある。

基本 例題 062 還元定理を用いた行列式の計算 ★☆☆

次の行列式を計算せよ。

(1) $\begin{vmatrix} 3 & 7 & 2 \\ 0 & 2 & 1 \\ 0 & 3 & 2 \end{vmatrix}$　(2) $\begin{vmatrix} 1 & 4 & 2 \\ -2 & 1 & -1 \\ -2 & 1 & 3 \end{vmatrix}$　(3) $\begin{vmatrix} 1 & 2 & 0 \\ 2 & 3 & -1 \\ 0 & 2 & -1 \end{vmatrix}$　(4) $\begin{vmatrix} 2 & 4 & 5 & 1 \\ 0 & 2 & 10 & 0 \\ 1 & 1 & 5 & 4 \\ 0 & 8 & 7 & 0 \end{vmatrix}$

◀ p. 106 基本事項A

GUIDE & SOLUTION

(1) 還元定理を適用する。
(2), (3) 還元定理を適用できるように変形する。
(4) 還元定理を 2 回用いる。

解答

(1) $\begin{vmatrix} 3 & 7 & 2 \\ 0 & 2 & 1 \\ 0 & 3 & 2 \end{vmatrix} = 3\begin{vmatrix} 2 & 1 \\ 3 & 2 \end{vmatrix} = 3(2\cdot 2-1\cdot 3) = \mathbf{3}$

(2) $\begin{vmatrix} 1 & 4 & 2 \\ -2 & 1 & -1 \\ -2 & 1 & 3 \end{vmatrix} \overset{①\times 2+②}{=} \begin{vmatrix} 1 & 4 & 2 \\ 0 & 9 & 3 \\ -2 & 1 & 3 \end{vmatrix} \overset{①\times 2+③}{=} \begin{vmatrix} 1 & 4 & 2 \\ 0 & 9 & 3 \\ 0 & 9 & 7 \end{vmatrix} = \begin{vmatrix} 9 & 3 \\ 9 & 7 \end{vmatrix} = 9\cdot 7-3\cdot 9 = \mathbf{36}$

(3) $\begin{vmatrix} 1 & 2 & 0 \\ 2 & 3 & -1 \\ 0 & 2 & -1 \end{vmatrix} \overset{①\times(-2)+②}{=} \begin{vmatrix} 1 & 2 & 0 \\ 0 & -1 & -1 \\ 0 & 2 & -1 \end{vmatrix} = \begin{vmatrix} -1 & -1 \\ 2 & -1 \end{vmatrix}$

$= (-1)\cdot(-1)-(-1)\cdot 2 = \mathbf{3}$

◀ $\begin{vmatrix} 1 & 2 & 0 \\ 2 & 3 & -1 \\ 0 & 2 & -1 \end{vmatrix} \xrightarrow{\boxed{1}\times(-2)+\boxed{2}} \begin{vmatrix} 1 & 0 & 0 \\ 2 & -1 & -1 \\ 0 & 2 & -1 \end{vmatrix}$ と変形してもよい。

(4) $\begin{vmatrix} 2 & 4 & 5 & 1 \\ 0 & 2 & 10 & 0 \\ 1 & 1 & 5 & 4 \\ 0 & 8 & 7 & 0 \end{vmatrix} \overset{①\leftrightarrow③}{=} -\begin{vmatrix} 1 & 1 & 5 & 4 \\ 0 & 2 & 10 & 0 \\ 2 & 4 & 5 & 1 \\ 0 & 8 & 7 & 0 \end{vmatrix} \overset{①\times(-2)+③}{=} -\begin{vmatrix} 1 & 1 & 5 & 4 \\ 0 & 2 & 10 & 0 \\ 0 & 2 & -5 & -7 \\ 0 & 8 & 7 & 0 \end{vmatrix} = -\begin{vmatrix} 2 & 10 & 0 \\ 2 & -5 & -7 \\ 8 & 7 & 0 \end{vmatrix}$

$\overset{\boxed{1}\times(-5)+\boxed{2}}{=} -\begin{vmatrix} 2 & 0 & 0 \\ 2 & -15 & -7 \\ 8 & -33 & 0 \end{vmatrix} = -2\begin{vmatrix} -15 & -7 \\ -33 & 0 \end{vmatrix}$

$= -2\{(-15)\cdot 0-(-7)\cdot(-33)\} = \mathbf{462}$

PRACTICE … 32

次の行列式を計算せよ。

(1) $\begin{vmatrix} 1 & 0 & 0 & 0 \\ 1 & 2 & 1 & 2 \\ 2 & 0 & 3 & 0 \\ 1 & 2 & 1 & 1 \end{vmatrix}$　(2) $\begin{vmatrix} 1 & -3 & 0 & -1 \\ 2 & 1 & -1 & 4 \\ 0 & 2 & 5 & 0 \\ 3 & -2 & 0 & 2 \end{vmatrix}$

基本 例題 063 上三角行列，下三角行列の行列式 ★☆☆

A を n 次正方行列とし，その $(i,\ j)$ 成分を a_{ij} とするとき，次の問いに答えよ。

(1) 行列 A が上三角行列である，すなわち $i>j$ に対して $a_{ij}=0$ であるとき，$\det(A)=a_{11}a_{22}\cdot\cdots\cdots\cdot a_{nn}$ が成り立つことを証明せよ。

(2) 行列 A が下三角行列である，すなわち $i<j$ に対して $a_{ij}=0$ であるとき，$\det(A)=a_{11}a_{22}\cdot\cdots\cdots\cdot a_{nn}$ が成り立つことを証明せよ。

p. 106 基本事項A

GUIDE & SOLUTION

還元定理を繰り返し用いることにより証明する。

解答

(1) 還元定理により

$$\det(A)=\begin{vmatrix} a_{11} & a_{12} & \cdots & \cdots & a_{1n} \\ 0 & a_{22} & \ddots & \ddots & \vdots \\ \vdots & \ddots & \ddots & \ddots & \vdots \\ \vdots & \ddots & \ddots & \ddots & a_{n-1\,n} \\ 0 & \cdots & \cdots & 0 & a_{nn} \end{vmatrix}$$

$$=a_{11}\begin{vmatrix} a_{22} & a_{23} & \cdots & \cdots & a_{2n} \\ 0 & a_{33} & \ddots & \ddots & \vdots \\ \vdots & \ddots & \ddots & \ddots & \vdots \\ \vdots & \ddots & \ddots & \ddots & a_{n-1\,n} \\ 0 & \cdots & \cdots & 0 & a_{nn} \end{vmatrix}=a_{11}a_{22}\begin{vmatrix} a_{33} & a_{34} & \cdots & a_{3n} \\ 0 & \ddots & \ddots & \vdots \\ \vdots & \ddots & \ddots & a_{n-1\,n} \\ 0 & \cdots & 0 & a_{nn} \end{vmatrix}$$

同様にして　$\det(A)=a_{11}a_{22}\cdot\cdots\cdots\cdot a_{nn}$ ■

(2) 還元定理により

$$\det(A)=\begin{vmatrix} a_{11} & 0 & \cdots & \cdots & 0 \\ a_{21} & a_{22} & \ddots & \ddots & \vdots \\ \vdots & \ddots & \ddots & \ddots & \vdots \\ \vdots & \ddots & \ddots & \ddots & 0 \\ a_{n1} & \cdots & \cdots & a_{n\,n-1} & a_{nn} \end{vmatrix}$$

$$=a_{11}\begin{vmatrix} a_{22} & 0 & \cdots & \cdots & 0 \\ a_{32} & a_{33} & \ddots & \ddots & \vdots \\ \vdots & \ddots & \ddots & \ddots & \vdots \\ \vdots & \ddots & \ddots & \ddots & 0 \\ a_{n2} & \cdots & \cdots & a_{n\,n-1} & a_{nn} \end{vmatrix}=a_{11}a_{22}\begin{vmatrix} a_{33} & 0 & \cdots & 0 \\ a_{43} & \ddots & \ddots & \vdots \\ \vdots & \ddots & \ddots & 0 \\ a_{n3} & \cdots & a_{n\,n-1} & a_{nn} \end{vmatrix}$$

同様にして　$\det(A)=a_{11}a_{22}\cdot\cdots\cdots\cdot a_{nn}$ ■

PRACTICE … 33

次の行列式を計算せよ。

(1) $\begin{vmatrix} 4 & 0 & 0 \\ 3 & 5 & 0 \\ -4 & 3 & 9 \end{vmatrix}$　(2) $\begin{vmatrix} 1 & 2 & 3 & 4 \\ 0 & 2 & 3 & 4 \\ 0 & 0 & 3 & 4 \\ 0 & 0 & 0 & 4 \end{vmatrix}$　(3) $\begin{vmatrix} -1 & 0 & 0 & 0 \\ 2 & 4 & 0 & 0 \\ -2 & 2 & -4 & 0 \\ 1 & -4 & 2 & 1 \end{vmatrix}$

基本 例題 064 3次正方行列の余因子展開 ★☆☆

$A=\begin{pmatrix} a_{11} & a_{12} & a_{13} \\ a_{21} & a_{22} & a_{23} \\ a_{31} & a_{32} & a_{33} \end{pmatrix}$ とするとき，$\det(A)=a_{13}\tilde{a}_{13}+a_{23}\tilde{a}_{23}+a_{33}\tilde{a}_{33}$ が成り立つことを示せ。

p. 107 基本事項B

GUIDE & SOLUTION

行列式 $\det(A)$ の3列目に関して多重線形性を適用する。その後，還元定理，行交代性，列交代性を用いて変形する。

解答

行列式の列多重線形性により

$$\det(A)=\begin{vmatrix} a_{11} & a_{12} & a_{13} \\ a_{21} & a_{22} & a_{23} \\ a_{31} & a_{32} & a_{33} \end{vmatrix}$$

$$=a_{13}\begin{vmatrix} a_{11} & a_{12} & 1 \\ a_{21} & a_{22} & 0 \\ a_{31} & a_{32} & 0 \end{vmatrix}+a_{23}\begin{vmatrix} a_{11} & a_{12} & 0 \\ a_{21} & a_{22} & 1 \\ a_{31} & a_{32} & 0 \end{vmatrix}+a_{33}\begin{vmatrix} a_{11} & a_{12} & 0 \\ a_{21} & a_{22} & 0 \\ a_{31} & a_{32} & 1 \end{vmatrix}$$

ここで $\begin{vmatrix} a_{11} & a_{12} & 1 \\ a_{21} & a_{22} & 0 \\ a_{31} & a_{32} & 0 \end{vmatrix}\overset{\boxed{2}\leftrightarrow\boxed{3}}{=}-\begin{vmatrix} a_{11} & 1 & a_{12} \\ a_{21} & 0 & a_{22} \\ a_{31} & 0 & a_{32} \end{vmatrix}\overset{\boxed{1}\leftrightarrow\boxed{2}}{=}\begin{vmatrix} 1 & a_{11} & a_{12} \\ 0 & a_{21} & a_{22} \\ 0 & a_{31} & a_{32} \end{vmatrix}$

$$=\begin{vmatrix} a_{21} & a_{22} \\ a_{31} & a_{32} \end{vmatrix}=(-1)^{1+3}\begin{vmatrix} a_{21} & a_{22} \\ a_{31} & a_{32} \end{vmatrix}=\tilde{a}_{13}$$

$$\begin{vmatrix} a_{11} & a_{12} & 0 \\ a_{21} & a_{22} & 1 \\ a_{31} & a_{32} & 0 \end{vmatrix}\overset{①\leftrightarrow②}{=}-\begin{vmatrix} a_{21} & a_{22} & 1 \\ a_{11} & a_{12} & 0 \\ a_{31} & a_{32} & 0 \end{vmatrix}\overset{\boxed{2}\leftrightarrow\boxed{3}}{=}\begin{vmatrix} a_{21} & 1 & a_{22} \\ a_{11} & 0 & a_{12} \\ a_{31} & 0 & a_{32} \end{vmatrix}\overset{\boxed{1}\leftrightarrow\boxed{2}}{=}-\begin{vmatrix} 1 & a_{21} & a_{22} \\ 0 & a_{11} & a_{12} \\ 0 & a_{31} & a_{32} \end{vmatrix}$$

$$=-\begin{vmatrix} a_{11} & a_{12} \\ a_{31} & a_{32} \end{vmatrix}=(-1)^{2+3}\begin{vmatrix} a_{11} & a_{12} \\ a_{31} & a_{32} \end{vmatrix}=\tilde{a}_{23}$$

$$\begin{vmatrix} a_{11} & a_{12} & 0 \\ a_{21} & a_{22} & 0 \\ a_{31} & a_{32} & 1 \end{vmatrix}\overset{②\leftrightarrow③}{=}-\begin{vmatrix} a_{11} & a_{12} & 0 \\ a_{31} & a_{32} & 1 \\ a_{21} & a_{22} & 0 \end{vmatrix}\overset{①\leftrightarrow②}{=}\begin{vmatrix} a_{31} & a_{32} & 1 \\ a_{11} & a_{12} & 0 \\ a_{21} & a_{22} & 0 \end{vmatrix}\overset{\boxed{2}\leftrightarrow\boxed{3}}{=}-\begin{vmatrix} a_{31} & 1 & a_{32} \\ a_{11} & 0 & a_{12} \\ a_{21} & 0 & a_{22} \end{vmatrix}$$

$$\overset{\boxed{1}\leftrightarrow\boxed{2}}{=}\begin{vmatrix} 1 & a_{31} & a_{32} \\ 0 & a_{11} & a_{12} \\ 0 & a_{21} & a_{22} \end{vmatrix}=\begin{vmatrix} a_{11} & a_{12} \\ a_{21} & a_{22} \end{vmatrix}=(-1)^{3+3}\begin{vmatrix} a_{11} & a_{12} \\ a_{21} & a_{22} \end{vmatrix}=\tilde{a}_{33}$$

よって　$\det(A)=a_{13}\tilde{a}_{13}+a_{23}\tilde{a}_{23}+a_{33}\tilde{a}_{33}$ ■

基本 例題 065 余因子展開による行列式の計算 ★☆☆

行列式 $\begin{vmatrix} 2 & 3 & -4 & 0 \\ 1 & 2 & -2 & 1 \\ 3 & 4 & 3 & 2 \\ 0 & 5 & 1 & -1 \end{vmatrix}$ を 4 列目において余因子展開することにより計算せよ。

p. 107 基本事項B

GUIDE & SOLUTION

余因子展開により現れる 3×3 行列の行列式は還元定理や余因子展開を用いて計算する。

解答

$$\begin{vmatrix} 2 & 3 & -4 & 0 \\ 1 & 2 & -2 & 1 \\ 3 & 4 & 3 & 2 \\ 0 & 5 & 1 & -1 \end{vmatrix} = 0\cdot(-1)^{1+4}\begin{vmatrix} 1 & 2 & -2 \\ 3 & 4 & 3 \\ 0 & 5 & 1 \end{vmatrix} + 1\cdot(-1)^{2+4}\begin{vmatrix} 2 & 3 & -4 \\ 3 & 4 & 3 \\ 0 & 5 & 1 \end{vmatrix}$$

$$+2\cdot(-1)^{3+4}\begin{vmatrix} 2 & 3 & -4 \\ 1 & 2 & -2 \\ 0 & 5 & 1 \end{vmatrix} + (-1)\cdot(-1)^{4+4}\begin{vmatrix} 2 & 3 & -4 \\ 1 & 2 & -2 \\ 3 & 4 & 3 \end{vmatrix}$$

$$= \begin{vmatrix} 2 & 3 & -4 \\ 3 & 4 & 3 \\ 0 & 5 & 1 \end{vmatrix} - 2\begin{vmatrix} 2 & 3 & -4 \\ 1 & 2 & -2 \\ 0 & 5 & 1 \end{vmatrix} - \begin{vmatrix} 2 & 3 & -4 \\ 1 & 2 & -2 \\ 3 & 4 & 3 \end{vmatrix}$$

ここで $\begin{vmatrix} 2 & 3 & -4 \\ 3 & 4 & 3 \\ 0 & 5 & 1 \end{vmatrix} = 2\cdot(-1)^{1+1}\begin{vmatrix} 4 & 3 \\ 5 & 1 \end{vmatrix} + 3\cdot(-1)^{2+1}\begin{vmatrix} 3 & -4 \\ 5 & 1 \end{vmatrix} + 0\cdot(-1)^{3+1}\begin{vmatrix} 3 & -4 \\ 4 & 3 \end{vmatrix}$

$$= 2(4\cdot1-3\cdot5) - 3\{3\cdot1-(-4)\cdot5\} = -91$$

$$\begin{vmatrix} 2 & 3 & -4 \\ 1 & 2 & -2 \\ 0 & 5 & 1 \end{vmatrix} \overset{①\leftrightarrow②}{=} -\begin{vmatrix} 1 & 2 & -2 \\ 2 & 3 & -4 \\ 0 & 5 & 1 \end{vmatrix} \overset{①\times(-2)+②}{=} -\begin{vmatrix} 1 & 2 & -2 \\ 0 & -1 & 0 \\ 0 & 5 & 1 \end{vmatrix} = -\begin{vmatrix} -1 & 0 \\ 5 & 1 \end{vmatrix}$$

$$= -\{(-1)\cdot1-0\cdot5\} = 1$$

$$\begin{vmatrix} 2 & 3 & -4 \\ 1 & 2 & -2 \\ 3 & 4 & 3 \end{vmatrix} \overset{①\leftrightarrow②}{=} -\begin{vmatrix} 1 & 2 & -2 \\ 2 & 3 & -4 \\ 3 & 4 & 3 \end{vmatrix} \overset{①\times(-2)+②}{=} -\begin{vmatrix} 1 & 2 & -2 \\ 0 & -1 & 0 \\ 3 & 4 & 3 \end{vmatrix}$$

$$\overset{①\times(-3)+③}{=} -\begin{vmatrix} 1 & 2 & -2 \\ 0 & -1 & 0 \\ 0 & -2 & 9 \end{vmatrix} = -\begin{vmatrix} -1 & 0 \\ -2 & 9 \end{vmatrix} = -\{(-1)\cdot9-0\cdot(-2)\} = 9$$

よって $\begin{vmatrix} 2 & 3 & -4 & 0 \\ 1 & 2 & -2 & 1 \\ 3 & 4 & 3 & 2 \\ 0 & 5 & 1 & -1 \end{vmatrix} = -91-2\cdot1-9 = \mathbf{-102}$

基本 例題 066 3次正方行列への余因子展開（一般形）の適用 ★☆☆

行列 $\begin{pmatrix} a_{11} & a_{12} & a_{13} \\ a_{21} & a_{22} & a_{23} \\ a_{31} & a_{32} & a_{33} \end{pmatrix}$ に対して，$a_{11}\tilde{a}_{21}+a_{12}\tilde{a}_{22}+a_{13}\tilde{a}_{23}=0$ を示せ。

p. 107 基本事項B

GUIDE & SOLUTION

$A=\begin{pmatrix} a_{11} & a_{12} & a_{13} \\ a_{11} & a_{12} & a_{13} \\ a_{31} & a_{32} & a_{33} \end{pmatrix}$ とすると，行列Aの1行目と2行目が一致するから，

$\det(A)=0$ である。

その上で行列式 $\det(A)$ の2行目に関して余因子展開の定理を適用すると，示すべき等式が成り立つ。

解答

$A=\begin{pmatrix} a_{11} & a_{12} & a_{13} \\ a_{11} & a_{12} & a_{13} \\ a_{31} & a_{32} & a_{33} \end{pmatrix}$ とすると

$$\det(A)=0 \quad \cdots\cdots ①$$

また
$$\det(A)=a_{11}\cdot(-1)^{2+1}\begin{vmatrix} a_{12} & a_{13} \\ a_{32} & a_{33} \end{vmatrix}+a_{12}\cdot(-1)^{2+2}\begin{vmatrix} a_{11} & a_{13} \\ a_{31} & a_{33} \end{vmatrix}+a_{13}\cdot(-1)^{2+3}\begin{vmatrix} a_{11} & a_{12} \\ a_{31} & a_{32} \end{vmatrix}$$
$$=a_{11}\tilde{a}_{21}+a_{12}\tilde{a}_{22}+a_{13}\tilde{a}_{23} \quad \cdots\cdots ②$$

①，② から　$a_{11}\tilde{a}_{21}+a_{12}\tilde{a}_{22}+a_{13}\tilde{a}_{23}=0$ ■

補足　この例題は，107ページの余因子展開（一般形）の定理の $n=3$，$i=1$，$k=2$ の場合の証明である。

重要例題067について，研究事項をまとめる。

研究　Aを $m\times n$ 行列とする。また，kは正の整数とし，$1\leqq k\leqq m$，$1\leqq k\leqq n$ を満たすとする。このとき，行列Aの任意のk個の行ベクトルとk個の列ベクトルを取り除いて作ったk次正方行列の行列式を **k次小行列式** ということにすると（k次小行列式は ${}_m\mathrm{C}_k\cdot{}_n\mathrm{C}_k$ 個ある），行列Aの階数は，行列Aの0でない小行列式の最大次数に等しい。

重要 例題 067 行列の階数と小行列式 ★★☆

$a \neq 0$ として，$A=\begin{pmatrix} a & b & c \\ d & e & f \end{pmatrix}$ とする。

(1) $ae-bd \neq 0$ のとき，rank A を求めよ。 (2) $ae-bd=0$ のとき，rank A を求めよ。

GUIDE & SOLUTION

行列 A を簡約階段化し，階数を求める。

解答

(1) $ae-bd \neq 0$ のとき，行列 A を簡約階段化すると

$$\begin{pmatrix} a & b & c \\ d & e & f \end{pmatrix} \xrightarrow{①\times\frac{1}{a}} \begin{pmatrix} 1 & \frac{b}{a} & \frac{c}{a} \\ d & e & f \end{pmatrix} \xrightarrow{①\times(-d)+②} \begin{pmatrix} 1 & \frac{b}{a} & \frac{c}{a} \\ 0 & \frac{ae-bd}{a} & \frac{af-cd}{a} \end{pmatrix}$$

$$\xrightarrow{②\times\frac{a}{ae-bd}} \begin{pmatrix} 1 & \frac{b}{a} & \frac{c}{a} \\ 0 & 1 & \frac{af-cd}{ae-bd} \end{pmatrix} \xrightarrow{②\times\left(-\frac{b}{a}\right)+①} \begin{pmatrix} 1 & 0 & -\frac{bf-ce}{ae-bd} \\ 0 & 1 & \frac{af-cd}{ae-bd} \end{pmatrix}$$

よって **rank $A=2$**

(2) $ae-bd=0$ のとき，行列 A に行基本変形を施すと

$$\begin{pmatrix} a & b & c \\ d & e & f \end{pmatrix} \xrightarrow{①\times\frac{1}{a}} \begin{pmatrix} 1 & \frac{b}{a} & \frac{c}{a} \\ d & e & f \end{pmatrix} \underset{※}{\xrightarrow{①\times(-d)+②}} \begin{pmatrix} 1 & \frac{b}{a} & \frac{c}{a} \\ 0 & 0 & \frac{af-cd}{a} \end{pmatrix} \quad \cdots\cdots (*)$$

[1] $af-cd \neq 0$ のとき

※ $ae-bd=0$ を用いている。

行列 (*) を簡約階段化すると

$$\begin{pmatrix} 1 & \frac{b}{a} & \frac{c}{a} \\ 0 & 0 & \frac{af-cd}{a} \end{pmatrix} \xrightarrow{②\times\frac{a}{af-cd}} \begin{pmatrix} 1 & \frac{b}{a} & \frac{c}{a} \\ 0 & 0 & 1 \end{pmatrix} \xrightarrow{②\times\left(-\frac{c}{a}\right)+①} \begin{pmatrix} 1 & \frac{b}{a} & 0 \\ 0 & 0 & 1 \end{pmatrix}$$

よって **rank $A=2$**

[2] $af-cd=0$ のとき

行列 (*) は $\begin{pmatrix} 1 & \frac{b}{a} & \frac{c}{a} \\ 0 & 0 & 0 \end{pmatrix}$ であるから **rank $A=1$**

補足 (1) $ae-bd \neq 0$ という条件は，$\begin{vmatrix} a & b \\ d & e \end{vmatrix} \neq 0$ といい換えることができる。

(2) $ae-bd=0$ という条件は，$\begin{vmatrix} a & b \\ d & e \end{vmatrix}=0$ といい換えることができる。

また，[1] の $af-cd \neq 0$ という場合分けは $\begin{vmatrix} a & c \\ d & f \end{vmatrix} \neq 0$ といい換えることができ，

[2] の $af-cd=0$ という場合分けは $\begin{vmatrix} a & c \\ d & f \end{vmatrix}=0$ といい換えることができる。

重要 例題 068 行列の正則性と階数 ★★☆

a, b, c, d, e, f を実数とし，異なる 3 直線 $ax+by+1=0$, $cx+dy+1=0$, $ex+fy+1=0$ が 1 点で交わるとする。$A=\begin{pmatrix} a & b & 1 \\ c & d & 1 \\ e & f & 1 \end{pmatrix}$ とするとき，次の問いに答えよ。

(1) 行列Aは正則でないことを示せ。 (2) $\mathrm{rank}\,A=2$ であることを示せ。

GUIDE & SOLUTION

(1) 連立 1 次方程式 $\begin{cases} ax+by+1=0 \\ cx+dy+1=0 \\ ex+fy+1=0 \end{cases}$ …… ① と同次連立 1 次方程式

$\begin{cases} ax+by+z=0 \\ cx+dy+z=0 \\ ex+fy+z=0 \end{cases}$ …… ② を考え，背理法により示す。行列Aが正則であるならば，

$\mathrm{rank}\,A=3$ であるから，同次連立 1 次方程式 ② は自明な解しかもたないことになる。

(2) (1)を利用する。(1)より，行列Aは正則でないから，$\det(A)=0$ である。これで，a, b, c, d, e, f に関する条件が得られる。

解答

(1) 連立 1 次方程式 $\begin{cases} ax+by+1=0 \\ cx+dy+1=0 \\ ex+fy+1=0 \end{cases}$ …… ① と同次連立 1 次方程式

$\begin{cases} ax+by+z=0 \\ cx+dy+z=0 \\ ex+fy+z=0 \end{cases}$ …… ② を考える。

異なる 3 直線 $ax+by+1=0$, $cx+dy+1=0$, $ex+fy+1=0$ が 1 点で交わるから，連立 1 次方程式 ① はただ 1 つの解をもつ。

その連立 1 次方程式 ① の解を，$\begin{cases} x=s \\ y=t \end{cases}$ とする。

よって，同次連立 1 次方程式 ② は，解として $\begin{cases} x=s \\ y=t \\ z=1 \end{cases}$ をもつ。

一方で，同次連立 1 次方程式 ② を行列を用いて表すと

$$\begin{pmatrix} a & b & 1 \\ c & d & 1 \\ e & f & 1 \end{pmatrix}\begin{pmatrix} x \\ y \\ z \end{pmatrix}=\begin{pmatrix} 0 \\ 0 \\ 0 \end{pmatrix}$$

行列Aが正則であるとすると，$\mathrm{rank}\,A=3$ であるから，同次連立 1 次方程式 ② は自明な解しかもたない。

◀同次連立 1 次方程式の解の定理により。

これは同次連立1次方程式 ② が，解として $\begin{cases} x=s \\ y=t \\ z=1 \end{cases}$ をもつことに矛盾する。

したがって，行列 A は正則でない。 ■

(2) (1) より，行列 A は正則でないから

$$\det(A)=0$$

ここで

$$\det(A)=\begin{vmatrix} a & b & 1 \\ c & d & 1 \\ e & f & 1 \end{vmatrix}$$

$$\overset{\boxed{1}\leftrightarrow\boxed{3}}{=} -\begin{vmatrix} 1 & b & a \\ 1 & d & c \\ 1 & f & e \end{vmatrix} \overset{\boxed{2}\leftrightarrow\boxed{3}}{=} \begin{vmatrix} 1 & a & b \\ 1 & c & d \\ 1 & e & f \end{vmatrix}$$

$$\overset{①\times(-1)+②}{=} \begin{vmatrix} 1 & a & b \\ 0 & c-a & d-b \\ 1 & e & f \end{vmatrix} \overset{①\times(-1)+③}{=} \begin{vmatrix} 1 & a & b \\ 0 & c-a & d-b \\ 0 & e-a & f-b \end{vmatrix}$$

$$=\begin{vmatrix} c-a & d-b \\ e-a & f-b \end{vmatrix}=(c-a)(f-b)-(d-b)(e-a)$$

よって　$(c-a)(f-b)-(d-b)(e-a)=0$　…… ③

また，行列 A に基本変形を施すと

$$\begin{pmatrix} a & b & 1 \\ c & d & 1 \\ e & f & 1 \end{pmatrix} \overset{\boxed{1}\leftrightarrow\boxed{3}}{\longrightarrow} \begin{pmatrix} 1 & b & a \\ 1 & d & c \\ 1 & f & e \end{pmatrix} \overset{\boxed{2}\leftrightarrow\boxed{3}}{\longrightarrow} \begin{pmatrix} 1 & a & b \\ 1 & c & d \\ 1 & e & f \end{pmatrix}$$

$$\overset{①\times(-1)+②}{\longrightarrow} \begin{pmatrix} 1 & a & b \\ 0 & c-a & d-b \\ 1 & e & f \end{pmatrix} \overset{①\times(-1)+③}{\longrightarrow} \begin{pmatrix} 1 & a & b \\ 0 & c-a & d-b \\ 0 & e-a & f-b \end{pmatrix}$$

ここで，$B=\begin{pmatrix} c-a & d-b \\ e-a & f-b \end{pmatrix}$ とすると

$$\det(B)=(c-a)(f-b)-(d-b)(e-a)$$

③ より，$\det(B)=0$ であるから，行列 B は正則でない。

よって　$\operatorname{rank} B \neq 2$

また，方程式 $ax+by+1=0$，$cx+dy+1=0$，$ex+fy+1=0$ はすべて異なるから

$$(c-a,\ e-a)\neq(0,\ 0) \quad かつ \quad (d-b,\ f-b)\neq(0,\ 0)$$

したがって，$\operatorname{rank} B=1$ であるから　$\operatorname{rank} A=2$ ■

コラム 体積と行列式

平行六面体の体積について，次の定理が成り立つ。

定理　平行六面体の体積

$\boldsymbol{a}\in\mathrm{R}^3$，$\boldsymbol{b}\in\mathrm{R}^3$，$\boldsymbol{c}\in\mathrm{R}^3$ で張られる平行六面体の体積は $|\boldsymbol{a}\ \ \boldsymbol{b}\ \ \boldsymbol{c}|$ である。

証明　$\boldsymbol{a}$，$\boldsymbol{b}$，$\boldsymbol{c}$ で張られる平行六面体の体積を V とする。

また，$\overrightarrow{\mathrm{OA}}=\boldsymbol{a}$，$\overrightarrow{\mathrm{OB}}=\boldsymbol{b}$，$\overrightarrow{\mathrm{OC}}=\boldsymbol{c}$ とし，

$\boldsymbol{a}=\begin{pmatrix} p \\ q \\ r \end{pmatrix}$，$\boldsymbol{b}=\begin{pmatrix} s \\ t \\ u \end{pmatrix}$，$\boldsymbol{c}=\begin{pmatrix} x \\ y \\ z \end{pmatrix}$ とする。

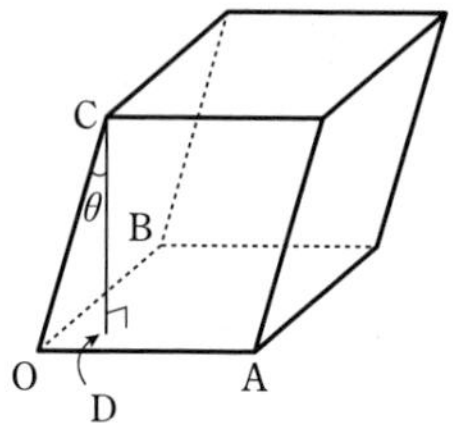

ここで，$\boldsymbol{a}$，$\boldsymbol{b}$ に対して，ベクトル $\boldsymbol{a}$，$\boldsymbol{b}$ の

外積 $\boldsymbol{a}\times\boldsymbol{b}$ を $\boldsymbol{a}\times\boldsymbol{b}=\begin{pmatrix} qu-tr \\ rs-up \\ pt-sq \end{pmatrix}$ と定義する。

このとき

$$(\boldsymbol{a}\times\boldsymbol{b})\cdot\boldsymbol{a}=(qu-tr)p+(rs-up)q+(pt-sq)r=0$$
$$(\boldsymbol{a}\times\boldsymbol{b})\cdot\boldsymbol{b}=(qu-tr)s+(rs-up)t+(pt-sq)u=0$$

よって，ベクトル $\boldsymbol{a}\times\boldsymbol{b}$ は平面 OAB に直交する。

また，$\boldsymbol{a}$，$\boldsymbol{b}$ で張られる平行四辺形の面積を S とすると

$$\begin{aligned} S&=\sqrt{|\boldsymbol{a}|^2|\boldsymbol{b}|^2-(\boldsymbol{a}\cdot\boldsymbol{b})^2} \\ &=\sqrt{(p^2+q^2+r^2)(s^2+t^2+u^2)-(ps+qt+ru)^2} \\ &=\sqrt{(qu-tr)^2+(rs-up)^2+(pt-sq)^2} \\ &=|\boldsymbol{a}\times\boldsymbol{b}| \end{aligned}$$

更に，点Cから平面 OAB に垂線を下ろして，その垂線と平面 OAB との交点をDとし，線分 CD と辺 OC のなす角を θ とすると，線分 CD の長さは　$|\boldsymbol{c}||\cos\theta|$

よって　$$\begin{aligned} V&=S|\boldsymbol{c}||\cos\theta| \\ &=|\boldsymbol{a}\times\boldsymbol{b}||\boldsymbol{c}||\cos\theta| \\ &=|(\boldsymbol{a}\times\boldsymbol{b})\cdot\boldsymbol{c}| \\ &=x(qu-rt)+y(rs-pu)+z(pt-qs) \end{aligned}$$

一方で　$$|\boldsymbol{a}\ \ \boldsymbol{b}\ \ \boldsymbol{c}|=\begin{vmatrix} p & s & x \\ q & t & y \\ r & u & z \end{vmatrix}$$

$$=(-1)^{1+3}x\begin{vmatrix} q & t \\ r & u \end{vmatrix}+(-1)^{2+3}y\begin{vmatrix} p & s \\ r & u \end{vmatrix}+(-1)^{3+3}z\begin{vmatrix} p & s \\ q & t \end{vmatrix}$$
$$=x(qu-tr)+y(rs-up)+z(pt-sq)$$

以上から　$V=|\boldsymbol{a}\ \ \boldsymbol{b}\ \ \boldsymbol{c}|$ ■

EXERCISES

27 次の行列式を計算せよ。

(1) $\begin{vmatrix} 3 & 2 & 4 \\ 2 & -1 & 1 \\ 2 & 1 & 4 \end{vmatrix}$　(2) $\begin{vmatrix} 1 & 2 & 3 \\ 2 & 1 & 2 \\ 3 & 3 & 1 \end{vmatrix}$

(3) $\begin{vmatrix} -\dfrac{1}{15} & \dfrac{1}{5} & \dfrac{1}{15} \\ \dfrac{2}{15} & \dfrac{2}{15} & -\dfrac{1}{5} \\ -\dfrac{1}{15} & \dfrac{2}{15} & \dfrac{1}{5} \end{vmatrix}$　(4) $\begin{vmatrix} \sqrt{3} & -1 & 1 \\ \sqrt{3} & 1 & -1 \\ 0 & 2 & 1 \end{vmatrix}$

(5) $\begin{vmatrix} -2 & 4 & 2 \\ -12 & 30 & 9 \\ -14 & 34 & 10 \end{vmatrix}$　(6) $\begin{vmatrix} \lambda-1 & -3 & 0 \\ 2 & \lambda+3 & -1 \\ 0 & -2 & \lambda-1 \end{vmatrix}$

(7) $\begin{vmatrix} -2 & -1 & 0 & 1 \\ -1 & 0 & 1 & -2 \\ 0 & 1 & -2 & -1 \\ 1 & -2 & -1 & 0 \end{vmatrix}$　(8) $\begin{vmatrix} 0 & 1 & 1 & 1 & 1 \\ 1 & 0 & 1 & 1 & 1 \\ 1 & 1 & 0 & 1 & 1 \\ 1 & 1 & 1 & 0 & 1 \\ 1 & 1 & 1 & 1 & 0 \end{vmatrix}$

28 次の行列式を計算せよ。

(1) $\begin{vmatrix} \sin\alpha\cos\beta & \sin\alpha\sin\beta & \cos\alpha \\ r\cos\alpha\cos\beta & r\cos\alpha\sin\beta & -r\sin\alpha \\ -r\sin\alpha\sin\beta & r\sin\alpha\cos\beta & 0 \end{vmatrix}$

(2) $\begin{vmatrix} \cos\alpha\cos\beta & \cos\alpha\sin\beta & -\sin\alpha \\ \sin\alpha\cos\beta & \sin\alpha\sin\beta & \cos\alpha \\ -\sin\beta & \cos\beta & 0 \end{vmatrix}$

(3) $\begin{vmatrix} 1 & \cos\alpha & \cos(\alpha+\beta) \\ \cos\alpha & 1 & \cos\beta \\ \cos(\alpha+\beta) & \cos\beta & 1 \end{vmatrix}$

! Hint **27** (1) 余因子展開を利用するとよい。

(2) 2 行目，3 行目を 1 行目に足すと，1 行目の成分はすべて 6 になる。

(8) 2 行目，3 行目，4 行目，5 行目を 1 行目に足す，または 2 列目，3 列目，4 列目，5 列目を 1 列目に足すと，1 行目の成分または 1 列目の成分はすべて 4 になる。

28 (1), (2) 余因子展開を利用する。

(3) 1 行目の $(-\cos\alpha)$ 倍を 2 行目に足し，1 行目の $\{-\cos(\alpha+\beta)\}$ 倍を 3 行目に足す，または 1 列目の $(-\cos\alpha)$ 倍を 2 列目に足し，1 列目の $\{-\cos(\alpha+\beta)\}$ 倍を 3 列目に足すと，還元定理を適用できる。

EXERCISES

29 次の行列式を計算せよ。

(1) $\begin{vmatrix} 1 & a & a^2-bc \\ 1 & b & b^2-ca \\ 1 & c & c^2-ab \end{vmatrix}$　(2) $\begin{vmatrix} 1 & a & b & c+d \\ 1 & b & c & d+a \\ 1 & c & d & a+b \\ 1 & d & a & b+c \end{vmatrix}$　(3) $\begin{vmatrix} 1 & 1 & 1 & 1 \\ x & a & a & a \\ x & y & b & b \\ x & y & z & c \end{vmatrix}$

(4) $\begin{vmatrix} a+b+2c & a & b \\ c & b+c+2a & b \\ c & a & c+a+2b \end{vmatrix}$　(5) $\begin{vmatrix} a & b & c & d \\ b & a & d & c \\ c & d & a & b \\ d & c & b & a \end{vmatrix}$　(6) $\begin{vmatrix} 1 & a & a^2 & 0 \\ 0 & 1 & a & a^2 \\ a^2 & 0 & 1 & a \\ a & a^2 & 0 & 1 \end{vmatrix}$

(7) $\begin{vmatrix} 0 & a^2 & b^2 & 1 \\ a^2 & 0 & c^2 & 1 \\ b^2 & c^2 & 0 & 1 \\ 1 & 1 & 1 & 0 \end{vmatrix}$　(8) $\begin{vmatrix} 1 & a & a^2 & a^4 \\ 1 & b & b^2 & b^4 \\ 1 & c & c^2 & c^4 \\ 1 & d & d^2 & d^4 \end{vmatrix}$

30 次の行列式を計算せよ。

(1) $\begin{vmatrix} a+b & b & a \\ c & c+a & a \\ c & b & b+c \end{vmatrix}$　(2) $\begin{vmatrix} a+b+c & -c & -b \\ -c & a+b+c & -a \\ -b & -a & a+b+c \end{vmatrix}$

(3) $\begin{vmatrix} a & -b & -a & b \\ b & a & -b & -a \\ c & -d & c & -d \\ d & c & d & c \end{vmatrix}$　(4) $\begin{vmatrix} b^2 & bc & c^2 \\ c^2 & ca & a^2 \\ a^2 & ab & b^2 \end{vmatrix}$

(5) $\begin{vmatrix} (a+b)^2 & c^2 & c^2 \\ a^2 & (b+c)^2 & a^2 \\ b^2 & b^2 & (c+a)^2 \end{vmatrix}$　(6) $\begin{vmatrix} (a+b)^2 & b^2 & a^2 \\ b^2 & (b+c)^2 & c^2 \\ a^2 & c^2 & (c+a)^2 \end{vmatrix}$

(7) $\begin{vmatrix} a^2-1 & ab & ac & ad \\ ab & b^2-1 & bc & bd \\ ac & bc & c^2-1 & cd \\ ad & bd & cd & d^2-1 \end{vmatrix}$　(8) $\begin{vmatrix} a & b & c & d \\ -b & a & -d & c \\ -c & d & a & -b \\ -d & -c & b & a \end{vmatrix}$

! Hint　**29**　還元定理を適用できる形に変形する。
30　余因子展開を利用する。

EXERCISES

31 Bを $m\times n$ 行列，Oを $n\times m$ 零行列とするとき，次の等式を証明せよ。

(1) $\det\begin{pmatrix} E & B \\ O & D \end{pmatrix}=\det(D)$　　(2) $\det\begin{pmatrix} A & B \\ O & E \end{pmatrix}=\det(A)$

32 Aを n 次正則行列，$\widetilde{A}$ を行列Aの余因子行列とするとき，$\det(\widetilde{A})=\{\det(A)\}^{n-1}$ が成り立つことを証明せよ。

33 n 個の変数 x_1，x_2，……，x_n に対して，

$$\begin{aligned} D(x_1,\ x_2,\ \cdots\cdots,\ x_n)=&(x_1-x_2)\times(x_1-x_3)\times\cdots\cdots\times(x_1-x_n)\\ &\times(x_2-x_3)\times\cdots\cdots\times(x_2-x_n)\\ &\times\cdots\cdots\times(x_{n-1}-x_n)\end{aligned}$$

$$f(x_1,\ x_2,\ \cdots\cdots,\ x_n)=\begin{vmatrix} 1 & 1 & 1 & \cdots & 1 \\ x_1 & x_2 & x_3 & \cdots & x_n \\ {x_1}^2 & {x_2}^2 & {x_3}^2 & \cdots & {x_n}^2 \\ \vdots & \vdots & \vdots & \ddots & \vdots \\ {x_1}^{n-1} & {x_2}^{n-1} & {x_3}^{n-1} & \cdots & {x_n}^{n-1} \end{vmatrix}$$

とするとき，等式 $f(x_1,\ x_2,\ \cdots\cdots,\ x_n)=(-1)^{\frac{n(n-1)}{2}}D(x_1,\ x_2,\ \cdots\cdots,\ x_n)$ $(n\geqq 2)$ を証明せよ。

! Hint

31 O' を $m\times n$ 零行列とする。

(1) 列多重線形性により，$\det\begin{pmatrix} E & B \\ O & D \end{pmatrix}=\det\begin{pmatrix} E & O' \\ O & D \end{pmatrix}$ と変形する。すると，行列式の性質(4)の系を適用できる。

(2) 行多重線形性により，$\det\begin{pmatrix} A & B \\ O & E \end{pmatrix}=\det\begin{pmatrix} A & O' \\ O & E \end{pmatrix}$ と変形する。すると，(1)と同様に行列式の性質(4)の系を適用できる。

32 余因子展開（行列形）の定理と，基本例題 059 で証明した等式を用いると，$\det(A\widetilde{A})=\det(\det(A)E)=\{\det(A)\}^n$ となる。一方で，行列の積と行列式の定理により，$\det(A\widetilde{A})=\det(A)\cdot\det(\widetilde{A})$ となることから，証明すべき等式が成り立つ。

33 数学的帰納法を利用する。

EXERCISES

34 $A=\begin{pmatrix} a_{11} & a_{12} & a_{13} & a_{14} \\ a_{21} & a_{22} & a_{23} & a_{24} \\ a_{31} & a_{32} & a_{33} & a_{34} \\ a_{41} & a_{42} & a_{43} & a_{44} \end{pmatrix}$ とし，その $(i,\ j)$ 余因子を $\tilde{a}_{ij}$ とする。

$B=\begin{pmatrix} x+a_{11} & x+a_{12} & x+a_{13} & x+a_{14} \\ x+a_{21} & x+a_{22} & x+a_{23} & x+a_{24} \\ x+a_{31} & x+a_{32} & x+a_{33} & x+a_{34} \\ x+a_{41} & x+a_{42} & x+a_{43} & x+a_{44} \end{pmatrix}$ とするとき，$\det(B)=x\sum_{i=1}^{4}\sum_{j=1}^{4}\tilde{a}_{ij}+\det(A)$ を示せ。

35 n 次正方行列の行列式 $\begin{vmatrix} a & b & \cdots & b \\ b & a & \ddots & \vdots \\ \vdots & \ddots & \ddots & b \\ b & \cdots & b & a \end{vmatrix}$ を計算せよ。

36 次の n 次正方行列の行列式を計算せよ。ただし，(2) では $a_1 \neq 0$，$a_2 \neq 0$，……，$a_n \neq 0$ とする。

(1) $\begin{vmatrix} x+a_1 & a_2 & \cdots & a_{n-1} & a_n \\ a_1 & x+a_2 & \ddots & a_{n-1} & a_n \\ \vdots & \ddots & \ddots & \ddots & \vdots \\ a_1 & a_2 & \ddots & x+a_{n-1} & a_n \\ a_1 & a_2 & \cdots & a_{n-1} & x+a_n \end{vmatrix}$

(2) $\begin{vmatrix} a_1+1 & 1 & \cdots & 1 & 1 \\ 1 & a_2+1 & \ddots & 1 & 1 \\ \vdots & \ddots & \ddots & \ddots & \vdots \\ 1 & 1 & \ddots & a_{n-1}+1 & 1 \\ 1 & 1 & \cdots & 1 & a_n+1 \end{vmatrix}$

! Hint **34** 列多重線形性と行列式の性質 (1) の系を繰り返し用いる。

35 2 行目，3 行目，……，n 行目を 1 行目に足す，または 2 列目，3 列目，……，n 列目を 1 列目に足すと，1 行目の成分または 1 列目の成分はすべて $a+(n-1)b$ になる。

36 (1) 2 列目，3 列目，……，n 列目を 1 列目に足すと，1 列目の成分はすべて $x+\sum_{i=1}^{n}a_i$ になる。

(2) 1 列目を $\frac{1}{a_1}$ 倍，2 列目を $\frac{1}{a_2}$ 倍，……，n 列目を $\frac{1}{a_n}$ 倍し，(1) で示した等式を利用する。

5

第5章 ベクトル空間

1 ベクトル空間とベクトル空間の部分空間
2 1次結合と1次従属・1次独立
3 基底と次元

例題一覧

1 ベクトル空間とベクトル空間の部分空間

基本事項

A ベクトル空間の導入

定義 ベクトル空間

集合Vに，次のような構造が定まっているとする。

[1] 任意の $\boldsymbol{v}\in V$，$\boldsymbol{w}\in V$ に対して，**和** と呼ばれる $\boldsymbol{v}+\boldsymbol{w}\in V$ が定まる。

[2] 任意の $\boldsymbol{v}\in V$，$c\in \mathrm{R}$ に対して，**定数倍**（スカラー倍）と呼ばれる $c\boldsymbol{v}\in V$ が定まる。

[3] 上の2つの演算について，次の8つの条件が満たされる。

(V1) $(\boldsymbol{u}+\boldsymbol{v})+\boldsymbol{w}=\boldsymbol{u}+(\boldsymbol{v}+\boldsymbol{w})$ （和に関する結合律）

(V2) $\boldsymbol{0}\in V$ が存在して，任意の $\boldsymbol{v}\in V$ に対して

$$\boldsymbol{v}+\boldsymbol{0}=\boldsymbol{0}+\boldsymbol{v}=\boldsymbol{v}$$

が成り立つ（零元の存在）。

(V3) 任意の $\boldsymbol{v}\in V$ に対して，$\boldsymbol{w}\in V$ が存在して

$$\boldsymbol{v}+\boldsymbol{w}=\boldsymbol{w}+\boldsymbol{v}=\boldsymbol{0}$$

が成り立つ（和に関する逆元の存在）。

(V4) $\boldsymbol{v}+\boldsymbol{w}=\boldsymbol{w}+\boldsymbol{v}$ （和に関する交換律）

(V5) $a(b\boldsymbol{v})=(ab)\boldsymbol{v}$ （定数倍に関する結合律）

(V6) $(a+b)\boldsymbol{v}=a\boldsymbol{v}+b\boldsymbol{v}$ （分配法則）

(V7) $a(\boldsymbol{v}+\boldsymbol{w})=a\boldsymbol{v}+a\boldsymbol{w}$ （分配法則）

(V8) $1\cdot\boldsymbol{v}=\boldsymbol{v}$

このとき，Vをベクトル空間（線形空間）という。また，ベクトル空間の各要素を **ベクトル** という。

ベクトル空間において，零ベクトル，逆ベクトルは，それぞれただ1つしかない。また，(V3) において，$\boldsymbol{w}$を$\boldsymbol{v}$の逆元といい，$\boldsymbol{w}=-\boldsymbol{v}$ と書くことにする。更に，簡単のため，$\boldsymbol{v}\in V$，$\boldsymbol{w}\in V$ に対して，$\boldsymbol{v}+(-\boldsymbol{w})=\boldsymbol{v}-\boldsymbol{w}$ と書くこともある。

補足 数の集合は実数の集合だけでなく，複素数の集合や「体」と呼ばれる集合でもよい。ただし，本書では実数の集合のみを考える。

n次元数ベクトル全体の集合を R^n と表すことにし，**n次元数ベクトル空間** という。

B ベクトル空間の部分空間

定義 ベクトル空間の部分空間

$W \subset V$ が次の条件を満たすとき，W は V の部分空間（**部分ベクトル空間** あるいは **線形部分空間**）という。

[1] $\mathbf{0}_V \in W$ である（$\mathbf{0}_V$ は V の零ベクトル）。

[2] $\boldsymbol{v} \in W$，$\boldsymbol{w} \in W$ ならば $\boldsymbol{v}+\boldsymbol{w} \in W$ である。

[3] $\boldsymbol{v} \in W$，$c \in \mathbb{R}$ ならば $c\boldsymbol{v} \in W$ である。

補足 ベクトル空間の部分空間の条件 [2] が成り立つことを，「W は和に関して閉じている」と表現することがある。また，ベクトル空間の部分空間の条件 [3] が成り立つことを，「W は定数倍に関して閉じている」と表現することがある。

補足 ベクトル空間の部分空間の条件 [2] かつ条件 [3] を合わせると，次の条件が得られる。

[4] $\boldsymbol{v} \in W$，$\boldsymbol{w} \in W$，$a \in \mathbb{R}$，$b \in \mathbb{R}$ ならば $a\boldsymbol{v}+b\boldsymbol{w} \in W$ である。

逆に，条件 [4] から，条件 [2] かつ条件 [3] が得られる。よって，条件 [2] かつ条件 [3] は条件 [4] と同値であるから，条件 [2]，[3] の代わりに条件 [4] を用いてベクトル空間の部分空間を定義してもよい。

定理 同次連立 1 次方程式の解

A を $m \times n$ 行列とするとき，同次連立 1 次方程式 $A\boldsymbol{x}=\mathbf{0}_m$ の解全体からなる集合は $\mathbb{R}^n$ の部分空間である。

このような，数ベクトル空間の部分空間を，同次連立 1 次方程式の **解空間** という。

C ベクトル空間の部分空間の共通部分と和

定理 ベクトル空間の部分空間の共通部分と和

V をベクトル空間とし，U，W を V の部分空間とする。

[1] U と W の共通部分 $U \cap W$ も V の部分空間である。

[2] U の要素と W の要素の和として表されるベクトル全体の集合 $\{\boldsymbol{u}+\boldsymbol{w} \mid \boldsymbol{u} \in U,\ \boldsymbol{w} \in W\}$ も V の部分空間である。

定義 ベクトル空間の部分空間の共通部分と和

V をベクトル空間とし，U，W を V の部分空間とする。

[1] V の部分空間 $U \cap W$ を U，W の **共通部分** という。

[2] V の部分空間 $\{\boldsymbol{u}+\boldsymbol{w} \mid \boldsymbol{u} \in U,\ \boldsymbol{w} \in W\}$ を U，W の **和** といい，$U+W$ と書く。

V をベクトル空間として，V の 2 つ以上の部分空間が与えられた場合も同様である。すなわち，n を自然数として，W_1，W_2，……，W_n を V の部分空間とするとき，その共通部分 $W_1 \cap W_2 \cap \cdots\cdots \cap W_n$ は V の部分空間であり，また，
$W_1+W_2+\cdots\cdots+W_n=\{\boldsymbol{w}_1+\boldsymbol{w}_2+\cdots\cdots+\boldsymbol{w}_n \mid \boldsymbol{w}_1 \in W_1,\ \boldsymbol{w}_2 \in W_2,\ \cdots\cdots,\ \boldsymbol{w}_n \in W_n\}$ も V の部分空間である。

基本 例題 069 ベクトル空間であることの証明 ★☆☆

Vを実数のつくる等差数列全体のなす集合とするとき，和と定数倍を次のように定める。

(和) $\{a_n\}\in V$，$\{b_n\}\in V$ に対して，$\{a_n\}+\{b_n\}=\{a_n+b_n\}$ とする。

(定数倍) $\{a_n\}\in V$，$c\in\mathbb{R}$ に対して，$c\{a_n\}=\{ca_n\}$ とする。

このとき，Vはベクトル空間であることを示せ。 ◢ p. 122 基本事項A

GUIDE & SOLUTION

ベクトル空間の定義の [3] の 8 つの条件が満たされることを確かめる。

解答

[1] $\{a_n\}\in V$，$\{b_n\}\in V$ とすると，ある $p\in\mathbb{R}$，$q\in\mathbb{R}$，$s\in\mathbb{R}$，$t\in\mathbb{R}$ を用いて，$a_n=pn+q$，$b_n=sn+t$ と表される。

ここで　$a_n+b_n=(pn+q)+(sn+t)=(p+s)n+q+t$

よって　$\{a_n\}+\{b_n\}\in V$

[2] $\{a_n\}\in V$ とすると，ある $p\in\mathbb{R}$，$q\in\mathbb{R}$ を用いて，$a_n=pn+q$ と表される。

$d\in\mathbb{R}$ に対して　$da_n=d(pn+q)=dpn+dq$

よって　$d\{a_n\}\in V$

[3] $\{a_n\}\in V$，$\{b_n\}\in V$，$\{c_n\}\in V$ とすると，ある $p\in\mathbb{R}$，$q\in\mathbb{R}$，$s\in\mathbb{R}$，$t\in\mathbb{R}$，$x\in\mathbb{R}$，$y\in\mathbb{R}$ を用いて，$a_n=pn+q$，$b_n=sn+t$，$c_n=xn+y$ と表される。

(ア)
$$\begin{aligned}(a_n+b_n)+c_n&=\{(pn+q)+(sn+t)\}+(xn+y)\\&=\{(p+s)n+q+t\}+(xn+y)\\&=\{(p+s)+x\}n+(q+t)+y\\&=\{p+(s+x)\}n+q+(t+y)\\&=(pn+q)+\{(s+x)n+t+y\}\\&=a_n+(b_n+c_n)\end{aligned}$$

よって　$(\{a_n\}+\{b_n\})+\{c_n\}=\{a_n\}+(\{b_n\}+\{c_n\})$

(イ)
$$\begin{aligned}a_n+0&=(pn+q)+0=pn+q\\&=0+(pn+q)=0+a_n\end{aligned}$$

よって，$\mathbf{0}=\{0,\ 0,\ \cdots\cdots\}$ とすると，$\mathbf{0}\in V$ であり　$\{a_n\}+\mathbf{0}=\mathbf{0}+\{a_n\}=\{a_n\}$

(ウ) $\{a_n'\}\in V$ を $a_n'=-pn-q$ で定める。

ここで
$$\begin{aligned}a_n+a_n'&=(pn+q)+(-pn-q)\\&=\{p+(-p)\}n+q+(-q)\\&=0\end{aligned}$$
$$\begin{aligned}a_n'+a_n&=(-pn-q)+(pn+q)\\&=\{(-p)+p\}n+(-q)+q\\&=0\end{aligned}$$

よって　$\{a_n\}+\{a_n'\}=\{a_n'\}+\{a_n\}=\mathbf{0}$

(エ) $a_n+b_n=(pn+q)+(sn+t)$
$=(p+s)n+q+t$
$=(s+p)n+t+q$
$=(sn+t)+(pn+q)$
$=b_n+a_n$

よって　$\{a_n\}+\{b_n\}=\{b_n\}+\{a_n\}$

(オ) $d\in\mathbb{R}$, $e\in\mathbb{R}$ に対して
$d(ea_n)=d\{e(pn+q)\}$
$=de(pn+q)$

よって　$d(e\{a_n\})=de\{a_n\}$

(カ) $d\in\mathbb{R}$, $e\in\mathbb{R}$ に対して
$(d+e)a_n=(d+e)(pn+q)$
$=d(pn+q)+e(pn+q)$
$=da_n+ea_n$

よって　$(d+e)\{a_n\}=d\{a_n\}+e\{a_n\}$

(キ) $d\in\mathbb{R}$ に対して　$d(a_n+b_n)=d\{(pn+q)+(sn+t)\}$
$=d(pn+q)+d(sn+t)$
$=da_n+db_n$

よって　$d(\{a_n\}+\{b_n\})=d\{a_n\}+d\{b_n\}$

(ク) $1\cdot(pn+q)=pn+q$

よって　$1\cdot\{a_n\}=\{a_n\}$

したがって，Vはベクトル空間である。 ■

INFORMATION

他に，(数ベクトル空間でない) ベクトル空間の例として，実数列全体からなる集合などがある。

PRACTICE … 34

Vを$\mathbb{R}$上の定数関数と1次関数全体のなす集合とするとき，和と定数倍を次のように定める。

(和)　$x\in\mathbb{R}$ のとき，$f\in V$, $g\in V$ に対して，$(f+g)(x)=f(x)+g(x)$ とする。

(定数倍)　$x\in\mathbb{R}$ のとき，$f\in V$, $c\in\mathbb{R}$ に対して，$(cf)(x)=c\cdot f(x)$ とする。

このとき，Vはベクトル空間であることを示せ。

基本 例題 070 ベクトル空間の零ベクトルとベクトルの (−1) 倍 ★☆☆

次の問いに答えよ。

(1) ベクトル空間の零ベクトルはただ1つであることを示せ。

(2) Vをベクトル空間とするとき，任意の $\boldsymbol{v}\in V$ について，$(-1)\boldsymbol{v}+\boldsymbol{v}=\boldsymbol{0}$ が成り立つことを示せ。

p. 122 基本事項A

GUIDE & SOLUTION

(1) Vをベクトル空間とし，$\boldsymbol{0}\in V$，$\boldsymbol{0}'\in V$ がともにベクトル空間Vの零ベクトルであるとして，ベクトル空間の定義の条件 (V2) を用いて示す。

(2) ベクトル空間の定義の条件 (V6)，(V8) を用いて示す。

解答

(1) Vをベクトル空間とする。

$\boldsymbol{0}\in V$，$\boldsymbol{0}'\in V$ がともにベクトル空間Vの零ベクトルであるとする。

$\boldsymbol{0}\in V$ がベクトル空間Vの零ベクトルであることから

$$\boldsymbol{0}'+\boldsymbol{0}=\boldsymbol{0}' \quad \cdots\cdots ①$$

$\boldsymbol{0}'\in V$ がベクトル空間Vの零ベクトルであることから

$$\boldsymbol{0}'+\boldsymbol{0}=\boldsymbol{0} \quad \cdots\cdots ②$$

①，② から　$\boldsymbol{0}=\boldsymbol{0}'$ ■

(2) Vはベクトル空間であるから

$$\{(-1)+1\}\boldsymbol{v}=(-1)\boldsymbol{v}+\boldsymbol{v} \quad \cdots\cdots ③$$

一方で　$\{(-1)+1\}\boldsymbol{v}=0\cdot\boldsymbol{v}=\boldsymbol{0} \quad \cdots\cdots ④$

③，④ から　$(-1)\boldsymbol{v}+\boldsymbol{v}=\boldsymbol{0}$ ■

補足　④ において，$0\cdot\boldsymbol{v}=\boldsymbol{0}$ を用いたが，これは次のように示すことができる。

$$0\cdot\boldsymbol{v}=(0+0)\boldsymbol{v}=0\cdot\boldsymbol{v}+0\cdot\boldsymbol{v}$$

よって　$0\cdot\boldsymbol{v}=\boldsymbol{0}$ ■

補足　上の例題の (2) と同様に，$\boldsymbol{v}+(-1)\boldsymbol{v}=\boldsymbol{0}$ が成り立つが，これは次のように示すことができる。

Vはベクトル空間であるから

$$\{1+(-1)\}\boldsymbol{v}=\boldsymbol{v}+(-1)\boldsymbol{v} \quad \cdots\cdots ⑤$$

一方で　$\{1+(-1)\}\boldsymbol{v}=0\cdot\boldsymbol{v}=\boldsymbol{0} \quad \cdots\cdots ⑥$

⑤，⑥ から　$\boldsymbol{v}+(-1)\boldsymbol{v}=\boldsymbol{0}$ ■

INFORMATION

ベクトル空間の定義の条件 (V3) において，$\boldsymbol{v}\in V$ に対して，存在が保証された $\boldsymbol{w}\in V$ を $\boldsymbol{v}$ の **逆元** といい，$\boldsymbol{w}=-\boldsymbol{v}$ と書く。逆元の一意性は次のように示される。

$\boldsymbol{w}\in V$，$\boldsymbol{w}'\in V$ がともに $\boldsymbol{v}\in V$ の逆元であるとすると

$$\boldsymbol{w}'=\boldsymbol{w}'+\boldsymbol{0}=\boldsymbol{w}'+(\boldsymbol{v}+\boldsymbol{w})=(\boldsymbol{w}'+\boldsymbol{v})+\boldsymbol{w}=\boldsymbol{0}+\boldsymbol{w}=\boldsymbol{w}$$

基本 例題 071 ベクトル空間の部分空間がベクトル空間であることの証明 ★☆☆

Vをベクトル空間とし，Wをその部分空間とする。Vにおける和とスカラー倍を，そのままWにおける和と定数倍とみなすことにより，Wは単独でベクトル空間になっていることを示せ。

p. 123 基本事項B

GUIDE & SOLUTION

ベクトル空間の定義の条件が満たされることを確かめる。その際，和と定数倍が定まることから示す必要がある。

解答

[1] WはVの部分空間であるから，$\boldsymbol{v}\in W$，$\boldsymbol{w}\in W$ に対して，次が成り立つ。

$$\boldsymbol{v}+\boldsymbol{w}\in W$$

[2] WはVの部分空間であるから，$\boldsymbol{v}\in W$，$c\in\mathbb{R}$ に対して，次が成り立つ。

$$c\boldsymbol{v}\in W$$

[3] (ア) Vはベクトル空間であるから，$\boldsymbol{u}\in W$，$\boldsymbol{v}\in W$，$\boldsymbol{w}\in W$ に対して，次が成り立つ。

$$(\boldsymbol{u}+\boldsymbol{v})+\boldsymbol{w}=\boldsymbol{u}+(\boldsymbol{v}+\boldsymbol{w})$$

(イ) WはVの部分空間であるから，$\boldsymbol{0}\in V$ をVの零ベクトルとすると，$\boldsymbol{0}\in W$ となり，$\boldsymbol{v}\in W$ に対して，次が成り立つ。

$$\boldsymbol{v}+\boldsymbol{0}=\boldsymbol{0}+\boldsymbol{v}=\boldsymbol{v}$$

(ウ) Vはベクトル空間であるから，任意の $\boldsymbol{v}\in W$ に対して，ある $\boldsymbol{w}\in V$ が存在して，次が成り立つ。

$$\boldsymbol{v}+\boldsymbol{w}=\boldsymbol{w}+\boldsymbol{v}=\boldsymbol{0}$$

また，この $\boldsymbol{w}\in V$ について，$\boldsymbol{w}=-\boldsymbol{v}=(-1)\cdot\boldsymbol{v}$ が成り立つから，[2] より，$\boldsymbol{w}\in W$ である。

(エ) Vはベクトル空間であるから，$\boldsymbol{v}\in W$，$\boldsymbol{w}\in W$ に対して，次が成り立つ。

$$\boldsymbol{v}+\boldsymbol{w}=\boldsymbol{w}+\boldsymbol{v}$$

(オ) Vはベクトル空間であるから，$\boldsymbol{v}\in W$，$a\in\mathbb{R}$，$b\in\mathbb{R}$ に対して，次が成り立つ。

$$a(b\boldsymbol{v})=(ab)\boldsymbol{v}$$

(カ) Vはベクトル空間であるから，$\boldsymbol{v}\in W$，$a\in\mathbb{R}$，$b\in\mathbb{R}$ に対して，次が成り立つ。

$$(a+b)\boldsymbol{v}=a\boldsymbol{v}+b\boldsymbol{v}$$

(キ) Vはベクトル空間であるから，$\boldsymbol{v}\in W$，$\boldsymbol{w}\in W$，$c\in\mathbb{R}$ に対して，次が成り立つ。

$$c(\boldsymbol{v}+\boldsymbol{w})=c\boldsymbol{v}+c\boldsymbol{w}$$

(ク) Vはベクトル空間であるから，$\boldsymbol{v}\in W$ に対して，次が成り立つ。

$$1\cdot\boldsymbol{v}=\boldsymbol{v}$$

よって，Vにおける和と定数倍を，そのままWにおける和と定数倍とみなすことにより，Wは単独でベクトル空間になっている。 ■

基本 例題 072 ベクトル空間の部分空間であることの証明など ★☆☆

次の問いに答えよ。

(1) $\mathbb{R}^{\mathbb{N}}$ を実数列全体のなす集合として，和と定数倍を次のように定めると，$\mathbb{R}^{\mathbb{N}}$ はベクトル空間である。

(和) $\{a_n\}\in\mathbb{R}^{\mathbb{N}}$，$\{b_n\}\in\mathbb{R}^{\mathbb{N}}$ に対して，$\{a_n\}+\{b_n\}=\{a_n+b_n\}$ とする。

(定数倍) $\{a_n\}\in\mathbb{R}^{\mathbb{N}}$，$c\in\mathbb{R}$ に対して，$c\{a_n\}=\{ca_n\}$ とする。

W を $\mathbb{R}^{\mathbb{N}}$ の部分集合で等差数列全体からなる集合とすると，W は $\mathbb{R}^{\mathbb{N}}$ の部分空間であることを示せ。

(2) $F(\mathbb{R})$ を $\mathbb{R}$ 上の実数値関数全体のなす集合とするとき，和と定数倍を次のように定めると，$F(\mathbb{R})$ はベクトル空間である。

(和) $x\in\mathbb{R}$ のとき，$f\in F(\mathbb{R})$，$g\in F(\mathbb{R})$ に対して，
$(f+g)(x)=f(x)+g(x)$ とする。

(定数倍) $x\in\mathbb{R}$ のとき，$f\in F(\mathbb{R})$，$c\in\mathbb{R}$ に対して，$(cf)(x)=c\cdot f(x)$ とする。

W を $F(\mathbb{R})$ の部分集合で定数関数と2次関数全体からなる集合とすると，W は $F(\mathbb{R})$ の部分空間か判定せよ。

◀ p.123 基本事項B

GUIDE & SOLUTION

(2) 和に関して考えると，W は $F(\mathbb{R})$ の部分空間でないことはすぐにわかる。
よって，その反例を答えればよい。

解答

(1) [1] $\mathbf{0}=\{0,\ 0,\ \cdots\cdots\}$ であり，$\{0,\ 0,\ \cdots\cdots\}$ は等差数列であるから，$\mathbf{0}\in W$ を満たす。

[2] $\{a_n\}\in W$，$\{a_n'\}\in W$ とすると，ある $p\in\mathbb{R}$，$q\in\mathbb{R}$，$s\in\mathbb{R}$，$t\in\mathbb{R}$ を用いて，
$a_n=pn+q$，$a_n'=sn+t$ と表される。

ここで $a_n+a_n'=(pn+q)+(sn+t)=(p+s)n+q+t$

よって $\{a_n\}+\{a_n'\}\in W$

[3] $\{a_n\}\in W$ とすると，ある $p\in\mathbb{R}$，$q\in\mathbb{R}$ を用いて，$a_n=pn+q$ と表される。

$c\in\mathbb{R}$ に対して $ca_n=c(pn+q)=cpn+cq$

よって $c\{a_n\}\in W$

以上から，W は $\mathbb{R}^{\mathbb{N}}$ の部分空間である。 ■

(2) $f\in W$，$g\in W$ を，$f(x)=x^2+x+1$，$g(x)=-x^2+x-1$ で定める。

ここで $f(x)+g(x)=(x^2+x+1)+(-x^2+x-1)=2x$

よって，$f+g\notin W$ であるから，集合 W は和に関して閉じていない。

したがって，集合 W は $F(\mathbb{R})$ の部分空間でない。

PRACTICE … 35

$\boldsymbol{v}\in\mathbb{R}^n$ に対し，$\{t\boldsymbol{v}\mid t\in\mathbb{R}\}\subset\mathbb{R}^n$ は $\mathbb{R}^n$ の部分空間であることを示せ。

基本 例題 073 ベクトル空間の部分空間であるかの判定 ★☆☆

(1) $W=\left\{\begin{pmatrix}x\\y\\z\end{pmatrix}\middle|\ x+y+z=0\right\}\subset\mathbb{R}^3$ とする。このとき，W は $\mathbb{R}^3$ の部分空間であることを示せ。

(2) 次の $\mathbb{R}^3$ の部分集合は，$\mathbb{R}^3$ の部分空間か判定せよ。

(ア) $\left\{\begin{pmatrix}x\\y\\z\end{pmatrix}\middle|\ x-y-z\geqq 0\right\}$　(イ) $\left\{\begin{pmatrix}x\\y\\z\end{pmatrix}\middle|\ 5x+2y-z=0,\ 3x+2y=0\right\}$

p. 123 基本事項B

GUIDE & SOLUTION

(2) (ア) 定数倍に関して考えると，与えられた $\mathbb{R}^3$ の部分集合が，$\mathbb{R}^3$ の部分空間でないことはすぐにわかる。よって，その反例を答えればよい。

解答

(1) [1] $0+0+0=0$ であるから，$\begin{pmatrix}0\\0\\0\end{pmatrix}\in W$ を満たす。

[2] $\begin{pmatrix}x\\y\\z\end{pmatrix}\in W$，$\begin{pmatrix}x'\\y'\\z'\end{pmatrix}\in W$ に対して，$x+y+z=0$，$x'+y'+z'=0$ が成り立つ。

$\begin{pmatrix}x\\y\\z\end{pmatrix}+\begin{pmatrix}x'\\y'\\z'\end{pmatrix}=\begin{pmatrix}x+x'\\y+y'\\z+z'\end{pmatrix}$ であるが

$$(x+x')+(y+y')+(z+z')=(x+y+z)+(x'+y'+z')=0+0=0$$

よって　$\begin{pmatrix}x\\y\\z\end{pmatrix}+\begin{pmatrix}x'\\y'\\z'\end{pmatrix}\in W$

[3] $\begin{pmatrix}x\\y\\z\end{pmatrix}\in W$ に対して，$x+y+z=0$ が成り立つ。

$c\in\mathbb{R}$ に対して，$c\begin{pmatrix}x\\y\\z\end{pmatrix}=\begin{pmatrix}cx\\cy\\cz\end{pmatrix}$ であるが　$cx+cy+cz=c(x+y+z)=c\cdot 0=0$

よって　$c\begin{pmatrix}x\\y\\z\end{pmatrix}\in W$

以上から，W は $\mathbb{R}^3$ の部分空間である。■

(2) (ア) $W_1=\left\{\begin{pmatrix}x\\y\\z\end{pmatrix}\middle| x-y-z\geqq 0\right\}$ とする。

$\begin{pmatrix}3\\1\\1\end{pmatrix}\in W_1$ に対して $-\begin{pmatrix}3\\1\\1\end{pmatrix}\notin W_1$ であるから，W_1 は定数倍に関して閉じていない。

よって，W_1 は $\mathbb{R}^3$ の部分空間でない。

(イ) $W_2=\left\{\begin{pmatrix}x\\y\\z\end{pmatrix}\middle| 5x+2y-z=0,\ 3x+2y=0\right\}$ とする。

[1] $5\cdot 0+2\cdot 0-0=0$ かつ $3\cdot 0+2\cdot 0=0$ であるから，$\begin{pmatrix}0\\0\\0\end{pmatrix}\in W_2$ を満たす。

[2] $\begin{pmatrix}x\\y\\z\end{pmatrix}\in W_2$，$\begin{pmatrix}x'\\y'\\z'\end{pmatrix}\in W_2$ に対して，$5x+2y-z=0$，$3x+2y=0$ かつ

$5x'+2y'-z'=0$，$3x'+2y'=0$ が成り立つ。

$\begin{pmatrix}x\\y\\z\end{pmatrix}+\begin{pmatrix}x'\\y'\\z'\end{pmatrix}=\begin{pmatrix}x+x'\\y+y'\\z+z'\end{pmatrix}$ であるが

$$5(x+x')+2(y+y')-(z+z')=(5x+2y-z)+(5x'+2y'-z')=0+0=0$$
$$3(x+x')+2(y+y')=(3x+2y)+(3x'+2y')=0+0=0$$

よって　$\begin{pmatrix}x\\y\\z\end{pmatrix}+\begin{pmatrix}x'\\y'\\z'\end{pmatrix}\in W_2$

[3] $\begin{pmatrix}x\\y\\z\end{pmatrix}\in W_2$ に対して，$5x+2y-z=0$，$3x+2y=0$ が成り立つ。

$c\in\mathbb{R}$ に対して，$c\begin{pmatrix}x\\y\\z\end{pmatrix}=\begin{pmatrix}cx\\cy\\cz\end{pmatrix}$ であるが

$$5\cdot cx+2\cdot cy-cz=c(5x+2y-z)=c\cdot 0=0$$
$$3\cdot cx+2\cdot cy=c(3x+2y)=c\cdot 0=0$$

よって　$c\begin{pmatrix}x\\y\\z\end{pmatrix}\in W_2$

以上から，W_2 は $\mathbb{R}^3$ の部分空間である。

基本 例題 074 ベクトル空間の部分空間の和が部分空間であることの証明 ★☆☆

Vをベクトル空間とする。任意の自然数nについて，W_i $(i=1,\ 2,\ \cdots\cdots,\ n)$ がVの部分空間であり，

$W_1+W_2+\cdots\cdots+W_n=\{\boldsymbol{w}_1+\boldsymbol{w}_2+\cdots\cdots+\boldsymbol{w}_n \mid \boldsymbol{w}_1\in W_1,\ \boldsymbol{w}_2\in W_2,\ \cdots\cdots,\ \boldsymbol{w}_n\in W_n\}$

とするとき，$W_1+W_2+\cdots\cdots+W_n$ もVの部分空間であることを示せ。

◢ p. 123 基本事項C

GUIDE & SOLUTION

ベクトル空間の部分空間の定義の条件が満たされることを確かめる。

解答

$W=W_1+W_2+\cdots\cdots+W_n$ とする。

[1] $W_1,\ W_2,\ \cdots\cdots,\ W_n$ はVの部分空間であるから

$$\boldsymbol{0}\in W_1,\ \boldsymbol{0}\in W_2,\ \cdots\cdots,\ \boldsymbol{0}\in W_n$$

よって $\boldsymbol{0}=\boldsymbol{0}+\boldsymbol{0}+\cdots\cdots+\boldsymbol{0}\in W$

[2] $\boldsymbol{p}\in W,\ \boldsymbol{q}\in W$ とする。

$\boldsymbol{p}\in W$ から，ある $\boldsymbol{s}_i\in W_i$ $(i=1,\ 2,\ \cdots\cdots,\ n)$ を用いて

$$\boldsymbol{p}=\boldsymbol{s}_1+\boldsymbol{s}_2+\cdots\cdots+\boldsymbol{s}_n$$

と書ける。

$\boldsymbol{q}\in W$ から，ある $\boldsymbol{t}_i\in W_i$ $(i=1,\ 2,\ \cdots\cdots,\ n)$ を用いて

$$\boldsymbol{q}=\boldsymbol{t}_1+\boldsymbol{t}_2+\cdots\cdots+\boldsymbol{t}_n$$

と書ける。

また，W_i $(i=1,\ 2,\ \cdots\cdots,\ n)$ はVの部分空間であるから，$\boldsymbol{s}_i\in W_i,\ \boldsymbol{t}_i\in W_i$ に対して，$\boldsymbol{s}_i+\boldsymbol{t}_i\in W_i$ となる。

よって
$$\begin{aligned}\boldsymbol{p}+\boldsymbol{q}&=(\boldsymbol{s}_1+\boldsymbol{s}_2+\cdots\cdots+\boldsymbol{s}_n)+(\boldsymbol{t}_1+\boldsymbol{t}_2+\cdots\cdots+\boldsymbol{t}_n)\\&=(\boldsymbol{s}_1+\boldsymbol{t}_1)+(\boldsymbol{s}_2+\boldsymbol{t}_2)+\cdots\cdots+(\boldsymbol{s}_n+\boldsymbol{t}_n)\in W\end{aligned}$$

[3] $\boldsymbol{p}\in W,\ c\in\mathbb{R}$ とする。

$\boldsymbol{p}\in W$ から，ある $\boldsymbol{s}_i\in W_i$ $(i=1,\ 2,\ \cdots\cdots,\ n)$ を用いて

$$\boldsymbol{p}=\boldsymbol{s}_1+\boldsymbol{s}_2+\cdots\cdots+\boldsymbol{s}_n$$

と書ける。

また，W_i $(i=1,\ 2,\ \cdots\cdots,\ n)$ はVの部分空間であるから，$\boldsymbol{s}_i\in W_i,\ c\in\mathbb{R}$ に対して，$c\boldsymbol{s}_i\in W_i$ となる。

よって $c\boldsymbol{p}=c(\boldsymbol{s}_1+\boldsymbol{s}_2+\cdots\cdots+\boldsymbol{s}_n)=c\boldsymbol{s}_1+c\boldsymbol{s}_2+\cdots\cdots+c\boldsymbol{s}_n\in W$

以上から，WもVの部分空間である。■

PRACTICE … 36

$U=\left\{\begin{pmatrix}x\\y\end{pmatrix}\middle|\ x-y=0\right\}\subset\mathbb{R}^2,\ W=\left\{\begin{pmatrix}x\\y\end{pmatrix}\middle|\ x+y=0\right\}\subset\mathbb{R}^2$ とする。その共通部分 $U\cap W$ が $\mathbb{R}^2$ の部分空間であることを示せ。

2 1次結合と1次従属・1次独立

基本事項

A 1次結合

定義 1次結合

Vをベクトル空間とするとき，$\boldsymbol{v}_1\in V$，$\boldsymbol{v}_2\in V$，……，$\boldsymbol{v}_n\in V$ と
$a_1\in\mathrm{R}$，$a_2\in\mathrm{R}$，……，$a_n\in\mathrm{R}$ に対して，$a_1\boldsymbol{v}_1+a_2\boldsymbol{v}_2+\cdots\cdots+a_n\boldsymbol{v}_n$ を $\boldsymbol{v}_1$，$\boldsymbol{v}_2$，……，$\boldsymbol{v}_n$ の **1次結合** という。

定理 1次結合の計算

Vをベクトル空間とし，$\boldsymbol{v}_1\in V$，$\boldsymbol{v}_2\in V$，……，$\boldsymbol{v}_n\in V$ とする。
[1] Vの零ベクトルは $\boldsymbol{v}_1$，$\boldsymbol{v}_2$，……，$\boldsymbol{v}_n$ の1次結合で表される。
[2] $\boldsymbol{w}$，$\boldsymbol{w}'$ が $\boldsymbol{v}_1$，$\boldsymbol{v}_2$，……，$\boldsymbol{v}_n$ の1次結合であるとき，$\boldsymbol{w}+\boldsymbol{w}'$ も $\boldsymbol{v}_1$，$\boldsymbol{v}_2$，……，$\boldsymbol{v}_n$ の1次結合である。
[3] $\boldsymbol{w}$が $\boldsymbol{v}_1$，$\boldsymbol{v}_2$，……，$\boldsymbol{v}_n$ の1次結合であるとき，$c\boldsymbol{w}$ $(c\in\mathrm{R})$ も $\boldsymbol{v}_1$，$\boldsymbol{v}_2$，……，$\boldsymbol{v}_n$ の1次結合である。

系 1次結合とベクトル空間の部分空間

Vをベクトル空間とし，$\boldsymbol{v}_1\in V$，$\boldsymbol{v}_2\in V$，……，$\boldsymbol{v}_n\in V$ とする。このとき，
$\boldsymbol{v}_1$，$\boldsymbol{v}_2$，……，$\boldsymbol{v}_n$ の1次結合全体からなるVの部分集合は，Vの部分空間である。

定義 生成された部分空間

Vをベクトル空間とし，$\boldsymbol{v}_1\in V$，$\boldsymbol{v}_2\in V$，……，$\boldsymbol{v}_n\in V$ とする。
Wを $\boldsymbol{v}_1$，$\boldsymbol{v}_2$，……，$\boldsymbol{v}_n$ の1次結合全体からなるVの部分空間とするとき，
$W=\langle\boldsymbol{v}_1,\ \boldsymbol{v}_2,\ \cdots\cdots,\ \boldsymbol{v}_n\rangle$ と表す。Wを $\{\boldsymbol{v}_1,\ \boldsymbol{v}_2,\ \cdots\cdots,\ \boldsymbol{v}_n\}$ で **生成されたVの部分空間** または $\{\boldsymbol{v}_1,\ \boldsymbol{v}_2,\ \cdots\cdots,\ \boldsymbol{v}_n\}$ で張られたVの部分空間といい，またこのとき，集合 $\{\boldsymbol{v}_1,\ \boldsymbol{v}_2,\ \cdots\cdots,\ \boldsymbol{v}_n\}$ をWの **生成系** という。

補足 本書では，生成系は有限個のベクトルからなると仮定する。その意味で，生成系をもつ部分空間を有限生成であるという。一般的には，無限個のベクトルで生成されるベクトル空間を考えることもある。

定理 1次結合と生成系

Vをベクトル空間とし，$\boldsymbol{v}_1\in V$，$\boldsymbol{v}_2\in V$，……，$\boldsymbol{v}_n\in V$ とする。
$\boldsymbol{w}\in\langle\boldsymbol{v}_1,\ \boldsymbol{v}_2,\ \cdots\cdots,\ \boldsymbol{v}_n\rangle$ ならば $\langle\boldsymbol{v}_1,\ \boldsymbol{v}_2,\ \cdots\cdots,\ \boldsymbol{v}_n,\ \boldsymbol{w}\rangle=\langle\boldsymbol{v}_1,\ \boldsymbol{v}_2,\ ,\cdots\cdots\ \boldsymbol{v}_n\rangle$ が成り立つ。

B　1次結合による表現可能性と1次独立性

定義　1次関係式，1次独立，1次従属

Vをベクトル空間とし，$\boldsymbol{v}_1 \in V$，$\boldsymbol{v}_2 \in V$，……，$\boldsymbol{v}_n \in V$ とする。

[1]　$a_1 \in \mathbb{R}$，$a_2 \in \mathbb{R}$，……，$a_n \in \mathbb{R}$ に対して，次のような関係式を $\boldsymbol{v}_1$，$\boldsymbol{v}_2$，……，$\boldsymbol{v}_n$ の **1次関係式**（または，線形関係式）という。

$$a_1\boldsymbol{v}_1 + a_2\boldsymbol{v}_2 + \cdots\cdots + a_n\boldsymbol{v}_n = \boldsymbol{0}$$

$(a_1,\ a_2,\ \cdots\cdots,\ a_n) \neq (0,\ 0,\ \cdots\cdots,\ 0)$ のときに成り立つ1次関係式 $a_1\boldsymbol{v}_1 + a_2\boldsymbol{v}_2 + \cdots\cdots + a_n\boldsymbol{v}_n = \boldsymbol{0}$ を $\boldsymbol{v}_1$，$\boldsymbol{v}_2$，……，$\boldsymbol{v}_n$ の **非自明な1次関係式** といい，逆に，$(a_1,\ a_2,\ \cdots\cdots,\ a_n) = (0,\ 0,\ \cdots\cdots,\ 0)$ のときの1次関係式，すなわち，$0 \cdot \boldsymbol{v}_1 + 0 \cdot \boldsymbol{v}_2 + \cdots\cdots + 0 \cdot \boldsymbol{v}_n = \boldsymbol{0}$ を **自明な1次関係式** という（自明な1次関係式は，どんな $\boldsymbol{v}_1$，$\boldsymbol{v}_2$，……，$\boldsymbol{v}_n$ でも成り立つ）。

[2]　$\boldsymbol{v}_1$，$\boldsymbol{v}_2$，……，$\boldsymbol{v}_n$ の非自明な1次関係式が存在しないとき，$\{\boldsymbol{v}_1,\ \boldsymbol{v}_2,\ \cdots\cdots,\ \boldsymbol{v}_n\}$ は **1次独立である** という。

[3]　$\{\boldsymbol{v}_1,\ \boldsymbol{v}_2,\ \cdots\cdots,\ \boldsymbol{v}_n\}$ が1次独立でないとき，すなわち，$\boldsymbol{v}_1$，$\boldsymbol{v}_2$，……，$\boldsymbol{v}_n$ の非自明な1次関係式が存在するとき，$\{\boldsymbol{v}_1,\ \boldsymbol{v}_2,\ \cdots\cdots,\ \boldsymbol{v}_n\}$ は **1次従属である** という。

定理　1次独立性と1次結合

Vをベクトル空間とし，$\{\boldsymbol{v}_1,\ \boldsymbol{v}_2,\ \cdots\cdots,\ \boldsymbol{v}_n\}$ をVのベクトルの組とする。

[1]　$\{\boldsymbol{v}_1,\ \boldsymbol{v}_2,\ \cdots\cdots,\ \boldsymbol{v}_n\}$ が1次独立であるとする。このとき，$\boldsymbol{w} \in V$ の，$\boldsymbol{v}_1$，$\boldsymbol{v}_2$，……，$\boldsymbol{v}_n$ の1次結合による表し方はただ1通りである。すなわち，ある $a_1 \in \mathbb{R}$，$a_2 \in \mathbb{R}$，……，$a_n \in \mathbb{R}$，$b_1 \in \mathbb{R}$，$b_2 \in \mathbb{R}$，……，$b_n \in \mathbb{R}$ を用いて

$$\left.\begin{array}{l} \boldsymbol{w} = a_1\boldsymbol{v}_1 + a_2\boldsymbol{v}_2 + \cdots\cdots + a_n\boldsymbol{v}_n \\ \boldsymbol{w} = b_1\boldsymbol{v}_1 + b_2\boldsymbol{v}_2 + \cdots\cdots + b_n\boldsymbol{v}_n \end{array}\right. \quad \cdots\cdots (*)$$

と2通りに表されるならば，$a_1 = b_1$，$a_2 = b_2$，……，$a_n = b_n$ が成り立つ。

[2]　上の[1]の逆も成り立つ。すなわち，$\boldsymbol{v}_1$，$\boldsymbol{v}_2$，……，$\boldsymbol{v}_n$ の1次結合によるVのベクトルの表し方がただ1通りであるとき，$\{\boldsymbol{v}_1,\ \boldsymbol{v}_2,\ \cdots\cdots,\ \boldsymbol{v}_n\}$ は1次独立である。

定理　1次結合による表現可能性

Vをベクトル空間とし，$\{\boldsymbol{v}_1,\ \boldsymbol{v}_2,\ \cdots\cdots,\ \boldsymbol{v}_n\}$ をVのベクトルの組として，$\boldsymbol{w} \in V$ とする。

[1]　$\{\boldsymbol{v}_1,\ \boldsymbol{v}_2,\ \cdots\cdots,\ \boldsymbol{v}_n,\ \boldsymbol{w}\}$ が1次独立であるならば，$\boldsymbol{w} \notin \langle \boldsymbol{v}_1,\ \boldsymbol{v}_2,\ \cdots\cdots,\ \boldsymbol{v}_n \rangle$ である。

[2]　$\{\boldsymbol{v}_1,\ \boldsymbol{v}_2,\ \cdots\cdots,\ \boldsymbol{v}_n\}$ が1次独立であるとする。$\{\boldsymbol{v}_1,\ \boldsymbol{v}_2,\ \cdots\cdots,\ \boldsymbol{v}_n,\ \boldsymbol{w}\}$ が1次従属であるならば，$\boldsymbol{w} \in \langle \boldsymbol{v}_1,\ \boldsymbol{v}_2,\ \cdots\cdots,\ \boldsymbol{v}_n \rangle$ である。

[3]　$\{\boldsymbol{v}_1,\ \boldsymbol{v}_2,\ \cdots\cdots,\ \boldsymbol{v}_n\}$ が1次独立であるとする。$\boldsymbol{w} \notin \langle \boldsymbol{v}_1,\ \boldsymbol{v}_2,\ \cdots\cdots,\ \boldsymbol{v}_n \rangle$ であるならば，$\{\boldsymbol{v}_1,\ \boldsymbol{v}_2,\ \cdots\cdots,\ \boldsymbol{v}_n,\ \boldsymbol{w}\}$ は1次独立である。

例 $\left\{\begin{pmatrix}-1\\2\end{pmatrix}, \begin{pmatrix}0\\0\end{pmatrix}\right\}$ が1次独立であるか1次従属であるか判定せよ。

解答 $a\in\mathbb{R}$, $b\in\mathbb{R}$ として，$a\begin{pmatrix}-1\\2\end{pmatrix}+b\begin{pmatrix}0\\0\end{pmatrix}=\begin{pmatrix}0\\0\end{pmatrix}$ ……(*) を考える。

$a\begin{pmatrix}-1\\2\end{pmatrix}+b\begin{pmatrix}0\\0\end{pmatrix}=\begin{pmatrix}-a\\2a\end{pmatrix}$ であるから $\begin{cases}-\ a=0\\ 2a=0\end{cases}$

これを解いて $\begin{cases}a=0\\ b=\ c\end{cases}$ （c は任意定数）

そこで，例えば $a=0$，$b=1$ として，$0\cdot\begin{pmatrix}-1\\2\end{pmatrix}+1\cdot\begin{pmatrix}0\\0\end{pmatrix}=\begin{pmatrix}0\\0\end{pmatrix}$ が成り立つ。

よって，$\begin{pmatrix}-1\\2\end{pmatrix}$，$\begin{pmatrix}0\\0\end{pmatrix}$ の非自明な1次関係式が存在するから，$\left\{\begin{pmatrix}-1\\2\end{pmatrix}, \begin{pmatrix}0\\0\end{pmatrix}\right\}$ は1次従属である。

C 1次独立と1次従属

定理 数ベクトルの組の1次独立性

$\boldsymbol{v}_1\in\mathbb{R}^n$, $\boldsymbol{v}_2\in\mathbb{R}^n$, ……, $\boldsymbol{v}_r\in\mathbb{R}^n$ に対して，$A=(\boldsymbol{v}_1\ \ \boldsymbol{v}_2\ \ \cdots\ \ \boldsymbol{v}_r)$ とし，同次連立1次方程式 $A\boldsymbol{x}=\boldsymbol{0}_n$ ……(*) を考える。ただし，$\boldsymbol{x}=\begin{pmatrix}x_1\\x_2\\\vdots\\x_r\end{pmatrix}$ とする。

[1] $\{\boldsymbol{v}_1, \boldsymbol{v}_2, \cdots\cdots, \boldsymbol{v}_r\}$ が1次独立であるための必要十分条件は，(*) が自明な解のみをもつことである。

[2] $\{\boldsymbol{v}_1, \boldsymbol{v}_2, \cdots\cdots, \boldsymbol{v}_r\}$ が1次従属であるための必要十分条件は，(*) が非自明な解をもつことである。

注意 行列 A は，$\boldsymbol{v}_1$, $\boldsymbol{v}_2$, ……, $\boldsymbol{v}_r$ を列ベクトルとしてもつ $n\times r$ 行列である。

系 数ベクトルの組の1次独立性と行列

数ベクトルの組の1次独立性の定理と同じ条件下で，次は同値である。

[1] $\{\boldsymbol{v}_1, \boldsymbol{v}_2, \cdots\cdots, \boldsymbol{v}_r\}$ は1次独立である。 [2] $\operatorname{rank} A=r$

更に，$r=n$ ならば，これらは次と同値である。

[3] 行列 A は正則である。 [4] $\det(A)\neq 0$

補足 $\boldsymbol{e}_i\in\mathbb{R}^n$ $(i=1, 2, \cdots\cdots, n)$ を，第 i 成分のみ1で他の成分が0の数ベクトルとするとき，$\{\boldsymbol{e}_1, \boldsymbol{e}_2, \cdots\cdots, \boldsymbol{e}_n\}$ は1次独立である。$A=(\boldsymbol{e}_1\ \ \boldsymbol{e}_2\ \ \cdots\ \ \boldsymbol{e}_n)$ とすると，

$A=\begin{pmatrix}1&0&\cdots&0\\0&\ddots&\ddots&\vdots\\\vdots&\ddots&\ddots&0\\0&\cdots&0&1\end{pmatrix}$ （n 次単位行列）であり，$\operatorname{rank} A=n$ であるからである。

研究 上の補足で扱ったような $\boldsymbol{e}_i$ を $\mathbb{R}^n$ の **基本ベクトル** または **単位ベクトル** という。基本ベクトルの組 $\{\boldsymbol{e}_1, \boldsymbol{e}_2, \cdots\cdots, \boldsymbol{e}_n\}$ は $\mathbb{R}^n$ の生成系である。

基本 例題 075 1次結合と生成されたベクトル空間の部分空間 ★☆☆

次の問いに答えよ。

(1) Vをベクトル空間とするとき，$\boldsymbol{a}\in V$，$\boldsymbol{b}\in V$ の1次結合 $2\boldsymbol{a}-\boldsymbol{b}$，$\boldsymbol{a}+4\boldsymbol{b}$，$-\boldsymbol{a}+4\boldsymbol{b}$ について，$-(2\boldsymbol{a}-\boldsymbol{b})+3(\boldsymbol{a}+4\boldsymbol{b})+(-\boldsymbol{a}+4\boldsymbol{b})$ も $\boldsymbol{a}$，$\boldsymbol{b}$ の1次結合であることを示せ。

(2) Vをベクトル空間とし，$\boldsymbol{v}_1\in V$，$\boldsymbol{v}_2\in V$，……，$\boldsymbol{v}_n\in V$ とする。このとき，$\boldsymbol{v}_1$，$\boldsymbol{v}_2$，……，$\boldsymbol{v}_n$ の1次結合全体からなるVの部分集合は，Vの部分空間であることを示せ。

◢ p.132 基本事項A

GUIDE & SOLUTION

(1) $-(2\boldsymbol{a}-\boldsymbol{b})+3(\boldsymbol{a}+4\boldsymbol{b})+(-\boldsymbol{a}+4\boldsymbol{b})$ を計算する。

(2) ベクトル空間の部分空間の定義が満たされることを確かめる。

解答

(1)
$$-(2\boldsymbol{a}-\boldsymbol{b})+3(\boldsymbol{a}+4\boldsymbol{b})+(-\boldsymbol{a}+4\boldsymbol{b})=\{(-2)+3+(-1)\}\boldsymbol{a}+\{-(-1)+3\cdot4+4\}\boldsymbol{b}$$
$$=0\cdot\boldsymbol{a}+17\boldsymbol{b}$$

よって，$-(2\boldsymbol{a}-\boldsymbol{b})+3(\boldsymbol{a}+4\boldsymbol{b})+(-\boldsymbol{a}+4\boldsymbol{b})$ も $\boldsymbol{a}$，$\boldsymbol{b}$ の1次結合である。■

(2) $\boldsymbol{v}_1$，$\boldsymbol{v}_2$，……，$\boldsymbol{v}_n$ の1次結合全体からなるVの部分集合をWとする。

[1] $\boldsymbol{0}=0\cdot\boldsymbol{v}_1+0\cdot\boldsymbol{v}_2+\cdots\cdots+0\cdot\boldsymbol{v}_n$ であるから，$\boldsymbol{0}\in W$ を満たす。

[2] $\boldsymbol{x}\in W$，$\boldsymbol{y}\in W$ とすると，ある $a_i\in\mathbb{R}$ $(i=1, 2, \cdots\cdots, n)$，$b_i\in\mathbb{R}$ $(i=1, 2, \cdots\cdots, n)$ を用いて，$\boldsymbol{x}=a_1\boldsymbol{v}_1+a_2\boldsymbol{v}_2+\cdots\cdots+a_n\boldsymbol{v}_n$，$\boldsymbol{y}=b_1\boldsymbol{v}_1+b_2\boldsymbol{v}_2+\cdots\cdots+b_n\boldsymbol{v}_n$ と書ける。

ここで
$$\boldsymbol{x}+\boldsymbol{y}=(a_1\boldsymbol{v}_1+a_2\boldsymbol{v}_2+\cdots\cdots+a_n\boldsymbol{v}_n)+(b_1\boldsymbol{v}_1+b_2\boldsymbol{v}_2+\cdots\cdots+b_n\boldsymbol{v}_n)$$
$$=(a_1+b_1)\boldsymbol{v}_1+(a_2+b_2)\boldsymbol{v}_2+\cdots\cdots+(a_n+b_n)\boldsymbol{v}_n$$

よって，$\boldsymbol{x}+\boldsymbol{y}\in W$ を満たす。

[3] $\boldsymbol{x}\in W$ とすると，ある $a_i\in\mathbb{R}$ $(i=1, 2, \cdots\cdots, n)$ を用いて，$\boldsymbol{x}=a_1\boldsymbol{v}_1+a_2\boldsymbol{v}_2+\cdots\cdots+a_n\boldsymbol{v}_n$ と書ける。

$c\in\mathbb{R}$ に対して
$$c\boldsymbol{x}=c(a_1\boldsymbol{v}_1+a_2\boldsymbol{v}_2+\cdots\cdots+a_n\boldsymbol{v}_n)=ca_1\boldsymbol{v}_1+ca_2\boldsymbol{v}_2+\cdots\cdots+ca_n\boldsymbol{v}_n$$

よって，$c\boldsymbol{x}\in W$ を満たす。

以上から，WはVの部分空間である。■

PRACTICE … 37

$\boldsymbol{x}=\begin{pmatrix}1\\0\\1\end{pmatrix}$，$\boldsymbol{y}=\begin{pmatrix}1\\1\\1\end{pmatrix}$，$\boldsymbol{z}=\begin{pmatrix}1\\0\\0\end{pmatrix}$ とする。

(1) $\{\boldsymbol{x}, \boldsymbol{y}, \boldsymbol{z}\}$ は $\mathbb{R}^3$ を生成することを示せ。

(2) $\{\boldsymbol{x}, \boldsymbol{y}\}$ は $\mathbb{R}^3$ を生成しないことを示せ。

基本 例題 076 1次従属であることの証明 ★☆☆

$\left\{\begin{pmatrix}-1\\2\end{pmatrix}, \begin{pmatrix}0\\-1\end{pmatrix}, \begin{pmatrix}2\\1\end{pmatrix}\right\}$ について，次の問いに答えよ。

(1) $\begin{pmatrix}2\\1\end{pmatrix}$ を $\begin{pmatrix}-1\\2\end{pmatrix}, \begin{pmatrix}0\\-1\end{pmatrix}$ の1次結合で表せ。

(2) $\left\{\begin{pmatrix}-1\\2\end{pmatrix}, \begin{pmatrix}0\\-1\end{pmatrix}, \begin{pmatrix}2\\1\end{pmatrix}\right\}$ が1次従属であることを示せ。

p. 133 基本事項B

GUIDE & SOLUTION

(1) $s\in\mathrm{R}$, $t\in\mathrm{R}$ として，$\begin{pmatrix}2\\1\end{pmatrix}=s\begin{pmatrix}-1\\2\end{pmatrix}+t\begin{pmatrix}0\\-1\end{pmatrix}$ を考える。

(2) (1)を利用する。

解答

(1) $s\in\mathrm{R}$, $t\in\mathrm{R}$ として，$\begin{pmatrix}2\\1\end{pmatrix}=s\begin{pmatrix}-1\\2\end{pmatrix}+t\begin{pmatrix}0\\-1\end{pmatrix}$ を考える。

$s\begin{pmatrix}-1\\2\end{pmatrix}+t\begin{pmatrix}0\\-1\end{pmatrix}=\begin{pmatrix}-s\\2s-t\end{pmatrix}$ であるから，$\begin{cases}2=-s\\1=2s-t\end{cases}$ より

$\begin{cases}s=-2\\t=-5\end{cases}$

よって　$\begin{pmatrix}2\\1\end{pmatrix}=-2\begin{pmatrix}-1\\2\end{pmatrix}-5\begin{pmatrix}0\\-1\end{pmatrix}$

(2) (1)から　$2\begin{pmatrix}-1\\2\end{pmatrix}+5\begin{pmatrix}0\\-1\end{pmatrix}+1\cdot\begin{pmatrix}2\\1\end{pmatrix}=\begin{pmatrix}0\\0\end{pmatrix}$

よって，$\begin{pmatrix}-1\\2\end{pmatrix}, \begin{pmatrix}0\\-1\end{pmatrix}, \begin{pmatrix}2\\1\end{pmatrix}$ の非自明な1次関係式が存在するから，

$\left\{\begin{pmatrix}-1\\2\end{pmatrix}, \begin{pmatrix}0\\-1\end{pmatrix}, \begin{pmatrix}2\\1\end{pmatrix}\right\}$ は **1次従属である。** ■

PRACTICE … 38

次の R^2 のベクトルの組が，1次独立であるか1次従属であるか判定せよ。

(1) $\left\{\begin{pmatrix}2\\1\end{pmatrix}, \begin{pmatrix}-3\\1\end{pmatrix}\right\}$

(2) $\left\{\begin{pmatrix}2\\3\end{pmatrix}, \begin{pmatrix}1\\3\end{pmatrix}, \begin{pmatrix}1\\2\end{pmatrix}\right\}$

基本 例題 077 1次独立であることの証明, 1次従属となる条件 ★☆☆

(1) $\left\{\begin{pmatrix}2\\1\\-3\end{pmatrix}, \begin{pmatrix}-1\\1\\1\end{pmatrix}, \begin{pmatrix}0\\-1\\-2\end{pmatrix}\right\}$ が1次独立であることを示せ。

(2) $\left\{\begin{pmatrix}3\\0\\2\end{pmatrix}, \begin{pmatrix}0\\1\\a\end{pmatrix}, \begin{pmatrix}2\\-3\\0\end{pmatrix}\right\}$ が1次従属であるように, a の値を定めよ。

◀ p.134 基本事項C

GUIDE & SOLUTION

数ベクトルの組の1次独立性と行列の系を利用する。

解答

(1) $A=\begin{pmatrix}2&-1&0\\1&1&-1\\-3&1&-2\end{pmatrix}$ として, 行列 A を簡約階段化すると

$$\begin{pmatrix}2&-1&0\\1&1&-1\\-3&1&-2\end{pmatrix}\xrightarrow{①\leftrightarrow②}\begin{pmatrix}1&1&-1\\2&-1&0\\-3&1&-2\end{pmatrix}\xrightarrow{①\times(-2)+②}\begin{pmatrix}1&1&-1\\0&-3&2\\-3&1&-2\end{pmatrix}\xrightarrow{①\times3+③}\begin{pmatrix}1&1&-1\\0&-3&2\\0&4&-5\end{pmatrix}$$

$$\xrightarrow{②\times\left(-\frac{1}{3}\right)}\begin{pmatrix}1&1&-1\\0&1&-\frac{2}{3}\\0&4&-5\end{pmatrix}\xrightarrow{②\times(-1)+①}\begin{pmatrix}1&0&-\frac{1}{3}\\0&1&-\frac{2}{3}\\0&4&-5\end{pmatrix}\xrightarrow{②\times(-4)+③}\begin{pmatrix}1&0&-\frac{1}{3}\\0&1&-\frac{2}{3}\\0&0&-\frac{7}{3}\end{pmatrix}$$

$$\xrightarrow{③\times\left(-\frac{3}{7}\right)}\begin{pmatrix}1&0&-\frac{1}{3}\\0&1&-\frac{2}{3}\\0&0&1\end{pmatrix}\xrightarrow{③\times\frac{1}{3}+①}\begin{pmatrix}1&0&0\\0&1&-\frac{2}{3}\\0&0&1\end{pmatrix}\xrightarrow{③\times\frac{2}{3}+②}\begin{pmatrix}1&0&0\\0&1&0\\0&0&1\end{pmatrix}$$

よって, $\operatorname{rank}A=3$ であるから, $\left\{\begin{pmatrix}2\\1\\-3\end{pmatrix}, \begin{pmatrix}-1\\1\\1\end{pmatrix}, \begin{pmatrix}0\\-1\\-2\end{pmatrix}\right\}$ は **1次独立である。** ■

(2) $B=\begin{pmatrix}3&0&2\\0&1&-3\\2&a&0\end{pmatrix}$ とすると, $\left\{\begin{pmatrix}3\\0\\2\end{pmatrix}, \begin{pmatrix}0\\1\\a\end{pmatrix}, \begin{pmatrix}2\\-3\\0\end{pmatrix}\right\}$ が1次従属であるための必要十分条件は, $\operatorname{rank}B\neq3$ となることである。行列 B に行基本変形を施すと

$$\begin{pmatrix}3&0&2\\0&1&-3\\2&a&0\end{pmatrix}\xrightarrow{①\times\frac{1}{3}}\begin{pmatrix}1&0&\frac{2}{3}\\0&1&-3\\2&a&0\end{pmatrix}\xrightarrow{①\times(-2)+③}\begin{pmatrix}1&0&\frac{2}{3}\\0&1&-3\\0&a&-\frac{4}{3}\end{pmatrix}\xrightarrow{②\times(-a)+③}\begin{pmatrix}1&0&\frac{2}{3}\\0&1&-3\\0&0&3a-\frac{4}{3}\end{pmatrix}$$

$a=\frac{4}{9}$ のとき $\operatorname{rank}B=2$, $a\neq\frac{4}{9}$ のとき $\operatorname{rank}B=3$ であるから　　$\boldsymbol{a=\frac{4}{9}}$

基本 例題 078 1次独立なベクトル ★☆☆

次の問いに答えよ。

(1) $F(\mathbb{R})$ を $\mathbb{R}$ 上の実数値関数全体からなるベクトル空間とする。$f_1 \in F(\mathbb{R})$, $f_2 \in F(\mathbb{R})$, $f_3 \in F(\mathbb{R})$ を，$f_1(x)=3$, $f_2(x)=x+1$, $f_3(x)=2x^2$ で定めるとき，$\{f_1, f_2, f_3\}$ は1次独立であることを示せ。

(2) Vをベクトル空間とする。Vのベクトルの組 $\{\boldsymbol{v}_1, \boldsymbol{v}_2, \cdots\cdots, \boldsymbol{v}_s\}$ が1次独立であるとき，その部分集合 $\{\boldsymbol{v}_1, \boldsymbol{v}_2, \cdots\cdots, \boldsymbol{v}_t\}$ $(s \geqq t)$ も1次独立であることを示せ。

p. 133 基本事項B

GUIDE & SOLUTION

(1) $a \in \mathbb{R}$, $b \in \mathbb{R}$, $c \in \mathbb{R}$ として $af_1+bf_2+cf_3=\boldsymbol{0}$ を考え，$a=b=c=0$ であることを示す。

(2) $a_1 \in \mathbb{R}$, $a_2 \in \mathbb{R}$, $\cdots\cdots$, $a_t \in \mathbb{R}$ として $a_1\boldsymbol{v}_1+a_2\boldsymbol{v}_2+\cdots\cdots+a_t\boldsymbol{v}_t=\boldsymbol{0}$ を考え，これが自明な1次関係式に限られることを示す。

解答

(1) $a \in \mathbb{R}$, $b \in \mathbb{R}$, $c \in \mathbb{R}$ として，$af_1+bf_2+cf_3=\boldsymbol{0}$ ……① すなわち，任意の $x \in \mathbb{R}$ について

$$3a+b(x+1)+2cx^2=0 \quad \cdots\cdots ②$$

が成り立っているとする。

②に $x=0$, $x=1$, $x=-1$ を代入すると

$$\begin{cases} 3a+b=0 \\ 3a+2b+2c=0 \\ 3a+2c=0 \end{cases}$$

ゆえに　$a=0$, $b=0$, $c=0$

よって，①は自明な1次関係式に限られるから，$\{f_1, f_2, f_3\}$ は1次独立である。■

(2) $a_1 \in \mathbb{R}$, $a_2 \in \mathbb{R}$, $\cdots\cdots$, $a_t \in \mathbb{R}$ として

$$a_1\boldsymbol{v}_1+a_2\boldsymbol{v}_2+\cdots\cdots+a_t\boldsymbol{v}_t=\boldsymbol{0} \quad \cdots\cdots ③$$

を考える。

このとき，$a_1\boldsymbol{v}_1+a_2\boldsymbol{v}_2+\cdots\cdots+a_t\boldsymbol{v}_t+0\cdot\boldsymbol{v}_{t+1}+0\cdot\boldsymbol{v}_{t+2}+\cdots\cdots+0\cdot\boldsymbol{v}_s=\boldsymbol{0}$ が成り立つ。

ここで，$\{\boldsymbol{v}_1, \boldsymbol{v}_2, \cdots\cdots, \boldsymbol{v}_s\}$ が1次独立であるから

$$a_1=a_2=\cdots\cdots=a_t=0$$

よって，③は自明な1次関係式に限られるから，$\{\boldsymbol{v}_1, \boldsymbol{v}_2, \cdots\cdots, \boldsymbol{v}_t\}$ も1次独立である。■

PRACTICE … 39

Vをベクトル空間とし，Vのベクトルの組 $\{\boldsymbol{v}_1, \boldsymbol{v}_2, \cdots\cdots, \boldsymbol{v}_r\}$ $(r \geqq 2)$ が1次独立であるとする。このとき，$\{\boldsymbol{v}_1-\boldsymbol{v}_2, \boldsymbol{v}_2-\boldsymbol{v}_3, \cdots\cdots, \boldsymbol{v}_{r-1}-\boldsymbol{v}_r\}$ も1次独立であることを示せ。

重要例題 079 同次連立1次方程式と1次従属・1次独立 ★★☆

Vをベクトル空間とし，$\{\boldsymbol{a}_1, \boldsymbol{a}_2, \cdots\cdots, \boldsymbol{a}_n\}$ をVのベクトルの組とする。また，mを自然数，iを $1 \leqq i \leqq m$ を満たす整数とし，$\boldsymbol{b}_i \in \langle \boldsymbol{a}_1, \boldsymbol{a}_2, \cdots\cdots, \boldsymbol{a}_n \rangle$ であるとする。更に，$\boldsymbol{0} \in \langle \boldsymbol{b}_1, \boldsymbol{b}_2, \cdots\cdots, \boldsymbol{b}_m \rangle$ であるとするとき，次の問いに答えよ。

(1) $\boldsymbol{c} \in \langle \boldsymbol{b}_1, \boldsymbol{b}_2, \cdots\cdots, \boldsymbol{b}_m \rangle$ であるならば $\boldsymbol{c} \in \langle \boldsymbol{a}_1, \boldsymbol{a}_2, \cdots\cdots, \boldsymbol{a}_n \rangle$ であることを示せ。

(2) $n < m$ のとき，$\{\boldsymbol{a}_1, \boldsymbol{a}_2, \cdots\cdots, \boldsymbol{a}_n\}$ が1次独立であるならば，$\{\boldsymbol{b}_1, \boldsymbol{b}_2, \cdots\cdots, \boldsymbol{b}_m\}$ は1次従属であることを示せ。

p. 133 基本事項B

GUIDE & SOLUTION

(1) まず，$\boldsymbol{b}_i$ $(1 \leqq i \leqq m)$ を $\boldsymbol{a}_1, \boldsymbol{a}_2, \cdots\cdots, \boldsymbol{a}_n$ の1次結合で表す。

(2) (1)を利用する。

解答

(1) $\boldsymbol{b}_i \in \langle \boldsymbol{a}_1, \boldsymbol{a}_2, \cdots\cdots, \boldsymbol{a}_n \rangle$ であるから，ある $d_{i1} \in \mathbb{R}$，$d_{i2} \in \mathbb{R}$，……，$d_{in} \in \mathbb{R}$ を用いて，
$\boldsymbol{b}_i = d_{i1}\boldsymbol{a}_1 + d_{i2}\boldsymbol{a}_2 + \cdots\cdots + d_{in}\boldsymbol{a}_n$ と書ける。

また，$\boldsymbol{c} \in \langle \boldsymbol{b}_1, \boldsymbol{b}_2, \cdots\cdots, \boldsymbol{b}_m \rangle$ であるから，ある $e_1 \in \mathbb{R}$，$e_2 \in \mathbb{R}$，……，$e_m \in \mathbb{R}$ を用いて，
$\boldsymbol{c} = e_1\boldsymbol{b}_1 + e_2\boldsymbol{b}_2 + \cdots\cdots + e_m\boldsymbol{b}_m$ と書ける。

よって
$$\begin{aligned}\boldsymbol{c} &= e_1\boldsymbol{b}_1 + e_2\boldsymbol{b}_2 + \cdots\cdots + e_m\boldsymbol{b}_m \\ &= e_1(d_{11}\boldsymbol{a}_1 + d_{12}\boldsymbol{a}_2 + \cdots\cdots + d_{1n}\boldsymbol{a}_n) + e_2(d_{21}\boldsymbol{a}_1 + d_{22}\boldsymbol{a}_2 + \cdots\cdots + d_{2n}\boldsymbol{a}_n) \\ &\qquad + \cdots\cdots + e_m(d_{m1}\boldsymbol{a}_1 + d_{m2}\boldsymbol{a}_2 + \cdots\cdots + d_{mn}\boldsymbol{a}_n) \\ &= (e_1 d_{11} + e_2 d_{21} + \cdots\cdots + e_m d_{m1})\boldsymbol{a}_1 + (e_1 d_{12} + e_2 d_{22} + \cdots\cdots + e_m d_{m2})\boldsymbol{a}_2 \\ &\qquad + \cdots\cdots + (e_1 d_{1n} + e_2 d_{2n} + \cdots\cdots + e_m d_{mn})\boldsymbol{a}_n\end{aligned}$$

したがって　$\boldsymbol{c} \in \langle \boldsymbol{a}_1, \boldsymbol{a}_2, \cdots\cdots, \boldsymbol{a}_n \rangle$ ■

(2) $e_1 \in \mathbb{R}$，$e_2 \in \mathbb{R}$，……，$e_m \in \mathbb{R}$ とし，$(e_1, e_2, \cdots\cdots, e_m) \neq (0, 0, \cdots\cdots, 0)$ に対して，
$e_1\boldsymbol{b}_1 + e_2\boldsymbol{b}_2 + \cdots\cdots + e_m\boldsymbol{b}_m = \boldsymbol{0}$ となることを示す。

(1)において，$\boldsymbol{c} = \boldsymbol{0}$ とし，ベクトルの組 $\{\boldsymbol{a}_1, \boldsymbol{a}_2, \cdots\cdots, \boldsymbol{a}_n\}$ が1次独立であるならば
$$\begin{aligned}&e_1 d_{11} + e_2 d_{21} + \cdots\cdots + e_m d_{m1} = 0 \\ &e_1 d_{12} + e_2 d_{22} + \cdots\cdots + e_m d_{m2} = 0 \\ &\qquad\qquad \vdots \\ &e_1 d_{1n} + e_2 d_{2n} + \cdots\cdots + e_m d_{mn} = 0\end{aligned}$$

よって
$$\begin{pmatrix} d_{11} & d_{21} & \cdots & d_{m1} \\ d_{12} & d_{22} & \cdots & d_{m2} \\ \vdots & \vdots & & \vdots \\ d_{1n} & d_{2n} & \cdots & d_{mn} \end{pmatrix}\begin{pmatrix} e_1 \\ e_2 \\ \vdots \\ e_m \end{pmatrix} = \begin{pmatrix} 0 \\ 0 \\ \vdots \\ 0 \end{pmatrix} \quad \cdots\cdots (*)$$

$n < m$ であるから，同次連立1次方程式 $(*)$ は非自明な解をもつ。
よって，$\{\boldsymbol{b}_1, \boldsymbol{b}_2, \cdots\cdots, \boldsymbol{b}_m\}$ は1次従属である。■

◀同次連立1次方程式の解の定理により。

3 基底と次元

基本事項

A ベクトル空間の基底

定義 ベクトル空間の基底

Vをベクトル空間とし，$\boldsymbol{v}_1 \in V$，$\boldsymbol{v}_2 \in V$，……，$\boldsymbol{v}_n \in V$ とする。次の 2 つの条件が満たされるとき，$\{\boldsymbol{v}_1, \boldsymbol{v}_2, \cdots\cdots, \boldsymbol{v}_n\}$ はVの **基底** であるという。

[1] $V=\langle \boldsymbol{v}_1, \boldsymbol{v}_2, \cdots\cdots, \boldsymbol{v}_n \rangle$

[2] $\{\boldsymbol{v}_1, \boldsymbol{v}_2, \cdots\cdots, \boldsymbol{v}_n\}$ は 1 次独立である。

補足 $\mathbb{R}^n$ については，次のような標準的な基底がとれる。

$\boldsymbol{e}_i \in \mathbb{R}^n$ $(i=1, 2, \cdots\cdots, n)$ を，第 i 成分のみ 1 で他の成分が 0 の数ベクトルとするとき，$\mathbb{R}^n=\langle \boldsymbol{e}_1, \boldsymbol{e}_2, \cdots\cdots, \boldsymbol{e}_n \rangle$ である。また，134 ページの 補足 から，$\{\boldsymbol{e}_1, \boldsymbol{e}_2, \cdots\cdots, \boldsymbol{e}_n\}$ は 1 次独立である。

よって，$\mathbb{R}^n$ の基底として，$\{\boldsymbol{e}_1, \boldsymbol{e}_2, \cdots\cdots, \boldsymbol{e}_n\}$ がとれる。

定理 基底の存在

Vをベクトル空間とし，$\{\boldsymbol{v}_1, \boldsymbol{v}_2, \cdots\cdots, \boldsymbol{v}_r\}$ をVのベクトルの組とする。
$V=\langle \boldsymbol{v}_1, \boldsymbol{v}_2, \cdots\cdots, \boldsymbol{v}_r \rangle$ とするとき，Vは基底をもつ（ただし，$V=\{\boldsymbol{0}\}$ のときを除く）。
更に，生成系 $\{\boldsymbol{v}_1, \boldsymbol{v}_2, \cdots\cdots, \boldsymbol{v}_r\}$ の中からいくつかのベクトルを選ぶことによって，Vの基底を作ることができる。

B ベクトル空間の次元

定理 基底のベクトルの個数

Vをベクトル空間とする。$\{\boldsymbol{v}_1, \boldsymbol{v}_2, \cdots\cdots, \boldsymbol{v}_n\}$，$\{\boldsymbol{w}_1, \boldsymbol{w}_2, \cdots\cdots, \boldsymbol{w}_m\}$ がともにVの基底であるならば，$n=m$ が成り立つ。すなわち，基底をなすベクトルの個数はVに対して一意的である。

補題 生成された空間のベクトルの 1 次従属性

Vをベクトル空間とする。$\{\boldsymbol{v}_1, \boldsymbol{v}_2, \cdots\cdots, \boldsymbol{v}_n\}$ がVの基底であるとき，Vの $(n+1)$ 個以上のどんなベクトルの組も 1 次従属である。

定義 ベクトル空間の次元

Vを，生成系をもつベクトル空間とする。Vの基底をなすベクトルの個数を **次元** といい，$\dim V$ と表す。

C 次元の計算

定理 基底の判定

Vをベクトル空間とし，$\dim V=n$ であるとする。n 個のベクトル
$\boldsymbol{v}_1\in V$，$\boldsymbol{v}_2\in V$，……，$\boldsymbol{v}_n\in V$ に対して，次は同値である。
[1] $\{\boldsymbol{v}_1, \boldsymbol{v}_2, \cdots\cdots, \boldsymbol{v}_n\}$ は Vの基底である。
[2] $\{\boldsymbol{v}_1, \boldsymbol{v}_2, \cdots\cdots, \boldsymbol{v}_n\}$ は 1 次独立である。
[3] $V=\langle \boldsymbol{v}_1, \boldsymbol{v}_2, \cdots\cdots, \boldsymbol{v}_n\rangle$

定理 基底と行列の正則性

$\boldsymbol{v}_1\in \mathrm{R}^n$，$\boldsymbol{v}_2\in \mathrm{R}^n$，……，$\boldsymbol{v}_n\in \mathrm{R}^n$ に対して，$A=(\boldsymbol{v}_1 \ \ \boldsymbol{v}_2 \ \ \cdots \ \ \boldsymbol{v}_n)$ とするとき，次は同値である。
[1] $\{\boldsymbol{v}_1, \boldsymbol{v}_2, \cdots\cdots, \boldsymbol{v}_n\}$ は R^n の基底である。
[2] $\{\boldsymbol{v}_1, \boldsymbol{v}_2, \cdots\cdots, \boldsymbol{v}_n\}$ は 1 次独立である。
[3] $\mathrm{R}^n=\langle \boldsymbol{v}_1, \boldsymbol{v}_2, \cdots\cdots, \boldsymbol{v}_n\rangle$
[4] 行列Aは正則である。
[5] $\mathrm{rank}\, A=n$
[6] $\det(A)\neq 0$

定理 行列を用いた次元の計算

$\boldsymbol{v}_1\in \mathrm{R}^n$，$\boldsymbol{v}_2\in \mathrm{R}^n$，……，$\boldsymbol{v}_r\in \mathrm{R}^n$ に対して，$A=(\boldsymbol{v}_1 \ \ \boldsymbol{v}_2 \ \ \cdots \ \ \boldsymbol{v}_r)$ とし，
$W=\langle \boldsymbol{v}_1, \boldsymbol{v}_2, \cdots\cdots, \boldsymbol{v}_r\rangle$ とする。行列Aの簡約階段化行列の主番号を c_1，c_2，……，c_s とするとき，$\{\boldsymbol{v}_{c_1}, \boldsymbol{v}_{c_2}, \cdots\cdots, \boldsymbol{v}_{c_s}\}$ は Wの基底である。
また，$\dim W=\mathrm{rank}\, A$ が成り立つ。

注意 134 ページと同様に，行列Aは $\boldsymbol{v}_1$，$\boldsymbol{v}_2$，……，$\boldsymbol{v}_r$ を列ベクトルとしてもつ $n\times r$ 行列である。

D ベクトル空間の部分空間と次元

定理 ベクトル空間の部分空間の包含関係と次元

Vをベクトル空間とする。W，U は Vの部分空間であるとし，$U\subset W$ を満たすとする。このとき，次が得られる。
[1] $\dim U \leqq \dim W$ が成り立つ。
[2] $U=W$ であるための必要十分条件は，$\dim U=\dim W$ が成り立つことである。

定理 次元公式

Vをベクトル空間とし，W_1，W_2 をその部分空間とするとき，次の等式が成り立つ。

$$\dim(W_1+W_2)=\dim W_1+\dim W_2-\dim W_1\cap W_2$$

基本 例題 080 基底でないことの証明 ★☆☆

次の問いに答えよ。

(1) $\left\{\begin{pmatrix}1\\2\\0\end{pmatrix}, \begin{pmatrix}-1\\0\\0\end{pmatrix}, \begin{pmatrix}0\\1\\0\end{pmatrix}\right\}$ について考える。

(ア) $\left\{\begin{pmatrix}1\\2\\0\end{pmatrix}, \begin{pmatrix}-1\\0\\0\end{pmatrix}, \begin{pmatrix}0\\1\\0\end{pmatrix}\right\}$ が $\mathbb{R}^3$ を生成しないことを示せ。

(イ) $\left\{\begin{pmatrix}1\\2\\0\end{pmatrix}, \begin{pmatrix}-1\\0\\0\end{pmatrix}, \begin{pmatrix}0\\1\\0\end{pmatrix}\right\}$ は1次従属であることを示せ。

(2) $F(\mathbb{R})$ を $\mathbb{R}$ 上の実数値関数全体からなるベクトル空間とする。$f_1 \in F(\mathbb{R})$, $f_2 \in F(\mathbb{R})$, $f_3 \in F(\mathbb{R})$ を，それぞれ $f_1(x)=1$, $f_2(x)=x$, $f_3(x)=x^2$ で定めるとき，$\{f_1, f_2, f_3\}$ は $F(\mathbb{R})$ の基底でないことを示せ。 p. 140 基本事項A

GUIDE & SOLUTION

(1) (ア) $\begin{pmatrix}1\\2\\0\end{pmatrix}, \begin{pmatrix}-1\\0\\0\end{pmatrix}, \begin{pmatrix}0\\1\\0\end{pmatrix}$ の1次結合により表すことのできない $\mathbb{R}^3$ のベクトルを挙げればよい。

(2) $\{f_1, f_2, f_3\}$ が1次独立であることはすぐにわかるから，$\{f_1, f_2, f_3\}$ が $F(\mathbb{R})$ を生成しないことを示す。

解答

(1) (ア) $p \in \mathbb{R}$, $q \in \mathbb{R}$, $r \in \mathbb{R}$ として，$\begin{pmatrix}1\\2\\0\end{pmatrix}, \begin{pmatrix}-1\\0\\0\end{pmatrix}, \begin{pmatrix}0\\1\\0\end{pmatrix}$ の1次結合

$p\begin{pmatrix}1\\2\\0\end{pmatrix}+q\begin{pmatrix}-1\\0\\0\end{pmatrix}+r\begin{pmatrix}0\\1\\0\end{pmatrix}$ を考える。

ここで $$p\begin{pmatrix}1\\2\\0\end{pmatrix}+q\begin{pmatrix}-1\\0\\0\end{pmatrix}+r\begin{pmatrix}0\\1\\0\end{pmatrix}=\begin{pmatrix}p-q\\2p+r\\0\end{pmatrix}$$

よって，任意の $p \in \mathbb{R}$, $q \in \mathbb{R}$, $r \in \mathbb{R}$ に対して，$\begin{pmatrix}1\\2\\0\end{pmatrix}, \begin{pmatrix}-1\\0\\0\end{pmatrix}, \begin{pmatrix}0\\1\\0\end{pmatrix}$ の1次結合

$p\begin{pmatrix}1\\2\\0\end{pmatrix}+q\begin{pmatrix}-1\\0\\0\end{pmatrix}+r\begin{pmatrix}0\\1\\0\end{pmatrix}$ の第3成分は0である。

したがって，例えば $\begin{pmatrix}0\\0\\1\end{pmatrix}$ を $\begin{pmatrix}1\\2\\0\end{pmatrix}$, $\begin{pmatrix}-1\\0\\0\end{pmatrix}$, $\begin{pmatrix}0\\1\\0\end{pmatrix}$ の1次結合で表すことができないから，$\left\{\begin{pmatrix}1\\2\\0\end{pmatrix}, \begin{pmatrix}-1\\0\\0\end{pmatrix}, \begin{pmatrix}0\\1\\0\end{pmatrix}\right\}$ は R^3 を生成しない。■

(イ) $x\in\mathrm{R}$, $y\in\mathrm{R}$, $z\in\mathrm{R}$ として，$x\begin{pmatrix}1\\2\\0\end{pmatrix}+y\begin{pmatrix}-1\\0\\0\end{pmatrix}+z\begin{pmatrix}0\\1\\0\end{pmatrix}=\begin{pmatrix}0\\0\\0\end{pmatrix}$ を考える。

$x\begin{pmatrix}1\\2\\0\end{pmatrix}+y\begin{pmatrix}-1\\0\\0\end{pmatrix}+z\begin{pmatrix}0\\1\\0\end{pmatrix}=\begin{pmatrix}x-y\\2x+z\\0\end{pmatrix}$ であるから　$\begin{cases}x-y\quad\ =0\\2x\quad\ +z=0\end{cases}$

これを解いて　$\begin{cases}x=-\ c\\y=-\ c\\z=\ \ 2c\end{cases}$ （c は任意定数）

そこで，例えば $x=-1$, $y=-1$, $z=2$ として，

$(-1)\cdot\begin{pmatrix}1\\2\\0\end{pmatrix}+(-1)\cdot\begin{pmatrix}-1\\0\\0\end{pmatrix}+2\begin{pmatrix}0\\1\\0\end{pmatrix}=\begin{pmatrix}0\\0\\0\end{pmatrix}$ が成り立つ。

よって，$\begin{pmatrix}1\\2\\0\end{pmatrix}$, $\begin{pmatrix}-1\\0\\0\end{pmatrix}$, $\begin{pmatrix}0\\1\\0\end{pmatrix}$ の非自明な1次関係式が存在するから，

$\left\{\begin{pmatrix}1\\2\\0\end{pmatrix}, \begin{pmatrix}-1\\0\\0\end{pmatrix}, \begin{pmatrix}0\\1\\0\end{pmatrix}\right\}$ は1次従属である。■

補足　(1)から，$\left\{\begin{pmatrix}1\\2\\0\end{pmatrix}, \begin{pmatrix}-1\\0\\0\end{pmatrix}, \begin{pmatrix}0\\1\\0\end{pmatrix}\right\}$ は R^3 の基底でないことがわかる。

(2) $a\in\mathrm{R}$, $b\in\mathrm{R}$, $c\in\mathrm{R}$ とするとき，任意の $x\in\mathrm{R}$ について $e^x=a\cdot1+bx+cx^2$ を満たすような a, b, c の値の組は存在しないから，$\{f_1, f_2, f_3\}$ は $F(\mathrm{R})$ を生成しない。
よって，$\{f_1, f_2, f_3\}$ は $F(\mathrm{R})$ の基底でない。■

研究　指数関数は超越関数である。超越関数のその他の例としては，対数関数，三角関数などが挙げられる。

PRACTICE … 40

$\left\{\begin{pmatrix}1\\0\end{pmatrix}, \begin{pmatrix}0\\1\end{pmatrix}\right\}$ が R^2 の基底であることを示せ。

基本 例題 081 基底の構成と次元の特徴付け ★☆☆

次の問いに答えよ。

(1) $\left\langle \begin{pmatrix}1\\1\\0\end{pmatrix}, \begin{pmatrix}0\\-1\\1\end{pmatrix}, \begin{pmatrix}1\\0\\1\end{pmatrix} \right\rangle$ の基底を1組作れ。

(2) Vをベクトル空間とし，2通りの基底 $\{\boldsymbol{v}_1, \boldsymbol{v}_2, \cdots\cdots, \boldsymbol{v}_n\}$，$\{\boldsymbol{w}_1, \boldsymbol{w}_2, \cdots\cdots, \boldsymbol{w}_m\}$ をもつとすると，$n=m$ が成り立つことを示せ。

$p.140$ 基本事項A，B

GUIDE & SOLUTION

(2) まず，$n>m$ であると仮定して矛盾を導き，$n \leqq m$ であることを示す。同様にして，$n \geqq m$ が示せるから，$n=m$ が得られる。

解答

(1) $p \in \mathbb{R}$，$q \in \mathbb{R}$，$r \in \mathbb{R}$ として，$p\begin{pmatrix}1\\1\\0\end{pmatrix}+q\begin{pmatrix}0\\-1\\1\end{pmatrix}+r\begin{pmatrix}1\\0\\1\end{pmatrix}=\begin{pmatrix}0\\0\\0\end{pmatrix}$ を考える。

$p\begin{pmatrix}1\\1\\0\end{pmatrix}+q\begin{pmatrix}0\\-1\\1\end{pmatrix}+r\begin{pmatrix}1\\0\\1\end{pmatrix}=\begin{pmatrix}p+r\\p-q\\q+r\end{pmatrix}$ であるから，$\begin{cases} p \quad +r=0 \\ p-q \quad =0 \\ \quad q+r=0 \end{cases}$ を解いて

$$\begin{cases} p=-c \\ q=-c \quad (c\text{ は任意定数}) \\ r=\ \ c \end{cases}$$

そこで，例えば $p=-1$，$q=-1$，$r=1$ として，

$(-1)\cdot\begin{pmatrix}1\\1\\0\end{pmatrix}+(-1)\cdot\begin{pmatrix}0\\-1\\1\end{pmatrix}+1\cdot\begin{pmatrix}1\\0\\1\end{pmatrix}=\begin{pmatrix}0\\0\\0\end{pmatrix}$ が成り立つから，$\begin{pmatrix}1\\0\\1\end{pmatrix}=\begin{pmatrix}1\\1\\0\end{pmatrix}+\begin{pmatrix}0\\-1\\1\end{pmatrix}$ より

$$\left\langle \begin{pmatrix}1\\1\\0\end{pmatrix}, \begin{pmatrix}0\\-1\\1\end{pmatrix}, \begin{pmatrix}1\\0\\1\end{pmatrix} \right\rangle = \left\langle \begin{pmatrix}1\\1\\0\end{pmatrix}, \begin{pmatrix}0\\-1\\1\end{pmatrix} \right\rangle$$

$\left\{ \begin{pmatrix}1\\1\\0\end{pmatrix}, \begin{pmatrix}0\\-1\\1\end{pmatrix} \right\}$ は1次独立であるから，$\left\langle \begin{pmatrix}1\\1\\0\end{pmatrix}, \begin{pmatrix}0\\-1\\1\end{pmatrix}, \begin{pmatrix}1\\0\\1\end{pmatrix} \right\rangle$ の基底は $\left\{ \begin{pmatrix}\mathbf{1}\\\mathbf{1}\\\mathbf{0}\end{pmatrix}, \begin{pmatrix}\mathbf{0}\\\mathbf{-1}\\\mathbf{1}\end{pmatrix} \right\}$

(2) $n>m$ であると仮定すると，

$\boldsymbol{v}_1 \in \langle \boldsymbol{w}_1, \boldsymbol{w}_2, \cdots\cdots, \boldsymbol{w}_m \rangle$，$\boldsymbol{v}_2 \in \langle \boldsymbol{w}_1, \boldsymbol{w}_2, \cdots\cdots, \boldsymbol{w}_m \rangle$，……，$\boldsymbol{v}_n \in \langle \boldsymbol{w}_1, \boldsymbol{w}_2, \cdots\cdots, \boldsymbol{w}_m \rangle$

より，$\{\boldsymbol{v}_1, \boldsymbol{v}_2, \cdots\cdots, \boldsymbol{v}_n\}$ は1次従属である。これは，$\{\boldsymbol{v}_1, \boldsymbol{v}_2, \cdots\cdots, \boldsymbol{v}_n\}$ がベクトル空間Vの基底であることに矛盾する。

よって　　$n \leqq m$

同様にして，$n \geqq m$ であるから　　$n=m$ ■

基本 例題 082 ベクトル空間の次元 ★☆☆

W を R^3 の部分空間とし，$W=\left\{\begin{pmatrix}x\\y\\z\end{pmatrix}\middle|\, 3x+2y=z\right\}$ とするとき，W の次元を求めよ。

p. 140 基本事項B

GUIDE & SOLUTION

任意の $\begin{pmatrix}x\\y\\z\end{pmatrix}\in W$ に対して，$\begin{pmatrix}x\\y\\z\end{pmatrix}=\begin{pmatrix}x\\y\\3x+2y\end{pmatrix}=x\begin{pmatrix}1\\0\\3\end{pmatrix}+y\begin{pmatrix}0\\1\\2\end{pmatrix}$ と書ける。

解答

任意の $\begin{pmatrix}x\\y\\z\end{pmatrix}\in W$ に対して，$3x+2y=z$ が成り立つから　$\begin{pmatrix}x\\y\\z\end{pmatrix}=\begin{pmatrix}x\\y\\3x+2y\end{pmatrix}=x\begin{pmatrix}1\\0\\3\end{pmatrix}+y\begin{pmatrix}0\\1\\2\end{pmatrix}$

よって　$W=\left\langle\begin{pmatrix}1\\0\\3\end{pmatrix},\begin{pmatrix}0\\1\\2\end{pmatrix}\right\rangle$

次に，$\left\{\begin{pmatrix}1\\0\\3\end{pmatrix},\begin{pmatrix}0\\1\\2\end{pmatrix}\right\}$ について，$a\in\mathrm{R}$，$b\in\mathrm{R}$ として，$a\begin{pmatrix}1\\0\\3\end{pmatrix}+b\begin{pmatrix}0\\1\\2\end{pmatrix}=\begin{pmatrix}0\\0\\0\end{pmatrix}$ ……(＊) を考えると，$a\begin{pmatrix}1\\0\\3\end{pmatrix}+b\begin{pmatrix}0\\1\\2\end{pmatrix}=\begin{pmatrix}a\\b\\3a+2b\end{pmatrix}$ より，$\begin{cases}a=0\\b=0\\3a+2b=0\end{cases}$ であるから　$a=b=0$

よって，(＊) は自明な1次関係式に限られるから，$\left\{\begin{pmatrix}1\\0\\3\end{pmatrix},\begin{pmatrix}0\\1\\2\end{pmatrix}\right\}$ は1次独立である。

したがって，$\left\{\begin{pmatrix}1\\0\\3\end{pmatrix},\begin{pmatrix}0\\1\\2\end{pmatrix}\right\}$ は W の基底であるから　$\dim W=\mathbf{2}$

PRACTICE … 41

R^{N} を実数列全体のなす集合として，和と定数倍を次のように定めると，R^{N} はベクトル空間である。

(和)　$\{a_n\}\in\mathrm{R}^{\mathrm{N}}$，$\{b_n\}\in\mathrm{R}^{\mathrm{N}}$ に対して，$\{a_n\}+\{b_n\}=\{a_n+b_n\}$ とする。

(定数倍)　$\{a_n\}\in\mathrm{R}^{\mathrm{N}}$，$c\in\mathrm{R}$ に対して，$c\{a_n\}=\{ca_n\}$ とする。

$\{a_n\}\in\mathrm{R}^{\mathrm{N}}$，$\{b_n\}\in\mathrm{R}^{\mathrm{N}}$，$\{c_n\}\in\mathrm{R}^{\mathrm{N}}$ を，$a_n=n-1$，$b_n=2n-1$，$c_n=3n$ で定める。そして，W を R^{N} の部分空間とし，$W=\langle\{a_n\},\{b_n\},\{c_n\}\rangle$ とするとき，W の次元を求めよ。

PRACTICE … 42

R^3 の基底のうち，標準的な基底以外のものを1組答えよ。

基本 例題 083 基底であるかの判定 ★☆☆

W を $\mathbb{R}^3$ の部分空間とし，$W=\left\{\begin{pmatrix}x\\y\\z\end{pmatrix}\middle|\, x+y-z=0\right\}$ とするとき，

$\left\{\begin{pmatrix}3\\1\\4\end{pmatrix}, \begin{pmatrix}-1\\1\\0\end{pmatrix}\right\}$ は W の基底であるか判定せよ。

p. 141 基本事項C

GUIDE & SOLUTION

W の任意のベクトルが $\begin{pmatrix}3\\1\\4\end{pmatrix}, \begin{pmatrix}-1\\1\\0\end{pmatrix}$ の1次結合で表されるかを考える。

解答

$a\in\mathbb{R}$，$b\in\mathbb{R}$ として，$a\begin{pmatrix}3\\1\\4\end{pmatrix}+b\begin{pmatrix}-1\\1\\0\end{pmatrix}=\begin{pmatrix}0\\0\\0\end{pmatrix}$ ……（$*$）を考える。

$a\begin{pmatrix}3\\1\\4\end{pmatrix}+b\begin{pmatrix}-1\\1\\0\end{pmatrix}=\begin{pmatrix}3a-b\\a+b\\4a\end{pmatrix}$ より，$\begin{cases}3a-b=0\\a+b=0\\4a\quad=0\end{cases}$ であるから　$a=b=0$

ゆえに，（$*$）は自明な1次関係式に限られるから，$\left\{\begin{pmatrix}3\\1\\4\end{pmatrix}, \begin{pmatrix}-1\\1\\0\end{pmatrix}\right\}$ は1次独立である。

次に，任意の $\begin{pmatrix}x\\y\\z\end{pmatrix}\in W$ に対して，$x+y-z=0$ が成り立つから　$\begin{pmatrix}x\\y\\z\end{pmatrix}=\begin{pmatrix}x\\y\\x+y\end{pmatrix}$

$p\in\mathbb{R}$，$q\in\mathbb{R}$ として，$\begin{pmatrix}x\\y\\x+y\end{pmatrix}=p\begin{pmatrix}3\\1\\4\end{pmatrix}+q\begin{pmatrix}-1\\1\\0\end{pmatrix}$ を考えると，

$p\begin{pmatrix}3\\1\\4\end{pmatrix}+q\begin{pmatrix}-1\\1\\0\end{pmatrix}=\begin{pmatrix}3p-q\\p+q\\4p\end{pmatrix}$ より，$\begin{cases}x\quad=3p-q\\y=p+q\\x+y=4p\end{cases}$ であるから　$\begin{cases}p=\dfrac{1}{4}x+\dfrac{1}{4}y\\q=-\dfrac{1}{4}x+\dfrac{3}{4}y\end{cases}$

よって，$\begin{pmatrix}x\\y\\x+y\end{pmatrix}=\left(\dfrac{1}{4}x+\dfrac{1}{4}y\right)\cdot\begin{pmatrix}3\\1\\4\end{pmatrix}+\left(-\dfrac{1}{4}x+\dfrac{3}{4}y\right)\cdot\begin{pmatrix}-1\\1\\0\end{pmatrix}$ であるから

$$W=\left\langle\begin{pmatrix}3\\1\\4\end{pmatrix}, \begin{pmatrix}-1\\1\\0\end{pmatrix}\right\rangle$$

したがって，$\left\{\begin{pmatrix}3\\1\\4\end{pmatrix}, \begin{pmatrix}-1\\1\\0\end{pmatrix}\right\}$ は W の **基底である。**

基本 例題 084 基底と行列の正則性 ★☆☆

$\left\{\begin{pmatrix}-2\\1\\0\end{pmatrix}, \begin{pmatrix}2\\a\\1\end{pmatrix}, \begin{pmatrix}0\\2\\a\end{pmatrix}\right\}$ が $\mathbb{R}^3$ の基底であるための a の条件を求めよ。

p. 141 基本事項C

GUIDE & SOLUTION

$A=\begin{pmatrix}-2&2&0\\1&a&2\\0&1&a\end{pmatrix}$ とすると，$\left\{\begin{pmatrix}-2\\1\\0\end{pmatrix}, \begin{pmatrix}2\\a\\1\end{pmatrix}, \begin{pmatrix}0\\2\\a\end{pmatrix}\right\}$ が $\mathbb{R}^3$ の基底であるための条件は，$\operatorname{rank} A=3$ または $\det(A)\neq 0$ である。どちらかについて考え，それを満たすような a の値の範囲を求める。

解答

$A=\begin{pmatrix}-2&2&0\\1&a&2\\0&1&a\end{pmatrix}$ とすると，$\left\{\begin{pmatrix}-2\\1\\0\end{pmatrix}, \begin{pmatrix}2\\a\\1\end{pmatrix}, \begin{pmatrix}0\\2\\a\end{pmatrix}\right\}$ が $\mathbb{R}^3$ の基底であるための条件は，

$\operatorname{rank} A=3$ であることである。

行列 A に行基本変形を施すと

$$\begin{pmatrix}-2&2&0\\1&a&2\\0&1&a\end{pmatrix} \xrightarrow{①\leftrightarrow②} \begin{pmatrix}1&a&2\\-2&2&0\\0&1&a\end{pmatrix} \xrightarrow{①\times2+②} \begin{pmatrix}1&a&2\\0&2a+2&4\\0&1&a\end{pmatrix} \xrightarrow{②\leftrightarrow③} \begin{pmatrix}1&a&2\\0&1&a\\0&2a+2&4\end{pmatrix}$$

$$\xrightarrow{②\times(-a)+①} \begin{pmatrix}1&0&-a^2+2\\0&1&a\\0&2a+2&4\end{pmatrix} \xrightarrow{②\times\{-(2a+2)\}+③} \begin{pmatrix}1&0&-a^2+2\\0&1&a\\0&0&-2a^2-2a+4\end{pmatrix}$$

ここで，$-2a^2-2a+4=0$ を解くと，$-2(a-1)(a+2)=0$ から　$a=1,\ -2$

よって，$a=1,\ -2$ のとき $\operatorname{rank} A=2$，$a\neq 1,\ -2$ のとき $\operatorname{rank} A=3$ であるから，求める条件は　$\boldsymbol{a\neq 1,\ -2}$

別解 $\left\{\begin{pmatrix}-2\\1\\0\end{pmatrix}, \begin{pmatrix}2\\a\\1\end{pmatrix}, \begin{pmatrix}0\\2\\a\end{pmatrix}\right\}$ が $\mathbb{R}^3$ の基底であるための条件は，$\det(A)\neq 0$ であることである。

ここで　$\det(A)=\begin{vmatrix}-2&2&0\\1&a&2\\0&1&a\end{vmatrix} \overset{\boxed{1}\times1+\boxed{2}}{=} \begin{vmatrix}-2&0&0\\1&a+1&2\\0&1&a\end{vmatrix}$

$$\overset{\text{還元定理}}{=} -2\begin{vmatrix}a+1&2\\1&a\end{vmatrix} = -2\{(a+1)a-2\cdot1\} = -2a^2-2a+4$$

よって，$a=1,\ -2$ のとき $\det(A)=0$，$a\neq 1,\ -2$ のとき $\det(A)\neq 0$ であるから，求める条件は　$\boldsymbol{a\neq 1,\ -2}$

基本 例題 085 基底の構成 ★☆☆

$\left\langle \begin{pmatrix} -3 \\ 2 \\ 1 \end{pmatrix}, \begin{pmatrix} 1 \\ -2 \\ 1 \end{pmatrix}, \begin{pmatrix} 1 \\ 2 \\ -3 \end{pmatrix} \right\rangle$ の基底を求めよ。

p. 141 基本事項C

GUIDE & SOLUTION

行列を用いた次元の計算の定理を用いる。そこで，$\boldsymbol{v}_1=\begin{pmatrix} -3 \\ 2 \\ 1 \end{pmatrix}$, $\boldsymbol{v}_2=\begin{pmatrix} 1 \\ -2 \\ 1 \end{pmatrix}$, $\boldsymbol{v}_3=\begin{pmatrix} 1 \\ 2 \\ -3 \end{pmatrix}$ として，$A=(\boldsymbol{v}_1 \ \ \boldsymbol{v}_2 \ \ \boldsymbol{v}_3)$ とし，まずは行列 A を簡約階段化する。ここで行列 A は，$\boldsymbol{v}_1$，$\boldsymbol{v}_2$，$\boldsymbol{v}_3$ を列ベクトルとしてもつ3次正方行列である。

解答

$\boldsymbol{v}_1=\begin{pmatrix} -3 \\ 2 \\ 1 \end{pmatrix}$, $\boldsymbol{v}_2=\begin{pmatrix} 1 \\ -2 \\ 1 \end{pmatrix}$, $\boldsymbol{v}_3=\begin{pmatrix} 1 \\ 2 \\ -3 \end{pmatrix}$ として，$A=(\boldsymbol{v}_1 \ \ \boldsymbol{v}_2 \ \ \boldsymbol{v}_3)$ とする。

行列 A を簡約階段化すると

$$\begin{pmatrix} -3 & 1 & 1 \\ 2 & -2 & 2 \\ 1 & 1 & -3 \end{pmatrix} \xrightarrow{①\leftrightarrow③} \begin{pmatrix} 1 & 1 & -3 \\ 2 & -2 & 2 \\ -3 & 1 & 1 \end{pmatrix} \xrightarrow{①\times(-2)+②} \begin{pmatrix} 1 & 1 & -3 \\ 0 & -4 & 8 \\ -3 & 1 & 1 \end{pmatrix} \xrightarrow{①\times3+③} \begin{pmatrix} 1 & 1 & -3 \\ 0 & -4 & 8 \\ 0 & 4 & -8 \end{pmatrix}$$

$$\xrightarrow{②\times\left(-\frac{1}{4}\right)} \begin{pmatrix} 1 & 1 & -3 \\ 0 & 1 & -2 \\ 0 & 4 & -8 \end{pmatrix} \xrightarrow{②\times(-1)+①} \begin{pmatrix} 1 & 0 & -1 \\ 0 & 1 & -2 \\ 0 & 4 & -8 \end{pmatrix} \xrightarrow{②\times(-4)+③} \begin{pmatrix} 1 & 0 & -1 \\ 0 & 1 & -2 \\ 0 & 0 & 0 \end{pmatrix}$$

よって，$B=\begin{pmatrix} 1 & 0 & -1 \\ 0 & 1 & -2 \\ 0 & 0 & 0 \end{pmatrix}$ とすると，ある3次正則行列 P が存在して，

$PA=(P\boldsymbol{v}_1 \ \ P\boldsymbol{v}_2 \ \ P\boldsymbol{v}_3)=B$ となる。

このとき，$P\boldsymbol{v}_3=-P\boldsymbol{v}_1-2P\boldsymbol{v}_2$ ……(＊) が成り立つ。

行列 P の逆行列を P^{-1} として，(＊) の両辺に左から P^{-1} を掛けると

$$\boldsymbol{v}_3=-\boldsymbol{v}_1-2\boldsymbol{v}_2$$

ゆえに，$\boldsymbol{v}_1$，$\boldsymbol{v}_2$，$\boldsymbol{v}_3$ の非自明な1次関係式として，$\boldsymbol{v}_1+2\boldsymbol{v}_2+\boldsymbol{v}_3=\boldsymbol{0}$ が得られる。

したがって，$\langle \boldsymbol{v}_1, \boldsymbol{v}_2, \boldsymbol{v}_3 \rangle$ の基底は $\left\{ \begin{pmatrix} -3 \\ 2 \\ 1 \end{pmatrix}, \begin{pmatrix} 1 \\ -2 \\ 1 \end{pmatrix} \right\}$

PRACTICE … 43

U，W を $\mathbb{R}^2$ の部分空間とし，$U=\left\langle \begin{pmatrix} 2 \\ 0 \end{pmatrix}, \begin{pmatrix} -1 \\ 0 \end{pmatrix} \right\rangle$, $W=\left\langle \begin{pmatrix} 2 \\ 0 \end{pmatrix}, \begin{pmatrix} -1 \\ 0 \end{pmatrix}, \begin{pmatrix} 1 \\ 5 \end{pmatrix} \right\rangle$ とするとき，$\dim U < \dim W$ となることを示せ。

重要 例題 086 次元公式の拡張 ★★☆

実数を係数とする，変数 x，y，z の高々 3 次のすべての多項式全体からなるベクトル空間を V とする。V に属する多項式のうち，変数 x，y のみの多項式全体からなる部分空間を W_1，変数 y，z のみの多項式全体からなる部分空間を W_2，変数 z，x のみの多項式全体からなる部分空間を W_3 とする。

(1) $\dim V$，$\dim W_1$，$\dim W_2$，$\dim W_3$ を求めよ。

(2) $\dim(W_1\cap W_2+W_2\cap W_3+W_3\cap W_1)$ を求めよ。

(3) $\dim(W_1+W_2+W_3)$ を求めよ。

◢ p. 141 基本事項D

GUIDE & SOLUTION

それぞれ，基底を構成するベクトルの個数を数え上げればよい。

解答

(1) V の基底は

$$\{1,\ x,\ y,\ z,\ x^2,\ y^2,\ z^2,\ xy,\ yz,\ zx,\ x^3,\ y^3,\ z^3,\ x^2y,\ y^2z,\ z^2x,\ xy^2,\ yz^2,\ zx^2,\ xyz\}$$

よって　$\dim V=\mathbf{20}$

W_1 の基底は $\{1,\ x,\ y,\ x^2,\ y^2,\ xy,\ x^3,\ y^3,\ x^2y,\ xy^2\}$ であるから　$\dim W_1=\mathbf{10}$

W_2 の基底は $\{1,\ y,\ z,\ y^2,\ z^2,\ yz,\ y^3,\ z^3,\ y^2z,\ yz^2\}$ であるから　$\dim W_2=\mathbf{10}$

W_3 の基底は $\{1,\ z,\ x,\ z^2,\ x^2,\ zx,\ z^3,\ x^3,\ z^2x,\ zx^2\}$ であるから　$\dim W_3=\mathbf{10}$

(2) $W_1\cap W_2$ の基底は　$\{1,\ y,\ y^2,\ y^3\}$

$W_2\cap W_3$ の基底は　$\{1,\ z,\ z^2,\ z^3\}$

$W_3\cap W_1$ の基底は　$\{1,\ x,\ x^2,\ x^3\}$

ゆえに，$W_1\cap W_2+W_2\cap W_3+W_3\cap W_1$ の基底は

$$\{1,\ x,\ y,\ z,\ x^2,\ y^2,\ z^2,\ x^3,\ y^3,\ z^3\}$$

よって　$\dim(W_1\cap W_2+W_2\cap W_3+W_3\cap W_1)=\mathbf{10}$

(3) $W_1+W_2+W_3$ の基底は

$$\{1,\ x,\ y,\ z,\ x^2,\ y^2,\ z^2,\ xy,\ yz,\ zx,\ x^3,\ y^3,\ z^3,\ x^2y,\ y^2z,\ z^2x,\ xy^2,\ yz^2,\ zx^2\}$$

よって　$\dim(W_1+W_2+W_3)=\mathbf{19}$

研究　$\dim(W_1+W_2+W_3)$

$$=\dim W_1+\dim W_2+\dim W_3$$
$$-\dim W_1\cap W_2-\dim W_2\cap W_3-\dim W_3\cap W_1+\dim W_1\cap W_2\cap W_3$$

が成り立つ。実際，次のように確かめられる。

$\dim W_1\cap W_2=4$，$\dim W_2\cap W_3=4$，$\dim W_3\cap W_1=4$ であり，$W_1\cap W_2\cap W_3=\langle 1\rangle$ より $\dim W_1\cap W_2\cap W_3=1$ であるから，(1)，(2) も合わせて

$$\dim W_1+\dim W_2+\dim W_3$$
$$-\dim W_1\cap W_2-\dim W_2\cap W_3-\dim W_3\cap W_1+\dim W_1\cap W_2\cap W_3$$
$$=10+10+10-4-4-4+1=19$$

EXERCISES

37 次の問いに答えよ。

(1) $\{a_n\}$ を実数列とする。数列 $\{a_n\}$ で，すべての自然数 n について漸化式 $a_{n+2}+4a_{n+1}+7a_n=0$ を満たすもの全体のなす集合は，$\mathbb{R}^{\mathbb{N}}$ の部分空間であることを示せ。

(2) $\{b_n\}$ を実数列とする。数列 $\{b_n\}$ で，実数の値に収束するもの全体のなす集合は，$\mathbb{R}^{\mathbb{N}}$ の部分空間であることを示せ。

(3) $C^0(\mathbb{R})$ を $\mathbb{R}$ 上の連続関数全体のなす集合とすると，$C^0(\mathbb{R})$ は $F(\mathbb{R})$ の部分空間であることを示せ。

38 次の $\mathbb{R}^3$ のベクトルの組が1次従属となるように，a の値を定めよ。

(1) $\left\{\begin{pmatrix}2\\1\\a\end{pmatrix}, \begin{pmatrix}1\\2\\0\end{pmatrix}, \begin{pmatrix}1\\-1\\1\end{pmatrix}\right\}$　　(2) $\left\{\begin{pmatrix}a\\1\\0\end{pmatrix}, \begin{pmatrix}1\\a\\1\end{pmatrix}, \begin{pmatrix}0\\1\\a\end{pmatrix}\right\}$

39 次の同次連立1次方程式の解空間の基底と次元を求めよ。

(1) $\begin{cases} x+y+z+w=0 \\ y+3z-2w=0 \end{cases}$　　(2) $\begin{cases} x+3y+2z=0 \\ 3x+4y+2z=0 \\ -x+2y+2z=0 \end{cases}$

(3) $\begin{cases} x+y-z+w=0 \\ -x-z+2w=0 \\ 4x+3y-2z+w=0 \end{cases}$　　(4) $\begin{cases} x+8y+6z+5u+3v=0 \\ x+3y+2z+u+v=0 \\ -x+2y+2z+u+3v=0 \end{cases}$

! Hint **37** (1), (2) $\mathbb{R}^{\mathbb{N}}$ は実数列全体のなす集合である（基本例題 072 (1) などを参照)。
(3) $F(\mathbb{R})$ は $\mathbb{R}$ 上の実数値関数全体のなす集合である（基本例題 072 (2) などを参照)。

38 与えられた $\mathbb{R}^3$ のベクトルの組を構成するベクトルを列ベクトルとする行列の階数が3でない値となるように，a の値を定める。

39 それぞれ，与えられた同次連立1次方程式を解く。

EXERCISES

40 Vをベクトル空間とするとき，$\boldsymbol{v}_1 \in V$，$\boldsymbol{v}_2 \in V$，……，$\boldsymbol{v}_n \in V$ および $\boldsymbol{w}_1 \in V$，$\boldsymbol{w}_2 \in V$，……，$\boldsymbol{w}_m \in V$ に対し，次が成り立つことを示せ。

$$\langle \boldsymbol{v}_1, \boldsymbol{v}_2, \cdots\cdots, \boldsymbol{v}_n \rangle + \langle \boldsymbol{w}_1, \boldsymbol{w}_2, \cdots\cdots, \boldsymbol{w}_m \rangle = \langle \boldsymbol{v}_1, \boldsymbol{v}_2, \cdots\cdots, \boldsymbol{v}_n, \boldsymbol{w}_1, \boldsymbol{w}_2, \cdots\cdots, \boldsymbol{w}_m \rangle$$

41 (1) $\boldsymbol{x}_1=\begin{pmatrix}-3\\1\\2\end{pmatrix}$，$\boldsymbol{x}_2=\begin{pmatrix}1\\2\\3\end{pmatrix}$，$\boldsymbol{x}_3=\begin{pmatrix}9\\4\\5\end{pmatrix}$，$\boldsymbol{x}_4=\begin{pmatrix}2\\-1\\4\end{pmatrix}$ とするとき，$\{\boldsymbol{x}_1, \boldsymbol{x}_2, \boldsymbol{x}_3, \boldsymbol{x}_4\}$ からいくつかベクトルを選んで R^3 の基底を作り，$\boldsymbol{x}_1$，$\boldsymbol{x}_2$，$\boldsymbol{x}_3$，$\boldsymbol{x}_4$ の非自明な 1 次関係式を 1 つ求めよ。

(2) $\boldsymbol{y}_1=\begin{pmatrix}1\\2\\3\\-1\end{pmatrix}$，$\boldsymbol{y}_2=\begin{pmatrix}1\\4\\0\\2\end{pmatrix}$，$\boldsymbol{y}_3=\begin{pmatrix}0\\3\\1\\1\end{pmatrix}$，$\boldsymbol{y}_4=\begin{pmatrix}7\\7\\4\\0\end{pmatrix}$，$\boldsymbol{y}_5=\begin{pmatrix}2\\3\\-5\\1\end{pmatrix}$ とするとき，$\{\boldsymbol{y}_1, \boldsymbol{y}_2, \boldsymbol{y}_3, \boldsymbol{y}_4, \boldsymbol{y}_5\}$ からいくつかベクトルを選んで R^4 の基底を作り，$\boldsymbol{y}_1$，$\boldsymbol{y}_2$，$\boldsymbol{y}_3$，$\boldsymbol{y}_4$，$\boldsymbol{y}_5$ の非自明な 1 次関係式を 1 つ求めよ。

(3) $\boldsymbol{z}_1=\begin{pmatrix}1\\0\\3\\-2\end{pmatrix}$，$\boldsymbol{z}_2=\begin{pmatrix}2\\1\\-2\\1\end{pmatrix}$，$\boldsymbol{z}_3=\begin{pmatrix}5\\3\\-9\\5\end{pmatrix}$，$\boldsymbol{z}_4=\begin{pmatrix}1\\-1\\3\\0\end{pmatrix}$，$\boldsymbol{z}_5=\begin{pmatrix}1\\3\\-5\\-1\end{pmatrix}$，$\boldsymbol{z}_6=\begin{pmatrix}2\\5\\-7\\-6\end{pmatrix}$ とするとき，$\{\boldsymbol{z}_1, \boldsymbol{z}_2, \boldsymbol{z}_3, \boldsymbol{z}_4, \boldsymbol{z}_5, \boldsymbol{z}_6\}$ からいくつかベクトルを選んで R^4 の基底を作り，$\boldsymbol{z}_1$，$\boldsymbol{z}_2$，$\boldsymbol{z}_3$，$\boldsymbol{z}_4$，$\boldsymbol{z}_5$，$\boldsymbol{z}_6$ の非自明な 1 次関係式を 1 つ求めよ。

(4) $\boldsymbol{v}_1=\begin{pmatrix}1\\1\\2\\1\\3\end{pmatrix}$，$\boldsymbol{v}_2=\begin{pmatrix}2\\4\\5\\3\\5\end{pmatrix}$，$\boldsymbol{v}_3=\begin{pmatrix}1\\7\\5\\4\\0\end{pmatrix}$，$\boldsymbol{v}_4=\begin{pmatrix}3\\3\\2\\3\\1\end{pmatrix}$，$\boldsymbol{v}_5=\begin{pmatrix}2\\4\\4\\3\\2\end{pmatrix}$，$\boldsymbol{v}_6=\begin{pmatrix}-6\\-4\\0\\-5\\2\end{pmatrix}$，$\boldsymbol{v}_7=\begin{pmatrix}7\\8\\9\\5\\4\end{pmatrix}$ とするとき，$\{\boldsymbol{v}_1, \boldsymbol{v}_2, \boldsymbol{v}_3, \boldsymbol{v}_4, \boldsymbol{v}_5, \boldsymbol{v}_6, \boldsymbol{v}_7\}$ からいくつかベクトルを選んで R^5 の基底を作り，$\boldsymbol{v}_1$，$\boldsymbol{v}_2$，$\boldsymbol{v}_3$，$\boldsymbol{v}_4$，$\boldsymbol{v}_5$，$\boldsymbol{v}_6$，$\boldsymbol{v}_7$ の非自明な 1 次関係式を 1 つ求めよ。

! Hint **40** $\langle \boldsymbol{v}_1, \boldsymbol{v}_2, \cdots\cdots, \boldsymbol{v}_n \rangle + \langle \boldsymbol{w}_1, \boldsymbol{w}_2, \cdots\cdots, \boldsymbol{w}_m \rangle \subset \langle \boldsymbol{v}_1, \boldsymbol{v}_2, \cdots\cdots, \boldsymbol{v}_n, \boldsymbol{w}_1, \boldsymbol{w}_2, \cdots\cdots, \boldsymbol{w}_m \rangle$ と $\langle \boldsymbol{v}_1, \boldsymbol{v}_2, \cdots\cdots, \boldsymbol{v}_n \rangle + \langle \boldsymbol{w}_1, \boldsymbol{w}_2, \cdots\cdots, \boldsymbol{w}_m \rangle \supset \langle \boldsymbol{v}_1, \boldsymbol{v}_2, \cdots\cdots, \boldsymbol{v}_n, \boldsymbol{w}_1, \boldsymbol{w}_2, \cdots\cdots, \boldsymbol{w}_m \rangle$ をそれぞれ示す。

41 まず，それぞれ与えられたベクトルを列ベクトルとする行列を簡約階段化する。

EXERCISES

42 P を n 次正則行列とし，$\boldsymbol{v}_1\in\mathbb{R}^n$，$\boldsymbol{v}_2\in\mathbb{R}^n$，……，$\boldsymbol{v}_r\in\mathbb{R}^n$ とするとき，次の問いに答えよ。

(1) $a_1\in\mathbb{R}$，$a_2\in\mathbb{R}$，……，$a_r\in\mathbb{R}$ に対して，$a_1\boldsymbol{v}_1+a_2\boldsymbol{v}_2+\cdots\cdots+a_r\boldsymbol{v}_r=\boldsymbol{0}$ が成り立つための必要十分条件は，$a_1P\boldsymbol{v}_1+a_2P\boldsymbol{v}_2+\cdots\cdots+a_rP\boldsymbol{v}_r=\boldsymbol{0}$ が成り立つことであることを示せ。

(2) $\{\boldsymbol{v}_1, \boldsymbol{v}_2, \cdots\cdots, \boldsymbol{v}_r\}$ が1次独立であるための必要十分条件は，$\{P\boldsymbol{v}_1, P\boldsymbol{v}_2, \cdots\cdots, P\boldsymbol{v}_r\}$ が1次独立であることを示せ。

43 $f_1(x)$，$f_2(x)$，……，$f_n(x)$ を $\mathbb{R}$ 上の $(n-1)$ 回微分可能な関数とし，

$$W(f_1, f_2, \cdots\cdots, f_n)(x)=\begin{vmatrix} f_1(x) & f_2(x) & \cdots & f_n(x) \\ f_1{}^{(1)}(x) & f_2{}^{(1)}(x) & \cdots & f_n{}^{(1)}(x) \\ \vdots & \vdots & \ddots & \vdots \\ f_1{}^{(n-1)}(x) & f_2{}^{(n-1)}(x) & \cdots & f_n{}^{(n-1)}(x) \end{vmatrix}$$

とする。ただし，$f_i{}^{(k)}(x)$ $(i=1, 2, \cdots\cdots, n;\ k=1, 2, \cdots\cdots, n-1)$ は関数 $f_i(x)$ の k 階導関数を表す。$W(f_1, f_2, \cdots\cdots, f_n)(x)$ が恒等的に0でないならば，$\{f_1, f_2, \cdots\cdots, f_n\}$ は，$F(\mathbb{R})$ のベクトルの組として，1次独立であることを示せ。

44 変数 x の，実数を係数とする多項式全体からなるベクトル空間を V とする。V に属する有限個の多項式からなる組は V の基底でないことを示せ。

! Hint **42** (1) $a_1\boldsymbol{v}_1+a_2\boldsymbol{v}_2+\cdots\cdots+a_r\boldsymbol{v}_r=\boldsymbol{0}$ であるならば，$a_1P\boldsymbol{v}_1+a_2P\boldsymbol{v}_2+\cdots\cdots+a_rP\boldsymbol{v}_r=\boldsymbol{0}$ が成り立つこと，$a_1P\boldsymbol{v}_1+a_2P\boldsymbol{v}_2+\cdots\cdots+a_rP\boldsymbol{v}_r=\boldsymbol{0}$ であるならば，$a_1\boldsymbol{v}_1+a_2\boldsymbol{v}_2+\cdots\cdots+a_r\boldsymbol{v}_r=\boldsymbol{0}$ が成り立つことをそれぞれ示す。

(2) $\{\boldsymbol{v}_1, \boldsymbol{v}_2, \cdots\cdots, \boldsymbol{v}_r\}$ が1次独立であるならば，$\{P\boldsymbol{v}_1, P\boldsymbol{v}_2, \cdots\cdots, P\boldsymbol{v}_r\}$ は1次独立であること，$\{P\boldsymbol{v}_1, P\boldsymbol{v}_2, \cdots\cdots, P\boldsymbol{v}_r\}$ が1次独立であるならば，$\{\boldsymbol{v}_1, \boldsymbol{v}_2, \cdots\cdots, \boldsymbol{v}_r\}$ は1次独立であることをそれぞれ示す。

43 $\{f_1, f_2, \cdots\cdots, f_n\}$ が $\mathbb{R}$ 上で1次従属であると仮定して背理法により示す。
$\{f_1, f_2, \cdots\cdots, f_n\}$ が $\mathbb{R}$ 上で1次従属であるならば，$a_1\in\mathbb{R}$，$a_2\in\mathbb{R}$，……，$a_n\in\mathbb{R}$ として，$(a_1, a_2, \cdots\cdots, a_n)\neq(0, 0, \cdots\cdots, 0)$ に対して，任意の $x\in\mathbb{R}$ について
$a_1f_1(x)+a_2f_2(x)+\cdots\cdots+a_nf_n(x)=0$ となる。

44 有限個の多項式を選び，それらのすべての次数は n 以下であるとして考える。

6 第6章 線形写像

例　題　一　覧

準備　写像について

基本事項

A　写像とは

$A\subset\mathbb{R}$，$B\subset\mathbb{R}$ において，Aの1つの要素を定めると，それに対応してBの要素が必ず1つ定まるとき，この対応関係をAからBへの **関数** という。

定義　写像

> A，Bを集合とする。集合Aの1つの要素を定めると，それに対応して集合Bの要素が必ず1つ定まるとき，この対応関係を集合Aから集合Bへの **写像** という。

fを集合Xから集合Yへの写像とするとき，$f:X\longrightarrow Y$ と表される。また写像fにより，$a\in X$ に $b\in Y$ が対応しているとき

$$f(a)=b \quad \text{または} \quad f:a\longmapsto b$$

と表す。

また，$f:X\longrightarrow Y$，$g:X\longrightarrow Y$ が与えられたとき，写像f，gが **等しい** とは，任意の$x\in X$ に対して $f(x)=g(x)$ が成り立つことと定義し

$$f=g$$

と表す。

$f:X\longrightarrow Y$ に対して，集合Xを写像fの **定義域** または **始域** といい，集合Yを写像fの **終域** という。また，$\{f(x)\in Y \mid x\in X\}$ を写像fの **値域** という。

$f:X\longrightarrow Y$ に対して，$x\in X$ に対する $f(x)\in Y$ を，写像fによるxの **像** という。

$S\subset X$ とするとき，写像fによる集合Sの像を，$\{f(x)\in Y \mid x\in S\}$ と定義し，$f(S)$ で表す。このとき，$f(S)\subset Y$ である。また，このように定義するとき，写像fの値域は $f(X)$ と表せる（$f(X)=Y$ とは限らないことに注意）。逆に，$T\subset Y$ とするとき，写像fによる集合Tの **逆像** を，$f^{-1}(T)=\{x\in X \mid f(x)\in T\}$ と定義する。

例　$X=\{a,\ b,\ c,\ d,\ e\}$，$Y=\{p,\ q,\ r,\ s\}$ として，写像 $f:X\longrightarrow Y$ を $f(a)=r$，$f(b)=s$，$f(c)=p$，$f(d)=r$，$f(e)=p$ と定める。このとき，$f(\{b,\ c\})$，$f^{-1}(\{p,\ q\})$ を答えよ。

解答　$f(\{b,\ c\})=\{p,\ s\}$，$f^{-1}(\{p,\ q\})=\{c,\ e\}$

$f:X\longrightarrow X$ が，任意の $x\in X$ に対して $f(x)=x$ を満たすとき，fを **恒等写像** といい

$$\mathrm{id}_X \quad \text{または} \quad \mathrm{id}$$

で表す。

$f:X\longrightarrow Y$，$g:Y\longrightarrow Z$ が与えられたとき，写像g，fの **合成写像** $g\circ f$ を，$g\circ f(x)=g(f(x))$ と定義する。すなわち，合成写像 $g\circ f$ とは，集合Xの要素を写像fによって集合Yの要素に写し，その要素を続けて写像gによって集合Zの要素に写すという写像である。

B　単射・全射・全単射とは

定義　単射・全射・全単射

$f:X \longrightarrow Y$ を考える。

[1]　写像 f が次の条件を満たすとき，写像 f は **単射** である（1対1の写像である）という。

任意の $x \in X$，$x' \in X$ に対して，$x \neq x'$ ならば $f(x) \neq f(x')$ である。

なお，単射であることを証明する際には，上の条件の対偶を考えることが多い。上の条件の対偶は次の通りである。

任意の $x \in X$，$x' \in X$ に対して，$f(x)=f(x')$ ならば $x=x'$ である。

[2]　写像 f が次の条件を満たすとき，写像 f は **全射** である（上への写像である）という。

任意の $y \in Y$ に対して，$x \in X$ が少なくとも1つ存在して，$f(x)=y$ を満たす。

なお，写像 f が全射であるとは写像 f の値域と終域が一致すること，すなわち $f(X)=Y$ が成り立つこととも いい換えられる。

[3]　写像 f が単射かつ全射であるとき，写像 f は **全単射** であるという。

研究　写像 $f:X \longrightarrow Y$ が単射であるための必要十分条件は，任意の $y \in Y$ に対して，逆像 $f^{-1}(\{y\})$ の要素の個数が1以下であることである。また，写像 $f:X \longrightarrow Y$ が全射であるための必要十分条件は，任意の $y \in Y$ に対して，逆像 $f^{-1}(\{y\})$ の要素の個数が1以上であることである。詳しくは，157ページの重要例題088を参照。更に，これらから，写像 f が全単射であるための必要十分条件は，任意の $y \in Y$ に対して，逆像 $f^{-1}(\{y\})$ の要素の個数がちょうど1であることがわかる。

C　逆写像とは

定義　逆写像

$f:X \longrightarrow Y$ に対して，$g:Y \longrightarrow X$ が存在して，次を満たすとき，g を写像 f の **逆写像** という。

$$g \circ f = \mathrm{id}_X \quad \text{かつ} \quad f \circ g = \mathrm{id}_Y$$

定理　逆写像の存在条件・一意性

[1]　写像 f が逆写像をもつための必要十分条件は，写像 f が全単射であることである。

[2]　写像 f が逆写像をもつならば，それはただ1つである。

また，全単射な写像の逆写像は全単射である。

基本 例題 087 写像 ★☆☆

次の問いに答えよ。

(1) 次で定まる対応関係 f はRからRへの写像であるか答えよ。

(ア) $f(x)=x^2$　　(イ) $f(x)=\sqrt{x}$　　(ウ) $\{f(x)\}^2=x$

(2) 写像 $f:\{0,\ 1\}\longrightarrow \mathbb{R}$, $g:\{0,\ 1\}\longrightarrow \mathbb{R}$ が $f(x)=x$, $g(x)=x^2$ で定められているとき，$f=g$ であることを示せ。

(3) 写像 $f:\mathbb{R}\longrightarrow\mathbb{R}$ を $f(x)=2x-1$ で定めると，写像 f は全単射であることを示せ。

p. 154，155 基本事項A，B

GUIDE & SOLUTION

(1) Rの1つの要素を定めると，それに対応してRの要素が1つ定まるかを確認する。

(2) 2つの写像について，定義域のそれぞれの要素に対して，終域の同じ要素が対応することを示す。

(3) 全射性と単射性を分けて示す。

解答

(1) (ア) 1つの $x\in\mathbb{R}$ に対して，1つの $f(x)\in\mathbb{R}$ が定まるから，対応関係 f はRからRへの **写像である。**

(イ) 対応関係 f の定義域はRでない。
実際，$\mathbb{R}_-=\{x\mid x<0\}$ とすると，$x\in\mathbb{R}_-$ に対して，$f(x)\in\mathbb{R}$ が定まらない。
よって，対応関係 f はRからRへの **写像でない。**

(ウ) 対応関係 f の定義域はRでない。
実際，$\mathbb{R}_-=\{x\mid x<0\}$ とすると，$x\in\mathbb{R}_-$ に対して，$f(x)\in\mathbb{R}$ が定まらない。
また，$x>0$ を満たすどの x の値に対しても，2つの $f(x)$ の値が定まる。
よって，対応関係 f はRからRへの **写像でない。**

(2) 写像 f について　　$f(0)=0$, $f(1)=1$
写像 g について　　$g(0)=0$, $g(1)=1$
よって　　$f=g$ ■

(3) 任意の $y\in\mathbb{R}$ に対して，$x=\dfrac{y+1}{2}$ とすると，$f(x)=y$ が成り立つ。
よって，写像 f は全射である。
また，$f(x_1)=f(x_2)$ すなわち $2x_1-1=2x_2-1$ とすると，$x_1=x_2$ が成り立つ。
よって，写像 f は単射である。
以上から，写像 f は全単射である。 ■

重要 例題 088 単射性・全射性のいい換え ★★☆

次の問いに答えよ。

(1) 写像 $f: X \longrightarrow Y$ が単射であるための必要十分条件は，任意の $y \in Y$ に対して，逆像 $f^{-1}(\{y\})$ の要素の個数が 1 以下であることを示せ。

(2) 写像 $f: X \longrightarrow Y$ が全射であるための必要十分条件は，任意の $y \in Y$ に対して，逆像 $f^{-1}(\{y\})$ の要素の個数が 1 以上であることを示せ。

p. 155 基本事項B

GUIDE & SOLUTION

必要性と十分性を分けて示す。

解答

(1) 写像 f が単射であるとする。

任意の $y \in Y$ に対して，$y \notin f(X)$ または $y \in f(X)$ である。

[1] $y \notin f(X)$ のとき

逆像 $f^{-1}(\{y\})$ は空集合であり，その要素の個数は 0 である。

[2] $y \in f(X)$ のとき

ある $x \in X$ が存在して，$y = f(x)$ となる。

また，$x_1 \in X$，$x_2 \in X$ に対して，$f(x_1) = f(x_2)$ とすると，写像 f は単射であるから

$$x_1 = x_2$$

よって，逆像 $f^{-1}(\{y\})$ の要素の個数は 1 である。

したがって，任意の $y \in Y$ に対して，逆像 $f^{-1}(\{y\})$ の要素の個数は 1 以下である。

逆に，任意の $y \in Y$ に対して，逆像 $f^{-1}(\{y\})$ の要素の個数が 1 以下であるとする。

$x_1 \in X$，$x_2 \in X$ に対して，$f(x_1) = f(x_2)$ とし，$f(x_1) = f(x_2) = y$ とすると

$$x_1 \in f^{-1}(\{y\}),\ x_2 \in f^{-1}(\{y\})$$

このとき，$f^{-1}(\{y\}) \neq \varnothing$ より，逆像 $f^{-1}(\{y\})$ の要素の個数は 1 であるから

$$x_1 = x_2$$

したがって，写像 f は単射である。

以上から，写像 f が単射であるための必要十分条件は，任意の $y \in Y$ に対して，逆像 $f^{-1}(\{y\})$ の要素の個数が 1 以下であることである。 ■

(2) 写像 f が全射であるとする。

このとき，任意の $y \in Y$ に対し，ある $x \in X$ が存在して，$y = f(x)$ となる。

したがって，$x \in f^{-1}(\{y\})$ であるから，逆像 $f^{-1}(\{y\})$ の要素の個数は 1 以上である。

逆に，任意の $y \in Y$ に対して，逆像 $f^{-1}(\{y\})$ の要素の個数が 1 以上であるとする。

このとき，ある $x \in f^{-1}(\{y\})$ が存在し，$y = f(x)$ となる。

したがって，写像 f は全射である。

以上から，写像 f が全射であるための必要十分条件は，任意の $y \in Y$ に対して，逆像 $f^{-1}(\{y\})$ の要素の個数が 1 以上であることである。 ■

1 線形写像とは

基本事項

A 線形写像の定義

定義 線形写像

V, W をベクトル空間とする。$f:V\longrightarrow W$ が次の2つの条件を満たすとき，写像 f を **線形写像** という。

[1] 任意の $\boldsymbol{v}_1\in V$, $\boldsymbol{v}_2\in V$ に対して，$f(\boldsymbol{v}_1+\boldsymbol{v}_2)=f(\boldsymbol{v}_1)+f(\boldsymbol{v}_2)$ が成り立つ。

[2] 任意の $\boldsymbol{v}\in V$, $c\in\mathrm{R}$ に対して，$f(c\boldsymbol{v})=cf(\boldsymbol{v})$ が成り立つ。

更に，定義域のベクトル空間と終域のベクトル空間が等しい線形写像，すなわち，$f:V\longrightarrow V$ という形の線形写像を，V の **1次変換** あるいは **線形変換** という。

例 次で定められる写像 $f:\mathrm{R}\longrightarrow\mathrm{R}$ は，線形写像であるか判定せよ。

(1) $f(x)=-6x$

(2) $f(x)=\sin x$

解答 (1) $p\in\mathrm{R}$, $q\in\mathrm{R}$ に対して　$f(p+q)=-6(p+q)=-6p-6q=f(p)+f(q)$

$p\in\mathrm{R}$, $c\in\mathrm{R}$ に対して　$f(cp)=-6cp=c(-6p)=cf(p)$

したがって，写像 f は線形写像である。

(2) $f\left(2\cdot\dfrac{\pi}{2}\right)=f(\pi)=0$, $2f\left(\dfrac{\pi}{2}\right)=2\cdot1=2$

よって　$f\left(2\cdot\dfrac{\pi}{2}\right)\neq 2f\left(\dfrac{\pi}{2}\right)$

したがって，写像 f は線形写像でない。

定理 線形写像と零ベクトル

V, W をベクトル空間とするとき，$f:V\longrightarrow W$ が線形写像ならば，$f(\boldsymbol{0}_V)=\boldsymbol{0}_W$ が成り立つ。

定理 線形写像と1次結合

V, W をベクトル空間とする。写像 $f:V\longrightarrow W$ が線形写像であるための必要十分条件は，任意の $\boldsymbol{v}_1\in V$, $\boldsymbol{v}_2\in V$, ……, $\boldsymbol{v}_n\in V$, $a_1\in\mathrm{R}$, $a_2\in\mathrm{R}$, ……, $a_n\in\mathrm{R}$ に対して
$f(a_1\boldsymbol{v}_1+a_2\boldsymbol{v}_2+\cdots\cdots+a_n\boldsymbol{v}_n)=a_1f(\boldsymbol{v}_1)+a_2f(\boldsymbol{v}_2)+\cdots\cdots+a_nf(\boldsymbol{v}_n)$ が成り立つことである。

B　線形写像の例

定理　行列と線形写像

A を $m\times n$ 行列とし，行列 A によって定まる写像を $f_A:\mathbb{R}^n \longrightarrow \mathbb{R}^m$ とする。すなわち，写像 f_A は $x\in\mathbb{R}^n$ に対して $f_A(\boldsymbol{x})=A\boldsymbol{x}$ で定まるとする。このとき，写像 f_A は線形写像である。

V，W をベクトル空間とするとき，$f:V\longrightarrow W$ を，任意の $\boldsymbol{v}\in V$ に対して，$f(\boldsymbol{v})=\boldsymbol{0}_W$ で定めると，写像 f は線形写像である。この写像を **零写像** という。

C　線形写像の合成

定理　合成写像と逆写像の線形性

V，W をベクトル空間とし，$f:V\longrightarrow W$ を線形写像とする。
[1]　U をベクトル空間とし，$g:W\longrightarrow U$ を線形写像とするとき，合成写像 $g\circ f:V\longrightarrow U$ も線形写像である。
[2]　写像 f が逆写像 $f^{-1}:W\longrightarrow V$ をもつならば，f^{-1} も線形写像である。

定理　行列の積と線形写像の合成

A を $m\times n$ 行列，B を $l\times m$ 行列とするとき，行列 A によって定まる線形写像を $f_A:\mathbb{R}^n\longrightarrow\mathbb{R}^m$，行列 B によって定まる線形写像を $f_B:\mathbb{R}^m\longrightarrow\mathbb{R}^l$，行列の積 BA によって定まる線形写像を $f_{BA}:\mathbb{R}^n\longrightarrow\mathbb{R}^l$ とする。このとき，合成写像 $f_B\circ f_A:\mathbb{R}^n\longrightarrow\mathbb{R}^l$ は，線形写像 $f_{BA}:\mathbb{R}^n\longrightarrow\mathbb{R}^l$ に一致する。すなわち，$f_B\circ f_A=f_{BA}$ が成り立つ。

D　同型写像

定義　ベクトル空間の同型・同型写像

V，W をベクトル空間とし，$f:V\longrightarrow W$ を線形写像とする。線形写像 f が全単射であるとき，f を **同型写像** という。またこのとき，V と W は **同型である** といい，$V\cong W$ と書く。

注意　線形写像 f が同型写像であることを $f:V\xrightarrow{\sim}W$ と表す。V と W が同型でないとき，$V\ncong W$ と書く。

V，W をベクトル空間とし，$f:V\longrightarrow W$ が同型写像であるとき，写像 f は全単射であるから，逆写像の存在条件・一意性の定理により，f の逆写像 $f^{-1}:W\longrightarrow V$ が存在し，f^{-1} は同型写像である。

コラム 1次変換

平面の1次変換という言葉は2つの意味で用いられる。

平面上に直交座標系 $(x,\ y)$ を定めたとき，この平面を xy 平面ということにする。

$a,\ b,\ c,\ d$ を定数として，xy 平面から同じ xy 平面への写像を

$$\begin{cases} x'=ax+by \\ y'=cx+dy \end{cases}$$

で定めるとき，この写像を xy 平面の1次変換という。「1次」は，この変換を定める2つの関数 $x'=ax+by,\ y'=cx+dy$ がともに $x,\ y$ の1次式であることを指している。Pを xy 平面上の点とするとき，点Pには x 座標，y 座標と呼ばれる2つの数値が付随する。それらをそれぞれ $x,\ y$ とすれば，点Pの位置は $(x,\ y)$ という記号により表される。これを点Pの座標ということもある。

一方で，この座標により数ベクトル $\begin{pmatrix} x \\ y \end{pmatrix}$ が定められる。xy 平面上の点に対して，座標と数ベクトルが付随するのである。1次変換による点Pの像を点 P′ とすると，点 P′ には数ベクトル $\begin{pmatrix} x' \\ y' \end{pmatrix}$ が付随する。よって，数ベクトル $\begin{pmatrix} x \\ y \end{pmatrix}$ が数ベクトル $\begin{pmatrix} x' \\ y' \end{pmatrix}$ に移ることになるが，この変換を定めるのは上の1次変換の係数を成分とする行列 $\begin{pmatrix} a & b \\ c & d \end{pmatrix}$ である。

したがって

$$\begin{pmatrix} x' \\ y' \end{pmatrix}=\begin{pmatrix} a & b \\ c & d \end{pmatrix}\begin{pmatrix} x \\ y \end{pmatrix}$$

が成り立つ。

xy 平面上の点Pの座標 $(x,\ y)$ と数ベクトル $\begin{pmatrix} x \\ y \end{pmatrix}$ は，概念としてまったく別物であるが，それらの間には自然な対応が認められ，どちらも $\mathbb{R}^2$ の要素と表記されることがある。よって，$\mathbb{R}^2$ は一方からみれば直交座標系が指定された平面上の点全体からなる集合であり，他方からみれば2次元数ベクトル全体からなる集合である。上の1次変換は $\mathbb{R}^2$ を直交座標系が指定された平面上の点全体からなる集合と捉えたときの変換である。これに対し，$\mathbb{R}^2$ を2次元数ベクトル全体からなる集合と捉えたとき，$A=\begin{pmatrix} a & b \\ c & d \end{pmatrix}$ とすると，行列 A はベクトル空間 $\mathbb{R}^2$ の変換

$$f_A : \begin{pmatrix} x \\ y \end{pmatrix} \longmapsto \begin{pmatrix} a & b \\ c & d \end{pmatrix}\begin{pmatrix} x \\ y \end{pmatrix}$$

を定める。この変換も1次変換という。線形代数学の対象となるのはこの1次変換である。

基本 例題 089 線形写像であるかの判定 ★☆☆

次で定められる写像 $f: \mathrm{R}^2 \longrightarrow \mathrm{R}^2$ は，線形写像であるか判定せよ。

(1) $f\left(\begin{pmatrix} x \\ y \end{pmatrix}\right)=\begin{pmatrix} 3x-2y \\ y \end{pmatrix}$

(2) $f\left(\begin{pmatrix} x \\ y \end{pmatrix}\right)=\begin{pmatrix} 1 \\ y \end{pmatrix}$

p. 158 基本事項A

GUIDE & SOLUTION

R^2 を 2 次元数ベクトル空間とみるときに，与えられた写像 f が線形写像であるかを問う問題である。

解答

(1) $\begin{pmatrix} p \\ q \end{pmatrix}\in\mathrm{R}^2$，$\begin{pmatrix} s \\ t \end{pmatrix}\in\mathrm{R}^2$ に対して

$$f\left(\begin{pmatrix} p \\ q \end{pmatrix}+\begin{pmatrix} s \\ t \end{pmatrix}\right)=f\left(\begin{pmatrix} p+s \\ q+t \end{pmatrix}\right)=\begin{pmatrix} 3(p+s)-2(q+t) \\ q+t \end{pmatrix}$$
$$=\begin{pmatrix} 3p-2q \\ q \end{pmatrix}+\begin{pmatrix} 3s-2t \\ t \end{pmatrix}=f\left(\begin{pmatrix} p \\ q \end{pmatrix}\right)+f\left(\begin{pmatrix} s \\ t \end{pmatrix}\right)$$

$\begin{pmatrix} p \\ q \end{pmatrix}\in\mathrm{R}^2$，$c\in\mathrm{R}$ に対して

$$f\left(c\begin{pmatrix} p \\ q \end{pmatrix}\right)=f\left(\begin{pmatrix} cp \\ cq \end{pmatrix}\right)=\begin{pmatrix} 3cp-2cq \\ cq \end{pmatrix}$$
$$=c\begin{pmatrix} 3p-2q \\ q \end{pmatrix}=cf\left(\begin{pmatrix} p \\ q \end{pmatrix}\right)$$

したがって，写像 f は **線形写像である。**

(2) $f\left(2\begin{pmatrix} 1 \\ 1 \end{pmatrix}\right)=f\left(\begin{pmatrix} 2 \\ 2 \end{pmatrix}\right)=\begin{pmatrix} 1 \\ 2 \end{pmatrix}$，$2f\left(\begin{pmatrix} 1 \\ 1 \end{pmatrix}\right)=2\begin{pmatrix} 1 \\ 1 \end{pmatrix}=\begin{pmatrix} 2 \\ 2 \end{pmatrix}$

よって　$f\left(2\begin{pmatrix} 1 \\ 1 \end{pmatrix}\right)\neq 2f\left(\begin{pmatrix} 1 \\ 1 \end{pmatrix}\right)$

したがって，写像 f は **線形写像でない。**

PRACTICE … 44

(1) 次で定められる写像 $f: \mathrm{R} \longrightarrow \mathrm{R}$ は，線形写像でないことを示せ。

(ア) $f(x)=2x+1$　　(イ) $f(x)=x^3$

(2) 次で定められる写像 $f: \mathrm{R}^2 \longrightarrow \mathrm{R}^2$ は，線形写像であることを示せ。

(ア) $f\left(\begin{pmatrix} x \\ y \end{pmatrix}\right)=\begin{pmatrix} x+y \\ x \end{pmatrix}$　　(イ) $f\left(\begin{pmatrix} x \\ y \end{pmatrix}\right)=\begin{pmatrix} 0 \\ y \end{pmatrix}$

基本 例題 090 線形写像と1次結合の定理の証明 ★★☆

V, W をベクトル空間とする。写像 $f: V \longrightarrow W$ が線形写像であるための必要十分条件は，$\boldsymbol{v}_1 \in V$，$\boldsymbol{v}_2 \in V$，……，$\boldsymbol{v}_n \in V$，$a_1 \in \mathbb{R}$，$a_2 \in \mathbb{R}$，……，$a_n \in \mathbb{R}$ に対して，$f(a_1\boldsymbol{v}_1 + a_2\boldsymbol{v}_2 + \cdots\cdots + a_n\boldsymbol{v}_n) = a_1 f(\boldsymbol{v}_1) + a_2 f(\boldsymbol{v}_2) + \cdots\cdots + a_n f(\boldsymbol{v}_n)$ が成り立つことであることを示せ。

◀ p. 158 基本事項A

GUIDE & SOLUTION

$f(a_1\boldsymbol{v}_1 + a_2\boldsymbol{v}_2 + \cdots\cdots + a_n\boldsymbol{v}_n) = a_1 f(\boldsymbol{v}_1) + a_2 f(\boldsymbol{v}_2) + \cdots\cdots + a_n f(\boldsymbol{v}_n)$ について，
$n=1$, 2 のときを考えると，写像 f が線形写像であることの定義になっている。

解答

$\boldsymbol{v}_1 \in V$，$\boldsymbol{v}_2 \in V$，……，$\boldsymbol{v}_n \in V$，$a_1 \in \mathbb{R}$，$a_2 \in \mathbb{R}$，……，$a_n \in \mathbb{R}$ に対して，
$f(a_1\boldsymbol{v}_1 + a_2\boldsymbol{v}_2 + \cdots\cdots + a_n\boldsymbol{v}_n) = a_1 f(\boldsymbol{v}_1) + a_2 f(\boldsymbol{v}_2) + \cdots\cdots + a_n f(\boldsymbol{v}_n)$ …… ① とする。
写像 $f: V \longrightarrow W$ を線形写像であるならば，$n \in \mathbb{N}$ とするとき，
$\boldsymbol{v}_1 \in V$，$\boldsymbol{v}_2 \in V$，……，$\boldsymbol{v}_n \in V$，$a_1 \in \mathbb{R}$，$a_2 \in \mathbb{R}$，……，$a_n \in \mathbb{R}$ に対して，① が成り立つことを示す。

[1] $n=1$ のとき

$\boldsymbol{v}_1 \in V$，$a_1 \in \mathbb{R}$ に対して，$f(a_1\boldsymbol{v}_1) = a_1 f(\boldsymbol{v}_1)$ が成り立つ。

[2] $n=k$ のとき

$\boldsymbol{v}_1 \in V$，$\boldsymbol{v}_2 \in V$，……，$\boldsymbol{v}_k \in V$，$a_1 \in \mathbb{R}$，$a_2 \in \mathbb{R}$，……，$a_k \in \mathbb{R}$ に対して，
$f(a_1\boldsymbol{v}_1 + a_2\boldsymbol{v}_2 + \cdots\cdots + a_k\boldsymbol{v}_k) = a_1 f(\boldsymbol{v}_1) + a_2 f(\boldsymbol{v}_2) + \cdots\cdots + a_k f(\boldsymbol{v}_k)$ …… ② が成り立つと仮定する。

$n=k+1$ のときを考えると，$\boldsymbol{v}_1 \in V$，$\boldsymbol{v}_2 \in V$，……，$\boldsymbol{v}_k \in V$，$\boldsymbol{v}_{k+1} \in V$，
$a_1 \in \mathbb{R}$，$a_2 \in \mathbb{R}$，……，$a_k \in \mathbb{R}$，$a_{k+1} \in \mathbb{R}$ に対して，写像 f の線形性と ② から

$$f(a_1\boldsymbol{v}_1 + a_2\boldsymbol{v}_2 + \cdots\cdots + a_k\boldsymbol{v}_k + a_{k+1}\boldsymbol{v}_{k+1})$$
$$= f(a_1\boldsymbol{v}_1 + a_2\boldsymbol{v}_2 + \cdots\cdots + a_k\boldsymbol{v}_k) + f(a_{k+1}\boldsymbol{v}_{k+1})$$

◀写像 f の線形性から。

$$= a_1 f(\boldsymbol{v}_1) + a_2 f(\boldsymbol{v}_2) + \cdots\cdots + a_k f(\boldsymbol{v}_k) + a_{k+1} f(\boldsymbol{v}_{k+1})$$

◀② から。

よって，$n=k+1$ のときも ① は成り立つ。

[1]，[2] から，すべての $n \in \mathbb{N}$ について，$\boldsymbol{v}_1 \in V$，$\boldsymbol{v}_2 \in V$，……，$\boldsymbol{v}_n \in V$，
$a_1 \in \mathbb{R}$，$a_2 \in \mathbb{R}$，……，$a_n \in \mathbb{R}$ に対して，① は成り立つ。
逆は成り立つから，写像 $f: V \longrightarrow W$ が線形写像であるための必要十分条件は，
$\boldsymbol{v}_1 \in V$，$\boldsymbol{v}_2 \in V$，……，$\boldsymbol{v}_n \in V$，$a_1 \in \mathbb{R}$，$a_2 \in \mathbb{R}$，……，$a_n \in \mathbb{R}$ に対して，
$f(a_1\boldsymbol{v}_1 + a_2\boldsymbol{v}_2 + \cdots\cdots + a_n\boldsymbol{v}_n) = a_1 f(\boldsymbol{v}_1) + a_2 f(\boldsymbol{v}_2) + \cdots\cdots + a_n f(\boldsymbol{v}_n)$ が成り立つことである。

■

基本 例題 091 逆行列と逆写像 ★☆☆

線形写像 $f:\mathbb{R}^3\longrightarrow\mathbb{R}^3$ を $f\left(\begin{pmatrix}x\\y\\z\end{pmatrix}\right)=\begin{pmatrix}x+y+z\\x-y-z\\x+y-z\end{pmatrix}$ で定める。

(1) Aを3次正方行列とし，行列Aによって定まる線形写像を $g_A:\mathbb{R}^3\longrightarrow\mathbb{R}^3$ とする。$f=g_A$ となるとき，行列Aを求めよ。

(2) 線形写像 $h:\mathbb{R}^3\longrightarrow\mathbb{R}^3$ を $h\left(\begin{pmatrix}u\\v\\w\end{pmatrix}\right)=\dfrac{1}{2}\begin{pmatrix}u+v\\-v+w\\u-w\end{pmatrix}$ で定めるとき，線形写像hは線形写像fの逆写像であることを示せ。

(3) Bを3次正方行列とし，行列Bによって定まる線形写像を $k_B:\mathbb{R}^3\longrightarrow\mathbb{R}^3$ とする。$h=k_B$ となるとき，行列Bを求めよ。また，行列Bは行列Aの逆行列であることを示せ。

p. 159 基本事項C

GUIDE & SOLUTION

(2) $h\circ f=\mathrm{id}_{\mathbb{R}^3}$，$f\circ h=\mathrm{id}_{\mathbb{R}^3}$ となることを示す。

(3) $BA=AB=E_3$ となることを示す。

解答

(1) $\boldsymbol{A=\begin{pmatrix}1&1&1\\1&-1&-1\\1&1&-1\end{pmatrix}}$

実際，$g_A\left(\begin{pmatrix}x\\y\\z\end{pmatrix}\right)=\begin{pmatrix}1&1&1\\1&-1&-1\\1&1&-1\end{pmatrix}\begin{pmatrix}x\\y\\z\end{pmatrix}=\begin{pmatrix}x+y+z\\x-y-z\\x+y-z\end{pmatrix}=f\left(\begin{pmatrix}x\\y\\z\end{pmatrix}\right)$ である。

(2)
$$h\circ f\left(\begin{pmatrix}x\\y\\z\end{pmatrix}\right)=h\left(f\left(\begin{pmatrix}x\\y\\z\end{pmatrix}\right)\right)$$
$$=h\left(\begin{pmatrix}x+y+z\\x-y-z\\x+y-z\end{pmatrix}\right)$$
$$=\frac{1}{2}\begin{pmatrix}(x+y+z)+(x-y-z)\\-(x-y-z)+(x+y-z)\\(x+y+z)-(x+y-z)\end{pmatrix}$$
$$=\frac{1}{2}\begin{pmatrix}2x\\2y\\2z\end{pmatrix}=\begin{pmatrix}x\\y\\z\end{pmatrix}$$

$$f\circ h\left(\begin{pmatrix}u\\v\\w\end{pmatrix}\right)=f\left(h\left(\begin{pmatrix}u\\v\\w\end{pmatrix}\right)\right)=f\left(\frac{1}{2}\begin{pmatrix}u+v\\-v+w\\u-w\end{pmatrix}\right)$$

$$=\begin{pmatrix}\frac{1}{2}(u+v)+\frac{1}{2}(-v+w)+\frac{1}{2}(u-w)\\\frac{1}{2}(u+v)-\frac{1}{2}(-v+w)-\frac{1}{2}(u-w)\\\frac{1}{2}(u+v)+\frac{1}{2}(-v+w)-\frac{1}{2}(u-w)\end{pmatrix}=\begin{pmatrix}u\\v\\w\end{pmatrix}$$

よって，線形写像hは線形写像fの逆写像である。■

(3) $\boldsymbol{B=\frac{1}{2}\begin{pmatrix}1&1&0\\0&-1&1\\1&0&-1\end{pmatrix}}$

実際，$k_B\left(\begin{pmatrix}u\\v\\w\end{pmatrix}\right)=\frac{1}{2}\begin{pmatrix}1&1&0\\0&-1&1\\1&0&-1\end{pmatrix}\begin{pmatrix}u\\v\\w\end{pmatrix}=\frac{1}{2}\begin{pmatrix}u+v\\-v+w\\u-w\end{pmatrix}h=\left(\begin{pmatrix}u\\v\\w\end{pmatrix}\right)$である。

また $BA=\frac{1}{2}\begin{pmatrix}1&1&0\\0&-1&1\\1&0&-1\end{pmatrix}\begin{pmatrix}1&1&1\\1&-1&-1\\1&1&-1\end{pmatrix}=\begin{pmatrix}1&0&0\\0&1&0\\0&0&1\end{pmatrix}$

$AB=\frac{1}{2}\begin{pmatrix}1&1&1\\1&-1&-1\\1&1&-1\end{pmatrix}\begin{pmatrix}1&1&0\\0&-1&1\\1&0&-1\end{pmatrix}=\begin{pmatrix}1&0&0\\0&1&0\\0&0&1\end{pmatrix}$

よって，行列Bは行列Aの逆行列である。■

PRACTICE … 45

V，Wをベクトル空間とし，$\mathbf{0}_W$をWの零ベクトルとする。写像$f:V\longrightarrow W$を，任意の$\boldsymbol{v}\in V$に対して$f(\boldsymbol{v})=\mathbf{0}_W$で定めると，写像$f$は線形写像であることを示せ。

PRACTICE … 46

(1) 線形写像$f:\mathbb{R}^2\longrightarrow\mathbb{R}^2$が，$f\left(\begin{pmatrix}x\\y\end{pmatrix}\right)=\begin{pmatrix}3x-2y\\y\end{pmatrix}$で定められているとする。$A$を2次正方行列とし，行列$A$によって定まる線形写像を$g_A:\mathbb{R}^2\longrightarrow\mathbb{R}^2$とするとき，$f=g_A$となるような行列$A$を求めよ。

(2) 線形写像$h:\mathbb{R}^2\longrightarrow\mathbb{R}^2$が，$h\left(\begin{pmatrix}x\\y\end{pmatrix}\right)=\begin{pmatrix}x+y\\x\end{pmatrix}$で定められているとする。$B$を2次正方行列とし，行列$B$によって定まる線形写像を$k_B:\mathbb{R}^2\longrightarrow\mathbb{R}^2$とするとき，$h=k_B$となるような行列$B$を求めよ。

(3) 線形写像$l:\mathbb{R}^2\longrightarrow\mathbb{R}^2$が，$l\left(\begin{pmatrix}x\\y\end{pmatrix}\right)=\begin{pmatrix}0\\y\end{pmatrix}$で定められているとする。$C$を2次正方行列とし，行列$C$によって定まる線形写像を$m_C:\mathbb{R}^2\longrightarrow\mathbb{R}^2$とするとき，$l=m_C$となるような行列$C$を求めよ。

基本 例題 092 同型写像の逆写像は同型写像であることの証明 ★☆☆

$A=\begin{pmatrix} 0 & 1 \\ -1 & 1 \end{pmatrix}$ とし，行列Aによって定まる線形写像を $f_A: \mathbb{R}^2 \longrightarrow \mathbb{R}^2$ とする。

(1) 線形写像 f_A は同型写像であることを示せ。

(2) 線形写像 f_A の逆写像を求め，それが同型写像であることを示せ。

p. 159 基本事項D

GUIDE & SOLUTION

(1) 線形写像 f_A が全単射であることを示す。

(2) 行列Aの逆行列によって定まる線形写像を考えるとよい。また，線形写像 f_A の逆写像が全単射であることを示す際は，全単射な写像の逆写像は全単射であることを利用する。

解答

(1) 任意の $\begin{pmatrix} x \\ y \end{pmatrix} \in \mathbb{R}^2$ に対して，$\begin{pmatrix} x-y \\ x \end{pmatrix} \in \mathbb{R}^2$ と考えると

$$f_A\left(\begin{pmatrix} x-y \\ x \end{pmatrix}\right)=\begin{pmatrix} 0 & 1 \\ -1 & 1 \end{pmatrix}\begin{pmatrix} x-y \\ x \end{pmatrix}=\begin{pmatrix} x \\ y \end{pmatrix}$$

よって，線形写像 f_A は全射である。

また，$\begin{pmatrix} x_1 \\ y_1 \end{pmatrix} \in \mathbb{R}^2$，$\begin{pmatrix} x_2 \\ y_2 \end{pmatrix} \in \mathbb{R}^2$ に対し，$f_A\left(\begin{pmatrix} x_1 \\ y_1 \end{pmatrix}\right)=f_A\left(\begin{pmatrix} x_2 \\ y_2 \end{pmatrix}\right)$ すなわち

$\begin{pmatrix} y_1 \\ -x_1+y_1 \end{pmatrix}=\begin{pmatrix} y_2 \\ -x_2+y_2 \end{pmatrix}$ とすると，$\begin{pmatrix} x_1 \\ y_1 \end{pmatrix}=\begin{pmatrix} x_2 \\ y_2 \end{pmatrix}$ が成り立つから，線形写像 f_A は単射である。

したがって，線形写像 f_A は全単射であるから，同型写像である。 ■

(2) 行列Aの逆行列をBとすると　$B=\begin{pmatrix} 1 & -1 \\ 1 & 0 \end{pmatrix}$

行列Bによって定まる線形写像を $g_B: \mathbb{R}^2 \longrightarrow \mathbb{R}^2$ とする。

$\begin{pmatrix} x \\ y \end{pmatrix} \in \mathbb{R}^2$ に対して　$(g_B \circ f_A)\left(\begin{pmatrix} x \\ y \end{pmatrix}\right)=g_B\left(f_A\left(\begin{pmatrix} x \\ y \end{pmatrix}\right)\right)=\begin{pmatrix} 1 & -1 \\ 1 & 0 \end{pmatrix}\begin{pmatrix} 0 & 1 \\ -1 & 1 \end{pmatrix}\begin{pmatrix} x \\ y \end{pmatrix}=\begin{pmatrix} x \\ y \end{pmatrix}$

$\begin{pmatrix} u \\ v \end{pmatrix} \in \mathbb{R}^2$ に対して　$(f_A \circ g_B)\left(\begin{pmatrix} u \\ v \end{pmatrix}\right)=f_A\left(g_B\left(\begin{pmatrix} u \\ v \end{pmatrix}\right)\right)=\begin{pmatrix} 0 & 1 \\ -1 & 1 \end{pmatrix}\begin{pmatrix} 1 & -1 \\ 1 & 0 \end{pmatrix}\begin{pmatrix} u \\ v \end{pmatrix}=\begin{pmatrix} u \\ v \end{pmatrix}$

よって，**$B=\begin{pmatrix} 1 & -1 \\ 1 & 0 \end{pmatrix}$ によって定まる線形写像 $g_B: \mathbb{R}^2 \longrightarrow \mathbb{R}^2$** は線形写像 f_A の逆写像である。

また，線形写像 f_A は線形写像 g_B の逆写像であるから，線形写像 g_B は全単射である。

したがって，線形写像 g_B は同型写像である。 ■

2 線形写像とベクトル空間の部分空間

基本事項

A 線形写像の像と逆像

定理 ベクトル空間の部分空間と線形写像

V, W をベクトル空間とし，$f: V \longrightarrow W$ を線形写像とする。
[1] V' を V の部分空間とするとき，$f(V')=\{f(\boldsymbol{v})\in W \mid \boldsymbol{v}\in V'\}$ は W の部分空間である。
[2] W' を W の部分空間とするとき，$f^{-1}(W')=\{\boldsymbol{v}\in V \mid f(\boldsymbol{v})\in W'\}$ は V の部分空間である。

定理 生成系と線形写像

V, W をベクトル空間とし，$f: V \longrightarrow W$ を線形写像とする。V' を V の部分空間とし，$\boldsymbol{v}_1\in V$, $\boldsymbol{v}_2\in V$, ……, $\boldsymbol{v}_n\in V$ によって，$V'=\langle \boldsymbol{v}_1, \boldsymbol{v}_2, \cdots\cdots, \boldsymbol{v}_n\rangle$ となるとき，
$f(V')=\langle f(\boldsymbol{v}_1), f(\boldsymbol{v}_2), \cdots\cdots, f(\boldsymbol{v}_n)\rangle$ となる。
したがって，$\dim f(V') \leqq \dim V'$ が成り立つ。

定理 行列の階数と線形写像の像

A を $m\times n$ 行列とするとき，行列 A によって定まる線形写像 $f_A: \mathrm{R}^n \longrightarrow \mathrm{R}^m$ について，
$\dim f_A(\mathrm{R}^n)=\mathrm{rank}\, A$ が成り立つ。

定義 線形写像の階数

V, W をベクトル空間とし，$f: V \longrightarrow W$ を線形写像とする。このとき，W の部分空間 $f(V)$ の次元を，**線形写像 f の階数** といい，$\mathrm{rank}\, f$ と表す。すなわち，
$\mathrm{rank}\, f=\dim f(V)$ である。

B 線形写像の核

定義 線形写像の核

V, W をベクトル空間とし，$f: V \longrightarrow W$ を線形写像とする。W の零ベクトルだけからなる W の部分空間 $\{\boldsymbol{0}_W\}$ の，線形写像 f による逆像 $f^{-1}(\{\boldsymbol{0}_W\})\subset V$ を，f の **核**（カーネル）といい，$\mathrm{Ker}(f)$ と表す。
すなわち，$\mathrm{Ker}(f)=\{\boldsymbol{v}\in V \mid f(\boldsymbol{v})=\boldsymbol{0}_W\}$ である。

定理 単射性と核

V, W をベクトル空間とし，$f: V \longrightarrow W$ を線形写像とする。線形写像 f が単射であるための必要十分条件は，$\mathrm{Ker}(f)=\{\boldsymbol{0}_V\}$ が成り立つことである。

定理　連立1次方程式の解と線形写像

A を $m\times n$ 行列，$\boldsymbol{b}$ を m 次元列ベクトルとして，連立1次方程式 $A\boldsymbol{x}=\boldsymbol{b}$ ……(＊) を考える（ただし，$\boldsymbol{x}$ は n 個の変数を成分とする未知数ベクトルである）。行列 A によって定まる線形写像を $f_A:\mathbb{R}^n\longrightarrow\mathbb{R}^m$ とする。

[1]　連立1次方程式 (＊) が解をもつための必要十分条件は，$\boldsymbol{b}\in f_A(\mathbb{R}^n)$ が成り立つことである。

[2]　上の条件が成り立つとき，連立1次方程式 (＊) の解は，1つの解 $\boldsymbol{x}=\boldsymbol{v}_0\in\mathbb{R}^n$ を用いて，$\boldsymbol{x}=\boldsymbol{v}_0+\boldsymbol{v}$ $(\boldsymbol{v}\in\mathrm{Ker}(f_A))$ と表される。更に，その解の自由度は $\dim\mathrm{Ker}(f_A)$ である。

3 線形写像と次元

基本事項

A　線形写像の像と核の次元

定理　線形写像と次元

V，W をベクトル空間とし，$f:V\longrightarrow W$ を線形写像とするとき，
$\dim V=\mathrm{rank}\,f+\dim\mathrm{Ker}(f)$ が成り立つ。

補足　線形写像の階数の定義により，$\mathrm{rank}\,f=\dim f(V)$ であるから，上の等式は
$\dim V=\dim f(V)+\dim\mathrm{Ker}(f)$ とも書ける。

B　線形写像の単射・全射・全単射と次元

系　単射・全射と次元

V，W をベクトル空間とし，$f:V\longrightarrow W$ を線形写像とする。

[1]　f が単射ならば，$\dim V\leqq\dim W$ が成り立つ。
　　f が全射ならば，$\dim V\geqq\dim W$ が成り立つ。

[2]　$\dim V=\dim W$ ならば，次の3つの条件は同値である。
　(ア)　f は単射である。　(イ)　f は全射である。
　(ウ)　f は全単射である（すなわち，同型写像である）。

単射・全射と次元の系 [1] の対偶を考えると，線形写像の定義域と終域の次元が異なれば，その線形写像は全単射でない（同型写像でない）ことがわかる。すなわち，V，W をベクトル空間とするとき，$\dim V\neq\dim W$ ならば $V\not\cong W$ が成り立つ。
逆に，$\dim V=\dim W$ ならば，V，W の間には全単射な線形写像（同型写像）が存在する。

定理　ベクトル空間の同型と次元

V，W をベクトル空間とするとき，$V\cong W$ が成り立つ，すなわち V，W の間に同型写像が存在するための必要十分条件は，$\dim V=\dim W$ が成り立つことである。

この定理により，次元の等しいベクトル空間は同型であることから同じものとみなせる。

基本 例題 093 線形写像の像の基底 ★☆☆

$A=\begin{pmatrix}1&0&3&2&1\\0&3&-4&-1&-2\\1&-3&7&3&3\\2&3&2&3&0\end{pmatrix}$ とし，行列Aによって定まる線形写像を

$f_A: \mathbb{R}^5 \longrightarrow \mathbb{R}^4$ とするとき，$f_A(\mathbb{R}^5)$ の基底を1組求めよ。

また，$\mathrm{rank}\, f_A$ を求めよ。

p. 166 基本事項A

GUIDE & SOLUTION

行列Aを簡約階段化し，得られた簡約階段化行列の主列の組が $f_A(\mathbb{R}^5)$ の基底である。また，線形写像の階数の定義から $\mathrm{rank}\, f_A=\dim f_A(\mathbb{R}^5)$ であり，行列の階数と線形写像の像の定理により $\dim f_A(\mathbb{R}^5)=\mathrm{rank}\, A$ であることから，$\mathrm{rank}\, f_A$ を求めることができる。

解答

行列Aを簡約階段化すると

$$\begin{pmatrix}1&0&3&2&1\\0&3&-4&-1&-2\\1&-3&7&3&3\\2&3&2&3&0\end{pmatrix}$$

$$\xrightarrow{①\times(-1)+③}\begin{pmatrix}1&0&3&2&1\\0&3&-4&-1&-2\\0&-3&4&1&2\\2&3&2&3&0\end{pmatrix}$$

$$\xrightarrow{①\times(-2)+④}\begin{pmatrix}1&0&3&2&1\\0&3&-4&-1&-2\\0&-3&4&1&2\\0&3&-4&-1&-2\end{pmatrix}\xrightarrow{②\times\frac{1}{3}}\begin{pmatrix}1&0&3&2&1\\0&1&-\frac{4}{3}&-\frac{1}{3}&-\frac{2}{3}\\0&-3&4&1&2\\0&3&-4&-1&-2\end{pmatrix}$$

$$\xrightarrow{②\times3+③}\begin{pmatrix}1&0&3&2&1\\0&1&-\frac{4}{3}&-\frac{1}{3}&-\frac{2}{3}\\0&0&0&0&0\\0&3&-4&-1&-2\end{pmatrix}\xrightarrow{②\times(-3)+④}\begin{pmatrix}1&0&3&2&1\\0&1&-\frac{4}{3}&-\frac{1}{3}&-\frac{2}{3}\\0&0&0&0&0\\0&0&0&0&0\end{pmatrix}$$

よって，$f_A(\mathbb{R}^5)$ の基底は $\left\{\begin{pmatrix}\mathbf{1}\\\mathbf{0}\\\mathbf{1}\\\mathbf{2}\end{pmatrix}, \begin{pmatrix}\mathbf{0}\\\mathbf{3}\\\mathbf{-3}\\\mathbf{3}\end{pmatrix}\right\}$

また　$\mathrm{rank}\, f_A=\dim f_A(\mathbb{R}^5)=\mathrm{rank}\, A=\mathbf{2}$

基本 例題 094 線形写像の核の基底 ★☆☆

$A=\begin{pmatrix} 1 & 0 & 3 & 2 & 1 \\ 0 & 3 & -4 & -1 & -2 \\ 1 & -3 & 7 & 3 & 3 \\ 2 & 3 & 2 & 3 & 0 \end{pmatrix}$ とし，行列Aによって定まる線形写像を

$f_A : \mathbb{R}^5 \longrightarrow \mathbb{R}^4$ とするとき，$\mathrm{Ker}(f_A)$ の基底を 1 組求めよ。

p. 166 基本事項B

GUIDE & SOLUTION

$\mathrm{Ker}(f_A)$ は同次連立 1 次方程式 $A\boldsymbol{x}=\boldsymbol{0}$ の解空間であるから，同次連立 1 次方程式 $A\boldsymbol{x}=\boldsymbol{0}$ を解けばよい。
まずは行列Aを簡約階段化することを考えるが，それは既に基本例題 093 で求めているため，それを利用するとよい。

解答

行列Aを簡約階段化すると

$$\begin{pmatrix} 1 & 0 & 3 & 2 & 1 \\ 0 & 3 & -4 & -1 & -2 \\ 1 & -3 & 7 & 3 & 3 \\ 2 & 3 & 2 & 3 & 0 \end{pmatrix} \longrightarrow \begin{pmatrix} 1 & 0 & 3 & 2 & 1 \\ 0 & 1 & -\frac{4}{3} & -\frac{1}{3} & -\frac{2}{3} \\ 0 & 0 & 0 & 0 & 0 \\ 0 & 0 & 0 & 0 & 0 \end{pmatrix}$$

◀基本例題 093 より。

よって，$\boldsymbol{x}=\begin{pmatrix} x \\ y \\ z \\ u \\ v \end{pmatrix}$，$\boldsymbol{0}=\begin{pmatrix} 0 \\ 0 \\ 0 \\ 0 \end{pmatrix}$ として，同次連立 1 次方程式 $A\boldsymbol{x}=\boldsymbol{0}$ ……(＊) を考えると，

同次連立 1 次方程式 (＊) は

$$\begin{cases} x + 3z + 2u + v = 0 \\ y - \frac{4}{3}z - \frac{1}{3}u - \frac{2}{3}v = 0 \end{cases}$$

と同値である。

これを解くと $\begin{cases} x = -9c - 6d - 3e \\ y = 4c + d + 2e \\ z = 3c \\ u = 3d \\ v = 3e \end{cases}$ （c，d，e は任意定数）

すなわち $\begin{pmatrix} x \\ y \\ z \\ u \\ v \end{pmatrix}=c\begin{pmatrix} -9 \\ 4 \\ 3 \\ 0 \\ 0 \end{pmatrix}+d\begin{pmatrix} -6 \\ 1 \\ 0 \\ 3 \\ 0 \end{pmatrix}+e\begin{pmatrix} -3 \\ 2 \\ 0 \\ 0 \\ 3 \end{pmatrix}$ (c, d, e は任意定数)

したがって $\mathrm{Ker}(f_A)=\left\langle \begin{pmatrix} -9 \\ 4 \\ 3 \\ 0 \\ 0 \end{pmatrix}, \begin{pmatrix} -6 \\ 1 \\ 0 \\ 3 \\ 0 \end{pmatrix}, \begin{pmatrix} -3 \\ 2 \\ 0 \\ 0 \\ 3 \end{pmatrix} \right\rangle$

また，$p\in\mathbb{R}$，$q\in\mathbb{R}$，$r\in\mathbb{R}$ として，$p\begin{pmatrix} -9 \\ 4 \\ 3 \\ 0 \\ 0 \end{pmatrix}+q\begin{pmatrix} -6 \\ 1 \\ 0 \\ 3 \\ 0 \end{pmatrix}+r\begin{pmatrix} -3 \\ 2 \\ 0 \\ 0 \\ 3 \end{pmatrix}=\begin{pmatrix} 0 \\ 0 \\ 0 \\ 0 \\ 0 \end{pmatrix}$ ……(＊)

を考えると，$p=q=r=0$ であるから，(＊) は自明な1次関係式に限られる。

よって，$\left\{ \begin{pmatrix} -9 \\ 4 \\ 3 \\ 0 \\ 0 \end{pmatrix}, \begin{pmatrix} -6 \\ 1 \\ 0 \\ 3 \\ 0 \end{pmatrix}, \begin{pmatrix} -3 \\ 2 \\ 0 \\ 0 \\ 3 \end{pmatrix} \right\}$ は1次独立である。

以上から，$\mathrm{Ker}(f_A)$ の基底は

$$\left\{ \begin{pmatrix} \mathbf{-9} \\ \mathbf{4} \\ \mathbf{3} \\ \mathbf{0} \\ \mathbf{0} \end{pmatrix}, \begin{pmatrix} \mathbf{-6} \\ \mathbf{1} \\ \mathbf{0} \\ \mathbf{3} \\ \mathbf{0} \end{pmatrix}, \begin{pmatrix} \mathbf{-3} \\ \mathbf{2} \\ \mathbf{0} \\ \mathbf{0} \\ \mathbf{3} \end{pmatrix} \right\}$$

PRACTICE … 47

$A=\begin{pmatrix} 2 & -1 & 4 \\ 1 & 3 & -1 \\ 1 & 1 & 1 \end{pmatrix}$，$V=\left\langle \begin{pmatrix} 1 \\ 0 \\ 3 \end{pmatrix} \right\rangle$ とし，行列 A によって定まる線形写像を

$f_A : \mathbb{R}^3 \longrightarrow \mathbb{R}^3$ とするとき，次の問いに答えよ。

(1) V を定義域 $\mathbb{R}^3$ の部分空間とみなすとき，$\dim f_A(V)$ を求めよ。

(2) V を終域 $\mathbb{R}^3$ の部分空間とみなすとき，$\dim f_A{}^{-1}(V)$ を求めよ。

重要 例題 095 線形写像の像の基底と零因子 ★☆☆

$A=\begin{pmatrix}1 & 2 & 6 & 7\\ 3 & 1 & 3 & 16\\ 3 & -4 & -12 & 11\end{pmatrix}$ とし，行列Aによって定まる線形写像を

$f_A : \mathrm{R}^4 \longrightarrow \mathrm{R}^3$ とする。

(1) $f_A(\mathrm{R}^4)$ の基底を1組求めよ。また，$\mathrm{rank}\, f_A$ を求めよ。

(2) Bを3次正方行列，Oを 3×4 零行列とするとき，$BA=O$ となるように行列Bを定めよ。ただし，行列Bは 3×3 零行列でないとする。

p. 166 基本事項A

GUIDE & SOLUTION

(1) 基本例題 093 と同様にして求める。

(2) (1)で $f_A(\mathrm{R}^4)$ の基底が得られたから，その基底を構成する各ベクトルに行列Bを左から掛けて3次元零ベクトルとなるように行列Bを定めればよい。行列Bは 3×3 零行列でなければよいため，例えば $B=\begin{pmatrix}s & t & u\\ 0 & 0 & 0\\ 0 & 0 & 0\end{pmatrix}$ $((s,\ t,\ u)\neq(0,\ 0,\ 0))$ として考えるとよい。

解答

(1) 行列Aを簡約階段化すると

$$\begin{pmatrix}1 & 2 & 6 & 7\\ 3 & 1 & 3 & 16\\ 3 & -4 & -12 & 11\end{pmatrix}$$

$$\xrightarrow{①\times(-3)+②}\begin{pmatrix}1 & 2 & 6 & 7\\ 0 & -5 & -15 & -5\\ 3 & -4 & -12 & 11\end{pmatrix}$$

$$\xrightarrow{①\times(-3)+③}\begin{pmatrix}1 & 2 & 6 & 7\\ 0 & -5 & -15 & -5\\ 0 & -10 & -30 & -10\end{pmatrix}\xrightarrow{②\times\left(-\frac{1}{5}\right)}\begin{pmatrix}1 & 2 & 6 & 7\\ 0 & 1 & 3 & 1\\ 0 & -10 & -30 & -10\end{pmatrix}$$

$$\xrightarrow{②\times(-2)+①}\begin{pmatrix}1 & 0 & 0 & 5\\ 0 & 1 & 3 & 1\\ 0 & -10 & -30 & -10\end{pmatrix}\xrightarrow{②\times 10+③}\begin{pmatrix}1 & 0 & 0 & 5\\ 0 & 1 & 3 & 1\\ 0 & 0 & 0 & 0\end{pmatrix}$$

よって，$f_A(\mathrm{R}^4)$ の基底は $\left\{\begin{pmatrix}\mathbf{1}\\ \mathbf{3}\\ \mathbf{3}\end{pmatrix},\ \begin{pmatrix}\mathbf{2}\\ \mathbf{1}\\ \mathbf{-4}\end{pmatrix}\right\}$

また　$\mathrm{rank}\, f_A=\dim f_A(\mathrm{R}^4)=\mathrm{rank}\, A=\mathbf{2}$

(2) $\boldsymbol{p}=\begin{pmatrix}1\\3\\3\end{pmatrix}$, $\boldsymbol{q}=\begin{pmatrix}2\\1\\-4\end{pmatrix}$, $\boldsymbol{0}=\begin{pmatrix}0\\0\\0\end{pmatrix}$ とする。

(1) から，$B\boldsymbol{p}=\boldsymbol{0}$，$B\boldsymbol{q}=\boldsymbol{0}$ ……① を満たすように行列Bを定めればよい。

そこで，$B=\begin{pmatrix}s & t & u\\0 & 0 & 0\\0 & 0 & 0\end{pmatrix}$ $((s,\ t,\ u)\neq(0,\ 0,\ 0))$ とすると

$$B\boldsymbol{p}=\begin{pmatrix}s & t & u\\0 & 0 & 0\\0 & 0 & 0\end{pmatrix}\begin{pmatrix}1\\3\\3\end{pmatrix}=\begin{pmatrix}s+3t+3u\\0\\0\end{pmatrix}$$

$$B\boldsymbol{q}=\begin{pmatrix}s & t & u\\0 & 0 & 0\\0 & 0 & 0\end{pmatrix}\begin{pmatrix}2\\1\\-4\end{pmatrix}=\begin{pmatrix}2s+t-4u\\0\\0\end{pmatrix}$$

① から $\begin{cases}s+3t+3u=0\\2s+\ t-4u=0\end{cases}$ ……②

すなわち $\begin{pmatrix}1 & 3 & 3\\2 & 1 & -4\end{pmatrix}\begin{pmatrix}s\\t\\u\end{pmatrix}=\begin{pmatrix}0\\0\end{pmatrix}$

行列 $\begin{pmatrix}1 & 3 & 3\\2 & 1 & -4\end{pmatrix}$ を簡約階段化すると

$$\begin{pmatrix}1 & 3 & 3\\2 & 1 & -4\end{pmatrix}\xrightarrow{①\times(-2)+②}\begin{pmatrix}1 & 3 & 3\\0 & -5 & -10\end{pmatrix}$$

$$\xrightarrow{②\times\left(-\frac{1}{5}\right)}\begin{pmatrix}1 & 3 & 3\\0 & 1 & 2\end{pmatrix}\xrightarrow{②\times(-3)+①}\begin{pmatrix}1 & 0 & -3\\0 & 1 & 2\end{pmatrix}$$

よって，同次連立1次方程式②は $\begin{cases}s\ -3u=0\\\ \ t+2u=0\end{cases}$ と同値である。

これを解くと

$$\begin{cases}s=\ \ 3c\\t=-2c\\u=\ \ c\end{cases}\quad (c\text{ は任意定数})$$

そこで例えば，$\begin{cases}s=\ \ 3\\t=-2\\u=\ \ 1\end{cases}$ とすると，$\boldsymbol{B}=\begin{pmatrix}\boldsymbol{3} & \boldsymbol{-2} & \boldsymbol{1}\\\boldsymbol{0} & \boldsymbol{0} & \boldsymbol{0}\\\boldsymbol{0} & \boldsymbol{0} & \boldsymbol{0}\end{pmatrix}$ と定まる。

基本 例題 096 線形写像と次元の定理の確認 ★☆☆

$A=\begin{pmatrix} 1 & 8 & -1 \\ 7 & 2 & 20 \\ 3 & 6 & 6 \\ -5 & -4 & -13 \end{pmatrix}$ とし，行列Aによって定まる線形写像を $f_A : \mathrm{R}^3 \longrightarrow \mathrm{R}^4$

とするとき，$\mathrm{rank}\, f_A$，$\dim \mathrm{Ker}(f_A)$ をそれぞれ求め，

$\mathrm{rank}\, f_A + \dim \mathrm{Ker}(f_A) = 3$ が成り立つことを示せ。

◢ p. 167 基本事項A

GUIDE & SOLUTION

$\mathrm{rank}\, f_A$ は基本例題 093 と同様にして求める。$\dim \mathrm{Ker}(f_A)$ は基本例題 094 と同様にして $\mathrm{Ker}(f_A)$ の基底を求めることにより求められる。

解答

行列Aを簡約階段化すると

$$\begin{pmatrix} 1 & 8 & -1 \\ 7 & 2 & 20 \\ 3 & 6 & 6 \\ -5 & -4 & -13 \end{pmatrix}$$

$$\xrightarrow{①\times(-7)+②} \begin{pmatrix} 1 & 8 & -1 \\ 0 & -54 & 27 \\ 3 & 6 & 6 \\ -5 & -4 & -13 \end{pmatrix}$$

$$\xrightarrow{①\times(-3)+③} \begin{pmatrix} 1 & 8 & -1 \\ 0 & -54 & 27 \\ 0 & -18 & 9 \\ -5 & -4 & -13 \end{pmatrix} \xrightarrow{①\times 5+④} \begin{pmatrix} 1 & 8 & -1 \\ 0 & -54 & 27 \\ 0 & -18 & 9 \\ 0 & 36 & -18 \end{pmatrix}$$

$$\xrightarrow{②\times\left(-\frac{1}{54}\right)} \begin{pmatrix} 1 & 8 & -1 \\ 0 & 1 & -\frac{1}{2} \\ 0 & -18 & 9 \\ 0 & 36 & -18 \end{pmatrix} \xrightarrow{②\times(-8)+①} \begin{pmatrix} 1 & 0 & 3 \\ 0 & 1 & -\frac{1}{2} \\ 0 & -18 & 9 \\ 0 & 36 & -18 \end{pmatrix}$$

$$\xrightarrow{②\times 18+③} \begin{pmatrix} 1 & 0 & 3 \\ 0 & 1 & -\frac{1}{2} \\ 0 & 0 & 0 \\ 0 & 36 & -18 \end{pmatrix} \xrightarrow{②\times(-36)+④} \begin{pmatrix} 1 & 0 & 3 \\ 0 & 1 & -\frac{1}{2} \\ 0 & 0 & 0 \\ 0 & 0 & 0 \end{pmatrix}$$

よって　$\mathrm{rank}\, f_A = \dim f_A(\mathrm{R}^3) = \mathrm{rank}\, A = \mathbf{2}$

次に，$\boldsymbol{x}=\begin{pmatrix} x \\ y \\ z \end{pmatrix}$，$\boldsymbol{0}=\begin{pmatrix} 0 \\ 0 \\ 0 \\ 0 \end{pmatrix}$ として，同次連立 1 次方程式 $A\boldsymbol{x}=\boldsymbol{0}$ ……（＊）を考えると，同次連立 1 次方程式（＊）は $\begin{cases} x \ + \ 3z=0 \\ y-\dfrac{1}{2}z=0 \end{cases}$ と同値である。

これを解くと　$\begin{cases} x=-6c \\ y=\quad c \\ z=\ \ 2c \end{cases}$ （c は任意定数）

すなわち　$\begin{pmatrix} x \\ y \\ z \end{pmatrix}=c\begin{pmatrix} -6 \\ 1 \\ 2 \end{pmatrix}$ （c は任意定数）

よって　$\mathrm{Ker}(f_A)=\left\langle\begin{pmatrix} -6 \\ 1 \\ 2 \end{pmatrix}\right\rangle$

ゆえに，$\mathrm{Ker}(f_A)$ の基底として，$\left\{\begin{pmatrix} -6 \\ 1 \\ 2 \end{pmatrix}\right\}$ がとれるから　$\dim\mathrm{Ker}(f_A)=\mathbf{1}$

以上から，$\mathrm{rank}\, f_A+\dim\mathrm{Ker}(f_A)=3$ が成り立つ。 ■

補足　$f_A(\mathbb{R}^3)$ の基底は，$\left\{\begin{pmatrix} 1 \\ 7 \\ 3 \\ -5 \end{pmatrix}, \begin{pmatrix} 8 \\ 2 \\ 6 \\ -4 \end{pmatrix}\right\}$ である。

研究　$\boldsymbol{v}_1=\begin{pmatrix} 1 \\ 7 \\ 3 \\ -5 \end{pmatrix}$，$\boldsymbol{v}_2=\begin{pmatrix} 8 \\ 2 \\ 6 \\ -4 \end{pmatrix}$，$\boldsymbol{v}_3=\begin{pmatrix} -1 \\ 20 \\ 6 \\ -13 \end{pmatrix}$ とするとき，$f_A(\mathbb{R}^3)$ は $\boldsymbol{v}_1$，$\boldsymbol{v}_2$，$\boldsymbol{v}_3$ の 1 次結合全体からなる $\mathbb{R}^4$ の部分空間，すなわち $\{\boldsymbol{v}_1, \boldsymbol{v}_2, \boldsymbol{v}_3\}$ で生成された $\mathbb{R}^4$ の部分空間である。この部分空間を W とすると，その次元は $\boldsymbol{v}_1$，$\boldsymbol{v}_2$，$\boldsymbol{v}_3$ の 1 次独立な組を構成するベクトルの個数の最大値である。その値を r とすると，r を求めるには，$\boldsymbol{v}_1$，$\boldsymbol{v}_2$，$\boldsymbol{v}_3$ の独立で非自明な 1 次関係式（ここでの「独立」とは，その他の非自明な 1 次関係式の 1 次結合で表されないということである）の数を数えればよい。ところが，$s=\mathrm{Ker}(f_A)$ とすると，s 個の非自明な 1 次関係式が得られ，$r=3-s$ が成り立つことがわかる。本例題では，$\dim f_A(\mathbb{R}^3)$ $(=\mathrm{rank}\, f_A)$ と $\dim\mathrm{Ker}(f_A)$ をそれぞれ求めているが，$f_A(\mathbb{R}^3)$ の構造に着目すれば，$\dim f_A(\mathbb{R}^3)$ は $\dim\mathrm{Ker}(f_A)$ が求められた時点で自ずと判明するのである。実際，$\dim\mathrm{Ker}(f_A)=1$ であるから，$\dim f_A(\mathbb{R}^3)=3-1=2$ となる。また，$\boldsymbol{v}_1$，$\boldsymbol{v}_2$，$\boldsymbol{v}_3$ から任意の 2 つのベクトルを選んでその組を考えると，それは $f_A(\mathbb{R}^3)$ の基底である。

4 ▶ 線形写像と表現行列

基本事項

A　線形写像の決定

定理　線形写像の決定

V, W をベクトル空間とし，$\{\boldsymbol{v}_1, \boldsymbol{v}_2, \cdots\cdots, \boldsymbol{v}_n\}$ を V の基底とする。このとき，W の任意の n 個のベクトルの組 $\{\boldsymbol{w}_1, \boldsymbol{w}_2, \cdots\cdots, \boldsymbol{w}_n\}$ に対して，線形写像 $f: V \longrightarrow W$ が存在して，$f(\boldsymbol{v}_i)=\boldsymbol{w}_i$ $(i=1, 2, \cdots\cdots, n)$ を満たす。しかも，線形写像 f はただ1つに定まる。

定理　数ベクトル空間の間の線形写像

任意の線形写像 $f: \mathbb{R}^n \longrightarrow \mathbb{R}^m$ に対して，$m\times n$ 行列 A が存在し，任意の $\boldsymbol{v}\in\mathbb{R}^n$ に対して $f(\boldsymbol{v})=A\boldsymbol{v}$ が成り立つ。しかも，行列 A はただ1つに定まる。

B　線形写像の行列による表現

定義　線形写像の表現行列

V, W をベクトル空間とし，$\dim V=n$, $\dim W=m$ として，V の基底 $\{\boldsymbol{v}_1, \boldsymbol{v}_2, \cdots\cdots, \boldsymbol{v}_n\}$，$W$ の基底 $\{\boldsymbol{w}_1, \boldsymbol{w}_2, \cdots\cdots, \boldsymbol{w}_m\}$ が与えられているとする。このとき，$f: V \longrightarrow W$ を線形写像とすると，各 $\boldsymbol{v}_j\in V$ $(j=1, 2, \cdots\cdots, n)$ に対して，$f(\boldsymbol{v}_j)\in W$ であるから，$a_{1j}\in\mathbb{R}$, $a_{2j}\in\mathbb{R}$, ……, $a_{mj}\in\mathbb{R}$ を用いて

$$f(\boldsymbol{v}_j)=a_{1j}\boldsymbol{w}_1+a_{2j}\boldsymbol{w}_2+\cdots\cdots+a_{mj}\boldsymbol{w}_m \quad \cdots\cdots (*)$$

とただ1通りに表される。現れた mn 個の係数

a_{11}, a_{21}, ……, a_{m1}, a_{12}, a_{22}, ……, a_{m2}, ……, a_{1n}, a_{2n}, ……, a_{mn} を並べてできる

行列 $\begin{pmatrix} a_{11} & a_{12} & \cdots & a_{1n} \\ a_{21} & a_{22} & \cdots & a_{2n} \\ \vdots & \vdots & & \vdots \\ a_{m1} & a_{m2} & \cdots & a_{mn} \end{pmatrix}$ を，V の基底 $\{\boldsymbol{v}_1, \boldsymbol{v}_2, \cdots\cdots, \boldsymbol{v}_n\}$ と W の基底 $\{\boldsymbol{w}_1, \boldsymbol{w}_2, \cdots\cdots, \boldsymbol{w}_m\}$ に関する線形写像 f の **表現行列** という。

表現行列は，ベクトル空間に対応する数ベクトル空間の線形写像を定める。

定理　線形写像の表現行列

V, W をベクトル空間とし，$\dim V=n$, $\dim W=m$ として，V の基底 $\{\boldsymbol{v}_1, \boldsymbol{v}_2, \cdots\cdots, \boldsymbol{v}_n\}$，$W$ の基底 $\{\boldsymbol{w}_1, \boldsymbol{w}_2, \cdots\cdots, \boldsymbol{w}_m\}$ が与えられているとする。

[1]　$f: V \longrightarrow W$ を線形写像とするとき，V の基底 $\{\boldsymbol{v}_1, \boldsymbol{v}_2, \cdots\cdots, \boldsymbol{v}_n\}$ と W の基底 $\{\boldsymbol{w}_1, \boldsymbol{w}_2, \cdots\cdots, \boldsymbol{w}_m\}$ に関する f の表現行列はただ1つに定まる。

[2]　任意の $m\times n$ 行列 A に対して，ある線形写像 $f: V \longrightarrow W$ が存在し，V の基底 $\{\boldsymbol{v}_1, \boldsymbol{v}_2, \cdots\cdots, \boldsymbol{v}_n\}$ と W の基底 $\{\boldsymbol{w}_1, \boldsymbol{w}_2, \cdots\cdots, \boldsymbol{w}_m\}$ に関する f の表現行列が行列 A に一致する。

研究 Vをベクトル空間として，線形写像 $f: V \longrightarrow V$ を考え，定義域Vと終域Vにおいて共通の基底をとる。このとき，線形写像fの定義域Vと終域Vの共通の基底に関する表現行列が単位行列であるための必要十分条件は，線形写像fが恒等写像であることである。

証明 $\dim V=n$ として，定義域Vと終域Vの共通の基底を $\{\boldsymbol{v}_1, \boldsymbol{v}_2, \cdots\cdots, \boldsymbol{v}_n\}$ とする。
線形写像fの定義域Vと終域Vの共通の基底 $\{\boldsymbol{v}_1, \boldsymbol{v}_2, \cdots\cdots, \boldsymbol{v}_n\}$ に関する表現行列が単位行列であるならば，任意の $\boldsymbol{v} \in V$ に対して $f(\boldsymbol{v})=E_n\boldsymbol{v}=\boldsymbol{v}$ が成り立つから，線形写像fは恒等写像である。
逆に，線形写像fが恒等写像であるならば，
$f(\boldsymbol{v}_1)=\boldsymbol{v}_1$, $f(\boldsymbol{v}_2)=\boldsymbol{v}_2$, ……, $f(\boldsymbol{v}_n)=\boldsymbol{v}_n$ が成り立つから，任意の $\boldsymbol{v} \in V$ に対して $f(\boldsymbol{v})=E_n\boldsymbol{v}$ より，線形写像fの定義域Vと終域Vの共通の基底 $\{\boldsymbol{v}_1, \boldsymbol{v}_2, \cdots\cdots, \boldsymbol{v}_n\}$ に関する表現行列は単位行列である。
したがって，線形写像fの定義域Vと終域Vの共通の基底に関する表現行列が単位行列であるための必要十分条件は，線形写像fが恒等写像であることである。■

C 合成写像と表現行列

定理 合成写像と表現行列

V，Wをベクトル空間とし，$f: V \longrightarrow W$ を線形写像とする。また，$\dim V=n$，$\dim W=m$ として，Vの基底 $\{\boldsymbol{v}_1, \boldsymbol{v}_2, \cdots\cdots, \boldsymbol{v}_n\}$，$W$の基底 $\{\boldsymbol{w}_1, \boldsymbol{w}_2, \cdots\cdots, \boldsymbol{w}_m\}$ が与えられているとし，その基底に関する線形写像fの表現行列をAとする。
次に，Uをベクトル空間とし，$g: W \longrightarrow U$ を線形写像とする。また，$\dim U=l$ として，Uの基底 $\{\boldsymbol{u}_1, \boldsymbol{u}_2, \cdots\cdots, \boldsymbol{u}_\ell\}$ が与えられているとし，Wの基底 $\{\boldsymbol{w}_1, \boldsymbol{w}_2, \cdots\cdots, \boldsymbol{w}_m\}$ とUの基底 $\{\boldsymbol{u}_1, \boldsymbol{u}_2, \cdots\cdots, \boldsymbol{u}_\ell\}$ に関する線形写像gの表現行列をBとする。このとき，Vの基底 $\{\boldsymbol{v}_1, \boldsymbol{v}_2, \cdots\cdots, \boldsymbol{v}_n\}$ とUの基底 $\{\boldsymbol{u}_1, \boldsymbol{u}_2, \cdots\cdots, \boldsymbol{u}_\ell\}$ に関する合成写像 $g \circ f$ の表現行列は BA である。

定理 同型写像の表現行列

V，Wをベクトル空間とし，$\dim V=\dim W=n$ として，Vの基底 $\{\boldsymbol{v}_1, \boldsymbol{v}_2, \cdots\cdots, \boldsymbol{v}_n\}$，$W$の基底 $\{\boldsymbol{w}_1, \boldsymbol{w}_2, \cdots\cdots, \boldsymbol{w}_n\}$ が与えられているとする。$f: V \longrightarrow W$ を線形写像とし，Vの基底 $\{\boldsymbol{v}_1, \boldsymbol{v}_2, \cdots\cdots, \boldsymbol{v}_n\}$ とWの基底 $\{\boldsymbol{w}_1, \boldsymbol{w}_2, \cdots\cdots, \boldsymbol{w}_n\}$ に関するfの表現行列をAとする。このとき，線形写像fが同型写像であるための必要十分条件は行列Aが正則であることである。更に，fが同型写像であるとき，上の基底に関するfの逆写像の表現行列は，行列Aの逆行列である。

基本 例題 097 線形写像の決定 ★☆☆

R^3 の標準的な基底 $\left\{\begin{pmatrix}1\\0\\0\end{pmatrix}, \begin{pmatrix}0\\1\\0\end{pmatrix}, \begin{pmatrix}0\\0\\1\end{pmatrix}\right\}$ に対して，次で定まる線形写像

$f:\mathrm{R}^3 \longrightarrow \mathrm{R}^2$ を考える。

$$f\left(\begin{pmatrix}1\\0\\0\end{pmatrix}\right)=\begin{pmatrix}2\\3\end{pmatrix},\ f\left(\begin{pmatrix}0\\1\\0\end{pmatrix}\right)=\begin{pmatrix}1\\-1\end{pmatrix},\ f\left(\begin{pmatrix}0\\0\\1\end{pmatrix}\right)=\begin{pmatrix}0\\5\end{pmatrix}$$

このとき，線形写像 f は，ある行列によって定まる線形写像と一致する。その行列を求めよ。

◢ p. 175 基本事項A

GUIDE & SOLUTION

$\begin{pmatrix}x\\y\\z\end{pmatrix}\in\mathrm{R}^3$ に対して，$f\left(\begin{pmatrix}x\\y\\z\end{pmatrix}\right)$ を考える。線形写像 f が $f\left(\begin{pmatrix}1\\0\\0\end{pmatrix}\right)=\begin{pmatrix}2\\3\end{pmatrix}$, $f\left(\begin{pmatrix}0\\1\\0\end{pmatrix}\right)=\begin{pmatrix}1\\-1\end{pmatrix}$, $f\left(\begin{pmatrix}0\\0\\1\end{pmatrix}\right)=\begin{pmatrix}0\\5\end{pmatrix}$ で定められていることから，$f\left(\begin{pmatrix}x\\y\\z\end{pmatrix}\right)=f\left(x\begin{pmatrix}1\\0\\0\end{pmatrix}+y\begin{pmatrix}0\\1\\0\end{pmatrix}+z\begin{pmatrix}0\\0\\1\end{pmatrix}\right)$ と変形する。

解答

$\begin{pmatrix}x\\y\\z\end{pmatrix}\in\mathrm{R}^3$ に対して

$$f\left(\begin{pmatrix}x\\y\\z\end{pmatrix}\right)=f\left(x\begin{pmatrix}1\\0\\0\end{pmatrix}+y\begin{pmatrix}0\\1\\0\end{pmatrix}+z\begin{pmatrix}0\\0\\1\end{pmatrix}\right)=xf\left(\begin{pmatrix}1\\0\\0\end{pmatrix}\right)+yf\left(\begin{pmatrix}0\\1\\0\end{pmatrix}\right)+zf\left(\begin{pmatrix}0\\0\\1\end{pmatrix}\right)$$

$$=x\begin{pmatrix}2\\3\end{pmatrix}+y\begin{pmatrix}1\\-1\end{pmatrix}+z\begin{pmatrix}0\\5\end{pmatrix}=\begin{pmatrix}2x+y\\3x-y+5z\end{pmatrix}=\begin{pmatrix}2&1&0\\3&-1&5\end{pmatrix}\begin{pmatrix}x\\y\\z\end{pmatrix}$$

よって，線形写像 f は行列 $\begin{pmatrix}\mathbf{2}&\mathbf{1}&\mathbf{0}\\\mathbf{3}&\mathbf{-1}&\mathbf{5}\end{pmatrix}$ によって定まる線形写像と一致する。

PRACTICE … 48

V，W をベクトル空間とし，V の基底 $\{\boldsymbol{v}_1,\ \boldsymbol{v}_2\}$，$W$ の基底 $\{\boldsymbol{w}_1,\ \boldsymbol{w}_2\}$ が与えられているとする。$A=\begin{pmatrix}a_{11}&a_{12}\\a_{21}&a_{22}\end{pmatrix}$，$B=\begin{pmatrix}b_{11}&b_{12}\\b_{21}&b_{22}\end{pmatrix}$ とするとき，線形写像 $f:V\longrightarrow W$ が次を満たすならば，$A=B$ であることを証明せよ。

$$f(\boldsymbol{v}_1)=a_{11}\boldsymbol{w}_1+a_{21}\boldsymbol{w}_2,\ \ f(\boldsymbol{v}_2)=a_{12}\boldsymbol{w}_1+a_{22}\boldsymbol{w}_2$$
$$f(\boldsymbol{v}_1)=b_{11}\boldsymbol{w}_1+b_{21}\boldsymbol{w}_2,\ \ f(\boldsymbol{v}_2)=b_{12}\boldsymbol{w}_1+b_{22}\boldsymbol{w}_2$$

基本 例題 098 線形写像の表現行列(1) ★★☆

V, W をベクトル空間として, $\{\boldsymbol{v}_1, \boldsymbol{v}_2, \boldsymbol{v}_3, \boldsymbol{v}_4, \boldsymbol{v}_5\}$ を V の基底, $\{\boldsymbol{w}_1, \boldsymbol{w}_2\}$ を W の基底とし, 次で定まる線形写像 $f: V \longrightarrow W$ を考える。

$$f(\boldsymbol{v}_1)=3\boldsymbol{w}_1+\boldsymbol{w}_2,\quad f(\boldsymbol{v}_2)=\boldsymbol{w}_1+\boldsymbol{w}_2,\quad f(\boldsymbol{v}_3)=6\boldsymbol{w}_1+2\boldsymbol{w}_2$$
$$f(\boldsymbol{v}_4)=5\boldsymbol{w}_1+3\boldsymbol{w}_2,\quad f(\boldsymbol{v}_5)=\boldsymbol{w}_1+4\boldsymbol{w}_2$$

V の基底 $\{\boldsymbol{v}_1, \boldsymbol{v}_2, \boldsymbol{v}_3, \boldsymbol{v}_4, \boldsymbol{v}_5\}$ と W の基底 $\{\boldsymbol{w}_1, \boldsymbol{w}_2\}$ に関する線形写像 f の表現行列を求めよ。

p. 175 基本事項B

GUIDE & SOLUTION

$V\cong\mathbb{R}^5$, $W\cong\mathbb{R}^2$ であるから, V と $\mathbb{R}^5$ の間の同型写像, W と $\mathbb{R}^2$ の間の同型写像を導入して, 図をかいて考えるとよい。

解答

$g: V \longrightarrow \mathbb{R}^5$ を

$$g(\boldsymbol{v}_1)=\begin{pmatrix}1\\0\\0\\0\\0\end{pmatrix},\ g(\boldsymbol{v}_2)=\begin{pmatrix}0\\1\\0\\0\\0\end{pmatrix},\ g(\boldsymbol{v}_3)=\begin{pmatrix}0\\0\\1\\0\\0\end{pmatrix},\ g(\boldsymbol{v}_4)=\begin{pmatrix}0\\0\\0\\1\\0\end{pmatrix},\ g(\boldsymbol{v}_5)=\begin{pmatrix}0\\0\\0\\0\\1\end{pmatrix}$$

で定まる同型写像とする。

また, $h: W \longrightarrow \mathbb{R}^2$ を, $h(\boldsymbol{w}_1)=\begin{pmatrix}1\\0\end{pmatrix}$, $h(\boldsymbol{w}_2)=\begin{pmatrix}0\\1\end{pmatrix}$ で定まる同型写像とする。

更に, 求める表現行列を A として行列 A によって定まる線形写像を $f_A: \mathbb{R}^5 \longrightarrow \mathbb{R}^2$ とする。

このとき　$f_A=h\circ f\circ g^{-1}$

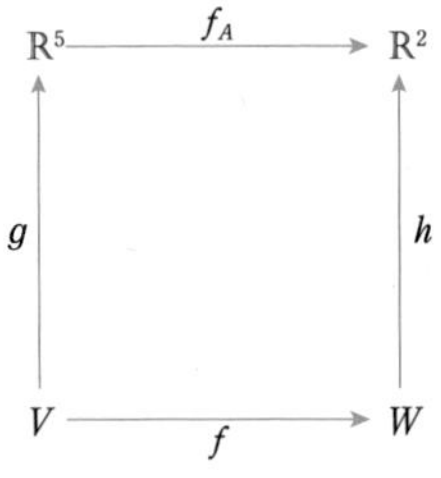

$\begin{pmatrix}p\\q\\r\\s\\t\end{pmatrix}\in\mathbb{R}^5$ に対して

$$g^{-1}\left(\begin{pmatrix}p\\q\\r\\s\\t\end{pmatrix}\right)$$
$$=g^{-1}\left(p\begin{pmatrix}1\\0\\0\\0\\0\end{pmatrix}+q\begin{pmatrix}0\\1\\0\\0\\0\end{pmatrix}+r\begin{pmatrix}0\\0\\1\\0\\0\end{pmatrix}+s\begin{pmatrix}0\\0\\0\\1\\0\end{pmatrix}+t\begin{pmatrix}0\\0\\0\\0\\1\end{pmatrix}\right)$$

$$=pg^{-1}\left(\begin{pmatrix}1\\0\\0\\0\\0\end{pmatrix}\right)+qg^{-1}\left(\begin{pmatrix}0\\1\\0\\0\\0\end{pmatrix}\right)+rg^{-1}\left(\begin{pmatrix}0\\0\\1\\0\\0\end{pmatrix}\right)+sg^{-1}\left(\begin{pmatrix}0\\0\\0\\1\\0\end{pmatrix}\right)+tg^{-1}\left(\begin{pmatrix}0\\0\\0\\0\\1\end{pmatrix}\right)$$

$$=p\boldsymbol{v}_1+q\boldsymbol{v}_2+r\boldsymbol{v}_3+s\boldsymbol{v}_4+t\boldsymbol{v}_5$$

よって

$$f\left(g^{-1}\left(\begin{pmatrix}p\\q\\r\\s\\t\end{pmatrix}\right)\right)=f(p\boldsymbol{v}_1+q\boldsymbol{v}_2+r\boldsymbol{v}_3+s\boldsymbol{v}_4+t\boldsymbol{v}_5)$$

$$=pf(\boldsymbol{v}_1)+qf(\boldsymbol{v}_2)+rf(\boldsymbol{v}_3)+sf(\boldsymbol{v}_4)+tf(\boldsymbol{v}_5)$$

$$=p(3\boldsymbol{w}_1+\boldsymbol{w}_2)+q(\boldsymbol{w}_1+\boldsymbol{w}_2)+r(6\boldsymbol{w}_1+2\boldsymbol{w}_2)+s(5\boldsymbol{w}_1+3\boldsymbol{w}_2)+t(\boldsymbol{w}_1+4\boldsymbol{w}_2)$$

$$=(3p+q+6r+5s+t)\boldsymbol{w}_1+(p+q+2r+3s+4t)\boldsymbol{w}_2$$

したがって

$$f_A\left(\begin{pmatrix}p\\q\\r\\s\\t\end{pmatrix}\right)=h\circ f\circ g^{-1}\left(\begin{pmatrix}p\\q\\r\\s\\t\end{pmatrix}\right)=h\left(f\left(g^{-1}\left(\begin{pmatrix}p\\q\\r\\s\\t\end{pmatrix}\right)\right)\right)$$

$$=h((3p+q+6r+5s+t)\boldsymbol{w}_1+(p+q+2r+3s+4t)\boldsymbol{w}_2)$$

$$=(3p+q+6r+5s+t)h(\boldsymbol{w}_1)+(p+q+2r+3s+4t)h(\boldsymbol{w}_2)$$

$$=(3p+q+6r+5s+t)\begin{pmatrix}1\\0\end{pmatrix}+(p+q+2r+3s+4t)\begin{pmatrix}0\\1\end{pmatrix}$$

$$=\begin{pmatrix}3p+q+6r+5s+t\\p+q+2r+3s+4t\end{pmatrix}=\begin{pmatrix}3&1&6&5&1\\1&1&2&3&4\end{pmatrix}\begin{pmatrix}p\\q\\r\\s\\t\end{pmatrix}$$

以上から　　$A=\begin{pmatrix}\mathbf{3}&\mathbf{1}&\mathbf{6}&\mathbf{5}&\mathbf{1}\\\mathbf{1}&\mathbf{1}&\mathbf{2}&\mathbf{3}&\mathbf{4}\end{pmatrix}$

補足　線形写像の表現行列の定理を用いてもよい。

$$(\,f(\boldsymbol{v}_1)\quad f(\boldsymbol{v}_2)\quad f(\boldsymbol{v}_3)\quad f(\boldsymbol{v}_4)\quad f(\boldsymbol{v}_5)\,)=(\,\boldsymbol{w}_1\quad \boldsymbol{w}_2\,)\begin{pmatrix}3&1&6&5&1\\1&1&2&3&4\end{pmatrix}$$

よって，求める表現行列は　$\begin{pmatrix}3&1&6&5&1\\1&1&2&3&4\end{pmatrix}$

PRACTICE … 49

恒等写像 id：$\mathbb{R}^3\longrightarrow\mathbb{R}^3$ の，$\mathbb{R}^3$ の標準的な基底に関する表現行列は 3 次単位行列であることを示せ。

基本 例題 099 線形写像の表現行列 (2) ★★☆

Vを$\mathbb{R}$上の実数値関数全体からなるベクトル空間とし，$f_1 \in V$，$f_2 \in V$ を $f_1(x)=\cos x$，$f_2(x)=\sin x$ で定める。また，WをVの部分空間とし，$W=\langle f_1,\ f_2\rangle$ とする。

(1) $\{f_1,\ f_2\}$ がWの基底であることを示せ。

(2) 任意の $f \in W$ に対して，その導関数 $\dfrac{d}{dx}f(x)$ を対応させることにより，線形写像 $\dfrac{d}{dx} : W \longrightarrow W$ が得られる。このとき，Wの基底 $\{f_1,\ f_2\}$ に関する線形写像 $\dfrac{d}{dx}$ の表現行列を求めよ。

(3) 任意の $f \in W$ に対して，その第2次導関数 $\dfrac{d^2}{dx^2}f(x)$ を対応させることにより，線形写像 $\dfrac{d^2}{dx^2} : W \longrightarrow W$ が得られる。このとき，Wの基底 $\{f_1,\ f_2\}$ に関する線形写像 $\dfrac{d^2}{dx^2}$ の表現行列を求めよ。

p. 175 基本事項B

GUIDE & SOLUTION

(2), (3) (1)より，$W \cong \mathbb{R}^2$ であるから，Wと $\mathbb{R}^2$ の間の同型写像と導入して，図をかいて考えるとよい。

解答

(1) $a \in \mathbb{R}$，$b \in \mathbb{R}$ として，$af_1+bf_2=\mathbf{0}$ すなわち，任意の $x \in \mathbb{R}$ について
$a\cos x + b\sin x = 0$ ……(∗) が成り立っているとする。

(∗) に $x=0$，$x=\dfrac{\pi}{2}$ を代入すると　　$a=0$，$b=0$

したがって，$\{f_1,\ f_2\}$ は1次独立であるから，Wの基底である。■

以降，写像 $g : W \longrightarrow \mathbb{R}^2$ を，$g(f_1)=\begin{pmatrix}1\\0\end{pmatrix}$，$g(f_2)=\begin{pmatrix}0\\1\end{pmatrix}$ で定まる同型写像とする。

(2) 求める表現行列をAとし，行列Aによって定まる線形写像を $i_A : \mathbb{R}^2 \longrightarrow \mathbb{R}^2$ とする。

このとき　　$i_A = g \circ \dfrac{d}{dx} \circ g^{-1}$

ここで　　$\dfrac{d}{dx}f_1(x) = -\sin x = -f_2(x)$，$\dfrac{d}{dx}f_2(x) = \cos x = f_1(x)$

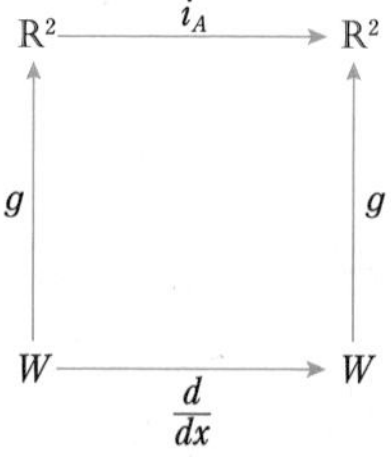

$\begin{pmatrix}p\\q\end{pmatrix} \in \mathbb{R}^2$ に対して

$$g^{-1}\left(\begin{pmatrix}p\\q\end{pmatrix}\right) = g^{-1}\left(p\begin{pmatrix}1\\0\end{pmatrix}+q\begin{pmatrix}0\\1\end{pmatrix}\right) = pg^{-1}\left(\begin{pmatrix}1\\0\end{pmatrix}\right)+qg^{-1}\left(\begin{pmatrix}0\\1\end{pmatrix}\right)$$
$$= pf_1 + qf_2$$

よって

$$\frac{d}{dx}\left(g^{-1}\left(\begin{pmatrix} p \\ q \end{pmatrix}\right)\right)(x)=\frac{d}{dx}(pf_1+qf_2)(x)=p\frac{d}{dx}f_1(x)+q\frac{d}{dx}f_2(x)$$
$$=-pf_2(x)+qf_1(x)$$

したがって

$$i_A\left(\begin{pmatrix} p \\ q \end{pmatrix}\right)=g\circ\frac{d}{dx}\circ g^{-1}\left(\begin{pmatrix} p \\ q \end{pmatrix}\right)$$
$$=g(-pf_2+qf_1)=-pg(f_2)+qg(f_1)$$
$$=-p\begin{pmatrix} 0 \\ 1 \end{pmatrix}+q\begin{pmatrix} 1 \\ 0 \end{pmatrix}=\begin{pmatrix} q \\ -p \end{pmatrix}$$
$$=\begin{pmatrix} 0 & 1 \\ -1 & 0 \end{pmatrix}\begin{pmatrix} p \\ q \end{pmatrix}$$

以上から　$A=\begin{pmatrix} \mathbf{0} & \mathbf{1} \\ \mathbf{-1} & \mathbf{0} \end{pmatrix}$

(3)　求める表現行列をBとし，行列Bによって定まる線形写像を$j_B: \mathrm{R}^2 \longrightarrow \mathrm{R}^2$とする。

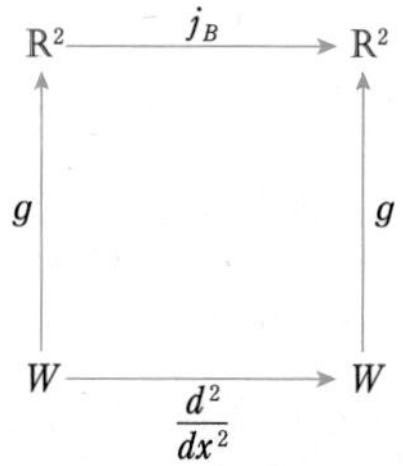

このとき　$j_B=g\circ\frac{d^2}{dx^2}\circ g^{-1}$

ここで　$\frac{d^2}{dx^2}f_1(x)=-\cos x=-f_1(x)$

$\frac{d^2}{dx^2}f_2(x)=-\sin x=-f_2(x)$

$\begin{pmatrix} s \\ t \end{pmatrix}\in\mathrm{R}^2$に対して，(2)から

$$g^{-1}\left(\begin{pmatrix} s \\ t \end{pmatrix}\right)=sf_1+tf_2$$

よって

$$\frac{d^2}{dx^2}\left(g^{-1}\left(\begin{pmatrix} s \\ t \end{pmatrix}\right)\right)(x)=\frac{d^2}{dx^2}(sf_1+tf_2)(x)=s\frac{d^2}{dx^2}f_1(x)+t\frac{d^2}{dx^2}f_2(x)$$
$$=-sf_1(x)-tf_2(x)$$

したがって

$$j_B\left(\begin{pmatrix} s \\ t \end{pmatrix}\right)=g\circ\frac{d^2}{dx^2}\circ g^{-1}\left(\begin{pmatrix} s \\ t \end{pmatrix}\right)$$
$$=g(-sf_1-tf_2)=-sg(f_1)-tg(f_2)$$
$$=-s\begin{pmatrix} 1 \\ 0 \end{pmatrix}-t\begin{pmatrix} 0 \\ 1 \end{pmatrix}=\begin{pmatrix} -s \\ -t \end{pmatrix}$$
$$=\begin{pmatrix} -1 & 0 \\ 0 & -1 \end{pmatrix}\begin{pmatrix} s \\ t \end{pmatrix}$$

以上から　$B=\begin{pmatrix} \mathbf{-1} & \mathbf{0} \\ \mathbf{0} & \mathbf{-1} \end{pmatrix}$

5 1次変換と表現行列

基本事項

A 1次変換と表現行列

定理 1次変換の表現行列

Vをベクトル空間とし，Vの基底 $\{\boldsymbol{v}_1, \boldsymbol{v}_2, \cdots\cdots, \boldsymbol{v}_n\}$ が与えられているとする。

[1] Vの1次変換 $\varphi: V \longrightarrow V$ に対して，基底 $\{\boldsymbol{v}_1, \boldsymbol{v}_2, \cdots\cdots, \boldsymbol{v}_n\}$ に関するφの表現行列は一意的に定まる。

[2] 任意のn次正方行列Aに対して，あるVの1次変換 $\varphi: V \longrightarrow V$ が存在して，その基底 $\{\boldsymbol{v}_1, \boldsymbol{v}_2, \cdots\cdots, \boldsymbol{v}_n\}$ に関する表現行列が行列Aに一致する。

定理 合成変換の表現行列

Vをベクトル空間とし，Vの基底 $\{\boldsymbol{v}_1, \boldsymbol{v}_2, \cdots\cdots, \boldsymbol{v}_n\}$ が与えられているとする。基底 $\{\boldsymbol{v}_1, \boldsymbol{v}_2, \cdots\cdots, \boldsymbol{v}_n\}$ に関するVの1次変換 $\varphi: V \longrightarrow V$ の表現行列をA，基底 $\{\boldsymbol{v}_1, \boldsymbol{v}_2, \cdots\cdots, \boldsymbol{v}_n\}$ に関するVの1次変換 $\phi: V \longrightarrow V$ の表現行列をBとする。このとき，基底 $\{\boldsymbol{v}_1, \boldsymbol{v}_2, \cdots\cdots, \boldsymbol{v}_n\}$ に関する合成変換 $\phi\circ\varphi: V \longrightarrow V$ の表現行列は BA である。

Vをベクトル空間とするとき，Vの1次変換で逆写像（逆変換）をもつものを，V上の **可逆な** 1次変換またはV上の **自己同型変換** という。単射・全射と次元の系により，1次変換が可逆であることは，その1次変換が単射であること，または全射であることと同値である。

定理 可逆な1次変換の表現行列

Vをベクトル空間とし，Vの基底 $\{\boldsymbol{v}_1, \boldsymbol{v}_2, \cdots\cdots, \boldsymbol{v}_n\}$ が与えられているとする。基底 $\{\boldsymbol{v}_1, \boldsymbol{v}_2, \cdots\cdots, \boldsymbol{v}_n\}$ に関するVの1次変換 $\varphi: V \longrightarrow V$ の表現行列をAとする。このとき，φがV上の可逆な1次変換であるための必要十分条件は，行列Aが正則であることである。更に，φがV上の可逆な1次変換であるとき，基底 $\{\boldsymbol{v}_1, \boldsymbol{v}_2, \cdots\cdots, \boldsymbol{v}_n\}$ に関するφの逆変換の表現行列は行列Aの逆行列である。

B 基底の変換

定義 変換行列

Vをベクトル空間とし，Vの2つの基底 $\{\boldsymbol{v}_1, \boldsymbol{v}_2, \cdots\cdots, \boldsymbol{v}_n\}$，$\{\boldsymbol{v}_1', \boldsymbol{v}_2', \cdots\cdots, \boldsymbol{v}_n'\}$ が与えられているとすると，Vの1次変換 $\varphi: V \longrightarrow V$ が $\varphi(\boldsymbol{v}_i)=\boldsymbol{v}_i'$ $(n=1, 2, \cdots\cdots, n)$ で定まる。基底 $\{\boldsymbol{v}_1, \boldsymbol{v}_2, \cdots\cdots, \boldsymbol{v}_n\}$ と $\{\boldsymbol{v}_1', \boldsymbol{v}_2', \cdots\cdots, \boldsymbol{v}_n'\}$ に関するVの1次変換φの表現行列を，基底 $\{\boldsymbol{v}_1, \boldsymbol{v}_2, \cdots\cdots, \boldsymbol{v}_n\}$ から基底 $\{\boldsymbol{v}_1', \boldsymbol{v}_2', \cdots\cdots, \boldsymbol{v}_n'\}$ への **変換行列** または **基底変換行列** という。

$\{\boldsymbol{v}_1{}', \boldsymbol{v}_2{}', \cdots\cdots, \boldsymbol{v}_n{}'\}$ は V の基底であり，特に V の生成系である。よって，V の 1 次変換 φ は全射であるから，単射・全射と次元の系により，φ は V 上の可逆な 1 次変換である。したがって，可逆な 1 次変換の表現行列の定理により，変換行列は正則である。

例　$\{\boldsymbol{v}_1, \boldsymbol{v}_2, \cdots\cdots, \boldsymbol{v}_n\}$ を R^n の基底とし，$P=(\boldsymbol{v}_1 \ \ \boldsymbol{v}_2 \ \ \cdots \ \ \boldsymbol{v}_n)$ とすると，行列 P は $\boldsymbol{v}_1, \boldsymbol{v}_2, \cdots\cdots, \boldsymbol{v}_n$ を列ベクトルとしてもつ R^n の標準的な基底から基底 $\{\boldsymbol{v}_1, \boldsymbol{v}_2, \cdots\cdots, \boldsymbol{v}_n\}$ への変換行列である。

C　基底変換と表現行列

定理　基底変換と表現行列

V，W をベクトル空間とし，V の 2 つの基底 $\{\boldsymbol{v}_1, \boldsymbol{v}_2, \cdots\cdots, \boldsymbol{v}_n\}$，$\{\boldsymbol{v}_1{}', \boldsymbol{v}_2{}', \cdots\cdots, \boldsymbol{v}_n{}'\}$，$W$ の 2 つの基底 $\{\boldsymbol{w}_1, \boldsymbol{w}_2, \cdots\cdots, \boldsymbol{w}_m\}$，$\{\boldsymbol{w}_1{}', \boldsymbol{w}_2{}', \cdots\cdots, \boldsymbol{w}_m{}'\}$ が与えられているとする。また，$f: V \longrightarrow W$ を線形写像とし，V の基底 $\{\boldsymbol{v}_1, \boldsymbol{v}_2, \cdots\cdots, \boldsymbol{v}_n\}$ と W の基底 $\{\boldsymbol{w}_1, \boldsymbol{w}_2, \cdots\cdots, \boldsymbol{w}_m\}$ に関する f の表現行列を A，V の基底 $\{\boldsymbol{v}_1{}', \boldsymbol{v}_2{}', \cdots\cdots, \boldsymbol{v}_n{}'\}$ と W の基底 $\{\boldsymbol{w}_1{}', \boldsymbol{w}_2{}', \cdots\cdots, \boldsymbol{w}_m{}'\}$ に関する f の表現行列を A' とする。更に，V の基底 $\{\boldsymbol{v}_1, \boldsymbol{v}_2, \cdots\cdots, \boldsymbol{v}_n\}$ から $\{\boldsymbol{v}_1{}', \boldsymbol{v}_2{}', \cdots\cdots, \boldsymbol{v}_n{}'\}$ への変換行列を P，W の基底 $\{\boldsymbol{w}_1, \boldsymbol{w}_2, \cdots\cdots, \boldsymbol{w}_m\}$ から $\{\boldsymbol{w}_1{}', \boldsymbol{w}_2{}', \cdots\cdots, \boldsymbol{w}_m{}'\}$ への変換行列を Q とする。
このとき

$$A'=Q^{-1}AP$$

が成り立つ。

系　基底変換と表現行列（1 次変換の場合）

V をベクトル空間とし，V の 2 つの基底 $\{\boldsymbol{v}_1, \boldsymbol{v}_2, \cdots\cdots, \boldsymbol{v}_n\}$，$\{\boldsymbol{v}_1{}', \boldsymbol{v}_2{}', \cdots\cdots, \boldsymbol{v}_n{}'\}$ が与えられているとする。また，V の 1 次変換 $\varphi: V \longrightarrow V$ を考え，基底 $\{\boldsymbol{v}_1, \boldsymbol{v}_2, \cdots\cdots, \boldsymbol{v}_n\}$ に関する φ の表現行列を A，基底 $\{\boldsymbol{v}_1{}', \boldsymbol{v}_2{}', \cdots\cdots, \boldsymbol{v}_n{}'\}$ に関する φ の表現行列を A' とする。更に，基底 $\{\boldsymbol{v}_1, \boldsymbol{v}_2, \cdots\cdots, \boldsymbol{v}_n\}$ から基底 $\{\boldsymbol{v}_1{}', \boldsymbol{v}_2{}', \cdots\cdots, \boldsymbol{v}_n{}'\}$ への変換行列を P とすると

$$A'=P^{-1}AP$$

が成り立つ。

INFORMATION

一般のベクトル空間は設定された基底を介して数ベクトル空間とみなされる。この同一視により，ベクトル空間の線形写像は数ベクトル空間の線形写像となり，行列により定められる。その行列が「線形写像の表現行列」である。行列は数ベクトル空間の線形写像を規定する。それが線形代数学において行列が果たす最も本質的な役割である。

基本 例題 100 基底の変換行列 ★★☆

R^3 の基底 $\left\{\begin{pmatrix}1\\-1\\1\end{pmatrix}, \begin{pmatrix}-4\\3\\-3\end{pmatrix}, \begin{pmatrix}6\\-2\\3\end{pmatrix}\right\}$ から，基底 $\left\{\begin{pmatrix}3\\3\\-2\end{pmatrix}, \begin{pmatrix}1\\3\\-1\end{pmatrix}, \begin{pmatrix}2\\1\\-3\end{pmatrix}\right\}$ へ

の変換行列を求めよ。

p. 182 基本事項B

GUIDE & SOLUTION

R^3 と R^3 の間の同型写像を導入して，図をかいて考えるとよい。

解答

$f:\mathrm{R}^3 \longrightarrow \mathrm{R}^3$ を

$f\left(\begin{pmatrix}1\\-1\\1\end{pmatrix}\right)=\begin{pmatrix}1\\0\\0\end{pmatrix}$, $f\left(\begin{pmatrix}-4\\3\\-3\end{pmatrix}\right)=\begin{pmatrix}0\\1\\0\end{pmatrix}$, $f\left(\begin{pmatrix}6\\-2\\3\end{pmatrix}\right)=\begin{pmatrix}0\\0\\1\end{pmatrix}$ で定まる同型写像とする。

また，$g:\mathrm{R}^3 \longrightarrow \mathrm{R}^3$ を

$g\left(\begin{pmatrix}3\\3\\-2\end{pmatrix}\right)=\begin{pmatrix}1\\0\\0\end{pmatrix}$, $g\left(\begin{pmatrix}1\\3\\-1\end{pmatrix}\right)=\begin{pmatrix}0\\1\\0\end{pmatrix}$, $g\left(\begin{pmatrix}2\\1\\-3\end{pmatrix}\right)=\begin{pmatrix}0\\0\\1\end{pmatrix}$ で定まる同型写像とする。

更に，求める変換行列を P とし，行列 P によって定まる R^3 の1次変換を $h_P:\mathrm{R}^3 \longrightarrow \mathrm{R}^3$ とする。

このとき　$h_P=f\circ g^{-1}$

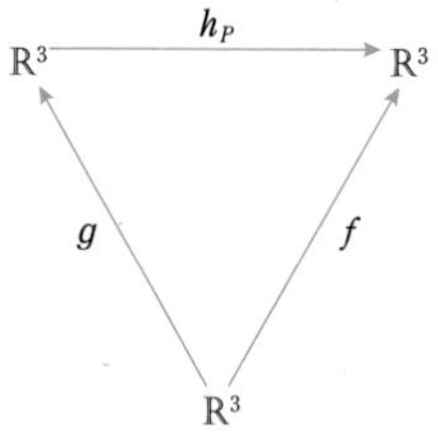

$\begin{pmatrix}s\\t\\u\end{pmatrix}\in\mathrm{R}^3$ に対して

$$g^{-1}\left(\begin{pmatrix}s\\t\\u\end{pmatrix}\right)$$

$$=g^{-1}\left(s\begin{pmatrix}1\\0\\0\end{pmatrix}+t\begin{pmatrix}0\\1\\0\end{pmatrix}+u\begin{pmatrix}0\\0\\1\end{pmatrix}\right)$$

$$=sg^{-1}\left(\begin{pmatrix}1\\0\\0\end{pmatrix}\right)+tg^{-1}\left(\begin{pmatrix}0\\1\\0\end{pmatrix}\right)+ug^{-1}\left(\begin{pmatrix}0\\0\\1\end{pmatrix}\right)$$

$$=s\begin{pmatrix}3\\3\\-2\end{pmatrix}+t\begin{pmatrix}1\\3\\-1\end{pmatrix}+u\begin{pmatrix}2\\1\\-3\end{pmatrix}$$

$$=s\left\{-11\begin{pmatrix}1\\-1\\1\end{pmatrix}-2\begin{pmatrix}-4\\3\\-3\end{pmatrix}+\begin{pmatrix}6\\-2\\3\end{pmatrix}\right\}+t\left\{5\begin{pmatrix}1\\-1\\1\end{pmatrix}+4\begin{pmatrix}-4\\3\\-3\end{pmatrix}+2\begin{pmatrix}6\\-2\\3\end{pmatrix}\right\}$$

$$+u\left\{-30\begin{pmatrix}1\\-1\\1\end{pmatrix}-11\begin{pmatrix}-4\\3\\-3\end{pmatrix}-2\begin{pmatrix}6\\-2\\3\end{pmatrix}\right\}$$

$$=(-11s+5t-30u)\begin{pmatrix}1\\-1\\1\end{pmatrix}+(-2s+4t-11u)\begin{pmatrix}-4\\3\\-3\end{pmatrix}+(s+2t-2u)\begin{pmatrix}6\\-2\\3\end{pmatrix}$$

したがって

$$h_P\left(\begin{pmatrix}s\\t\\u\end{pmatrix}\right)=f\circ g^{-1}\left(\begin{pmatrix}s\\t\\u\end{pmatrix}\right)$$

$$=f\left(g^{-1}\left(\begin{pmatrix}s\\t\\u\end{pmatrix}\right)\right)$$

$$=f\left((-11s+5t-30u)\begin{pmatrix}1\\-1\\1\end{pmatrix}+(-2s+4t-11u)\begin{pmatrix}-4\\3\\-3\end{pmatrix}+(s+2t-2u)\begin{pmatrix}6\\-2\\3\end{pmatrix}\right)$$

$$=(-11s+5t-30u)f\left(\begin{pmatrix}1\\-1\\1\end{pmatrix}\right)+(-2s+4t-11u)f\left(\begin{pmatrix}-4\\3\\-3\end{pmatrix}\right)$$

$$+(s+2t-2u)f\left(\begin{pmatrix}6\\-2\\3\end{pmatrix}\right)$$

$$=(-11s+5t-30u)\begin{pmatrix}1\\0\\0\end{pmatrix}+(-2s+4t-11u)\begin{pmatrix}0\\1\\0\end{pmatrix}+(s+2t-2u)\begin{pmatrix}0\\0\\1\end{pmatrix}$$

$$=\begin{pmatrix}-11s+5t-30u\\-2s+4t-11u\\s+2t-2u\end{pmatrix}$$

$$=\begin{pmatrix}-11&5&-30\\-2&4&-11\\1&2&-2\end{pmatrix}\begin{pmatrix}s\\t\\u\end{pmatrix}$$

以上から　$P=\begin{pmatrix}\mathbf{-11}&\mathbf{5}&\mathbf{-30}\\\mathbf{-2}&\mathbf{4}&\mathbf{-11}\\\mathbf{1}&\mathbf{2}&\mathbf{-2}\end{pmatrix}$

基本 例題 101 基底変換と線形写像の表現行列 (1) ★★☆

V, Wをベクトル空間として, $\{\boldsymbol{v}_1, \boldsymbol{v}_2, \boldsymbol{v}_3, \boldsymbol{v}_4, \boldsymbol{v}_5\}$ をVの基底, $\{\boldsymbol{w}_1, \boldsymbol{w}_2\}$ をWの基底とし, 次で定まる線形写像 $f: V \longrightarrow W$ を考える。

$$f(\boldsymbol{v}_1)=3\boldsymbol{w}_1+\boldsymbol{w}_2,\ f(\boldsymbol{v}_2)=\boldsymbol{w}_1+\boldsymbol{w}_2,\ f(\boldsymbol{v}_3)=6\boldsymbol{w}_1+2\boldsymbol{w}_2$$
$$f(\boldsymbol{v}_4)=5\boldsymbol{w}_1+3\boldsymbol{w}_2,\ f(\boldsymbol{v}_5)=\boldsymbol{w}_1+4\boldsymbol{w}_2$$

Vの基底を入れ替えて, $\{\boldsymbol{v}_2, \boldsymbol{v}_3, \boldsymbol{v}_1, \boldsymbol{v}_5, \boldsymbol{v}_4\}$ をVの別の基底とする。また, $\{3\boldsymbol{w}_1+\boldsymbol{w}_2, \boldsymbol{w}_1+\boldsymbol{w}_2\}$ をWの別の基底とする。このとき, Vの基底 $\{\boldsymbol{v}_2, \boldsymbol{v}_3, \boldsymbol{v}_1, \boldsymbol{v}_5, \boldsymbol{v}_4\}$ とWの基底 $\{3\boldsymbol{w}_1+\boldsymbol{w}_2, \boldsymbol{w}_1+\boldsymbol{w}_2\}$ に関するfの表現行列を求めよ。

p. 183 基本事項C

GUIDE & SOLUTION

Vの基底 $\{\boldsymbol{v}_1, \boldsymbol{v}_2, \boldsymbol{v}_3, \boldsymbol{v}_4, \boldsymbol{v}_5\}$ とWの基底 $\{\boldsymbol{w}_1, \boldsymbol{w}_2\}$ に関するfの表現行列は, 既に基本例題 098 で求めたから, それを利用する。その上で, R^5 と R^5 の間の同型写像, R^2 と R^2 の間の同型写像を導入して, 図をかいて考えるとよい。

解答

Vの基底 $\{\boldsymbol{v}_1, \boldsymbol{v}_2, \boldsymbol{v}_3, \boldsymbol{v}_4, \boldsymbol{v}_5\}$ とWの基底 $\{\boldsymbol{w}_1, \boldsymbol{w}_2\}$ に関するfの表現行列をAとすると

$$A=\begin{pmatrix} 3 & 1 & 6 & 5 & 1 \\ 1 & 1 & 2 & 3 & 4 \end{pmatrix}$$

◀基本例題 098 により。

また, Vの基底 $\{\boldsymbol{v}_1, \boldsymbol{v}_2, \boldsymbol{v}_3, \boldsymbol{v}_4, \boldsymbol{v}_5\}$ から基底 $\{\boldsymbol{v}_2, \boldsymbol{v}_3, \boldsymbol{v}_1, \boldsymbol{v}_5, \boldsymbol{v}_4\}$ への変換行列をP, Wの基底 $\{\boldsymbol{w}_1, \boldsymbol{w}_2\}$ から基底 $\{3\boldsymbol{w}_1+\boldsymbol{w}_2, \boldsymbol{w}_1+\boldsymbol{w}_2\}$ への変換行列をQとする。

行列Aによって定まる線形写像を $g_A: \mathrm{R}^5 \longrightarrow \mathrm{R}^2$, 行列$P$によって定まる R^5 の1次変換を $h_P: \mathrm{R}^5 \longrightarrow \mathrm{R}^5$, 行列$Q$によって定まる R^2 の1次変換を $i_Q: \mathrm{R}^2 \longrightarrow \mathrm{R}^2$ とする。

更に, 求める表現行列をBとし, 行列Bによって定まる線形写像を $j_B: \mathrm{R}^5 \longrightarrow \mathrm{R}^2$ とする。

このとき　$j_B=i_{Q^{-1}}\circ g_A\circ h_P$

ここで, 写像 $k: V \longrightarrow \mathrm{R}^5$ を

$$k(\boldsymbol{v}_1)=\begin{pmatrix}1\\0\\0\\0\\0\end{pmatrix},\ k(\boldsymbol{v}_2)=\begin{pmatrix}0\\1\\0\\0\\0\end{pmatrix},\ k(\boldsymbol{v}_3)=\begin{pmatrix}0\\0\\1\\0\\0\end{pmatrix},\ k(\boldsymbol{v}_4)=\begin{pmatrix}0\\0\\0\\1\\0\end{pmatrix},\ k(\boldsymbol{v}_5)=\begin{pmatrix}0\\0\\0\\0\\1\end{pmatrix}$$

で定まる同型写像とし, 写像 $l: V \longrightarrow \mathrm{R}^5$ を

$$l(\boldsymbol{v}_2)=\begin{pmatrix}1\\0\\0\\0\\0\end{pmatrix},\ l(\boldsymbol{v}_3)=\begin{pmatrix}0\\1\\0\\0\\0\end{pmatrix},\ l(\boldsymbol{v}_1)=\begin{pmatrix}0\\0\\1\\0\\0\end{pmatrix},\ l(\boldsymbol{v}_5)=\begin{pmatrix}0\\0\\0\\1\\0\end{pmatrix},\ l(\boldsymbol{v}_4)=\begin{pmatrix}0\\0\\0\\0\\1\end{pmatrix}$$

で定まる同型写像とすると　$h_P=k\circ l^{-1}$

$\begin{pmatrix}\alpha\\\beta\\\gamma\\\delta\\\varepsilon\end{pmatrix}\in\mathbb{R}^5$ に対して

$$l^{-1}\left(\begin{pmatrix}\alpha\\\beta\\\gamma\\\delta\\\varepsilon\end{pmatrix}\right)=l^{-1}\left(\alpha\begin{pmatrix}1\\0\\0\\0\\0\end{pmatrix}+\beta\begin{pmatrix}0\\1\\0\\0\\0\end{pmatrix}+\gamma\begin{pmatrix}0\\0\\1\\0\\0\end{pmatrix}+\delta\begin{pmatrix}0\\0\\0\\1\\0\end{pmatrix}+\varepsilon\begin{pmatrix}0\\0\\0\\0\\1\end{pmatrix}\right)$$

$$=\alpha l^{-1}\left(\begin{pmatrix}1\\0\\0\\0\\0\end{pmatrix}\right)+\beta l^{-1}\left(\begin{pmatrix}0\\1\\0\\0\\0\end{pmatrix}\right)+\gamma l^{-1}\left(\begin{pmatrix}0\\0\\1\\0\\0\end{pmatrix}\right)+\delta l^{-1}\left(\begin{pmatrix}0\\0\\0\\1\\0\end{pmatrix}\right)+\varepsilon l^{-1}\left(\begin{pmatrix}0\\0\\0\\0\\1\end{pmatrix}\right)$$

$$=\gamma\boldsymbol{v}_1+\alpha\boldsymbol{v}_2+\beta\boldsymbol{v}_3+\varepsilon\boldsymbol{v}_4+\delta\boldsymbol{v}_5$$

よって

$$h_P\left(\begin{pmatrix}\alpha\\\beta\\\gamma\\\delta\\\varepsilon\end{pmatrix}\right)=k\circ l^{-1}\left(\begin{pmatrix}\alpha\\\beta\\\gamma\\\delta\\\varepsilon\end{pmatrix}\right)=k\left(l^{-1}\left(\begin{pmatrix}\alpha\\\beta\\\gamma\\\delta\\\varepsilon\end{pmatrix}\right)\right)$$

$$=k(\gamma\boldsymbol{v}_1+\alpha\boldsymbol{v}_2+\beta\boldsymbol{v}_3+\varepsilon\boldsymbol{v}_4+\delta\boldsymbol{v}_5)$$

$$=\gamma k(\boldsymbol{v}_1)+\alpha k(\boldsymbol{v}_2)+\beta k(\boldsymbol{v}_3)+\varepsilon k(\boldsymbol{v}_4)+\delta k(\boldsymbol{v}_5)$$

$$=\gamma\begin{pmatrix}1\\0\\0\\0\\0\end{pmatrix}+\alpha\begin{pmatrix}0\\1\\0\\0\\0\end{pmatrix}+\beta\begin{pmatrix}0\\0\\1\\0\\0\end{pmatrix}+\varepsilon\begin{pmatrix}0\\0\\0\\1\\0\end{pmatrix}+\delta\begin{pmatrix}0\\0\\0\\0\\1\end{pmatrix}=\begin{pmatrix}\gamma\\\alpha\\\beta\\\varepsilon\\\delta\end{pmatrix}$$

ゆえに

$$g_A\left(h_P\left(\begin{pmatrix}\alpha\\\beta\\\gamma\\\delta\\\varepsilon\end{pmatrix}\right)\right)=g_A\left(\begin{pmatrix}\gamma\\\alpha\\\beta\\\varepsilon\\\delta\end{pmatrix}\right)=\begin{pmatrix}3&1&6&5&1\\1&1&2&3&4\end{pmatrix}\begin{pmatrix}\gamma\\\alpha\\\beta\\\varepsilon\\\delta\end{pmatrix}=\begin{pmatrix}\alpha+6\beta+3\gamma+\delta+5\varepsilon\\\alpha+2\beta+\gamma+4\delta+3\varepsilon\end{pmatrix}$$

また，写像 $m: W\longrightarrow\mathbb{R}^2$ を，$m(\boldsymbol{w}_1)=\begin{pmatrix}1\\0\end{pmatrix}$，$m(\boldsymbol{w}_2)=\begin{pmatrix}0\\1\end{pmatrix}$ で定まる同型写像とし，写像 $n: W\longrightarrow\mathbb{R}^2$ を，$n(3\boldsymbol{w}_1+\boldsymbol{w}_2)=\begin{pmatrix}1\\0\end{pmatrix}$，$n(\boldsymbol{w}_1+\boldsymbol{w}_2)=\begin{pmatrix}0\\1\end{pmatrix}$ で定まる同型写像とすると

$$i_Q=m\circ n^{-1}$$

$\begin{pmatrix} p \\ q \end{pmatrix} \in \mathbb{R}^2$ に対して

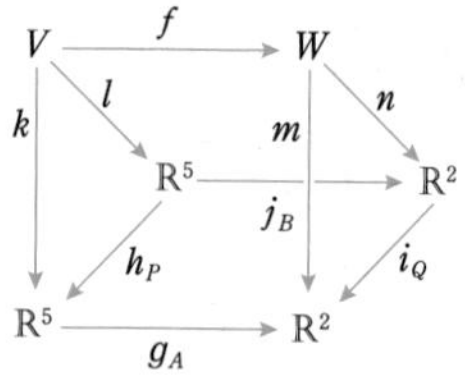

$$n^{-1}\left(\begin{pmatrix} p \\ q \end{pmatrix}\right)=n^{-1}\left(p\begin{pmatrix} 1 \\ 0 \end{pmatrix}+q\begin{pmatrix} 0 \\ 1 \end{pmatrix}\right)$$

$$=pn^{-1}\left(\begin{pmatrix} 1 \\ 0 \end{pmatrix}\right)+qn^{-1}\left(\begin{pmatrix} 0 \\ 1 \end{pmatrix}\right)$$

$$=p(3\boldsymbol{w}_1+\boldsymbol{w}_2)+q(\boldsymbol{w}_1+\boldsymbol{w}_2)$$

$$=(3p+q)\boldsymbol{w}_1+(p+q)\boldsymbol{w}_2$$

よって

$$i_Q\left(\begin{pmatrix} p \\ q \end{pmatrix}\right)=m\circ n^{-1}\left(\begin{pmatrix} p \\ q \end{pmatrix}\right)=m\left(n^{-1}\left(\begin{pmatrix} p \\ q \end{pmatrix}\right)\right)$$

$$=m((3p+q)\boldsymbol{w}_1+(p+q)\boldsymbol{w}_2)$$

$$=(3p+q)m(\boldsymbol{w}_1)+(p+q)m(\boldsymbol{w}_2)$$

$$=(3p+q)\begin{pmatrix} 1 \\ 0 \end{pmatrix}+(p+q)\begin{pmatrix} 0 \\ 1 \end{pmatrix}$$

$$=\begin{pmatrix} 3p+q \\ p+q \end{pmatrix}=\begin{pmatrix} 3 & 1 \\ 1 & 1 \end{pmatrix}\begin{pmatrix} p \\ q \end{pmatrix}$$

ゆえに　　$Q=\begin{pmatrix} 3 & 1 \\ 1 & 1 \end{pmatrix}$

行列Qの逆行列を Q^{-1} とすると　　$Q^{-1}=\frac{1}{2}\begin{pmatrix} 1 & -1 \\ -1 & 3 \end{pmatrix}$

したがって

$$j_B\left(\begin{pmatrix} \alpha \\ \beta \\ \gamma \\ \delta \\ \varepsilon \end{pmatrix}\right)=i_{Q^{-1}}\circ g_A\circ h_P\left(\begin{pmatrix} \alpha \\ \beta \\ \gamma \\ \delta \\ \varepsilon \end{pmatrix}\right)=i_{Q^{-1}}\left(g_A\left(h_P\left(\begin{pmatrix} \alpha \\ \beta \\ \gamma \\ \delta \\ \varepsilon \end{pmatrix}\right)\right)\right)$$

$$=i_{Q^{-1}}\left(\begin{pmatrix} \alpha+6\beta+3\gamma+\delta+5\varepsilon \\ \alpha+2\beta+\gamma+4\delta+3\varepsilon \end{pmatrix}\right)$$

$$=\frac{1}{2}\begin{pmatrix} 1 & -1 \\ -1 & 3 \end{pmatrix}\begin{pmatrix} \alpha+6\beta+3\gamma+\delta+5\varepsilon \\ \alpha+2\beta+\gamma+4\delta+3\varepsilon \end{pmatrix}$$

$$=\frac{1}{2}\begin{pmatrix} 4\beta+2\gamma-3\delta+2\varepsilon \\ 2\alpha+11\delta+4\varepsilon \end{pmatrix}=\frac{1}{2}\begin{pmatrix} 0 & 4 & 2 & -3 & 2 \\ 2 & 0 & 0 & 11 & 4 \end{pmatrix}\begin{pmatrix} \alpha \\ \beta \\ \gamma \\ \delta \\ \varepsilon \end{pmatrix}$$

以上から　　$B=\boldsymbol{\frac{1}{2}\begin{pmatrix} 0 & 4 & 2 & -3 & 2 \\ 2 & 0 & 0 & 11 & 4 \end{pmatrix}}$

基本 例題 102 基底変換と線形写像の表現行列 (2) ★★☆

次の問いに答えよ。

(1) R^2 の1次変換 $f:\mathrm{R}^2\longrightarrow\mathrm{R}^2$ を，$f\left(\begin{pmatrix}x\\y\end{pmatrix}\right)=\begin{pmatrix}2x+4y\\x+5y\end{pmatrix}$ で定めるとき，R^2 の基底 $\left\{\begin{pmatrix}2\\1\end{pmatrix},\begin{pmatrix}-1\\1\end{pmatrix}\right\}$ に関する f の表現行列を求めよ。

(2) R^3 の1次変換 $g:\mathrm{R}^3\longrightarrow\mathrm{R}^3$ を，$g\left(\begin{pmatrix}x\\y\\z\end{pmatrix}\right)=\begin{pmatrix}4x-2y+z\\x-2y+z\\3x+2y+z\end{pmatrix}$ で定めるとき，R^3 の基底 $\left\{\begin{pmatrix}1\\1\\1\end{pmatrix},\begin{pmatrix}1\\1\\0\end{pmatrix},\begin{pmatrix}1\\0\\0\end{pmatrix}\right\}$ に関する g の表現行列を求めよ。

GUIDE & SOLUTION

(1) $A=\begin{pmatrix}2&4\\1&5\end{pmatrix}$ とすると，行列 A によって定まる R^2 の1次変換 $h_A:\mathrm{R}^2\longrightarrow\mathrm{R}^2$ は1次変換 f に一致する。その上で，R^2 の標準的な基底 $\left\{\begin{pmatrix}1\\0\end{pmatrix},\begin{pmatrix}0\\1\end{pmatrix}\right\}$ から基底 $\left\{\begin{pmatrix}2\\1\end{pmatrix},\begin{pmatrix}-1\\1\end{pmatrix}\right\}$ への変換行列を P とし，行列 P によって定まる R^2 の1次変換を $i_P:\mathrm{R}^2\longrightarrow\mathrm{R}^2$ とする。更に，求める表現行列を B とし，行列 B によって定まる R^2 の1次変換を $j_B:\mathrm{R}^2\longrightarrow\mathrm{R}^2$ とすると，$j_B=i_{P^{-1}}\circ h_A\circ i_P$ が成り立つ。

(2) も (1) と同様にして求めることができる。

解答

(1) $A=\begin{pmatrix}2&4\\1&5\end{pmatrix}$ とすると，行列 A によって定まる R^2 の1次変換 $h_A:\mathrm{R}^2\longrightarrow\mathrm{R}^2$ は1次変換 f に一致する。

実際，$h_A\left(\begin{pmatrix}x\\y\end{pmatrix}\right)=\begin{pmatrix}2&4\\1&5\end{pmatrix}\begin{pmatrix}x\\y\end{pmatrix}=\begin{pmatrix}2x+4y\\x+5y\end{pmatrix}=f\left(\begin{pmatrix}x\\y\end{pmatrix}\right)$ である。

また，R^2 の標準的な基底 $\left\{\begin{pmatrix}1\\0\end{pmatrix},\begin{pmatrix}0\\1\end{pmatrix}\right\}$ から基底 $\left\{\begin{pmatrix}2\\1\end{pmatrix},\begin{pmatrix}-1\\1\end{pmatrix}\right\}$ への変換行列を P とすると　　$P=\begin{pmatrix}2&-1\\1&1\end{pmatrix}$

行列 P の逆行列を P^{-1} とすると　　$P^{-1}=\dfrac{1}{3}\begin{pmatrix}1&1\\-1&2\end{pmatrix}$

行列 P によって定まる R^2 の1次変換を $i_P:\mathrm{R}^2\longrightarrow\mathrm{R}^2$ とする。
更に，求める表現行列を B とし，行列 B によって定まる R^2 の1次変換を $j_B:\mathrm{R}^2\longrightarrow\mathrm{R}^2$ とする。

このとき　$j_B=i_{P^{-1}}\circ h_A\circ i_P$

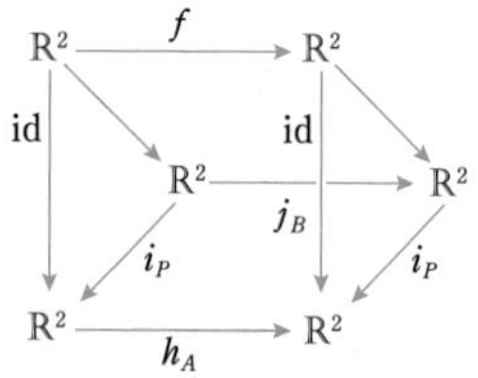

$\begin{pmatrix} s \\ t \end{pmatrix}\in\mathbb{R}^2$ に対して

$$i_P\left(\begin{pmatrix} s \\ t \end{pmatrix}\right)=\begin{pmatrix} 2 & -1 \\ 1 & 1 \end{pmatrix}\begin{pmatrix} s \\ t \end{pmatrix}=\begin{pmatrix} 2s-t \\ s+t \end{pmatrix}$$

よって

$$h_A\left(i_P\left(\begin{pmatrix} s \\ t \end{pmatrix}\right)\right)=h_A\left(\begin{pmatrix} 2s-t \\ s+t \end{pmatrix}\right)=\begin{pmatrix} 2 & 4 \\ 1 & 5 \end{pmatrix}\begin{pmatrix} 2s-t \\ s+t \end{pmatrix}=\begin{pmatrix} 8s+2t \\ 7s+4t \end{pmatrix}$$

したがって

$$j_B\left(\begin{pmatrix} s \\ t \end{pmatrix}\right)=i_{P^{-1}}\circ h_A\circ i_P\left(\begin{pmatrix} s \\ t \end{pmatrix}\right)=i_{P^{-1}}\left(h_A\left(i_P\left(\begin{pmatrix} s \\ t \end{pmatrix}\right)\right)\right)=i_{P^{-1}}\left(\begin{pmatrix} 8s+2t \\ 7s+4t \end{pmatrix}\right)$$

$$=\frac{1}{3}\begin{pmatrix} 1 & 1 \\ -1 & 2 \end{pmatrix}\begin{pmatrix} 8s+2t \\ 7s+4t \end{pmatrix}=\frac{1}{3}\begin{pmatrix} 15s+6t \\ 6s+6t \end{pmatrix}=\begin{pmatrix} 5s+2t \\ 2s+2t \end{pmatrix}=\begin{pmatrix} 5 & 2 \\ 2 & 2 \end{pmatrix}\begin{pmatrix} s \\ t \end{pmatrix}$$

以上から　$B=\begin{pmatrix} \mathbf{5} & \mathbf{2} \\ \mathbf{2} & \mathbf{2} \end{pmatrix}$

(2)　$C=\begin{pmatrix} 4 & -2 & 1 \\ 1 & -2 & 1 \\ 3 & 2 & 1 \end{pmatrix}$ とすると，行列 C によって定まる $\mathbb{R}^3$ の1次変換 $k_C:\mathbb{R}^3\longrightarrow\mathbb{R}^3$ は1次変換 g に一致する。

実際，$k_C\left(\begin{pmatrix} x \\ y \\ z \end{pmatrix}\right)=\begin{pmatrix} 4 & -2 & 1 \\ 1 & -2 & 1 \\ 3 & 2 & 1 \end{pmatrix}\begin{pmatrix} x \\ y \\ z \end{pmatrix}=\begin{pmatrix} 4x-2y+z \\ x-2y+z \\ 3x+2y+z \end{pmatrix}=g\left(\begin{pmatrix} x \\ y \\ z \end{pmatrix}\right)$ である。

また，$\mathbb{R}^3$ の標準的な基底 $\left\{\begin{pmatrix} 1 \\ 0 \\ 0 \end{pmatrix}, \begin{pmatrix} 0 \\ 1 \\ 0 \end{pmatrix}, \begin{pmatrix} 0 \\ 0 \\ 1 \end{pmatrix}\right\}$ から基底 $\left\{\begin{pmatrix} 1 \\ 1 \\ 1 \end{pmatrix}, \begin{pmatrix} 1 \\ 1 \\ 0 \end{pmatrix}, \begin{pmatrix} 1 \\ 0 \\ 0 \end{pmatrix}\right\}$ への変換行列を Q とすると　$Q=\begin{pmatrix} 1 & 1 & 1 \\ 1 & 1 & 0 \\ 1 & 0 & 0 \end{pmatrix}$

行列 $\left(\begin{array}{ccc|ccc} 1 & 1 & 1 & 1 & 0 & 0 \\ 1 & 1 & 0 & 0 & 1 & 0 \\ 1 & 0 & 0 & 0 & 0 & 1 \end{array}\right)$ を簡約階段化すると

$$\left(\begin{array}{ccc|ccc} 1 & 1 & 1 & 1 & 0 & 0 \\ 1 & 1 & 0 & 0 & 1 & 0 \\ 1 & 0 & 0 & 0 & 0 & 1 \end{array}\right)$$

$$\xrightarrow{①\leftrightarrow③}\left(\begin{array}{ccc|ccc} 1 & 0 & 0 & 0 & 0 & 1 \\ 1 & 1 & 0 & 0 & 1 & 0 \\ 1 & 1 & 1 & 1 & 0 & 0 \end{array}\right)$$

$$\xrightarrow{②\times(-1)+③}\left(\begin{array}{ccc|ccc} 1 & 0 & 0 & 0 & 0 & 1 \\ 1 & 1 & 0 & 0 & 1 & 0 \\ 0 & 0 & 1 & 1 & -1 & 0 \end{array}\right)\xrightarrow{①\times(-1)+②}\left(\begin{array}{ccc|ccc} 1 & 0 & 0 & 0 & 0 & 1 \\ 0 & 1 & 0 & 0 & 1 & -1 \\ 0 & 0 & 1 & 1 & -1 & 0 \end{array}\right)$$

よって，行列Qの逆行列を Q^{-1} とすると　$Q^{-1}=\begin{pmatrix}0&0&1\\0&1&-1\\1&-1&0\end{pmatrix}$

行列Qによって定まる R^3 の1次変換を $l_Q:\mathrm{R}^3\longrightarrow\mathrm{R}^3$ とする。
更に，求める表現行列をDとし，行列Dによって R^3 の定まる1次変換を $m_D:\mathrm{R}^3\longrightarrow\mathrm{R}^3$ とする。

このとき　$m_D=l_{Q^{-1}}\circ k_C\circ l_Q$

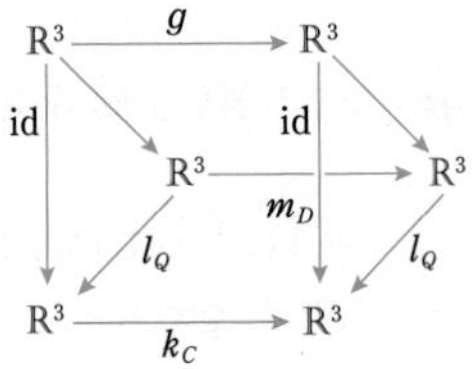

$\begin{pmatrix}u\\v\\w\end{pmatrix}\in\mathrm{R}^3$ に対して

$$l_Q\left(\begin{pmatrix}u\\v\\w\end{pmatrix}\right)=\begin{pmatrix}1&1&1\\1&1&0\\1&0&0\end{pmatrix}\begin{pmatrix}u\\v\\w\end{pmatrix}=\begin{pmatrix}u+v+w\\u+v\\u\end{pmatrix}$$

よって

$$k_C\left(l_Q\left(\begin{pmatrix}u\\v\\w\end{pmatrix}\right)\right)=k_C\left(\begin{pmatrix}u+v+w\\u+v\\u\end{pmatrix}\right)=\begin{pmatrix}4&-2&1\\1&-2&1\\3&2&1\end{pmatrix}\begin{pmatrix}u+v+w\\u+v\\u\end{pmatrix}=\begin{pmatrix}3u+2v+4w\\-v+w\\6u+5v+3w\end{pmatrix}$$

したがって

$$m_D\left(\begin{pmatrix}u\\v\\w\end{pmatrix}\right)=l_{Q^{-1}}\circ k_C\circ l_Q\left(\begin{pmatrix}u\\v\\w\end{pmatrix}\right)=l_{Q^{-1}}\left(k_C\left(l_Q\left(\begin{pmatrix}u\\v\\w\end{pmatrix}\right)\right)\right)$$

$$=l_{Q^{-1}}\left(\begin{pmatrix}3u+2v+4w\\-v+w\\6u+5v+3w\end{pmatrix}\right)=\begin{pmatrix}0&0&1\\0&1&-1\\1&-1&0\end{pmatrix}\begin{pmatrix}3u+2v+4w\\-v+w\\6u+5v+3w\end{pmatrix}$$

$$=\begin{pmatrix}6u+5v+3w\\-6u-6v-2w\\3u+3v+3w\end{pmatrix}=\begin{pmatrix}6&5&3\\-6&-6&-2\\3&3&3\end{pmatrix}\begin{pmatrix}u\\v\\w\end{pmatrix}$$

以上から　$D=\begin{pmatrix}\mathbf{6}&\mathbf{5}&\mathbf{3}\\\mathbf{-6}&\mathbf{-6}&\mathbf{-2}\\\mathbf{3}&\mathbf{3}&\mathbf{3}\end{pmatrix}$

PRACTICE … 50

$A=\begin{pmatrix}-3&1&4\\2&2&3\\3&4&6\end{pmatrix}$ とし，行列Aによって定まる R^3 の1次変換を $f_A:\mathrm{R}^3\longrightarrow\mathrm{R}^3$ とするとき，R^3 の基底 $\left\{\begin{pmatrix}1\\4\\3\end{pmatrix},\begin{pmatrix}0\\1\\0\end{pmatrix},\begin{pmatrix}0\\2\\1\end{pmatrix}\right\}$ に関する f_A の表現行列を求めよ。

EXERCISES

45 $\mathbb{R}^2$ から $\mathbb{R}^3$ への線形写像全体のなすベクトル空間を V とするとき，V の基底を 1 つ作れ。

46 $\mathbb{R}^3$ の部分空間 W を，$W=\left\{\begin{pmatrix} x \\ y \\ z \end{pmatrix} \middle| \, 3x+2y+z=0\right\}$ で定義する。$A=\begin{pmatrix} 1 & 0 \\ 0 & 1 \\ -3 & -2 \end{pmatrix}$ とし，行列 A によって定まる線形写像を $f_A : \mathbb{R}^2 \longrightarrow \mathbb{R}^3$ とすると，線形写像 f_A は $\mathbb{R}^2$ から W への同型写像であることを示せ。

47 $A=\begin{pmatrix} 2 & 0 & 2 & 4 & 6 \\ 0 & 3 & 2 & 3 & 2 \\ -1 & 3 & 1 & 1 & -1 \\ -2 & 3 & 0 & -1 & -4 \end{pmatrix}$ とし，行列 A によって定まる線形写像を $f_A : \mathbb{R}^5 \longrightarrow \mathbb{R}^4$ とするとき，$f_A(\mathbb{R}^5)$ の基底を 1 組求めよ。また，$\operatorname{rank} f_A$ を求めよ。

48 V，W をベクトル空間とし，$\dim V=6$，$\dim W=2$ とする。線形写像 $f : V \longrightarrow W$ について，$\dim \operatorname{Ker}(f)$ がとりうる値をすべて求めよ。

49 2 個の変数 x，y の高々 2 次の，実数を係数とする多項式全体のなすベクトル空間を V とする。V の各ベクトルを変数 x，y の 2 変数関数とみて，5 つの V の 1 次変換

$\dfrac{\partial}{\partial x} : V \longrightarrow V$，$\dfrac{\partial}{\partial y} : V \longrightarrow V$，$\dfrac{\partial^2}{\partial x^2} : V \longrightarrow V$，$\dfrac{\partial^2}{\partial x \partial y} : V \longrightarrow V$，$\dfrac{\partial^2}{\partial y^2} : V \longrightarrow V$ を考える。

(1) $\dim \operatorname{Ker}\left(\dfrac{\partial}{\partial x}\right) \cap \operatorname{Ker}\left(\dfrac{\partial}{\partial y}\right)$ を求めよ。

(2) $\dim \left(\operatorname{Ker}\left(\dfrac{\partial^2}{\partial x^2}\right) + \operatorname{Ker}\left(\dfrac{\partial^2}{\partial y^2}\right)\right)$ を求めよ。

(3) $\dim \dfrac{\partial^2}{\partial x \partial y}(V)$ を求めよ。

! Hint **48** 線形写像と次元の定理により，$\dim \operatorname{Ker}(f)$ がとる可能性のある値を絞り込み，その後，その値をとるような線形写像の例を挙げて確認する。V，W の基底を与えたときの線形写像 f の表現行列を A とすると，行列 A は 2×6 行列である。

EXERCISES

50 $f_1(x)=\sin x$, $f_2(x)=\cos x$ とし，$V=\langle f_1, f_2\rangle$ とする。また，$\theta\in\mathbb{R}$ を定数として，Vの1次変換 $g: V\longrightarrow V$ を，次で定義する。

$$g(h)(x)=h(x+\theta)\quad (h\in V)$$

(1) Vの基底 $\{f_1, f_2\}$ に関する1次変換 g の表現行列を求めよ。

(2) 1次変換 $g: V\longrightarrow V$ を n 回合成して得られる1次変換を $g^{(n)}: V\longrightarrow V$ と表すとき，Vの基底 $\{f_1, f_2\}$ に関する1次変換 $g^{(n)}$ の表現行列を求めよ。

(3) (1)で求めた表現行列をAとするとき，A^n を求めよ。

51 2次正方行列全体は通常の行列の和と定数倍によりベクトル空間となり，これをMとする。$A=\begin{pmatrix}1 & -1\\ 1 & 1\end{pmatrix}$, $B=\begin{pmatrix}1 & 1\\ 1 & -1\end{pmatrix}$ とするとき，線形写像 $f: M\longrightarrow\mathbb{R}^2$ を，次で定める。

$$X\in M \text{ に対して } f(X)=\begin{pmatrix}\mathrm{tr}(AX)\\ \mathrm{tr}(BX)\end{pmatrix} \text{ とする。}$$

(1) $\mathrm{Ker}(f)$ の基底を1組求めよ。

(2) Mの基底 $\left\{\begin{pmatrix}1 & 0\\ 0 & 0\end{pmatrix}, \begin{pmatrix}0 & 1\\ 0 & 0\end{pmatrix}, \begin{pmatrix}0 & 0\\ 1 & 0\end{pmatrix}, \begin{pmatrix}0 & 0\\ 0 & 1\end{pmatrix}\right\}$ と $\mathbb{R}^2$ の標準的な基底 $\left\{\begin{pmatrix}1\\ 0\end{pmatrix}, \begin{pmatrix}0\\ 1\end{pmatrix}\right\}$ に関する線形写像 f の表現行列を求めよ。

52 $\mathbb{R}^2$ の1次変換全体は，1次変換の和と定数倍によりベクトル空間となり，これをVとする。次で定まる $\mathbb{R}^2$ の1次変換 $f_1\in V$, $f_2\in V$, $f_3\in V$, $f_4\in V$, $g\in V$ を考える。

$$f_1: \mathbb{R}^2\longrightarrow\mathbb{R}^2 \text{ について：} \begin{pmatrix}x\\ y\end{pmatrix}\in\mathbb{R}^2 \text{ に対して } f_1\left(\begin{pmatrix}x\\ y\end{pmatrix}\right)=\begin{pmatrix}x\\ 0\end{pmatrix} \text{ とする。}$$

$$f_2: \mathbb{R}^2\longrightarrow\mathbb{R}^2 \text{ について：} \begin{pmatrix}x\\ y\end{pmatrix}\in\mathbb{R}^2 \text{ に対して } f_2\left(\begin{pmatrix}x\\ y\end{pmatrix}\right)=\begin{pmatrix}y\\ 0\end{pmatrix} \text{ とする。}$$

$$f_3: \mathbb{R}^2\longrightarrow\mathbb{R}^2 \text{ について：} \begin{pmatrix}x\\ y\end{pmatrix}\in\mathbb{R}^2 \text{ に対して } f_3\left(\begin{pmatrix}x\\ y\end{pmatrix}\right)=\begin{pmatrix}0\\ x\end{pmatrix} \text{ とする。}$$

$$f_4: \mathbb{R}^2\longrightarrow\mathbb{R}^2 \text{ について：} \begin{pmatrix}x\\ y\end{pmatrix}\in\mathbb{R}^2 \text{ に対して } f_4\left(\begin{pmatrix}x\\ y\end{pmatrix}\right)=\begin{pmatrix}0\\ y\end{pmatrix} \text{ とする。}$$

$$g: \mathbb{R}^2\longrightarrow\mathbb{R}^2 \text{ について：} \begin{pmatrix}x\\ y\end{pmatrix}\in\mathbb{R}^2 \text{ に対して } g\left(\begin{pmatrix}x\\ y\end{pmatrix}\right)=\begin{pmatrix}x+y\\ x\end{pmatrix} \text{ とする。}$$

(1) $\mathbb{R}^2$ の標準的な基底に関する1次変換 f_1, f_2, f_3, f_4 の表現行列をそれぞれ答えよ。

(2) $\{f_1, f_2, f_3, f_4\}$ は1次独立であることを示せ。

(3) 写像 $h: V\longrightarrow V$ を，$i\in V$ に対して $h(i)=i\circ g$ で定めるとき，h はVの1次変換であることを示せ。

(4) Vの基底 $\{f_1, f_2, f_3, f_4\}$ に関する1次変換 h の表現行列を求めよ。

! Hint **51** トレースの定義については，第1章 EXERCISES 5 (43ページ) を参照する。

(1) $\mathrm{Ker}(f)$ は同次連立1次方程式 $f(X)=\mathbf{0}$ の解空間であるから，同次連立1次方程式 $f(X)=\mathbf{0}$ を解く。

EXERCISES

53 $f_1(x)=\sin x$，$f_2(x)=\cos x$ とし，$V=\langle f_1,\ f_2\rangle$ とする。また，変数 x の高々3次の，実数を係数とする多項式全体のなすベクトル空間を W とする。このとき，線形写像 $g:V\longrightarrow W$ を，次で定義する。

$$g(f_1)(x)=x-\frac{1}{6}x^3$$

$$g(f_2)(x)=1-\frac{1}{2}x^2$$

(1) V の基底 $\{f_1,\ f_2\}$ と W の基底 $\{1,\ x,\ x^2,\ x^3\}$ に関する線形写像 g の表現行列を求めよ。

(2) $g(V)$ の基底を1組求めよ。

54 変数 x の高々2次の，実数を係数とする多項式全体のなすベクトル空間を V とし，変数 x の高々3次の，実数を係数とする多項式全体のなすベクトル空間を W とする。

(1) $f_1\in V$，$f_2\in V$，$f_3\in V$ を $f_1(x)=1+x$，$f_2(x)=1-x^2$，$f_3(x)=1-x+x^2$ で定めると，$\{f_1,\ f_2,\ f_3\}$ は V の基底であることを示せ。

(2) W の各ベクトルを変数 x の1変数関数とみて，線形写像 $g:W\longrightarrow V$ を，次で定める。

$$h\in W \text{ に対して } g(h(x))=\frac{d}{dx}h(x) \text{ とする。}$$

このとき，W の基底 $\{1,\ x,\ x^2,\ x^3\}$ と V の基底 $\{f_1,\ f_2,\ f_3\}$ に関する線形写像 g の表現行列を求めよ。

55 変数 x，y の高々2次の，実数を係数とする多項式全体からなるベクトル空間を V とする。V の1次変換 $f:V\longrightarrow V$ を，次で定義する。

$$f(g)(x,\ y)=g(x+1,\ 1)$$

(1) V の基底 $\{1,\ x,\ y,\ x^2,\ xy,\ y^2\}$ に関する1次変換 f の表現行列を求めよ。

(2) $\mathrm{Ker}(f)$ の基底を1組求めよ。

(3) $g\in V$ に対して，$f(g)(x,\ y)=1+x+x^2$ となるとき，g を求めよ。

! Hint **55** (2) (1)で求めた表現行列を係数行列とする同次連立1次方程式を解く。そのために，まずは(1)で求めた表現行列を簡約階段化する。
(3) (1)を利用する。

7

第7章
内積

例　題　一　覧

1 内積と計量ベクトル空間

基本事項

A 内積とは

$\boldsymbol{v}=\begin{pmatrix} a_1 \\ a_2 \\ \vdots \\ a_n \end{pmatrix}\in\mathrm{R}^n$, $\boldsymbol{w}=\begin{pmatrix} b_1 \\ b_2 \\ \vdots \\ b_n \end{pmatrix}\in\mathrm{R}^n$ とするとき，R^n の **標準内積** を

$$\boldsymbol{v}\cdot\boldsymbol{w}=a_1b_1+a_2b_2+\cdots\cdots+a_nb_n$$

と定義する。

この標準内積は，次の4つの性質を満たす。

[1] $\boldsymbol{v}\in\mathrm{R}^n$, $\boldsymbol{v}'\in\mathrm{R}^n$, $\boldsymbol{w}\in\mathrm{R}^n$, $c\in\mathrm{R}$ に対して，
$(\boldsymbol{v}+\boldsymbol{v}')\cdot\boldsymbol{w}=\boldsymbol{v}\cdot\boldsymbol{w}+\boldsymbol{v}'\cdot\boldsymbol{w}$, $(c\boldsymbol{v})\cdot\boldsymbol{w}=c(\boldsymbol{v}\cdot\boldsymbol{w})$ である。

[2] $\boldsymbol{v}\in\mathrm{R}^n$, $\boldsymbol{w}\in\mathrm{R}^n$, $\boldsymbol{w}'\in\mathrm{R}^n$, $c\in\mathrm{R}$ に対して，
$\boldsymbol{v}\cdot(\boldsymbol{w}+\boldsymbol{w}')=\boldsymbol{v}\cdot\boldsymbol{w}+\boldsymbol{v}\cdot\boldsymbol{w}'$, $\boldsymbol{v}\cdot(c\boldsymbol{w})=c(\boldsymbol{v}\cdot\boldsymbol{w})$ である。

[3] $\boldsymbol{v}\in\mathrm{R}^n$, $\boldsymbol{w}\in\mathrm{R}^n$ に対して，$\boldsymbol{v}\cdot\boldsymbol{w}=\boldsymbol{w}\cdot\boldsymbol{v}$ である。

[4] 任意の $\boldsymbol{v}\in\mathrm{R}^n$ に対して $\boldsymbol{v}\cdot\boldsymbol{v}\geqq 0$ であり，$\boldsymbol{v}\cdot\boldsymbol{v}=0$ となるのは $\boldsymbol{v}=\boldsymbol{0}$ であるときに限る。

B 内積の定義

定義 内積

Vをベクトル空間とし，任意の $\boldsymbol{v}\in V$, $\boldsymbol{w}\in V$ に対して，$(\boldsymbol{v}, \boldsymbol{w})\in\mathrm{R}$ が1つ定まり，次の条件を満たすとする。このとき，V上に内積 (,) が1つ定義されたという。

[1] 第1成分についての線形性が成り立つ。すなわち，次が成り立つ。
$\boldsymbol{v}\in V$, $\boldsymbol{v}'\in V$, $\boldsymbol{w}\in V$, $c\in\mathrm{R}$ に対して，
$(\boldsymbol{v}+\boldsymbol{v}', \boldsymbol{w})=(\boldsymbol{v}, \boldsymbol{w})+(\boldsymbol{v}', \boldsymbol{w})$, $(c\boldsymbol{v}, \boldsymbol{w})=c(\boldsymbol{v}, \boldsymbol{w})$ である。

[2] 第2成分についての線形性が成り立つ。すなわち，次が成り立つ。
$\boldsymbol{v}\in V$, $\boldsymbol{w}\in V$, $\boldsymbol{w}'\in V$, $c\in\mathrm{R}$ に対して，
$(\boldsymbol{v}, \boldsymbol{w}+\boldsymbol{w}')=(\boldsymbol{v}, \boldsymbol{w})+(\boldsymbol{v}, \boldsymbol{w}')$, $(\boldsymbol{v}, c\boldsymbol{w})=c(\boldsymbol{v}, \boldsymbol{w})$ である。

[3] 対称性が成り立つ。すなわち，$\boldsymbol{v}\in V$, $\boldsymbol{w}\in V$ に対して，$(\boldsymbol{v}, \boldsymbol{w})=(\boldsymbol{w}, \boldsymbol{v})$ が成り立つ。

[4] 任意の $\boldsymbol{v}\in V$ に対して $(\boldsymbol{v}, \boldsymbol{v})\geqq 0$ であり，$(\boldsymbol{v}, \boldsymbol{v})=0$ となるのは $\boldsymbol{v}=\boldsymbol{0}$ であるときに限る。

内積の定義の条件 [1]，[2] は **双線形性** と呼ばれる性質である。これにより，次が成り立つ。

$\boldsymbol{v}\in V$，$\boldsymbol{v}'\in V$，$\boldsymbol{w}\in V$，$\boldsymbol{w}'\in V$，$c\in\mathbb{R}$，$c'\in\mathbb{R}$，$d\in\mathbb{R}$，$d'\in\mathbb{R}$ に対して，

$$(c\boldsymbol{v}+c'\boldsymbol{v}',\ d\boldsymbol{w}+d'\boldsymbol{w}')=cd(\boldsymbol{v},\ \boldsymbol{w})+cd'(\boldsymbol{v},\ \boldsymbol{w}')+c'd(\boldsymbol{v}',\ \boldsymbol{w})+c'd'(\boldsymbol{v}',\ \boldsymbol{w}')$$

である。

注意　ベクトル空間上の内積という概念は，条件 [1]～[4] を満たすものであれば，基本的には何でもよい。すなわち，1つのベクトル空間上には，無限に多くの内積が存在しうる。

例えば，1つの内積が定められているとき，それを一律に正の実数倍したものも内積である。また，内積のとり方を変えれば，後で定義するベクトルの大きさの概念も変わる。標準内積が定められている平面においては，直観的に明らかな標準的なベクトルの長さの概念があったが，一般のベクトル空間においては，長さの概念は最初から与えられているものではなく，内積を導入することにより，改めて定義される。

定義　計量ベクトル空間

Vをベクトル空間とし，V上の内積（ , ）が1つ定められているとする。このように，内積を1つ定めたベクトル空間を，**計量ベクトル空間** または **内積空間** という。

C　ベクトルのノルム

定義　ベクトルのノルム

Vを計量ベクトル空間とし，その内積を（ , ）で表す。$\boldsymbol{v}\in V$ に対して

$$\|\boldsymbol{v}\|=\sqrt{(\boldsymbol{v},\ \boldsymbol{v})}$$

とするとき，この値を（この内積に関する）$\boldsymbol{v}$の **ノルム** という。

ベクトルのノルムは，計量ベクトル空間上の内積に依存している。

定理　ノルムの性質

Vを計量ベクトル空間とするとき，次が成り立つ。

[1]　任意の $\boldsymbol{v}\in V$ に対して $\|\boldsymbol{v}\|\geqq 0$ であり，$\|\boldsymbol{v}\|=0$ となるのは $\boldsymbol{v}=\boldsymbol{0}$ であるときに限る（$\boldsymbol{0}$ はVの零ベクトル）。

[2]　任意の $\boldsymbol{v}\in V$，$c\in\mathbb{R}$ に対して，$\|c\boldsymbol{v}\|=|c|\|\boldsymbol{v}\|$ である。

[3]　任意の $\boldsymbol{v}\in V$，$\boldsymbol{w}\in V$ に対して，$|(\boldsymbol{v},\ \boldsymbol{w})|\leqq\|\boldsymbol{v}\|\|\boldsymbol{w}\|$ である。
この不等式を **シュワルツの不等式** という。

[4]　任意の $\boldsymbol{v}\in V$，$\boldsymbol{w}\in V$ に対して，$\|\boldsymbol{v}+\boldsymbol{w}\|\leqq\|\boldsymbol{v}\|+\|\boldsymbol{w}\|$ である。
この不等式を **三角不等式** という。

定義　ベクトルの正規化

Vを計量ベクトル空間とし，$\boldsymbol{v}\in V$ がVの零ベクトルでないとき，$\boldsymbol{v}$と平行でノルムが1のベクトルを$\boldsymbol{v}$の **正規化(された)ベクトル** といい，それを作ることを，$\boldsymbol{v}$を **正規化する** という。

D　ベクトルのなす角

定義　ベクトルのなす角

Vを計量ベクトル空間とし，$\boldsymbol{v}\in V$，$\boldsymbol{w}\in V$ がVの零ベクトルでないとき，次で定まる$\theta\in\mathrm{R}$ を，$\boldsymbol{v}$，$\boldsymbol{w}$の **なす角** という。

$$\frac{(\boldsymbol{v},\ \boldsymbol{w})}{\|\boldsymbol{v}\|\|\boldsymbol{w}\|}=\cos\theta \quad (0\leqq\theta\leqq\pi)$$

定義　ベクトルの直交

Vを計量ベクトル空間とし，$\boldsymbol{v}\in V$，$\boldsymbol{w}\in V$ が $(\boldsymbol{v},\ \boldsymbol{w})=0$ を満たすとき，$\boldsymbol{v}$，$\boldsymbol{w}$は **直交している** という。

注意　上の定義は，$\boldsymbol{v}=\boldsymbol{0}$ または $\boldsymbol{w}=\boldsymbol{0}$ の場合も含む。$\boldsymbol{v}\neq\boldsymbol{0}$ かつ $\boldsymbol{w}\neq\boldsymbol{0}$ の場合，$(\boldsymbol{v},\ \boldsymbol{w})=0$ であることは$\boldsymbol{v}$，$\boldsymbol{w}$のなす角が $\frac{\pi}{2}$ であることと同値である。

PRACTICE … 51

(1) $\boldsymbol{a}=\begin{pmatrix}a_1\\a_2\end{pmatrix}\in\mathrm{R}^2$，$\boldsymbol{b}=\begin{pmatrix}b_1\\b_2\end{pmatrix}\in\mathrm{R}^2$ とするとき，これらに対して，$(\boldsymbol{a},\ \boldsymbol{b})=a_1b_1+a_2b_2$ と定義すると，(,) は R^2 上の内積を定めることを示せ。

(2) R^4 に標準内積を定め，$\boldsymbol{a}=\begin{pmatrix}1\\2\\-2\\1\end{pmatrix}\in\mathrm{R}^4$，$\boldsymbol{b}=\begin{pmatrix}2\\-1\\1\\2\end{pmatrix}\in\mathrm{R}^4$ とするとき，$(\boldsymbol{a},\ \boldsymbol{b})$ を求めよ。

(3) R^{10} に標準内積を定め，$\boldsymbol{v}=\begin{pmatrix}1\\1\\\vdots\\1\end{pmatrix}\in\mathrm{R}^{10}$ とするとき，$\|\boldsymbol{v}\|=\sqrt{10}$ であることを示せ。

基本 例題 103 内積の性質，$C^0([a, b])$ 上の内積 ★☆☆

次の問いに答えよ。

(1) Vを計量ベクトル空間とする。$\mathbf{0}$ をVの零ベクトルとするとき，任意の $\boldsymbol{v}\in V$ に対して，$(\mathbf{0}, \boldsymbol{v})=(\boldsymbol{v}, \mathbf{0})=0$ が成り立つことを示せ。

(2) $C^0([a, b])$ を閉区間 $[a, b]$ 上で連続な関数全体からなるベクトル空間とする。$f\in C^0([a, b])$，$g\in C^0([a, b])$ に対して，$(f, g)=\int_a^b f(x)g(x)dx$ と定義すると，$(\ ,\ )$ は $C^0([a, b])$ 上の内積を定めることを示せ。

◢ p. 196，197 基本事項B

GUIDE & SOLUTION

(1) $\mathbf{0}=0\cdot\mathbf{0}$ と考え，第1成分，第2成分についての線形性を利用して示す。

(2) $(\ ,\ )$ が内積の定義の条件をすべて満たすことを確かめる。なお，(f, g) が定まるのは f, g が連続関数であるからである。

解答

(1) $(\mathbf{0}, \boldsymbol{v})=(0\cdot\mathbf{0}, \boldsymbol{v})=0\cdot(\mathbf{0}, \boldsymbol{v})=0$，$(\boldsymbol{v}, \mathbf{0})=(\boldsymbol{v}, 0\cdot\mathbf{0})=0\cdot(\boldsymbol{v}, \mathbf{0})=0$

よって　$(\mathbf{0}, \boldsymbol{v})=(\boldsymbol{v}, \mathbf{0})=0$ ■

(2) [1] (ア) $p\in C^0([a, b])$，$q\in C^0([a, b])$，$r\in C^0([a, b])$ に対して

$$(p+q, r)=\int_a^b \{p(x)+q(x)\}r(x)dx=\int_a^b \{p(x)r(x)+q(x)r(x)\}dx$$
$$=\int_a^b p(x)r(x)dx+\int_a^b q(x)r(x)dx=(p, r)+(q, r)$$

(イ) $p\in C^0([a, b])$，$r\in C^0([a, b])$，$k\in\mathbb{R}$ に対して

$$(kp, r)=\int_a^b \{kp(x)\}r(x)dx=\int_a^b kp(x)r(x)dx=k\int_a^b p(x)r(x)dx=k(p, r)$$

[2] (ア) $p\in C^0([a, b])$，$r\in C^0([a, b])$，$s\in C^0([a, b])$ に対して

$$(p, r+s)=\int_a^b p(x)\{r(x)+s(x)\}dx=\int_a^b \{p(x)r(x)+p(x)s(x)\}dx$$
$$=\int_a^b p(x)r(x)dx+\int_a^b p(x)s(x)dx=(p, r)+(p, s)$$

(イ) $p\in C^0([a, b])$，$r\in C^0([a, b])$，$k\in\mathbb{R}$ に対して

$$(p, kr)=\int_a^b p(x)\{kr(x)\}dx=\int_a^b kp(x)r(x)dx=k\int_a^b p(x)r(x)dx=k(p, r)$$

[3] $p\in C^0([a, b])$，$r\in C^0([a, b])$ に対して

$$(p, r)=\int_a^b p(x)r(x)dx=\int_a^b r(x)p(x)dx=(r, p)$$

[4] $p\in C^0([a, b])$ に対して　$(p, p)=\int_a^b \{p(x)\}^2 dx\geqq 0$

また，$(p, p)=0$ であるのは，p が $p(x)=0$ で定まる関数であるときに限る。　◀ p は連続関数であるから。

以上から，$(\ ,\ )$ は $C^0([a, b])$ 上の内積を定める。■

基本 例題 104 ベクトルの正規化 ★☆☆

次の問いに答えよ。

(1) $\mathbb{R}^3$ に標準内積を定めるとき，$\begin{pmatrix} -1 \\ -1 \\ 1 \end{pmatrix} \in \mathbb{R}^3$ を正規化せよ。

(2) $\mathbb{R}^4$ に標準内積を定めるとき，$\begin{pmatrix} 1 \\ 5 \\ 2 \\ -3 \end{pmatrix} \in \mathbb{R}^4$ を正規化せよ。

p. 197，198 基本事項C

GUIDE & SOLUTION

それぞれのベクトルのノルムを求め，そのノルムの逆数をベクトルに掛けて，元々のベクトルと平行でノルムが1となるようにする。

解答

(1) $\boldsymbol{a}=\begin{pmatrix} -1 \\ -1 \\ 1 \end{pmatrix}$ とすると　　$\|\boldsymbol{a}\|=\sqrt{(-1)^2+(-1)^2+1^2}=\sqrt{3}$

よって，$\boldsymbol{a}$ を正規化すると　　$\dfrac{1}{\|\boldsymbol{a}\|}\boldsymbol{a}=\boldsymbol{\dfrac{1}{\sqrt{3}}\begin{pmatrix} -1 \\ -1 \\ 1 \end{pmatrix}}$

(2) $\boldsymbol{b}=\begin{pmatrix} 1 \\ 5 \\ 2 \\ -3 \end{pmatrix}$ とすると　　$\|\boldsymbol{b}\|=\sqrt{1^2+5^2+2^2+(-3)^2}=\sqrt{39}$

よって，$\boldsymbol{b}$ を正規化すると　　$\dfrac{1}{\|\boldsymbol{b}\|}\boldsymbol{b}=\boldsymbol{\dfrac{1}{\sqrt{39}}\begin{pmatrix} 1 \\ 5 \\ 2 \\ -3 \end{pmatrix}}$

PRACTICE … 52

$\mathbb{R}^5$ に標準内積を定めるとき，$\begin{pmatrix} 2 \\ 3 \\ -1 \\ -3 \\ 1 \end{pmatrix} \in \mathbb{R}^5$ を正規化せよ。

基本 例題 105 ベクトルの内積・ノルム・なす角 ★☆☆

(1) $\mathbb{R}^2$ に標準内積を定め，$\boldsymbol{a}=\begin{pmatrix}2\\0\end{pmatrix}\in\mathbb{R}^2$，$\boldsymbol{b}=\begin{pmatrix}3\\3\end{pmatrix}\in\mathbb{R}^2$ とするとき，$(\boldsymbol{a},\ \boldsymbol{b})$，$\|\boldsymbol{a}\|$，$\|\boldsymbol{b}\|$ を求めよ。また，$\boldsymbol{a}$，$\boldsymbol{b}$ のなす角を求めよ。

(2) $\mathbb{R}^3$ に標準内積を定め，$\boldsymbol{c}=\begin{pmatrix}1\\0\\-1\end{pmatrix}\in\mathbb{R}^3$，$\boldsymbol{d}=\begin{pmatrix}4\\2\\-2\end{pmatrix}\in\mathbb{R}^3$ とするとき，$(\boldsymbol{c},\ \boldsymbol{d})$，$\|\boldsymbol{c}\|$，$\|\boldsymbol{d}\|$ を求めよ。また，$\boldsymbol{c}$，$\boldsymbol{d}$ のなす角を求めよ。

(3) $\mathbb{R}^4$ に標準内積を定め，$\boldsymbol{e}=\begin{pmatrix}0\\1\\-1\\2\end{pmatrix}\in\mathbb{R}^4$，$\boldsymbol{f}=\begin{pmatrix}-1\\1\\-3\\1\end{pmatrix}\in\mathbb{R}^4$ とするとき，$(\boldsymbol{e},\ \boldsymbol{f})$，$\|\boldsymbol{e}\|$，$\|\boldsymbol{f}\|$ を求めよ。また，$\boldsymbol{e}$，$\boldsymbol{f}$ のなす角を求めよ。

◢ p. 196〜198 基本事項A〜D

GUIDE & SOLUTION

それぞれベクトルの内積，ノルムを求め，その後定義に従って 2 つのベクトルのなす角を求める。ベクトルのなす角は 0 以上 π 以下であることに注意する。

解答

(1) $(\boldsymbol{a},\ \boldsymbol{b})=2\cdot3+0\cdot3=\mathbf{6}$

$\|\boldsymbol{a}\|=\sqrt{2^2+0^2}=\mathbf{2}$，$\|\boldsymbol{b}\|=\sqrt{3^2+3^2}=\mathbf{3\sqrt{2}}$

また，$\boldsymbol{a}$，$\boldsymbol{b}$ のなす角を α とすると　$\cos\alpha=\dfrac{(\boldsymbol{a},\ \boldsymbol{b})}{\|\boldsymbol{a}\|\|\boldsymbol{b}\|}=\dfrac{6}{2\cdot3\sqrt{2}}=\dfrac{\sqrt{2}}{2}$

$0\leqq\alpha\leqq\pi$ であるから　$\alpha=\boldsymbol{\dfrac{\pi}{4}}$

(2) $(\boldsymbol{c},\ \boldsymbol{d})=1\cdot4+0\cdot2+(-1)\cdot(-2)=\mathbf{6}$

$\|\boldsymbol{c}\|=\sqrt{1^2+0^2+(-1)^2}=\mathbf{\sqrt{2}}$，$\|\boldsymbol{d}\|=\sqrt{4^2+2^2+(-2)^2}=\mathbf{2\sqrt{6}}$

また，$\boldsymbol{c}$，$\boldsymbol{d}$ のなす角を β とすると　$\cos\beta=\dfrac{(\boldsymbol{c},\ \boldsymbol{d})}{\|\boldsymbol{c}\|\|\boldsymbol{d}\|}=\dfrac{6}{\sqrt{2}\cdot2\sqrt{6}}=\dfrac{\sqrt{3}}{2}$

$0\leqq\beta\leqq\pi$ であるから　$\beta=\boldsymbol{\dfrac{\pi}{6}}$

(3) $(\boldsymbol{e},\ \boldsymbol{f})=0\cdot(-1)+1\cdot1+(-1)\cdot(-3)+2\cdot1=\mathbf{6}$

$\|\boldsymbol{e}\|=\sqrt{0^2+1^2+(-1)^2+2^2}=\mathbf{\sqrt{6}}$，$\|\boldsymbol{f}\|=\sqrt{(-1)^2+1^2+(-3)^2+1^2}=\mathbf{2\sqrt{3}}$

また，$\boldsymbol{e}$，$\boldsymbol{f}$ のなす角を γ とすると　$\cos\gamma=\dfrac{(\boldsymbol{e},\ \boldsymbol{f})}{\|\boldsymbol{e}\|\|\boldsymbol{f}\|}=\dfrac{6}{\sqrt{6}\cdot2\sqrt{3}}=\dfrac{\sqrt{2}}{2}$

$0\leqq\gamma\leqq\pi$ であるから　$\gamma=\boldsymbol{\dfrac{\pi}{4}}$

基本 例題 106 ベクトルの正規化・ベクトルの直交・シュワルツの不等式 ★☆☆

$C^0([0,\ 1])$ を閉区間 $[0,\ 1]$ 上で連続な関数全体からなるベクトル空間とする。$C^0([0,\ 1])$ に，$(\ ,\ )$ を $f\in C^0([0,\ 1])$，$g\in C^0([0,\ 1])$ に対して，

$(f,\ g)=\int_0^1 f(x)g(x)dx$ で定めるとき，次の問いに答えよ。

(1) $h\in C^0([0,\ 1])$ を $h(x)=ax^2+1$ $(a\in\mathbb{R})$ で定め，h の正規化ベクトルを p とするとき，p を求めよ。

(2) $f_1\in C^0([0,\ 1])$，$f_2\in C^0([0,\ 1])$ を，それぞれ $f_1(x)=\sqrt{3}\,x+1$，$f_2(x)=-\sqrt{3}\,x+1$ で定めるとき，f_1，f_2 は直交することを示せ。

(3) シュワルツの不等式を用いて，不等式

$\left\{\int_0^1 f(x)g(x)dx\right\}^2 \leqq \int_0^1 \{f(x)\}^2dx\int_0^1\{g(x)\}^2dx$ が成り立つことを示せ。

p. 197，198 基本事項C，D

GUIDE & SOLUTION

(1) まず，$\|h\|$ を求める。

(2) $(f_1,\ f_2)=0$ となることを示す。

(3) シュワルツの不等式から，$|(f,\ g)|^2\leqq\|f\|^2\|g\|^2$ が成り立つ。

$|(f,\ g)|^2=\left\{\int_0^1 f(x)g(x)dx\right\}^2$，$\|f\|^2=\int_0^1\{f(x)\}^2dx$，$\|g\|^2=\int_0^1\{g(x)\}^2dx$ であるから，示すべき不等式が得られる。

解答

(1) $\|h\|=\sqrt{\int_0^1(ax^2+1)^2dx}=\sqrt{\int_0^1(a^2x^4+2ax^2+1)dx}$

$$=\sqrt{\left[\frac{a^2}{5}x^5+\frac{2}{3}ax^3+x\right]_0^1}=\sqrt{\frac{3a^2+10a+15}{15}}$$

よって，**p は $p(x)=\sqrt{\dfrac{15}{3a^2+10a+15}}(ax^2+1)$ で定まる関数** である。

(2) $(f_1,\ f_2)=\int_0^1(\sqrt{3}\,x+1)(-\sqrt{3}\,x+1)dx=\int_0^1(-3x^2+1)dx$

$$=\left[-x^3+x\right]_0^1=0$$

よって，f_1，f_2 は直交する。 ■

(3) $f\in C^0([0,\ 1])$，$g\in C^0([0,\ 1])$ に対して，シュワルツの不等式から

$$|(f,\ g)|^2\leqq\|f\|^2\|g\|^2$$

ここで　$|(f,\ g)|^2=\left\{\int_0^1 f(x)g(x)dx\right\}^2$，$\|f\|^2=\int_0^1\{f(x)\}^2dx$，$\|g\|^2=\int_0^1\{g(x)\}^2dx$

よって　$\left\{\int_0^1 f(x)g(x)dx\right\}^2\leqq\int_0^1\{f(x)\}^2dx\int_0^1\{g(x)\}^2dx$ ■

2 正規直交基底

基本事項

A ベクトルの直交と基底

定義 直交基底・正規直交基底

Vを計量ベクトル空間とし，$\boldsymbol{v}_1 \in V$，$\boldsymbol{v}_2 \in V$，……，$\boldsymbol{v}_n \in V$ とする。$\{\boldsymbol{v}_1, \boldsymbol{v}_2, \cdots\cdots, \boldsymbol{v}_n\}$ が次の条件を満たすとき，$\{\boldsymbol{v}_1, \boldsymbol{v}_2, \cdots\cdots, \boldsymbol{v}_n\}$ をVの **直交基底** という。

$i \in \mathrm{N}$，$j \in \mathrm{N}$ が $1 \leqq i \leqq n$，$1 \leqq j \leqq n$，$i \neq j$ を満たすとき，$(\boldsymbol{v}_i, \boldsymbol{v}_j)=0$ である。

更に，次の条件を満たす直交基底をVの **正規直交基底** という。

$i \in \mathrm{N}$ が $1 \leqq i \leqq n$ を満たすとき，$\|\boldsymbol{v}_i\|=1$ である。

例 R^n に標準内積を定めると，標準的な基底は R^n の正規直交基底である。

B グラム・シュミットの直交化

定理 正規直交基底の存在

計量ベクトル空間は正規直交基底をもつ。

補題 ベクトルの直交と1次変換

Vを計量ベクトル空間として，$\boldsymbol{v}_1 \in V$，$\boldsymbol{v}_2 \in V$，……，$\boldsymbol{v}_n \in V$ とし，これらはいずれもVの零ベクトルでないとする。このとき，$i \in \mathrm{N}$，$j \in \mathrm{N}$ が $1 \leqq i \leqq n$，$1 \leqq j \leqq n$，$i \neq j$ を満たすとき，$(\boldsymbol{v}_i, \boldsymbol{v}_j)=0$ であるならば，$\{\boldsymbol{v}_1, \boldsymbol{v}_2, \cdots\cdots, \boldsymbol{v}_n\}$ は1次独立である。

PRACTICE … 53

R^3 に標準内積を定めるとき，R^3 の基底 $\left\{\begin{pmatrix}1\\0\\2\end{pmatrix}, \begin{pmatrix}2\\1\\-1\end{pmatrix}, \begin{pmatrix}-2\\5\\1\end{pmatrix}\right\}$ を構成するどの2つのベクトルも直交することを示せ。また，この直交基底を構成する各ベクトルを正規化し，正規直交基底にせよ。

基本 例題 107 グラム・シュミットの直交化 ★☆☆

(1) $\mathbb{R}^2$ に標準内積を定めるとき，グラム・シュミットの直交化を利用して，$\mathbb{R}^2$ の基底 $\left\{\begin{pmatrix}3\\2\end{pmatrix}, \begin{pmatrix}1\\1\end{pmatrix}\right\}$ から $\mathbb{R}^2$ の正規直交基底を作れ。

(2) $\mathbb{R}^3$ に標準内積を定めるとき，グラム・シュミットの直交化を利用して，$\mathbb{R}^3$ の基底 $\left\{\begin{pmatrix}-1\\1\\-1\end{pmatrix}, \begin{pmatrix}0\\3\\1\end{pmatrix}, \begin{pmatrix}3\\1\\3\end{pmatrix}\right\}$ から $\mathbb{R}^3$ の正規直交基底を作れ。

p. 203 基本事項A，B

GUIDE & SOLUTION

まず，グラム・シュミットの直交化により，与えられた基底から直交基底を作る。その後，直交基底を構成する各ベクトルを正規化する。

解答

(1) $\boldsymbol{v}_1=\begin{pmatrix}3\\2\end{pmatrix}$，$\boldsymbol{v}_2=\begin{pmatrix}1\\1\end{pmatrix}$ とする。

$\boldsymbol{v}_1'=\boldsymbol{v}_1$ とすると　$\boldsymbol{v}_1'=\begin{pmatrix}3\\2\end{pmatrix}$

$a\in\mathbb{R}$ として，$\boldsymbol{v}_2'=\boldsymbol{v}_2-a\boldsymbol{v}_1'$ とすると　$\boldsymbol{v}_2'=\begin{pmatrix}-3a+1\\-2a+1\end{pmatrix}$

ここで　$(\boldsymbol{v}_2,\ \boldsymbol{v}_1')=1\cdot3+1\cdot2=5$，$(\boldsymbol{v}_1',\ \boldsymbol{v}_1')=3^2+2^2=13$

よって　$(\boldsymbol{v}_2',\ \boldsymbol{v}_1')=(\boldsymbol{v}_2-a\boldsymbol{v}_1',\ \boldsymbol{v}_1')=(\boldsymbol{v}_2,\ \boldsymbol{v}_1')-a(\boldsymbol{v}_1',\ \boldsymbol{v}_1')=-13a+5$

$(\boldsymbol{v}_2',\ \boldsymbol{v}_1')=0$ とすると　$-13a+5=0$　すなわち　$a=\frac{5}{13}$

このとき　$\boldsymbol{v}_2'=\frac{1}{13}\begin{pmatrix}-2\\3\end{pmatrix}$

よって　$\|\boldsymbol{v}_1'\|=\sqrt{13}$，$\|\boldsymbol{v}_2'\|=\sqrt{\left(-\frac{2}{13}\right)^2+\left(\frac{3}{13}\right)^2}=\frac{\sqrt{13}}{13}$

ゆえに，$\boldsymbol{v}_1'$，$\boldsymbol{v}_2'$ を正規化すると　$\frac{1}{\|\boldsymbol{v}_1'\|}\boldsymbol{v}_1'=\frac{\sqrt{13}}{13}\begin{pmatrix}3\\2\end{pmatrix}$，$\frac{1}{\|\boldsymbol{v}_2'\|}\boldsymbol{v}_2'=\frac{\sqrt{13}}{13}\begin{pmatrix}-2\\3\end{pmatrix}$

したがって，$\mathbb{R}^2$ の正規直交基底として，$\left\{\frac{\sqrt{13}}{13}\begin{pmatrix}3\\2\end{pmatrix}, \frac{\sqrt{13}}{13}\begin{pmatrix}-2\\3\end{pmatrix}\right\}$ が得られる。

(2) $\boldsymbol{w}_1=\begin{pmatrix}-1\\1\\-1\end{pmatrix}$，$\boldsymbol{w}_2=\begin{pmatrix}0\\3\\1\end{pmatrix}$，$\boldsymbol{w}_3=\begin{pmatrix}3\\1\\3\end{pmatrix}$ とする。

$\boldsymbol{w}_1'=\boldsymbol{w}_1$ とすると　$\boldsymbol{w}_1'=\begin{pmatrix}-1\\1\\-1\end{pmatrix}$

$b \in \mathbb{R}$ として，$\boldsymbol{w}_2' = \boldsymbol{w}_2 - b\boldsymbol{w}_1'$ とすると　$\boldsymbol{w}_2' = \begin{pmatrix} b \\ -b+3 \\ b+1 \end{pmatrix}$

ここで　$(\boldsymbol{w}_2,\ \boldsymbol{w}_1') = 0\cdot(-1) + 3\cdot 1 + 1\cdot(-1) = 2$

$(\boldsymbol{w}_1',\ \boldsymbol{w}_1') = (-1)^2 + 1^2 + (-1)^2 = 3$

よって　$(\boldsymbol{w}_2',\ \boldsymbol{w}_1') = (\boldsymbol{w}_2 - b\boldsymbol{w}_1',\ \boldsymbol{w}_1') = (\boldsymbol{w}_2,\ \boldsymbol{w}_1') - b(\boldsymbol{w}_1',\ \boldsymbol{w}_1') = -3b+2$

$(\boldsymbol{w}_2',\ \boldsymbol{w}_1') = 0$ とすると　$-3b+2=0$　すなわち　$b = \dfrac{2}{3}$

このとき　$\boldsymbol{w}_2' = \dfrac{1}{3}\begin{pmatrix} 2 \\ 7 \\ 5 \end{pmatrix}$

$c \in \mathbb{R}$，$d \in \mathbb{R}$ として，$\boldsymbol{w}_3' = \boldsymbol{w}_3 - c\boldsymbol{w}_1' - d\boldsymbol{w}_2'$ とすると　$\boldsymbol{w}_3' = \dfrac{1}{3}\begin{pmatrix} 3c-2d+9 \\ -3c-7d+3 \\ 3c-5d+9 \end{pmatrix}$

ここで　$(\boldsymbol{w}_3,\ \boldsymbol{w}_1') = 3\cdot(-1) + 1\cdot 1 + 3\cdot(-1) = -5$

$(\boldsymbol{w}_3,\ \boldsymbol{w}_2') = 3\cdot\dfrac{2}{3} + 1\cdot\dfrac{7}{3} + 3\cdot\dfrac{5}{3} = \dfrac{28}{3}$

$(\boldsymbol{w}_2',\ \boldsymbol{w}_2') = \left(\dfrac{2}{3}\right)^2 + \left(\dfrac{7}{3}\right)^2 + \left(\dfrac{5}{3}\right)^2 = \dfrac{78}{9} = \dfrac{26}{3}$

よって　$(\boldsymbol{w}_3',\ \boldsymbol{w}_1') = (\boldsymbol{w}_3 - c\boldsymbol{w}_1' - d\boldsymbol{w}_2',\ \boldsymbol{w}_1')$

$= (\boldsymbol{w}_3,\ \boldsymbol{w}_1') - c(\boldsymbol{w}_1',\ \boldsymbol{w}_1') - d(\boldsymbol{w}_2',\ \boldsymbol{w}_1') = -3c-5$

$(\boldsymbol{w}_3',\ \boldsymbol{w}_2') = (\boldsymbol{w}_3 - c\boldsymbol{w}_1' - d\boldsymbol{w}_2',\ \boldsymbol{w}_2')$

$= (\boldsymbol{w}_3,\ \boldsymbol{w}_2') - c(\boldsymbol{w}_1',\ \boldsymbol{w}_2') - d(\boldsymbol{w}_2',\ \boldsymbol{w}_2') = -\dfrac{26}{3}d + \dfrac{28}{3}$

$(\boldsymbol{w}_3',\ \boldsymbol{w}_1') = 0$，$(\boldsymbol{w}_3',\ \boldsymbol{w}_2') = 0$ とすると

$-3c-5=0$，$-\dfrac{26}{3}d + \dfrac{28}{3} = 0$　すなわち　$c = -\dfrac{5}{3}$，$d = \dfrac{14}{13}$

このとき　$\boldsymbol{w}_3' = \dfrac{2}{13}\begin{pmatrix} 4 \\ 1 \\ -3 \end{pmatrix}$

よって　$\|\boldsymbol{w}_1'\| = \sqrt{3}$，$\|\boldsymbol{w}_2'\| = \sqrt{\dfrac{78}{9}} = \dfrac{\sqrt{78}}{3}$，

$\|\boldsymbol{w}_3'\| = \sqrt{\left(\dfrac{8}{13}\right)^2 + \left(\dfrac{2}{13}\right)^2 + \left(-\dfrac{6}{13}\right)^2} = \dfrac{2\sqrt{26}}{13}$

ゆえに，$\boldsymbol{w}_1'$，$\boldsymbol{w}_2'$，$\boldsymbol{w}_3'$ を正規化すると

$$\frac{1}{\|\boldsymbol{w}_1'\|}\boldsymbol{w}_1' = \frac{\sqrt{3}}{3}\begin{pmatrix} -1 \\ 1 \\ -1 \end{pmatrix},\quad \frac{1}{\|\boldsymbol{w}_2'\|}\boldsymbol{w}_2' = \frac{\sqrt{78}}{78}\begin{pmatrix} 2 \\ 7 \\ 5 \end{pmatrix},\quad \frac{1}{\|\boldsymbol{w}_3'\|}\boldsymbol{w}_3' = \frac{\sqrt{26}}{26}\begin{pmatrix} 4 \\ 1 \\ -3 \end{pmatrix}$$

したがって，$\mathbb{R}^3$ の正規直交基底として，$\left\{ \boldsymbol{\frac{\sqrt{3}}{3}\begin{pmatrix} -1 \\ 1 \\ -1 \end{pmatrix}},\ \boldsymbol{\frac{\sqrt{78}}{78}\begin{pmatrix} 2 \\ 7 \\ 5 \end{pmatrix}},\ \boldsymbol{\frac{\sqrt{26}}{26}\begin{pmatrix} 4 \\ 1 \\ -3 \end{pmatrix}} \right\}$ が得られる。

コラム 直交補空間

Vを計量ベクトル空間とする。また，Sをその部分集合とし，
$S^{\perp}=\{\boldsymbol{v}\in V \mid 任意の\ \boldsymbol{s}\in S\ について\ (\boldsymbol{v},\ \boldsymbol{s})=0\}$ とする。すなわち，$S^{\perp}$ を，Sのすべてのベクトルと直交するようなVのベクトル全体のなす集合とする。このとき，$S^{\perp}$ はVの部分空間である。その証明は次の通りである。

証明 [1] 任意の $\boldsymbol{s}\in S$ に対して，$(\boldsymbol{0}_V,\ \boldsymbol{s})=0$ である。

よって $\boldsymbol{0}_V\in S^{\perp}$

[2] $\boldsymbol{a}\in S^{\perp}$，$\boldsymbol{b}\in S^{\perp}$ ならば，$\boldsymbol{s}\in S$ に対して，$(\boldsymbol{a},\ \boldsymbol{s})=0$，$(\boldsymbol{b},\ \boldsymbol{s})=0$ が成り立つ。

このとき $(\boldsymbol{a}+\boldsymbol{b},\ \boldsymbol{s})=(\boldsymbol{a},\ \boldsymbol{s})+(\boldsymbol{b},\ \boldsymbol{s})=0+0=0$

よって $\boldsymbol{a}+\boldsymbol{b}\in S^{\perp}$

[3] $\boldsymbol{a}\in S^{\perp}$ ならば，$\boldsymbol{s}\in S$ に対して，$(\boldsymbol{a},\ \boldsymbol{s})=0$ が成り立つ。

$c\in\mathbb{R}$ に対して

$$(c\boldsymbol{a},\ \boldsymbol{s})=c(\boldsymbol{a},\ \boldsymbol{s})=c\cdot 0=0$$

よって $c\boldsymbol{a}\in S^{\perp}$

以上から，$S^{\perp}$ はVの部分空間である。■

$\boldsymbol{a}\in S^{\perp}$ ならば，任意の $\boldsymbol{s}_1\in S$，$\boldsymbol{s}_2\in S$，……，$\boldsymbol{s}_m\in S$ に対して，
$(\boldsymbol{a},\ \boldsymbol{s}_1)=0$，$(\boldsymbol{a},\ \boldsymbol{s}_2)=0$，……，$(\boldsymbol{a},\ \boldsymbol{s}_m)=0$ が成り立つ。
よって，$c_1\in\mathbb{R}$，$c_2\in\mathbb{R}$，……，$c_m\in\mathbb{R}$ に対して，次が成り立つ。

$$\begin{aligned}&(\boldsymbol{a},\ c_1\boldsymbol{s}_1+c_2\boldsymbol{s}_2+\cdots\cdots+c_m\boldsymbol{s}_m)\\&=(\boldsymbol{a},\ c_1\boldsymbol{s}_1)+(\boldsymbol{a},\ c_2\boldsymbol{s}_2)+\cdots\cdots+(\boldsymbol{a},\ c_m\boldsymbol{s}_m)\\&=c_1(\boldsymbol{a},\ \boldsymbol{s}_1)+c_2(\boldsymbol{a},\ \boldsymbol{s}_2)+\cdots\cdots+c_m(\boldsymbol{a},\ \boldsymbol{s}_m)\\&=c_1\cdot 0+c_2\cdot 0+\cdots\cdots+c_m\cdot 0\\&=0+0+\cdots\cdots+0=0\end{aligned}$$

すなわち，$\boldsymbol{a}\in S^{\perp}$ はSのベクトルのいかなる1次結合とも直交する。
したがって，WをSの有限個の要素によって生成されるVの部分空間とすると，$S^{\perp}=W^{\perp}$ が成り立つ。
以上から，次を定義できる。

定義 直交補空間

Vをベクトル空間とし，WをVの部分空間とする。Vの部分空間 $W^{\perp}$ をWの **直交補空間** という。

重要 例題 108 直交補空間の基底 ★★★

実数を係数とする，変数 x，y の 2 次の多項式全体のなすベクトル空間を V とし，

$A=\begin{pmatrix} 1 & 0 & \frac{1}{2} \\ 0 & 1 & \frac{1}{2} \\ \frac{1}{2} & \frac{1}{2} & 1 \end{pmatrix}$ とする。$f\in V$，$g\in V$ を，$f(x,\ y)=px^2+qxy+ry^2$，

$g(x,\ y)=sx^2+txy+uy^2$ で定め，f，g に対して，それぞれ $\begin{pmatrix} p \\ q \\ r \end{pmatrix}$，$\begin{pmatrix} s \\ t \\ u \end{pmatrix}$ を対応

させる。更に，$\boldsymbol{z}=\begin{pmatrix} p \\ q \\ r \end{pmatrix}$，$\boldsymbol{w}=\begin{pmatrix} s \\ t \\ u \end{pmatrix}$ とするとき，$(\ ,\ )$ を $(f,\ g)={}^t\boldsymbol{z}A\boldsymbol{w}$ で定

める。

(1) $(\ ,\ )$ は V 上の内積を定めることを示せ。

(2) x^2+y^2 により生成される V の部分空間を W とするとき，$W^{\perp}$ の基底を 1 組求めよ。

GUIDE & SOLUTION

(1) $(\ ,\ )$ が内積の定義の条件をすべて満たすことを確かめる。

(2) まず，$h(x,\ y)\in W^{\perp}$ を，$h(x,\ y)=lx^2+mxy+ny^2$ で定める。$i\in W$ とすると，$i(x,\ y)=k(x^2+y^2)$ $(k\in\mathbb{R})$ で定められるが，このとき $(h,\ i)$ を考えると，$(h,\ x^2+y^2)$ の k 倍になる。よって，$k=1$ の場合を考え，$i\in W$ を

$i(x,\ y)=x^2+y^2$ で定めれば十分である。このとき，$\begin{pmatrix} 1 \\ 0 \\ 1 \end{pmatrix}$ が i に対応する。

解答

(1) [1] (ア) $f_1\in V$，$f_2\in V$，$g\in V$ を $f_1(x,\ y)=px^2+qxy+ry^2$，

$f_2(x,\ y)=p'x^2+q'xy+r'y^2$，$g(x,\ y)=sx^2+txy+uy^2$ で定めると

$(f_1+f_2,\ g)$

$$=(p+p'\quad q+q'\quad r+r')\begin{pmatrix} 1 & 0 & \frac{1}{2} \\ 0 & 1 & \frac{1}{2} \\ \frac{1}{2} & \frac{1}{2} & 1 \end{pmatrix}\begin{pmatrix} s \\ t \\ u \end{pmatrix}$$

$$=(p \quad q \quad r)\begin{pmatrix} 1 & 0 & \frac{1}{2} \\ 0 & 1 & \frac{1}{2} \\ \frac{1}{2} & \frac{1}{2} & 1 \end{pmatrix}\begin{pmatrix} s \\ t \\ u \end{pmatrix}+(p' \quad q' \quad r')\begin{pmatrix} 1 & 0 & \frac{1}{2} \\ 0 & 1 & \frac{1}{2} \\ \frac{1}{2} & \frac{1}{2} & 1 \end{pmatrix}\begin{pmatrix} s \\ t \\ u \end{pmatrix}$$

$=(f_1,\ g)+(f_2,\ g)$

(イ) $f\in V$, $g\in V$ を $f(x,\ y)=px^2+qxy+ry^2$, $g(x,\ y)=sx^2+txy+uy^2$ で定めると, $k\in\mathbb{R}$ に対して

$(kf,\ g)$

$$=(kp \quad kq \quad kr)\begin{pmatrix} 1 & 0 & \frac{1}{2} \\ 0 & 1 & \frac{1}{2} \\ \frac{1}{2} & \frac{1}{2} & 1 \end{pmatrix}\begin{pmatrix} s \\ t \\ u \end{pmatrix}$$

$$=k(p \quad q \quad r)\begin{pmatrix} 1 & 0 & \frac{1}{2} \\ 0 & 1 & \frac{1}{2} \\ \frac{1}{2} & \frac{1}{2} & 1 \end{pmatrix}\begin{pmatrix} s \\ t \\ u \end{pmatrix}$$

$=k(f,\ g)$

[2] (ア) $f\in V$, $g_1\in V$, $g_2\in V$ を $f(x,\ y)=px^2+qxy+ry^2$, $g_1(x,\ y)=sx^2+txy+uy^2$, $g_2(x,\ y)=s'x^2+t'xy+u'y^2$ で定めると

$(f,\ g_1+g_2)$

$$=(p \quad q \quad r)\begin{pmatrix} 1 & 0 & \frac{1}{2} \\ 0 & 1 & \frac{1}{2} \\ \frac{1}{2} & \frac{1}{2} & 1 \end{pmatrix}\begin{pmatrix} s+s' \\ t+t' \\ u+u' \end{pmatrix}$$

$$=(p \quad q \quad r)\begin{pmatrix} 1 & 0 & \frac{1}{2} \\ 0 & 1 & \frac{1}{2} \\ \frac{1}{2} & \frac{1}{2} & 1 \end{pmatrix}\begin{pmatrix} s \\ t \\ u \end{pmatrix}+(p \quad q \quad r)\begin{pmatrix} 1 & 0 & \frac{1}{2} \\ 0 & 1 & \frac{1}{2} \\ \frac{1}{2} & \frac{1}{2} & 1 \end{pmatrix}\begin{pmatrix} s' \\ t' \\ u' \end{pmatrix}$$

$=(f,\ g_1)+(f,\ g_2)$

(イ) $f\in V$, $g\in V$ を $f(x,\ y)=px^2+qxy+ry^2$, $g(x,\ y)=sx^2+txy+uy^2$ で定めると, $k\in\mathbb{R}$ に対して

$$(f,\ kg)$$

$$=(p\quad q\quad r)\begin{pmatrix}1 & 0 & \frac{1}{2}\\ 0 & 1 & \frac{1}{2}\\ \frac{1}{2} & \frac{1}{2} & 1\end{pmatrix}\begin{pmatrix}ks\\ kt\\ ku\end{pmatrix}$$

$$=k(p\quad q\quad r)\begin{pmatrix}1 & 0 & \frac{1}{2}\\ 0 & 1 & \frac{1}{2}\\ \frac{1}{2} & \frac{1}{2} & 1\end{pmatrix}\begin{pmatrix}s\\ t\\ u\end{pmatrix}$$

$$=k(f,\ g)$$

[3] $f\in V$, $g\in V$ を $f(x,\ y)=px^2+qxy+ry^2$, $g(x,\ y)=sx^2+txy+uy^2$ で定めると

$$(f,\ g)$$

$$=(p\quad q\quad r)\begin{pmatrix}1 & 0 & \frac{1}{2}\\ 0 & 1 & \frac{1}{2}\\ \frac{1}{2} & \frac{1}{2} & 1\end{pmatrix}\begin{pmatrix}s\\ t\\ u\end{pmatrix}$$

$$=\left(p+\frac{1}{2}r\right)s+\left(q+\frac{1}{2}r\right)t+\left(\frac{1}{2}p+\frac{1}{2}q+r\right)u$$

$$=\left(s+\frac{1}{2}u\right)p+\left(t+\frac{1}{2}u\right)q+\left(\frac{1}{2}s+\frac{1}{2}t+u\right)r$$

$$=(s\quad t\quad u)\begin{pmatrix}1 & 0 & \frac{1}{2}\\ 0 & 1 & \frac{1}{2}\\ \frac{1}{2} & \frac{1}{2} & 1\end{pmatrix}\begin{pmatrix}p\\ q\\ r\end{pmatrix}$$

$$=(g,\ f)$$

[4] $f\in V$ を $f(x,\ y)=px^2+qxy+ry^2$ で定めると

$$(f,\ f)$$

$$=(p\quad q\quad r)\begin{pmatrix}1 & 0 & \frac{1}{2}\\ 0 & 1 & \frac{1}{2}\\ \frac{1}{2} & \frac{1}{2} & 1\end{pmatrix}\begin{pmatrix}p\\ q\\ r\end{pmatrix}$$

$$=\left(p+\frac{1}{2}r\right)p+\left(q+\frac{1}{2}r\right)q+\left(\frac{1}{2}p+\frac{1}{2}q+r\right)r$$
$$=p^2+q^2+r^2+qr+rp$$
$$=\frac{1}{2}(q+r)^2+\frac{1}{2}(r+p)^2+\frac{1}{2}p^2+\frac{1}{2}q^2\geqq 0$$

また，$(f,\ f)=0$ であるのは，$f\in V$ が $f(x,\ y)=0$ で定まる多項式であるときに限る。
以上から，$(\ ,\ )$ は V 上の内積を定める。 ■

(2) $h\in W^{\perp}$ を，$h(x,\ y)=lx^2+mxy+ny^2$ で定める。
また，$i\in W$ とすると，$i(x,\ y)=k(x^2+y^2)$ $(k\in\mathbb{R})$ で定められるが，$k=1$ の場合を考えれば十分であるから，$k=1$ の場合を考える。
このとき

$$(h,\ i)$$
$$=(l\ \ m\ \ n)\begin{pmatrix}1 & 0 & \frac{1}{2}\\ 0 & 1 & \frac{1}{2}\\ \frac{1}{2} & \frac{1}{2} & 1\end{pmatrix}\begin{pmatrix}1\\0\\1\end{pmatrix}$$
$$=\left(l+\frac{1}{2}n\right)\cdot 1+\left(m+\frac{1}{2}n\right)\cdot 0+\left(\frac{1}{2}l+\frac{1}{2}m+n\right)\cdot 1$$
$$=\frac{1}{2}(3l+m+3n)$$

$(h,\ i)=0$ であるから　$\frac{1}{2}(3l+m+3n)=0$
よって　$m=-3l-3n$
このとき　$h(x,\ y)=lx^2+(-3l-3n)xy+ny^2=l(x^2-3xy)+n(-3xy+y^2)$
ゆえに　$W^{\perp}=\langle x^2-3xy,\ -3xy+y^2\rangle$
また，$\{\boldsymbol{x^2-3xy,\ -3xy+y^2}\}$ は1次独立であるから，これは $W^{\perp}$ の基底である。

PRACTICE … 54

2次正方行列全体のなすベクトル空間を V とし，2次直交行列全体のなす V の部分空間を W_1，2次対称行列全体のなす V の部分空間を W_2 とする（直交行列の定義は215ページ，対称行列の定義は212ページをそれぞれ参照）。また，$X=\begin{pmatrix}x_1 & x_2\\ x_3 & x_4\end{pmatrix}$，$Y=\begin{pmatrix}y_1 & y_2\\ y_3 & y_4\end{pmatrix}$ とするとき，これらに対して，V 上の内積を $(X,\ Y)=x_1y_1+x_2y_2+x_3y_3+x_4y_4$ と定める。

(1) $(W_1\cap W_2)^{\perp}$ は V の部分空間であることを示せ。

(2) $(W_1\cap W_2)^{\perp}$ の基底を1組求めよ。

3 グラム行列と対称行列

基本事項

A グラム行列

定義 グラム行列

Vを計量ベクトル空間とし，Vの基底 $\{\boldsymbol{v}_1,\ \boldsymbol{v}_2,\ \cdots\cdots,\ \boldsymbol{v}_n\}$ が与えられているとする。

$G=\begin{pmatrix} (\boldsymbol{v}_1,\ \boldsymbol{v}_1) & (\boldsymbol{v}_1,\ \boldsymbol{v}_2) & \cdots & (\boldsymbol{v}_1,\ \boldsymbol{v}_n) \\ (\boldsymbol{v}_2,\ \boldsymbol{v}_1) & (\boldsymbol{v}_2,\ \boldsymbol{v}_2) & \cdots & (\boldsymbol{v}_2,\ \boldsymbol{v}_n) \\ \vdots & \vdots & \ddots & \vdots \\ (\boldsymbol{v}_n,\ \boldsymbol{v}_1) & (\boldsymbol{v}_n,\ \boldsymbol{v}_2) & \cdots & (\boldsymbol{v}_n,\ \boldsymbol{v}_n) \end{pmatrix}$ とするとき，行列GをVの基底

$\{\boldsymbol{v}_1,\ \boldsymbol{v}_2,\ \cdots\cdots,\ \boldsymbol{v}_n\}$ に関するVの内積の **グラム行列** という。

定理 グラム行列

Vを計量ベクトル空間とし，Vの基底 $\{\boldsymbol{v}_1,\ \boldsymbol{v}_2,\ \cdots\cdots,\ \boldsymbol{v}_n\}$ が与えられているとする。
$a_1\in\mathbb{R},\ a_2\in\mathbb{R},\ \cdots\cdots,\ a_n\in\mathbb{R},\ b_1\in\mathbb{R},\ b_2\in\mathbb{R},\ \cdots\cdots,\ b_n\in\mathbb{R}$ に対して，
$\boldsymbol{v}=a_1\boldsymbol{v}_1+a_2\boldsymbol{v}_2+\cdots\cdots+a_n\boldsymbol{v}_n,\ \boldsymbol{w}=b_1\boldsymbol{v}_1+b_2\boldsymbol{v}_2+\cdots\cdots+b_n\boldsymbol{v}_n$ とすると，次が成り立つ。

$$(\boldsymbol{v},\ \boldsymbol{w})=\sum_{i=1}^{n}\sum_{j=1}^{n}a_ib_j(\boldsymbol{v}_i,\ \boldsymbol{v}_j)$$
$$=(a_1\ \ a_2\ \ \cdots\ \ a_n)\begin{pmatrix} (\boldsymbol{v}_1,\ \boldsymbol{v}_1) & (\boldsymbol{v}_1,\ \boldsymbol{v}_2) & \cdots & (\boldsymbol{v}_1,\ \boldsymbol{v}_n) \\ (\boldsymbol{v}_2,\ \boldsymbol{v}_1) & (\boldsymbol{v}_2,\ \boldsymbol{v}_2) & \cdots & (\boldsymbol{v}_2,\ \boldsymbol{v}_n) \\ \vdots & \vdots & \ddots & \vdots \\ (\boldsymbol{v}_n,\ \boldsymbol{v}_1) & (\boldsymbol{v}_n,\ \boldsymbol{v}_2) & \cdots & (\boldsymbol{v}_n,\ \boldsymbol{v}_n) \end{pmatrix}\begin{pmatrix} b_1 \\ b_2 \\ \vdots \\ b_n \end{pmatrix}$$

定理 グラム行列の性質

Vを計量ベクトル空間とし，Vの基底 $\{\boldsymbol{v}_1,\ \boldsymbol{v}_2,\ \cdots\cdots,\ \boldsymbol{v}_n\}$ が与えられているとする。
基底 $\{\boldsymbol{v}_1,\ \boldsymbol{v}_2,\ \cdots\cdots,\ \boldsymbol{v}_n\}$ に関するVの内積のグラム行列をGとするとき，${}^tG=G$ が成り立つ。

定理 基底変換とグラム行列

Vを計量ベクトル空間とし，Vの 2 つの基底 $\{\boldsymbol{v}_1,\ \boldsymbol{v}_2,\ \cdots\cdots,\ \boldsymbol{v}_n\}$，$\{\boldsymbol{v}_1',\ \boldsymbol{v}_2',\ \cdots\cdots,\ \boldsymbol{v}_n'\}$ が与えられているとする。また，基底 $\{\boldsymbol{v}_1,\ \boldsymbol{v}_2,\ \cdots\cdots,\ \boldsymbol{v}_n\}$ に関するVの内積のグラム行列をG，基底 $\{\boldsymbol{v}_1',\ \boldsymbol{v}_2',\ \cdots\cdots,\ \boldsymbol{v}_n'\}$ に関するVの内積のグラム行列を G' とする。更に，Pを基底 $\{\boldsymbol{v}_1,\ \boldsymbol{v}_2,\ \cdots\cdots,\ \boldsymbol{v}_n\}$ から $\{\boldsymbol{v}_1',\ \boldsymbol{v}_2',\ \cdots\cdots,\ \boldsymbol{v}_n'\}$ への変換行列をPとする。このとき，$G'={}^tPGP$ が成り立つ。

系　グラム行列の性質

Vを計量ベクトル空間とし，Vの基底 $\{\boldsymbol{v}_1, \boldsymbol{v}_2, \cdots\cdots, \boldsymbol{v}_n\}$ が与えられているとする。
また，基底 $\{\boldsymbol{v}_1, \boldsymbol{v}_2, \cdots\cdots, \boldsymbol{v}_n\}$ に関するVの内積のグラム行列をGとするとき，次が成り立つ。
[1]　あるn次正則行列Pが存在して，$G={}^tPP$ と書ける。
[2]　Gは正則であり，$\det(G)>0$ が成り立つ。

系　数ベクトル空間のグラム行列

R^n に標準内積を定め，R^n の基底 $\{\boldsymbol{v}_1, \boldsymbol{v}_2, \cdots\cdots, \boldsymbol{v}_n\}$ が与えられているとする。
また，基底 $\{\boldsymbol{v}_1, \boldsymbol{v}_2, \cdots\cdots, \boldsymbol{v}_n\}$ に関する R^n の標準内積のグラム行列をGとし，
$P=(\boldsymbol{v}_1\ \ \boldsymbol{v}_2\ \ \cdots\ \ \boldsymbol{v}_n)$ とする。このとき，$G={}^tPP$ が成り立つ。

注意　行列Pは，$\boldsymbol{v}_1, \boldsymbol{v}_2, \cdots\cdots, \boldsymbol{v}_n$ を列ベクトルとしてもつn次正方行列とする。

B　対称行列

定義　対称行列

Aを正方行列とし，行列Aは ${}^tA=A$ を満たすとする。このとき，Aを **対称行列** という。

補足　行列Aを対称行列とし，その (i, j) 成分を a_{ij} とする。
行列Aの (i, j) 成分と (j, i) 成分は等しいから

$$a_{ij}=a_{ji}$$

よって，行列Aの各成分は対角成分に関して対称である。
対称行列は上三角成分（右の陰影部）または下三角成分がわかれば，すべての成分が自動的に定まる。

$$\begin{pmatrix} a_{11} & a_{12} & \cdots & a_{1n} \\ a_{21} & a_{22} & \cdots & a_{2n} \\ \vdots & \vdots & \ddots & \vdots \\ a_{n1} & a_{n2} & \cdots & a_{nn} \end{pmatrix}$$

PRACTICE … 55

次の問いに答えよ。
(1)　A, B を対称行列とするとき，$A+B$ は対称行列であることを示せ。
(2)　Cを対称行列とするとき，任意の $k\in\mathrm{R}$ に対して，kC は対称行列であることを示せ。

基本 例題 109 グラム行列の導出 ★☆☆

次の問いに答えよ。

(1) 計量ベクトル空間の正規直交基底に関する内積のグラム行列が単位行列であることを証明せよ。

(2) $\mathbb{R}^3$ に標準内積を定めるとき，$\mathbb{R}^3$ の基底 $\left\{\begin{pmatrix}2\\-2\\1\end{pmatrix}, \begin{pmatrix}3\\2\\1\end{pmatrix}, \begin{pmatrix}1\\-1\\-1\end{pmatrix}\right\}$ に関する標準内積のグラム行列を求めよ。

p. 211 基本事項A

GUIDE & SOLUTION

(1) 与えられた計量ベクトル空間を V として $\dim V=n$ とし，その内積を $(\ ,\ )$ で表して，V の正規直交基底を $\{\boldsymbol{e}_1, \boldsymbol{e}_2, \cdots\cdots, \boldsymbol{e}_n\}$ とすると，$i=1, 2, \cdots\cdots, n$, $j=1, 2, \cdots\cdots, n$ に対し，$i \neq j$ ならば $(\boldsymbol{e}_i, \boldsymbol{e}_j)=0$，$i=j$ ならば $(\boldsymbol{e}_i, \boldsymbol{e}_j)=1$ である。

(2) グラム行列の定義に従って求める。

解答

(1) 与えられた計量ベクトル空間を V として $\dim V=n$ とし，その内積を $(\ ,\ )$ で表すこととする。
また，V の正規直交基底を $\{\boldsymbol{e}_1, \boldsymbol{e}_2, \cdots\cdots, \boldsymbol{e}_n\}$ とする。
$i=1, 2, \cdots\cdots, n$, $j=1, 2, \cdots\cdots, n$ に対し，$i \neq j$ ならば $(\boldsymbol{e}_i, \boldsymbol{e}_j)=0$，$i=j$ ならば $(\boldsymbol{e}_i, \boldsymbol{e}_j)=1$ であるから，計量ベクトル空間の正規直交基底に関する内積のグラム行列は単位行列である。 ■

(2) $\boldsymbol{v}_1=\begin{pmatrix}2\\-2\\1\end{pmatrix}$, $\boldsymbol{v}_2=\begin{pmatrix}3\\2\\1\end{pmatrix}$, $\boldsymbol{v}_3=\begin{pmatrix}1\\-1\\-1\end{pmatrix}$ とすると

$(\boldsymbol{v}_1, \boldsymbol{v}_1)=2^2+(-2)^2+1^2=9$

$(\boldsymbol{v}_1, \boldsymbol{v}_2)=(\boldsymbol{v}_2, \boldsymbol{v}_1)=2\cdot3+(-2)\cdot2+1\cdot1=3$

$(\boldsymbol{v}_1, \boldsymbol{v}_3)=(\boldsymbol{v}_3, \boldsymbol{v}_1)=2\cdot1+(-2)\cdot(-1)+1\cdot(-1)=3$

$(\boldsymbol{v}_2, \boldsymbol{v}_2)=3^2+2^2+1^2=14$

$(\boldsymbol{v}_2, \boldsymbol{v}_3)=(\boldsymbol{v}_3, \boldsymbol{v}_2)=3\cdot1+2\cdot(-1)+1\cdot(-1)=0$

$(\boldsymbol{v}_3, \boldsymbol{v}_3)=1^2+(-1)^2+(-1)^2=3$

よって，求めるグラム行列は $\begin{pmatrix}\mathbf{9} & \mathbf{3} & \mathbf{3}\\ \mathbf{3} & \mathbf{14} & \mathbf{0}\\ \mathbf{3} & \mathbf{0} & \mathbf{3}\end{pmatrix}$

基本 例題 110 グラム行列の性質 ★☆☆

次の問いに答えよ。

(1) Vを計量ベクトル空間とし，Vの基底 $\{\boldsymbol{v}_1,\ \boldsymbol{v}_2,\ \cdots\cdots,\ \boldsymbol{v}_n\}$ が与えられているとする。また，基底 $\{\boldsymbol{v}_1,\ \boldsymbol{v}_2,\ \cdots\cdots,\ \boldsymbol{v}_n\}$ に関するVの内積のグラム行列をGとするとき，次の問いに答えよ。

(ア) あるn次正則行列Pが存在して，$G={}^tPP$ と書けることを証明せよ。

(イ) 行列Gは正則であり，$\det(G)>0$ が成り立つことを証明せよ。

(2) $\mathbb{R}^n$ に標準内積を定め，$\mathbb{R}^n$ の基底 $\{\boldsymbol{v}_1,\ \boldsymbol{v}_2,\ \cdots\cdots,\ \boldsymbol{v}_n\}$ が与えられているとする。また，基底 $\{\boldsymbol{v}_1,\ \boldsymbol{v}_2,\ \cdots\cdots,\ \boldsymbol{v}_n\}$ に関する $\mathbb{R}^n$ の標準内積のグラム行列をGとし，$P=(\boldsymbol{v}_1\ \ \boldsymbol{v}_2\ \ \cdots\ \ \boldsymbol{v}_n)$ とする。このとき，$G={}^tPP$ が成り立つことを証明せよ。

◢ $p.\ 211,\ 212$ 基本事項A

GUIDE & SOLUTION

(1) (ア) Qを正則行列として，その逆行列を Q^{-1} とすると，$({}^tQ)^{-1}={}^t(Q^{-1})$ が成り立つことを証明して利用する。

(2) 行列Pは，$\boldsymbol{v}_1,\ \boldsymbol{v}_2,\ \cdots\cdots,\ \boldsymbol{v}_n$ を列ベクトルとしてもつn次正方行列とする。

解答

(1) (ア) 基底 $\{\boldsymbol{v}_1,\ \boldsymbol{v}_2,\ \cdots\cdots,\ \boldsymbol{v}_n\}$ から，グラム・シュミットの直交化を利用して得られる正規直交基底を $\{\boldsymbol{w}_1,\ \boldsymbol{w}_2,\ \cdots\cdots,\ \boldsymbol{w}_n\}$ とする。

このとき，正規直交基底 $\{\boldsymbol{w}_1,\ \boldsymbol{w}_2,\ \cdots\cdots,\ \boldsymbol{w}_n\}$ に関するVの内積のグラム行列はn次単位行列である。　◀基本例題 109 (1) より。

よって，n次単位行列をEとし，基底 $\{\boldsymbol{v}_1,\ \boldsymbol{v}_2,\ \cdots\cdots,\ \boldsymbol{v}_n\}$ から基底 $\{\boldsymbol{w}_1,\ \boldsymbol{w}_2,\ \cdots\cdots,\ \boldsymbol{w}_n\}$ への変換行列をQとすると　$E={}^tQGQ$

ここで，行列Qは正則であるから，行列Qの逆行列を Q^{-1} とすると　$Q^{-1}Q=E$

よって　${}^t(Q^{-1}Q)={}^tE$　すなわち　${}^tQ\,{}^t(Q^{-1})=E$

同様に，${}^t(Q^{-1})\,{}^tQ=E$ が成り立つから，行列 ${}^tQ$ の逆行列を $({}^tQ)^{-1}$ とすると

$$({}^tQ)^{-1}={}^t(Q^{-1})\quad\cdots\cdots(*)$$

したがって，$P=Q^{-1}$ とすると，行列Pは正則であり，$(*)$ から次が成り立つ。

$$G=({}^tQ)^{-1}EQ^{-1}={}^t(Q^{-1})Q^{-1}={}^tPP\quad ■$$

(イ) (ア)の行列Pは正則であるから　$\det(P)\neq 0$

よって，(ア)の行列Pに対して，次が成り立つ。

$$\det(G)=\det({}^tP)\det(P)=\{\det(P)\}^2>0\quad ■$$

(2) 標準的な基底に関する $\mathbb{R}^n$ の標準内積のグラム行列はn次単位行列である。

また，標準的な基底から基底 $\{\boldsymbol{v}_1,\ \boldsymbol{v}_2,\ \cdots\cdots,\ \boldsymbol{v}_n\}$ への変換行列はPであるから，n次単位行列をEとすると　$G={}^tPEP={}^tPP$ ■

4 直交変換と直交行列

基本事項

A 直交変換

定義 直交変換

Vを計量ベクトル空間とし，$\varphi : V \longrightarrow V$ をVの1次変換とする。1次変換φが次の条件を満たすとき，φを **直交変換** という。

任意の $\boldsymbol{v} \in V$，$\boldsymbol{w} \in V$ に対して，$(\varphi(\boldsymbol{v}),\ \varphi(\boldsymbol{w}))=(\boldsymbol{v},\ \boldsymbol{w})$ である。

定理 直交変換の性質

Vを計量ベクトル空間とし，$\varphi : V \longrightarrow V$ をVの直交変換とするとき，次が成り立つ。

[1] 任意の $\boldsymbol{v} \in V$ に対して，$\|\varphi(\boldsymbol{v})\|=\|\boldsymbol{v}\|$ である。

[2] 任意の $\boldsymbol{v} \in V$，$\boldsymbol{w} \in V$ に対して，$\boldsymbol{v}$，$\boldsymbol{w}$ のなす角と $\varphi(\boldsymbol{v})$，$\varphi(\boldsymbol{w})$ のなす角は等しい。

[3] $\{\boldsymbol{v}_1,\ \boldsymbol{v}_2,\ \cdots\cdots,\ \boldsymbol{v}_n\}$ をVの正規直交基底とすると，$\{\varphi(\boldsymbol{v}_1),\ \varphi(\boldsymbol{v}_2),\ \cdots\cdots,\ \varphi(\boldsymbol{v}_n)\}$ もVの正規直交基底である。

定理 直交変換と表現行列

Vを計量ベクトル空間とし，Vの基底 $\{\boldsymbol{v}_1,\ \boldsymbol{v}_2,\ \cdots\cdots,\ \boldsymbol{v}_n\}$ が与えられているとする。また，基底 $\{\boldsymbol{v}_1,\ \boldsymbol{v}_2,\ \cdots\cdots,\ \boldsymbol{v}_n\}$ に関するVの内積のグラム行列をGとする。更に，$\varphi : V \longrightarrow V$ をVの1次変換とし，基底 $\{\boldsymbol{v}_1,\ \boldsymbol{v}_2,\ \cdots\cdots,\ \boldsymbol{v}_n\}$ に関するφの表現行列をUとする。このとき，φがVの直交変換であることと ${}^tUGU=G$ が成り立つことは同値である。

系 正規直交基底に関する直交変換の表現行列

Vを計量ベクトル空間とし，Vの正規直交基底 $\{\boldsymbol{v}_1,\ \boldsymbol{v}_2,\ \cdots\cdots,\ \boldsymbol{v}_n\}$ が与えられているとする。また，$\varphi : V \longrightarrow V$ をVの1次変換とし，基底 $\{\boldsymbol{v}_1,\ \boldsymbol{v}_2,\ \cdots\cdots,\ \boldsymbol{v}_n\}$ に関するφの表現行列をUとする。このとき，φがVの直交変換であることと ${}^tUU=E$ が成り立つことは同値である。

B 直交行列

定義 直交行列

Uを正方行列とし，行列Uが ${}^tUU=E$ を満たすとき，行列Uを **直交行列** という。

定理 直交行列と正規直交基底

Uをn次正方行列とするとき，次は同値である。

[1] Uは直交行列である。

[2] $U=(\boldsymbol{u}_1\ \ \boldsymbol{u}_2\ \ \cdots\ \ \boldsymbol{u}_n)$ とすると，$\{\boldsymbol{u}_1,\ \boldsymbol{u}_2,\ \cdots\cdots,\ \boldsymbol{u}_n\}$ は R^n の標準内積に関する正規直交基底である。

基本 例題 111 直交変換であることの証明(1) ★☆☆

(1) R^2 に標準内積を定めるとき，xy 平面上で原点に関する対称移動に対応する1次変換が R^2 の直交変換であることを示せ。

(2) xy 平面上の原点を中心として，反時計回りに角度 θ だけ回転する回転移動を R^2 の1次変換とみなすと，R^2 の標準的な基底に関するその1次変換の表現行列は $\begin{pmatrix} \cos\theta & -\sin\theta \\ \sin\theta & \cos\theta \end{pmatrix}$ である。R^2 に標準内積を定めると，その1次変換は R^2 の直交変換であることを示せ。

p. 215 基本事項A

GUIDE & SOLUTION

どちらも，与えられた1次変換が直交変換の定義の条件を満たすことを確かめる。

解答

(1) $\varphi : \mathrm{R}^2 \longrightarrow \mathrm{R}^2$ を，xy 平面上で原点に関する対称移動に対応する R^2 の1次変換とすると，1次変換 φ は R^2 の標準的な基底に関して，行列 $\begin{pmatrix} -1 & 0 \\ 0 & -1 \end{pmatrix}$ によって定まる1次変換である。

このとき，$\boldsymbol{v}=\begin{pmatrix} x \\ y \end{pmatrix}\in\mathrm{R}^2$ とすると，$\varphi(\boldsymbol{v})=\begin{pmatrix} -1 & 0 \\ 0 & -1 \end{pmatrix}\begin{pmatrix} x \\ y \end{pmatrix}=\begin{pmatrix} -x \\ -y \end{pmatrix}$ が成り立つ。

よって，$\boldsymbol{v}=\begin{pmatrix} a \\ b \end{pmatrix}\in\mathrm{R}^2$，$\boldsymbol{w}=\begin{pmatrix} c \\ d \end{pmatrix}\in\mathrm{R}^2$ とすると，次が成り立つ。

$$(\varphi(\boldsymbol{v}),\ \varphi(\boldsymbol{w}))=(-a)\cdot(-c)+(-b)\cdot(-d)=ac+bd=(\boldsymbol{v},\ \boldsymbol{w})$$

したがって，xy 平面上で原点に関する対称移動に対応する1次変換は R^2 の直交変換である。 ■

(2) $\varphi : \mathrm{R}^2 \longrightarrow \mathrm{R}^2$ を，xy 平面上の原点を中心として，反時計回りに角度 θ だけ回転する回転移動に対応する R^2 の1次変換とする。

このとき，$\begin{pmatrix} x \\ y \end{pmatrix}\in\mathrm{R}^2$ に対して，$\varphi\left(\begin{pmatrix} x \\ y \end{pmatrix}\right)=\begin{pmatrix} \cos\theta & -\sin\theta \\ \sin\theta & \cos\theta \end{pmatrix}\begin{pmatrix} x \\ y \end{pmatrix}=\begin{pmatrix} x\cos\theta-y\sin\theta \\ x\sin\theta+y\cos\theta \end{pmatrix}$ が成り立つ。

よって，$\boldsymbol{v}=\begin{pmatrix} a \\ b \end{pmatrix}\in\mathrm{R}^2$，$\boldsymbol{w}=\begin{pmatrix} c \\ d \end{pmatrix}\in\mathrm{R}^2$ とすると，次が成り立つ。

$$\begin{aligned}
&(\varphi(\boldsymbol{v}),\ \varphi(\boldsymbol{w}))\\
&=(a\cos\theta-b\sin\theta)(c\cos\theta-d\sin\theta)+(a\sin\theta+b\cos\theta)(c\sin\theta+d\cos\theta)\\
&=ac\cos^2\theta-(ad+bc)\cos\theta\sin\theta+bd\sin^2\theta+ac\sin^2\theta+(ad+bc)\sin\theta\cos\theta+bd\cos^2\theta\\
&=ac(\cos^2\theta+\sin^2\theta)+bd(\sin^2\theta+\cos^2\theta)=ac+bd=(\boldsymbol{v},\ \boldsymbol{w})
\end{aligned}$$

したがって，xy 平面上の原点を中心として，反時計回りに角度 θ だけ回転する回転移動に対応する1次変換は R^2 の直交変換である。 ■

基本 例題 112 直交変換であることの証明(2) ★☆☆

R^3 に標準内積を定め，$\{\boldsymbol{e}_1, \boldsymbol{e}_2, \boldsymbol{e}_3\}$ を R^3 の標準的な基底とする。
$\varphi : \mathrm{R}^3 \longrightarrow \mathrm{R}^3$ を R^3 の 1 次変換とし，$\varphi(\boldsymbol{e}_1)=\boldsymbol{e}_2$，$\varphi(\boldsymbol{e}_2)=\boldsymbol{e}_3$，$\varphi(\boldsymbol{e}_3)=\boldsymbol{e}_1$ で定めると，φ は R^3 の直交変換であることを示せ。また，Uを R^3 の標準的な基底 $\{\boldsymbol{e}_1, \boldsymbol{e}_2, \boldsymbol{e}_3\}$ に関する φ の表現行列，Eを 3 次の単位行列とするとき，行列Uを求め，${}^tUU=E$ が成り立つことを示せ。 ◀ p. 215 基本事項A

GUIDE & SOLUTION

$\boldsymbol{e}_1=\begin{pmatrix}1\\0\\0\end{pmatrix}$，$\boldsymbol{e}_2=\begin{pmatrix}0\\1\\0\end{pmatrix}$，$\boldsymbol{e}_3=\begin{pmatrix}0\\0\\1\end{pmatrix}$ であるから，$\boldsymbol{x}=\begin{pmatrix}s\\t\\u\end{pmatrix}\in\mathrm{R}^3$ とすると，
$\boldsymbol{x}=s\boldsymbol{e}_1+t\boldsymbol{e}_2+u\boldsymbol{e}_3$ と書ける。
よって，$\varphi(\boldsymbol{x})=\varphi(s\boldsymbol{e}_1+t\boldsymbol{e}_2+u\boldsymbol{e}_3)=s\varphi(\boldsymbol{e}_1)+t\varphi(\boldsymbol{e}_2)+u\varphi(\boldsymbol{e}_3)=s\boldsymbol{e}_2+t\boldsymbol{e}_3+u\boldsymbol{e}_1$ となる。
これを用いて，φ が R^3 の直交変換であることを示す。

解答

$\boldsymbol{e}_1=\begin{pmatrix}1\\0\\0\end{pmatrix}$，$\boldsymbol{e}_2=\begin{pmatrix}0\\1\\0\end{pmatrix}$，$\boldsymbol{e}_3=\begin{pmatrix}0\\0\\1\end{pmatrix}$ であるから，$\boldsymbol{x}=\begin{pmatrix}s\\t\\u\end{pmatrix}\in\mathrm{R}^3$ とすると　$\boldsymbol{x}=s\boldsymbol{e}_1+t\boldsymbol{e}_2+u\boldsymbol{e}_3$

よって

$$\varphi(\boldsymbol{x})=\varphi(s\boldsymbol{e}_1+t\boldsymbol{e}_2+u\boldsymbol{e}_3)=s\varphi(\boldsymbol{e}_1)+t\varphi(\boldsymbol{e}_2)+u\varphi(\boldsymbol{e}_3)=s\boldsymbol{e}_2+t\boldsymbol{e}_3+u\boldsymbol{e}_1 \quad \cdots\cdots (*)$$

ゆえに，$\boldsymbol{v}=\begin{pmatrix}l\\m\\n\end{pmatrix}\in\mathrm{R}^3$，$\boldsymbol{w}=\begin{pmatrix}p\\q\\r\end{pmatrix}\in\mathrm{R}^3$ とすると

$$\begin{aligned}&(\varphi(\boldsymbol{v}), \varphi(\boldsymbol{w}))\\&=(l\boldsymbol{e}_2+m\boldsymbol{e}_3+n\boldsymbol{e}_1, p\boldsymbol{e}_2+q\boldsymbol{e}_3+r\boldsymbol{e}_1)\\&=lp(\boldsymbol{e}_2, \boldsymbol{e}_2)+lq(\boldsymbol{e}_2, \boldsymbol{e}_3)+lr(\boldsymbol{e}_2, \boldsymbol{e}_1)+mp(\boldsymbol{e}_3, \boldsymbol{e}_2)+mq(\boldsymbol{e}_3, \boldsymbol{e}_3)+mr(\boldsymbol{e}_3, \boldsymbol{e}_1)\\&\qquad+np(\boldsymbol{e}_1, \boldsymbol{e}_2)+nq(\boldsymbol{e}_1, \boldsymbol{e}_3)+nr(\boldsymbol{e}_1, \boldsymbol{e}_1)\\&=lp+mq+nr=(\boldsymbol{v}, \boldsymbol{w})\end{aligned}$$

したがって，$\varphi : \mathrm{R}^3 \longrightarrow \mathrm{R}^3$ は R^3 の直交変換である。

また，$(*)$ から　$U=\begin{pmatrix}0&0&1\\1&0&0\\0&1&0\end{pmatrix}$

このとき，${}^tU=\begin{pmatrix}0&1&0\\0&0&1\\1&0&0\end{pmatrix}$ であるから　${}^tUU=\begin{pmatrix}0&1&0\\0&0&1\\1&0&0\end{pmatrix}\begin{pmatrix}0&0&1\\1&0&0\\0&1&0\end{pmatrix}=\begin{pmatrix}1&0&0\\0&1&0\\0&0&1\end{pmatrix}=E$

■

基本 例題 113 直交変換と直交行列 ★☆☆

(1) 直交行列の行列式は ± 1 であることを示せ。

(2) $R_\theta=\begin{pmatrix}\cos\theta & \sin\theta \\ \sin\theta & -\cos\theta\end{pmatrix}$ とするとき，行列 R_θ が直交行列であることを示せ。

また，行列 R_θ によって定まる R^2 の1次変換が R^2 の直交変換であることを示せ。

p.215 基本事項A，B

GUIDE & SOLUTION

(1) ${}^tUU=E$ が成り立つから，$\det({}^tUU)=\det(E)$ が得られ，行列の積と行列式の定理と $\det(E)=1$ から，$\det({}^tU)\cdot\det(U)=1$ が得られる。更に，転置行列の行列式の定理により，$\det({}^tU)=\det(U)$ であるから，$\{\det(U)\}^2=1$ が得られる。

(2) $\varphi:\mathrm{R}^2\longrightarrow\mathrm{R}^2$ を行列 R_θ によって定まる R^2 の1次変換とするとき，

$\boldsymbol{v}=\begin{pmatrix}a\\b\end{pmatrix}\in\mathrm{R}^2$，$\boldsymbol{w}=\begin{pmatrix}c\\d\end{pmatrix}\in\mathrm{R}^2$ として，$(\varphi(\boldsymbol{v}),\ \varphi(\boldsymbol{w}))=(\boldsymbol{v},\ \boldsymbol{w})$ が成り立つことを確かめることにより，$\varphi:\mathrm{R}^2\longrightarrow\mathrm{R}^2$ が R^2 の直交変換であることが示される。

解答

(1) Uを n 次直交行列，Eを n 次単位行列とすると，${}^tUU=E$ が成り立つから，
$\det({}^tUU)=\det(E)$ が得られる。

よって $\qquad \det({}^tU)\cdot\det(U)=1$

ここで，$\det({}^tU)=\det(U)$ であるから $\qquad \{\det(U)\}^2=1$

したがって $\qquad \det(U)=\pm 1$ ■

(2) ${}^tR_\theta=\begin{pmatrix}\cos\theta & \sin\theta \\ \sin\theta & -\cos\theta\end{pmatrix}$ であるから

$${}^tR_\theta R_\theta=\begin{pmatrix}\cos\theta & \sin\theta \\ \sin\theta & -\cos\theta\end{pmatrix}\begin{pmatrix}\cos\theta & \sin\theta \\ \sin\theta & -\cos\theta\end{pmatrix}=\begin{pmatrix}\cos^2\theta+\sin^2\theta & 0 \\ 0 & \sin^2\theta+\cos^2\theta\end{pmatrix}=\begin{pmatrix}1 & 0\\0 & 1\end{pmatrix}$$

よって，行列 R_θ は直交行列である。

また，$\varphi:\mathrm{R}^2\longrightarrow\mathrm{R}^2$ を行列 R_θ によって定まる R^2 の1次変換とすると，$\begin{pmatrix}x\\y\end{pmatrix}\in\mathrm{R}^2$ に対して，$\varphi\left(\begin{pmatrix}x\\y\end{pmatrix}\right)=\begin{pmatrix}\cos\theta & \sin\theta \\ \sin\theta & -\cos\theta\end{pmatrix}\begin{pmatrix}x\\y\end{pmatrix}=\begin{pmatrix}x\cos\theta+y\sin\theta \\ x\sin\theta-y\cos\theta\end{pmatrix}$ が成り立つ。

ゆえに，$\boldsymbol{v}=\begin{pmatrix}a\\b\end{pmatrix}\in\mathrm{R}^2$，$\boldsymbol{w}=\begin{pmatrix}c\\d\end{pmatrix}\in\mathrm{R}^2$ とすると，次が成り立つ。

$$\begin{aligned}
&(\varphi(\boldsymbol{v}),\ \varphi(\boldsymbol{w}))\\
&=(a\cos\theta+b\sin\theta)(c\cos\theta+d\sin\theta)+(a\sin\theta-b\cos\theta)(c\sin\theta-d\cos\theta)\\
&=ac\cos^2\theta+(ad+bc)\cos\theta\sin\theta+bd\sin^2\theta+ac\sin^2\theta-(ad+bc)\sin\theta\cos\theta+bd\cos^2\theta\\
&=ac(\cos^2\theta+\sin^2\theta)+bd(\sin^2\theta+\cos^2\theta)=ac+bd=(\boldsymbol{v},\ \boldsymbol{w})
\end{aligned}$$

したがって，$\varphi:\mathrm{R}^2\longrightarrow\mathrm{R}^2$ は R^2 の直交変換である。 ■

EXERCISES

56 次の問いに答えよ。

(1) R^2 に標準内積を定めるとき，グラム・シュミットの直交化を利用して，R^2 の基底 $\left\{\begin{pmatrix}1\\0\end{pmatrix}, \begin{pmatrix}1\\-1\end{pmatrix}\right\}$ から R^2 の正規直交基底を作れ。

(2) R^3 に標準内積を定めるとき，グラム・シュミットの直交化を利用して，R^3 の基底 $\left\{\begin{pmatrix}1\\1\\1\end{pmatrix}, \begin{pmatrix}2\\1\\0\end{pmatrix}, \begin{pmatrix}1\\0\\2\end{pmatrix}\right\}$ から R^3 の正規直交基底を作れ。

(3) R^3 に標準内積を定め，W_1 を R^3 の部分空間とし，$W_1=\left\{\begin{pmatrix}x\\y\\z\end{pmatrix}\in\mathrm{R}^3 \,\middle|\, x+2y+z=0\right\}$ とするとき，W_1 の正規直交基底を作れ。

(4) R^4 に標準内積を定め，W_2 を R^4 の部分空間とし，

$W_2=\left\{\begin{pmatrix}x\\y\\z\\w\end{pmatrix}\in\mathrm{R}^4 \,\middle|\, x-6y-z-2w=0\right\}$ とするとき，W_2 の正規直交基底を作れ。

57 $C^0\left(\left[0,\ \frac{\pi}{2}\right]\right)$ を閉区間 $\left[0,\ \frac{\pi}{2}\right]$ 上で連続な関数全体からなるベクトル空間とする。$C^0\left(\left[0,\ \frac{\pi}{2}\right]\right)$ に，$(\ ,\ )$ を $f\in C^0\left(\left[0,\ \frac{\pi}{2}\right]\right)$，$g\in C^0\left(\left[0,\ \frac{\pi}{2}\right]\right)$ に対して，$(f,\ g)=\int_0^{\frac{\pi}{2}} f(x)g(x)dx$ で定める。$f_1\in C^0\left(\left[0,\ \frac{\pi}{2}\right]\right)$，$f_2\in C^0\left(\left[0,\ \frac{\pi}{2}\right]\right)$ を，$f_1(x)=\sin x$，$f_2(x)=\cos x$ で定め，Vを $C^0\left(\left[0,\ \frac{\pi}{2}\right]\right)$ の部分空間として $V=\langle f_1,\ f_2\rangle$ とすると，$\{f_1,\ f_2\}$ はVの基底である。Vの基底 $\{f_1,\ f_2\}$ に関する $(\ ,\ )$ のグラム行列を求めよ。

58 次の問いに答えよ。

(1) 単位行列は直交行列であることを示せ。

(2) A，B を n 次の直交行列とするとき，行列 AB も n 次の直交行列であることを示せ。

(3) 直交行列の逆行列は直交行列であることを示せ。

EXERCISES

59 Vを計量ベクトル空間とし，その内積を（，）で表すこととする。$\boldsymbol{x}\in V$，$\boldsymbol{y}\in V$ とするとき，次の問いに答えよ。

(1) 等式 $\|\boldsymbol{x}+\boldsymbol{y}\|^2+\|\boldsymbol{x}-\boldsymbol{y}\|^2=2(\|\boldsymbol{x}\|^2+\|\boldsymbol{y}\|^2)$ が成り立つことを示せ。

(2) 等式 $\|\boldsymbol{x}\|^2+\|\boldsymbol{y}\|^2=\|\boldsymbol{x}+\boldsymbol{y}\|^2$ が成り立つための必要十分条件は $(\boldsymbol{x},\ \boldsymbol{y})=0$ が成り立つことであることを示せ。

60 Vを計量ベクトル空間とし，$\boldsymbol{v}_1\in V$，$\boldsymbol{v}_2\in V$，……，$\boldsymbol{v}_n\in V$ はVの零ベクトルではないとする。このとき，次の不等式が成り立つことを証明せよ。

$$\|\boldsymbol{v}_1+\boldsymbol{v}_2+\cdots\cdots+\boldsymbol{v}_n\|\leqq\|\boldsymbol{v}_1\|+\|\boldsymbol{v}_2\|+\cdots\cdots+\|\boldsymbol{v}_n\|$$

61 変数 x，y の高々3次の，実数を係数とする多項式全体のなすベクトル空間をVとし，2次対称行列全体のなすベクトル空間をWとする。$f\in V$ を変数 x，y の2変数関数とみて，

$J(f)\in W$ を $J(f)=\begin{pmatrix} \dfrac{\partial^2 f}{\partial x^2}(0,\ 0) & \dfrac{\partial^2 f}{\partial x\partial y}(0,\ 0) \\ \dfrac{\partial^2 f}{\partial y\partial x}(0,\ 0) & \dfrac{\partial^2 f}{\partial y^2}(0,\ 0) \end{pmatrix}$ と定める。

このとき，線形写像 $g: V \longrightarrow W$ を $g(f)=J(f)$ で定める。Vの基底

$\{1,\ x,\ y,\ x^2,\ xy,\ y^2,\ x^3,\ x^2y,\ xy^2,\ y^3\}$ とWの基底 $\left\{\begin{pmatrix}1&0\\0&0\end{pmatrix},\ \begin{pmatrix}0&1\\1&0\end{pmatrix},\ \begin{pmatrix}0&0\\0&1\end{pmatrix}\right\}$ に関する線形写像gの表現行列を求めよ。

62 Aを3次対称行列とし，$\boldsymbol{x}=\begin{pmatrix}x_1\\x_2\\x_3\end{pmatrix}\in\mathbb{R}^3$，$\boldsymbol{y}=\begin{pmatrix}y_1\\y_2\\y_3\end{pmatrix}\in\mathbb{R}^3$ に対して，$(\boldsymbol{x},\ \boldsymbol{y})={}^t\boldsymbol{x}A\boldsymbol{y}$ と定める。

(1) $A=\begin{pmatrix}1&0&-1\\0&1&a\\-1&a&0\end{pmatrix}$（$a$は実数）のとき，（，）は $\mathbb{R}^3$ 上の内積を定めないことを示せ。

(2) $A=\begin{pmatrix}2&1&0\\1&2&-1\\0&-1&a\end{pmatrix}$（$a$は実数）のとき，（，）が $\mathbb{R}^3$ 上の内積を定めるための条件を求めよ。

第8章

8 固有値と固有ベクトル

1 固有値，固有空間，固有ベクトル
2 正方行列の対角化
3 最小多項式と対角化

例 題 一 覧

1 固有値，固有空間，固有ベクトル

基本事項

A　固有値とは　　B　固有値，固有空間，固有ベクトル

定義　固有値・固有空間・固有ベクトル

Vをベクトル空間とし，$\varphi: V \longrightarrow V$ をVの1次変換とする。$\lambda \in \mathbb{R}$ に対して，$W_\lambda \subset V$ を $W_\lambda = \{\boldsymbol{v} \in V \mid \varphi(\boldsymbol{v}) = \lambda \boldsymbol{v}\}$ で定める（W_λ はVの部分空間である）。$W_\lambda \neq \{\boldsymbol{0}\}$ であるとき，λを1次変換φの **固有値** という。また，このとき，W_λ を1次変換φの固有値λに対する **固有空間** といい，W_λ に属する零ベクトルでないベクトルを，1次変換φの固有値λに対する **固有ベクトル** という。

定理　固有ベクトルの組の1次独立性

Vをベクトル空間とし，$\varphi: V \longrightarrow V$ をVの1次変換とする。1次変換φの互いに異なる固有値を λ_1, λ_2, ……, λ_r とする（すなわち，$i \neq j$ ならば $\lambda_i \neq \lambda_j$ である）。また，1次変換φの固有値 λ_i に対する固有空間を W_{λ_i} とし，1次変換φの固有値 λ_i に対する固有ベクトルを $\boldsymbol{v}_i \in W_{\lambda_i}$ とする（$i=1$, 2, ……, r）。このとき，$\{\boldsymbol{v}_1, \boldsymbol{v}_2, \cdots\cdots, \boldsymbol{v}_r\}$ は1次独立である。

補題　固有空間の和

Vをベクトル空間とし，$\varphi: V \longrightarrow V$ をVの1次変換とする。1次変換φの互いに異なる固有値を λ_1, λ_2, ……, λ_r とする（すなわち，$i \neq j$ ならば $\lambda_i \neq \lambda_j$ である）。また，1次変換φの固有値 λ_i に対する固有空間を W_{λ_i} とし，1次変換φの固有値 λ_i に対する固有ベクトルを $\boldsymbol{v}_i \in W_{\lambda_i}$ とする（$i=1$, 2, ……, r）。このとき，$\boldsymbol{v}_1 + \boldsymbol{v}_2 + \cdots\cdots + \boldsymbol{v}_r = \boldsymbol{0}$ であるならば，$\boldsymbol{v}_1 = \boldsymbol{v}_2 = \cdots\cdots = \boldsymbol{v}_r = \boldsymbol{0}$ である。

定義　行列の固有値・固有空間・固有ベクトル

Aをn次正方行列とし，$\varphi_A: \mathbb{R}^n \longrightarrow \mathbb{R}^n$ を，$\boldsymbol{v} \in \mathbb{R}^n$ に対して $\varphi_A(\boldsymbol{v}) = A\boldsymbol{v}$ によって定まる1次変換とする。このとき，1次変換 φ_A の固有値，固有空間，固有ベクトルを，それぞれ行列Aの固有値，固有空間，固有ベクトルという。

PRACTICE … 56

Vをベクトル空間とし，$\varphi: V \longrightarrow V$ をVの1次変換とする。$\lambda \in \mathbb{R}$ に対して，$W_\lambda \subset V$ を $W_\lambda = \{\boldsymbol{v} \in V \mid \varphi(\boldsymbol{v}) = \lambda \boldsymbol{v}\}$ で定める。このとき，W_λ がVの部分空間であることを示せ。

C　固有方程式と固有多項式

定義　固有方程式，固有多項式

A を n 次正方行列とするとき，変数 t についての方程式 $\det(tE_n-A)=0$ を，行列 A の **固有方程式** という。固有方程式の左辺は， t についての n 次多項式である。これを行列 A の **固有多項式** といい，$F_A(t)=\det(tE_n-A)$ と表す。

定理　固有方程式と固有値

A を正方行列とするとき，行列 A の固有値は固有方程式 $F_A(t)=0$ の解である。

λ を行列 A の固有値とし，$t=\lambda$ が固有方程式 $F_A(t)=0$ の m 重解であるとき，この m の値を固有値 λ の **重複度** という（m は自然数)。

定理　固有多項式，固有空間と基底変換

A を n 次正方行列，P を n 次正則行列とする。

[1]　$F_A(t)=F_{P^{-1}AP}(t)$ が成り立つ。よって，行列 A の固有値は行列 $P^{-1}AP$ の固有値に一致する。

[2]　λ を行列 $P^{-1}AP$，A の固有値とし，行列 $P^{-1}AP$ の固有値 λ に対する固有空間を W_λ'，行列 A の固有値 λ に対する固有空間を W_λ とすると，行列 P によって定まる $\mathbb{R}^n$ の 1 次変換 $\varphi_P:\mathbb{R}^n\longrightarrow\mathbb{R}^n$ によって，$W_\lambda'\cong W_\lambda$ であり，$\dim W_\lambda'=\dim W_\lambda$ が成り立つ。

D　特別な形の行列の固有値，固有多項式

定理　対角行列の固有多項式と固有値

A を n 次対角行列とし，$A=\begin{pmatrix} \lambda_1E_{m_1} & & & \text{\Large 0} \\ & \lambda_2E_{m_2} & & \\ & & \ddots & \\ \text{\Large 0} & & & \lambda_rE_{m_r} \end{pmatrix}$ とする。

ただし，λ_1，λ_2，……，λ_r は互いに相異なり（すなわち，$i\neq j$ ならば $\lambda_i\neq\lambda_j$ であり)，
各 $i=1$，2，……，r に対して，E_{m_i} は m_i 次の単位行列を表すとする
$(m_1+m_2+\cdots\cdots+m_r=n)$。このとき，$F_A(t)=(t-\lambda_1)^{m_1}(t-\lambda_2)^{m_2}\cdot\cdots\cdots\cdot(t-\lambda_r)^{m_r}$ である。
すなわち，行列 A の固有値は λ_1，λ_2，……，λ_r であり，各 $i=1$，2，……，r に対して固有値 λ_i の重複度は m_i である。

補足 A を n 次上三角行列として，$A=\begin{pmatrix} a_{11} & & & * \\ & a_{22} & & \\ & & \ddots & \\ 0 & & & a_{nn} \end{pmatrix}$ とするとき，上三角行列・下三角行列の行列式の系により

$$F_A(t)=\begin{vmatrix} t-a_{11} & & & * \\ & t-a_{22} & & \\ & & \ddots & \\ 0 & & & t-a_{nn} \end{vmatrix}=(t-a_{11})(t-a_{22})\cdots\cdots(t-a_{nn})$$

A が下三角行列のときは基本例題 119 を参照。

E 固有値の重複度と固有空間の次元

定理 固有空間の次元

A を n 次正方行列とし，λ を行列 A の固有値，W_λ を行列 A の固有値 λ に対する固有空間とすると，$\dim W_\lambda=n-\mathrm{rank}(A-\lambda E)$ が成り立つ。

定理 固有値の重複度と固有空間の次元

A を正方行列，λ を行列 A の固有値，m を行列 A の固有値 λ の重複度とし，W_λ を行列 A の固有値 λ に対する固有空間とする。このとき，$1\leqq \dim W_\lambda \leqq m$ が成り立つ。

系 固有値の重複度と固有空間

A を正方行列，λ を行列 A の重複度 1 の固有値とし，W_λ を行列 A の固有値 λ に対する固有空間とする。このとき，$\dim W_\lambda=1$ が成り立つ。

系 対角行列の固有値の重複度と固有空間の次元

A を n 次対角行列とし，$A=\begin{pmatrix} \lambda_1 E_{m_1} & & & 0 \\ & \lambda_2 E_{m_2} & & \\ & & \ddots & \\ 0 & & & \lambda_r E_{m_r} \end{pmatrix}$ とする。

ただし，λ_1，λ_2，……，λ_r は互いに相異なり（すなわち，$i\neq j$ ならば $\lambda_i \neq \lambda_j$ であり），各 $i=1$，2，……，r に対して，E_{m_i} は m_i 次の単位行列を表すとする（$m_1+m_2+\cdots\cdots+m_r=n$）。このとき，行列 A の固有値 λ_i に対する固有空間を W_{λ_i} とすると，$\dim W_{\lambda_i}=m_i$ が成り立つ。

基本 例題 114 固有ベクトルの組の1次独立性の定理の証明 ★☆☆

行列 $\begin{pmatrix} 2 & 0 & 0 \\ 0 & -1 & 0 \\ 0 & 0 & 1 \end{pmatrix}$ によって定まる1次変換 $\varphi: \mathrm{R}^3 \longrightarrow \mathrm{R}^3$ の固有値は 2，-1，1 である。

(1)　1次変換 $\varphi: \mathrm{R}^3 \longrightarrow \mathrm{R}^3$ の固有値 2，-1，1 に対する固有ベクトルを1つずつ求めよ。

(2)　(1)で求めたベクトルの組が1次独立であることを示せ。

(3)　1次変換 $\varphi: \mathrm{R}^3 \longrightarrow \mathrm{R}^3$ の固有値 2，-1，1 に対する固有空間をそれぞれ W_2，W_{-1}，W_1 とし，$\mathbf{0}$ を R^3 の零ベクトルとするとき，$\boldsymbol{v}_2 \in W_2$，$\boldsymbol{v}_{-1} \in W_{-1}$，$\boldsymbol{v}_1 \in W_1$ が $\boldsymbol{v}_2 + \boldsymbol{v}_{-1} + \boldsymbol{v}_1 = \mathbf{0}$ を満たすならば，$\boldsymbol{v}_2 = \boldsymbol{v}_{-1} = \boldsymbol{v}_1 = \mathbf{0}$ であることを示せ。

p. 222 基本事項 B

GUIDE & SOLUTION

(1)　1次変換 φ の固有値 2，-1，1 に対する固有空間の固有ベクトルをそれぞれ $\boldsymbol{x}$，$\boldsymbol{y}$，$\boldsymbol{z}$ とすると，$A\boldsymbol{x} = 2\boldsymbol{x}$，$A\boldsymbol{y} = (-1)\cdot\boldsymbol{y}$，$A\boldsymbol{z} = 1\cdot\boldsymbol{z}$ を満たす。よって，$(A-2E)\boldsymbol{x} = \mathbf{0}$，$(A+E)\boldsymbol{y} = \mathbf{0}$，$(A-E)\boldsymbol{z} = \mathbf{0}$ を満たすような $\boldsymbol{x}$，$\boldsymbol{y}$，$\boldsymbol{z}$ を求める。

解答

(1)　$A = \begin{pmatrix} 2 & 0 & 0 \\ 0 & -1 & 0 \\ 0 & 0 & 1 \end{pmatrix}$，$E = \begin{pmatrix} 1 & 0 & 0 \\ 0 & 1 & 0 \\ 0 & 0 & 1 \end{pmatrix}$ とする。

1次変換 φ の固有値 2，-1，1 に対する固有空間の固有ベクトルをそれぞれ $\boldsymbol{x}$，$\boldsymbol{y}$，$\boldsymbol{z}$ とすると，$A\boldsymbol{x} = 2\boldsymbol{x}$，$A\boldsymbol{y} = (-1)\cdot\boldsymbol{y}$，$A\boldsymbol{z} = 1\cdot\boldsymbol{z}$ を満たす。

$A\boldsymbol{x} = 2\boldsymbol{x}$ を変形すると　　$(A-2E)\boldsymbol{x} = \mathbf{0}$

ここで　$A - 2E = \begin{pmatrix} 0 & 0 & 0 \\ 0 & -3 & 0 \\ 0 & 0 & -1 \end{pmatrix}$

よって，例えば $\boldsymbol{x} = \begin{pmatrix} \mathbf{1} \\ \mathbf{0} \\ \mathbf{0} \end{pmatrix}$ ととれる。

$A\boldsymbol{y} = (-1)\cdot\boldsymbol{y}$ を変形すると　　$(A+E)\boldsymbol{y} = \mathbf{0}$

ここで　$A + E = \begin{pmatrix} 3 & 0 & 0 \\ 0 & 0 & 0 \\ 0 & 0 & 2 \end{pmatrix}$

よって，例えば $\boldsymbol{y} = \begin{pmatrix} \mathbf{0} \\ \mathbf{1} \\ \mathbf{0} \end{pmatrix}$ ととれる。

$A\boldsymbol{z}=1\cdot\boldsymbol{z}$ を変形すると　　$(A-E)\boldsymbol{z}=\boldsymbol{0}$

ここで　$A-E=\begin{pmatrix}1&0&0\\0&-2&0\\0&0&0\end{pmatrix}$

よって，例えば $\boldsymbol{z}=\begin{pmatrix}\boldsymbol{0}\\\boldsymbol{0}\\\boldsymbol{1}\end{pmatrix}$ ととれる。

(2) $a\in\mathrm{R}$，$b\in\mathrm{R}$，$c\in\mathrm{R}$ として，$a\begin{pmatrix}1\\0\\0\end{pmatrix}+b\begin{pmatrix}0\\1\\0\end{pmatrix}+c\begin{pmatrix}0\\0\\1\end{pmatrix}=\begin{pmatrix}0\\0\\0\end{pmatrix}$ ……（＊）を考える。

このとき，$a\begin{pmatrix}1\\0\\0\end{pmatrix}+b\begin{pmatrix}0\\1\\0\end{pmatrix}+c\begin{pmatrix}0\\0\\1\end{pmatrix}=\begin{pmatrix}a\\b\\c\end{pmatrix}$ より

$$\begin{pmatrix}a\\b\\c\end{pmatrix}=\begin{pmatrix}0\\0\\0\end{pmatrix}$$

よって　　$a=b=c=0$

ゆえに，（＊）は自明な1次関係式に限られるから，$\left\{\begin{pmatrix}1\\0\\0\end{pmatrix},\ \begin{pmatrix}0\\1\\0\end{pmatrix},\ \begin{pmatrix}0\\0\\1\end{pmatrix}\right\}$ は1次独立である。■

(3) (1)から　　$W_2=\left\langle\begin{pmatrix}1\\0\\0\end{pmatrix}\right\rangle$，$W_{-1}=\left\langle\begin{pmatrix}0\\1\\0\end{pmatrix}\right\rangle$，$W_1=\left\langle\begin{pmatrix}0\\0\\1\end{pmatrix}\right\rangle$

よって，$p\in\mathrm{R}$，$q\in\mathrm{R}$，$r\in\mathrm{R}$ として，$\boldsymbol{v}_2=\begin{pmatrix}p\\0\\0\end{pmatrix}$，$\boldsymbol{v}_{-1}=\begin{pmatrix}0\\q\\0\end{pmatrix}$，$\boldsymbol{v}_1=\begin{pmatrix}0\\0\\r\end{pmatrix}$ と表される。

ここで　　$\boldsymbol{v}_2+\boldsymbol{v}_{-1}+\boldsymbol{v}_1=\begin{pmatrix}p\\0\\0\end{pmatrix}+\begin{pmatrix}0\\q\\0\end{pmatrix}+\begin{pmatrix}0\\0\\r\end{pmatrix}=\begin{pmatrix}p\\q\\r\end{pmatrix}$

ゆえに，$\boldsymbol{v}_2+\boldsymbol{v}_{-1}+\boldsymbol{v}_1=\boldsymbol{0}$ を満たすならば，$\begin{pmatrix}p\\q\\r\end{pmatrix}=\begin{pmatrix}0\\0\\0\end{pmatrix}$ となるから

$p=q=r=0$

したがって　　$\boldsymbol{v}_2=\boldsymbol{v}_{-1}=\boldsymbol{v}_1=\boldsymbol{0}$ ■

基本 例題 115 固有値，固有空間，固有空間の基底 ★☆☆

次の行列の固有多項式，固有値を求めよ。また，それぞれの固有値に対する固有空間の基底を 1 組求めよ。

(1) $\begin{pmatrix} -7 & -5 \\ 10 & 8 \end{pmatrix}$　　(2) $\begin{pmatrix} -2 & 6 & 0 \\ -3 & 1 & -3 \\ 6 & -6 & 4 \end{pmatrix}$

p. 223 基本事項C

GUIDE & SOLUTION

(1) は，まず $A=\begin{pmatrix} -7 & -5 \\ 10 & 8 \end{pmatrix}$，$E_2=\begin{pmatrix} 1 & 0 \\ 0 & 1 \end{pmatrix}$ とし，固有方程式 $\det(tE_2-A)=0$ を解いて，行列 A の固有値を求める。(2) も同様である。

解答

(1) $A=\begin{pmatrix} -7 & -5 \\ 10 & 8 \end{pmatrix}$，$E_2=\begin{pmatrix} 1 & 0 \\ 0 & 1 \end{pmatrix}$ とする。

$$F_A(t)=\det(tE_2-A)=\begin{vmatrix} t+7 & 5 \\ -10 & t-8 \end{vmatrix}$$
$$=(t+7)(t-8)-5\cdot(-10)$$
$$=(t+2)(t-3)$$

よって，固有方程式 $F_A(t)=0$ を解くと，$t=-2$，3 であるから，行列 A の固有値は **-2，3** (どちらも重複度 1) である。

行列 A の固有値 -2，3 に対する固有空間をそれぞれ W_{A-2}，W_{A3} とする。

ここで　$A-(-2)E_2=\begin{pmatrix} -5 & -5 \\ 10 & 10 \end{pmatrix}$，　$A-3E_2=\begin{pmatrix} -10 & -5 \\ 10 & 5 \end{pmatrix}$

よって　$W_{A-2}=\left\{\begin{pmatrix} x \\ y \end{pmatrix}\in\mathbb{R}^2 \,\middle|\, \begin{pmatrix} -5 & -5 \\ 10 & 10 \end{pmatrix}\begin{pmatrix} x \\ y \end{pmatrix}=\begin{pmatrix} 0 \\ 0 \end{pmatrix}\right\}$

$W_{A3}=\left\{\begin{pmatrix} x \\ y \end{pmatrix}\in\mathbb{R}^2 \,\middle|\, \begin{pmatrix} -10 & -5 \\ 10 & 5 \end{pmatrix}\begin{pmatrix} x \\ y \end{pmatrix}=\begin{pmatrix} 0 \\ 0 \end{pmatrix}\right\}$

行列 $A-(-2)E_2$ を簡約階段化すると

$$\begin{pmatrix} -5 & -5 \\ 10 & 10 \end{pmatrix} \xrightarrow{①\times\left(-\frac{1}{5}\right)} \begin{pmatrix} 1 & 1 \\ 10 & 10 \end{pmatrix} \xrightarrow{①\times(-10)+②} \begin{pmatrix} 1 & 1 \\ 0 & 0 \end{pmatrix}$$

ゆえに，連立 1 次方程式 $\begin{pmatrix} -5 & -5 \\ 10 & 10 \end{pmatrix}\begin{pmatrix} x \\ y \end{pmatrix}=\begin{pmatrix} 0 \\ 0 \end{pmatrix}$ は $x+y=0$ と同値である。

これを解くと　$\begin{pmatrix} x \\ y \end{pmatrix}=c\begin{pmatrix} -1 \\ 1 \end{pmatrix}$　(c は任意定数)

よって　$W_{A-2}=\left\langle\begin{pmatrix} -1 \\ 1 \end{pmatrix}\right\rangle$

したがって，W_{A-2} の基底として $\left\{\begin{pmatrix} \mathbf{-1} \\ \mathbf{1} \end{pmatrix}\right\}$ が得られる。

行列 $A-3E_2$ を簡約階段化すると

$$\begin{pmatrix} -10 & -5 \\ 10 & 5 \end{pmatrix} \xrightarrow{①\times\left(-\frac{1}{10}\right)} \begin{pmatrix} 1 & \frac{1}{2} \\ 10 & 5 \end{pmatrix} \xrightarrow{①\times(-10)+②} \begin{pmatrix} 1 & \frac{1}{2} \\ 0 & 0 \end{pmatrix}$$

ゆえに，連立1次方程式 $\begin{pmatrix} -10 & -5 \\ 10 & 5 \end{pmatrix}\begin{pmatrix} x \\ y \end{pmatrix}=\begin{pmatrix} 0 \\ 0 \end{pmatrix}$ は $x+\frac{1}{2}y=0$ と同値である。

これを解くと　$\begin{pmatrix} x \\ y \end{pmatrix}=d\begin{pmatrix} -1 \\ 2 \end{pmatrix}$　(d は任意定数)

よって　$W_{A3}=\left\langle\begin{pmatrix} -1 \\ 2 \end{pmatrix}\right\rangle$

したがって，W_{A3} の基底として $\left\{\begin{pmatrix} \mathbf{-1} \\ \mathbf{2} \end{pmatrix}\right\}$ が得られる。

(2) $B=\begin{pmatrix} -2 & 6 & 0 \\ -3 & 1 & -3 \\ 6 & -6 & 4 \end{pmatrix}$，$E_3=\begin{pmatrix} 1 & 0 & 0 \\ 0 & 1 & 0 \\ 0 & 0 & 1 \end{pmatrix}$ とする。

$$\begin{aligned} F_B(t) &= \det(tE_3-B) \\ &= \begin{vmatrix} t+2 & -6 & 0 \\ 3 & t-1 & 3 \\ -6 & 6 & t-4 \end{vmatrix} \\ &\overset{③\times1+①}{=} \begin{vmatrix} t-4 & 0 & t-4 \\ 3 & t-1 & 3 \\ -6 & 6 & t-4 \end{vmatrix} \\ &\overset{\boxed{1}\times(-1)+\boxed{3}}{=} \begin{vmatrix} t-4 & 0 & 0 \\ 3 & t-1 & 0 \\ -6 & 6 & t+2 \end{vmatrix} \\ &= (t-1)(t+2)(t-4) \end{aligned}$$

よって，固有方程式 $F_B(t)=0$ を解くと，$t=1,\ -2,\ 4$ であるから，行列 B の固有値は **1，−2，4** (いずれも重複度1) である。

行列 B の固有値 1，−2，4 に対する固有空間をそれぞれ W_{B1}，W_{B-2}，W_{B4} とする。

ここで　$B-E_3=\begin{pmatrix} -3 & 6 & 0 \\ -3 & 0 & -3 \\ 6 & -6 & 3 \end{pmatrix}$

$B-(-2)E_3=\begin{pmatrix} 0 & 6 & 0 \\ -3 & 3 & -3 \\ 6 & -6 & 6 \end{pmatrix}$

$B-4E_3=\begin{pmatrix} -6 & 6 & 0 \\ -3 & -3 & -3 \\ 6 & -6 & 0 \end{pmatrix}$

よって $W_{B1}=\left\{\begin{pmatrix}x\\y\\z\end{pmatrix}\in\mathbb{R}^3 \middle| \begin{pmatrix}-3&6&0\\-3&0&-3\\6&-6&3\end{pmatrix}\begin{pmatrix}x\\y\\z\end{pmatrix}=\begin{pmatrix}0\\0\\0\end{pmatrix}\right\}$

$W_{B-2}=\left\{\begin{pmatrix}x\\y\\z\end{pmatrix}\in\mathbb{R}^3 \middle| \begin{pmatrix}0&6&0\\-3&3&-3\\6&-6&6\end{pmatrix}\begin{pmatrix}x\\y\\z\end{pmatrix}=\begin{pmatrix}0\\0\\0\end{pmatrix}\right\}$

$W_{B4}=\left\{\begin{pmatrix}x\\y\\z\end{pmatrix}\in\mathbb{R}^3 \middle| \begin{pmatrix}-6&6&0\\-3&-3&-3\\6&-6&0\end{pmatrix}\begin{pmatrix}x\\y\\z\end{pmatrix}=\begin{pmatrix}0\\0\\0\end{pmatrix}\right\}$

行列 $B-E_3$ を簡約階段化すると

$$\begin{pmatrix}-3&6&0\\-3&0&-3\\6&-6&3\end{pmatrix}\xrightarrow{①\times\left(-\frac{1}{3}\right)}\begin{pmatrix}1&-2&0\\-3&0&-3\\6&-6&3\end{pmatrix}\xrightarrow{①\times3+②}\begin{pmatrix}1&-2&0\\0&-6&-3\\6&-6&3\end{pmatrix}\xrightarrow{①\times(-6)+③}\begin{pmatrix}1&-2&0\\0&-6&-3\\0&6&3\end{pmatrix}$$

$$\xrightarrow{②\times\left(-\frac{1}{6}\right)}\begin{pmatrix}1&-2&0\\0&1&\frac{1}{2}\\0&6&3\end{pmatrix}\xrightarrow{②\times2+①}\begin{pmatrix}1&0&1\\0&1&\frac{1}{2}\\0&6&3\end{pmatrix}\xrightarrow{②\times(-6)+③}\begin{pmatrix}1&0&1\\0&1&\frac{1}{2}\\0&0&0\end{pmatrix}$$

ゆえに，連立 1 次方程式 $\begin{pmatrix}-3&6&0\\-3&0&-3\\6&-6&3\end{pmatrix}\begin{pmatrix}x\\y\\z\end{pmatrix}=\begin{pmatrix}0\\0\\0\end{pmatrix}$ は $\begin{cases}x+z=0\\y+\frac{1}{2}z=0\end{cases}$ と同値である。

これを解くと $\begin{pmatrix}x\\y\\z\end{pmatrix}=e\begin{pmatrix}-2\\-1\\2\end{pmatrix}$ （e は任意定数）

よって $W_{B1}=\left\langle\begin{pmatrix}-2\\-1\\2\end{pmatrix}\right\rangle$

したがって，W_{B1} の基底として $\left\{\begin{pmatrix}\mathbf{-2}\\\mathbf{-1}\\\mathbf{2}\end{pmatrix}\right\}$ が得られる。

行列 $B-(-2)E_3$ を簡約階段化すると

$$\begin{pmatrix}0&6&0\\-3&3&-3\\6&-6&6\end{pmatrix}\xrightarrow{②\times\left(-\frac{1}{3}\right)}\begin{pmatrix}0&6&0\\1&-1&1\\6&-6&6\end{pmatrix}\xrightarrow{①\leftrightarrow②}\begin{pmatrix}1&-1&1\\0&6&0\\6&-6&6\end{pmatrix}$$

$$\xrightarrow{①\times(-6)+③}\begin{pmatrix}1&-1&1\\0&6&0\\0&0&0\end{pmatrix}\xrightarrow{②\times\frac{1}{6}}\begin{pmatrix}1&-1&1\\0&1&0\\0&0&0\end{pmatrix}\xrightarrow{②\times1+①}\begin{pmatrix}1&0&1\\0&1&0\\0&0&0\end{pmatrix}$$

ゆえに，連立 1 次方程式 $\begin{pmatrix}0&6&0\\-3&3&-3\\6&-6&6\end{pmatrix}\begin{pmatrix}x\\y\\z\end{pmatrix}=\begin{pmatrix}0\\0\\0\end{pmatrix}$ は $\begin{cases}x+z=0\\y=0\end{cases}$ と同値である。

これを解くと $\begin{pmatrix} x \\ y \\ z \end{pmatrix} = f\begin{pmatrix} -1 \\ 0 \\ 1 \end{pmatrix}$ （f は任意定数）

よって $W_{B-2} = \left\langle \begin{pmatrix} -1 \\ 0 \\ 1 \end{pmatrix} \right\rangle$

したがって，W_{B-2} の基底として $\left\{ \begin{pmatrix} \mathbf{-1} \\ \mathbf{0} \\ \mathbf{1} \end{pmatrix} \right\}$ が得られる。

行列 $B-4E_3$ を簡約階段化すると

$$\begin{pmatrix} -6 & 6 & 0 \\ -3 & -3 & -3 \\ 6 & -6 & 0 \end{pmatrix} \overset{①\times\left(-\frac{1}{6}\right)}{\longrightarrow} \begin{pmatrix} 1 & -1 & 0 \\ -3 & -3 & -3 \\ 6 & -6 & 0 \end{pmatrix}$$

$$\overset{①\times 3+②}{\longrightarrow} \begin{pmatrix} 1 & -1 & 0 \\ 0 & -6 & -3 \\ 6 & -6 & 0 \end{pmatrix} \overset{①\times(-6)+③}{\longrightarrow} \begin{pmatrix} 1 & -1 & 0 \\ 0 & -6 & -3 \\ 0 & 0 & 0 \end{pmatrix}$$

$$\overset{②\times\left(-\frac{1}{6}\right)}{\longrightarrow} \begin{pmatrix} 1 & -1 & 0 \\ 0 & 1 & \frac{1}{2} \\ 0 & 0 & 0 \end{pmatrix} \overset{②\times 1+①}{\longrightarrow} \begin{pmatrix} 1 & 0 & \frac{1}{2} \\ 0 & 1 & \frac{1}{2} \\ 0 & 0 & 0 \end{pmatrix}$$

ゆえに，連立1次方程式 $\begin{pmatrix} -6 & 6 & 0 \\ -3 & -3 & -3 \\ 6 & -6 & 0 \end{pmatrix}\begin{pmatrix} x \\ y \\ z \end{pmatrix} = \begin{pmatrix} 0 \\ 0 \\ 0 \end{pmatrix}$ は $\begin{cases} x \quad +\frac{1}{2}z = 0 \\ \quad y+\frac{1}{2}z = 0 \end{cases}$ と同値である。

これを解くと $\begin{pmatrix} x \\ y \\ z \end{pmatrix} = g\begin{pmatrix} -1 \\ -1 \\ 2 \end{pmatrix}$ （g は任意定数）

よって $W_{B4} = \left\langle \begin{pmatrix} -1 \\ -1 \\ 2 \end{pmatrix} \right\rangle$

したがって，W_{B4} の基底として $\left\{ \begin{pmatrix} \mathbf{-1} \\ \mathbf{-1} \\ \mathbf{2} \end{pmatrix} \right\}$ が得られる。

PRACTICE … 57

行列 $\begin{pmatrix} 3 & 2 \\ 3 & 4 \end{pmatrix}$ の固有値と，それぞれの固有値に対する固有空間を求めよ。また，それぞれの固有値に対する固有空間の基底を1組求めよ。

重要 例題 116 直交行列の固有値 ★★☆

U を n 次の直交行列とするとき，次の問いに答えよ。

(1) $\det(U)=-1$ ならば，行列 U は固有値として -1 をもつことを示せ。

(2) n が奇数で $\det(U)=1$ ならば，行列 U は固有値として 1 をもつことを示せ。

p. 223 基本事項C

GUIDE & SOLUTION

U は直交行列であるから，${}^tUU=E$ が成り立つ。

(1) $\det(U+E)=0$ であることを示せばよいが，まずは $\det(U+E)=\det(U+{}^tUU)$ と変形すればよい。

(2) $\det(U-E)=0$ であることを示せばよいが，まずは $\det(U-E)=\det(U-{}^tUU)$ と変形すればよい。なお，n は奇数であるから，例題 059 で示した等式により，$\det(-(U-E))=-\det(U-E)$ が成り立つ。

解答

U は n 次の直交行列であるから，E を n 次単位行列として，次が成り立つ。

$${}^tUU=E \quad \cdots\cdots ①$$

(1) $\det(U)=-1$ ……② とする。

①から

$$\begin{aligned}\det(U+E)&=\det(U+{}^tUU)\\&=\det((E+{}^tU)U)\\&=\det(E+{}^tU)\cdot\det(U)\end{aligned}$$

②から

$$\begin{aligned}\det(E+{}^tU)\cdot\det(U)&=-\det({}^t(E+{}^tU))\\&=-\det({}^tE+{}^t({}^tU))\\&=-\det(U+E)\end{aligned}$$

よって，$\det(U+E)=-\det(U+E)$ から　$\det(U+E)=0$

したがって，行列 U は固有値として -1 をもつ。 ■

(2) $\det(U)=1$ ……③ とする。

①から

$$\begin{aligned}\det(U-E)&=\det(U-{}^tUU)\\&=\det((E-{}^tU)U)\\&=\det(E-{}^tU)\cdot\det(U)\end{aligned}$$

③から

$$\begin{aligned}\det(E-{}^tU)\cdot\det(U)&=\det({}^t(E-{}^tU))\\&=\det({}^tE-{}^t({}^tU))\\&=\det(-(U-E))\end{aligned}$$

n は奇数であるから

$$\det(-(U-E))=-\det(U-E)$$

よって，$\det(U-E)=-\det(U-E)$ から　$\det(U-E)=0$

したがって，行列 U は固有値として 1 をもつ。 ■

重要 例題 117 固有値と固有ベクトル ★★☆

$A=\begin{pmatrix} a & b \\ c & d \end{pmatrix}$ とする。行列Aがただ1つの固有値をもち，行列Aのその固有値に対する固有ベクトルが $\begin{pmatrix} 1 \\ 1 \end{pmatrix}$ の零でない定数倍のみであるための条件と行列Aの固有値を求めよ。

p. 223 基本事項C

GUIDE & SOLUTION

固有方程式は2次方程式であるから，行列Aの固有値がただ1つの固有値をもつならば，固有方程式は重解をもつ。よって，固有方程式の判別式をDとすると，$D=0$となるような条件を求めればよい。また，このときの固有値に対する固有ベクトルが，$\begin{pmatrix} 1 \\ 1 \end{pmatrix}$ の零でない定数倍のみであるかどうかを考える。

解答

$$F_A(t)=\begin{vmatrix} t-a & -b \\ -c & t-d \end{vmatrix}$$
$$=(t-a)(t-d)-(-b)\cdot(-c)$$
$$=t^2-(a+d)t+ad-bc$$

固有方程式 $F_A(t)=0$ ……① の判別式をDとすると

$$D=\{-(a+d)\}^2-4\cdot1\cdot(ad-bc)$$
$$=(a+d)^2-4(ad-bc)$$

行列Aがただ1つの固有値をもつための条件は　$D=0$

すなわち　$(a+d)^2-4(ad-bc)=0$ ……②

このとき，2次方程式①は $\left(t-\frac{a+d}{2}\right)^2=0$ と変形されるから，①の解は

$$t=\frac{a+d}{2}$$

よって，行列Aの固有値は　$\boldsymbol{\frac{a+d}{2}}$ （重複度2）

また，$\begin{pmatrix} 1 \\ 1 \end{pmatrix}$ は行列Aの固有値 $\frac{a+d}{2}$ に対する固有ベクトルであるから

$$\begin{pmatrix} a & b \\ c & d \end{pmatrix}\begin{pmatrix} 1 \\ 1 \end{pmatrix}=\frac{a+d}{2}\begin{pmatrix} 1 \\ 1 \end{pmatrix} \quad \text{すなわち} \quad \begin{cases} a+b=\dfrac{a+d}{2} & \cdots\cdots ③ \\ c+d=\dfrac{a+d}{2} & \cdots\cdots ④ \end{cases}$$

③から　$b=\frac{-a+d}{2}$

④から　$c=\frac{a-d}{2}$

このとき，$A=\begin{pmatrix} a & \frac{-a+d}{2} \\ \frac{a-d}{2} & d \end{pmatrix}$ であるから

$$A-\frac{a+d}{2}E_2=\begin{pmatrix} a & \frac{-a+d}{2} \\ \frac{a-d}{2} & d \end{pmatrix}-\frac{a+d}{2}\begin{pmatrix} 1 & 0 \\ 0 & 1 \end{pmatrix}$$

$$=\begin{pmatrix} \frac{a-d}{2} & \frac{-a+d}{2} \\ \frac{a-d}{2} & \frac{-a+d}{2} \end{pmatrix}$$

ここで，行列Aの固有値 $\frac{a+d}{2}$ に対する固有空間を $W_{\frac{a+d}{2}}$ とすると

$$W_{\frac{a+d}{2}}=\left\{\begin{pmatrix} x \\ y \end{pmatrix}\in\mathbb{R}^2 \,\middle|\, \begin{pmatrix} \frac{a-d}{2} & \frac{-a+d}{2} \\ \frac{a-d}{2} & \frac{-a+d}{2} \end{pmatrix}\begin{pmatrix} x \\ y \end{pmatrix}=\begin{pmatrix} 0 \\ 0 \end{pmatrix}\right\}$$

$a=d$ のとき，$A-\frac{a+d}{2}E_2=\begin{pmatrix} 0 & 0 \\ 0 & 0 \end{pmatrix}$ であるから，行列Aの固有値 $\frac{a+d}{2}$ に対する固有ベクトルは $\begin{pmatrix} 1 \\ 1 \end{pmatrix}$ の定数倍以外にも存在することになり，不適である。

$a\neq d$ のとき，行列 $A-\frac{a+d}{2}E_2$ を簡約階段化すると

$$\begin{pmatrix} \frac{a-d}{2} & \frac{-a+d}{2} \\ \frac{a-d}{2} & \frac{-a+d}{2} \end{pmatrix}\xrightarrow{①\times\frac{2}{a-d}}\begin{pmatrix} 1 & -1 \\ \frac{a-d}{2} & \frac{-a+d}{2} \end{pmatrix}\xrightarrow{①\times\left(-\frac{a-d}{2}\right)+②}\begin{pmatrix} 1 & -1 \\ 0 & 0 \end{pmatrix}$$

よって，連立１次方程式 $\begin{pmatrix} \frac{a-d}{2} & \frac{-a+d}{2} \\ \frac{a-d}{2} & \frac{-a+d}{2} \end{pmatrix}\begin{pmatrix} x \\ y \end{pmatrix}=\begin{pmatrix} 0 \\ 0 \end{pmatrix}$ は $x-y=0$ と同値である。

これを解くと　$\begin{pmatrix} x \\ y \end{pmatrix}=c\begin{pmatrix} 1 \\ 1 \end{pmatrix}$　(c は任意定数)

よって　$W_{\frac{a+d}{2}}=\left\langle\begin{pmatrix} 1 \\ 1 \end{pmatrix}\right\rangle$

したがって，$W_{\frac{a+d}{2}}$ の基底として $\left\{\begin{pmatrix} 1 \\ 1 \end{pmatrix}\right\}$ が得られる。

以上から，求める条件は　$\boldsymbol{b=\frac{-a+d}{2}}$，$\boldsymbol{c=\frac{a-d}{2}}$，$\boldsymbol{a\neq d}$

重要 例題 118 正方行列の積の可換性と固有値・固有ベクトル ★★☆

(1) A, B を n 次正方行列とし，行列 A の固有値を p_1, p_2, ……, p_n, 行列 B の固有値を q_1, q_2, ……, q_n とする。p_1, p_2, ……, p_n は互いに相異なり（すなわち，$i \neq j$ ならば $p_i \neq p_j$ であり），q_1, q_2, ……, q_n も互いに相異なる（すなわち，$i \neq j$ ならば $q_i \neq q_j$ である）とする。また，行列 A の固有値 p_i に対する固有ベクトルと，行列 B の固有値 q_i に対する固有ベクトルは一致するとする（$i=1, 2, \cdots\cdots, n$）。このとき，$AB=BA$ であることを示せ。

(2) C を正方行列とする。行列 C が正則であるならば，0 は行列 C の固有値でないことを示せ。逆に，0 が行列 C の固有値でないならば，行列 C は正則であることを示せ。

p. 223 基本事項C

GUIDE & SOLUTION

(1) 行列 A の固有値 p_i に対する固有ベクトルと行列 B の固有値 q_i に対する固有ベクトルを $\boldsymbol{v}_i$ とすると，$A\boldsymbol{v}_i=p_i\boldsymbol{v}_i$, $B\boldsymbol{v}_i=q_i\boldsymbol{v}_i$ ($i=1, 2, \cdots\cdots, n$) が成り立つ。このとき，$AB\boldsymbol{v}_i=p_iq_i\boldsymbol{v}_i$, $BA\boldsymbol{v}_i=p_iq_i\boldsymbol{v}_i$ ($i=1, 2, \cdots\cdots, n$) が成り立つ。

(2) 行列 C が正則であるならば，0 が行列 C の固有値でないことは背理法により示すとよい。0 が行列 C の固有値でないならば，行列 C は正則であることを示すにはその対偶を示すとよい。

解答

(1) 行列 A の固有値 p_i に対する固有ベクトルと行列 B の固有値 q_i に対する固有ベクトルを $\boldsymbol{v}_i$ とすると　$A\boldsymbol{v}_i=p_i\boldsymbol{v}_i$, $B\boldsymbol{v}_i=q_i\boldsymbol{v}_i$　($i=1, 2, \cdots\cdots, n$)

このとき　$AB\boldsymbol{v}_i=q_iA\boldsymbol{v}_i=p_iq_i\boldsymbol{v}_i$, $BA\boldsymbol{v}_i=p_iB\boldsymbol{v}_i=p_iq_i\boldsymbol{v}_i$　($i=1, 2, \cdots\cdots, n$)

よって，$D=(\boldsymbol{v}_1 \ \ \boldsymbol{v}_2 \ \ \cdots \ \ \boldsymbol{v}_n)$ とすると　$ABD=BAD$

すなわち　$(AB-BA)D=O$

行列 D は正則であるから，その逆行列を両辺に右から掛けると　$AB-BA=O$

すなわち　$AB=BA$ ■

(2) 正則行列 C が固有値として 0 をもつと仮定し，行列 C の固有値 0 に対する固有ベクトルを $\boldsymbol{v}$ ($\neq \boldsymbol{0}$) とすると　$C\boldsymbol{v}=\boldsymbol{0}$

行列 C の逆行列を両辺に左から掛けると　$\boldsymbol{v}=\boldsymbol{0}$

これは，$\boldsymbol{v}\neq\boldsymbol{0}$ に矛盾である。

したがって，行列 C が正則であるならば，0 は行列 C の固有値でない。

次に，「0 が行列 C の固有値でないならば，行列 C は正則であること」を示すために，その対偶である「行列 C が正則でないならば，0 は行列 C の固有値であること」を示す。

行列 C の次数を n とする。

行列 C が正則でないならば，$\det(C)=0$ であるから　$\det(0\cdot E-C)=(-1)^n\cdot\det(C)=0$

よって，行列 C が正則でないならば，0 は行列 C の固有値である。

したがって，0 が行列 C の固有値でないならば，行列 C は正則である。■

基本 例題 119 下三角行列の固有多項式など ★☆☆

(1) 行列 $\begin{pmatrix} 5 & 3 \\ 4 & 9 \end{pmatrix}$ の固有多項式と固有値を，$\mathbb{R}^2$ の標準的な基底 $\left\{\begin{pmatrix} 1 \\ 0 \end{pmatrix}, \begin{pmatrix} 0 \\ 1 \end{pmatrix}\right\}$ から基底 $\left\{\begin{pmatrix} -3 \\ 2 \end{pmatrix}, \begin{pmatrix} 1 \\ 2 \end{pmatrix}\right\}$ への基底変換を利用することにより求めよ。

(2) Aをn次下三角行列として，$A=\begin{pmatrix} a_{11} & & & 0 \\ & a_{22} & & \\ & & \ddots & \\ * & & & a_{nn} \end{pmatrix}$ とするとき，

$F_A(t)=(t-a_{11})(t-a_{22})\cdots\cdots(t-a_{nn})$ であることを示せ。 p. 224 基本事項D

GUIDE & SOLUTION

(1) $\mathbb{R}^2$ の標準的な基底 $\left\{\begin{pmatrix} 1 \\ 0 \end{pmatrix}, \begin{pmatrix} 0 \\ 1 \end{pmatrix}\right\}$ から基底 $\left\{\begin{pmatrix} -3 \\ 2 \end{pmatrix}, \begin{pmatrix} 1 \\ 2 \end{pmatrix}\right\}$ への変換行列をPとすると，$P=\begin{pmatrix} -3 & 1 \\ 2 & 2 \end{pmatrix}$ である。

(2) $F_A(t)$ は下三角行列の行列式である。

解答

(1) $\mathbb{R}^2$ の標準的な基底 $\left\{\begin{pmatrix} 1 \\ 0 \end{pmatrix}, \begin{pmatrix} 0 \\ 1 \end{pmatrix}\right\}$ から基底 $\left\{\begin{pmatrix} -3 \\ 2 \end{pmatrix}, \begin{pmatrix} 1 \\ 2 \end{pmatrix}\right\}$ への変換行列をPとすると

$$P=\begin{pmatrix} -3 & 1 \\ 2 & 2 \end{pmatrix}$$

このとき，行列Pの逆行列をP^{-1}とすると $P^{-1}=\dfrac{1}{(-3)\cdot 2-1\cdot 2}\begin{pmatrix} 2 & -1 \\ -2 & -3 \end{pmatrix}=\dfrac{1}{8}\begin{pmatrix} -2 & 1 \\ 2 & 3 \end{pmatrix}$

よって，$B=\begin{pmatrix} 5 & 3 \\ 4 & 9 \end{pmatrix}$ とすると　$P^{-1}BP=\dfrac{1}{8}\begin{pmatrix} -2 & 1 \\ 2 & 3 \end{pmatrix}\begin{pmatrix} 5 & 3 \\ 4 & 9 \end{pmatrix}\begin{pmatrix} -3 & 1 \\ 2 & 2 \end{pmatrix}=\begin{pmatrix} 3 & 0 \\ 0 & 11 \end{pmatrix}$

したがって，行列Bの固有多項式は $\boldsymbol{(t-3)(t-11)}$ であり，固有値は **3, 11** である。

補足　基底変換により，行列Bが対角行列に変換され，行列Bの固有値がその対角成分に現れている。

(2) $F_A(t)=\begin{vmatrix} t-a_{11} & & & 0 \\ & t-a_{22} & & \\ & & \ddots & \\ * & & & t-a_{nn} \end{vmatrix}=(t-a_{11})(t-a_{22})\cdots\cdots(t-a_{nn})$ ■

PRACTICE … 58

$A=\begin{pmatrix} 3 & 1 & 1 \\ 2 & 4 & 2 \\ 1 & 1 & 3 \end{pmatrix}$ として，λを行列Aの重複度1の固有値とし，W_λ を行列Aの固有値λに対する固有空間とするとき，$\dim W_\lambda=1$ が成り立つことを示せ。

2 正方行列の対角化

基本事項

正方行列を，正則行列を用いて対角行列に変換することを **行列の対角化** という。

A 正方行列の対角化

定理 正方行列の対角化の条件

A を n 次正方行列とし，行列 A の固有値はすべて実数であるとする。その固有値のうち，互いに相異なるものを λ_1, λ_2, ……, λ_r (すなわち，$i \neq j$ ならば $\lambda_i \neq \lambda_j$ である) とする。また，行列 A の固有値 λ_1, λ_2, ……, λ_r の重複度をそれぞれ m_1, m_2, ……, m_r とする。更に，行列 A の固有値 λ_i に対する固有空間を W_{λ_i} とする ($i=1$, 2, ……, r)。このとき，次は同値である。

[1] 行列 A は対角化可能である。すなわち，ある n 次正則行列 P が存在して，$P^{-1}AP$ が対角行列になる。

[2] $\dim W_{\lambda_1} + \dim W_{\lambda_2} + \cdots\cdots + \dim W_{\lambda_r} = n$ が成り立つ。

[3] $\dim W_{\lambda_i} = m_i$ が成り立つ ($i=1$, 2, ……, r)。

系 固有値と対角化可能条件

A を n 次正方行列とし，行列 A が n 個の互いに相異なる固有値 λ_1, λ_2, ……, λ_n をもつとする。このとき，行列 A は対角化可能であり，ある n 次正則行列 P が存在して，

$$P^{-1}AP = \begin{pmatrix} \lambda_1 & & & 0 \\ & \lambda_2 & & \\ & & \ddots & \\ 0 & & & \lambda_n \end{pmatrix}$$ となる。

B 対称行列の対角化

定理 対称行列の対角化

A を n 次対称行列とする。このとき，行列 A は，ある n 次直交行列により対角化可能である。すなわち，ある直交行列 P が存在して $P^{-1}AP$ が対角行列になる。また，その対角成分には行列 A の固有値が並ぶ。

補題 対称行列の固有空間の直交性

A を n 次対称行列とする。また，λ, μ を行列 A の異なる固有値とし，行列 A の固有値 λ, μ に対する固有空間をそれぞれ W_λ, W_μ とする。このとき，任意の $\boldsymbol{v} \in W_\lambda$, $\boldsymbol{w} \in W_\mu$ は R^n の標準内積に関して直交する。

基本 例題 120 行列の対角化 ★☆☆

行列 $\begin{pmatrix} 7 & 4 & 4 \\ -4 & -3 & -8 \\ 8 & 4 & 3 \end{pmatrix}$ が対角化可能か調べ，対角化可能ならば対角化せよ。

p. 236 基本事項A

GUIDE & SOLUTION

まず，基本例題 115 と同様にして，与えられた行列の固有値，固有空間の基底を求める。

解答

$A=\begin{pmatrix} 7 & 4 & 4 \\ -4 & -3 & -8 \\ 8 & 4 & 3 \end{pmatrix}$, $E=\begin{pmatrix} 1 & 0 & 0 \\ 0 & 1 & 0 \\ 0 & 0 & 1 \end{pmatrix}$ とする。

$$F_A(t)=\det(tE-A)$$

$$=\begin{vmatrix} t-7 & -4 & -4 \\ 4 & t+3 & 8 \\ -8 & -4 & t-3 \end{vmatrix}=4\begin{vmatrix} t-7 & -4 & -4 \\ 1 & \frac{1}{4}(t+3) & 2 \\ -8 & -4 & t-3 \end{vmatrix}$$

$$\overset{①\longleftrightarrow②}{=}-4\begin{vmatrix} 1 & \frac{1}{4}(t+3) & 2 \\ t-7 & -4 & -4 \\ -8 & -4 & t-3 \end{vmatrix}\overset{\boxed{1}\times\left\{-\frac{1}{4}(t+3)\right\}+\boxed{2}}{=}-4\begin{vmatrix} 1 & 0 & 2 \\ t-7 & -\frac{1}{4}(t^2-4t-5) & -4 \\ -8 & 2t+2 & t-3 \end{vmatrix}$$

$$\overset{\boxed{1}\times(-2)+\boxed{3}}{=}-4\begin{vmatrix} 1 & 0 & 0 \\ t-7 & -\frac{1}{4}(t^2-4t-5) & -2t+10 \\ -8 & 2t+2 & t+13 \end{vmatrix}\overset{\text{還元定理}}{=}-4\begin{vmatrix} -\frac{1}{4}(t^2-4t-5) & -2t+10 \\ 2t+2 & t+13 \end{vmatrix}$$

$$=-4\left\{-\frac{1}{4}(t^2-4t-5)(t+13)-(-2t+10)(2t+2)\right\}$$

$$=(t+1)(t-3)(t-5)$$

よって，固有方程式 $F_A(t)=0$ を解くと，$t=-1, 3, 5$ であるから，行列Aの固有値は -1, 3, 5 (いずれも重複度 1) であり，すべて異なっている。

ゆえに，行列Aは対角化可能である。 ◀固有値と対角化可能条件の系により。

行列Aの固有値 -1, 3, 5 に対する固有空間をそれぞれ W_{-1}, W_3, W_5 とする。

ここで $A-(-1)E=\begin{pmatrix} 8 & 4 & 4 \\ -4 & -2 & -8 \\ 8 & 4 & 4 \end{pmatrix}$

$A-3E=\begin{pmatrix} 4 & 4 & 4 \\ -4 & -6 & -8 \\ 8 & 4 & 0 \end{pmatrix}$

$$A-5E=\begin{pmatrix} 2 & 4 & 4 \\ -4 & -8 & -8 \\ 8 & 4 & -2 \end{pmatrix}$$

よって $W_{-1}=\left\{\begin{pmatrix} x \\ y \\ z \end{pmatrix}\in\mathbb{R}^3 \,\middle|\, \begin{pmatrix} 8 & 4 & 4 \\ -4 & -2 & -8 \\ 8 & 4 & 4 \end{pmatrix}\begin{pmatrix} x \\ y \\ z \end{pmatrix}=\begin{pmatrix} 0 \\ 0 \\ 0 \end{pmatrix}\right\}$

$$W_3=\left\{\begin{pmatrix} x \\ y \\ z \end{pmatrix}\in\mathbb{R}^3 \,\middle|\, \begin{pmatrix} 4 & 4 & 4 \\ -4 & -6 & -8 \\ 8 & 4 & 0 \end{pmatrix}\begin{pmatrix} x \\ y \\ z \end{pmatrix}=\begin{pmatrix} 0 \\ 0 \\ 0 \end{pmatrix}\right\}$$

$$W_5=\left\{\begin{pmatrix} x \\ y \\ z \end{pmatrix}\in\mathbb{R}^3 \,\middle|\, \begin{pmatrix} 2 & 4 & 4 \\ -4 & -8 & -8 \\ 8 & 4 & -2 \end{pmatrix}\begin{pmatrix} x \\ y \\ z \end{pmatrix}=\begin{pmatrix} 0 \\ 0 \\ 0 \end{pmatrix}\right\}$$

行列 $A-(-1)E$ を簡約階段化すると

$$\begin{pmatrix} 8 & 4 & 4 \\ -4 & -2 & -8 \\ 8 & 4 & 4 \end{pmatrix} \xrightarrow{①\times\frac{1}{8}} \begin{pmatrix} 1 & \frac{1}{2} & \frac{1}{2} \\ -4 & -2 & -8 \\ 8 & 4 & 4 \end{pmatrix} \xrightarrow{①\times4+②} \begin{pmatrix} 1 & \frac{1}{2} & \frac{1}{2} \\ 0 & 0 & -6 \\ 8 & 4 & 4 \end{pmatrix}$$

$$\xrightarrow{①\times(-8)+③} \begin{pmatrix} 1 & \frac{1}{2} & \frac{1}{2} \\ 0 & 0 & -6 \\ 0 & 0 & 0 \end{pmatrix} \xrightarrow{②\times\left(-\frac{1}{6}\right)} \begin{pmatrix} 1 & \frac{1}{2} & \frac{1}{2} \\ 0 & 0 & 1 \\ 0 & 0 & 0 \end{pmatrix} \xrightarrow{②\times\left(-\frac{1}{2}\right)+①} \begin{pmatrix} 1 & \frac{1}{2} & 0 \\ 0 & 0 & 1 \\ 0 & 0 & 0 \end{pmatrix}$$

ゆえに，連立1次方程式 $\begin{pmatrix} 8 & 4 & 4 \\ -4 & -2 & -8 \\ 8 & 4 & 4 \end{pmatrix}\begin{pmatrix} x \\ y \\ z \end{pmatrix}=\begin{pmatrix} 0 \\ 0 \\ 0 \end{pmatrix}$ は $\begin{cases} x+\frac{1}{2}y=0 \\ z=0 \end{cases}$ と同値である。

これを解くと $\begin{pmatrix} x \\ y \\ z \end{pmatrix}=c\begin{pmatrix} -1 \\ 2 \\ 0 \end{pmatrix}$ （c は任意定数）

よって $W_{-1}=\left\langle\begin{pmatrix} -1 \\ 2 \\ 0 \end{pmatrix}\right\rangle$

したがって，W_{-1} の基底として $\left\{\begin{pmatrix} -1 \\ 2 \\ 0 \end{pmatrix}\right\}$ が得られる。

行列 $A-3E$ を簡約階段化すると

$$\begin{pmatrix} 4 & 4 & 4 \\ -4 & -6 & -8 \\ 8 & 4 & 0 \end{pmatrix} \xrightarrow{①\times\frac{1}{4}} \begin{pmatrix} 1 & 1 & 1 \\ -4 & -6 & -8 \\ 8 & 4 & 0 \end{pmatrix} \xrightarrow{①\times4+②} \begin{pmatrix} 1 & 1 & 1 \\ 0 & -2 & -4 \\ 8 & 4 & 0 \end{pmatrix} \xrightarrow{①\times(-8)+③} \begin{pmatrix} 1 & 1 & 1 \\ 0 & -2 & -4 \\ 0 & -4 & -8 \end{pmatrix}$$

$$\xrightarrow{②\times\left(-\frac{1}{2}\right)} \begin{pmatrix} 1 & 1 & 1 \\ 0 & 1 & 2 \\ 0 & -4 & -8 \end{pmatrix} \xrightarrow{②\times(-1)+①} \begin{pmatrix} 1 & 0 & -1 \\ 0 & 1 & 2 \\ 0 & -4 & -8 \end{pmatrix} \xrightarrow{②\times4+③} \begin{pmatrix} 1 & 0 & -1 \\ 0 & 1 & 2 \\ 0 & 0 & 0 \end{pmatrix}$$

ゆえに，連立１次方程式 $\begin{pmatrix} 4 & 4 & 4 \\ -4 & -6 & -8 \\ 8 & 4 & 0 \end{pmatrix}\begin{pmatrix} x \\ y \\ z \end{pmatrix}=\begin{pmatrix} 0 \\ 0 \\ 0 \end{pmatrix}$ は $\begin{cases} x \quad - \quad z=0 \\ \quad y+2z=0 \end{cases}$ と同値である。

これを解くと　$\begin{pmatrix} x \\ y \\ z \end{pmatrix}=d\begin{pmatrix} 1 \\ -2 \\ 1 \end{pmatrix}$　（d は任意定数）

よって　$W_3=\left\langle\begin{pmatrix} 1 \\ -2 \\ 1 \end{pmatrix}\right\rangle$

したがって，W_3 の基底として $\left\{\begin{pmatrix} 1 \\ -2 \\ 1 \end{pmatrix}\right\}$ が得られる。

行列 $A-5E$ を簡約階段化すると

$$\begin{pmatrix} 2 & 4 & 4 \\ -4 & -8 & -8 \\ 8 & 4 & -2 \end{pmatrix} \xrightarrow{①\times\frac{1}{2}} \begin{pmatrix} 1 & 2 & 2 \\ -4 & -8 & -8 \\ 8 & 4 & -2 \end{pmatrix} \xrightarrow{①\times 4+②} \begin{pmatrix} 1 & 2 & 2 \\ 0 & 0 & 0 \\ 8 & 4 & -2 \end{pmatrix} \xrightarrow{①\times(-8)+③} \begin{pmatrix} 1 & 2 & 2 \\ 0 & 0 & 0 \\ 0 & -12 & -18 \end{pmatrix}$$

$$\xrightarrow{③\times\left(-\frac{1}{12}\right)} \begin{pmatrix} 1 & 2 & 2 \\ 0 & 0 & 0 \\ 0 & 1 & \frac{3}{2} \end{pmatrix} \xrightarrow{②\longleftrightarrow③} \begin{pmatrix} 1 & 2 & 2 \\ 0 & 1 & \frac{3}{2} \\ 0 & 0 & 0 \end{pmatrix} \xrightarrow{②\times(-2)+①} \begin{pmatrix} 1 & 0 & -1 \\ 0 & 1 & \frac{3}{2} \\ 0 & 0 & 0 \end{pmatrix}$$

ゆえに，連立１次方程式 $\begin{pmatrix} 2 & 4 & 4 \\ -4 & -8 & -8 \\ 8 & 4 & -2 \end{pmatrix}\begin{pmatrix} x \\ y \\ z \end{pmatrix}=\begin{pmatrix} 0 \\ 0 \\ 0 \end{pmatrix}$ は $\begin{cases} x \quad - \quad z=0 \\ \quad y+\frac{3}{2}z=0 \end{cases}$ と同値である。

これを解くと　$\begin{pmatrix} x \\ y \\ z \end{pmatrix}=e\begin{pmatrix} 2 \\ -3 \\ 2 \end{pmatrix}$　（e は任意定数）

よって　$W_5=\left\langle\begin{pmatrix} 2 \\ -3 \\ 2 \end{pmatrix}\right\rangle$

したがって，W_5 の基底として $\left\{\begin{pmatrix} 2 \\ -3 \\ 2 \end{pmatrix}\right\}$ が得られる。

このとき，$P=\begin{pmatrix} -1 & 1 & 2 \\ 2 & -2 & -3 \\ 0 & 1 & 2 \end{pmatrix}$ とすると　$P^{-1}AP=\begin{pmatrix} \mathbf{-1} & \mathbf{0} & \mathbf{0} \\ \mathbf{0} & \mathbf{3} & \mathbf{0} \\ \mathbf{0} & \mathbf{0} & \mathbf{5} \end{pmatrix}$

基本 例題 121 行列のべき乗 ★☆☆

$A=\begin{pmatrix} 2 & 0 & -1 \\ 0 & 2 & 0 \\ -1 & 0 & 2 \end{pmatrix}$ とするとき，A^n を求めよ。

p. 236 基本事項A

GUIDE & SOLUTION

行列Aを対角化することを考える。そのために，まずは基本例題 115，120 と同様にして，行列Aの固有値，固有空間の基底を求める。

解答

$E=\begin{pmatrix} 1 & 0 & 0 \\ 0 & 1 & 0 \\ 0 & 0 & 1 \end{pmatrix}$ とする。

$$
\begin{aligned}
F_A(t) &= \det(tE-A) \\
&= \begin{vmatrix} t-2 & 0 & 1 \\ 0 & t-2 & 0 \\ 1 & 0 & t-2 \end{vmatrix} \\
&= 0\cdot(-1)^{2+1}\begin{vmatrix} 0 & 1 \\ 0 & t-2 \end{vmatrix} + (t-2)\cdot(-1)^{2+2}\begin{vmatrix} t-2 & 1 \\ 1 & t-2 \end{vmatrix} + 0\cdot(-1)^{2+3}\begin{vmatrix} t-2 & 0 \\ 1 & 0 \end{vmatrix} \\
&= (t-2)\{(t-2)^2-1^2\} \\
&= (t-1)(t-2)(t-3)
\end{aligned}
$$

よって，固有方程式 $F_A(t)=0$ を解くと，$t=1$，2，3 であるから，行列Aの固有値は 1，2，3 (いずれも重複度 1) であり，すべて異なっているから，行列Aは対角化可能である。

行列Aの固有値 1，2，3 に対する固有空間をそれぞれ W_1，W_2，W_3 とする。

ここで　$A-E=\begin{pmatrix} 1 & 0 & -1 \\ 0 & 1 & 0 \\ -1 & 0 & 1 \end{pmatrix}$，$A-2E=\begin{pmatrix} 0 & 0 & -1 \\ 0 & 0 & 0 \\ -1 & 0 & 0 \end{pmatrix}$，

$$A-3E=\begin{pmatrix} -1 & 0 & -1 \\ 0 & -1 & 0 \\ -1 & 0 & -1 \end{pmatrix}$$

よって　$W_1=\left\{\begin{pmatrix} x \\ y \\ z \end{pmatrix}\in\mathbb{R}^3 \,\middle|\, \begin{pmatrix} 1 & 0 & -1 \\ 0 & 1 & 0 \\ -1 & 0 & 1 \end{pmatrix}\begin{pmatrix} x \\ y \\ z \end{pmatrix}=\begin{pmatrix} 0 \\ 0 \\ 0 \end{pmatrix}\right\}$

$$W_2=\left\{\begin{pmatrix} x \\ y \\ z \end{pmatrix}\in\mathbb{R}^3 \,\middle|\, \begin{pmatrix} 0 & 0 & -1 \\ 0 & 0 & 0 \\ -1 & 0 & 0 \end{pmatrix}\begin{pmatrix} x \\ y \\ z \end{pmatrix}=\begin{pmatrix} 0 \\ 0 \\ 0 \end{pmatrix}\right\}$$

$$W_3=\left\{\begin{pmatrix} x \\ y \\ z \end{pmatrix}\in\mathbb{R}^3 \,\middle|\, \begin{pmatrix} -1 & 0 & -1 \\ 0 & -1 & 0 \\ -1 & 0 & -1 \end{pmatrix}\begin{pmatrix} x \\ y \\ z \end{pmatrix}=\begin{pmatrix} 0 \\ 0 \\ 0 \end{pmatrix}\right\}$$

行列 $A-E$ を簡約階段化すると

$$\begin{pmatrix} 1 & 0 & -1 \\ 0 & 1 & 0 \\ -1 & 0 & 1 \end{pmatrix} \xrightarrow{①\times 1+③} \begin{pmatrix} 1 & 0 & -1 \\ 0 & 1 & 0 \\ 0 & 0 & 0 \end{pmatrix}$$

ゆえに，連立 1 次方程式 $\begin{pmatrix} 1 & 0 & -1 \\ 0 & 1 & 0 \\ -1 & 0 & 1 \end{pmatrix}\begin{pmatrix} x \\ y \\ z \end{pmatrix}=\begin{pmatrix} 0 \\ 0 \\ 0 \end{pmatrix}$ は $\begin{cases} x \quad -z=0 \\ \quad y \quad\quad =0 \end{cases}$ と同値である。

これを解くと　$\begin{pmatrix} x \\ y \\ z \end{pmatrix}=c\begin{pmatrix} 1 \\ 0 \\ 1 \end{pmatrix}$ （c は任意定数）

よって　$W_1=\left\langle \begin{pmatrix} 1 \\ 0 \\ 1 \end{pmatrix} \right\rangle$

したがって，W_1 の基底として $\left\{ \begin{pmatrix} 1 \\ 0 \\ 1 \end{pmatrix} \right\}$ が得られる。

連立 1 次方程式 $\begin{pmatrix} 0 & 0 & -1 \\ 0 & 0 & 0 \\ -1 & 0 & 0 \end{pmatrix}\begin{pmatrix} x \\ y \\ z \end{pmatrix}=\begin{pmatrix} 0 \\ 0 \\ 0 \end{pmatrix}$ を解くと　$\begin{pmatrix} x \\ y \\ z \end{pmatrix}=d\begin{pmatrix} 0 \\ 1 \\ 0 \end{pmatrix}$ （d は任意定数）

よって　$W_2=\left\langle \begin{pmatrix} 0 \\ 1 \\ 0 \end{pmatrix} \right\rangle$

したがって，W_2 の基底として $\left\{ \begin{pmatrix} 0 \\ 1 \\ 0 \end{pmatrix} \right\}$ が得られる。

行列 $A-3E$ を簡約階段化すると

$$\begin{pmatrix} -1 & 0 & -1 \\ 0 & -1 & 0 \\ -1 & 0 & -1 \end{pmatrix} \xrightarrow{①\times(-1)} \begin{pmatrix} 1 & 0 & 1 \\ 0 & -1 & 0 \\ -1 & 0 & -1 \end{pmatrix}$$

$$\xrightarrow{①\times 1+③} \begin{pmatrix} 1 & 0 & 1 \\ 0 & -1 & 0 \\ 0 & 0 & 0 \end{pmatrix}$$

$$\xrightarrow{②\times(-1)} \begin{pmatrix} 1 & 0 & 1 \\ 0 & 1 & 0 \\ 0 & 0 & 0 \end{pmatrix}$$

ゆえに，連立1次方程式 $\begin{pmatrix} -1 & 0 & -1 \\ 0 & -1 & 0 \\ -1 & 0 & -1 \end{pmatrix}\begin{pmatrix} x \\ y \\ z \end{pmatrix}=\begin{pmatrix} 0 \\ 0 \\ 0 \end{pmatrix}$ は $\begin{cases} x \quad +z=0 \\ \quad y \qquad =0 \end{cases}$ と同値である。

これを解くと $\quad \begin{pmatrix} x \\ y \\ z \end{pmatrix}=e\begin{pmatrix} -1 \\ 0 \\ 1 \end{pmatrix}$ （e は任意定数）

よって $\quad W_3=\left\langle \begin{pmatrix} -1 \\ 0 \\ 1 \end{pmatrix} \right\rangle$

したがって，W_3 の基底として $\left\{ \begin{pmatrix} -1 \\ 0 \\ 1 \end{pmatrix} \right\}$ が得られる。

$P=\begin{pmatrix} 1 & 0 & -1 \\ 0 & 1 & 0 \\ 1 & 0 & 1 \end{pmatrix}$，$E=\begin{pmatrix} 1 & 0 & 0 \\ 0 & 1 & 0 \\ 0 & 0 & 1 \end{pmatrix}$ として，行列（$P \mid E$）を簡約階段化すると

$$\left(\begin{array}{ccc|ccc} 1 & 0 & -1 & 1 & 0 & 0 \\ 0 & 1 & 0 & 0 & 1 & 0 \\ 1 & 0 & 1 & 0 & 0 & 1 \end{array}\right)$$

$$\xrightarrow{①\times(-1)+③} \left(\begin{array}{ccc|ccc} 1 & 0 & -1 & 1 & 0 & 0 \\ 0 & 1 & 0 & 0 & 1 & 0 \\ 0 & 0 & 2 & -1 & 0 & 1 \end{array}\right)$$

$$\xrightarrow{③\times\frac{1}{2}} \left(\begin{array}{ccc|ccc} 1 & 0 & -1 & 1 & 0 & 0 \\ 0 & 1 & 0 & 0 & 1 & 0 \\ 0 & 0 & 1 & -\frac{1}{2} & 0 & \frac{1}{2} \end{array}\right)$$

$$\xrightarrow{③\times 1+①} \left(\begin{array}{ccc|ccc} 1 & 0 & 0 & \frac{1}{2} & 0 & \frac{1}{2} \\ 0 & 1 & 0 & 0 & 1 & 0 \\ 0 & 0 & 1 & -\frac{1}{2} & 0 & \frac{1}{2} \end{array}\right)$$

よって，$P^{-1}=\frac{1}{2}\begin{pmatrix} 1 & 0 & 1 \\ 0 & 2 & 0 \\ -1 & 0 & 1 \end{pmatrix}$ であり，$P^{-1}AP=\begin{pmatrix} 1 & 0 & 0 \\ 0 & 2 & 0 \\ 0 & 0 & 3 \end{pmatrix}$ であるから

$$\begin{aligned} A^n &= P(P^{-1}AP)^nP^{-1} \\ &= \frac{1}{2}\begin{pmatrix} 1 & 0 & -1 \\ 0 & 1 & 0 \\ 1 & 0 & 1 \end{pmatrix}\begin{pmatrix} 1 & 0 & 0 \\ 0 & 2^n & 0 \\ 0 & 0 & 3^n \end{pmatrix}\begin{pmatrix} 1 & 0 & 1 \\ 0 & 2 & 0 \\ -1 & 0 & 1 \end{pmatrix} \\ &= \boldsymbol{\frac{1}{2}\begin{pmatrix} 3^n+1 & 0 & -3^n+1 \\ 0 & 2^{n+1} & 0 \\ -3^n+1 & 0 & 3^n+1 \end{pmatrix}} \end{aligned}$$

基本 例題 122 数列の一般項の導出 ★★☆

漸化式 $a_{n+3}=6a_{n+2}-11a_{n+1}+6a_n$ を満たす数列 $\{a_n\}$ 全体のなす集合をVとし，$f: V \longrightarrow V$ をVの1次変換として $\{a_{n+1}\}=f(\{a_n\})$ で定める。
また，数列 $\{c_n\}$，$\{d_n\}$，$\{e_n\}$ を次で定めると，$\{\{c_n\}, \{d_n\}, \{e_n\}\}$ はVの標準的な基底である。

$$c_1=1,\ c_2=0,\ c_3=0,\ c_{n+3}=6c_{n+2}-11c_{n+1}+6c_n$$
$$d_1=0,\ d_2=1,\ d_3=0,\ d_{n+3}=6d_{n+2}-11d_{n+1}+6d_n$$
$$e_1=0,\ e_2=0,\ e_3=1,\ e_{n+3}=6e_{n+2}-11e_{n+1}+6e_n$$

(1) Vの標準的な基底に関する1次変換 f の表現行列を求めよ。
(2) $a_1=-2$，$a_2=0$，$a_3=10$ とするとき，数列 $\{a_n\}$ の一般項を求めよ。

p. 236 基本事項A

GUIDE & SOLUTION

(2) まずは，基本例題 115，120，121 と同様にして，(1)で求めた表現行列の固有値を求める。

解答

(1) $f(\{c_n\})=6\{e_n\}$
$f(\{d_n\})=\{c_n\}-11\{e_n\}$
$f(\{e_n\})=\{d_n\}+6\{e_n\}$

よって，Vの標準的な基底 $\{\{c_n\}, \{d_n\}, \{e_n\}\}$ に関する1次変換 f の表現行列は

$$\begin{pmatrix} \mathbf{0} & \mathbf{1} & \mathbf{0} \\ \mathbf{0} & \mathbf{0} & \mathbf{1} \\ \mathbf{6} & \mathbf{-11} & \mathbf{6} \end{pmatrix}$$

(2) $A=\begin{pmatrix} 0 & 1 & 0 \\ 0 & 0 & 1 \\ 6 & -11 & 6 \end{pmatrix}$，$E=\begin{pmatrix} 1 & 0 & 0 \\ 0 & 1 & 0 \\ 0 & 0 & 1 \end{pmatrix}$ とすると

$$F_A(t)=\det(tE-A)$$
$$=\begin{vmatrix} t & -1 & 0 \\ 0 & t & -1 \\ -6 & 11 & t-6 \end{vmatrix} \overset{\boxed{1}\leftrightarrow\boxed{2}}{=} -\begin{vmatrix} -1 & t & 0 \\ t & 0 & -1 \\ 11 & -6 & t-6 \end{vmatrix}$$
$$\overset{\boxed{1}\times t+\boxed{2}}{=} -\begin{vmatrix} -1 & 0 & 0 \\ t & t^2 & -1 \\ 11 & 11t-6 & t-6 \end{vmatrix} \overset{\text{還元定理}}{=} \begin{vmatrix} t^2 & -1 \\ 11t-6 & t-6 \end{vmatrix}$$
$$=t^2(t-6)-(-1)\cdot(11t-6)=(t-1)(t-2)(t-3)$$

よって，固有方程式 $F_A(t)=0$ を解くと，$t=1, 2, 3$ であるから，行列Aの固有値は 1，2，3 (いずれも重複度 1) である。
ゆえに，1次変換 f の固有値は 1，2，3 であり，それらに対する固有ベクトルは，それぞれ公比 1，2，3 の等比数列である。
したがって，数列 $\{a_n\}$ の一般項は，ある $p\in\mathrm{R}$，$q\in\mathrm{R}$，$r\in\mathrm{R}$ を用いて，
$a_n=p+q\cdot 2^n+r\cdot 3^n$ と表される。
$a_1=-2$，$a_2=0$，$a_3=10$ であるから

$$\begin{cases} p+2q+\ 3r=-\ 2 \\ p+4q+\ 9r=\quad 0 \\ p+8q+27r=\ \ 10 \end{cases}$$

これを解いて　　$p=-1$，$q=-2$，$r=1$
以上から　　$\boldsymbol{a_n=-1-2^{n+1}+3^n}$

研究　$\{a_n\}\in\mathrm{R}^{\mathrm{N}}$ とする (R^{N} は実数列全体のなすベクトル空間)。
ただし，$\{a_n\}=\{a_1, a_2, \cdots\cdots, a_n, \cdots\cdots\}$ である。
また，$\{b_n\}=\{a_{n+1}\}$ とする。
ただし，$\{b_n\}=\{b_1, b_2, \cdots\cdots, b_n, \cdots\cdots\}$ である。
$f:\mathrm{R}^{\mathrm{N}}\longrightarrow\mathrm{R}^{\mathrm{N}}$ を $f(\{a_n\})=\{b_n\}$ で定めると，f は R^{N} の1次変換である。
1次変換 f が固有値をもつとし，その固有値を λ，その固有値に対する固有ベクトルを $\{c_n\}$ $(\neq\boldsymbol{0})$ とすると，すべての n に対して $c_n=\lambda^{n-1}c_1$ である。
そこで，すべての λ に対して，初項が任意の 0 でない実数で，公比 λ の等比数列を作ると，$f(\{c_n\})=\lambda\{c_n\}$ が成り立つ。
よって，固有値の1つを μ とすると，1次変換 f の固有値 μ に対する固有ベクトルは，初項を任意の 0 でない実数とする，公比 μ の等比数列の 0 でない定数倍である。

基本 例題 123 対称行列の直交行列による対角化 ★☆☆

対称行列 $\begin{pmatrix} 1 & -4 & 4 \\ -4 & 1 & -4 \\ 4 & -4 & 1 \end{pmatrix}$ を，直交行列によって対角化せよ。

p. 236 基本事項B

GUIDE & SOLUTION

基本例題 115，120～122 と同様にして，与えられた対称行列の固有値，固有空間の基底を求める。これで対称行列の固有ベクトルが得られ，その固有ベクトルからなるベクトルの組は $\mathbb{R}^3$ の基底となる。そして，その基底を正規直交化することにより，与えられた対称行列を対角化するための直交行列が定まる。

解答

$A=\begin{pmatrix} 1 & -4 & 4 \\ -4 & 1 & -4 \\ 4 & -4 & 1 \end{pmatrix}$，$E=\begin{pmatrix} 1 & 0 & 0 \\ 0 & 1 & 0 \\ 0 & 0 & 1 \end{pmatrix}$ とする。

$$F_A(t)=\det(tE-A)$$

$$=\begin{vmatrix} t-1 & 4 & -4 \\ 4 & t-1 & 4 \\ -4 & 4 & t-1 \end{vmatrix}=4\begin{vmatrix} t-1 & 4 & -4 \\ 1 & \frac{1}{4}(t-1) & 1 \\ -4 & 4 & t-1 \end{vmatrix}$$

$$\overset{①\longleftrightarrow②}{=}-4\begin{vmatrix} 1 & \frac{1}{4}(t-1) & 1 \\ t-1 & 4 & -4 \\ -4 & 4 & t-1 \end{vmatrix}\overset{\boxed{1}\times\left\{-\frac{1}{4}(t-1)\right\}+\boxed{2}}{=}-4\begin{vmatrix} 1 & 0 & 1 \\ t-1 & -\frac{1}{4}(t^2-2t-15) & -4 \\ -4 & t+3 & t-1 \end{vmatrix}$$

$$\overset{\boxed{1}\times(-1)+\boxed{3}}{=}-4\begin{vmatrix} 1 & 0 & 0 \\ t-1 & -\frac{1}{4}(t^2-2t-15) & -t-3 \\ -4 & t+3 & t+3 \end{vmatrix}\overset{\text{還元定理}}{=}-4\begin{vmatrix} -\frac{1}{4}(t^2-2t-15) & -t-3 \\ t+3 & t+3 \end{vmatrix}$$

$$=-4\left\{-\frac{1}{4}(t^2-2t-15)(t+3)-(-t-3)(t+3)\right\}=(t+3)^2(t-9)$$

よって，固有方程式 $F_A(t)=0$ を解くと，$t=-3,\ 9$ であるから，行列Aの固有値は -3 (重複度 2)，9 (重複度 1) である。

行列Aの固有値 -3，9 に対する固有空間をそれぞれ W_{-3}，W_9 とする。

ここで　　$A-(-3)E=\begin{pmatrix} 4 & -4 & 4 \\ -4 & 4 & -4 \\ 4 & -4 & 4 \end{pmatrix}$，$A-9E=\begin{pmatrix} -8 & -4 & 4 \\ -4 & -8 & -4 \\ 4 & -4 & -8 \end{pmatrix}$

よって　　$W_{-3}=\left\{\begin{pmatrix} x \\ y \\ z \end{pmatrix}\in\mathbb{R}^3 \;\middle|\; \begin{pmatrix} 4 & -4 & 4 \\ -4 & 4 & -4 \\ 4 & -4 & 4 \end{pmatrix}\begin{pmatrix} x \\ y \\ z \end{pmatrix}=\begin{pmatrix} 0 \\ 0 \\ 0 \end{pmatrix}\right\}$

$$W_9=\left\{\begin{pmatrix}x\\y\\z\end{pmatrix}\in\mathbb{R}^3 \,\middle|\, \begin{pmatrix}-8&-4&4\\-4&-8&-4\\4&-4&-8\end{pmatrix}\begin{pmatrix}x\\y\\z\end{pmatrix}=\begin{pmatrix}0\\0\\0\end{pmatrix}\right\}$$

行列 $A-(-3)E$ を簡約階段化すると

$$\begin{pmatrix}4&-4&4\\-4&4&-4\\4&-4&4\end{pmatrix}\xrightarrow{①\times\frac{1}{4}}\begin{pmatrix}1&-1&1\\-4&4&-4\\4&-4&4\end{pmatrix}\xrightarrow{①\times4+②}\begin{pmatrix}1&-1&1\\0&0&0\\4&-4&4\end{pmatrix}\xrightarrow{①\times(-4)+③}\begin{pmatrix}1&-1&1\\0&0&0\\0&0&0\end{pmatrix}$$

ゆえに，連立1次方程式 $\begin{pmatrix}4&-4&4\\-4&4&-4\\4&-4&4\end{pmatrix}\begin{pmatrix}x\\y\\z\end{pmatrix}=\begin{pmatrix}0\\0\\0\end{pmatrix}$ は $x-y+z=0$ と同値である。

これを解くと　$\begin{pmatrix}x\\y\\z\end{pmatrix}=c\begin{pmatrix}1\\1\\0\end{pmatrix}+d\begin{pmatrix}-1\\0\\1\end{pmatrix}$　(c，d は任意定数)

よって　$W_{-3}=\left\langle\begin{pmatrix}1\\1\\0\end{pmatrix},\ \begin{pmatrix}-1\\0\\1\end{pmatrix}\right\rangle$

したがって，W_{-3} の基底として $\left\{\begin{pmatrix}1\\1\\0\end{pmatrix},\ \begin{pmatrix}-1\\0\\1\end{pmatrix}\right\}$ が得られる。

行列 $A-9E$ を簡約階段化すると

$$\begin{pmatrix}-8&-4&4\\-4&-8&-4\\4&-4&-8\end{pmatrix}\xrightarrow{②\times\left(-\frac{1}{4}\right)}\begin{pmatrix}-8&-4&4\\1&2&1\\4&-4&-8\end{pmatrix}\xrightarrow{①\longleftrightarrow②}\begin{pmatrix}1&2&1\\-8&-4&4\\4&-4&-8\end{pmatrix}$$

$$\xrightarrow{①\times8+②}\begin{pmatrix}1&2&1\\0&12&12\\4&-4&-8\end{pmatrix}\xrightarrow{①\times(-4)+③}\begin{pmatrix}1&2&1\\0&12&12\\0&-12&-12\end{pmatrix}$$

$$\xrightarrow{②\times\frac{1}{12}}\begin{pmatrix}1&2&1\\0&1&1\\0&-12&-12\end{pmatrix}\xrightarrow{②\times(-2)+①}\begin{pmatrix}1&0&-1\\0&1&1\\0&-12&-12\end{pmatrix}\xrightarrow{②\times12+③}\begin{pmatrix}1&0&-1\\0&1&1\\0&0&0\end{pmatrix}$$

ゆえに，連立1次方程式 $\begin{pmatrix}-8&-4&4\\-4&-8&-4\\4&-4&-8\end{pmatrix}\begin{pmatrix}x\\y\\z\end{pmatrix}=\begin{pmatrix}0\\0\\0\end{pmatrix}$ は $\begin{cases}x\quad-z=0\\ \quad y+z=0\end{cases}$ と同値である。

これを解くと　$\begin{pmatrix}x\\y\\z\end{pmatrix}=e\begin{pmatrix}1\\-1\\1\end{pmatrix}$　(e は任意定数)

よって　$W_9=\left\langle\begin{pmatrix}1\\-1\\1\end{pmatrix}\right\rangle$

したがって，W_9 の基底として $\left\{\begin{pmatrix} 1 \\ -1 \\ 1 \end{pmatrix}\right\}$ が得られる。

ここで，$\boldsymbol{v}_1=\begin{pmatrix} 1 \\ 1 \\ 0 \end{pmatrix}$，$\boldsymbol{v}_2=\begin{pmatrix} -1 \\ 0 \\ 1 \end{pmatrix}$，$\boldsymbol{v}_3=\begin{pmatrix} 1 \\ -1 \\ 1 \end{pmatrix}$ とすると，$\boldsymbol{v}_1$，$\boldsymbol{v}_2$ は行列 A の固有値 -3 に対する固有ベクトルであり，$\boldsymbol{v}_3$ は行列 A の固有値 9 に対する固有ベクトルであるから，$\mathbb{R}^3$ の標準内積に関して，$(\boldsymbol{v}_1,\ \boldsymbol{v}_3)=0$，$(\boldsymbol{v}_2,\ \boldsymbol{v}_3)=0$ が成り立つ。

そこで，$\{\boldsymbol{v}_1,\ \boldsymbol{v}_2\}$ を直交化する。

$\boldsymbol{v}_1'=\boldsymbol{v}_1$ とすると　　$\boldsymbol{v}_1'=\begin{pmatrix} 1 \\ 1 \\ 0 \end{pmatrix}$

$f\in\mathbb{R}$ として，$\boldsymbol{v}_2'=\boldsymbol{v}_2-f\boldsymbol{v}_1'$ とすると　　$\boldsymbol{v}_2'=\begin{pmatrix} -f-1 \\ -f \\ 1 \end{pmatrix}$

ここで　　$(\boldsymbol{v}_2,\ \boldsymbol{v}_1')=(-1)\cdot 1+0\cdot 1+1\cdot 0=-1$，$(\boldsymbol{v}_1',\ \boldsymbol{v}_1')=1^2+1^2+0^2=2$

よって　　$(\boldsymbol{v}_2',\ \boldsymbol{v}_1')=(\boldsymbol{v}_2-f\boldsymbol{v}_1',\ \boldsymbol{v}_1')=(\boldsymbol{v}_2,\ \boldsymbol{v}_1')-f(\boldsymbol{v}_1',\ \boldsymbol{v}_1')=-2f-1$

$(\boldsymbol{v}_2',\ \boldsymbol{v}_1')=0$ とすると　　$-2f-1=0$　　すなわち　　$f=-\dfrac{1}{2}$

このとき　　$\boldsymbol{v}_2'=\dfrac{1}{2}\begin{pmatrix} -1 \\ 1 \\ 2 \end{pmatrix}$

よって　　$\|\boldsymbol{v}_1'\|=\sqrt{2}$，$\|\boldsymbol{v}_2'\|=\sqrt{\left(-\dfrac{1}{2}\right)^2+\left(\dfrac{1}{2}\right)^2+1^2}=\dfrac{\sqrt{6}}{2}$

また　　$\|\boldsymbol{v}_3\|=\sqrt{1^2+(-1)^2+1^2}=\sqrt{3}$

ゆえに，$\boldsymbol{v}_1'$，$\boldsymbol{v}_2'$，$\boldsymbol{v}_3$ を正規化すると

$$\frac{1}{\|\boldsymbol{v}_1'\|}\boldsymbol{v}_1'=\frac{\sqrt{2}}{2}\begin{pmatrix} 1 \\ 1 \\ 0 \end{pmatrix},\quad \frac{1}{\|\boldsymbol{v}_2'\|}\boldsymbol{v}_2'=\frac{\sqrt{6}}{6}\begin{pmatrix} -1 \\ 1 \\ 2 \end{pmatrix},\quad \frac{1}{\|\boldsymbol{v}_3\|}\boldsymbol{v}_3=\frac{\sqrt{3}}{3}\begin{pmatrix} 1 \\ -1 \\ 1 \end{pmatrix}$$

$\left\{\dfrac{\sqrt{2}}{2}\begin{pmatrix} 1 \\ 1 \\ 0 \end{pmatrix},\ \dfrac{\sqrt{6}}{6}\begin{pmatrix} -1 \\ 1 \\ 2 \end{pmatrix},\ \dfrac{\sqrt{3}}{3}\begin{pmatrix} 1 \\ -1 \\ 1 \end{pmatrix}\right\}$ は $\mathbb{R}^3$ の標準内積に関する正規直交基底であるから，$U=\dfrac{1}{6}\begin{pmatrix} 3\sqrt{2} & -\sqrt{6} & 2\sqrt{3} \\ 3\sqrt{2} & \sqrt{6} & -2\sqrt{3} \\ 0 & 2\sqrt{6} & 2\sqrt{3} \end{pmatrix}$ とすると，行列 U は直交行列であり，次のようになる。

$$U^{-1}AU={}^tUAU=\begin{pmatrix} \mathbf{-3} & \mathbf{0} & \mathbf{0} \\ \mathbf{0} & \mathbf{-3} & \mathbf{0} \\ \mathbf{0} & \mathbf{0} & \mathbf{9} \end{pmatrix}$$

コラム シルベスター慣性法則

n 個の変数 x_1, x_2, ……, x_n に対して，$q(x_1, x_2, \cdots\cdots, x_n)=\sum_{i=1}^{n}\sum_{j=1}^{n} a_{ij}x_ix_j$ $(a_{ij}\in\mathbb{R})$ とするとき，$q(x_1, x_2, \cdots\cdots, x_n)$ を n 変数の **2次形式** という。

$A=\begin{pmatrix} a_{11} & a_{12} & \cdots & a_{1n} \\ a_{21} & a_{22} & \cdots & a_{2n} \\ \vdots & \vdots & \ddots & \vdots \\ a_{n1} & a_{n2} & \cdots & a_{nn} \end{pmatrix}$, $\boldsymbol{x}=\begin{pmatrix} x_1 \\ x_2 \\ \vdots \\ x_n \end{pmatrix}$ とすると

$$q(x_1, x_2, \cdots\cdots, x_n)=\sum_{i=1}^{n}\sum_{j=1}^{n} a_{ij}x_ix_j=\sum_{i=1}^{n} x_i\left(\sum_{j=1}^{n} a_{ij}x_j\right)$$

$$=(x_1 \quad x_2 \quad \cdots \quad x_n)\begin{pmatrix} a_{11} & a_{12} & \cdots & a_{1n} \\ a_{21} & a_{22} & \cdots & a_{2n} \\ \vdots & \vdots & \ddots & \vdots \\ a_{n1} & a_{n2} & \cdots & a_{nn} \end{pmatrix}\begin{pmatrix} x_1 \\ x_2 \\ \vdots \\ x_n \end{pmatrix}={}^t\boldsymbol{x}A\boldsymbol{x}$$

このように，行列 A によって定まる2次形式を，$q_A(x_1, x_2, \cdots\cdots, x_n)={}^t\boldsymbol{x}A\boldsymbol{x}$ と書くこととする。

$q_A(x_1, x_2, \cdots\cdots, x_n)$ の $x_i{}^2$ の係数は，行列 A の対角成分　　a_{ii}

また，$x_ix_j=x_jx_i$ $(i\neq j)$ の係数は　　$a_{ij}+a_{ji}$

そこで，すべての i, j $(i\neq j)$ に対して，a_{ij} と a_{ji} を $\dfrac{a_{ij}+a_{ji}}{2}$ に取り替えても，

$q_A(x_1, x_2, \cdots\cdots, x_n)$ は変わらず，このとき $a_{ij}=a_{ji}$ が成り立つ。

よって，行列 A は対称行列であるとしてよい。

例えば，2次形式 $x_1{}^2+x_2{}^2+x_3{}^2-8x_1x_2-8x_2x_3+8x_3x_1$ ……(＊) を考える。

$$x_1{}^2+x_2{}^2+x_3{}^2-8x_1x_2-8x_2x_3+8x_3x_1=(x_1 \quad x_2 \quad x_3)\begin{pmatrix} 1 & -4 & 4 \\ -4 & 1 & -4 \\ 4 & -4 & 1 \end{pmatrix}\begin{pmatrix} x_1 \\ x_2 \\ x_3 \end{pmatrix}$$

よって，(＊) は行列 $\begin{pmatrix} 1 & -4 & 4 \\ -4 & 1 & -4 \\ 4 & -4 & 1 \end{pmatrix}$ によって定まる。

基本例題123により，$A=\begin{pmatrix} 1 & -4 & 4 \\ -4 & 1 & -4 \\ 4 & -4 & 1 \end{pmatrix}$, $U=\dfrac{1}{6}\begin{pmatrix} 3\sqrt{2} & -\sqrt{6} & 2\sqrt{3} \\ 3\sqrt{2} & \sqrt{6} & -2\sqrt{3} \\ 0 & 2\sqrt{6} & 2\sqrt{3} \end{pmatrix}$ とすると，

行列 A は行列 U により，${}^tUAU=\begin{pmatrix} -3 & 0 & 0 \\ 0 & -3 & 0 \\ 0 & 0 & 9 \end{pmatrix}$ と対角化される。

更に，$P_{13}=\begin{pmatrix} 0 & 0 & 1 \\ 0 & 1 & 0 \\ 1 & 0 & 0 \end{pmatrix}$，$R=\begin{pmatrix} \frac{1}{3} & 0 & 0 \\ 0 & \frac{1}{\sqrt{3}} & 0 \\ 0 & 0 & \frac{1}{\sqrt{3}} \end{pmatrix}$とすると

$$ {}^t(UP_{13}R)A(UP_{13}R)=\begin{pmatrix} 1 & 0 & 0 \\ 0 & -1 & 0 \\ 0 & 0 & -1 \end{pmatrix} $$

ここで，$\boldsymbol{x}=\begin{pmatrix} x_1 \\ x_2 \\ x_3 \end{pmatrix}$，$\boldsymbol{x}'=\begin{pmatrix} x_1' \\ x_2' \\ x_3' \end{pmatrix}$とし，$\boldsymbol{x}=UP_{13}R\boldsymbol{x}'$ とすると，行列 $UP_{13}R$ によって，2次形式 (∗) は $x_1'^2-x_2'^2-x_3'^2$ に変換される。

2次形式を定める行列は対称行列であるから直交行列により対角化されるが，直交行列に限定せずに一般の正則行列により，次のような形にまで対角化できる。

定理　シルベスター慣性法則

Aをn次対称行列とする。このとき，ある正則行列Pが存在して，

${}^tPAP=\begin{pmatrix} E_{n_+} & & \mathbf{0} \\ & -E_{n_-} & \\ \mathbf{0} & & O_{n_0} \end{pmatrix}$ ……(∗) となる。ただし，n_+，n_-，n_0 は0以上の整数であり，$n_++n_-+n_0=n$ を満たす。また，O_{n_0} は $n_0\times n_0$ 零行列である。

証明　行列Aのすべての（重複も込めた）固有値を λ_1，λ_2，……，λ_n とする。ここで，λ_1，λ_2，……，λ_n はすべて実数である。このとき，対称行列の対角化の定理により，

ある直交行列Uが存在して，${}^tUAU=\begin{pmatrix} \lambda_1 & & & \mathbf{0} \\ & \lambda_2 & & \\ & & \ddots & \\ \mathbf{0} & & & \lambda_n \end{pmatrix}$となる。

また，$i=1, 2,$ ……，n に対して，$\lambda_i>0$，$\lambda_i=0$，$\lambda_i<0$ のいずれかが成り立つ。

$i\in\mathrm{N}$，$j\in\mathrm{N}$ は $1\leqq i\leqq n$，$1\leqq j\leqq n$ を満たすとして，行列 ${}^tUAU$ に右から P_{ij}，左から ${}^tP_{ij}$ $(=P_{ij})$ を掛けると，行列 ${}^tUAU$ の $(i,\ i)$ 成分と $(j,\ j)$ 成分が入れ替わる。

これにより，基本行列の積である行列Qが存在して，行列 ${}^tQ{}^tUAUQ$ は次を満たす対角行列となる。ただし，行列 ${}^tQ{}^tUAUQ$ の対角成分を左上から順に μ_1，μ_2，……，μ_n とする（λ_1，λ_2，……，λ_n を並べ替えて得られる）。

[1]　$\mu_1>0$，$\mu_2>0$，……，$\mu_{n_+}>0$

[2]　$\mu_{n_++1}<0$，$\mu_{n_++2}<0$，……，$\mu_{n_++n_-}<0$

[3]　$\mu_{n_++n_-+1}=0$，$\mu_{n_++n_-+2}=0$，……，$\mu_n=0$

ここで

$$R=\begin{pmatrix} \frac{1}{\sqrt{\mu_1}} & & & & & & & & \\ & \ddots & & & & & & \mathbf{0} & \\ & & \frac{1}{\sqrt{\mu_{n_+}}} & & & & & & \\ & & & \frac{1}{\sqrt{-\mu_{n_++1}}} & & & & & \\ & & & & \ddots & & & & \\ & & & & & \frac{1}{\sqrt{-\mu_{n_++n_-}}} & & & \\ & & & & & & 1 & & \\ & \mathbf{0} & & & & & & \ddots & \\ & & & & & & & & 1 \end{pmatrix}$$

とすると，行列 R は対角行列であり，$\mathrm{rank}\,R=n$ であるから行列 R は正則である。

このとき，$P=UQR$ とすると，${}^tPAP=\begin{pmatrix} E_{n_+} & & \mathbf{0} \\ & -E_{n_-} & \\ \mathbf{0} & & O_{n_0} \end{pmatrix}$ となる。■

また，整数の組 $(n_+,\ n_-,\ n_0)$ は，行列 A に対して一意的である。この一意性の証明は省略する。

$(*)$ の右辺の形の対称行列を **シルベスター標準形** という。また，n_+ を A の **正の慣性指数**，n_- を A の **負の慣性指数**，n_0 を A の **退化次数** という。更に，$\mathrm{sgn}(A)=n_--n_+$ と書いて，これを A の **符号数** という。$n_0=0$ のとき，A は **非退化である** といい，$n_+=n$ のとき，A は **正定値である** といい，$n_-=n$ のとき，A は **負定値である** という。特に，正定値または負定値である対称行列は非退化である。

参考　2 次形式 $(*)$ を変形すると

$$\begin{aligned} & x_1{}^2+x_2{}^2+x_3{}^2-8x_1x_2-8x_2x_3+8x_3x_1 \\ &=x_1{}^2-8(x_2-x_3)x_1+x_2{}^2+x_3{}^2-8x_2x_3 \\ &=\{x_1-4(x_2-x_3)\}^2-\{4(x_2-x_3)\}^2+x_2{}^2+x_3{}^2-8x_2x_3 \\ &=(x_1-4x_2+4x_3)^2-15x_2{}^2+24x_2x_3-15x_3{}^2 \\ &=(x_1-4x_2+4x_3)^2-\left(\sqrt{15}\,x_2-\frac{4\sqrt{15}}{5}x_3\right)^2-\left(\frac{3\sqrt{15}}{5}x_3\right)^2 \end{aligned}$$

$x_1{}'=x_1-4x_2+4x_3$，$x_2{}'=\sqrt{15}\,x_2-\frac{4\sqrt{15}}{5}x_3$，$x_3{}'=\frac{3\sqrt{15}}{5}x_3$ とすると

$$\begin{pmatrix} x_1{}' \\ x_2{}' \\ x_3{}' \end{pmatrix}=\begin{pmatrix} 1 & -4 & 4 \\ 0 & \sqrt{15} & -\frac{4\sqrt{15}}{5} \\ 0 & 0 & \frac{3\sqrt{15}}{5} \end{pmatrix}\begin{pmatrix} x_1 \\ x_2 \\ x_3 \end{pmatrix}$$

行列 $\left(\begin{array}{ccc|ccc} 1 & -4 & 4 & 1 & 0 & 0 \\ 0 & \sqrt{15} & -\frac{4\sqrt{15}}{5} & 0 & 1 & 0 \\ 0 & 0 & \frac{3\sqrt{15}}{5} & 0 & 0 & 1 \end{array}\right)$ を簡約階段化すると

$$\left(\begin{array}{ccc|ccc} 1 & -4 & 4 & 1 & 0 & 0 \\ 0 & \sqrt{15} & -\frac{4\sqrt{15}}{5} & 0 & 1 & 0 \\ 0 & 0 & \frac{3\sqrt{15}}{5} & 0 & 0 & 1 \end{array}\right) \xrightarrow{②\times\frac{1}{\sqrt{15}}} \left(\begin{array}{ccc|ccc} 1 & -4 & 4 & 1 & 0 & 0 \\ 0 & 1 & -\frac{4}{5} & 0 & \frac{\sqrt{15}}{15} & 0 \\ 0 & 0 & \frac{3\sqrt{15}}{5} & 0 & 0 & 1 \end{array}\right)$$

$$\xrightarrow{②\times4+①} \left(\begin{array}{ccc|ccc} 1 & 0 & \frac{4}{5} & 1 & \frac{4\sqrt{15}}{15} & 0 \\ 0 & 1 & -\frac{4}{5} & 0 & \frac{\sqrt{15}}{15} & 0 \\ 0 & 0 & \frac{3\sqrt{15}}{5} & 0 & 0 & 1 \end{array}\right) \xrightarrow{③\times\frac{5}{3\sqrt{15}}} \left(\begin{array}{ccc|ccc} 1 & 0 & \frac{4}{5} & 1 & \frac{4\sqrt{15}}{15} & 0 \\ 0 & 1 & -\frac{4}{5} & 0 & \frac{\sqrt{15}}{15} & 0 \\ 0 & 0 & 1 & 0 & 0 & \frac{\sqrt{15}}{9} \end{array}\right)$$

$$\xrightarrow{③\times\left(-\frac{4}{5}\right)+①} \left(\begin{array}{ccc|ccc} 1 & 0 & 0 & 1 & \frac{4\sqrt{15}}{15} & -\frac{4\sqrt{15}}{45} \\ 0 & 1 & -\frac{4}{5} & 0 & \frac{\sqrt{15}}{15} & 0 \\ 0 & 0 & 1 & 0 & 0 & \frac{\sqrt{15}}{9} \end{array}\right) \xrightarrow{③\times\frac{4}{5}+②} \left(\begin{array}{ccc|ccc} 1 & 0 & 0 & 1 & \frac{4\sqrt{15}}{15} & -\frac{4\sqrt{15}}{45} \\ 0 & 1 & 0 & 0 & \frac{\sqrt{15}}{15} & \frac{4\sqrt{15}}{45} \\ 0 & 0 & 1 & 0 & 0 & \frac{\sqrt{15}}{9} \end{array}\right)$$

よって，行列 $\begin{pmatrix} 1 & -4 & 4 \\ 0 & \sqrt{15} & -\frac{4\sqrt{15}}{5} \\ 0 & 0 & \frac{3\sqrt{15}}{5} \end{pmatrix}$ の逆行列は $\frac{1}{45}\begin{pmatrix} 45 & 12\sqrt{15} & -4\sqrt{15} \\ 0 & 3\sqrt{15} & 4\sqrt{15} \\ 0 & 0 & 5\sqrt{15} \end{pmatrix}$ であり，

$\begin{pmatrix} x_1 \\ x_2 \\ x_3 \end{pmatrix}=\frac{1}{45}\begin{pmatrix} 45 & 12\sqrt{15} & -4\sqrt{15} \\ 0 & 3\sqrt{15} & 4\sqrt{15} \\ 0 & 0 & 5\sqrt{15} \end{pmatrix}\begin{pmatrix} x_1' \\ x_2' \\ x_3' \end{pmatrix}$ となる。

ゆえに，$S=\frac{1}{45}\begin{pmatrix} 45 & 12\sqrt{15} & -4\sqrt{15} \\ 0 & 3\sqrt{15} & 4\sqrt{15} \\ 0 & 0 & 5\sqrt{15} \end{pmatrix}$ とすると，(∗) は正則行列 S によって，

$x_1'^2-x_2'^2-x_3'^2$ に変換される。

PRACTICE … 59

$A=\begin{pmatrix} 1 & -4 & 4 \\ -4 & 1 & -4 \\ 4 & -4 & 1 \end{pmatrix}$ とするとき，${}^tPAP$ がシルベスター標準形となるように，行列 P を定めよ。

3 最小多項式と対角化

基本事項

A 固有多項式への行列の代入

定義 多項式への行列の代入

$a_0 \in \mathbb{R}$, $a_1 \in \mathbb{R}$, ……, $a_{r-1} \in \mathbb{R}$, $a_r \in \mathbb{R}$ として, $f(t)=a_r t^r + a_{r-1}t^{r-1} + \cdots\cdots + a_1 t + a_0$ とする。Aをn次正方行列とするとき, 多項式 $f(t)$ への行列Aの代入を次で定義する。

$$f(A)=a_r A^r + a_{r-1}A^{r-1} + \cdots\cdots + a_1 A + a_0 E_n$$

定理 多項式への行列の代入の性質

A, Bをn次正方行列, $f(t) \in F(\mathbb{R})$, $g(t) \in F(\mathbb{R})$ とするとき, 次が成り立つ。

[1] $p(t)=f(t)+g(t)$ とするとき, $p(A)=f(A)+g(A)$ である。

[2] $q(t)=f(t)g(t)$ とするとき, $q(A)=f(A)g(A)$ である。

[3] Pをn次正則行列とするとき, $f(P^{-1}AP)=P^{-1}f(A)P$ である。

[4] λが行列Aの固有値ならば, $f(\lambda)$ は行列 $f(A)$ の固有値である。

[5] 行列A, Bが可換である, すなわち $AB=BA$ であるならば, 行列 $f(A)$, $f(B)$ も可換である, すなわち $f(A)f(B)=f(B)f(A)$ である。

補足 [1], [2] が示すことは, 多項式への行列の代入は, 多項式への数の代入と同様に扱ってよいということである。
[4] から, $\boldsymbol{v}$が行列Aの固有値λに対する固有ベクトルならば, $\boldsymbol{v}$は行列 $f(A)$ の固有値 $f(\lambda)$ の固有ベクトルであることがわかる。

B ケーリー・ハミルトンの定理

定理 ケーリー・ハミルトンの定理

Aをn次正方行列, $F_A(t)$ を行列Aの固有多項式, Oを $n\times n$ 零行列とする。このとき, 次が成り立つ。

$$F_A(A)=O$$

系 ケーリー・ハミルトンの定理（2次正方行列）

$A=\begin{pmatrix} a & b \\ c & d \end{pmatrix}$ とし, Oを 2×2 零行列とする。このとき, 次が成り立つ。

$$A^2-(a+d)A+(ad-bc)E_2=O$$

C 行列の最小多項式

定義 最小多項式

Aをn次正方行列，Oを$n\times n$零行列として，$I_A=\{f(t)\in F(\mathbb{R})\mid f(A)=O\}$とする。$I_A$に属する0でない多項式のうち，次数が最小で，最高次の係数が1に等しいものを行列Aの **最小多項式** といい，$p_A(t)$と書く。

注意 $F_A(t)\in I_A$であるから，$I_A\neq\emptyset$である。

定理 最小多項式の性質

Aをn次正方行列とするとき，次が成り立つ。
[1] $I_A=\{p_A(t)h(t)\mid h(t)\in F(\mathbb{R})\}$
[2] 方程式$p_A(t)=0$は，行列Aのすべての固有値を解にもつ。

研究 Aをn次正方行列，Pをn次正則行列とすると，$p_A(t)=p_{P^{-1}AP}(t)$が成り立つ。
これは，多項式への行列の代入の性質の定理[3]を用いて示される。

定理 最小多項式と対角化

Aをn次正方行列とするとき，次は同値である。
[1] 行列Aは対角化可能である。
[2] 方程式$p_A(t)=0$は重解をもたない。
[3] 行列Aの互いに相異なる固有値をλ_1，λ_2，……，λ_rとする（すなわち，$i\neq j$ならば$\lambda_i\neq\lambda_j$である）とき，$p_A(t)$は次のように因数分解される。

$$p_A(t)=(t-\lambda_1)(t-\lambda_2)\cdots\cdots(t-\lambda_r)$$

PRACTICE … 60

$f(t)=(t-1)^n$とするとき，$f(E)$を求めよ。

PRACTICE … 61

$f(t)$，$g(t)$を$\mathbb{R}$上の2次多項式，Aをn次正方行列とするとき，次の問いに答えよ。
(1) $p(t)=f(t)+g(t)$とするとき，$p(A)=f(A)+g(A)$が成り立つことを示せ。
(2) $q(t)=f(t)g(t)$とするとき，$q(A)=f(A)g(A)$が成り立つことを示せ。
(3) Pをn次正則行列とするとき，$f(P^{-1}AP)=P^{-1}f(A)P$が成り立つことを示せ。
(4) λが行列Aの固有値ならば，$f(\lambda)$は行列$f(A)$の固有値であることを示せ。
(5) 行列A，Bが可換である，すなわち$AB=BA$が成り立つならば，行列$f(A)$，$f(B)$も可換である，すなわち$f(A)f(B)=f(B)f(A)$が成り立つことを示せ。

重要 例題 124 ケーリー・ハミルトンの定理の利用 ★★☆

Aを2次正方行列とするとき，次の問いに答えよ。

(1) $A^2=\begin{pmatrix} 3 & -1 \\ -2 & 1 \end{pmatrix}$ を満たすとき，行列Aを求めよ。

(2) $A^3=\begin{pmatrix} 1 & 0 \\ 0 & 1 \end{pmatrix}$ を満たすとき，行列Aを求めよ。

◀ p. 252 基本事項B

GUIDE & SOLUTION

それぞれ与えられた等式から，行列Aの行列式が満たすべき条件が得られ，行列Aの成分に関する条件が得られる。また，行列Aに関してケーリー・ハミルトンの定理を適用して計算すると，こちらからも行列Aの成分に関する条件が得られる。これらをともに満たすものが求める行列Aである。

解答

$A=\begin{pmatrix} p & q \\ r & s \end{pmatrix}$，$E=\begin{pmatrix} 1 & 0 \\ 0 & 1 \end{pmatrix}$，$O=\begin{pmatrix} 0 & 0 \\ 0 & 0 \end{pmatrix}$ とする。

(1) $B=\begin{pmatrix} 3 & -1 \\ -2 & 1 \end{pmatrix}$ とすると　$A^2=B$ ……①

①から　$\det(A^2)=\det(B)$

ここで　$\det(A^2)=\{\det(A)\}^2$,

$\det(B)=3\cdot1-(-1)\cdot(-2)=1$

よって，$\{\det(A)\}^2=1$ であるから

$\{\det(A)+1\}\{\det(A)-1\}=0$

ゆえに　$\det(A)=\pm1$

また，$\det(A)=ps-qr$ であるから

$ps-qr=\pm1$ ……②

更に，ケーリー・ハミルトンの定理により

$A^2-(p+s)A+(ps-qr)E=O$

よって，①，②から

$B-(p+s)A+E=O$　または　$B-(p+s)A-E=O$

すなわち　$(p+s)A=B+E$　または　$(p+s)A=B-E$

ここで　$(p+s)A=(p+s)\begin{pmatrix} p & q \\ r & s \end{pmatrix}$

$=\begin{pmatrix} (p+s)p & (p+s)q \\ (p+s)r & (p+s)s \end{pmatrix}$

[1] $(p+s)A=B+E$ のとき

$B+E=\begin{pmatrix} 3 & -1 \\ -2 & 1 \end{pmatrix}+\begin{pmatrix} 1 & 0 \\ 0 & 1 \end{pmatrix}=\begin{pmatrix} 4 & -1 \\ -2 & 2 \end{pmatrix}$

よって $\begin{cases} (p+s)p = 4 & \cdots\cdots ③ \\ (p+s)q = -1 & \cdots\cdots ④ \\ (p+s)r = -2 & \cdots\cdots ⑤ \\ (p+s)s = 2 & \cdots\cdots ⑥ \end{cases}$

③，⑥ の辺々を足すと　$(p+s)^2=6$

ゆえに　$p+s=\pm\sqrt{6}$

これを ③，④，⑤，⑥ に代入して

$$p=\pm\frac{2\sqrt{6}}{3},\ q=\mp\frac{\sqrt{6}}{6},\ r=\mp\frac{\sqrt{6}}{3},\ s=\pm\frac{\sqrt{6}}{3}\quad(\text{複号同順})$$

したがって　$\boldsymbol{A=\pm\frac{\sqrt{6}}{6}\begin{pmatrix} 4 & -1 \\ -2 & 2 \end{pmatrix}}$

[2]　$(p+s)A=B-E$ のとき

$$B-E=\begin{pmatrix} 3 & -1 \\ -2 & 1 \end{pmatrix}-\begin{pmatrix} 1 & 0 \\ 0 & 1 \end{pmatrix}=\begin{pmatrix} 2 & -1 \\ -2 & 0 \end{pmatrix}$$

よって $\begin{cases} (p+s)p = 2 & \cdots\cdots ⑦ \\ (p+s)q = -1 & \cdots\cdots ⑧ \\ (p+s)r = -2 & \cdots\cdots ⑨ \\ (p+s)s = 0 & \cdots\cdots ⑩ \end{cases}$

⑦，⑩ の辺々を足すと　$(p+s)^2=2$

ゆえに　$p+s=\pm\sqrt{2}$

これを ⑦，⑧，⑨，⑩ に代入して

$$p=\pm\sqrt{2},\ q=\mp\frac{\sqrt{2}}{2},\ r=\mp\sqrt{2},\ s=0\quad(\text{複号同順})$$

したがって　$\boldsymbol{A=\pm\frac{\sqrt{2}}{2}\begin{pmatrix} 2 & -1 \\ -2 & 0 \end{pmatrix}}$

(2)　$A^3=E$ から　$\det(A^3)=\det(E)$

ここで　$\det(A^3)=\{\det(A)\}^3$,

$\det(E)=1$

よって，$\{\det(A)\}^3=1$ であるから

$$\{\det(A)-1\}[\{\det(A)\}^2+\det(A)+1]=0$$

ゆえに　$\det(A)=1$　……⑪

また，$\det(A)=ps-qr$ であるから

$$ps-qr=1 \quad\cdots\cdots ⑫$$

更に，ケーリー・ハミルトンの定理により

$$A^2-(p+s)A+(ps-qr)E=O$$

よって，⑫ より，$A^2-(p+s)A+E=O$ であるから

$$A^2=(p+s)A-E$$

ゆえに　$A^3=A^2A=\{(p+s)A-E\}A$

$$=(p+s)A^2-A=(p+s)\{(p+s)A-E\}-A=\{(p+s)^2-1\}A-(p+s)E$$

$A^3=E$ であるから　$\{(p+s)^2-1\}A-(p+s)E=E$

よって　$(p+s+1)\{(p+s-1)A-E\}=O$

[1]　$p+s+1=0$ のとき

$s=-p-1$

このとき　$ps-qr=p(-p-1)-qr$

⑫ から　$-p^2-p-qr=1$　すなわち　$p^2+p+qr+1=0$

したがって　$A=\begin{pmatrix} p & q \\ r & -p-1 \end{pmatrix}$　$(p^2+p+qr+1=0)$

[2]　$p+s+1\neq 0$ のとき

$(p+s-1)A-E=O$

よって，$(p+s-1)A=E$ であるから，$p+s-1\neq 0$ であり

$A=\dfrac{1}{p+s-1}E$　…… ⑬

このとき　$\det(A)=\left(\dfrac{1}{p+s-1}\right)^2$

⑪ から　$\left(\dfrac{1}{p+s-1}\right)^2=1$　すなわち　$(p+s-1)^2=1$

よって　$(p+s)(p+s-2)=0$

ゆえに　$p+s=0,\ 2$

[a]　$p+s=0$ のとき

⑬ から　$A=-E$

このとき，$A^3=-E$ であるから，不適である。

[b]　$p+s=2$ のとき

⑬ から　$A=E$

以上から　$\boldsymbol{A=\begin{pmatrix} p & q \\ r & -p-1 \end{pmatrix}\ (p^2+p+qr+1=0)}$　**または**　$\boldsymbol{A=\begin{pmatrix} 1 & 0 \\ 0 & 1 \end{pmatrix}}$

PRACTICE … 62

A を 3 次の上三角行列，O を 3×3 零行列とするとき，$F_A(A)=O$ が成り立つことを示せ。

PRACTICE … 63

$A=\begin{pmatrix} 7 & 4 & 4 \\ -4 & -3 & -8 \\ 8 & 4 & 3 \end{pmatrix}$，$E=\begin{pmatrix} 1 & 0 & 0 \\ 0 & 1 & 0 \\ 0 & 0 & 1 \end{pmatrix}$ とするとき，$A^5-2A^4+3A^3-3A^2+2A-E$ を計算せよ。

基本 例題 125 最小多項式と対角化 ★☆☆

次の問いに答えよ。

(1) 行列 $\begin{pmatrix} 3 & 2 \\ 4 & 1 \end{pmatrix}$ の最小多項式を求めよ。

(2) $A=\begin{pmatrix} 1 & 3 & 2 \\ 0 & -1 & 0 \\ 1 & 2 & 0 \end{pmatrix}$ とするとき，行列Aの最小多項式を求め，行列Aが対角化不可能であることを示せ。

◀ p. 253 基本事項C

GUIDE & SOLUTION

(1) まず，与えられた行列の固有多項式を求める。

(2) 最小多項式 $p_A(t)$ を求め，方程式 $p_A(t)=0$ が重解をもつことを示す。

解答

(1) $B=\begin{pmatrix} 3 & 2 \\ 4 & 1 \end{pmatrix}$ とすると

$$F_B(t)=\begin{vmatrix} t-3 & -2 \\ -4 & t-1 \end{vmatrix}=(t-3)(t-1)-(-2)\cdot(-4)=(t+1)(t-5)$$

よって　$p_B(t)=\boldsymbol{(t+1)(t-5)}$

(2) $F_A(t)=\begin{vmatrix} t-1 & -3 & -2 \\ 0 & t+1 & 0 \\ -1 & -2 & t \end{vmatrix}$

$$=0\cdot(-1)^{2+1}\begin{vmatrix} -3 & -2 \\ -2 & t \end{vmatrix}+(t+1)\cdot(-1)^{2+2}\begin{vmatrix} t-1 & -2 \\ -1 & t \end{vmatrix}+0\cdot(-1)^{2+3}\begin{vmatrix} t-1 & -3 \\ -1 & -2 \end{vmatrix}$$

$$=(t+1)\{(t-1)t-(-2)\cdot(-1)\}=(t+1)^2(t-2)$$

$p(t)=(t+1)(t-2)$ とすると

$$p(A)=\left\{\begin{pmatrix} 1 & 3 & 2 \\ 0 & -1 & 0 \\ 1 & 2 & 0 \end{pmatrix}+\begin{pmatrix} 1 & 0 & 0 \\ 0 & 1 & 0 \\ 0 & 0 & 1 \end{pmatrix}\right\}\left\{\begin{pmatrix} 1 & 3 & 2 \\ 0 & -1 & 0 \\ 1 & 2 & 0 \end{pmatrix}-2\begin{pmatrix} 1 & 0 & 0 \\ 0 & 1 & 0 \\ 0 & 0 & 1 \end{pmatrix}\right\}$$

$$=\begin{pmatrix} 2 & 3 & 2 \\ 0 & 0 & 0 \\ 1 & 2 & 1 \end{pmatrix}\begin{pmatrix} -1 & 3 & 2 \\ 0 & -3 & 0 \\ 1 & 2 & -2 \end{pmatrix}=\begin{pmatrix} 0 & 1 & 0 \\ 0 & 0 & 0 \\ 0 & -1 & 0 \end{pmatrix}\neq\begin{pmatrix} 0 & 0 & 0 \\ 0 & 0 & 0 \\ 0 & 0 & 0 \end{pmatrix}$$

よって　$p_A(t)=\boldsymbol{(t+1)^2(t-2)}$

したがって，方程式 $p_A(t)=0$ が重解をもつから，行列Aは対角化不可能である。 ■

PRACTICE … 64

行列 $\begin{pmatrix} 1 & 2 & 0 \\ -1 & 4 & 0 \\ 3 & -6 & 2 \end{pmatrix}$ の最小多項式を求めよ。

EXERCISES

63 次の行列の固有値および固有値に対する固有空間の基底を求め，対角化可能ならば対角化せよ。

(1) $\begin{pmatrix} 1 & 2 \\ 3 & 2 \end{pmatrix}$ (2) $\begin{pmatrix} 3 & 1 \\ -1 & 5 \end{pmatrix}$ (3) $\begin{pmatrix} 0 & 1 \\ -1 & 2 \end{pmatrix}$ (4) $\begin{pmatrix} 1 & 2 & 3 \\ 1 & 4 & 1 \\ 3 & 2 & 1 \end{pmatrix}$

(5) $\begin{pmatrix} 1 & 2 & 0 \\ 2 & 8 & 2 \\ 0 & 2 & 1 \end{pmatrix}$ (6) $\begin{pmatrix} 0 & -4 & 4 \\ 2 & 6 & -4 \\ 1 & 2 & 0 \end{pmatrix}$ (7) $\begin{pmatrix} 0 & 0 & -1 \\ 0 & -1 & 0 \\ -1 & 0 & 0 \end{pmatrix}$ (8) $\begin{pmatrix} 3 & 1 & 1 \\ 2 & 4 & 2 \\ 1 & 1 & 3 \end{pmatrix}$

64 次の対称行列を直交行列によって対角化せよ。

(1) $\begin{pmatrix} 3 & 3 \\ 3 & 3 \end{pmatrix}$ (2) $\begin{pmatrix} 1 & 0 & -2 \\ 0 & 1 & 0 \\ -2 & 0 & 1 \end{pmatrix}$ (3) $\begin{pmatrix} 2 & 2 & -2 \\ 2 & 2 & 2 \\ -2 & 2 & 2 \end{pmatrix}$ (4) $\begin{pmatrix} 3 & 1 & -1 \\ 1 & 3 & 1 \\ -1 & 1 & 3 \end{pmatrix}$

65 行列 $\begin{pmatrix} 0 & 0 & 0 & -a \\ 1 & 0 & 0 & -b \\ 0 & 1 & 0 & -c \\ 0 & 0 & 1 & -d \end{pmatrix}$ の固有多項式を求めよ。

66 $a \neq 0$，$b \neq 0$ として，$A=\begin{pmatrix} a & b & b \\ b & a & b \\ b & b & a \end{pmatrix}$ とするとき，次の問いに答えよ。

(1) 行列Aの固有値および固有値に対する固有空間の基底を求めよ。

(2) 行列Aを直交行列で対角化し，A^n を求めよ。

67 Vをベクトル空間とし，$\varphi : V \longrightarrow V$ を，Vの1次変換とする。λ，μ を，1次変換φの互いに異なる固有値とし，W_λ，W_μ をそれぞれ1次変換φの固有値λ，μ に対する固有空間とする。このとき，$W_\lambda \cap W_\mu = \{\mathbf{0}\}$ であることを示せ。

68 n次対称行列が重複度nの固有値をもつならば，そのn次対称行列はn次単位行列の定数倍であることを示せ。

! Hint **65** $\begin{vmatrix} t & 0 & 0 & a \\ -1 & t & 0 & b \\ 0 & -1 & t & c \\ 0 & 0 & -1 & t+d \end{vmatrix}$ を計算するが，まず1行目と2行目を入れ替えるとよい。

66 (2) ある直交行列Uにより，$U^{-1}AU$ が対角行列となる。よって，$A^n=U(U^{-1}AU)^nU^{-1}$ により，A^n を求める。

EXERCISES

69 Aを正方行列とし，λを行列Aの固有値，$\boldsymbol{v}$を行列Aの固有値λに対する固有ベクトルとする。nを自然数とするとき，λ^n は行列 A^n の固有値であり，$\boldsymbol{v}$は行列 A^n の固有値 λ^n に対する固有ベクトルであることを示せ。

70 (1) Aを正則なn次正方行列，Bをn次正方行列とする。行列Aの固有値は存在しないとする。また，行列Bはただ1つの固有値をもち，その固有値をλ，行列Bの固有値λに対する固有空間を W_λ として，$\dim W_\lambda=1$ であるとする。このとき，$AB \neq BA$ であることを示せ。

(2) A，Bを2次正方行列とするとき，(1)の状況を満たす行列A，Bの例を挙げよ。

71 $A=\begin{pmatrix} p & q \\ r & s \end{pmatrix}$，$E=\begin{pmatrix} 1 & 0 \\ 0 & 1 \end{pmatrix}$ とし，$A^2=E$ を満たすとする。

(1) 行列Aの固有値が存在するならば，1または -1 であることを示せ。

(2) 行列Aが対角化可能であるための条件を求めよ。

72 零行列でない行列 $\begin{pmatrix} a & b \\ c & d \end{pmatrix}$ が対角化不可能であるための条件を求めよ。

73 行列 $\begin{pmatrix} 1 & k & l \\ 0 & 1 & m \\ 0 & 0 & a \end{pmatrix}$ $(a \neq 1)$ が対角化可能であるための条件を求めよ。

! Hint **69** nを自然数とするとき，$A^n\boldsymbol{v}=\lambda^n\boldsymbol{v}$ が成り立つことを示す。

70 (1) $A\boldsymbol{v}=\boldsymbol{w}$ とおくと，行列Aの固有値は存在しないから，$\boldsymbol{w}$は$\boldsymbol{v}$の定数倍でない。

71 (2) ケーリー・ハミルトンの定理を利用するとよい。

72 $A=\begin{pmatrix} a & b \\ c & d \end{pmatrix}$ とし，固有方程式 $F_A(t)=0$（2次方程式）の判別式をDとするとき，$D>0$，$D=0$，$D<0$ の3つの場合に分けて考える。

PRACTICE の解答

・本文各章の PRACTICE 全問について，問題文を再掲し，詳解，証明を載せた。
・最終の答などは太字にしてある。証明の最後には ■ を付した。

01　零ベクトルの性質の証明　★☆☆

$\boldsymbol{a}+\boldsymbol{0}=\boldsymbol{0}+\boldsymbol{a}=\boldsymbol{a}$ を示せ。

$\boldsymbol{a}=\begin{pmatrix} p_1 \\ p_2 \\ \vdots \\ p_n \end{pmatrix}\in\mathrm{R}^n$, $\boldsymbol{0}=\begin{pmatrix} 0 \\ 0 \\ \vdots \\ 0 \end{pmatrix}\in\mathrm{R}^n$ とすると

$$\boldsymbol{a}+\boldsymbol{0}=\begin{pmatrix} p_1 \\ p_2 \\ \vdots \\ p_n \end{pmatrix}+\begin{pmatrix} 0 \\ 0 \\ \vdots \\ 0 \end{pmatrix}=\begin{pmatrix} p_1+0 \\ p_2+0 \\ \vdots \\ p_n+0 \end{pmatrix}=\begin{pmatrix} p_1 \\ p_2 \\ \vdots \\ p_n \end{pmatrix}=\boldsymbol{a}$$

$$\boldsymbol{0}+\boldsymbol{a}=\begin{pmatrix} 0 \\ 0 \\ \vdots \\ 0 \end{pmatrix}+\begin{pmatrix} p_1 \\ p_2 \\ \vdots \\ p_n \end{pmatrix}=\begin{pmatrix} 0+p_1 \\ 0+p_2 \\ \vdots \\ 0+p_n \end{pmatrix}=\begin{pmatrix} p_1 \\ p_2 \\ \vdots \\ p_n \end{pmatrix}=\boldsymbol{a}$$

よって　$\boldsymbol{a}+\boldsymbol{0}=\boldsymbol{0}+\boldsymbol{a}=\boldsymbol{a}$ ■

02　行列の和・差・定数倍　★☆☆

(1) 次を計算せよ。

(ア) $2\begin{pmatrix} 3 & -1 \\ -2 & 1 \end{pmatrix}-\begin{pmatrix} -6 & 3 \\ 1 & 0 \end{pmatrix}$　(イ) $\dfrac{1}{3}\begin{pmatrix} 1 & 6 \\ -3 & 0 \end{pmatrix}+\dfrac{1}{2}\begin{pmatrix} 1 & -4 \\ 2 & -1 \end{pmatrix}$

(2) $B=\begin{pmatrix} -1 & 3 \\ 0 & 0 \end{pmatrix}$, $C=\begin{pmatrix} 2 & 0 \\ 1 & 4 \end{pmatrix}$, $D=\begin{pmatrix} 1 & 0 \\ -1 & 1 \end{pmatrix}$ とするとき，次を計算せよ。

(ア) $B+C-D$　(イ) $B-2C+3D$

(1) (ア) $2\begin{pmatrix} 3 & -1 \\ -2 & 1 \end{pmatrix}-\begin{pmatrix} -6 & 3 \\ 1 & 0 \end{pmatrix}=\begin{pmatrix} 2\cdot3 & 2\cdot(-1) \\ 2\cdot(-2) & 2\cdot1 \end{pmatrix}-\begin{pmatrix} -6 & 3 \\ 1 & 0 \end{pmatrix}=\begin{pmatrix} 6 & -2 \\ -4 & 2 \end{pmatrix}-\begin{pmatrix} -6 & 3 \\ 1 & 0 \end{pmatrix}$

$$=\begin{pmatrix} 6-(-6) & -2-3 \\ -4-1 & 2-0 \end{pmatrix}=\begin{pmatrix} \mathbf{12} & \mathbf{-5} \\ \mathbf{-5} & \mathbf{2} \end{pmatrix}$$

(イ) $\dfrac{1}{3}\begin{pmatrix} 1 & 6 \\ -3 & 0 \end{pmatrix}+\dfrac{1}{2}\begin{pmatrix} 1 & -4 \\ 2 & -1 \end{pmatrix}=\begin{pmatrix} \frac{1}{3}\cdot1 & \frac{1}{3}\cdot6 \\ \frac{1}{3}\cdot(-3) & \frac{1}{3}\cdot0 \end{pmatrix}+\begin{pmatrix} \frac{1}{2}\cdot1 & \frac{1}{2}\cdot(-4) \\ \frac{1}{2}\cdot2 & \frac{1}{2}\cdot(-1) \end{pmatrix}=\begin{pmatrix} \frac{1}{3} & 2 \\ -1 & 0 \end{pmatrix}+\begin{pmatrix} \frac{1}{2} & -2 \\ 1 & -\frac{1}{2} \end{pmatrix}$

$$=\begin{pmatrix} \frac{1}{3}+\frac{1}{2} & 2+(-2) \\ -1+1 & 0+\left(-\frac{1}{2}\right) \end{pmatrix}=\begin{pmatrix} \mathbf{\frac{5}{6}} & \mathbf{0} \\ \mathbf{0} & \mathbf{-\frac{1}{2}} \end{pmatrix}$$

(2) (ア) $B+C-D=\begin{pmatrix} -1 & 3 \\ 0 & 0 \end{pmatrix}+\begin{pmatrix} 2 & 0 \\ 1 & 4 \end{pmatrix}-\begin{pmatrix} 1 & 0 \\ -1 & 1 \end{pmatrix}=\begin{pmatrix} -1+2-1 & 3+0-0 \\ 0+1-(-1) & 0+4-1 \end{pmatrix}=\begin{pmatrix} \mathbf{0} & \mathbf{3} \\ \mathbf{2} & \mathbf{3} \end{pmatrix}$

(イ) $B-2C+3D=\begin{pmatrix} -1 & 3 \\ 0 & 0 \end{pmatrix}-2\begin{pmatrix} 2 & 0 \\ 1 & 4 \end{pmatrix}+3\begin{pmatrix} 1 & 0 \\ -1 & 1 \end{pmatrix}=\begin{pmatrix} -1 & 3 \\ 0 & 0 \end{pmatrix}-\begin{pmatrix} 2\cdot2 & 2\cdot0 \\ 2\cdot1 & 2\cdot4 \end{pmatrix}+\begin{pmatrix} 3\cdot1 & 3\cdot0 \\ 3\cdot(-1) & 3\cdot1 \end{pmatrix}$

$$=\begin{pmatrix}-1 & 3\\ 0 & 0\end{pmatrix}-\begin{pmatrix}4 & 0\\ 2 & 8\end{pmatrix}+\begin{pmatrix}3 & 0\\ -3 & 3\end{pmatrix}=\begin{pmatrix}-1-4+3 & 3-0+0\\ 0-2+(-3) & 0-8+3\end{pmatrix}=\begin{pmatrix}\mathbf{-2} & \mathbf{3}\\ \mathbf{-5} & \mathbf{-5}\end{pmatrix}$$

03　1次変換と行列　★☆☆

直線 $y=-x$ に関する対称移動による変換が1次変換であることを示し，その1次変換を表す行列を求めよ。

Pを，原点をOとする座標平面上の任意の点とし，その座標を $(x,\ y)$ とする。
また，直線 $y=-x$ に関する対称移動を F とする。
対称移動 F により，点Pが点Qに移されるとし，点Qの座標を $(X,\ Y)$ とする。
このとき，$X=-y$，$Y=-x$ が成り立つから　$\begin{cases}X=\quad 0\cdot x+(-1)\cdot y\\ Y=(-1)\cdot x+\quad 0\cdot y\end{cases}$
よって，対称移動 F は1次変換である。 ■
また，この1次変換を表す行列は　$\begin{pmatrix}\mathbf{0} & \mathbf{-1}\\ \mathbf{-1} & \mathbf{0}\end{pmatrix}$

04　2×2 行列の積　★☆☆

$\begin{pmatrix}1 & 2\\ 3 & 4\end{pmatrix}\begin{pmatrix}-1 & 3\\ 4 & 0\end{pmatrix}$ を計算せよ。

$$\begin{pmatrix}1 & 2\\ 3 & 4\end{pmatrix}\begin{pmatrix}-1 & 3\\ 4 & 0\end{pmatrix}=\begin{pmatrix}1\cdot(-1)+2\cdot 4 & 1\cdot 3+2\cdot 0\\ 3\cdot(-1)+4\cdot 4 & 3\cdot 3+4\cdot 0\end{pmatrix}=\begin{pmatrix}\mathbf{7} & \mathbf{3}\\ \mathbf{13} & \mathbf{9}\end{pmatrix}$$

05　一般の行列の積　★☆☆

$\begin{pmatrix}1 & 2 & 3\\ 4 & 5 & 6\\ 3 & 2 & 1\end{pmatrix}\begin{pmatrix}3 & 2 & 1\\ 6 & 5 & 4\\ 1 & 2 & 3\end{pmatrix}$ を計算せよ。

$$\begin{pmatrix}1 & 2 & 3\\ 4 & 5 & 6\\ 3 & 2 & 1\end{pmatrix}\begin{pmatrix}3 & 2 & 1\\ 6 & 5 & 4\\ 1 & 2 & 3\end{pmatrix}=\begin{pmatrix}1\cdot 3+2\cdot 6+3\cdot 1 & 1\cdot 2+2\cdot 5+3\cdot 2 & 1\cdot 1+2\cdot 4+3\cdot 3\\ 4\cdot 3+5\cdot 6+6\cdot 1 & 4\cdot 2+5\cdot 5+6\cdot 2 & 4\cdot 1+5\cdot 4+6\cdot 3\\ 3\cdot 3+2\cdot 6+1\cdot 1 & 3\cdot 2+2\cdot 5+1\cdot 2 & 3\cdot 1+2\cdot 4+1\cdot 3\end{pmatrix}$$
$$=\begin{pmatrix}\mathbf{18} & \mathbf{18} & \mathbf{18}\\ \mathbf{48} & \mathbf{45} & \mathbf{42}\\ \mathbf{22} & \mathbf{18} & \mathbf{14}\end{pmatrix}$$

06　行列の積の演算法則　★☆☆

$A=\begin{pmatrix}1 & 0 & 1\\ -1 & 0 & -2\\ 1 & 2 & 2\end{pmatrix}$，$B=\begin{pmatrix}-2 & 1 & -5\\ 3 & 1 & 2\\ 4 & 2 & 1\end{pmatrix}$，$C=\begin{pmatrix}0 & 0 & 2\\ 1 & -1 & 0\\ 1 & 1 & -1\end{pmatrix}$ とするとき，
$A\{(CB-A)-B\}$ を計算せよ。

$$CB=\begin{pmatrix}0 & 0 & 2\\ 1 & -1 & 0\\ 1 & 1 & -1\end{pmatrix}\begin{pmatrix}-2 & 1 & -5\\ 3 & 1 & 2\\ 4 & 2 & 1\end{pmatrix}$$

$$=\begin{pmatrix} 0\cdot(-2)+0\cdot3+2\cdot4 & 0\cdot1+0\cdot1+2\cdot2 & 0\cdot(-5)+0\cdot2\cdot+2\cdot1 \\ 1\cdot(-2)+(-1)\cdot3+0\cdot4 & 1\cdot1+(-1)\cdot1+0\cdot2 & 1\cdot(-5)+(-1)\cdot2+0\cdot1 \\ 1\cdot(-2)+1\cdot3+(-1)\cdot4 & 1\cdot1+1\cdot1+(-1)\cdot2 & 1\cdot(-5)+1\cdot2+(-1)\cdot1 \end{pmatrix}$$

$$=\begin{pmatrix} 8 & 4 & 2 \\ -5 & 0 & -7 \\ -3 & 0 & -4 \end{pmatrix}$$

$A\{(CB-A)-B\}$

$$=\begin{pmatrix} 1 & 0 & 1 \\ -1 & 0 & -2 \\ 1 & 2 & 2 \end{pmatrix}\left[\left\{\begin{pmatrix} 8 & 4 & 2 \\ -5 & 0 & -7 \\ -3 & 0 & -4 \end{pmatrix}-\begin{pmatrix} 1 & 0 & 1 \\ -1 & 0 & -2 \\ 1 & 2 & 2 \end{pmatrix}\right\}-\begin{pmatrix} -2 & 1 & -5 \\ 3 & 1 & 2 \\ 4 & 2 & 1 \end{pmatrix}\right]$$

$$=\begin{pmatrix} 1 & 0 & 1 \\ -1 & 0 & -2 \\ 1 & 2 & 2 \end{pmatrix}\left\{\begin{pmatrix} 8-1 & 4-0 & 2-1 \\ -5-(-1) & 0-0 & -7-(-2) \\ -3-1 & 0-2 & -4-2 \end{pmatrix}-\begin{pmatrix} -2 & 1 & -5 \\ 3 & 1 & 2 \\ 4 & 2 & 1 \end{pmatrix}\right\}$$

$$=\begin{pmatrix} 1 & 0 & 1 \\ -1 & 0 & -2 \\ 1 & 2 & 2 \end{pmatrix}\left\{\begin{pmatrix} 7 & 4 & 1 \\ -4 & 0 & -5 \\ -4 & -2 & -6 \end{pmatrix}-\begin{pmatrix} -2 & 1 & -5 \\ 3 & 1 & 2 \\ 4 & 2 & 1 \end{pmatrix}\right\}$$

$$=\begin{pmatrix} 1 & 0 & 1 \\ -1 & 0 & -2 \\ 1 & 2 & 2 \end{pmatrix}\begin{pmatrix} 7-(-2) & 4-1 & 1-(-5) \\ (-4)-3 & 0-1 & -5-2 \\ -4-4 & -2-2 & -6-1 \end{pmatrix}=\begin{pmatrix} 1 & 0 & 1 \\ -1 & 0 & -2 \\ 1 & 2 & 2 \end{pmatrix}\begin{pmatrix} 9 & 3 & 6 \\ -7 & -1 & -7 \\ -8 & -4 & -7 \end{pmatrix}$$

$$=\begin{pmatrix} 1\cdot9+0\cdot(-7)+1\cdot(-8) & 1\cdot3+0\cdot(-1)+1\cdot(-4) & 1\cdot6+0\cdot(-7)+1\cdot(-7) \\ (-1)\cdot9+0\cdot(-7)+(-2)\cdot(-8) & (-1)\cdot3+0\cdot(-1)+(-2)\cdot(-4) & (-1)\cdot6+0\cdot(-7)+(-2)\cdot(-7) \\ 1\cdot9+2\cdot(-7)+2\cdot(-8) & 1\cdot3+2\cdot(-1)+2\cdot(-4) & 1\cdot6+2\cdot(-7)+2\cdot(-7) \end{pmatrix}$$

$$=\begin{pmatrix} \mathbf{1} & \mathbf{-1} & \mathbf{-1} \\ \mathbf{7} & \mathbf{5} & \mathbf{8} \\ \mathbf{-21} & \mathbf{-7} & \mathbf{-22} \end{pmatrix}$$

07　零行列を含む行列の積　★☆☆

O_2 を 2×2 零行列，O_3 を 3×3 零行列，$O_{2\times3}$ を 2×3 零行列とするとき，任意の 2×3 行列A に対して，$AO_3=O_{2\times3}$，$O_2A=O_{2\times3}$ が成り立つことを示せ。

$A=\begin{pmatrix} p & q & r \\ s & t & u \end{pmatrix}$ とすると

$$AO_3=\begin{pmatrix} p & q & r \\ s & t & u \end{pmatrix}\begin{pmatrix} 0 & 0 & 0 \\ 0 & 0 & 0 \\ 0 & 0 & 0 \end{pmatrix}=\begin{pmatrix} p\cdot0+q\cdot0+r\cdot0 & p\cdot0+q\cdot0+r\cdot0 & p\cdot0+q\cdot0+r\cdot0 \\ s\cdot0+t\cdot0+u\cdot0 & s\cdot0+t\cdot0+u\cdot0 & s\cdot0+t\cdot0+u\cdot0 \end{pmatrix}$$

$$=\begin{pmatrix} 0 & 0 & 0 \\ 0 & 0 & 0 \end{pmatrix}=O_{2\times3}$$

$$O_2A=\begin{pmatrix} 0 & 0 \\ 0 & 0 \end{pmatrix}\begin{pmatrix} p & q & r \\ s & t & u \end{pmatrix}=\begin{pmatrix} 0\cdot p+0\cdot s & 0\cdot q+0\cdot t & 0\cdot r+0\cdot u \\ 0\cdot p+0\cdot s & 0\cdot q+0\cdot t & 0\cdot r+0\cdot u \end{pmatrix}$$

$$=\begin{pmatrix} 0 & 0 & 0 \\ 0 & 0 & 0 \end{pmatrix}=O_{2\times3}$$ ■

08　単位行列を含む計算 ★☆☆

$A=\begin{pmatrix}1&-2&3\\0&3&0\\-3&2&1\end{pmatrix}$, $B=\begin{pmatrix}1&0&1\\2&0&-2\\1&-1&3\end{pmatrix}$, $E=\begin{pmatrix}1&0&0\\0&1&0\\0&0&1\end{pmatrix}$ とするとき，次を計算せよ。

(1)　$A(3B-5E)+EB$　　　(2)　$BAB-E^3$

(1)　$AB=\begin{pmatrix}1&-2&3\\0&3&0\\-3&2&1\end{pmatrix}\begin{pmatrix}1&0&1\\2&0&-2\\1&-1&3\end{pmatrix}$

$$=\begin{pmatrix}1\cdot1+(-2)\cdot2+3\cdot1 & 1\cdot0+(-2)\cdot0+3\cdot(-1) & 1\cdot1+(-2)\cdot(-2)+3\cdot3\\ 0\cdot1+3\cdot2+0\cdot1 & 0\cdot0+3\cdot0+0\cdot(-1) & 0\cdot1+3\cdot(-2)+0\cdot3\\ (-3)\cdot1+2\cdot2+1\cdot1 & (-3)\cdot0+2\cdot0+1\cdot(-1) & (-3)\cdot1+2\cdot(-2)+1\cdot3\end{pmatrix}$$

$$=\begin{pmatrix}0&-3&14\\6&0&-6\\2&-1&-4\end{pmatrix}$$

$A(3B-5E)+EB=3AB-5A+B$

$$=3\begin{pmatrix}0&-3&14\\6&0&-6\\2&-1&-4\end{pmatrix}-5\begin{pmatrix}1&-2&3\\0&3&0\\-3&2&1\end{pmatrix}+\begin{pmatrix}1&0&1\\2&0&-2\\1&-1&3\end{pmatrix}$$

$$=\begin{pmatrix}3\cdot0&3\cdot(-3)&3\cdot14\\3\cdot6&3\cdot0&3\cdot(-6)\\3\cdot2&3\cdot(-1)&3\cdot(-4)\end{pmatrix}-\begin{pmatrix}5\cdot1&5\cdot(-2)&5\cdot3\\5\cdot0&5\cdot3&5\cdot0\\5\cdot(-3)&5\cdot2&5\cdot1\end{pmatrix}+\begin{pmatrix}1&0&1\\2&0&-2\\1&-1&3\end{pmatrix}$$

$$=\begin{pmatrix}0&-9&42\\18&0&-18\\6&-3&-12\end{pmatrix}-\begin{pmatrix}5&-10&15\\0&15&0\\-15&10&5\end{pmatrix}+\begin{pmatrix}1&0&1\\2&0&-2\\1&-1&3\end{pmatrix}$$

$$=\begin{pmatrix}0-5+1&-9-(-10)+0&42-15+1\\18-0+2&0-15+0&-18-0+(-2)\\6-(-15)+1&-3-10+(-1)&-12-5+3\end{pmatrix}=\begin{pmatrix}\mathbf{-4}&\mathbf{1}&\mathbf{28}\\\mathbf{20}&\mathbf{-15}&\mathbf{-20}\\\mathbf{22}&\mathbf{-14}&\mathbf{-14}\end{pmatrix}$$

(2)　$BAB-E^3=B(AB)-E$

$$=\begin{pmatrix}1&0&1\\2&0&-2\\1&-1&3\end{pmatrix}\begin{pmatrix}0&-3&14\\6&0&-6\\2&-1&-4\end{pmatrix}-\begin{pmatrix}1&0&0\\0&1&0\\0&0&1\end{pmatrix}$$

$$=\begin{pmatrix}1\cdot0+0\cdot6+1\cdot2 & 1\cdot(-3)+0\cdot0+1\cdot(-1) & 1\cdot14+0\cdot(-6)+1\cdot(-4)\\ 2\cdot0+0\cdot6+(-2)\cdot2 & 2\cdot(-3)+0\cdot0+(-2)\cdot(-1) & 2\cdot14+0\cdot(-6)+(-2)\cdot(-4)\\ 1\cdot0+(-1)\cdot6+3\cdot2 & 1\cdot(-3)+(-1)\cdot0+3\cdot(-1) & 1\cdot14+(-1)\cdot(-6)+3\cdot(-4)\end{pmatrix}-\begin{pmatrix}1&0&0\\0&1&0\\0&0&1\end{pmatrix}$$

$$=\begin{pmatrix}2&-4&10\\-4&-4&36\\0&-6&8\end{pmatrix}-\begin{pmatrix}1&0&0\\0&1&0\\0&0&1\end{pmatrix}=\begin{pmatrix}2-1&-4-0&10-0\\-4-0&-4-1&36-0\\0-0&-6-0&8-1\end{pmatrix}=\begin{pmatrix}\mathbf{1}&\mathbf{-4}&\mathbf{10}\\\mathbf{-4}&\mathbf{-5}&\mathbf{36}\\\mathbf{0}&\mathbf{-6}&\mathbf{7}\end{pmatrix}$$

09　逆行列であることの確認 ★☆☆

$\begin{pmatrix}\cos\theta&\sin\theta\\-\sin\theta&\cos\theta\end{pmatrix}$ が $\begin{pmatrix}\cos\theta&-\sin\theta\\\sin\theta&\cos\theta\end{pmatrix}$ の逆行列であることを，定義に基づいて確かめよ。

$$\begin{pmatrix} \cos\theta & \sin\theta \\ -\sin\theta & \cos\theta \end{pmatrix}\begin{pmatrix} \cos\theta & -\sin\theta \\ \sin\theta & \cos\theta \end{pmatrix}$$

$$=\begin{pmatrix} \cos\theta\cdot\cos\theta+\sin\theta\cdot\sin\theta & \cos\theta\cdot(-\sin\theta)+\sin\theta\cdot\cos\theta \\ (-\sin\theta)\cdot\cos\theta+\cos\theta\cdot\sin\theta & (-\sin\theta)\cdot(-\sin\theta)+\cos\theta\cdot\cos\theta \end{pmatrix}$$

$$=\begin{pmatrix} \cos^2\theta+\sin^2\theta & 0 \\ 0 & \sin^2\theta+\cos^2\theta \end{pmatrix}=\begin{pmatrix} 1 & 0 \\ 0 & 1 \end{pmatrix}$$

$$\begin{pmatrix} \cos\theta & -\sin\theta \\ \sin\theta & \cos\theta \end{pmatrix}\begin{pmatrix} \cos\theta & \sin\theta \\ -\sin\theta & \cos\theta \end{pmatrix}$$

$$=\begin{pmatrix} \cos\theta\cdot\cos\theta+(-\sin\theta)\cdot(-\sin\theta) & \cos\theta\cdot\sin\theta+(-\sin\theta)\cdot\cos\theta \\ \sin\theta\cdot\cos\theta+\cos\theta\cdot(-\sin\theta) & \sin\theta\cdot\sin\theta+\cos\theta\cdot\cos\theta \end{pmatrix}$$

$$=\begin{pmatrix} \cos^2\theta+\sin^2\theta & 0 \\ 0 & \sin^2\theta+\cos^2\theta \end{pmatrix}=\begin{pmatrix} 1 & 0 \\ 0 & 1 \end{pmatrix}$$

よって，$\begin{pmatrix} \cos\theta & \sin\theta \\ -\sin\theta & \cos\theta \end{pmatrix}$ は $\begin{pmatrix} \cos\theta & -\sin\theta \\ \sin\theta & \cos\theta \end{pmatrix}$ の逆行列である。

10　逆行列の存在

★☆☆

行列 $\begin{pmatrix} 1 & 0 & 1 \\ -2 & 1 & 0 \\ 2 & -1 & 1 \end{pmatrix}$ は逆行列をもつか調べ，もつ場合にはそれを求めよ。

与えられた行列の逆行列が存在すると仮定し，その逆行列を $\begin{pmatrix} p & q & r \\ s & t & u \\ x & y & z \end{pmatrix}$ とする。

このとき　$\begin{pmatrix} p & q & r \\ s & t & u \\ x & y & z \end{pmatrix}\begin{pmatrix} 1 & 0 & 1 \\ -2 & 1 & 0 \\ 2 & -1 & 1 \end{pmatrix}=\begin{pmatrix} 1 & 0 & 0 \\ 0 & 1 & 0 \\ 0 & 0 & 1 \end{pmatrix}$ ……①

$\begin{pmatrix} 1 & 0 & 1 \\ -2 & 1 & 0 \\ 2 & -1 & 1 \end{pmatrix}\begin{pmatrix} p & q & r \\ s & t & u \\ x & y & z \end{pmatrix}=\begin{pmatrix} 1 & 0 & 0 \\ 0 & 1 & 0 \\ 0 & 0 & 1 \end{pmatrix}$ ……②

ここで　$\begin{pmatrix} p & q & r \\ s & t & u \\ x & y & z \end{pmatrix}\begin{pmatrix} 1 & 0 & 1 \\ -2 & 1 & 0 \\ 2 & -1 & 1 \end{pmatrix}$

$$=\begin{pmatrix} p\cdot1+q\cdot(-2)+r\cdot2 & p\cdot0+q\cdot1+r\cdot(-1) & p\cdot1+q\cdot0+r\cdot1 \\ s\cdot1+t\cdot(-2)+u\cdot2 & s\cdot0+t\cdot1+u\cdot(-1) & s\cdot1+t\cdot0+u\cdot1 \\ x\cdot1+y\cdot(-2)+z\cdot2 & x\cdot0+y\cdot1+z\cdot(-1) & x\cdot1+y\cdot0+z\cdot1 \end{pmatrix}$$

$$=\begin{pmatrix} p-2q+2r & q-r & p+r \\ s-2t+2u & t-u & s+u \\ x-2y+2z & y-z & x+z \end{pmatrix}$$

$$\begin{pmatrix} 1 & 0 & 1 \\ -2 & 1 & 0 \\ 2 & -1 & 1 \end{pmatrix}\begin{pmatrix} p & q & r \\ s & t & u \\ x & y & z \end{pmatrix}$$

$$=\begin{pmatrix} 1\cdot p+0\cdot s+1\cdot x & 1\cdot q+0\cdot t+1\cdot y & 1\cdot r+0\cdot u+1\cdot z \\ (-2)\cdot p+1\cdot s+0\cdot x & (-2)\cdot q+1\cdot t+0\cdot y & (-2)\cdot r+1\cdot u+0\cdot z \\ 2\cdot p+(-1)\cdot s+1\cdot x & 2\cdot q+(-1)\cdot t+1\cdot y & 2\cdot r+(-1)\cdot u+1\cdot z \end{pmatrix}$$

$$=\begin{pmatrix} p+x & q+y & r+z \\ -2p+s & -2q+t & -2r+u \\ 2p-s+x & 2q-t+y & 2r-u+z \end{pmatrix}$$

よって，① から

$p-2q+2r=1$，$q-r=0$，$p+r=0$，$s-2t+2u=0$，$t-u=1$，
$s+u=0$，$x-2y+2z=0$，$y-z=0$，$x+z=1$ ……③

また，② から

$p+x=1$，$q+y=0$，$r+z=0$，$-2p+s=0$，$-2q+t=1$，
$-2r+u=0$，$2p-s+x=0$，$2q-t+y=0$，$2r-u+z=1$ ……④

③，④ から

$p=1$，$q=-1$，$r=-1$，$s=2$，$t=-1$，$u=-2$，$x=0$，$y=1$，$z=1$

したがって，**与えられた行列は逆行列をもち，その逆行列は** $\begin{pmatrix} \mathbf{1} & \mathbf{-1} & \mathbf{-1} \\ \mathbf{2} & \mathbf{-1} & \mathbf{-2} \\ \mathbf{0} & \mathbf{1} & \mathbf{1} \end{pmatrix}$

11 行基本操作による連立 1 次方程式の解法 ★☆☆

次の連立 1 次方程式を，拡大係数行列に行の操作を施すことにより解け。

(1) $\begin{cases} 2x+3y-\ z=-3 \\ x-2y-2z=-1 \\ -x-\ y+\ z=\ 2 \end{cases}$　　(2) $\begin{cases} x+\ y+2z+3w=\ 2 \\ 3y+3z-4w=-4 \\ x+2y+3z+2w=\ 1 \\ x+3y+5z+2w=-1 \end{cases}$

(1) 与えられた連立 1 次方程式は $\begin{pmatrix} 2 & 3 & -1 \\ 1 & -2 & -2 \\ -1 & -1 & 1 \end{pmatrix}\begin{pmatrix} x \\ y \\ z \end{pmatrix}=\begin{pmatrix} -3 \\ -1 \\ 2 \end{pmatrix}$ と表され，この拡大係数行列は

$\left(\begin{array}{ccc|c} 2 & 3 & -1 & -3 \\ 1 & -2 & -2 & -1 \\ -1 & -1 & 1 & 2 \end{array}\right)$ である。

これに行の操作を施すと

$$\left(\begin{array}{ccc|c} 2 & 3 & -1 & -3 \\ 1 & -2 & -2 & -1 \\ -1 & -1 & 1 & 2 \end{array}\right)$$

$$\xrightarrow{①\leftrightarrow②}\left(\begin{array}{ccc|c} 1 & -2 & -2 & -1 \\ 2 & 3 & -1 & -3 \\ -1 & -1 & 1 & 2 \end{array}\right)\xrightarrow{①\times(-2)+②}\left(\begin{array}{ccc|c} 1 & -2 & -2 & -1 \\ 0 & 7 & 3 & -1 \\ -1 & -1 & 1 & 2 \end{array}\right)\xrightarrow{①\times1+③}\left(\begin{array}{ccc|c} 1 & -2 & -2 & -1 \\ 0 & 7 & 3 & -1 \\ 0 & -3 & -1 & 1 \end{array}\right)$$

$$\xrightarrow{②\times\frac{1}{7}}\left(\begin{array}{ccc|c} 1 & -2 & -2 & -1 \\ 0 & 1 & \frac{3}{7} & -\frac{1}{7} \\ 0 & -3 & -1 & 1 \end{array}\right)\xrightarrow{②\times2+①}\left(\begin{array}{ccc|c} 1 & 0 & -\frac{8}{7} & -\frac{9}{7} \\ 0 & 1 & \frac{3}{7} & -\frac{1}{7} \\ 0 & -3 & -1 & 1 \end{array}\right)\xrightarrow{②\times3+③}\left(\begin{array}{ccc|c} 1 & 0 & -\frac{8}{7} & -\frac{9}{7} \\ 0 & 1 & \frac{3}{7} & -\frac{1}{7} \\ 0 & 0 & \frac{2}{7} & \frac{4}{7} \end{array}\right)$$

$$\xrightarrow{③\times\frac{7}{2}}\left(\begin{array}{ccc|c}1 & 0 & -\frac{8}{7} & -\frac{9}{7}\\ 0 & 1 & \frac{3}{7} & -\frac{1}{7}\\ 0 & 0 & 1 & 2\end{array}\right)\xrightarrow{③\times\frac{8}{7}+①}\left(\begin{array}{ccc|c}1 & 0 & 0 & 1\\ 0 & 1 & \frac{3}{7} & -\frac{1}{7}\\ 0 & 0 & 1 & 2\end{array}\right)\xrightarrow{③\times\left(-\frac{3}{7}\right)+②}\left(\begin{array}{ccc|c}1 & 0 & 0 & 1\\ 0 & 1 & 0 & -1\\ 0 & 0 & 1 & 2\end{array}\right)$$

よって，求める解は $\begin{cases}\boldsymbol{x}=\ \ \mathbf{1}\\ \boldsymbol{y}=\mathbf{-1}\\ \boldsymbol{z}=\ \ \mathbf{2}\end{cases}$

(2) 与えられた連立１次方程式は $\begin{pmatrix}1 & 1 & 2 & 3\\ 0 & 3 & 3 & -4\\ 1 & 2 & 3 & 2\\ 1 & 3 & 5 & 2\end{pmatrix}\begin{pmatrix}x\\ y\\ z\\ w\end{pmatrix}=\begin{pmatrix}2\\ -4\\ 1\\ -1\end{pmatrix}$ と表され，この拡大係数行列は $\left(\begin{array}{cccc|c}1 & 1 & 2 & 3 & 2\\ 0 & 3 & 3 & -4 & -4\\ 1 & 2 & 3 & 2 & 1\\ 1 & 3 & 5 & 2 & -1\end{array}\right)$ である。

これに行の操作を施すと

$$\left(\begin{array}{cccc|c}1 & 1 & 2 & 3 & 2\\ 0 & 3 & 3 & -4 & -4\\ 1 & 2 & 3 & 2 & 1\\ 1 & 3 & 5 & 2 & -1\end{array}\right)$$

$$\xrightarrow{①\times(-1)+③}\left(\begin{array}{cccc|c}1 & 1 & 2 & 3 & 2\\ 0 & 3 & 3 & -4 & -4\\ 0 & 1 & 1 & -1 & -1\\ 1 & 3 & 5 & 2 & -1\end{array}\right)\xrightarrow{①\times(-1)+④}\left(\begin{array}{cccc|c}1 & 1 & 2 & 3 & 2\\ 0 & 3 & 3 & -4 & -4\\ 0 & 1 & 1 & -1 & -1\\ 0 & 2 & 3 & -1 & -3\end{array}\right)$$

$$\xrightarrow{②\leftrightarrow③}\left(\begin{array}{cccc|c}1 & 1 & 2 & 3 & 2\\ 0 & 1 & 1 & -1 & -1\\ 0 & 3 & 3 & -4 & -4\\ 0 & 2 & 3 & -1 & -3\end{array}\right)\xrightarrow{②\times(-1)+①}\left(\begin{array}{cccc|c}1 & 0 & 1 & 4 & 3\\ 0 & 1 & 1 & -1 & -1\\ 0 & 3 & 3 & -4 & -4\\ 0 & 2 & 3 & -1 & -3\end{array}\right)$$

$$\xrightarrow{②\times(-3)+③}\left(\begin{array}{cccc|c}1 & 0 & 1 & 4 & 3\\ 0 & 1 & 1 & -1 & -1\\ 0 & 0 & 0 & -1 & -1\\ 0 & 2 & 3 & -1 & -3\end{array}\right)\xrightarrow{②\times(-2)+④}\left(\begin{array}{cccc|c}1 & 0 & 1 & 4 & 3\\ 0 & 1 & 1 & -1 & -1\\ 0 & 0 & 0 & -1 & -1\\ 0 & 0 & 1 & 1 & -1\end{array}\right)\xrightarrow{③\leftrightarrow④}\left(\begin{array}{cccc|c}1 & 0 & 1 & 4 & 3\\ 0 & 1 & 1 & -1 & -1\\ 0 & 0 & 1 & 1 & -1\\ 0 & 0 & 0 & -1 & -1\end{array}\right)$$

$$\xrightarrow{③\times(-1)+①}\left(\begin{array}{cccc|c}1 & 0 & 0 & 3 & 4\\ 0 & 1 & 1 & -1 & -1\\ 0 & 0 & 1 & 1 & -1\\ 0 & 0 & 0 & -1 & -1\end{array}\right)\xrightarrow{③\times(-1)+②}\left(\begin{array}{cccc|c}1 & 0 & 0 & 3 & 4\\ 0 & 1 & 0 & -2 & 0\\ 0 & 0 & 1 & 1 & -1\\ 0 & 0 & 0 & -1 & -1\end{array}\right)\xrightarrow{④\times(-1)}\left(\begin{array}{cccc|c}1 & 0 & 0 & 3 & 4\\ 0 & 1 & 0 & -2 & 0\\ 0 & 0 & 1 & 1 & -1\\ 0 & 0 & 0 & 1 & 1\end{array}\right)$$

$$\xrightarrow{④\times(-3)+①}\left(\begin{array}{cccc|c}1 & 0 & 0 & 0 & 1\\ 0 & 1 & 0 & -2 & 0\\ 0 & 0 & 1 & 1 & -1\\ 0 & 0 & 0 & 1 & 1\end{array}\right)\xrightarrow{④\times2+②}\left(\begin{array}{cccc|c}1 & 0 & 0 & 0 & 1\\ 0 & 1 & 0 & 0 & 2\\ 0 & 0 & 1 & 1 & -1\\ 0 & 0 & 0 & 1 & 1\end{array}\right)\xrightarrow{④\times(-1)+③}\left(\begin{array}{cccc|c}1 & 0 & 0 & 0 & 1\\ 0 & 1 & 0 & 0 & 2\\ 0 & 0 & 1 & 0 & -2\\ 0 & 0 & 0 & 1 & 1\end{array}\right)$$

よって，求める解は $\begin{cases} x=1 \\ y=2 \\ z=-2 \\ w=1 \end{cases}$

12 行列の行基本操作 ★☆☆

次の問いに答えよ。

(1) 行列 $\begin{pmatrix} 3 & 4 \\ -2 & 0 \end{pmatrix}$ に，行基本変形を施すことにより $\begin{pmatrix} 1 & 0 \\ 0 & 1 \end{pmatrix}$ に変形せよ。

(2) 行列 $\begin{pmatrix} 3 & 2 & -1 \\ -1 & 1 & 1 \\ 4 & 1 & 2 \end{pmatrix}$ に，ある行基本操作を施すと行列 $\begin{pmatrix} 3 & 2 & -1 \\ -1 & 1 & 1 \\ 0 & 5 & 6 \end{pmatrix}$ が得られる。

この行基本操作が可逆であることを示せ。

(1) $\begin{pmatrix} 3 & 4 \\ -2 & 0 \end{pmatrix} \xrightarrow{②\times\left(-\frac{1}{2}\right)} \begin{pmatrix} 3 & 4 \\ 1 & 0 \end{pmatrix} \xrightarrow{①\leftrightarrow②} \begin{pmatrix} 1 & 0 \\ 3 & 4 \end{pmatrix} \xrightarrow{①\times(-3)+②} \begin{pmatrix} 1 & 0 \\ 0 & 4 \end{pmatrix} \xrightarrow{②\times\frac{1}{4}} \begin{pmatrix} 1 & 0 \\ 0 & 1 \end{pmatrix}$

(2) $\begin{pmatrix} 3 & 2 & -1 \\ -1 & 1 & 1 \\ 4 & 1 & 2 \end{pmatrix} \underset{②\times(-4)+③}{\overset{②\times4+③}{\rightleftarrows}} \begin{pmatrix} 3 & 2 & -1 \\ -1 & 1 & 1 \\ 0 & 5 & 6 \end{pmatrix}$

よって，考えている行基本操作は可逆である。 ■

13 行列の簡約階段化 ★☆☆

次の行列を簡約階段化せよ。

(1) $\begin{pmatrix} 1 & 2 & -2 \\ 0 & 1 & 3 \\ 0 & 2 & 1 \end{pmatrix}$　　(2) $\begin{pmatrix} -2 & 2 & -2 & 4 & -2 \\ 1 & -1 & 2 & 0 & 2 \\ -1 & 2 & -2 & 1 & 0 \\ 0 & 0 & 0 & 1 & -3 \end{pmatrix}$

(1) $\begin{pmatrix} 1 & 2 & -2 \\ 0 & 1 & 3 \\ 0 & 2 & 1 \end{pmatrix} \xrightarrow{②\times(-2)+①} \begin{pmatrix} 1 & 0 & -8 \\ 0 & 1 & 3 \\ 0 & 2 & 1 \end{pmatrix} \xrightarrow{②\times(-2)+③} \begin{pmatrix} 1 & 0 & -8 \\ 0 & 1 & 3 \\ 0 & 0 & -5 \end{pmatrix}$

$\xrightarrow{③\times\left(-\frac{1}{5}\right)} \begin{pmatrix} 1 & 0 & -8 \\ 0 & 1 & 3 \\ 0 & 0 & 1 \end{pmatrix} \xrightarrow{③\times8+①} \begin{pmatrix} 1 & 0 & 0 \\ 0 & 1 & 3 \\ 0 & 0 & 1 \end{pmatrix} \xrightarrow{③\times(-3)+①} \begin{pmatrix} \mathbf{1} & \mathbf{0} & \mathbf{0} \\ \mathbf{0} & \mathbf{1} & \mathbf{0} \\ \mathbf{0} & \mathbf{0} & \mathbf{1} \end{pmatrix}$

(2) $\begin{pmatrix} -2 & 2 & -2 & 4 & -2 \\ 1 & -1 & 2 & 0 & 2 \\ -1 & 2 & -2 & 1 & 0 \\ 0 & 0 & 0 & 1 & -3 \end{pmatrix}$

$\xrightarrow{①\leftrightarrow②} \begin{pmatrix} 1 & -1 & 2 & 0 & 2 \\ -2 & 2 & -2 & 4 & -2 \\ -1 & 2 & -2 & 1 & 0 \\ 0 & 0 & 0 & 1 & -3 \end{pmatrix} \xrightarrow{①\times2+②} \begin{pmatrix} 1 & -1 & 2 & 0 & 2 \\ 0 & 0 & 2 & 4 & 2 \\ -1 & 2 & -2 & 1 & 0 \\ 0 & 0 & 0 & 1 & -3 \end{pmatrix}$

$$\xrightarrow{\text{①}\times1+\text{③}} \begin{pmatrix}1&-1&2&0&2\\0&0&2&4&2\\0&1&0&1&2\\0&0&0&1&-3\end{pmatrix} \xrightarrow{\text{②}\longleftrightarrow\text{③}} \begin{pmatrix}1&-1&2&0&2\\0&1&0&1&2\\0&0&2&4&2\\0&0&0&1&-3\end{pmatrix}$$

$$\xrightarrow{\text{②}\times1+\text{①}} \begin{pmatrix}1&0&2&1&4\\0&1&0&1&2\\0&0&2&4&2\\0&0&0&1&-3\end{pmatrix} \xrightarrow{\text{③}\times\frac{1}{2}} \begin{pmatrix}1&0&2&1&4\\0&1&0&1&2\\0&0&1&2&1\\0&0&0&1&-3\end{pmatrix} \xrightarrow{\text{③}\times(-2)+\text{①}} \begin{pmatrix}1&0&0&-3&2\\0&1&0&1&2\\0&0&1&2&1\\0&0&0&1&-3\end{pmatrix}$$

$$\xrightarrow{\text{④}\times3+\text{①}} \begin{pmatrix}1&0&0&0&-7\\0&1&0&1&2\\0&0&1&2&1\\0&0&0&1&-3\end{pmatrix} \xrightarrow{\text{④}\times(-1)+\text{②}} \begin{pmatrix}1&0&0&0&-7\\0&1&0&0&5\\0&0&1&2&1\\0&0&0&1&-3\end{pmatrix} \xrightarrow{\text{④}\times(-2)+\text{③}} \begin{pmatrix}\mathbf{1}&\mathbf{0}&\mathbf{0}&\mathbf{0}&\mathbf{-7}\\\mathbf{0}&\mathbf{1}&\mathbf{0}&\mathbf{0}&\mathbf{5}\\\mathbf{0}&\mathbf{0}&\mathbf{1}&\mathbf{0}&\mathbf{7}\\\mathbf{0}&\mathbf{0}&\mathbf{0}&\mathbf{1}&\mathbf{-3}\end{pmatrix}$$

14　行列の階数　★☆☆

次の行列の階数を求めよ。

(1) $\begin{pmatrix}1&2&-1&0&-1\\0&1&1&-1&-1\\0&-2&2&2&2\\1&2&-1&2&1\end{pmatrix}$　　(2) $\begin{pmatrix}1&2&5&-1&-2\\0&2&2&1&1\\1&-3&0&-3&2\\0&1&0&0&1\end{pmatrix}$

(1) 与えられた行列を簡約階段化すると

$$\begin{pmatrix}1&2&-1&0&-1\\0&1&1&-1&-1\\0&-2&2&2&2\\1&2&-1&2&1\end{pmatrix}$$

$$\xrightarrow{\text{①}\times(-1)+\text{④}} \begin{pmatrix}1&2&-1&0&-1\\0&1&1&-1&-1\\0&-2&2&2&2\\0&0&0&2&2\end{pmatrix} \xrightarrow{\text{②}\times(-2)+\text{①}} \begin{pmatrix}1&0&-3&2&1\\0&1&1&-1&-1\\0&-2&2&2&2\\0&0&0&2&2\end{pmatrix} \xrightarrow{\text{②}\times2+\text{③}} \begin{pmatrix}1&0&-3&2&1\\0&1&1&-1&-1\\0&0&4&0&0\\0&0&0&2&2\end{pmatrix}$$

$$\xrightarrow{\text{③}\times\frac{1}{4}} \begin{pmatrix}1&0&-3&2&1\\0&1&1&-1&-1\\0&0&1&0&0\\0&0&0&2&2\end{pmatrix} \xrightarrow{\text{③}\times3+\text{①}} \begin{pmatrix}1&0&0&2&1\\0&1&1&-1&-1\\0&0&1&0&0\\0&0&0&2&2\end{pmatrix} \xrightarrow{\text{③}\times(-1)+\text{②}} \begin{pmatrix}1&0&0&2&1\\0&1&0&-1&-1\\0&0&1&0&0\\0&0&0&2&2\end{pmatrix}$$

$$\xrightarrow{\text{④}\times\frac{1}{2}} \begin{pmatrix}1&0&0&2&1\\0&1&0&-1&-1\\0&0&1&0&0\\0&0&0&1&1\end{pmatrix} \xrightarrow{\text{④}\times(-2)+\text{①}} \begin{pmatrix}1&0&0&0&-1\\0&1&0&-1&-1\\0&0&1&0&0\\0&0&0&1&1\end{pmatrix} \xrightarrow{\text{④}\times1+\text{②}} \begin{pmatrix}1&0&0&0&-1\\0&1&0&0&0\\0&0&1&0&0\\0&0&0&1&1\end{pmatrix}$$

よって，求める階数は　**4**

(2) 与えられた行列を簡約階段化すると

$$\begin{pmatrix}1&2&5&-1&-2\\0&2&2&1&1\\1&-3&0&-3&2\\0&1&0&0&1\end{pmatrix}$$

$$\xrightarrow{①\times(-1)+③}\begin{pmatrix}1&2&5&-1&-2\\0&2&2&1&1\\0&-5&-5&-2&4\\0&1&0&0&1\end{pmatrix}\xrightarrow{②\leftrightarrow④}\begin{pmatrix}1&2&5&-1&-2\\0&1&0&0&1\\0&-5&-5&-2&4\\0&2&2&1&1\end{pmatrix}$$

$$\xrightarrow{②\times(-2)+①}\begin{pmatrix}1&0&5&-1&-4\\0&1&0&0&1\\0&-5&-5&-2&4\\0&2&2&1&1\end{pmatrix}\xrightarrow{②\times5+③}\begin{pmatrix}1&0&5&-1&-4\\0&1&0&0&1\\0&0&-5&-2&9\\0&2&2&1&1\end{pmatrix}\xrightarrow{②\times(-2)+④}\begin{pmatrix}1&0&5&-1&-4\\0&1&0&0&1\\0&0&-5&-2&9\\0&0&2&1&-1\end{pmatrix}$$

$$\xrightarrow{③\times\left(-\frac{1}{5}\right)}\begin{pmatrix}1&0&5&-1&-4\\0&1&0&0&1\\0&0&1&\frac{2}{5}&-\frac{9}{5}\\0&0&2&1&-1\end{pmatrix}\xrightarrow{③\times(-5)+①}\begin{pmatrix}1&0&0&-3&5\\0&1&0&0&1\\0&0&1&\frac{2}{5}&-\frac{9}{5}\\0&0&2&1&-1\end{pmatrix}\xrightarrow{③\times(-2)+④}\begin{pmatrix}1&0&0&-3&5\\0&1&0&0&1\\0&0&1&\frac{2}{5}&-\frac{9}{5}\\0&0&0&\frac{1}{5}&\frac{13}{5}\end{pmatrix}$$

$$\xrightarrow{④\times5}\begin{pmatrix}1&0&0&-3&5\\0&1&0&0&1\\0&0&1&\frac{2}{5}&-\frac{9}{5}\\0&0&0&1&13\end{pmatrix}\xrightarrow{④\times3+①}\begin{pmatrix}1&0&0&0&44\\0&1&0&0&1\\0&0&1&\frac{2}{5}&-\frac{9}{5}\\0&0&0&1&13\end{pmatrix}\xrightarrow{④\times\left(-\frac{2}{5}\right)+③}\begin{pmatrix}1&0&0&0&44\\0&1&0&0&1\\0&0&1&0&-7\\0&0&0&1&13\end{pmatrix}$$

よって，求める階数は　**4**

15　文字を含む行列の階数　★★☆

行列 $\begin{pmatrix}2&1&2\\1&a&1\\b&2&4\end{pmatrix}$ (a，b は定数) の階数を求めよ。

与えられた行列に行基本変形を施すと次のようになる。

$$\begin{pmatrix}2&1&2\\1&a&1\\b&2&4\end{pmatrix}\xrightarrow{①\leftrightarrow②}\begin{pmatrix}1&a&1\\2&1&2\\b&2&4\end{pmatrix}\xrightarrow{①\times(-2)+②}\begin{pmatrix}1&a&1\\0&-2a+1&0\\b&2&4\end{pmatrix}\xrightarrow{①\times(-b)+③}\begin{pmatrix}1&a&1\\0&-2a+1&0\\0&-ab+2&-b+4\end{pmatrix}\quad\cdots\cdots ①$$

[1]　$a=\frac{1}{2}$ のとき，行列 ① は $\begin{pmatrix}1&\frac{1}{2}&1\\0&0&0\\0&-\frac{1}{2}b+2&-b+4\end{pmatrix}$ ……② となる。

(ア)　$b=4$ のとき，行列 ② は $\begin{pmatrix}1&\frac{1}{2}&1\\0&0&0\\0&0&0\end{pmatrix}$ となる。

よって，階数は　1

(イ)　$b\neq4$ のとき，行列 ② を簡約階段化すると次のようになる。

$$\begin{pmatrix}1 & \frac{1}{2} & 1\\ 0 & 0 & 0\\ 0 & -\frac{1}{2}b+2 & -b+4\end{pmatrix} \xrightarrow{③\times\frac{2}{-b+4}} \begin{pmatrix}1 & \frac{1}{2} & 1\\ 0 & 0 & 0\\ 0 & 1 & 2\end{pmatrix} \xrightarrow{②\longleftrightarrow③} \begin{pmatrix}1 & \frac{1}{2} & 1\\ 0 & 1 & 2\\ 0 & 0 & 0\end{pmatrix} \xrightarrow{②\times\left(-\frac{1}{2}\right)+①} \begin{pmatrix}1 & 0 & 0\\ 0 & 1 & 2\\ 0 & 0 & 0\end{pmatrix}$$

よって，階数は　2

[2]　$a \fallingdotseq \frac{1}{2}$ のとき，行列 ① に，更に行基本変形を施すと次のようになる。

$$\begin{pmatrix}1 & a & 1\\ 0 & -2a+1 & 0\\ 0 & -ab+2 & -b+4\end{pmatrix} \xrightarrow{②\times\frac{1}{-2a+1}} \begin{pmatrix}1 & a & 1\\ 0 & 1 & 0\\ 0 & -ab+2 & -b+4\end{pmatrix}$$

$$\xrightarrow{②\times(-a)+①} \begin{pmatrix}1 & 0 & 1\\ 0 & 1 & 0\\ 0 & -ab+2 & -b+4\end{pmatrix} \xrightarrow{②\times(ab-2)+③} \begin{pmatrix}1 & 0 & 1\\ 0 & 1 & 0\\ 0 & 0 & -b+4\end{pmatrix} \quad \cdots\cdots ③$$

(ア)　$b=4$ のとき，行列 ③ は $\begin{pmatrix}1 & 0 & 1\\ 0 & 1 & 0\\ 0 & 0 & 0\end{pmatrix}$ となる。

よって，階数は　2

(イ)　$b \fallingdotseq 4$ のとき，行列 ③ を簡約階段化すると次のようになる。

$$\begin{pmatrix}1 & 0 & 1\\ 0 & 1 & 0\\ 0 & 0 & -b+4\end{pmatrix} \xrightarrow{③\times\frac{1}{-b+4}} \begin{pmatrix}1 & 0 & 1\\ 0 & 1 & 0\\ 0 & 0 & 1\end{pmatrix} \xrightarrow{③\times(-1)+①} \begin{pmatrix}1 & 0 & 0\\ 0 & 1 & 0\\ 0 & 0 & 1\end{pmatrix}$$

よって，階数は　3

以上から，与えられた行列の階数は

$a=\frac{1}{2}$ かつ $b=4$ のとき 1；「$a=\frac{1}{2}$ かつ $b \fallingdotseq 4$」または「$a \fallingdotseq \frac{1}{2}$ かつ $b=4$」のとき 2；

$a \fallingdotseq \frac{1}{2}$ かつ $b \fallingdotseq 4$ のとき 3

16　文字を含む行列の階数　★★☆

行列 $\begin{pmatrix}1 & 1 & 1 & x\\ 1 & 1 & x & 1\\ 1 & x & 1 & 1\\ x & 1 & 1 & 1\end{pmatrix}$ (x は定数) の階数を求めよ。

与えられた行列に行基本変形を施すと

$$\begin{pmatrix}1 & 1 & 1 & x\\ 1 & 1 & x & 1\\ 1 & x & 1 & 1\\ x & 1 & 1 & 1\end{pmatrix} \xrightarrow{①\times(-1)+②} \begin{pmatrix}1 & 1 & 1 & x\\ 0 & 0 & x-1 & -x+1\\ 1 & x & 1 & 1\\ x & 1 & 1 & 1\end{pmatrix} \xrightarrow{①\times(-1)+③} \begin{pmatrix}1 & 1 & 1 & x\\ 0 & 0 & x-1 & -x+1\\ 0 & x-1 & 0 & -x+1\\ x & 1 & 1 & 1\end{pmatrix}$$

$$\xrightarrow{①\times(-x)+④} \begin{pmatrix}1 & 1 & 1 & x\\ 0 & 0 & x-1 & -x+1\\ 0 & x-1 & 0 & -x+1\\ 0 & -x+1 & -x+1 & -x^2+1\end{pmatrix} \quad \cdots\cdots ①$$

[1]　$x=1$ のとき，行列 ① は $\begin{pmatrix}1&1&1&1\\0&0&0&0\\0&0&0&0\\0&0&0&0\end{pmatrix}$ となる。

よって，階数は　1

[2]　$x\neq1$ のとき，行列 ① に，更に行基本変形を施すと

$$\begin{pmatrix}1&1&1&x\\0&0&x-1&-x+1\\0&x-1&0&-x+1\\0&-x+1&-x+1&-x^2+1\end{pmatrix}\xrightarrow{③\times\frac{1}{x-1}}\begin{pmatrix}1&1&1&x\\0&0&x-1&-x+1\\0&1&0&-1\\0&-x+1&-x+1&-x^2+1\end{pmatrix}\xrightarrow{②\leftrightarrow③}\begin{pmatrix}1&1&1&x\\0&1&0&-1\\0&0&x-1&-x+1\\0&-x+1&-x+1&-x^2+1\end{pmatrix}$$

$$\xrightarrow{②\times(-1)+①}\begin{pmatrix}1&0&1&x+1\\0&1&0&-1\\0&0&x-1&-x+1\\0&-x+1&-x+1&-x^2+1\end{pmatrix}\xrightarrow{②\times(x-1)+④}\begin{pmatrix}1&0&1&x+1\\0&1&0&-1\\0&0&x-1&-x+1\\0&0&-x+1&-x^2-x+2\end{pmatrix}\xrightarrow{③\times\frac{1}{x-1}}\begin{pmatrix}1&0&1&x+1\\0&1&0&-1\\0&0&1&-1\\0&0&-x+1&-x^2-x+2\end{pmatrix}$$

$$\xrightarrow{③\times(-1)+①}\begin{pmatrix}1&0&0&x+2\\0&1&0&-1\\0&0&1&-1\\0&0&-x+1&-x^2-x+2\end{pmatrix}\xrightarrow{③\times(x-1)+④}\begin{pmatrix}1&0&0&x+2\\0&1&0&-1\\0&0&1&-1\\0&0&0&-x^2-2x+3\end{pmatrix}\xrightarrow{④\times\left(-\frac{1}{x-1}\right)}\begin{pmatrix}1&0&0&x+2\\0&1&0&-1\\0&0&1&-1\\0&0&0&x+3\end{pmatrix}$$

…… ②

(ア)　$x=-3$ のとき，行列 ② は $\begin{pmatrix}1&0&0&-1\\0&1&0&-1\\0&0&1&-1\\0&0&0&0\end{pmatrix}$ となる。

よって，階数は　3

(イ)　$x\neq-3$ のとき，行列 ② を簡約階段化すると

$$\begin{pmatrix}1&0&0&x+2\\0&1&0&-1\\0&0&1&-1\\0&0&0&x+3\end{pmatrix}\xrightarrow{④\times\frac{1}{x+3}}\begin{pmatrix}1&0&0&x+2\\0&1&0&-1\\0&0&1&-1\\0&0&0&1\end{pmatrix}\xrightarrow{④\times\{-(x+2)\}+①}\begin{pmatrix}1&0&0&0\\0&1&0&-1\\0&0&1&-1\\0&0&0&1\end{pmatrix}$$

$$\xrightarrow{④\times1+②}\begin{pmatrix}1&0&0&0\\0&1&0&0\\0&0&1&-1\\0&0&0&1\end{pmatrix}\xrightarrow{④\times1+③}\begin{pmatrix}1&0&0&0\\0&1&0&0\\0&0&1&0\\0&0&0&1\end{pmatrix}$$

よって，階数は　4

以上から，与えられた行列の階数は　**$x=1$ のとき 1；$x=-3$ のとき 3；$x\neq1$，-3 のとき 4**

17　行基本変形と連立 1 次方程式　★☆☆

連立 1 次方程式 $\begin{cases}x+y=2\\2x-y=1\end{cases}$ を，拡大係数行列を簡約階段化することにより解け。

与えられた連立 1 次方程式は $\begin{pmatrix}1&1\\2&-1\end{pmatrix}\begin{pmatrix}x\\y\end{pmatrix}=\begin{pmatrix}2\\1\end{pmatrix}$ と表され，この拡大係数行列は $\left(\begin{array}{cc|c}1&1&2\\2&-1&1\end{array}\right)$ である。これを簡約階段化すると

$$\begin{pmatrix}1 & 1 & | & 2\\ 2 & -1 & | & 1\end{pmatrix} \xrightarrow{①\times(-2)+②} \begin{pmatrix}1 & 1 & | & 2\\ 0 & -3 & | & -3\end{pmatrix} \xrightarrow{②\times\left(-\frac{1}{3}\right)} \begin{pmatrix}1 & 1 & | & 2\\ 0 & 1 & | & 1\end{pmatrix} \xrightarrow{②\times(-1)+①} \begin{pmatrix}1 & 0 & | & 1\\ 0 & 1 & | & 1\end{pmatrix}$$

これより　$\begin{cases}\boldsymbol{x=1}\\ \boldsymbol{y=1}\end{cases}$

18　連立1次方程式が解をもつための条件　★★☆

次の連立1次方程式が解をもつための，定数aの条件を求めよ。また，そのときの解を求めよ。

(1) $\begin{cases}x\ \ +2z-\ u+5v=-1\\ \ \ y-\ z+\ u-\ v=\ \ 9\\ x\ \ +2z+\ u+3v=\ \ 1\\ \ \ y-\ z+4u-4v=\ \ a\end{cases}$　　(2) $\begin{cases}x-2y+5z-2w=\ \ 2\\ -3x+\ y+2z-\ w=-2\\ 2x-\ y+\ z+\ w=\ \ 2\\ 4x-2y-3z+aw=-1\end{cases}$

与えられた連立1次方程式を，行列を用いて表したときの係数行列をA，拡大係数行列をBとする。

(1)　$A=\begin{pmatrix}1 & 0 & 2 & -1 & 5\\ 0 & 1 & -1 & 1 & -1\\ 1 & 0 & 2 & 1 & 3\\ 0 & 1 & -1 & 4 & -4\end{pmatrix}$，$B=\begin{pmatrix}1 & 0 & 2 & -1 & 5 & | & -1\\ 0 & 1 & -1 & 1 & -1 & | & 9\\ 1 & 0 & 2 & 1 & 3 & | & 1\\ 0 & 1 & -1 & 4 & -4 & | & a\end{pmatrix}$ である。

行列Bに行基本変形を施すと

$$\begin{pmatrix}1 & 0 & 2 & -1 & 5 & | & -1\\ 0 & 1 & -1 & 1 & -1 & | & 9\\ 1 & 0 & 2 & 1 & 3 & | & 1\\ 0 & 1 & -1 & 4 & -4 & | & a\end{pmatrix}$$

$$\xrightarrow{①\times(-1)+③} \begin{pmatrix}1 & 0 & 2 & -1 & 5 & | & -1\\ 0 & 1 & -1 & 1 & -1 & | & 9\\ 0 & 0 & 0 & 2 & -2 & | & 2\\ 0 & 1 & -1 & 4 & -4 & | & a\end{pmatrix} \xrightarrow{②\times(-1)+④} \begin{pmatrix}1 & 0 & 2 & -1 & 5 & | & -1\\ 0 & 1 & -1 & 1 & -1 & | & 9\\ 0 & 0 & 0 & 2 & -2 & | & 2\\ 0 & 0 & 0 & 3 & -3 & | & a-9\end{pmatrix}$$

$$\xrightarrow{③\times\frac{1}{2}} \begin{pmatrix}1 & 0 & 2 & -1 & 5 & | & -1\\ 0 & 1 & -1 & 1 & -1 & | & 9\\ 0 & 0 & 0 & 1 & -1 & | & 1\\ 0 & 0 & 0 & 3 & -3 & | & a-9\end{pmatrix} \xrightarrow{③\times1+①} \begin{pmatrix}1 & 0 & 2 & 0 & 4 & | & 0\\ 0 & 1 & -1 & 1 & -1 & | & 9\\ 0 & 0 & 0 & 1 & -1 & | & 1\\ 0 & 0 & 0 & 3 & -3 & | & a-9\end{pmatrix}$$

$$\xrightarrow{③\times(-1)+②} \begin{pmatrix}1 & 0 & 2 & 0 & 4 & | & 0\\ 0 & 1 & -1 & 0 & 0 & | & 8\\ 0 & 0 & 0 & 1 & -1 & | & 1\\ 0 & 0 & 0 & 3 & -3 & | & a-9\end{pmatrix} \xrightarrow{③\times(-3)+④} \begin{pmatrix}1 & 0 & 2 & 0 & 4 & | & 0\\ 0 & 1 & -1 & 0 & 0 & | & 8\\ 0 & 0 & 0 & 1 & -1 & | & 1\\ 0 & 0 & 0 & 0 & 0 & | & a-12\end{pmatrix}$$

[1]　$a-12\neq0$ すなわち $a\neq12$ のとき

$\operatorname{rank}A=3$，$\operatorname{rank}B=4$ より，$\operatorname{rank}A\neq\operatorname{rank}B$ であるから，与えられた連立1次方程式は解をもたない。

[2]　$a-12=0$ すなわち $a=12$ のとき

$\operatorname{rank}A=3$，$\operatorname{rank}B=3$ より，$\operatorname{rank}A=\operatorname{rank}B$ であるから，与えられた連立1次方程式は解をもつ。

よって，与えられた連立1次方程式が解をもつための条件は　　$\boldsymbol{a=12}$

また，求める解は $\begin{cases} x= -2c-4d \\ y=8+c \\ z=c \\ u=1+d \\ v=d \end{cases}$ （c，d は任意定数）

(2) $A=\begin{pmatrix} 1 & -2 & 5 & -2 \\ -3 & 1 & 2 & -1 \\ 2 & -1 & 1 & 1 \\ 4 & -2 & -3 & a \end{pmatrix}$，$B=\left(\begin{array}{cccc|c} 1 & -2 & 5 & -2 & 2 \\ -3 & 1 & 2 & -1 & -2 \\ 2 & -1 & 1 & 1 & 2 \\ 4 & -2 & -3 & a & -1 \end{array}\right)$ である。

行列 B に行基本変形を施すと

$$\left(\begin{array}{cccc|c} 1 & -2 & 5 & -2 & 2 \\ -3 & 1 & 2 & -1 & -2 \\ 2 & -1 & 1 & 1 & 2 \\ 4 & -2 & -3 & a & -1 \end{array}\right) \xrightarrow{①\times3+②} \left(\begin{array}{cccc|c} 1 & -2 & 5 & -2 & 2 \\ 0 & -5 & 17 & -7 & 4 \\ 2 & -1 & 1 & 1 & 2 \\ 4 & -2 & -3 & a & -1 \end{array}\right)$$

$$\xrightarrow{①\times(-2)+③} \left(\begin{array}{cccc|c} 1 & -2 & 5 & -2 & 2 \\ 0 & -5 & 17 & -7 & 4 \\ 0 & 3 & -9 & 5 & -2 \\ 4 & -2 & -3 & a & -1 \end{array}\right) \xrightarrow{①\times(-4)+④} \left(\begin{array}{cccc|c} 1 & -2 & 5 & -2 & 2 \\ 0 & -5 & 17 & -7 & 4 \\ 0 & 3 & -9 & 5 & -2 \\ 0 & 6 & -23 & a+8 & -9 \end{array}\right)$$

$$\xrightarrow{②\times\left(-\frac{1}{5}\right)} \left(\begin{array}{cccc|c} 1 & -2 & 5 & -2 & 2 \\ 0 & 1 & -\frac{17}{5} & \frac{7}{5} & -\frac{4}{5} \\ 0 & 3 & -9 & 5 & -2 \\ 0 & 6 & -23 & a+8 & -9 \end{array}\right) \xrightarrow{②\times2+①} \left(\begin{array}{cccc|c} 1 & 0 & -\frac{9}{5} & \frac{4}{5} & \frac{2}{5} \\ 0 & 1 & -\frac{17}{5} & \frac{7}{5} & -\frac{4}{5} \\ 0 & 3 & -9 & 5 & -2 \\ 0 & 6 & -23 & a+8 & -9 \end{array}\right)$$

$$\xrightarrow{②\times(-3)+③} \left(\begin{array}{cccc|c} 1 & 0 & -\frac{9}{5} & \frac{4}{5} & \frac{2}{5} \\ 0 & 1 & -\frac{17}{5} & \frac{7}{5} & -\frac{4}{5} \\ 0 & 0 & \frac{6}{5} & \frac{4}{5} & \frac{2}{5} \\ 0 & 6 & -23 & a+8 & -9 \end{array}\right) \xrightarrow{②\times(-6)+④} \left(\begin{array}{cccc|c} 1 & 0 & -\frac{9}{5} & \frac{4}{5} & \frac{2}{5} \\ 0 & 1 & -\frac{17}{5} & \frac{7}{5} & -\frac{4}{5} \\ 0 & 0 & \frac{6}{5} & \frac{4}{5} & \frac{2}{5} \\ 0 & 0 & -\frac{13}{5} & a-\frac{2}{5} & -\frac{21}{5} \end{array}\right)$$

$$\xrightarrow{③\times\frac{5}{6}} \left(\begin{array}{cccc|c} 1 & 0 & -\frac{9}{5} & \frac{4}{5} & \frac{2}{5} \\ 0 & 1 & -\frac{17}{5} & \frac{7}{5} & -\frac{4}{5} \\ 0 & 0 & 1 & \frac{2}{3} & \frac{1}{3} \\ 0 & 0 & -\frac{13}{5} & a-\frac{2}{5} & -\frac{21}{5} \end{array}\right) \xrightarrow{③\times\frac{9}{5}+①} \left(\begin{array}{cccc|c} 1 & 0 & 0 & 2 & 1 \\ 0 & 1 & -\frac{17}{5} & \frac{7}{5} & -\frac{4}{5} \\ 0 & 0 & 1 & \frac{2}{3} & \frac{1}{3} \\ 0 & 0 & -\frac{13}{5} & a-\frac{2}{5} & -\frac{21}{5} \end{array}\right)$$

$$\xrightarrow{③\times\frac{17}{5}+②} \left(\begin{array}{cccc|c} 1 & 0 & 0 & 2 & 1 \\ 0 & 1 & 0 & \frac{11}{3} & \frac{1}{3} \\ 0 & 0 & 1 & \frac{2}{3} & \frac{1}{3} \\ 0 & 0 & -\frac{13}{5} & a-\frac{2}{5} & -\frac{21}{5} \end{array}\right) \xrightarrow{③\times\frac{13}{5}+④} \left(\begin{array}{cccc|c} 1 & 0 & 0 & 2 & 1 \\ 0 & 1 & 0 & \frac{11}{3} & \frac{1}{3} \\ 0 & 0 & 1 & \frac{2}{3} & \frac{1}{3} \\ 0 & 0 & 0 & a+\frac{4}{3} & -\frac{10}{3} \end{array}\right)$$

[1]　$a+\frac{4}{3}=0$ すなわち $a=-\frac{4}{3}$ のとき

rank $A=3$，rank $B=4$ より，rank $A\neq$ rank B であるから，与えられた連立1次方程式は解をもたない。

[2]　$a+\frac{4}{3}\neq 0$ すなわち $a\neq -\frac{4}{3}$ のとき

rank $A=4$，rank $B=4$ より，rank $A=$ rank B であるから，与えられた連立1次方程式は解をもつ。

よって，与えられた連立1次方程式が解をもつための条件は　　$\boldsymbol{a\neq -\frac{4}{3}}$

また，求める解は

$$\begin{cases} \boldsymbol{x=\dfrac{3a+24}{3a+4}} \\ \boldsymbol{y=\dfrac{a+38}{3a+4}} \\ \boldsymbol{z=\dfrac{a+8}{3a+4}} \\ \boldsymbol{w=-\dfrac{10}{3a+4}} \end{cases}$$

19　行基本操作と基本行列　★☆☆

次の行列に，それぞれ括弧内で示された基本行列を左から掛けて，その結果が対応する行基本操作を施したものであることを示せ。

(1) $\begin{pmatrix} 1 & 2 & 3 \\ -2 & 3 & 1 \\ 3 & -1 & 2 \end{pmatrix}$ $(P_{21}(2))$　　(2) $\begin{pmatrix} 2 & 1 & 2 & 3 \\ 2 & 1 & -1 & 2 \\ -1 & 2 & 3 & 0 \end{pmatrix}$ $(P_3(-1))$

(1)　基本行列 $\begin{pmatrix} 1 & 0 & 0 \\ 2 & 1 & 0 \\ 0 & 0 & 1 \end{pmatrix}$ を与えられた行列に左から掛けると

$$\begin{pmatrix} 1 & 0 & 0 \\ 2 & 1 & 0 \\ 0 & 0 & 1 \end{pmatrix}\begin{pmatrix} 1 & 2 & 3 \\ -2 & 3 & 1 \\ 3 & -1 & 2 \end{pmatrix}$$
$$=\begin{pmatrix} 1\cdot1+0\cdot(-2)+0\cdot3 & 1\cdot2+0\cdot3+0\cdot(-1) & 1\cdot3+0\cdot1+0\cdot2 \\ 2\cdot1+1\cdot(-2)+0\cdot3 & 2\cdot2+1\cdot3+0\cdot(-1) & 2\cdot3+1\cdot1+0\cdot2 \\ 0\cdot1+0\cdot(-2)+1\cdot3 & 0\cdot2+0\cdot3+1\cdot(-1) & 0\cdot3+0\cdot1+1\cdot2 \end{pmatrix}=\begin{pmatrix} 1 & 2 & 3 \\ 0 & 7 & 7 \\ 3 & -1 & 2 \end{pmatrix}$$

よって，与えられた行列に基本行列 $P_{21}(2)$ を左から掛けた結果は，与えられた行列の1行目の2倍を2行目に足す行基本操作を施したものである。 ■

(2)　基本行列 $\begin{pmatrix} 1 & 0 & 0 \\ 0 & 1 & 0 \\ 0 & 0 & -1 \end{pmatrix}$ を与えられた行列に左から掛けると

$$\begin{pmatrix} 1 & 0 & 0 \\ 0 & 1 & 0 \\ 0 & 0 & -1 \end{pmatrix}\begin{pmatrix} 2 & 1 & 2 & 3 \\ 2 & 1 & -1 & 2 \\ -1 & 2 & 3 & 0 \end{pmatrix}$$

$$=\begin{pmatrix} 1\cdot2+0\cdot2+0\cdot(-1) & 1\cdot1+0\cdot1+0\cdot2 & 1\cdot2+0\cdot(-1)+0\cdot3 & 1\cdot3+0\cdot2+0\cdot0 \\ 0\cdot2+1\cdot2+0\cdot(-1) & 0\cdot1+1\cdot1+0\cdot2 & 0\cdot2+1\cdot(-1)+0\cdot3 & 0\cdot3+1\cdot2+0\cdot0 \\ 0\cdot2+0\cdot2+(-1)\cdot(-1) & 0\cdot1+0\cdot1+(-1)\cdot2 & 0\cdot2+0\cdot(-1)+(-1)\cdot3 & 0\cdot3+0\cdot2+(-1)\cdot0 \end{pmatrix}$$

$$=\begin{pmatrix} 2 & 1 & 2 & 3 \\ 2 & 1 & -1 & 2 \\ 1 & -2 & -3 & 0 \end{pmatrix}$$

よって，与えられた行列に基本行列 $P_3(-1)$ を左から掛けた結果は，与えられた行列の 3 行目を (-1) 倍する行基本操作を施したものである。■

20　行基本操作と基本行列　★☆☆

行列Aに，行基本操作 ①×2+②，①×(−2)+③，②×1+③，③×(−1)+①，③×(−2)+② を，左から順に施した結果を，基本行列を用いて表せ。

行基本操作 ①×2+② を施した結果は，基本行列 $P_{21}(2)$ を行列Aに左から掛けた結果に等しく，行基本操作 ①×(−2)+③ を施した結果は，基本行列 $P_{31}(-2)$ を更に左から掛けた結果に等しく，行基本操作 ②×1+③ を施した結果は，基本行列 $P_{32}(1)$ を更に左から掛けた結果に等しく，行基本操作 ③×(−1)+① を施した結果は，基本行列 $P_{13}(-1)$ を更に左から掛けた結果に等しく，行基本操作 ③×(−2)+② を施した結果は，基本行列 $P_{23}(-2)$ を更に左から掛けた結果に等しい。

よって　　$\boldsymbol{P_{23}(-2)P_{13}(-1)P_{32}(1)P_{31}(-2)P_{21}(2)A}$

21　列基本操作と基本行列　★☆☆

(1)　次の行列に，それぞれ括弧内で示された列基本操作を施した結果を答えよ。

(ア)　$\begin{pmatrix} a & b \\ c & d \end{pmatrix}$　(1⇔2)　　　(イ)　$\begin{pmatrix} 2 & 2 & -3 \\ 0 & -1 & 2 \end{pmatrix}$　$\left(1\times\frac{1}{2}\right)$

(2)　次の行列に，それぞれ括弧内で示された基本行列を右から掛けて，その結果がそれぞれ(1)の結果に一致することを示せ。

(ア)　$\begin{pmatrix} a & b \\ c & d \end{pmatrix}$　(P_{12})　　　(イ)　$\begin{pmatrix} 2 & 2 & -3 \\ 0 & -1 & 2 \end{pmatrix}$　$\left(P_1\left(\frac{1}{2}\right)\right)$

(1)　(ア)　$\begin{pmatrix} a & b \\ c & d \end{pmatrix}\longrightarrow\begin{pmatrix} \boldsymbol{b} & \boldsymbol{a} \\ \boldsymbol{d} & \boldsymbol{c} \end{pmatrix}$　　(イ)　$\begin{pmatrix} 2 & 2 & -3 \\ 0 & -1 & 2 \end{pmatrix}\longrightarrow\begin{pmatrix} \mathbf{1} & \mathbf{2} & \mathbf{-3} \\ \mathbf{0} & \mathbf{-1} & \mathbf{2} \end{pmatrix}$

(2)　(ア)　基本行列 $\begin{pmatrix} 0 & 1 \\ 1 & 0 \end{pmatrix}$ を与えられた行列に右から掛けると

$$\begin{pmatrix} a & b \\ c & d \end{pmatrix}\begin{pmatrix} 0 & 1 \\ 1 & 0 \end{pmatrix}=\begin{pmatrix} a\cdot0+b\cdot1 & a\cdot1+b\cdot0 \\ c\cdot0+d\cdot1 & c\cdot1+d\cdot0 \end{pmatrix}=\begin{pmatrix} b & a \\ d & c \end{pmatrix}$$

よって，積は(1)の(ア)の結果に一致する。■

(イ)　基本行列 $\begin{pmatrix} \frac{1}{2} & 0 & 0 \\ 0 & 1 & 0 \\ 0 & 0 & 1 \end{pmatrix}$ を与えられた行列に右から掛けると

$$\begin{pmatrix} 2 & 2 & -3 \\ 0 & -1 & 2 \end{pmatrix}\begin{pmatrix} \frac{1}{2} & 0 & 0 \\ 0 & 1 & 0 \\ 0 & 0 & 1 \end{pmatrix}$$

$$=\begin{pmatrix} 2\cdot\dfrac{1}{2}+2\cdot0+(-3)\cdot0 & 2\cdot0+2\cdot1+(-3)\cdot0 & 2\cdot0+2\cdot0+(-3)\cdot1 \\ 0\cdot\dfrac{1}{2}+(-1)\cdot0+2\cdot0 & 0\cdot0+(-1)\cdot1+2\cdot0 & 0\cdot0+(-1)\cdot0+2\cdot1 \end{pmatrix}=\begin{pmatrix} 1 & 2 & -3 \\ 0 & -1 & 2 \end{pmatrix}$$

よって，積は (1) の (イ) の結果に一致する。 ■

22　行列の簡約階段形と標準形　★☆☆

次の行列の簡約階段形および標準形を求めよ。

(1) $\begin{pmatrix} 1 & 5 & 3 \\ 2 & -4 & -1 \end{pmatrix}$　(2) $\begin{pmatrix} 2 & 1 & 3 \\ 0 & 1 & 1 \\ -3 & -2 & -5 \end{pmatrix}$　(3) $\begin{pmatrix} 1 & -3 & 1 & 0 \\ 0 & -2 & 1 & 1 \\ 0 & 1 & 0 & 0 \end{pmatrix}$

(1) 与えられた行列を簡約階段化すると

$$\begin{pmatrix} 1 & 5 & 3 \\ 2 & -4 & -1 \end{pmatrix} \xrightarrow{\text{①}\times(-2)+\text{②}} \begin{pmatrix} 1 & 5 & 3 \\ 0 & -14 & -7 \end{pmatrix} \xrightarrow{\text{②}\times\left(-\frac{1}{14}\right)} \begin{pmatrix} 1 & 5 & 3 \\ 0 & 1 & \dfrac{1}{2} \end{pmatrix} \xrightarrow{\text{②}\times(-5)+\text{①}} \begin{pmatrix} 1 & 0 & \dfrac{1}{2} \\ 0 & 1 & \dfrac{1}{2} \end{pmatrix}$$

よって，簡約階段形は $\begin{pmatrix} \mathbf{1} & \mathbf{0} & \boldsymbol{\dfrac{1}{2}} \\ \mathbf{0} & \mathbf{1} & \boldsymbol{\dfrac{1}{2}} \end{pmatrix}$

これに列基本変形を施すと $\begin{pmatrix} 1 & 0 & \dfrac{1}{2} \\ 0 & 1 & \dfrac{1}{2} \end{pmatrix} \xrightarrow{\boxed{1}\times\left(-\frac{1}{2}\right)+\boxed{3}} \begin{pmatrix} 1 & 0 & 0 \\ 0 & 1 & \dfrac{1}{2} \end{pmatrix} \xrightarrow{\boxed{2}\times\left(-\frac{1}{2}\right)+\boxed{3}} \begin{pmatrix} 1 & 0 & 0 \\ 0 & 1 & 0 \end{pmatrix}$

よって，標準形は $\begin{pmatrix} \mathbf{1} & \mathbf{0} & \mathbf{0} \\ \mathbf{0} & \mathbf{1} & \mathbf{0} \end{pmatrix}$

(2) 与えられた行列を簡約階段化すると

$$\begin{pmatrix} 2 & 1 & 3 \\ 0 & 1 & 1 \\ -3 & -2 & -5 \end{pmatrix} \xrightarrow{\text{①}\times\frac{1}{2}} \begin{pmatrix} 1 & \dfrac{1}{2} & \dfrac{3}{2} \\ 0 & 1 & 1 \\ -3 & -2 & -5 \end{pmatrix} \xrightarrow{\text{①}\times3+\text{③}} \begin{pmatrix} 1 & \dfrac{1}{2} & \dfrac{3}{2} \\ 0 & 1 & 1 \\ 0 & -\dfrac{1}{2} & -\dfrac{1}{2} \end{pmatrix}$$

$$\xrightarrow{\text{②}\times\left(-\frac{1}{2}\right)+\text{①}} \begin{pmatrix} 1 & 0 & 1 \\ 0 & 1 & 1 \\ 0 & -\dfrac{1}{2} & -\dfrac{1}{2} \end{pmatrix} \xrightarrow{\text{②}\times\frac{1}{2}+\text{③}} \begin{pmatrix} 1 & 0 & 1 \\ 0 & 1 & 1 \\ 0 & 0 & 0 \end{pmatrix}$$

よって，簡約階段形は $\begin{pmatrix} \mathbf{1} & \mathbf{0} & \mathbf{1} \\ \mathbf{0} & \mathbf{1} & \mathbf{1} \\ \mathbf{0} & \mathbf{0} & \mathbf{0} \end{pmatrix}$

これに列基本変形を施すと $\begin{pmatrix} 1 & 0 & 1 \\ 0 & 1 & 1 \\ 0 & 0 & 0 \end{pmatrix} \xrightarrow{\boxed{1}\times(-1)+\boxed{3}} \begin{pmatrix} 1 & 0 & 0 \\ 0 & 1 & 1 \\ 0 & 0 & 0 \end{pmatrix} \xrightarrow{\boxed{2}\times(-1)+\boxed{3}} \begin{pmatrix} 1 & 0 & 0 \\ 0 & 1 & 0 \\ 0 & 0 & 0 \end{pmatrix}$

よって，標準形は $\begin{pmatrix} \mathbf{1} & \mathbf{0} & \mathbf{0} \\ \mathbf{0} & \mathbf{1} & \mathbf{0} \\ \mathbf{0} & \mathbf{0} & \mathbf{0} \end{pmatrix}$

(3) 与えられた行列を簡約階段化すると

$$\begin{pmatrix} 1 & -3 & 1 & 0 \\ 0 & -2 & 1 & 1 \\ 0 & 1 & 0 & 0 \end{pmatrix} \xrightarrow{②\leftrightarrow③} \begin{pmatrix} 1 & -3 & 1 & 0 \\ 0 & 1 & 0 & 0 \\ 0 & -2 & 1 & 1 \end{pmatrix} \xrightarrow{②\times3+①} \begin{pmatrix} 1 & 0 & 1 & 0 \\ 0 & 1 & 0 & 0 \\ 0 & -2 & 1 & 1 \end{pmatrix} \xrightarrow{②\times2+③} \begin{pmatrix} 1 & 0 & 1 & 0 \\ 0 & 1 & 0 & 0 \\ 0 & 0 & 1 & 1 \end{pmatrix} \xrightarrow{③\times(-1)+①} \begin{pmatrix} 1 & 0 & 0 & -1 \\ 0 & 1 & 0 & 0 \\ 0 & 0 & 1 & 1 \end{pmatrix}$$

よって，簡約階段形は $\begin{pmatrix} \mathbf{1} & \mathbf{0} & \mathbf{0} & \mathbf{-1} \\ \mathbf{0} & \mathbf{1} & \mathbf{0} & \mathbf{0} \\ \mathbf{0} & \mathbf{0} & \mathbf{1} & \mathbf{1} \end{pmatrix}$

これに列基本変形を施すと $\begin{pmatrix} 1 & 0 & 0 & -1 \\ 0 & 1 & 0 & 0 \\ 0 & 0 & 1 & 1 \end{pmatrix} \xrightarrow{\boxed{1}\times1\times\boxed{4}} \begin{pmatrix} 1 & 0 & 0 & 0 \\ 0 & 1 & 0 & 0 \\ 0 & 0 & 1 & 1 \end{pmatrix} \xrightarrow{\boxed{3}\times(-1)+\boxed{4}} \begin{pmatrix} 1 & 0 & 0 & 0 \\ 0 & 1 & 0 & 0 \\ 0 & 0 & 1 & 0 \end{pmatrix}$

よって，標準形は $\begin{pmatrix} \mathbf{1} & \mathbf{0} & \mathbf{0} & \mathbf{0} \\ \mathbf{0} & \mathbf{1} & \mathbf{0} & \mathbf{0} \\ \mathbf{0} & \mathbf{0} & \mathbf{1} & \mathbf{0} \end{pmatrix}$

23 連立1次方程式と逆行列

★☆☆

連立1次方程式 $\begin{cases} x+3y=-1 \\ 2x+5y=\ \ 4 \end{cases}$ を行列を用いて表し，係数行列の逆行列を求めることにより解け。

与えられた連立1次方程式を行列を用いて表すと $\begin{pmatrix} 1 & 3 \\ 2 & 5 \end{pmatrix}\begin{pmatrix} x \\ y \end{pmatrix}=\begin{pmatrix} -1 \\ 4 \end{pmatrix}$

係数行列の逆行列は $\dfrac{1}{1\cdot5-3\cdot2}\begin{pmatrix} 5 & -3 \\ -2 & 1 \end{pmatrix}=\begin{pmatrix} -5 & 3 \\ 2 & -1 \end{pmatrix}$

ゆえに $\begin{pmatrix} x \\ y \end{pmatrix}=\begin{pmatrix} -5 & 3 \\ 2 & -1 \end{pmatrix}\begin{pmatrix} -1 \\ 4 \end{pmatrix}=\begin{pmatrix} (-5)\cdot(-1)+3\cdot4 \\ 2\cdot(-1)+(-1)\cdot4 \end{pmatrix}=\begin{pmatrix} 17 \\ -6 \end{pmatrix}$

よって，求める解は $\begin{cases} \boldsymbol{x}=\ \ \mathbf{17} \\ \boldsymbol{y}=-\ \mathbf{6} \end{cases}$

24 基本行列の積で表された行列の逆行列

★☆☆

行列 $P_{13}P_{23}(2)P_3(-1)$ の逆行列を，基本行列の積の形で表せ。

$P_{13}{}^{-1}=P_{13}$，$\{P_{23}(2)\}^{-1}=P_{23}(-2)$，$\{P_3(-1)\}^{-1}=P_3(-1)$ であるから

$$\{P_{13}P_{23}(2)P_3(-1)\}^{-1}=\{P_3(-1)\}^{-1}\{P_{23}(2)\}^{-1}P_{13}{}^{-1}=\boldsymbol{P_3(-1)P_{23}(-2)P_{13}}$$

25 逆行列と行基本変形の定理

★☆☆

$ad-bc\neq0$ のとき，行列 $\begin{pmatrix} a & b \\ c & d \end{pmatrix}$ から行列 $\begin{pmatrix} 1 & 0 \\ 0 & 1 \end{pmatrix}$ を得るために施す行基本変形を，行列 $\begin{pmatrix} 1 & 0 \\ 0 & 1 \end{pmatrix}$ に施すことにより，行列 $\begin{pmatrix} a & b \\ c & d \end{pmatrix}$ の逆行列が得られることを示せ。

[1]　$a=0$ のとき

$-bc\neq 0$ より，$b\neq 0$ かつ $c\neq 0$ であるから

$$\begin{pmatrix} 0 & b \\ c & d \end{pmatrix} \xrightarrow{②\times\frac{1}{c}} \begin{pmatrix} 0 & b \\ 1 & \frac{d}{c} \end{pmatrix} \xrightarrow{①\leftrightarrow②} \begin{pmatrix} 1 & \frac{d}{c} \\ 0 & b \end{pmatrix} \xrightarrow{②\times\frac{1}{b}} \begin{pmatrix} 1 & \frac{d}{c} \\ 0 & 1 \end{pmatrix} \xrightarrow{②\times\left(-\frac{d}{c}\right)+①} \begin{pmatrix} 1 & 0 \\ 0 & 1 \end{pmatrix}$$

行列 $\begin{pmatrix} 1 & 0 \\ 0 & 1 \end{pmatrix}$ に同じ行基本変形を施すと

$$\begin{pmatrix} 1 & 0 \\ 0 & 1 \end{pmatrix} \xrightarrow{②\times\frac{1}{c}} \begin{pmatrix} 1 & 0 \\ 0 & \frac{1}{c} \end{pmatrix} \xrightarrow{①\leftrightarrow②} \begin{pmatrix} 0 & \frac{1}{c} \\ 1 & 0 \end{pmatrix} \xrightarrow{②\times\frac{1}{b}} \begin{pmatrix} 0 & \frac{1}{c} \\ \frac{1}{b} & 0 \end{pmatrix} \xrightarrow{②\times\left(-\frac{d}{c}\right)+①} \begin{pmatrix} -\frac{d}{bc} & \frac{1}{c} \\ \frac{1}{b} & 0 \end{pmatrix}$$

このとき　$\begin{pmatrix} -\frac{d}{bc} & \frac{1}{c} \\ \frac{1}{b} & 0 \end{pmatrix}\begin{pmatrix} 0 & b \\ c & d \end{pmatrix}=\begin{pmatrix} 1 & 0 \\ 0 & 1 \end{pmatrix}$, $\begin{pmatrix} 0 & b \\ c & d \end{pmatrix}\begin{pmatrix} -\frac{d}{bc} & \frac{1}{c} \\ \frac{1}{b} & 0 \end{pmatrix}=\begin{pmatrix} 1 & 0 \\ 0 & 1 \end{pmatrix}$

よって，行列 $\begin{pmatrix} -\frac{d}{bc} & \frac{1}{c} \\ \frac{1}{b} & 0 \end{pmatrix}$ は行列 $\begin{pmatrix} 0 & b \\ c & d \end{pmatrix}$ の逆行列であるから，行列 $\begin{pmatrix} 0 & b \\ c & d \end{pmatrix}$ から行列 $\begin{pmatrix} 1 & 0 \\ 0 & 1 \end{pmatrix}$ を得るために施す行基本変形を，行列 $\begin{pmatrix} 1 & 0 \\ 0 & 1 \end{pmatrix}$ に施すことにより，行列 $\begin{pmatrix} 0 & b \\ c & d \end{pmatrix}$ の逆行列が得られる。

[2]　$a\neq 0$ のとき

$$\begin{pmatrix} a & b \\ c & d \end{pmatrix} \xrightarrow{①\times\frac{1}{a}} \begin{pmatrix} 1 & \frac{b}{a} \\ c & d \end{pmatrix} \xrightarrow{①\times(-c)+②} \begin{pmatrix} 1 & \frac{b}{a} \\ 0 & \frac{ad-bc}{a} \end{pmatrix} \xrightarrow{②\times\frac{a}{ad-bc}} \begin{pmatrix} 1 & \frac{b}{a} \\ 0 & 1 \end{pmatrix} \xrightarrow{②\times\left(-\frac{b}{a}\right)+①} \begin{pmatrix} 1 & 0 \\ 0 & 1 \end{pmatrix}$$

行列 $\begin{pmatrix} 1 & 0 \\ 0 & 1 \end{pmatrix}$ に同じ行基本変形を施すと

$$\begin{pmatrix} 1 & 0 \\ 0 & 1 \end{pmatrix} \xrightarrow{①\times\frac{1}{a}} \begin{pmatrix} \frac{1}{a} & 0 \\ 0 & 1 \end{pmatrix} \xrightarrow{①\times(-c)+②} \begin{pmatrix} \frac{1}{a} & 0 \\ -\frac{c}{a} & 1 \end{pmatrix}$$

$$\xrightarrow{②\times\frac{a}{ad-bc}} \begin{pmatrix} \frac{1}{a} & 0 \\ -\frac{c}{ad-bc} & \frac{a}{ad-bc} \end{pmatrix} \xrightarrow{②\times\left(-\frac{b}{a}\right)+①} \begin{pmatrix} \frac{d}{ad-bc} & -\frac{b}{ad-bc} \\ -\frac{c}{ad-bc} & \frac{a}{ad-bc} \end{pmatrix}$$

このとき　$\begin{pmatrix} \frac{d}{ad-bc} & -\frac{b}{ad-bc} \\ -\frac{c}{ad-bc} & \frac{a}{ad-bc} \end{pmatrix}\begin{pmatrix} a & b \\ c & d \end{pmatrix}=\begin{pmatrix} 1 & 0 \\ 0 & 1 \end{pmatrix}$

$$\begin{pmatrix} a & b \\ c & d \end{pmatrix}\begin{pmatrix} \frac{d}{ad-bc} & -\frac{b}{ad-bc} \\ -\frac{c}{ad-bc} & \frac{a}{ad-bc} \end{pmatrix}=\begin{pmatrix} 1 & 0 \\ 0 & 1 \end{pmatrix}$$

よって，行列 $\begin{pmatrix} \dfrac{d}{ad-bc} & -\dfrac{b}{ad-bc} \\ -\dfrac{c}{ad-bc} & \dfrac{a}{ad-bc} \end{pmatrix}$ は行列 $\begin{pmatrix} a & b \\ c & d \end{pmatrix}$ の逆行列であるから，行列 $\begin{pmatrix} a & b \\ c & d \end{pmatrix}$ から行列 $\begin{pmatrix} 1 & 0 \\ 0 & 1 \end{pmatrix}$ を得るために施す行基本変形を，行列 $\begin{pmatrix} 1 & 0 \\ 0 & 1 \end{pmatrix}$ に施すことにより，行列 $\begin{pmatrix} a & b \\ c & d \end{pmatrix}$ の逆行列が得られる。

したがって，行列 $\begin{pmatrix} a & b \\ c & d \end{pmatrix}$ から行列 $\begin{pmatrix} 1 & 0 \\ 0 & 1 \end{pmatrix}$ を得るために施す行基本変形を，行列 $\begin{pmatrix} 1 & 0 \\ 0 & 1 \end{pmatrix}$ に施すことにより，行列 $\begin{pmatrix} a & b \\ c & d \end{pmatrix}$ の逆行列が得られる。 ■

26 逆行列 ★☆☆

次の行列の逆行列を求めよ。

(1) $\begin{pmatrix} 0 & 1 & -1 \\ 1 & -2 & 2 \\ -1 & 2 & -1 \end{pmatrix}$ (2) $\begin{pmatrix} 3 & -2 & -2 \\ 1 & -1 & 4 \\ 0 & -1 & 2 \end{pmatrix}$

それぞれ与えられた行列を A とし，$E=\begin{pmatrix} 1 & 0 & 0 \\ 0 & 1 & 0 \\ 0 & 0 & 1 \end{pmatrix}$ とする。

(1) 行列 $(A \mid E)$ を簡約階段化すると

$$\left(\begin{array}{ccc|ccc} 0 & 1 & -1 & 1 & 0 & 0 \\ 1 & -2 & 2 & 0 & 1 & 0 \\ -1 & 2 & -1 & 0 & 0 & 1 \end{array}\right) \xrightarrow{①\leftrightarrow②} \left(\begin{array}{ccc|ccc} 1 & -2 & 2 & 0 & 1 & 0 \\ 0 & 1 & -1 & 1 & 0 & 0 \\ -1 & 2 & -1 & 0 & 0 & 1 \end{array}\right) \xrightarrow{①\times1+③} \left(\begin{array}{ccc|ccc} 1 & -2 & 2 & 0 & 1 & 0 \\ 0 & 1 & -1 & 1 & 0 & 0 \\ 0 & 0 & 1 & 0 & 1 & 1 \end{array}\right)$$

$$\xrightarrow{②\times2+①} \left(\begin{array}{ccc|ccc} 1 & 0 & 0 & 2 & 1 & 0 \\ 0 & 1 & -1 & 1 & 0 & 0 \\ 0 & 0 & 1 & 0 & 1 & 1 \end{array}\right) \xrightarrow{③\times1+②} \left(\begin{array}{ccc|ccc} 1 & 0 & 0 & 2 & 1 & 0 \\ 0 & 1 & 0 & 1 & 1 & 1 \\ 0 & 0 & 1 & 0 & 1 & 1 \end{array}\right)$$

よって，求める逆行列は $\begin{pmatrix} \mathbf{2} & \mathbf{1} & \mathbf{0} \\ \mathbf{1} & \mathbf{1} & \mathbf{1} \\ \mathbf{0} & \mathbf{1} & \mathbf{1} \end{pmatrix}$

(2) 行列 $(A \mid E)$ を簡約階段化すると

$$\left(\begin{array}{ccc|ccc} 3 & -2 & -2 & 1 & 0 & 0 \\ 1 & -1 & 4 & 0 & 1 & 0 \\ 0 & -1 & 2 & 0 & 0 & 1 \end{array}\right) \xrightarrow{①\leftrightarrow②} \left(\begin{array}{ccc|ccc} 1 & -1 & 4 & 0 & 1 & 0 \\ 3 & -2 & -2 & 1 & 0 & 0 \\ 0 & -1 & 2 & 0 & 0 & 1 \end{array}\right) \xrightarrow{①\times(-3)+②} \left(\begin{array}{ccc|ccc} 1 & -1 & 4 & 0 & 1 & 0 \\ 0 & 1 & -14 & 1 & -3 & 0 \\ 0 & -1 & 2 & 0 & 0 & 1 \end{array}\right)$$

$$\xrightarrow{②\times1+①} \left(\begin{array}{ccc|ccc} 1 & 0 & -10 & 1 & -2 & 0 \\ 0 & 1 & -14 & 1 & -3 & 0 \\ 0 & -1 & 2 & 0 & 0 & 1 \end{array}\right) \xrightarrow{②\times1+③} \left(\begin{array}{ccc|ccc} 1 & 0 & -10 & 1 & -2 & 0 \\ 0 & 1 & -14 & 1 & -3 & 0 \\ 0 & 0 & -12 & 1 & -3 & 1 \end{array}\right) \xrightarrow{③\times\left(-\frac{1}{12}\right)} \left(\begin{array}{ccc|ccc} 1 & 0 & -10 & 1 & -2 & 0 \\ 0 & 1 & -14 & 1 & -3 & 0 \\ 0 & 0 & 1 & -\frac{1}{12} & \frac{1}{4} & -\frac{1}{12} \end{array}\right)$$

$$\xrightarrow{③\times10+①} \left(\begin{array}{ccc|ccc} 1 & 0 & 0 & \frac{1}{6} & \frac{1}{2} & -\frac{5}{6} \\ 0 & 1 & -14 & 1 & -3 & 0 \\ 0 & 0 & 1 & -\frac{1}{12} & \frac{1}{4} & -\frac{1}{12} \end{array}\right) \xrightarrow{③\times14+②} \left(\begin{array}{ccc|ccc} 1 & 0 & 0 & \frac{1}{6} & \frac{1}{2} & -\frac{5}{6} \\ 0 & 1 & 0 & -\frac{1}{6} & \frac{1}{2} & -\frac{7}{6} \\ 0 & 0 & 1 & -\frac{1}{12} & \frac{1}{4} & -\frac{1}{12} \end{array}\right)$$

よって，求める逆行列は $\begin{pmatrix} \frac{1}{6} & \frac{1}{2} & -\frac{5}{6} \\ -\frac{1}{6} & \frac{1}{2} & -\frac{7}{6} \\ -\frac{1}{12} & \frac{1}{4} & -\frac{1}{12} \end{pmatrix}$

27 行列の正則判定と逆行列 ★☆☆

次の行列が正則であるか調べ，正則ならば逆行列を求めよ。

(1) $\begin{pmatrix} 5 & -6 & 7 \\ 4 & -2 & 3 \\ 1 & 0 & -2 \end{pmatrix}$　　(2) $\begin{pmatrix} 1 & -1 & -3 \\ 3 & 4 & -2 \\ 1 & 0 & -2 \end{pmatrix}$

それぞれ与えられた行列をAとし，$E=\begin{pmatrix} 1 & 0 & 0 \\ 0 & 1 & 0 \\ 0 & 0 & 1 \end{pmatrix}$とする。

(1) 行列$(A \mid E)$を簡約階段化すると

$$\left(\begin{array}{ccc|ccc} 5 & -6 & 7 & 1 & 0 & 0 \\ 4 & -2 & 3 & 0 & 1 & 0 \\ 1 & 0 & -2 & 0 & 0 & 1 \end{array}\right) \xrightarrow{①\leftrightarrow③} \left(\begin{array}{ccc|ccc} 1 & 0 & -2 & 0 & 0 & 1 \\ 4 & -2 & 3 & 0 & 1 & 0 \\ 5 & -6 & 7 & 1 & 0 & 0 \end{array}\right) \xrightarrow{①\times(-4)+②} \left(\begin{array}{ccc|ccc} 1 & 0 & -2 & 0 & 0 & 1 \\ 0 & -2 & 11 & 0 & 1 & -4 \\ 5 & -6 & 7 & 1 & 0 & 0 \end{array}\right)$$

$$\xrightarrow{①\times(-5)+③} \left(\begin{array}{ccc|ccc} 1 & 0 & -2 & 0 & 0 & 1 \\ 0 & -2 & 11 & 0 & 1 & -4 \\ 0 & -6 & 17 & 1 & 0 & -5 \end{array}\right) \xrightarrow{②\times\left(-\frac{1}{2}\right)} \left(\begin{array}{ccc|ccc} 1 & 0 & -2 & 0 & 0 & 1 \\ 0 & 1 & -\frac{11}{2} & 0 & -\frac{1}{2} & 2 \\ 0 & -6 & 17 & 1 & 0 & -5 \end{array}\right)$$

$$\xrightarrow{②\times6+③} \left(\begin{array}{ccc|ccc} 1 & 0 & -2 & 0 & 0 & 1 \\ 0 & 1 & -\frac{11}{2} & 0 & -\frac{1}{2} & 2 \\ 0 & 0 & -16 & 1 & -3 & 7 \end{array}\right) \xrightarrow{③\times\left(-\frac{1}{16}\right)} \left(\begin{array}{ccc|ccc} 1 & 0 & -2 & 0 & 0 & 1 \\ 0 & 1 & -\frac{11}{2} & 0 & -\frac{1}{2} & 2 \\ 0 & 0 & 1 & -\frac{1}{16} & \frac{3}{16} & -\frac{7}{16} \end{array}\right)$$

$$\xrightarrow{③\times2+①} \left(\begin{array}{ccc|ccc} 1 & 0 & 0 & -\frac{1}{8} & \frac{3}{8} & \frac{1}{8} \\ 0 & 1 & -\frac{11}{2} & 0 & -\frac{1}{2} & 2 \\ 0 & 0 & 1 & -\frac{1}{16} & \frac{3}{16} & -\frac{7}{16} \end{array}\right) \xrightarrow{③\times\frac{11}{2}+②} \left(\begin{array}{ccc|ccc} 1 & 0 & 0 & -\frac{1}{8} & \frac{3}{8} & \frac{1}{8} \\ 0 & 1 & 0 & -\frac{11}{32} & \frac{17}{32} & -\frac{13}{32} \\ 0 & 0 & 1 & -\frac{1}{16} & \frac{3}{16} & -\frac{7}{16} \end{array}\right)$$

$\operatorname{rank} A=3$ であるから，行列Aは **正則である。**

このとき，行列Aの逆行列は $\begin{pmatrix} -\frac{1}{8} & \frac{3}{8} & \frac{1}{8} \\ -\frac{11}{32} & \frac{17}{32} & -\frac{13}{32} \\ -\frac{1}{16} & \frac{3}{16} & -\frac{7}{16} \end{pmatrix}$

(2) 行列$(A \mid E)$を簡約階段化すると

$$\left(\begin{array}{ccc|ccc} 1 & -1 & -3 & 1 & 0 & 0 \\ 3 & 4 & -2 & 0 & 1 & 0 \\ 1 & 0 & -2 & 0 & 0 & 1 \end{array}\right) \xrightarrow{①\times(-3)+②} \left(\begin{array}{ccc|ccc} 1 & -1 & -3 & 1 & 0 & 0 \\ 0 & 7 & 7 & -3 & 1 & 0 \\ 1 & 0 & -2 & 0 & 0 & 1 \end{array}\right) \xrightarrow{①\times(-1)+③} \left(\begin{array}{ccc|ccc} 1 & -1 & -3 & 1 & 0 & 0 \\ 0 & 7 & 7 & -3 & 1 & 0 \\ 0 & 1 & 1 & -1 & 0 & 1 \end{array}\right)$$

$$\xrightarrow{②\leftrightarrow③}\left(\begin{array}{ccc|ccc}1&-1&-3&1&0&0\\0&1&1&-1&0&1\\0&7&7&-3&1&0\end{array}\right)\xrightarrow{②\times1+①}\left(\begin{array}{ccc|ccc}1&0&-2&0&0&1\\0&1&1&-1&0&1\\0&7&7&-3&1&0\end{array}\right)\xrightarrow{②\times(-7)+③}\left(\begin{array}{ccc|ccc}1&0&-2&0&0&1\\0&1&1&-1&0&1\\0&0&0&4&1&-7\end{array}\right)$$

$$\xrightarrow{③\times\frac{1}{4}}\left(\begin{array}{ccc|ccc}1&0&-2&0&0&1\\0&1&1&-1&0&1\\0&0&0&1&\frac{1}{4}&-\frac{7}{4}\end{array}\right)\xrightarrow{③\times1+②}\left(\begin{array}{ccc|ccc}1&0&-2&0&0&1\\0&1&1&0&\frac{1}{4}&-\frac{3}{4}\\0&0&0&1&\frac{1}{4}&-\frac{7}{4}\end{array}\right)$$

rank $A=2$ であるから，行列 A は **正則でない。**

28　2 次正方行列の逆行列（復習）　★☆☆

行列 $\begin{pmatrix}\sin\theta & -\cos\theta\\ \cos\theta & \sin\theta\end{pmatrix}$ の逆行列を求めよ。

求める逆行列は

$$\frac{1}{\sin\theta\cdot\sin\theta-(-\cos\theta)\cdot\cos\theta}\begin{pmatrix}\sin\theta & -(-\cos\theta)\\ -\cos\theta & \sin\theta\end{pmatrix}$$

$$=\frac{1}{\sin^2\theta+\cos^2\theta}\begin{pmatrix}\sin\theta & \cos\theta\\ -\cos\theta & \sin\theta\end{pmatrix}=\begin{pmatrix}\boldsymbol{\sin\theta} & \boldsymbol{\cos\theta}\\ \boldsymbol{-\cos\theta} & \boldsymbol{\sin\theta}\end{pmatrix}$$

◀行列 $\left(\begin{array}{cc|cc}\sin\theta & -\cos\theta & 1 & 0\\ \cos\theta & \sin\theta & 0 & 1\end{array}\right)$ を簡約階段化することにより，逆行列を求めてもよい。

29　連立 1 次方程式（クラメールの公式）　★☆☆

次の連立 1 次方程式を，クラメールの公式を用いて解け。

(1) $\begin{cases}3x-y=7\\ x+y=1\end{cases}$　　(2) $\begin{cases}3x-4y=-5\\ 7x+2y=\ \ 1\end{cases}$

(1) $\boldsymbol{x}=\dfrac{1\cdot7-(-1)\cdot1}{3\cdot1-(-1)\cdot1}=\mathbf{2}$,　$\boldsymbol{y}=\dfrac{-1\cdot7+3\cdot1}{3\cdot1-(-1)\cdot1}=\mathbf{-1}$

(2) $\boldsymbol{x}=\dfrac{2\cdot(-5)-(-4)\cdot1}{3\cdot2-(-4)\cdot7}=-\dfrac{\mathbf{3}}{\mathbf{17}}$,　$\boldsymbol{y}=\dfrac{-7\cdot(-5)+3\cdot1}{3\cdot2-(-4)\cdot7}=\dfrac{\mathbf{19}}{\mathbf{17}}$

30　2 次正方行列の行列式　★☆☆

次の問いに答えよ。

(1) $\begin{vmatrix}-\cos x & \sin x\\ \cos x & \sin x\end{vmatrix}$ を計算せよ。　(2) $\begin{vmatrix}2 & 3\\ a & 4\end{vmatrix}=1$ となるように，定数 a の値を定めよ。

(1) $\begin{vmatrix}-\cos x & \sin x\\ \cos x & \sin x\end{vmatrix}=(-\cos x)\cdot\sin x-\sin x\cdot\cos x=-2\sin x\cos x=\mathbf{-\sin 2}\boldsymbol{x}$

(2) $\begin{vmatrix}2 & 3\\ a & 4\end{vmatrix}=2\cdot4-3\cdot a=8-3a$

よって，$8-3a=1$ から　　$\boldsymbol{a}=\dfrac{\mathbf{7}}{\mathbf{3}}$

31 サラスの方法による行列式の計算 ★☆☆

次の行列式を，サラスの方法を用いることにより計算せよ。

(1) $\begin{vmatrix} 1 & 2 & 3 \\ 4 & 5 & 6 \\ 7 & 8 & 9 \end{vmatrix}$　(2) $\begin{vmatrix} 1 & 2 & \sqrt{2} \\ 1 & \sqrt{2} & 1 \\ \sqrt{2} & 2 & \sqrt{2} \end{vmatrix}$　(3) $\begin{vmatrix} -1 & 2 & 3 \\ 3 & -2 & 1 \\ 2 & 1 & 3 \end{vmatrix}$　(4) $\begin{vmatrix} x & y & z \\ z & x & y \\ y & z & x \end{vmatrix}$

(1) $\begin{vmatrix} 1 & 2 & 3 \\ 4 & 5 & 6 \\ 7 & 8 & 9 \end{vmatrix}=1\cdot5\cdot9+2\cdot6\cdot7+3\cdot4\cdot8-1\cdot6\cdot8-2\cdot4\cdot9-3\cdot5\cdot7=\mathbf{0}$

(2) $\begin{vmatrix} 1 & 2 & \sqrt{2} \\ 1 & \sqrt{2} & 1 \\ \sqrt{2} & 2 & \sqrt{2} \end{vmatrix}=1\cdot\sqrt{2}\cdot\sqrt{2}+2\cdot1\cdot\sqrt{2}+\sqrt{2}\cdot1\cdot2-1\cdot1\cdot2-2\cdot1\cdot\sqrt{2}-\sqrt{2}\cdot\sqrt{2}\cdot\sqrt{2}=\mathbf{0}$

(3) $\begin{vmatrix} -1 & 2 & 3 \\ 3 & -2 & 1 \\ 2 & 1 & 3 \end{vmatrix}=(-1)\cdot(-2)\cdot3+2\cdot1\cdot2+3\cdot3\cdot1-(-1)\cdot1\cdot1-2\cdot3\cdot3-3\cdot(-2)\cdot2=\mathbf{14}$

(4) $\begin{vmatrix} x & y & z \\ z & x & y \\ y & z & x \end{vmatrix}=x\cdot x\cdot x+y\cdot y\cdot y+z\cdot z\cdot z-x\cdot y\cdot z-y\cdot z\cdot x-z\cdot x\cdot y$

$=x^3+y^3+z^3-3xyz=\boldsymbol{(x+y+z)(x^2+y^2+z^2-xy-yz-zx)}$

32 還元定理による行列式の計算 ★☆☆

次の行列式を計算せよ。

(1) $\begin{vmatrix} 1 & 0 & 0 & 0 \\ 1 & 2 & 1 & 2 \\ 2 & 0 & 3 & 0 \\ 1 & 2 & 1 & 1 \end{vmatrix}$　(2) $\begin{vmatrix} 1 & -3 & 0 & -1 \\ 2 & 1 & -1 & 4 \\ 0 & 2 & 5 & 0 \\ 3 & -2 & 0 & 2 \end{vmatrix}$

(1) $\begin{vmatrix} 1 & 0 & 0 & 0 \\ 1 & 2 & 1 & 2 \\ 2 & 0 & 3 & 0 \\ 1 & 2 & 1 & 1 \end{vmatrix}\overset{\text{還元定理}}{=}\begin{vmatrix} 2 & 1 & 2 \\ 0 & 3 & 0 \\ 2 & 1 & 1 \end{vmatrix}\overset{①\times(-1)+③}{=}\begin{vmatrix} 2 & 1 & 2 \\ 0 & 3 & 0 \\ 0 & 0 & -1 \end{vmatrix}\overset{\text{還元定理}}{=}2\begin{vmatrix} 3 & 0 \\ 0 & -1 \end{vmatrix}=2\cdot3\cdot(-1)=\mathbf{-6}$

(2) $\begin{vmatrix} 1 & -3 & 0 & -1 \\ 2 & 1 & -1 & 4 \\ 0 & 2 & 5 & 0 \\ 3 & -2 & 0 & 2 \end{vmatrix}\overset{①\times(-2)+②}{=}\begin{vmatrix} 1 & -3 & 0 & -1 \\ 0 & 7 & -1 & 6 \\ 0 & 2 & 5 & 0 \\ 3 & -2 & 0 & 2 \end{vmatrix}\overset{①\times(-3)+④}{=}\begin{vmatrix} 1 & -3 & 0 & -1 \\ 0 & 7 & -1 & 6 \\ 0 & 2 & 5 & 0 \\ 0 & 7 & 0 & 5 \end{vmatrix}\overset{\text{還元定理}}{=}\begin{vmatrix} 7 & -1 & 6 \\ 2 & 5 & 0 \\ 7 & 0 & 5 \end{vmatrix}$

$=-\begin{vmatrix} 7 & 1 & 6 \\ 2 & -5 & 0 \\ 7 & 0 & 5 \end{vmatrix}\overset{\boxed{1}\leftrightarrow\boxed{2}}{=}\begin{vmatrix} 1 & 7 & 6 \\ -5 & 2 & 0 \\ 0 & 7 & 5 \end{vmatrix}\overset{①\times5+②}{=}\begin{vmatrix} 1 & 7 & 6 \\ 0 & 37 & 30 \\ 0 & 7 & 5 \end{vmatrix}$

$\overset{\text{還元定理}}{=}\begin{vmatrix} 37 & 30 \\ 7 & 5 \end{vmatrix}=37\cdot5-30\cdot7=\mathbf{-25}$

33 上三角行列，下三角行列の行列式の計算 ★☆☆

次の行列式を計算せよ。

(1) $\begin{vmatrix} 4 & 0 & 0 \\ 3 & 5 & 0 \\ -4 & 3 & 9 \end{vmatrix}$　(2) $\begin{vmatrix} 1 & 2 & 3 & 4 \\ 0 & 2 & 3 & 4 \\ 0 & 0 & 3 & 4 \\ 0 & 0 & 0 & 4 \end{vmatrix}$　(3) $\begin{vmatrix} -1 & 0 & 0 & 0 \\ 2 & 4 & 0 & 0 \\ -2 & 2 & -4 & 0 \\ 1 & -4 & 2 & 1 \end{vmatrix}$

(1) $\begin{vmatrix} 4 & 0 & 0 \\ 3 & 5 & 0 \\ -4 & 3 & 9 \end{vmatrix}=4\cdot5\cdot9=\mathbf{180}$

(2) $\begin{vmatrix} 1 & 2 & 3 & 4 \\ 0 & 2 & 3 & 4 \\ 0 & 0 & 3 & 4 \\ 0 & 0 & 0 & 4 \end{vmatrix}=1\cdot2\cdot3\cdot4=\mathbf{24}$

(3) $\begin{vmatrix} -1 & 0 & 0 & 0 \\ 2 & 4 & 0 & 0 \\ -2 & 2 & -4 & 0 \\ 1 & -4 & 2 & 1 \end{vmatrix}=(-1)\cdot4\cdot(-4)\cdot1=\mathbf{16}$

34 ベクトル空間であることの証明 ★☆☆

VをR上の定数関数と1次関数全体のなす集合とするとき，和と定数倍を次のように定める。

(和)　$x\in\mathrm{R}$ のとき，$f\in V$，$g\in V$ に対して，$(f+g)(x)=f(x)+g(x)$ とする。

(定数倍)　$x\in\mathrm{R}$ のとき，$f\in V$，$c\in\mathrm{R}$ に対して，$(cf)(x)=c\cdot f(x)$ とする。

このとき，Vはベクトル空間であることを示せ。

[1]　$f\in V$，$g\in V$ とすると，ある $p\in\mathrm{R}$，$q\in\mathrm{R}$，$s\in\mathrm{R}$，$t\in\mathrm{R}$ を用いて，$f(x)=px+q$，$g(x)=sx+t$ と表される。

ここで　$f(x)+g(x)=(px+q)+(sx+t)=(p+s)x+q+t$

よって　$f+g\in V$

[2]　$f\in V$ とすると，ある $p\in\mathrm{R}$，$q\in\mathrm{R}$ を用いて，$f(x)=px+q$ と表される。

$c\in\mathrm{R}$ に対して　$cf(x)=c(px+q)=cpx+cq$

よって　$cf\in V$

[3]　$f\in V$，$g\in V$，$h\in V$ とすると，ある $p\in\mathrm{R}$，$q\in\mathrm{R}$，$s\in\mathrm{R}$，$t\in\mathrm{R}$，$v\in\mathrm{R}$，$w\in\mathrm{R}$ を用いて，$f(x)=px+q$，$g(x)=sx+t$，$h(x)=vx+w$ と表される。

(ア)　$\{f(x)+g(x)\}+h(x)=\{(px+q)+(sx+t)\}+(vx+w)$

$=\{(p+s)x+q+t\}+(vx+w)=\{(p+s)+v\}x+(q+t)+w$

$=(p+s+v)x+q+t+w=\{p+(s+v)\}x+q+(t+w)$

$=(px+q)+\{(s+v)x+t+w\}=f(x)+\{g(x)+h(x)\}$

よって　$(f+g)+h=f+(g+h)$

(イ)　$f(x)+0=(px+q)+0=px+q=0+(px+q)=0+f(x)$

よって，$\mathbf{0}$ をすべての x に対して 0 を対応させる定数関数とすると，$\mathbf{0}\in V$ であり

$f+\mathbf{0}=\mathbf{0}+f=f$

(ウ)　$k \in V$ を $k(x)=-px-q$ で定める。

ここで　$f(x)+k(x)=(px+q)+(-px-q)=\{p+(-p)\}x+q+(-q)=0$

$k(x)+f(x)=(-px-q)+(px+q)=\{(-p)+p\}x+(-q)+q=0$

よって　$f+k=k+f=\mathbf{0}$

(エ)　$f(x)+g(x)=(px+q)+(sx+t)$

$=(p+s)x+q+t=(s+p)x+t+q$

$=(sx+t)+(px+q)=g(x)+f(x)$

よって　$f+g=g+f$

(オ)　$c \in \mathrm{R}$，$d \in \mathrm{R}$ に対して　$c\{df(x)\}=c\{d(px+q)\}=cd(px+q)=cdf(x)$

よって　$c(df)=(cd)f$

(カ)　$c \in \mathrm{R}$，$d \in \mathrm{R}$ に対して

$(c+d)f(x)=(c+d)(px+q)=c(px+q)+d(px+q)=cf(x)+df(x)$

よって　$(c+d)f=cf+df$

(キ)　$c \in \mathrm{R}$ に対して　$c\{f(x)+g(x)\}=c\{(px+q)+(sx+t)\}$

$=c(px+q)+c(sx+t)=cf(x)+cg(x)$

よって　$c(f+g)=cf+cg$

(ク)　$1 \cdot f(x)=1 \cdot (px+q)=px+q=f(x)$

よって　$1 \cdot f=f$

したがって，Vはベクトル空間である。■

35　数ベクトル空間 R^n の部分空間であることの証明　★☆☆

$\boldsymbol{v} \in \mathrm{R}^n$ に対し，$\{t\boldsymbol{v} \mid t \in \mathrm{R}\} \subset \mathrm{R}^n$ は R^n の部分空間であることを示せ。

$W=\{t\boldsymbol{v} \mid t \in \mathrm{R}\}$ とする。

[1]　$t=0$ のときを考えると　$\mathbf{0}=0 \cdot \boldsymbol{v} \in W$

[2]　$\boldsymbol{w} \in W$，$\boldsymbol{w}' \in W$ とすると，ある $t \in \mathrm{R}$，$t' \in \mathrm{R}$ を用いて，$\boldsymbol{w}=t\boldsymbol{v}$，$\boldsymbol{w}'=t'\boldsymbol{v}$ と表される。

ここで　$\boldsymbol{w}+\boldsymbol{w}'=t\boldsymbol{v}+t'\boldsymbol{v}=(t+t')\boldsymbol{v}$

$t+t' \in \mathrm{R}$ であるから，$\boldsymbol{w}+\boldsymbol{w}' \in W$ を満たす。

[3]　$\boldsymbol{w} \in W$ とすると，ある $t \in \mathrm{R}$ を用いて，$\boldsymbol{w}=t\boldsymbol{v}$ と表される。

$c \in \mathrm{R}$ に対して　$c\boldsymbol{w}=c \cdot t\boldsymbol{v}=ct\boldsymbol{v}$

$ct \in \mathrm{R}$ であるから，$c\boldsymbol{w} \in W$ を満たす。

以上から，W は R^n の部分空間である。■

36　数ベクトル空間 R^2 の部分空間の共通部分が部分空間であることの証明　★☆☆

$U=\left\{\begin{pmatrix} x \\ y \end{pmatrix} \middle| x-y=0\right\} \subset \mathrm{R}^2$，$W=\left\{\begin{pmatrix} x \\ y \end{pmatrix} \middle| x+y=0\right\} \subset \mathrm{R}^2$ とする。その共通部分 $U \cap W$ が R^2 の部分空間であることを示せ。

$U \cap W=\left\{\begin{pmatrix} x \\ y \end{pmatrix} \middle| x-y=0,\ x+y=0\right\}$ である。

[1]　$0-0=0$，$0+0=0$ であるから，$\begin{pmatrix} 0 \\ 0 \end{pmatrix} \in U \cap W$ を満たす。

[2] $\begin{pmatrix} x \\ y \end{pmatrix} \in U \cap W$, $\begin{pmatrix} x' \\ y' \end{pmatrix} \in U \cap W$ に対して，$x-y=0$, $x+y=0$, $x'-y'=0$, $x'+y'=0$ が成り立つ。

$\begin{pmatrix} x \\ y \end{pmatrix} + \begin{pmatrix} x' \\ y' \end{pmatrix} = \begin{pmatrix} x+x' \\ y+y' \end{pmatrix}$ であるが

$$(x+x')-(y+y')=(x-y)+(x'-y')=0+0=0$$
$$(x+x')+(y+y')=(x+y)+(x'+y')=0+0=0$$

よって　$\begin{pmatrix} x \\ y \end{pmatrix} + \begin{pmatrix} x' \\ y' \end{pmatrix} \in U \cap W$

[3] $\begin{pmatrix} x \\ y \end{pmatrix} \in U \cap W$ に対して，$x-y=0$, $x+y=0$ が成り立つ。

$c \in \mathrm{R}$ に対して，$c\begin{pmatrix} x \\ y \end{pmatrix} = \begin{pmatrix} cx \\ cy \end{pmatrix}$ であるが

$$cx-cy=c(x-y)=c\cdot 0=0$$
$$cx+cy=c(x+y)=c\cdot 0=0$$

よって　$c\begin{pmatrix} x \\ y \end{pmatrix} \in U \cap W$

以上から，$U \cap W$ は R^2 の部分空間である。 ■

補足　$U \cap W = \left\{ \begin{pmatrix} 0 \\ 0 \end{pmatrix} \right\}$ であることからも，$U \cap W$ が R^2 の部分空間であることがわかる。

37　生成系

★☆☆

$\boldsymbol{x} = \begin{pmatrix} 1 \\ 0 \\ 1 \end{pmatrix}$, $\boldsymbol{y} = \begin{pmatrix} 1 \\ 1 \\ 1 \end{pmatrix}$, $\boldsymbol{z} = \begin{pmatrix} 1 \\ 0 \\ 0 \end{pmatrix}$ とする。

(1) $\{\boldsymbol{x}, \boldsymbol{y}, \boldsymbol{z}\}$ は R^3 を生成することを示せ。

(2) $\{\boldsymbol{x}, \boldsymbol{y}\}$ は R^3 を生成しないことを示せ。

(1) 任意の $\boldsymbol{w} \in \mathrm{R}^3$ について，$\boldsymbol{w} = \begin{pmatrix} a \\ b \\ c \end{pmatrix}$ とし，ある $s \in \mathrm{R}$, $t \in \mathrm{R}$, $u \in \mathrm{R}$ に対して，

$\boldsymbol{w} = s\boldsymbol{x} + t\boldsymbol{y} + u\boldsymbol{z}$ …… ① とする。

① から　$\begin{cases} a=s+t+u \\ b=\quad t \\ c=s+t \end{cases}$

これを解くと，$s=c-b$, $t=b$, $u=a-c$ であるから　$\boldsymbol{w}=(c-b)\boldsymbol{x}+b\boldsymbol{y}+(a-c)\boldsymbol{z}$

したがって，$\{\boldsymbol{x}, \boldsymbol{y}, \boldsymbol{z}\}$ は R^3 を生成する。 ■

(2) $p\in\mathbb{R}$, $q\in\mathbb{R}$ として, $\boldsymbol{x}$, $\boldsymbol{y}$ の1次結合 $p\boldsymbol{x}+q\boldsymbol{y}$ を考える。

ここで　$p\boldsymbol{x}+q\boldsymbol{y}=p\begin{pmatrix}1\\0\\1\end{pmatrix}+q\begin{pmatrix}1\\1\\1\end{pmatrix}=\begin{pmatrix}p+q\\q\\p+q\end{pmatrix}$

よって, 任意の $p\in\mathbb{R}$, $q\in\mathbb{R}$ に対して, $\boldsymbol{x}$, $\boldsymbol{y}$ の1次結合 $p\boldsymbol{x}+q\boldsymbol{y}$ の第1成分と第3成分は等しい。

したがって, 例えば $\begin{pmatrix}1\\0\\2\end{pmatrix}$ を $\boldsymbol{x}$, $\boldsymbol{y}$ の1次結合により表すことができないから, $\{\boldsymbol{x},\ \boldsymbol{y}\}$ は $\mathbb{R}^3$ を生成しない。■

38　1次独立性の判定　★☆☆

次の $\mathbb{R}^2$ のベクトルの組が, 1次独立であるか1次従属であるか判定せよ。

(1) $\left\{\begin{pmatrix}2\\1\end{pmatrix},\ \begin{pmatrix}-3\\1\end{pmatrix}\right\}$　　(2) $\left\{\begin{pmatrix}2\\3\end{pmatrix},\ \begin{pmatrix}1\\3\end{pmatrix},\ \begin{pmatrix}1\\2\end{pmatrix}\right\}$

(1) $a\in\mathbb{R}$, $b\in\mathbb{R}$ として, 1次関係式 $a\begin{pmatrix}2\\1\end{pmatrix}+b\begin{pmatrix}-3\\1\end{pmatrix}=\begin{pmatrix}0\\0\end{pmatrix}$ ……(∗) を考える。

$a\begin{pmatrix}2\\1\end{pmatrix}+b\begin{pmatrix}-3\\1\end{pmatrix}=\begin{pmatrix}2a-3b\\a+b\end{pmatrix}$ であるから　$\begin{cases}2a-3b=0\\a+\ b=0\end{cases}$

これを解いて　$a=b=0$

よって, (∗) は自明な1次関係式に限られるから, $\left\{\begin{pmatrix}2\\1\end{pmatrix},\ \begin{pmatrix}-3\\1\end{pmatrix}\right\}$ は **1次独立である。**

(2) $p\in\mathbb{R}$, $q\in\mathbb{R}$, $r\in\mathbb{R}$ として, 1次関係式 $p\begin{pmatrix}2\\3\end{pmatrix}+q\begin{pmatrix}1\\3\end{pmatrix}+r\begin{pmatrix}1\\2\end{pmatrix}=\begin{pmatrix}0\\0\end{pmatrix}$ を考える。

$p\begin{pmatrix}2\\3\end{pmatrix}+q\begin{pmatrix}1\\3\end{pmatrix}+r\begin{pmatrix}1\\2\end{pmatrix}=\begin{pmatrix}2p+q+r\\3p+3q+2r\end{pmatrix}$ であるから　$\begin{cases}2p+\ q+\ r=0\\3p+3q+2r=0\end{cases}$

これを解いて　$\begin{cases}p=-\ c\\q=-\ c\\r=\ \ 3c\end{cases}$ (c は任意定数)

そこで, 例えば $p=-1$, $q=-1$, $r=3$ として, $(-1)\cdot\begin{pmatrix}2\\3\end{pmatrix}+(-1)\cdot\begin{pmatrix}1\\3\end{pmatrix}+3\begin{pmatrix}1\\2\end{pmatrix}=\begin{pmatrix}0\\0\end{pmatrix}$ が成り立つ。

よって, $\begin{pmatrix}2\\3\end{pmatrix}$, $\begin{pmatrix}1\\3\end{pmatrix}$, $\begin{pmatrix}1\\2\end{pmatrix}$ の非自明な1次関係式が存在するから, $\left\{\begin{pmatrix}2\\3\end{pmatrix},\ \begin{pmatrix}1\\3\end{pmatrix},\ \begin{pmatrix}1\\2\end{pmatrix}\right\}$ は **1次従属である。**

39　与えられたベクトルの組が1次独立であることの証明　★☆☆

Vをベクトル空間とし, Vのベクトルの組 $\{\boldsymbol{v}_1,\ \boldsymbol{v}_2,\ \cdots\cdots,\ \boldsymbol{v}_r\}$ $(r\geqq 2)$ が1次独立であるとする。このとき, $\{\boldsymbol{v}_1-\boldsymbol{v}_2,\ \boldsymbol{v}_2-\boldsymbol{v}_3,\ \cdots\cdots,\ \boldsymbol{v}_{r-1}-\boldsymbol{v}_r\}$ も1次独立であることを示せ。

$a_1\in\mathbb{R}$, $a_2\in\mathbb{R}$, ……, $a_{r-1}\in\mathbb{R}$ として,
$a_1(\boldsymbol{v}_1-\boldsymbol{v}_2)+a_2(\boldsymbol{v}_2-\boldsymbol{v}_3)+\cdots\cdots+a_{r-1}(\boldsymbol{v}_{r-1}-\boldsymbol{v}_r)=\boldsymbol{0}$ ……(∗) を考える。

(＊) を変形すると　$a_1\boldsymbol{v}_1+(a_2-a_1)\boldsymbol{v}_2+\cdots\cdots+(a_{r-1}-a_{r-2})\boldsymbol{v}_{r-1}-a_{r-1}\boldsymbol{v}_r=\boldsymbol{0}$
$\{\boldsymbol{v}_1,\ \boldsymbol{v}_2,\ \cdots\cdots,\ \boldsymbol{v}_r\}$ は 1 次独立であるから　$a_1=a_2-a_1=\cdots\cdots=a_{r-1}-a_{r-2}=-a_{r-1}=0$
ゆえに　$a_1=a_2=\cdots\cdots=a_{r-2}=a_{r-1}=0$
よって，(＊) は自明な 1 次関係式に限られるから，$\{\boldsymbol{v}_1-\boldsymbol{v}_2,\ \boldsymbol{v}_2-\boldsymbol{v}_3,\ \cdots\cdots,\ \boldsymbol{v}_{r-1}-\boldsymbol{v}_r\}$ は 1 次独立である。■

40　R^2 の基底であることの証明　★☆☆

$\left\{\begin{pmatrix}1\\0\end{pmatrix},\ \begin{pmatrix}0\\1\end{pmatrix}\right\}$ が R^2 の基底であることを示せ。

[1]　任意の $\begin{pmatrix}a\\b\end{pmatrix}\in\mathrm{R}^2$ について　$\begin{pmatrix}a\\b\end{pmatrix}=a\begin{pmatrix}1\\0\end{pmatrix}+b\begin{pmatrix}0\\1\end{pmatrix}$

よって，$\left\{\begin{pmatrix}1\\0\end{pmatrix},\ \begin{pmatrix}0\\1\end{pmatrix}\right\}$ は R^2 を生成する。

[2]　$p\in\mathrm{R}$，$q\in\mathrm{R}$ として，$p\begin{pmatrix}1\\0\end{pmatrix}+q\begin{pmatrix}0\\1\end{pmatrix}=\begin{pmatrix}0\\0\end{pmatrix}$　……(＊) を考える。

$p\begin{pmatrix}1\\0\end{pmatrix}+q\begin{pmatrix}0\\1\end{pmatrix}=\begin{pmatrix}p\\q\end{pmatrix}$ であるから　$p=q=0$

よって，(＊) は自明な 1 次関係式に限られるから，$\left\{\begin{pmatrix}1\\0\end{pmatrix},\ \begin{pmatrix}0\\1\end{pmatrix}\right\}$ は 1 次独立である。

以上から，$\left\{\begin{pmatrix}1\\0\end{pmatrix},\ \begin{pmatrix}0\\1\end{pmatrix}\right\}$ は R^2 の基底である。■

補足　与えられたベクトルの組は R^2 の標準基底である。

41　R^{N} の部分空間の次元　★☆☆

R^{N} を実数列全体のなす集合として，和と定数倍を次のように定めると，R^{N} はベクトル空間である。
　(和)　$\{a_n\}\in\mathrm{R}^{\mathrm{N}}$，$\{b_n\}\in\mathrm{R}^{\mathrm{N}}$ に対して，$\{a_n\}+\{b_n\}=\{a_n+b_n\}$ とする。
　(定数倍)　$\{a_n\}\in\mathrm{R}^{\mathrm{N}}$，$c\in\mathrm{R}$ に対して，$c\{a_n\}=\{ca_n\}$ とする。
$\{a_n\}\in\mathrm{R}^{\mathrm{N}}$，$\{b_n\}\in\mathrm{R}^{\mathrm{N}}$，$\{c_n\}\in\mathrm{R}^{\mathrm{N}}$ を，$a_n=n-1$，$b_n=2n-1$，$c_n=3n$ で定める。そして，W を R^{N} の部分空間とし，$W=\langle\{a_n\},\ \{b_n\},\ \{c_n\}\rangle$ とするとき，W の次元を求めよ。

$\{\{a_n\},\ \{b_n\}\}$ について，$p\in\mathrm{R}$，$q\in\mathrm{R}$ として，$p\{a_n\}+q\{b_n\}=\boldsymbol{0}$　……① とすると，任意の自然数 n に対して，$p(n-1)+q(2n-1)=0$ となる。
$n=1$ のときを考えると　$q=0$　……②
$n=2$ のときを考えると　$p+3q=0$　……③
②，③ から　$p=q=0$
よって，① は自明な 1 次関係式に限られるから，$\{\{a_n\},\ \{b_n\}\}$ は 1 次独立である。
また，$\{c_n\}=-3\{a_n\}+3\{b_n\}$ であるから　$\{c_n\}\in\langle\{a_n\},\ \{b_n\}\rangle$
よって　$W=\langle\{a_n\},\ \{b_n\}\rangle$
したがって，$\{\{a_n\},\ \{b_n\}\}$ は W の基底であるから　$\dim W=2$

42 基底の確認 ★☆☆

$\mathbb{R}^3$ の基底のうち，標準的な基底以外のものを1組答えよ。

$\left\{\begin{pmatrix}2\\0\\0\end{pmatrix}, \begin{pmatrix}0\\1\\0\end{pmatrix}, \begin{pmatrix}0\\0\\1\end{pmatrix}\right\}$ について考える。

[1] 任意の $\begin{pmatrix}a\\b\\c\end{pmatrix}\in\mathbb{R}^3$ について　$\begin{pmatrix}a\\b\\c\end{pmatrix}=\frac{1}{2}a\begin{pmatrix}2\\0\\0\end{pmatrix}+b\begin{pmatrix}0\\1\\0\end{pmatrix}+c\begin{pmatrix}0\\0\\1\end{pmatrix}$

よって，$\left\{\begin{pmatrix}2\\0\\0\end{pmatrix}, \begin{pmatrix}0\\1\\0\end{pmatrix}, \begin{pmatrix}0\\0\\1\end{pmatrix}\right\}$ は $\mathbb{R}^3$ を生成する。

[2] $p\in\mathbb{R}$，$q\in\mathbb{R}$，$r\in\mathbb{R}$ として，$p\begin{pmatrix}2\\0\\0\end{pmatrix}+q\begin{pmatrix}0\\1\\0\end{pmatrix}+r\begin{pmatrix}0\\0\\1\end{pmatrix}=\begin{pmatrix}0\\0\\0\end{pmatrix}$ ……(*) を考える。

$p\begin{pmatrix}2\\0\\0\end{pmatrix}+q\begin{pmatrix}0\\1\\0\end{pmatrix}+r\begin{pmatrix}0\\0\\1\end{pmatrix}=\begin{pmatrix}2p\\q\\r\end{pmatrix}$ であるから　$p=q=r=0$

よって，(*) は自明な1次関係式に限られるから，$\left\{\begin{pmatrix}2\\0\\0\end{pmatrix}, \begin{pmatrix}0\\1\\0\end{pmatrix}, \begin{pmatrix}0\\0\\1\end{pmatrix}\right\}$ は1次独立である。

以上から，$\left\{\begin{pmatrix}\mathbf{2}\\\mathbf{0}\\\mathbf{0}\end{pmatrix}, \begin{pmatrix}\mathbf{0}\\\mathbf{1}\\\mathbf{0}\end{pmatrix}, \begin{pmatrix}\mathbf{0}\\\mathbf{0}\\\mathbf{1}\end{pmatrix}\right\}$ は $\mathbb{R}^3$ の基底である。

43 ベクトル空間の部分空間の包含関係と次元の定理 ★☆☆

U，W を $\mathbb{R}^2$ の部分空間とし，$U=\left\langle\begin{pmatrix}2\\0\end{pmatrix}, \begin{pmatrix}-1\\0\end{pmatrix}\right\rangle$，$W=\left\langle\begin{pmatrix}2\\0\end{pmatrix}, \begin{pmatrix}-1\\0\end{pmatrix}, \begin{pmatrix}1\\5\end{pmatrix}\right\rangle$ とするとき，

$\dim U<\dim W$ となることを示せ。

$\begin{pmatrix}-1\\0\end{pmatrix}=-\frac{1}{2}\begin{pmatrix}2\\0\end{pmatrix}$ であるから　$U=\left\langle\begin{pmatrix}2\\0\end{pmatrix}, \begin{pmatrix}-1\\0\end{pmatrix}\right\rangle=\left\langle\begin{pmatrix}2\\0\end{pmatrix}\right\rangle$

よって　$\dim U=1$

また，$\begin{pmatrix}1\\5\end{pmatrix}\notin\left\langle\begin{pmatrix}2\\0\end{pmatrix}\right\rangle$ であるから　$W=\left\langle\begin{pmatrix}2\\0\end{pmatrix}, \begin{pmatrix}-1\\0\end{pmatrix}, \begin{pmatrix}1\\5\end{pmatrix}\right\rangle=\left\langle\begin{pmatrix}2\\0\end{pmatrix}, \begin{pmatrix}1\\5\end{pmatrix}\right\rangle$

よって　$\dim W=2$

したがって　$\dim U<\dim W$ ■

補足　U，W の与えられ方から，$U\subset W$ かつ $U\neq W$ であるが，$\dim U<\dim W$ により，$U\subset W$ かつ $U\neq W$ であることが確かめられた。

44 線形写像であるかの判定

★☆☆

(1) 次で定められる写像 $f: \mathrm{R} \longrightarrow \mathrm{R}$ は，線形写像でないことを示せ。

(ア) $f(x)=2x+1$　　(イ) $f(x)=x^3$

(2) 次で定められる写像 $f: \mathrm{R}^2 \longrightarrow \mathrm{R}^2$ は，線形写像であることを示せ。

(ア) $f\left(\begin{pmatrix} x \\ y \end{pmatrix}\right)=\begin{pmatrix} x+y \\ x \end{pmatrix}$　　(イ) $f\left(\begin{pmatrix} x \\ y \end{pmatrix}\right)=\begin{pmatrix} 0 \\ y \end{pmatrix}$

(1) (ア) $f(2\cdot 1)=f(2)=5,\ 2f(1)=2\cdot 3=6$

よって　$f(2\cdot 1)\neq 2f(1)$

したがって，写像 f は線形写像でない。 ■

(イ) $f(1+1)=f(2)=8,\ f(1)+f(1)=1+1=2$

よって　$f(1+1)\neq f(1)+f(1)$

したがって，写像 f は線形写像でない。 ■

(2) (ア) $\begin{pmatrix} p \\ q \end{pmatrix}\in\mathrm{R}^2,\ \begin{pmatrix} s \\ t \end{pmatrix}\in\mathrm{R}^2$ に対して

$$f\left(\begin{pmatrix} p \\ q \end{pmatrix}+\begin{pmatrix} s \\ t \end{pmatrix}\right)=f\left(\begin{pmatrix} p+s \\ q+t \end{pmatrix}\right)=\begin{pmatrix} (p+s)+(q+t) \\ p+s \end{pmatrix}=\begin{pmatrix} p+q \\ p \end{pmatrix}+\begin{pmatrix} s+t \\ s \end{pmatrix}=f\left(\begin{pmatrix} p \\ q \end{pmatrix}\right)+f\left(\begin{pmatrix} s \\ t \end{pmatrix}\right)$$

$\begin{pmatrix} p \\ q \end{pmatrix}\in\mathrm{R}^2,\ c\in\mathrm{R}$ に対して　$f\left(c\begin{pmatrix} p \\ q \end{pmatrix}\right)=f\left(\begin{pmatrix} cp \\ cq \end{pmatrix}\right)=\begin{pmatrix} cp+cq \\ cp \end{pmatrix}=c\begin{pmatrix} p+q \\ q \end{pmatrix}=cf\left(\begin{pmatrix} p \\ q \end{pmatrix}\right)$

したがって，写像 f は線形写像である。 ■

(イ) $\begin{pmatrix} p \\ q \end{pmatrix}\in\mathrm{R}^2,\ \begin{pmatrix} s \\ t \end{pmatrix}\in\mathrm{R}^2$ に対して

$$f\left(\begin{pmatrix} p \\ q \end{pmatrix}+\begin{pmatrix} s \\ t \end{pmatrix}\right)=f\left(\begin{pmatrix} p+s \\ q+t \end{pmatrix}\right)=\begin{pmatrix} 0 \\ q+t \end{pmatrix}=\begin{pmatrix} 0 \\ q \end{pmatrix}+\begin{pmatrix} 0 \\ t \end{pmatrix}=f\left(\begin{pmatrix} p \\ q \end{pmatrix}\right)+f\left(\begin{pmatrix} s \\ t \end{pmatrix}\right)$$

$\begin{pmatrix} p \\ q \end{pmatrix}\in\mathrm{R}^2,\ c\in\mathrm{R}$ に対して　$f\left(c\begin{pmatrix} p \\ q \end{pmatrix}\right)=f\left(\begin{pmatrix} cp \\ cq \end{pmatrix}\right)=\begin{pmatrix} 0 \\ cq \end{pmatrix}=c\begin{pmatrix} 0 \\ q \end{pmatrix}=cf\left(\begin{pmatrix} p \\ q \end{pmatrix}\right)$

したがって，写像 f は線形写像である。 ■

45 零写像が線形写像であることの証明

★☆☆

V，W をベクトル空間とし，$\mathbf{0}_W$ を W の零ベクトルとする。写像 $f: V \longrightarrow W$ を，任意の $\boldsymbol{v}\in V$ に対して $f(\boldsymbol{v})=\mathbf{0}_W$ で定めると，写像 f は線形写像であることを示せ。

$\boldsymbol{v}_1\in V,\ \boldsymbol{v}_2\in V$ に対して　$f(\boldsymbol{v}_1+\boldsymbol{v}_2)=\mathbf{0}_W=\mathbf{0}_W+\mathbf{0}_W=f(\boldsymbol{v}_1)+f(\boldsymbol{v}_2)$

$\boldsymbol{v}\in V,\ c\in\mathrm{R}$ に対して　$f(c\boldsymbol{v})=\mathbf{0}_W=c\cdot\mathbf{0}_W=cf(\boldsymbol{v})$

よって，写像 f は線形写像である。 ■

46　線形写像を定める行列の導出　★☆☆

(1)　線形写像 $f:\mathrm{R}^2 \longrightarrow \mathrm{R}^2$ が，$f\left(\begin{pmatrix} x \\ y \end{pmatrix}\right)=\begin{pmatrix} 3x-2y \\ y \end{pmatrix}$ で定められているとする。Aを 2 次正方行列とし，行列Aによって定まる線形写像を $g_A:\mathrm{R}^2 \longrightarrow \mathrm{R}^2$ とするとき，$f=g_A$ となるような行列Aを求めよ。

(2)　線形写像 $h:\mathrm{R}^2 \longrightarrow \mathrm{R}^2$ が，$h\left(\begin{pmatrix} x \\ y \end{pmatrix}\right)=\begin{pmatrix} x+y \\ x \end{pmatrix}$ で定められているとする。Bを 2 次正方行列とし，行列Bによって定まる線形写像を $k_B:\mathrm{R}^2 \longrightarrow \mathrm{R}^2$ とするとき，$h=k_B$ となるような行列Bを求めよ。

(3)　線形写像 $l:\mathrm{R}^2 \longrightarrow \mathrm{R}^2$ が，$l\left(\begin{pmatrix} x \\ y \end{pmatrix}\right)=\begin{pmatrix} 0 \\ y \end{pmatrix}$ で定められているとする。Cを 2 次正方行列とし，行列Cによって定まる線形写像を $m_C:\mathrm{R}^2 \longrightarrow \mathrm{R}^2$ とするとき，$l=m_C$ となるような行列Cを求めよ。

(1)　$\boldsymbol{A}=\begin{pmatrix} \mathbf{3} & \mathbf{-2} \\ \mathbf{0} & \mathbf{1} \end{pmatrix}$ である。実際，$g_A\left(\begin{pmatrix} x \\ y \end{pmatrix}\right)=\begin{pmatrix} 3 & -2 \\ 0 & 1 \end{pmatrix}\begin{pmatrix} x \\ y \end{pmatrix}=\begin{pmatrix} 3x-2y \\ y \end{pmatrix}=f\left(\begin{pmatrix} x \\ y \end{pmatrix}\right)$ である。

(2)　$\boldsymbol{B}=\begin{pmatrix} \mathbf{1} & \mathbf{1} \\ \mathbf{1} & \mathbf{0} \end{pmatrix}$ である。実際，$k_B\left(\begin{pmatrix} x \\ y \end{pmatrix}\right)=\begin{pmatrix} 1 & 1 \\ 1 & 0 \end{pmatrix}\begin{pmatrix} x \\ y \end{pmatrix}=\begin{pmatrix} x+y \\ x \end{pmatrix}=h\left(\begin{pmatrix} x \\ y \end{pmatrix}\right)$ である。

(3)　$\boldsymbol{C}=\begin{pmatrix} \mathbf{0} & \mathbf{0} \\ \mathbf{0} & \mathbf{1} \end{pmatrix}$ である。実際，$m_C\left(\begin{pmatrix} x \\ y \end{pmatrix}\right)=\begin{pmatrix} 0 & 0 \\ 0 & 1 \end{pmatrix}\begin{pmatrix} x \\ y \end{pmatrix}=\begin{pmatrix} 0 \\ y \end{pmatrix}=l\left(\begin{pmatrix} x \\ y \end{pmatrix}\right)$ である。

47　R^3 の部分空間と行列によって定まる線形写像　★☆☆

$A=\begin{pmatrix} 2 & -1 & 4 \\ 1 & 3 & -1 \\ 1 & 1 & 1 \end{pmatrix}$，$V=\left\langle\begin{pmatrix} 1 \\ 0 \\ 3 \end{pmatrix}\right\rangle$ とし，行列Aによって定まる線形写像を $f_A:\mathrm{R}^3 \longrightarrow \mathrm{R}^3$ とするとき，次の問いに答えよ。

(1)　Vを定義域 R^3 の部分空間とみなすとき，$\dim f_A(V)$ を求めよ。

(2)　Vを終域 R^3 の部分空間とみなすとき，$\dim f_A{}^{-1}(V)$ を求めよ。

任意の $\boldsymbol{v}\in V$ は，ある $t\in\mathrm{R}$ を用いて，$\boldsymbol{v}=t\begin{pmatrix} 1 \\ 0 \\ 3 \end{pmatrix}=\begin{pmatrix} t \\ 0 \\ 3t \end{pmatrix}$ と表される。

(1)
$$f_A(\boldsymbol{v})=\begin{pmatrix} 2 & -1 & 4 \\ 1 & 3 & -1 \\ 1 & 1 & 1 \end{pmatrix}\begin{pmatrix} t \\ 0 \\ 3t \end{pmatrix}=\begin{pmatrix} 14t \\ -2t \\ 4t \end{pmatrix}=2t\begin{pmatrix} 7 \\ -1 \\ 2 \end{pmatrix}$$

よって　$f_A(V)=\left\langle\begin{pmatrix} 7 \\ -1 \\ 2 \end{pmatrix}\right\rangle$

したがって，$f_A(V)$ の基底は $\left\{\begin{pmatrix} 7 \\ -1 \\ 2 \end{pmatrix}\right\}$ であるから　$\dim f_A(V)=\mathbf{1}$

(2) $$f_A{}^{-1}(V)=\left\{\begin{pmatrix}x\\y\\z\end{pmatrix}\in\mathbb{R}^3 \,\middle|\, \begin{pmatrix}2&-1&4\\1&3&-1\\1&1&1\end{pmatrix}\begin{pmatrix}x\\y\\z\end{pmatrix}=\begin{pmatrix}t\\0\\3t\end{pmatrix},\ t\in\mathbb{R}\right\}$$

ここで，連立１次方程式 $\begin{pmatrix}2&-1&4\\1&3&-1\\1&1&1\end{pmatrix}\begin{pmatrix}x\\y\\z\end{pmatrix}=\begin{pmatrix}t\\0\\3t\end{pmatrix}$ ……(＊) の拡大係数行列を簡約階段化すると

$$\left(\begin{array}{ccc|c}2&-1&4&t\\1&3&-1&0\\1&1&1&3t\end{array}\right)$$

$$\xrightarrow{①\leftrightarrow③}\left(\begin{array}{ccc|c}1&1&1&3t\\1&3&-1&0\\2&-1&4&t\end{array}\right)\xrightarrow{①\times(-1)+②}\left(\begin{array}{ccc|c}1&1&1&3t\\0&2&-2&-3t\\2&-1&4&t\end{array}\right)\xrightarrow{①\times(-2)+③}\left(\begin{array}{ccc|c}1&1&1&3t\\0&2&-2&-3t\\0&-3&2&-5t\end{array}\right)$$

$$\xrightarrow{②\times\frac{1}{2}}\left(\begin{array}{ccc|c}1&1&1&3t\\0&1&-1&-\frac{3}{2}t\\0&-3&2&-5t\end{array}\right)\xrightarrow{②\times(-1)+①}\left(\begin{array}{ccc|c}1&0&2&\frac{9}{2}t\\0&1&-1&-\frac{3}{2}t\\0&-3&2&-5t\end{array}\right)\xrightarrow{②\times3+③}\left(\begin{array}{ccc|c}1&0&2&\frac{9}{2}t\\0&1&-1&-\frac{3}{2}t\\0&0&-1&-\frac{19}{2}t\end{array}\right)$$

$$\xrightarrow{③\times(-1)}\left(\begin{array}{ccc|c}1&0&2&\frac{9}{2}t\\0&1&-1&-\frac{3}{2}t\\0&0&1&\frac{19}{2}t\end{array}\right)\xrightarrow{③\times(-2)+①}\left(\begin{array}{ccc|c}1&0&0&-\frac{29}{2}t\\0&1&-1&-\frac{3}{2}t\\0&0&1&\frac{19}{2}t\end{array}\right)\xrightarrow{③\times1+②}\left(\begin{array}{ccc|c}1&0&0&-\frac{29}{2}t\\0&1&0&8t\\0&0&1&\frac{19}{2}t\end{array}\right)$$

よって，連立１次方程式 (＊) の解は $\begin{cases}x=-\dfrac{29}{2}t\\ y=\quad 8t\\ z=\quad\dfrac{19}{2}t\end{cases}$

ゆえに $$f_A{}^{-1}(V)=\left\{\frac{1}{2}t\begin{pmatrix}-29\\16\\19\end{pmatrix}\,\middle|\, t\in\mathbb{R}\right\}=\left\langle\begin{pmatrix}-29\\16\\19\end{pmatrix}\right\rangle$$

したがって，$f_A{}^{-1}(V)$ の基底は $\left\{\begin{pmatrix}-29\\16\\19\end{pmatrix}\right\}$ であるから $\dim f_A{}^{-1}(V)=\mathbf{1}$

48 線形写像の表現行列の定理 ★☆☆

V, W をベクトル空間とし，V の基底 $\{\boldsymbol{v}_1,\ \boldsymbol{v}_2\}$，$W$ の基底 $\{\boldsymbol{w}_1,\ \boldsymbol{w}_2\}$ が与えられているとする。
$A=\begin{pmatrix}a_{11}&a_{12}\\a_{21}&a_{22}\end{pmatrix}$，$B=\begin{pmatrix}b_{11}&b_{12}\\b_{21}&b_{22}\end{pmatrix}$ とするとき，線形写像 $f: V\longrightarrow W$ が次を満たすならば，
$A=B$ であることを証明せよ。

$f(\boldsymbol{v}_1)=a_{11}\boldsymbol{w}_1+a_{21}\boldsymbol{w}_2$，$f(\boldsymbol{v}_2)=a_{12}\boldsymbol{w}_1+a_{22}\boldsymbol{w}_2$，$f(\boldsymbol{v}_1)=b_{11}\boldsymbol{w}_1+b_{21}\boldsymbol{w}_2$，$f(\boldsymbol{v}_2)=b_{12}\boldsymbol{w}_1+b_{22}\boldsymbol{w}_2$

$f(\boldsymbol{v}_1)=a_{11}\boldsymbol{w}_1+a_{21}\boldsymbol{w}_2$，$f(\boldsymbol{v}_1)=b_{11}\boldsymbol{w}_1+b_{21}\boldsymbol{w}_2$ から　$a_{11}\boldsymbol{w}_1+a_{21}\boldsymbol{w}_2=b_{11}\boldsymbol{w}_1+b_{21}\boldsymbol{w}_2$

よって　$(a_{11}-b_{11})\boldsymbol{w}_1+(a_{21}-b_{21})\boldsymbol{w}_2=\boldsymbol{0}$

$\{\boldsymbol{w}_1,\ \boldsymbol{w}_2\}$ は W の基底であるから，1次独立である。

ゆえに　$a_{11}-b_{11}=a_{21}-b_{21}=0$　すなわち　$a_{11}=b_{11}$　かつ　$a_{21}=b_{21}$

$f(\boldsymbol{v}_2)=a_{12}\boldsymbol{w}_1+a_{22}\boldsymbol{w}_2$，$f(\boldsymbol{v}_2)=b_{12}\boldsymbol{w}_1+b_{22}\boldsymbol{w}_2$ から　$a_{12}\boldsymbol{w}_1+a_{22}\boldsymbol{w}_2=b_{12}\boldsymbol{w}_1+b_{22}\boldsymbol{w}_2$

よって　$(a_{12}-b_{12})\boldsymbol{w}_1+(a_{22}-b_{22})\boldsymbol{w}_2=\boldsymbol{0}$

上と同様にして　$a_{12}-b_{12}=a_{22}-b_{22}=0$　すなわち　$a_{12}=b_{12}$　かつ　$a_{22}=b_{22}$

したがって　$A=B$ ■

研究　本問は，線形写像の表現行列の定理における [1] の $n=m=2$ の場合の証明である。

49　恒等変換の標準的な基底に関する表現行列　★☆☆

恒等写像 $\mathrm{id}:\mathrm{R}^3\longrightarrow\mathrm{R}^3$ の，R^3 の標準的な基底に関する表現行列は3次単位行列であることを示せ。

R^3 の標準的な基底を $\{\boldsymbol{e}_1,\ \boldsymbol{e}_2,\ \boldsymbol{e}_3\}$ とすると

$$\mathrm{id}(\boldsymbol{e}_1)=\boldsymbol{e}_1=1\cdot\boldsymbol{e}_1+0\cdot\boldsymbol{e}_2+0\cdot\boldsymbol{e}_3$$
$$\mathrm{id}(\boldsymbol{e}_2)=\boldsymbol{e}_2=0\cdot\boldsymbol{e}_1+1\cdot\boldsymbol{e}_2+0\cdot\boldsymbol{e}_3$$
$$\mathrm{id}(\boldsymbol{e}_3)=\boldsymbol{e}_3=0\cdot\boldsymbol{e}_1+0\cdot\boldsymbol{e}_2+1\cdot\boldsymbol{e}_3$$

よって，恒等写像 $\mathrm{id}:\mathrm{R}^3\longrightarrow\mathrm{R}^3$ の，R^3 の標準的な基底に関する表現行列は3次単位行列である。■

50　基底変換と線形写像の表現行列　★★☆

$A=\begin{pmatrix}-3&1&4\\2&2&3\\3&4&6\end{pmatrix}$ とし，行列 A によって定まる R^3 の1次変換を $f_A:\mathrm{R}^3\longrightarrow\mathrm{R}^3$ とするとき，

R^3 の基底 $\left\{\begin{pmatrix}1\\4\\3\end{pmatrix},\begin{pmatrix}0\\1\\0\end{pmatrix},\begin{pmatrix}0\\2\\1\end{pmatrix}\right\}$ に関する f_A の表現行列を求めよ。

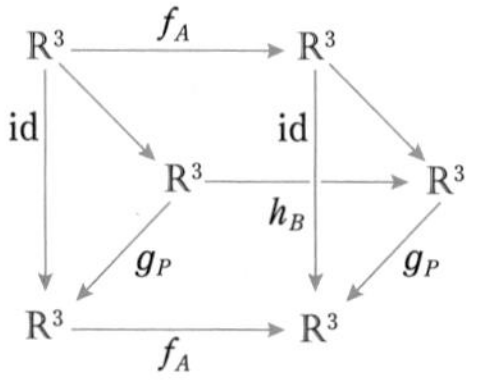

R^3 の標準的な基底 $\left\{\begin{pmatrix}1\\0\\0\end{pmatrix},\begin{pmatrix}0\\1\\0\end{pmatrix},\begin{pmatrix}0\\0\\1\end{pmatrix}\right\}$ から基底 $\left\{\begin{pmatrix}1\\4\\3\end{pmatrix},\begin{pmatrix}0\\1\\0\end{pmatrix},\begin{pmatrix}0\\2\\1\end{pmatrix}\right\}$

への変換行列を P とすると　$P=\begin{pmatrix}1&0&0\\4&1&2\\3&0&1\end{pmatrix}$

行列 $\left(\begin{array}{ccc|ccc}1&0&0&1&0&0\\4&1&2&0&1&0\\3&0&1&0&0&1\end{array}\right)$ を簡約階段化すると

$$\left(\begin{array}{ccc|ccc}1&0&0&1&0&0\\4&1&2&0&1&0\\3&0&1&0&0&1\end{array}\right)\overset{①\times(-4)+②}{\longrightarrow}\left(\begin{array}{ccc|ccc}1&0&0&1&0&0\\0&1&2&-4&1&0\\3&0&1&0&0&1\end{array}\right)$$

$$\xrightarrow{①\times(-3)+③}\left(\begin{array}{ccc|ccc}1&0&0&1&0&0\\0&1&2&-4&1&0\\0&0&1&-3&0&1\end{array}\right)\xrightarrow{③\times(-2)+②}\left(\begin{array}{ccc|ccc}1&0&0&1&0&0\\0&1&0&2&1&-2\\0&0&1&-3&0&1\end{array}\right)$$

よって，行列Pの逆行列を P^{-1} とすると　$P^{-1}=\begin{pmatrix}1&0&0\\2&1&-2\\-3&0&1\end{pmatrix}$

行列Pによって定まる $\mathbb{R}^3$ の１次変換を $g_P:\mathbb{R}^3\longrightarrow\mathbb{R}^3$ とする。

また，求める表現行列をBとし，行列Bによって定まる $\mathbb{R}^3$ の１次変換を $h_B:\mathbb{R}^3\longrightarrow\mathbb{R}^3$ とする。

このとき　$h_B=g_{P^{-1}}\circ f_A\circ g_P$

$\begin{pmatrix}s\\t\\u\end{pmatrix}\in\mathbb{R}^3$ に対して

$$g_P\left(\begin{pmatrix}s\\t\\u\end{pmatrix}\right)=\begin{pmatrix}1&0&0\\4&1&2\\3&0&1\end{pmatrix}\begin{pmatrix}s\\t\\u\end{pmatrix}=\begin{pmatrix}s\\4s+t+2u\\3s+u\end{pmatrix}$$

よって

$$f_A\left(g_P\left(\begin{pmatrix}s\\t\\u\end{pmatrix}\right)\right)=f_A\left(\begin{pmatrix}s\\4s+t+2u\\3s+u\end{pmatrix}\right)$$
$$=\begin{pmatrix}-3&1&4\\2&2&3\\3&4&6\end{pmatrix}\begin{pmatrix}s\\4s+t+2u\\3s+u\end{pmatrix}=\begin{pmatrix}13s+t+6u\\19s+2t+7u\\37s+4t+14u\end{pmatrix}$$

したがって

$$h_B\left(\begin{pmatrix}s\\t\\u\end{pmatrix}\right)=g_{P^{-1}}\circ f_A\circ g_P\left(\begin{pmatrix}s\\t\\u\end{pmatrix}\right)=g_{P^{-1}}\left(f_A\left(g_P\left(\begin{pmatrix}s\\t\\u\end{pmatrix}\right)\right)\right)=g_{P^{-1}}\left(\begin{pmatrix}13s+t+6u\\19s+2t+7u\\37s+4t+14u\end{pmatrix}\right)$$
$$=\begin{pmatrix}1&0&0\\2&1&-2\\-3&0&1\end{pmatrix}\begin{pmatrix}13s+t+6u\\19s+2t+7u\\37s+4t+14u\end{pmatrix}=\begin{pmatrix}13s+t+6u\\-29s-4t-9u\\-2s+t-4u\end{pmatrix}$$
$$=\begin{pmatrix}13&1&6\\-29&-4&-9\\-2&1&-4\end{pmatrix}\begin{pmatrix}s\\t\\u\end{pmatrix}$$

以上から　$B=\begin{pmatrix}\mathbf{13}&\mathbf{1}&\mathbf{6}\\\mathbf{-29}&\mathbf{-4}&\mathbf{-9}\\\mathbf{-2}&\mathbf{1}&\mathbf{-4}\end{pmatrix}$

補足　基底変換と表現行列（１次変換の場合）の系を用いてもよい。

$B=P^{-1}AP$ であるから

$$B=\begin{pmatrix}1&0&0\\2&1&-2\\-3&0&1\end{pmatrix}\begin{pmatrix}-3&1&4\\2&2&3\\3&4&6\end{pmatrix}\begin{pmatrix}1&0&0\\4&1&2\\3&0&1\end{pmatrix}=\begin{pmatrix}13&1&6\\-29&-4&-9\\-2&1&-4\end{pmatrix}$$

51 標準内積 ★☆☆

(1) $\boldsymbol{a}=\begin{pmatrix} a_1 \\ a_2 \end{pmatrix}\in\mathrm{R}^2$，$\boldsymbol{b}=\begin{pmatrix} b_1 \\ b_2 \end{pmatrix}\in\mathrm{R}^2$ とするとき，これらに対して，$(\boldsymbol{a},\ \boldsymbol{b})=a_1b_1+a_2b_2$ と定義すると，(,) は R^2 上の内積を定めることを示せ。

(2) R^4 に標準内積を定め，$\boldsymbol{a}=\begin{pmatrix} 1 \\ 2 \\ -2 \\ 1 \end{pmatrix}\in\mathrm{R}^4$，$\boldsymbol{b}=\begin{pmatrix} 2 \\ -1 \\ 1 \\ 2 \end{pmatrix}\in\mathrm{R}^4$ とするとき，$(\boldsymbol{a},\ \boldsymbol{b})$ を求めよ。

(3) R^{10} に標準内積を定め，$\boldsymbol{v}=\begin{pmatrix} 1 \\ 1 \\ \vdots \\ 1 \end{pmatrix}\in\mathrm{R}^{10}$ とするとき，$\|\boldsymbol{v}\|=\sqrt{10}$ であることを示せ。

(1) [1] (ア) $\boldsymbol{p}=\begin{pmatrix} p_1 \\ p_2 \end{pmatrix}\in\mathrm{R}^2$，$\boldsymbol{q}=\begin{pmatrix} q_1 \\ q_2 \end{pmatrix}\in\mathrm{R}^2$，$\boldsymbol{r}=\begin{pmatrix} r_1 \\ r_2 \end{pmatrix}\in\mathrm{R}^2$ に対して，$\boldsymbol{p}+\boldsymbol{q}=\begin{pmatrix} p_1+q_1 \\ p_2+q_2 \end{pmatrix}$ であるから $(\boldsymbol{p}+\boldsymbol{q},\ \boldsymbol{r})=(p_1+q_1)r_1+(p_2+q_2)r_2=(p_1r_1+p_2r_2)+(q_1r_1+q_2r_2)=(\boldsymbol{p},\ \boldsymbol{r})+(\boldsymbol{q},\ \boldsymbol{r})$

(イ) $\boldsymbol{p}=\begin{pmatrix} p_1 \\ p_2 \end{pmatrix}\in\mathrm{R}^2$，$\boldsymbol{r}=\begin{pmatrix} r_1 \\ r_2 \end{pmatrix}\in\mathrm{R}^2$，$k\in\mathrm{R}$ に対して，$k\boldsymbol{p}=\begin{pmatrix} kp_1 \\ kp_2 \end{pmatrix}$ であるから

$(k\boldsymbol{p},\ \boldsymbol{r})=kp_1r_1+kp_2r_2=k(p_1r_1+p_2r_2)=k(\boldsymbol{p},\ \boldsymbol{r})$

[2] (ア) $\boldsymbol{p}=\begin{pmatrix} p_1 \\ p_2 \end{pmatrix}\in\mathrm{R}^2$，$\boldsymbol{r}=\begin{pmatrix} r_1 \\ r_2 \end{pmatrix}\in\mathrm{R}^2$，$\boldsymbol{s}=\begin{pmatrix} s_1 \\ s_2 \end{pmatrix}\in\mathrm{R}^2$ に対して，$\boldsymbol{r}+\boldsymbol{s}=\begin{pmatrix} r_1+s_1 \\ r_2+s_2 \end{pmatrix}$ であるから

$(\boldsymbol{p},\ \boldsymbol{r}+\boldsymbol{s})=p_1(r_1+s_1)+p_2(r_2+s_2)=(p_1r_1+p_2r_2)+(p_1s_1+p_2s_2)=(\boldsymbol{p},\ \boldsymbol{r})+(\boldsymbol{p},\ \boldsymbol{s})$

(イ) $\boldsymbol{p}=\begin{pmatrix} p_1 \\ p_2 \end{pmatrix}\in\mathrm{R}^2$，$\boldsymbol{r}=\begin{pmatrix} r_1 \\ r_2 \end{pmatrix}\in\mathrm{R}^2$，$k\in\mathrm{R}$ に対して，$k\boldsymbol{r}=\begin{pmatrix} kr_1 \\ kr_2 \end{pmatrix}$ であるから

$(\boldsymbol{p},\ k\boldsymbol{r})=p_1kr_1+p_2kr_2=k(p_1r_1+p_2r_2)=k(\boldsymbol{p},\ \boldsymbol{r})$

[3] $\boldsymbol{p}=\begin{pmatrix} p_1 \\ p_2 \end{pmatrix}\in\mathrm{R}^2$，$\boldsymbol{r}=\begin{pmatrix} r_1 \\ r_2 \end{pmatrix}\in\mathrm{R}^2$ に対して　$(\boldsymbol{p},\ \boldsymbol{r})=p_1r_1+p_2r_2=r_1p_1+r_2p_2=(\boldsymbol{r},\ \boldsymbol{p})$

[4] $\boldsymbol{p}=\begin{pmatrix} p_1 \\ p_2 \end{pmatrix}\in\mathrm{R}^2$ に対して　$(\boldsymbol{p},\ \boldsymbol{p})={p_1}^2+{p_2}^2\geqq 0$

また，$(\boldsymbol{p},\ \boldsymbol{p})=0$ であるのは，$p_1=p_2=0$，すなわち $\boldsymbol{p}=\begin{pmatrix} 0 \\ 0 \end{pmatrix}$ であるときに限る。

以上から，(,) は R^2 上の内積を定める。■

(2) $(\boldsymbol{a},\ \boldsymbol{b})=1\cdot 2+2\cdot(-1)+(-2)\cdot 1+1\cdot 2=\mathbf{0}$

(3) $\|\boldsymbol{v}\|=\sqrt{1^2+1^2+\cdots\cdots+1^2}=\sqrt{10}$ ■

52 ベクトルの正規化 ★☆☆

R^5 に標準内積を定めるとき，$\begin{pmatrix} 2 \\ 3 \\ -1 \\ -3 \\ 1 \end{pmatrix}\in\mathrm{R}^5$ を正規化せよ。

$\boldsymbol{a}=\begin{pmatrix}2\\3\\-1\\-3\\1\end{pmatrix}$ とすると　$\|\boldsymbol{a}\|=\sqrt{2^2+3^2+(-1)^2+(-3)^2+1^2}=2\sqrt{6}$

よって，$\boldsymbol{a}$ を正規化すると　$\dfrac{1}{\|\boldsymbol{a}\|}\boldsymbol{a}=\dfrac{\sqrt{6}}{12}\begin{pmatrix}2\\3\\-1\\-3\\1\end{pmatrix}$

53　正規直交基底　★☆☆

$\mathbb{R}^3$ に標準内積を定めるとき，$\mathbb{R}^3$ の基底 $\left\{\begin{pmatrix}1\\0\\2\end{pmatrix}, \begin{pmatrix}2\\1\\-1\end{pmatrix}, \begin{pmatrix}-2\\5\\1\end{pmatrix}\right\}$ を構成するどの 2 つのベクトルも直交することを示せ。また，この直交基底を構成する各ベクトルを正規化し，正規直交基底にせよ。

$\boldsymbol{v}_1=\begin{pmatrix}1\\0\\2\end{pmatrix}$，$\boldsymbol{v}_2=\begin{pmatrix}2\\1\\-1\end{pmatrix}$，$\boldsymbol{v}_3=\begin{pmatrix}-2\\5\\1\end{pmatrix}$ とすると

$(\boldsymbol{v}_1,\ \boldsymbol{v}_2)=1\cdot2+0\cdot1+2\cdot(-1)=0$，$(\boldsymbol{v}_2,\ \boldsymbol{v}_3)=2\cdot(-2)+1\cdot5+(-1)\cdot1=0$，

$(\boldsymbol{v}_3,\ \boldsymbol{v}_1)=(-2)\cdot1+5\cdot0+1\cdot2=0$

よって，$\{\boldsymbol{v}_1,\ \boldsymbol{v}_2,\ \boldsymbol{v}_3\}$ はどの 2 つも直交するから，$\mathbb{R}^3$ の直交基底である。■

ここで　$\|\boldsymbol{v}_1\|=\sqrt{1^2+0^2+2^2}=\sqrt{5}$，$\|\boldsymbol{v}_2\|=\sqrt{2^2+1^2+(-1)^2}=\sqrt{6}$，$\|\boldsymbol{v}_3\|=\sqrt{(-2)^2+5^2+1^2}=\sqrt{30}$

よって，$\boldsymbol{v}_1$，$\boldsymbol{v}_2$，$\boldsymbol{v}_3$ を正規化すると

$$\frac{1}{\|\boldsymbol{v}_1\|}\boldsymbol{v}_1=\frac{\sqrt{5}}{5}\begin{pmatrix}1\\0\\2\end{pmatrix},\ \frac{1}{\|\boldsymbol{v}_2\|}\boldsymbol{v}_2=\frac{\sqrt{6}}{6}\begin{pmatrix}2\\1\\-1\end{pmatrix},\ \frac{1}{\|\boldsymbol{v}_3\|}\boldsymbol{v}_3=\frac{\sqrt{30}}{30}\begin{pmatrix}-2\\5\\1\end{pmatrix}$$

したがって，$\mathbb{R}^3$ の正規直交基底として，$\left\{\dfrac{\sqrt{5}}{5}\begin{pmatrix}1\\0\\2\end{pmatrix}, \dfrac{\sqrt{6}}{6}\begin{pmatrix}2\\1\\-1\end{pmatrix}, \dfrac{\sqrt{30}}{30}\begin{pmatrix}-2\\5\\1\end{pmatrix}\right\}$ が得られる。

54　直交補空間の基底　★★☆

2 次正方行列全体のなすベクトル空間を V とし，2 次直交行列全体のなす V の部分空間を W_1，2 次対称行列全体のなす V の部分空間を W_2 とする（直交行列の定義は 215 ページ，対称行列の定義は 212 ページをそれぞれ参照）。また，$X=\begin{pmatrix}x_1 & x_2\\x_3 & x_4\end{pmatrix}$，$Y=\begin{pmatrix}y_1 & y_2\\y_3 & y_4\end{pmatrix}$ とするとき，これらに対して，V 上の内積を $(X,\ Y)=x_1y_1+x_2y_2+x_3y_3+x_4y_4$ と定める。

(1)　$(W_1\cap W_2)^{\perp}$ は V の部分空間であることを示せ。

(2)　$(W_1\cap W_2)^{\perp}$ の基底を 1 組求めよ。

PRACTICE

(1) [1] 任意の $P \in W_1 \cap W_2$ に対して，$P=\begin{pmatrix} p_1 & p_2 \\ p_3 & p_4 \end{pmatrix}$ とし，$O=\begin{pmatrix} 0 & 0 \\ 0 & 0 \end{pmatrix}$ とすると

$$(O,\ P)=0\cdot p_1+0\cdot p_2+0\cdot p_3+0\cdot p_4=0+0+0+0=0$$

よって　$O \in (W_1 \cap W_2)^{\perp}$

[2] $Q \in (W_1 \cap W_2)^{\perp}$，$R \in (W_1 \cap W_2)^{\perp}$ とすると，$P \in W_1 \cap W_2$ に対して，$(Q,\ P)=0$，$(R,\ P)=0$ が成り立つ。

このとき　$(Q+R,\ P)=(Q,\ P)+(R,\ P)=0+0=0$

よって　$Q+R \in (W_1 \cap W_2)^{\perp}$

[3] $Q \in (W_1 \cap W_2)^{\perp}$ とすると，$P \in W_1 \cap W_2$ に対して，$(Q,\ P)=0$ が成り立つ。

$c \in \mathbb{R}$ に対して　$(cQ,\ P)=c(Q,\ P)=c\cdot 0=0$

よって　$cQ \in (W_1 \cap W_2)^{\perp}$

以上から，$(W_1 \cap W_2)^{\perp}$ は V の部分空間である。■

(2) $S=\begin{pmatrix} 1 & 0 \\ 0 & 1 \end{pmatrix}$，$T=\begin{pmatrix} 1 & 0 \\ 0 & -1 \end{pmatrix}$，$U=\begin{pmatrix} 0 & 1 \\ 1 & 0 \end{pmatrix}$ とすると　$W_1 \cap W_2=\langle S,\ T,\ U \rangle$

$Q \in (W_1 \cap W_2)^{\perp}$ とし，$Q=\begin{pmatrix} q_1 & q_2 \\ q_3 & q_4 \end{pmatrix}$ とすると

$$(Q,\ S)=q_1\cdot 1+q_2\cdot 0+q_3\cdot 0+q_4\cdot 1=q_1+q_4,\ (Q,\ T)=q_1\cdot 1+q_2\cdot 0+q_3\cdot 0+q_4\cdot(-1)=q_1-q_4$$
$$(Q,\ U)=q_1\cdot 0+q_2\cdot 1+q_3\cdot 1+q_4\cdot 0=q_2+q_3$$

$(Q,\ S)=0$，$(Q,\ T)=0$，$(Q,\ U)=0$ であるから　$\begin{cases} q_1 \qquad\quad +q_4=0 \\ q_1 \qquad\quad -q_4=0 \\ \quad q_2+q_3 \qquad =0 \end{cases}$

これを解いて　$\begin{cases} q_1=0 \\ q_2=-d \\ q_3=d \\ q_4=0 \end{cases}$ （d は任意定数）　ゆえに　$Q=d\begin{pmatrix} 0 & -1 \\ 1 & 0 \end{pmatrix}$ （d は任意の実数）

したがって，$(W_1 \cap W_2)^{\perp}$ の基底は　$\left\{\begin{pmatrix} \mathbf{0} & \mathbf{-1} \\ \mathbf{1} & \mathbf{0} \end{pmatrix}\right\}$

55 対称行列の和と定数倍は対称行列であることの証明　★☆☆

次の問いに答えよ。

(1) A，B を対称行列とするとき，$A+B$ は対称行列であることを示せ。

(2) C を対称行列とするとき，任意の $k \in \mathbb{R}$ に対して，kC は対称行列であることを示せ。

(1) A，B を n 次対称行列とする。$i=1,\ 2,\ \cdots\cdots,\ n$，$j=1,\ 2,\ \cdots\cdots,\ n$ に対して，行列 A，B の $(i,\ j)$ 成分を a_{ij}，b_{ij} と表すと，$a_{ij}=a_{ji}$，$b_{ij}=b_{ji}$ が成り立つ。

このとき，行列 $A+B$ の $(i,\ j)$ 成分は $a_{ij}+b_{ij}$ であり，$a_{ij}+b_{ij}=a_{ji}+b_{ji}$ が成り立つ。

よって，${}^t(A+B)=A+B$ が成り立つから，行列 $A+B$ は対称行列である。■

(2) C を n 次対称行列とする。$i=1,\ 2,\ \cdots\cdots,\ n$，$j=1,\ 2,\ \cdots\cdots,\ n$ に対して，行列 C の $(i,\ j)$ 成分を c_{ij} と表すと，$c_{ij}=c_{ji}$ が成り立つ。

このとき，行列 kC の $(i,\ j)$ 成分は kc_{ij} であり，$kc_{ij}=kc_{ji}$ が成り立つ。

よって，${}^t(kC)=kC$ が成り立つから，行列 kC は対称行列である。■

補足　2つの対称行列の積は対称行列とは限らない。一方，正則な対称行列の逆行列は対称行列である。その証明は次の通りである。

証明　Dを正則な対称行列とする。
行列Dの逆行列を D^{-1}，行列Dと同じ型の単位行列をEとすると，$D^{-1}D=E$ が成り立つ。
ここで　　${}^t(D^{-1}D)={}^tD\,{}^t(D^{-1})$，${}^tE=E$
よって　　${}^tD\,{}^t(D^{-1})=E$
Dは対称行列であるから ${}^tD=D$ より　　$D\,{}^t(D^{-1})=E$　……(＊)
(＊)に左から D^{-1} を掛けると　　${}^t(D^{-1})=D^{-1}$
よって，正則な対称行列の逆行列は対称行列である。■

56　固有空間が部分空間であることの証明　★☆☆

Vをベクトル空間とし，$\varphi : V \longrightarrow V$ をVの1次変換とする。$\lambda\in\mathbb{R}$ に対して，$W_\lambda\subset V$ を $W_\lambda=\{\boldsymbol{v}\in V \mid \varphi(\boldsymbol{v})=\lambda\boldsymbol{v}\}$ で定める。このとき，W_λ がVの部分空間であることを示せ。

[1]　$\mathbf{0}$ をVの零ベクトルとするとき　　$\varphi(\mathbf{0})=\mathbf{0}=\lambda\cdot\mathbf{0}$
　よって　　$\mathbf{0}\in W_\lambda$
[2]　$\boldsymbol{x}\in W_\lambda$，$\boldsymbol{y}\in W_\lambda$ とすると，$\varphi(\boldsymbol{x})=\lambda\boldsymbol{x}$，$\varphi(\boldsymbol{y})=\lambda\boldsymbol{y}$ が成り立つ。
　ここで　　$\varphi(\boldsymbol{x}+\boldsymbol{y})=\varphi(\boldsymbol{x})+\varphi(\boldsymbol{y})=\lambda\boldsymbol{x}+\lambda\boldsymbol{y}=\lambda(\boldsymbol{x}+\boldsymbol{y})$
　よって　　$\boldsymbol{x}+\boldsymbol{y}\in W_\lambda$
[3]　$\boldsymbol{x}\in W_\lambda$ とすると，$\varphi(\boldsymbol{x})=\lambda\boldsymbol{x}$ が成り立つ。
　ここで，$c\in\mathbb{R}$ に対して　　$\varphi(c\boldsymbol{x})=c\varphi(\boldsymbol{x})=c\lambda\boldsymbol{x}=\lambda c\boldsymbol{x}$
　よって　　$c\boldsymbol{x}\in W_\lambda$
以上から，W_λ はVの部分空間である。■

57　固有値，固有空間，固有空間の基底　★☆☆

行列 $\begin{pmatrix} 3 & 2 \\ 3 & 4 \end{pmatrix}$ の固有値と，それぞれの固有値に対する固有空間を求めよ。また，それぞれの固有値に対する固有空間の基底を1組求めよ。

$A=\begin{pmatrix} 3 & 2 \\ 3 & 4 \end{pmatrix}$，$E=\begin{pmatrix} 1 & 0 \\ 0 & 1 \end{pmatrix}$ とする。

$$F_A(t)=\det(tE-A)=\begin{vmatrix} t-3 & -2 \\ -3 & t-4 \end{vmatrix}=(t-3)(t-4)-(-2)\cdot(-3)=(t-1)(t-6)$$

よって，固有方程式 $F_A(t)=0$ を解くと，$t=1$，6 であるから，行列Aの固有値は **1**，**6**（どちらも重複度1）である。
行列Aの固有値1，6に対する固有空間をそれぞれ W_1，W_6 とする。

ここで　　$A-E=\begin{pmatrix} 2 & 2 \\ 3 & 3 \end{pmatrix}$，$A-6E=\begin{pmatrix} -3 & 2 \\ 3 & -2 \end{pmatrix}$

よって　　$W_1=\left\{\begin{pmatrix} x \\ y \end{pmatrix}\in\mathbb{R}^2 \,\middle|\, \begin{pmatrix} 2 & 2 \\ 3 & 3 \end{pmatrix}\begin{pmatrix} x \\ y \end{pmatrix}=\begin{pmatrix} 0 \\ 0 \end{pmatrix}\right\}$，$W_6=\left\{\begin{pmatrix} x \\ y \end{pmatrix}\in\mathbb{R}^2 \,\middle|\, \begin{pmatrix} -3 & 2 \\ 3 & -2 \end{pmatrix}\begin{pmatrix} x \\ y \end{pmatrix}=\begin{pmatrix} 0 \\ 0 \end{pmatrix}\right\}$

行列 $A-E$ を簡約階段化すると

$$\begin{pmatrix} 2 & 2 \\ 3 & 3 \end{pmatrix} \xrightarrow{①\times\frac{1}{2}} \begin{pmatrix} 1 & 1 \\ 3 & 3 \end{pmatrix} \xrightarrow{①\times(-3)+②} \begin{pmatrix} 1 & 1 \\ 0 & 0 \end{pmatrix}$$

ゆえに，連立1次方程式 $\begin{pmatrix} 2 & 2 \\ 3 & 3 \end{pmatrix}\begin{pmatrix} x \\ y \end{pmatrix}=\begin{pmatrix} 0 \\ 0 \end{pmatrix}$ は $x+y=0$ と同値である。

これを解くと　$\begin{pmatrix} x \\ y \end{pmatrix}=c\begin{pmatrix} -1 \\ 1 \end{pmatrix}$　(c は任意定数)

よって　$W_1=\left\langle\begin{pmatrix} \mathbf{-1} \\ \mathbf{1} \end{pmatrix}\right\rangle$

したがって，W_1 の基底として $\left\{\begin{pmatrix} \mathbf{-1} \\ \mathbf{1} \end{pmatrix}\right\}$ が得られる。

行列 $A-6E$ を簡約階段化すると　$\begin{pmatrix} -3 & 2 \\ 3 & -2 \end{pmatrix} \overset{①\times\left(-\frac{1}{3}\right)}{\longrightarrow} \begin{pmatrix} 1 & -\frac{2}{3} \\ 3 & -2 \end{pmatrix} \overset{①\times(-3)+②}{\longrightarrow} \begin{pmatrix} 1 & -\frac{2}{3} \\ 0 & 0 \end{pmatrix}$

ゆえに，連立1次方程式 $\begin{pmatrix} -3 & 2 \\ 3 & -2 \end{pmatrix}\begin{pmatrix} x \\ y \end{pmatrix}=\begin{pmatrix} 0 \\ 0 \end{pmatrix}$ は $x-\frac{2}{3}y=0$ と同値である。

これを解くと　$\begin{pmatrix} x \\ y \end{pmatrix}=d\begin{pmatrix} 2 \\ 3 \end{pmatrix}$　(d は任意定数)

よって　$W_6=\left\langle\begin{pmatrix} \mathbf{2} \\ \mathbf{3} \end{pmatrix}\right\rangle$

したがって，W_6 の基底として $\left\{\begin{pmatrix} \mathbf{2} \\ \mathbf{3} \end{pmatrix}\right\}$ が得られる。

58　固有値の重複度と固有空間の系　★★☆

$A=\begin{pmatrix} 3 & 1 & 1 \\ 2 & 4 & 2 \\ 1 & 1 & 3 \end{pmatrix}$ として，λ を行列 A の重複度1の固有値とし，W_λ を行列 A の固有値 λ に対する固有空間とするとき，$\dim W_\lambda=1$ が成り立つことを示せ。

$E=\begin{pmatrix} 1 & 0 & 0 \\ 0 & 1 & 0 \\ 0 & 0 & 1 \end{pmatrix}$ とする。

$$F_A(t)=\det(tE-A)=\begin{vmatrix} t-3 & -1 & -1 \\ -2 & t-4 & -2 \\ -1 & -1 & t-3 \end{vmatrix} \overset{①\leftrightarrow③}{=} -\begin{vmatrix} -1 & -1 & t-3 \\ -2 & t-4 & -2 \\ t-3 & -1 & -1 \end{vmatrix}$$

$$\overset{①\times(-2)+②}{=} -\begin{vmatrix} -1 & -1 & t-3 \\ 0 & t-2 & -2t+4 \\ t-3 & -1 & -1 \end{vmatrix} \overset{①\times(t-3)+③}{=} -\begin{vmatrix} -1 & -1 & t-3 \\ 0 & t-2 & -2t+4 \\ 0 & -t+2 & t^2-6t+8 \end{vmatrix} \overset{還元定理}{=} \begin{vmatrix} t-2 & -2t+4 \\ -t+2 & t^2-6t+8 \end{vmatrix}$$

$$=(t-2)(t^2-6t+8)-(-2t+4)(-t+2)=(t-2)^2(t-6)$$

よって，固有方程式 $F_A(t)=0$ を解くと，$t=2,\ 6$ であるから，行列 A の固有値は2 (重複度2)，6 (重複度1) である。

そのうち，重複度が1のものは6であるから　$\lambda=6$

ここで　$A-6E=\begin{pmatrix} -3 & 1 & 1 \\ 2 & -2 & 2 \\ 1 & 1 & -3 \end{pmatrix}$

行列 $A-6E$ を簡約階段化すると

$$\begin{pmatrix}-3&1&1\\2&-2&2\\1&1&-3\end{pmatrix}\xrightarrow{①\leftrightarrow③}\begin{pmatrix}1&1&-3\\2&-2&2\\-3&1&1\end{pmatrix}\xrightarrow{①\times(-2)+②}\begin{pmatrix}1&1&-3\\0&-4&8\\-3&1&1\end{pmatrix}\xrightarrow{①\times3+③}\begin{pmatrix}1&1&-3\\0&-4&8\\0&4&-8\end{pmatrix}$$

$$\xrightarrow{②\times\left(-\frac{1}{4}\right)}\begin{pmatrix}1&1&-3\\0&1&-2\\0&4&-8\end{pmatrix}\xrightarrow{②\times(-1)+①}\begin{pmatrix}1&0&-1\\0&1&-2\\0&4&-8\end{pmatrix}\xrightarrow{②\times(-4)+③}\begin{pmatrix}1&0&-1\\0&1&-2\\0&0&0\end{pmatrix}$$

よって　　$\mathrm{rank}(A-6E)=2$

したがって　　$\dim W_6=3-\mathrm{rank}(A-6E)=3-2=1$ ■

◀固有空間の次元の定理により。

補足　行列Aの固有値 6 に対する固有空間 W_6 と基底は次のように求めることができる。

ここで　　$W_6=\left\{\begin{pmatrix}x\\y\\z\end{pmatrix}\in\mathbb{R}^3\;\middle|\;\begin{pmatrix}-3&1&1\\2&-2&2\\1&1&-3\end{pmatrix}\begin{pmatrix}x\\y\\z\end{pmatrix}=\begin{pmatrix}0\\0\\0\end{pmatrix}\right\}$

連立 1 次方程式 $\begin{pmatrix}-3&1&1\\2&-2&2\\1&1&-3\end{pmatrix}\begin{pmatrix}x\\y\\z\end{pmatrix}=\begin{pmatrix}0\\0\\0\end{pmatrix}$ は $\begin{cases}x\quad-\;z=0\\\quad y-2z=0\end{cases}$ と同値であり，これを解くと

$$\begin{pmatrix}x\\y\\z\end{pmatrix}=c\begin{pmatrix}1\\2\\1\end{pmatrix}\quad(c\text{ は任意定数})$$

よって　　$W_6=\left\langle\begin{pmatrix}1\\2\\1\end{pmatrix}\right\rangle$

したがって，W_6 の基底は　　$\left\{\begin{pmatrix}1\\2\\1\end{pmatrix}\right\}$

59　シルベスター標準形　★★☆

$A=\begin{pmatrix}1&-4&4\\-4&1&-4\\4&-4&1\end{pmatrix}$ とするとき，${}^tPAP$ がシルベスター標準形となるように，行列Pを定めよ。

$U=\dfrac{1}{6}\begin{pmatrix}3\sqrt{2}&-\sqrt{6}&2\sqrt{3}\\3\sqrt{2}&\sqrt{6}&-2\sqrt{3}\\0&2\sqrt{6}&2\sqrt{3}\end{pmatrix}$ とすると　　${}^tUAU=\begin{pmatrix}-3&0&0\\0&-3&0\\0&0&9\end{pmatrix}$

◀基本例題 123 より。

ここで，$P_{13}=\begin{pmatrix}0&0&1\\0&1&0\\1&0&0\end{pmatrix}$，$R=\dfrac{1}{3}\begin{pmatrix}1&0&0\\0&\sqrt{3}&0\\0&0&\sqrt{3}\end{pmatrix}$ とすると　　${}^tP_{13}=P_{13}$，${}^tR=R$

また，行列Uは直交行列であるから正則であり，行列 P_{13} は基本行列であるから正則であり，行列Rは階数が 3 の対角行列であるから正則である。

よって，$P=UP_{13}R$ とすると，行列Pは正則であり，次のようになる。

$$P=\frac{1}{18}\begin{pmatrix}3\sqrt{2} & -\sqrt{6} & 2\sqrt{3}\\ 3\sqrt{2} & \sqrt{6} & -2\sqrt{3}\\ 0 & 2\sqrt{6} & 2\sqrt{3}\end{pmatrix}\begin{pmatrix}0 & 0 & 1\\ 0 & 1 & 0\\ 1 & 0 & 0\end{pmatrix}\begin{pmatrix}1 & 0 & 0\\ 0 & \sqrt{3} & 0\\ 0 & 0 & \sqrt{3}\end{pmatrix}$$

$$=\frac{1}{18}\begin{pmatrix}3\sqrt{2} & -\sqrt{6} & 2\sqrt{3}\\ 3\sqrt{2} & \sqrt{6} & -2\sqrt{3}\\ 0 & 2\sqrt{6} & 2\sqrt{3}\end{pmatrix}\begin{pmatrix}0 & 0 & \sqrt{3}\\ 0 & \sqrt{3} & 0\\ 1 & 0 & 0\end{pmatrix}=\boldsymbol{\frac{1}{18}\begin{pmatrix}2\sqrt{3} & -3\sqrt{2} & 3\sqrt{6}\\ -2\sqrt{3} & 3\sqrt{2} & 3\sqrt{6}\\ 2\sqrt{3} & 6\sqrt{2} & 0\end{pmatrix}}$$

このとき　${}^tPAP={}^t(UP_{13}R)A(UP_{13}R)={}^tR{}^tP_{13}{}^tUAUP_{13}R=RP_{13}{}^tUAUP_{13}R$

$$=\frac{1}{9}\begin{pmatrix}1 & 0 & 0\\ 0 & \sqrt{3} & 0\\ 0 & 0 & \sqrt{3}\end{pmatrix}\begin{pmatrix}0 & 0 & 1\\ 0 & 1 & 0\\ 1 & 0 & 0\end{pmatrix}\begin{pmatrix}-3 & 0 & 0\\ 0 & -3 & 0\\ 0 & 0 & 9\end{pmatrix}\begin{pmatrix}0 & 0 & 1\\ 0 & 1 & 0\\ 1 & 0 & 0\end{pmatrix}\begin{pmatrix}1 & 0 & 0\\ 0 & \sqrt{3} & 0\\ 0 & 0 & \sqrt{3}\end{pmatrix}$$

$$=\frac{1}{9}\begin{pmatrix}1 & 0 & 0\\ 0 & \sqrt{3} & 0\\ 0 & 0 & \sqrt{3}\end{pmatrix}\begin{pmatrix}9 & 0 & 0\\ 0 & -3 & 0\\ 0 & 0 & -3\end{pmatrix}\begin{pmatrix}1 & 0 & 0\\ 0 & \sqrt{3} & 0\\ 0 & 0 & \sqrt{3}\end{pmatrix}=\begin{pmatrix}1 & 0 & 0\\ 0 & -1 & 0\\ 0 & 0 & -1\end{pmatrix}$$

60　多項式への行列の代入　★☆☆

$f(t)=(t-1)^n$ とするとき，$f(E)$ を求めよ。

$f(E)=(E-E)^n=\boldsymbol{O}$

61　2次多項式への正方行列の代入　★★☆

$f(t)$，$g(t)$ をR上の2次多項式，A を n 次正方行列とするとき，次の問いに答えよ。

(1)　$p(t)=f(t)+g(t)$ とするとき，$p(A)=f(A)+g(A)$ が成り立つことを示せ。

(2)　$q(t)=f(t)g(t)$ とするとき，$q(A)=f(A)g(A)$ が成り立つことを示せ。

(3)　P を n 次正則行列とするとき，$f(P^{-1}AP)=P^{-1}f(A)P$ が成り立つことを示せ。

(4)　λ が行列 A の固有値ならば，$f(\lambda)$ は行列 $f(A)$ の固有値であることを示せ。

(5)　行列 A，B が可換である，すなわち $AB=BA$ が成り立つならば，行列 $f(A)$，$f(B)$ も可換である，すなわち $f(A)f(B)=f(B)f(A)$ が成り立つことを示せ。

$a\in\mathbb{R}$，$b\in\mathbb{R}$，$c\in\mathbb{R}$，$h\in\mathbb{R}$，$i\in\mathbb{R}$，$j\in\mathbb{R}$，$a\neq0$，$h\neq0$ として，$f(t)=at^2+bt+c$，$g(t)=ht^2+it+j$ とし，E を n 次単位行列とする。

このとき，$f(A)=aA^2+bA+cE$，$g(A)=hA^2+iA+jE$ が成り立つ。

(1)　$p(t)=f(t)+g(t)=(at^2+bt+c)+(ht^2+it+j)=(a+h)t^2+(b+i)t+c+j$

よって　$p(A)=(a+h)A^2+(b+i)A+(c+j)E$

また　$f(A)+g(A)=(aA^2+bA+cE)+(hA^2+iA+jE)=(a+h)A^2+(b+i)A+(c+j)E$

したがって　$p(A)=f(A)+g(A)$　■

(2)　$q(t)=f(t)g(t)=(at^2+bt+c)(ht^2+it+j)$

$=aht^4+(ai+bh)t^3+(aj+bi+ch)t^2+(bj+ci)t+cj$

よって　$q(A)=ahA^4+(ai+bh)A^3+(aj+bi+ch)A^2+(bj+ci)A+cjE$

また　$f(A)g(A)=(aA^2+bA+cE)(hA^2+iA+jE)$

$=ahA^4+(ai+bh)A^3+(aj+bi+ch)A^2+(bj+ci)A+cjE$

したがって　$q(A)=f(A)g(A)$　■

(3)　$(P^{-1}AP)^2=P^{-1}APP^{-1}AP=P^{-1}A^2P$

したがって　$f(P^{-1}AP)=a(P^{-1}AP)^2+bP^{-1}AP+cE=aP^{-1}A^2P+bP^{-1}AP+cE$

$=P^{-1}(aA^2+bA+cE)P=P^{-1}f(A)P$　■

(4) 行列Aの固有値λに対する固有ベクトルを$\boldsymbol{v}$とすると　$A\boldsymbol{v}=\lambda\boldsymbol{v}$

このとき，$A^m\boldsymbol{v}=\lambda^m\boldsymbol{v}$ ……① が成り立つことを数学的帰納法により示す。

[1] $m=1$ のとき

$A\boldsymbol{v}=\lambda\boldsymbol{v}$ であるから，① は成り立つ。

[2] $m=k$ のとき，① が成り立つと仮定すると　$A^k\boldsymbol{v}=\lambda^k\boldsymbol{v}$ ……②

$m=k+1$ のときを考えると，② から　$A^{k+1}\boldsymbol{v}=A^k(\lambda\boldsymbol{v})=\lambda A^k\boldsymbol{v}=\lambda\cdot\lambda^k\boldsymbol{v}=\lambda^{k+1}\boldsymbol{v}$

よって，$m=k+1$ のときにも ① は成り立つ。

[1]，[2] から，すべての自然数mについて ① は成り立つ。

このとき，① から

$$f(A)\boldsymbol{v}=(aA^2+bA+cE)\boldsymbol{v}=aA^2\boldsymbol{v}+bA\boldsymbol{v}+cE\boldsymbol{v}$$
$$=a\lambda^2\boldsymbol{v}+b\lambda\boldsymbol{v}+c\boldsymbol{v}=(a\lambda^2+b\lambda+c)\boldsymbol{v}=f(\lambda)\boldsymbol{v}$$

したがって，$f(\lambda)$ は行列 $f(A)$ の固有値である。■

(5) $f(A)f(B)=(aA^2+bA+cE)(aB^2+bB+cE)$
$$=a^2A^2B^2+abA^2B+caA^2+abAB^2+b^2AB+bcA+caB^2+bcB+c^2E$$

$f(B)f(A)=(aB^2+bB+cE)(aA^2+bA+cE)$
$$=a^2B^2A^2+abBA^2+caA^2+abB^2A+b^2BA+bcA+caB^2+bcB+c^2E$$

ここで，$AB=BA$ から

$A^2B^2=A(AB)B=A(BA)B=(AB)(AB)=(BA)(BA)=B(AB)A=B(BA)A=B^2A^2$

$A^2B=A(AB)=A(BA)=(AB)A=(BA)A=BA^2$

$AB^2=(AB)B=(BA)B=B(AB)=B(BA)=B^2A$

したがって　$f(A)f(B)=f(B)f(A)$ ■

62 ケーリー・ハミルトンの定理 ★☆☆

Aを 3 次の上三角行列，Oを 3×3 零行列とするとき，$F_A(A)=O$ が成り立つことを示せ。

$A=\begin{pmatrix} l & m & n \\ 0 & p & q \\ 0 & 0 & r \end{pmatrix}$，$E=\begin{pmatrix} 1 & 0 & 0 \\ 0 & 1 & 0 \\ 0 & 0 & 1 \end{pmatrix}$ とすると

$$F_A(t)=\det(tE-A)=\begin{vmatrix} t-l & -m & -n \\ 0 & t-p & -q \\ 0 & 0 & t-r \end{vmatrix}=(t-l)(t-p)(t-r)$$

よって

$$\begin{aligned} F_A(A)&=(A-lE)(A-pE)(A-rE)\\ &=\left\{\begin{pmatrix} l & m & n \\ 0 & p & q \\ 0 & 0 & r \end{pmatrix}-l\begin{pmatrix} 1 & 0 & 0 \\ 0 & 1 & 0 \\ 0 & 0 & 1 \end{pmatrix}\right\}\left\{\begin{pmatrix} l & m & n \\ 0 & p & q \\ 0 & 0 & r \end{pmatrix}-p\begin{pmatrix} 1 & 0 & 0 \\ 0 & 1 & 0 \\ 0 & 0 & 1 \end{pmatrix}\right\}\left\{\begin{pmatrix} l & m & n \\ 0 & p & q \\ 0 & 0 & r \end{pmatrix}-r\begin{pmatrix} 1 & 0 & 0 \\ 0 & 1 & 0 \\ 0 & 0 & 1 \end{pmatrix}\right\}\\ &=\begin{pmatrix} 0 & m & n \\ 0 & p-l & q \\ 0 & 0 & r-l \end{pmatrix}\begin{pmatrix} l-p & m & n \\ 0 & 0 & q \\ 0 & 0 & r-p \end{pmatrix}\begin{pmatrix} l-r & m & n \\ 0 & p-r & q \\ 0 & 0 & 0 \end{pmatrix}\\ &=\begin{pmatrix} 0 & 0 & mq+n(r-p) \\ 0 & 0 & q(r-l) \\ 0 & 0 & (r-l)(r-p) \end{pmatrix}\begin{pmatrix} l-r & m & n \\ 0 & p-r & q \\ 0 & 0 & 0 \end{pmatrix}=\begin{pmatrix} 0 & 0 & 0 \\ 0 & 0 & 0 \\ 0 & 0 & 0 \end{pmatrix}=O \end{aligned}$$

■

63　ケーリー・ハミルトンの定理を用いた行列の計算

★☆☆

$A=\begin{pmatrix} 7 & 4 & 4 \\ -4 & -3 & -8 \\ 8 & 4 & 3 \end{pmatrix}$, $E=\begin{pmatrix} 1 & 0 & 0 \\ 0 & 1 & 0 \\ 0 & 0 & 1 \end{pmatrix}$ とするとき，$A^5-2A^4+3A^3-3A^2+2A-E$ を計算せよ。

$F_A(t)=(t+1)(t-3)(t-5)=t^3-7t^2+7t+15$　　◀基本例題 120 より。

よって，O を 3×3 零行列とするとき，ケーリー・ハミルトンの定理により

$F_A(A)=O$　　すなわち　　$A^3-7A^2+7A+15E=O$

ここで　　$t^5-2t^4+3t^3-3t^2+2t-1=(t^2+5t+31)(t^3-7t^2+7t+15)+164t^2-290t-466$

したがって

$$\begin{aligned} &A^5-2A^4+3A^3-3A^2+2A-E \\ &=(A^2+5A+31E)(A^3-7A^2+7A+15E)+164A^2-290A-466E \\ &=164A^2-290A-466E \\ &=164\begin{pmatrix} 65 & 32 & 8 \\ -80 & -39 & -16 \\ 64 & 32 & 9 \end{pmatrix}-290\begin{pmatrix} 7 & 4 & 4 \\ -4 & -3 & -8 \\ 8 & 4 & 3 \end{pmatrix}-466\begin{pmatrix} 1 & 0 & 0 \\ 0 & 1 & 0 \\ 0 & 0 & 1 \end{pmatrix}=\begin{pmatrix} \mathbf{8164} & \mathbf{4088} & \mathbf{152} \\ \mathbf{-11960} & \mathbf{-5992} & \mathbf{-304} \\ \mathbf{8176} & \mathbf{4088} & \mathbf{140} \end{pmatrix} \end{aligned}$$

64　最小多項式の導出

★☆☆

行列 $\begin{pmatrix} 1 & 2 & 0 \\ -1 & 4 & 0 \\ 3 & -6 & 2 \end{pmatrix}$ の最小多項式を求めよ。

$A=\begin{pmatrix} 1 & 2 & 0 \\ -1 & 4 & 0 \\ 3 & -6 & 2 \end{pmatrix}$ とすると

$$\begin{aligned} F_A(t)&=\begin{vmatrix} t-1 & -2 & 0 \\ 1 & t-4 & 0 \\ -3 & 6 & t-2 \end{vmatrix}=0\cdot(-1)^{1+3}\begin{vmatrix} 1 & t-4 \\ -3 & 6 \end{vmatrix}+0\cdot(-1)^{2+3}\begin{vmatrix} t-1 & -2 \\ -3 & 6 \end{vmatrix}+(t-2)\cdot(-1)^{3+3}\begin{vmatrix} t-1 & -2 \\ 1 & t-4 \end{vmatrix} \\ &=(t-2)\{(t-1)(t-4)-(-2)\cdot 1\}=(t-2)^2(t-3) \end{aligned}$$

$p(t)=(t-2)(t-3)$ とすると

$$\begin{aligned} p(A)&=\left\{\begin{pmatrix} 1 & 2 & 0 \\ -1 & 4 & 0 \\ 3 & -6 & 2 \end{pmatrix}-2\begin{pmatrix} 1 & 0 & 0 \\ 0 & 1 & 0 \\ 0 & 0 & 1 \end{pmatrix}\right\}\left\{\begin{pmatrix} 1 & 2 & 0 \\ -1 & 4 & 0 \\ 3 & -6 & 2 \end{pmatrix}-3\begin{pmatrix} 1 & 0 & 0 \\ 0 & 1 & 0 \\ 0 & 0 & 1 \end{pmatrix}\right\} \\ &=\begin{pmatrix} -1 & 2 & 0 \\ -1 & 2 & 0 \\ 3 & -6 & 0 \end{pmatrix}\begin{pmatrix} -2 & 2 & 0 \\ -1 & 1 & 0 \\ 3 & -6 & -1 \end{pmatrix}=\begin{pmatrix} 0 & 0 & 0 \\ 0 & 0 & 0 \\ 0 & 0 & 0 \end{pmatrix} \end{aligned}$$

よって　　$\boldsymbol{p_A(t)=(t-2)(t-3)}$

EXERCISES の解答

・本文各章の EXERCISES 全問について，問題文を再掲し，詳解，証明を載せた。
・最終の答などは太字にしてある。証明の最後には ■ を付した。

01　2 次正方行列が逆行列をもたない条件　★☆☆

A を 2 次正方行列，E を 2 次単位行列とする。$E+A$，$E-A$ がともに逆行列をもたないならば，$A^2=E$ であることを示せ。

$A=\begin{pmatrix} a & b \\ c & d \end{pmatrix}$ とすると

$$E+A=\begin{pmatrix} 1 & 0 \\ 0 & 1 \end{pmatrix}+\begin{pmatrix} a & b \\ c & d \end{pmatrix}=\begin{pmatrix} 1+a & 0+b \\ 0+c & 1+d \end{pmatrix}=\begin{pmatrix} 1+a & b \\ c & 1+d \end{pmatrix}$$

$$E-A=\begin{pmatrix} 1 & 0 \\ 0 & 1 \end{pmatrix}-\begin{pmatrix} a & b \\ c & d \end{pmatrix}=\begin{pmatrix} 1-a & 0-b \\ 0-c & 1-d \end{pmatrix}=\begin{pmatrix} 1-a & -b \\ -c & 1-d \end{pmatrix}$$

$E+A$，$E-A$ はともに逆行列をもたないから

$$(1+a)\cdot(1+d)-b\cdot c=0,\qquad (1-a)\cdot(1-d)-(-b)\cdot(-c)=0$$

よって　$(1+a)(1+d)-bc=0$　…… ①

$(1-a)(1-d)-bc=0$　…… ②

① − ② により　$2(a+d)=0$　すなわち　$a+d=0$　…… ③

①，③ から　$bc=ad+1$　…… ④

③，④ から　$A^2=\begin{pmatrix} a & b \\ c & d \end{pmatrix}\begin{pmatrix} a & b \\ c & d \end{pmatrix}=\begin{pmatrix} a\cdot a+b\cdot c & a\cdot b+b\cdot d \\ c\cdot a+d\cdot c & c\cdot b+d\cdot d \end{pmatrix}$

$$=\begin{pmatrix} a^2+bc & ab+bd \\ ac+cd & bc+d^2 \end{pmatrix}=\begin{pmatrix} a^2+ad+1 & ab+bd \\ ac+cd & ad+1+d^2 \end{pmatrix}$$

$$=\begin{pmatrix} a(a+d)+1 & b(a+d) \\ c(a+d) & d(a+d)+1 \end{pmatrix}=\begin{pmatrix} 1 & 0 \\ 0 & 1 \end{pmatrix}=E$$ ■

02　零因子の存在証明　★☆☆

A を零行列でない 2 次正方行列，O を 2×2 零行列とする。行列 A が正則でないならば，零行列でない 2 次正方行列 B が存在して $AB=O$ となることを示せ。

$A=\begin{pmatrix} a & b \\ c & d \end{pmatrix}$ とすると，行列 A は正則でないから　$ad-bc=0$　……(*)

$B=\begin{pmatrix} d & -b \\ -c & a \end{pmatrix}$ に対して，(*) により

$$AB=\begin{pmatrix} a & b \\ c & d \end{pmatrix}\begin{pmatrix} d & -b \\ -c & a \end{pmatrix}=\begin{pmatrix} a\cdot d+b\cdot(-c) & a\cdot(-b)+b\cdot a \\ c\cdot d+d\cdot(-c) & c\cdot(-b)+d\cdot a \end{pmatrix}$$

$$=\begin{pmatrix} ad-bc & 0 \\ 0 & ad-bc \end{pmatrix}=\begin{pmatrix} 0 & 0 \\ 0 & 0 \end{pmatrix}=O$$

よって，行列 A が正則でないならば，零行列でない 2 次正方行列 B が存在して $AB=O$ となる。■

03　行列の演算の性質　★☆☆

次を満たす行列 A, B の例を挙げよ。
(1) $A+B$ は定義されるが，AB は定義されない。
(2) AB は定義されるが，$A+B$ は定義されない。
(3) AB は定義されるが，BA は定義されない。
(4) AB, BA がともに定義されるが，$AB \neq BA$ となる。

(1) $\boldsymbol{A}=(\boldsymbol{1}\ \ \boldsymbol{2})$, $\boldsymbol{B}=(\boldsymbol{3}\ \ \boldsymbol{4})$ とすると　$A+B=(1\ \ 2)+(3\ \ 4)=(1+3\ \ 2+4)=(4\ \ 6)$
AB は定義されない。

(2) $\boldsymbol{A}=(\boldsymbol{1}\ \ \boldsymbol{2})$, $\boldsymbol{B}=\begin{pmatrix} \boldsymbol{3} & \boldsymbol{4} \\ \boldsymbol{5} & \boldsymbol{6} \end{pmatrix}$ とすると

$$AB=(1\ \ 2)\begin{pmatrix} 3 & 4 \\ 5 & 6 \end{pmatrix}=(1\cdot3+2\cdot5\ \ 1\cdot4+2\cdot6)=(13\ \ 16)$$　$A+B$ は定義されない。

(3) $\boldsymbol{A}=(\boldsymbol{1}\ \ \boldsymbol{2})$, $\boldsymbol{B}=\begin{pmatrix} \boldsymbol{3} & \boldsymbol{4} \\ \boldsymbol{5} & \boldsymbol{6} \end{pmatrix}$ とすると，(2) から　$AB=(13\ \ 16)$　BA は定義されない。

(4) $\boldsymbol{A}=\begin{pmatrix} \boldsymbol{1} & \boldsymbol{0} \\ \boldsymbol{0} & \boldsymbol{0} \end{pmatrix}$, $\boldsymbol{B}=\begin{pmatrix} \boldsymbol{0} & \boldsymbol{1} \\ \boldsymbol{0} & \boldsymbol{0} \end{pmatrix}$ とすると

$$AB=\begin{pmatrix} 1 & 0 \\ 0 & 0 \end{pmatrix}\begin{pmatrix} 0 & 1 \\ 0 & 0 \end{pmatrix}=\begin{pmatrix} 1\cdot0+0\cdot0 & 1\cdot1+0\cdot0 \\ 0\cdot0+0\cdot0 & 0\cdot1+0\cdot0 \end{pmatrix}=\begin{pmatrix} 0 & 1 \\ 0 & 0 \end{pmatrix}$$

$$BA=\begin{pmatrix} 0 & 1 \\ 0 & 0 \end{pmatrix}\begin{pmatrix} 1 & 0 \\ 0 & 0 \end{pmatrix}=\begin{pmatrix} 0\cdot1+1\cdot0 & 0\cdot0+1\cdot0 \\ 0\cdot1+0\cdot0 & 0\cdot0+0\cdot0 \end{pmatrix}=\begin{pmatrix} 0 & 0 \\ 0 & 0 \end{pmatrix}$$

よって　$AB \neq BA$

04　正則な2次の上三角行列，下三角行列の逆行列　★☆☆

正則な2次の上三角行列の逆行列は上三角行列であることを示せ。また，正則な2次の下三角行列の逆行列は下三角行列であることを示せ。

上三角行列 $\begin{pmatrix} a & b \\ 0 & c \end{pmatrix}$ を考える。

この行列が正則であるとき　$a\cdot c-b\cdot 0 \neq 0$　すなわち　$ac \neq 0$

このとき，この行列の逆行列は　$\dfrac{1}{ac}\begin{pmatrix} c & -b \\ 0 & a \end{pmatrix}=\begin{pmatrix} \dfrac{1}{a} & -\dfrac{b}{ac} \\ 0 & \dfrac{1}{c} \end{pmatrix}$

よって，正則な2次の上三角行列の逆行列は上三角行列である。

次に，下三角行列 $\begin{pmatrix} p & 0 \\ q & r \end{pmatrix}$ を考える。

この行列が正則であるとき　$p\cdot r-0\cdot q \neq 0$　すなわち　$pr \neq 0$

このとき，この行列の逆行列は　$\dfrac{1}{pr}\begin{pmatrix} r & 0 \\ -q & p \end{pmatrix}=\begin{pmatrix} \dfrac{1}{p} & 0 \\ -\dfrac{q}{pr} & \dfrac{1}{r} \end{pmatrix}$

よって，正則な2次の下三角行列の逆行列は下三角行列である。 ■

05　正方行列のトレースの性質　★★☆

A を n 次正方行列とし，その $(i,\ j)$ 成分を a_{ij} として，$\mathrm{tr}(A)=a_{11}+a_{22}+\cdots\cdots+a_{nn}$ とする。$P,\ Q$ を n 次正方行列とするとき，次を示せ。

(1)　$\mathrm{tr}(P+Q)=\mathrm{tr}(P)+\mathrm{tr}(Q)$　　(2)　$\mathrm{tr}(cP)=c\,\mathrm{tr}(P)$　（c は実数）

(3)　$\mathrm{tr}({}^tP)=\mathrm{tr}(P)$　　(4)　$\mathrm{tr}(PQ)=\mathrm{tr}(QP)$

行列 $P,\ Q$ の $(i,\ j)$ 成分をそれぞれ $p_{ij},\ q_{ij}$ とする。

(1)　$P+Q$ の $(i,\ j)$ 成分は $p_{ij}+q_{ij}$ であるから

$$\mathrm{tr}(P+Q)=\sum_{k=1}^{n}(p_{kk}+q_{kk})=\sum_{k=1}^{n}p_{kk}+\sum_{k=1}^{n}q_{kk}=\mathrm{tr}(P)+\mathrm{tr}(Q)\quad ■$$

(2)　cP の $(i,\ j)$ 成分は cp_{ij} であるから　　$\mathrm{tr}(cP)=\sum_{k=1}^{n}cp_{kk}=c\sum_{k=1}^{n}p_{kk}=c\,\mathrm{tr}(P)$　■

(3)　${}^tP$ の $(i,\ j)$ 成分は p_{ji} であるから　　$\mathrm{tr}({}^tP)=\sum_{k=1}^{n}p_{kk}=\mathrm{tr}(P)$　■

(4)　PQ の $(i,\ j)$ 成分は $\sum_{l=1}^{n}p_{il}q_{lj}$ であるから

$$\mathrm{tr}(PQ)=\sum_{k=1}^{n}\left(\sum_{l=1}^{n}p_{kl}q_{lk}\right)=\sum_{l=1}^{n}\left(\sum_{k=1}^{n}q_{lk}p_{kl}\right)=\mathrm{tr}(QP)\quad ■$$

研究　問題で与えた $\mathrm{tr}(A)=a_{11}+a_{22}+\cdots\cdots+a_{nn}$ を行列 A の **トレース** という。

06　n 次正方行列同士の積の性質に関する証明　★★☆

$A,\ B$ がともに n 次正方行列で，$AB=BA$ が成り立つとき，等式 $(A+B)^m=\sum_{k=0}^{m}{}_m\mathrm{C}_kA^kB^{m-k}$ が成り立つことを証明せよ。ただし，$A^0=E,\ B^0=E$ とし，m は自然数とする。

m についての数学的帰納法により示す。

$(A+B)^m=\sum_{k=0}^{m}{}_m\mathrm{C}_kA^kB^{m-k}$　……（＊）とする。

[1]　$m=1$ のとき　　$(\text{右辺})=\sum_{k=0}^{1}{}_1\mathrm{C}_kA^kB^{1-k}=A+B=(\text{左辺})$

よって，（＊）は成り立つ。

[2]　$m=l$ のとき，（＊）が成り立つ，すなわち $(A+B)^l=\sum_{k=0}^{l}{}_l\mathrm{C}_kA^kB^{l-k}$ が成り立つと仮定する。

$m=l+1$ のときを考えると，この仮定から

$$\begin{aligned}&(A+B)^{l+1}\\&=(A+B)(A+B)^l=(A+B)\sum_{k=0}^{l}{}_l\mathrm{C}_kA^kB^{l-k}\\&=\sum_{k=0}^{l}{}_l\mathrm{C}_kA^{k+1}B^{l-k}+\sum_{k=0}^{l}{}_l\mathrm{C}_kBA^kB^{l-k}=\sum_{k=0}^{l}{}_l\mathrm{C}_kA^{k+1}B^{l-k}+\sum_{k=0}^{l}{}_l\mathrm{C}_kA^kB^{l-k+1}\\&=\sum_{k=1}^{l+1}{}_l\mathrm{C}_{k-1}A^kB^{l-k+1}+\sum_{k=0}^{l}{}_l\mathrm{C}_kA^kB^{l-k+1}=A^{l+1}+\sum_{k=1}^{l}({}_l\mathrm{C}_{k-1}+{}_l\mathrm{C}_k)A^kB^{l-k+1}+B^{l+1}\\&=A^{l+1}+\sum_{k=1}^{l}{}_{l+1}\mathrm{C}_kA^kB^{l-k+1}+B^{l+1}=\sum_{k=0}^{l+1}{}_{l+1}\mathrm{C}_kA^kB^{(l+1)-k}\end{aligned}$$

◀ $AB=BA$ より。

よって，$m=l+1$ のときも（＊）は成り立つ。

[1]，[2] から，すべての自然数 m について（＊）が成り立つ。■

EXERCISES

07　行列のべき乗　★★☆

$A=\begin{pmatrix} a & 1 & 0 \\ 0 & a & 1 \\ 0 & 0 & a \end{pmatrix}$（$a$ は実数）とする。

(1)　A^3 を計算せよ。　(2)　A^{100} を求めよ。

(1)　$B=\begin{pmatrix} 0 & 1 & 0 \\ 0 & 0 & 1 \\ 0 & 0 & 0 \end{pmatrix}$，$E=\begin{pmatrix} 1 & 0 & 0 \\ 0 & 1 & 0 \\ 0 & 0 & 1 \end{pmatrix}$ とすると　$A=aE+B$

ここで　$B^2=\begin{pmatrix} 0 & 1 & 0 \\ 0 & 0 & 1 \\ 0 & 0 & 0 \end{pmatrix}\begin{pmatrix} 0 & 1 & 0 \\ 0 & 0 & 1 \\ 0 & 0 & 0 \end{pmatrix}$

$$=\begin{pmatrix} 0\cdot0+1\cdot0+0\cdot0 & 0\cdot1+1\cdot0+0\cdot0 & 0\cdot0+1\cdot1+0\cdot0 \\ 0\cdot0+0\cdot0+1\cdot0 & 0\cdot1+0\cdot0+1\cdot0 & 0\cdot0+0\cdot1+1\cdot0 \\ 0\cdot0+0\cdot0+0\cdot0 & 0\cdot1+0\cdot0+0\cdot0 & 0\cdot0+0\cdot1+0\cdot0 \end{pmatrix}=\begin{pmatrix} 0 & 0 & 1 \\ 0 & 0 & 0 \\ 0 & 0 & 0 \end{pmatrix}$$

$$B^3=B^2B=\begin{pmatrix} 0 & 0 & 1 \\ 0 & 0 & 0 \\ 0 & 0 & 0 \end{pmatrix}\begin{pmatrix} 0 & 1 & 0 \\ 0 & 0 & 1 \\ 0 & 0 & 0 \end{pmatrix}$$

$$=\begin{pmatrix} 0\cdot0+0\cdot0+1\cdot0 & 0\cdot1+0\cdot0+1\cdot0 & 0\cdot0+0\cdot1+1\cdot0 \\ 0\cdot0+0\cdot0+0\cdot0 & 0\cdot1+0\cdot0+0\cdot0 & 0\cdot0+0\cdot1+0\cdot0 \\ 0\cdot0+0\cdot0+0\cdot0 & 0\cdot1+0\cdot0+0\cdot0 & 0\cdot0+0\cdot1+0\cdot0 \end{pmatrix}=\begin{pmatrix} 0 & 0 & 0 \\ 0 & 0 & 0 \\ 0 & 0 & 0 \end{pmatrix}$$

よって

$A^3=(aE+B)^3$

$=(aE)^3+3(aE)^2B+3aEB^2+B^3$　◀単位行列の可換性により。

$=a^3E+3a^2B+3aB^2$

$$=a^3\begin{pmatrix} 1 & 0 & 0 \\ 0 & 1 & 0 \\ 0 & 0 & 1 \end{pmatrix}+3a^2\begin{pmatrix} 0 & 1 & 0 \\ 0 & 0 & 1 \\ 0 & 0 & 0 \end{pmatrix}+3a\begin{pmatrix} 0 & 0 & 1 \\ 0 & 0 & 0 \\ 0 & 0 & 0 \end{pmatrix}$$

$$=\begin{pmatrix} a^3 & 0 & 0 \\ 0 & a^3 & 0 \\ 0 & 0 & a^3 \end{pmatrix}+\begin{pmatrix} 0 & 3a^2 & 0 \\ 0 & 0 & 3a^2 \\ 0 & 0 & 0 \end{pmatrix}+\begin{pmatrix} 0 & 0 & 3a \\ 0 & 0 & 0 \\ 0 & 0 & 0 \end{pmatrix}$$

$$=\begin{pmatrix} a^3+0+0 & 0+3a^2+0 & 0+0+3a \\ 0+0+0 & a^3+0+0 & 0+3a^2+0 \\ 0+0+0 & 0+0+0 & a^3+0+0 \end{pmatrix}=\begin{pmatrix} \boldsymbol{a^3} & \boldsymbol{3a^2} & \boldsymbol{3a} \\ \boldsymbol{0} & \boldsymbol{a^3} & \boldsymbol{3a^2} \\ \boldsymbol{0} & \boldsymbol{0} & \boldsymbol{a^3} \end{pmatrix}$$

(2)　(1)より，m を3以上の自然数とすると $B^m=O$ であるから

$A^{100}=(aE+B)^{100}$

$=(aE)^{100}+{}_{100}\mathrm{C}_1(aE)^{99}B+{}_{100}\mathrm{C}_2(aE)^{98}B^2+{}_{100}\mathrm{C}_3(aE)^{97}B^3+\cdots\cdots+B^{100}$

$=a^{100}E+100a^{99}B+4950a^{98}B^2$

$$=a^{100}\begin{pmatrix} 1 & 0 & 0 \\ 0 & 1 & 0 \\ 0 & 0 & 1 \end{pmatrix}+100a^{99}\begin{pmatrix} 0 & 1 & 0 \\ 0 & 0 & 1 \\ 0 & 0 & 0 \end{pmatrix}+4950a^{98}\begin{pmatrix} 0 & 0 & 1 \\ 0 & 0 & 0 \\ 0 & 0 & 0 \end{pmatrix}$$

$$=\begin{pmatrix} a^{100} & 0 & 0 \\ 0 & a^{100} & 0 \\ 0 & 0 & a^{100} \end{pmatrix}+\begin{pmatrix} 0 & 100a^{99} & 0 \\ 0 & 0 & 100a^{99} \\ 0 & 0 & 0 \end{pmatrix}+\begin{pmatrix} 0 & 0 & 4950a^{98} \\ 0 & 0 & 0 \\ 0 & 0 & 0 \end{pmatrix}$$

$$=\begin{pmatrix} a^{100}+0+0 & 0+100a^{99}+0 & 0+0+4950a^{98} \\ 0+0+0 & a^{100}+0+0 & 0+100a^{99}+0 \\ 0+0+0 & 0+0+0 & a^{100}+0+0 \end{pmatrix}=\begin{pmatrix} \boldsymbol{a^{100}} & \boldsymbol{100a^{99}} & \boldsymbol{4950a^{98}} \\ \boldsymbol{0} & \boldsymbol{a^{100}} & \boldsymbol{100a^{99}} \\ \boldsymbol{0} & \boldsymbol{0} & \boldsymbol{a^{100}} \end{pmatrix}$$

08 行列のべき乗 ★★☆

$A=\begin{pmatrix} 1 & a & 0 & 0 & 0 & 0 \\ 0 & 1 & a & 0 & 0 & 0 \\ 0 & 0 & 1 & 0 & 0 & 0 \\ 0 & 0 & 0 & 1 & a & 0 \\ 0 & 0 & 0 & 0 & 1 & a \\ 0 & 0 & 0 & 0 & 0 & 1 \end{pmatrix}$ (a は実数) とするとき，A^n を求めよ。

$B=\begin{pmatrix} 1 & a & 0 \\ 0 & 1 & a \\ 0 & 0 & 1 \end{pmatrix}$ とすると，$A=\begin{pmatrix} B & O \\ O & B \end{pmatrix}$ と表される。

また，$C=\begin{pmatrix} 0 & 1 & 0 \\ 0 & 0 & 1 \\ 0 & 0 & 0 \end{pmatrix}$，$E=\begin{pmatrix} 1 & 0 & 0 \\ 0 & 1 & 0 \\ 0 & 0 & 1 \end{pmatrix}$ とすると，$B=E+aC$ と表される。

ここで　$C^2=\begin{pmatrix} 0 & 0 & 1 \\ 0 & 0 & 0 \\ 0 & 0 & 0 \end{pmatrix}$　◀EXERCISES 07 (1) より。

よって　$B^2=(E+aC)^2$

$=E^2+2E(aC)+(aC)^2$　◀単位行列の可換性により。

$=E+2aC+a^2C^2$

$$=\begin{pmatrix} 1 & 0 & 0 \\ 0 & 1 & 0 \\ 0 & 0 & 1 \end{pmatrix}+2a\begin{pmatrix} 0 & 1 & 0 \\ 0 & 0 & 1 \\ 0 & 0 & 0 \end{pmatrix}+a^2\begin{pmatrix} 0 & 0 & 1 \\ 0 & 0 & 0 \\ 0 & 0 & 0 \end{pmatrix}$$

$$=\begin{pmatrix} 1 & 0 & 0 \\ 0 & 1 & 0 \\ 0 & 0 & 1 \end{pmatrix}+\begin{pmatrix} 0 & 2a & 0 \\ 0 & 0 & 2a \\ 0 & 0 & 0 \end{pmatrix}+\begin{pmatrix} 0 & 0 & a^2 \\ 0 & 0 & 0 \\ 0 & 0 & 0 \end{pmatrix}$$

$$=\begin{pmatrix} 1+0+0 & 0+2a+0 & 0+0+a^2 \\ 0+0+0 & 1+0+0 & 0+2a+0 \\ 0+0+0 & 0+0+0 & 1+0+0 \end{pmatrix}=\begin{pmatrix} 1 & 2a & a^2 \\ 0 & 1 & 2a \\ 0 & 0 & 1 \end{pmatrix}$$

更に　$C^3=\begin{pmatrix} 0 & 0 & 0 \\ 0 & 0 & 0 \\ 0 & 0 & 0 \end{pmatrix}$　◀EXERCISES 07 (1) より。

よって，n を 3 以上の自然数とすると $C^n=O$ であるから

$B^n=(E+aC)^n$

$=E^n+{}_nC_1E^{n-1}(aC)+{}_nC_2E^{n-2}(aC)^2+{}_nC_3E^{n-3}(aC)^3+\cdots\cdots+(aC)^n$

EXERCISES

$$=E+naC+\frac{n(n-1)}{2}a^2C^2$$

$$=\begin{pmatrix}1&0&0\\0&1&0\\0&0&1\end{pmatrix}+na\begin{pmatrix}0&1&0\\0&0&1\\0&0&0\end{pmatrix}+\frac{n(n-1)}{2}a^2\begin{pmatrix}0&0&1\\0&0&0\\0&0&0\end{pmatrix}$$

$$=\begin{pmatrix}1&0&0\\0&1&0\\0&0&1\end{pmatrix}+\begin{pmatrix}0&na&0\\0&0&na\\0&0&0\end{pmatrix}+\begin{pmatrix}0&0&\frac{n(n-1)}{2}a^2\\0&0&0\\0&0&0\end{pmatrix}$$

$$=\begin{pmatrix}1+0+0&0+na+0&0+0+\frac{n(n-1)}{2}a^2\\0+0+0&1+0+0&0+na+0\\0+0+0&0+0+0&1+0+0\end{pmatrix}=\begin{pmatrix}1&na&\frac{n(n-1)}{2}a^2\\0&1&na\\0&0&1\end{pmatrix}$$

これは，$n=1$, 2 のときも成り立つ。

また　　$A^2=\begin{pmatrix}B&O\\O&B\end{pmatrix}\begin{pmatrix}B&O\\O&B\end{pmatrix}=\begin{pmatrix}B^2&O\\O&B^2\end{pmatrix}$　　◀基本例題 023 より。

同様に，$A^n=\begin{pmatrix}B^n&O\\O&B^n\end{pmatrix}$ であるから

$$A^n=\begin{pmatrix}\mathbf{1}&\boldsymbol{na}&\boldsymbol{\frac{n(n-1)}{2}a^2}&\mathbf{0}&\mathbf{0}&\mathbf{0}\\\mathbf{0}&\mathbf{1}&\boldsymbol{na}&\mathbf{0}&\mathbf{0}&\mathbf{0}\\\mathbf{0}&\mathbf{0}&\mathbf{1}&\mathbf{0}&\mathbf{0}&\mathbf{0}\\\mathbf{0}&\mathbf{0}&\mathbf{0}&\mathbf{1}&\boldsymbol{na}&\boldsymbol{\frac{n(n-1)}{2}a^2}\\\mathbf{0}&\mathbf{0}&\mathbf{0}&\mathbf{0}&\mathbf{1}&\boldsymbol{na}\\\mathbf{0}&\mathbf{0}&\mathbf{0}&\mathbf{0}&\mathbf{0}&\mathbf{1}\end{pmatrix}$$

09　対角行列と可換な行列　★★☆

Aがn次対角行列でその対角成分が互いに相異なるとき，行列Aと可換な行列をすべて求めよ。

行列Aの $(i,\ j)$ 成分を a_{ij} とすると，$i\neq j$ のとき $a_{ij}=0$ である。
求める行列をXとすると，Xはn次正方行列である。
その $(i,\ j)$ 成分を x_{ij} とすると

AX の $(i,\ j)$ 成分は　　$\sum_{k=1}^{n} a_{ik}x_{kj}=a_{ii}x_{ij}$

XA の $(i,\ j)$ 成分は　　$\sum_{k=1}^{n} x_{ik}a_{kj}=x_{ij}a_{jj}$

$AX=XA$ とすると　　$a_{ii}x_{ij}=x_{ij}a_{jj}$　　すなわち　　$(a_{ii}-a_{jj})x_{ij}=0$
$i\neq j$ のとき $a_{ii}\neq a_{jj}$ より　　$x_{ij}=0$
よって，$AX=XA$ となるための必要条件は，行列Xがn次対角行列となることである。
逆に，任意のn次対角行列は行列Aと可換である。
以上から，求める行列は **任意のn次対角行列** である。

10　行列の簡約階段化　★☆☆

次の行列を簡約階段化せよ。

(1) $\begin{pmatrix}1&2&3&4\\-4&-3&-2&-1\end{pmatrix}$　(2) $\begin{pmatrix}1&-1&4\\1&0&-2\\-2&1&0\end{pmatrix}$

(3) $\begin{pmatrix}1&-4&1&-4\\2&-3&2&-3\\3&-2&3&-2\\4&-1&4&-1\end{pmatrix}$　(4) $\begin{pmatrix}0&1&3&2&4\\2&4&4&3&0\\1&1&-1&0&3\\0&-1&3&2&4\end{pmatrix}$

(1) $$\begin{pmatrix}1&2&3&4\\-4&-3&-2&-1\end{pmatrix}\xrightarrow{①\times4+②}\begin{pmatrix}1&2&3&4\\0&5&10&15\end{pmatrix}\xrightarrow{②\times\frac{1}{5}}\begin{pmatrix}1&2&3&4\\0&1&2&3\end{pmatrix}\xrightarrow{②\times(-2)+①}\begin{pmatrix}\mathbf{1}&\mathbf{0}&\mathbf{-1}&\mathbf{-2}\\\mathbf{0}&\mathbf{1}&\mathbf{2}&\mathbf{3}\end{pmatrix}$$

(2) $$\begin{pmatrix}1&-1&4\\1&0&-2\\-2&1&0\end{pmatrix}\xrightarrow{①\times(-1)+②}\begin{pmatrix}1&-1&4\\0&1&-6\\-2&1&0\end{pmatrix}\xrightarrow{①\times2+③}\begin{pmatrix}1&-1&4\\0&1&-6\\0&-1&8\end{pmatrix}\xrightarrow{②\times1+①}\begin{pmatrix}1&0&-2\\0&1&-6\\0&-1&8\end{pmatrix}$$

$$\xrightarrow{②\times1+③}\begin{pmatrix}1&0&-2\\0&1&-6\\0&0&2\end{pmatrix}\xrightarrow{③\times\frac{1}{2}}\begin{pmatrix}1&0&-2\\0&1&-6\\0&0&1\end{pmatrix}\xrightarrow{③\times2+①}\begin{pmatrix}1&0&0\\0&1&-6\\0&0&1\end{pmatrix}\xrightarrow{③\times6+②}\begin{pmatrix}\mathbf{1}&\mathbf{0}&\mathbf{0}\\\mathbf{0}&\mathbf{1}&\mathbf{0}\\\mathbf{0}&\mathbf{0}&\mathbf{1}\end{pmatrix}$$

(3) $$\begin{pmatrix}1&-4&1&-4\\2&-3&2&-3\\3&-2&3&-2\\4&-1&4&-1\end{pmatrix}\xrightarrow{①\times(-2)+②}\begin{pmatrix}1&-4&1&-4\\0&5&0&5\\3&-2&3&-2\\4&-1&4&-1\end{pmatrix}\xrightarrow{①\times(-3)+③}\begin{pmatrix}1&-4&1&-4\\0&5&0&5\\0&10&0&10\\4&-1&4&-1\end{pmatrix}$$

$$\xrightarrow{①\times(-4)+④}\begin{pmatrix}1&-4&1&-4\\0&5&0&5\\0&10&0&10\\0&15&0&15\end{pmatrix}\xrightarrow{②\times\frac{1}{5}}\begin{pmatrix}1&-4&1&-4\\0&1&0&1\\0&10&0&10\\0&15&0&15\end{pmatrix}\xrightarrow{②\times4+①}\begin{pmatrix}1&0&1&0\\0&1&0&1\\0&10&0&10\\0&15&0&15\end{pmatrix}$$

$$\xrightarrow{②\times(-10)+③}\begin{pmatrix}1&0&1&0\\0&1&0&1\\0&0&0&0\\0&15&0&15\end{pmatrix}\xrightarrow{②\times(-15)+④}\begin{pmatrix}\mathbf{1}&\mathbf{0}&\mathbf{1}&\mathbf{0}\\\mathbf{0}&\mathbf{1}&\mathbf{0}&\mathbf{1}\\\mathbf{0}&\mathbf{0}&\mathbf{0}&\mathbf{0}\\\mathbf{0}&\mathbf{0}&\mathbf{0}&\mathbf{0}\end{pmatrix}$$

(4) $$\begin{pmatrix}0&1&3&2&4\\2&4&4&3&0\\1&1&-1&0&3\\0&-1&3&2&4\end{pmatrix}\xrightarrow{①\leftrightarrow③}\begin{pmatrix}1&1&-1&0&3\\2&4&4&3&0\\0&1&3&2&4\\0&-1&3&2&4\end{pmatrix}\xrightarrow{①\times(-2)+②}\begin{pmatrix}1&1&-1&0&3\\0&2&6&3&-6\\0&1&3&2&4\\0&-1&3&2&4\end{pmatrix}$$

$$\xrightarrow{②\leftrightarrow③}\begin{pmatrix}1&1&-1&0&3\\0&1&3&2&4\\0&2&6&3&-6\\0&-1&3&2&4\end{pmatrix}\xrightarrow{②\times(-1)+①}\begin{pmatrix}1&0&-4&-2&-1\\0&1&3&2&4\\0&2&6&3&-6\\0&-1&3&2&4\end{pmatrix}\xrightarrow{②\times(-2)+③}\begin{pmatrix}1&0&-4&-2&-1\\0&1&3&2&4\\0&0&0&-1&-14\\0&-1&3&2&4\end{pmatrix}$$

$$\xrightarrow{②\times1+④}\begin{pmatrix}1&0&-4&-2&-1\\0&1&3&2&4\\0&0&0&-1&-14\\0&0&6&4&8\end{pmatrix}\xrightarrow{④\times\frac{1}{6}}\begin{pmatrix}1&0&-4&-2&-1\\0&1&3&2&4\\0&0&0&-1&-14\\0&0&1&\frac{2}{3}&\frac{4}{3}\end{pmatrix}\xrightarrow{③\leftrightarrow④}\begin{pmatrix}1&0&-4&-2&-1\\0&1&3&2&4\\0&0&1&\frac{2}{3}&\frac{4}{3}\\0&0&0&-1&-14\end{pmatrix}$$

$$\xrightarrow{③\times4+①}\begin{pmatrix}1&0&0&\frac{2}{3}&\frac{13}{3}\\0&1&3&2&4\\0&0&1&\frac{2}{3}&\frac{4}{3}\\0&0&0&-1&-14\end{pmatrix}\xrightarrow{③\times(-3)+②}\begin{pmatrix}1&0&0&\frac{2}{3}&\frac{13}{3}\\0&1&0&0&0\\0&0&1&\frac{2}{3}&\frac{4}{3}\\0&0&0&-1&-14\end{pmatrix}\xrightarrow{④\times(-1)}\begin{pmatrix}1&0&0&\frac{2}{3}&\frac{13}{3}\\0&1&0&0&0\\0&0&1&\frac{2}{3}&\frac{4}{3}\\0&0&0&1&14\end{pmatrix}$$

$$\xrightarrow{④\times\left(-\frac{2}{3}\right)+①}\begin{pmatrix}1&0&0&0&-5\\0&1&0&0&0\\0&0&1&\frac{2}{3}&\frac{4}{3}\\0&0&0&1&14\end{pmatrix}\xrightarrow{④\times\left(-\frac{2}{3}\right)+③}\begin{pmatrix}\mathbf{1}&\mathbf{0}&\mathbf{0}&\mathbf{0}&\mathbf{-5}\\\mathbf{0}&\mathbf{1}&\mathbf{0}&\mathbf{0}&\mathbf{0}\\\mathbf{0}&\mathbf{0}&\mathbf{1}&\mathbf{0}&\mathbf{-8}\\\mathbf{0}&\mathbf{0}&\mathbf{0}&\mathbf{1}&\mathbf{14}\end{pmatrix}$$

11 行列の階数 ★☆☆

次の行列の階数を求めよ。

(1) $\begin{pmatrix}1&-1&-3\\5&-2&0\\-3&0&-6\end{pmatrix}$　(2) $\begin{pmatrix}3&2&-1\\1&0&-2\\-2&2&1\end{pmatrix}$

(3) $\begin{pmatrix}2&-5&2\\1&-3&0\\0&1&1\end{pmatrix}$　(4) $\begin{pmatrix}1&1&-1\\2&3&-3\\1&-3&3\end{pmatrix}$

(5) $\begin{pmatrix}3&-1&1&-2\\1&-3&2&-3\\4&-2&3&1\end{pmatrix}$　(6) $\begin{pmatrix}0&2&1&1\\-1&3&2&0\\-2&0&4&0\\1&-1&-1&1\end{pmatrix}$

(7) $\begin{pmatrix}-2&-1&-6&-2&-3\\-1&2&3&2&10\\2&1&6&0&-7\\3&2&9&2&-6\end{pmatrix}$　(8) $\begin{pmatrix}0&1&2&3&4\\1&2&3&4&0\\2&3&4&0&1\\3&4&0&1&2\\4&0&1&2&3\end{pmatrix}$

(1) 与えられた行列を簡約階段化すると

$$\begin{pmatrix}1&-1&-3\\5&-2&0\\-3&0&-6\end{pmatrix}\xrightarrow{①\times(-5)+②}\begin{pmatrix}1&-1&-3\\0&3&15\\-3&0&-6\end{pmatrix}\xrightarrow{①\times3+③}\begin{pmatrix}1&-1&-3\\0&3&15\\0&-3&-15\end{pmatrix}$$

$$\xrightarrow{②\times\frac{1}{3}}\begin{pmatrix}1&-1&-3\\0&1&5\\0&-3&-15\end{pmatrix}\xrightarrow{②\times1+①}\begin{pmatrix}1&0&2\\0&1&5\\0&-3&-15\end{pmatrix}\xrightarrow{②\times3+③}\begin{pmatrix}1&0&2\\0&1&5\\0&0&0\end{pmatrix}$$

よって，求める階数は　**2**

(2) 与えられた行列を簡約階段化すると

$$\begin{pmatrix}3&2&-1\\1&0&-2\\-2&2&1\end{pmatrix}\xrightarrow{①\leftrightarrow②}\begin{pmatrix}1&0&-2\\3&2&-1\\-2&2&1\end{pmatrix}\xrightarrow{①\times(-3)+②}\begin{pmatrix}1&0&-2\\0&2&5\\-2&2&1\end{pmatrix}\xrightarrow{①\times2+③}\begin{pmatrix}1&0&-2\\0&2&5\\0&2&-3\end{pmatrix}\xrightarrow{②\times\frac{1}{2}}\begin{pmatrix}1&0&-2\\0&1&\frac{5}{2}\\0&2&-3\end{pmatrix}$$

$$\xrightarrow{\text{②}\times(-2)+\text{③}}\begin{pmatrix}1&0&-2\\0&1&\frac{5}{2}\\0&0&-8\end{pmatrix}\xrightarrow{\text{③}\times\left(-\frac{1}{8}\right)}\begin{pmatrix}1&0&-2\\0&1&\frac{5}{2}\\0&0&1\end{pmatrix}\xrightarrow{\text{③}\times2+\text{①}}\begin{pmatrix}1&0&0\\0&1&\frac{5}{2}\\0&0&1\end{pmatrix}\xrightarrow{\text{③}\times\left(-\frac{5}{2}\right)+\text{②}}\begin{pmatrix}1&0&0\\0&1&0\\0&0&1\end{pmatrix}$$

よって，求める階数は　**3**

(3)　与えられた行列を簡約階段化すると

$$\begin{pmatrix}2&-5&2\\1&-3&0\\0&1&1\end{pmatrix}\xrightarrow{\text{①}\leftrightarrow\text{②}}\begin{pmatrix}1&-3&0\\2&-5&2\\0&1&1\end{pmatrix}\xrightarrow{\text{①}\times(-2)+\text{②}}\begin{pmatrix}1&-3&0\\0&1&2\\0&1&1\end{pmatrix}\xrightarrow{\text{②}\times3+\text{①}}\begin{pmatrix}1&0&6\\0&1&2\\0&1&1\end{pmatrix}$$

$$\xrightarrow{\text{②}\times(-1)+\text{③}}\begin{pmatrix}1&0&6\\0&1&2\\0&0&-1\end{pmatrix}\xrightarrow{\text{③}\times(-1)}\begin{pmatrix}1&0&6\\0&1&2\\0&0&1\end{pmatrix}\xrightarrow{\text{③}\times(-6)+\text{①}}\begin{pmatrix}1&0&0\\0&1&2\\0&0&1\end{pmatrix}\xrightarrow{\text{③}\times(-2)+\text{②}}\begin{pmatrix}1&0&0\\0&1&0\\0&0&1\end{pmatrix}$$

よって，求める階数は　**3**

(4)　与えられた行列を簡約階段化すると

$$\begin{pmatrix}1&1&-1\\2&3&-3\\1&-3&3\end{pmatrix}\xrightarrow{\text{①}\times(-2)+\text{②}}\begin{pmatrix}1&1&-1\\0&1&-1\\1&-3&3\end{pmatrix}\xrightarrow{\text{①}\times(-1)+\text{③}}\begin{pmatrix}1&1&-1\\0&1&-1\\0&-4&4\end{pmatrix}$$

$$\xrightarrow{\text{②}\times(-1)+\text{①}}\begin{pmatrix}1&0&0\\0&1&-1\\0&-4&4\end{pmatrix}\xrightarrow{\text{②}\times4+\text{③}}\begin{pmatrix}1&0&0\\0&1&-1\\0&0&0\end{pmatrix}$$

よって，求める階数は　**2**

(5)　与えられた行列を簡約階段化すると

$$\begin{pmatrix}3&-1&1&-2\\1&-3&2&-3\\4&-2&3&1\end{pmatrix}\xrightarrow{\text{①}\leftrightarrow\text{②}}\begin{pmatrix}1&-3&2&-3\\3&-1&1&-2\\4&-2&3&1\end{pmatrix}\xrightarrow{\text{①}\times(-3)+\text{②}}\begin{pmatrix}1&-3&2&-3\\0&8&-5&7\\4&-2&3&1\end{pmatrix}\xrightarrow{\text{①}\times(-4)+\text{③}}\begin{pmatrix}1&-3&2&-3\\0&8&-5&7\\0&10&-5&13\end{pmatrix}$$

$$\xrightarrow{\text{②}\times\frac{1}{8}}\begin{pmatrix}1&-3&2&-3\\0&1&-\frac{5}{8}&\frac{7}{8}\\0&10&-5&13\end{pmatrix}\xrightarrow{\text{②}\times3+\text{①}}\begin{pmatrix}1&0&\frac{1}{8}&-\frac{3}{8}\\0&1&-\frac{5}{8}&\frac{7}{8}\\0&10&-5&13\end{pmatrix}\xrightarrow{\text{②}\times(-10)+\text{③}}\begin{pmatrix}1&0&\frac{1}{8}&-\frac{3}{8}\\0&1&-\frac{5}{8}&\frac{7}{8}\\0&0&\frac{5}{4}&\frac{17}{4}\end{pmatrix}$$

$$\xrightarrow{\text{③}\times\frac{4}{5}}\begin{pmatrix}1&0&\frac{1}{8}&-\frac{3}{8}\\0&1&-\frac{5}{8}&\frac{7}{8}\\0&0&1&\frac{17}{5}\end{pmatrix}\xrightarrow{\text{③}\times\left(-\frac{1}{8}\right)+\text{①}}\begin{pmatrix}1&0&0&-\frac{4}{5}\\0&1&-\frac{5}{8}&\frac{7}{8}\\0&0&1&\frac{17}{5}\end{pmatrix}\xrightarrow{\text{③}\times\frac{5}{8}+\text{②}}\begin{pmatrix}1&0&0&-\frac{4}{5}\\0&1&0&3\\0&0&1&\frac{17}{5}\end{pmatrix}$$

よって，求める階数は　**3**

(6) 与えられた行列を簡約階段化すると

$$\begin{pmatrix} 0 & 2 & 1 & 1 \\ -1 & 3 & 2 & 0 \\ -2 & 0 & 4 & 0 \\ 1 & -1 & -1 & 1 \end{pmatrix}$$

$$\xrightarrow{①\leftrightarrow④} \begin{pmatrix} 1 & -1 & -1 & 1 \\ -1 & 3 & 2 & 0 \\ -2 & 0 & 4 & 0 \\ 0 & 2 & 1 & 1 \end{pmatrix} \xrightarrow{①\times1+②} \begin{pmatrix} 1 & -1 & -1 & 1 \\ 0 & 2 & 1 & 1 \\ -2 & 0 & 4 & 0 \\ 0 & 2 & 1 & 1 \end{pmatrix} \xrightarrow{①\times2+③} \begin{pmatrix} 1 & -1 & -1 & 1 \\ 0 & 2 & 1 & 1 \\ 0 & -2 & 2 & 2 \\ 0 & 2 & 1 & 1 \end{pmatrix} \xrightarrow{③\times\left(-\frac{1}{2}\right)} \begin{pmatrix} 1 & -1 & -1 & 1 \\ 0 & 2 & 1 & 1 \\ 0 & 1 & -1 & -1 \\ 0 & 2 & 1 & 1 \end{pmatrix}$$

$$\xrightarrow{②\leftrightarrow③} \begin{pmatrix} 1 & -1 & -1 & 1 \\ 0 & 1 & -1 & -1 \\ 0 & 2 & 1 & 1 \\ 0 & 2 & 1 & 1 \end{pmatrix} \xrightarrow{②\times1+①} \begin{pmatrix} 1 & 0 & -2 & 0 \\ 0 & 1 & -1 & -1 \\ 0 & 2 & 1 & 1 \\ 0 & 2 & 1 & 1 \end{pmatrix} \xrightarrow{②\times(-2)+③} \begin{pmatrix} 1 & 0 & -2 & 0 \\ 0 & 1 & -1 & -1 \\ 0 & 0 & 3 & 3 \\ 0 & 2 & 1 & 1 \end{pmatrix} \xrightarrow{②\times(-2)+④} \begin{pmatrix} 1 & 0 & -2 & 0 \\ 0 & 1 & -1 & -1 \\ 0 & 0 & 3 & 3 \\ 0 & 0 & 3 & 3 \end{pmatrix}$$

$$\xrightarrow{③\times\frac{1}{3}} \begin{pmatrix} 1 & 0 & -2 & 0 \\ 0 & 1 & -1 & -1 \\ 0 & 0 & 1 & 1 \\ 0 & 0 & 3 & 3 \end{pmatrix} \xrightarrow{③\times2+①} \begin{pmatrix} 1 & 0 & 0 & 2 \\ 0 & 1 & -1 & -1 \\ 0 & 0 & 1 & 1 \\ 0 & 0 & 3 & 3 \end{pmatrix} \xrightarrow{③\times1+②} \begin{pmatrix} 1 & 0 & 0 & 2 \\ 0 & 1 & 0 & 0 \\ 0 & 0 & 1 & 1 \\ 0 & 0 & 3 & 3 \end{pmatrix} \xrightarrow{③\times(-3)+④} \begin{pmatrix} 1 & 0 & 0 & 2 \\ 0 & 1 & 0 & 0 \\ 0 & 0 & 1 & 1 \\ 0 & 0 & 0 & 0 \end{pmatrix}$$

よって，求める階数は　**3**

(7) 与えられた行列を簡約階段化すると

$$\begin{pmatrix} -2 & -1 & -6 & -2 & -3 \\ -1 & 2 & 3 & 2 & 10 \\ 2 & 1 & 6 & 0 & -7 \\ 3 & 2 & 9 & 2 & -6 \end{pmatrix} \xrightarrow{②\times(-1)} \begin{pmatrix} -2 & -1 & -6 & -2 & -3 \\ 1 & -2 & -3 & -2 & -10 \\ 2 & 1 & 6 & 0 & -7 \\ 3 & 2 & 9 & 2 & -6 \end{pmatrix} \xrightarrow{①\leftrightarrow②} \begin{pmatrix} 1 & -2 & -3 & -2 & -10 \\ -2 & -1 & -6 & -2 & -3 \\ 2 & 1 & 6 & 0 & -7 \\ 3 & 2 & 9 & 2 & -6 \end{pmatrix}$$

$$\xrightarrow{①\times2+②} \begin{pmatrix} 1 & -2 & -3 & -2 & -10 \\ 0 & -5 & -12 & -6 & -23 \\ 2 & 1 & 6 & 0 & -7 \\ 3 & 2 & 9 & 2 & -6 \end{pmatrix} \xrightarrow{①\times(-2)+③} \begin{pmatrix} 1 & -2 & -3 & -2 & -10 \\ 0 & -5 & -12 & -6 & -23 \\ 0 & 5 & 12 & 4 & 13 \\ 3 & 2 & 9 & 2 & -6 \end{pmatrix} \xrightarrow{①\times(-3)+④} \begin{pmatrix} 1 & -2 & -3 & -2 & -10 \\ 0 & -5 & -12 & -6 & -23 \\ 0 & 5 & 12 & 4 & 13 \\ 0 & 8 & 18 & 8 & 24 \end{pmatrix}$$

$$\xrightarrow{②\times\left(-\frac{1}{5}\right)} \begin{pmatrix} 1 & -2 & -3 & -2 & -10 \\ 0 & 1 & \frac{12}{5} & \frac{6}{5} & \frac{23}{5} \\ 0 & 5 & 12 & 4 & 13 \\ 0 & 8 & 18 & 8 & 24 \end{pmatrix} \xrightarrow{②\times2+①} \begin{pmatrix} 1 & 0 & \frac{9}{5} & \frac{2}{5} & -\frac{4}{5} \\ 0 & 1 & \frac{12}{5} & \frac{6}{5} & \frac{23}{5} \\ 0 & 5 & 12 & 4 & 13 \\ 0 & 8 & 18 & 8 & 24 \end{pmatrix} \xrightarrow{②\times(-5)+③} \begin{pmatrix} 1 & 0 & \frac{9}{5} & \frac{2}{5} & -\frac{4}{5} \\ 0 & 1 & \frac{12}{5} & \frac{6}{5} & \frac{23}{5} \\ 0 & 0 & 0 & -2 & -10 \\ 0 & 8 & 18 & 8 & 24 \end{pmatrix}$$

$$\xrightarrow{②\times(-8)+④} \begin{pmatrix} 1 & 0 & \frac{9}{5} & \frac{2}{5} & -\frac{4}{5} \\ 0 & 1 & \frac{12}{5} & \frac{6}{5} & \frac{23}{5} \\ 0 & 0 & 0 & -2 & -10 \\ 0 & 0 & -\frac{6}{5} & -\frac{8}{5} & -\frac{64}{5} \end{pmatrix} \xrightarrow{④\times\left(-\frac{5}{6}\right)} \begin{pmatrix} 1 & 0 & \frac{9}{5} & \frac{2}{5} & -\frac{4}{5} \\ 0 & 1 & \frac{12}{5} & \frac{6}{5} & \frac{23}{5} \\ 0 & 0 & 0 & -2 & -10 \\ 0 & 0 & 1 & \frac{4}{3} & \frac{32}{3} \end{pmatrix}$$

$$\xrightarrow{③\leftrightarrow④}\begin{pmatrix}1&0&\frac{9}{5}&\frac{2}{5}&-\frac{4}{5}\\0&1&\frac{12}{5}&\frac{6}{5}&\frac{23}{5}\\0&0&1&\frac{4}{3}&\frac{32}{3}\\0&0&0&-2&-10\end{pmatrix}\xrightarrow{③\times\left(-\frac{9}{5}\right)+①}\begin{pmatrix}1&0&0&-2&-20\\0&1&\frac{12}{5}&\frac{6}{5}&\frac{23}{5}\\0&0&1&\frac{4}{3}&\frac{32}{3}\\0&0&0&-2&-10\end{pmatrix}$$

$$\xrightarrow{③\times\left(-\frac{12}{5}\right)+②}\begin{pmatrix}1&0&0&-2&-20\\0&1&0&-2&-21\\0&0&1&\frac{4}{3}&\frac{32}{3}\\0&0&0&-2&-10\end{pmatrix}\xrightarrow{④\times\left(-\frac{1}{2}\right)}\begin{pmatrix}1&0&0&-2&-20\\0&1&0&-2&-21\\0&0&1&\frac{4}{3}&\frac{32}{3}\\0&0&0&1&5\end{pmatrix}$$

$$\xrightarrow{④\times2+①}\begin{pmatrix}1&0&0&0&-10\\0&1&0&-2&-21\\0&0&1&\frac{4}{3}&\frac{32}{3}\\0&0&0&1&5\end{pmatrix}\xrightarrow{④\times2+②}\begin{pmatrix}1&0&0&0&-10\\0&1&0&0&-11\\0&0&1&\frac{4}{3}&\frac{32}{3}\\0&0&0&1&5\end{pmatrix}\xrightarrow{④\times\left(-\frac{4}{3}\right)+③}\begin{pmatrix}1&0&0&0&-10\\0&1&0&0&-11\\0&0&1&0&4\\0&0&0&1&5\end{pmatrix}$$

よって，求める階数は　**4**

(8)　与えられた行列を簡約階段化すると

$$\begin{pmatrix}0&1&2&3&4\\1&2&3&4&0\\2&3&4&0&1\\3&4&0&1&2\\4&0&1&2&3\end{pmatrix}\xrightarrow{①\leftrightarrow②}\begin{pmatrix}1&2&3&4&0\\0&1&2&3&4\\2&3&4&0&1\\3&4&0&1&2\\4&0&1&2&3\end{pmatrix}\xrightarrow{①\times(-2)+③}\begin{pmatrix}1&2&3&4&0\\0&1&2&3&4\\0&-1&-2&-8&1\\3&4&0&1&2\\4&0&1&2&3\end{pmatrix}$$

$$\xrightarrow{①\times(-3)+④}\begin{pmatrix}1&2&3&4&0\\0&1&2&3&4\\0&-1&-2&-8&1\\0&-2&-9&-11&2\\4&0&1&2&3\end{pmatrix}\xrightarrow{①\times(-4)+⑤}\begin{pmatrix}1&2&3&4&0\\0&1&2&3&4\\0&-1&-2&-8&1\\0&-2&-9&-11&2\\0&-8&-11&-14&3\end{pmatrix}$$

$$\xrightarrow{②\times(-2)+①}\begin{pmatrix}1&0&-1&-2&-8\\0&1&2&3&4\\0&-1&-2&-8&1\\0&-2&-9&-11&2\\0&-8&-11&-14&3\end{pmatrix}\xrightarrow{②\times1+③}\begin{pmatrix}1&0&-1&-2&-8\\0&1&2&3&4\\0&0&0&-5&5\\0&-2&-9&-11&2\\0&-8&-11&-14&3\end{pmatrix}$$

$$\xrightarrow{②\times2+④}\begin{pmatrix}1&0&-1&-2&-8\\0&1&2&3&4\\0&0&0&-5&5\\0&0&-5&-5&10\\0&-8&-11&-14&3\end{pmatrix}\xrightarrow{②\times8+⑤}\begin{pmatrix}1&0&-1&-2&-8\\0&1&2&3&4\\0&0&0&-5&5\\0&0&-5&-5&10\\0&0&5&10&35\end{pmatrix}\xrightarrow{④\times\left(-\frac{1}{5}\right)}\begin{pmatrix}1&0&-1&-2&-8\\0&1&2&3&4\\0&0&0&-5&5\\0&0&1&1&-2\\0&0&5&10&35\end{pmatrix}$$

$$\xrightarrow{③\leftrightarrow④}\begin{pmatrix}1&0&-1&-2&-8\\0&1&2&3&4\\0&0&1&1&-2\\0&0&0&-5&5\\0&0&5&10&35\end{pmatrix}\xrightarrow{③\times1+①}\begin{pmatrix}1&0&0&-1&-10\\0&1&2&3&4\\0&0&1&1&-2\\0&0&0&-5&5\\0&0&5&10&35\end{pmatrix}\xrightarrow{③\times(-2)+②}\begin{pmatrix}1&0&0&-1&-10\\0&1&0&1&8\\0&0&1&1&-2\\0&0&0&-5&5\\0&0&5&10&35\end{pmatrix}$$

EXERCISES

$$\xrightarrow{③\times(-5)+⑤}\begin{pmatrix}1&0&0&-1&-10\\0&1&0&1&8\\0&0&1&1&-2\\0&0&0&-5&5\\0&0&0&5&45\end{pmatrix}\xrightarrow{④\times\left(-\frac{1}{5}\right)}\begin{pmatrix}1&0&0&-1&-10\\0&1&0&1&8\\0&0&1&1&-2\\0&0&0&1&-1\\0&0&0&5&45\end{pmatrix}\xrightarrow{④\times1+①}\begin{pmatrix}1&0&0&0&-11\\0&1&0&1&8\\0&0&1&1&-2\\0&0&0&1&-1\\0&0&0&5&45\end{pmatrix}$$

$$\xrightarrow{④\times(-1)+②}\begin{pmatrix}1&0&0&0&-11\\0&1&0&0&9\\0&0&1&1&-2\\0&0&0&1&-1\\0&0&0&5&45\end{pmatrix}\xrightarrow{④\times(-1)+③}\begin{pmatrix}1&0&0&0&-11\\0&1&0&0&9\\0&0&1&0&-1\\0&0&0&1&-1\\0&0&0&5&45\end{pmatrix}\xrightarrow{④\times(-5)+⑤}\begin{pmatrix}1&0&0&0&-11\\0&1&0&0&9\\0&0&1&0&-1\\0&0&0&1&-1\\0&0&0&0&50\end{pmatrix}\xrightarrow{⑤\times\frac{1}{50}}\begin{pmatrix}1&0&0&0&-11\\0&1&0&0&9\\0&0&1&0&-1\\0&0&0&1&-1\\0&0&0&0&1\end{pmatrix}$$

$$\xrightarrow{⑤\times11+①}\begin{pmatrix}1&0&0&0&0\\0&1&0&0&9\\0&0&1&0&-1\\0&0&0&1&-1\\0&0&0&0&1\end{pmatrix}\xrightarrow{⑤\times(-9)+②}\begin{pmatrix}1&0&0&0&0\\0&1&0&0&0\\0&0&1&0&-1\\0&0&0&1&-1\\0&0&0&0&1\end{pmatrix}\xrightarrow{⑤\times1+③}\begin{pmatrix}1&0&0&0&0\\0&1&0&0&0\\0&0&1&0&0\\0&0&0&1&-1\\0&0&0&0&1\end{pmatrix}\xrightarrow{⑤\times1+④}\begin{pmatrix}1&0&0&0&0\\0&1&0&0&0\\0&0&1&0&0\\0&0&0&1&0\\0&0&0&0&1\end{pmatrix}$$

よって，求める階数は　**5**

12　文字を含む行列の階数　★★☆

次の行列の階数を求めよ。

(1) $\begin{pmatrix}x&1&0\\1&x&1\\0&1&x\end{pmatrix}$　(2) $\begin{pmatrix}x&1&1\\1&x&1\\1&1&x\end{pmatrix}$　(3) $\begin{pmatrix}1&1&1&1\\1&x&1&1\\1&1&x&1\\1&1&1&x^2\end{pmatrix}$　(4) $\begin{pmatrix}1&x&1&1\\x&1&x&1\\1&x&1&x\\1&1&x&1\end{pmatrix}$

(1) 与えられた行列に行基本変形を施すと

$$\begin{pmatrix}x&1&0\\1&x&1\\0&1&x\end{pmatrix}\xrightarrow{①\leftrightarrow②}\begin{pmatrix}1&x&1\\x&1&0\\0&1&x\end{pmatrix}\xrightarrow{①\times(-x)+②}\begin{pmatrix}1&x&1\\0&-x^2+1&-x\\0&1&x\end{pmatrix}$$

$$\xrightarrow{②\leftrightarrow③}\begin{pmatrix}1&x&1\\0&1&x\\0&-x^2+1&-x\end{pmatrix}\xrightarrow{②\times(-x)+①}\begin{pmatrix}1&0&-x^2+1\\0&1&x\\0&-x^2+1&-x\end{pmatrix}\xrightarrow{②\times\{-(-x^2+1)\}+③}\begin{pmatrix}1&0&-x^2+1\\0&1&x\\0&0&x^3-2x\end{pmatrix}$$

……①

[1]　$x=0$ のとき，行列①は $\begin{pmatrix}1&0&1\\0&1&0\\0&0&0\end{pmatrix}$ となる。

よって，階数は　2

[2]　$x=\pm\sqrt{2}$ のとき，行列①は $\begin{pmatrix}1&0&-1\\0&1&\pm\sqrt{2}\\0&0&0\end{pmatrix}$（複号同順）となる。

よって，階数は　2

[3]　$x \neq 0,\ \pm\sqrt{2}$ のとき，行列 ① を簡約階段化すると

$$\begin{pmatrix} 1 & 0 & -x^2+1 \\ 0 & 1 & x \\ 0 & 0 & x^3-2x \end{pmatrix} \xrightarrow{③\times\frac{1}{x^3-2x}} \begin{pmatrix} 1 & 0 & -x^2+1 \\ 0 & 1 & x \\ 0 & 0 & 1 \end{pmatrix}$$

$$\xrightarrow{③\times\{-(-x^2+1)\}+①} \begin{pmatrix} 1 & 0 & 0 \\ 0 & 1 & x \\ 0 & 0 & 1 \end{pmatrix} \xrightarrow{③\times(-x)+②} \begin{pmatrix} 1 & 0 & 0 \\ 0 & 1 & 0 \\ 0 & 0 & 1 \end{pmatrix}$$

よって，階数は　3

以上から，与えられた行列の階数は　**$x=0,\ \pm\sqrt{2}$ のとき 2，$x \neq 0,\ \pm\sqrt{2}$ のとき 3**

(2)　与えられた行列に行基本変形を施すと

$$\begin{pmatrix} x & 1 & 1 \\ 1 & x & 1 \\ 1 & 1 & x \end{pmatrix} \xrightarrow{①\leftrightarrow③} \begin{pmatrix} 1 & 1 & x \\ 1 & x & 1 \\ x & 1 & 1 \end{pmatrix} \xrightarrow{①\times(-1)+②} \begin{pmatrix} 1 & 1 & x \\ 0 & x-1 & -x+1 \\ x & 1 & 1 \end{pmatrix} \xrightarrow{①\times(-x)+③} \begin{pmatrix} 1 & 1 & x \\ 0 & x-1 & -x+1 \\ 0 & -x+1 & -x^2+1 \end{pmatrix}$$

…… ②

[1]　$x=1$ のとき，行列 ② は $\begin{pmatrix} 1 & 1 & 1 \\ 0 & 0 & 0 \\ 0 & 0 & 0 \end{pmatrix}$ となる。

よって，階数は　1

[2]　$x \neq 1$ のとき，行列 ② に，更に行基本変形を施すと

$$\begin{pmatrix} 1 & 1 & x \\ 0 & x-1 & -x+1 \\ 0 & -x+1 & -x^2+1 \end{pmatrix} \xrightarrow{②\times\frac{1}{x-1}} \begin{pmatrix} 1 & 1 & x \\ 0 & 1 & -1 \\ 0 & -x+1 & -x^2+1 \end{pmatrix} \xrightarrow{②\times(-1)+①} \begin{pmatrix} 1 & 0 & x+1 \\ 0 & 1 & -1 \\ 0 & -x+1 & -x^2+1 \end{pmatrix}$$

$$\xrightarrow{②\times\{-(-x+1)\}+③} \begin{pmatrix} 1 & 0 & x+1 \\ 0 & 1 & -1 \\ 0 & 0 & -x^2-x+2 \end{pmatrix} \xrightarrow{③\times\left(-\frac{1}{x-1}\right)} \begin{pmatrix} 1 & 0 & x+1 \\ 0 & 1 & -1 \\ 0 & 0 & x+2 \end{pmatrix} \quad \cdots\cdots ③$$

(ア)　$x=-2$ のとき，行列 ③ は $\begin{pmatrix} 1 & 0 & -1 \\ 0 & 1 & -1 \\ 0 & 0 & 0 \end{pmatrix}$ となる。

よって，階数は　2

(イ)　$x \neq -2$ のとき，行列 ③ を簡約階段化すると

$$\begin{pmatrix} 1 & 0 & x+1 \\ 0 & 1 & -1 \\ 0 & 0 & x+2 \end{pmatrix} \xrightarrow{③\times\frac{1}{x+2}} \begin{pmatrix} 1 & 0 & x+1 \\ 0 & 1 & -1 \\ 0 & 0 & 1 \end{pmatrix} \xrightarrow{③\times\{-(x+1)\}+①} \begin{pmatrix} 1 & 0 & 0 \\ 0 & 1 & -1 \\ 0 & 0 & 1 \end{pmatrix} \xrightarrow{③\times1+②} \begin{pmatrix} 1 & 0 & 0 \\ 0 & 1 & 0 \\ 0 & 0 & 1 \end{pmatrix}$$

よって，階数は　3

以上から，与えられた行列の階数は　**$x=1$ のとき 1，$x=-2$ のとき 2，$x \neq 1,\ -2$ のとき 3**

(3)　与えられた行列に行基本変形を施すと

$$\begin{pmatrix} 1 & 1 & 1 & 1 \\ 1 & x & 1 & 1 \\ 1 & 1 & x & 1 \\ 1 & 1 & 1 & x^2 \end{pmatrix} \xrightarrow{①\times(-1)+②} \begin{pmatrix} 1 & 1 & 1 & 1 \\ 0 & x-1 & 0 & 0 \\ 1 & 1 & x & 1 \\ 1 & 1 & 1 & x^2 \end{pmatrix} \xrightarrow{①\times(-1)+③} \begin{pmatrix} 1 & 1 & 1 & 1 \\ 0 & x-1 & 0 & 0 \\ 0 & 0 & x-1 & 0 \\ 1 & 1 & 1 & x^2 \end{pmatrix} \xrightarrow{①\times(-1)+④} \begin{pmatrix} 1 & 1 & 1 & 1 \\ 0 & x-1 & 0 & 0 \\ 0 & 0 & x-1 & 0 \\ 0 & 0 & 0 & x^2-1 \end{pmatrix}$$

…… ④

[1]　$x=1$ のとき，行列④は $\begin{pmatrix}1&1&1&1\\0&0&0&0\\0&0&0&0\\0&0&0&0\end{pmatrix}$ となる。

よって，階数は　1

[2]　$x\neq 1$ のとき，行列④に，更に行基本変形を施すと

$$\begin{pmatrix}1&1&1&1\\0&x-1&0&0\\0&0&x-1&0\\0&0&0&x^2-1\end{pmatrix}\overset{②\times\frac{1}{x-1}}{\longrightarrow}\begin{pmatrix}1&1&1&1\\0&1&0&0\\0&0&x-1&0\\0&0&0&x^2-1\end{pmatrix}\overset{②\times(-1)+①}{\longrightarrow}\begin{pmatrix}1&0&1&1\\0&1&0&0\\0&0&x-1&0\\0&0&0&x^2-1\end{pmatrix}$$

$$\overset{③\times\frac{1}{x-1}}{\longrightarrow}\begin{pmatrix}1&0&1&1\\0&1&0&0\\0&0&1&0\\0&0&0&x^2-1\end{pmatrix}\overset{③\times(-1)+①}{\longrightarrow}\begin{pmatrix}1&0&0&1\\0&1&0&0\\0&0&1&0\\0&0&0&x^2-1\end{pmatrix}\overset{④\times\frac{1}{x-1}}{\longrightarrow}\begin{pmatrix}1&0&0&1\\0&1&0&0\\0&0&1&0\\0&0&0&x+1\end{pmatrix}\quad\cdots\cdots⑤$$

(ア)　$x=-1$ のとき，行列⑤は $\begin{pmatrix}1&0&0&1\\0&1&0&0\\0&0&1&0\\0&0&0&0\end{pmatrix}$ となる。

よって，階数は　3

(イ)　$x\neq -1$ のとき，行列⑤を簡約階段化すると

$$\begin{pmatrix}1&0&0&1\\0&1&0&0\\0&0&1&0\\0&0&0&x+1\end{pmatrix}\overset{④\times\frac{1}{x+1}}{\longrightarrow}\begin{pmatrix}1&0&0&1\\0&1&0&0\\0&0&1&0\\0&0&0&1\end{pmatrix}\overset{④\times(-1)+①}{\longrightarrow}\begin{pmatrix}1&0&0&0\\0&1&0&0\\0&0&1&0\\0&0&0&1\end{pmatrix}$$

よって，階数は　4

以上から，与えられた行列の階数は　**$x=1$ のとき 1，$x=-1$ のとき 3，$x\neq\pm 1$ のとき 4**

(4)　与えられた行列に行基本変形を施すと

$$\begin{pmatrix}1&x&1&1\\x&1&x&1\\1&x&1&x\\1&1&x&1\end{pmatrix}\overset{①\times(-x)+②}{\longrightarrow}\begin{pmatrix}1&x&1&1\\0&-x^2+1&0&-x+1\\1&x&1&x\\1&1&x&1\end{pmatrix}$$

$$\overset{①\times(-1)+③}{\longrightarrow}\begin{pmatrix}1&x&1&1\\0&-x^2+1&0&-x+1\\0&0&0&x-1\\1&1&x&1\end{pmatrix}\overset{①\times(-1)+④}{\longrightarrow}\begin{pmatrix}1&x&1&1\\0&-x^2+1&0&-x+1\\0&0&0&x-1\\0&-x+1&x-1&0\end{pmatrix}\quad\cdots\cdots⑥$$

[1]　$x=1$ のとき，行列⑥は $\begin{pmatrix}1&1&1&1\\0&0&0&0\\0&0&0&0\\0&0&0&0\end{pmatrix}$ となる。

よって，階数は　1

[2]　$x \neq 1$ のとき，行列 ⑥ に，更に行基本変形を施すと

$$\begin{pmatrix} 1 & x & 1 & 1 \\ 0 & -x^2+1 & 0 & -x+1 \\ 0 & 0 & 0 & x-1 \\ 0 & -x+1 & x-1 & 0 \end{pmatrix} \xrightarrow{④\times\frac{1}{-x+1}} \begin{pmatrix} 1 & x & 1 & 1 \\ 0 & -x^2+1 & 0 & -x+1 \\ 0 & 0 & 0 & x-1 \\ 0 & 1 & -1 & 0 \end{pmatrix} \xrightarrow{②\leftrightarrow④} \begin{pmatrix} 1 & x & 1 & 1 \\ 0 & 1 & -1 & 0 \\ 0 & 0 & 0 & x-1 \\ 0 & -x^2+1 & 0 & -x+1 \end{pmatrix}$$

$$\xrightarrow{②\times(-x)+①} \begin{pmatrix} 1 & 0 & x+1 & 1 \\ 0 & 1 & -1 & 0 \\ 0 & 0 & 0 & x-1 \\ 0 & -x^2+1 & 0 & -x+1 \end{pmatrix} \xrightarrow{②\times\{-(-x^2+1)\}+④} \begin{pmatrix} 1 & 0 & x+1 & 1 \\ 0 & 1 & -1 & 0 \\ 0 & 0 & 0 & x-1 \\ 0 & 0 & -x^2+1 & -x+1 \end{pmatrix}$$

$$\xrightarrow{④\times\left(-\frac{1}{x-1}\right)} \begin{pmatrix} 1 & 0 & x+1 & 1 \\ 0 & 1 & -1 & 0 \\ 0 & 0 & 0 & x-1 \\ 0 & 0 & x+1 & 1 \end{pmatrix} \quad \cdots\cdots ⑦$$

(ア)　$x=-1$ のとき，行列 ⑦ は $\begin{pmatrix} 1 & 0 & 0 & 1 \\ 0 & 1 & -1 & 0 \\ 0 & 0 & 0 & -2 \\ 0 & 0 & 0 & 1 \end{pmatrix}$ となる。

これを簡約階段化すると

$$\begin{pmatrix} 1 & 0 & 0 & 1 \\ 0 & 1 & -1 & 0 \\ 0 & 0 & 0 & -2 \\ 0 & 0 & 0 & 2 \end{pmatrix} \xrightarrow{③\times\left(-\frac{1}{2}\right)} \begin{pmatrix} 1 & 0 & 0 & 1 \\ 0 & 1 & -1 & 0 \\ 0 & 0 & 0 & 1 \\ 0 & 0 & 0 & 1 \end{pmatrix} \xrightarrow{③\times(-1)+①} \begin{pmatrix} 1 & 0 & 0 & 0 \\ 0 & 1 & -1 & 0 \\ 0 & 0 & 0 & 1 \\ 0 & 0 & 0 & 1 \end{pmatrix} \xrightarrow{③\times(-1)+④} \begin{pmatrix} 1 & 0 & 0 & 0 \\ 0 & 1 & -1 & 0 \\ 0 & 0 & 0 & 1 \\ 0 & 0 & 0 & 0 \end{pmatrix}$$

よって，階数は　　3

(イ)　$x \neq -1$ のとき，行列 ⑦ を簡約階段化すると

$$\begin{pmatrix} 1 & 0 & x+1 & 1 \\ 0 & 1 & -1 & 0 \\ 0 & 0 & 0 & x-1 \\ 0 & 0 & x+1 & 1 \end{pmatrix} \xrightarrow{④\times\frac{1}{x+1}} \begin{pmatrix} 1 & 0 & x+1 & 1 \\ 0 & 1 & -1 & 0 \\ 0 & 0 & 0 & x-1 \\ 0 & 0 & 1 & \frac{1}{x+1} \end{pmatrix} \xrightarrow{③\leftrightarrow④} \begin{pmatrix} 1 & 0 & x+1 & 1 \\ 0 & 1 & -1 & 0 \\ 0 & 0 & 1 & \frac{1}{x+1} \\ 0 & 0 & 0 & x-1 \end{pmatrix}$$

$$\xrightarrow{③\times\{-(x+1)\}+①} \begin{pmatrix} 1 & 0 & 0 & 0 \\ 0 & 1 & -1 & 0 \\ 0 & 0 & 1 & \frac{1}{x+1} \\ 0 & 0 & 0 & x-1 \end{pmatrix} \xrightarrow{③\times1+②} \begin{pmatrix} 1 & 0 & 0 & 0 \\ 0 & 1 & 0 & \frac{1}{x+1} \\ 0 & 0 & 1 & \frac{1}{x+1} \\ 0 & 0 & 0 & x-1 \end{pmatrix} \xrightarrow{④\times\frac{1}{x-1}} \begin{pmatrix} 1 & 0 & 0 & 0 \\ 0 & 1 & 0 & \frac{1}{x+1} \\ 0 & 0 & 1 & \frac{1}{x+1} \\ 0 & 0 & 0 & 1 \end{pmatrix}$$

$$\xrightarrow{④\times\left(-\frac{1}{x+1}\right)+②} \begin{pmatrix} 1 & 0 & 0 & 0 \\ 0 & 1 & 0 & 0 \\ 0 & 0 & 1 & \frac{1}{x+1} \\ 0 & 0 & 0 & 1 \end{pmatrix} \xrightarrow{④\times\left(-\frac{1}{x+1}\right)+③} \begin{pmatrix} 1 & 0 & 0 & 0 \\ 0 & 1 & 0 & 0 \\ 0 & 0 & 1 & 0 \\ 0 & 0 & 0 & 1 \end{pmatrix}$$

よって，階数は　　4

以上から，与えられた行列の階数は　　**$x=1$ のとき 1，$x=-1$ のとき 3，$x \neq \pm 1$ のとき 4**

13 連立1次方程式の解 ★☆☆

次の連立1次方程式を解け。

(1) $\begin{cases} -x+5y+5z=3 \\ 4x-7y+6z=1 \end{cases}$

(2) $\begin{cases} 3x+y+z=-5 \\ 4x+3y-z=-2 \\ 5x+4y+z=6 \end{cases}$

(3) $\begin{cases} 2x-y+z-4w=-2 \\ 3y+2z+5w=6 \\ x+5z+w=2 \\ 4x+2y-2w=0 \end{cases}$

(4) $\begin{cases} x+2y+3z=8 \\ 2x+3y-2w=6 \\ x-5z+2w=-4 \\ y+2z-4w=2 \end{cases}$

(5) $\begin{cases} -4x+5y+6z-7w=-1 \\ 3x-4y-5z+6w=0 \\ -2x+3y+4z-5w=1 \\ x-2y-3z+4w=-2 \end{cases}$

(6) $\begin{cases} 2x-y+3z+2u-v=2 \\ x+y-z-u+v=3 \\ 3x+2y-z-v=1 \end{cases}$

(1) 与えられた連立1次方程式は $\begin{pmatrix} -1 & 5 & 5 \\ 4 & -7 & 6 \end{pmatrix}\begin{pmatrix} x \\ y \\ z \end{pmatrix}=\begin{pmatrix} 3 \\ 1 \end{pmatrix}$ と表され，この拡大係数行列は

$\left(\begin{array}{ccc|c} -1 & 5 & 5 & 3 \\ 4 & -7 & 6 & 1 \end{array}\right)$ である。

これを簡約階段化すると

$$\left(\begin{array}{ccc|c} -1 & 5 & 5 & 3 \\ 4 & -7 & 6 & 1 \end{array}\right) \xrightarrow{①\times(-1)} \left(\begin{array}{ccc|c} 1 & -5 & -5 & -3 \\ 4 & -7 & 6 & 1 \end{array}\right) \xrightarrow{①\times(-4)+②} \left(\begin{array}{ccc|c} 1 & -5 & -5 & -3 \\ 0 & 13 & 26 & 13 \end{array}\right)$$

$$\xrightarrow{②\times\frac{1}{13}} \left(\begin{array}{ccc|c} 1 & -5 & -5 & -3 \\ 0 & 1 & 2 & 1 \end{array}\right) \xrightarrow{②\times5+①} \left(\begin{array}{ccc|c} 1 & 0 & 5 & 2 \\ 0 & 1 & 2 & 1 \end{array}\right)$$

よって，与えられた連立1次方程式は $\begin{cases} x+5z=2 \\ y+2z=1 \end{cases}$ と同値である。

これを解くと $\begin{cases} \boldsymbol{x=2-5c} \\ \boldsymbol{y=1-2c} \\ \boldsymbol{z=c} \end{cases}$ **（c は任意定数）**

(2) 与えられた連立1次方程式は $\begin{pmatrix} 3 & 1 & 1 \\ 4 & 3 & -1 \\ 5 & 4 & 1 \end{pmatrix}\begin{pmatrix} x \\ y \\ z \end{pmatrix}=\begin{pmatrix} -5 \\ -2 \\ 6 \end{pmatrix}$ と表され，この拡大係数行列は

$\left(\begin{array}{ccc|c} 3 & 1 & 1 & -5 \\ 4 & 3 & -1 & -2 \\ 5 & 4 & 1 & 6 \end{array}\right)$ である。

これを簡約階段化すると

$$\left(\begin{array}{ccc|c} 3 & 1 & 1 & -5 \\ 4 & 3 & -1 & -2 \\ 5 & 4 & 1 & 6 \end{array}\right) \xrightarrow{①\times\frac{1}{3}} \left(\begin{array}{ccc|c} 1 & \frac{1}{3} & \frac{1}{3} & -\frac{5}{3} \\ 4 & 3 & -1 & -2 \\ 5 & 4 & 1 & 6 \end{array}\right) \xrightarrow{①\times(-4)+②} \left(\begin{array}{ccc|c} 1 & \frac{1}{3} & \frac{1}{3} & -\frac{5}{3} \\ 0 & \frac{5}{3} & -\frac{7}{3} & \frac{14}{3} \\ 5 & 4 & 1 & 6 \end{array}\right)$$

$$\xrightarrow{①\times(-5)+③}\begin{pmatrix}1 & \frac{1}{3} & \frac{1}{3} & -\frac{5}{3}\\ 0 & \frac{5}{3} & -\frac{7}{3} & \frac{14}{3}\\ 0 & \frac{7}{3} & -\frac{2}{3} & \frac{43}{3}\end{pmatrix}\xrightarrow{②\times\frac{3}{5}}\begin{pmatrix}1 & \frac{1}{3} & \frac{1}{3} & -\frac{5}{3}\\ 0 & 1 & -\frac{7}{5} & \frac{14}{5}\\ 0 & \frac{7}{3} & -\frac{2}{3} & \frac{43}{3}\end{pmatrix}\xrightarrow{②\times\left(-\frac{1}{3}\right)+①}\begin{pmatrix}1 & 0 & \frac{4}{5} & -\frac{13}{5}\\ 0 & 1 & -\frac{7}{5} & \frac{14}{5}\\ 0 & \frac{7}{3} & -\frac{2}{3} & \frac{43}{3}\end{pmatrix}$$

$$\xrightarrow{②\times\left(-\frac{7}{3}\right)+③}\left(\begin{array}{ccc|c}1 & 0 & \frac{4}{5} & -\frac{13}{5}\\ 0 & 1 & -\frac{7}{5} & \frac{14}{5}\\ 0 & 0 & \frac{13}{5} & \frac{39}{5}\end{array}\right)\xrightarrow{③\times\frac{5}{13}}\left(\begin{array}{ccc|c}1 & 0 & \frac{4}{5} & -\frac{13}{5}\\ 0 & 1 & -\frac{7}{5} & \frac{14}{5}\\ 0 & 0 & 1 & 3\end{array}\right)$$

$$\xrightarrow{③\times\left(-\frac{4}{5}\right)+①}\left(\begin{array}{ccc|c}1 & 0 & 0 & -5\\ 0 & 1 & -\frac{7}{5} & \frac{14}{5}\\ 0 & 0 & 1 & 3\end{array}\right)\xrightarrow{③\times\frac{7}{5}+②}\left(\begin{array}{ccc|c}1 & 0 & 0 & -5\\ 0 & 1 & 0 & 7\\ 0 & 0 & 1 & 3\end{array}\right)$$

よって，与えられた連立 1 次方程式は $\begin{cases}x \quad\;\; =-5\\ \quad y \quad = \;\;7\\ \qquad z= \;\;3\end{cases}$ と同値である。

これより $\quad\begin{cases}\boldsymbol{x=-5}\\ \boldsymbol{y=\;\;7}\\ \boldsymbol{z=\;\;3}\end{cases}$

(3) 与えられた連立 1 次方程式は $\begin{pmatrix}2 & -1 & 1 & -4\\ 0 & 3 & 2 & 5\\ 1 & 0 & 5 & 1\\ 4 & 2 & 0 & -2\end{pmatrix}\begin{pmatrix}x\\ y\\ z\\ w\end{pmatrix}=\begin{pmatrix}-2\\ 6\\ 2\\ 0\end{pmatrix}$ と表され，この拡大係数行列は $\left(\begin{array}{cccc|c}2 & -1 & 1 & -4 & -2\\ 0 & 3 & 2 & 5 & 6\\ 1 & 0 & 5 & 1 & 2\\ 4 & 2 & 0 & -2 & 0\end{array}\right)$ である。

これを簡約階段化すると

$$\left(\begin{array}{cccc|c}2 & -1 & 1 & -4 & -2\\ 0 & 3 & 2 & 5 & 6\\ 1 & 0 & 5 & 1 & 2\\ 4 & 2 & 0 & -2 & 0\end{array}\right)\xrightarrow{①\leftrightarrow③}\left(\begin{array}{cccc|c}1 & 0 & 5 & 1 & 2\\ 0 & 3 & 2 & 5 & 6\\ 2 & -1 & 1 & -4 & -2\\ 4 & 2 & 0 & -2 & 0\end{array}\right)\xrightarrow{①\times(-2)+③}\left(\begin{array}{cccc|c}1 & 0 & 5 & 1 & 2\\ 0 & 3 & 2 & 5 & 6\\ 0 & -1 & -9 & -6 & -6\\ 4 & 2 & 0 & -2 & 0\end{array}\right)$$

$$\xrightarrow{①\times(-4)+④}\left(\begin{array}{cccc|c}1 & 0 & 5 & 1 & 2\\ 0 & 3 & 2 & 5 & 6\\ 0 & -1 & -9 & -6 & -6\\ 0 & 2 & -20 & -6 & -8\end{array}\right)\xrightarrow{③\times(-1)}\left(\begin{array}{cccc|c}1 & 0 & 5 & 1 & 2\\ 0 & 3 & 2 & 5 & 6\\ 0 & 1 & 9 & 6 & 6\\ 0 & 2 & -20 & -6 & -8\end{array}\right)\xrightarrow{②\leftrightarrow③}\left(\begin{array}{cccc|c}1 & 0 & 5 & 1 & 2\\ 0 & 1 & 9 & 6 & 6\\ 0 & 3 & 2 & 5 & 6\\ 0 & 2 & -20 & -6 & -8\end{array}\right)$$

$$\xrightarrow{②\times(-3)+③}\left(\begin{array}{cccc|c}1 & 0 & 5 & 1 & 2\\ 0 & 1 & 9 & 6 & 6\\ 0 & 0 & -25 & -13 & -12\\ 0 & 2 & -20 & -6 & -8\end{array}\right)\xrightarrow{②\times(-2)+④}\left(\begin{array}{cccc|c}1 & 0 & 5 & 1 & 2\\ 0 & 1 & 9 & 6 & 6\\ 0 & 0 & -25 & -13 & -12\\ 0 & 0 & -38 & -18 & -20\end{array}\right)\xrightarrow{③\times\left(-\frac{1}{25}\right)}\left(\begin{array}{cccc|c}1 & 0 & 5 & 1 & 2\\ 0 & 1 & 9 & 6 & 6\\ 0 & 0 & 1 & \frac{13}{25} & \frac{12}{25}\\ 0 & 0 & -38 & -18 & -20\end{array}\right)$$

$$
\xrightarrow{\text{③}\times(-5)+\text{①}}
\left(\begin{array}{cccc|c}
1 & 0 & 0 & -\frac{8}{5} & -\frac{2}{5} \\
0 & 1 & 9 & 6 & 6 \\
0 & 0 & 1 & \frac{13}{25} & \frac{12}{25} \\
0 & 0 & -38 & -18 & -20
\end{array}\right)
\xrightarrow{\text{③}\times(-9)+\text{②}}
\left(\begin{array}{cccc|c}
1 & 0 & 0 & -\frac{8}{5} & -\frac{2}{5} \\
0 & 1 & 0 & \frac{33}{25} & \frac{42}{25} \\
0 & 0 & 1 & \frac{13}{25} & \frac{12}{25} \\
0 & 0 & -38 & -18 & -20
\end{array}\right)
$$

$$
\xrightarrow{\text{③}\times 38+\text{④}}
\left(\begin{array}{cccc|c}
1 & 0 & 0 & -\frac{8}{5} & -\frac{2}{5} \\
0 & 1 & 0 & \frac{33}{25} & \frac{42}{25} \\
0 & 0 & 1 & \frac{13}{25} & \frac{12}{25} \\
0 & 0 & 0 & \frac{44}{25} & -\frac{44}{25}
\end{array}\right)
\xrightarrow{\text{④}\times\frac{25}{44}}
\left(\begin{array}{cccc|c}
1 & 0 & 0 & -\frac{8}{5} & -\frac{2}{5} \\
0 & 1 & 0 & \frac{33}{25} & \frac{42}{25} \\
0 & 0 & 1 & \frac{13}{25} & \frac{12}{25} \\
0 & 0 & 0 & 1 & -1
\end{array}\right)
\xrightarrow{\text{④}\times\frac{8}{5}+\text{①}}
\left(\begin{array}{cccc|c}
1 & 0 & 0 & 0 & -2 \\
0 & 1 & 0 & \frac{33}{25} & \frac{42}{25} \\
0 & 0 & 1 & \frac{13}{25} & \frac{12}{25} \\
0 & 0 & 0 & 1 & -1
\end{array}\right)
$$

$$
\xrightarrow{\text{④}\times\left(-\frac{33}{25}\right)+\text{②}}
\left(\begin{array}{cccc|c}
1 & 0 & 0 & 0 & -2 \\
0 & 1 & 0 & 0 & 3 \\
0 & 0 & 1 & \frac{13}{25} & \frac{12}{25} \\
0 & 0 & 0 & 1 & -1
\end{array}\right)
\xrightarrow{\text{④}\times\left(-\frac{13}{25}\right)+\text{③}}
\left(\begin{array}{cccc|c}
1 & 0 & 0 & 0 & -2 \\
0 & 1 & 0 & 0 & 3 \\
0 & 0 & 1 & 0 & 1 \\
0 & 0 & 0 & 1 & -1
\end{array}\right)
$$

よって，与えられた連立 1 次方程式は $\begin{cases} x = -2 \\ y = 3 \\ z = 1 \\ w = -1 \end{cases}$ と同値である。

これより　$\begin{cases} \boldsymbol{x=-2} \\ \boldsymbol{y=\ \ 3} \\ \boldsymbol{z=\ \ 1} \\ \boldsymbol{w=-1} \end{cases}$

(4)　与えられた連立 1 次方程式は $\begin{pmatrix} 1 & 2 & 3 & 0 \\ 2 & 3 & 0 & -2 \\ 1 & 0 & -5 & 2 \\ 0 & 1 & 2 & -4 \end{pmatrix}\begin{pmatrix} x \\ y \\ z \\ w \end{pmatrix}=\begin{pmatrix} 8 \\ 6 \\ -4 \\ 2 \end{pmatrix}$ と表され，この拡大係数行列は $\left(\begin{array}{cccc|c} 1 & 2 & 3 & 0 & 8 \\ 2 & 3 & 0 & -2 & 6 \\ 1 & 0 & -5 & 2 & -4 \\ 0 & 1 & 2 & -4 & 2 \end{array}\right)$ である。

これを簡約階段化すると

$$
\left(\begin{array}{cccc|c}
1 & 2 & 3 & 0 & 8 \\
2 & 3 & 0 & -2 & 6 \\
1 & 0 & -5 & 2 & -4 \\
0 & 1 & 2 & -4 & 2
\end{array}\right)
\xrightarrow{\text{①}\times(-2)+\text{②}}
\left(\begin{array}{cccc|c}
1 & 2 & 3 & 0 & 8 \\
0 & -1 & -6 & -2 & -10 \\
1 & 0 & -5 & 2 & -4 \\
0 & 1 & 2 & -4 & 2
\end{array}\right)
\xrightarrow{\text{①}\times(-1)+\text{③}}
\left(\begin{array}{cccc|c}
1 & 2 & 3 & 0 & 8 \\
0 & -1 & -6 & -2 & -10 \\
0 & -2 & -8 & 2 & -12 \\
0 & 1 & 2 & -4 & 2
\end{array}\right)
$$

$$
\xrightarrow{\text{②}\times(-1)}
\left(\begin{array}{cccc|c}
1 & 2 & 3 & 0 & 8 \\
0 & 1 & 6 & 2 & 10 \\
0 & -2 & -8 & 2 & -12 \\
0 & 1 & 2 & -4 & 2
\end{array}\right)
\xrightarrow{\text{②}\times(-2)+\text{①}}
\left(\begin{array}{cccc|c}
1 & 0 & -9 & -4 & -12 \\
0 & 1 & 6 & 2 & 10 \\
0 & -2 & -8 & 2 & -12 \\
0 & 1 & 2 & -4 & 2
\end{array}\right)
\xrightarrow{\text{②}\times 2+\text{③}}
\left(\begin{array}{cccc|c}
1 & 0 & -9 & -4 & -12 \\
0 & 1 & 6 & 2 & 10 \\
0 & 0 & 4 & 6 & 8 \\
0 & 1 & 2 & -4 & 2
\end{array}\right)
$$

$$
\xrightarrow{\text{②}\times(-1)+\text{④}}
\left(\begin{array}{cccc|c} 1 & 0 & -9 & -4 & -12 \\ 0 & 1 & 6 & 2 & 10 \\ 0 & 0 & 4 & 6 & 8 \\ 0 & 0 & -4 & -6 & -8 \end{array}\right)
\xrightarrow{\text{③}\times\frac{1}{4}}
\left(\begin{array}{cccc|c} 1 & 0 & -9 & -4 & -12 \\ 0 & 1 & 6 & 2 & 10 \\ 0 & 0 & 1 & \frac{3}{2} & 2 \\ 0 & 0 & -4 & -6 & -8 \end{array}\right)
\xrightarrow{\text{③}\times 9+\text{①}}
\left(\begin{array}{cccc|c} 1 & 0 & 0 & \frac{19}{2} & 6 \\ 0 & 1 & 6 & 2 & 10 \\ 0 & 0 & 1 & \frac{3}{2} & 2 \\ 0 & 0 & -4 & -6 & -8 \end{array}\right)
$$

$$
\xrightarrow{\text{③}\times(-6)+\text{②}}
\left(\begin{array}{cccc|c} 1 & 0 & 0 & \frac{19}{2} & 6 \\ 0 & 1 & 0 & -7 & -2 \\ 0 & 0 & 1 & \frac{3}{2} & 2 \\ 0 & 0 & -4 & -6 & -8 \end{array}\right)
\xrightarrow{\text{③}\times 4+\text{④}}
\left(\begin{array}{cccc|c} 1 & 0 & 0 & \frac{19}{2} & 6 \\ 0 & 1 & 0 & -7 & -2 \\ 0 & 0 & 1 & \frac{3}{2} & 2 \\ 0 & 0 & 0 & 0 & 0 \end{array}\right)
$$

よって，与えられた連立 1 次方程式は $\begin{cases} x \quad +\frac{19}{2}w = 6 \\ y - \quad 7w = -2 \\ z + \frac{3}{2}w = 2 \end{cases}$ と同値である。

これを解くと $\begin{cases} \boldsymbol{x = 6 - 19c} \\ \boldsymbol{y = -2 + 14c} \\ \boldsymbol{z = 2 - 3c} \\ \boldsymbol{w = \qquad 2c} \end{cases}$ **(c は任意定数)**

(5) 与えられた連立 1 次方程式は $\begin{pmatrix} -4 & 5 & 6 & -7 \\ 3 & -4 & -5 & 6 \\ -2 & 3 & 4 & -5 \\ 1 & -2 & -3 & 4 \end{pmatrix}\begin{pmatrix} x \\ y \\ z \\ w \end{pmatrix} = \begin{pmatrix} -1 \\ 0 \\ 1 \\ -2 \end{pmatrix}$ と表され，この拡大係数行列は $\left(\begin{array}{cccc|c} -4 & 5 & 6 & -7 & -1 \\ 3 & -4 & -5 & 6 & 0 \\ -2 & 3 & 4 & -5 & 1 \\ 1 & -2 & -3 & 4 & -2 \end{array}\right)$ である。

これを簡約階段化すると

$$
\left(\begin{array}{cccc|c} -4 & 5 & 6 & -7 & -1 \\ 3 & -4 & -5 & 6 & 0 \\ -2 & 3 & 4 & -5 & 1 \\ 1 & -2 & -3 & 4 & -2 \end{array}\right)
\xrightarrow{\text{①}\leftrightarrow\text{④}}
\left(\begin{array}{cccc|c} 1 & -2 & -3 & 4 & -2 \\ 3 & -4 & -5 & 6 & 0 \\ -2 & 3 & 4 & -5 & 1 \\ -4 & 5 & 6 & -7 & -1 \end{array}\right)
\xrightarrow{\text{①}\times(-3)+\text{②}}
\left(\begin{array}{cccc|c} 1 & -2 & -3 & 4 & -2 \\ 0 & 2 & 4 & -6 & 6 \\ -2 & 3 & 4 & -5 & 1 \\ -4 & 5 & 6 & -7 & -1 \end{array}\right)
$$

$$
\xrightarrow{\text{①}\times 2+\text{③}}
\left(\begin{array}{cccc|c} 1 & -2 & -3 & 4 & -2 \\ 0 & 2 & 4 & -6 & 6 \\ 0 & -1 & -2 & 3 & -3 \\ -4 & 5 & 6 & -7 & -1 \end{array}\right)
\xrightarrow{\text{①}\times 4+\text{④}}
\left(\begin{array}{cccc|c} 1 & -2 & -3 & 4 & -2 \\ 0 & 2 & 4 & -6 & 6 \\ 0 & -1 & -2 & 3 & -3 \\ 0 & -3 & -6 & 9 & -9 \end{array}\right)
\xrightarrow{\text{②}\times\frac{1}{2}}
\left(\begin{array}{cccc|c} 1 & -2 & -3 & 4 & -2 \\ 0 & 1 & 2 & -3 & 3 \\ 0 & -1 & -2 & 3 & -3 \\ 0 & -3 & -6 & 9 & -9 \end{array}\right)
$$

$$
\xrightarrow{\text{②}\times 2+\text{①}}
\left(\begin{array}{cccc|c} 1 & 0 & 1 & -2 & 4 \\ 0 & 1 & 2 & -3 & 3 \\ 0 & -1 & -2 & 3 & -3 \\ 0 & -3 & -6 & 9 & -9 \end{array}\right)
\xrightarrow{\text{②}\times 1+\text{③}}
\left(\begin{array}{cccc|c} 1 & 0 & 1 & -2 & 4 \\ 0 & 1 & 2 & -3 & 3 \\ 0 & 0 & 0 & 0 & 0 \\ 0 & -3 & -6 & 9 & -9 \end{array}\right)
\xrightarrow{\text{②}\times 3+\text{④}}
\left(\begin{array}{cccc|c} 1 & 0 & 1 & -2 & 4 \\ 0 & 1 & 2 & -3 & 3 \\ 0 & 0 & 0 & 0 & 0 \\ 0 & 0 & 0 & 0 & 0 \end{array}\right)
$$

よって，与えられた連立 1 次方程式は $\begin{cases} x \quad + \ z - 2w = 4 \\ y + 2z - 3w = 3 \end{cases}$ と同値である。

これを解くと $\begin{cases} x=4-\ \ c+2d \\ y=3-2c+3d \\ z=\quad\ \ c \\ w=\qquad\quad d \end{cases}$ （c，d は任意定数）

(6) 与えられた連立1次方程式は $\begin{pmatrix} 2 & -1 & 3 & 2 & -1 \\ 1 & 1 & -1 & -1 & 1 \\ 3 & 2 & -1 & 0 & -1 \end{pmatrix}\begin{pmatrix} x \\ y \\ z \\ u \\ v \end{pmatrix}=\begin{pmatrix} 2 \\ 3 \\ 1 \end{pmatrix}$ と表され，この拡大係数行列は $\left(\begin{array}{ccccc|c} 2 & -1 & 3 & 2 & -1 & 2 \\ 1 & 1 & -1 & -1 & 1 & 3 \\ 3 & 2 & -1 & 0 & -1 & 1 \end{array}\right)$ である。

これを簡約階段化すると

$$\left(\begin{array}{ccccc|c} 2 & -1 & 3 & 2 & -1 & 2 \\ 1 & 1 & -1 & -1 & 1 & 3 \\ 3 & 2 & -1 & 0 & -1 & 1 \end{array}\right)$$

$$\xrightarrow{①\leftrightarrow②} \left(\begin{array}{ccccc|c} 1 & 1 & -1 & -1 & 1 & 3 \\ 2 & -1 & 3 & 2 & -1 & 2 \\ 3 & 2 & -1 & 0 & -1 & 1 \end{array}\right) \xrightarrow{①\times(-2)+②} \left(\begin{array}{ccccc|c} 1 & 1 & -1 & -1 & 1 & 3 \\ 0 & -3 & 5 & 4 & -3 & -4 \\ 3 & 2 & -1 & 0 & -1 & 1 \end{array}\right)$$

$$\xrightarrow{①\times(-3)+③} \left(\begin{array}{ccccc|c} 1 & 1 & -1 & -1 & 1 & 3 \\ 0 & -3 & 5 & 4 & -3 & -4 \\ 0 & -1 & 2 & 3 & -4 & -8 \end{array}\right) \xrightarrow{③\times(-1)} \left(\begin{array}{ccccc|c} 1 & 1 & -1 & -1 & 1 & 3 \\ 0 & -3 & 5 & 4 & -3 & -4 \\ 0 & 1 & -2 & -3 & 4 & 8 \end{array}\right)$$

$$\xrightarrow{②\leftrightarrow③} \left(\begin{array}{ccccc|c} 1 & 1 & -1 & -1 & 1 & 3 \\ 0 & 1 & -2 & -3 & 4 & 8 \\ 0 & -3 & 5 & 4 & -3 & -4 \end{array}\right) \xrightarrow{②\times(-1)+①} \left(\begin{array}{ccccc|c} 1 & 0 & 1 & 2 & -3 & -5 \\ 0 & 1 & -2 & -3 & 4 & 8 \\ 0 & -3 & 5 & 4 & -3 & -4 \end{array}\right)$$

$$\xrightarrow{②\times3+③} \left(\begin{array}{ccccc|c} 1 & 0 & 1 & 2 & -3 & -5 \\ 0 & 1 & -2 & -3 & 4 & 8 \\ 0 & 0 & -1 & -5 & 9 & 20 \end{array}\right) \xrightarrow{③\times(-1)} \left(\begin{array}{ccccc|c} 1 & 0 & 1 & 2 & -3 & -5 \\ 0 & 1 & -2 & -3 & 4 & 8 \\ 0 & 0 & 1 & 5 & -9 & -20 \end{array}\right)$$

$$\xrightarrow{③\times(-1)+①} \left(\begin{array}{ccccc|c} 1 & 0 & 0 & -3 & 6 & 15 \\ 0 & 1 & -2 & -3 & 4 & 8 \\ 0 & 0 & 1 & 5 & -9 & -20 \end{array}\right) \xrightarrow{③\times2+②} \left(\begin{array}{ccccc|c} 1 & 0 & 0 & -3 & 6 & 15 \\ 0 & 1 & 0 & 7 & -14 & -32 \\ 0 & 0 & 1 & 5 & -9 & -20 \end{array}\right)$$

よって，与えられた連立1次方程式は $\begin{cases} x\qquad -3u+\ 6v=\ \ 15 \\ \quad y\quad +7u-14v=-32 \\ \qquad z+5u-\ 9v=-20 \end{cases}$ と同値である。

これを解くと $\begin{cases} x=\ \ 15+3c-\ 6d \\ y=-32-7c+14d \\ z=-20-5c+\ 9d \\ u=\qquad\quad c \\ v=\qquad\qquad\ d \end{cases}$ （c，d は任意定数）

14　連立1次方程式の解の自由度　★☆☆

次の連立1次方程式について，解の自由度を求めてから解け。

(1) $\begin{cases} x-\ \ 4y-11z+11w=1 \\ 3x-15y-42z+42w=3 \\ 2x-12y-34z+34w=2 \\ x-\ \ 7y-20z+20w=1 \end{cases}$　　(2) $\begin{cases} x-\ \ 4y-11z+11w=1 \\ 7x-19y-48z+46w=1 \\ 6x-16y-40z+38w=2 \\ 3x-\ \ 9y-23z+22w=3 \end{cases}$

与えられた連立1次方程式を，行列を用いて表したときの係数行列をA，拡大係数行列をBとする。

(1) $A=\begin{pmatrix} 1 & -4 & -11 & 11 \\ 3 & -15 & -42 & 42 \\ 2 & -12 & -34 & 34 \\ 1 & -7 & -20 & 20 \end{pmatrix}$，$B=\left(\begin{array}{cccc|c} 1 & -4 & -11 & 11 & 1 \\ 3 & -15 & -42 & 42 & 3 \\ 2 & -12 & -34 & 34 & 2 \\ 1 & -7 & -20 & 20 & 1 \end{array}\right)$ である。

行列Bを簡約階段化すると

$$\left(\begin{array}{cccc|c} 1 & -4 & -11 & 11 & 1 \\ 3 & -15 & -42 & 42 & 3 \\ 2 & -12 & -34 & 34 & 2 \\ 1 & -7 & -20 & 20 & 1 \end{array}\right) \xrightarrow{①\times(-3)+②} \left(\begin{array}{cccc|c} 1 & -4 & -11 & 11 & 1 \\ 0 & -3 & -9 & 9 & 0 \\ 2 & -12 & -34 & 34 & 2 \\ 1 & -7 & -20 & 20 & 1 \end{array}\right) \xrightarrow{①\times(-2)+③} \left(\begin{array}{cccc|c} 1 & -4 & -11 & 11 & 1 \\ 0 & -3 & -9 & 9 & 0 \\ 0 & -4 & -12 & 12 & 0 \\ 1 & -7 & -20 & 20 & 1 \end{array}\right)$$

$$\xrightarrow{①\times(-1)+④} \left(\begin{array}{cccc|c} 1 & -4 & -11 & 11 & 1 \\ 0 & -3 & -9 & 9 & 0 \\ 0 & -4 & -12 & 12 & 0 \\ 0 & -3 & -9 & 9 & 0 \end{array}\right) \xrightarrow{②\times\left(-\frac{1}{3}\right)} \left(\begin{array}{cccc|c} 1 & -4 & -11 & 11 & 1 \\ 0 & 1 & 3 & -3 & 0 \\ 0 & -4 & -12 & 12 & 0 \\ 0 & -3 & -9 & 9 & 0 \end{array}\right) \xrightarrow{②\times4+①} \left(\begin{array}{cccc|c} 1 & 0 & 1 & -1 & 1 \\ 0 & 1 & 3 & -3 & 0 \\ 0 & -4 & -12 & 12 & 0 \\ 0 & -3 & -9 & 9 & 0 \end{array}\right)$$

$$\xrightarrow{②\times4+③} \left(\begin{array}{cccc|c} 1 & 0 & 1 & -1 & 1 \\ 0 & 1 & 3 & -3 & 0 \\ 0 & 0 & 0 & 0 & 0 \\ 0 & -3 & -9 & 9 & 0 \end{array}\right) \xrightarrow{②\times3+④} \left(\begin{array}{cccc|c} 1 & 0 & 1 & -1 & 1 \\ 0 & 1 & 3 & -3 & 0 \\ 0 & 0 & 0 & 0 & 0 \\ 0 & 0 & 0 & 0 & 0 \end{array}\right)$$

よって，$\operatorname{rank} A=\operatorname{rank} B=2$ であるから，与えられた連立1次方程式の解の自由度は

$4-2=\mathbf{2}$

また，与えられた連立1次方程式は $\begin{cases} x\ \ +\ \ z-\ \ w=1 \\ y+3z-3w=0 \end{cases}$ と同値である。

これを解くと　$\begin{cases} \boldsymbol{x=1-\ \ c+\ \ d} \\ \boldsymbol{y=\ \ -3c+3d} \\ \boldsymbol{z=\ \ \ \ c} \\ \boldsymbol{w=\ \ \ \ \ \ \ \ d} \end{cases}$　**(c，d は任意定数)**

(2) $A=\begin{pmatrix} 1 & -4 & -11 & 11 \\ 7 & -19 & -48 & 46 \\ 6 & -16 & -40 & 38 \\ 3 & -9 & -23 & 22 \end{pmatrix}$，$B=\left(\begin{array}{cccc|c} 1 & -4 & -11 & 11 & 1 \\ 7 & -19 & -48 & 46 & 1 \\ 6 & -16 & -40 & 38 & 2 \\ 3 & -9 & -23 & 22 & 3 \end{array}\right)$ である。

行列Bを簡約階段化すると

$$\left(\begin{array}{cccc|c} 1 & -4 & -11 & 11 & 1 \\ 7 & -19 & -48 & 46 & 1 \\ 6 & -16 & -40 & 38 & 2 \\ 3 & -9 & -23 & 22 & 3 \end{array}\right)$$

EXERCISES

$$\xrightarrow{①\times(-7)+②}\left(\begin{array}{cccc|c}1&-4&-11&11&1\\0&9&29&-31&-6\\6&-16&-40&38&2\\3&-9&-23&22&3\end{array}\right)\xrightarrow{①\times(-6)+③}\left(\begin{array}{cccc|c}1&-4&-11&11&1\\0&9&29&-31&-6\\0&8&26&-28&-4\\3&-9&-23&22&3\end{array}\right)\xrightarrow{①\times(-3)+④}\left(\begin{array}{cccc|c}1&-4&-11&11&1\\0&9&29&-31&-6\\0&8&26&-28&-4\\0&3&10&-11&0\end{array}\right)$$

$$\xrightarrow{④\times\frac{1}{3}}\left(\begin{array}{cccc|c}1&-4&-11&11&1\\0&9&29&-31&-6\\0&8&26&-28&-4\\0&1&\frac{10}{3}&-\frac{11}{3}&0\end{array}\right)\xrightarrow{②\leftrightarrow④}\left(\begin{array}{cccc|c}1&-4&-11&11&1\\0&1&\frac{10}{3}&-\frac{11}{3}&0\\0&8&26&-28&-4\\0&9&29&-31&-6\end{array}\right)\xrightarrow{②\times4+①}\left(\begin{array}{cccc|c}1&0&\frac{7}{3}&-\frac{11}{3}&1\\0&1&\frac{10}{3}&-\frac{11}{3}&0\\0&8&26&-28&-4\\0&9&29&-31&-6\end{array}\right)$$

$$\xrightarrow{②\times(-8)+③}\left(\begin{array}{cccc|c}1&0&\frac{7}{3}&-\frac{11}{3}&1\\0&1&\frac{10}{3}&-\frac{11}{3}&0\\0&0&-\frac{2}{3}&\frac{4}{3}&-4\\0&9&29&-31&-6\end{array}\right)\xrightarrow{②\times(-9)+④}\left(\begin{array}{cccc|c}1&0&\frac{7}{3}&-\frac{11}{3}&1\\0&1&\frac{10}{3}&-\frac{11}{3}&0\\0&0&-\frac{2}{3}&\frac{4}{3}&-4\\0&0&-1&2&-6\end{array}\right)\xrightarrow{③\times\left(-\frac{3}{2}\right)}\left(\begin{array}{cccc|c}1&0&\frac{7}{3}&-\frac{11}{3}&1\\0&1&\frac{10}{3}&-\frac{11}{3}&0\\0&0&1&-2&6\\0&0&-1&2&-6\end{array}\right)$$

$$\xrightarrow{③\times\left(-\frac{7}{3}\right)+①}\left(\begin{array}{cccc|c}1&0&0&1&-13\\0&1&\frac{10}{3}&-\frac{11}{3}&0\\0&0&1&-2&6\\0&0&-1&2&-6\end{array}\right)\xrightarrow{③\times\left(-\frac{10}{3}\right)+②}\left(\begin{array}{cccc|c}1&0&0&1&-13\\0&1&0&3&-20\\0&0&1&-2&6\\0&0&-1&2&-6\end{array}\right)\xrightarrow{③\times1+④}\left(\begin{array}{cccc|c}1&0&0&1&-13\\0&1&0&3&-20\\0&0&1&-2&6\\0&0&0&0&0\end{array}\right)$$

よって，$\mathrm{rank}\,A=\mathrm{rank}\,B=3$ であるから，与えられた連立 1 次方程式の解の自由度は

$$4-3=\mathbf{1}$$

また，与えられた連立 1 次方程式は $\begin{cases}x\quad+\ w=-13\\ \quad y\ +3w=-20\\ \qquad z-2w=\ \ 6\end{cases}$ と同値である。

これを解くと　$\begin{cases}\boldsymbol{x=-13-\ c}\\ \boldsymbol{y=-20-3c}\\ \boldsymbol{z=\quad 6+2c}\\ \boldsymbol{w=\qquad\ \ c}\end{cases}$ **(c は任意定数)**

15　連立 1 次方程式が解をもつための条件　★★☆

次の問いに答えよ。

(1) 連立 1 次方程式 $\begin{cases}-\ x+\ y\quad +\ w=a\\ -4x+2y+z+3w=b\\ -5x+3y+z+4w=c\\ \ \ 3x-\ y-z-2w=d\end{cases}$ が解をもつための，a，b，c，d の条件を求めよ。

(2) 連立 1 次方程式 $\begin{cases}\ \ x-\ 4y-11z+11w=p\\ \ \ 3x-15y-42z+42w=q\\ -2x+12y+34z-34w=r\\ -\ x+\ 7y+20z-20w=s\end{cases}$ が解をもつための，p，q，r，s の条件を求めよ。

与えられた連立 1 次方程式を，行列を用いて表したときの係数行列を A，拡大係数行列を B とする。

(1) $A=\begin{pmatrix} -1 & 1 & 0 & 1 \\ -4 & 2 & 1 & 3 \\ -5 & 3 & 1 & 4 \\ 3 & -1 & -1 & -2 \end{pmatrix}$, $B=\left(\begin{array}{cccc|c} -1 & 1 & 0 & 1 & a \\ -4 & 2 & 1 & 3 & b \\ -5 & 3 & 1 & 4 & c \\ 3 & -1 & -1 & -2 & d \end{array}\right)$ である。

行列Bに行基本変形を施すと

$$\left(\begin{array}{cccc|c} -1 & 1 & 0 & 1 & a \\ -4 & 2 & 1 & 3 & b \\ -5 & 3 & 1 & 4 & c \\ 3 & -1 & -1 & -2 & d \end{array}\right) \xrightarrow{\text{①}\times(-1)} \left(\begin{array}{cccc|c} 1 & -1 & 0 & -1 & -a \\ -4 & 2 & 1 & 3 & b \\ -5 & 3 & 1 & 4 & c \\ 3 & -1 & -1 & -2 & d \end{array}\right) \xrightarrow{\text{①}\times 4+\text{②}} \left(\begin{array}{cccc|c} 1 & -1 & 0 & -1 & -a \\ 0 & -2 & 1 & -1 & -4a+b \\ -5 & 3 & 1 & 4 & c \\ 3 & -1 & -1 & -2 & d \end{array}\right)$$

$$\xrightarrow{\text{①}\times 5+\text{③}} \left(\begin{array}{cccc|c} 1 & -1 & 0 & -1 & -a \\ 0 & -2 & 1 & -1 & -4a+b \\ 0 & -2 & 1 & -1 & -5a+c \\ 3 & -1 & -1 & -2 & d \end{array}\right) \xrightarrow{\text{①}\times(-3)+\text{④}} \left(\begin{array}{cccc|c} 1 & -1 & 0 & -1 & -a \\ 0 & -2 & 1 & -1 & -4a+b \\ 0 & -2 & 1 & -1 & -5a+c \\ 0 & 2 & -1 & 1 & 3a+d \end{array}\right)$$

$$\xrightarrow{\text{②}\times\left(-\frac{1}{2}\right)} \left(\begin{array}{cccc|c} 1 & -1 & 0 & -1 & -a \\ 0 & 1 & -\frac{1}{2} & \frac{1}{2} & 2a-\frac{1}{2}b \\ 0 & -2 & 1 & -1 & -5a+c \\ 0 & 2 & -1 & 1 & 3a+d \end{array}\right) \xrightarrow{\text{②}\times 1+\text{①}} \left(\begin{array}{cccc|c} 1 & 0 & -\frac{1}{2} & -\frac{1}{2} & a-\frac{1}{2}b \\ 0 & 1 & -\frac{1}{2} & \frac{1}{2} & 2a-\frac{1}{2}b \\ 0 & -2 & 1 & -1 & -5a+c \\ 0 & 2 & -1 & 1 & 3a+d \end{array}\right)$$

$$\xrightarrow{\text{②}\times 2+\text{③}} \left(\begin{array}{cccc|c} 1 & 0 & -\frac{1}{2} & -\frac{1}{2} & a-\frac{1}{2}b \\ 0 & 1 & -\frac{1}{2} & \frac{1}{2} & 2a-\frac{1}{2}b \\ 0 & 0 & 0 & 0 & -a-b+c \\ 0 & 2 & -1 & 1 & 3a+d \end{array}\right) \xrightarrow{\text{②}\times(-2)+\text{④}} \left(\begin{array}{cccc|c} 1 & 0 & -\frac{1}{2} & -\frac{1}{2} & a-\frac{1}{2}b \\ 0 & 1 & -\frac{1}{2} & \frac{1}{2} & 2a-\frac{1}{2}b \\ 0 & 0 & 0 & 0 & -a-b+c \\ 0 & 0 & 0 & 0 & -a+b+d \end{array}\right)$$

$$\xrightarrow{\text{③}\times(-1)} \left(\begin{array}{cccc|c} 1 & 0 & -\frac{1}{2} & -\frac{1}{2} & a-\frac{1}{2}b \\ 0 & 1 & -\frac{1}{2} & \frac{1}{2} & 2a-\frac{1}{2}b \\ 0 & 0 & 0 & 0 & a+b-c \\ 0 & 0 & 0 & 0 & -a+b+d \end{array}\right) \xrightarrow{\text{④}\times(-1)} \left(\begin{array}{cccc|c} 1 & 0 & -\frac{1}{2} & -\frac{1}{2} & a-\frac{1}{2}b \\ 0 & 1 & -\frac{1}{2} & \frac{1}{2} & 2a-\frac{1}{2}b \\ 0 & 0 & 0 & 0 & a+b-c \\ 0 & 0 & 0 & 0 & a-b-d \end{array}\right)$$

$\operatorname{rank} A=2$ であるから，与えられた連立 1 次方程式が解をもつための条件は

$$\operatorname{rank} B=2$$

よって　$\boldsymbol{a+b-c=0}$　**かつ**　$\boldsymbol{a-b-d=0}$

(2) $A=\begin{pmatrix} 1 & -4 & -11 & 11 \\ 3 & -15 & -42 & 42 \\ -2 & 12 & 34 & -34 \\ -1 & 7 & 20 & -20 \end{pmatrix}$, $B=\left(\begin{array}{cccc|c} 1 & -4 & -11 & 11 & p \\ 3 & -15 & -42 & 42 & q \\ -2 & 12 & 34 & -34 & r \\ -1 & 7 & 20 & -20 & s \end{array}\right)$ である。

行列Bに行基本変形を施すと

$$\left(\begin{array}{cccc|c} 1 & -4 & -11 & 11 & p \\ 3 & -15 & -42 & 42 & q \\ -2 & 12 & 34 & -34 & r \\ -1 & 7 & 20 & -20 & s \end{array}\right) \xrightarrow{\text{①}\times(-3)+\text{②}} \left(\begin{array}{cccc|c} 1 & -4 & -11 & 11 & p \\ 0 & -3 & -9 & 9 & -3p+q \\ -2 & 12 & 34 & -34 & r \\ -1 & 7 & 20 & -20 & s \end{array}\right)$$

$$\xrightarrow{\text{①}\times 2+\text{③}}\left(\begin{array}{cccc|c}1&-4&-11&11&p\\0&-3&-9&9&-3p+q\\0&4&12&-12&2p+r\\-1&7&20&-20&s\end{array}\right)\xrightarrow{\text{①}\times 1+\text{④}}\left(\begin{array}{cccc|c}1&-4&-11&11&p\\0&-3&-9&9&-3p+q\\0&4&12&-12&2p+r\\0&3&9&-9&p+s\end{array}\right)$$

$$\xrightarrow{\text{②}\times\left(-\frac{1}{3}\right)}\left(\begin{array}{cccc|c}1&-4&-11&11&p\\0&1&3&-3&p-\frac{1}{3}q\\0&4&12&-12&2p+r\\0&3&9&-9&p+s\end{array}\right)\xrightarrow{\text{②}\times 4+\text{①}}\left(\begin{array}{cccc|c}1&0&1&-1&5p-\frac{4}{3}q\\0&1&3&-3&p-\frac{1}{3}q\\0&4&12&-12&2p+r\\0&3&9&-9&p+s\end{array}\right)$$

$$\xrightarrow{\text{②}\times(-4)+\text{③}}\left(\begin{array}{cccc|c}1&0&1&-1&5p-\frac{4}{3}q\\0&1&3&-3&p-\frac{1}{3}q\\0&0&0&0&-2p+\frac{4}{3}q+r\\0&3&9&-9&p+s\end{array}\right)\xrightarrow{\text{②}\times(-3)+\text{④}}\left(\begin{array}{cccc|c}1&0&1&-1&5p-\frac{4}{3}q\\0&1&3&-3&p-\frac{1}{3}q\\0&0&0&0&-2p+\frac{4}{3}q+r\\0&0&0&0&-2p+q+s\end{array}\right)$$

$$\xrightarrow{\text{③}\times(-3)}\left(\begin{array}{cccc|c}1&0&1&-1&5p-\frac{4}{3}q\\0&1&3&-3&p-\frac{1}{3}q\\0&0&0&0&6p-4q-3r\\0&0&0&0&-2p+q+s\end{array}\right)\xrightarrow{\text{④}\times(-1)}\left(\begin{array}{cccc|c}1&0&1&-1&5p-\frac{4}{3}q\\0&1&3&-3&p-\frac{1}{3}q\\0&0&0&0&6p-4q-3r\\0&0&0&0&2p-q-s\end{array}\right)$$

$\operatorname{rank}A=2$ であるから，与えられた連立1次方程式が解をもつための条件は

$$\operatorname{rank}B=2$$

よって　　$\boldsymbol{6p-4q-3r=0}$　**かつ**　$\boldsymbol{2p-q-s=0}$

16　連立1次方程式が解をもつための条件　★★☆

連立1次方程式 $\begin{cases}x+\ \ y+2z=5\\2x-2y+az=5\\x+ay+\ \ z=2\end{cases}$ が解をもつための，定数 a の条件を求めよ。また，そのときの解を求めよ。

与えられた連立1次方程式を，行列を用いて表したときの係数行列を A，拡大係数行列を B とすると　$A=\begin{pmatrix}1&1&2\\2&-2&a\\1&a&1\end{pmatrix}$，$B=\left(\begin{array}{ccc|c}1&1&2&5\\2&-2&a&5\\1&a&1&2\end{array}\right)$

行列 B に行基本変形を施すと

$$\left(\begin{array}{ccc|c}1&1&2&5\\2&-2&a&5\\1&a&1&2\end{array}\right)\xrightarrow{\text{①}\times(-2)+\text{②}}\left(\begin{array}{ccc|c}1&1&2&5\\0&-4&a-4&-5\\1&a&1&2\end{array}\right)\xrightarrow{\text{①}\times(-1)+\text{③}}\left(\begin{array}{ccc|c}1&1&2&5\\0&-4&a-4&-5\\0&a-1&-1&-3\end{array}\right)$$

$$\xrightarrow{\text{②}\times\left(-\frac{1}{4}\right)}\left(\begin{array}{ccc|c}1&1&2&5\\0&1&-\frac{1}{4}a+1&\frac{5}{4}\\0&a-1&-1&-3\end{array}\right)\xrightarrow{\text{②}\times(-1)+\text{①}}\left(\begin{array}{ccc|c}1&0&\frac{1}{4}a+1&\frac{15}{4}\\0&1&-\frac{1}{4}a+1&\frac{5}{4}\\0&a-1&-1&-3\end{array}\right)$$

$$\xrightarrow{②\times\{-(a-1)\}+③}\left(\begin{array}{ccc|c} 1 & 0 & \frac{1}{4}a+1 & \frac{15}{4} \\ 0 & 1 & -\frac{1}{4}a+1 & \frac{5}{4} \\ 0 & 0 & \frac{1}{4}a^2-\frac{5}{4}a & -\frac{5}{4}a-\frac{7}{4} \end{array}\right)\xrightarrow{③\times 4}\left(\begin{array}{ccc|c} 1 & 0 & \frac{1}{4}a+1 & \frac{15}{4} \\ 0 & 1 & -\frac{1}{4}a+1 & \frac{5}{4} \\ 0 & 0 & a^2-5a & -5a-7 \end{array}\right)$$

[1]　$a^2-5a=0$ のとき

$a(a-5)=0$ より　　$a=0,\ 5$

このとき，$\mathrm{rank}\,A=2$，$\mathrm{rank}\,B=3$ より，$\mathrm{rank}\,A \neq \mathrm{rank}\,B$ であるから，与えられた連立 1 次方程式は解をもたない。

[2]　$a^2-5a\neq 0$ のとき

$a(a-5)\neq 0$ より　　$\boldsymbol{a\neq 0,\ 5}$

このとき，$\mathrm{rank}\,A=3$，$\mathrm{rank}\,B=3$ より，$\mathrm{rank}\,A=\mathrm{rank}\,B$ であるから，与えられた連立 1 次方程式は解をもつ。

また，求める解は　$\begin{cases} \boldsymbol{x=\dfrac{5a^2-12a+7}{a^2-5a}} \\ \boldsymbol{y=-\dfrac{3a-7}{a^2-5a}} \\ \boldsymbol{z=-\dfrac{5a+7}{a^2-5a}} \end{cases}$

17　連立 1 次方程式の自由度と解をもつための条件　★★☆

連立 1 次方程式 $\begin{cases} ax+\ \ y=1 \\ x+by=1 \\ x+\ \ y=c \end{cases}$ が自由度 1 の解をもつための，定数 a，b，c の条件を求めよ。

また，定数 a，b，c がその条件を満たしているとき，与えられた連立 1 次方程式を行列を用いて表したときの拡大係数行列の階数を求めよ。

与えられた連立 1 次方程式を，行列を用いて表したときの係数行列を A，拡大係数行列を B とすると　　$A=\begin{pmatrix} a & 1 \\ 1 & b \\ 1 & 1 \end{pmatrix}$，$B=\left(\begin{array}{cc|c} a & 1 & 1 \\ 1 & b & 1 \\ 1 & 1 & c \end{array}\right)$

行列 B に行基本変形を施すと

$$\left(\begin{array}{cc|c} a & 1 & 1 \\ 1 & b & 1 \\ 1 & 1 & c \end{array}\right)\xrightarrow{①\leftrightarrow③}\left(\begin{array}{cc|c} 1 & 1 & c \\ 1 & b & 1 \\ a & 1 & 1 \end{array}\right)\xrightarrow{①\times(-1)+②}\left(\begin{array}{cc|c} 1 & 1 & c \\ 0 & b-1 & -c+1 \\ a & 1 & 1 \end{array}\right)\xrightarrow{①\times(-a)+③}\left(\begin{array}{cc|c} 1 & 1 & c \\ 0 & b-1 & -c+1 \\ 0 & -a+1 & -ca+1 \end{array}\right)$$

……①

[1]　$b-1=0$ すなわち $b=1$ のとき

行列 ① は $\left(\begin{array}{cc|c} 1 & 1 & c \\ 0 & 0 & -c+1 \\ 0 & -a+1 & -ca+1 \end{array}\right)$ ……② となる。

(ア)　$-a+1=0$ すなわち $a=1$ のとき

行列 ② は $\left(\begin{array}{cc|c} 1 & 1 & c \\ 0 & 0 & -c+1 \\ 0 & 0 & -c+1 \end{array}\right)$ となる。

$\operatorname{rank} A=1$ であるから，与えられた連立1次方程式が解をもつための条件は　$\operatorname{rank} B=1$

よって　$-c+1=0$　すなわち　$c=1$

このとき，与えられた連立1次方程式は $x+y=1$ と同値である。

これを解くと　$\begin{cases} x=1-d \\ y=\quad d \end{cases}$　(d は任意定数)

この解の自由度は　1

(イ)　$-a+1 \neq 0$ すなわち $a \neq 1$ のとき

行列②に，更に行基本変形を施すと

$$\left(\begin{array}{cc|c} 1 & 1 & c \\ 0 & 0 & -c+1 \\ 0 & -a+1 & -ca+1 \end{array}\right) \xrightarrow{③\times\frac{1}{-a+1}} \left(\begin{array}{cc|c} 1 & 1 & c \\ 0 & 0 & -c+1 \\ 0 & 1 & \frac{ca-1}{a-1} \end{array}\right) \xrightarrow{②\leftrightarrow③} \left(\begin{array}{cc|c} 1 & 1 & c \\ 0 & 1 & \frac{ca-1}{a-1} \\ 0 & 0 & -c+1 \end{array}\right)$$

$$\xrightarrow{②\times(-1)+①} \left(\begin{array}{cc|c} 1 & 0 & -\frac{c-1}{a-1} \\ 0 & 1 & \frac{ca-1}{a-1} \\ 0 & 0 & -c+1 \end{array}\right) \xrightarrow{③\times(-1)} \left(\begin{array}{cc|c} 1 & 0 & -\frac{c-1}{a-1} \\ 0 & 1 & \frac{ca-1}{a-1} \\ 0 & 0 & c-1 \end{array}\right)$$

$\operatorname{rank} A=2$ であるから，与えられた連立1次方程式が解をもつための条件は　$\operatorname{rank} B=2$

よって　$c-1=0$　すなわち　$c=1$

このとき，与えられた連立1次方程式は $\begin{cases} x \quad =0 \\ \quad y=1 \end{cases}$ と同値である。

これより　$\begin{cases} x=0 \\ y=1 \end{cases}$

この解の自由度は　0

[2]　$b-1 \neq 0$ すなわち $b \neq 1$ のとき

行列①に，更に行基本変形を施すと

$$\left(\begin{array}{cc|c} 1 & 1 & c \\ 0 & b-1 & -c+1 \\ 0 & -a+1 & -ca+1 \end{array}\right) \xrightarrow{②\times\frac{1}{b-1}} \left(\begin{array}{cc|c} 1 & 1 & c \\ 0 & 1 & -\frac{c-1}{b-1} \\ 0 & -a+1 & -ca+1 \end{array}\right) \xrightarrow{②\times(-1)+①} \left(\begin{array}{cc|c} 1 & 0 & \frac{bc-1}{b-1} \\ 0 & 1 & -\frac{c-1}{b-1} \\ 0 & -a+1 & -ca+1 \end{array}\right)$$

$$\xrightarrow{②\times(a-1)+③} \left(\begin{array}{cc|c} 1 & 0 & \frac{bc-1}{b-1} \\ 0 & 1 & -\frac{c-1}{b-1} \\ 0 & 0 & -\frac{abc-a-b-c+2}{b-1} \end{array}\right) \xrightarrow{③\times\{-(b-1)\}} \left(\begin{array}{cc|c} 1 & 0 & \frac{bc-1}{b-1} \\ 0 & 1 & -\frac{c-1}{b-1} \\ 0 & 0 & abc-a-b-c+2 \end{array}\right)$$

$\operatorname{rank} A=2$ であるから，与えられた連立1次方程式が解をもつための条件は　$\operatorname{rank} B=2$

よって　$abc-a-b-c+2=0$

このとき，与えられた連立1次方程式は $\begin{cases} x \quad = \frac{bc-1}{b-1} \\ \quad y=-\frac{c-1}{b-1} \end{cases}$ と同値である。

これより　$\begin{cases} x=\frac{bc-1}{b-1} \\ y=-\frac{c-1}{b-1} \end{cases}$

この解の自由度は　0

以上から，与えられた連立１次方程式が自由度１の解をもつための条件は　$\boldsymbol{a=1}$，$\boldsymbol{b=1}$，$\boldsymbol{c=1}$

このとき　$\mathrm{rank}\,B=\mathbf{1}$

18　連立１次方程式が解をもつための条件　★★☆

次の問いに答えよ。

(1)　連立１次方程式 $\begin{cases} ax+\ \ y+1=0 \\ x+ay+1=0 \end{cases}$ が解をもつための，定数 a の条件を求めよ。

(2)　連立１次方程式 $\begin{cases} bx+\ \ y+1=0 \\ x+by+1=0 \\ x+\ \ y+c=0 \end{cases}$ が解をもつための，定数 b，c の条件を求めよ。

(1)　与えられた連立１次方程式を変形すると　$\begin{cases} ax+\ \ y=-1 \\ x+ay=-1 \end{cases}$

この連立１次方程式を，行列を用いて表したときの係数行列を A，拡大係数行列を B とすると

$$A=\begin{pmatrix} a & 1 \\ 1 & a \end{pmatrix},\ B=\left(\begin{array}{cc|c} a & 1 & -1 \\ 1 & a & -1 \end{array}\right)$$

行列 B に行基本変形を施すと

$$\left(\begin{array}{cc|c} a & 1 & -1 \\ 1 & a & -1 \end{array}\right) \xrightarrow{①\leftrightarrow②} \left(\begin{array}{cc|c} 1 & a & -1 \\ a & 1 & -1 \end{array}\right) \xrightarrow{①\times(-a)+②} \left(\begin{array}{cc|c} 1 & a & -1 \\ 0 & -a^2+1 & a-1 \end{array}\right) \quad \cdots\cdots ①$$

[1]　$a=1$ のとき

行列 ① は $\left(\begin{array}{cc|c} 1 & 1 & -1 \\ 0 & 0 & 0 \end{array}\right)$ となる。

このとき，$\mathrm{rank}\,A=\mathrm{rank}\,B$ であるから，与えられた連立１次方程式は解をもつ。

[2]　$a=-1$ のとき

行列 ① は $\left(\begin{array}{cc|c} 1 & -1 & -1 \\ 0 & 0 & -2 \end{array}\right)$ となる。

これを簡約階段化すると

$$\left(\begin{array}{cc|c} 1 & -1 & -1 \\ 0 & 0 & -2 \end{array}\right) \xrightarrow{②\times\left(-\frac{1}{2}\right)} \left(\begin{array}{cc|c} 1 & -1 & -1 \\ 0 & 0 & 1 \end{array}\right) \xrightarrow{②\times1+①} \left(\begin{array}{cc|c} 1 & -1 & 0 \\ 0 & 0 & 1 \end{array}\right)$$

このとき，$\mathrm{rank}\,A\neq\mathrm{rank}\,B$ であるから，与えられた連立１次方程式は解をもたない。

[3]　$a\neq\pm1$ のとき

行列 ① を簡約階段化すると

$$\left(\begin{array}{cc|c} 1 & a & -1 \\ 0 & -a^2+1 & a-1 \end{array}\right) \xrightarrow{②\times\frac{1}{-a^2+1}} \left(\begin{array}{cc|c} 1 & a & -1 \\ 0 & 1 & -\dfrac{1}{a+1} \end{array}\right) \xrightarrow{②\times(-a)+①} \left(\begin{array}{cc|c} 1 & 0 & -\dfrac{1}{a+1} \\ 0 & 1 & -\dfrac{1}{a+1} \end{array}\right)$$

このとき，$\mathrm{rank}\,A=\mathrm{rank}\,B$ であるから，与えられた連立１次方程式は解をもつ。

以上から，求める定数 a の条件は　$\boldsymbol{a\neq-1}$

(2)　$\begin{cases} bx+\ \ y+1=0 \\ x+by+1=0 \\ x+\ \ y+c=0 \end{cases}$ ……② とする。

EXERCISES

連立１次方程式 ② が解をもつために，連立１次方程式 $\begin{cases} bx+\ \ y+1=0 \\ x+by+1=0 \end{cases}$ が解をもつ必要がある

から，(1) より　　$b \neq -1$

[1]　$b=1$ のとき

(1) より，連立１次方程式 $\begin{cases} bx+\ \ y+1=0 \\ x+by+1=0 \end{cases}$ は $x+y+1=0$ と同値である。

よって，連立１次方程式 ② が解をもつための条件は　　$c=1$

[2]　$b \neq \pm 1$ のとき

(1) より，連立１次方程式 $\begin{cases} bx+\ \ y+1=0 \\ x+by+1=0 \end{cases}$ の解は　$\begin{cases} x=-\dfrac{1}{b+1} \\ y=-\dfrac{1}{b+1} \end{cases}$ …… ③

③ が $x+y+c=0$ も満たすとき，③ は連立１次方程式 ② の解である。

よって　　$-\dfrac{1}{b+1}-\dfrac{1}{b+1}+c=0$　　すなわち　　$bc+c-2=0$

[1] で求めた定数 b，c の条件は [2] で求めた定数 b，c の条件の $b=1$，$c=1$ の場合であるから，
求める定数 b，c の条件は　　$\boldsymbol{bc+c-2=0}$

研究　(2) において，連立１次方程式 ② を変形すると　$\begin{cases} bx+\ \ y=-1 \\ x+by=-1 \\ x+\ \ y=-c \end{cases}$

これを行列を用いて表したときの拡大係数行列を C とすると，$C=\left(\begin{array}{cc|c} b & 1 & -1 \\ 1 & b & -1 \\ 1 & 1 & -c \end{array}\right)$ である。

[1]　$b=1$ かつ $c=1$ のとき

連立１次方程式 ② は自由度１の解をもつ。

このとき，$C=\left(\begin{array}{cc|c} 1 & 1 & -1 \\ 1 & 1 & -1 \\ 1 & 1 & -1 \end{array}\right)$ であり，これを簡約階段化すると

$$\left(\begin{array}{cc|c} 1 & 1 & -1 \\ 1 & 1 & -1 \\ 1 & 1 & -1 \end{array}\right) \xrightarrow{①\times(-1)+②} \left(\begin{array}{cc|c} 1 & 1 & -1 \\ 0 & 0 & 0 \\ 1 & 1 & -1 \end{array}\right) \xrightarrow{①\times(-1)+③} \left(\begin{array}{cc|c} 1 & 1 & -1 \\ 0 & 0 & 0 \\ 0 & 0 & 0 \end{array}\right)$$

よって　　$\operatorname{rank} C=1$

[2]　$b \neq \pm 1$ かつ $bc+c=2$ のとき

連立１次方程式 ② は自由度０の解をもつ。

このとき，行列 C を簡約階段化すると

$$\left(\begin{array}{cc|c} b & 1 & -1 \\ 1 & b & -1 \\ 1 & 1 & -c \end{array}\right) \xrightarrow{①\leftrightarrow②} \left(\begin{array}{cc|c} 1 & b & -1 \\ b & 1 & -1 \\ 1 & 1 & -c \end{array}\right) \xrightarrow{①\times(-b)+②} \left(\begin{array}{cc|c} 1 & b & -1 \\ 0 & -b^2+1 & b-1 \\ 1 & 1 & -c \end{array}\right) \xrightarrow{①\times(-1)+③} \left(\begin{array}{cc|c} 1 & b & -1 \\ 0 & -b^2+1 & b-1 \\ 0 & -b+1 & -c+1 \end{array}\right)$$

$$\xrightarrow{②\times\frac{1}{-b^2+1}}\left(\begin{array}{cc|c}1 & b & -1 \\ 0 & 1 & -\dfrac{1}{b+1} \\ 0 & -b+1 & -c+1\end{array}\right)\xrightarrow{②\times(-b)+①}\left(\begin{array}{cc|c}1 & 0 & -\dfrac{1}{b+1} \\ 0 & 1 & -\dfrac{1}{b+1} \\ 0 & -b+1 & -c+1\end{array}\right)$$

$$\xrightarrow{②\times\{-(-b+1)\}+③}\left(\begin{array}{cc|c}1 & 0 & -\dfrac{1}{b+1} \\ 0 & 1 & -\dfrac{1}{b+1} \\ 0 & 0 & 0\end{array}\right)$$

よって　　$\operatorname{rank} C=2$

19　行列の簡約階段形と標準形　★☆☆

次の行列の簡約階段形および標準形を求めよ。

(1) $\begin{pmatrix}3 & 1 & 2 \\ -4 & -1 & -5\end{pmatrix}$　　(2) $\begin{pmatrix}1 & 3 & 3 \\ -1 & 2 & -3 \\ -3 & 1 & -9\end{pmatrix}$

(3) $\begin{pmatrix}3 & 1 & 2 & 3 \\ 2 & 1 & 3 & 0 \\ -3 & 1 & 2 & 3\end{pmatrix}$　　(4) $\begin{pmatrix}-2 & -1 & -6 & -2 \\ -1 & 2 & -3 & 2 \\ 2 & 1 & 6 & 0 \\ 3 & 2 & 9 & 2\end{pmatrix}$

(5) $\begin{pmatrix}2 & 2 & 1 & 3 & 0 \\ 1 & -1 & 0 & 0 & -5 \\ -3 & 1 & 2 & 3 & -2 \\ -2 & 3 & 1 & 2 & 3\end{pmatrix}$　　(6) $\begin{pmatrix}8 & 12 & 2 & 1 & 1 & 11 \\ 16 & 24 & 4 & 2 & 1 & 22 \\ 14 & 21 & 4 & 2 & 1 & 20 \\ 12 & 18 & 3 & 2 & 1 & 17 \\ 15 & 22 & 4 & 2 & 1 & 22\end{pmatrix}$

(1)　与えられた行列を簡約階段化すると

$$\begin{pmatrix}3 & 1 & 2 \\ -4 & -1 & -5\end{pmatrix}\xrightarrow{①\times\frac{1}{3}}\begin{pmatrix}1 & \frac{1}{3} & \frac{2}{3} \\ -4 & -1 & -5\end{pmatrix}\xrightarrow{①\times4+②}\begin{pmatrix}1 & \frac{1}{3} & \frac{2}{3} \\ 0 & \frac{1}{3} & -\frac{7}{3}\end{pmatrix}$$

$$\xrightarrow{②\times3}\begin{pmatrix}1 & \frac{1}{3} & \frac{2}{3} \\ 0 & 1 & -7\end{pmatrix}\xrightarrow{②\times\left(-\frac{1}{3}\right)+①}\begin{pmatrix}1 & 0 & 3 \\ 0 & 1 & -7\end{pmatrix}$$

よって，簡約階段形は　$\begin{pmatrix}\mathbf{1} & \mathbf{0} & \mathbf{3} \\ \mathbf{0} & \mathbf{1} & \mathbf{-7}\end{pmatrix}$

更に，列基本変形を施すと

$$\begin{pmatrix}1 & 0 & 3 \\ 0 & 1 & -7\end{pmatrix}\xrightarrow{\boxed{1}\times(-3)+\boxed{3}}\begin{pmatrix}1 & 0 & 0 \\ 0 & 1 & -7\end{pmatrix}\xrightarrow{\boxed{2}\times7+\boxed{3}}\begin{pmatrix}1 & 0 & 0 \\ 0 & 1 & 0\end{pmatrix}$$

よって，標準形は　$\begin{pmatrix} \mathbf{1} & \mathbf{0} & \mathbf{0} \\ \mathbf{0} & \mathbf{1} & \mathbf{0} \end{pmatrix}$

(2)　与えられた行列を簡約階段化すると

$$\begin{pmatrix} 1 & 3 & 3 \\ -1 & 2 & -3 \\ -3 & 1 & -9 \end{pmatrix} \xrightarrow{①\times 1+②} \begin{pmatrix} 1 & 3 & 3 \\ 0 & 5 & 0 \\ -3 & 1 & -9 \end{pmatrix} \xrightarrow{①\times 3+③} \begin{pmatrix} 1 & 3 & 3 \\ 0 & 5 & 0 \\ 0 & 10 & 0 \end{pmatrix}$$

$$\xrightarrow{②\times \frac{1}{5}} \begin{pmatrix} 1 & 3 & 3 \\ 0 & 1 & 0 \\ 0 & 10 & 0 \end{pmatrix} \xrightarrow{②\times (-3)+①} \begin{pmatrix} 1 & 0 & 3 \\ 0 & 1 & 0 \\ 0 & 10 & 0 \end{pmatrix}$$

$$\xrightarrow{②\times (-10)+③} \begin{pmatrix} 1 & 0 & 3 \\ 0 & 1 & 0 \\ 0 & 0 & 0 \end{pmatrix}$$

よって，簡約階段形は　$\begin{pmatrix} \mathbf{1} & \mathbf{0} & \mathbf{3} \\ \mathbf{0} & \mathbf{1} & \mathbf{0} \\ \mathbf{0} & \mathbf{0} & \mathbf{0} \end{pmatrix}$

更に，列基本操作を施すと　$\begin{pmatrix} 1 & 0 & 3 \\ 0 & 1 & 0 \\ 0 & 0 & 0 \end{pmatrix} \xrightarrow{\boxed{1}\times (-3)+\boxed{3}} \begin{pmatrix} 1 & 0 & 0 \\ 0 & 1 & 0 \\ 0 & 0 & 0 \end{pmatrix}$

よって，標準形は　$\begin{pmatrix} \mathbf{1} & \mathbf{0} & \mathbf{0} \\ \mathbf{0} & \mathbf{1} & \mathbf{0} \\ \mathbf{0} & \mathbf{0} & \mathbf{0} \end{pmatrix}$

(3)　与えられた行列を簡約階段化すると

$$\begin{pmatrix} 3 & 1 & 2 & 3 \\ 2 & 1 & 3 & 0 \\ -3 & 1 & 2 & 3 \end{pmatrix}$$

$$\xrightarrow{①\times \frac{1}{3}} \begin{pmatrix} 1 & \frac{1}{3} & \frac{2}{3} & 1 \\ 2 & 1 & 3 & 0 \\ -3 & 1 & 2 & 3 \end{pmatrix} \xrightarrow{①\times (-2)+②} \begin{pmatrix} 1 & \frac{1}{3} & \frac{2}{3} & 1 \\ 0 & \frac{1}{3} & \frac{5}{3} & -2 \\ -3 & 1 & 2 & 3 \end{pmatrix} \xrightarrow{①\times 3+③} \begin{pmatrix} 1 & \frac{1}{3} & \frac{2}{3} & 1 \\ 0 & \frac{1}{3} & \frac{5}{3} & -2 \\ 0 & 2 & 4 & 6 \end{pmatrix}$$

$$\xrightarrow{②\times 3} \begin{pmatrix} 1 & \frac{1}{3} & \frac{2}{3} & 1 \\ 0 & 1 & 5 & -6 \\ 0 & 2 & 4 & 6 \end{pmatrix} \xrightarrow{②\times \left(-\frac{1}{3}\right)+①} \begin{pmatrix} 1 & 0 & -1 & 3 \\ 0 & 1 & 5 & -6 \\ 0 & 2 & 4 & 6 \end{pmatrix} \xrightarrow{②\times (-2)+③} \begin{pmatrix} 1 & 0 & -1 & 3 \\ 0 & 1 & 5 & -6 \\ 0 & 0 & -6 & 18 \end{pmatrix}$$

$$\xrightarrow{③\times \left(-\frac{1}{6}\right)} \begin{pmatrix} 1 & 0 & -1 & 3 \\ 0 & 1 & 5 & -6 \\ 0 & 0 & 1 & -3 \end{pmatrix} \xrightarrow{③\times 1+①} \begin{pmatrix} 1 & 0 & 0 & 0 \\ 0 & 1 & 5 & -6 \\ 0 & 0 & 1 & -3 \end{pmatrix} \xrightarrow{③\times (-5)+②} \begin{pmatrix} 1 & 0 & 0 & 0 \\ 0 & 1 & 0 & 9 \\ 0 & 0 & 1 & -3 \end{pmatrix}$$

よって，簡約階段形は　$\begin{pmatrix} \mathbf{1} & \mathbf{0} & \mathbf{0} & \mathbf{0} \\ \mathbf{0} & \mathbf{1} & \mathbf{0} & \mathbf{9} \\ \mathbf{0} & \mathbf{0} & \mathbf{1} & \mathbf{-3} \end{pmatrix}$

更に，列基本変形を施すと

$$\begin{pmatrix} 1 & 0 & 0 & 0 \\ 0 & 1 & 0 & 9 \\ 0 & 0 & 1 & -3 \end{pmatrix} \xrightarrow{\boxed{2}\times (-9)+\boxed{4}} \begin{pmatrix} 1 & 0 & 0 & 0 \\ 0 & 1 & 0 & 0 \\ 0 & 0 & 1 & -3 \end{pmatrix} \xrightarrow{\boxed{3}\times 3+\boxed{4}} \begin{pmatrix} 1 & 0 & 0 & 0 \\ 0 & 1 & 0 & 0 \\ 0 & 0 & 1 & 0 \end{pmatrix}$$

よって，標準形は　$\begin{pmatrix} \mathbf{1} & \mathbf{0} & \mathbf{0} & \mathbf{0} \\ \mathbf{0} & \mathbf{1} & \mathbf{0} & \mathbf{0} \\ \mathbf{0} & \mathbf{0} & \mathbf{1} & \mathbf{0} \end{pmatrix}$

(4)　与えられた行列を簡約階段化すると

$$\begin{pmatrix} -2 & -1 & -6 & -2 \\ -1 & 2 & -3 & 2 \\ 2 & 1 & 6 & 0 \\ 3 & 2 & 9 & 2 \end{pmatrix}$$

$$\xrightarrow{\text{②}\times(-1)} \begin{pmatrix} -2 & -1 & -6 & -2 \\ 1 & -2 & 3 & -2 \\ 2 & 1 & 6 & 0 \\ 3 & 2 & 9 & 2 \end{pmatrix} \xrightarrow{\text{①}\leftrightarrow\text{②}} \begin{pmatrix} 1 & -2 & 3 & -2 \\ -2 & -1 & -6 & -2 \\ 2 & 1 & 6 & 0 \\ 3 & 2 & 9 & 2 \end{pmatrix} \xrightarrow{\text{①}\times 2+\text{②}} \begin{pmatrix} 1 & -2 & 3 & -2 \\ 0 & -5 & 0 & -6 \\ 2 & 1 & 6 & 0 \\ 3 & 2 & 9 & 2 \end{pmatrix}$$

$$\xrightarrow{\text{①}\times(-2)+\text{③}} \begin{pmatrix} 1 & -2 & 3 & -2 \\ 0 & -5 & 0 & -6 \\ 0 & 5 & 0 & 4 \\ 3 & 2 & 9 & 2 \end{pmatrix} \xrightarrow{\text{①}\times(-3)+\text{④}} \begin{pmatrix} 1 & -2 & 3 & -2 \\ 0 & -5 & 0 & -6 \\ 0 & 5 & 0 & 4 \\ 0 & 8 & 0 & 8 \end{pmatrix} \xrightarrow{\text{④}\times\frac{1}{8}} \begin{pmatrix} 1 & -2 & 3 & -2 \\ 0 & -5 & 0 & -6 \\ 0 & 5 & 0 & 4 \\ 0 & 1 & 0 & 1 \end{pmatrix}$$

$$\xrightarrow{\text{②}\leftrightarrow\text{④}} \begin{pmatrix} 1 & -2 & 3 & -2 \\ 0 & 1 & 0 & 1 \\ 0 & 5 & 0 & 4 \\ 0 & -5 & 0 & -6 \end{pmatrix} \xrightarrow{\text{②}\times 2+\text{①}} \begin{pmatrix} 1 & 0 & 3 & 0 \\ 0 & 1 & 0 & 1 \\ 0 & 5 & 0 & 4 \\ 0 & -5 & 0 & -6 \end{pmatrix} \xrightarrow{\text{②}\times(-5)+\text{③}} \begin{pmatrix} 1 & 0 & 3 & 0 \\ 0 & 1 & 0 & 1 \\ 0 & 0 & 0 & -1 \\ 0 & -5 & 0 & -6 \end{pmatrix}$$

$$\xrightarrow{\text{②}\times 5+\text{④}} \begin{pmatrix} 1 & 0 & 3 & 0 \\ 0 & 1 & 0 & 1 \\ 0 & 0 & 0 & -1 \\ 0 & 0 & 0 & -1 \end{pmatrix} \xrightarrow{\text{③}\times(-1)} \begin{pmatrix} 1 & 0 & 3 & 0 \\ 0 & 1 & 0 & 1 \\ 0 & 0 & 0 & 1 \\ 0 & 0 & 0 & -1 \end{pmatrix} \xrightarrow{\text{③}\times(-1)+\text{②}} \begin{pmatrix} 1 & 0 & 3 & 0 \\ 0 & 1 & 0 & 0 \\ 0 & 0 & 0 & 1 \\ 0 & 0 & 0 & -1 \end{pmatrix} \xrightarrow{\text{③}\times 1+\text{④}} \begin{pmatrix} 1 & 0 & 3 & 0 \\ 0 & 1 & 0 & 0 \\ 0 & 0 & 0 & 1 \\ 0 & 0 & 0 & 0 \end{pmatrix}$$

よって，簡約階段形は　$\begin{pmatrix} \mathbf{1} & \mathbf{0} & \mathbf{3} & \mathbf{0} \\ \mathbf{0} & \mathbf{1} & \mathbf{0} & \mathbf{0} \\ \mathbf{0} & \mathbf{0} & \mathbf{0} & \mathbf{1} \\ \mathbf{0} & \mathbf{0} & \mathbf{0} & \mathbf{0} \end{pmatrix}$

更に，列基本変形を施すと　$\begin{pmatrix} 1 & 0 & 3 & 0 \\ 0 & 1 & 0 & 0 \\ 0 & 0 & 0 & 1 \\ 0 & 0 & 0 & 0 \end{pmatrix} \xrightarrow{\boxed{1}\times(-3)+\boxed{3}} \begin{pmatrix} 1 & 0 & 0 & 0 \\ 0 & 1 & 0 & 0 \\ 0 & 0 & 0 & 1 \\ 0 & 0 & 0 & 0 \end{pmatrix} \xrightarrow{\boxed{3}\leftrightarrow\boxed{4}} \begin{pmatrix} 1 & 0 & 0 & 0 \\ 0 & 1 & 0 & 0 \\ 0 & 0 & 1 & 0 \\ 0 & 0 & 0 & 0 \end{pmatrix}$

よって，標準形は　$\begin{pmatrix} \mathbf{1} & \mathbf{0} & \mathbf{0} & \mathbf{0} \\ \mathbf{0} & \mathbf{1} & \mathbf{0} & \mathbf{0} \\ \mathbf{0} & \mathbf{0} & \mathbf{1} & \mathbf{0} \\ \mathbf{0} & \mathbf{0} & \mathbf{0} & \mathbf{0} \end{pmatrix}$

(5)　与えられた行列を簡約階段化すると

$$\begin{pmatrix} 2 & 2 & 1 & 3 & 0 \\ 1 & -1 & 0 & 0 & -5 \\ -3 & 1 & 2 & 3 & -2 \\ -2 & 3 & 1 & 2 & 3 \end{pmatrix} \xrightarrow{\text{①}\leftrightarrow\text{②}} \begin{pmatrix} 1 & -1 & 0 & 0 & -5 \\ 2 & 2 & 1 & 3 & 0 \\ -3 & 1 & 2 & 3 & -2 \\ -2 & 3 & 1 & 2 & 3 \end{pmatrix}$$

$$\xrightarrow{\text{①}\times(-2)+\text{②}}\begin{pmatrix}1&-1&0&0&-5\\0&4&1&3&10\\-3&1&2&3&-2\\-2&3&1&2&3\end{pmatrix}\xrightarrow{\text{①}\times3+\text{③}}\begin{pmatrix}1&-1&0&0&-5\\0&4&1&3&10\\0&-2&2&3&-17\\-2&3&1&2&3\end{pmatrix}\xrightarrow{\text{①}\times2+\text{④}}\begin{pmatrix}1&-1&0&0&-5\\0&4&1&3&10\\0&-2&2&3&-17\\0&1&1&2&-7\end{pmatrix}$$

$$\xrightarrow{\text{②}\longleftrightarrow\text{④}}\begin{pmatrix}1&-1&0&0&-5\\0&1&1&2&-7\\0&-2&2&3&-17\\0&4&1&3&10\end{pmatrix}\xrightarrow{\text{②}\times1+\text{①}}\begin{pmatrix}1&0&1&2&-12\\0&1&1&2&-7\\0&-2&2&3&-17\\0&4&1&3&10\end{pmatrix}\xrightarrow{\text{②}\times2+\text{③}}\begin{pmatrix}1&0&1&2&-12\\0&1&1&2&-7\\0&0&4&7&-31\\0&4&1&3&10\end{pmatrix}$$

$$\xrightarrow{\text{②}\times(-4)+\text{④}}\begin{pmatrix}1&0&1&2&-12\\0&1&1&2&-7\\0&0&4&7&-31\\0&0&-3&-5&38\end{pmatrix}\xrightarrow{\text{③}\times\frac{1}{4}}\begin{pmatrix}1&0&1&2&-12\\0&1&1&2&-7\\0&0&1&\frac{7}{4}&-\frac{31}{4}\\0&0&-3&-5&38\end{pmatrix}\xrightarrow{\text{③}\times(-1)+\text{①}}\begin{pmatrix}1&0&0&\frac{1}{4}&-\frac{17}{4}\\0&1&1&2&-7\\0&0&1&\frac{7}{4}&-\frac{31}{4}\\0&0&-3&-5&38\end{pmatrix}$$

$$\xrightarrow{\text{③}\times(-1)+\text{②}}\begin{pmatrix}1&0&0&\frac{1}{4}&-\frac{17}{4}\\0&1&0&\frac{1}{4}&\frac{3}{4}\\0&0&1&\frac{7}{4}&-\frac{31}{4}\\0&0&-3&-5&38\end{pmatrix}\xrightarrow{\text{③}\times3+\text{④}}\begin{pmatrix}1&0&0&\frac{1}{4}&-\frac{17}{4}\\0&1&0&\frac{1}{4}&\frac{3}{4}\\0&0&1&\frac{7}{4}&-\frac{31}{4}\\0&0&0&\frac{1}{4}&\frac{59}{4}\end{pmatrix}\xrightarrow{\text{④}\times4}\begin{pmatrix}1&0&0&\frac{1}{4}&-\frac{17}{4}\\0&1&0&\frac{1}{4}&\frac{3}{4}\\0&0&1&\frac{7}{4}&-\frac{31}{4}\\0&0&0&1&59\end{pmatrix}$$

$$\xrightarrow{\text{④}\times\left(-\frac{1}{4}\right)+\text{①}}\begin{pmatrix}1&0&0&0&-19\\0&1&0&\frac{1}{4}&\frac{3}{4}\\0&0&1&\frac{7}{4}&-\frac{31}{4}\\0&0&0&1&59\end{pmatrix}\xrightarrow{\text{④}\times\left(-\frac{1}{4}\right)+\text{②}}\begin{pmatrix}1&0&0&0&-19\\0&1&0&0&-14\\0&0&1&\frac{7}{4}&-\frac{31}{4}\\0&0&0&1&59\end{pmatrix}\xrightarrow{\text{④}\times\left(-\frac{7}{4}\right)+\text{③}}\begin{pmatrix}1&0&0&0&-19\\0&1&0&0&-14\\0&0&1&0&-111\\0&0&0&1&59\end{pmatrix}$$

よって，簡約階段形は $\begin{pmatrix}\mathbf{1}&\mathbf{0}&\mathbf{0}&\mathbf{0}&\mathbf{-19}\\\mathbf{0}&\mathbf{1}&\mathbf{0}&\mathbf{0}&\mathbf{-14}\\\mathbf{0}&\mathbf{0}&\mathbf{1}&\mathbf{0}&\mathbf{-111}\\\mathbf{0}&\mathbf{0}&\mathbf{0}&\mathbf{1}&\mathbf{59}\end{pmatrix}$

更に，列基本変形を施すと

$$\begin{pmatrix}1&0&0&0&-19\\0&1&0&0&-14\\0&0&1&0&-111\\0&0&0&1&59\end{pmatrix}\xrightarrow{\boxed{1}\times19+\boxed{5}}\begin{pmatrix}1&0&0&0&0\\0&1&0&0&-14\\0&0&1&0&-111\\0&0&0&1&59\end{pmatrix}\xrightarrow{\boxed{2}\times14+\boxed{5}}\begin{pmatrix}1&0&0&0&0\\0&1&0&0&0\\0&0&1&0&-111\\0&0&0&1&59\end{pmatrix}$$

$$\xrightarrow{\boxed{3}\times111+\boxed{5}}\begin{pmatrix}1&0&0&0&0\\0&1&0&0&0\\0&0&1&0&0\\0&0&0&1&59\end{pmatrix}\xrightarrow{\boxed{4}\times(-59)+\boxed{5}}\begin{pmatrix}1&0&0&0&0\\0&1&0&0&0\\0&0&1&0&0\\0&0&0&1&0\end{pmatrix}$$

よって，標準形は $\begin{pmatrix}\mathbf{1}&\mathbf{0}&\mathbf{0}&\mathbf{0}&\mathbf{0}\\\mathbf{0}&\mathbf{1}&\mathbf{0}&\mathbf{0}&\mathbf{0}\\\mathbf{0}&\mathbf{0}&\mathbf{1}&\mathbf{0}&\mathbf{0}\\\mathbf{0}&\mathbf{0}&\mathbf{0}&\mathbf{1}&\mathbf{0}\end{pmatrix}$

(6) 与えられた行列を簡約階段化すると

$$\begin{pmatrix} 8 & 12 & 2 & 1 & 1 & 11 \\ 16 & 24 & 4 & 2 & 1 & 22 \\ 14 & 21 & 4 & 2 & 1 & 20 \\ 12 & 18 & 3 & 2 & 1 & 17 \\ 15 & 22 & 4 & 2 & 1 & 22 \end{pmatrix}$$

$$\xrightarrow{\text{①}\times\frac{1}{8}} \begin{pmatrix} 1 & \frac{3}{2} & \frac{1}{4} & \frac{1}{8} & \frac{1}{8} & \frac{11}{8} \\ 16 & 24 & 4 & 2 & 1 & 22 \\ 14 & 21 & 4 & 2 & 1 & 20 \\ 12 & 18 & 3 & 2 & 1 & 17 \\ 15 & 22 & 4 & 2 & 1 & 22 \end{pmatrix} \xrightarrow{\text{①}\times(-16)+\text{②}} \begin{pmatrix} 1 & \frac{3}{2} & \frac{1}{4} & \frac{1}{8} & \frac{1}{8} & \frac{11}{8} \\ 0 & 0 & 0 & 0 & -1 & 0 \\ 14 & 21 & 4 & 2 & 1 & 20 \\ 12 & 18 & 3 & 2 & 1 & 17 \\ 15 & 22 & 4 & 2 & 1 & 22 \end{pmatrix} \xrightarrow{\text{①}\times(-14)+\text{③}} \begin{pmatrix} 1 & \frac{3}{2} & \frac{1}{4} & \frac{1}{8} & \frac{1}{8} & \frac{11}{8} \\ 0 & 0 & 0 & 0 & -1 & 0 \\ 0 & 0 & \frac{1}{2} & \frac{1}{4} & -\frac{3}{4} & \frac{3}{4} \\ 12 & 18 & 3 & 2 & 1 & 17 \\ 15 & 22 & 4 & 2 & 1 & 22 \end{pmatrix}$$

$$\xrightarrow{\text{①}\times(-12)+\text{④}} \begin{pmatrix} 1 & \frac{3}{2} & \frac{1}{4} & \frac{1}{8} & \frac{1}{8} & \frac{11}{8} \\ 0 & 0 & 0 & 0 & -1 & 0 \\ 0 & 0 & \frac{1}{2} & \frac{1}{4} & -\frac{3}{4} & \frac{3}{4} \\ 0 & 0 & 0 & \frac{1}{2} & -\frac{1}{2} & \frac{1}{2} \\ 15 & 22 & 4 & 2 & 1 & 22 \end{pmatrix} \xrightarrow{\text{①}\times(-15)+\text{⑤}} \begin{pmatrix} 1 & \frac{3}{2} & \frac{1}{4} & \frac{1}{8} & \frac{1}{8} & \frac{11}{8} \\ 0 & 0 & 0 & 0 & -1 & 0 \\ 0 & 0 & \frac{1}{2} & \frac{1}{4} & -\frac{3}{4} & \frac{3}{4} \\ 0 & 0 & 0 & \frac{1}{2} & -\frac{1}{2} & \frac{1}{2} \\ 0 & -\frac{1}{2} & \frac{1}{4} & \frac{1}{8} & -\frac{7}{8} & \frac{11}{8} \end{pmatrix} \xrightarrow{\text{⑤}\times(-2)} \begin{pmatrix} 1 & \frac{3}{2} & \frac{1}{4} & \frac{1}{8} & \frac{1}{8} & \frac{11}{8} \\ 0 & 0 & 0 & 0 & -1 & 0 \\ 0 & 0 & \frac{1}{2} & \frac{1}{4} & -\frac{3}{4} & \frac{3}{4} \\ 0 & 0 & 0 & \frac{1}{2} & -\frac{1}{2} & \frac{1}{2} \\ 0 & 1 & -\frac{1}{2} & -\frac{1}{4} & \frac{7}{4} & -\frac{11}{4} \end{pmatrix}$$

$$\xrightarrow{\text{②}\leftrightarrow\text{⑤}} \begin{pmatrix} 1 & \frac{3}{2} & \frac{1}{4} & \frac{1}{8} & \frac{1}{8} & \frac{11}{8} \\ 0 & 1 & -\frac{1}{2} & -\frac{1}{4} & \frac{7}{4} & -\frac{11}{4} \\ 0 & 0 & \frac{1}{2} & \frac{1}{4} & -\frac{3}{4} & \frac{3}{4} \\ 0 & 0 & 0 & \frac{1}{2} & -\frac{1}{2} & \frac{1}{2} \\ 0 & 0 & 0 & 0 & -1 & 0 \end{pmatrix} \xrightarrow{\text{②}\times\left(-\frac{3}{2}\right)+\text{①}} \begin{pmatrix} 1 & 0 & 1 & \frac{1}{2} & -\frac{5}{2} & \frac{11}{2} \\ 0 & 1 & -\frac{1}{2} & -\frac{1}{4} & \frac{7}{4} & -\frac{11}{4} \\ 0 & 0 & \frac{1}{2} & \frac{1}{4} & -\frac{3}{4} & \frac{3}{4} \\ 0 & 0 & 0 & \frac{1}{2} & -\frac{1}{2} & \frac{1}{2} \\ 0 & 0 & 0 & 0 & -1 & 0 \end{pmatrix} \xrightarrow{\text{③}\times 2} \begin{pmatrix} 1 & 0 & 1 & \frac{1}{2} & -\frac{5}{2} & \frac{11}{2} \\ 0 & 1 & -\frac{1}{2} & -\frac{1}{4} & \frac{7}{4} & -\frac{11}{4} \\ 0 & 0 & 1 & \frac{1}{2} & -\frac{3}{2} & \frac{3}{2} \\ 0 & 0 & 0 & \frac{1}{2} & -\frac{1}{2} & \frac{1}{2} \\ 0 & 0 & 0 & 0 & -1 & 0 \end{pmatrix}$$

$$\xrightarrow{\text{③}\times(-1)+\text{①}} \begin{pmatrix} 1 & 0 & 0 & 0 & -1 & 4 \\ 0 & 1 & -\frac{1}{2} & -\frac{1}{4} & \frac{7}{4} & -\frac{11}{4} \\ 0 & 0 & 1 & \frac{1}{2} & -\frac{3}{2} & \frac{3}{2} \\ 0 & 0 & 0 & \frac{1}{2} & -\frac{1}{2} & \frac{1}{2} \\ 0 & 0 & 0 & 0 & -1 & 0 \end{pmatrix} \xrightarrow{\text{③}\times\frac{1}{2}+\text{②}} \begin{pmatrix} 1 & 0 & 0 & 0 & -1 & 4 \\ 0 & 1 & 0 & 0 & 1 & -2 \\ 0 & 0 & 1 & \frac{1}{2} & -\frac{3}{2} & \frac{3}{2} \\ 0 & 0 & 0 & \frac{1}{2} & -\frac{1}{2} & \frac{1}{2} \\ 0 & 0 & 0 & 0 & -1 & 0 \end{pmatrix} \xrightarrow{\text{④}\times 2} \begin{pmatrix} 1 & 0 & 0 & 0 & -1 & 4 \\ 0 & 1 & 0 & 0 & 1 & -2 \\ 0 & 0 & 1 & \frac{1}{2} & -\frac{3}{2} & \frac{3}{2} \\ 0 & 0 & 0 & 1 & -1 & 1 \\ 0 & 0 & 0 & 0 & -1 & 0 \end{pmatrix}$$

$$\xrightarrow{\text{④}\times\left(-\frac{1}{2}\right)+\text{③}} \begin{pmatrix} 1 & 0 & 0 & 0 & -1 & 4 \\ 0 & 1 & 0 & 0 & 1 & -2 \\ 0 & 0 & 1 & 0 & -1 & 1 \\ 0 & 0 & 0 & 1 & -1 & 1 \\ 0 & 0 & 0 & 0 & -1 & 0 \end{pmatrix} \xrightarrow{\text{⑤}\times(-1)} \begin{pmatrix} 1 & 0 & 0 & 0 & -1 & 4 \\ 0 & 1 & 0 & 0 & 1 & -2 \\ 0 & 0 & 1 & 0 & -1 & 1 \\ 0 & 0 & 0 & 1 & -1 & 1 \\ 0 & 0 & 0 & 0 & 1 & 0 \end{pmatrix} \xrightarrow{\text{⑤}\times 1+\text{①}} \begin{pmatrix} 1 & 0 & 0 & 0 & 0 & 4 \\ 0 & 1 & 0 & 0 & 1 & -2 \\ 0 & 0 & 1 & 0 & -1 & 1 \\ 0 & 0 & 0 & 1 & -1 & 1 \\ 0 & 0 & 0 & 0 & 1 & 0 \end{pmatrix}$$

$$\xrightarrow{⑤\times(-1)+②}\begin{pmatrix}1&0&0&0&0&4\\0&1&0&0&0&-2\\0&0&1&0&-1&1\\0&0&0&1&-1&1\\0&0&0&0&1&0\end{pmatrix}\xrightarrow{⑤\times1+③}\begin{pmatrix}1&0&0&0&0&4\\0&1&0&0&0&-2\\0&0&1&0&0&1\\0&0&0&1&-1&1\\0&0&0&0&1&0\end{pmatrix}\xrightarrow{⑤\times1+④}\begin{pmatrix}1&0&0&0&0&4\\0&1&0&0&0&-2\\0&0&1&0&0&1\\0&0&0&1&0&1\\0&0&0&0&1&0\end{pmatrix}$$

よって，簡約階段形は $\begin{pmatrix}\mathbf{1}&\mathbf{0}&\mathbf{0}&\mathbf{0}&\mathbf{0}&\mathbf{4}\\\mathbf{0}&\mathbf{1}&\mathbf{0}&\mathbf{0}&\mathbf{0}&\mathbf{-2}\\\mathbf{0}&\mathbf{0}&\mathbf{1}&\mathbf{0}&\mathbf{0}&\mathbf{1}\\\mathbf{0}&\mathbf{0}&\mathbf{0}&\mathbf{1}&\mathbf{0}&\mathbf{1}\\\mathbf{0}&\mathbf{0}&\mathbf{0}&\mathbf{0}&\mathbf{1}&\mathbf{0}\end{pmatrix}$

更に，列基本変形を施すと

$$\begin{pmatrix}1&0&0&0&0&4\\0&1&0&0&0&-2\\0&0&1&0&0&1\\0&0&0&1&0&1\\0&0&0&0&1&0\end{pmatrix}\xrightarrow{\boxed{1}\times(-4)+\boxed{6}}\begin{pmatrix}1&0&0&0&0&0\\0&1&0&0&0&-2\\0&0&1&0&0&1\\0&0&0&1&0&1\\0&0&0&0&1&0\end{pmatrix}\xrightarrow{\boxed{2}\times2+\boxed{6}}\begin{pmatrix}1&0&0&0&0&0\\0&1&0&0&0&0\\0&0&1&0&0&1\\0&0&0&1&0&1\\0&0&0&0&1&0\end{pmatrix}$$

$$\xrightarrow{\boxed{3}\times(-1)+\boxed{6}}\begin{pmatrix}1&0&0&0&0&0\\0&1&0&0&0&0\\0&0&1&0&0&0\\0&0&0&1&0&1\\0&0&0&0&1&0\end{pmatrix}\xrightarrow{\boxed{4}\times(-1)+\boxed{6}}\begin{pmatrix}1&0&0&0&0&0\\0&1&0&0&0&0\\0&0&1&0&0&0\\0&0&0&1&0&0\\0&0&0&0&1&0\end{pmatrix}$$

よって，標準形は $\begin{pmatrix}\mathbf{1}&\mathbf{0}&\mathbf{0}&\mathbf{0}&\mathbf{0}&\mathbf{0}\\\mathbf{0}&\mathbf{1}&\mathbf{0}&\mathbf{0}&\mathbf{0}&\mathbf{0}\\\mathbf{0}&\mathbf{0}&\mathbf{1}&\mathbf{0}&\mathbf{0}&\mathbf{0}\\\mathbf{0}&\mathbf{0}&\mathbf{0}&\mathbf{1}&\mathbf{0}&\mathbf{0}\\\mathbf{0}&\mathbf{0}&\mathbf{0}&\mathbf{0}&\mathbf{1}&\mathbf{0}\end{pmatrix}$

20　行列の正則判定と逆行列

★☆☆

次の行列が正則であるか調べ，正則ならば逆行列を求めよ。

(1) $\begin{pmatrix}1&0&1\\2&-1&0\\-2&1&1\end{pmatrix}$　(2) $\begin{pmatrix}5&-3&13\\2&-2&6\\4&-3&11\end{pmatrix}$　(3) $\begin{pmatrix}1&2&3\\3&2&1\\2&1&3\end{pmatrix}$

(4) $\begin{pmatrix}1&1&-2\\4&7&1\\1&2&1\end{pmatrix}$　(5) $\begin{pmatrix}1&3&1\\-1&6&-1\\-1&0&2\end{pmatrix}$　(6) $\begin{pmatrix}1&-1&3\\3&-2&0\\0&1&3\end{pmatrix}$

(7) $\begin{pmatrix}1&1&2&2\\1&-1&-2&2\\3&-3&-4&4\\3&3&4&4\end{pmatrix}$　(8) $\begin{pmatrix}4&2&-1&1\\2&3&1&2\\0&3&2&2\\2&4&2&3\end{pmatrix}$　(9) $\begin{pmatrix}6&13&1&-17\\4&8&1&-11\\-1&-2&0&3\\0&-1&0&1\end{pmatrix}$

それぞれ与えられた行列をAとし，n次単位行列をE_nとする。

(1) 行列 $(A \mid E_3)$ を簡約階段化すると

$$\left(\begin{array}{ccc|ccc} 1 & 0 & 1 & 1 & 0 & 0 \\ 2 & -1 & 0 & 0 & 1 & 0 \\ -2 & 1 & 1 & 0 & 0 & 1 \end{array}\right)$$

$$\xrightarrow{①\times(-2)+②} \left(\begin{array}{ccc|ccc} 1 & 0 & 1 & 1 & 0 & 0 \\ 0 & -1 & -2 & -2 & 1 & 0 \\ -2 & 1 & 1 & 0 & 0 & 1 \end{array}\right) \xrightarrow{①\times 2+③} \left(\begin{array}{ccc|ccc} 1 & 0 & 1 & 1 & 0 & 0 \\ 0 & -1 & -2 & -2 & 1 & 0 \\ 0 & 1 & 3 & 2 & 0 & 1 \end{array}\right)$$

$$\xrightarrow{②\times(-1)} \left(\begin{array}{ccc|ccc} 1 & 0 & 1 & 1 & 0 & 0 \\ 0 & 1 & 2 & 2 & -1 & 0 \\ 0 & 1 & 3 & 2 & 0 & 1 \end{array}\right) \xrightarrow{②\times(-1)+③} \left(\begin{array}{ccc|ccc} 1 & 0 & 1 & 1 & 0 & 0 \\ 0 & 1 & 2 & 2 & -1 & 0 \\ 0 & 0 & 1 & 0 & 1 & 1 \end{array}\right)$$

$$\xrightarrow{③\times(-1)+①} \left(\begin{array}{ccc|ccc} 1 & 0 & 0 & 1 & -1 & -1 \\ 0 & 1 & 2 & 2 & -1 & 0 \\ 0 & 0 & 1 & 0 & 1 & 1 \end{array}\right) \xrightarrow{③\times(-2)+②} \left(\begin{array}{ccc|ccc} 1 & 0 & 0 & 1 & -1 & -1 \\ 0 & 1 & 0 & 2 & -3 & -2 \\ 0 & 0 & 1 & 0 & 1 & 1 \end{array}\right)$$

$\mathrm{rank}\, A=3$ であるから，行列 A は **正則である。**

このとき，行列 A の逆行列は $\begin{pmatrix} \mathbf{1} & \mathbf{-1} & \mathbf{-1} \\ \mathbf{2} & \mathbf{-3} & \mathbf{-2} \\ \mathbf{0} & \mathbf{1} & \mathbf{1} \end{pmatrix}$

(2) 行列 $(A \mid E_3)$ を簡約階段化すると

$$\left(\begin{array}{ccc|ccc} 5 & -3 & 13 & 1 & 0 & 0 \\ 2 & -2 & 6 & 0 & 1 & 0 \\ 4 & -3 & 11 & 0 & 0 & 1 \end{array}\right)$$

$$\xrightarrow{②\times\frac{1}{2}} \left(\begin{array}{ccc|ccc} 5 & -3 & 13 & 1 & 0 & 0 \\ 1 & -1 & 3 & 0 & \frac{1}{2} & 0 \\ 4 & -3 & 11 & 0 & 0 & 1 \end{array}\right)$$

$$\xrightarrow{①\leftrightarrow②} \left(\begin{array}{ccc|ccc} 1 & -1 & 3 & 0 & \frac{1}{2} & 0 \\ 5 & -3 & 13 & 1 & 0 & 0 \\ 4 & -3 & 11 & 0 & 0 & 1 \end{array}\right) \xrightarrow{①\times(-5)+②} \left(\begin{array}{ccc|ccc} 1 & -1 & 3 & 0 & \frac{1}{2} & 0 \\ 0 & 2 & -2 & 1 & -\frac{5}{2} & 0 \\ 4 & -3 & 11 & 0 & 0 & 1 \end{array}\right)$$

$$\xrightarrow{①\times(-4)+③} \left(\begin{array}{ccc|ccc} 1 & -1 & 3 & 0 & \frac{1}{2} & 0 \\ 0 & 2 & -2 & 1 & -\frac{5}{2} & 0 \\ 0 & 1 & -1 & 0 & -2 & 1 \end{array}\right) \xrightarrow{②\leftrightarrow③} \left(\begin{array}{ccc|ccc} 1 & -1 & 3 & 0 & \frac{1}{2} & 0 \\ 0 & 1 & -1 & 0 & -2 & 1 \\ 0 & 2 & -2 & 1 & -\frac{5}{2} & 0 \end{array}\right)$$

$$\xrightarrow{②\times 1+①} \left(\begin{array}{ccc|ccc} 1 & 0 & 2 & 0 & -\frac{3}{2} & 1 \\ 0 & 1 & -1 & 0 & -2 & 1 \\ 0 & 2 & -2 & 1 & -\frac{5}{2} & 0 \end{array}\right) \xrightarrow{②\times(-2)+③} \left(\begin{array}{ccc|ccc} 1 & 0 & 2 & 0 & -\frac{3}{2} & 1 \\ 0 & 1 & -1 & 0 & -2 & 1 \\ 0 & 0 & 0 & 1 & \frac{3}{2} & -2 \end{array}\right)$$

$\mathrm{rank}\, A=2$ であるから，行列 A は **正則でない。**

(3) 行列 $(A \mid E_3)$ を簡約階段化すると

$$\left(\begin{array}{ccc|ccc}1&2&3&1&0&0\\3&2&1&0&1&0\\2&1&3&0&0&1\end{array}\right)$$

$$\xrightarrow{\text{①}\times(-3)+\text{②}}\left(\begin{array}{ccc|ccc}1&2&3&1&0&0\\0&-4&-8&-3&1&0\\2&1&3&0&0&1\end{array}\right)\xrightarrow{\text{①}\times(-2)+\text{③}}\left(\begin{array}{ccc|ccc}1&2&3&1&0&0\\0&-4&-8&-3&1&0\\0&-3&-3&-2&0&1\end{array}\right)$$

$$\xrightarrow{\text{②}\times\left(-\frac{1}{4}\right)}\left(\begin{array}{ccc|ccc}1&2&3&1&0&0\\0&1&2&\frac{3}{4}&-\frac{1}{4}&0\\0&-3&-3&-2&0&1\end{array}\right)\xrightarrow{\text{②}\times(-2)+\text{①}}\left(\begin{array}{ccc|ccc}1&0&-1&-\frac{1}{2}&\frac{1}{2}&0\\0&1&2&\frac{3}{4}&-\frac{1}{4}&0\\0&-3&-3&-2&0&1\end{array}\right)$$

$$\xrightarrow{\text{②}\times3+\text{③}}\left(\begin{array}{ccc|ccc}1&0&-1&-\frac{1}{2}&\frac{1}{2}&0\\0&1&2&\frac{3}{4}&-\frac{1}{4}&0\\0&0&3&\frac{1}{4}&-\frac{3}{4}&1\end{array}\right)\xrightarrow{\text{③}\times\frac{1}{3}}\left(\begin{array}{ccc|ccc}1&0&-1&-\frac{1}{2}&\frac{1}{2}&0\\0&1&2&\frac{3}{4}&-\frac{1}{4}&0\\0&0&1&\frac{1}{12}&-\frac{1}{4}&\frac{1}{3}\end{array}\right)$$

$$\xrightarrow{\text{③}\times1+\text{①}}\left(\begin{array}{ccc|ccc}1&0&0&-\frac{5}{12}&\frac{1}{4}&\frac{1}{3}\\0&1&2&\frac{3}{4}&-\frac{1}{4}&0\\0&0&1&\frac{1}{12}&-\frac{1}{4}&\frac{1}{3}\end{array}\right)\xrightarrow{\text{③}\times(-2)+\text{②}}\left(\begin{array}{ccc|ccc}1&0&0&-\frac{5}{12}&\frac{1}{4}&\frac{1}{3}\\0&1&0&\frac{7}{12}&\frac{1}{4}&-\frac{2}{3}\\0&0&1&\frac{1}{12}&-\frac{1}{4}&\frac{1}{3}\end{array}\right)$$

$\mathrm{rank}\,A=3$ であるから，行列 A は **正則である。**

このとき，行列 A の逆行列は $\boldsymbol{\begin{pmatrix}-\frac{5}{12}&\frac{1}{4}&\frac{1}{3}\\\frac{7}{12}&\frac{1}{4}&-\frac{2}{3}\\\frac{1}{12}&-\frac{1}{4}&\frac{1}{3}\end{pmatrix}}$

(4) 行列 $(A \mid E_3)$ を簡約階段化すると

$$\left(\begin{array}{ccc|ccc}1&1&-2&1&0&0\\4&7&1&0&1&0\\1&2&1&0&0&1\end{array}\right)\xrightarrow{\text{①}\times(-4)+\text{②}}\left(\begin{array}{ccc|ccc}1&1&-2&1&0&0\\0&3&9&-4&1&0\\1&2&1&0&0&1\end{array}\right)\xrightarrow{\text{①}\times(-1)+\text{③}}\left(\begin{array}{ccc|ccc}1&1&-2&1&0&0\\0&3&9&-4&1&0\\0&1&3&-1&0&1\end{array}\right)$$

$$\xrightarrow{\text{②}\longleftrightarrow\text{③}}\left(\begin{array}{ccc|ccc}1&1&-2&1&0&0\\0&1&3&-1&0&1\\0&3&9&-4&1&0\end{array}\right)\xrightarrow{\text{②}\times(-1)+\text{①}}\left(\begin{array}{ccc|ccc}1&0&-5&2&0&-1\\0&1&3&-1&0&1\\0&3&9&-4&1&0\end{array}\right)\xrightarrow{\text{②}\times(-3)+\text{③}}\left(\begin{array}{ccc|ccc}1&0&-5&2&0&-1\\0&1&3&-1&0&1\\0&0&0&-1&1&-3\end{array}\right)$$

$$\xrightarrow{\text{③}\times(-1)}\left(\begin{array}{ccc|ccc}1&0&-5&2&0&-1\\0&1&3&-1&0&1\\0&0&0&1&-1&3\end{array}\right)\xrightarrow{\text{③}\times(-2)+\text{①}}\left(\begin{array}{ccc|ccc}1&0&-5&0&2&-7\\0&1&3&-1&0&1\\0&0&0&1&-1&3\end{array}\right)\xrightarrow{\text{③}\times1+\text{②}}\left(\begin{array}{ccc|ccc}1&0&-5&0&2&-7\\0&1&3&0&-1&4\\0&0&0&1&-1&3\end{array}\right)$$

$\mathrm{rank}\,A=2$ であるから，行列 A は **正則でない。**

(5) 行列 $(A \mid E_3)$ を簡約階段化すると

$$\left(\begin{array}{ccc|ccc}1&3&1&1&0&0\\-1&6&-1&0&1&0\\-1&0&2&0&0&1\end{array}\right)$$

$$\xrightarrow{\text{①}\times 1+\text{②}}\left(\begin{array}{ccc|ccc}1&3&1&1&0&0\\0&9&0&1&1&0\\-1&0&2&0&0&1\end{array}\right)\xrightarrow{\text{①}\times 1+\text{③}}\left(\begin{array}{ccc|ccc}1&3&1&1&0&0\\0&9&0&1&1&0\\0&3&3&1&0&1\end{array}\right)\xrightarrow{\text{②}\times\frac{1}{9}}\left(\begin{array}{ccc|ccc}1&3&1&1&0&0\\0&1&0&\frac{1}{9}&\frac{1}{9}&0\\0&3&3&1&0&1\end{array}\right)$$

$$\xrightarrow{\text{②}\times(-3)+\text{①}}\left(\begin{array}{ccc|ccc}1&0&1&\frac{2}{3}&-\frac{1}{3}&0\\0&1&0&\frac{1}{9}&\frac{1}{9}&0\\0&3&3&1&0&1\end{array}\right)\xrightarrow{\text{②}\times(-3)+\text{③}}\left(\begin{array}{ccc|ccc}1&0&1&\frac{2}{3}&-\frac{1}{3}&0\\0&1&0&\frac{1}{9}&\frac{1}{9}&0\\0&0&3&\frac{2}{3}&-\frac{1}{3}&1\end{array}\right)$$

$$\xrightarrow{\text{③}\times\frac{1}{3}}\left(\begin{array}{ccc|ccc}1&0&1&\frac{2}{3}&-\frac{1}{3}&0\\0&1&0&\frac{1}{9}&\frac{1}{9}&0\\0&0&1&\frac{2}{9}&-\frac{1}{9}&\frac{1}{3}\end{array}\right)\xrightarrow{\text{③}\times(-1)+\text{①}}\left(\begin{array}{ccc|ccc}1&0&0&\frac{4}{9}&-\frac{2}{9}&-\frac{1}{3}\\0&1&0&\frac{1}{9}&\frac{1}{9}&0\\0&0&1&\frac{2}{9}&-\frac{1}{9}&\frac{1}{3}\end{array}\right)$$

$\mathrm{rank}\,A=3$ であるから，行列Aは **正則である。**

このとき，行列Aの逆行列は $\boldsymbol{\begin{pmatrix}\frac{4}{9}&-\frac{2}{9}&-\frac{1}{3}\\\frac{1}{9}&\frac{1}{9}&0\\\frac{2}{9}&-\frac{1}{9}&\frac{1}{3}\end{pmatrix}}$

(6) 行列 $(A \mid E_3)$ を簡約階段化すると

$$\left(\begin{array}{ccc|ccc}1&-1&3&1&0&0\\3&-2&0&0&1&0\\0&1&3&0&0&1\end{array}\right)\xrightarrow{\text{①}\times(-3)+\text{②}}\left(\begin{array}{ccc|ccc}1&-1&3&1&0&0\\0&1&-9&-3&1&0\\0&1&3&0&0&1\end{array}\right)\xrightarrow{\text{②}\times 1+\text{①}}\left(\begin{array}{ccc|ccc}1&0&-6&-2&1&0\\0&1&-9&-3&1&0\\0&1&3&0&0&1\end{array}\right)$$

$$\xrightarrow{\text{②}\times(-1)+\text{③}}\left(\begin{array}{ccc|ccc}1&0&-6&-2&1&0\\0&1&-9&-3&1&0\\0&0&12&3&-1&1\end{array}\right)\xrightarrow{\text{③}\times\frac{1}{12}}\left(\begin{array}{ccc|ccc}1&0&-6&-2&1&0\\0&1&-9&-3&1&0\\0&0&1&\frac{1}{4}&-\frac{1}{12}&\frac{1}{12}\end{array}\right)$$

$$\xrightarrow{\text{③}\times 6+\text{①}}\left(\begin{array}{ccc|ccc}1&0&0&-\frac{1}{2}&\frac{1}{2}&\frac{1}{2}\\0&1&-9&-3&1&0\\0&0&1&\frac{1}{4}&-\frac{1}{12}&\frac{1}{12}\end{array}\right)\xrightarrow{\text{③}\times 9+\text{②}}\left(\begin{array}{ccc|ccc}1&0&0&-\frac{1}{2}&\frac{1}{2}&\frac{1}{2}\\0&1&0&-\frac{3}{4}&\frac{1}{4}&\frac{3}{4}\\0&0&1&\frac{1}{4}&-\frac{1}{12}&\frac{1}{12}\end{array}\right)$$

$\mathrm{rank}\,A=3$ であるから，行列Aは **正則である。**

このとき，行列Aの逆行列は $\boldsymbol{\begin{pmatrix}-\frac{1}{2}&\frac{1}{2}&\frac{1}{2}\\-\frac{3}{4}&\frac{1}{4}&\frac{3}{4}\\\frac{1}{4}&-\frac{1}{12}&\frac{1}{12}\end{pmatrix}}$

(7) 行列 $(A \mid E_4)$ を簡約階段化すると

$$\left(\begin{array}{cccc|cccc} 1 & 1 & 2 & 2 & 1 & 0 & 0 & 0 \\ 1 & -1 & -2 & 2 & 0 & 1 & 0 & 0 \\ 3 & -3 & -4 & 4 & 0 & 0 & 1 & 0 \\ 3 & 3 & 4 & 4 & 0 & 0 & 0 & 1 \end{array}\right) \xrightarrow{①\times(-1)+②} \left(\begin{array}{cccc|cccc} 1 & 1 & 2 & 2 & 1 & 0 & 0 & 0 \\ 0 & -2 & -4 & 0 & -1 & 1 & 0 & 0 \\ 3 & -3 & -4 & 4 & 0 & 0 & 1 & 0 \\ 3 & 3 & 4 & 4 & 0 & 0 & 0 & 1 \end{array}\right)$$

$$\xrightarrow{①\times(-3)+③} \left(\begin{array}{cccc|cccc} 1 & 1 & 2 & 2 & 1 & 0 & 0 & 0 \\ 0 & -2 & -4 & 0 & -1 & 1 & 0 & 0 \\ 0 & -6 & -10 & -2 & -3 & 0 & 1 & 0 \\ 3 & 3 & 4 & 4 & 0 & 0 & 0 & 1 \end{array}\right) \xrightarrow{①\times(-3)+④} \left(\begin{array}{cccc|cccc} 1 & 1 & 2 & 2 & 1 & 0 & 0 & 0 \\ 0 & -2 & -4 & 0 & -1 & 1 & 0 & 0 \\ 0 & -6 & -10 & -2 & -3 & 0 & 1 & 0 \\ 0 & 0 & -2 & -2 & -3 & 0 & 0 & 1 \end{array}\right)$$

$$\xrightarrow{②\times\left(-\frac{1}{2}\right)} \left(\begin{array}{cccc|cccc} 1 & 1 & 2 & 2 & 1 & 0 & 0 & 0 \\ 0 & 1 & 2 & 0 & \frac{1}{2} & -\frac{1}{2} & 0 & 0 \\ 0 & -6 & -10 & -2 & -3 & 0 & 1 & 0 \\ 0 & 0 & -2 & -2 & -3 & 0 & 0 & 1 \end{array}\right) \xrightarrow{②\times(-1)+①} \left(\begin{array}{cccc|cccc} 1 & 0 & 0 & 2 & \frac{1}{2} & \frac{1}{2} & 0 & 0 \\ 0 & 1 & 2 & 0 & \frac{1}{2} & -\frac{1}{2} & 0 & 0 \\ 0 & -6 & -10 & -2 & -3 & 0 & 1 & 0 \\ 0 & 0 & -2 & -2 & -3 & 0 & 0 & 1 \end{array}\right)$$

$$\xrightarrow{②\times 6+③} \left(\begin{array}{cccc|cccc} 1 & 0 & 0 & 2 & \frac{1}{2} & \frac{1}{2} & 0 & 0 \\ 0 & 1 & 2 & 0 & \frac{1}{2} & -\frac{1}{2} & 0 & 0 \\ 0 & 0 & 2 & -2 & 0 & -3 & 1 & 0 \\ 0 & 0 & -2 & -2 & -3 & 0 & 0 & 1 \end{array}\right) \xrightarrow{③\times\frac{1}{2}} \left(\begin{array}{cccc|cccc} 1 & 0 & 0 & 2 & \frac{1}{2} & \frac{1}{2} & 0 & 0 \\ 0 & 1 & 2 & 0 & \frac{1}{2} & -\frac{1}{2} & 0 & 0 \\ 0 & 0 & 1 & -1 & 0 & -\frac{3}{2} & \frac{1}{2} & 0 \\ 0 & 0 & -2 & -2 & -3 & 0 & 0 & 1 \end{array}\right)$$

$$\xrightarrow{③\times(-2)+②} \left(\begin{array}{cccc|cccc} 1 & 0 & 0 & 2 & \frac{1}{2} & \frac{1}{2} & 0 & 0 \\ 0 & 1 & 0 & 2 & \frac{1}{2} & \frac{5}{2} & -1 & 0 \\ 0 & 0 & 1 & -1 & 0 & -\frac{3}{2} & \frac{1}{2} & 0 \\ 0 & 0 & -2 & -2 & -3 & 0 & 0 & 1 \end{array}\right) \xrightarrow{③\times 2+④} \left(\begin{array}{cccc|cccc} 1 & 0 & 0 & 2 & \frac{1}{2} & \frac{1}{2} & 0 & 0 \\ 0 & 1 & 0 & 2 & \frac{1}{2} & \frac{5}{2} & -1 & 0 \\ 0 & 0 & 1 & -1 & 0 & -\frac{3}{2} & \frac{1}{2} & 0 \\ 0 & 0 & 0 & -4 & -3 & -3 & 1 & 1 \end{array}\right)$$

$$\xrightarrow{④\times\left(-\frac{1}{4}\right)} \left(\begin{array}{cccc|cccc} 1 & 0 & 0 & 2 & \frac{1}{2} & \frac{1}{2} & 0 & 0 \\ 0 & 1 & 0 & 2 & \frac{1}{2} & \frac{5}{2} & -1 & 0 \\ 0 & 0 & 1 & -1 & 0 & -\frac{3}{2} & \frac{1}{2} & 0 \\ 0 & 0 & 0 & 1 & \frac{3}{4} & \frac{3}{4} & -\frac{1}{4} & -\frac{1}{4} \end{array}\right) \xrightarrow{④\times(-2)+①} \left(\begin{array}{cccc|cccc} 1 & 0 & 0 & 0 & -1 & -1 & \frac{1}{2} & \frac{1}{2} \\ 0 & 1 & 0 & 2 & \frac{1}{2} & \frac{5}{2} & -1 & 0 \\ 0 & 0 & 1 & -1 & 0 & -\frac{3}{2} & \frac{1}{2} & 0 \\ 0 & 0 & 0 & 1 & \frac{3}{4} & \frac{3}{4} & -\frac{1}{4} & -\frac{1}{4} \end{array}\right)$$

$$\xrightarrow{④\times(-2)+②} \left(\begin{array}{cccc|cccc} 1 & 0 & 0 & 0 & -1 & -1 & \frac{1}{2} & \frac{1}{2} \\ 0 & 1 & 0 & 0 & -1 & 1 & -\frac{1}{2} & \frac{1}{2} \\ 0 & 0 & 1 & -1 & 0 & -\frac{3}{2} & \frac{1}{2} & 0 \\ 0 & 0 & 0 & 1 & \frac{3}{4} & \frac{3}{4} & -\frac{1}{4} & -\frac{1}{4} \end{array}\right) \xrightarrow{④\times 1+③} \left(\begin{array}{cccc|cccc} 1 & 0 & 0 & 0 & -1 & -1 & \frac{1}{2} & \frac{1}{2} \\ 0 & 1 & 0 & 0 & -1 & 1 & -\frac{1}{2} & \frac{1}{2} \\ 0 & 0 & 1 & 0 & \frac{3}{4} & -\frac{3}{4} & \frac{1}{4} & -\frac{1}{4} \\ 0 & 0 & 0 & 1 & \frac{3}{4} & \frac{3}{4} & -\frac{1}{4} & -\frac{1}{4} \end{array}\right)$$

$\mathrm{rank}\,A=4$ であるから，行列Aは **正則である。**

このとき，行列Aの逆行列は $\boldsymbol{\begin{pmatrix} -1 & -1 & \frac{1}{2} & \frac{1}{2} \\ -1 & 1 & -\frac{1}{2} & \frac{1}{2} \\ \frac{3}{4} & -\frac{3}{4} & \frac{1}{4} & -\frac{1}{4} \\ \frac{3}{4} & \frac{3}{4} & -\frac{1}{4} & -\frac{1}{4} \end{pmatrix}}$

(8) 行列 $(\,A\,|\,E_4\,)$ を簡約階段化すると

$$\left(\begin{array}{cccc|cccc} 4 & 2 & -1 & 1 & 1 & 0 & 0 & 0 \\ 2 & 3 & 1 & 2 & 0 & 1 & 0 & 0 \\ 0 & 3 & 2 & 2 & 0 & 0 & 1 & 0 \\ 2 & 4 & 2 & 3 & 0 & 0 & 0 & 1 \end{array}\right) \xrightarrow{\text{①}\times\frac{1}{4}} \left(\begin{array}{cccc|cccc} 1 & \frac{1}{2} & -\frac{1}{4} & \frac{1}{4} & \frac{1}{4} & 0 & 0 & 0 \\ 2 & 3 & 1 & 2 & 0 & 1 & 0 & 0 \\ 0 & 3 & 2 & 2 & 0 & 0 & 1 & 0 \\ 2 & 4 & 2 & 3 & 0 & 0 & 0 & 1 \end{array}\right)$$

$$\xrightarrow{\text{①}\times(-2)+\text{②}} \left(\begin{array}{cccc|cccc} 1 & \frac{1}{2} & -\frac{1}{4} & \frac{1}{4} & \frac{1}{4} & 0 & 0 & 0 \\ 0 & 2 & \frac{3}{2} & \frac{3}{2} & -\frac{1}{2} & 1 & 0 & 0 \\ 0 & 3 & 2 & 2 & 0 & 0 & 1 & 0 \\ 2 & 4 & 2 & 3 & 0 & 0 & 0 & 1 \end{array}\right) \xrightarrow{\text{①}\times(-2)+\text{④}} \left(\begin{array}{cccc|cccc} 1 & \frac{1}{2} & -\frac{1}{4} & \frac{1}{4} & \frac{1}{4} & 0 & 0 & 0 \\ 0 & 2 & \frac{3}{2} & \frac{3}{2} & -\frac{1}{2} & 1 & 0 & 0 \\ 0 & 3 & 2 & 2 & 0 & 0 & 1 & 0 \\ 0 & 3 & \frac{5}{2} & \frac{5}{2} & -\frac{1}{2} & 0 & 0 & 1 \end{array}\right)$$

$$\xrightarrow{\text{②}\times\frac{1}{2}} \left(\begin{array}{cccc|cccc} 1 & \frac{1}{2} & -\frac{1}{4} & \frac{1}{4} & \frac{1}{4} & 0 & 0 & 0 \\ 0 & 1 & \frac{3}{4} & \frac{3}{4} & -\frac{1}{4} & \frac{1}{2} & 0 & 0 \\ 0 & 3 & 2 & 2 & 0 & 0 & 1 & 0 \\ 0 & 3 & \frac{5}{2} & \frac{5}{2} & -\frac{1}{2} & 0 & 0 & 1 \end{array}\right) \xrightarrow{\text{②}\times\left(-\frac{1}{2}\right)+\text{①}} \left(\begin{array}{cccc|cccc} 1 & 0 & -\frac{5}{8} & -\frac{1}{8} & \frac{3}{8} & -\frac{1}{4} & 0 & 0 \\ 0 & 1 & \frac{3}{4} & \frac{3}{4} & -\frac{1}{4} & \frac{1}{2} & 0 & 0 \\ 0 & 3 & 2 & 2 & 0 & 0 & 1 & 0 \\ 0 & 3 & \frac{5}{2} & \frac{5}{2} & -\frac{1}{2} & 0 & 0 & 1 \end{array}\right)$$

$$\xrightarrow{\text{②}\times(-3)+\text{③}} \left(\begin{array}{cccc|cccc} 1 & 0 & -\frac{5}{8} & -\frac{1}{8} & \frac{3}{8} & -\frac{1}{4} & 0 & 0 \\ 0 & 1 & \frac{3}{4} & \frac{3}{4} & -\frac{1}{4} & \frac{1}{2} & 0 & 0 \\ 0 & 0 & -\frac{1}{4} & -\frac{1}{4} & \frac{3}{4} & -\frac{3}{2} & 1 & 0 \\ 0 & 3 & \frac{5}{2} & \frac{5}{2} & -\frac{1}{2} & 0 & 0 & 1 \end{array}\right) \xrightarrow{\text{②}\times(-3)+\text{④}} \left(\begin{array}{cccc|cccc} 1 & 0 & -\frac{5}{8} & -\frac{1}{8} & \frac{3}{8} & -\frac{1}{4} & 0 & 0 \\ 0 & 1 & \frac{3}{4} & \frac{3}{4} & -\frac{1}{4} & \frac{1}{2} & 0 & 0 \\ 0 & 0 & -\frac{1}{4} & -\frac{1}{4} & \frac{3}{4} & -\frac{3}{2} & 1 & 0 \\ 0 & 0 & \frac{1}{4} & \frac{1}{4} & \frac{1}{4} & -\frac{3}{2} & 0 & 1 \end{array}\right)$$

$$\xrightarrow{\text{③}\times(-4)} \left(\begin{array}{cccc|cccc} 1 & 0 & -\frac{5}{8} & -\frac{1}{8} & \frac{3}{8} & -\frac{1}{4} & 0 & 0 \\ 0 & 1 & \frac{3}{4} & \frac{3}{4} & -\frac{1}{4} & \frac{1}{2} & 0 & 0 \\ 0 & 0 & 1 & 1 & -3 & 6 & -4 & 0 \\ 0 & 0 & \frac{1}{4} & \frac{1}{4} & \frac{1}{4} & -\frac{3}{2} & 0 & 1 \end{array}\right) \xrightarrow{\text{③}\times\frac{5}{8}+\text{①}} \left(\begin{array}{cccc|cccc} 1 & 0 & 0 & \frac{1}{2} & -\frac{3}{2} & \frac{7}{2} & -\frac{5}{2} & 0 \\ 0 & 1 & \frac{3}{4} & \frac{3}{4} & -\frac{1}{4} & \frac{1}{2} & 0 & 0 \\ 0 & 0 & 1 & 1 & -3 & 6 & -4 & 0 \\ 0 & 0 & \frac{1}{4} & \frac{1}{4} & \frac{1}{4} & -\frac{3}{2} & 0 & 1 \end{array}\right)$$

$$\xrightarrow{③\times\left(-\frac{3}{4}\right)+②}\left(\begin{array}{cccc|cccc} 1 & 0 & 0 & \frac{1}{2} & -\frac{3}{2} & \frac{7}{2} & -\frac{5}{2} & 0 \\ 0 & 1 & 0 & 0 & 2 & -4 & 3 & 0 \\ 0 & 0 & 1 & 1 & -3 & 6 & -4 & 0 \\ 0 & 0 & \frac{1}{4} & \frac{1}{4} & \frac{1}{4} & -\frac{3}{2} & 0 & 1 \end{array}\right)\xrightarrow{③\times\left(-\frac{1}{4}\right)+④}\left(\begin{array}{cccc|cccc} 1 & 0 & 0 & \frac{1}{2} & -\frac{3}{2} & \frac{7}{2} & -\frac{5}{2} & 0 \\ 0 & 1 & 0 & 0 & 2 & -4 & 3 & 0 \\ 0 & 0 & 1 & 1 & -3 & 6 & -4 & 0 \\ 0 & 0 & 0 & 0 & 1 & -3 & 1 & 1 \end{array}\right)$$

$$\xrightarrow{④\times\frac{3}{2}+①}\left(\begin{array}{cccc|cccc} 1 & 0 & 0 & \frac{1}{2} & 0 & -1 & -1 & \frac{3}{2} \\ 0 & 1 & 0 & 0 & 2 & -4 & 3 & 0 \\ 0 & 0 & 1 & 1 & -3 & 6 & -4 & 0 \\ 0 & 0 & 0 & 0 & 1 & -3 & 1 & 1 \end{array}\right)\xrightarrow{④\times(-2)+②}\left(\begin{array}{cccc|cccc} 1 & 0 & 0 & \frac{1}{2} & 0 & -1 & -1 & \frac{3}{2} \\ 0 & 1 & 0 & 0 & 0 & 2 & 1 & -2 \\ 0 & 0 & 1 & 1 & -3 & 6 & -4 & 0 \\ 0 & 0 & 0 & 0 & 1 & -3 & 1 & 1 \end{array}\right)$$

$$\xrightarrow{④\times3+③}\left(\begin{array}{cccc|cccc} 1 & 0 & 0 & \frac{1}{2} & 0 & -1 & -1 & \frac{3}{2} \\ 0 & 1 & 0 & 0 & 0 & 2 & 1 & -2 \\ 0 & 0 & 1 & 1 & 0 & -3 & -1 & 3 \\ 0 & 0 & 0 & 0 & 1 & -3 & 1 & 1 \end{array}\right)$$

$\operatorname{rank} A=3$ であるから，行列Aは **正則でない。**

(9) 行列 $(A \mid E_4)$ を簡約階段化すると

$$\left(\begin{array}{cccc|cccc} 6 & 13 & 1 & -17 & 1 & 0 & 0 & 0 \\ 4 & 8 & 1 & -11 & 0 & 1 & 0 & 0 \\ -1 & -2 & 0 & 3 & 0 & 0 & 1 & 0 \\ 0 & -1 & 0 & 1 & 0 & 0 & 0 & 1 \end{array}\right)$$

$$\xrightarrow{③\times(-1)}\left(\begin{array}{cccc|cccc} 6 & 13 & 1 & -17 & 1 & 0 & 0 & 0 \\ 4 & 8 & 1 & -11 & 0 & 1 & 0 & 0 \\ 1 & 2 & 0 & -3 & 0 & 0 & -1 & 0 \\ 0 & -1 & 0 & 1 & 0 & 0 & 0 & 1 \end{array}\right)\xrightarrow{①\leftrightarrow③}\left(\begin{array}{cccc|cccc} 1 & 2 & 0 & -3 & 0 & 0 & -1 & 0 \\ 4 & 8 & 1 & -11 & 0 & 1 & 0 & 0 \\ 6 & 13 & 1 & -17 & 1 & 0 & 0 & 0 \\ 0 & -1 & 0 & 1 & 0 & 0 & 0 & 1 \end{array}\right)$$

$$\xrightarrow{①\times(-4)+②}\left(\begin{array}{cccc|cccc} 1 & 2 & 0 & -3 & 0 & 0 & -1 & 0 \\ 0 & 0 & 1 & 1 & 0 & 1 & 4 & 0 \\ 6 & 13 & 1 & -17 & 1 & 0 & 0 & 0 \\ 0 & -1 & 0 & 1 & 0 & 0 & 0 & 1 \end{array}\right)\xrightarrow{①\times(-6)+③}\left(\begin{array}{cccc|cccc} 1 & 2 & 0 & -3 & 0 & 0 & -1 & 0 \\ 0 & 0 & 1 & 1 & 0 & 1 & 4 & 0 \\ 0 & 1 & 1 & 1 & 1 & 0 & 6 & 0 \\ 0 & -1 & 0 & 1 & 0 & 0 & 0 & 1 \end{array}\right)$$

$$\xrightarrow{②\leftrightarrow③}\left(\begin{array}{cccc|cccc} 1 & 2 & 0 & -3 & 0 & 0 & -1 & 0 \\ 0 & 1 & 1 & 1 & 1 & 0 & 6 & 0 \\ 0 & 0 & 1 & 1 & 0 & 1 & 4 & 0 \\ 0 & -1 & 0 & 1 & 0 & 0 & 0 & 1 \end{array}\right)\xrightarrow{②\times(-2)+①}\left(\begin{array}{cccc|cccc} 1 & 0 & -2 & -5 & -2 & 0 & -13 & 0 \\ 0 & 1 & 1 & 1 & 1 & 0 & 6 & 0 \\ 0 & 0 & 1 & 1 & 0 & 1 & 4 & 0 \\ 0 & -1 & 0 & 1 & 0 & 0 & 0 & 1 \end{array}\right)$$

$$\xrightarrow{②\times1+④}\left(\begin{array}{cccc|cccc} 1 & 0 & -2 & -5 & -2 & 0 & -13 & 0 \\ 0 & 1 & 1 & 1 & 1 & 0 & 6 & 0 \\ 0 & 0 & 1 & 1 & 0 & 1 & 4 & 0 \\ 0 & 0 & 1 & 2 & 1 & 0 & 6 & 1 \end{array}\right)\xrightarrow{③\times2+①}\left(\begin{array}{cccc|cccc} 1 & 0 & 0 & -3 & -2 & 2 & -5 & 0 \\ 0 & 1 & 1 & 1 & 1 & 0 & 6 & 0 \\ 0 & 0 & 1 & 1 & 0 & 1 & 4 & 0 \\ 0 & 0 & 1 & 2 & 1 & 0 & 6 & 1 \end{array}\right)$$

$$\xrightarrow{③\times(-1)+②}\left(\begin{array}{cccc|cccc} 1 & 0 & 0 & -3 & -2 & 2 & -5 & 0 \\ 0 & 1 & 0 & 0 & 1 & -1 & 2 & 0 \\ 0 & 0 & 1 & 1 & 0 & 1 & 4 & 0 \\ 0 & 0 & 1 & 2 & 1 & 0 & 6 & 1 \end{array}\right)\xrightarrow{③\times(-1)+④}\left(\begin{array}{cccc|cccc} 1 & 0 & 0 & -3 & -2 & 2 & -5 & 0 \\ 0 & 1 & 0 & 0 & 1 & -1 & 2 & 0 \\ 0 & 0 & 1 & 1 & 0 & 1 & 4 & 0 \\ 0 & 0 & 0 & 1 & 1 & -1 & 2 & 1 \end{array}\right)$$

$$\xrightarrow{④\times3+①}\left(\begin{array}{cccc|cccc}1&0&0&0&1&-1&1&3\\0&1&0&0&1&-1&2&0\\0&0&1&1&0&1&4&0\\0&0&0&1&1&-1&2&1\end{array}\right)\xrightarrow{④\times(-1)+③}\left(\begin{array}{cccc|cccc}1&0&0&0&1&-1&1&3\\0&1&0&0&1&-1&2&0\\0&0&1&0&-1&2&2&-1\\0&0&0&1&1&-1&2&1\end{array}\right)$$

$\mathrm{rank}\,A=4$ であるから，行列Aは **正則である。**

このとき，行列Aの逆行列は $\boldsymbol{\begin{pmatrix}1&-1&1&3\\1&-1&2&0\\-1&2&2&-1\\1&-1&2&1\end{pmatrix}}$

21　文字を含む行列の正則判定と逆行列　★★☆

次の行列が正則であるか調べ，正則ならば逆行列を求めよ。

(1) $\begin{pmatrix}2&1&0\\1&1&a\\0&a&1\end{pmatrix}$　　(2) $\begin{pmatrix}1&a&3\\a&a&3\\3&3&3\end{pmatrix}$

それぞれ与えられた行列をAとし，3次単位行列をEとする。

(1) 行列 $(A\mid E)$ に行基本変形を施すと

$$\left(\begin{array}{ccc|ccc}2&1&0&1&0&0\\1&1&a&0&1&0\\0&a&1&0&0&1\end{array}\right)\xrightarrow{①\leftrightarrow②}\left(\begin{array}{ccc|ccc}1&1&a&0&1&0\\2&1&0&1&0&0\\0&a&1&0&0&1\end{array}\right)\xrightarrow{①\times(-2)+②}\left(\begin{array}{ccc|ccc}1&1&a&0&1&0\\0&-1&-2a&1&-2&0\\0&a&1&0&0&1\end{array}\right)$$

$$\xrightarrow{②\times(-1)}\left(\begin{array}{ccc|ccc}1&1&a&0&1&0\\0&1&2a&-1&2&0\\0&a&1&0&0&1\end{array}\right)\xrightarrow{②\times(-1)+①}\left(\begin{array}{ccc|ccc}1&0&-a&1&-1&0\\0&1&2a&-1&2&0\\0&a&1&0&0&1\end{array}\right)$$

$$\xrightarrow{②\times(-a)+③}\left(\begin{array}{ccc|ccc}1&0&-a&1&-1&0\\0&1&2a&-1&2&0\\0&0&-2a^2+1&a&-2a&1\end{array}\right)\quad\cdots\cdots①$$

[1] $a=\pm\dfrac{\sqrt{2}}{2}$ のとき

行列 ① は $\left(\begin{array}{ccc|ccc}1&0&\mp\dfrac{\sqrt{2}}{2}&1&-1&0\\0&1&\pm\sqrt{2}&-1&2&0\\0&0&0&\pm\dfrac{\sqrt{2}}{2}&\mp\sqrt{2}&1\end{array}\right)$（複号同順）となる。

$\mathrm{rank}\,A=2$ であるから，行列Aは正則でない。

[2] $a\neq\pm\dfrac{\sqrt{2}}{2}$ のとき

行列 ① を簡約階段化すると

$$\left(\begin{array}{ccc|ccc}1&0&-a&1&-1&0\\0&1&2a&-1&2&0\\0&0&-2a^2+1&a&-2a&1\end{array}\right)\xrightarrow{③\times\frac{1}{-2a^2+1}}\left(\begin{array}{ccc|ccc}1&0&-a&1&-1&0\\0&1&2a&-1&2&0\\0&0&1&-\dfrac{a}{2a^2-1}&\dfrac{2a}{2a^2-1}&-\dfrac{1}{2a^2-1}\end{array}\right)$$

$$\xrightarrow{③\times a+①}\left(\begin{array}{ccc|ccc} 1 & 0 & 0 & \dfrac{a^2-1}{2a^2-1} & \dfrac{1}{2a^2-1} & -\dfrac{a}{2a^2-1} \\ 0 & 1 & 2a & -1 & 2 & 0 \\ 0 & 0 & 1 & -\dfrac{a}{2a^2-1} & \dfrac{2a}{2a^2-1} & -\dfrac{1}{2a^2-1} \end{array}\right)$$

$$\xrightarrow{③\times(-2a)+②}\left(\begin{array}{ccc|ccc} 1 & 0 & 0 & \dfrac{a^2-1}{2a^2-1} & \dfrac{1}{2a^2-1} & -\dfrac{a}{2a^2-1} \\ 0 & 1 & 0 & \dfrac{1}{2a^2-1} & -\dfrac{2}{2a^2-1} & \dfrac{2a}{2a^2-1} \\ 0 & 0 & 1 & -\dfrac{a}{2a^2-1} & \dfrac{2a}{2a^2-1} & -\dfrac{1}{2a^2-1} \end{array}\right)$$

$\mathrm{rank}\,A=3$ であるから，行列Aは正則である。

このとき，行列Aの逆行列は $\begin{pmatrix} \dfrac{a^2-1}{2a^2-1} & \dfrac{1}{2a^2-1} & -\dfrac{a}{2a^2-1} \\ \dfrac{1}{2a^2-1} & -\dfrac{2}{2a^2-1} & \dfrac{2a}{2a^2-1} \\ -\dfrac{a}{2a^2-1} & \dfrac{2a}{2a^2-1} & -\dfrac{1}{2a^2-1} \end{pmatrix}$

以上から　　**$\boldsymbol{a=\pm\dfrac{\sqrt{2}}{2}}$ のとき与えられた行列は正則でない；**

$\boldsymbol{a\neq\pm\dfrac{\sqrt{2}}{2}}$ のとき与えられた行列は正則であり，その逆行列は

$$\boldsymbol{\begin{pmatrix} \dfrac{a^2-1}{2a^2-1} & \dfrac{1}{2a^2-1} & -\dfrac{a}{2a^2-1} \\ \dfrac{1}{2a^2-1} & -\dfrac{2}{2a^2-1} & \dfrac{2a}{2a^2-1} \\ -\dfrac{a}{2a^2-1} & \dfrac{2a}{2a^2-1} & -\dfrac{1}{2a^2-1} \end{pmatrix}}$$

(2) 行列 $(\,A\mid E\,)$ に行基本変形を施すと

$$\left(\begin{array}{ccc|ccc} 1 & a & 3 & 1 & 0 & 0 \\ a & a & 3 & 0 & 1 & 0 \\ 3 & 3 & 3 & 0 & 0 & 1 \end{array}\right)$$

$$\xrightarrow{①\times(-a)+②}\left(\begin{array}{ccc|ccc} 1 & a & 3 & 1 & 0 & 0 \\ 0 & -a^2+a & -3a+3 & -a & 1 & 0 \\ 3 & 3 & 3 & 0 & 0 & 1 \end{array}\right)\xrightarrow{①\times(-3)+③}\left(\begin{array}{ccc|ccc} 1 & a & 3 & 1 & 0 & 0 \\ 0 & -a^2+a & -3a+3 & -a & 1 & 0 \\ 0 & -3a+3 & -6 & -3 & 0 & 1 \end{array}\right)$$

……②

[1] $a=0$ のとき，行列 ② は $\left(\begin{array}{ccc|ccc} 1 & 0 & 3 & 1 & 0 & 0 \\ 0 & 0 & 3 & 0 & 1 & 0 \\ 0 & 3 & -6 & -3 & 0 & 1 \end{array}\right)$ となる。

これを簡約階段化すると

$$\left(\begin{array}{ccc|ccc} 1 & 0 & 3 & 1 & 0 & 0 \\ 0 & 0 & 3 & 0 & 1 & 0 \\ 0 & 3 & -6 & -3 & 0 & 1 \end{array}\right)\xrightarrow{③\times\frac{1}{3}}\left(\begin{array}{ccc|ccc} 1 & 0 & 3 & 1 & 0 & 0 \\ 0 & 0 & 3 & 0 & 1 & 0 \\ 0 & 1 & -2 & -1 & 0 & \dfrac{1}{3} \end{array}\right)\xrightarrow{②\leftrightarrow③}\left(\begin{array}{ccc|ccc} 1 & 0 & 3 & 1 & 0 & 0 \\ 0 & 1 & -2 & -1 & 0 & \dfrac{1}{3} \\ 0 & 0 & 3 & 0 & 1 & 0 \end{array}\right)$$

$$\xrightarrow{③\times\frac{1}{3}}\left(\begin{array}{ccc|ccc}1&0&3&1&0&0\\0&1&-2&-1&0&\frac{1}{3}\\0&0&1&0&\frac{1}{3}&0\end{array}\right)\xrightarrow{③\times(-3)+①}\left(\begin{array}{ccc|ccc}1&0&0&1&-1&0\\0&1&-2&-1&0&\frac{1}{3}\\0&0&1&0&\frac{1}{3}&0\end{array}\right)\xrightarrow{③\times2+②}\left(\begin{array}{ccc|ccc}1&0&0&1&-1&0\\0&1&0&-1&\frac{2}{3}&\frac{1}{3}\\0&0&1&0&\frac{1}{3}&0\end{array}\right)$$

$\operatorname{rank}A=3$ であるから，行列Aは正則である。

このとき，行列Aの逆行列は $\begin{pmatrix}1&-1&0\\-1&\frac{2}{3}&\frac{1}{3}\\0&\frac{1}{3}&0\end{pmatrix}$

[2]　$a=1$ のとき，行列 ② は $\left(\begin{array}{ccc|ccc}1&1&3&1&0&0\\0&0&0&-1&1&0\\0&0&-6&-3&0&1\end{array}\right)$ となる。

これを簡約階段化すると

$$\left(\begin{array}{ccc|ccc}1&1&3&1&0&0\\0&0&0&-1&1&0\\0&0&-6&-3&0&1\end{array}\right)\xrightarrow{③\times\left(-\frac{1}{6}\right)}\left(\begin{array}{ccc|ccc}1&1&3&1&0&0\\0&0&0&-1&1&0\\0&0&1&\frac{1}{2}&0&-\frac{1}{6}\end{array}\right)\xrightarrow{②\leftrightarrow③}\left(\begin{array}{ccc|ccc}1&1&3&1&0&0\\0&0&1&\frac{1}{2}&0&-\frac{1}{6}\\0&0&0&-1&1&0\end{array}\right)$$

$$\xrightarrow{②\times(-3)+①}\left(\begin{array}{ccc|ccc}1&1&0&-\frac{1}{2}&0&\frac{1}{2}\\0&0&1&\frac{1}{2}&0&-\frac{1}{6}\\0&0&0&-1&1&0\end{array}\right)\xrightarrow{③\times(-1)}\left(\begin{array}{ccc|ccc}1&1&0&-\frac{1}{2}&0&\frac{1}{2}\\0&0&1&\frac{1}{2}&0&-\frac{1}{6}\\0&0&0&1&-1&0\end{array}\right)$$

$$\xrightarrow{③\times\frac{1}{2}+①}\left(\begin{array}{ccc|ccc}1&0&0&0&-\frac{1}{2}&\frac{1}{2}\\0&0&1&\frac{1}{2}&0&-\frac{1}{6}\\0&0&0&1&-1&0\end{array}\right)\xrightarrow{③\times\left(-\frac{1}{2}\right)+②}\left(\begin{array}{ccc|ccc}1&0&0&0&-\frac{1}{2}&\frac{1}{2}\\0&0&1&0&\frac{1}{2}&-\frac{1}{6}\\0&0&0&1&-1&0\end{array}\right)$$

$\operatorname{rank}A=2$ であるから，行列Aは正則でない。

[3]　$a\neq0,\ 1$ のとき，行列 ② に，更に行基本変形を施すと

$$\left(\begin{array}{ccc|ccc}1&a&3&1&0&0\\0&-a^2+a&-3a+3&-a&1&0\\0&-3a+3&-6&-3&0&1\end{array}\right)\xrightarrow{②\times\frac{1}{-a^2+a}}\left(\begin{array}{ccc|ccc}1&a&3&1&0&0\\0&1&\frac{3}{a}&\frac{1}{a-1}&-\frac{1}{a^2-a}&0\\0&-3a+3&-6&-3&0&1\end{array}\right)$$

$$\xrightarrow{②\times(-a)+①}\left(\begin{array}{ccc|ccc}1&0&0&-\frac{1}{a-1}&\frac{1}{a-1}&0\\0&1&\frac{3}{a}&\frac{1}{a-1}&-\frac{1}{a^2-a}&0\\0&-3a+3&-6&-3&0&1\end{array}\right)\xrightarrow{②\times(3a-3)+③}\left(\begin{array}{ccc|ccc}1&0&0&-\frac{1}{a-1}&\frac{1}{a-1}&0\\0&1&\frac{3}{a}&\frac{1}{a-1}&-\frac{1}{a^2-a}&0\\0&0&\frac{3a-9}{a}&0&-\frac{3}{a}&1\end{array}\right)\quad\cdots\cdots③$$

(ア)　$a=3$ のとき，行列 ③ は $\left(\begin{array}{ccc|ccc}1&0&0&-\frac{1}{2}&\frac{1}{2}&0\\0&1&1&\frac{1}{2}&-\frac{1}{6}&0\\0&0&0&0&-1&1\end{array}\right)$ となる。

これを簡約階段化すると $\left(\begin{array}{ccc|ccc} 1 & 0 & 0 & -\frac{1}{2} & \frac{1}{2} & 0 \\ 0 & 1 & 1 & \frac{1}{2} & -\frac{1}{6} & 0 \\ 0 & 0 & 0 & 0 & -1 & 1 \end{array}\right) \xrightarrow{③\times(-1)} \left(\begin{array}{ccc|ccc} 1 & 0 & 0 & -\frac{1}{2} & \frac{1}{2} & 0 \\ 0 & 1 & 1 & \frac{1}{2} & -\frac{1}{6} & 0 \\ 0 & 0 & 0 & 0 & 1 & -1 \end{array}\right)$

$$\xrightarrow{③\times\left(-\frac{1}{2}\right)+①} \left(\begin{array}{ccc|ccc} 1 & 0 & 0 & -\frac{1}{2} & 0 & \frac{1}{2} \\ 0 & 1 & 1 & \frac{1}{2} & -\frac{1}{6} & 0 \\ 0 & 0 & 0 & 0 & 1 & -1 \end{array}\right) \xrightarrow{③\times\frac{1}{6}+②} \left(\begin{array}{ccc|ccc} 1 & 0 & 0 & -\frac{1}{2} & 0 & \frac{1}{2} \\ 0 & 1 & 1 & \frac{1}{2} & 0 & -\frac{1}{6} \\ 0 & 0 & 0 & 0 & 1 & -1 \end{array}\right)$$

rank $A=2$ であるから，行列 A は正則でない。

(イ) $a \neq 3$ のとき，行列 ③ を簡約階段化すると

$$\left(\begin{array}{ccc|ccc} 1 & 0 & 0 & -\frac{1}{a-1} & \frac{1}{a-1} & 0 \\ 0 & 1 & \frac{3}{a} & \frac{1}{a-1} & -\frac{1}{a^2-a} & 0 \\ 0 & 0 & \frac{3a-9}{a} & 0 & -\frac{3}{a} & 1 \end{array}\right) \xrightarrow{③\times\frac{a}{3a-9}} \left(\begin{array}{ccc|ccc} 1 & 0 & 0 & -\frac{1}{a-1} & \frac{1}{a-1} & 0 \\ 0 & 1 & \frac{3}{a} & \frac{1}{a-1} & -\frac{1}{a^2-a} & 0 \\ 0 & 0 & 1 & 0 & -\frac{1}{a-3} & \frac{a}{3a-9} \end{array}\right)$$

$$\xrightarrow{③\times\left(-\frac{3}{a}\right)+②} \left(\begin{array}{ccc|ccc} 1 & 0 & 0 & -\frac{1}{a-1} & \frac{1}{a-1} & 0 \\ 0 & 1 & 0 & \frac{1}{a-1} & \frac{2}{a^2-4a+3} & -\frac{1}{a-3} \\ 0 & 0 & 1 & 0 & -\frac{1}{a-3} & \frac{a}{3a-9} \end{array}\right)$$

rank $A=3$ であるから，行列 A は正則である。

このとき，行列 A の逆行列は $\begin{pmatrix} -\frac{1}{a-1} & \frac{1}{a-1} & 0 \\ \frac{1}{a-1} & \frac{2}{a^2-4a+3} & -\frac{1}{a-3} \\ 0 & -\frac{1}{a-3} & \frac{a}{3a-9} \end{pmatrix}$

また，[3] (イ) において，$a=0$ とすると，[1] の結果が得られる。

以上から　　**$a=1$, 3 のとき与えられた行列は正則でない；**

$a \neq 1$, 3 のとき与えられた行列は正則であり，その逆行列は

$$\begin{pmatrix} -\frac{1}{a-1} & \frac{1}{a-1} & 0 \\ \frac{1}{a-1} & \frac{2}{a^2-4a+3} & -\frac{1}{a-3} \\ 0 & -\frac{1}{a-3} & \frac{a}{3a-9} \end{pmatrix}$$

22　文字を含む行列の逆行列　★★☆

行列 $\begin{pmatrix} 1 & 0 & 0 & 0 \\ a & 1 & 0 & 0 \\ a^2 & 2a & 1 & 0 \\ a^3 & 3a^2 & 3a & 1 \end{pmatrix}$ の逆行列を求めよ。

行列 $\left(\begin{array}{cccc|cccc} 1 & 0 & 0 & 0 & 1 & 0 & 0 & 0 \\ a & 1 & 0 & 0 & 0 & 1 & 0 & 0 \\ a^2 & 2a & 1 & 0 & 0 & 0 & 1 & 0 \\ a^3 & 3a^2 & 3a & 1 & 0 & 0 & 0 & 1 \end{array}\right)$ を簡約階段化すると

$$\left(\begin{array}{cccc|cccc} 1 & 0 & 0 & 0 & 1 & 0 & 0 & 0 \\ a & 1 & 0 & 0 & 0 & 1 & 0 & 0 \\ a^2 & 2a & 1 & 0 & 0 & 0 & 1 & 0 \\ a^3 & 3a^2 & 3a & 1 & 0 & 0 & 0 & 1 \end{array}\right)$$

$$\xrightarrow{\text{①}\times(-a)+\text{②}} \left(\begin{array}{cccc|cccc} 1 & 0 & 0 & 0 & 1 & 0 & 0 & 0 \\ 0 & 1 & 0 & 0 & -a & 1 & 0 & 0 \\ a^2 & 2a & 1 & 0 & 0 & 0 & 1 & 0 \\ a^3 & 3a^2 & 3a & 1 & 0 & 0 & 0 & 1 \end{array}\right) \xrightarrow{\text{①}\times(-a^2)+\text{③}} \left(\begin{array}{cccc|cccc} 1 & 0 & 0 & 0 & 1 & 0 & 0 & 0 \\ 0 & 1 & 0 & 0 & -a & 1 & 0 & 0 \\ 0 & 2a & 1 & 0 & -a^2 & 0 & 1 & 0 \\ a^3 & 3a^2 & 3a & 1 & 0 & 0 & 0 & 1 \end{array}\right)$$

$$\xrightarrow{\text{①}\times(-a^3)+\text{④}} \left(\begin{array}{cccc|cccc} 1 & 0 & 0 & 0 & 1 & 0 & 0 & 0 \\ 0 & 1 & 0 & 0 & -a & 1 & 0 & 0 \\ 0 & 2a & 1 & 0 & -a^2 & 0 & 1 & 0 \\ 0 & 3a^2 & 3a & 1 & -a^3 & 0 & 0 & 1 \end{array}\right) \xrightarrow{\text{②}\times(-2a)+\text{③}} \left(\begin{array}{cccc|cccc} 1 & 0 & 0 & 0 & 1 & 0 & 0 & 0 \\ 0 & 1 & 0 & 0 & -a & 1 & 0 & 0 \\ 0 & 0 & 1 & 0 & a^2 & -2a & 1 & 0 \\ 0 & 3a^2 & 3a & 1 & -a^3 & 0 & 0 & 1 \end{array}\right)$$

$$\xrightarrow{\text{②}\times(-3a^2)+\text{④}} \left(\begin{array}{cccc|cccc} 1 & 0 & 0 & 0 & 1 & 0 & 0 & 0 \\ 0 & 1 & 0 & 0 & -a & 1 & 0 & 0 \\ 0 & 0 & 1 & 0 & a^2 & -2a & 1 & 0 \\ 0 & 0 & 3a & 1 & 2a^3 & -3a^2 & 0 & 1 \end{array}\right) \xrightarrow{\text{③}\times(-3a)+\text{④}} \left(\begin{array}{cccc|cccc} 1 & 0 & 0 & 0 & 1 & 0 & 0 & 0 \\ 0 & 1 & 0 & 0 & -a & 1 & 0 & 0 \\ 0 & 0 & 1 & 0 & a^2 & -2a & 1 & 0 \\ 0 & 0 & 0 & 1 & -a^3 & 3a^2 & -3a & 1 \end{array}\right)$$

よって，求める逆行列は $\boldsymbol{\begin{pmatrix} 1 & 0 & 0 & 0 \\ -a & 1 & 0 & 0 \\ a^2 & -2a & 1 & 0 \\ -a^3 & 3a^2 & -3a & 1 \end{pmatrix}}$

23　文字を含む行列の階数 ★★★

$n \geqq 2$ のとき，n 次正方行列 $\begin{pmatrix} 1 & x & \cdots & x \\ x & \ddots & \ddots & \vdots \\ \vdots & \ddots & \ddots & x \\ x & \cdots & x & 1 \end{pmatrix}$ の階数を求めよ。

与えられた行列に行基本変形を施すと

$$\begin{pmatrix} 1 & x & x & x & \cdots & x & x \\ x & 1 & x & x & \ddots & x & x \\ x & x & 1 & x & \ddots & x & x \\ x & x & x & 1 & \ddots & x & x \\ \vdots & \ddots & \ddots & \ddots & \ddots & \ddots & \vdots \\ x & x & x & x & \ddots & 1 & x \\ x & x & x & x & \cdots & x & 1 \end{pmatrix}$$

$$\xrightarrow{\text{①}\times(-1)+\text{②}} \begin{pmatrix} 1 & x & x & x & \cdots & x & x \\ x-1 & -x+1 & 0 & 0 & \cdots & 0 & 0 \\ x & x & 1 & x & \cdots & x & x \\ x & x & x & 1 & \ddots & x & x \\ \vdots & \ddots & \ddots & \ddots & \ddots & \ddots & \vdots \\ x & x & x & x & \ddots & 1 & x \\ x & x & x & x & \cdots & x & 1 \end{pmatrix} \xrightarrow{\text{①}\times(-1)+\text{③}} \begin{pmatrix} 1 & x & x & x & \cdots & x & x \\ x-1 & -x+1 & 0 & 0 & \cdots & 0 & 0 \\ x-1 & 0 & -x+1 & 0 & \cdots & 0 & 0 \\ x & x & x & 1 & \cdots & x & x \\ \vdots & \ddots & \ddots & \ddots & \ddots & \ddots & \vdots \\ x & x & x & x & \ddots & 1 & x \\ x & x & x & x & \cdots & x & 1 \end{pmatrix}$$

$$\xrightarrow{\text{①}\times(-1)+\text{④}}\ \cdots\cdots\ \xrightarrow{\text{①}\times(-1)+\text{ⓝ}}\begin{pmatrix} 1 & x & x & x & \cdots & x & x \\ x-1 & -x+1 & 0 & 0 & \cdots & 0 & 0 \\ x-1 & 0 & -x+1 & 0 & \ddots & 0 & 0 \\ x-1 & 0 & 0 & -x+1 & \ddots & 0 & 0 \\ \vdots & \vdots & \ddots & \ddots & \ddots & \ddots & \vdots \\ x-1 & 0 & 0 & 0 & \ddots & -x+1 & 0 \\ x-1 & 0 & 0 & 0 & \cdots & 0 & -x+1 \end{pmatrix}\ \cdots\cdots\text{①}$$

[1]　$x=1$ のとき，行列 ① は $\begin{pmatrix} 1 & 1 & 1 & 1 & \cdots & 1 & 1 \\ 0 & 0 & 0 & 0 & \cdots & 0 & 0 \\ 0 & 0 & 0 & 0 & \ddots & 0 & 0 \\ 0 & 0 & 0 & 0 & \ddots & 0 & 0 \\ \vdots & \vdots & \ddots & \ddots & \ddots & \ddots & \vdots \\ 0 & 0 & 0 & 0 & \ddots & 0 & 0 \\ 0 & 0 & 0 & 0 & \cdots & 0 & 0 \end{pmatrix}$ となる。

よって，階数は　1

[2]　$x \neq 1$ のとき，行列 ① に，更に基本変形を施すと

$$\begin{pmatrix} 1 & x & x & x & \cdots & x & x \\ x-1 & -x+1 & 0 & 0 & \cdots & 0 & 0 \\ x-1 & 0 & -x+1 & 0 & \ddots & 0 & 0 \\ x-1 & 0 & 0 & -x+1 & \ddots & 0 & 0 \\ \vdots & \vdots & \ddots & \ddots & \ddots & \ddots & \vdots \\ x-1 & 0 & 0 & 0 & \ddots & -x+1 & 0 \\ x-1 & 0 & 0 & 0 & \cdots & 0 & -x+1 \end{pmatrix}$$

$$\xrightarrow{\text{②}\times\left(-\frac{1}{x-1}\right)}\begin{pmatrix} 1 & x & x & x & \cdots & x & x \\ -1 & 1 & 0 & 0 & \cdots & 0 & 0 \\ x-1 & 0 & -x+1 & 0 & \ddots & 0 & 0 \\ x-1 & 0 & 0 & -x+1 & \ddots & 0 & 0 \\ \vdots & \vdots & \ddots & \ddots & \ddots & \ddots & \vdots \\ x-1 & 0 & 0 & 0 & \ddots & -x+1 & 0 \\ x-1 & 0 & 0 & 0 & \cdots & 0 & -x+1 \end{pmatrix}\xrightarrow{\text{③}\times\left(-\frac{1}{x-1}\right)}\begin{pmatrix} 1 & x & x & x & \cdots & x & x \\ -1 & 1 & 0 & 0 & \cdots & 0 & 0 \\ -1 & 0 & 1 & 0 & \ddots & 0 & 0 \\ x-1 & 0 & 0 & -x+1 & \ddots & 0 & 0 \\ \vdots & \vdots & \ddots & \ddots & \ddots & \ddots & \vdots \\ x-1 & 0 & 0 & 0 & \ddots & -x+1 & 0 \\ x-1 & 0 & 0 & 0 & \cdots & 0 & -x+1 \end{pmatrix}$$

$$\xrightarrow{\text{④}\times\left(-\frac{1}{x-1}\right)}\ \cdots\cdots\ \xrightarrow{\text{ⓝ}\times\left(-\frac{1}{x-1}\right)}\begin{pmatrix} 1 & x & x & x & \cdots & x & x \\ -1 & 1 & 0 & 0 & \cdots & 0 & 0 \\ -1 & 0 & 1 & 0 & \ddots & 0 & 0 \\ -1 & 0 & 0 & 1 & \ddots & 0 & 0 \\ \vdots & \vdots & \ddots & \ddots & \ddots & \ddots & \vdots \\ -1 & 0 & 0 & 0 & \ddots & 1 & 0 \\ -1 & 0 & 0 & 0 & \cdots & 0 & 1 \end{pmatrix}\xrightarrow{\boxed{2}\times 1+\boxed{1}}\begin{pmatrix} x+1 & x & x & x & \cdots & x & x \\ 0 & 1 & 0 & 0 & \cdots & 0 & 0 \\ -1 & 0 & 1 & 0 & \ddots & 0 & 0 \\ -1 & 0 & 0 & 1 & \ddots & 0 & 0 \\ \vdots & \vdots & \ddots & \ddots & \ddots & \ddots & \vdots \\ -1 & 0 & 0 & 0 & \ddots & 1 & 0 \\ -1 & 0 & 0 & 0 & \cdots & 0 & 1 \end{pmatrix}$$

$$\xrightarrow{\boxed{3}\times 1+\boxed{1}}\begin{pmatrix} 2x+1 & x & x & x & \cdots & x & x \\ 0 & 1 & 0 & 0 & \cdots & 0 & 0 \\ 0 & 0 & 1 & 0 & \ddots & 0 & 0 \\ -1 & 0 & 0 & 1 & \ddots & 0 & 0 \\ \vdots & \vdots & \ddots & \ddots & \ddots & \ddots & \vdots \\ -1 & 0 & 0 & 0 & \ddots & 1 & 0 \\ -1 & 0 & 0 & 0 & \cdots & 0 & 1 \end{pmatrix}\xrightarrow{\boxed{4}\times 1+\boxed{1}}\ \cdots\cdots\ \xrightarrow{\boxed{n}\times 1+\boxed{1}}\begin{pmatrix} (n-1)x+1 & x & x & x & \cdots & x & x \\ 0 & 1 & 0 & 0 & \cdots & 0 & 0 \\ 0 & 0 & 1 & 0 & \ddots & 0 & 0 \\ 0 & 0 & 0 & 1 & \ddots & 0 & 0 \\ \vdots & \ddots & \ddots & \ddots & \ddots & \ddots & \vdots \\ 0 & 0 & 0 & 0 & \ddots & 1 & 0 \\ 0 & 0 & 0 & 0 & \cdots & 0 & 1 \end{pmatrix}\ \cdots\cdots\text{②}$$

(ア) $x=-\dfrac{1}{n-1}$ のとき，$-\dfrac{1}{n-1}=a$ として行列 ② は

$$\begin{pmatrix} 0 & a & a & a & \cdots & a & a \\ 0 & 1 & 0 & 0 & \cdots & 0 & 0 \\ 0 & 0 & 1 & 0 & \ddots & 0 & 0 \\ 0 & 0 & 0 & 1 & \ddots & 0 & 0 \\ \vdots & \ddots & \ddots & \ddots & \ddots & \ddots & \vdots \\ 0 & 0 & 0 & 0 & \ddots & 1 & 0 \\ 0 & 0 & 0 & 0 & \cdots & 0 & 1 \end{pmatrix} \cdots\cdots \text{③ となる。}$$

行列 ③ に基本変形を施すと

$$\begin{pmatrix} 0 & a & a & a & \cdots & a & a \\ 0 & 1 & 0 & 0 & \cdots & 0 & 0 \\ 0 & 0 & 1 & 0 & \ddots & 0 & 0 \\ 0 & 0 & 0 & 1 & \ddots & 0 & 0 \\ \vdots & \ddots & \ddots & \ddots & \ddots & \ddots & \vdots \\ 0 & 0 & 0 & 0 & \ddots & 1 & 0 \\ 0 & 0 & 0 & 0 & \cdots & 0 & 1 \end{pmatrix} \xrightarrow{\text{②}\times(-a)+\text{①}} \begin{pmatrix} 0 & 0 & a & a & \cdots & a & a \\ 0 & 1 & 0 & 0 & \cdots & 0 & 0 \\ 0 & 0 & 1 & 0 & \ddots & 0 & 0 \\ 0 & 0 & 0 & 1 & \ddots & 0 & 0 \\ \vdots & \ddots & \ddots & \ddots & \ddots & \ddots & \vdots \\ 0 & 0 & 0 & 0 & \ddots & 1 & 0 \\ 0 & 0 & 0 & 0 & \cdots & 0 & 1 \end{pmatrix}$$

$$\xrightarrow{\text{③}\times(-a)+\text{①}} \begin{pmatrix} 0 & 0 & 0 & a & \cdots & a & a \\ 0 & 1 & 0 & 0 & \cdots & 0 & 0 \\ 0 & 0 & 1 & 0 & \ddots & 0 & 0 \\ 0 & 0 & 0 & 1 & \ddots & 0 & 0 \\ \vdots & \ddots & \ddots & \ddots & \ddots & \ddots & \vdots \\ 0 & 0 & 0 & 0 & \ddots & 1 & 0 \\ 0 & 0 & 0 & 0 & \cdots & 0 & 1 \end{pmatrix} \xrightarrow{\text{④}\times(-a)+\text{①}} \cdots\cdots \xrightarrow{\text{ⓝ}\times(-a)+\text{①}} \begin{pmatrix} 0 & 0 & 0 & 0 & \cdots & 0 & 0 \\ 0 & 1 & 0 & 0 & \ddots & 0 & 0 \\ 0 & 0 & 1 & 0 & \ddots & 0 & 0 \\ 0 & 0 & 0 & 1 & \ddots & 0 & 0 \\ \vdots & \ddots & \ddots & \ddots & \ddots & \ddots & \vdots \\ 0 & 0 & 0 & 0 & \ddots & 1 & 0 \\ 0 & 0 & 0 & 0 & \cdots & 0 & 1 \end{pmatrix}$$

$$\xrightarrow{\text{①}\leftrightarrow\text{②}} \begin{pmatrix} 0 & 1 & 0 & 0 & \cdots & 0 & 0 \\ 0 & 0 & 0 & 0 & \ddots & 0 & 0 \\ 0 & 0 & 1 & 0 & \ddots & 0 & 0 \\ 0 & 0 & 0 & 1 & \ddots & 0 & 0 \\ \vdots & \ddots & \ddots & \ddots & \ddots & \ddots & \vdots \\ 0 & 0 & 0 & 0 & \ddots & 1 & 0 \\ 0 & 0 & 0 & 0 & \cdots & 0 & 1 \end{pmatrix} \xrightarrow{\text{②}\leftrightarrow\text{③}} \begin{pmatrix} 0 & 1 & 0 & 0 & \cdots & 0 & 0 \\ 0 & 0 & 1 & 0 & \ddots & 0 & 0 \\ 0 & 0 & 0 & 0 & \ddots & 0 & 0 \\ 0 & 0 & 0 & 1 & \ddots & 0 & 0 \\ \vdots & \ddots & \ddots & \ddots & \ddots & \ddots & \vdots \\ 0 & 0 & 0 & 0 & \ddots & 1 & 0 \\ 0 & 0 & 0 & 0 & \cdots & 0 & 1 \end{pmatrix}$$

$$\xrightarrow{\text{③}\leftrightarrow\text{④}} \cdots\cdots \xrightarrow{(n-1)\leftrightarrow\text{ⓝ}} \begin{pmatrix} 0 & 1 & 0 & 0 & \cdots & 0 & 0 \\ 0 & 0 & 1 & 0 & \ddots & 0 & 0 \\ 0 & 0 & 0 & 1 & \ddots & 0 & 0 \\ 0 & 0 & 0 & 0 & \ddots & 0 & 0 \\ \vdots & \ddots & \ddots & \ddots & \ddots & \ddots & \vdots \\ 0 & 0 & 0 & 0 & \ddots & 0 & 1 \\ 0 & 0 & 0 & 0 & \cdots & 0 & 0 \end{pmatrix}$$

$$
\xrightarrow{\boxed{1}\leftrightarrow\boxed{2}}
\begin{pmatrix}
1 & 0 & 0 & 0 & \cdots & 0 & 0 \\
0 & 0 & 1 & 0 & \ddots & 0 & 0 \\
0 & 0 & 0 & 1 & \ddots & 0 & 0 \\
0 & 0 & 0 & 0 & \ddots & 0 & 0 \\
\vdots & \ddots & \ddots & \ddots & \ddots & \ddots & \vdots \\
0 & 0 & 0 & 0 & \ddots & 0 & 1 \\
0 & 0 & 0 & 0 & \cdots & 0 & 0
\end{pmatrix}
\xrightarrow{\boxed{2}\leftrightarrow\boxed{3}}
\begin{pmatrix}
1 & 0 & 0 & 0 & \cdots & 0 & 0 \\
0 & 1 & 0 & 0 & \ddots & 0 & 0 \\
0 & 0 & 0 & 1 & \ddots & 0 & 0 \\
0 & 0 & 0 & 0 & \ddots & 0 & 0 \\
\vdots & \ddots & \ddots & \ddots & \ddots & \ddots & \vdots \\
0 & 0 & 0 & 0 & \ddots & 0 & 1 \\
0 & 0 & 0 & 0 & \cdots & 0 & 0
\end{pmatrix}
$$

$$
\xrightarrow{\boxed{3}\leftrightarrow\boxed{4}} \cdots\cdots \xrightarrow{\boxed{n-1}\leftrightarrow\boxed{n}}
\begin{pmatrix}
1 & 0 & 0 & 0 & \cdots & 0 & 0 \\
0 & 1 & 0 & 0 & \ddots & 0 & 0 \\
0 & 0 & 1 & 0 & \ddots & 0 & 0 \\
0 & 0 & 0 & 1 & \ddots & 0 & 0 \\
\vdots & \ddots & \ddots & \ddots & \ddots & \ddots & \vdots \\
0 & 0 & 0 & 0 & \ddots & 1 & 0 \\
0 & 0 & 0 & 0 & \cdots & 0 & 0
\end{pmatrix}
$$

よって，階数は　　$n-1$

(イ)　$x \neq -\dfrac{1}{n-1}$ のとき，行列 ② に基本変形を施すと

$$
\begin{pmatrix}
(n-1)x+1 & x & x & x & \cdots & x & x \\
0 & 1 & 0 & 0 & \cdots & 0 & 0 \\
0 & 0 & 1 & 0 & \ddots & 0 & 0 \\
0 & 0 & 0 & 1 & \ddots & 0 & 0 \\
\vdots & \ddots & \ddots & \ddots & \ddots & \ddots & \vdots \\
0 & 0 & 0 & 0 & \ddots & 1 & 0 \\
0 & 0 & 0 & 0 & \cdots & 0 & 1
\end{pmatrix}
\xrightarrow{\boxed{1}\times\frac{1}{(n-1)x+1}}
\begin{pmatrix}
1 & x & x & x & \cdots & x & x \\
0 & 1 & 0 & 0 & \cdots & 0 & 0 \\
0 & 0 & 1 & 0 & \ddots & 0 & 0 \\
0 & 0 & 0 & 1 & \ddots & 0 & 0 \\
\vdots & \ddots & \ddots & \ddots & \ddots & \ddots & \vdots \\
0 & 0 & 0 & 0 & \ddots & 1 & 0 \\
0 & 0 & 0 & 0 & \cdots & 0 & 1
\end{pmatrix}
$$

$$
\xrightarrow{\boxed{1}\times(-x)+\boxed{2}}
\begin{pmatrix}
1 & 0 & x & x & \cdots & x & x \\
0 & 1 & 0 & 0 & \cdots & 0 & 0 \\
0 & 0 & 1 & 0 & \ddots & 0 & 0 \\
0 & 0 & 0 & 1 & \ddots & 0 & 0 \\
\vdots & \ddots & \ddots & \ddots & \ddots & \ddots & \vdots \\
0 & 0 & 0 & 0 & \ddots & 1 & 0 \\
0 & 0 & 0 & 0 & \cdots & 0 & 1
\end{pmatrix}
\xrightarrow{\boxed{1}\times(-x)+\boxed{3}}
\begin{pmatrix}
1 & 0 & 0 & x & \cdots & x & x \\
0 & 1 & 0 & 0 & \cdots & 0 & 0 \\
0 & 0 & 1 & 0 & \ddots & 0 & 0 \\
0 & 0 & 0 & 1 & \ddots & 0 & 0 \\
\vdots & \ddots & \ddots & \ddots & \ddots & \ddots & \vdots \\
0 & 0 & 0 & 0 & \ddots & 1 & 0 \\
0 & 0 & 0 & 0 & \cdots & 0 & 1
\end{pmatrix}
$$

$$
\xrightarrow{\boxed{1}\times(-x)+\boxed{4}} \cdots\cdots \xrightarrow{\boxed{1}\times(-x)+\boxed{n}}
\begin{pmatrix}
1 & 0 & 0 & 0 & \cdots & 0 & 0 \\
0 & 1 & 0 & 0 & \cdots & 0 & 0 \\
0 & 0 & 1 & 0 & \ddots & 0 & 0 \\
0 & 0 & 0 & 1 & \ddots & 0 & 0 \\
\vdots & \ddots & \ddots & \ddots & \ddots & \ddots & \vdots \\
0 & 0 & 0 & 0 & \ddots & 1 & 0 \\
0 & 0 & 0 & 0 & \cdots & 0 & 1
\end{pmatrix}
$$

よって，階数は　　n

以上から，求める階数は　　**$x=1$ のとき 1；$x=-\dfrac{1}{n-1}$ のとき $n-1$；$x \neq 1,\ -\dfrac{1}{n-1}$ のとき n**

24　連立 1 次方程式の解　★☆☆

連立 1 次方程式 $\begin{cases} 6x+2y+\ z+2w=-\ 3 \\ -3x-\ y+2z+2w=\ 10 \\ -6x-2y-\ z\qquad =\ 7 \\ 9x+3y+2z+2w=-\ 6 \end{cases}$ は連立 1 次方程式 $\begin{cases} z+2y+6x+2w=-\ 3 \\ 2z-\ y-3x+2w=\ 10 \\ -\ z-2y-6x\qquad =\ 7 \\ 2z+3y+9x+2w=-\ 6 \end{cases}$ と

同値である。これを踏まえ，連立 1 次方程式 $\begin{cases} 6x+2y+\ z+2w=-\ 3 \\ -3x-\ y+2z+2w=\ 10 \\ -6x-2y-\ z\qquad =\ 7 \\ 9x+3y+2z+2w=-\ 6 \end{cases}$ を，拡大係数行列に

列基本変形を施すことにより解け。

$\begin{cases} 6x+2y+\ z+2w=-\ 3 \\ -3x-\ y+2z+2w=\ 10 \\ -6x-2y-\ z\qquad =\ 7 \\ 9x+3y+2z+2w=-\ 6 \end{cases}$ ……① とする。

連立 1 次方程式 ① を，行列を用いて表したときの拡大係数行列は $\left(\begin{array}{cccc|c} 6 & 2 & 1 & 2 & -3 \\ -3 & -1 & 2 & 2 & 10 \\ -6 & -2 & -1 & 0 & 7 \\ 9 & 3 & 2 & 2 & -6 \end{array}\right)$

これに基本変形を施すと

$$\begin{array}{c} \begin{array}{cccc} x & y & z & w \end{array} \\ \left(\begin{array}{cccc|c} 6 & 2 & 1 & 2 & -3 \\ -3 & -1 & 2 & 2 & 10 \\ -6 & -2 & -1 & 0 & 7 \\ 9 & 3 & 2 & 2 & -6 \end{array}\right) \end{array}$$

$$\xrightarrow{\boxed{1}\leftrightarrow\boxed{3}} \begin{array}{c} \begin{array}{cccc} z & y & x & w \end{array} \\ \left(\begin{array}{cccc|c} 1 & 2 & 6 & 2 & -3 \\ 2 & -1 & -3 & 2 & 10 \\ -1 & -2 & -6 & 0 & 7 \\ 2 & 3 & 9 & 2 & -6 \end{array}\right) \end{array} \xrightarrow{\text{①}\times(-2)+\text{②}} \begin{array}{c} \begin{array}{cccc} z & y & x & w \end{array} \\ \left(\begin{array}{cccc|c} 1 & 2 & 6 & 2 & -3 \\ 0 & -5 & -15 & -2 & 16 \\ -1 & -2 & -6 & 0 & 7 \\ 2 & 3 & 9 & 2 & -6 \end{array}\right) \end{array}$$

$$\xrightarrow{\text{①}\times1+\text{③}} \begin{array}{c} \begin{array}{cccc} z & y & x & w \end{array} \\ \left(\begin{array}{cccc|c} 1 & 2 & 6 & 2 & -3 \\ 0 & -5 & -15 & -2 & 16 \\ 0 & 0 & 0 & 2 & 4 \\ 2 & 3 & 9 & 2 & -6 \end{array}\right) \end{array} \xrightarrow{\text{①}\times(-2)+\text{④}} \begin{array}{c} \begin{array}{cccc} z & y & x & w \end{array} \\ \left(\begin{array}{cccc|c} 1 & 2 & 6 & 2 & -3 \\ 0 & -5 & -15 & -2 & 16 \\ 0 & 0 & 0 & 2 & 4 \\ 0 & -1 & -3 & -2 & 0 \end{array}\right) \end{array}$$

$$\xrightarrow{\text{④}\times(-1)} \begin{array}{c} \begin{array}{cccc} z & y & x & w \end{array} \\ \left(\begin{array}{cccc|c} 1 & 2 & 6 & 2 & -3 \\ 0 & -5 & -15 & -2 & 16 \\ 0 & 0 & 0 & 2 & 4 \\ 0 & 1 & 3 & 2 & 0 \end{array}\right) \end{array} \xrightarrow{\text{②}\leftrightarrow\text{④}} \begin{array}{c} \begin{array}{cccc} z & y & x & w \end{array} \\ \left(\begin{array}{cccc|c} 1 & 2 & 6 & 2 & -3 \\ 0 & 1 & 3 & 2 & 0 \\ 0 & 0 & 0 & 2 & 4 \\ 0 & -5 & -15 & -2 & 16 \end{array}\right) \end{array}$$

$$\xrightarrow{\text{②}\times(-2)+\text{①}} \begin{array}{c} \begin{array}{cccc} z & y & x & w \end{array} \\ \left(\begin{array}{cccc|c} 1 & 0 & 0 & -2 & -3 \\ 0 & 1 & 3 & 2 & 0 \\ 0 & 0 & 0 & 2 & 4 \\ 0 & -5 & -15 & -2 & 16 \end{array}\right) \end{array} \xrightarrow{\text{②}\times5+\text{④}} \begin{array}{c} \begin{array}{cccc} z & y & x & w \end{array} \\ \left(\begin{array}{cccc|c} 1 & 0 & 0 & -2 & -3 \\ 0 & 1 & 3 & 2 & 0 \\ 0 & 0 & 0 & 2 & 4 \\ 0 & 0 & 0 & 8 & 16 \end{array}\right) \end{array}$$

$$\xrightarrow{\boxed{3}\leftrightarrow\boxed{4}}\begin{array}{c}\begin{array}{cccc} z & y & w & x \end{array}\\ \left(\begin{array}{cccc|c} 1 & 0 & -2 & 0 & -3\\ 0 & 1 & 2 & 3 & 0\\ 0 & 0 & 2 & 0 & 4\\ 0 & 0 & 8 & 0 & 16 \end{array}\right)\end{array} \xrightarrow{③\times\frac{1}{2}}\begin{array}{c}\begin{array}{cccc} z & y & w & x \end{array}\\ \left(\begin{array}{cccc|c} 1 & 0 & -2 & 0 & -3\\ 0 & 1 & 2 & 3 & 0\\ 0 & 0 & 1 & 0 & 2\\ 0 & 0 & 8 & 0 & 16 \end{array}\right)\end{array}$$

$$\xrightarrow{③\times 2+①}\begin{array}{c}\begin{array}{cccc} z & y & w & x \end{array}\\ \left(\begin{array}{cccc|c} 1 & 0 & 0 & 0 & 1\\ 0 & 1 & 2 & 3 & 0\\ 0 & 0 & 1 & 0 & 2\\ 0 & 0 & 8 & 0 & 16 \end{array}\right)\end{array} \xrightarrow{③\times(-2)+②}\begin{array}{c}\begin{array}{cccc} z & y & w & x \end{array}\\ \left(\begin{array}{cccc|c} 1 & 0 & 0 & 0 & 1\\ 0 & 1 & 0 & 3 & -4\\ 0 & 0 & 1 & 0 & 2\\ 0 & 0 & 8 & 0 & 16 \end{array}\right)\end{array}$$

$$\xrightarrow{③\times(-8)+④}\begin{array}{c}\begin{array}{cccc} z & y & w & x \end{array}\\ \left(\begin{array}{cccc|c} 1 & 0 & 0 & 0 & 1\\ 0 & 1 & 0 & 3 & -4\\ 0 & 0 & 1 & 0 & 2\\ 0 & 0 & 0 & 0 & 0 \end{array}\right)\end{array}$$

よって，連立1次方程式①は $\begin{cases} z = 1 \\ y+3x=-4 \\ w = 2 \end{cases}$ と同値である。

これを解くと $\begin{cases} \boldsymbol{x}=\boldsymbol{c} \\ \boldsymbol{y}=\boldsymbol{-4-3c} \\ \boldsymbol{z}=\boldsymbol{1} \\ \boldsymbol{w}=\boldsymbol{2} \end{cases}$ **(c は任意定数)**

注意　連立1次方程式を行列を用いて表した際の拡大係数行列に施すことのできる列基本操作は，係数行列のブロック内での列の入れ替えの基本操作のみである。その他の列基本操作を施すことはできない。

25　行列の階数に関する不等式の証明　★★☆

行列 A，B に対し，これらの積 AB が定義されるとき，次の問いに答えよ。

(1) 不等式 $\operatorname{rank} AB \leqq \operatorname{rank} A$ が成り立つことを示せ。また，行列 B が正則ならば，不等式において等号が成り立つことを示せ。

(2) 不等式 $\operatorname{rank} AB \leqq \operatorname{rank} B$ が成り立つことを示せ。また，行列 A が正則ならば，不等式において等号が成り立つことを示せ。

(1) 行列 A を $m\times n$ 行列とし，$\operatorname{rank} A=r$ とする。

行列 A が m 次正則行列 P により簡約階段形 PA に変形されるとする。

[1] $m=1$ または $n=1$ のとき，示すべき不等式は成り立つ。

[2] $2\leqq m\leqq n$ のとき

(ア) $1\leqq r\leqq m-1$ のとき

行列 PA の $r+1$ 行目から m 行目までの成分はすべて0である。

このとき，行列 PAB も $r+1$ 行目から m 行目までの成分はすべて0である。

よって，必要であれば更に行列 PAB に行基本変形を施して，行列 AB の簡約階段形行列を考えることにより

$$\mathrm{rank}\,AB \leqq r$$

ゆえに　$\mathrm{rank}\,AB \leqq \mathrm{rank}\,A$

(イ)　$r=m$ のとき，示すべき不等式は成り立つ。

[3]　$2 \leqq n < m$ のとき，[2](ア)のときと同様に示すべき不等式は成り立つ。

また，行列 B が正則ならば，行列 B の逆行列を B^{-1} とすると，得られた不等式から

$$\mathrm{rank}\,A=\mathrm{rank}(AB)B^{-1} \leqq \mathrm{rank}\,AB \leqq \mathrm{rank}\,A$$

したがって　$\mathrm{rank}\,AB=\mathrm{rank}\,A$ ■

(2)　(1)から　$\mathrm{rank}\,AB=\mathrm{rank}\,{}^t(AB)=\mathrm{rank}\,{}^tB\,{}^tA \leqq \mathrm{rank}\,{}^tB=\mathrm{rank}\,B$

よって　$\mathrm{rank}\,AB \leqq \mathrm{rank}\,B$

また，行列 A が正則ならば，行列 A の逆行列を A^{-1} とすると，得られた不等式から

$$\mathrm{rank}\,B=\mathrm{rank}\,A^{-1}(AB) \leqq \mathrm{rank}\,AB \leqq \mathrm{rank}\,B$$

したがって　$\mathrm{rank}\,AB=\mathrm{rank}\,B$ ■

26　行列の階数に関する不等式の証明　★★☆

A，B，C を n 次正方行列，O を $n \times n$ 零行列とし，$X=\begin{pmatrix} A & B \\ O & C \end{pmatrix}$ とする。このとき，$\mathrm{rank}\,X \geqq \mathrm{rank}\,A+\mathrm{rank}\,C$ が成り立つことを示せ。

行列 A，C が，n 次正則行列 P と Q，S と T により標準形 PAQ，SCT に変形されるとする。

このとき　$\begin{pmatrix} P & O \\ O & S \end{pmatrix}\begin{pmatrix} A & B \\ O & C \end{pmatrix}\begin{pmatrix} Q & O \\ O & T \end{pmatrix}=\begin{pmatrix} PA & PB \\ O & SC \end{pmatrix}\begin{pmatrix} Q & O \\ O & T \end{pmatrix}=\begin{pmatrix} PAQ & PBT \\ O & SCT \end{pmatrix}$

ここで，$\mathrm{rank}\,A=f$，$\mathrm{rank}\,C=g$ とし，h 次単位行列を E_h，$i \times j$ 零行列を $O_{i\times j}$ と表すことにする。更に，K を $f \times g$ 行列，L を $f \times (n-g)$ 行列，M を $(n-f) \times g$ 行列，N を $(n-f) \times (n-g)$ 行列とする。このとき，$f=0$，$g=0$ の場合も含めて，

$$\begin{pmatrix} PAQ & PBT \\ O & SCT \end{pmatrix}=\begin{pmatrix} E_f & O_{f\times(n-f)} & K & L \\ O_{(n-f)\times f} & O_{(n-f)\times(n-f)} & M & N \\ O_{g\times f} & O_{g\times(n-f)} & E_g & O_{g\times(n-g)} \\ O_{(n-g)\times f} & O_{(n-g)\times(n-f)} & O_{(n-g)\times g} & O_{(n-g)\times(n-g)} \end{pmatrix}$$ と表すことができる。

これに行基本変形を施すと

$$\begin{pmatrix} E_f & O_{f\times(n-f)} & K & L \\ O_{(n-f)\times f} & O_{(n-f)\times(n-f)} & M & N \\ O_{g\times f} & O_{g\times(n-f)} & E_g & O_{g\times(n-g)} \\ O_{(n-g)\times f} & O_{(n-g)\times(n-f)} & O_{(n-g)\times g} & O_{(n-g)\times(n-g)} \end{pmatrix}$$

$$\longrightarrow \begin{pmatrix} E_f & O_{f\times(n-f)} & K & L \\ O_{g\times f} & O_{g\times(n-f)} & E_g & O_{g\times(n-g)} \\ O_{(n-f)\times f} & O_{(n-f)\times(n-f)} & M & N \\ O_{(n-g)\times f} & O_{(n-g)\times(n-f)} & O_{(n-g)\times g} & O_{(n-g)\times(n-g)} \end{pmatrix}$$

$$\longrightarrow \begin{pmatrix} E_f & O_{f\times(n-f)} & O_{f\times g} & L \\ O_{g\times f} & O_{g\times(n-f)} & E_g & O_{g\times(n-g)} \\ O_{(n-f)\times f} & O_{(n-f)\times(n-f)} & M & N \\ O_{(n-g)\times f} & O_{(n-g)\times(n-f)} & O_{(n-g)\times g} & O_{(n-g)\times(n-g)} \end{pmatrix}$$

EXERCISES

$$\longrightarrow \begin{pmatrix} E_f & O_{f\times(n-f)} & O_{f\times g} & L \\ O_{g\times f} & O_{g\times(n-f)} & E_g & O_{g\times(n-g)} \\ O_{(n-f)\times f} & O_{(n-f)\times(n-f)} & O_{(n-f)\times g} & N \\ O_{(n-g)\times f} & O_{(n-g)\times(n-f)} & O_{(n-g)\times g} & O_{(n-g)\times(n-g)} \end{pmatrix}$$

更に，列基本変形を施すと

$$\begin{pmatrix} E_f & O_{f\times(n-f)} & O_{f\times g} & L \\ O_{g\times f} & O_{g\times(n-f)} & E_g & O_{g\times(n-g)} \\ O_{(n-f)\times f} & O_{(n-f)\times(n-f)} & O_{(n-f)\times g} & N \\ O_{(n-g)\times f} & O_{(n-g)\times(n-f)} & O_{(n-g)\times g} & O_{(n-g)\times(n-g)} \end{pmatrix}$$

$$\longrightarrow \begin{pmatrix} E_f & O_{f\times g} & O_{f\times(n-f)} & L \\ O_{g\times f} & E_g & O_{g\times(n-f)} & O_{g\times(n-g)} \\ O_{(n-f)\times f} & O_{(n-f)\times g} & O_{(n-f)\times(n-f)} & N \\ O_{(n-g)\times f} & O_{(n-g)\times g} & O_{(n-g)\times(n-f)} & O_{(n-g)\times(n-g)} \end{pmatrix}$$

$$\longrightarrow \begin{pmatrix} E_f & O_{f\times g} & O_{f\times(n-f)} & O_{f\times(n-g)} \\ O_{g\times f} & E_g & O_{g\times(n-f)} & O_{g\times(n-g)} \\ O_{(n-f)\times f} & O_{(n-f)\times g} & O_{(n-f)\times(n-f)} & N \\ O_{(n-g)\times f} & O_{(n-g)\times g} & O_{(n-g)\times(n-f)} & O_{(n-g)\times(n-g)} \end{pmatrix}$$

$$\longrightarrow \begin{pmatrix} E_f & O_{f\times g} & O_{f\times(n-g)} & O_{f\times(n-f)} \\ O_{g\times f} & E_g & O_{g\times(n-g)} & O_{g\times(n-f)} \\ O_{(n-f)\times f} & O_{(n-f)\times g} & N & O_{(n-f)\times(n-f)} \\ O_{(n-g)\times f} & O_{(n-g)\times g} & O_{(n-g)\times(n-g)} & O_{(n-g)\times(n-f)} \end{pmatrix}$$

よって　$\operatorname{rank} X \geqq \operatorname{rank} A + \operatorname{rank} C$ ■

27　行列式の計算　★☆☆

次の行列式を計算せよ。

(1) $\begin{vmatrix} 3 & 2 & 4 \\ 2 & -1 & 1 \\ 2 & 1 & 4 \end{vmatrix}$　(2) $\begin{vmatrix} 1 & 2 & 3 \\ 2 & 1 & 2 \\ 3 & 3 & 1 \end{vmatrix}$　(3) $\begin{vmatrix} -\frac{1}{15} & \frac{1}{5} & \frac{1}{15} \\ \frac{2}{15} & \frac{2}{15} & -\frac{1}{5} \\ -\frac{1}{15} & \frac{2}{15} & \frac{1}{5} \end{vmatrix}$

(4) $\begin{vmatrix} \sqrt{3} & -1 & 1 \\ \sqrt{3} & 1 & -1 \\ 0 & 2 & 1 \end{vmatrix}$　(5) $\begin{vmatrix} -2 & 4 & 2 \\ -12 & 30 & 9 \\ -14 & 34 & 10 \end{vmatrix}$　(6) $\begin{vmatrix} \lambda-1 & -3 & 0 \\ 2 & \lambda+3 & -1 \\ 0 & -2 & \lambda-1 \end{vmatrix}$

(7) $\begin{vmatrix} -2 & -1 & 0 & 1 \\ -1 & 0 & 1 & -2 \\ 0 & 1 & -2 & -1 \\ 1 & -2 & -1 & 0 \end{vmatrix}$　(8) $\begin{vmatrix} 0 & 1 & 1 & 1 & 1 \\ 1 & 0 & 1 & 1 & 1 \\ 1 & 1 & 0 & 1 & 1 \\ 1 & 1 & 1 & 0 & 1 \\ 1 & 1 & 1 & 1 & 0 \end{vmatrix}$

(1) $\begin{vmatrix} 3 & 2 & 4 \\ 2 & -1 & 1 \\ 2 & 1 & 4 \end{vmatrix} = 3\cdot(-1)^{1+1}\begin{vmatrix} -1 & 1 \\ 1 & 4 \end{vmatrix} + 2\cdot(-1)^{1+2}\begin{vmatrix} 2 & 1 \\ 2 & 4 \end{vmatrix} + 4\cdot(-1)^{1+3}\begin{vmatrix} 2 & -1 \\ 2 & 1 \end{vmatrix}$

$$=3\{(-1)\cdot 4-1\cdot 1\}-2(2\cdot 4-1\cdot 2)+4\{2\cdot 1-(-1)\cdot 2\}=\mathbf{-11}$$

(2) $$\begin{vmatrix}1&2&3\\2&1&2\\3&3&1\end{vmatrix}\overset{①\times(-2)+②}{=}\begin{vmatrix}1&2&3\\0&-3&-4\\3&3&1\end{vmatrix}\overset{①\times(-3)+③}{=}\begin{vmatrix}1&2&3\\0&-3&-4\\0&-3&-8\end{vmatrix}\overset{還元定理}{=}\begin{vmatrix}-3&-4\\-3&-8\end{vmatrix}$$

$$=(-3)\cdot(-8)-(-4)\cdot(-3)=\mathbf{12}$$

(3) $$\begin{vmatrix}-\frac{1}{15}&\frac{1}{5}&\frac{1}{15}\\\frac{2}{15}&\frac{2}{15}&-\frac{1}{5}\\-\frac{1}{15}&\frac{2}{15}&\frac{1}{5}\end{vmatrix}$$

$$\overset{①\times2+②}{=}\begin{vmatrix}-\frac{1}{15}&\frac{1}{5}&\frac{1}{15}\\0&\frac{8}{15}&-\frac{1}{15}\\-\frac{1}{15}&\frac{2}{15}&\frac{1}{5}\end{vmatrix}\overset{①\times(-1)+③}{=}\begin{vmatrix}-\frac{1}{15}&\frac{1}{5}&\frac{1}{15}\\0&\frac{8}{15}&-\frac{1}{15}\\0&-\frac{1}{15}&\frac{2}{15}\end{vmatrix}\overset{還元定理}{=}-\frac{1}{15}\begin{vmatrix}\frac{8}{15}&-\frac{1}{15}\\-\frac{1}{15}&\frac{2}{15}\end{vmatrix}$$

$$=-\frac{1}{15}\left\{\frac{8}{15}\cdot\frac{2}{15}-\left(-\frac{1}{15}\right)\cdot\left(-\frac{1}{15}\right)\right\}=\mathbf{-\frac{1}{225}}$$

(4) $$\begin{vmatrix}\sqrt{3}&-1&1\\\sqrt{3}&1&-1\\0&2&1\end{vmatrix}\overset{①\times(-1)+②}{=}\begin{vmatrix}\sqrt{3}&-1&1\\0&2&-2\\0&2&1\end{vmatrix}\overset{還元定理}{=}\sqrt{3}\begin{vmatrix}2&-2\\2&1\end{vmatrix}$$

$$=\sqrt{3}\{2\cdot 1-(-2)\cdot 2\}=\mathbf{6\sqrt{3}}$$

(5) $$\begin{vmatrix}-2&4&2\\-12&30&9\\-14&34&10\end{vmatrix}\overset{①\times(-6)+②}{=}\begin{vmatrix}-2&4&2\\0&6&-3\\-14&34&10\end{vmatrix}\overset{①\times(-7)+③}{=}\begin{vmatrix}-2&4&2\\0&6&-3\\0&6&-4\end{vmatrix}\overset{還元定理}{=}-2\begin{vmatrix}6&-3\\6&-4\end{vmatrix}=-2\{6\cdot(-4)-(-3)\cdot 6\}=\mathbf{12}$$

(6) $$\begin{vmatrix}\lambda-1&-3&0\\2&\lambda+3&-1\\0&-2&\lambda-1\end{vmatrix}$$

$$=(\lambda-1)\cdot(-1)^{1+1}\begin{vmatrix}\lambda+3&-1\\-2&\lambda-1\end{vmatrix}+(-3)\cdot(-1)^{1+2}\begin{vmatrix}2&-1\\0&\lambda-1\end{vmatrix}+0\cdot(-1)^{1+3}\begin{vmatrix}2&\lambda+3\\0&-2\end{vmatrix}$$

$$=(\lambda-1)\{(\lambda+3)(\lambda-1)-(-1)\cdot(-2)\}+3\{2(\lambda-1)-(-1)\cdot 0\}=\mathbf{(\lambda+1)^2(\lambda-1)}$$

(7) $$\begin{vmatrix}-2&-1&0&1\\-1&0&1&-2\\0&1&-2&-1\\1&-2&-1&0\end{vmatrix}\overset{①\leftrightarrow②}{=}-\begin{vmatrix}-1&0&1&-2\\-2&-1&0&1\\0&1&-2&-1\\1&-2&-1&0\end{vmatrix}\overset{①\times(-2)+②}{=}-\begin{vmatrix}-1&0&1&-2\\0&-1&-2&5\\0&1&-2&-1\\1&-2&-1&0\end{vmatrix}$$

$$\overset{①\times1+④}{=}-\begin{vmatrix}-1&0&1&-2\\0&-1&-2&5\\0&1&-2&-1\\0&-2&0&-2\end{vmatrix}\overset{還元定理}{=}\begin{vmatrix}-1&-2&5\\1&-2&-1\\-2&0&-2\end{vmatrix}$$

$$\overset{①\times1+②}{=}\begin{vmatrix}-1&-2&5\\0&-4&4\\-2&0&-2\end{vmatrix}\overset{①\times(-2)+③}{=}\begin{vmatrix}-1&-2&5\\0&-4&4\\0&4&-12\end{vmatrix}\overset{還元定理}{=}-\begin{vmatrix}-4&4\\4&-12\end{vmatrix}$$

$$=-\{(-4)\cdot(-12)-4\cdot 4\}=\mathbf{-32}$$

(8) $\begin{vmatrix} 0 & 1 & 1 & 1 & 1 \\ 1 & 0 & 1 & 1 & 1 \\ 1 & 1 & 0 & 1 & 1 \\ 1 & 1 & 1 & 0 & 1 \\ 1 & 1 & 1 & 1 & 0 \end{vmatrix} \overset{\text{②}\times 1+\text{①}}{=} \begin{vmatrix} 1 & 1 & 2 & 2 & 2 \\ 1 & 0 & 1 & 1 & 1 \\ 1 & 1 & 0 & 1 & 1 \\ 1 & 1 & 1 & 0 & 1 \\ 1 & 1 & 1 & 1 & 0 \end{vmatrix} \overset{\text{③}\times 1+\text{①}}{=} \begin{vmatrix} 2 & 2 & 2 & 3 & 3 \\ 1 & 0 & 1 & 1 & 1 \\ 1 & 1 & 0 & 1 & 1 \\ 1 & 1 & 1 & 0 & 1 \\ 1 & 1 & 1 & 1 & 0 \end{vmatrix} \overset{\text{④}\times 1+\text{①}}{=} \begin{vmatrix} 3 & 3 & 3 & 3 & 4 \\ 1 & 0 & 1 & 1 & 1 \\ 1 & 1 & 0 & 1 & 1 \\ 1 & 1 & 1 & 0 & 1 \\ 1 & 1 & 1 & 1 & 0 \end{vmatrix}$

$\overset{\text{⑤}\times 1+\text{①}}{=} \begin{vmatrix} 4 & 4 & 4 & 4 & 4 \\ 1 & 0 & 1 & 1 & 1 \\ 1 & 1 & 0 & 1 & 1 \\ 1 & 1 & 1 & 0 & 1 \\ 1 & 1 & 1 & 1 & 0 \end{vmatrix} \overset{\boxed{1}\times(-1)+\boxed{2}}{=} \begin{vmatrix} 4 & 0 & 4 & 4 & 4 \\ 1 & -1 & 1 & 1 & 1 \\ 1 & 0 & 0 & 1 & 1 \\ 1 & 0 & 1 & 0 & 1 \\ 1 & 0 & 1 & 1 & 0 \end{vmatrix} \overset{\boxed{1}\times(-1)+\boxed{3}}{=} \begin{vmatrix} 4 & 0 & 0 & 4 & 4 \\ 1 & -1 & 0 & 1 & 1 \\ 1 & 0 & -1 & 1 & 1 \\ 1 & 0 & 0 & 0 & 1 \\ 1 & 0 & 0 & 1 & 0 \end{vmatrix}$

$\overset{\boxed{1}\times(-1)+\boxed{4}}{=} \begin{vmatrix} 4 & 0 & 0 & 0 & 4 \\ 1 & -1 & 0 & 0 & 1 \\ 1 & 0 & -1 & 0 & 1 \\ 1 & 0 & 0 & -1 & 1 \\ 1 & 0 & 0 & 0 & 0 \end{vmatrix} \overset{\boxed{1}\times(-1)+\boxed{5}}{=} \begin{vmatrix} 4 & 0 & 0 & 0 & 0 \\ 1 & -1 & 0 & 0 & 0 \\ 1 & 0 & -1 & 0 & 0 \\ 1 & 0 & 0 & -1 & 0 \\ 1 & 0 & 0 & 0 & -1 \end{vmatrix} \overset{\text{還元定理}}{=} 4\begin{vmatrix} -1 & 0 & 0 & 0 \\ 0 & -1 & 0 & 0 \\ 0 & 0 & -1 & 0 \\ 0 & 0 & 0 & -1 \end{vmatrix}$

$=4\cdot(-1)^4=\mathbf{4}$

28　行列式の計算　★★☆

次の行列式を計算せよ。

(1) $\begin{vmatrix} \sin\alpha\cos\beta & \sin\alpha\sin\beta & \cos\alpha \\ r\cos\alpha\cos\beta & r\cos\alpha\sin\beta & -r\sin\alpha \\ -r\sin\alpha\sin\beta & r\sin\alpha\cos\beta & 0 \end{vmatrix}$　(2) $\begin{vmatrix} \cos\alpha\cos\beta & \cos\alpha\sin\beta & -\sin\alpha \\ \sin\alpha\cos\beta & \sin\alpha\sin\beta & \cos\alpha \\ -\sin\beta & \cos\beta & 0 \end{vmatrix}$

(3) $\begin{vmatrix} 1 & \cos\alpha & \cos(\alpha+\beta) \\ \cos\alpha & 1 & \cos\beta \\ \cos(\alpha+\beta) & \cos\beta & 1 \end{vmatrix}$

(1) $\begin{vmatrix} \sin\alpha\cos\beta & \sin\alpha\sin\beta & \cos\alpha \\ r\cos\alpha\cos\beta & r\cos\alpha\sin\beta & -r\sin\alpha \\ -r\sin\alpha\sin\beta & r\sin\alpha\cos\beta & 0 \end{vmatrix}$

$=\cos\alpha\cdot(-1)^{1+3}\begin{vmatrix} r\cos\alpha\cos\beta & r\cos\alpha\sin\beta \\ -r\sin\alpha\sin\beta & r\sin\alpha\cos\beta \end{vmatrix}$

$\quad+(-r\sin\alpha)\cdot(-1)^{2+3}\begin{vmatrix} \sin\alpha\cos\beta & \sin\alpha\sin\beta \\ -r\sin\alpha\sin\beta & r\sin\alpha\cos\beta \end{vmatrix}+0\cdot(-1)^{3+3}\begin{vmatrix} \sin\alpha\cos\beta & \sin\alpha\sin\beta \\ r\cos\alpha\cos\beta & r\cos\alpha\sin\beta \end{vmatrix}$

$=\cos\alpha\{r\cos\alpha\cos\beta\cdot r\sin\alpha\cos\beta-r\cos\alpha\sin\beta\cdot(-r\sin\alpha\sin\beta)\}$

$\quad+r\sin\alpha\{\sin\alpha\cos\beta\cdot r\sin\alpha\cos\beta-\sin\alpha\sin\beta\cdot(-r\sin\alpha\sin\beta)\}$

$=r^2\sin\alpha\cos^2\alpha(\cos^2\beta+\sin^2\beta)+r^2\sin^3\alpha(\cos^2\beta+\sin^2\beta)$

$=r^2\cos^2\alpha\sin\alpha+r^2\sin^3\alpha=r^2\sin\alpha(\cos^2\alpha+\sin^2\alpha)=\boldsymbol{r^2\sin\alpha}$

(2) $\begin{vmatrix} \cos\alpha\cos\beta & \cos\alpha\sin\beta & -\sin\alpha \\ \sin\alpha\cos\beta & \sin\alpha\sin\beta & \cos\alpha \\ -\sin\beta & \cos\beta & 0 \end{vmatrix}$

$=-\sin\alpha\cdot(-1)^{1+3}\begin{vmatrix} \sin\alpha\cos\beta & \sin\alpha\sin\beta \\ -\sin\beta & \cos\beta \end{vmatrix}$

$\quad+\cos\alpha\cdot(-1)^{2+3}\begin{vmatrix} \cos\alpha\cos\beta & \cos\alpha\sin\beta \\ -\sin\beta & \cos\beta \end{vmatrix}+0\cdot(-1)^{3+3}\begin{vmatrix} \cos\alpha\cos\beta & \cos\alpha\sin\beta \\ \sin\alpha\cos\beta & \sin\alpha\sin\beta \end{vmatrix}$

$$=-\sin\alpha\{\sin\alpha\cos\beta\cdot\cos\beta-\sin\alpha\sin\beta\cdot(-\sin\beta)\}$$
$$-\cos\alpha\{\cos\alpha\cos\beta\cdot\cos\beta-\cos\alpha\sin\beta\cdot(-\sin\beta)\}$$
$$=-\sin^2\alpha(\cos^2\beta+\sin^2\beta)-\cos^2\alpha(\cos^2\beta+\sin^2\beta)=-\sin^2\alpha-\cos^2\alpha=\mathbf{-1}$$

(3)
$$\begin{vmatrix} 1 & \cos\alpha & \cos(\alpha+\beta) \\ \cos\alpha & 1 & \cos\beta \\ \cos(\alpha+\beta) & \cos\beta & 1 \end{vmatrix}$$
$$\overset{①\times(-\cos\alpha)+②}{=}\begin{vmatrix} 1 & \cos\alpha & \cos(\alpha+\beta) \\ 0 & 1-\cos^2\alpha & \cos\beta-\cos\alpha\cos(\alpha+\beta) \\ \cos(\alpha+\beta) & \cos\beta & 1 \end{vmatrix}$$
$$\overset{①\times\{-\cos(\alpha+\beta)\}+③}{=}\begin{vmatrix} 1 & \cos\alpha & \cos(\alpha+\beta) \\ 0 & 1-\cos^2\alpha & \cos\beta-\cos\alpha\cos(\alpha+\beta) \\ 0 & \cos\beta-\cos\alpha\cos(\alpha+\beta) & 1-\cos^2(\alpha+\beta) \end{vmatrix}$$
$$\overset{還元定理}{=}\begin{vmatrix} 1-\cos^2\alpha & \cos\beta-\cos\alpha\cos(\alpha+\beta) \\ \cos\beta-\cos\alpha\cos(\alpha+\beta) & 1-\cos^2(\alpha+\beta) \end{vmatrix}$$
$$=(1-\cos^2\alpha)\{1-\cos^2(\alpha+\beta)\}-\{\cos\beta-\cos\alpha\cos(\alpha+\beta)\}^2$$
$$=1-\cos^2(\alpha+\beta)-\cos^2\alpha+\cos^2\alpha\cos^2(\alpha+\beta)$$
$$-\{\cos^2\beta-2\cos\alpha\cos\beta\cos(\alpha+\beta)+\cos^2\alpha\cos^2(\alpha+\beta)\}$$
$$=1-(\cos\alpha\cos\beta-\sin\alpha\sin\beta)^2-\cos^2\alpha$$
$$-\cos^2\beta+2\cos\alpha\cos\beta(\cos\alpha\cos\beta-\sin\alpha\sin\beta)$$
$$=1-(\cos^2\alpha\cos^2\beta-2\sin\alpha\cos\alpha\sin\beta\cos\beta+\sin^2\alpha\sin^2\beta)-\cos^2\alpha$$
$$-\cos^2\beta+2\cos^2\alpha\cos^2\beta-2\sin\alpha\cos\alpha\sin\beta\cos\beta$$
$$=1-\cos^2\alpha+\cos^2\alpha\cos^2\beta-\sin^2\alpha\sin^2\beta-\cos^2\beta$$
$$=(1-\cos^2\alpha)(1-\cos^2\beta)-\sin^2\alpha\sin^2\beta$$
$$=\sin^2\alpha\sin^2\beta-\sin^2\alpha\sin^2\beta=\mathbf{0}$$

29 文字を含む行列の行列式の計算 ★★☆

次の行列式を計算せよ。

(1) $\begin{vmatrix} 1 & a & a^2-bc \\ 1 & b & b^2-ca \\ 1 & c & c^2-ab \end{vmatrix}$ (2) $\begin{vmatrix} 1 & a & b & c+d \\ 1 & b & c & d+a \\ 1 & c & d & a+b \\ 1 & d & a & b+c \end{vmatrix}$ (3) $\begin{vmatrix} 1 & 1 & 1 & 1 \\ x & a & a & a \\ x & y & b & b \\ x & y & z & c \end{vmatrix}$

(4) $\begin{vmatrix} a+b+2c & a & b \\ c & b+c+2a & b \\ c & a & c+a+2b \end{vmatrix}$ (5) $\begin{vmatrix} a & b & c & d \\ b & a & d & c \\ c & d & a & b \\ d & c & b & a \end{vmatrix}$ (6) $\begin{vmatrix} 1 & a & a^2 & 0 \\ 0 & 1 & a & a^2 \\ a^2 & 0 & 1 & a \\ a & a^2 & 0 & 1 \end{vmatrix}$

(7) $\begin{vmatrix} 0 & a^2 & b^2 & 1 \\ a^2 & 0 & c^2 & 1 \\ b^2 & c^2 & 0 & 1 \\ 1 & 1 & 1 & 0 \end{vmatrix}$ (8) $\begin{vmatrix} 1 & a & a^2 & a^4 \\ 1 & b & b^2 & b^4 \\ 1 & c & c^2 & c^4 \\ 1 & d & d^2 & d^4 \end{vmatrix}$

(1) $\begin{vmatrix} 1 & a & a^2-bc \\ 1 & b & b^2-ca \\ 1 & c & c^2-ab \end{vmatrix} \overset{①\times(-1)+②}{=} \begin{vmatrix} 1 & a & a^2-bc \\ 0 & b-a & b^2+bc-a^2-ca \\ 1 & c & c^2-ab \end{vmatrix} \overset{①\times(-1)+③}{=} \begin{vmatrix} 1 & a & a^2-bc \\ 0 & b-a & b^2+bc-a^2-ca \\ 0 & c-a & c^2+bc-a^2-ab \end{vmatrix}$

$$\overset{\text{還元定理}}{=}\begin{vmatrix} b-a & (b-a)(a+b+c) \\ c-a & (c-a)(a+b+c) \end{vmatrix}=\mathbf{0}$$

(2) $\begin{vmatrix} 1 & a & b & c+d \\ 1 & b & c & d+a \\ 1 & c & d & a+b \\ 1 & d & a & b+c \end{vmatrix}$

$$\overset{①\times(-1)+②}{=}\begin{vmatrix} 1 & a & b & c+d \\ 0 & b-a & c-b & a-c \\ 1 & c & d & a+b \\ 1 & d & a & b+c \end{vmatrix}\overset{①\times(-1)+③}{=}\begin{vmatrix} 1 & a & b & c+d \\ 0 & b-a & c-b & a-c \\ 0 & c-a & d-b & a+b-c-d \\ 1 & d & a & b+c \end{vmatrix}$$

$$\overset{①\times(-1)+④}{=}\begin{vmatrix} 1 & a & b & c+d \\ 0 & b-a & c-b & a-c \\ 0 & c-a & d-b & a+b-c-d \\ 0 & d-a & a-b & b-d \end{vmatrix}\overset{\text{還元定理}}{=}\begin{vmatrix} b-a & c-b & a-c \\ c-a & d-b & a+b-c-d \\ d-a & a-b & b-d \end{vmatrix}$$

$$\overset{\boxed{2}\times1+\boxed{1}}{=}\begin{vmatrix} -(a-c) & c-b & a-c \\ -(a+b-c-d) & d-b & a+b-c-d \\ -(b-d) & a-b & b-d \end{vmatrix}=\mathbf{0}$$

(3) $\begin{vmatrix} 1 & 1 & 1 & 1 \\ x & a & a & a \\ x & y & b & b \\ x & y & z & c \end{vmatrix}$

$$\overset{\boxed{1}\times(-1)+\boxed{2}}{=}\begin{vmatrix} 1 & 0 & 1 & 1 \\ x & a-x & a & a \\ x & y-x & b & b \\ x & y-x & z & c \end{vmatrix}\overset{\boxed{1}\times(-1)+\boxed{3}}{=}\begin{vmatrix} 1 & 0 & 0 & 1 \\ x & a-x & a-x & a \\ x & y-x & b-x & b \\ x & y-x & z-x & c \end{vmatrix}\overset{\boxed{1}\times(-1)+\boxed{4}}{=}\begin{vmatrix} 1 & 0 & 0 & 0 \\ x & a-x & a-x & a-x \\ x & y-x & b-x & b-x \\ x & y-x & z-x & c-x \end{vmatrix}$$

$$\overset{\text{還元定理}}{=}\begin{vmatrix} a-x & a-x & a-x \\ y-x & b-x & b-x \\ y-x & z-x & c-x \end{vmatrix}\overset{\boxed{1}\times(-1)+\boxed{2}}{=}\begin{vmatrix} a-x & 0 & a-x \\ y-x & b-y & b-x \\ y-x & z-y & c-x \end{vmatrix}\overset{\boxed{1}\times(-1)+\boxed{3}}{=}\begin{vmatrix} a-x & 0 & 0 \\ y-x & b-y & b-y \\ y-x & z-y & c-y \end{vmatrix}$$

$$\overset{\text{還元定理}}{=}(a-x)\begin{vmatrix} b-y & b-y \\ z-y & c-y \end{vmatrix}=(a-x)\{(b-y)(c-y)-(b-y)(z-y)\}=\boldsymbol{(a-x)(b-y)(c-z)}$$

(4) $\begin{vmatrix} a+b+2c & a & b \\ c & b+c+2a & b \\ c & a & c+a+2b \end{vmatrix}$

$$\overset{\boxed{2}\times1+\boxed{1}}{=}\begin{vmatrix} 2a+b+2c & a & b \\ 2a+b+2c & b+c+2a & b \\ c+a & a & c+a+2b \end{vmatrix}\overset{\boxed{3}\times1+\boxed{1}}{=}\begin{vmatrix} 2a+2b+2c & a & b \\ 2a+2b+2c & b+c+2a & b \\ 2a+2b+2c & a & c+a+2b \end{vmatrix}$$

$$\overset{①\times(-1)+②}{=}\begin{vmatrix} 2a+2b+2c & a & b \\ 0 & a+b+c & 0 \\ 2a+2b+2c & a & c+a+2b \end{vmatrix}\overset{①\times(-1)+③}{=}\begin{vmatrix} 2a+2b+2c & a & b \\ 0 & a+b+c & 0 \\ 0 & 0 & a+b+c \end{vmatrix}$$

$$=(2a+2b+2c)(a+b+c)^2=\boldsymbol{2(a+b+c)^3}$$

◀基本例題 063 より。

(5) $\begin{vmatrix} a & b & c & d \\ b & a & d & c \\ c & d & a & b \\ d & c & b & a \end{vmatrix}\overset{②\times1+①}{=}\begin{vmatrix} a+b & a+b & c+d & c+d \\ b & a & d & c \\ c & d & a & b \\ d & c & b & a \end{vmatrix}\overset{③\times1+①}{=}\begin{vmatrix} a+b+c & d+a+b & c+d+a & b+c+d \\ b & a & d & c \\ c & d & a & b \\ d & c & b & a \end{vmatrix}$

$$\overset{④\times 1+①}{=}\begin{vmatrix} a+b+c+d & a+b+c+d & a+b+c+d & a+b+c+d \\ b & a & d & c \\ c & d & a & b \\ d & c & b & a \end{vmatrix}$$

$$\overset{\boxed{1}\times(-1)+\boxed{2}}{=}\begin{vmatrix} a+b+c+d & 0 & a+b+c+d & a+b+c+d \\ b & a-b & d & c \\ c & d-c & a & b \\ d & c-d & b & a \end{vmatrix}\overset{\boxed{1}\times(-1)+\boxed{3}}{=}\begin{vmatrix} a+b+c+d & 0 & 0 & a+b+c+d \\ b & a-b & d-b & c \\ c & d-c & a-c & b \\ d & c-d & b-d & a \end{vmatrix}$$

$$\overset{\boxed{1}\times(-1)+\boxed{4}}{=}\begin{vmatrix} a+b+c+d & 0 & 0 & 0 \\ b & a-b & d-b & c-b \\ c & d-c & a-c & b-c \\ d & c-d & b-d & a-d \end{vmatrix}\overset{\text{還元定理}}{=}(a+b+c+d)\begin{vmatrix} a-b & d-b & c-b \\ d-c & a-c & b-c \\ c-d & b-d & a-d \end{vmatrix}$$

$$\overset{③\times 1+①}{=}(a+b+c+d)\begin{vmatrix} a-b+c-d & 0 & a-b+c-d \\ d-c & a-c & b-c \\ c-d & b-d & a-d \end{vmatrix}\overset{\boxed{1}\times(-1)+\boxed{3}}{=}(a+b+c+d)\begin{vmatrix} a-b+c-d & 0 & 0 \\ d-c & a-c & b-d \\ c-d & b-d & a-c \end{vmatrix}$$

$$\overset{\text{還元定理}}{=}(a+b+c+d)(a-b+c-d)\begin{vmatrix} a-c & b-d \\ b-d & a-c \end{vmatrix}$$

$$=(a+b+c+d)(a-b+c-d)\{(a-c)^2-(b-d)^2\}$$

$$=\boldsymbol{(a+b+c+d)(a+b-c-d)(a-b+c-d)(a-b-c+d)}$$

(6) $$\begin{vmatrix} 1 & a & a^2 & 0 \\ 0 & 1 & a & a^2 \\ a^2 & 0 & 1 & a \\ a & a^2 & 0 & 1 \end{vmatrix}$$

$$\overset{①\times(-a^2)+③}{=}\begin{vmatrix} 1 & a & a^2 & 0 \\ 0 & 1 & a & a^2 \\ 0 & -a^3 & -a^4+1 & a \\ a & a^2 & 0 & 1 \end{vmatrix}\overset{①\times(-a)+④}{=}\begin{vmatrix} 1 & a & a^2 & 0 \\ 0 & 1 & a & a^2 \\ 0 & -a^3 & -a^4+1 & a \\ 0 & 0 & -a^3 & 1 \end{vmatrix}\overset{\text{還元定理}}{=}\begin{vmatrix} 1 & a & a^2 \\ -a^3 & -a^4+1 & a \\ 0 & -a^3 & 1 \end{vmatrix}$$

$$\overset{①\times a^3+②}{=}\begin{vmatrix} 1 & a & a^2 \\ 0 & 1 & a^5+a \\ 0 & -a^3 & 1 \end{vmatrix}\overset{\text{還元定理}}{=}\begin{vmatrix} 1 & a^5+a \\ -a^3 & 1 \end{vmatrix}=1\cdot 1-(a^5+a)\cdot(-a^3)$$

$$=a^8+a^4+1=(a^4+1)^2-a^4=(a^4+a^2+1)(a^4-a^2+1)$$

$$=\{(a^2+1)^2-a^2\}(a^4-a^2+1)=\boldsymbol{(a^2+a+1)(a^2-a+1)(a^4-a^2+1)}$$

(7) $$\begin{vmatrix} 0 & a^2 & b^2 & 1 \\ a^2 & 0 & c^2 & 1 \\ b^2 & c^2 & 0 & 1 \\ 1 & 1 & 1 & 0 \end{vmatrix}$$

$$\overset{①\leftrightarrow④}{=}-\begin{vmatrix} 1 & 1 & 1 & 0 \\ a^2 & 0 & c^2 & 1 \\ b^2 & c^2 & 0 & 1 \\ 0 & a^2 & b^2 & 1 \end{vmatrix}\overset{\boxed{1}\times(-1)+\boxed{2}}{=}-\begin{vmatrix} 1 & 0 & 1 & 0 \\ a^2 & -a^2 & c^2 & 1 \\ b^2 & c^2-b^2 & 0 & 1 \\ 0 & a^2 & b^2 & 1 \end{vmatrix}\overset{\boxed{1}\times(-1)+\boxed{3}}{=}-\begin{vmatrix} 1 & 0 & 0 & 0 \\ a^2 & -a^2 & c^2-a^2 & 1 \\ b^2 & c^2-b^2 & -b^2 & 1 \\ 0 & a^2 & b^2 & 1 \end{vmatrix}$$

$$\overset{\text{還元定理}}{=} -\begin{vmatrix} -a^2 & c^2-a^2 & 1 \\ c^2-b^2 & -b^2 & 1 \\ a^2 & b^2 & 1 \end{vmatrix} \overset{\boxed{1}\leftrightarrow\boxed{3}}{=} \begin{vmatrix} 1 & c^2-a^2 & -a^2 \\ 1 & -b^2 & c^2-b^2 \\ 1 & b^2 & a^2 \end{vmatrix} \overset{\text{①}\times(-1)+\text{②}}{=} \begin{vmatrix} 1 & c^2-a^2 & -a^2 \\ 0 & a^2-b^2-c^2 & a^2-b^2+c^2 \\ 1 & b^2 & a^2 \end{vmatrix}$$

$$\overset{\text{①}\times(-1)+\text{③}}{=} \begin{vmatrix} 1 & c^2-a^2 & -a^2 \\ 0 & a^2-b^2-c^2 & a^2-b^2+c^2 \\ 0 & a^2+b^2-c^2 & 2a^2 \end{vmatrix} \overset{\text{還元定理}}{=} \begin{vmatrix} a^2-b^2-c^2 & a^2-b^2+c^2 \\ a^2+b^2-c^2 & 2a^2 \end{vmatrix}$$

$$=(a^2-b^2-c^2)\cdot 2a^2-(a^2-b^2+c^2)(a^2+b^2-c^2)=2a^4-2a^2b^2-2c^2a^2-a^4+(b^2-c^2)^2$$

$$=a^4+b^4+c^4-2a^2b^2-2b^2c^2-2c^2a^2=a^4-2(b^2+c^2)a^2+(b^2+c^2)^2-4b^2c^2$$

$$=(a^2-b^2-c^2)^2-(2bc)^2=(a^2-b^2+2bc-c^2)(a^2-b^2-2bc-c^2)$$

$$=\{a^2-(b-c)^2\}\{a^2-(b+c)^2\}=\boldsymbol{(a+b+c)(a+b-c)(a-b+c)(a-b-c)}$$

(8) $$\begin{vmatrix} 1 & a & a^2 & a^4 \\ 1 & b & b^2 & b^4 \\ 1 & c & c^2 & c^4 \\ 1 & d & d^2 & d^4 \end{vmatrix}$$

$$\overset{\text{①}\times(-1)+\text{②}}{=} \begin{vmatrix} 1 & a & a^2 & a^4 \\ 0 & b-a & b^2-a^2 & b^4-a^4 \\ 1 & c & c^2 & c^4 \\ 1 & d & d^2 & d^4 \end{vmatrix} \overset{\text{①}\times(-1)+\text{③}}{=} \begin{vmatrix} 1 & a & a^2 & a^4 \\ 0 & b-a & b^2-a^2 & b^4-a^4 \\ 0 & c-a & c^2-a^2 & c^4-a^4 \\ 1 & d & d^2 & d^4 \end{vmatrix} \overset{\text{①}\times(-1)+\text{④}}{=} \begin{vmatrix} 1 & a & a^2 & a^4 \\ 0 & b-a & b^2-a^2 & b^4-a^4 \\ 0 & c-a & c^2-a^2 & c^4-a^4 \\ 0 & d-a & d^2-a^2 & d^4-a^4 \end{vmatrix}$$

$$\overset{\text{還元定理}}{=} \begin{vmatrix} b-a & b^2-a^2 & b^4-a^4 \\ c-a & c^2-a^2 & c^4-a^4 \\ d-a & d^2-a^2 & d^4-a^4 \end{vmatrix} =(b-a)\begin{vmatrix} 1 & b+a & (b+a)(b^2+a^2) \\ c-a & c^2-a^2 & c^4-a^4 \\ d-a & d^2-a^2 & d^4-a^4 \end{vmatrix}$$

$$=(b-a)(c-a)\begin{vmatrix} 1 & b+a & (b+a)(b^2+a^2) \\ 1 & c+a & (c+a)(c^2+a^2) \\ d-a & d^2-a^2 & d^4-a^4 \end{vmatrix} =(b-a)(c-a)(d-a)\begin{vmatrix} 1 & b+a & (b+a)(b^2+a^2) \\ 1 & c+a & (c+a)(c^2+a^2) \\ 1 & d+a & (d+a)(d^2+a^2) \end{vmatrix}$$

$$\overset{\text{①}\times(-1)+\text{②}}{=} (b-a)(c-a)(d-a)\begin{vmatrix} 1 & b+a & b^3+ab^2+a^2b+a^3 \\ 0 & c-b & c^3-b^3+a(c^2-b^2)+a^2(c-b) \\ 1 & d+a & d^3+ad^2+a^2d+a^3 \end{vmatrix}$$

$$\overset{\text{①}\times(-1)+\text{③}}{=} (b-a)(c-a)(d-a)\begin{vmatrix} 1 & b+a & b^3+ab^2+a^2b+a^3 \\ 0 & c-b & c^3-b^3+a(c^2-b^2)+a^2(c-b) \\ 0 & d-b & d^3-b^3+a(d^2-b^2)+a^2(d-b) \end{vmatrix}$$

$$\overset{\text{還元定理}}{=} (b-a)(c-a)(d-a)\begin{vmatrix} c-b & c^3-b^3+a(c^2-b^2)+a^2(c-b) \\ d-b & d^3-b^3+a(d^2-b^2)+a^2(d-b) \end{vmatrix}$$

$$=(b-a)(c-a)(d-a)[(c-b)\{d^3-b^3+a(d^2-b^2)+a^2(d-b)\}-\{c^3-b^3+a(c^2-b^2)+a^2(c-b)\}(d-b)]$$

$$=(b-a)(c-a)(d-a)(c-b)(d-b)\{d^2-c^2+(d-c)b+(d-c)a\}$$

$$=\boldsymbol{(b-a)(c-a)(d-a)(c-b)(d-b)(d-c)(a+b+c+d)}$$

30　文字を含む行列の行列式の計算　★★☆

次の行列式を計算せよ。

(1) $\begin{vmatrix} a+b & b & a \\ c & c+a & a \\ c & b & b+c \end{vmatrix}$　(2) $\begin{vmatrix} a+b+c & -c & -b \\ -c & a+b+c & -a \\ -b & -a & a+b+c \end{vmatrix}$

(3) $\begin{vmatrix} a & -b & -a & b \\ b & a & -b & -a \\ c & -d & c & -d \\ d & c & d & c \end{vmatrix}$　(4) $\begin{vmatrix} b^2 & bc & c^2 \\ c^2 & ca & a^2 \\ a^2 & ab & b^2 \end{vmatrix}$

(5) $\begin{vmatrix} (a+b)^2 & c^2 & c^2 \\ a^2 & (b+c)^2 & a^2 \\ b^2 & b^2 & (c+a)^2 \end{vmatrix}$　(6) $\begin{vmatrix} (a+b)^2 & b^2 & a^2 \\ b^2 & (b+c)^2 & c^2 \\ a^2 & c^2 & (c+a)^2 \end{vmatrix}$

(7) $\begin{vmatrix} a^2-1 & ab & ac & ad \\ ab & b^2-1 & bc & bd \\ ac & bc & c^2-1 & cd \\ ad & bd & cd & d^2-1 \end{vmatrix}$　(8) $\begin{vmatrix} a & b & c & d \\ -b & a & -d & c \\ -c & d & a & -b \\ -d & -c & b & a \end{vmatrix}$

(1) $\begin{vmatrix} a+b & b & a \\ c & c+a & a \\ c & b & b+c \end{vmatrix}$

$=(a+b)\cdot(-1)^{1+1}\begin{vmatrix} c+a & a \\ b & b+c \end{vmatrix}+b\cdot(-1)^{1+2}\begin{vmatrix} c & a \\ c & b+c \end{vmatrix}+a\cdot(-1)^{1+3}\begin{vmatrix} c & c+a \\ c & b \end{vmatrix}$

$=(a+b)\{(c+a)(b+c)-ab\}-b\{c(b+c)-ac\}+a\{cb-(c+a)c\}$

$=(a+b)\{c^2+(a+b)c\}-bc(b+c-a)+ca(b-c-a)$

$=c\{(a+b)c+(a+b)^2-b(b+c-a)+a(b-c-a)\}$

$=c(ca+bc+a^2+2ab+b^2-b^2-bc+ab+ab-ca-a^2)=c\cdot 4ab=\mathbf{4abc}$

(2) $\begin{vmatrix} a+b+c & -c & -b \\ -c & a+b+c & -a \\ -b & -a & a+b+c \end{vmatrix}$

$=(a+b+c)\cdot(-1)^{1+1}\begin{vmatrix} a+b+c & -a \\ -a & a+b+c \end{vmatrix}+(-c)\cdot(-1)^{1+2}\begin{vmatrix} -c & -a \\ -b & a+b+c \end{vmatrix}+(-b)\cdot(-1)^{1+3}\begin{vmatrix} -c & a+b+c \\ -b & -a \end{vmatrix}$

$=(a+b+c)\{(a+b+c)^2-(-a)^2\}+c\{-c(a+b+c)-(-a)\cdot(-b)\}-b\{-c\cdot(-a)-(a+b+c)\cdot(-b)\}$

$=(a+b+c)^3-(a^2+b^2+c^2)(a+b+c)-2abc=\{(a+b+c)^2-a^2-b^2-c^2\}(a+b+c)-2abc$

$=(2ab+2bc+2ca)(a+b+c)-2abc=2\{(b+c)a^2+(b+c)^2a+bc(b+c)\}$

$=2(b+c)\{a^2+(b+c)a+bc\}=\mathbf{2(a+b)(b+c)(c+a)}$

(3) $\begin{vmatrix} a & -b & -a & b \\ b & a & -b & -a \\ c & -d & c & -d \\ d & c & d & c \end{vmatrix}\overset{\boxed{3}\times(-1)+\boxed{1}}{=}\begin{vmatrix} 2a & -b & -a & b \\ 2b & a & -b & -a \\ 0 & -d & c & -d \\ 0 & c & d & c \end{vmatrix}\overset{\boxed{4}\times(-1)+\boxed{2}}{=}\begin{vmatrix} 2a & -2b & -a & b \\ 2b & 2a & -b & -a \\ 0 & 0 & c & -d \\ 0 & 0 & d & c \end{vmatrix}$

$$=2a\cdot(-1)^{1+1}\begin{vmatrix}2a & -b & -a\\ 0 & c & -d\\ 0 & d & c\end{vmatrix}+2b\cdot(-1)^{2+1}\begin{vmatrix}-2b & -a & b\\ 0 & c & -d\\ 0 & d & c\end{vmatrix}$$

$$+0\cdot(-1)^{3+1}\begin{vmatrix}-2b & -a & b\\ 2a & -b & -a\\ 0 & d & c\end{vmatrix}+0\cdot(-1)^{4+1}\begin{vmatrix}-2b & -a & b\\ 2a & -b & -a\\ 0 & c & -d\end{vmatrix}$$

$$\overset{\text{還元定理}}{=}\ 2a\cdot 2a\begin{vmatrix}c & -d\\ d & c\end{vmatrix}-2b\cdot(-2b)\begin{vmatrix}c & -d\\ d & c\end{vmatrix}$$

$$=4a^2\{c\cdot c-(-d)\cdot d\}+4b^2\{c\cdot c-(-d)\cdot d\}=\boldsymbol{4(a^2+b^2)(c^2+d^2)}$$

(4) $$\begin{vmatrix}b^2 & bc & c^2\\ c^2 & ca & a^2\\ a^2 & ab & b^2\end{vmatrix}=b^2\cdot(-1)^{1+1}\begin{vmatrix}ca & a^2\\ ab & b^2\end{vmatrix}+bc\cdot(-1)^{1+2}\begin{vmatrix}c^2 & a^2\\ a^2 & b^2\end{vmatrix}+c^2\cdot(-1)^{1+3}\begin{vmatrix}c^2 & ca\\ a^2 & ab\end{vmatrix}$$

$$=b^2(ca\cdot b^2-a^2\cdot ab)-bc\{c^2\cdot b^2-(a^2)^2\}+c^2(c^2\cdot ab-ca\cdot a^2)$$

$$=ab^3(bc-a^2)-bc(bc+a^2)(bc-a^2)+c^3a(bc-a^2)$$

$$=(bc-a^2)\{ab^3-bc(bc+a^2)+c^3a\}=(bc-a^2)\{-bca^2+(b^3+c^3)a-b^2c^2\}$$

$$=(bc-a^2)(-ba+c^2)(ca-b^2)=\boldsymbol{(a^2-bc)(b^2-ca)(c^2-ab)}$$

(5) $$\begin{vmatrix}(a+b)^2 & c^2 & c^2\\ a^2 & (b+c)^2 & a^2\\ b^2 & b^2 & (c+a)^2\end{vmatrix}$$

$$=(a+b)^2\cdot(-1)^{1+1}\begin{vmatrix}(b+c)^2 & a^2\\ b^2 & (c+a)^2\end{vmatrix}+c^2\cdot(-1)^{1+2}\begin{vmatrix}a^2 & a^2\\ b^2 & (c+a)^2\end{vmatrix}+c^2\cdot(-1)^{1+3}\begin{vmatrix}a^2 & (b+c)^2\\ b^2 & b^2\end{vmatrix}$$

$$=(a+b)^2\{(b+c)^2(c+a)^2-a^2b^2\}-c^2\{a^2(c+a)^2-a^2b^2\}+c^2\{a^2b^2-(b+c)^2b^2\}$$

$$=(a+b)^2[\{c^2+(a+b)c+ab\}^2-(ab)^2]-c^2[\{a(c+a)\}^2-(ab)^2]+c^2[(ab)^2-\{(b+c)b\}^2]$$

$$=(a+b)^2\{c^2+(a+b)c+2ab\}\{c^2+(a+b)c\}-c^2\{a(c+a)+ab\}\{a(c+a)-ab\}+c^2\{ab+(b+c)b\}\{ab-(b+c)b\}$$

$$=(a+b)^2c(a+b+c)\{c^2+(a+b)c+2ab\}-c^2a^2(a+b+c)(c+a-b)+b^2c^2(a+b+c)(a-b-c)$$

$$=c(a+b+c)\{(a+b)^2c^2+(a+b)^3c+2ab(a+b)^2-a^2c^2-a^2(a-b)c-b^2c^2+b^2(a-b)c\}$$

$$=c(a+b+c)[\{(a+b)^2-a^2-b^2\}c^2+\{(a+b)^3-a^2(a-b)+b^2(a-b)\}c+2ab(a+b)^2]$$

$$=c(a+b+c)\{2abc^2+(4a^2b+4ab^2)c+2ab(a+b)^2\}$$

$$=2abc(a+b+c)\{c^2+2(a+b)c+(a+b)^2\}=\boldsymbol{2abc(a+b+c)^3}$$

(6) $$\begin{vmatrix}(a+b)^2 & b^2 & a^2\\ b^2 & (b+c)^2 & c^2\\ a^2 & c^2 & (c+a)^2\end{vmatrix}$$

$$=(a+b)^2\cdot(-1)^{1+1}\begin{vmatrix}(b+c)^2 & c^2\\ c^2 & (c+a)^2\end{vmatrix}+b^2\cdot(-1)^{1+2}\begin{vmatrix}b^2 & c^2\\ a^2 & (c+a)^2\end{vmatrix}+a^2\cdot(-1)^{1+3}\begin{vmatrix}b^2 & (b+c)^2\\ a^2 & c^2\end{vmatrix}$$

$$=(a+b)^2\{(b+c)^2(c+a)^2-c^2\cdot c^2\}-b^2\{b^2(c+a)^2-c^2\cdot a^2\}+a^2\{b^2\cdot c^2-(b+c)^2\cdot a^2\}$$

$$=(a+b)^2[\{c^2+(a+b)c+ab\}^2-(c^2)^2]-b^2[\{b(c+a)\}^2-(ca)^2]+a^2[(bc)^2-\{(b+c)a\}^2]$$

$$=(a+b)^2\{2c^2+(a+b)c+ab\}\{(a+b)c+ab\}-b^2\{b(c+a)+ca\}\{b(c+a)-ca\}+a^2\{bc+(b+c)a\}\{bc-(b+c)a\}$$

$$=(ab+bc+ca)\{2(a+b)^2c^2+(a+b)^3c+ab(a+b)^2-b^2(b-a)c-ab^3+a^2(b-a)c-a^3b\}$$

$$=(ab+bc+ca)[2(a+b)^2c^2+\{(a+b)^3-b^2(b-a)+a^2(b-a)\}c+ab(a+b)^2-ab^3-a^3b]$$

$$=(ab+bc+ca)\{2(a+b)^2c^2+(4a^2b+4ab^2)c+2a^2b^2\}=\boldsymbol{2(ab+bc+ca)^3}$$

(7) $\begin{vmatrix} a^2-1 & ab & ac & ad \\ ab & b^2-1 & bc & bd \\ ac & bc & c^2-1 & cd \\ ad & bd & cd & d^2-1 \end{vmatrix}$

$$=(a^2-1)\cdot(-1)^{1+1}\begin{vmatrix} b^2-1 & bc & bd \\ bc & c^2-1 & cd \\ bd & cd & d^2-1 \end{vmatrix}+ab\cdot(-1)^{1+2}\begin{vmatrix} ab & bc & bd \\ ac & c^2-1 & cd \\ ad & cd & d^2-1 \end{vmatrix}$$

$$+ac\cdot(-1)^{1+3}\begin{vmatrix} ab & b^2-1 & bd \\ ac & bc & cd \\ ad & bd & d^2-1 \end{vmatrix}+ad\cdot(-1)^{1+4}\begin{vmatrix} ab & b^2-1 & bc \\ ac & bc & c^2-1 \\ ad & bd & cd \end{vmatrix}$$

$$=(a^2-1)\begin{vmatrix} b^2-1 & bc & bd \\ bc & c^2-1 & cd \\ bd & cd & d^2-1 \end{vmatrix}-ab\begin{vmatrix} ab & bc & bd \\ ac & c^2-1 & cd \\ ad & cd & d^2-1 \end{vmatrix}$$

$$+ac\begin{vmatrix} ab & b^2-1 & bd \\ ac & bc & cd \\ ad & bd & d^2-1 \end{vmatrix}-ad\begin{vmatrix} ab & b^2-1 & bc \\ ac & bc & c^2-1 \\ ad & bd & cd \end{vmatrix}$$

ここで

$$\begin{vmatrix} b^2-1 & bc & bd \\ bc & c^2-1 & cd \\ bd & cd & d^2-1 \end{vmatrix}$$

$$=(b^2-1)\cdot(-1)^{1+1}\begin{vmatrix} c^2-1 & cd \\ cd & d^2-1 \end{vmatrix}+bc\cdot(-1)^{1+2}\begin{vmatrix} bc & cd \\ bd & d^2-1 \end{vmatrix}+bd\cdot(-1)^{1+3}\begin{vmatrix} bc & c^2-1 \\ bd & cd \end{vmatrix}$$

$$=(b^2-1)\{(c^2-1)(d^2-1)-(cd)^2\}-bc\{bc(d^2-1)-cd\cdot bd\}+bd\{bc\cdot cd-(c^2-1)bd\}$$

$$=(b^2-1)(1-c^2-d^2)+b^2c^2+b^2d^2=b^2+c^2+d^2-1$$

$$\begin{vmatrix} ab & bc & bd \\ ac & c^2-1 & cd \\ ad & cd & d^2-1 \end{vmatrix}=a\begin{vmatrix} b & bc & bd \\ c & c^2-1 & cd \\ d & cd & d^2-1 \end{vmatrix}=ab\begin{vmatrix} 1 & c & d \\ c & c^2-1 & cd \\ d & cd & d^2-1 \end{vmatrix}\overset{①\times(-c)+②}{=}ab\begin{vmatrix} 1 & c & d \\ 0 & -1 & 0 \\ d & cd & d^2-1 \end{vmatrix}$$

$$\overset{①\times(-d)+③}{=}ab\begin{vmatrix} 1 & c & d \\ 0 & -1 & 0 \\ 0 & 0 & -1 \end{vmatrix}\overset{\text{還元定理}}{=}ab\begin{vmatrix} -1 & 0 \\ 0 & -1 \end{vmatrix}=ab\cdot(-1)^2=ab$$

$$\begin{vmatrix} ab & b^2-1 & bd \\ ac & bc & cd \\ ad & bd & d^2-1 \end{vmatrix}\overset{①\leftrightarrow②}{=}-\begin{vmatrix} ac & cb & cd \\ ab & b^2-1 & bd \\ ad & bd & d^2-1 \end{vmatrix}=-ac$$

$$\begin{vmatrix} ab & b^2-1 & bc \\ ac & bc & c^2-1 \\ ad & bd & cd \end{vmatrix}\overset{①\leftrightarrow③}{=}-\begin{vmatrix} ad & db & dc \\ ac & bc & c^2-1 \\ ab & b^2-1 & bc \end{vmatrix}\overset{②\leftrightarrow③}{=}\begin{vmatrix} ad & db & dc \\ ab & b^2-1 & bc \\ ac & bc & c^2-1 \end{vmatrix}=ad$$

よって

$$\begin{vmatrix} a^2-1 & ab & ac & ad \\ ab & b^2-1 & bc & bd \\ ac & bc & c^2-1 & cd \\ ad & bd & cd & d^2-1 \end{vmatrix}=(a^2-1)(b^2+c^2+d^2-1)-ab\cdot ab+ac\cdot(-ac)-ad\cdot ad$$

$$=a^2(b^2+c^2+d^2-1)-(b^2+c^2+d^2-1)-a^2b^2-a^2c^2-a^2d^2=\mathbf{1-a^2-b^2-c^2-d^2}$$

(8) $\begin{vmatrix} a & b & c & d \\ -b & a & -d & c \\ -c & d & a & -b \\ -d & -c & b & a \end{vmatrix}$

$$=a\cdot(-1)^{1+1}\begin{vmatrix} a & -d & c \\ d & a & -b \\ -c & b & a \end{vmatrix}+b\cdot(-1)^{1+2}\begin{vmatrix} -b & -d & c \\ -c & a & -b \\ -d & b & a \end{vmatrix}$$
$$+c\cdot(-1)^{1+3}\begin{vmatrix} -b & a & c \\ -c & d & -b \\ -d & -c & a \end{vmatrix}+d\cdot(-1)^{1+4}\begin{vmatrix} -b & a & -d \\ -c & d & a \\ -d & -c & b \end{vmatrix}$$

$$=a\begin{vmatrix} a & -d & c \\ d & a & -b \\ -c & b & a \end{vmatrix}-b\begin{vmatrix} -b & -d & c \\ -c & a & -b \\ -d & b & a \end{vmatrix}+c\begin{vmatrix} -b & a & c \\ -c & d & -b \\ -d & -c & a \end{vmatrix}-d\begin{vmatrix} -b & a & -d \\ -c & d & a \\ -d & -c & b \end{vmatrix}$$

ここで

$$\begin{vmatrix} a & -d & c \\ d & a & -b \\ -c & b & a \end{vmatrix}$$
$$=a\cdot(-1)^{1+1}\begin{vmatrix} a & -b \\ b & a \end{vmatrix}-d\cdot(-1)^{1+2}\begin{vmatrix} d & -b \\ -c & a \end{vmatrix}+c\cdot(-1)^{1+3}\begin{vmatrix} d & a \\ -c & b \end{vmatrix}$$
$$=a\{a\cdot a-(-b)\cdot b\}+d\{d\cdot a-(-b)\cdot(-c)\}+c\{d\cdot b-a\cdot(-c)\}=a^3+b^2a+c^2a+d^2a$$

$$\begin{vmatrix} -b & -d & c \\ -c & a & -b \\ -d & b & a \end{vmatrix}\overset{②\leftrightarrow③}{=}-\begin{vmatrix} -b & -d & c \\ -d & b & a \\ -c & a & -b \end{vmatrix}=\begin{vmatrix} -b & -d & c \\ d & -b & -a \\ -c & a & -b \end{vmatrix}$$
$$=(-b)^3+a^2\cdot(-b)+c^2\cdot(-b)+d^2\cdot(-b)=-b^3-c^2b-d^2b-a^2b$$

$$\begin{vmatrix} -b & a & c \\ -c & d & -b \\ -d & -c & a \end{vmatrix}\overset{①\leftrightarrow②}{=}-\begin{vmatrix} -c & d & -b \\ -b & a & c \\ -d & -c & a \end{vmatrix}\overset{②\leftrightarrow③}{=}\begin{vmatrix} -c & d & -b \\ -d & -c & a \\ -b & a & c \end{vmatrix}=-\begin{vmatrix} -c & d & -b \\ -d & -c & a \\ b & -a & -c \end{vmatrix}$$
$$=-\{(-c)^3+(-a)^2\cdot(-c)+(-b)^2\cdot(-c)+(-d)^2\cdot(-c)\}=c^3+d^2c+a^2c+b^2c$$

$$\begin{vmatrix} -b & a & -d \\ -c & d & a \\ -d & -c & b \end{vmatrix}\overset{①\leftrightarrow③}{=}-\begin{vmatrix} -d & -c & b \\ -c & d & a \\ -b & a & -d \end{vmatrix}=\begin{vmatrix} -d & -c & b \\ c & -d & -a \\ -b & a & -d \end{vmatrix}$$
$$=(-d)^3+a^2\cdot(-d)+b^2\cdot(-d)+c^2\cdot(-d)=-d^3-a^2d-b^2d-c^2d$$

よって

$$\begin{vmatrix} a & b & c & d \\ -b & a & -d & c \\ -c & d & a & -b \\ -d & -c & b & a \end{vmatrix}$$
$$=a(a^3+b^2a+c^2a+d^2a)-b(-b^3-c^2b-d^2b-a^2b)+c(c^3+d^2c+a^2c+b^2c)-d(-d^3-a^2d-b^2d-c^2d)$$
$$=a^4+b^4+c^4+d^4+2a^2b^2+2a^2c^2+2a^2d^2+2b^2c^2+2b^2d^2+2c^2d^2=\boldsymbol{(a^2+b^2+c^2+d^2)^2}$$

31 行列式の性質 ★☆☆

B を $m\times n$ 行列，O を $n\times m$ 零行列とするとき，次の等式を証明せよ。

(1) $\det\begin{pmatrix} E & B \\ O & D \end{pmatrix}=\det(D)$　　(2) $\det\begin{pmatrix} A & B \\ O & E \end{pmatrix}=\det(A)$

O' を $m\times n$ 零行列とする。

(1) 列多重線形性を繰り返し用いると

$$\det\begin{pmatrix} E & B \\ O & D \end{pmatrix}=\det\begin{pmatrix} E & O' \\ O & D \end{pmatrix}$$

また　$\det\begin{pmatrix} E & O' \\ O & D \end{pmatrix}=\det(E)\cdot\det(D)=\det(D)$

よって　$\det\begin{pmatrix} E & B \\ O & D \end{pmatrix}=\det(D)$ ■

◀行列式の性質 (4) の系により。

(2) 行多重線形性を繰り返し用いると

$$\det\begin{pmatrix} A & B \\ O & E \end{pmatrix}=\det\begin{pmatrix} A & O' \\ O & E \end{pmatrix}$$

また　$\det\begin{pmatrix} A & O' \\ O & E \end{pmatrix}=\det(A)\cdot\det(E)=\det(A)$

よって　$\det\begin{pmatrix} A & B \\ O & E \end{pmatrix}=\det(A)$ ■

◀行列式の性質 (4) の系により。

32 正則行列の余因子行列と行列式に関する等式の証明 ★☆☆

A を n 次正則行列，$\widetilde{A}$ を行列 A の余因子行列とするとき，$\det(\widetilde{A})=\{\det(A)\}^{n-1}$ が成り立つことを証明せよ。

余因子展開（行列形）の定理から　$\det(A\widetilde{A})=\det(\det(A)E)=\{\det(A)\}^n$ ……①

ここで　$\det(A\widetilde{A})=\det(A)\cdot\det(\widetilde{A})$ ……②

①，② から　$\det(A)\cdot\det(\widetilde{A})=\{\det(A)\}^n$

行列 A は正則であるから，$\det(A)\neq 0$ より　$\det(\widetilde{A})=\{\det(A)\}^{n-1}$ ■

33 ファン・デル・モンドの行列式 ★★☆

n 個の変数 x_1，x_2，……，x_n に対して，

$$D(x_1, x_2, \cdots\cdots, x_n)=(x_1-x_2)\times(x_1-x_3)\times\cdots\cdots\times(x_1-x_n)$$
$$\times(x_2-x_3)\times\cdots\cdots\times(x_2-x_n)\times\cdots\cdots\times(x_{n-1}-x_n)$$

$$f(x_1, x_2, \cdots\cdots, x_n)=\begin{vmatrix} 1 & 1 & 1 & \cdots & 1 \\ x_1 & x_2 & x_3 & \cdots & x_n \\ x_1{}^2 & x_2{}^2 & x_3{}^2 & \cdots & x_n{}^2 \\ \vdots & \vdots & \vdots & \ddots & \vdots \\ x_1{}^{n-1} & x_2{}^{n-1} & x_3{}^{n-1} & \cdots & x_n{}^{n-1} \end{vmatrix}$$

とするとき，等式 $f(x_1, x_2, \cdots\cdots, x_n)=(-1)^{\frac{n(n-1)}{2}}D(x_1, x_2, \cdots\cdots, x_n)$ $(n\geqq 2)$ を証明せよ。

EXERCISES

n に関する数学的帰納法により証明する。

$f(x_1,\ x_2,\ \cdots\cdots,\ x_n)=(-1)^{\frac{n(n-1)}{2}}D(x_1,\ x_2,\ \cdots\cdots,\ x_n)$ ……① とする。

[1] $n=2$ のとき

$$f(x_1,\ x_2)=\begin{vmatrix} 1 & 1 \\ x_1 & x_2 \end{vmatrix}=1\cdot x_2-1\cdot x_1=x_2-x_1$$

$$(-1)^{\frac{2(2-1)}{2}}D(x_1,\ x_2)=-(x_1-x_2)=x_2-x_1$$

よって，① は成り立つ。

[2] $n=k$ のとき，① が成り立つと仮定すると

$$f(x_1,\ x_2,\ \cdots\cdots,\ x_k)=(-1)^{\frac{k(k-1)}{2}}D(x_1,\ x_2,\ \cdots\cdots,\ x_k) \quad \cdots\cdots②$$

$n=k+1$ のときを考えると，② から

$$f(x_1,\ x_2,\ \cdots\cdots,\ x_k,\ x_{k+1})$$

$$=\begin{vmatrix} 1 & 1 & \cdots & 1 & 1 & 1 \\ x_1 & x_2 & \cdots & x_{k-1} & x_k & x_{k+1} \\ \vdots & \vdots & \ddots & \vdots & \vdots & \vdots \\ {x_1}^{k-2} & {x_2}^{k-2} & \cdots & {x_{k-1}}^{k-2} & {x_k}^{k-2} & {x_{k+1}}^{k-2} \\ {x_1}^{k-1} & {x_2}^{k-1} & \cdots & {x_{k-1}}^{k-1} & {x_k}^{k-1} & {x_{k+1}}^{k-1} \\ {x_1}^{k} & {x_2}^{k} & \cdots & {x_{k-1}}^{k} & {x_k}^{k} & {x_{k+1}}^{k} \end{vmatrix}$$

$$\overset{\textcircled{k}\times(-x_1)+\textcircled{k+1}}{=}\begin{vmatrix} 1 & 1 & \cdots & 1 & 1 & 1 \\ x_1 & x_2 & \cdots & x_{k-1} & x_k & x_{k+1} \\ \vdots & \vdots & \ddots & \vdots & \vdots & \vdots \\ {x_1}^{k-2} & {x_2}^{k-2} & \cdots & {x_{k-1}}^{k-2} & {x_k}^{k-2} & {x_{k+1}}^{k-2} \\ {x_1}^{k-1} & {x_2}^{k-1} & \cdots & {x_{k-1}}^{k-1} & {x_k}^{k-1} & {x_{k+1}}^{k-1} \\ 0 & {x_2}^{k-1}(x_2-x_1) & \cdots & {x_{k-1}}^{k-1}(x_{k-1}-x_1) & {x_k}^{k-1}(x_k-x_1) & {x_{k+1}}^{k-1}(x_{k+1}-x_1) \end{vmatrix}$$

$$\overset{\textcircled{k-1}\times(-x_1)+\textcircled{k}}{=}\begin{vmatrix} 1 & 1 & \cdots & 1 & 1 & 1 \\ x_1 & x_2 & \cdots & x_{k-1} & x_k & x_{k+1} \\ \vdots & \vdots & \ddots & \vdots & \vdots & \vdots \\ {x_1}^{k-2} & {x_2}^{k-2} & \cdots & {x_{k-1}}^{k-2} & {x_k}^{k-2} & {x_{k+1}}^{k-2} \\ 0 & {x_2}^{k-2}(x_2-x_1) & \cdots & {x_{k-1}}^{k-2}(x_{k-1}-x_1) & {x_k}^{k-2}(x_k-x_1) & {x_{k+1}}^{k-2}(x_{k+1}-x_1) \\ 0 & {x_2}^{k-1}(x_2-x_1) & \cdots & {x_{k-1}}^{k-1}(x_{k-1}-x_1) & {x_k}^{k-1}(x_k-x_1) & {x_{k+1}}^{k-1}(x_{k+1}-x_1) \end{vmatrix}$$

$$\overset{\textcircled{k-2}\times(-x_1)+\textcircled{k-1}}{=}\cdots\cdots\overset{\text{①}\times(-x_1)+\text{②}}{=}\begin{vmatrix} 1 & 1 & \cdots & 1 & 1 & 1 \\ 0 & x_2-x_1 & \cdots & x_{k-1}-x_1 & x_k-x_1 & x_{k+1}-x_1 \\ \vdots & \vdots & \ddots & \vdots & \vdots & \vdots \\ 0 & {x_2}^{k-3}(x_2-x_1) & \cdots & {x_{k-1}}^{k-3}(x_{k-1}-x_1) & {x_k}^{k-3}(x_k-x_1) & {x_{k+1}}^{k-3}(x_{k+1}-x_1) \\ 0 & {x_2}^{k-2}(x_2-x_1) & \cdots & {x_{k-1}}^{k-2}(x_{k-1}-x_1) & {x_k}^{k-2}(x_k-x_1) & {x_{k+1}}^{k-2}(x_{k+1}-x_1) \\ 0 & {x_2}^{k-1}(x_2-x_1) & \cdots & {x_{k-1}}^{k-1}(x_{k-1}-x_1) & {x_k}^{k-1}(x_k-x_1) & {x_{k+1}}^{k-1}(x_{k+1}-x_1) \end{vmatrix}$$

$$\overset{\text{還元定理}}{=}\begin{vmatrix} x_2-x_1 & x_3-x_1 & x_4-x_1 & \cdots & x_{k+1}-x_1 \\ x_2(x_2-x_1) & x_3(x_3-x_1) & x_4(x_4-x_1) & \cdots & x_{k+1}(x_{k+1}-x_1) \\ {x_2}^2(x_2-x_1) & {x_3}^2(x_3-x_1) & {x_4}^2(x_4-x_1) & \cdots & {x_{k+1}}^2(x_{k+1}-x_1) \\ \vdots & \vdots & \vdots & \ddots & \vdots \\ {x_2}^{k-1}(x_2-x_1) & {x_3}^{k-1}(x_3-x_1) & {x_4}^{k-1}(x_4-x_1) & \cdots & {x_{k+1}}^{k-1}(x_{k+1}-x_1) \end{vmatrix}$$

$$=(x_2-x_1)\begin{vmatrix} 1 & x_3-x_1 & x_4-x_1 & \cdots & x_{k+1}-x_1 \\ x_2 & x_3(x_3-x_1) & x_4(x_4-x_1) & \cdots & x_{k+1}(x_{k+1}-x_1) \\ x_2{}^2 & x_3{}^2(x_3-x_1) & x_4{}^2(x_4-x_1) & \cdots & x_{k+1}{}^2(x_{k+1}-x_1) \\ \vdots & \vdots & \vdots & \ddots & \vdots \\ x_2{}^{k-1} & x_3{}^{k-1}(x_3-x_1) & x_4{}^{k-1}(x_4-x_1) & \cdots & x_{k+1}{}^{k-1}(x_{k+1}-x_1) \end{vmatrix}$$

$$=(x_2-x_1)(x_3-x_1)\begin{vmatrix} 1 & 1 & x_4-x_1 & \cdots & x_{k+1}-x_1 \\ x_2 & x_3 & x_4(x_4-x_1) & \cdots & x_{k+1}(x_{k+1}-x_1) \\ x_2{}^2 & x_3{}^2 & x_4{}^2(x_4-x_1) & \cdots & x_{k+1}{}^2(x_{k+1}-x_1) \\ \vdots & \vdots & \vdots & \ddots & \vdots \\ x_2{}^{k-1} & x_3{}^{k-1} & x_4{}^{k-1}(x_4-x_1) & \cdots & x_{k+1}{}^{k-1}(x_{k+1}-x_1) \end{vmatrix}$$

$$=\cdots\cdots=(x_2-x_1)(x_3-x_1)\cdot\cdots\cdots\cdot(x_{k+1}-x_1)\begin{vmatrix} 1 & 1 & 1 & \cdots & 1 \\ x_2 & x_3 & x_4 & \cdots & x_{k+1} \\ x_2{}^2 & x_3{}^2 & x_4{}^2 & \cdots & x_{k+1}{}^2 \\ \vdots & \vdots & \vdots & \ddots & \vdots \\ x_2{}^{k-1} & x_3{}^{k-1} & x_4{}^{k-1} & \cdots & x_{k+1}{}^{k-1} \end{vmatrix}$$

$$=(x_2-x_1)(x_3-x_1)\cdot\cdots\cdots\cdot(x_{k+1}-x_1)\cdot(-1)^{\frac{k(k-1)}{2}}D(x_2,\ x_3,\ \cdots\cdots,\ x_{k+1})$$

$$=(-1)^{\frac{k(k-1)}{2}+k}D(x_1,\ x_2,\ \cdots\cdots,\ x_{k+1})=(-1)^{\frac{(k+1)\{(k+1)-1\}}{2}}D(x_1,\ x_2,\ \cdots\cdots,\ x_{k+1})$$

よって，$n=k+1$ のときも ① は成り立つ。

[1]，[2] から，$n\geqq 2$ であるすべての自然数 n について ① は成り立つ。 ■

別解 行列式の置換による定義により，次のように考えることもできる。行列式の置換の定義について，詳しくは『数研講座シリーズ　大学教養　線形代数』107 ページを参照。

任意の $i\in\mathbb{N}$，$j\in\mathbb{N}$ $(1\leqq i\leqq n,\ 1\leqq j\leqq n,\ i\neq j)$ に対して，$x_i=x_j$ とすると

$$f(x_1,\ x_2,\ \cdots\cdots,\ x_n)=0$$

よって，$f(x_1,\ x_2,\ \cdots\cdots,\ x_n)$ は $D(x_1,\ x_2,\ \cdots\cdots,\ x_n)$ を因数にもつ。

ここで，$f(x_1,\ x_2,\ \cdots\cdots,\ x_n)$ の $x_1,\ x_2,\ \cdots\cdots,\ x_n$ に関する次数は

$$0+1+2+\cdots\cdots+(n-1)=\frac{1}{2}n(n-1)$$

また，$D(x_1,\ x_2,\ \cdots\cdots,\ x_n)$ の $x_1,\ x_2,\ \cdots\cdots,\ x_n$ に関する次数は　${}_n\mathrm{C}_2=\frac{1}{2}n(n-1)$

よって，t を実数の定数として，$f(x_1,\ x_2,\ \cdots\cdots,\ x_n)=tD(x_1,\ x_2,\ \cdots\cdots,\ x_n)$ …… ③

と表される。

更に，$f(x_1,\ x_2,\ \cdots\cdots,\ x_n)$ の $x_2x_3{}^2\cdot\cdots\cdots\cdot x_n{}^{n-1}$ の係数は　1

一方で，$D(x_1,\ x_2,\ \cdots\cdots,\ x_n)$ の $x_2x_3{}^2\cdot\cdots\cdots\cdot x_n{}^{n-1}$ の係数は

$$(-1)^1\cdot(-1)^2\cdot\cdots\cdots\cdot(-1)^{n-1}=(-1)^{1+2+\cdots\cdots+(n-1)}=(-1)^{\frac{1}{2}n(n-1)}$$

ゆえに，③ の両辺の $x_2x_3{}^2\cdot\cdots\cdots\cdot x_n{}^{n-1}$ の係数を比較すると

$$1=t\cdot(-1)^{\frac{1}{2}n(n-1)}\qquad \text{すなわち}\qquad t=(-1)^{\frac{1}{2}n(n-1)}$$

したがって　$f(x_1,\ x_2,\ \cdots\cdots,\ x_n)=(-1)^{\frac{n(n-1)}{2}}D(x_1,\ x_2,\ \cdots\cdots,\ x_n)$ ■

34　余因子行列と行列式に関する等式の証明　★★☆

$A=\begin{pmatrix} a_{11} & a_{12} & a_{13} & a_{14} \\ a_{21} & a_{22} & a_{23} & a_{24} \\ a_{31} & a_{32} & a_{33} & a_{34} \\ a_{41} & a_{42} & a_{43} & a_{44} \end{pmatrix}$ とし，その $(i,\ j)$ 余因子を $\tilde{a}_{ij}$ とする。

$B=\begin{pmatrix} x+a_{11} & x+a_{12} & x+a_{13} & x+a_{14} \\ x+a_{21} & x+a_{22} & x+a_{23} & x+a_{24} \\ x+a_{31} & x+a_{32} & x+a_{33} & x+a_{34} \\ x+a_{41} & x+a_{42} & x+a_{43} & x+a_{44} \end{pmatrix}$ とするとき，$\det(B)=x\sum_{i=1}^{4}\sum_{j=1}^{4}\tilde{a}_{ij}+\det(A)$ を示せ。

$$\det(B)=\begin{vmatrix} x & x & x & x \\ x+a_{21} & x+a_{22} & x+a_{23} & x+a_{24} \\ x+a_{31} & x+a_{32} & x+a_{33} & x+a_{34} \\ x+a_{41} & x+a_{42} & x+a_{43} & x+a_{44} \end{vmatrix}+\begin{vmatrix} a_{11} & a_{12} & a_{13} & a_{14} \\ x+a_{21} & x+a_{22} & x+a_{23} & x+a_{24} \\ x+a_{31} & x+a_{32} & x+a_{33} & x+a_{34} \\ x+a_{41} & x+a_{42} & x+a_{43} & x+a_{44} \end{vmatrix}$$

ここで

$$\begin{vmatrix} x & x & x & x \\ x+a_{21} & x+a_{22} & x+a_{23} & x+a_{24} \\ x+a_{31} & x+a_{32} & x+a_{33} & x+a_{34} \\ x+a_{41} & x+a_{42} & x+a_{43} & x+a_{44} \end{vmatrix}=\begin{vmatrix} x & x & x & x \\ x & x & x & x \\ x+a_{31} & x+a_{32} & x+a_{33} & x+a_{34} \\ x+a_{41} & x+a_{42} & x+a_{43} & x+a_{44} \end{vmatrix}+\begin{vmatrix} x & x & x & x \\ a_{21} & a_{22} & a_{23} & a_{24} \\ x+a_{31} & x+a_{32} & x+a_{33} & x+a_{34} \\ x+a_{41} & x+a_{42} & x+a_{43} & x+a_{44} \end{vmatrix}$$

$$=\begin{vmatrix} x & x & x & x \\ a_{21} & a_{22} & a_{23} & a_{24} \\ x & x & x & x \\ x+a_{41} & x+a_{42} & x+a_{43} & x+a_{44} \end{vmatrix}+\begin{vmatrix} x & x & x & x \\ a_{21} & a_{22} & a_{23} & a_{24} \\ a_{31} & a_{32} & a_{33} & a_{34} \\ x+a_{41} & x+a_{42} & x+a_{43} & x+a_{44} \end{vmatrix}$$

$$=\begin{vmatrix} x & x & x & x \\ a_{21} & a_{22} & a_{23} & a_{24} \\ a_{31} & a_{32} & a_{33} & a_{34} \\ x & x & x & x \end{vmatrix}+\begin{vmatrix} x & x & x & x \\ a_{21} & a_{22} & a_{23} & a_{24} \\ a_{31} & a_{32} & a_{33} & a_{34} \\ a_{41} & a_{42} & a_{43} & a_{44} \end{vmatrix}=\begin{vmatrix} x & x & x & x \\ a_{21} & a_{22} & a_{23} & a_{24} \\ a_{31} & a_{32} & a_{33} & a_{34} \\ a_{41} & a_{42} & a_{43} & a_{44} \end{vmatrix}$$

$$\begin{vmatrix} a_{11} & a_{12} & a_{13} & a_{14} \\ x+a_{21} & x+a_{22} & x+a_{23} & x+a_{24} \\ x+a_{31} & x+a_{32} & x+a_{33} & x+a_{34} \\ x+a_{41} & x+a_{42} & x+a_{43} & x+a_{44} \end{vmatrix}$$

$$=\begin{vmatrix} a_{11} & a_{12} & a_{13} & a_{14} \\ x & x & x & x \\ x+a_{31} & x+a_{32} & x+a_{33} & x+a_{34} \\ x+a_{41} & x+a_{42} & x+a_{43} & x+a_{44} \end{vmatrix}+\begin{vmatrix} a_{11} & a_{12} & a_{13} & a_{14} \\ a_{21} & a_{22} & a_{23} & a_{24} \\ x+a_{31} & x+a_{32} & x+a_{33} & x+a_{34} \\ x+a_{41} & x+a_{42} & x+a_{43} & x+a_{44} \end{vmatrix}$$

更に

$$\begin{vmatrix} a_{11} & a_{12} & a_{13} & a_{14} \\ x & x & x & x \\ x+a_{31} & x+a_{32} & x+a_{33} & x+a_{34} \\ x+a_{41} & x+a_{42} & x+a_{43} & x+a_{44} \end{vmatrix}=\begin{vmatrix} a_{11} & a_{12} & a_{13} & a_{14} \\ x & x & x & x \\ x & x & x & x \\ x+a_{41} & x+a_{42} & x+a_{43} & x+a_{44} \end{vmatrix}+\begin{vmatrix} a_{11} & a_{12} & a_{13} & a_{14} \\ x & x & x & x \\ a_{31} & a_{32} & a_{33} & a_{34} \\ x+a_{41} & x+a_{42} & x+a_{43} & x+a_{44} \end{vmatrix}$$

$$=\begin{vmatrix} a_{11} & a_{12} & a_{13} & a_{14} \\ x & x & x & x \\ a_{31} & a_{32} & a_{33} & a_{34} \\ x & x & x & x \end{vmatrix}+\begin{vmatrix} a_{11} & a_{12} & a_{13} & a_{14} \\ x & x & x & x \\ a_{31} & a_{32} & a_{33} & a_{34} \\ a_{41} & a_{42} & a_{43} & a_{44} \end{vmatrix}=\begin{vmatrix} a_{11} & a_{12} & a_{13} & a_{14} \\ x & x & x & x \\ a_{31} & a_{32} & a_{33} & a_{34} \\ a_{41} & a_{42} & a_{43} & a_{44} \end{vmatrix}$$

$$\begin{vmatrix} a_{11} & a_{12} & a_{13} & a_{14} \\ a_{21} & a_{22} & a_{23} & a_{24} \\ x+a_{31} & x+a_{32} & x+a_{33} & x+a_{34} \\ x+a_{41} & x+a_{42} & x+a_{43} & x+a_{44} \end{vmatrix}=\begin{vmatrix} a_{11} & a_{12} & a_{13} & a_{14} \\ a_{21} & a_{22} & a_{23} & a_{24} \\ x & x & x & x \\ x+a_{41} & x+a_{42} & x+a_{43} & x+a_{44} \end{vmatrix}+\begin{vmatrix} a_{11} & a_{12} & a_{13} & a_{14} \\ a_{21} & a_{22} & a_{23} & a_{24} \\ a_{31} & a_{32} & a_{33} & a_{34} \\ x+a_{41} & x+a_{42} & x+a_{43} & x+a_{44} \end{vmatrix}$$

$$=\begin{vmatrix} a_{11} & a_{12} & a_{13} & a_{14} \\ a_{21} & a_{22} & a_{23} & a_{24} \\ x & x & x & x \\ x & x & x & x \end{vmatrix}+\begin{vmatrix} a_{11} & a_{12} & a_{13} & a_{14} \\ a_{21} & a_{22} & a_{23} & a_{24} \\ x & x & x & x \\ a_{41} & a_{42} & a_{43} & a_{44} \end{vmatrix}+\begin{vmatrix} a_{11} & a_{12} & a_{13} & a_{14} \\ a_{21} & a_{22} & a_{23} & a_{24} \\ a_{31} & a_{32} & a_{33} & a_{34} \\ x & x & x & x \end{vmatrix}+\begin{vmatrix} a_{11} & a_{12} & a_{13} & a_{14} \\ a_{21} & a_{22} & a_{23} & a_{24} \\ a_{31} & a_{32} & a_{33} & a_{34} \\ a_{41} & a_{42} & a_{43} & a_{44} \end{vmatrix}$$

$$=\begin{vmatrix} a_{11} & a_{12} & a_{13} & a_{14} \\ a_{21} & a_{22} & a_{23} & a_{24} \\ x & x & x & x \\ a_{41} & a_{42} & a_{43} & a_{44} \end{vmatrix}+\begin{vmatrix} a_{11} & a_{12} & a_{13} & a_{14} \\ a_{21} & a_{22} & a_{23} & a_{24} \\ a_{31} & a_{32} & a_{33} & a_{34} \\ x & x & x & x \end{vmatrix}+\begin{vmatrix} a_{11} & a_{12} & a_{13} & a_{14} \\ a_{21} & a_{22} & a_{23} & a_{24} \\ a_{31} & a_{32} & a_{33} & a_{34} \\ a_{41} & a_{42} & a_{43} & a_{44} \end{vmatrix}$$

よって

$$\begin{vmatrix} a_{11} & a_{12} & a_{13} & a_{14} \\ x+a_{21} & x+a_{22} & x+a_{23} & x+a_{24} \\ x+a_{31} & x+a_{32} & x+a_{33} & x+a_{34} \\ x+a_{41} & x+a_{42} & x+a_{43} & x+a_{44} \end{vmatrix}$$

$$=\begin{vmatrix} a_{11} & a_{12} & a_{13} & a_{14} \\ x & x & x & x \\ a_{31} & a_{32} & a_{33} & a_{34} \\ a_{41} & a_{42} & a_{43} & a_{44} \end{vmatrix}+\begin{vmatrix} a_{11} & a_{12} & a_{13} & a_{14} \\ a_{21} & a_{22} & a_{23} & a_{24} \\ x & x & x & x \\ a_{41} & a_{42} & a_{43} & a_{44} \end{vmatrix}+\begin{vmatrix} a_{11} & a_{12} & a_{13} & a_{14} \\ a_{21} & a_{22} & a_{23} & a_{24} \\ a_{31} & a_{32} & a_{33} & a_{34} \\ x & x & x & x \end{vmatrix}+\begin{vmatrix} a_{11} & a_{12} & a_{13} & a_{14} \\ a_{21} & a_{22} & a_{23} & a_{24} \\ a_{31} & a_{32} & a_{33} & a_{34} \\ a_{41} & a_{42} & a_{43} & a_{44} \end{vmatrix}$$

ゆえに

$$\det(B)=\begin{vmatrix} x & x & x & x \\ a_{21} & a_{22} & a_{23} & a_{24} \\ a_{31} & a_{32} & a_{33} & a_{34} \\ a_{41} & a_{42} & a_{43} & a_{44} \end{vmatrix}+\begin{vmatrix} a_{11} & a_{12} & a_{13} & a_{14} \\ x & x & x & x \\ a_{31} & a_{32} & a_{33} & a_{34} \\ a_{41} & a_{42} & a_{43} & a_{44} \end{vmatrix}+\begin{vmatrix} a_{11} & a_{12} & a_{13} & a_{14} \\ a_{21} & a_{22} & a_{23} & a_{24} \\ x & x & x & x \\ a_{41} & a_{42} & a_{43} & a_{44} \end{vmatrix}+\begin{vmatrix} a_{11} & a_{12} & a_{13} & a_{14} \\ a_{21} & a_{22} & a_{23} & a_{24} \\ a_{31} & a_{32} & a_{33} & a_{34} \\ x & x & x & x \end{vmatrix}+\begin{vmatrix} a_{11} & a_{12} & a_{13} & a_{14} \\ a_{21} & a_{22} & a_{23} & a_{24} \\ a_{31} & a_{32} & a_{33} & a_{34} \\ a_{41} & a_{42} & a_{43} & a_{44} \end{vmatrix}$$

$$=x\left(\sum_{j=1}^{4}\tilde{a}_{1j}+\sum_{j=1}^{4}\tilde{a}_{2j}+\sum_{j=1}^{4}\tilde{a}_{3j}+\sum_{j=1}^{4}\tilde{a}_{4j}\right)+\det(A)=x\sum_{i=1}^{4}\sum_{j=1}^{4}\tilde{a}_{ij}+\det(A) \quad ■$$

35　文字を含む行列の行列式の計算　★★☆

n 次正方行列の行列式 $\begin{vmatrix} a & b & \cdots & b \\ b & a & \ddots & \vdots \\ \vdots & \ddots & \ddots & b \\ b & \cdots & b & a \end{vmatrix}$ を計算せよ。

$$
\begin{vmatrix}
a & b & b & \cdots & \cdots & b & b & b \\
b & a & b & \ddots & \ddots & b & b & b \\
b & b & a & \ddots & \ddots & b & b & b \\
\vdots & \ddots & \ddots & \ddots & \ddots & \ddots & \ddots & \vdots \\
\vdots & \ddots & \ddots & \ddots & \ddots & \ddots & \ddots & \vdots \\
b & b & b & \ddots & \ddots & a & b & b \\
b & b & b & \ddots & \ddots & b & a & b \\
b & b & b & \cdots & \cdots & b & b & a
\end{vmatrix}
$$

$$
\overset{②\times1+①}{=}
\begin{vmatrix}
a+b & a+b & 2b & \cdots & \cdots & 2b & 2b & 2b \\
b & a & b & \cdots & \cdots & b & b & b \\
b & b & a & \ddots & \ddots & b & b & b \\
\vdots & \ddots & \ddots & \ddots & \ddots & \ddots & \ddots & \vdots \\
\vdots & \ddots & \ddots & \ddots & \ddots & \ddots & \ddots & \vdots \\
b & b & b & \ddots & \ddots & a & b & b \\
b & b & b & \ddots & \ddots & b & a & b \\
b & b & b & \cdots & \cdots & b & b & a
\end{vmatrix}
\overset{③\times1+①}{=}
\begin{vmatrix}
a+2b & a+2b & a+2b & \cdots & \cdots & 3b & 3b & 3b \\
b & a & b & \cdots & \cdots & b & b & b \\
b & b & a & \ddots & \ddots & b & b & b \\
\vdots & \ddots & \ddots & \ddots & \ddots & \ddots & \ddots & \vdots \\
\vdots & \ddots & \ddots & \ddots & \ddots & \ddots & \ddots & \vdots \\
b & b & b & \ddots & \ddots & a & b & b \\
b & b & b & \ddots & \ddots & b & a & b \\
b & b & b & \cdots & \cdots & b & b & a
\end{vmatrix}
$$

$$
\overset{④\times1+①}{=}\cdots\cdots\overset{ⓝ\times1+①}{=}
\begin{vmatrix}
a+(n-1)b & a+(n-1)b & a+(n-1)b & \cdots & \cdots & a+(n-1)b & a+(n-1)b & a+(n-1)b \\
b & a & b & \cdots & \cdots & b & b & b \\
b & b & a & \ddots & \ddots & b & b & b \\
\vdots & \ddots & \ddots & \ddots & \ddots & \ddots & \ddots & \vdots \\
\vdots & \ddots & \ddots & \ddots & \ddots & \ddots & \ddots & \vdots \\
b & b & b & \ddots & \ddots & a & b & b \\
b & b & b & \ddots & \ddots & b & a & b \\
b & b & b & \cdots & \cdots & b & b & a
\end{vmatrix}
$$

$$
=\{a+(n-1)b\}
\begin{vmatrix}
1 & 1 & 1 & \cdots & \cdots & 1 & 1 & 1 \\
b & a & b & \cdots & \cdots & b & b & b \\
b & b & a & \ddots & \ddots & b & b & b \\
\vdots & \ddots & \ddots & \ddots & \ddots & \ddots & \ddots & \vdots \\
\vdots & \ddots & \ddots & \ddots & \ddots & \ddots & \ddots & \vdots \\
b & b & b & \ddots & \ddots & a & b & b \\
b & b & b & \ddots & \ddots & b & a & b \\
b & b & b & \cdots & \cdots & b & b & a
\end{vmatrix}
\overset{\boxed{1}\times(-1)+\boxed{2}}{=}\{a+(n-1)b\}
\begin{vmatrix}
1 & 0 & 1 & \cdots & \cdots & 1 & 1 & 1 \\
b & a-b & b & \cdots & \cdots & b & b & b \\
b & 0 & a & \ddots & \ddots & b & b & b \\
\vdots & \vdots & \ddots & \ddots & \ddots & \ddots & \ddots & \vdots \\
\vdots & \vdots & \ddots & \ddots & \ddots & \ddots & \ddots & \vdots \\
b & 0 & b & \ddots & \ddots & a & b & b \\
b & 0 & b & \ddots & \ddots & b & a & b \\
b & 0 & b & \cdots & \cdots & b & b & a
\end{vmatrix}
$$

$$
\overset{\boxed{1}\times(-1)+\boxed{3}}{=}\{a+(n-1)b\}
\begin{vmatrix}
1 & 0 & 0 & \cdots & \cdots & 1 & 1 & 1 \\
b & a-b & 0 & \cdots & \cdots & b & b & b \\
b & 0 & a-b & \ddots & \ddots & b & b & b \\
\vdots & \vdots & \vdots & \ddots & \ddots & \ddots & \ddots & \vdots \\
\vdots & \vdots & \vdots & \ddots & \ddots & \ddots & \ddots & \vdots \\
b & 0 & 0 & \ddots & \ddots & a & b & b \\
b & 0 & 0 & \ddots & \ddots & b & a & b \\
b & 0 & 0 & \cdots & \cdots & b & b & a
\end{vmatrix}
$$

$$\overset{\boxed{1}\times(-1)+\boxed{4}}{=}\cdots\cdots\overset{\boxed{1}\times(-1)+\boxed{n}}{=}\{a+(n-1)b\}\begin{vmatrix} 1 & 0 & 0 & \cdots & \cdots & 0 & 0 & 0 \\ b & a-b & 0 & \cdots & \cdots & 0 & 0 & 0 \\ b & 0 & a-b & \ddots & \ddots & 0 & 0 & 0 \\ \vdots & \vdots & \ddots & \ddots & \ddots & \ddots & \ddots & \vdots \\ \vdots & \vdots & \ddots & \ddots & \ddots & \ddots & \ddots & \vdots \\ b & 0 & 0 & \ddots & \ddots & a-b & 0 & 0 \\ b & 0 & 0 & \ddots & \ddots & 0 & a-b & 0 \\ b & 0 & 0 & \cdots & \cdots & 0 & 0 & a-b \end{vmatrix}$$

$$\overset{\text{還元定理}}{=}\{a+(n-1)b\}\begin{vmatrix} a-b & 0 & 0 & \cdots & \cdots & 0 & 0 & 0 \\ 0 & a-b & 0 & \ddots & \ddots & 0 & 0 & 0 \\ 0 & 0 & a-b & \ddots & \ddots & 0 & 0 & 0 \\ \vdots & \ddots & \ddots & \ddots & \ddots & \ddots & \ddots & \vdots \\ \vdots & \ddots & \ddots & \ddots & \ddots & \ddots & \ddots & \vdots \\ 0 & 0 & 0 & \ddots & \ddots & a-b & 0 & 0 \\ 0 & 0 & 0 & \ddots & \ddots & 0 & a-b & 0 \\ 0 & 0 & 0 & \cdots & \cdots & 0 & 0 & a-b \end{vmatrix}$$

$$=\boldsymbol{\{a+(n-1)b\}(a-b)^{n-1}}$$

補足　EXERCISES 27 (8) は，本問において，$n=5$，$a=0$，$b=1$ の場合である。

36　文字を含む行列の行列式の計算　★★★

次の n 次正方行列の行列式を計算せよ。ただし，(2) では $a_1\neq 0$，$a_2\neq 0$，……，$a_n\neq 0$ とする。

(1) $\begin{vmatrix} x+a_1 & a_2 & \cdots & a_{n-1} & a_n \\ a_1 & x+a_2 & \ddots & a_{n-1} & a_n \\ \vdots & \ddots & \ddots & \ddots & \vdots \\ a_1 & a_2 & \ddots & x+a_{n-1} & a_n \\ a_1 & a_2 & \cdots & a_{n-1} & x+a_n \end{vmatrix}$

(2) $\begin{vmatrix} a_1+1 & 1 & \cdots & 1 & 1 \\ 1 & a_2+1 & \ddots & 1 & 1 \\ \vdots & \ddots & \ddots & \ddots & \vdots \\ 1 & 1 & \ddots & a_{n-1}+1 & 1 \\ 1 & 1 & \cdots & 1 & a_n+1 \end{vmatrix}$

(1) $$\begin{vmatrix} x+a_1 & a_2 & a_3 & \cdots & \cdots & a_{n-2} & a_{n-1} & a_n \\ a_1 & x+a_2 & a_3 & \ddots & \ddots & a_{n-2} & a_{n-1} & a_n \\ a_1 & a_2 & x+a_3 & \ddots & \ddots & a_{n-2} & a_{n-1} & a_n \\ \vdots & \ddots & \ddots & \ddots & \ddots & \ddots & \ddots & \vdots \\ \vdots & \ddots & \ddots & \ddots & \ddots & \ddots & \ddots & \vdots \\ a_1 & a_2 & a_3 & \ddots & \ddots & x+a_{n-2} & a_{n-1} & a_n \\ a_1 & a_2 & a_3 & \ddots & \ddots & a_{n-2} & x+a_{n-1} & a_n \\ a_1 & a_2 & a_3 & \cdots & \cdots & a_{n-2} & a_{n-1} & x+a_n \end{vmatrix}$$

EXERCISES

$$
\overset{\boxed{2}\times 1+\boxed{1}}{=}
\begin{vmatrix}
x+\sum_{i=1}^{2}a_i & a_2 & a_3 & \cdots & \cdots & a_{n-2} & a_{n-1} & a_n \\
x+\sum_{i=1}^{2}a_i & x+a_2 & a_3 & \ddots & \ddots & a_{n-2} & a_{n-1} & a_n \\
\sum_{i=1}^{2}a_i & a_2 & x+a_3 & \ddots & \ddots & a_{n-2} & a_{n-1} & a_n \\
\vdots & \vdots & \ddots & \ddots & \ddots & \ddots & \ddots & \vdots \\
\vdots & \vdots & \ddots & \ddots & \ddots & \ddots & \ddots & \vdots \\
\sum_{i=1}^{2}a_i & a_2 & a_3 & \ddots & \ddots & x+a_{n-2} & a_{n-1} & a_n \\
\sum_{i=1}^{2}a_i & a_2 & a_3 & \ddots & \ddots & a_{n-2} & x+a_{n-1} & a_n \\
\sum_{i=1}^{2}a_i & a_2 & a_3 & \cdots & \cdots & a_{n-2} & a_{n-1} & x+a_n
\end{vmatrix}
$$

$$
\overset{\boxed{3}\times 1+\boxed{1}}{=}
\begin{vmatrix}
x+\sum_{i=1}^{3}a_i & a_2 & a_3 & \cdots & \cdots & a_{n-2} & a_{n-1} & a_n \\
x+\sum_{i=1}^{3}a_i & x+a_2 & a_3 & \ddots & \ddots & a_{n-2} & a_{n-1} & a_n \\
x+\sum_{i=1}^{3}a_i & a_2 & x+a_3 & \ddots & \ddots & a_{n-2} & a_{n-1} & a_n \\
\vdots & \vdots & \ddots & \ddots & \ddots & \ddots & \ddots & \vdots \\
\vdots & \vdots & \ddots & \ddots & \ddots & \ddots & \ddots & \vdots \\
\sum_{i=1}^{3}a_i & a_2 & a_3 & \ddots & \ddots & x+a_{n-2} & a_{n-1} & a_n \\
\sum_{i=1}^{3}a_i & a_2 & a_3 & \ddots & \ddots & a_{n-2} & x+a_{n-1} & a_n \\
\sum_{i=1}^{3}a_i & a_2 & a_3 & \cdots & \cdots & a_{n-2} & a_{n-1} & x+a_n
\end{vmatrix}
$$

$$
\overset{\boxed{4}\times 1+\boxed{1}}{=} \cdots\cdots \overset{\boxed{n}\times 1+\boxed{1}}{=}
\begin{vmatrix}
x+\sum_{i=1}^{n}a_i & a_2 & a_3 & \cdots & \cdots & a_{n-2} & a_{n-1} & a_n \\
x+\sum_{i=1}^{n}a_i & x+a_2 & a_3 & \ddots & \ddots & a_{n-2} & a_{n-1} & a_n \\
x+\sum_{i=1}^{n}a_i & a_2 & x+a_3 & \ddots & \ddots & a_{n-2} & a_{n-1} & a_n \\
\vdots & \vdots & \ddots & \ddots & \ddots & \ddots & \ddots & \vdots \\
\vdots & \vdots & \ddots & \ddots & \ddots & \ddots & \ddots & \vdots \\
x+\sum_{i=1}^{n}a_i & a_2 & a_3 & \ddots & \ddots & x+a_{n-2} & a_{n-1} & a_n \\
x+\sum_{i=1}^{n}a_i & a_2 & a_3 & \ddots & \ddots & a_{n-2} & x+a_{n-1} & a_n \\
x+\sum_{i=1}^{n}a_i & a_2 & a_3 & \cdots & \cdots & a_{n-2} & a_{n-1} & x+a_n
\end{vmatrix}
$$

$$
=\left(x+\sum_{i=1}^{n}a_i\right)\begin{vmatrix}
1 & a_2 & a_3 & \cdots & \cdots & a_{n-2} & a_{n-1} & a_n \\
1 & x+a_2 & a_3 & \ddots & \ddots & a_{n-2} & a_{n-1} & a_n \\
1 & a_2 & x+a_3 & \ddots & \ddots & a_{n-2} & a_{n-1} & a_n \\
\vdots & \vdots & \ddots & \ddots & \ddots & \ddots & \ddots & \vdots \\
\vdots & \vdots & \ddots & \ddots & \ddots & \ddots & \ddots & \vdots \\
1 & a_2 & a_3 & \ddots & \ddots & x+a_{n-2} & a_{n-1} & a_n \\
1 & a_2 & a_3 & \ddots & \ddots & a_{n-2} & x+a_{n-1} & a_n \\
1 & a_2 & a_3 & \cdots & \cdots & a_{n-2} & a_{n-1} & x+a_n
\end{vmatrix}
$$

$$
\overset{\boxed{1}\times(-a_2)+\boxed{2}}{=}\left(x+\sum_{i=1}^{n}a_i\right)\begin{vmatrix}
1 & 0 & a_3 & \cdots & \cdots & a_{n-2} & a_{n-1} & a_n \\
1 & x & a_3 & \ddots & \ddots & a_{n-2} & a_{n-1} & a_n \\
1 & 0 & x+a_3 & \ddots & \ddots & a_{n-2} & a_{n-1} & a_n \\
\vdots & \vdots & \vdots & \ddots & \ddots & \ddots & \ddots & \vdots \\
\vdots & \vdots & \vdots & \ddots & \ddots & \ddots & \ddots & \vdots \\
1 & 0 & a_3 & \ddots & \ddots & x+a_{n-2} & a_{n-1} & a_n \\
1 & 0 & a_3 & \ddots & \ddots & a_{n-2} & x+a_{n-1} & a_n \\
1 & 0 & a_3 & \cdots & \cdots & a_{n-2} & a_{n-1} & x+a_n
\end{vmatrix}
$$

$$
\overset{\boxed{1}\times(-a_3)+\boxed{3}}{=}\left(x+\sum_{i=1}^{n}a_i\right)\begin{vmatrix}
1 & 0 & 0 & \cdots & \cdots & a_{n-2} & a_{n-1} & a_n \\
1 & x & 0 & \ddots & \ddots & a_{n-2} & a_{n-1} & a_n \\
1 & 0 & x & \ddots & \ddots & a_{n-2} & a_{n-1} & a_n \\
\vdots & \vdots & \ddots & \ddots & \ddots & \ddots & \ddots & \vdots \\
\vdots & \vdots & \ddots & \ddots & \ddots & \ddots & \ddots & \vdots \\
1 & 0 & 0 & \ddots & \ddots & x+a_{n-2} & a_{n-1} & a_n \\
1 & 0 & 0 & \ddots & \ddots & a_{n-2} & x+a_{n-1} & a_n \\
1 & 0 & 0 & \cdots & \cdots & a_{n-2} & a_{n-1} & x+a_n
\end{vmatrix}
$$

$$
\overset{\boxed{1}\times(-a_4)+\boxed{4}}{=}\cdots\cdots\overset{\boxed{1}\times(-a_n)+\boxed{n}}{=}\left(x+\sum_{i=1}^{n}a_i\right)\begin{vmatrix}
1 & 0 & 0 & \cdots & \cdots & 0 & 0 & 0 \\
1 & x & 0 & \cdots & \cdots & 0 & 0 & 0 \\
1 & 0 & x & \ddots & \ddots & 0 & 0 & 0 \\
\vdots & \ddots & \ddots & \ddots & \ddots & \ddots & \ddots & \vdots \\
\vdots & \ddots & \ddots & \ddots & \ddots & \ddots & \ddots & \vdots \\
1 & 0 & 0 & \ddots & \ddots & x & 0 & 0 \\
1 & 0 & 0 & \ddots & \ddots & 0 & x & 0 \\
1 & 0 & 0 & \cdots & \cdots & 0 & 0 & x
\end{vmatrix}
$$

$$
\overset{\text{還元定理}}{=}\left(x+\sum_{i=1}^{n}a_i\right)\begin{vmatrix}
x & 0 & 0 & \cdots & \cdots & 0 & 0 & 0 \\
0 & x & 0 & \ddots & \ddots & 0 & 0 & 0 \\
0 & 0 & x & \ddots & \ddots & 0 & 0 & 0 \\
\vdots & \ddots & \ddots & \ddots & \ddots & \ddots & \ddots & \vdots \\
\vdots & \ddots & \ddots & \ddots & \ddots & \ddots & \ddots & \vdots \\
0 & 0 & 0 & \ddots & \ddots & x & 0 & 0 \\
0 & 0 & 0 & \ddots & \ddots & 0 & x & 0 \\
0 & 0 & 0 & \cdots & \cdots & 0 & 0 & x
\end{vmatrix}=\boldsymbol{x^{n-1}\left(x+\sum_{i=1}^{n}a_i\right)}
$$

(2)
$$\begin{vmatrix} a_1+1 & 1 & 1 & \cdots & \cdots & 1 & 1 & 1 \\ 1 & a_2+1 & 1 & \ddots & \ddots & 1 & 1 & 1 \\ 1 & 1 & a_3+1 & \ddots & \ddots & 1 & 1 & 1 \\ \vdots & \ddots & \ddots & \ddots & \ddots & \ddots & \ddots & \vdots \\ \vdots & \ddots & \ddots & \ddots & \ddots & \ddots & \ddots & \vdots \\ 1 & 1 & 1 & \ddots & \ddots & a_{n-2}+1 & 1 & 1 \\ 1 & 1 & 1 & \ddots & \ddots & 1 & a_{n-1}+1 & 1 \\ 1 & 1 & 1 & \cdots & \cdots & 1 & 1 & a_n+1 \end{vmatrix}$$

$$=a_1\begin{vmatrix} 1+\frac{1}{a_1} & 1 & 1 & \cdots & \cdots & 1 & 1 & 1 \\ \frac{1}{a_1} & a_2+1 & 1 & \ddots & \ddots & 1 & 1 & 1 \\ \frac{1}{a_1} & 1 & a_3+1 & \ddots & \ddots & 1 & 1 & 1 \\ \vdots & \vdots & \ddots & \ddots & \ddots & \ddots & \ddots & \vdots \\ \vdots & \vdots & \ddots & \ddots & \ddots & \ddots & \ddots & \vdots \\ \frac{1}{a_1} & 1 & 1 & \ddots & \ddots & a_{n-2}+1 & 1 & 1 \\ \frac{1}{a_1} & 1 & 1 & \ddots & \ddots & 1 & a_{n-1}+1 & 1 \\ \frac{1}{a_1} & 1 & 1 & \cdots & \cdots & 1 & 1 & a_n+1 \end{vmatrix}$$

$$=a_1a_2\begin{vmatrix} 1+\frac{1}{a_1} & \frac{1}{a_2} & 1 & \cdots & \cdots & 1 & 1 & 1 \\ \frac{1}{a_1} & 1+\frac{1}{a_2} & 1 & \ddots & \ddots & 1 & 1 & 1 \\ \frac{1}{a_1} & \frac{1}{a_2} & a_3+1 & \ddots & \ddots & 1 & 1 & 1 \\ \vdots & \vdots & \vdots & \ddots & \ddots & \ddots & \ddots & \vdots \\ \vdots & \vdots & \vdots & \ddots & \ddots & \ddots & \ddots & \vdots \\ \frac{1}{a_1} & \frac{1}{a_2} & 1 & \ddots & \ddots & a_{n-2}+1 & 1 & 1 \\ \frac{1}{a_1} & \frac{1}{a_2} & 1 & \ddots & \ddots & 1 & a_{n-1}+1 & 1 \\ \frac{1}{a_1} & \frac{1}{a_2} & 1 & \cdots & \cdots & 1 & 1 & a_n+1 \end{vmatrix}$$

$$
=\cdots\cdots=a_1a_2\cdot\cdots\cdots\cdot a_n
\begin{vmatrix}
1+\dfrac{1}{a_1} & \dfrac{1}{a_2} & \dfrac{1}{a_3} & \cdots & \cdots & \dfrac{1}{a_{n-2}} & \dfrac{1}{a_{n-1}} & \dfrac{1}{a_n} \\
\dfrac{1}{a_1} & 1+\dfrac{1}{a_2} & \dfrac{1}{a_3} & \ddots & \ddots & \dfrac{1}{a_{n-2}} & \dfrac{1}{a_{n-1}} & \dfrac{1}{a_n} \\
\dfrac{1}{a_1} & \dfrac{1}{a_2} & 1+\dfrac{1}{a_3} & \ddots & \ddots & \dfrac{1}{a_{n-2}} & \dfrac{1}{a_{n-1}} & \dfrac{1}{a_n} \\
\vdots & \ddots & \ddots & \ddots & \ddots & \ddots & \ddots & \vdots \\
\vdots & \ddots & \ddots & \ddots & \ddots & \ddots & \ddots & \vdots \\
\dfrac{1}{a_1} & \dfrac{1}{a_2} & \dfrac{1}{a_3} & \ddots & \ddots & 1+\dfrac{1}{a_{n-2}} & \dfrac{1}{a_{n-1}} & \dfrac{1}{a_n} \\
\dfrac{1}{a_1} & \dfrac{1}{a_2} & \dfrac{1}{a_3} & \ddots & \ddots & \dfrac{1}{a_{n-2}} & 1+\dfrac{1}{a_{n-1}} & \dfrac{1}{a_n} \\
\dfrac{1}{a_1} & \dfrac{1}{a_2} & \dfrac{1}{a_3} & \cdots & \cdots & \dfrac{1}{a_{n-2}} & \dfrac{1}{a_{n-1}} & 1+\dfrac{1}{a_n}
\end{vmatrix}
$$

$$
=a_1a_2\cdot\cdots\cdots\cdot a_n\cdot 1^{n-1}\cdot\left(1+\sum_{i=1}^{n}\frac{1}{a_i}\right)=\boldsymbol{a_1a_2\cdot\cdots\cdots\cdot a_n\left(1+\sum_{i=1}^{n}\frac{1}{a_i}\right)}
$$

◀(1) より。

37 ベクトル空間の部分空間であることの証明 ★☆☆

次の問いに答えよ。

(1) $\{a_n\}$ を実数列とする。数列 $\{a_n\}$ で，すべての自然数 n について漸化式 $a_{n+2}+4a_{n+1}+7a_n=0$ を満たすもの全体のなす集合は，R^{N} の部分空間であることを示せ。

(2) $\{b_n\}$ を実数列とする。数列 $\{b_n\}$ で，実数の値に収束するもの全体のなす集合は，R^{N} の部分空間であることを示せ。

(3) $C^0(\mathrm{R})$ を R 上の連続関数全体のなす集合とすると，$C^0(\mathrm{R})$ は $F(\mathrm{R})$ の部分空間であることを示せ。

(1) 数列 $\{a_n\}$ で，すべての自然数 n について漸化式 $a_{n+2}+4a_{n+1}+7a_n=0$ を満たすもの全体のなす集合を W_1 とする。

[1] $\mathbf{0}=\{0,\ 0,\ \cdots\cdots\}$ であるが，$0+4\cdot 0+7\cdot 0=0$ であるから，$\mathbf{0}\in W_1$ を満たす。

[2] $\{a_n\}\in W_1$，$\{a_n'\}\in W_1$ とすると，$a_{n+2}+4a_{n+1}+7a_n=0$，$a_{n+2}'+4a_{n+1}'+7a_n'=0$ が成り立つ。

ここで　$(a_{n+2}+a_{n+2}')+4(a_{n+1}+a_{n+1}')+7(a_n+a_n')$

$=(a_{n+2}+4a_{n+1}+7a_n)+(a_{n+2}'+4a_{n+1}'+7a_n')$

$=0+0=0$

よって，$\{a_n\}+\{a_n'\}\in W_1$ を満たす。

[3] $\{a_n\}\in W_1$ とすると，$a_{n+2}+4a_{n+1}+7a_n=0$ が成り立つ。

$c\in\mathrm{R}$ とすると　$ca_{n+2}+4\cdot ca_{n+1}+7\cdot ca_n=c(a_{n+2}+4a_{n+1}+7a_n)=c\cdot 0=0$

よって，$c\{a_n\}\in W_1$ を満たす。

以上から，W_1 は R^{N} の部分空間である。■

(2) 数列 $\{b_n\}$ で，実数の値に収束するもの全体のなす集合を W_2 とする。

[1] $\mathbf{0}=\{0,\ 0,\ \cdots\cdots\}$ であるが，これは 0 に収束しているから，$\mathbf{0}\in W_2$ を満たす。

[2] $\{b_n\}\in W_2$，$\{b_n'\}\in W_2$ とすると，$\{b_n\}$，$\{b_n'\}$ は実数列で，実数の値に収束するから，$\lim\limits_{n\to\infty}b_n=p$，$\lim\limits_{n\to\infty}b_n'=q$ とする。

実数列の和は実数列であり，$\lim_{n\to\infty}(b_n+b_n')=\lim_{n\to\infty}b_n+\lim_{n\to\infty}b_n'=p+q$ となる。

よって，$\{b_n\}+\{b_n'\}\in W_2$ を満たす。

[3] $\{b_n\}\in W_2$ とすると，$\{b_n\}$ は実数列で，実数の値に収束するから，$\lim_{n\to\infty}b_n=p$ とする。

実数列の定数倍は実数列であり，$c\in\mathbb{R}$ とすると，$\lim_{n\to\infty}cb_n=c\lim_{n\to\infty}b_n=cp$ となる。

よって，$c\{b_n\}\in W_2$ を満たす。

以上から，W_2 は $\mathbb{R}^{\mathbb{N}}$ の部分空間である。■

(3) [1] 関数 f が，任意の $x\in\mathbb{R}$ に対して $f(x)=0$ で定められるとき，f は $\mathbb{R}$ 上の連続関数であるから，$f\in C^0(\mathbb{R})$ を満たす。

[2] $f\in C^0(\mathbb{R})$，$g\in C^0(\mathbb{R})$ とすると，連続関数の和は連続関数であるから，$f+g\in C^0(\mathbb{R})$ を満たす。

[3] $f\in C^0(\mathbb{R})$，$c\in\mathbb{R}$ とすると，連続関数の定数倍は連続関数であるから，$cf\in C^0(\mathbb{R})$ を満たす。

以上から，$C^0(\mathbb{R})$ は $F(\mathbb{R})$ の部分空間である。■

38 1次従属であるための条件 ★☆☆

次の $\mathbb{R}^3$ のベクトルの組が1次従属となるように，a の値を定めよ。

(1) $\left\{\begin{pmatrix}2\\1\\a\end{pmatrix},\begin{pmatrix}1\\2\\0\end{pmatrix},\begin{pmatrix}1\\-1\\1\end{pmatrix}\right\}$　(2) $\left\{\begin{pmatrix}a\\1\\0\end{pmatrix},\begin{pmatrix}1\\a\\1\end{pmatrix},\begin{pmatrix}0\\1\\a\end{pmatrix}\right\}$

(1) $A=\begin{pmatrix}2&1&1\\1&2&-1\\a&0&1\end{pmatrix}$ とすると，$\left\{\begin{pmatrix}2\\1\\a\end{pmatrix},\begin{pmatrix}1\\2\\0\end{pmatrix},\begin{pmatrix}1\\-1\\1\end{pmatrix}\right\}$ が1次従属となるための条件は，

$\operatorname{rank}A\neq3$ となることである。

行列 A に行基本変形を施すと

$$\begin{pmatrix}2&1&1\\1&2&-1\\a&0&1\end{pmatrix}\xrightarrow{①\leftrightarrow②}\begin{pmatrix}1&2&-1\\2&1&1\\a&0&1\end{pmatrix}\xrightarrow{①\times(-2)+②}\begin{pmatrix}1&2&-1\\0&-3&3\\a&0&1\end{pmatrix}\xrightarrow{①\times(-a)+③}\begin{pmatrix}1&2&-1\\0&-3&3\\0&-2a&a+1\end{pmatrix}$$

$$\xrightarrow{②\times\left(-\frac{1}{3}\right)}\begin{pmatrix}1&2&-1\\0&1&-1\\0&-2a&a+1\end{pmatrix}\xrightarrow{②\times(-2)+①}\begin{pmatrix}1&0&1\\0&1&-1\\0&-2a&a+1\end{pmatrix}\xrightarrow{②\times2a+③}\begin{pmatrix}1&0&1\\0&1&-1\\0&0&-a+1\end{pmatrix}$$

よって，$a=1$ のとき $\operatorname{rank}A=2$，$a\neq1$ のとき $\operatorname{rank}A=3$ であるから　$\boldsymbol{a=1}$

(2) $B=\begin{pmatrix}a&1&0\\1&a&1\\0&1&a\end{pmatrix}$ とすると，$\left\{\begin{pmatrix}a\\1\\0\end{pmatrix},\begin{pmatrix}1\\a\\1\end{pmatrix},\begin{pmatrix}0\\1\\a\end{pmatrix}\right\}$ が1次従属となるための条件は，$\operatorname{rank}B\neq3$

となることである。

$a=0,\ \pm\sqrt{2}$ のとき $\operatorname{rank}B=2$，$a\neq0,\ \pm\sqrt{2}$ のとき $\operatorname{rank}B=3$　◀EXERCISES 12 (1) より。

であるから　$\boldsymbol{a=0,\ \pm\sqrt{2}}$

39　同次連立 1 次方程式の解空間の基底と次元　★☆☆

次の同次連立 1 次方程式の解空間の基底と次元を求めよ。

(1) $\begin{cases} x+y+\ z+\ w=0 \\ \quad y+3z-2w=0 \end{cases}$　　(2) $\begin{cases} x+3y+2z=0 \\ 3x+4y+2z=0 \\ -\ x+2y+2z=0 \end{cases}$

(3) $\begin{cases} x+\ y-\ z+\ w=0 \\ -\ x \quad -\ z+2w=0 \\ 4x+3y-2z+\ w=0 \end{cases}$　　(4) $\begin{cases} x+8y+6z+5u+3v=0 \\ x+3y+2z+\ u+\ v=0 \\ -x+2y+2z+\ u+3v=0 \end{cases}$

(1) 同次連立 1 次方程式 $\begin{cases} x+y+\ z+\ w=0 \\ \quad y+3z-2w=0 \end{cases}$ を，行列を用いて表したときの係数行列を簡約階段化すると

$$\begin{pmatrix} 1 & 1 & 1 & 1 \\ 0 & 1 & 3 & -2 \end{pmatrix} \xrightarrow{②\times(-1)+①} \begin{pmatrix} 1 & 0 & -2 & 3 \\ 0 & 1 & 3 & -2 \end{pmatrix}$$

よって，与えられた同次連立 1 次方程式は $\begin{cases} x \quad -2z+3w=0 \\ \quad y+3z-2w=0 \end{cases}$ と同値である。

これを解くと $\begin{cases} x=\ \ 2c-3d \\ y=-3c+2d \\ z=\ \ c \\ w=\ \ d \end{cases}$ すなわち $\begin{pmatrix} x \\ y \\ z \\ w \end{pmatrix}=c\begin{pmatrix} 2 \\ -3 \\ 1 \\ 0 \end{pmatrix}+d\begin{pmatrix} -3 \\ 2 \\ 0 \\ 1 \end{pmatrix}$ （c，d は任意定数）

$\left\{\begin{pmatrix} 2 \\ -3 \\ 1 \\ 0 \end{pmatrix}, \begin{pmatrix} -3 \\ 2 \\ 0 \\ 1 \end{pmatrix}\right\}$ は 1 次独立であるから，解空間の基底は $\left\{\begin{pmatrix} \mathbf{2} \\ \mathbf{-3} \\ \mathbf{1} \\ \mathbf{0} \end{pmatrix}, \begin{pmatrix} \mathbf{-3} \\ \mathbf{2} \\ \mathbf{0} \\ \mathbf{1} \end{pmatrix}\right\}$ であり，解空間の次元は **2** である。

(2) 同次連立 1 次方程式 $\begin{cases} x+3y+2z=0 \\ 3x+4y+2z=0 \\ -\ x+2y+2z=0 \end{cases}$ を，行列を用いて表したときの係数行列を簡約階段化すると

$$\begin{pmatrix} 1 & 3 & 2 \\ 3 & 4 & 2 \\ -1 & 2 & 2 \end{pmatrix} \xrightarrow{①\times(-3)+②} \begin{pmatrix} 1 & 3 & 2 \\ 0 & -5 & -4 \\ -1 & 2 & 2 \end{pmatrix} \xrightarrow{①\times1+③} \begin{pmatrix} 1 & 3 & 2 \\ 0 & -5 & -4 \\ 0 & 5 & 4 \end{pmatrix}$$

$$\xrightarrow{②\times\left(-\frac{1}{5}\right)} \begin{pmatrix} 1 & 3 & 2 \\ 0 & 1 & \frac{4}{5} \\ 0 & 5 & 4 \end{pmatrix} \xrightarrow{②\times(-3)+①} \begin{pmatrix} 1 & 0 & -\frac{2}{5} \\ 0 & 1 & \frac{4}{5} \\ 0 & 5 & 4 \end{pmatrix} \xrightarrow{②\times(-5)+③} \begin{pmatrix} 1 & 0 & -\frac{2}{5} \\ 0 & 1 & \frac{4}{5} \\ 0 & 0 & 0 \end{pmatrix}$$

よって，与えられた同次連立 1 次方程式は $\begin{cases} x \quad -\frac{2}{5}z=0 \\ \quad y+\frac{4}{5}z=0 \end{cases}$ と同値である。

これを解くと $\begin{cases} x=\ \ 2c \\ y=-4c \\ z=\ \ 5c \end{cases}$ すなわち $\begin{pmatrix} x \\ y \\ z \end{pmatrix}=c\begin{pmatrix} 2 \\ -4 \\ 5 \end{pmatrix}$ （c は任意定数）

$\left\{\begin{pmatrix} 2 \\ -4 \\ 5 \end{pmatrix}\right\}$ は1次独立であるから，解空間の基底は $\left\{\begin{pmatrix} \mathbf{2} \\ \mathbf{-4} \\ \mathbf{5} \end{pmatrix}\right\}$ であり，解空間の次元は **1** である。

(3) 同次連立1次方程式 $\begin{cases} x+y-z+w=0 \\ -x-z+2w=0 \\ 4x+3y-2z+w=0 \end{cases}$ を，行列を用いて表したときの係数行列を簡約階段化すると

$$\begin{pmatrix} 1 & 1 & -1 & 1 \\ -1 & 0 & -1 & 2 \\ 4 & 3 & -2 & 1 \end{pmatrix} \xrightarrow{①\times1+②} \begin{pmatrix} 1 & 1 & -1 & 1 \\ 0 & 1 & -2 & 3 \\ 4 & 3 & -2 & 1 \end{pmatrix} \xrightarrow{①\times(-4)+③} \begin{pmatrix} 1 & 1 & -1 & 1 \\ 0 & 1 & -2 & 3 \\ 0 & -1 & 2 & -3 \end{pmatrix}$$

$$\xrightarrow{②\times(-1)+①} \begin{pmatrix} 1 & 0 & 1 & -2 \\ 0 & 1 & -2 & 3 \\ 0 & -1 & 2 & -3 \end{pmatrix} \xrightarrow{②\times1+③} \begin{pmatrix} 1 & 0 & 1 & -2 \\ 0 & 1 & -2 & 3 \\ 0 & 0 & 0 & 0 \end{pmatrix}$$

よって，与えられた同次連立1次方程式は $\begin{cases} x+z-2w=0 \\ y-2z+3w=0 \end{cases}$ と同値である。

これを解くと $\begin{cases} x=-c+2d \\ y=2c-3d \\ z=c \\ w=d \end{cases}$ すなわち $\begin{pmatrix} x \\ y \\ z \\ w \end{pmatrix}=c\begin{pmatrix} -1 \\ 2 \\ 1 \\ 0 \end{pmatrix}+d\begin{pmatrix} 2 \\ -3 \\ 0 \\ 1 \end{pmatrix}$ （c，d は任意定数）

$\left\{\begin{pmatrix} -1 \\ 2 \\ 1 \\ 0 \end{pmatrix}, \begin{pmatrix} 2 \\ -3 \\ 0 \\ 1 \end{pmatrix}\right\}$ は1次独立であるから，解空間の基底は $\left\{\begin{pmatrix} \mathbf{-1} \\ \mathbf{2} \\ \mathbf{1} \\ \mathbf{0} \end{pmatrix}, \begin{pmatrix} \mathbf{2} \\ \mathbf{-3} \\ \mathbf{0} \\ \mathbf{1} \end{pmatrix}\right\}$ であり，解空間の次元は **2** である。

(4) 同次連立1次方程式 $\begin{cases} x+8y+6z+5u+3v=0 \\ x+3y+2z+u+v=0 \\ -x+2y+2z+u+3v=0 \end{cases}$ を，行列を用いて表したときの係数行列を簡約階段化すると

$$\begin{pmatrix} 1 & 8 & 6 & 5 & 3 \\ 1 & 3 & 2 & 1 & 1 \\ -1 & 2 & 2 & 1 & 3 \end{pmatrix} \xrightarrow{①\times(-1)+②} \begin{pmatrix} 1 & 8 & 6 & 5 & 3 \\ 0 & -5 & -4 & -4 & -2 \\ -1 & 2 & 2 & 1 & 3 \end{pmatrix} \xrightarrow{①\times1+③} \begin{pmatrix} 1 & 8 & 6 & 5 & 3 \\ 0 & -5 & -4 & -4 & -2 \\ 0 & 10 & 8 & 6 & 6 \end{pmatrix}$$

$$\xrightarrow{②\times\left(-\frac{1}{5}\right)} \begin{pmatrix} 1 & 8 & 6 & 5 & 3 \\ 0 & 1 & \frac{4}{5} & \frac{4}{5} & \frac{2}{5} \\ 0 & 10 & 8 & 6 & 6 \end{pmatrix} \xrightarrow{②\times(-8)+①} \begin{pmatrix} 1 & 0 & -\frac{2}{5} & -\frac{7}{5} & -\frac{1}{5} \\ 0 & 1 & \frac{4}{5} & \frac{4}{5} & \frac{2}{5} \\ 0 & 10 & 8 & 6 & 6 \end{pmatrix} \xrightarrow{②\times(-10)+③} \begin{pmatrix} 1 & 0 & -\frac{2}{5} & -\frac{7}{5} & -\frac{1}{5} \\ 0 & 1 & \frac{4}{5} & \frac{4}{5} & \frac{2}{5} \\ 0 & 0 & 0 & -2 & 2 \end{pmatrix}$$

$$\xrightarrow{③\times\left(-\frac{1}{2}\right)} \begin{pmatrix} 1 & 0 & -\frac{2}{5} & -\frac{7}{5} & -\frac{1}{5} \\ 0 & 1 & \frac{4}{5} & \frac{4}{5} & \frac{2}{5} \\ 0 & 0 & 0 & 1 & -1 \end{pmatrix} \xrightarrow{③\times\frac{7}{5}+①} \begin{pmatrix} 1 & 0 & -\frac{2}{5} & 0 & -\frac{8}{5} \\ 0 & 1 & \frac{4}{5} & \frac{4}{5} & \frac{2}{5} \\ 0 & 0 & 0 & 1 & -1 \end{pmatrix} \xrightarrow{③\times\left(-\frac{4}{5}\right)+②} \begin{pmatrix} 1 & 0 & -\frac{2}{5} & 0 & -\frac{8}{5} \\ 0 & 1 & \frac{4}{5} & 0 & \frac{6}{5} \\ 0 & 0 & 0 & 1 & -1 \end{pmatrix}$$

よって，与えられた同次連立 1 次方程式は $\begin{cases} x \quad -\dfrac{2}{5}z \quad -\dfrac{8}{5}v=0 \\ y+\dfrac{4}{5}z \quad +\dfrac{6}{5}v=0 \\ u- \quad v=0 \end{cases}$ と同値である。

これを解くと $\begin{cases} x= \quad 2c+8d \\ y=-4c-6d \\ z= \quad 5c \\ u= \quad\quad 5d \\ v= \quad\quad 5d \end{cases}$ すなわち $\begin{pmatrix} x \\ y \\ z \\ u \\ v \end{pmatrix}=c\begin{pmatrix} 2 \\ -4 \\ 5 \\ 0 \\ 0 \end{pmatrix}+d\begin{pmatrix} 8 \\ -6 \\ 0 \\ 5 \\ 5 \end{pmatrix}$ （c，d は任意定数）

$\left\{\begin{pmatrix} 2 \\ -4 \\ 5 \\ 0 \\ 0 \end{pmatrix}, \begin{pmatrix} 8 \\ -6 \\ 0 \\ 5 \\ 5 \end{pmatrix}\right\}$ は 1 次独立であるから，解空間の基底は $\left\{\begin{pmatrix} \mathbf{2} \\ \mathbf{-4} \\ \mathbf{5} \\ \mathbf{0} \\ \mathbf{0} \end{pmatrix}, \begin{pmatrix} \mathbf{8} \\ \mathbf{-6} \\ \mathbf{0} \\ \mathbf{5} \\ \mathbf{5} \end{pmatrix}\right\}$ であり，解空間の次元は **2** である。

40　生成された部分空間の和　★★☆

V をベクトル空間とするとき，$\boldsymbol{v}_1\in V$，$\boldsymbol{v}_2\in V$，……，$\boldsymbol{v}_n\in V$ および $\boldsymbol{w}_1\in V$，$\boldsymbol{w}_2\in V$，……，$\boldsymbol{w}_m\in V$ に対し，次が成り立つことを示せ。

$\langle \boldsymbol{v}_1, \boldsymbol{v}_2, \cdots\cdots, \boldsymbol{v}_n\rangle+\langle \boldsymbol{w}_1, \boldsymbol{w}_2, \cdots\cdots, \boldsymbol{w}_m\rangle=\langle \boldsymbol{v}_1, \boldsymbol{v}_2, \cdots\cdots, \boldsymbol{v}_n, \boldsymbol{w}_1, \boldsymbol{w}_2, \cdots\cdots, \boldsymbol{w}_m\rangle$

$\boldsymbol{v}\in\langle \boldsymbol{v}_1, \boldsymbol{v}_2, \cdots\cdots, \boldsymbol{v}_n\rangle$ は，ある $a_1\in\mathbb{R}$，$a_2\in\mathbb{R}$，……，$a_n\in\mathbb{R}$ を用いて，
$\boldsymbol{v}=a_1\boldsymbol{v}_1+a_2\boldsymbol{v}_2+\cdots\cdots+a_n\boldsymbol{v}_n$ と書ける。同様に，$\boldsymbol{w}\in\langle \boldsymbol{w}_1, \boldsymbol{w}_2, \cdots\cdots, \boldsymbol{w}_m\rangle$ は，ある $b_1\in\mathbb{R}$，$b_2\in\mathbb{R}$，……，$b_m\in\mathbb{R}$ を用いて，$\boldsymbol{w}=b_1\boldsymbol{w}_1+b_2\boldsymbol{w}_2+\cdots\cdots+b_m\boldsymbol{w}_m$ と書ける。

このとき　$\boldsymbol{v}+\boldsymbol{w}=a_1\boldsymbol{v}_1+a_2\boldsymbol{v}_2+\cdots\cdots+a_n\boldsymbol{v}_n+b_1\boldsymbol{w}_1+b_2\boldsymbol{w}_2+\cdots\cdots+b_m\boldsymbol{w}_m$

よって　$\boldsymbol{v}+\boldsymbol{w}\in\langle \boldsymbol{v}_1, \boldsymbol{v}_2, \cdots\cdots, \boldsymbol{v}_n, \boldsymbol{w}_1, \boldsymbol{w}_2, \cdots\cdots, \boldsymbol{w}_m\rangle$

ゆえに　$\langle \boldsymbol{v}_1, \boldsymbol{v}_2, \cdots\cdots, \boldsymbol{v}_n\rangle+\langle \boldsymbol{w}_1, \boldsymbol{w}_2, \cdots\cdots, \boldsymbol{w}_m\rangle\subset\langle \boldsymbol{v}_1, \boldsymbol{v}_2, \cdots\cdots, \boldsymbol{v}_n, \boldsymbol{w}_1, \boldsymbol{w}_2, \cdots\cdots, \boldsymbol{w}_m\rangle$

逆に，$\boldsymbol{u}\in\langle \boldsymbol{v}_1, \boldsymbol{v}_2, \cdots\cdots, \boldsymbol{v}_n, \boldsymbol{w}_1, \boldsymbol{w}_2, \cdots\cdots, \boldsymbol{w}_m\rangle$ は，
ある $c_1\in\mathbb{R}$，$c_2\in\mathbb{R}$，……，$c_n\in\mathbb{R}$，$d_1\in\mathbb{R}$，$d_2\in\mathbb{R}$，……，$d_m\in\mathbb{R}$ を用いて，
$\boldsymbol{u}=c_1\boldsymbol{v}_1+c_2\boldsymbol{v}_2+\cdots\cdots+c_n\boldsymbol{v}_n+d_1\boldsymbol{w}_1+d_2\boldsymbol{w}_2+\cdots\cdots+d_m\boldsymbol{w}_m$ と書ける。
ここで，$\boldsymbol{s}=c_1\boldsymbol{v}_1+c_2\boldsymbol{v}_2+\cdots\cdots+c_n\boldsymbol{v}_n$，$\boldsymbol{t}=d_1\boldsymbol{w}_1+d_2\boldsymbol{w}_2+\cdots\cdots+d_m\boldsymbol{w}_m$ とすると，
$\boldsymbol{s}\in\langle \boldsymbol{v}_1, \boldsymbol{v}_2, \cdots\cdots, \boldsymbol{v}_n\rangle$，$\boldsymbol{t}\in\langle \boldsymbol{w}_1, \boldsymbol{w}_2, \cdots\cdots, \boldsymbol{w}_m\rangle$ であり，$\boldsymbol{u}=\boldsymbol{s}+\boldsymbol{t}$ となる。

よって　$\boldsymbol{u}\in\langle \boldsymbol{v}_1, \boldsymbol{v}_2, \cdots\cdots, \boldsymbol{v}_n\rangle+\langle \boldsymbol{w}_1, \boldsymbol{w}_2, \cdots\cdots, \boldsymbol{w}_m\rangle$

ゆえに　$\langle \boldsymbol{v}_1, \boldsymbol{v}_2, \cdots\cdots, \boldsymbol{v}_n\rangle+\langle \boldsymbol{w}_1, \boldsymbol{w}_2, \cdots\cdots, \boldsymbol{w}_m\rangle\supset\langle \boldsymbol{v}_1, \boldsymbol{v}_2, \cdots\cdots, \boldsymbol{v}_n, \boldsymbol{w}_1, \boldsymbol{w}_2, \cdots\cdots, \boldsymbol{w}_m\rangle$

したがって

$\langle \boldsymbol{v}_1, \boldsymbol{v}_2, \cdots\cdots, \boldsymbol{v}_n\rangle+\langle \boldsymbol{w}_1, \boldsymbol{w}_2, \cdots\cdots, \boldsymbol{w}_m\rangle=\langle \boldsymbol{v}_1, \boldsymbol{v}_2, \cdots\cdots, \boldsymbol{v}_n, \boldsymbol{w}_1, \boldsymbol{w}_2, \cdots\cdots, \boldsymbol{w}_m\rangle$ ■

41　基底の構成と非自明な 1 次関係式 ★★☆

(1) $\boldsymbol{x}_1=\begin{pmatrix}-3\\1\\2\end{pmatrix}$, $\boldsymbol{x}_2=\begin{pmatrix}1\\2\\3\end{pmatrix}$, $\boldsymbol{x}_3=\begin{pmatrix}9\\4\\5\end{pmatrix}$, $\boldsymbol{x}_4=\begin{pmatrix}2\\-1\\4\end{pmatrix}$ とするとき，$\{\boldsymbol{x}_1, \boldsymbol{x}_2, \boldsymbol{x}_3, \boldsymbol{x}_4\}$ からいくつかベクトルを選んで R^3 の基底を作り，$\boldsymbol{x}_1$，$\boldsymbol{x}_2$，$\boldsymbol{x}_3$，$\boldsymbol{x}_4$ の非自明な 1 次関係式を 1 つ求めよ。

(2) $\boldsymbol{y}_1=\begin{pmatrix}1\\2\\3\\-1\end{pmatrix}$, $\boldsymbol{y}_2=\begin{pmatrix}1\\4\\0\\2\end{pmatrix}$, $\boldsymbol{y}_3=\begin{pmatrix}0\\3\\1\\1\end{pmatrix}$, $\boldsymbol{y}_4=\begin{pmatrix}7\\7\\4\\0\end{pmatrix}$, $\boldsymbol{y}_5=\begin{pmatrix}2\\3\\-5\\1\end{pmatrix}$ とするとき，$\{\boldsymbol{y}_1, \boldsymbol{y}_2, \boldsymbol{y}_3, \boldsymbol{y}_4, \boldsymbol{y}_5\}$ からいくつかベクトルを選んで R^4 の基底を作り，$\boldsymbol{y}_1$，$\boldsymbol{y}_2$，$\boldsymbol{y}_3$，$\boldsymbol{y}_4$，$\boldsymbol{y}_5$ の非自明な 1 次関係式を 1 つ求めよ。

(3) $\boldsymbol{z}_1=\begin{pmatrix}1\\0\\3\\-2\end{pmatrix}$, $\boldsymbol{z}_2=\begin{pmatrix}2\\1\\-2\\1\end{pmatrix}$, $\boldsymbol{z}_3=\begin{pmatrix}5\\3\\-9\\5\end{pmatrix}$, $\boldsymbol{z}_4=\begin{pmatrix}1\\-1\\3\\0\end{pmatrix}$, $\boldsymbol{z}_5=\begin{pmatrix}1\\3\\-5\\-1\end{pmatrix}$, $\boldsymbol{z}_6=\begin{pmatrix}2\\5\\-7\\-6\end{pmatrix}$ とするとき，$\{\boldsymbol{z}_1, \boldsymbol{z}_2, \boldsymbol{z}_3, \boldsymbol{z}_4, \boldsymbol{z}_5, \boldsymbol{z}_6\}$ からいくつかベクトルを選んで R^4 の基底を作り，$\boldsymbol{z}_1$，$\boldsymbol{z}_2$，$\boldsymbol{z}_3$，$\boldsymbol{z}_4$，$\boldsymbol{z}_5$，$\boldsymbol{z}_6$ の非自明な 1 次関係式を 1 つ求めよ。

(4) $\boldsymbol{v}_1=\begin{pmatrix}1\\1\\2\\1\\3\end{pmatrix}$, $\boldsymbol{v}_2=\begin{pmatrix}2\\4\\5\\3\\5\end{pmatrix}$, $\boldsymbol{v}_3=\begin{pmatrix}1\\7\\5\\4\\0\end{pmatrix}$, $\boldsymbol{v}_4=\begin{pmatrix}3\\3\\2\\3\\1\end{pmatrix}$, $\boldsymbol{v}_5=\begin{pmatrix}2\\4\\4\\3\\2\end{pmatrix}$, $\boldsymbol{v}_6=\begin{pmatrix}-6\\-4\\0\\-5\\2\end{pmatrix}$, $\boldsymbol{v}_7=\begin{pmatrix}7\\8\\9\\5\\4\end{pmatrix}$ とするとき，$\{\boldsymbol{v}_1, \boldsymbol{v}_2, \boldsymbol{v}_3, \boldsymbol{v}_4, \boldsymbol{v}_5, \boldsymbol{v}_6, \boldsymbol{v}_7\}$ からいくつかベクトルを選んで R^5 の基底を作り，$\boldsymbol{v}_1$，$\boldsymbol{v}_2$，$\boldsymbol{v}_3$，$\boldsymbol{v}_4$，$\boldsymbol{v}_5$，$\boldsymbol{v}_6$，$\boldsymbol{v}_7$ の非自明な 1 次関係式を 1 つ求めよ。

(1) $A=(\boldsymbol{x}_1\ \ \boldsymbol{x}_2\ \ \boldsymbol{x}_3\ \ \boldsymbol{x}_4)$ として，行列 A を簡約階段化すると

$$\begin{pmatrix}-3&1&9&2\\1&2&4&-1\\2&3&5&4\end{pmatrix}$$

$$\xrightarrow{①\leftrightarrow②}\begin{pmatrix}1&2&4&-1\\-3&1&9&2\\2&3&5&4\end{pmatrix}\xrightarrow{①\times3+②}\begin{pmatrix}1&2&4&-1\\0&7&21&-1\\2&3&5&4\end{pmatrix}\xrightarrow{①\times(-2)+③}\begin{pmatrix}1&2&4&-1\\0&7&21&-1\\0&-1&-3&6\end{pmatrix}$$

$$\xrightarrow{③\times(-1)}\begin{pmatrix}1&2&4&-1\\0&7&21&-1\\0&1&3&-6\end{pmatrix}\xrightarrow{②\leftrightarrow③}\begin{pmatrix}1&2&4&-1\\0&1&3&-6\\0&7&21&-1\end{pmatrix}\xrightarrow{②\times(-2)+①}\begin{pmatrix}1&0&-2&11\\0&1&3&-6\\0&7&21&-1\end{pmatrix}$$

$$\xrightarrow{②\times(-7)+③}\begin{pmatrix}1&0&-2&11\\0&1&3&-6\\0&0&0&41\end{pmatrix}\xrightarrow{③\times\frac{1}{41}}\begin{pmatrix}1&0&-2&11\\0&1&3&-6\\0&0&0&1\end{pmatrix}\xrightarrow{③\times(-11)+①}\begin{pmatrix}1&0&-2&0\\0&1&3&-6\\0&0&0&1\end{pmatrix}\xrightarrow{③\times6+②}\begin{pmatrix}1&0&-2&0\\0&1&3&0\\0&0&0&1\end{pmatrix}$$

よって，$B=\begin{pmatrix}1&0&-2&0\\0&1&3&0\\0&0&0&1\end{pmatrix}$ とすると，ある 3 次正則行列 P_1 が存在して，

$P_1A=(P_1\boldsymbol{x}_1\ \ P_1\boldsymbol{x}_2\ \ P_1\boldsymbol{x}_3\ \ P_1\boldsymbol{x}_4)=B$ となる。

ゆえに，$P_1\boldsymbol{x}_3=-2P_1\boldsymbol{x}_1+3P_1\boldsymbol{x}_2$ ……① が成り立つ。

行列 P_1 の逆行列を $P_1{}^{-1}$ として，① の両辺に左から $P_1{}^{-1}$ を掛けると

$$\boldsymbol{x}_3=-2\boldsymbol{x}_1+3\boldsymbol{x}_2 \quad \cdots\cdots ②$$

ゆえに，$\boldsymbol{x}_3\in\langle\boldsymbol{x}_1,\ \boldsymbol{x}_2\rangle$ であるから　$\langle\boldsymbol{x}_1,\ \boldsymbol{x}_2,\ \boldsymbol{x}_3,\ \boldsymbol{x}_4\rangle=\langle\boldsymbol{x}_1,\ \boldsymbol{x}_2,\ \boldsymbol{x}_4\rangle$

また，$\{\boldsymbol{x}_1,\ \boldsymbol{x}_2,\ \boldsymbol{x}_4\}$ は 1 次独立であるから，$\mathbb{R}^3$ の基底は

$$\{\boldsymbol{x}_1,\ \boldsymbol{x}_2,\ \boldsymbol{x}_4\}$$

◀基底の判定の定理により。

更に ② から，非自明な 1 次関係式 $\boldsymbol{2x_1-3x_2+x_3+0\cdot x_4=0}$ が得られる。

(2)　$C=(\boldsymbol{y}_1\ \ \boldsymbol{y}_2\ \ \boldsymbol{y}_3\ \ \boldsymbol{y}_4\ \ \boldsymbol{y}_5)$ として，行列 C を簡約階段化すると

$$\begin{pmatrix} 1 & 1 & 0 & 7 & 2 \\ 2 & 4 & 3 & 7 & 3 \\ 3 & 0 & 1 & 4 & -5 \\ -1 & 2 & 1 & 0 & 1 \end{pmatrix}$$

$$\xrightarrow{①\times(-2)+②}\begin{pmatrix} 1 & 1 & 0 & 7 & 2 \\ 0 & 2 & 3 & -7 & -1 \\ 3 & 0 & 1 & 4 & -5 \\ -1 & 2 & 1 & 0 & 1 \end{pmatrix}\xrightarrow{①\times(-3)+③}\begin{pmatrix} 1 & 1 & 0 & 7 & 2 \\ 0 & 2 & 3 & -7 & -1 \\ 0 & -3 & 1 & -17 & -11 \\ -1 & 2 & 1 & 0 & 1 \end{pmatrix}\xrightarrow{①\times1+④}\begin{pmatrix} 1 & 1 & 0 & 7 & 2 \\ 0 & 2 & 3 & -7 & -1 \\ 0 & -3 & 1 & -17 & -11 \\ 0 & 3 & 1 & 7 & 3 \end{pmatrix}$$

$$\xrightarrow{②\times\frac{1}{2}}\begin{pmatrix} 1 & 1 & 0 & 7 & 2 \\ 0 & 1 & \frac{3}{2} & -\frac{7}{2} & -\frac{1}{2} \\ 0 & -3 & 1 & -17 & -11 \\ 0 & 3 & 1 & 7 & 3 \end{pmatrix}\xrightarrow{②\times(-1)+①}\begin{pmatrix} 1 & 0 & -\frac{3}{2} & \frac{21}{2} & \frac{5}{2} \\ 0 & 1 & \frac{3}{2} & -\frac{7}{2} & -\frac{1}{2} \\ 0 & -3 & 1 & -17 & -11 \\ 0 & 3 & 1 & 7 & 3 \end{pmatrix}\xrightarrow{②\times3+③}\begin{pmatrix} 1 & 0 & -\frac{3}{2} & \frac{21}{2} & \frac{5}{2} \\ 0 & 1 & \frac{3}{2} & -\frac{7}{2} & -\frac{1}{2} \\ 0 & 0 & \frac{11}{2} & -\frac{55}{2} & -\frac{25}{2} \\ 0 & 3 & 1 & 7 & 3 \end{pmatrix}$$

$$\xrightarrow{②\times(-3)+④}\begin{pmatrix} 1 & 0 & -\frac{3}{2} & \frac{21}{2} & \frac{5}{2} \\ 0 & 1 & \frac{3}{2} & -\frac{7}{2} & -\frac{1}{2} \\ 0 & 0 & \frac{11}{2} & -\frac{55}{2} & -\frac{25}{2} \\ 0 & 0 & -\frac{7}{2} & \frac{35}{2} & \frac{9}{2} \end{pmatrix}\xrightarrow{③\times\frac{2}{11}}\begin{pmatrix} 1 & 0 & -\frac{3}{2} & \frac{21}{2} & \frac{5}{2} \\ 0 & 1 & \frac{3}{2} & -\frac{7}{2} & -\frac{1}{2} \\ 0 & 0 & 1 & -5 & -\frac{25}{11} \\ 0 & 0 & -\frac{7}{2} & \frac{35}{2} & \frac{9}{2} \end{pmatrix}\xrightarrow{③\times\frac{3}{2}+①}\begin{pmatrix} 1 & 0 & 0 & 3 & -\frac{10}{11} \\ 0 & 1 & \frac{3}{2} & -\frac{7}{2} & -\frac{1}{2} \\ 0 & 0 & 1 & -5 & -\frac{25}{11} \\ 0 & 0 & -\frac{7}{2} & \frac{35}{2} & \frac{9}{2} \end{pmatrix}$$

$$\xrightarrow{③\times\left(-\frac{3}{2}\right)+②}\begin{pmatrix} 1 & 0 & 0 & 3 & -\frac{10}{11} \\ 0 & 1 & 0 & 4 & \frac{32}{11} \\ 0 & 0 & 1 & -5 & -\frac{25}{11} \\ 0 & 0 & -\frac{7}{2} & \frac{35}{2} & \frac{9}{2} \end{pmatrix}\xrightarrow{③\times\frac{7}{2}+④}\begin{pmatrix} 1 & 0 & 0 & 3 & -\frac{10}{11} \\ 0 & 1 & 0 & 4 & \frac{32}{11} \\ 0 & 0 & 1 & -5 & -\frac{25}{11} \\ 0 & 0 & 0 & 0 & -\frac{38}{11} \end{pmatrix}\xrightarrow{④\times\left(-\frac{11}{38}\right)}\begin{pmatrix} 1 & 0 & 0 & 3 & -\frac{10}{11} \\ 0 & 1 & 0 & 4 & \frac{32}{11} \\ 0 & 0 & 1 & -5 & -\frac{25}{11} \\ 0 & 0 & 0 & 0 & 1 \end{pmatrix}$$

$$\xrightarrow{④\times\frac{10}{11}+①}\begin{pmatrix} 1 & 0 & 0 & 3 & 0 \\ 0 & 1 & 0 & 4 & \frac{32}{11} \\ 0 & 0 & 1 & -5 & -\frac{25}{11} \\ 0 & 0 & 0 & 0 & 1 \end{pmatrix}\xrightarrow{④\times\left(-\frac{32}{11}\right)+②}\begin{pmatrix} 1 & 0 & 0 & 3 & 0 \\ 0 & 1 & 0 & 4 & 0 \\ 0 & 0 & 1 & -5 & -\frac{25}{11} \\ 0 & 0 & 0 & 0 & 1 \end{pmatrix}\xrightarrow{④\times\frac{25}{11}+③}\begin{pmatrix} 1 & 0 & 0 & 3 & 0 \\ 0 & 1 & 0 & 4 & 0 \\ 0 & 0 & 1 & -5 & 0 \\ 0 & 0 & 0 & 0 & 1 \end{pmatrix}$$

よって，$D=\begin{pmatrix} 1 & 0 & 0 & 3 & 0 \\ 0 & 1 & 0 & 4 & 0 \\ 0 & 0 & 1 & -5 & 0 \\ 0 & 0 & 0 & 0 & 1 \end{pmatrix}$ とすると，ある 4 次正則行列 P_2 が存在して，

$P_2C=(\,P_2\boldsymbol{y}_1 \quad P_2\boldsymbol{y}_2 \quad P_2\boldsymbol{y}_3 \quad P_2\boldsymbol{y}_4 \quad P_2\boldsymbol{y}_5\,)=D$ となる。

ゆえに，$P_2\boldsymbol{y}_4=3P_2\boldsymbol{y}_1+4P_2\boldsymbol{y}_2-5P_2\boldsymbol{y}_3$ ……③ が成り立つ。

行列 P_2 の逆行列を $P_2{}^{-1}$ として，③ の両辺に左から $P_2{}^{-1}$ を掛けると

$$\boldsymbol{y}_4=3\boldsymbol{y}_1+4\boldsymbol{y}_2-5\boldsymbol{y}_3 \quad \cdots\cdots ④$$

ゆえに，$\boldsymbol{y}_4\in\langle\boldsymbol{y}_1,\ \boldsymbol{y}_2,\ \boldsymbol{y}_3\rangle$ であるから　$\langle\boldsymbol{y}_1,\ \boldsymbol{y}_2,\ \boldsymbol{y}_3,\ \boldsymbol{y}_4,\ \boldsymbol{y}_5\rangle=\langle\boldsymbol{y}_1,\ \boldsymbol{y}_2,\ \boldsymbol{y}_3,\ \boldsymbol{y}_5\rangle$

また，$\{\boldsymbol{y}_1,\ \boldsymbol{y}_2,\ \boldsymbol{y}_3,\ \boldsymbol{y}_5\}$ は 1 次独立であるから，$\mathbb{R}^4$ の基底は

$$\{\boldsymbol{y}_1,\ \boldsymbol{y}_2,\ \boldsymbol{y}_3,\ \boldsymbol{y}_5\}$$

◀基底の判定の定理により。

更に ④ から，非自明な 1 次関係式 $\mathbf{3}\boldsymbol{y}_1+\mathbf{4}\boldsymbol{y}_2-\mathbf{5}\boldsymbol{y}_3-\boldsymbol{y}_4+\mathbf{0}\cdot\boldsymbol{y}_5=\mathbf{0}$ が得られる。

(3)　$F=(\,\boldsymbol{z}_1 \quad \boldsymbol{z}_2 \quad \boldsymbol{z}_3 \quad \boldsymbol{z}_4 \quad \boldsymbol{z}_5 \quad \boldsymbol{z}_6\,)$ として，行列 F を簡約階段化すると

$$\begin{pmatrix} 1 & 2 & 5 & 1 & 1 & 2 \\ 0 & 1 & 3 & -1 & 3 & 5 \\ 3 & -2 & -9 & 3 & -5 & -7 \\ -2 & 1 & 5 & 0 & -1 & -6 \end{pmatrix}$$

$$\xrightarrow{\text{①}\times(-3)+\text{③}} \begin{pmatrix} 1 & 2 & 5 & 1 & 1 & 2 \\ 0 & 1 & 3 & -1 & 3 & 5 \\ 0 & -8 & -24 & 0 & -8 & -13 \\ -2 & 1 & 5 & 0 & -1 & -6 \end{pmatrix} \xrightarrow{\text{①}\times2+\text{④}} \begin{pmatrix} 1 & 2 & 5 & 1 & 1 & 2 \\ 0 & 1 & 3 & -1 & 3 & 5 \\ 0 & -8 & -24 & 0 & -8 & -13 \\ 0 & 5 & 15 & 2 & 1 & -2 \end{pmatrix}$$

$$\xrightarrow{\text{②}\times(-2)+\text{①}} \begin{pmatrix} 1 & 0 & -1 & 3 & -5 & -8 \\ 0 & 1 & 3 & -1 & 3 & 5 \\ 0 & -8 & -24 & 0 & -8 & -13 \\ 0 & 5 & 15 & 2 & 1 & -2 \end{pmatrix} \xrightarrow{\text{②}\times8+\text{③}} \begin{pmatrix} 1 & 0 & -1 & 3 & -5 & -8 \\ 0 & 1 & 3 & -1 & 3 & 5 \\ 0 & 0 & 0 & -8 & 16 & 27 \\ 0 & 5 & 15 & 2 & 1 & -2 \end{pmatrix} \xrightarrow{\text{②}\times(-5)+\text{④}} \begin{pmatrix} 1 & 0 & -1 & 3 & -5 & -8 \\ 0 & 1 & 3 & -1 & 3 & 5 \\ 0 & 0 & 0 & -8 & 16 & 27 \\ 0 & 0 & 0 & 7 & -14 & -27 \end{pmatrix}$$

$$\xrightarrow{\text{③}\times\left(-\frac{1}{8}\right)} \begin{pmatrix} 1 & 0 & -1 & 3 & -5 & -8 \\ 0 & 1 & 3 & -1 & 3 & 5 \\ 0 & 0 & 0 & 1 & -2 & -\frac{27}{8} \\ 0 & 0 & 0 & 7 & -14 & -27 \end{pmatrix} \xrightarrow{\text{③}\times(-3)+\text{①}} \begin{pmatrix} 1 & 0 & -1 & 0 & 1 & \frac{17}{8} \\ 0 & 1 & 3 & -1 & 3 & 5 \\ 0 & 0 & 0 & 1 & -2 & -\frac{27}{8} \\ 0 & 0 & 0 & 7 & -14 & -27 \end{pmatrix} \xrightarrow{\text{③}\times1+\text{②}} \begin{pmatrix} 1 & 0 & -1 & 0 & 1 & \frac{17}{8} \\ 0 & 1 & 3 & 0 & 1 & \frac{13}{8} \\ 0 & 0 & 0 & 1 & -2 & -\frac{27}{8} \\ 0 & 0 & 0 & 7 & -14 & -27 \end{pmatrix}$$

$$\xrightarrow{\text{③}\times(-7)+\text{④}} \begin{pmatrix} 1 & 0 & -1 & 0 & 1 & \frac{17}{8} \\ 0 & 1 & 3 & 0 & 1 & \frac{13}{8} \\ 0 & 0 & 0 & 1 & -2 & -\frac{27}{8} \\ 0 & 0 & 0 & 0 & 0 & -\frac{27}{8} \end{pmatrix} \xrightarrow{\text{④}\times\left(-\frac{8}{27}\right)} \begin{pmatrix} 1 & 0 & -1 & 0 & 1 & \frac{17}{8} \\ 0 & 1 & 3 & 0 & 1 & \frac{13}{8} \\ 0 & 0 & 0 & 1 & -2 & -\frac{27}{8} \\ 0 & 0 & 0 & 0 & 0 & 1 \end{pmatrix} \xrightarrow{\text{④}\times\left(-\frac{17}{8}\right)+\text{①}} \begin{pmatrix} 1 & 0 & -1 & 0 & 1 & 0 \\ 0 & 1 & 3 & 0 & 1 & \frac{13}{8} \\ 0 & 0 & 0 & 1 & -2 & -\frac{27}{8} \\ 0 & 0 & 0 & 0 & 0 & 1 \end{pmatrix}$$

$$\xrightarrow{\text{④}\times\left(-\frac{13}{8}\right)+\text{②}} \begin{pmatrix} 1 & 0 & -1 & 0 & 1 & 0 \\ 0 & 1 & 3 & 0 & 1 & 0 \\ 0 & 0 & 0 & 1 & -2 & -\frac{27}{8} \\ 0 & 0 & 0 & 0 & 0 & 1 \end{pmatrix} \xrightarrow{\text{④}\times\frac{27}{8}+\text{③}} \begin{pmatrix} 1 & 0 & -1 & 0 & 1 & 0 \\ 0 & 1 & 3 & 0 & 1 & 0 \\ 0 & 0 & 0 & 1 & -2 & 0 \\ 0 & 0 & 0 & 0 & 0 & 1 \end{pmatrix}$$

よって，$G=\begin{pmatrix} 1 & 0 & -1 & 0 & 1 & 0 \\ 0 & 1 & 3 & 0 & 1 & 0 \\ 0 & 0 & 0 & 1 & -2 & 0 \\ 0 & 0 & 0 & 0 & 0 & 1 \end{pmatrix}$ とすると，ある 4 次正則行列 P_3 が存在して，

$P_3F=(P_3\boldsymbol{z}_1\ \ P_3\boldsymbol{z}_2\ \ P_3\boldsymbol{z}_3\ \ P_3\boldsymbol{z}_4\ \ P_3\boldsymbol{z}_5\ \ P_3\boldsymbol{z}_6)=G$ となる。

ゆえに，$P_3\boldsymbol{z}_3=-P_3\boldsymbol{z}_1+3P_3\boldsymbol{z}_2$ …… ⑤，$P_3\boldsymbol{z}_5=P_3\boldsymbol{z}_1+P_3\boldsymbol{z}_2-2P_3\boldsymbol{z}_4$ …… ⑥ が成り立つ。

行列 P_3 の逆行列を P_3^{-1} として，⑤，⑥ の両辺に左から P_3^{-1} を掛けると

$$\boldsymbol{z}_3=-\boldsymbol{z}_1+3\boldsymbol{z}_2 \ \cdots\cdots ⑦,\quad \boldsymbol{z}_5=\boldsymbol{z}_1+\boldsymbol{z}_2-2\boldsymbol{z}_4 \ \cdots\cdots ⑧$$

ゆえに，$\boldsymbol{z}_3\in\langle\boldsymbol{z}_1,\ \boldsymbol{z}_2\rangle$，$\boldsymbol{z}_5\in\langle\boldsymbol{z}_1,\ \boldsymbol{z}_2,\ \boldsymbol{z}_4\rangle$ であるから

$$\langle\boldsymbol{z}_1,\ \boldsymbol{z}_2,\ \boldsymbol{z}_3,\ \boldsymbol{z}_4,\ \boldsymbol{z}_5,\ \boldsymbol{z}_6\rangle=\langle\boldsymbol{z}_1,\ \boldsymbol{z}_2,\ \boldsymbol{z}_4,\ \boldsymbol{z}_6\rangle$$

また，$\{\boldsymbol{z}_1,\ \boldsymbol{z}_2,\ \boldsymbol{z}_4,\ \boldsymbol{z}_6\}$ は 1 次独立であるから，$\mathbb{R}^4$ の基底は

$$\{\boldsymbol{z}_1,\ \boldsymbol{z}_2,\ \boldsymbol{z}_4,\ \boldsymbol{z}_6\}$$

◀基底の判定の定理により。

更に ⑦，⑧ から，非自明な 1 次関係式 $\boldsymbol{z}_1-3\boldsymbol{z}_2+\boldsymbol{z}_3+0\cdot\boldsymbol{z}_4+0\cdot\boldsymbol{z}_5+0\cdot\boldsymbol{z}_6=\boldsymbol{0}$，$\boldsymbol{z}_1+\boldsymbol{z}_2+0\cdot\boldsymbol{z}_3-2\boldsymbol{z}_4-\boldsymbol{z}_5+0\cdot\boldsymbol{z}_6=\boldsymbol{0}$ が得られる。

(4) $H=(\boldsymbol{v}_1\ \ \boldsymbol{v}_2\ \ \boldsymbol{v}_3\ \ \boldsymbol{v}_4\ \ \boldsymbol{v}_5\ \ \boldsymbol{v}_6\ \ \boldsymbol{v}_7)$ として，行列 H を簡約階段化すると

$$\begin{pmatrix} 1 & 2 & 1 & 3 & 2 & -6 & 7 \\ 1 & 4 & 7 & 3 & 4 & -4 & 8 \\ 2 & 5 & 5 & 2 & 4 & 0 & 9 \\ 1 & 3 & 4 & 3 & 3 & -5 & 5 \\ 3 & 5 & 0 & 1 & 2 & 2 & 4 \end{pmatrix}$$

$$\xrightarrow{①\times(-1)+②}\begin{pmatrix} 1 & 2 & 1 & 3 & 2 & -6 & 7 \\ 0 & 2 & 6 & 0 & 2 & 2 & 1 \\ 2 & 5 & 5 & 2 & 4 & 0 & 9 \\ 1 & 3 & 4 & 3 & 3 & -5 & 5 \\ 3 & 5 & 0 & 1 & 2 & 2 & 4 \end{pmatrix}\xrightarrow{①\times(-2)+③}\begin{pmatrix} 1 & 2 & 1 & 3 & 2 & -6 & 7 \\ 0 & 2 & 6 & 0 & 2 & 2 & 1 \\ 0 & 1 & 3 & -4 & 0 & 12 & -5 \\ 1 & 3 & 4 & 3 & 3 & -5 & 5 \\ 3 & 5 & 0 & 1 & 2 & 2 & 4 \end{pmatrix}\xrightarrow{①\times(-1)+④}\begin{pmatrix} 1 & 2 & 1 & 3 & 2 & -6 & 7 \\ 0 & 2 & 6 & 0 & 2 & 2 & 1 \\ 0 & 1 & 3 & -4 & 0 & 12 & -5 \\ 0 & 1 & 3 & 0 & 1 & 1 & -2 \\ 3 & 5 & 0 & 1 & 2 & 2 & 4 \end{pmatrix}$$

$$\xrightarrow{①\times(-3)+⑤}\begin{pmatrix} 1 & 2 & 1 & 3 & 2 & -6 & 7 \\ 0 & 2 & 6 & 0 & 2 & 2 & 1 \\ 0 & 1 & 3 & -4 & 0 & 12 & -5 \\ 0 & 1 & 3 & 0 & 1 & 1 & -2 \\ 0 & -1 & -3 & -8 & -4 & 20 & -17 \end{pmatrix}\xrightarrow{②\leftrightarrow④}\begin{pmatrix} 1 & 2 & 1 & 3 & 2 & -6 & 7 \\ 0 & 1 & 3 & 0 & 1 & 1 & -2 \\ 0 & 1 & 3 & -4 & 0 & 12 & -5 \\ 0 & 2 & 6 & 0 & 2 & 2 & 1 \\ 0 & -1 & -3 & -8 & -4 & 20 & -17 \end{pmatrix}$$

$$\xrightarrow{②\times(-2)+①}\begin{pmatrix} 1 & 0 & -5 & 3 & 0 & -8 & 11 \\ 0 & 1 & 3 & 0 & 1 & 1 & -2 \\ 0 & 1 & 3 & -4 & 0 & 12 & -5 \\ 0 & 2 & 6 & 0 & 2 & 2 & 1 \\ 0 & -1 & -3 & -8 & -4 & 20 & -17 \end{pmatrix}\xrightarrow{②\times(-1)+③}\begin{pmatrix} 1 & 0 & -5 & 3 & 0 & -8 & 11 \\ 0 & 1 & 3 & 0 & 1 & 1 & -2 \\ 0 & 0 & 0 & -4 & -1 & 11 & -3 \\ 0 & 2 & 6 & 0 & 2 & 2 & 1 \\ 0 & -1 & -3 & -8 & -4 & 20 & -17 \end{pmatrix}$$

$$\xrightarrow{②\times(-2)+④}\begin{pmatrix} 1 & 0 & -5 & 3 & 0 & -8 & 11 \\ 0 & 1 & 3 & 0 & 1 & 1 & -2 \\ 0 & 0 & 0 & -4 & -1 & 11 & -3 \\ 0 & 0 & 0 & 0 & 0 & 0 & 5 \\ 0 & -1 & -3 & -8 & -4 & 20 & -17 \end{pmatrix}\xrightarrow{②\times1+⑤}\begin{pmatrix} 1 & 0 & -5 & 3 & 0 & -8 & 11 \\ 0 & 1 & 3 & 0 & 1 & 1 & -2 \\ 0 & 0 & 0 & -4 & -1 & 11 & -3 \\ 0 & 0 & 0 & 0 & 0 & 0 & 5 \\ 0 & 0 & 0 & -8 & -3 & 21 & -19 \end{pmatrix}$$

$$\xrightarrow{③\times\left(-\frac{1}{4}\right)}\begin{pmatrix}1&0&-5&3&0&-8&11\\0&1&3&0&1&1&-2\\0&0&0&1&\frac{1}{4}&-\frac{11}{4}&\frac{3}{4}\\0&0&0&0&0&0&5\\0&0&0&-8&-3&21&-19\end{pmatrix}\xrightarrow{③\times(-3)+①}\begin{pmatrix}1&0&-5&0&-\frac{3}{4}&\frac{1}{4}&\frac{35}{4}\\0&1&3&0&1&1&-2\\0&0&0&1&\frac{1}{4}&-\frac{11}{4}&\frac{3}{4}\\0&0&0&0&0&0&5\\0&0&0&-8&-3&21&-19\end{pmatrix}$$

$$\xrightarrow{③\times8+⑤}\begin{pmatrix}1&0&-5&0&-\frac{3}{4}&\frac{1}{4}&\frac{35}{4}\\0&1&3&0&1&1&-2\\0&0&0&1&\frac{1}{4}&-\frac{11}{4}&\frac{3}{4}\\0&0&0&0&0&0&5\\0&0&0&0&-1&-1&-13\end{pmatrix}\xrightarrow{⑤\times(-1)}\begin{pmatrix}1&0&-5&0&-\frac{3}{4}&\frac{1}{4}&\frac{35}{4}\\0&1&3&0&1&1&-2\\0&0&0&1&\frac{1}{4}&-\frac{11}{4}&\frac{3}{4}\\0&0&0&0&0&0&5\\0&0&0&0&1&1&13\end{pmatrix}$$

$$\xrightarrow{④\longleftrightarrow⑤}\begin{pmatrix}1&0&-5&0&-\frac{3}{4}&\frac{1}{4}&\frac{35}{4}\\0&1&3&0&1&1&-2\\0&0&0&1&\frac{1}{4}&-\frac{11}{4}&\frac{3}{4}\\0&0&0&0&1&1&13\\0&0&0&0&0&0&5\end{pmatrix}\xrightarrow{④\times\frac{3}{4}+①}\begin{pmatrix}1&0&-5&0&0&1&\frac{37}{2}\\0&1&3&0&1&1&-2\\0&0&0&1&\frac{1}{4}&-\frac{11}{4}&\frac{3}{4}\\0&0&0&0&1&1&13\\0&0&0&0&0&0&5\end{pmatrix}$$

$$\xrightarrow{④\times(-1)+②}\begin{pmatrix}1&0&-5&0&0&1&\frac{37}{2}\\0&1&3&0&0&0&-15\\0&0&0&1&\frac{1}{4}&-\frac{11}{4}&\frac{3}{4}\\0&0&0&0&1&1&13\\0&0&0&0&0&0&5\end{pmatrix}\xrightarrow{④\times\left(-\frac{1}{4}\right)+③}\begin{pmatrix}1&0&-5&0&0&1&\frac{37}{2}\\0&1&3&0&0&0&-15\\0&0&0&1&0&-3&-\frac{5}{2}\\0&0&0&0&1&1&13\\0&0&0&0&0&0&5\end{pmatrix}$$

$$\xrightarrow{⑤\times\frac{1}{5}}\begin{pmatrix}1&0&-5&0&0&1&\frac{37}{2}\\0&1&3&0&0&0&-15\\0&0&0&1&0&-3&-\frac{5}{2}\\0&0&0&0&1&1&13\\0&0&0&0&0&0&1\end{pmatrix}\xrightarrow{⑤\times\left(-\frac{37}{2}\right)+①}\begin{pmatrix}1&0&-5&0&0&1&0\\0&1&3&0&0&0&-15\\0&0&0&1&0&-3&-\frac{5}{2}\\0&0&0&0&1&1&13\\0&0&0&0&0&0&1\end{pmatrix}\xrightarrow{⑤\times15+②}\begin{pmatrix}1&0&-5&0&0&1&0\\0&1&3&0&0&0&0\\0&0&0&1&0&-3&-\frac{5}{2}\\0&0&0&0&1&1&13\\0&0&0&0&0&0&1\end{pmatrix}$$

$$\xrightarrow{⑤\times\frac{5}{2}+③}\begin{pmatrix}1&0&-5&0&0&1&0\\0&1&3&0&0&0&0\\0&0&0&1&0&-3&0\\0&0&0&0&1&1&13\\0&0&0&0&0&0&1\end{pmatrix}\xrightarrow{⑤\times(-13)+④}\begin{pmatrix}1&0&-5&0&0&1&0\\0&1&3&0&0&0&0\\0&0&0&1&0&-3&0\\0&0&0&0&1&1&0\\0&0&0&0&0&0&1\end{pmatrix}$$

よって，$I=\begin{pmatrix}1&0&-5&0&0&1&0\\0&1&3&0&0&0&0\\0&0&0&1&0&-3&0\\0&0&0&0&1&1&0\\0&0&0&0&0&0&1\end{pmatrix}$ とすると，ある 5 次正則行列 P_4 が存在して，

$P_4H=(P_4\boldsymbol{v}_1\ \ P_4\boldsymbol{v}_2\ \ P_4\boldsymbol{v}_3\ \ P_4\boldsymbol{v}_4\ \ P_4\boldsymbol{v}_5\ \ P_4\boldsymbol{v}_6\ \ P_4\boldsymbol{v}_7)=I$ となる。

ゆえに，$P_4\boldsymbol{v}_3=-5P_4\boldsymbol{v}_1+3P_4\boldsymbol{v}_2$ …… ⑨，$P_4\boldsymbol{v}_6=P_4\boldsymbol{v}_1-3P_4\boldsymbol{v}_4+P_4\boldsymbol{v}_5$ …… ⑩ が成り立つ。
行列 P_4 の逆行列を $P_4{}^{-1}$ として，⑨，⑩ の両辺に左から $P_4{}^{-1}$ を掛けると

$$\boldsymbol{v}_3=-5\boldsymbol{v}_1+3\boldsymbol{v}_2 \quad \cdots\cdots ⑪,\quad \boldsymbol{v}_6=\boldsymbol{v}_1-3\boldsymbol{v}_4+\boldsymbol{v}_5 \quad \cdots\cdots ⑫$$

ゆえに，$\boldsymbol{v}_3\in\langle\boldsymbol{v}_1,\ \boldsymbol{v}_2\rangle$，$\boldsymbol{v}_6\in\langle\boldsymbol{v}_1,\ \boldsymbol{v}_4,\ \boldsymbol{v}_5\rangle$ であるから

$$\langle\boldsymbol{v}_1,\ \boldsymbol{v}_2,\ \boldsymbol{v}_3,\ \boldsymbol{v}_4,\ \boldsymbol{v}_5,\ \boldsymbol{v}_6,\ \boldsymbol{v}_7\rangle=\langle\boldsymbol{v}_1,\ \boldsymbol{v}_2,\ \boldsymbol{v}_4,\ \boldsymbol{v}_5,\ \boldsymbol{v}_7\rangle$$

また，$\{\boldsymbol{v}_1,\ \boldsymbol{v}_2,\ \boldsymbol{v}_4,\ \boldsymbol{v}_5,\ \boldsymbol{v}_7\}$ は 1 次独立であるから，$\mathbb{R}^5$ の基底は

$$\{\boldsymbol{v}_1,\ \boldsymbol{v}_2,\ \boldsymbol{v}_4,\ \boldsymbol{v}_5,\ \boldsymbol{v}_7\}$$

◀基底の判定の定理により。

更に ⑪，⑫ から，非自明な 1 次関係式 $5\boldsymbol{v}_1-3\boldsymbol{v}_2+\boldsymbol{v}_3+0\cdot\boldsymbol{v}_4+0\cdot\boldsymbol{v}_5+0\cdot\boldsymbol{v}_6+0\cdot\boldsymbol{v}_7=\boldsymbol{0}$，
$\boldsymbol{v}_1+0\cdot\boldsymbol{v}_2+0\cdot\boldsymbol{v}_3-3\boldsymbol{v}_4+\boldsymbol{v}_5-\boldsymbol{v}_6+0\cdot\boldsymbol{v}_7=\boldsymbol{0}$ が得られる。

42 1 次独立性の判定 ★★☆

P を n 次正則行列とし，$\boldsymbol{v}_1\in\mathbb{R}^n$，$\boldsymbol{v}_2\in\mathbb{R}^n$，……，$\boldsymbol{v}_r\in\mathbb{R}^n$ とするとき，次の問いに答えよ。

(1) $a_1\in\mathbb{R}$，$a_2\in\mathbb{R}$，……，$a_r\in\mathbb{R}$ に対して，$a_1\boldsymbol{v}_1+a_2\boldsymbol{v}_2+\cdots\cdots+a_r\boldsymbol{v}_r=\boldsymbol{0}$ が成り立つための必要十分条件は，$a_1P\boldsymbol{v}_1+a_2P\boldsymbol{v}_2+\cdots\cdots+a_rP\boldsymbol{v}_r=\boldsymbol{0}$ が成り立つことであることを示せ。

(2) $\{\boldsymbol{v}_1,\ \boldsymbol{v}_2,\ \cdots\cdots,\ \boldsymbol{v}_r\}$ が 1 次独立であるための必要十分条件は，$\{P\boldsymbol{v}_1,\ P\boldsymbol{v}_2,\ \cdots\cdots,\ P\boldsymbol{v}_r\}$ が 1 次独立であることを示せ。

(1) [1] $a_1\in\mathbb{R}$，$a_2\in\mathbb{R}$，……，$a_r\in\mathbb{R}$ に対して，$a_1\boldsymbol{v}_1+a_2\boldsymbol{v}_2+\cdots\cdots+a_r\boldsymbol{v}_r=\boldsymbol{0}$ …… ① が成り立つとする。

① の両辺に左から行列 P を掛けると，$a_1P\boldsymbol{v}_1+a_2P\boldsymbol{v}_2+\cdots\cdots+a_rP\boldsymbol{v}_r=\boldsymbol{0}$ …… ② が得られる。

[2] $a_1\in\mathbb{R}$，$a_2\in\mathbb{R}$，……，$a_r\in\mathbb{R}$ に対して，② が成り立つとする。

行列 P の逆行列を P^{-1} として，② の両辺に左から行列 P^{-1} を掛けると，① が得られる。

以上から，$a_1\in\mathbb{R}$，$a_2\in\mathbb{R}$，……，$a_r\in\mathbb{R}$ に対して，$a_1\boldsymbol{v}_1+a_2\boldsymbol{v}_2+\cdots\cdots+a_r\boldsymbol{v}_r=\boldsymbol{0}$ が成り立つための必要十分条件は，$a_1P\boldsymbol{v}_1+a_2P\boldsymbol{v}_2+\cdots\cdots+a_rP\boldsymbol{v}_r=\boldsymbol{0}$ が成り立つことである。 ■

(2) [1] $\{\boldsymbol{v}_1,\ \boldsymbol{v}_2,\ \cdots\cdots,\ \boldsymbol{v}_r\}$ が 1 次独立であるとする。

$b_1\in\mathbb{R}$，$b_2\in\mathbb{R}$，……，$b_r\in\mathbb{R}$ として，$b_1P\boldsymbol{v}_1+b_2P\boldsymbol{v}_2+\cdots\cdots+b_rP\boldsymbol{v}_r=\boldsymbol{0}$ …… ③ を考える。

③ の両辺に左から行列 P^{-1} を掛けると，$b_1\boldsymbol{v}_1+b_2\boldsymbol{v}_2+\cdots\cdots+b_r\boldsymbol{v}_r=\boldsymbol{0}$ が得られる。

ここで，$\{\boldsymbol{v}_1,\ \boldsymbol{v}_2,\ \cdots\cdots,\ \boldsymbol{v}_r\}$ は 1 次独立であるから

$$b_1=b_2=\cdots\cdots=b_r=0$$

よって，③ は自明な 1 次関係式に限られるから，$\{P\boldsymbol{v}_1,\ P\boldsymbol{v}_2,\ \cdots\cdots,\ P\boldsymbol{v}_r\}$ は 1 次独立である。

[2] $\{P\boldsymbol{v}_1,\ P\boldsymbol{v}_2,\ \cdots\cdots,\ P\boldsymbol{v}_r\}$ が 1 次独立であるとする。

$c_1\in\mathbb{R}$，$c_2\in\mathbb{R}$，……，$c_r\in\mathbb{R}$ として，$c_1\boldsymbol{v}_1+c_2\boldsymbol{v}_2+\cdots\cdots+c_r\boldsymbol{v}_r=\boldsymbol{0}$ …… ④ を考える。

④ の両辺に左から行列 P を掛けると，$c_1P\boldsymbol{v}_1+c_2P\boldsymbol{v}_2+\cdots\cdots+c_rP\boldsymbol{v}_r=\boldsymbol{0}$ が得られる。

ここで，$\{P\boldsymbol{v}_1,\ P\boldsymbol{v}_2,\ \cdots\cdots,\ P\boldsymbol{v}_r\}$ は 1 次独立であるから

$$c_1=c_2=\cdots\cdots=c_r=0$$

よって，④ は自明な 1 次関係式に限られるから，$\{\boldsymbol{v}_1,\ \boldsymbol{v}_2,\ \cdots\cdots,\ \boldsymbol{v}_r\}$ は 1 次独立である。

以上から，$\{\boldsymbol{v}_1,\ \boldsymbol{v}_2,\ \cdots\cdots,\ \boldsymbol{v}_r\}$ が 1 次独立であるための必要十分条件は，
$\{P\boldsymbol{v}_1,\ P\boldsymbol{v}_2,\ \cdots\cdots,\ P\boldsymbol{v}_r\}$ が 1 次独立であることである。 ■

43 ウロンスキー行列式 ★★☆

$f_1(x)$, $f_2(x)$, ……, $f_n(x)$ をR上の $(n-1)$ 回微分可能な関数とし,

$$W(f_1,\ f_2,\ \cdots\cdots,\ f_n)(x)=\begin{vmatrix} f_1(x) & f_2(x) & \cdots & f_n(x) \\ f_1{}^{(1)}(x) & f_2{}^{(1)}(x) & \cdots & f_n{}^{(1)}(x) \\ \vdots & \vdots & \ddots & \vdots \\ f_1{}^{(n-1)}(x) & f_2{}^{(n-1)}(x) & \cdots & f_n{}^{(n-1)}(x) \end{vmatrix}$$

とする。ただし, $f_i{}^{(k)}(x)$ $(i=1,\ 2,\ \cdots\cdots,\ n\ ;\ k=1,\ 2,\ \cdots\cdots,\ n-1)$ は関数 $f_i(x)$ の k 階導関数を表す。

$W(f_1,\ f_2,\ \cdots\cdots,\ f_n)(x)$ が恒等的に0でないならば, $\{f_1,\ f_2,\ \cdots\cdots,\ f_n\}$ は, $F(\mathbb{R})$ のベクトルの組として, 1次独立であることを示せ。

$\{f_1,\ f_2,\ \cdots\cdots,\ f_n\}$ が1次従属であると仮定する。

このとき, $a_1\in\mathbb{R}$, $a_2\in\mathbb{R}$, ……, $a_n\in\mathbb{R}$ として, $(a_1,\ a_2,\ \cdots\cdots,\ a_n)\neq(0,\ 0,\ \cdots\cdots,\ 0)$ に対して,

任意の $x\in\mathbb{R}$ について $a_1f_1(x)+a_2f_2(x)+\cdots\cdots+a_nf_n(x)=0$ となる。

ここで, $a_1\neq0$ として一般性は失われない。

$b_i=-\dfrac{a_i}{a_1}$ $(i=2,\ \cdots\cdots,\ n)$ とすると　$f_1(x)=b_2f_2(x)+\cdots\cdots+b_nf_n(x)$

このとき　$f_1{}^{(1)}(x)=b_2f_2{}^{(1)}(x)+\cdots\cdots+b_nf_n{}^{(1)}(x)$

$$\vdots$$

$$f_1{}^{(n-1)}(x)=b_2f_2{}^{(n-1)}(x)+\cdots\cdots+b_nf_n{}^{(n-1)}(x)$$

よって

$$W(f_1,\ f_2,\ \cdots\cdots,\ f_n)(x)$$

$$=\begin{vmatrix} f_1(x) & f_2(x) & \cdots & f_n(x) \\ f_1{}^{(1)}(x) & f_2{}^{(1)}(x) & \cdots & f_n{}^{(1)}(x) \\ \vdots & \vdots & \ddots & \vdots \\ f_1{}^{(n-1)}(x) & f_2{}^{(n-1)}(x) & \cdots & f_n{}^{(n-1)}(x) \end{vmatrix}$$

$$=\begin{vmatrix} b_2f_2(x)+\cdots\cdots+b_nf_n(x) & f_2(x) & \cdots & f_n(x) \\ b_2f_2{}^{(1)}(x)+\cdots\cdots+b_nf_n{}^{(1)}(x) & f_2{}^{(1)}(x) & \cdots & f_n{}^{(1)}(x) \\ \vdots & \vdots & \ddots & \vdots \\ b_2f_2{}^{(n-1)}(x)+\cdots\cdots+b_nf_n{}^{(n-1)}(x) & f_2{}^{(n-1)}(x) & \cdots & f_n{}^{(n-1)}(x) \end{vmatrix}$$

$$=b_2\begin{vmatrix} f_2(x) & f_2(x) & \cdots & f_n(x) \\ f_2{}^{(1)}(x) & f_2{}^{(1)}(x) & \cdots & f_n{}^{(1)}(x) \\ \vdots & \vdots & \ddots & \vdots \\ f_2{}^{(n-1)}(x) & f_2{}^{(n-1)}(x) & \cdots & f_n{}^{(n-1)}(x) \end{vmatrix}+\cdots\cdots+b_n\begin{vmatrix} f_n(x) & f_2(x) & \cdots & f_n(x) \\ f_n{}^{(1)}(x) & f_2{}^{(1)}(x) & \cdots & f_n{}^{(1)}(x) \\ \vdots & \vdots & \ddots & \vdots \\ f_n{}^{(n-1)}(x) & f_2{}^{(n-1)}(x) & \cdots & f_n{}^{(n-1)}(x) \end{vmatrix}$$

$$=b_2\cdot0+\cdots\cdots+b_n\cdot0=0$$

よって, 恒等的に $W(f_1,\ f_2,\ \cdots\cdots,\ f_n)(x)=0$ となり, これは矛盾である。

したがって, $\{f_1,\ f_2,\ \cdots\cdots,\ f_n\}$ は1次独立である。 ■

44 無限次元のベクトル空間 ★★☆

変数 x の, 実数を係数とする多項式全体からなるベクトル空間を V とする。V に属する有限個の多項式からなる組は V の基底でないことを示せ。

有限個の多項式を選び，それらのすべての次数が n 以下であるとすると，$x^{n+1} \in V$ を，先に選んだ有限個の多項式の 1 次結合で表すことはできない。
よって，Vに属する有限個の多項式からなる組はVの基底でない。 ■

研究 有限次元でないベクトル空間，すなわち有限個のベクトルからなる基底を作ることのできないベクトル空間も存在する。本問で扱ったVは無限次元である。

45 $\mathbb{R}^2$ から $\mathbb{R}^3$ への線形写像全体のなすベクトル空間 ★★☆

$\mathbb{R}^2$ から $\mathbb{R}^3$ への線形写像全体のなすベクトル空間をVとするとき，Vの基底を 1 つ作れ。

任意の線形写像 $f:\mathbb{R}^2 \longrightarrow \mathbb{R}^3$ に対して，ある 3×2 行列Aが一意的に存在して，行列Aによって定まる線形写像 $g_A:\mathbb{R}^2 \longrightarrow \mathbb{R}^3$ を考えると，$f=g_A$ となる。
逆に，3×2 行列Aによって，線形写像 $g_A:\mathbb{R}^2 \longrightarrow \mathbb{R}^3$ が定まる。

次に，$\boldsymbol{P}=\begin{pmatrix}1&0\\0&0\\0&0\end{pmatrix}$，$\boldsymbol{Q}=\begin{pmatrix}0&1\\0&0\\0&0\end{pmatrix}$，$\boldsymbol{R}=\begin{pmatrix}0&0\\1&0\\0&0\end{pmatrix}$，$\boldsymbol{S}=\begin{pmatrix}0&0\\0&1\\0&0\end{pmatrix}$，$\boldsymbol{T}=\begin{pmatrix}0&0\\0&0\\1&0\end{pmatrix}$，$\boldsymbol{U}=\begin{pmatrix}0&0\\0&0\\0&1\end{pmatrix}$ として，
行列 $\boldsymbol{P}$，$\boldsymbol{Q}$，$\boldsymbol{R}$，$\boldsymbol{S}$，$\boldsymbol{T}$，$\boldsymbol{U}$ によって定まる線形写像を，それぞれ $\boldsymbol{h_P}:\mathbb{R}^2 \longrightarrow \mathbb{R}^3$，$\boldsymbol{h_Q}:\mathbb{R}^2 \longrightarrow \mathbb{R}^3$，$\boldsymbol{h_R}:\mathbb{R}^2 \longrightarrow \mathbb{R}^3$，$\boldsymbol{h_S}:\mathbb{R}^2 \longrightarrow \mathbb{R}^3$，$\boldsymbol{h_T}:\mathbb{R}^2 \longrightarrow \mathbb{R}^3$，$\boldsymbol{h_U}:\mathbb{R}^2 \longrightarrow \mathbb{R}^3$ とすると

$$V=\langle h_P,\ h_Q,\ h_R,\ h_S,\ h_T,\ h_U\rangle$$

また，$\alpha\in\mathbb{R}$，$\beta\in\mathbb{R}$，$\gamma\in\mathbb{R}$，$\delta\in\mathbb{R}$，$\varepsilon\in\mathbb{R}$，$\zeta\in\mathbb{R}$ として，
$\alpha h_P+\beta h_Q+\gamma h_R+\delta h_S+\varepsilon h_T+\zeta h_U=\mathbf{0}$ ……（＊）とする。
ただし，$\mathbf{0}$ は 3×2 零行列によって定まる $\mathbb{R}^2$ から $\mathbb{R}^3$ への線形写像である。

ここで，$\begin{pmatrix}x\\y\end{pmatrix}\in\mathbb{R}^2$ に対して

$$\alpha h_P\left(\begin{pmatrix}x\\y\end{pmatrix}\right)+\beta h_Q\left(\begin{pmatrix}x\\y\end{pmatrix}\right)+\gamma h_R\left(\begin{pmatrix}x\\y\end{pmatrix}\right)+\delta h_S\left(\begin{pmatrix}x\\y\end{pmatrix}\right)+\varepsilon h_T\left(\begin{pmatrix}x\\y\end{pmatrix}\right)+\zeta h_U\left(\begin{pmatrix}x\\y\end{pmatrix}\right)$$

$$=\alpha\begin{pmatrix}1&0\\0&0\\0&0\end{pmatrix}\begin{pmatrix}x\\y\end{pmatrix}+\beta\begin{pmatrix}0&1\\0&0\\0&0\end{pmatrix}\begin{pmatrix}x\\y\end{pmatrix}+\gamma\begin{pmatrix}0&0\\1&0\\0&0\end{pmatrix}\begin{pmatrix}x\\y\end{pmatrix}+\delta\begin{pmatrix}0&0\\0&1\\0&0\end{pmatrix}\begin{pmatrix}x\\y\end{pmatrix}+\varepsilon\begin{pmatrix}0&0\\0&0\\1&0\end{pmatrix}\begin{pmatrix}x\\y\end{pmatrix}+\zeta\begin{pmatrix}0&0\\0&0\\0&1\end{pmatrix}\begin{pmatrix}x\\y\end{pmatrix}$$

$$=\begin{pmatrix}\alpha&\beta\\\gamma&\delta\\\varepsilon&\zeta\end{pmatrix}\begin{pmatrix}x\\y\end{pmatrix}$$

よって，（＊）から，$\begin{pmatrix}\alpha&\beta\\\gamma&\delta\\\varepsilon&\zeta\end{pmatrix}\begin{pmatrix}x\\y\end{pmatrix}=\begin{pmatrix}0\\0\\0\end{pmatrix}$ より　　$\alpha=\beta=\gamma=\delta=\varepsilon=\zeta=0$

したがって，（＊）は自明な 1 次関係式に限られるから，$\{h_P,\ h_Q,\ h_R,\ h_S,\ h_T,\ h_U\}$ は 1 次独立である。
以上から，Vの基底として，$\{\boldsymbol{h_P},\ \boldsymbol{h_Q},\ \boldsymbol{h_R},\ \boldsymbol{h_S},\ \boldsymbol{h_T},\ \boldsymbol{h_U}\}$ がとれる。

46 同型写像であることの証明 ★☆☆

$\mathbb{R}^3$ の部分空間 Wを，$W=\left\{\begin{pmatrix}x\\y\\z\end{pmatrix}\middle|\ 3x+2y+z=0\right\}$ で定義する。$A=\begin{pmatrix}1&0\\0&1\\-3&-2\end{pmatrix}$ とし，行列Aによって定まる線形写像を $f_A:\mathbb{R}^2 \longrightarrow \mathbb{R}^3$ とすると，線形写像 f_A は $\mathbb{R}^2$ からWへの同型写像であることを示せ。

EXERCISES

$$f_A\left(\begin{pmatrix} x \\ y \end{pmatrix}\right)=\begin{pmatrix} 1 & 0 \\ 0 & 1 \\ -3 & -2 \end{pmatrix}\begin{pmatrix} x \\ y \end{pmatrix}=\begin{pmatrix} x \\ y \\ -3x-2y \end{pmatrix}$$

よって，任意の $\begin{pmatrix} x \\ y \end{pmatrix}\in \mathrm{R}^2$ に対して，$f_A\left(\begin{pmatrix} x \\ y \end{pmatrix}\right)\in W$ である。

ゆえに　　$f_A(\mathrm{R}^2)\subset W$

また，任意の $\begin{pmatrix} x \\ y \\ z \end{pmatrix}\in W$ に対して，$z=-3x-2y$ であり，$f_A\left(\begin{pmatrix} x \\ y \end{pmatrix}\right)=\begin{pmatrix} x \\ y \\ -3x-2y \end{pmatrix}=\begin{pmatrix} x \\ y \\ z \end{pmatrix}$ が成り立つから，線形写像 f_A は全射である。更に，$\begin{pmatrix} x_1 \\ y_1 \end{pmatrix}\in \mathrm{R}^2$，$\begin{pmatrix} x_2 \\ y_2 \end{pmatrix}\in \mathrm{R}^2$ に対して，

$f_A\left(\begin{pmatrix} x_1 \\ y_1 \end{pmatrix}\right)=f_A\left(\begin{pmatrix} x_2 \\ y_2 \end{pmatrix}\right)$ すなわち $\begin{pmatrix} x_1 \\ y_1 \\ -3x_1-2y_1 \end{pmatrix}=\begin{pmatrix} x_2 \\ y_2 \\ -3x_2-2y_2 \end{pmatrix}$ とすると，$\begin{pmatrix} x_1 \\ y_1 \end{pmatrix}=\begin{pmatrix} x_2 \\ y_2 \end{pmatrix}$ が成り立つから，線形写像 f_A は単射である。

したがって，線形写像 f_A は全単射であるから，R^2 から W への同型写像である。■

47　線形写像の像の基底　★☆☆

$A=\begin{pmatrix} 2 & 0 & 2 & 4 & 6 \\ 0 & 3 & 2 & 3 & 2 \\ -1 & 3 & 1 & 1 & -1 \\ -2 & 3 & 0 & -1 & -4 \end{pmatrix}$ とし，行列 A によって定まる線形写像を $f_A：\mathrm{R}^5 \longrightarrow \mathrm{R}^4$ とするとき，$f_A(\mathrm{R}^5)$ の基底を1組求めよ。また，$\mathrm{rank}\, f_A$ を求めよ。

行列 A を簡約階段化すると

$$\begin{pmatrix} 2 & 0 & 2 & 4 & 6 \\ 0 & 3 & 2 & 3 & 2 \\ -1 & 3 & 1 & 1 & -1 \\ -2 & 3 & 0 & -1 & -4 \end{pmatrix}$$

$$\xrightarrow{①\times\frac{1}{2}}\begin{pmatrix} 1 & 0 & 1 & 2 & 3 \\ 0 & 3 & 2 & 3 & 2 \\ -1 & 3 & 1 & 1 & -1 \\ -2 & 3 & 0 & -1 & -4 \end{pmatrix}\xrightarrow{①\times1+③}\begin{pmatrix} 1 & 0 & 1 & 2 & 3 \\ 0 & 3 & 2 & 3 & 2 \\ 0 & 3 & 2 & 3 & 2 \\ -2 & 3 & 0 & -1 & -4 \end{pmatrix}\xrightarrow{①\times2+④}\begin{pmatrix} 1 & 0 & 1 & 2 & 3 \\ 0 & 3 & 2 & 3 & 2 \\ 0 & 3 & 2 & 3 & 2 \\ 0 & 3 & 2 & 3 & 2 \end{pmatrix}$$

$$\xrightarrow{②\times\frac{1}{3}}\begin{pmatrix} 1 & 0 & 1 & 2 & 3 \\ 0 & 1 & \frac{2}{3} & 1 & \frac{2}{3} \\ 0 & 3 & 2 & 3 & 2 \\ 0 & 3 & 2 & 3 & 2 \end{pmatrix}\xrightarrow{②\times(-3)+③}\begin{pmatrix} 1 & 0 & 1 & 2 & 3 \\ 0 & 1 & \frac{2}{3} & 1 & \frac{2}{3} \\ 0 & 0 & 0 & 0 & 0 \\ 0 & 3 & 2 & 3 & 2 \end{pmatrix}\xrightarrow{②\times(-3)+④}\begin{pmatrix} 1 & 0 & 1 & 2 & 3 \\ 0 & 1 & \frac{2}{3} & 1 & \frac{2}{3} \\ 0 & 0 & 0 & 0 & 0 \\ 0 & 0 & 0 & 0 & 0 \end{pmatrix}$$

よって，$f_A(\mathrm{R}^5)$ の基底は　$\left\{\begin{pmatrix} \mathbf{2} \\ \mathbf{0} \\ \mathbf{-1} \\ \mathbf{-2} \end{pmatrix}, \begin{pmatrix} \mathbf{0} \\ \mathbf{3} \\ \mathbf{3} \\ \mathbf{3} \end{pmatrix}\right\}$

また　　$\mathrm{rank}\, f_A=\dim f_A(\mathrm{R}^5)=\mathrm{rank}\, A=\mathbf{2}$

48　線形写像の核の次元がとりうる値　★★☆

V，W をベクトル空間とし，$\dim V=6$，$\dim W=2$ とする。線形写像 $f: V \longrightarrow W$ について，$\dim \mathrm{Ker}(f)$ がとりうる値をすべて求めよ。

V，W の基底を与えたときの線形写像 f の表現行列を A とする。
A は 2×6 行列であるから　$\mathrm{rank}\,A=0$　または　$\mathrm{rank}\,A=1$　または　$\mathrm{rank}\,A=2$
$\mathrm{rank}\,f=\mathrm{rank}\,A$ から　$\mathrm{rank}\,f=0$　または　$\mathrm{rank}\,f=1$　または　$\mathrm{rank}\,f=2$
$\mathrm{rank}\,f=0$ とすると　$\dim \mathrm{Ker}(f)=\dim V-\mathrm{rank}\,f=6-0=6$
$\mathrm{rank}\,f=1$ とすると　$\dim \mathrm{Ker}(f)=\dim V-\mathrm{rank}\,f=6-1=5$
$\mathrm{rank}\,f=2$ とすると　$\dim \mathrm{Ker}(f)=\dim V-\mathrm{rank}\,f=6-2=4$

$A=\begin{pmatrix} 0 & 0 & 0 & 0 & 0 & 0 \\ 0 & 0 & 0 & 0 & 0 & 0 \end{pmatrix}$ とすると，$\mathrm{rank}\,f=\mathrm{rank}\,A=0$ であるから

$$\dim \mathrm{Ker}(f)=\dim V-\mathrm{rank}\,f=6-0=6$$

$A=\begin{pmatrix} 1 & 0 & 0 & 0 & 0 & 0 \\ 0 & 0 & 0 & 0 & 0 & 0 \end{pmatrix}$ とすると，$\mathrm{rank}\,f=\mathrm{rank}\,A=1$ であるから

$$\dim \mathrm{Ker}(f)=\dim V-\mathrm{rank}\,f=6-1=5$$

$A=\begin{pmatrix} 1 & 0 & 0 & 0 & 0 & 0 \\ 0 & 1 & 0 & 0 & 0 & 0 \end{pmatrix}$ とすると，$\mathrm{rank}\,f=\mathrm{rank}\,A=2$ であるから

$$\dim \mathrm{Ker}(f)=\dim V-\mathrm{rank}\,f=6-2=4$$

以上から　$\dim \mathrm{Ker}(f)=\mathbf{4}$　または　$\dim \mathrm{Ker}(f)=\mathbf{5}$　または　$\dim \mathrm{Ker}(f)=\mathbf{6}$

49　多項式のなすベクトル空間と1次変換　★★☆

2個の変数 x，y の高々2次の，実数を係数とする多項式全体のなすベクトル空間を V とする。V の各ベクトルを変数 x，y の2変数関数とみて，5つの V の1次変換 $\dfrac{\partial}{\partial x}: V \longrightarrow V$，$\dfrac{\partial}{\partial y}: V \longrightarrow V$，$\dfrac{\partial^2}{\partial x^2}: V \longrightarrow V$，$\dfrac{\partial^2}{\partial x\partial y}: V \longrightarrow V$，$\dfrac{\partial^2}{\partial y^2}: V \longrightarrow V$ を考える。

(1) $\dim \mathrm{Ker}\left(\dfrac{\partial}{\partial x}\right)\cap \mathrm{Ker}\left(\dfrac{\partial}{\partial y}\right)$ を求めよ。

(2) $\dim\left(\mathrm{Ker}\left(\dfrac{\partial^2}{\partial x^2}\right)+\mathrm{Ker}\left(\dfrac{\partial^2}{\partial y^2}\right)\right)$ を求めよ。

(3) $\dim \dfrac{\partial^2}{\partial x\partial y}(V)$ を求めよ。

$f_1\in V$，$f_2\in V$，$f_3\in V$，$f_4\in V$，$f_5\in V$，$f_6\in V$ を $f_1(x,\ y)=1$，$f_2(x,\ y)=x$，$f_3(x,\ y)=y$，$f_4(x,\ y)=x^2$，$f_5(x,\ y)=xy$，$f_6(x,\ y)=y^2$ で定め，$p\in\mathbb{R}$，$q\in\mathbb{R}$，$r\in\mathbb{R}$，$s\in\mathbb{R}$，$t\in\mathbb{R}$，$u\in\mathbb{R}$ として，$g=pf_1+qf_2+rf_3+sf_4+tf_5+uf_6$ とする。

このとき　$\dfrac{\partial g}{\partial x}(x,\ y)=q+2sx+ty=qf_1(x,\ y)+2sf_2(x,\ y)+tf_3(x,\ y)$,

$\dfrac{\partial g}{\partial y}(x,\ y)=r+tx+2uy=rf_1(x,\ y)+tf_2(x,\ y)+2uf_3(x,\ y)$,

$\dfrac{\partial^2 g}{\partial x^2}(x,\ y)=2s=2sf_1(x,\ y)$，$\dfrac{\partial^2 g}{\partial x\partial y}(x,\ y)=t=tf_1(x,\ y)$，$\dfrac{\partial^2 g}{\partial y^2}(x,\ y)=2u=2uf_1(x,\ y)$

EXERCISES

(1) $\dfrac{\partial g}{\partial x}(x,\ y)=0$ とすると，$qf_1(x,\ y)+2sf_2(x,\ y)+tf_3(x,\ y)=0$ から　　$q=s=t=0$

よって　　$\mathrm{Ker}\left(\dfrac{\partial}{\partial x}\right)=\{pf_1+rf_3+uf_6 \mid p\in\mathbb{R},\ r\in\mathbb{R},\ u\in\mathbb{R}\}$

$\dfrac{\partial g}{\partial y}(x,\ y)=0$ とすると，$rf_1(x,\ y)+tf_2(x,\ y)+2uf_3(x,\ y)=0$ から　　$r=t=u=0$

よって　　$\mathrm{Ker}\left(\dfrac{\partial}{\partial y}\right)=\{pf_1+qf_2+sf_4 \mid p\in\mathbb{R},\ q\in\mathbb{R},\ s\in\mathbb{R}\}$

ゆえに　　$\mathrm{Ker}\left(\dfrac{\partial}{\partial x}\right)\cap\mathrm{Ker}\left(\dfrac{\partial}{\partial y}\right)=\{pf_1 \mid p\in\mathbb{R}\}$

したがって　　$\dim\mathrm{Ker}\left(\dfrac{\partial}{\partial x}\right)\cap\mathrm{Ker}\left(\dfrac{\partial}{\partial y}\right)=\mathbf{1}$

(2) $\dfrac{\partial^2 g}{\partial x^2}(x,\ y)=0$ とすると，$2sf_1(x,\ y)=0$ から　　$s=0$

よって　　$\mathrm{Ker}\left(\dfrac{\partial^2}{\partial x^2}\right)=\{pf_1+qf_2+rf_3+tf_5+uf_6 \mid p\in\mathbb{R},\ q\in\mathbb{R},\ r\in\mathbb{R},\ t\in\mathbb{R},\ u\in\mathbb{R}\}$

ゆえに　　$\dim\mathrm{Ker}\left(\dfrac{\partial^2}{\partial x^2}\right)=5$

$\dfrac{\partial^2 g}{\partial y^2}(x,\ y)=0$ とすると，$2uf_1(x,\ y)=0$ から　　$u=0$

よって　　$\mathrm{Ker}\left(\dfrac{\partial^2}{\partial y^2}\right)=\{pf_1+qf_2+rf_3+sf_4+tf_5 \mid p\in\mathbb{R},\ q\in\mathbb{R},\ r\in\mathbb{R},\ s\in\mathbb{R},\ t\in\mathbb{R}\}$

ゆえに　　$\dim\mathrm{Ker}\left(\dfrac{\partial^2}{\partial y^2}\right)=5$

また　　$\mathrm{Ker}\left(\dfrac{\partial^2}{\partial x^2}\right)\cap\mathrm{Ker}\left(\dfrac{\partial^2}{\partial y^2}\right)=\{pf_1+qf_2+rf_3+tf_5 \mid p\in\mathbb{R},\ q\in\mathbb{R},\ r\in\mathbb{R},\ t\in\mathbb{R}\}$

ゆえに　　$\dim\mathrm{Ker}\left(\dfrac{\partial^2}{\partial x^2}\right)\cap\mathrm{Ker}\left(\dfrac{\partial^2}{\partial y^2}\right)=4$

したがって，次元公式により

$$\begin{aligned}&\dim\left(\mathrm{Ker}\left(\frac{\partial^2}{\partial x^2}\right)+\mathrm{Ker}\left(\frac{\partial^2}{\partial y^2}\right)\right)\\&=\dim\mathrm{Ker}\left(\frac{\partial^2}{\partial x^2}\right)+\dim\mathrm{Ker}\left(\frac{\partial^2}{\partial y^2}\right)-\dim\mathrm{Ker}\left(\frac{\partial^2}{\partial x^2}\right)\cap\mathrm{Ker}\left(\frac{\partial^2}{\partial y^2}\right)\\&=5+5-4=\mathbf{6}\end{aligned}$$

(3) $\dfrac{\partial^2 g}{\partial x\partial y}(V)=\{tf_1 \mid t\in\mathbb{R}\}$ であるから　　$\dim\dfrac{\partial^2}{\partial x\partial y}(V)=\mathbf{1}$

50 回転の1次変換 ★★☆

$f_1(x)=\sin x$，$f_2(x)=\cos x$ とし，$V=\langle f_1, f_2\rangle$ とする。また，$\theta\in\mathrm{R}$ を定数として，Vの1次変換 $g : V \longrightarrow V$ を，次で定義する。

$$g(h)(x)=h(x+\theta) \quad (h\in V)$$

(1) Vの基底 $\{f_1, f_2\}$ に関する1次変換 g の表現行列を求めよ。

(2) 1次変換 $g : V \longrightarrow V$ を n 回合成して得られる1次変換を $g^{(n)} : V \longrightarrow V$ と表すとき，Vの基底 $\{f_1, f_2\}$ に関する1次変換 $g^{(n)}$ の表現行列を求めよ。

(3) (1)で求めた表現行列をAとするとき，A^n を求めよ。

(1) $p\in\mathrm{R}$，$q\in\mathrm{R}$ として，$h=pf_1+qf_2$ とすると

$$\begin{aligned} g(h)(x)&=pg(f_1)(x)+qg(f_2)(x)=p\sin(x+\theta)+q\cos(x+\theta)\\ &=(\sin x\cos\theta+\cos x\sin\theta)p+(\cos x\cos\theta-\sin x\sin\theta)q\\ &=(p\cos\theta-q\sin\theta)f_1(x)+(p\sin\theta+q\cos\theta)f_2(x)\end{aligned}$$

よって $\begin{pmatrix} p\cos\theta-q\sin\theta \\ p\sin\theta+q\cos\theta \end{pmatrix}=\begin{pmatrix} \cos\theta & -\sin\theta \\ \sin\theta & \cos\theta \end{pmatrix}\begin{pmatrix} p \\ q \end{pmatrix}$

したがって，Vの基底 $\{f_1, f_2\}$ に関する1次変換 g の表現行列は $\boldsymbol{\begin{pmatrix} \cos\theta & -\sin\theta \\ \sin\theta & \cos\theta \end{pmatrix}}$

(2) $g^{(n)}(h)(x)=h(x+n\theta)$ $(h\in V)$ ……① が成り立つことを，n に関する数学的帰納法により示す。

[1] $n=1$ のとき

$$g^{(1)}(h)(x)=h(x+\theta)=h(x+1\cdot\theta)$$

よって，$n=1$ のとき ① は成り立つ。

[2] $n=k$ のとき，① が成り立つと仮定すると

$$g^{(k)}(h)(x)=h(x+k\theta) \quad (h\in V) \quad \cdots\cdots ②$$

ここで，$i(x)=h(x+k\theta)$ とする。

$n=k+1$ のときを考えると，② から

$$g^{(k+1)}(h)(x)=g(i)(x)=i(x+\theta)=h((x+\theta)+k\theta)=h(x+(k+1)\theta)$$

よって，$n=k+1$ のときも ① は成り立つ。

[1]，[2] から，すべての自然数 n について ① は成り立つ。

よって，(1)において，θ を $n\theta$ におき換えて考えると，Vの基底 $\{f_1, f_2\}$ に関する1次変換 $g^{(n)}$ の表現行列は

$$\boldsymbol{\begin{pmatrix} \cos n\theta & -\sin n\theta \\ \sin n\theta & \cos n\theta \end{pmatrix}}$$

(3) (1)，(2) から $\boldsymbol{A^n=\begin{pmatrix} \cos n\theta & -\sin n\theta \\ \sin n\theta & \cos n\theta \end{pmatrix}}$

◀合成写像と表現行列の定理により。

51 2次正方行列全体のなすベクトル空間と線形写像の表現行列 ★★☆

2次正方行列全体は通常の行列の和と定数倍によりベクトル空間となり，これをMとする。

$A=\begin{pmatrix}1&-1\\1&1\end{pmatrix}$，$B=\begin{pmatrix}1&1\\1&-1\end{pmatrix}$ とするとき，線形写像 $f:M\longrightarrow\mathbb{R}^2$ を，次で定める。

$X\in M$ に対して $f(X)=\begin{pmatrix}\mathrm{tr}(AX)\\\mathrm{tr}(BX)\end{pmatrix}$ とする。

(1) $\mathrm{Ker}(f)$ の基底を1組求めよ。

(2) Mの基底 $\left\{\begin{pmatrix}1&0\\0&0\end{pmatrix},\begin{pmatrix}0&1\\0&0\end{pmatrix},\begin{pmatrix}0&0\\1&0\end{pmatrix},\begin{pmatrix}0&0\\0&1\end{pmatrix}\right\}$ と $\mathbb{R}^2$ の標準的な基底 $\left\{\begin{pmatrix}1\\0\end{pmatrix},\begin{pmatrix}0\\1\end{pmatrix}\right\}$ に関する線形写像fの表現行列を求めよ。

(1) $X=\begin{pmatrix}p&q\\r&s\end{pmatrix}$ とすると

$$AX=\begin{pmatrix}1&-1\\1&1\end{pmatrix}\begin{pmatrix}p&q\\r&s\end{pmatrix}=\begin{pmatrix}p-r&q-s\\p+r&q+s\end{pmatrix},\quad BX=\begin{pmatrix}1&1\\1&-1\end{pmatrix}\begin{pmatrix}p&q\\r&s\end{pmatrix}=\begin{pmatrix}p+r&q+s\\p-r&q-s\end{pmatrix}$$

よって　$\mathrm{tr}(AX)=(p-r)+(q+s)=p+q-r+s$，$\mathrm{tr}(BX)=(p+r)+(q-s)=p+q+r-s$

ゆえに　$f(X)=\begin{pmatrix}p+q-r+s\\p+q+r-s\end{pmatrix}$

したがって，同次連立1次方程式 $\begin{cases}p+q-r+s=0\\p+q+r-s=0\end{cases}$ ……(＊) を考える。

同次連立1次方程式(＊)を行列を用いて表すと，$\begin{pmatrix}1&1&-1&1\\1&1&1&-1\end{pmatrix}\begin{pmatrix}p\\q\\r\\s\end{pmatrix}=\begin{pmatrix}0\\0\end{pmatrix}$ であるから，

係数行列 $\begin{pmatrix}1&1&-1&1\\1&1&1&-1\end{pmatrix}$ を簡約階段化すると

$$\begin{pmatrix}1&1&-1&1\\1&1&1&-1\end{pmatrix}\xrightarrow{①\times(-1)+②}\begin{pmatrix}1&1&-1&1\\0&0&2&-2\end{pmatrix}\xrightarrow{②\times\frac{1}{2}}\begin{pmatrix}1&1&-1&1\\0&0&1&-1\end{pmatrix}\xrightarrow{②\times1+①}\begin{pmatrix}1&1&0&0\\0&0&1&-1\end{pmatrix}$$

よって，同次連立1次方程式(＊)は $\begin{cases}p+q\quad\ =0\\\qquad r-s=0\end{cases}$ と同値である。

これを解くと　$\begin{cases}p=-c\\q=\ \ c\\r=\ \ d\\s=\ \ d\end{cases}$ (c，dは任意定数)

ゆえに　$\begin{pmatrix}p&q\\r&s\end{pmatrix}=c\begin{pmatrix}-1&1\\0&0\end{pmatrix}+d\begin{pmatrix}0&0\\1&1\end{pmatrix}$　(c，dは任意定数)

$\left\{\begin{pmatrix}-1&1\\0&0\end{pmatrix},\begin{pmatrix}0&0\\1&1\end{pmatrix}\right\}$ は1次独立であるから，$\mathrm{Ker}(f)$ の基底は　$\boldsymbol{\left\{\begin{pmatrix}-1&1\\0&0\end{pmatrix},\begin{pmatrix}0&0\\1&1\end{pmatrix}\right\}}$

(2) (1)から，$X=p\begin{pmatrix}1&0\\0&0\end{pmatrix}+q\begin{pmatrix}0&1\\0&0\end{pmatrix}+r\begin{pmatrix}0&0\\1&0\end{pmatrix}+s\begin{pmatrix}0&0\\0&1\end{pmatrix}=\begin{pmatrix}p&q\\r&s\end{pmatrix}$ とすると

$$f(X)=\begin{pmatrix}p+q-r+s\\p+q+r-s\end{pmatrix}$$

ここで　$\begin{pmatrix} p+q-r+s \\ p+q+r-s \end{pmatrix}=\begin{pmatrix} 1 & 1 & -1 & 1 \\ 1 & 1 & 1 & -1 \end{pmatrix}\begin{pmatrix} p \\ q \\ r \\ s \end{pmatrix}$

したがって，Mの基底 $\left\{\begin{pmatrix} 1 & 0 \\ 0 & 0 \end{pmatrix}, \begin{pmatrix} 0 & 1 \\ 0 & 0 \end{pmatrix}, \begin{pmatrix} 0 & 0 \\ 1 & 0 \end{pmatrix}, \begin{pmatrix} 0 & 0 \\ 0 & 1 \end{pmatrix}\right\}$ と R^2 の標準的な基底 $\left\{\begin{pmatrix} 1 \\ 0 \end{pmatrix}, \begin{pmatrix} 0 \\ 1 \end{pmatrix}\right\}$ に関する線形写像 f の表現行列は　$\begin{pmatrix} \mathbf{1} & \mathbf{1} & \mathbf{-1} & \mathbf{1} \\ \mathbf{1} & \mathbf{1} & \mathbf{1} & \mathbf{-1} \end{pmatrix}$

補足　$\dim M=4$ であり，$\left\{\begin{pmatrix} 1 & 0 \\ 0 & 0 \end{pmatrix}, \begin{pmatrix} 0 & 1 \\ 0 & 0 \end{pmatrix}, \begin{pmatrix} 0 & 0 \\ 1 & 0 \end{pmatrix}, \begin{pmatrix} 0 & 0 \\ 0 & 1 \end{pmatrix}\right\}$ は1次独立であるから，$\left\{\begin{pmatrix} 1 & 0 \\ 0 & 0 \end{pmatrix}, \begin{pmatrix} 0 & 1 \\ 0 & 0 \end{pmatrix}, \begin{pmatrix} 0 & 0 \\ 1 & 0 \end{pmatrix}, \begin{pmatrix} 0 & 0 \\ 0 & 1 \end{pmatrix}\right\}$ はMの基底である。

52　R^2 の1次変換全体がなすベクトル空間と1次変換の表現行列　★★☆

R^2 の1次変換全体は，1次変換の和と定数倍によりベクトル空間となり，これをVとする。
次で定まる R^2 の1次変換 $f_1\in V$，$f_2\in V$，$f_3\in V$，$f_4\in V$，$g\in V$ を考える。

$f_1:\mathrm{R}^2\longrightarrow\mathrm{R}^2$ について：$\begin{pmatrix} x \\ y \end{pmatrix}\in\mathrm{R}^2$ に対して $f_1\left(\begin{pmatrix} x \\ y \end{pmatrix}\right)=\begin{pmatrix} x \\ 0 \end{pmatrix}$ とする。

$f_2:\mathrm{R}^2\longrightarrow\mathrm{R}^2$ について：$\begin{pmatrix} x \\ y \end{pmatrix}\in\mathrm{R}^2$ に対して $f_2\left(\begin{pmatrix} x \\ y \end{pmatrix}\right)=\begin{pmatrix} y \\ 0 \end{pmatrix}$ とする。

$f_3:\mathrm{R}^2\longrightarrow\mathrm{R}^2$ について：$\begin{pmatrix} x \\ y \end{pmatrix}\in\mathrm{R}^2$ に対して $f_3\left(\begin{pmatrix} x \\ y \end{pmatrix}\right)=\begin{pmatrix} 0 \\ x \end{pmatrix}$ とする。

$f_4:\mathrm{R}^2\longrightarrow\mathrm{R}^2$ について：$\begin{pmatrix} x \\ y \end{pmatrix}\in\mathrm{R}^2$ に対して $f_4\left(\begin{pmatrix} x \\ y \end{pmatrix}\right)=\begin{pmatrix} 0 \\ y \end{pmatrix}$ とする。

$g:\mathrm{R}^2\longrightarrow\mathrm{R}^2$ について：$\begin{pmatrix} x \\ y \end{pmatrix}\in\mathrm{R}^2$ に対して $g\left(\begin{pmatrix} x \\ y \end{pmatrix}\right)=\begin{pmatrix} x+y \\ x \end{pmatrix}$ とする。

(1)　R^2 の標準的な基底に関する1次変換 f_1，f_2，f_3，f_4 の表現行列をそれぞれ答えよ。
(2)　$\{f_1, f_2, f_3, f_4\}$ は1次独立であることを示せ。
(3)　写像 $h:V\longrightarrow V$ を，$i\in V$ に対して $h(i)=i\circ g$ で定めるとき，h はVの1次変換であることを示せ。
(4)　Vの基底 $\{f_1, f_2, f_3, f_4\}$ に関する1次変換 h の表現行列を求めよ。

(1)　R^2 の標準的な基底に関する1次変換 f_1，f_2，f_3，f_4 の表現行列をそれぞれ A_1，A_2，A_3，A_4 とする。

ここで　$f_1\left(\begin{pmatrix} x \\ y \end{pmatrix}\right)=\begin{pmatrix} x \\ 0 \end{pmatrix}=\begin{pmatrix} 1 & 0 \\ 0 & 0 \end{pmatrix}\begin{pmatrix} x \\ y \end{pmatrix}$，$f_2\left(\begin{pmatrix} x \\ y \end{pmatrix}\right)=\begin{pmatrix} y \\ 0 \end{pmatrix}=\begin{pmatrix} 0 & 1 \\ 0 & 0 \end{pmatrix}\begin{pmatrix} x \\ y \end{pmatrix}$，

$f_3\left(\begin{pmatrix} x \\ y \end{pmatrix}\right)=\begin{pmatrix} 0 \\ x \end{pmatrix}=\begin{pmatrix} 0 & 0 \\ 1 & 0 \end{pmatrix}\begin{pmatrix} x \\ y \end{pmatrix}$，$f_4\left(\begin{pmatrix} x \\ y \end{pmatrix}\right)=\begin{pmatrix} 0 \\ y \end{pmatrix}=\begin{pmatrix} 0 & 0 \\ 0 & 1 \end{pmatrix}\begin{pmatrix} x \\ y \end{pmatrix}$

よって　$\boldsymbol{A_1=\begin{pmatrix} 1 & 0 \\ 0 & 0 \end{pmatrix}}$，$\boldsymbol{A_2=\begin{pmatrix} 0 & 1 \\ 0 & 0 \end{pmatrix}}$，$\boldsymbol{A_3=\begin{pmatrix} 0 & 0 \\ 1 & 0 \end{pmatrix}}$，$\boldsymbol{A_4=\begin{pmatrix} 0 & 0 \\ 0 & 1 \end{pmatrix}}$

(2)　$\mathbf{0}$ を 2×2 零行列によって定まる R^2 の1次変換とし，$p\in\mathrm{R}$，$q\in\mathrm{R}$，$r\in\mathrm{R}$，$s\in\mathrm{R}$ として，$pf_1+qf_2+rf_3+sf_4=\mathbf{0}$　……①とする。
R^2 の標準的な基底に関する，①の両辺の1次変換の表現行列を考え，Oを 2×2 零行列とする

EXERCISES

と　　$pA_1+qA_2+rA_3+sA_4=O$

ここで　　$pA_1+qA_2+rA_3+sA_4=p\begin{pmatrix}1&0\\0&0\end{pmatrix}+q\begin{pmatrix}0&1\\0&0\end{pmatrix}+r\begin{pmatrix}0&0\\1&0\end{pmatrix}+s\begin{pmatrix}0&0\\0&1\end{pmatrix}=\begin{pmatrix}p&q\\r&s\end{pmatrix}$

よって　　$p=q=r=s=0$

したがって，① は自明な1次関係式に限られるから，$\{f_1,\ f_2,\ f_3,\ f_4\}$ は1次独立である。■

(3) $i\in V$，$j\in V$ に対して　　$h(i+j)=(i+j)\circ g=i\circ g+j\circ g=h(i)+h(j)$

$i\in V$，$c\in\mathbb{R}$ に対して　　$h(ci)=(ci)\circ g=c(i\circ g)=ch(i)$

よって，写像 h は V の1次変換である。■

(4) $g\left(\begin{pmatrix}x\\y\end{pmatrix}\right)=\begin{pmatrix}x+y\\x\end{pmatrix}=\begin{pmatrix}1&1\\1&0\end{pmatrix}\begin{pmatrix}x\\y\end{pmatrix}$

よって，$\mathbb{R}^2$ の標準的な基底に関する1次変換 g の表現行列を B とすると　　$B=\begin{pmatrix}1&1\\1&0\end{pmatrix}$

また，W を2次正方行列全体のなすベクトル空間とすると，V の1次変換 h に対して，次の ② で定められる W の1次変換 $k:W\longrightarrow W$ が存在する。

「$D\in W$ に対して，$k(D)=DB$ とする。」 …… ②

ここで　　$k(A_1)=\begin{pmatrix}1&0\\0&0\end{pmatrix}\begin{pmatrix}1&1\\1&0\end{pmatrix}=\begin{pmatrix}1&1\\0&0\end{pmatrix}=A_1+A_2$，$k(A_2)=\begin{pmatrix}0&1\\0&0\end{pmatrix}\begin{pmatrix}1&1\\1&0\end{pmatrix}=\begin{pmatrix}1&0\\0&0\end{pmatrix}=A_1$

$k(A_3)=\begin{pmatrix}0&0\\1&0\end{pmatrix}\begin{pmatrix}1&1\\1&0\end{pmatrix}=\begin{pmatrix}0&0\\1&1\end{pmatrix}=A_3+A_4$，$k(A_4)=\begin{pmatrix}0&0\\0&1\end{pmatrix}\begin{pmatrix}1&1\\1&0\end{pmatrix}=\begin{pmatrix}0&0\\1&0\end{pmatrix}=A_3$

よって，$pA_1+qA_2+rA_3+sA_4\in W$ に対して

$$\begin{aligned}&k(pA_1+qA_2+rA_3+sA_4)\\&=pk(A_1)+qk(A_2)+rk(A_3)+sk(A_4)\\&=p(A_1+A_2)+qA_1+r(A_3+A_4)+sA_3=(p+q)A_1+pA_2+(r+s)A_3+rA_4\end{aligned}$$

ゆえに　　$\begin{pmatrix}p+q\\p\\r+s\\r\end{pmatrix}=\begin{pmatrix}1&1&0&0\\1&0&0&0\\0&0&1&1\\0&0&1&0\end{pmatrix}\begin{pmatrix}p\\q\\r\\s\end{pmatrix}$

したがって，V の基底 $\{f_1,\ f_2,\ f_3,\ f_4\}$ に関する1次変換 h の表現行列は　　$\begin{pmatrix}\mathbf{1}&\mathbf{1}&\mathbf{0}&\mathbf{0}\\\mathbf{1}&\mathbf{0}&\mathbf{0}&\mathbf{0}\\\mathbf{0}&\mathbf{0}&\mathbf{1}&\mathbf{1}\\\mathbf{0}&\mathbf{0}&\mathbf{1}&\mathbf{0}\end{pmatrix}$

53　線形写像の表現行列と像の基底　★★☆

$f_1(x)=\sin x$，$f_2(x)=\cos x$ とし，$V=\langle f_1,\ f_2\rangle$ とする。また，変数 x の高々3次の，実数を係数とする多項式全体のなすベクトル空間を W とする。このとき，線形写像 $g:V\longrightarrow W$ を，次で定義する。

$$g(f_1)(x)=x-\frac{1}{6}x^3,\ g(f_2)(x)=1-\frac{1}{2}x^2$$

(1) V の基底 $\{f_1,\ f_2\}$ と W の基底 $\{1,\ x,\ x^2,\ x^3\}$ に関する線形写像 g の表現行列を求めよ。

(2) $g(V)$ の基底を1組求めよ。

(1) $p\in\mathbb{R}$，$q\in\mathbb{R}$ として，$h=pf_1+qf_2$ とすると

$$g(h)(x)=pg(f_1)(x)+qg(f_2)(x)=p\left(x-\frac{1}{6}x^3\right)+q\left(1-\frac{1}{2}x^2\right)=q+px-\frac{1}{2}qx^2-\frac{1}{6}px^3$$

よって $\begin{pmatrix} q \\ p \\ -\frac{1}{2}q \\ -\frac{1}{6}p \end{pmatrix} = \begin{pmatrix} 0 & 1 \\ 1 & 0 \\ 0 & -\frac{1}{2} \\ -\frac{1}{6} & 0 \end{pmatrix} \begin{pmatrix} p \\ q \end{pmatrix}$

したがって，Vの基底 $\{f_1,\ f_2\}$ と Wの基底 $\{1,\ x,\ x^2,\ x^3\}$ に関する線形写像 g の表現行列は

$$\begin{pmatrix} \mathbf{0} & \mathbf{1} \\ \mathbf{1} & \mathbf{0} \\ \mathbf{0} & -\frac{\mathbf{1}}{\mathbf{2}} \\ -\frac{\mathbf{1}}{\mathbf{6}} & \mathbf{0} \end{pmatrix}$$

(2) (1)で求めた表現行列を簡約階段化すると

$$\begin{pmatrix} 0 & 1 \\ 1 & 0 \\ 0 & -\frac{1}{2} \\ -\frac{1}{6} & 0 \end{pmatrix} \xrightarrow{①\leftrightarrow②} \begin{pmatrix} 1 & 0 \\ 0 & 1 \\ 0 & -\frac{1}{2} \\ -\frac{1}{6} & 0 \end{pmatrix} \xrightarrow{①\times\frac{1}{6}+④} \begin{pmatrix} 1 & 0 \\ 0 & 1 \\ 0 & -\frac{1}{2} \\ 0 & 0 \end{pmatrix} \xrightarrow{②\times\frac{1}{2}+③} \begin{pmatrix} 1 & 0 \\ 0 & 1 \\ 0 & 0 \\ 0 & 0 \end{pmatrix}$$

よって，$g(V)$ の基底は　$\{\boldsymbol{g(f_1)},\ \boldsymbol{g(f_2)}\}$

別解　$i\in W$ を，$r\in\mathbb{R}$，$s\in\mathbb{R}$，$t\in\mathbb{R}$，$u\in\mathbb{R}$ として，$i(x)=r+sx+tx^2+ux^3$ で定める。
$i\in g(V)$ となるのは，ある $j\in V$ が存在して，$g(j)(x)=i(x)$ となるときである。
$m\in\mathbb{R}$，$n\in\mathbb{R}$ として，$j=mf_1+nf_2$ とすると

$$g(j)(x)=m\left(x-\frac{1}{6}x^3\right)+n\left(1-\frac{1}{2}x^2\right)=n+mx-\frac{1}{2}nx^2-\frac{1}{6}mx^3$$

$g(j)(x)=i(x)$ とすると　$n=r$，$m=s$，$-\frac{1}{2}n=t$，$-\frac{1}{6}m=u$

よって，$i\in g(V)$ となるための条件は　$t=-\frac{1}{2}r$，$u=-\frac{1}{6}s$

このとき　$i(x)=r+sx-\frac{1}{2}rx^2-\frac{1}{6}sx^3=sg(f_1)(x)+rg(f_2)(x)$

したがって，$g(V)$ の基底は　$\{\boldsymbol{g(f_1)},\ \boldsymbol{g(f_2)}\}$

54　多項式のなすベクトル空間と線形写像　★★☆

変数 x の高々 2 次の，実数を係数とする多項式全体のなすベクトル空間を Vとし，変数 x の高々 3 次の，実数を係数とする多項式全体のなすベクトル空間を Wとする。

(1) $f_1\in V$，$f_2\in V$，$f_3\in V$ を $f_1(x)=1+x$，$f_2(x)=1-x^2$，$f_3(x)=1-x+x^2$ で定めると，$\{f_1,\ f_2,\ f_3\}$ は Vの基底であることを示せ。

(2) Wの各ベクトルを変数 x の 1 変数関数とみて，線形写像 $g: W \longrightarrow V$ を，次で定める。

$h\in W$ に対して $g(h(x))=\dfrac{d}{dx}h(x)$ とする。

このとき，Wの基底 $\{1,\ x,\ x^2,\ x^3\}$ と Vの基底 $\{f_1,\ f_2,\ f_3\}$ に関する線形写像 g の表現行列を求めよ。

(1) $\mathbf{0}$ をすべての x に対して 0 を対応させる定数関数とする。

ここで　$V=\langle 1,\ x,\ x^2\rangle$

$f_1(x)+f_2(x)+f_3(x)=3$ から　$1=\dfrac{1}{3}f_1(x)+\dfrac{1}{3}f_2(x)+\dfrac{1}{3}f_3(x)$

よって　$x=f_1(x)-\left\{\dfrac{1}{3}f_1(x)+\dfrac{1}{3}f_2(x)+\dfrac{1}{3}f_3(x)\right\}=\dfrac{2}{3}f_1(x)-\dfrac{1}{3}f_2(x)-\dfrac{1}{3}f_3(x)$

$$x^2=\left\{\frac{1}{3}f_1(x)+\frac{1}{3}f_2(x)+\frac{1}{3}f_3(x)\right\}-f_2(x)=\frac{1}{3}f_1(x)-\frac{2}{3}f_2(x)+\frac{1}{3}f_3(x)$$

よって　$V=\langle f_1,\ f_2,\ f_3\rangle$

次に，$a\in\mathbb{R}$，$b\in\mathbb{R}$，$c\in\mathbb{R}$ として，$af_1+bf_2+cf_3=\mathbf{0}$　……(＊) を考える。

ここで　$af_1(x)+bf_2(x)+cf_3(x)=a(1+x)+b(1-x^2)+c(1-x+x^2)=(a+b+c)+(a-c)x+(-b+c)x^2$

よって，(＊) から　$\begin{cases} a+b+c=0 \\ a-c=0 \\ -b+c=0 \end{cases}$

これを解いて　$\begin{cases} a=0 \\ b=0 \\ c=0 \end{cases}$

ゆえに，(＊) は自明な1次関係式に限られるから，$\{f_1,\ f_2,\ f_3\}$ は1次独立である。

したがって，$\{f_1,\ f_2,\ f_3\}$ は V の基底である。■

(2) $h\in W$ を，$p\in\mathbb{R}$，$q\in\mathbb{R}$，$r\in\mathbb{R}$，$s\in\mathbb{R}$ として，$h(x)=p+qx+rx^2+sx^3$ で定めると

$$\begin{aligned}\frac{d}{dx}h(x)&=q+2rx+3sx^2\\&=q\left\{\frac{1}{3}f_1(x)+\frac{1}{3}f_2(x)+\frac{1}{3}f_3(x)\right\}+2r\left\{\frac{2}{3}f_1(x)-\frac{1}{3}f_2(x)-\frac{1}{3}f_3(x)\right\}+3s\left\{\frac{1}{3}f_1(x)-\frac{2}{3}f_2(x)+\frac{1}{3}f_3(x)\right\}\\&=\left(\frac{1}{3}q+\frac{4}{3}r+s\right)f_1(x)+\left(\frac{1}{3}q-\frac{2}{3}r-2s\right)f_2(x)+\left(\frac{1}{3}q-\frac{2}{3}r+s\right)f_3(x)\end{aligned}$$

したがって　$\begin{pmatrix}\dfrac{1}{3}q+\dfrac{4}{3}r+s\\ \dfrac{1}{3}q-\dfrac{2}{3}r-2s\\ \dfrac{1}{3}q-\dfrac{2}{3}r+s\end{pmatrix}=\begin{pmatrix}0&\dfrac{1}{3}&\dfrac{4}{3}&1\\ 0&\dfrac{1}{3}&-\dfrac{2}{3}&-2\\ 0&\dfrac{1}{3}&-\dfrac{2}{3}&1\end{pmatrix}\begin{pmatrix}p\\q\\r\\s\end{pmatrix}$

以上から，W の基底 $\{1,\ x,\ x^2,\ x^3\}$ と V の基底 $\{f_1,\ f_2,\ f_3\}$ に関する線形写像 g の表現行列は

$$\begin{pmatrix}\mathbf{0}&\dfrac{\mathbf{1}}{\mathbf{3}}&\dfrac{\mathbf{4}}{\mathbf{3}}&\mathbf{1}\\ \mathbf{0}&\dfrac{\mathbf{1}}{\mathbf{3}}&-\dfrac{\mathbf{2}}{\mathbf{3}}&-\mathbf{2}\\ \mathbf{0}&\dfrac{\mathbf{1}}{\mathbf{3}}&-\dfrac{\mathbf{2}}{\mathbf{3}}&\mathbf{1}\end{pmatrix}$$

55　1次変換と表現行列　★★★

変数 x, y の高々2次の，実数を係数とする多項式全体からなるベクトル空間を V とする。V の1次変換 $f: V \longrightarrow V$ を，次で定義する。

$$f(g)(x,\ y)=g(x+1,\ 1)$$

(1)　V の基底 $\{1,\ x,\ y,\ x^2,\ xy,\ y^2\}$ に関する1次変換 f の表現行列を求めよ。

(2)　$\mathrm{Ker}(f)$ の基底を1組求めよ。

(3)　$g\in V$ に対して，$f(g)(x,\ y)=1+x+x^2$ となるとき，g を求めよ。

(1)　$g\in V$ を，$p\in\mathbb{R}$, $q\in\mathbb{R}$, $r\in\mathbb{R}$, $s\in\mathbb{R}$, $t\in\mathbb{R}$, $u\in\mathbb{R}$ として，
$g(x,\ y)=p\cdot 1+qx+ry+sx^2+txy+uy^2$ で定めると

$$\begin{aligned} f(g)(x,\ y)&=p+q(x+1)+r\cdot 1+s(x+1)^2+t(x+1)\cdot 1+u\cdot 1^2 \\ &=(p+q+r+s+t+u)+(q+2s+t)x+sx^2 \end{aligned}$$

よって
$$\begin{pmatrix} p+q+r+s+t+u \\ q+2s+t \\ 0 \\ s \\ 0 \\ 0 \end{pmatrix}=\begin{pmatrix} 1&1&1&1&1&1 \\ 0&1&0&2&1&0 \\ 0&0&0&0&0&0 \\ 0&0&0&1&0&0 \\ 0&0&0&0&0&0 \\ 0&0&0&0&0&0 \end{pmatrix}\begin{pmatrix} p \\ q \\ r \\ s \\ t \\ u \end{pmatrix}$$

したがって，V の基底 $\{1,\ x,\ y,\ x^2,\ xy,\ y^2\}$ に関する1次変換 f の表現行列は

$$\begin{pmatrix} \mathbf{1}&\mathbf{1}&\mathbf{1}&\mathbf{1}&\mathbf{1}&\mathbf{1} \\ \mathbf{0}&\mathbf{1}&\mathbf{0}&\mathbf{2}&\mathbf{1}&\mathbf{0} \\ \mathbf{0}&\mathbf{0}&\mathbf{0}&\mathbf{0}&\mathbf{0}&\mathbf{0} \\ \mathbf{0}&\mathbf{0}&\mathbf{0}&\mathbf{1}&\mathbf{0}&\mathbf{0} \\ \mathbf{0}&\mathbf{0}&\mathbf{0}&\mathbf{0}&\mathbf{0}&\mathbf{0} \\ \mathbf{0}&\mathbf{0}&\mathbf{0}&\mathbf{0}&\mathbf{0}&\mathbf{0} \end{pmatrix}$$

(2)　同次連立1次方程式 $\begin{pmatrix} 1&1&1&1&1&1 \\ 0&1&0&2&1&0 \\ 0&0&0&0&0&0 \\ 0&0&0&1&0&0 \\ 0&0&0&0&0&0 \\ 0&0&0&0&0&0 \end{pmatrix}\begin{pmatrix} p \\ q \\ r \\ s \\ t \\ u \end{pmatrix}=\begin{pmatrix} 0 \\ 0 \\ 0 \\ 0 \\ 0 \\ 0 \end{pmatrix}$ ……① を考える。

同次連立1次方程式①の係数行列である，(1)で求めた表現行列を簡約階段化すると

$$\begin{pmatrix} 1&1&1&1&1&1 \\ 0&1&0&2&1&0 \\ 0&0&0&0&0&0 \\ 0&0&0&1&0&0 \\ 0&0&0&0&0&0 \\ 0&0&0&0&0&0 \end{pmatrix} \xrightarrow{②\times(-1)+①} \begin{pmatrix} 1&0&1&-1&0&1 \\ 0&1&0&2&1&0 \\ 0&0&0&0&0&0 \\ 0&0&0&1&0&0 \\ 0&0&0&0&0&0 \\ 0&0&0&0&0&0 \end{pmatrix} \xrightarrow{③\leftrightarrow④} \begin{pmatrix} 1&0&1&-1&0&1 \\ 0&1&0&2&1&0 \\ 0&0&0&1&0&0 \\ 0&0&0&0&0&0 \\ 0&0&0&0&0&0 \\ 0&0&0&0&0&0 \end{pmatrix}$$

$$\xrightarrow{③\times 1+①} \begin{pmatrix} 1&0&1&0&0&1 \\ 0&1&0&2&1&0 \\ 0&0&0&1&0&0 \\ 0&0&0&0&0&0 \\ 0&0&0&0&0&0 \\ 0&0&0&0&0&0 \end{pmatrix} \xrightarrow{③\times(-2)+②} \begin{pmatrix} 1&0&1&0&0&1 \\ 0&1&0&0&1&0 \\ 0&0&0&1&0&0 \\ 0&0&0&0&0&0 \\ 0&0&0&0&0&0 \\ 0&0&0&0&0&0 \end{pmatrix}$$

よって，同次連立１次方程式 ① は $\begin{cases} p+r+u=0 \\ q+t=0 \\ s=0 \end{cases}$ と同値である。

これを解くと，$\begin{cases} p=-c-e \\ q=-d \\ r=c \\ s=0 \\ t=d \\ u=e \end{cases}$ （c，d，e は任意定数）であり，次のように書ける。

$$\begin{pmatrix} p \\ q \\ r \\ s \\ t \\ u \end{pmatrix}=c\begin{pmatrix} -1 \\ 0 \\ 1 \\ 0 \\ 0 \\ 0 \end{pmatrix}+d\begin{pmatrix} 0 \\ -1 \\ 0 \\ 0 \\ 1 \\ 0 \end{pmatrix}+e\begin{pmatrix} -1 \\ 0 \\ 0 \\ 0 \\ 0 \\ 1 \end{pmatrix}$$ （c，d，e は任意定数）

$\left\{\begin{pmatrix} -1 \\ 0 \\ 1 \\ 0 \\ 0 \\ 0 \end{pmatrix}, \begin{pmatrix} 0 \\ -1 \\ 0 \\ 0 \\ 1 \\ 0 \end{pmatrix}, \begin{pmatrix} -1 \\ 0 \\ 0 \\ 0 \\ 0 \\ 1 \end{pmatrix}\right\}$ は１次独立であるから，Ker(f) の基底は

$$\{-1+y,\ -x+xy,\ -1+y^2\}$$

(3)　$g\in V$ を $g(x,\ y)=p\cdot1+qx+ry+sx^2+txy+uy^2$ で定めると，
$f(g)(x,\ y)=(p+q+r+s+t+u)+(q+2s+t)x+sx^2$ であるから，$f(g)(x,\ y)=1+x+x^2$ となるとき　$\begin{cases} p+q+r+s+t+u=1 \\ q+2s+t=1 \\ s=1 \end{cases}$ ……②

連立１次方程式 ② を行列を用いて表したときの拡大係数行列は　$\left(\begin{array}{cccccc|c} 1 & 1 & 1 & 1 & 1 & 1 & 1 \\ 0 & 1 & 0 & 2 & 1 & 0 & 1 \\ 0 & 0 & 0 & 1 & 0 & 0 & 1 \end{array}\right)$

これを簡約階段化すると

$$\left(\begin{array}{cccccc|c} 1 & 1 & 1 & 1 & 1 & 1 & 1 \\ 0 & 1 & 0 & 2 & 1 & 0 & 1 \\ 0 & 0 & 0 & 1 & 0 & 0 & 1 \end{array}\right) \xrightarrow{②\times(-1)+①} \left(\begin{array}{cccccc|c} 1 & 0 & 1 & -1 & 0 & 1 & 0 \\ 0 & 1 & 0 & 2 & 1 & 0 & 1 \\ 0 & 0 & 0 & 1 & 0 & 0 & 1 \end{array}\right)$$

$$\xrightarrow{③\times1+①} \left(\begin{array}{cccccc|c} 1 & 0 & 1 & 0 & 0 & 1 & 1 \\ 0 & 1 & 0 & 2 & 1 & 0 & 1 \\ 0 & 0 & 0 & 1 & 0 & 0 & 1 \end{array}\right) \xrightarrow{③\times(-2)+②} \left(\begin{array}{cccccc|c} 1 & 0 & 1 & 0 & 0 & 1 & 1 \\ 0 & 1 & 0 & 0 & 1 & 0 & -1 \\ 0 & 0 & 0 & 1 & 0 & 0 & 1 \end{array}\right)$$

よって，連立１次方程式 ② は $\begin{cases} p+r+u=1 \\ q+t=-1 \\ s=1 \end{cases}$ と同値である。

これを解くと $\begin{cases} p = 1-l-n \\ q = -1-m \\ r = l \\ s = 1 \\ t = m \\ u = n \end{cases}$ （l，m，n は任意定数）

したがって，求める $g \in V$ は次で定義される多項式 である。

$$\boldsymbol{g(x,\ y)=1-l-n-(1+m)x+ly+x^2+mxy+ny^2}$$ （$\boldsymbol{l}$，$\boldsymbol{m}$，$\boldsymbol{n}$ は任意の実数）

56　グラム・シュミットの直交化　★☆☆

次の問いに答えよ。

(1) R^2 に標準内積を定めるとき，グラム・シュミットの直交化を利用して，R^2 の基底 $\left\{\begin{pmatrix}1\\0\end{pmatrix},\ \begin{pmatrix}1\\-1\end{pmatrix}\right\}$ から R^2 の正規直交基底を作れ。

(2) R^3 に標準内積を定めるとき，グラム・シュミットの直交化を利用して，R^3 の基底 $\left\{\begin{pmatrix}1\\1\\1\end{pmatrix},\ \begin{pmatrix}2\\1\\0\end{pmatrix},\ \begin{pmatrix}1\\0\\2\end{pmatrix}\right\}$ から R^3 の正規直交基底を作れ。

(3) R^3 に標準内積を定め，W_1 を R^3 の部分空間とし，$W_1=\left\{\begin{pmatrix}x\\y\\z\end{pmatrix}\in\mathrm{R}^3 \,\middle|\, x+2y+z=0\right\}$ とするとき，W_1 の正規直交基底を作れ。

(4) R^4 に標準内積を定め，W_2 を R^4 の部分空間とし，$W_2=\left\{\begin{pmatrix}x\\y\\z\\w\end{pmatrix}\in\mathrm{R}^4 \,\middle|\, x-6y-z-2w=0\right\}$ とするとき，W_2 の正規直交基底を作れ。

(1) $\boldsymbol{p}_1=\begin{pmatrix}1\\0\end{pmatrix}$，$\boldsymbol{p}_2=\begin{pmatrix}1\\-1\end{pmatrix}$ とする。

$\boldsymbol{p}_1{}'=\boldsymbol{p}_1$ とすると　$\boldsymbol{p}_1{}'=\begin{pmatrix}1\\0\end{pmatrix}$

$a\in\mathrm{R}$ として，$\boldsymbol{p}_2{}'=\boldsymbol{p}_2-a\boldsymbol{p}_1{}'$ とすると　$\boldsymbol{p}_2{}'=\begin{pmatrix}-a+1\\-1\end{pmatrix}$

ここで　$(\boldsymbol{p}_2,\ \boldsymbol{p}_1{}')=1\cdot1+(-1)\cdot0=1$，$(\boldsymbol{p}_1{}',\ \boldsymbol{p}_1{}')=1^2+0^2=1$

よって　$(\boldsymbol{p}_2{}',\ \boldsymbol{p}_1{}')=(\boldsymbol{p}_2-a\boldsymbol{p}_1{}',\ \boldsymbol{p}_1{}')=(\boldsymbol{p}_2,\ \boldsymbol{p}_1{}')-a(\boldsymbol{p}_1{}',\ \boldsymbol{p}_1{}')=-a+1$

$(\boldsymbol{p}_2{}',\ \boldsymbol{p}_1{}')=0$ とすると　$-a+1=0$　すなわち　$a=1$

このとき　$\boldsymbol{p}_2{}'=\begin{pmatrix}0\\-1\end{pmatrix}$

よって　$\|\boldsymbol{p}_1{}'\|=1$，$\|\boldsymbol{p}_2{}'\|=\sqrt{0^2+(-1)^2}=1$

したがって，R^2 の正規直交基底として，$\left\{\begin{pmatrix}\boldsymbol{1}\\\boldsymbol{0}\end{pmatrix},\ \begin{pmatrix}\boldsymbol{0}\\\boldsymbol{-1}\end{pmatrix}\right\}$ が得られる。

EXERCISES

(2) $\boldsymbol{q}_1=\begin{pmatrix}1\\1\\1\end{pmatrix}$, $\boldsymbol{q}_2=\begin{pmatrix}2\\1\\0\end{pmatrix}$, $\boldsymbol{q}_3=\begin{pmatrix}1\\0\\2\end{pmatrix}$ とする。

$\boldsymbol{q}_1'=\boldsymbol{q}_1$ とすると　$\boldsymbol{q}_1'=\begin{pmatrix}1\\1\\1\end{pmatrix}$

$b\in\mathbb{R}$ として，$\boldsymbol{q}_2'=\boldsymbol{q}_2-b\boldsymbol{q}_1'$ とすると　$\boldsymbol{q}_2'=\begin{pmatrix}-b+2\\-b+1\\-b\end{pmatrix}$

ここで　$(\boldsymbol{q}_2,\ \boldsymbol{q}_1')=2\cdot1+1\cdot1+0\cdot1=3$，$(\boldsymbol{q}_1',\ \boldsymbol{q}_1')=1^2+1^2+1^2=3$

よって　$(\boldsymbol{q}_2',\ \boldsymbol{q}_1')=(\boldsymbol{q}_2-b\boldsymbol{q}_1',\ \boldsymbol{q}_1')=(\boldsymbol{q}_2,\ \boldsymbol{q}_1')-b(\boldsymbol{q}_1',\ \boldsymbol{q}_1')=-3b+3$

$(\boldsymbol{q}_2',\ \boldsymbol{q}_1')=0$ とすると　$-3b+3=0$　すなわち　$b=1$

このとき　$\boldsymbol{q}_2'=\begin{pmatrix}1\\0\\-1\end{pmatrix}$

$c\in\mathbb{R}$，$d\in\mathbb{R}$ として，$\boldsymbol{q}_3'=\boldsymbol{q}_3-c\boldsymbol{q}_1'-d\boldsymbol{q}_2'$ とすると　$\boldsymbol{q}_3'=\begin{pmatrix}-c-d+1\\-c\\-c+d+2\end{pmatrix}$

ここで　$(\boldsymbol{q}_3,\ \boldsymbol{q}_1')=1\cdot1+0\cdot1+2\cdot1=3$，$(\boldsymbol{q}_3,\ \boldsymbol{q}_2')=1\cdot1+0\cdot0+2\cdot(-1)=-1$，
$(\boldsymbol{q}_2',\ \boldsymbol{q}_2')=1^2+0^2+(-1)^2=2$

よって　$(\boldsymbol{q}_3',\ \boldsymbol{q}_1')=(\boldsymbol{q}_3-c\boldsymbol{q}_1'-d\boldsymbol{q}_2',\ \boldsymbol{q}_1')=(\boldsymbol{q}_3,\ \boldsymbol{q}_1')-c(\boldsymbol{q}_1',\ \boldsymbol{q}_1')-d(\boldsymbol{q}_2',\ \boldsymbol{q}_1')=-3c+3$
$(\boldsymbol{q}_3',\ \boldsymbol{q}_2')=(\boldsymbol{q}_3-c\boldsymbol{q}_1'-d\boldsymbol{q}_2',\ \boldsymbol{q}_2')=(\boldsymbol{q}_3,\ \boldsymbol{q}_2')-c(\boldsymbol{q}_1',\ \boldsymbol{q}_2')-d(\boldsymbol{q}_2',\ \boldsymbol{q}_2')=-2d-1$

$(\boldsymbol{q}_3',\ \boldsymbol{q}_1')=0$，$(\boldsymbol{q}_3',\ \boldsymbol{q}_2')=0$ とすると

$-3c+3=0$，$-2d-1=0$　すなわち　$c=1$，$d=-\dfrac{1}{2}$

このとき　$\boldsymbol{q}_3'=\dfrac{1}{2}\begin{pmatrix}1\\-2\\1\end{pmatrix}$

よって　$\|\boldsymbol{q}_1'\|=\sqrt{3}$，$\|\boldsymbol{q}_2'\|=\sqrt{2}$，$\|\boldsymbol{q}_3'\|=\sqrt{\left(\dfrac{1}{2}\right)^2+(-1)^2+\left(\dfrac{1}{2}\right)^2}=\dfrac{\sqrt{6}}{2}$

ゆえに，$\boldsymbol{q}_1'$，$\boldsymbol{q}_2'$，$\boldsymbol{q}_3'$ を正規化すると

$$\frac{1}{\|\boldsymbol{q}_1'\|}\boldsymbol{q}_1'=\frac{\sqrt{3}}{3}\begin{pmatrix}1\\1\\1\end{pmatrix},\ \frac{1}{\|\boldsymbol{q}_2'\|}\boldsymbol{q}_2'=\frac{\sqrt{2}}{2}\begin{pmatrix}1\\0\\-1\end{pmatrix},\ \frac{1}{\|\boldsymbol{q}_3'\|}\boldsymbol{q}_3'=\frac{\sqrt{6}}{6}\begin{pmatrix}1\\-2\\1\end{pmatrix}$$

したがって，$\mathbb{R}^3$ の正規直交基底として，$\left\{\dfrac{\sqrt{3}}{3}\begin{pmatrix}1\\1\\1\end{pmatrix},\ \dfrac{\sqrt{2}}{2}\begin{pmatrix}1\\0\\-1\end{pmatrix},\ \dfrac{\sqrt{6}}{6}\begin{pmatrix}1\\-2\\1\end{pmatrix}\right\}$ が得られる。

(3) 任意の $\begin{pmatrix}x\\y\\z\end{pmatrix}\in W_1$ に対して，$x+2y+z=0$ が成り立つから

$$\begin{pmatrix}x\\y\\z\end{pmatrix}=\begin{pmatrix}x\\y\\-x-2y\end{pmatrix}=x\begin{pmatrix}1\\0\\-1\end{pmatrix}+y\begin{pmatrix}0\\1\\-2\end{pmatrix}$$

よって　$W_1=\left\langle\begin{pmatrix}1\\0\\-1\end{pmatrix},\begin{pmatrix}0\\1\\-2\end{pmatrix}\right\rangle$

次に，$e\in\mathbb{R}$，$f\in\mathbb{R}$ として，$e\begin{pmatrix}1\\0\\-1\end{pmatrix}+f\begin{pmatrix}0\\1\\-2\end{pmatrix}=\begin{pmatrix}0\\0\\0\end{pmatrix}$ ……① を考える。

ここで　$e\begin{pmatrix}1\\0\\-1\end{pmatrix}+f\begin{pmatrix}0\\1\\-2\end{pmatrix}=\begin{pmatrix}e\\f\\-e-2f\end{pmatrix}$

よって，① から　$e=f=0$

ゆえに，① は自明な 1 次関係式に限られるから，$\left\{\begin{pmatrix}1\\0\\-1\end{pmatrix},\begin{pmatrix}0\\1\\-2\end{pmatrix}\right\}$ は 1 次独立である。

したがって，$\left\{\begin{pmatrix}1\\0\\-1\end{pmatrix},\begin{pmatrix}0\\1\\-2\end{pmatrix}\right\}$ は W_1 の基底である。

そこで，$\boldsymbol{r}_1=\begin{pmatrix}1\\0\\-1\end{pmatrix}$，$\boldsymbol{r}_2=\begin{pmatrix}0\\1\\-2\end{pmatrix}$ とする。

$\boldsymbol{r}_1'=\boldsymbol{r}_1$ とすると　$\boldsymbol{r}_1'=\begin{pmatrix}1\\0\\-1\end{pmatrix}$

$g\in\mathbb{R}$ として，$\boldsymbol{r}_2'=\boldsymbol{r}_2-g\boldsymbol{r}_1'$ とすると　$\boldsymbol{r}_2'=\begin{pmatrix}-g\\1\\g-2\end{pmatrix}$

ここで　$(\boldsymbol{r}_2,\ \boldsymbol{r}_1')=0\cdot1+1\cdot0+(-2)\cdot(-1)=2$，$(\boldsymbol{r}_1',\ \boldsymbol{r}_1')=1^2+0^2+(-1)^2=2$

よって　$(\boldsymbol{r}_2',\ \boldsymbol{r}_1')=(\boldsymbol{r}_2-g\boldsymbol{r}_1',\ \boldsymbol{r}_1')=(\boldsymbol{r}_2,\ \boldsymbol{r}_1')-g(\boldsymbol{r}_1',\ \boldsymbol{r}_1')=-2g+2$

$(\boldsymbol{r}_2',\ \boldsymbol{r}_1')=0$ とすると　$-2g+2=0$　すなわち　$g=1$

このとき　$\boldsymbol{r}_2'=\begin{pmatrix}-1\\1\\-1\end{pmatrix}$

よって　$\|\boldsymbol{r}_1'\|=\sqrt{2}$，$\|\boldsymbol{r}_2'\|=\sqrt{(-1)^2+1^2+(-1)^2}=\sqrt{3}$

ゆえに，$\boldsymbol{r}_1'$，$\boldsymbol{r}_2'$ を正規化すると

$$\frac{1}{\|\boldsymbol{r}_1'\|}\boldsymbol{r}_1'=\frac{\sqrt{2}}{2}\begin{pmatrix}1\\0\\-1\end{pmatrix},\quad \frac{1}{\|\boldsymbol{r}_2'\|}\boldsymbol{r}_2'=\frac{\sqrt{3}}{3}\begin{pmatrix}-1\\1\\-1\end{pmatrix}$$

したがって，W_1 の正規直交基底として，$\left\{\boldsymbol{\frac{\sqrt{2}}{2}\begin{pmatrix}1\\0\\-1\end{pmatrix}},\ \boldsymbol{\frac{\sqrt{3}}{3}\begin{pmatrix}-1\\1\\-1\end{pmatrix}}\right\}$ が得られる。

EXERCISES

(4) 任意の$\begin{pmatrix} x \\ y \\ z \\ w \end{pmatrix} \in W_2$ に対して，$x-6y-z-2w=0$ が成り立つから

$$\begin{pmatrix} x \\ y \\ z \\ w \end{pmatrix}=\begin{pmatrix} x \\ y \\ x-6y-2w \\ w \end{pmatrix}=x\begin{pmatrix} 1 \\ 0 \\ 1 \\ 0 \end{pmatrix}+y\begin{pmatrix} 0 \\ 1 \\ -6 \\ 0 \end{pmatrix}+w\begin{pmatrix} 0 \\ 0 \\ -2 \\ 1 \end{pmatrix}$$

よって　　$W_2=\left\langle\begin{pmatrix} 1 \\ 0 \\ 1 \\ 0 \end{pmatrix}, \begin{pmatrix} 0 \\ 1 \\ -6 \\ 0 \end{pmatrix}, \begin{pmatrix} 0 \\ 0 \\ -2 \\ 1 \end{pmatrix}\right\rangle$

次に，$h \in \mathbb{R}$，$i \in \mathbb{R}$，$j \in \mathbb{R}$ として，$h\begin{pmatrix} 1 \\ 0 \\ 1 \\ 0 \end{pmatrix}+i\begin{pmatrix} 0 \\ 1 \\ -6 \\ 0 \end{pmatrix}+j\begin{pmatrix} 0 \\ 0 \\ -2 \\ 1 \end{pmatrix}=\begin{pmatrix} 0 \\ 0 \\ 0 \\ 0 \end{pmatrix}$ …… ② を考える。

ここで　　$h\begin{pmatrix} 1 \\ 0 \\ 1 \\ 0 \end{pmatrix}+i\begin{pmatrix} 0 \\ 1 \\ -6 \\ 0 \end{pmatrix}+j\begin{pmatrix} 0 \\ 0 \\ -2 \\ 1 \end{pmatrix}=\begin{pmatrix} h \\ i \\ h-6i-2j \\ j \end{pmatrix}$

よって，② から　　$h=i=j=0$

ゆえに，② は自明な1次関係式に限られるから，$\left\{\begin{pmatrix} 1 \\ 0 \\ 1 \\ 0 \end{pmatrix}, \begin{pmatrix} 0 \\ 1 \\ -6 \\ 0 \end{pmatrix}, \begin{pmatrix} 0 \\ 0 \\ -2 \\ 1 \end{pmatrix}\right\}$ は1次独立である。

したがって，$\left\{\begin{pmatrix} 1 \\ 0 \\ 1 \\ 0 \end{pmatrix}, \begin{pmatrix} 0 \\ 1 \\ -6 \\ 0 \end{pmatrix}, \begin{pmatrix} 0 \\ 0 \\ -2 \\ 1 \end{pmatrix}\right\}$ は W_2 の基底である。

そこで，$\boldsymbol{s}_1=\begin{pmatrix} 1 \\ 0 \\ 1 \\ 0 \end{pmatrix}$，$\boldsymbol{s}_2=\begin{pmatrix} 0 \\ 1 \\ -6 \\ 0 \end{pmatrix}$，$\boldsymbol{s}_3=\begin{pmatrix} 0 \\ 0 \\ -2 \\ 1 \end{pmatrix}$ とする。

$\boldsymbol{s}_1'=\boldsymbol{s}_1$ とすると　　$\boldsymbol{s}_1'=\begin{pmatrix} 1 \\ 0 \\ 1 \\ 0 \end{pmatrix}$

$k \in \mathbb{R}$ として，$\boldsymbol{s}_2'=\boldsymbol{s}_2-k\boldsymbol{s}_1'$ とすると　　$\boldsymbol{s}_2'=\begin{pmatrix} -k \\ 1 \\ -k-6 \\ 0 \end{pmatrix}$

ここで　　$(\boldsymbol{s}_2, \boldsymbol{s}_1')=0\cdot1+1\cdot0+(-6)\cdot1+0\cdot0=-6$，$(\boldsymbol{s}_1', \boldsymbol{s}_1')=1^2+0^2+1^2+0^2=2$

よって　　$(\boldsymbol{s}_2', \boldsymbol{s}_1')=(\boldsymbol{s}_2-k\boldsymbol{s}_1', \boldsymbol{s}_1')=(\boldsymbol{s}_2, \boldsymbol{s}_1')-k(\boldsymbol{s}_1', \boldsymbol{s}_1')=-2k-6$

$(\boldsymbol{s}_2', \boldsymbol{s}_1')=0$ とすると　　$-2k-6=0$　　すなわち　　$k=-3$

このとき　$s_2{}'=\begin{pmatrix}3\\1\\-3\\0\end{pmatrix}$

$l\in\mathbb{R}$，$m\in\mathbb{R}$ として，$s_3{}'=s_3-ls_1{}'-ms_2{}'$ とすると　$s_3{}'=\begin{pmatrix}-l-3m\\-m\\-l+3m-2\\1\end{pmatrix}$

ここで　$(s_3,\ s_1{}')=0\cdot1+0\cdot0+(-2)\cdot1+1\cdot0=-2$，$(s_3,\ s_2{}')=0\cdot3+0\cdot1+(-2)\cdot(-3)+1\cdot0=6$，
$(s_2{}',\ s_2{}')=3^2+1^2+(-3)^2+0^2=19$

よって　$(s_3{}',\ s_1{}')=(s_3-ls_1{}'-ms_2{}',\ s_1{}')=(s_3,\ s_1{}')-l(s_1{}',\ s_1{}')-m(s_2{}',\ s_1{}')=-2l-2$
$(s_3{}',\ s_2{}')=(s_3-ls_1{}'-ms_2{}',\ s_2{}')=(s_3,\ s_2{}')-l(s_1{}',\ s_2{}')-m(s_2{}',\ s_2{}')=-19m+6$

$(s_3{}',\ s_1{}')=0$，$(s_3{}',\ s_2{}')=0$ とすると　$-2l-2=0$，$-19m+6=0$　すなわち　$l=-1$，$m=\frac{6}{19}$

このとき　$s_3{}'=\frac{1}{19}\begin{pmatrix}1\\-6\\-1\\19\end{pmatrix}$

よって　$\|s_1{}'\|=\sqrt{2}$，$\|s_2{}'\|=\sqrt{19}$，$\|s_3{}'\|=\sqrt{\left(\frac{1}{19}\right)^2+\left(-\frac{6}{19}\right)^2+\left(-\frac{1}{19}\right)^2+1^2}=\frac{\sqrt{399}}{19}$

ゆえに，$s_1{}'$，$s_2{}'$，$s_3{}'$ を正規化すると

$$\frac{1}{\|s_1{}'\|}s_1{}'=\frac{\sqrt{2}}{2}\begin{pmatrix}1\\0\\1\\0\end{pmatrix},\quad \frac{1}{\|s_2{}'\|}s_2{}'=\frac{\sqrt{19}}{19}\begin{pmatrix}3\\1\\-3\\0\end{pmatrix},\quad \frac{1}{\|s_3{}'\|}s_3{}'=\frac{\sqrt{399}}{399}\begin{pmatrix}1\\-6\\-1\\19\end{pmatrix}$$

したがって，W_2 の正規直交基底として，$\left\{\frac{\sqrt{2}}{2}\begin{pmatrix}1\\0\\1\\0\end{pmatrix},\ \frac{\sqrt{19}}{19}\begin{pmatrix}3\\1\\-3\\0\end{pmatrix},\ \frac{\sqrt{399}}{399}\begin{pmatrix}1\\-6\\-1\\19\end{pmatrix}\right\}$ が得られる。

57　グラム行列　★☆☆

$C^0\left(\left[0,\ \frac{\pi}{2}\right]\right)$ を閉区間 $\left[0,\ \frac{\pi}{2}\right]$ 上で連続な関数全体からなるベクトル空間とする。
$C^0\left(\left[0,\ \frac{\pi}{2}\right]\right)$ に，$(\ ,\ )$ を $f\in C^0\left(\left[0,\ \frac{\pi}{2}\right]\right)$，$g\in C^0\left(\left[0,\ \frac{\pi}{2}\right]\right)$ に対して，
$(f,\ g)=\int_0^{\frac{\pi}{2}}f(x)g(x)dx$ で定める。$f_1\in C^0\left(\left[0,\ \frac{\pi}{2}\right]\right)$，$f_2\in C^0\left(\left[0,\ \frac{\pi}{2}\right]\right)$ を，$f_1(x)=\sin x$，
$f_2(x)=\cos x$ で定め，Vを $C^0\left(\left[0,\ \frac{\pi}{2}\right]\right)$ の部分空間として $V=\langle f_1,\ f_2\rangle$ とすると，$\{f_1,\ f_2\}$ はVの基底である。Vの基底 $\{f_1,\ f_2\}$ に関する $(\ ,\ )$ のグラム行列を求めよ。

$$(f_1,\ f_1)=\int_0^{\frac{\pi}{2}}\sin^2x\,dx=\int_0^{\frac{\pi}{2}}\frac{1-\cos2x}{2}dx=\left[\frac{x}{2}-\frac{\sin2x}{4}\right]_0^{\frac{\pi}{2}}=\frac{\pi}{4}$$

EXERCISES

$$(f_1,\ f_2)=(f_2,\ f_1)=\int_0^{\frac{\pi}{2}}\sin x\cos x\,dx=\int_0^{\frac{\pi}{2}}\frac{\sin 2x}{2}\,dx=\left[-\frac{\cos 2x}{4}\right]_0^{\frac{\pi}{2}}=\frac{1}{2}$$

$$(f_2,\ f_2)=\int_0^{\frac{\pi}{2}}\cos^2 x\,dx=\int_0^{\frac{\pi}{2}}\frac{1+\cos 2x}{2}\,dx=\left[\frac{x}{2}+\frac{\sin 2x}{4}\right]_0^{\frac{\pi}{2}}=\frac{\pi}{4}$$

よって，求めるグラム行列は　$\boldsymbol{\dfrac{1}{4}\begin{pmatrix}\pi & 2\\ 2 & \pi\end{pmatrix}}$

58　直交行列の性質　★☆☆

次の問いに答えよ。
(1)　単位行列は直交行列であることを示せ。
(2)　A，B を n 次の直交行列とするとき，行列 AB も n 次の直交行列であることを示せ。
(3)　直交行列の逆行列は直交行列であることを示せ。

(1)　E を単位行列とすると　${}^tE=E$

よって　${}^tEE=E^2=E$

したがって，単位行列は直交行列である。■

(2)　A，B はどちらも n 次の直交行列であるから，E_n を n 次の単位行列として，次が成り立つ。

${}^tAA=E_n$，${}^tBB=E_n$

このとき　${}^t(AB)AB={}^tB{}^tAAB={}^tBE_nB={}^tBB=E_n$

したがって，行列 AB も n 次の直交行列である。■

(3)　C を m 次の直交行列，E_m を m 次の単位行列とする。

行列 C は正則であるから，行列 C の逆行列を C^{-1} とすると　$CC^{-1}=E_m$，$C^{-1}={}^tC$

このとき　${}^t(CC^{-1})={}^tE_m$

ここで　${}^t(CC^{-1})={}^t(C^{-1}){}^tC={}^t(C^{-1})C^{-1}$，${}^tE_m=E_m$

よって　${}^t(C^{-1})C^{-1}=E_m$

したがって，直交行列の逆行列は直交行列である。■

59　ベクトルのノルムに関する等式の証明　★☆☆

V を計量ベクトル空間とし，その内積を（ , ）で表すこととする。$\boldsymbol{x}\in V$，$\boldsymbol{y}\in V$ とするとき，次の問いに答えよ。
(1)　等式 $\|\boldsymbol{x}+\boldsymbol{y}\|^2+\|\boldsymbol{x}-\boldsymbol{y}\|^2=2(\|\boldsymbol{x}\|^2+\|\boldsymbol{y}\|^2)$ が成り立つことを示せ。
(2)　等式 $\|\boldsymbol{x}\|^2+\|\boldsymbol{y}\|^2=\|\boldsymbol{x}+\boldsymbol{y}\|^2$ が成り立つための必要十分条件は $(\boldsymbol{x},\ \boldsymbol{y})=0$ が成り立つことであることを示せ。

(1)　$\|\boldsymbol{x}+\boldsymbol{y}\|^2+\|\boldsymbol{x}-\boldsymbol{y}\|^2$

$=(\boldsymbol{x}+\boldsymbol{y},\ \boldsymbol{x}+\boldsymbol{y})+(\boldsymbol{x}-\boldsymbol{y},\ \boldsymbol{x}-\boldsymbol{y})$

$=\{(\boldsymbol{x},\ \boldsymbol{x})+(\boldsymbol{x},\ \boldsymbol{y})+(\boldsymbol{y},\ \boldsymbol{x})+(\boldsymbol{y},\ \boldsymbol{y})\}+\{(\boldsymbol{x},\ \boldsymbol{x})-(\boldsymbol{x},\ \boldsymbol{y})-(\boldsymbol{y},\ \boldsymbol{x})+(\boldsymbol{y},\ \boldsymbol{y})\}=2(\boldsymbol{x},\ \boldsymbol{x})+2(\boldsymbol{y},\ \boldsymbol{y})$

$=2\|\boldsymbol{x}\|^2+2\|\boldsymbol{y}\|^2=2(\|\boldsymbol{x}\|^2+\|\boldsymbol{y}\|^2)$ ■

(2)　$\|\boldsymbol{x}+\boldsymbol{y}\|^2=(\boldsymbol{x},\ \boldsymbol{x})+2(\boldsymbol{x},\ \boldsymbol{y})+(\boldsymbol{y},\ \boldsymbol{y})=\|\boldsymbol{x}\|^2+2(\boldsymbol{x},\ \boldsymbol{y})+\|\boldsymbol{y}\|^2$

よって，等式 $\|\boldsymbol{x}\|^2+\|\boldsymbol{y}\|^2=\|\boldsymbol{x}+\boldsymbol{y}\|^2$ が成り立つための必要十分条件は，$2(\boldsymbol{x},\ \boldsymbol{y})=0$ すなわち $(\boldsymbol{x},\ \boldsymbol{y})=0$ が成り立つことである。■

60 ベクトルのノルムに関する不等式の証明

★☆☆

Vを計量ベクトル空間とし，$\boldsymbol{v}_1\in V$，$\boldsymbol{v}_2\in V$，……，$\boldsymbol{v}_n\in V$ はVの零ベクトルではないとする。このとき，次の不等式が成り立つことを証明せよ。

$$\|\boldsymbol{v}_1+\boldsymbol{v}_2+\cdots\cdots+\boldsymbol{v}_n\|\leqq\|\boldsymbol{v}_1\|+\|\boldsymbol{v}_2\|+\cdots\cdots+\|\boldsymbol{v}_n\|$$

nに関する数学的帰納法により証明する。

$\|\boldsymbol{v}_1+\boldsymbol{v}_2+\cdots\cdots+\boldsymbol{v}_n\|\leqq\|\boldsymbol{v}_1\|+\|\boldsymbol{v}_2\|+\cdots\cdots+\|\boldsymbol{v}_n\|$ …… ① とする。

[1] $n=1$ のとき

$$(\text{左辺})=\|\boldsymbol{v}_1\|,\ (\text{右辺})=\|\boldsymbol{v}_1\|$$

よって，① は成り立つ。

[2] $n\leqq k$ のとき，① が成り立つと仮定する。

$n=k+1$ のときについて，仮定から

$$\begin{aligned}\|\boldsymbol{v}_1+\boldsymbol{v}_2+\cdots\cdots+\boldsymbol{v}_k+\boldsymbol{v}_{k+1}\|&=\|(\boldsymbol{v}_1+\boldsymbol{v}_2+\cdots\cdots+\boldsymbol{v}_k)+\boldsymbol{v}_{k+1}\|\\&\leqq\|\boldsymbol{v}_1+\boldsymbol{v}_2+\cdots\cdots+\boldsymbol{v}_k\|+\|\boldsymbol{v}_{k+1}\|\\&\leqq\|\boldsymbol{v}_1\|+\|\boldsymbol{v}_2\|+\cdots\cdots+\|\boldsymbol{v}_k\|+\|\boldsymbol{v}_{k+1}\|\end{aligned}$$

よって，$n=k+1$ のときも ① は成り立つ。

[1]，[2] から，すべての自然数nについて ① は成り立つ。 ■

61 対称行列のなすベクトル空間と線形写像

★★☆

変数x，yの高々 3 次の，実数を係数とする多項式全体のなすベクトル空間をVとし，2 次対称行列全体のなすベクトル空間をWとする。$f\in V$ を変数x，yの 2 変数関数とみて，

$J(f)\in W$ を $J(f)=\begin{pmatrix}\dfrac{\partial^2 f}{\partial x^2}(0,\ 0) & \dfrac{\partial^2 f}{\partial x\partial y}(0,\ 0)\\ \dfrac{\partial^2 f}{\partial y\partial x}(0,\ 0) & \dfrac{\partial^2 f}{\partial y^2}(0,\ 0)\end{pmatrix}$ と定める。

このとき，線形写像 $g: V\longrightarrow W$ を $g(f)=J(f)$ で定める。Vの基底

$\{1,\ x,\ y,\ x^2,\ xy,\ y^2,\ x^3,\ x^2y,\ xy^2,\ y^3\}$ とWの基底 $\left\{\begin{pmatrix}1&0\\0&0\end{pmatrix},\ \begin{pmatrix}0&1\\1&0\end{pmatrix},\ \begin{pmatrix}0&0\\0&1\end{pmatrix}\right\}$ に関する

線形写像gの表現行列を求めよ。

$f\in V$ を，$\alpha\in\mathbb{R}$，$\beta\in\mathbb{R}$，$\gamma\in\mathbb{R}$，$\delta\in\mathbb{R}$，$\varepsilon\in\mathbb{R}$，$\zeta\in\mathbb{R}$，$\eta\in\mathbb{R}$，$\theta\in\mathbb{R}$，$\iota\in\mathbb{R}$，$\kappa\in\mathbb{R}$ として，

$f(x,\ y)=\alpha\cdot 1+\beta x+\gamma y+\delta x^2+\varepsilon xy+\zeta y^2+\eta x^3+\theta x^2y+\iota xy^2+\kappa y^3$ で定めると

$$\frac{\partial f}{\partial x}(x,\ y)=\beta+2\delta x+\varepsilon y+3\eta x^2+2\theta xy+\iota y^2,\quad \frac{\partial f}{\partial y}(x,\ y)=\gamma+\varepsilon x+2\zeta y+\theta x^2+2\iota xy+3\kappa y^2$$

更に
$$\frac{\partial^2 f}{\partial x^2}(x,\ y)=2\delta+6\eta x+2\theta y$$

$$\frac{\partial^2 f}{\partial x\partial y}(x,\ y)=\frac{\partial^2 f}{\partial y\partial x}(x,\ y)=\varepsilon+2\theta x+2\iota y$$

$$\frac{\partial^2 f}{\partial y^2}(x,\ y)=2\zeta+2\iota x+6\kappa y$$

よって
$$\frac{\partial^2 f}{\partial x^2}(0,\ 0)=2\delta,\ \frac{\partial^2 f}{\partial x\partial y}(0,\ 0)=\frac{\partial^2 f}{\partial y\partial x}(0,\ 0)=\varepsilon,\ \frac{\partial^2 f}{\partial y^2}(0,\ 0)=2\zeta$$

ゆえに
$$J(f)=\begin{pmatrix}2\delta&\varepsilon\\ \varepsilon&2\zeta\end{pmatrix}=2\delta\begin{pmatrix}1&0\\0&0\end{pmatrix}+\varepsilon\begin{pmatrix}0&1\\1&0\end{pmatrix}+2\zeta\begin{pmatrix}0&0\\0&1\end{pmatrix}$$

したがって　$\begin{pmatrix} 2\delta \\ \varepsilon \\ 2\zeta \end{pmatrix}=\begin{pmatrix} 0&0&0&2&0&0&0&0&0&0 \\ 0&0&0&0&1&0&0&0&0&0 \\ 0&0&0&0&0&2&0&0&0&0 \end{pmatrix}\begin{pmatrix} \alpha \\ \beta \\ \gamma \\ \delta \\ \varepsilon \\ \zeta \\ \eta \\ \theta \\ \iota \\ \kappa \end{pmatrix}$

以上から，Vの基底 $\{1, x, y, x^2, xy, y^2, x^3, x^2y, xy^2, y^3\}$ と Wの基底 $\left\{\begin{pmatrix} 1&0 \\ 0&0 \end{pmatrix}, \begin{pmatrix} 0&1 \\ 1&0 \end{pmatrix}, \begin{pmatrix} 0&0 \\ 0&1 \end{pmatrix}\right\}$

に関する線形写像 g の表現行列は　$\begin{pmatrix} \mathbf{0}&\mathbf{0}&\mathbf{0}&\mathbf{2}&\mathbf{0}&\mathbf{0}&\mathbf{0}&\mathbf{0}&\mathbf{0}&\mathbf{0} \\ \mathbf{0}&\mathbf{0}&\mathbf{0}&\mathbf{0}&\mathbf{1}&\mathbf{0}&\mathbf{0}&\mathbf{0}&\mathbf{0}&\mathbf{0} \\ \mathbf{0}&\mathbf{0}&\mathbf{0}&\mathbf{0}&\mathbf{0}&\mathbf{2}&\mathbf{0}&\mathbf{0}&\mathbf{0}&\mathbf{0} \end{pmatrix}$

62　対称行列により内積を定めるための条件　★★★

Aを 3 次対称行列とし，$\boldsymbol{x}=\begin{pmatrix} x_1 \\ x_2 \\ x_3 \end{pmatrix}\in\mathrm{R}^3$，$\boldsymbol{y}=\begin{pmatrix} y_1 \\ y_2 \\ y_3 \end{pmatrix}\in\mathrm{R}^3$ に対して，$(\boldsymbol{x}, \boldsymbol{y})={}^t\boldsymbol{x}A\boldsymbol{y}$ と定める。

(1)　$A=\begin{pmatrix} 1&0&-1 \\ 0&1&a \\ -1&a&0 \end{pmatrix}$ (a は実数) のとき，(,) は R^3 上の内積を定めないことを示せ。

(2)　$A=\begin{pmatrix} 2&1&0 \\ 1&2&-1 \\ 0&-1&a \end{pmatrix}$ (a は実数) のとき，(,) が R^3 上の内積を定めるための条件を求めよ。

(1)　$(\boldsymbol{x}, \boldsymbol{x})={}^t\boldsymbol{x}A\boldsymbol{x}=(x_1\ \ x_2\ \ x_3)\begin{pmatrix} 1&0&-1 \\ 0&1&a \\ -1&a&0 \end{pmatrix}\begin{pmatrix} x_1 \\ x_2 \\ x_3 \end{pmatrix}$

$=(x_1-x_3\ \ \ x_2+ax_3\ \ \ -x_1+ax_2)\begin{pmatrix} x_1 \\ x_2 \\ x_3 \end{pmatrix}=(x_1-x_3)x_1+(x_2+ax_3)x_2+(-x_1+ax_2)x_3$

$=x_1{}^2+x_2{}^2+2ax_2x_3-2x_3x_1=(x_1-x_3)^2+(x_2+ax_3)^2-(a^2+1)x_3{}^2$

よって，例えば $\boldsymbol{x}=\begin{pmatrix} 1 \\ -a \\ 1 \end{pmatrix}$ のとき $(\boldsymbol{x}, \boldsymbol{x})<0$ となる。

したがって，(,) は R^3 上の内積を定めない。 ■

(2)　[1]　(ア)　$\boldsymbol{x}_1\in\mathrm{R}^3$，$\boldsymbol{x}_2\in\mathrm{R}^3$，$\boldsymbol{y}\in\mathrm{R}^3$ に対して

$(\boldsymbol{x}_1+\boldsymbol{x}_2, \boldsymbol{y})={}^t(\boldsymbol{x}_1+\boldsymbol{x}_2)A\boldsymbol{y}=({}^t\boldsymbol{x}_1+{}^t\boldsymbol{x}_2)A\boldsymbol{y}={}^t\boldsymbol{x}_1A\boldsymbol{y}+{}^t\boldsymbol{x}_2A\boldsymbol{y}=(\boldsymbol{x}_1, \boldsymbol{y})+(\boldsymbol{x}_2, \boldsymbol{y})$

(イ)　$\boldsymbol{x}\in\mathrm{R}^3$，$\boldsymbol{y}\in\mathrm{R}^3$，$k\in\mathrm{R}$ に対して　$(k\boldsymbol{x}, \boldsymbol{y})={}^t(k\boldsymbol{x})A\boldsymbol{y}=k{}^t\boldsymbol{x}A\boldsymbol{y}=k(\boldsymbol{x}, \boldsymbol{y})$

[2]　(ア)　$\boldsymbol{x}\in\mathrm{R}^3$，$\boldsymbol{y}_1\in\mathrm{R}^3$，$\boldsymbol{y}_2\in\mathrm{R}^3$ に対して

$(\boldsymbol{x}, \boldsymbol{y}_1+\boldsymbol{y}_2)={}^t\boldsymbol{x}A(\boldsymbol{y}_1+\boldsymbol{y}_2)={}^t\boldsymbol{x}A\boldsymbol{y}_1+{}^t\boldsymbol{x}A\boldsymbol{y}_2=(\boldsymbol{x}, \boldsymbol{y}_1)+(\boldsymbol{x}, \boldsymbol{y}_2)$

(イ) $\boldsymbol{x}\in\mathbb{R}^3$, $\boldsymbol{y}\in\mathbb{R}^3$, $k\in\mathbb{R}$ に対して　　$(\boldsymbol{x},\ k\boldsymbol{y})={}^t\boldsymbol{x}A(k\boldsymbol{y})=k{}^t\boldsymbol{x}A\boldsymbol{y}=k(\boldsymbol{x},\ \boldsymbol{y})$

[3]　$\boldsymbol{x}\in\mathbb{R}^3$, $\boldsymbol{y}\in\mathbb{R}^3$ に対して

$$(\boldsymbol{x},\ \boldsymbol{y})={}^t\boldsymbol{x}A\boldsymbol{y}=(\,x_1\ \ x_2\ \ x_3\,)\begin{pmatrix}2&1&0\\1&2&-1\\0&-1&a\end{pmatrix}\begin{pmatrix}y_1\\y_2\\y_3\end{pmatrix}=(\,2x_1+x_2\ \ x_1+2x_2-x_3\ \ -x_2+ax_3\,)\begin{pmatrix}y_1\\y_2\\y_3\end{pmatrix}$$

$$=(2x_1+x_2)y_1+(x_1+2x_2-x_3)y_2+(-x_2+ax_3)y_3=2x_1y_1+2x_2y_2+ax_3y_3+x_1y_2+x_2y_1-x_2y_3-x_3y_2$$

$$(\boldsymbol{y},\ \boldsymbol{x})={}^t\boldsymbol{y}A\boldsymbol{x}=(\,y_1\ \ y_2\ \ y_3\,)\begin{pmatrix}2&1&0\\1&2&-1\\0&-1&a\end{pmatrix}\begin{pmatrix}x_1\\x_2\\x_3\end{pmatrix}=(\,2y_1+y_2\ \ y_1+2y_2-y_3\ \ -y_2+ay_3\,)\begin{pmatrix}x_1\\x_2\\x_3\end{pmatrix}$$

$$=(2y_1+y_2)x_1+(y_1+2y_2-y_3)x_2+(-y_2+ay_3)x_3=2x_1y_1+2x_2y_2+ax_3y_3+x_1y_2+x_2y_1-x_2y_3-x_3y_2$$

よって　　$(\boldsymbol{x},\ \boldsymbol{y})=(\boldsymbol{y},\ \boldsymbol{x})$

[4]　$\boldsymbol{x}=\begin{pmatrix}x_1\\x_2\\x_3\end{pmatrix}\in\mathbb{R}^3$ に対して

$$(\boldsymbol{x},\ \boldsymbol{x})=2x_1{}^2+2x_2{}^2+ax_3{}^2+2x_1x_2-2x_2x_3=2\left(x_1+\frac{1}{2}x_2\right)^2+\frac{3}{2}\left(x_2-\frac{2}{3}x_3\right)^2+\left(a-\frac{2}{3}\right)x_3{}^2$$

したがって，(,) が $\mathbb{R}^3$ 上の内積を定めるための条件は，任意の $\boldsymbol{x}\in\mathbb{R}^3$ に対して，$(\boldsymbol{x},\ \boldsymbol{x})\geqq 0$ となることである。

よって，$2\left(x_1+\frac{1}{2}x_2\right)^2+\frac{3}{2}\left(x_2-\frac{2}{3}x_3\right)^2+\left(a-\frac{2}{3}\right)x_3{}^2\geqq 0$ から

$$a-\frac{2}{3}\geqq 0\qquad すなわち\qquad a\geqq\frac{2}{3}$$

◀$a-\frac{2}{3}<0$ すなわち $a<\frac{2}{3}$ とすると，例えば $x_1=-1$, $x_2=2$, $x_3=3$ のとき $(\boldsymbol{x},\ \boldsymbol{x})<0$ となる。

(ア)　$a>\frac{2}{3}$ のとき

$(\boldsymbol{x},\ \boldsymbol{x})=0$ となるのは，$\begin{cases}x_1+\frac{1}{2}x_2=0\\x_2-\frac{2}{3}x_3=0\\x_3=0\end{cases}$ が成り立つとき，すなわち $\begin{cases}x_1=0\\x_2=0\\x_3=0\end{cases}$ のときであり，

$\boldsymbol{x}=\begin{pmatrix}0\\0\\0\end{pmatrix}$ のときに限られる。

(イ)　$a=\frac{2}{3}$ のとき

$(\boldsymbol{x},\ \boldsymbol{x})=0$ となるのは，$\begin{cases}x_1+\frac{1}{2}x_2=0\\x_2-\frac{2}{3}x_3=0\end{cases}$ が成り立つとき，すなわち $\begin{cases}x_1=-\ c\\x_2=\ \ 2c\\x_3=\ \ 3c\end{cases}$ (c は任意定数) のときであり，$\boldsymbol{x}=\begin{pmatrix}0\\0\\0\end{pmatrix}$ のときに限られない。

以上から，求める条件は　　$\boldsymbol{a>\frac{2}{3}}$

63　行列の固有値，固有空間の基底，対角化　★☆☆

次の行列の固有値および固有値に対する固有空間の基底を求め，対角化可能ならば対角化せよ。

(1) $\begin{pmatrix} 1 & 2 \\ 3 & 2 \end{pmatrix}$　(2) $\begin{pmatrix} 3 & 1 \\ -1 & 5 \end{pmatrix}$　(3) $\begin{pmatrix} 0 & 1 \\ -1 & 2 \end{pmatrix}$　(4) $\begin{pmatrix} 1 & 2 & 3 \\ 1 & 4 & 1 \\ 3 & 2 & 1 \end{pmatrix}$

(5) $\begin{pmatrix} 1 & 2 & 0 \\ 2 & 8 & 2 \\ 0 & 2 & 1 \end{pmatrix}$　(6) $\begin{pmatrix} 0 & -4 & 4 \\ 2 & 6 & -4 \\ 1 & 2 & 0 \end{pmatrix}$　(7) $\begin{pmatrix} 0 & 0 & -1 \\ 0 & -1 & 0 \\ -1 & 0 & 0 \end{pmatrix}$　(8) $\begin{pmatrix} 3 & 1 & 1 \\ 2 & 4 & 2 \\ 1 & 1 & 3 \end{pmatrix}$

$E_2=\begin{pmatrix} 1 & 0 \\ 0 & 1 \end{pmatrix}$，$E_3=\begin{pmatrix} 1 & 0 & 0 \\ 0 & 1 & 0 \\ 0 & 0 & 1 \end{pmatrix}$ とする。

(1)　$A=\begin{pmatrix} 1 & 2 \\ 3 & 2 \end{pmatrix}$ とする。

$$\begin{aligned} F_A(t) &= \det(tE_2-A) \\ &= \begin{vmatrix} t-1 & -2 \\ -3 & t-2 \end{vmatrix} \\ &= (t-1)(t-2)-(-2)\cdot(-3) \\ &= (t+1)(t-4) \end{aligned}$$

よって，固有方程式 $F_A(t)=0$ を解くと，$t=-1,\ 4$ であるから，行列Aの固有値は $\mathbf{-1,\ 4}$（どちらも重複度 1）であり，異なっているから，行列Aは対角化可能である。

行列Aの固有値 $-1,\ 4$ に対する固有空間をそれぞれ W_{A-1}，W_{A4} とする。

ここで　$A-(-1)E_2=\begin{pmatrix} 2 & 2 \\ 3 & 3 \end{pmatrix}$，$A-4E_2=\begin{pmatrix} -3 & 2 \\ 3 & -2 \end{pmatrix}$

よって　$W_{A-1}=\left\{\begin{pmatrix} x \\ y \end{pmatrix}\in\mathbb{R}^2 \,\middle|\, \begin{pmatrix} 2 & 2 \\ 3 & 3 \end{pmatrix}\begin{pmatrix} x \\ y \end{pmatrix}=\begin{pmatrix} 0 \\ 0 \end{pmatrix}\right\}$，$W_{A4}=\left\{\begin{pmatrix} x \\ y \end{pmatrix}\in\mathbb{R}^2 \,\middle|\, \begin{pmatrix} -3 & 2 \\ 3 & -2 \end{pmatrix}\begin{pmatrix} x \\ y \end{pmatrix}=\begin{pmatrix} 0 \\ 0 \end{pmatrix}\right\}$

行列 $A-(-1)E_2$ を簡約階段化すると　$\begin{pmatrix} 2 & 2 \\ 3 & 3 \end{pmatrix} \xrightarrow{①\times\frac{1}{2}} \begin{pmatrix} 1 & 1 \\ 3 & 3 \end{pmatrix} \xrightarrow{①\times(-3)+②} \begin{pmatrix} 1 & 1 \\ 0 & 0 \end{pmatrix}$

ゆえに，連立 1 次方程式 $\begin{pmatrix} 2 & 2 \\ 3 & 3 \end{pmatrix}\begin{pmatrix} x \\ y \end{pmatrix}=\begin{pmatrix} 0 \\ 0 \end{pmatrix}$ は $x+y=0$ と同値である。

これを解くと　$\begin{pmatrix} x \\ y \end{pmatrix}=c\begin{pmatrix} -1 \\ 1 \end{pmatrix}$　（c は任意定数）

よって　$W_{A-1}=\left\langle\begin{pmatrix} -1 \\ 1 \end{pmatrix}\right\rangle$

したがって，W_{A-1} の基底として $\left\{\begin{pmatrix} \mathbf{-1} \\ \mathbf{1} \end{pmatrix}\right\}$ が得られる。

行列 $A-4E_2$ を簡約階段化すると　$\begin{pmatrix} -3 & 2 \\ 3 & -2 \end{pmatrix} \xrightarrow{①\times\left(-\frac{1}{3}\right)} \begin{pmatrix} 1 & -\frac{2}{3} \\ 3 & -2 \end{pmatrix} \xrightarrow{①\times(-3)+②} \begin{pmatrix} 1 & -\frac{2}{3} \\ 0 & 0 \end{pmatrix}$

ゆえに，連立 1 次方程式 $\begin{pmatrix} -3 & 2 \\ 3 & -2 \end{pmatrix}\begin{pmatrix} x \\ y \end{pmatrix}=\begin{pmatrix} 0 \\ 0 \end{pmatrix}$ は $x-\frac{2}{3}y=0$ と同値である。

これを解くと　$\begin{pmatrix} x \\ y \end{pmatrix}=d\begin{pmatrix} 2 \\ 3 \end{pmatrix}$　（d は任意定数）

よって　　$W_{A4}=\left\langle\begin{pmatrix}2\\3\end{pmatrix}\right\rangle$

したがって，W_{A4} の基底として $\left\{\begin{pmatrix}\mathbf{2}\\\mathbf{3}\end{pmatrix}\right\}$ が得られる。

このとき，$\boldsymbol{P}_1=\begin{pmatrix}\mathbf{-1}&\mathbf{2}\\\mathbf{1}&\mathbf{3}\end{pmatrix}$ とすると　　$\boldsymbol{P}_1{}^{-1}\boldsymbol{A}\boldsymbol{P}_1=\begin{pmatrix}\mathbf{-1}&\mathbf{0}\\\mathbf{0}&\mathbf{4}\end{pmatrix}$

(2)　$B=\begin{pmatrix}3&1\\-1&5\end{pmatrix}$ とする。

$$F_B(t)=\det(tE_2-B)=\begin{vmatrix}t-3&-1\\1&t-5\end{vmatrix}=(t-3)(t-5)-(-1)\cdot 1=(t-4)^2$$

よって，固有方程式 $F_B(t)=0$ を解くと，$t=4$ であるから，行列 B の固有値は **4**（重複度 2）である。

行列 B の固有値 4 に対する固有空間を W_{B4} とする。

ここで　　$B-4E_2=\begin{pmatrix}-1&1\\-1&1\end{pmatrix}$

よって　　$W_{B4}=\left\{\begin{pmatrix}x\\y\end{pmatrix}\in\mathbb{R}^2\,\middle|\,\begin{pmatrix}-1&1\\-1&1\end{pmatrix}\begin{pmatrix}x\\y\end{pmatrix}=\begin{pmatrix}0\\0\end{pmatrix}\right\}$

行列 $B-4E_2$ を簡約階段化すると　　$\begin{pmatrix}-1&1\\-1&1\end{pmatrix}\xrightarrow{①\times(-1)}\begin{pmatrix}1&-1\\-1&1\end{pmatrix}\xrightarrow{①\times1+②}\begin{pmatrix}1&-1\\0&0\end{pmatrix}$

ゆえに，連立 1 次方程式 $\begin{pmatrix}-1&1\\-1&1\end{pmatrix}\begin{pmatrix}x\\y\end{pmatrix}=\begin{pmatrix}0\\0\end{pmatrix}$ は $x-y=0$ と同値である。

これを解くと　　$\begin{pmatrix}x\\y\end{pmatrix}=e\begin{pmatrix}1\\1\end{pmatrix}$　（e は任意定数）

よって　　$W_{B4}=\left\langle\begin{pmatrix}1\\1\end{pmatrix}\right\rangle$

したがって，W_{B4} の基底として $\left\{\begin{pmatrix}\mathbf{1}\\\mathbf{1}\end{pmatrix}\right\}$ が得られる。

$\dim W_{B4}=1\neq 2$ であるから，行列 B は **対角化不可能である。**

(3)　$C=\begin{pmatrix}0&1\\-1&2\end{pmatrix}$ とする。

$$F_C(t)=\det(tE_2-C)=\begin{vmatrix}t&-1\\1&t-2\end{vmatrix}=t(t-2)-(-1)\cdot 1=(t-1)^2$$

よって，固有方程式 $F_C(t)=0$ を解くと，$t=1$ であるから，行列 C の固有値は **1**（重複度 2）である。

行列 C の固有値 1 に対する固有空間を W_{C1} とする。

ここで　　$C-1\cdot E_2=\begin{pmatrix}-1&1\\-1&1\end{pmatrix}$

よって　　$W_{C1}=\left\{\begin{pmatrix}x\\y\end{pmatrix}\in\mathbb{R}^2\,\middle|\,\begin{pmatrix}-1&1\\-1&1\end{pmatrix}\begin{pmatrix}x\\y\end{pmatrix}=\begin{pmatrix}0\\0\end{pmatrix}\right\}$

したがって，(3) と同様にして，W_{C1} の基底として $\left\{\begin{pmatrix}\mathbf{1}\\\mathbf{1}\end{pmatrix}\right\}$ が得られる。

$\dim W_{C1}=1\neq 2$ であるから，行列 C は **対角化不可能である。**

(4) $D=\begin{pmatrix} 1 & 2 & 3 \\ 1 & 4 & 1 \\ 3 & 2 & 1 \end{pmatrix}$ とする。

$$F_D(t)=\det(tE_3-D)$$

$$=\begin{vmatrix} t-1 & -2 & -3 \\ -1 & t-4 & -1 \\ -3 & -2 & t-1 \end{vmatrix} \overset{①\leftrightarrow②}{=} -\begin{vmatrix} -1 & t-4 & -1 \\ t-1 & -2 & -3 \\ -3 & -2 & t-1 \end{vmatrix} \overset{①\times(t-1)+②}{=} -\begin{vmatrix} -1 & t-4 & -1 \\ 0 & t^2-5t+2 & -t-2 \\ -3 & -2 & t-1 \end{vmatrix}$$

$$\overset{①\times(-3)+③}{=} -\begin{vmatrix} -1 & t-4 & -1 \\ 0 & t^2-5t+2 & -t-2 \\ 0 & -3t+10 & t+2 \end{vmatrix} \overset{還元定理}{=} \begin{vmatrix} t^2-5t+2 & -t-2 \\ -3t+10 & t+2 \end{vmatrix}$$

$$=(t^2-5t+2)(t+2)-(-t-2)(-3t+10)$$

$$=(t+2)(t-2)(t-6)$$

よって，固有方程式 $F_D(t)=0$ を解くと，$t=-2,\ 2,\ 6$ であるから，行列Dの固有値は **-2，2，6**（すべて重複度1）であり，すべて異なっているから，行列Dは対角化可能である。

行列Dの固有値 -2，2，6 に対する固有空間をそれぞれ W_{D-2}，W_{D2}，W_{D6} とする。

ここで　$D-(-2)E_3=\begin{pmatrix} 3 & 2 & 3 \\ 1 & 6 & 1 \\ 3 & 2 & 3 \end{pmatrix}$，$D-2E_3=\begin{pmatrix} -1 & 2 & 3 \\ 1 & 2 & 1 \\ 3 & 2 & -1 \end{pmatrix}$，$D-6E_3=\begin{pmatrix} -5 & 2 & 3 \\ 1 & -2 & 1 \\ 3 & 2 & -5 \end{pmatrix}$

よって　$W_{D-2}=\left\{\begin{pmatrix} x \\ y \\ z \end{pmatrix}\in\mathbb{R}^3 \,\middle|\, \begin{pmatrix} 3 & 2 & 3 \\ 1 & 6 & 1 \\ 3 & 2 & 3 \end{pmatrix}\begin{pmatrix} x \\ y \\ z \end{pmatrix}=\begin{pmatrix} 0 \\ 0 \\ 0 \end{pmatrix}\right\}$

$W_{D2}=\left\{\begin{pmatrix} x \\ y \\ z \end{pmatrix}\in\mathbb{R}^3 \,\middle|\, \begin{pmatrix} -1 & 2 & 3 \\ 1 & 2 & 1 \\ 3 & 2 & -1 \end{pmatrix}\begin{pmatrix} x \\ y \\ z \end{pmatrix}=\begin{pmatrix} 0 \\ 0 \\ 0 \end{pmatrix}\right\}$

$W_{D6}=\left\{\begin{pmatrix} x \\ y \\ z \end{pmatrix}\in\mathbb{R}^3 \,\middle|\, \begin{pmatrix} -5 & 2 & 3 \\ 1 & -2 & 1 \\ 3 & 2 & -5 \end{pmatrix}\begin{pmatrix} x \\ y \\ z \end{pmatrix}=\begin{pmatrix} 0 \\ 0 \\ 0 \end{pmatrix}\right\}$

行列 $D-(-2)E_3$ を簡約階段化すると

$$\begin{pmatrix} 3 & 2 & 3 \\ 1 & 6 & 1 \\ 3 & 2 & 3 \end{pmatrix} \xrightarrow{①\leftrightarrow②} \begin{pmatrix} 1 & 6 & 1 \\ 3 & 2 & 3 \\ 3 & 2 & 3 \end{pmatrix} \xrightarrow{①\times(-3)+②} \begin{pmatrix} 1 & 6 & 1 \\ 0 & -16 & 0 \\ 3 & 2 & 3 \end{pmatrix} \xrightarrow{①\times(-3)+③} \begin{pmatrix} 1 & 6 & 1 \\ 0 & -16 & 0 \\ 0 & -16 & 0 \end{pmatrix}$$

$$\xrightarrow{②\times\left(-\frac{1}{16}\right)} \begin{pmatrix} 1 & 6 & 1 \\ 0 & 1 & 0 \\ 0 & -16 & 0 \end{pmatrix} \xrightarrow{②\times(-6)+①} \begin{pmatrix} 1 & 0 & 1 \\ 0 & 1 & 0 \\ 0 & -16 & 0 \end{pmatrix} \xrightarrow{②\times16+③} \begin{pmatrix} 1 & 0 & 1 \\ 0 & 1 & 0 \\ 0 & 0 & 0 \end{pmatrix}$$

ゆえに，連立1次方程式 $\begin{pmatrix} 3 & 2 & 3 \\ 1 & 6 & 1 \\ 3 & 2 & 3 \end{pmatrix}\begin{pmatrix} x \\ y \\ z \end{pmatrix}=\begin{pmatrix} 0 \\ 0 \\ 0 \end{pmatrix}$ は $\begin{cases} x\ \ +z=0 \\ \ \ y\ \ \ \ \ \ =0 \end{cases}$ と同値である。

これを解くと　$\begin{pmatrix} x \\ y \\ z \end{pmatrix}=f\begin{pmatrix} -1 \\ 0 \\ 1 \end{pmatrix}$　（fは任意定数）

よって　$W_{D-2}=\left\langle\begin{pmatrix} -1 \\ 0 \\ 1 \end{pmatrix}\right\rangle$

したがって，W_{D-2} の基底として $\left\{\begin{pmatrix}\mathbf{-1}\\ \mathbf{0}\\ \mathbf{1}\end{pmatrix}\right\}$ が得られる。

行列 $D-2E_3$ を簡約階段化すると

$$\begin{pmatrix}-1&2&3\\1&2&1\\3&2&-1\end{pmatrix}\xrightarrow{①\times(-1)}\begin{pmatrix}1&-2&-3\\1&2&1\\3&2&-1\end{pmatrix}\xrightarrow{①\times(-1)+②}\begin{pmatrix}1&-2&-3\\0&4&4\\3&2&-1\end{pmatrix}\xrightarrow{①\times(-3)+③}\begin{pmatrix}1&-2&-3\\0&4&4\\0&8&8\end{pmatrix}$$

$$\xrightarrow{②\times\frac{1}{4}}\begin{pmatrix}1&-2&-3\\0&1&1\\0&8&8\end{pmatrix}\xrightarrow{②\times2+①}\begin{pmatrix}1&0&-1\\0&1&1\\0&8&8\end{pmatrix}\xrightarrow{②\times(-8)+③}\begin{pmatrix}1&0&-1\\0&1&1\\0&0&0\end{pmatrix}$$

ゆえに，連立1次方程式 $\begin{pmatrix}-1&2&3\\1&2&1\\3&2&-1\end{pmatrix}\begin{pmatrix}x\\y\\z\end{pmatrix}=\begin{pmatrix}0\\0\\0\end{pmatrix}$ は $\begin{cases}x\ \ -z=0\\ \ \ y+z=0\end{cases}$ と同値である。

これを解くと　$\begin{pmatrix}x\\y\\z\end{pmatrix}=g\begin{pmatrix}1\\-1\\1\end{pmatrix}$　(g は任意定数)

よって　$W_{D2}=\left\langle\begin{pmatrix}1\\-1\\1\end{pmatrix}\right\rangle$

したがって，W_{D2} の基底として $\left\{\begin{pmatrix}\mathbf{1}\\ \mathbf{-1}\\ \mathbf{1}\end{pmatrix}\right\}$ が得られる。

行列 $D-6E_3$ を簡約階段化すると

$$\begin{pmatrix}-5&2&3\\1&-2&1\\3&2&-5\end{pmatrix}\xrightarrow{①\leftrightarrow②}\begin{pmatrix}1&-2&1\\-5&2&3\\3&2&-5\end{pmatrix}\xrightarrow{①\times5+②}\begin{pmatrix}1&-2&1\\0&-8&8\\3&2&-5\end{pmatrix}\xrightarrow{①\times(-3)+③}\begin{pmatrix}1&-2&1\\0&-8&8\\0&8&-8\end{pmatrix}$$

$$\xrightarrow{②\times\left(-\frac{1}{8}\right)}\begin{pmatrix}1&-2&1\\0&1&-1\\0&8&-8\end{pmatrix}\xrightarrow{②\times2+①}\begin{pmatrix}1&0&-1\\0&1&-1\\0&8&-8\end{pmatrix}\xrightarrow{②\times(-8)+③}\begin{pmatrix}1&0&-1\\0&1&-1\\0&0&0\end{pmatrix}$$

ゆえに，連立1次方程式 $\begin{pmatrix}-5&2&3\\1&-2&1\\3&2&-5\end{pmatrix}\begin{pmatrix}x\\y\\z\end{pmatrix}=\begin{pmatrix}0\\0\\0\end{pmatrix}$ は $\begin{cases}x\ \ -z=0\\ \ \ y-z=0\end{cases}$ と同値である。

これを解くと　$\begin{pmatrix}x\\y\\z\end{pmatrix}=h\begin{pmatrix}1\\1\\1\end{pmatrix}$　(h は任意定数)

よって　$W_{D6}=\left\langle\begin{pmatrix}1\\1\\1\end{pmatrix}\right\rangle$

したがって，W_{D6} の基底として $\left\{\begin{pmatrix}\mathbf{1}\\ \mathbf{1}\\ \mathbf{1}\end{pmatrix}\right\}$ が得られる。

このとき，$P_4=\begin{pmatrix}-1&1&1\\0&-1&1\\1&1&1\end{pmatrix}$ とすると　$P_4{}^{-1}DP_4=\begin{pmatrix}-2&0&0\\0&2&0\\0&0&6\end{pmatrix}$

EXERCISES

(5) $G=\begin{pmatrix}1&2&0\\2&8&2\\0&2&1\end{pmatrix}$ とする。

$$F_G(t)=\det(tE_3-G)$$

$$=\begin{vmatrix}t-1&-2&0\\-2&t-8&-2\\0&-2&t-1\end{vmatrix}=-2\begin{vmatrix}t-1&-2&0\\1&-\frac{1}{2}(t-8)&1\\0&-2&t-1\end{vmatrix}\overset{①\leftrightarrow②}{=}2\begin{vmatrix}1&-\frac{1}{2}(t-8)&1\\t-1&-2&0\\0&-2&t-1\end{vmatrix}$$

$$\overset{①\times\{-(t-1)\}+②}{=}2\begin{vmatrix}1&-\frac{1}{2}(t-8)&1\\0&\frac{1}{2}(t^2-9t+4)&-t+1\\0&-2&t-1\end{vmatrix}\overset{還元定理}{=}2\begin{vmatrix}\frac{1}{2}(t^2-9t+4)&-t+1\\-2&t-1\end{vmatrix}$$

$$=2\left\{\frac{1}{2}(t^2-9t+4)(t-1)-(-t+1)\cdot(-2)\right\}$$

$$=t(t-1)(t-9)$$

よって，固有方程式 $F_G(t)=0$ を解くと，$t=0,\ 1,\ 9$ であるから，行列Gの固有値は **0，1，9** (すべて重複度1) であり，すべて異なっているから，行列Gは対角化可能である。

行列Gの固有値0，1，9に対する固有空間をそれぞれ W_{G0}，W_{G1}，W_{G9} とする。

ここで　$G-0\cdot E_3=\begin{pmatrix}1&2&0\\2&8&2\\0&2&1\end{pmatrix}$，$G-1\cdot E_3=\begin{pmatrix}0&2&0\\2&7&2\\0&2&0\end{pmatrix}$，$G-9E_3=\begin{pmatrix}-8&2&0\\2&-1&2\\0&2&-8\end{pmatrix}$

よって　$W_{G0}=\left\{\begin{pmatrix}x\\y\\z\end{pmatrix}\in\mathbb{R}^3\ \middle|\ \begin{pmatrix}1&2&0\\2&8&2\\0&2&1\end{pmatrix}\begin{pmatrix}x\\y\\z\end{pmatrix}=\begin{pmatrix}0\\0\\0\end{pmatrix}\right\}$

$W_{G1}=\left\{\begin{pmatrix}x\\y\\z\end{pmatrix}\in\mathbb{R}^3\ \middle|\ \begin{pmatrix}0&2&0\\2&7&2\\0&2&0\end{pmatrix}\begin{pmatrix}x\\y\\z\end{pmatrix}=\begin{pmatrix}0\\0\\0\end{pmatrix}\right\}$

$W_{G9}=\left\{\begin{pmatrix}x\\y\\z\end{pmatrix}\in\mathbb{R}^3\ \middle|\ \begin{pmatrix}-8&2&0\\2&-1&2\\0&2&-8\end{pmatrix}\begin{pmatrix}x\\y\\z\end{pmatrix}=\begin{pmatrix}0\\0\\0\end{pmatrix}\right\}$

行列 $G-0\cdot E_3$ を簡約階段化すると

$$\begin{pmatrix}1&2&0\\2&8&2\\0&2&1\end{pmatrix}\xrightarrow{①\times(-2)+②}\begin{pmatrix}1&2&0\\0&4&2\\0&2&1\end{pmatrix}\xrightarrow{②\times\frac{1}{4}}\begin{pmatrix}1&2&0\\0&1&\frac{1}{2}\\0&2&1\end{pmatrix}$$

$$\xrightarrow{②\times(-2)+①}\begin{pmatrix}1&0&-1\\0&1&\frac{1}{2}\\0&2&1\end{pmatrix}\xrightarrow{②\times(-2)+③}\begin{pmatrix}1&0&-1\\0&1&\frac{1}{2}\\0&0&0\end{pmatrix}$$

ゆえに，連立1次方程式 $\begin{pmatrix}1&2&0\\2&8&2\\0&2&1\end{pmatrix}\begin{pmatrix}x\\y\\z\end{pmatrix}=\begin{pmatrix}0\\0\\0\end{pmatrix}$ は $\begin{cases}x-z=0\\y+\frac{1}{2}z=0\end{cases}$ と同値である。

これを解くと　$\begin{pmatrix} x \\ y \\ z \end{pmatrix} = i\begin{pmatrix} 2 \\ -1 \\ 2 \end{pmatrix}$　(i は任意定数)

よって　$W_{G0} = \left\langle \begin{pmatrix} 2 \\ -1 \\ 2 \end{pmatrix} \right\rangle$

したがって，W_{G0} の基底として $\left\{ \begin{pmatrix} \mathbf{2} \\ \mathbf{-1} \\ \mathbf{2} \end{pmatrix} \right\}$ が得られる。

行列 $G-1\cdot E_3$ を簡約階段化すると

$$\begin{pmatrix} 0 & 2 & 0 \\ 2 & 7 & 2 \\ 0 & 2 & 0 \end{pmatrix} \xrightarrow{②\times\frac{1}{2}} \begin{pmatrix} 0 & 2 & 0 \\ 1 & \frac{7}{2} & 1 \\ 0 & 2 & 0 \end{pmatrix} \xrightarrow{①\leftrightarrow②} \begin{pmatrix} 1 & \frac{7}{2} & 1 \\ 0 & 2 & 0 \\ 0 & 2 & 0 \end{pmatrix}$$

$$\xrightarrow{②\times\frac{1}{2}} \begin{pmatrix} 1 & \frac{7}{2} & 1 \\ 0 & 1 & 0 \\ 0 & 2 & 0 \end{pmatrix} \xrightarrow{②\times\left(-\frac{7}{2}\right)+①} \begin{pmatrix} 1 & 0 & 1 \\ 0 & 1 & 0 \\ 0 & 2 & 0 \end{pmatrix} \xrightarrow{②\times(-2)+③} \begin{pmatrix} 1 & 0 & 1 \\ 0 & 1 & 0 \\ 0 & 0 & 0 \end{pmatrix}$$

ゆえに，連立 1 次方程式 $\begin{pmatrix} 0 & 2 & 0 \\ 2 & 7 & 2 \\ 0 & 2 & 0 \end{pmatrix}\begin{pmatrix} x \\ y \\ z \end{pmatrix} = \begin{pmatrix} 0 \\ 0 \\ 0 \end{pmatrix}$ は $\begin{cases} x \quad +z=0 \\ \quad y \qquad =0 \end{cases}$ と同値である。

これを解くと　$\begin{pmatrix} x \\ y \\ z \end{pmatrix} = j\begin{pmatrix} -1 \\ 0 \\ 1 \end{pmatrix}$　(j は任意定数)

よって　$W_{G1} = \left\langle \begin{pmatrix} -1 \\ 0 \\ 1 \end{pmatrix} \right\rangle$

したがって，W_{G1} の基底として $\left\{ \begin{pmatrix} \mathbf{-1} \\ \mathbf{0} \\ \mathbf{1} \end{pmatrix} \right\}$ が得られる。

行列 $G-9E_3$ を簡約階段化すると

$$\begin{pmatrix} -8 & 2 & 0 \\ 2 & -1 & 2 \\ 0 & 2 & -8 \end{pmatrix} \xrightarrow{②\times\frac{1}{2}} \begin{pmatrix} -8 & 2 & 0 \\ 1 & -\frac{1}{2} & 1 \\ 0 & 2 & -8 \end{pmatrix} \xrightarrow{①\leftrightarrow②} \begin{pmatrix} 1 & -\frac{1}{2} & 1 \\ -8 & 2 & 0 \\ 0 & 2 & -8 \end{pmatrix} \xrightarrow{①\times 8+②} \begin{pmatrix} 1 & -\frac{1}{2} & 1 \\ 0 & -2 & 8 \\ 0 & 2 & -8 \end{pmatrix}$$

$$\xrightarrow{②\times\left(-\frac{1}{2}\right)} \begin{pmatrix} 1 & -\frac{1}{2} & 1 \\ 0 & 1 & -4 \\ 0 & 2 & -8 \end{pmatrix} \xrightarrow{②\times\frac{1}{2}+①} \begin{pmatrix} 1 & 0 & -1 \\ 0 & 1 & -4 \\ 0 & 2 & -8 \end{pmatrix} \xrightarrow{②\times(-2)+③} \begin{pmatrix} 1 & 0 & -1 \\ 0 & 1 & -4 \\ 0 & 0 & 0 \end{pmatrix}$$

ゆえに，連立 1 次方程式 $\begin{pmatrix} -8 & 2 & 0 \\ 2 & -1 & 2 \\ 0 & 2 & -8 \end{pmatrix}\begin{pmatrix} x \\ y \\ z \end{pmatrix} = \begin{pmatrix} 0 \\ 0 \\ 0 \end{pmatrix}$ は $\begin{cases} x \ - \ z=0 \\ \quad y-4z=0 \end{cases}$ と同値である。

これを解くと　$\begin{pmatrix} x \\ y \\ z \end{pmatrix} = k\begin{pmatrix} 1 \\ 4 \\ 1 \end{pmatrix}$　(k は任意定数)

よって　　$W_{G9}=\left\langle\begin{pmatrix}1\\4\\1\end{pmatrix}\right\rangle$

したがって，W_{G9} の基底として $\left\{\begin{pmatrix}\mathbf{1}\\\mathbf{4}\\\mathbf{1}\end{pmatrix}\right\}$ が得られる。

このとき，$\boldsymbol{P}_5=\begin{pmatrix}\mathbf{2}&\mathbf{-1}&\mathbf{1}\\\mathbf{-1}&\mathbf{0}&\mathbf{4}\\\mathbf{2}&\mathbf{1}&\mathbf{1}\end{pmatrix}$ **とすると**　　$\boldsymbol{P}_5{}^{-1}\boldsymbol{G}\boldsymbol{P}_5=\begin{pmatrix}\mathbf{0}&\mathbf{0}&\mathbf{0}\\\mathbf{0}&\mathbf{1}&\mathbf{0}\\\mathbf{0}&\mathbf{0}&\mathbf{9}\end{pmatrix}$

(6)　$H=\begin{pmatrix}0&-4&4\\2&6&-4\\1&2&0\end{pmatrix}$ とする。

$$F_H(t)=\det(tE_3-H)$$

$$=\begin{vmatrix}t&4&-4\\-2&t-6&4\\-1&-2&t\end{vmatrix}\overset{①\leftrightarrow③}{=}-\begin{vmatrix}-1&-2&t\\-2&t-6&4\\t&4&-4\end{vmatrix}\overset{①\times(-2)+②}{=}-\begin{vmatrix}-1&-2&t\\0&t-2&-2t+4\\t&4&-4\end{vmatrix}$$

$$\overset{①\times t+③}{=}-\begin{vmatrix}-1&-2&t\\0&t-2&-2t+4\\0&-2t+4&t^2-4\end{vmatrix}\overset{\text{還元定理}}{=}\begin{vmatrix}t-2&-2t+4\\-2t+4&t^2-4\end{vmatrix}$$

$$=(t-2)(t^2-4)-(-2t+4)^2$$

$$=(t-2)^3$$

よって，固有方程式 $F_H(t)=0$ を解くと，$t=2$ であるから，行列Hの固有値は **2** (重複度 3) である。

行列Hの固有値 2 に対する固有空間を W_{H2} とする。

ここで　　$H-2E_3=\begin{pmatrix}-2&-4&4\\2&4&-4\\1&2&-2\end{pmatrix}$

よって　　$W_{H2}=\left\{\begin{pmatrix}x\\y\\z\end{pmatrix}\in\mathbb{R}^3\ \middle|\ \begin{pmatrix}-2&-4&4\\2&4&-4\\1&2&-2\end{pmatrix}\begin{pmatrix}x\\y\\z\end{pmatrix}=\begin{pmatrix}0\\0\\0\end{pmatrix}\right\}$

行列 $H-2E_3$ を簡約階段化すると

$$\begin{pmatrix}-2&-4&4\\2&4&-4\\1&2&-2\end{pmatrix}\xrightarrow{①\times\left(-\frac{1}{2}\right)}\begin{pmatrix}1&2&-2\\2&4&-4\\1&2&-2\end{pmatrix}\xrightarrow{①\times(-2)+②}\begin{pmatrix}1&2&-2\\0&0&0\\1&2&-2\end{pmatrix}\xrightarrow{①\times(-1)+③}\begin{pmatrix}1&2&-2\\0&0&0\\0&0&0\end{pmatrix}$$

ゆえに，連立 1 次方程式 $\begin{pmatrix}-2&-4&4\\2&4&-4\\1&2&-2\end{pmatrix}\begin{pmatrix}x\\y\\z\end{pmatrix}=\begin{pmatrix}0\\0\\0\end{pmatrix}$ は $x+2y-2z=0$ と同値である。

これを解くと　　$\begin{pmatrix}x\\y\\z\end{pmatrix}=l\begin{pmatrix}-2\\1\\0\end{pmatrix}+m\begin{pmatrix}2\\0\\1\end{pmatrix}$　(l，m は任意定数)

よって　　$W_{H2}=\left\langle\begin{pmatrix}-2\\1\\0\end{pmatrix},\begin{pmatrix}2\\0\\1\end{pmatrix}\right\rangle$

したがって，W_{H2} の基底として $\left\{\begin{pmatrix}\mathbf{-2}\\\mathbf{1}\\\mathbf{0}\end{pmatrix}, \begin{pmatrix}\mathbf{2}\\\mathbf{0}\\\mathbf{1}\end{pmatrix}\right\}$ が得られる。

$\dim W_{H2}=2\neq3$ であるから，行列 H は **対角化不可能である。**

(7) $I=\begin{pmatrix}0&0&-1\\0&-1&0\\-1&0&0\end{pmatrix}$ とする。

$$F_I(t)=\det(tE_3-I)=\begin{vmatrix}t&0&1\\0&t+1&0\\1&0&t\end{vmatrix}$$

$$=0\cdot(-1)^{2+1}\begin{vmatrix}0&1\\0&t\end{vmatrix}+(t+1)\cdot(-1)^{2+2}\begin{vmatrix}t&1\\1&t\end{vmatrix}+0\cdot(-1)^{2+3}\begin{vmatrix}t&0\\1&0\end{vmatrix}$$

$$=(t+1)(t^2-1^2)=(t+1)^2(t-1)$$

よって，固有方程式 $F_I(t)=0$ を解くと，$t=-1,\ 1$ であるから，行列 I の固有値は $\mathbf{-1}$（重複度 2），$\mathbf{1}$（重複度 1）である。

行列 I の固有値 $-1,\ 1$ に対する固有空間をそれぞれ W_{I-1}，W_{I1} とする。

ここで　$I-(-1)E_3=\begin{pmatrix}1&0&-1\\0&0&0\\-1&0&1\end{pmatrix}$，$I-1\cdot E_3=\begin{pmatrix}-1&0&-1\\0&-2&0\\-1&0&-1\end{pmatrix}$

よって　$W_{I-1}=\left\{\begin{pmatrix}x\\y\\z\end{pmatrix}\in\mathbb{R}^3 \;\middle|\; \begin{pmatrix}1&0&-1\\0&0&0\\-1&0&1\end{pmatrix}\begin{pmatrix}x\\y\\z\end{pmatrix}=\begin{pmatrix}0\\0\\0\end{pmatrix}\right\}$

$W_{I1}=\left\{\begin{pmatrix}x\\y\\z\end{pmatrix}\in\mathbb{R}^3 \;\middle|\; \begin{pmatrix}-1&0&-1\\0&-2&0\\-1&0&-1\end{pmatrix}\begin{pmatrix}x\\y\\z\end{pmatrix}=\begin{pmatrix}0\\0\\0\end{pmatrix}\right\}$

行列 $I-(-1)E_3$ を簡約階段化すると　$\begin{pmatrix}1&0&-1\\0&0&0\\-1&0&1\end{pmatrix}\xrightarrow{①\times1+③}\begin{pmatrix}1&0&-1\\0&0&0\\0&0&0\end{pmatrix}$

ゆえに，連立 1 次方程式 $\begin{pmatrix}1&0&-1\\0&0&0\\-1&0&1\end{pmatrix}\begin{pmatrix}x\\y\\z\end{pmatrix}=\begin{pmatrix}0\\0\\0\end{pmatrix}$ は $x-z=0$ と同値である。

これを解くと　$\begin{pmatrix}x\\y\\z\end{pmatrix}=n\begin{pmatrix}1\\0\\1\end{pmatrix}+o\begin{pmatrix}0\\1\\0\end{pmatrix}$　（n，o は任意定数）

よって　$W_{I-1}=\left\langle\begin{pmatrix}1\\0\\1\end{pmatrix}, \begin{pmatrix}0\\1\\0\end{pmatrix}\right\rangle$

したがって，W_{I-1} の基底として $\left\{\begin{pmatrix}\mathbf{1}\\\mathbf{0}\\\mathbf{1}\end{pmatrix}, \begin{pmatrix}\mathbf{0}\\\mathbf{1}\\\mathbf{0}\end{pmatrix}\right\}$ が得られる。

行列 $I-1\cdot E_3$ を簡約階段化すると

$$\begin{pmatrix}-1&0&-1\\0&-2&0\\-1&0&-1\end{pmatrix}\xrightarrow{①\times(-1)}\begin{pmatrix}1&0&1\\0&-2&0\\-1&0&-1\end{pmatrix}\xrightarrow{①\times1+③}\begin{pmatrix}1&0&1\\0&-2&0\\0&0&0\end{pmatrix}\xrightarrow{②\times\left(-\frac{1}{2}\right)}\begin{pmatrix}1&0&1\\0&1&0\\0&0&0\end{pmatrix}$$

ゆえに，連立1次方程式 $\begin{pmatrix} -1 & 0 & -1 \\ 0 & -2 & 0 \\ -1 & 0 & -1 \end{pmatrix}\begin{pmatrix} x \\ y \\ z \end{pmatrix}=\begin{pmatrix} 0 \\ 0 \\ 0 \end{pmatrix}$ は $\begin{cases} x \quad +z=0 \\ \quad y \quad\; =0 \end{cases}$ と同値である。

これを解くと $\begin{pmatrix} x \\ y \\ z \end{pmatrix}=p\begin{pmatrix} -1 \\ 0 \\ 1 \end{pmatrix}$ （p は任意定数）

よって $W_{I1}=\left\langle\begin{pmatrix} -1 \\ 0 \\ 1 \end{pmatrix}\right\rangle$

したがって，W_{I1} の基底として $\left\{\begin{pmatrix} \mathbf{-1} \\ \mathbf{0} \\ \mathbf{1} \end{pmatrix}\right\}$ が得られる。

このとき，$\boldsymbol{P_7}=\begin{pmatrix} \mathbf{1} & \mathbf{0} & \mathbf{-1} \\ \mathbf{0} & \mathbf{1} & \mathbf{0} \\ \mathbf{1} & \mathbf{0} & \mathbf{1} \end{pmatrix}$ **とすると** $\boldsymbol{P_7^{-1}IP_7}=\begin{pmatrix} \mathbf{-1} & \mathbf{0} & \mathbf{0} \\ \mathbf{0} & \mathbf{-1} & \mathbf{0} \\ \mathbf{0} & \mathbf{0} & \mathbf{1} \end{pmatrix}$

(8) $J=\begin{pmatrix} 3 & 1 & 1 \\ 2 & 4 & 2 \\ 1 & 1 & 3 \end{pmatrix}$ とすると $F_J(t)=(t-2)^2(t-6)$ ◀PRACTICE 58 より。

よって，固有方程式 $F_J(t)=0$ を解くと，$t=2,\ 6$ であるから，行列 J の固有値は **2** (重複度 2)，**6** (重複度 1) である。

行列 J の固有値 2，6 に対する固有空間をそれぞれ W_{J2}，W_{J6} とする。

ここで $J-2E_3=\begin{pmatrix} 1 & 1 & 1 \\ 2 & 2 & 2 \\ 1 & 1 & 1 \end{pmatrix}$

よって $W_{J2}=\left\{\begin{pmatrix} x \\ y \\ z \end{pmatrix}\in\mathbb{R}^3 \;\middle|\; \begin{pmatrix} 1 & 1 & 1 \\ 2 & 2 & 2 \\ 1 & 1 & 1 \end{pmatrix}\begin{pmatrix} x \\ y \\ z \end{pmatrix}=\begin{pmatrix} 0 \\ 0 \\ 0 \end{pmatrix}\right\}$

行列 $J-2E_3$ を簡約階段化すると

$$\begin{pmatrix} 1 & 1 & 1 \\ 2 & 2 & 2 \\ 1 & 1 & 1 \end{pmatrix} \xrightarrow{①\times(-2)+②} \begin{pmatrix} 1 & 1 & 1 \\ 0 & 0 & 0 \\ 1 & 1 & 1 \end{pmatrix} \xrightarrow{①\times(-1)+③} \begin{pmatrix} 1 & 1 & 1 \\ 0 & 0 & 0 \\ 0 & 0 & 0 \end{pmatrix}$$

ゆえに，連立1次方程式 $\begin{pmatrix} 1 & 1 & 1 \\ 2 & 2 & 2 \\ 1 & 1 & 1 \end{pmatrix}\begin{pmatrix} x \\ y \\ z \end{pmatrix}=\begin{pmatrix} 0 \\ 0 \\ 0 \end{pmatrix}$ は $x+y+z=0$ と同値である。

これを解くと $\begin{pmatrix} x \\ y \\ z \end{pmatrix}=q\begin{pmatrix} -1 \\ 1 \\ 0 \end{pmatrix}+r\begin{pmatrix} -1 \\ 0 \\ 1 \end{pmatrix}$ （q，r は任意定数）

よって $W_{J2}=\left\langle\begin{pmatrix} -1 \\ 1 \\ 0 \end{pmatrix}, \begin{pmatrix} -1 \\ 0 \\ 1 \end{pmatrix}\right\rangle$

したがって，W_{J2} の基底として $\left\{\begin{pmatrix} \mathbf{-1} \\ \mathbf{1} \\ \mathbf{0} \end{pmatrix}, \begin{pmatrix} \mathbf{-1} \\ \mathbf{0} \\ \mathbf{1} \end{pmatrix}\right\}$ が得られる。

また，W_{J6} の基底として $\left\{\begin{pmatrix}1\\2\\1\end{pmatrix}\right\}$ が得られる。　◀PRACTICE 58 の 補足 より。

このとき，$\boldsymbol{P}_8=\begin{pmatrix}-1&-1&1\\1&0&2\\0&1&1\end{pmatrix}$ とすると　$\boldsymbol{P}_8{}^{-1}\boldsymbol{J}\boldsymbol{P}_8=\begin{pmatrix}2&0&0\\0&2&0\\0&0&6\end{pmatrix}$

64　対称行列の直交行列による対角化　★☆☆

次の対称行列を直交行列によって対角化せよ。

(1) $\begin{pmatrix}3&3\\3&3\end{pmatrix}$　(2) $\begin{pmatrix}1&0&-2\\0&1&0\\-2&0&1\end{pmatrix}$　(3) $\begin{pmatrix}2&2&-2\\2&2&2\\-2&2&2\end{pmatrix}$　(4) $\begin{pmatrix}3&1&-1\\1&3&1\\-1&1&3\end{pmatrix}$

(1)　$A=\begin{pmatrix}3&3\\3&3\end{pmatrix}$，$E_2=\begin{pmatrix}1&0\\0&1\end{pmatrix}$ とする。

$$F_A(t)=\det(tE_2-A)=\begin{vmatrix}t-3&-3\\-3&t-3\end{vmatrix}$$
$$=(t-3)^2-(-3)^2=t(t-6)$$

よって，固有方程式 $F_A(t)=0$ を解くと，$t=0$，6 であるから，行列Aの固有値は 0，6（どちらも重複度 1）であり，異なっているから，行列Aは対角化可能である。

行列Aの固有値 0，6 に対する固有空間をそれぞれ W_{A0}，W_{A6} とする。

ここで　$A-0\cdot E_2=\begin{pmatrix}3&3\\3&3\end{pmatrix}$，$A-6E_2=\begin{pmatrix}-3&3\\3&-3\end{pmatrix}$

よって　$W_{A0}=\left\{\begin{pmatrix}x\\y\end{pmatrix}\in\mathbb{R}^2\,\middle|\,\begin{pmatrix}3&3\\3&3\end{pmatrix}\begin{pmatrix}x\\y\end{pmatrix}=\begin{pmatrix}0\\0\end{pmatrix}\right\}$

$W_{A6}=\left\{\begin{pmatrix}x\\y\end{pmatrix}\in\mathbb{R}^2\,\middle|\,\begin{pmatrix}-3&3\\3&-3\end{pmatrix}\begin{pmatrix}x\\y\end{pmatrix}=\begin{pmatrix}0\\0\end{pmatrix}\right\}$

行列 $A-0\cdot E_2$ を簡約階段化すると　$\begin{pmatrix}3&3\\3&3\end{pmatrix}\xrightarrow{①\times\frac{1}{3}}\begin{pmatrix}1&1\\3&3\end{pmatrix}\xrightarrow{①\times(-3)+②}\begin{pmatrix}1&1\\0&0\end{pmatrix}$

ゆえに，連立 1 次方程式 $\begin{pmatrix}3&3\\3&3\end{pmatrix}\begin{pmatrix}x\\y\end{pmatrix}=\begin{pmatrix}0\\0\end{pmatrix}$ は $x+y=0$ と同値である。

これを解くと　$\begin{pmatrix}x\\y\end{pmatrix}=c\begin{pmatrix}-1\\1\end{pmatrix}$（$c$ は任意定数）

よって　$W_{A0}=\left\langle\begin{pmatrix}-1\\1\end{pmatrix}\right\rangle$

したがって，W_{A0} の基底として $\left\{\begin{pmatrix}-1\\1\end{pmatrix}\right\}$ が得られる。

行列 $A-6E_2$ を簡約階段化すると　$\begin{pmatrix}-3&3\\3&-3\end{pmatrix}\xrightarrow{①\times\left(-\frac{1}{3}\right)}\begin{pmatrix}1&-1\\3&-3\end{pmatrix}\xrightarrow{①\times(-3)+②}\begin{pmatrix}1&-1\\0&0\end{pmatrix}$

ゆえに，連立 1 次方程式 $\begin{pmatrix}-3&3\\3&-3\end{pmatrix}\begin{pmatrix}x\\y\end{pmatrix}=\begin{pmatrix}0\\0\end{pmatrix}$ は $x-y=0$ と同値である。

これを解くと　$\begin{pmatrix}x\\y\end{pmatrix}=d\begin{pmatrix}1\\1\end{pmatrix}$（$d$ は任意定数）

EXERCISES

よって　　$W_{A6}=\left\langle\begin{pmatrix}1\\1\end{pmatrix}\right\rangle$

したがって，W_{A6} の基底として $\left\{\begin{pmatrix}1\\1\end{pmatrix}\right\}$ が得られる。

ここで，$\boldsymbol{p}_1=\begin{pmatrix}-1\\1\end{pmatrix}$，$\boldsymbol{p}_2=\begin{pmatrix}1\\1\end{pmatrix}$ とすると，$\boldsymbol{p}_1$ は行列Aの固有値 0 に対する固有ベクトルであり，$\boldsymbol{p}_2$ は行列Aの固有値 6 に対する固有ベクトルであるから，R^2 の標準内積に関して，$(\boldsymbol{p}_1,\ \boldsymbol{p}_2)=0$ が成り立つ。

また　　$\|\boldsymbol{p}_1\|=\sqrt{(-1)^2+1^2}=\sqrt{2}$，$\|\boldsymbol{p}_2\|=\sqrt{1^2+1^2}=\sqrt{2}$

ゆえに，$\boldsymbol{p}_1$，$\boldsymbol{p}_2$ を正規化すると　　$\dfrac{1}{\|\boldsymbol{p}_1\|}\boldsymbol{p}_1=\dfrac{\sqrt{2}}{2}\begin{pmatrix}-1\\1\end{pmatrix}$，$\dfrac{1}{\|\boldsymbol{p}_2\|}\boldsymbol{p}_2=\dfrac{\sqrt{2}}{2}\begin{pmatrix}1\\1\end{pmatrix}$

$\left\{\dfrac{\sqrt{2}}{2}\begin{pmatrix}-1\\1\end{pmatrix},\ \dfrac{\sqrt{2}}{2}\begin{pmatrix}1\\1\end{pmatrix}\right\}$ は R^2 の標準内積に関する正規直交基底であるから，

$\boldsymbol{U_1=\dfrac{\sqrt{2}}{2}\begin{pmatrix}-1&1\\1&1\end{pmatrix}}$ **とすると**，行列 U_1 は直交行列であり，次のようになる。

$$\boldsymbol{U_1}^{-1}\boldsymbol{A}\boldsymbol{U_1}={}^tU_1AU_1=\begin{pmatrix}\mathbf{0}&\mathbf{0}\\\mathbf{0}&\mathbf{6}\end{pmatrix}$$

(2)，(3)，(4) において，$E_3=\begin{pmatrix}1&0&0\\0&1&0\\0&0&1\end{pmatrix}$ とする。

(2)　$B=\begin{pmatrix}1&0&-2\\0&1&0\\-2&0&1\end{pmatrix}$ とする。

$$F_B(t)=\det(tE_3-B)=\begin{vmatrix}t-1&0&2\\0&t-1&0\\2&0&t-1\end{vmatrix}$$

$$=0\cdot(-1)^{2+1}\begin{vmatrix}0&2\\0&t-1\end{vmatrix}+(t-1)\cdot(-1)^{2+2}\begin{vmatrix}t-1&2\\2&t-1\end{vmatrix}+0\cdot(-1)^{2+3}\begin{vmatrix}t-1&0\\2&0\end{vmatrix}$$

$$=(t-1)\{(t-1)^2-2^2\}$$

$$=(t+1)(t-1)(t-3)$$

よって，固有方程式 $F_B(t)=0$ を解くと，$t=-1$，1，3 であるから，行列Bの固有値は -1，1，3 (すべて重複度 1) であり，すべて異なっているから，行列Bは対角化可能である。

行列Bの固有値 -1，1，3 に対する固有空間をそれぞれ W_{B-1}，W_{B1}，W_{B3} とする。

ここで　　$B-(-1)E_3=\begin{pmatrix}2&0&-2\\0&2&0\\-2&0&2\end{pmatrix}$，$B-1\cdot E_3=\begin{pmatrix}0&0&-2\\0&0&0\\-2&0&0\end{pmatrix}$，$B-3E_3=\begin{pmatrix}-2&0&-2\\0&-2&0\\-2&0&-2\end{pmatrix}$

よって　　$W_{B-1}=\left\{\begin{pmatrix}x\\y\\z\end{pmatrix}\in\mathrm{R}^3\ \middle|\ \begin{pmatrix}2&0&-2\\0&2&0\\-2&0&2\end{pmatrix}\begin{pmatrix}x\\y\\z\end{pmatrix}=\begin{pmatrix}0\\0\\0\end{pmatrix}\right\}$

$W_{B1}=\left\{\begin{pmatrix}x\\y\\z\end{pmatrix}\in\mathrm{R}^3\ \middle|\ \begin{pmatrix}0&0&-2\\0&0&0\\-2&0&0\end{pmatrix}\begin{pmatrix}x\\y\\z\end{pmatrix}=\begin{pmatrix}0\\0\\0\end{pmatrix}\right\}$

$$W_{B3}=\left\{\begin{pmatrix}x\\y\\z\end{pmatrix}\in\mathbb{R}^3 \;\middle|\; \begin{pmatrix}-2&0&-2\\0&-2&0\\-2&0&-2\end{pmatrix}\begin{pmatrix}x\\y\\z\end{pmatrix}=\begin{pmatrix}0\\0\\0\end{pmatrix}\right\}$$

行列 $B-(-1)E_3$ を簡約階段化すると

$$\begin{pmatrix}2&0&-2\\0&2&0\\-2&0&2\end{pmatrix}\xrightarrow{①\times\frac{1}{2}}\begin{pmatrix}1&0&-1\\0&2&0\\-2&0&2\end{pmatrix}$$

$$\xrightarrow{①\times2+③}\begin{pmatrix}1&0&-1\\0&2&0\\0&0&0\end{pmatrix}\xrightarrow{②\times\frac{1}{2}}\begin{pmatrix}1&0&-1\\0&1&0\\0&0&0\end{pmatrix}$$

ゆえに，連立１次方程式 $\begin{pmatrix}2&0&-2\\0&2&0\\-2&0&2\end{pmatrix}\begin{pmatrix}x\\y\\z\end{pmatrix}=\begin{pmatrix}0\\0\\0\end{pmatrix}$ は $\begin{cases}x\quad -z=0\\ \quad y\quad\;\;=0\end{cases}$ と同値である。

これを解くと　$\begin{pmatrix}x\\y\\z\end{pmatrix}=e\begin{pmatrix}1\\0\\1\end{pmatrix}$　(e は任意定数)

よって　　$W_{B-1}=\left\langle\begin{pmatrix}1\\0\\1\end{pmatrix}\right\rangle$

したがって，W_{B-1} の基底として $\left\{\begin{pmatrix}1\\0\\1\end{pmatrix}\right\}$ が得られる。

連立１次方程式 $\begin{pmatrix}0&0&-2\\0&0&0\\-2&0&0\end{pmatrix}\begin{pmatrix}x\\y\\z\end{pmatrix}=\begin{pmatrix}0\\0\\0\end{pmatrix}$ を解くと

$$\begin{pmatrix}x\\y\\z\end{pmatrix}=f\begin{pmatrix}0\\1\\0\end{pmatrix}\quad (f\text{ は任意定数})$$

よって　　$W_{B1}=\left\langle\begin{pmatrix}0\\1\\0\end{pmatrix}\right\rangle$

したがって，W_{B1} の基底として $\left\{\begin{pmatrix}0\\1\\0\end{pmatrix}\right\}$ が得られる。

行列 $B-3E_3$ を簡約階段化すると

$$\begin{pmatrix}-2&0&-2\\0&-2&0\\-2&0&-2\end{pmatrix}\xrightarrow{①\times\left(-\frac{1}{2}\right)}\begin{pmatrix}1&0&1\\0&-2&0\\-2&0&-2\end{pmatrix}$$

$$\xrightarrow{①\times2+③}\begin{pmatrix}1&0&1\\0&-2&0\\0&0&0\end{pmatrix}\xrightarrow{②\times\left(-\frac{1}{2}\right)}\begin{pmatrix}1&0&1\\0&1&0\\0&0&0\end{pmatrix}$$

EXERCISES

ゆえに，連立1次方程式 $\begin{pmatrix} -2 & 0 & -2 \\ 0 & -2 & 0 \\ -2 & 0 & -2 \end{pmatrix}\begin{pmatrix} x \\ y \\ z \end{pmatrix}=\begin{pmatrix} 0 \\ 0 \\ 0 \end{pmatrix}$ は $\begin{cases} x \quad +z=0 \\ \quad y \quad\ \ =0 \end{cases}$ と同値である。

これを解くと $\quad \begin{pmatrix} x \\ y \\ z \end{pmatrix}=g\begin{pmatrix} -1 \\ 0 \\ 1 \end{pmatrix}$ （g は任意定数）

よって $\quad W_{B3}=\left\langle\!\left\langle \begin{pmatrix} -1 \\ 0 \\ 1 \end{pmatrix} \right\rangle\!\right\rangle$

したがって，W_{B3} の基底として $\left\{\begin{pmatrix} -1 \\ 0 \\ 1 \end{pmatrix}\right\}$ が得られる。

ここで，$\boldsymbol{q}_1=\begin{pmatrix} 1 \\ 0 \\ 1 \end{pmatrix}$，$\boldsymbol{q}_2=\begin{pmatrix} 0 \\ 1 \\ 0 \end{pmatrix}$，$\boldsymbol{q}_3=\begin{pmatrix} -1 \\ 0 \\ 1 \end{pmatrix}$ とすると，$\boldsymbol{q}_1$ は行列 B の固有値 -1 に対する固有ベクトルであり，$\boldsymbol{q}_2$ は行列 B の固有値1に対する固有ベクトルであり，$\boldsymbol{q}_3$ は行列 B の固有値3に対する固有ベクトルであるから，R^3 の標準内積に関して，$(\boldsymbol{q}_1,\ \boldsymbol{q}_2)=0$，$(\boldsymbol{q}_2,\ \boldsymbol{q}_3)=0$，$(\boldsymbol{q}_3,\ \boldsymbol{q}_1)=0$ が成り立つ。

また $\quad \|\boldsymbol{q}_1\|=\sqrt{1^2+0^2+1^2}=\sqrt{2}$，$\|\boldsymbol{q}_2\|=\sqrt{0^2+1^2+0^2}=1$，$\|\boldsymbol{q}_3\|=\sqrt{(-1)^2+0^2+1^2}=\sqrt{2}$

ゆえに，$\boldsymbol{q}_1$，$\boldsymbol{q}_2$，$\boldsymbol{q}_3$ を正規化すると

$$\frac{1}{\|\boldsymbol{q}_1\|}\boldsymbol{q}_1=\frac{\sqrt{2}}{2}\begin{pmatrix} 1 \\ 0 \\ 1 \end{pmatrix},\quad \frac{1}{\|\boldsymbol{q}_2\|}\boldsymbol{q}_2=\begin{pmatrix} 0 \\ 1 \\ 0 \end{pmatrix},\quad \frac{1}{\|\boldsymbol{q}_3\|}\boldsymbol{q}_3=\frac{\sqrt{2}}{2}\begin{pmatrix} -1 \\ 0 \\ 1 \end{pmatrix}$$

$\left\{\frac{\sqrt{2}}{2}\begin{pmatrix} 1 \\ 0 \\ 1 \end{pmatrix},\ \begin{pmatrix} 0 \\ 1 \\ 0 \end{pmatrix},\ \frac{\sqrt{2}}{2}\begin{pmatrix} -1 \\ 0 \\ 1 \end{pmatrix}\right\}$ は R^3 の標準内積に関する正規直交基底であるから，

$\boldsymbol{U_2=\frac{\sqrt{2}}{2}\begin{pmatrix} 1 & 0 & -1 \\ 0 & \sqrt{2} & 0 \\ 1 & 0 & 1 \end{pmatrix}}$ **とすると**，行列 U_2 は直交行列であり，次のようになる。

$$\boldsymbol{U_2^{-1}BU_2={}^tU_2BU_2=\begin{pmatrix} -1 & 0 & 0 \\ 0 & 1 & 0 \\ 0 & 0 & 3 \end{pmatrix}}$$

(3) $C=\begin{pmatrix} 2 & 2 & -2 \\ 2 & 2 & 2 \\ -2 & 2 & 2 \end{pmatrix}$ とする。

$$F_C(t)=\det(tE_3-C)=\begin{vmatrix} t-2 & -2 & 2 \\ -2 & t-2 & -2 \\ 2 & -2 & t-2 \end{vmatrix}=-2\begin{vmatrix} t-2 & -2 & 2 \\ 1 & -\frac{1}{2}(t-2) & 1 \\ 2 & -2 & t-2 \end{vmatrix}$$

$$\overset{①\leftrightarrow②}{=}2\begin{vmatrix} 1 & -\frac{1}{2}(t-2) & 1 \\ t-2 & -2 & 2 \\ 2 & -2 & t-2 \end{vmatrix}\overset{\boxed{1}\times\frac{1}{2}(t-2)+\boxed{2}}{=}2\begin{vmatrix} 1 & 0 & 1 \\ t-2 & \frac{1}{2}(t^2-4t) & 2 \\ 2 & t-4 & t-2 \end{vmatrix}\overset{\boxed{1}\times(-1)+\boxed{3}}{=}2\begin{vmatrix} 1 & 0 & 0 \\ t-2 & \frac{1}{2}(t^2-4t) & -t+4 \\ 2 & t-4 & t-4 \end{vmatrix}$$

$$\overset{\text{還元定理}}{=}2\begin{vmatrix}\frac{1}{2}(t^2-4t) & -t+4\\ t-4 & t-4\end{vmatrix}=2\left\{\frac{1}{2}(t^2-4t)(t-4)-(-t+4)(t-4)\right\}$$

$$=(t+2)(t-4)^2$$

よって，固有方程式 $F_C(t)=0$ を解くと，$t=-2,\ 4$ であるから，行列Cの固有値は -2 (重複度 1)，4 (重複度 2) である。

行列Cの固有値 $-2,\ 4$ に対する固有空間をそれぞれ W_{C-2}，W_{C4} とする。

ここで　$C-(-2)E_3=\begin{pmatrix}4&2&-2\\2&4&2\\-2&2&4\end{pmatrix}$，$C-4E_3=\begin{pmatrix}-2&2&-2\\2&-2&2\\-2&2&-2\end{pmatrix}$

よって　$W_{C-2}=\left\{\begin{pmatrix}x\\y\\z\end{pmatrix}\in\mathbb{R}^3 \,\middle|\, \begin{pmatrix}4&2&-2\\2&4&2\\-2&2&4\end{pmatrix}\begin{pmatrix}x\\y\\z\end{pmatrix}=\begin{pmatrix}0\\0\\0\end{pmatrix}\right\}$

$W_{C4}=\left\{\begin{pmatrix}x\\y\\z\end{pmatrix}\in\mathbb{R}^3 \,\middle|\, \begin{pmatrix}-2&2&-2\\2&-2&2\\-2&2&-2\end{pmatrix}\begin{pmatrix}x\\y\\z\end{pmatrix}=\begin{pmatrix}0\\0\\0\end{pmatrix}\right\}$

行列 $C-(-2)E_3$ を簡約階段化すると

$$\begin{pmatrix}4&2&-2\\2&4&2\\-2&2&4\end{pmatrix}\overset{②\times\frac{1}{2}}{\longrightarrow}\begin{pmatrix}4&2&-2\\1&2&1\\-2&2&4\end{pmatrix}\overset{①\leftrightarrow②}{\longrightarrow}\begin{pmatrix}1&2&1\\4&2&-2\\-2&2&4\end{pmatrix}\overset{①\times(-4)+②}{\longrightarrow}\begin{pmatrix}1&2&1\\0&-6&-6\\-2&2&4\end{pmatrix}$$

$$\overset{①\times2+③}{\longrightarrow}\begin{pmatrix}1&2&1\\0&-6&-6\\0&6&6\end{pmatrix}\overset{②\times\left(-\frac{1}{6}\right)}{\longrightarrow}\begin{pmatrix}1&2&1\\0&1&1\\0&6&6\end{pmatrix}$$

$$\overset{②\times(-2)+①}{\longrightarrow}\begin{pmatrix}1&0&-1\\0&1&1\\0&6&6\end{pmatrix}\overset{②\times(-6)+③}{\longrightarrow}\begin{pmatrix}1&0&-1\\0&1&1\\0&0&0\end{pmatrix}$$

ゆえに，連立1次方程式 $\begin{pmatrix}4&2&-2\\2&4&2\\-2&2&4\end{pmatrix}\begin{pmatrix}x\\y\\z\end{pmatrix}=\begin{pmatrix}0\\0\\0\end{pmatrix}$ は $\begin{cases}x\quad -z=0\\ \quad y+z=0\end{cases}$ と同値である。

これを解くと　$\begin{pmatrix}x\\y\\z\end{pmatrix}=h\begin{pmatrix}1\\-1\\1\end{pmatrix}$　(h は任意定数)

よって　$W_{C-2}=\left\langle\begin{pmatrix}1\\-1\\1\end{pmatrix}\right\rangle$

したがって，W_{C-2} の基底として $\left\{\begin{pmatrix}1\\-1\\1\end{pmatrix}\right\}$ が得られる。

行列 $C-4E_3$ を簡約階段化すると

$$\begin{pmatrix}-2&2&-2\\2&-2&2\\-2&2&-2\end{pmatrix}\overset{①\times\left(-\frac{1}{2}\right)}{\longrightarrow}\begin{pmatrix}1&-1&1\\2&-2&2\\-2&2&-2\end{pmatrix}\overset{①\times(-2)+②}{\longrightarrow}\begin{pmatrix}1&-1&1\\0&0&0\\-2&2&-2\end{pmatrix}\overset{①\times2+③}{\longrightarrow}\begin{pmatrix}1&-1&1\\0&0&0\\0&0&0\end{pmatrix}$$

ゆえに，連立 1 次方程式 $\begin{pmatrix} -2 & 2 & -2 \\ 2 & -2 & 2 \\ -2 & 2 & -2 \end{pmatrix}\begin{pmatrix} x \\ y \\ z \end{pmatrix}=\begin{pmatrix} 0 \\ 0 \\ 0 \end{pmatrix}$ は $x-y+z=0$ と同値である。

これを解くと　$\begin{pmatrix} x \\ y \\ z \end{pmatrix}=i\begin{pmatrix} 1 \\ 1 \\ 0 \end{pmatrix}+j\begin{pmatrix} -1 \\ 0 \\ 1 \end{pmatrix}$　(i, j は任意定数)

よって　$W_{C4}=\left\langle\begin{pmatrix} 1 \\ 1 \\ 0 \end{pmatrix}, \begin{pmatrix} -1 \\ 0 \\ 1 \end{pmatrix}\right\rangle$

したがって，W_{C4} の基底として $\left\{\begin{pmatrix} 1 \\ 1 \\ 0 \end{pmatrix}, \begin{pmatrix} -1 \\ 0 \\ 1 \end{pmatrix}\right\}$ が得られる。

ここで，$\boldsymbol{r}_1=\begin{pmatrix} 1 \\ -1 \\ 1 \end{pmatrix}$, $\boldsymbol{r}_2=\begin{pmatrix} 1 \\ 1 \\ 0 \end{pmatrix}$, $\boldsymbol{r}_3=\begin{pmatrix} -1 \\ 0 \\ 1 \end{pmatrix}$ とすると，$\boldsymbol{r}_1$ は行列 C の固有値 -2 に対する固有ベクトルであり，$\boldsymbol{r}_2$, $\boldsymbol{r}_3$ は行列 C の固有値 4 に対する固有ベクトルであるから，$\mathbb{R}^3$ の標準内積に関して，$(\boldsymbol{r}_1, \boldsymbol{r}_2)=0$, $(\boldsymbol{r}_1, \boldsymbol{r}_3)=0$ が成り立つ。

また，$\{\boldsymbol{r}_2, \boldsymbol{r}_3\}$ を直交化したものは，$\boldsymbol{r}_2'=\begin{pmatrix} 1 \\ 1 \\ 0 \end{pmatrix}$, $\boldsymbol{r}_3'=\dfrac{1}{2}\begin{pmatrix} -1 \\ 1 \\ 2 \end{pmatrix}$ として，

$\{\boldsymbol{r}_2', \boldsymbol{r}_3'\}$ である。　◀基本例題 123 より。

よって　$\|\boldsymbol{r}_1\|=\sqrt{1^2+(-1)^2+1^2}=\sqrt{3}$, $\|\boldsymbol{r}_2'\|=\sqrt{2}$, $\|\boldsymbol{r}_3'\|=\dfrac{\sqrt{6}}{2}$

ゆえに，$\boldsymbol{r}_1$, $\boldsymbol{r}_2'$, $\boldsymbol{r}_3'$ を正規化すると

$$\frac{1}{\|\boldsymbol{r}_1\|}\boldsymbol{r}_1=\frac{\sqrt{3}}{3}\begin{pmatrix} 1 \\ -1 \\ 1 \end{pmatrix}, \quad \frac{1}{\|\boldsymbol{r}_2'\|}\boldsymbol{r}_2'=\frac{\sqrt{2}}{2}\begin{pmatrix} 1 \\ 1 \\ 0 \end{pmatrix}, \quad \frac{1}{\|\boldsymbol{r}_3'\|}\boldsymbol{r}_3'=\frac{\sqrt{6}}{6}\begin{pmatrix} -1 \\ 1 \\ 2 \end{pmatrix}$$

$\left\{\dfrac{\sqrt{3}}{3}\begin{pmatrix} 1 \\ -1 \\ 1 \end{pmatrix}, \dfrac{\sqrt{2}}{2}\begin{pmatrix} 1 \\ 1 \\ 0 \end{pmatrix}, \dfrac{\sqrt{6}}{6}\begin{pmatrix} -1 \\ 1 \\ 2 \end{pmatrix}\right\}$ は $\mathbb{R}^3$ の標準内積に関する正規直交基底であるから，

$\boldsymbol{U_3=\dfrac{1}{6}\begin{pmatrix} 2\sqrt{3} & 3\sqrt{2} & -\sqrt{6} \\ -2\sqrt{3} & 3\sqrt{2} & \sqrt{6} \\ 2\sqrt{3} & 0 & 2\sqrt{6} \end{pmatrix}}$ **とすると**，行列 U_3 は直交行列であり，次のようになる。

$$\boldsymbol{U_3^{-1}CU_3}={}^tU_3CU_3=\boldsymbol{\begin{pmatrix} -2 & 0 & 0 \\ 0 & 4 & 0 \\ 0 & 0 & 4 \end{pmatrix}}$$

(4)　$D=\begin{pmatrix} 3 & 1 & -1 \\ 1 & 3 & 1 \\ -1 & 1 & 3 \end{pmatrix}$ とする。

$$F_D(t)=\det(tE_3-D)=\begin{vmatrix} t-3 & -1 & 1 \\ -1 & t-3 & -1 \\ 1 & -1 & t-3 \end{vmatrix} \overset{①\leftrightarrow③}{=} -\begin{vmatrix} 1 & -1 & t-3 \\ -1 & t-3 & -1 \\ t-3 & -1 & 1 \end{vmatrix}$$

$$\overset{①\times1+②}{=} -\begin{vmatrix} 1 & -1 & t-3 \\ 0 & t-4 & t-4 \\ t-3 & -1 & 1 \end{vmatrix} \overset{①\times\{-(t-3)\}+③}{=} -\begin{vmatrix} 1 & -1 & t-3 \\ 0 & t-4 & t-4 \\ 0 & t-4 & -t^2+6t-8 \end{vmatrix} \overset{還元定理}{=} -\begin{vmatrix} t-4 & t-4 \\ t-4 & -t^2+6t-8 \end{vmatrix}$$

$$=-\{(t-4)(-t^2+6t-8)-(t-4)^2\}$$

$$=(t-1)(t-4)^2$$

よって，固有方程式 $F_D(t)=0$ を解くと，$t=1$，4 であるから，行列 D の固有値は 1 (重複度 1)，4 (重複度 2) である。

行列 D の固有値 1，4 に対する固有空間をそれぞれ W_{D1}，W_{D4} とする。

ここで　$D-1\cdot E_3=\begin{pmatrix} 2 & 1 & -1 \\ 1 & 2 & 1 \\ -1 & 1 & 2 \end{pmatrix}$，$D-4E_3=\begin{pmatrix} -1 & 1 & -1 \\ 1 & -1 & 1 \\ -1 & 1 & -1 \end{pmatrix}$

よって　$W_{D1}=\left\{\begin{pmatrix} x \\ y \\ z \end{pmatrix}\in\mathbb{R}^3 \;\middle|\; \begin{pmatrix} 2 & 1 & -1 \\ 1 & 2 & 1 \\ -1 & 1 & 2 \end{pmatrix}\begin{pmatrix} x \\ y \\ z \end{pmatrix}=\begin{pmatrix} 0 \\ 0 \\ 0 \end{pmatrix}\right\}$

$W_{D4}=\left\{\begin{pmatrix} x \\ y \\ z \end{pmatrix}\in\mathbb{R}^3 \;\middle|\; \begin{pmatrix} -1 & 1 & -1 \\ 1 & -1 & 1 \\ -1 & 1 & -1 \end{pmatrix}\begin{pmatrix} x \\ y \\ z \end{pmatrix}=\begin{pmatrix} 0 \\ 0 \\ 0 \end{pmatrix}\right\}$

行列 $D-1\cdot E_3$ を簡約階段化すると

$$\begin{pmatrix} 2 & 1 & -1 \\ 1 & 2 & 1 \\ -1 & 1 & 2 \end{pmatrix} \xrightarrow{①\leftrightarrow②} \begin{pmatrix} 1 & 2 & 1 \\ 2 & 1 & -1 \\ -1 & 1 & 2 \end{pmatrix} \xrightarrow{①\times(-2)+②} \begin{pmatrix} 1 & 2 & 1 \\ 0 & -3 & -3 \\ -1 & 1 & 2 \end{pmatrix} \xrightarrow{①\times1+③} \begin{pmatrix} 1 & 2 & 1 \\ 0 & -3 & -3 \\ 0 & 3 & 3 \end{pmatrix}$$

$$\xrightarrow{②\times\left(-\frac{1}{3}\right)} \begin{pmatrix} 1 & 2 & 1 \\ 0 & 1 & 1 \\ 0 & 3 & 3 \end{pmatrix} \xrightarrow{②\times(-2)+①} \begin{pmatrix} 1 & 0 & -1 \\ 0 & 1 & 1 \\ 0 & 3 & 3 \end{pmatrix} \xrightarrow{②\times(-3)+③} \begin{pmatrix} 1 & 0 & -1 \\ 0 & 1 & 1 \\ 0 & 0 & 0 \end{pmatrix}$$

ゆえに，連立 1 次方程式 $\begin{pmatrix} 2 & 1 & -1 \\ 1 & 2 & 1 \\ -1 & 1 & 2 \end{pmatrix}\begin{pmatrix} x \\ y \\ z \end{pmatrix}=\begin{pmatrix} 0 \\ 0 \\ 0 \end{pmatrix}$ は $\begin{cases} x \quad -z=0 \\ \quad y+z=0 \end{cases}$ と同値である。

したがって，(3) と同様に，W_{D1} の基底として $\left\{\begin{pmatrix} 1 \\ -1 \\ 1 \end{pmatrix}\right\}$ が得られる。

行列 $D-4E_3$ を簡約階段化すると

$$\begin{pmatrix} -1 & 1 & -1 \\ 1 & -1 & 1 \\ -1 & 1 & -1 \end{pmatrix} \xrightarrow{①\times(-1)} \begin{pmatrix} 1 & -1 & 1 \\ 1 & -1 & 1 \\ -1 & 1 & -1 \end{pmatrix} \xrightarrow{①\times(-1)+②} \begin{pmatrix} 1 & -1 & 1 \\ 0 & 0 & 0 \\ -1 & 1 & -1 \end{pmatrix} \xrightarrow{①\times1+③} \begin{pmatrix} 1 & -1 & 1 \\ 0 & 0 & 0 \\ 0 & 0 & 0 \end{pmatrix}$$

ゆえに，連立 1 次方程式 $\begin{pmatrix} -1 & 1 & -1 \\ 1 & -1 & 1 \\ -1 & 1 & -1 \end{pmatrix}\begin{pmatrix} x \\ y \\ z \end{pmatrix}=\begin{pmatrix} 0 \\ 0 \\ 0 \end{pmatrix}$ は $x-y+z=0$ と同値である。

したがって，(3) と同様に，W_{D4} の基底として $\left\{\begin{pmatrix} 1 \\ 1 \\ 0 \end{pmatrix}, \begin{pmatrix} -1 \\ 0 \\ 1 \end{pmatrix}\right\}$ が得られる。

(3) と同様に，$\boldsymbol{U_4=\frac{1}{6}\begin{pmatrix} 2\sqrt{3} & 3\sqrt{2} & -\sqrt{6} \\ -2\sqrt{3} & 3\sqrt{2} & \sqrt{6} \\ 2\sqrt{3} & 0 & 2\sqrt{6} \end{pmatrix}}$ **とすると**，行列 U_4 は直交行列であり，次のよ

EXERCISES

うになる。　$U_4^{-1}DU_4={}^tU_4DU_4=\begin{pmatrix}\mathbf{1}&\mathbf{0}&\mathbf{0}\\\mathbf{0}&\mathbf{4}&\mathbf{0}\\\mathbf{0}&\mathbf{0}&\mathbf{4}\end{pmatrix}$

65　行列の固有方程式の導出　★☆☆

行列 $\begin{pmatrix}0&0&0&-a\\1&0&0&-b\\0&1&0&-c\\0&0&1&-d\end{pmatrix}$ の固有多項式を求めよ。

$$\begin{vmatrix}t&0&0&a\\-1&t&0&b\\0&-1&t&c\\0&0&-1&t+d\end{vmatrix}$$

$$\overset{①\leftrightarrow②}{=}-\begin{vmatrix}-1&t&0&b\\t&0&0&a\\0&-1&t&c\\0&0&-1&t+d\end{vmatrix}\overset{①\times t+②}{=}-\begin{vmatrix}-1&t&0&b\\0&t^2&0&bt+a\\0&-1&t&c\\0&0&-1&t+d\end{vmatrix}\overset{還元定理}{=}\begin{vmatrix}t^2&0&bt+a\\-1&t&c\\0&-1&t+d\end{vmatrix}$$

$$\overset{①\leftrightarrow②}{=}-\begin{vmatrix}-1&t&c\\t^2&0&bt+a\\0&-1&t+d\end{vmatrix}\overset{①\times t^2+②}{=}-\begin{vmatrix}-1&t&c\\0&t^3&ct^2+bt+a\\0&-1&t+d\end{vmatrix}\overset{還元定理}{=}\begin{vmatrix}t^3&ct^2+bt+a\\-1&t+d\end{vmatrix}$$

$$=t^3(t+d)-(ct^2+bt+a)\cdot(-1)=\boldsymbol{t^4+dt^3+ct^2+bt+a}$$

66　固有値，固有空間の基底と直交行列による対角化　★★☆

$a\neq 0$，$b\neq 0$ として，$A=\begin{pmatrix}a&b&b\\b&a&b\\b&b&a\end{pmatrix}$ とするとき，次の問いに答えよ。

(1)　行列 A の固有値および固有値に対する固有空間の基底を求めよ。

(2)　行列 A を直交行列で対角化し，A^n を求めよ。

(1)　$E=\begin{pmatrix}1&0&0\\0&1&0\\0&0&1\end{pmatrix}$ とする。

$$F_A(t)=\det(tE-A)=\begin{vmatrix}t-a&-b&-b\\-b&t-a&-b\\-b&-b&t-a\end{vmatrix}$$

$$=(t-a)\cdot(-1)^{1+1}\begin{vmatrix}t-a&-b\\-b&t-a\end{vmatrix}+(-b)\cdot(-1)^{1+2}\begin{vmatrix}-b&-b\\-b&t-a\end{vmatrix}+(-b)\cdot(-1)^{1+3}\begin{vmatrix}-b&t-a\\-b&-b\end{vmatrix}$$

$$=(t-a)\{(t-a)^2-(-b)^2\}+b\{-b(t-a)-(-b)^2\}-b\{(-b)^2-(t-a)\cdot(-b)\}$$

$$=(t-a)^3-3b^2(t-a)-2b^3=(t-a+b)^2(t-a-2b)$$

よって，固有方程式 $F_A(t)=0$ を解くと，$t=a-b$，$a+2b$ であるから，行列 A の固有値は $\boldsymbol{a-b}$（重複度 2），$\boldsymbol{a+2b}$（重複度 1）である。

行列 A の固有値 $a-b$，$a+2b$ に対する固有空間をそれぞれ W_{a-b}，W_{a+2b} とする。

ここで　$A-(a-b)E=\begin{pmatrix} b & b & b \\ b & b & b \\ b & b & b \end{pmatrix}$, $A-(a+2b)E=\begin{pmatrix} -2b & b & b \\ b & -2b & b \\ b & b & -2b \end{pmatrix}$

よって　$W_{a-b}=\left\{\begin{pmatrix} x \\ y \\ z \end{pmatrix}\in\mathbb{R}^3 \;\middle|\; \begin{pmatrix} b & b & b \\ b & b & b \\ b & b & b \end{pmatrix}\begin{pmatrix} x \\ y \\ z \end{pmatrix}=\begin{pmatrix} 0 \\ 0 \\ 0 \end{pmatrix}\right\}$

$W_{a+2b}=\left\{\begin{pmatrix} x \\ y \\ z \end{pmatrix}\in\mathbb{R}^3 \;\middle|\; \begin{pmatrix} -2b & b & b \\ b & -2b & b \\ b & b & -2b \end{pmatrix}\begin{pmatrix} x \\ y \\ z \end{pmatrix}=\begin{pmatrix} 0 \\ 0 \\ 0 \end{pmatrix}\right\}$

行列 $A-(a-b)E$ を簡約階段化すると

$$\begin{pmatrix} b & b & b \\ b & b & b \\ b & b & b \end{pmatrix} \xrightarrow{①\times\frac{1}{b}} \begin{pmatrix} 1 & 1 & 1 \\ b & b & b \\ b & b & b \end{pmatrix} \xrightarrow{①\times(-b)+②} \begin{pmatrix} 1 & 1 & 1 \\ 0 & 0 & 0 \\ b & b & b \end{pmatrix} \xrightarrow{①\times(-b)+③} \begin{pmatrix} 1 & 1 & 1 \\ 0 & 0 & 0 \\ 0 & 0 & 0 \end{pmatrix}$$

ゆえに，連立 1 次方程式 $\begin{pmatrix} b & b & b \\ b & b & b \\ b & b & b \end{pmatrix}\begin{pmatrix} x \\ y \\ z \end{pmatrix}=\begin{pmatrix} 0 \\ 0 \\ 0 \end{pmatrix}$ は $x+y+z=0$ と同値である。

これを解くと　$\begin{pmatrix} x \\ y \\ z \end{pmatrix}=c\begin{pmatrix} -1 \\ 1 \\ 0 \end{pmatrix}+d\begin{pmatrix} -1 \\ 0 \\ 1 \end{pmatrix}$　(c, d は任意定数)

よって　$W_{a-b}=\left\langle\begin{pmatrix} -1 \\ 1 \\ 0 \end{pmatrix}, \begin{pmatrix} -1 \\ 0 \\ 1 \end{pmatrix}\right\rangle$

したがって，W_{a-b} の基底として $\left\{\begin{pmatrix} \mathbf{-1} \\ \mathbf{1} \\ \mathbf{0} \end{pmatrix}, \begin{pmatrix} \mathbf{-1} \\ \mathbf{0} \\ \mathbf{1} \end{pmatrix}\right\}$ が得られる。

行列 $A-(a+2b)E$ を簡約階段化すると

$$\begin{pmatrix} -2b & b & b \\ b & -2b & b \\ b & b & -2b \end{pmatrix} \xrightarrow{②\times\frac{1}{b}} \begin{pmatrix} -2b & b & b \\ 1 & -2 & 1 \\ b & b & -2b \end{pmatrix} \xrightarrow{①\leftrightarrow②} \begin{pmatrix} 1 & -2 & 1 \\ -2b & b & b \\ b & b & -2b \end{pmatrix} \xrightarrow{①\times2b+②} \begin{pmatrix} 1 & -2 & 1 \\ 0 & -3b & 3b \\ b & b & -2b \end{pmatrix}$$

$$\xrightarrow{①\times(-b)+③} \begin{pmatrix} 1 & -2 & 1 \\ 0 & -3b & 3b \\ 0 & 3b & -3b \end{pmatrix} \xrightarrow{②\times\left(-\frac{1}{3b}\right)} \begin{pmatrix} 1 & -2 & 1 \\ 0 & 1 & -1 \\ 0 & 3b & -3b \end{pmatrix} \xrightarrow{②\times2+①} \begin{pmatrix} 1 & 0 & -1 \\ 0 & 1 & -1 \\ 0 & 3b & -3b \end{pmatrix} \xrightarrow{②\times(-3b)+③} \begin{pmatrix} 1 & 0 & -1 \\ 0 & 1 & -1 \\ 0 & 0 & 0 \end{pmatrix}$$

ゆえに，連立 1 次方程式 $\begin{pmatrix} -2b & b & b \\ b & -2b & b \\ b & b & -2b \end{pmatrix}\begin{pmatrix} x \\ y \\ z \end{pmatrix}=\begin{pmatrix} 0 \\ 0 \\ 0 \end{pmatrix}$ は $\begin{cases} x \quad -z=0 \\ \quad y-z=0 \end{cases}$ と同値である。

これを解くと　$\begin{pmatrix} x \\ y \\ z \end{pmatrix}=e\begin{pmatrix} 1 \\ 1 \\ 1 \end{pmatrix}$　(e は任意定数)

よって　$W_{a+2b}=\left\langle\begin{pmatrix} 1 \\ 1 \\ 1 \end{pmatrix}\right\rangle$

したがって，W_{a+2b} の基底として $\left\{\begin{pmatrix} \mathbf{1} \\ \mathbf{1} \\ \mathbf{1} \end{pmatrix}\right\}$ が得られる。

EXERCISES

(2) $\boldsymbol{v}_1=\begin{pmatrix}-1\\1\\0\end{pmatrix}$, $\boldsymbol{v}_2=\begin{pmatrix}-1\\0\\1\end{pmatrix}$, $\boldsymbol{v}_3=\begin{pmatrix}1\\1\\1\end{pmatrix}$ とすると，$\boldsymbol{v}_1$，$\boldsymbol{v}_2$ は行列Aの固有値 $a-b$ に対する固有ベクトルであり，$\boldsymbol{v}_3$ は行列Aの固有値 $a+2b$ に対する固有ベクトルであるから，$\mathbb{R}^3$ の標準内積に関して，$(\boldsymbol{v}_1,\ \boldsymbol{v}_3)=0$，$(\boldsymbol{v}_2,\ \boldsymbol{v}_3)=0$ が成り立つ。

そこで，$\{\boldsymbol{v}_1,\ \boldsymbol{v}_2\}$ を直交化する。

$\boldsymbol{v}_1'=\boldsymbol{v}_1$ とすると　　$\boldsymbol{v}_1'=\begin{pmatrix}-1\\1\\0\end{pmatrix}$

$f\in\mathbb{R}$ として，$\boldsymbol{v}_2'=\boldsymbol{v}_2-f\boldsymbol{v}_1'$ とすると　　$\boldsymbol{v}_2'=\begin{pmatrix}f-1\\-f\\1\end{pmatrix}$

ここで　　$(\boldsymbol{v}_2,\ \boldsymbol{v}_1')=(-1)\cdot(-1)+0\cdot1+1\cdot0=1$，$(\boldsymbol{v}_1',\ \boldsymbol{v}_1')=(-1)^2+1^2+0^2=2$

よって　　$(\boldsymbol{v}_2',\ \boldsymbol{v}_1')=(\boldsymbol{v}_2-f\boldsymbol{v}_1',\ \boldsymbol{v}_1')=(\boldsymbol{v}_2,\ \boldsymbol{v}_1')-f(\boldsymbol{v}_1',\ \boldsymbol{v}_1')=-2f+1$

$(\boldsymbol{v}_2',\ \boldsymbol{v}_1')=0$ とすると　　$-2f+1=0$　　すなわち　　$f=\dfrac{1}{2}$

このとき　　$\boldsymbol{v}_2'=\dfrac{1}{2}\begin{pmatrix}-1\\-1\\2\end{pmatrix}$

また　　$\|\boldsymbol{v}_1'\|=\sqrt{2}$，$\|\boldsymbol{v}_2'\|=\sqrt{\left(-\dfrac{1}{2}\right)^2+\left(-\dfrac{1}{2}\right)^2+1^2}=\dfrac{\sqrt{6}}{2}$，$\|\boldsymbol{v}_3\|=\sqrt{1^2+1^2+1^2}=\sqrt{3}$

ゆえに，$\boldsymbol{v}_1'$，$\boldsymbol{v}_2'$，$\boldsymbol{v}_3$ を正規化すると

$$\frac{1}{\|\boldsymbol{v}_1'\|}\boldsymbol{v}_1'=\frac{\sqrt{2}}{2}\begin{pmatrix}-1\\1\\0\end{pmatrix},\quad \frac{1}{\|\boldsymbol{v}_2'\|}\boldsymbol{v}_2'=\frac{\sqrt{6}}{6}\begin{pmatrix}-1\\-1\\2\end{pmatrix},\quad \frac{1}{\|\boldsymbol{v}_3\|}\boldsymbol{v}_3=\frac{\sqrt{3}}{3}\begin{pmatrix}1\\1\\1\end{pmatrix}$$

$\left\{\dfrac{\sqrt{2}}{2}\begin{pmatrix}-1\\1\\0\end{pmatrix},\ \dfrac{\sqrt{6}}{6}\begin{pmatrix}-1\\-1\\2\end{pmatrix},\ \dfrac{\sqrt{3}}{3}\begin{pmatrix}1\\1\\1\end{pmatrix}\right\}$ は $\mathbb{R}^3$ の標準内積に関する正規直交基底であるから，

$\boldsymbol{U}=\dfrac{\boldsymbol{1}}{\boldsymbol{6}}\begin{pmatrix}\boldsymbol{-3\sqrt{2}} & \boldsymbol{-\sqrt{6}} & \boldsymbol{2\sqrt{3}}\\ \boldsymbol{3\sqrt{2}} & \boldsymbol{-\sqrt{6}} & \boldsymbol{2\sqrt{3}}\\ \boldsymbol{0} & \boldsymbol{2\sqrt{6}} & \boldsymbol{2\sqrt{3}}\end{pmatrix}$ **とすると，**行列Uは直交行列であり，次のようになる。

$$\boldsymbol{U^{-1}AU}={}^tUAU=\begin{pmatrix}\boldsymbol{a-b} & \boldsymbol{0} & \boldsymbol{0}\\ \boldsymbol{0} & \boldsymbol{a-b} & \boldsymbol{0}\\ \boldsymbol{0} & \boldsymbol{0} & \boldsymbol{a+2b}\end{pmatrix}$$

したがって

$$\boldsymbol{A^n}=U(U^{-1}AU)^nU^{-1}=U({}^tUAU)^{n\,t}U$$

$$=\frac{1}{36}\begin{pmatrix}-3\sqrt{2} & -\sqrt{6} & 2\sqrt{3}\\ 3\sqrt{2} & -\sqrt{6} & 2\sqrt{3}\\ 0 & 2\sqrt{6} & 2\sqrt{3}\end{pmatrix}\begin{pmatrix}(a-b)^n & 0 & 0\\ 0 & (a-b)^n & 0\\ 0 & 0 & (a+2b)^n\end{pmatrix}\begin{pmatrix}-3\sqrt{2} & 3\sqrt{2} & 0\\ -\sqrt{6} & -\sqrt{6} & 2\sqrt{6}\\ 2\sqrt{3} & 2\sqrt{3} & 2\sqrt{3}\end{pmatrix}$$

$$=\boldsymbol{\frac{1}{3}\begin{pmatrix}2(a-b)^n+(a+2b)^n & -(a-b)^n+(a+2b)^n & -(a-b)^n+(a+2b)^n\\ -(a-b)^n+(a+2b)^n & 2(a-b)^n+(a+2b)^n & -(a-b)^n+(a+2b)^n\\ -(a-b)^n+(a+2b)^n & -(a-b)^n+(a+2b)^n & 2(a-b)^n+(a+2b)^n\end{pmatrix}}$$

67　1次変換の固有空間の共通部分に関する証明　★☆☆

Vをベクトル空間とし，$\varphi : V \longrightarrow V$ を，Vの1次変換とする。λ，μ を，1次変換φの互いに異なる固有値とし，W_λ，W_μ をそれぞれ1次変換φの固有値λ，μに対する固有空間とする。このとき，$W_\lambda \cap W_\mu = \{\boldsymbol{0}\}$ であることを示せ。

$\boldsymbol{v} \in W_\lambda \cap W_\mu$ とする。

このとき，$\boldsymbol{v} \in W_\lambda$ から　$\varphi(\boldsymbol{v}) = \lambda\boldsymbol{v}$　…… ①

また，$\boldsymbol{v} \in W_\mu$ から　$\varphi(\boldsymbol{v}) = \mu\boldsymbol{v}$　…… ②

①，② から　$\lambda\boldsymbol{v} = \mu\boldsymbol{v}$　すなわち　$(\lambda - \mu)\boldsymbol{v} = \boldsymbol{0}$

$\lambda \neq \mu$ であるから　$\boldsymbol{v} = \boldsymbol{0}$

したがって　$W_\lambda \cap W_\mu = \{\boldsymbol{0}\}$　■

68　対称行列の性質　★☆☆

n次対称行列が重複度nの固有値をもつならば，そのn次対称行列はn次単位行列の定数倍であることを示せ。

Aをn次対称行列として，行列Aは重複度nの固有値をもつとし，その固有値をλとする。また，Eをn次単位行列とする。このとき，ある直交行列Uが存在して，$U^{-1}AU = \lambda E$ となる。

よって　$U(U^{-1}AU)U^{-1} = U(\lambda E)U^{-1}$　すなわち　$A = \lambda E$

したがって，n次対称行列が重複度nの固有値をもつならば，そのn次対称行列はn次単位行列の定数倍である。■

69　行列のべき乗の固有値に関する証明　★☆☆

Aを正方行列とし，λを行列Aの固有値，$\boldsymbol{v}$を行列Aの固有値λに対する固有ベクトルとする。nを自然数とするとき，λ^n は行列 A^n の固有値であり，$\boldsymbol{v}$は行列 A^n の固有値 λ^n に対する固有ベクトルであることを示せ。

nを自然数とするとき，$A^n\boldsymbol{v} = \lambda^n\boldsymbol{v}$　…… ① が成り立つことを数学的帰納法により示す。

[1]　$n=1$ のとき

λは行列Aの固有値，$\boldsymbol{v}$は行列Aの固有値λに対する固有ベクトルであるから　$A\boldsymbol{v} = \lambda\boldsymbol{v}$

よって，① は成り立つ。

[2]　$n=k$ のとき，① が成り立つと仮定すると　$A^k\boldsymbol{v} = \lambda^k\boldsymbol{v}$　…… ②

$n=k+1$ のときを考えると，② から　$A^{k+1}\boldsymbol{v} = A(A^k\boldsymbol{v}) = A(\lambda^k\boldsymbol{v}) = \lambda^k A\boldsymbol{v} = \lambda^k \cdot \lambda\boldsymbol{v} = \lambda^{k+1}\boldsymbol{v}$

よって，$n=k+1$ のときも ① は成り立つ。

[1]，[2] から，すべての自然数nについて，① が成り立つ。■

70　積の交換法則が成り立たない正方行列　★☆☆

(1)　Aを正則なn次正方行列，Bをn次正方行列とする。行列Aの固有値は存在しないとする。また，行列Bはただ1つの固有値をもち，その固有値をλ，行列Bの固有値λに対する固有空間を W_λ として，$\dim W_\lambda = 1$ であるとする。このとき，$AB \neq BA$ であることを示せ。

(2)　A，Bを2次正方行列とするとき，(1)の状況を満たす行列A，Bの例を挙げよ。

EXERCISES

(1) 行列Bの固有値λに対する固有ベクトルを $\boldsymbol{v}$ $(\neq\boldsymbol{0})$ とすると　　$B\boldsymbol{v}=\lambda\boldsymbol{v}$

また，$A\boldsymbol{v}=\boldsymbol{w}$ とおくと，行列Aの固有値は存在しないから，$\boldsymbol{w}$ は $\boldsymbol{v}$ の定数倍でない。

$\boldsymbol{w}=\boldsymbol{0}$ と仮定し，行列Aの逆行列を A^{-1} とすると，$\boldsymbol{v}=A^{-1}\boldsymbol{w}=\boldsymbol{0}$ となり，$\boldsymbol{v}\neq\boldsymbol{0}$ に矛盾である。

よって　　$\boldsymbol{w}\neq\boldsymbol{0}$

ここで　　$AB\boldsymbol{v}=\lambda A\boldsymbol{v}=\lambda\boldsymbol{w}$，$BA\boldsymbol{v}=B\boldsymbol{w}$

$B\boldsymbol{w}=\lambda\boldsymbol{w}$ と仮定すると，$\boldsymbol{w}$ は行列Bの固有値λに対する固有ベクトルとなる。

$\boldsymbol{w}$ は $\boldsymbol{v}$ の定数倍でないから，$\dim W_\lambda=1$ であることに矛盾である。

よって　　$B\boldsymbol{w}\neq\lambda\boldsymbol{w}$

ゆえに　　$AB\boldsymbol{v}\neq BA\boldsymbol{v}$

したがって　　$AB\neq BA$ ■

(2) $\boldsymbol{A}=\begin{pmatrix}\boldsymbol{0} & \boldsymbol{-1}\\ \boldsymbol{1} & \boldsymbol{0}\end{pmatrix}$，$\boldsymbol{B}=\begin{pmatrix}\boldsymbol{1} & \boldsymbol{1}\\ \boldsymbol{0} & \boldsymbol{1}\end{pmatrix}$ とすると，$E=\begin{pmatrix}1 & 0\\ 0 & 1\end{pmatrix}$ として

$$F_A(t)=\det(tE-A)=\begin{vmatrix}t & 1\\ -1 & t\end{vmatrix}=t\cdot t-1\cdot(-1)=t^2+1$$

$$F_B(t)=\det(tE-B)=\begin{vmatrix}t-1 & -1\\ 0 & t-1\end{vmatrix}=(t-1)^2$$

固有方程式 $F_A(t)=0$ は実数解をもたないから，行列Aの固有値は存在しない。

固有方程式 $F_B(t)=0$ を解くと，$t=1$ であるから，行列Bの固有値は1（重複度2）である。

ここで　　$B-1\cdot E=\begin{pmatrix}0 & 1\\ 0 & 0\end{pmatrix}$

よって，$\mathrm{rank}(B-1\cdot E)=1$ であるから　　$\dim W_1=2-1=1$

このとき　　$AB=\begin{pmatrix}0 & -1\\ 1 & 0\end{pmatrix}\begin{pmatrix}1 & 1\\ 0 & 1\end{pmatrix}=\begin{pmatrix}0 & -1\\ 1 & 1\end{pmatrix}$，$BA=\begin{pmatrix}1 & 1\\ 0 & 1\end{pmatrix}\begin{pmatrix}0 & -1\\ 1 & 0\end{pmatrix}=\begin{pmatrix}1 & -1\\ 1 & 0\end{pmatrix}$

よって　　$AB\neq BA$

研究　(2)の解答中の行列Aは $A=\begin{pmatrix}\cos\frac{\pi}{2} & -\sin\frac{\pi}{2}\\ \sin\frac{\pi}{2} & \cos\frac{\pi}{2}\end{pmatrix}$ と書けるから，原点を中心とし，反時計回りに $\frac{\pi}{2}$ だけ回転する移動を表す行列である。

一般に，(2)の解答中の行列Bに対して，$A=\begin{pmatrix}\cos\theta & -\sin\theta\\ \sin\theta & \cos\theta\end{pmatrix}$ $(0<\theta<\pi,\ \pi<\theta<2\pi)$ とすると，これらの行列は(1)の状況を満たす。

71　2次正方行列の対角化可能条件　★★☆

$A=\begin{pmatrix}p & q\\ r & s\end{pmatrix}$，$E=\begin{pmatrix}1 & 0\\ 0 & 1\end{pmatrix}$ とし，$A^2=E$ を満たすとする。

(1) 行列Aの固有値が存在するならば，1または -1 であることを示せ。

(2) 行列Aが対角化可能であるための条件を求めよ。

(1) λを行列Aの固有値とし，$\boldsymbol{v}$を行列Aの固有値λに対する固有ベクトルとすると　　$A\boldsymbol{v}=\lambda\boldsymbol{v}$

よって　$A^2\boldsymbol{v}=A(A\boldsymbol{v})=A(\lambda\boldsymbol{v})=\lambda A\boldsymbol{v}=\lambda\cdot\lambda\boldsymbol{v}=\lambda^2\boldsymbol{v}$

ここで，$A^2=E$ であるから　$A^2\boldsymbol{v}=\boldsymbol{v}$

よって　$\lambda^2\boldsymbol{v}=\boldsymbol{v}$　すなわち　$(\lambda^2-1)\boldsymbol{v}=\boldsymbol{0}$

$\boldsymbol{v}\neq\boldsymbol{0}$ であるから　$\lambda^2-1=0$　すなわち　$(\lambda+1)(\lambda-1)=0$

ゆえに　$\lambda=\pm1$

したがって，行列 A の固有値が存在するならば，1 または -1 である。■

(2)　$A^2=E$ であるから　$\det(A^2)=\det(E)$

ここで　$\det(A^2)=\{\det(A)\}^2=(ps-qr)^2$，$\det(E)=1$

よって，$(ps-qr)^2=1$ であるから　$ps-qr=\pm1$

また，ケーリー・ハミルトンの定理により，O を 2×2 零行列とすると

$$A^2-(p+s)A+(ps-qr)E=O$$

$A^2=E$ であるから　$E-(p+s)A+(ps-qr)E=O$

よって　$(p+s)A=\{1+(ps-qr)\}E$

[1]　$ps-qr=1$ すなわち $\det(A)=1$ のとき

$(p+s)A=2E$ であるから　$\det((p+s)A)=\det(2E)$

ここで　$\det((p+s)A)=(p+s)^2\det(A)=(p+s)^2(ps-qr)=(p+s)^2$，$\det(2E)=4\det(E)=4$

よって　$(p+s)^2=4$

ゆえに　$p+s=\pm2$

$p+s=2$ すなわち $\mathrm{tr}(A)=2$ のとき　$A=E$

$p+s=-2$ すなわち $\mathrm{tr}(A)=-2$ のとき　$A=-E$

[2]　$ps-qr=-1$　……①　すなわち $\det(A)=-1$ のとき

$(p+s)A=O$ であるから　$\det((p+s)A)=\det(O)$

ここで　$\det((p+s)A)=(p+s)^2\det(A)=(p+s)^2(ps-qr)=-(p+s)^2$，$\det(O)=0$

よって　$-(p+s)^2=0$

ゆえに　$p+s=0$　……②　すなわち　$\mathrm{tr}(A)=0$

また，①，② から　$-p^2-qr=-1$　……③

このとき　$A=\begin{pmatrix} p & q \\ r & -p \end{pmatrix}$

次に，1 が行列 A の固有値であるか調べる。

ここで　$E-A=\begin{pmatrix} -p+1 & -q \\ -r & p+1 \end{pmatrix}$

よって，③ から　$\det(E-A)=(-p+1)(p+1)-(-q)\cdot(-r)=-p^2-qr+1=0$

ゆえに，1 は行列 A の固有値である。

更に，-1 が行列 A の固有値であるか調べる。

ここで　$-E-A=\begin{pmatrix} -p-1 & -q \\ -r & p-1 \end{pmatrix}$

よって，③ から　$\det(-E-A)=(-p-1)(p-1)-(-q)\cdot(-r)=-p^2-qr+1=0$

ゆえに，-1 は行列 A の固有値である。

行列 A は異なる 2 つの固有値をもつから，対角化可能である。

以上から，行列 A が対角化可能であるための条件は

「$\det(A)=1$ かつ $\mathrm{tr}(A)=2$」　または　**「$\det(A)=1$ かつ $\mathrm{tr}(A)=-2$」**

または　**「$\det(A)=-1$ かつ $\mathrm{tr}(A)=0$」**

72　2次正方行列の対角化不可能条件　★★☆

零行列でない行列 $\begin{pmatrix} a & b \\ c & d \end{pmatrix}$ が対角化不可能であるための条件を求めよ。

$A=\begin{pmatrix} a & b \\ c & d \end{pmatrix}$，$E=\begin{pmatrix} 1 & 0 \\ 0 & 1 \end{pmatrix}$ とする。

$$\begin{aligned} F_A(t)&=\det(tE-A)=\begin{vmatrix} t-a & -b \\ -c & t-d \end{vmatrix} \\ &=(t-a)(t-d)-(-b)\cdot(-c) \\ &=t^2-(a+d)t+ad-bc \end{aligned}$$

固有方程式 $F_A(t)=0$ の判別式をDとすると　$D=\{-(a+d)\}^2-4\cdot1\cdot(ad-bc)=(a-d)^2+4bc$

[Ⅰ]　$D>0$ すなわち $(a-d)^2+4bc>0$ のとき

行列Aは異なる2つの固有値をもつから，行列Aは対角化可能である。

[Ⅱ]　$D=0$ すなわち $(a-d)^2+4bc=0$ ……① のとき

$$F_A(t)=\left(t-\frac{a+d}{2}\right)^2$$

よって，固有方程式 $F_A(t)=0$ を解くと，$t=\dfrac{a+d}{2}$ であるから，行列Aの固有値は $\dfrac{a+d}{2}$ (重複度2) である。

行列Aの固有値 $\dfrac{a+d}{2}$ に対する固有空間を $W_{\frac{a+d}{2}}$ とする。

ここで　$A-\dfrac{a+d}{2}E=\begin{pmatrix} \dfrac{a-d}{2} & b \\ c & -\dfrac{a-d}{2} \end{pmatrix}$ ……②

よって　$W_{\frac{a+d}{2}}=\left\{\begin{pmatrix} x \\ y \end{pmatrix}\in\mathbb{R}^2 \,\middle|\, \begin{pmatrix} \dfrac{a-d}{2} & b \\ c & -\dfrac{a-d}{2} \end{pmatrix}\begin{pmatrix} x \\ y \end{pmatrix}=\begin{pmatrix} 0 \\ 0 \end{pmatrix}\right\}$

[1]　$\dfrac{a-d}{2}=0$ すなわち $a=d$ のとき

①から　$bc=0$

よって　$b=0$　または　$c=0$

(ア)　$b=0$ かつ $c\neq0$ のとき

行列②は $\begin{pmatrix} 0 & 0 \\ c & 0 \end{pmatrix}$ となる。

連立1次方程式 $\begin{pmatrix} 0 & 0 \\ c & 0 \end{pmatrix}\begin{pmatrix} x \\ y \end{pmatrix}=\begin{pmatrix} 0 \\ 0 \end{pmatrix}$ を解くと

$$\begin{pmatrix} x \\ y \end{pmatrix}=e\begin{pmatrix} 0 \\ 1 \end{pmatrix}\quad (e\text{ は任意定数})$$

よって　$W_{\frac{a+d}{2}}=\left\langle\begin{pmatrix} 0 \\ 1 \end{pmatrix}\right\rangle$

$\dim W_{\frac{a+d}{2}}=1\neq2$ であるから，行列Aは対角化不可能である。

(イ) $b \neq 0$ かつ $c=0$ のとき

行列②は $\begin{pmatrix} 0 & b \\ 0 & 0 \end{pmatrix}$ となる。

連立1次方程式 $\begin{pmatrix} 0 & b \\ 0 & 0 \end{pmatrix}\begin{pmatrix} x \\ y \end{pmatrix}=\begin{pmatrix} 0 \\ 0 \end{pmatrix}$ を解くと

$$\begin{pmatrix} x \\ y \end{pmatrix}=f\begin{pmatrix} 1 \\ 0 \end{pmatrix} \quad (f\text{は任意定数})$$

よって　$W_{\frac{a+d}{2}}=\left\langle\begin{pmatrix} 1 \\ 0 \end{pmatrix}\right\rangle$

$\dim W_{\frac{a+d}{2}}=1 \neq 2$ であるから，行列Aは対角化不可能である。

(ウ) $b=c=0$ のとき

行列Aは対角行列である。

[2] $\dfrac{a-d}{2} \neq 0$ すなわち $a \neq d$ のとき

①から　$bc \neq 0$

よって　$b \neq 0$　かつ　$c \neq 0$

行列②を簡約階段化すると

$$\begin{pmatrix} \dfrac{a-d}{2} & b \\ c & -\dfrac{a-d}{2} \end{pmatrix} \xrightarrow{①\times\frac{2}{a-d}} \begin{pmatrix} 1 & \dfrac{2b}{a-d} \\ c & -\dfrac{a-d}{2} \end{pmatrix}$$

$$\xrightarrow{①\times(-c)+②} \begin{pmatrix} 1 & \dfrac{2b}{a-d} \\ 0 & 0 \end{pmatrix}$$

ゆえに，連立1次方程式 $\begin{pmatrix} \dfrac{a-d}{2} & b \\ c & -\dfrac{a-d}{2} \end{pmatrix}\begin{pmatrix} x \\ y \end{pmatrix}=\begin{pmatrix} 0 \\ 0 \end{pmatrix}$ は $x+\dfrac{2b}{a-d}y=0$ と同値である。

これを解くと　$\begin{pmatrix} x \\ y \end{pmatrix}=g\begin{pmatrix} -2b \\ a-d \end{pmatrix}$ (gは任意定数)

$\dim W_{\frac{a+d}{2}}=1 \neq 2$ であるから，行列Aは対角化不可能である。

[Ⅲ] $D<0$ すなわち $(a-d)^2+4bc<0$ のとき

行列Aは実数値の固有値をもたないから，行列Aは対角化不可能である。

以上から，行列Aが対角化不可能であるための条件は

「$\boldsymbol{a=d}$　かつ　$\boldsymbol{b=0}$　かつ　$\boldsymbol{c \neq 0}$」

または　**「$\boldsymbol{a=d}$　かつ　$\boldsymbol{b \neq 0}$　かつ　$\boldsymbol{c=0}$」**

または　**「$\boldsymbol{(a-d)^2+4bc=0}$　かつ　$\boldsymbol{a \neq d}$　かつ　$\boldsymbol{b \neq 0}$　かつ　$\boldsymbol{c \neq 0}$」**

または　**「$\boldsymbol{(a-d)^2+4bc<0}$」**

73　3次正方行列の対角化可能条件　★★★

行列 $\begin{pmatrix} 1 & k & l \\ 0 & 1 & m \\ 0 & 0 & a \end{pmatrix}$ $(a \neq 1)$ が対角化可能であるための条件を求めよ。

$A=\begin{pmatrix} 1 & k & l \\ 0 & 1 & m \\ 0 & 0 & a \end{pmatrix}$, $E=\begin{pmatrix} 1 & 0 & 0 \\ 0 & 1 & 0 \\ 0 & 0 & 1 \end{pmatrix}$ とする。

$$F_A(t)=\det(tE-A)$$
$$=\begin{vmatrix} t-1 & -k & -l \\ 0 & t-1 & -m \\ 0 & 0 & t-a \end{vmatrix}=(t-1)^2(t-a)$$

よって，固有方程式 $F_A(t)=0$ を解くと，$t=1$, a であるから，行列Aの固有値は 1 (重複度 2)，a (重複度 1) である。

行列Aの固有値 1，a に対する固有空間をそれぞれ W_1, W_a とする。

ここで　$A-1\cdot E=\begin{pmatrix} 0 & k & l \\ 0 & 0 & m \\ 0 & 0 & a-1 \end{pmatrix}$, $A-aE=\begin{pmatrix} -a+1 & k & l \\ 0 & -a+1 & m \\ 0 & 0 & 0 \end{pmatrix}$

よって　$W_1=\left\{\begin{pmatrix} x \\ y \\ z \end{pmatrix}\in\mathbb{R}^3 \;\middle|\; \begin{pmatrix} 0 & k & l \\ 0 & 0 & m \\ 0 & 0 & a-1 \end{pmatrix}\begin{pmatrix} x \\ y \\ z \end{pmatrix}=\begin{pmatrix} 0 \\ 0 \\ 0 \end{pmatrix}\right\}$

$W_a=\left\{\begin{pmatrix} x \\ y \\ z \end{pmatrix}\in\mathbb{R}^3 \;\middle|\; \begin{pmatrix} -a+1 & k & l \\ 0 & -a+1 & m \\ 0 & 0 & 0 \end{pmatrix}\begin{pmatrix} x \\ y \\ z \end{pmatrix}=\begin{pmatrix} 0 \\ 0 \\ 0 \end{pmatrix}\right\}$

行列 $A-1\cdot E$ に行基本変形を施すと

$$\begin{pmatrix} 0 & k & l \\ 0 & 0 & m \\ 0 & 0 & a-1 \end{pmatrix} \xrightarrow{③\times\frac{1}{a-1}} \begin{pmatrix} 0 & k & l \\ 0 & 0 & m \\ 0 & 0 & 1 \end{pmatrix} \xrightarrow{③\times(-l)+①} \begin{pmatrix} 0 & k & 0 \\ 0 & 0 & m \\ 0 & 0 & 1 \end{pmatrix} \xrightarrow{③\times(-m)+②} \begin{pmatrix} 0 & k & 0 \\ 0 & 0 & 0 \\ 0 & 0 & 1 \end{pmatrix} \xrightarrow{②\leftrightarrow③} \begin{pmatrix} 0 & k & 0 \\ 0 & 0 & 1 \\ 0 & 0 & 0 \end{pmatrix}$$

……(＊)

[1]　$k=0$ のとき

行列(＊)は $\begin{pmatrix} 0 & 0 & 0 \\ 0 & 0 & 1 \\ 0 & 0 & 0 \end{pmatrix}$ となる。

ゆえに，連立1次方程式 $\begin{pmatrix} 0 & 0 & 0 \\ 0 & 0 & 1 \\ 0 & 0 & 0 \end{pmatrix}\begin{pmatrix} x \\ y \\ z \end{pmatrix}=\begin{pmatrix} 0 \\ 0 \\ 0 \end{pmatrix}$ を解くと

これを解くと　$\begin{pmatrix} x \\ y \\ z \end{pmatrix}=c\begin{pmatrix} 1 \\ 0 \\ 0 \end{pmatrix}+d\begin{pmatrix} 0 \\ 1 \\ 0 \end{pmatrix}$　(c, d は任意定数)

よって　$W_1=\left\langle\begin{pmatrix} 1 \\ 0 \\ 0 \end{pmatrix}, \begin{pmatrix} 0 \\ 1 \\ 0 \end{pmatrix}\right\rangle$

このとき，行列 $A-aE$ を簡約階段化すると

$$\begin{pmatrix} -a+1 & 0 & l \\ 0 & -a+1 & m \\ 0 & 0 & 0 \end{pmatrix} \xrightarrow{①\times -\frac{1}{a-1}} \begin{pmatrix} 1 & 0 & -\dfrac{l}{a-1} \\ 0 & -a+1 & m \\ 0 & 0 & 0 \end{pmatrix}$$

$$\xrightarrow{②\times -\frac{1}{a-1}} \begin{pmatrix} 1 & 0 & -\dfrac{l}{a-1} \\ 0 & 1 & -\dfrac{m}{a-1} \\ 0 & 0 & 0 \end{pmatrix}$$

ゆえに，連立１次方程式 $\begin{pmatrix} -a+1 & 0 & l \\ 0 & -a+1 & m \\ 0 & 0 & 0 \end{pmatrix}\begin{pmatrix} x \\ y \\ z \end{pmatrix}=\begin{pmatrix} 0 \\ 0 \\ 0 \end{pmatrix}$ は $\begin{cases} x-\dfrac{l}{a-1}z=0 \\ y-\dfrac{m}{a-1}z=0 \end{cases}$ と同値である。

これを解くと　$\begin{pmatrix} x \\ y \\ z \end{pmatrix}=e\begin{pmatrix} l \\ m \\ a-1 \end{pmatrix}$　(e は任意定数)

よって　$W_a=\left\langle\begin{pmatrix} l \\ m \\ a-1 \end{pmatrix}\right\rangle$

このとき，$P=\begin{pmatrix} 1 & 0 & l \\ 0 & 1 & m \\ 0 & 0 & a-1 \end{pmatrix}$ とすると　$P^{-1}AP=\begin{pmatrix} 1 & 0 & 0 \\ 0 & 1 & 0 \\ 0 & 0 & a \end{pmatrix}$

[2]　$k\neq 0$ のとき

連立１次方程式 $\begin{pmatrix} 0 & k & 0 \\ 0 & 0 & 1 \\ 0 & 0 & 0 \end{pmatrix}\begin{pmatrix} x \\ y \\ z \end{pmatrix}=\begin{pmatrix} 0 \\ 0 \\ 0 \end{pmatrix}$ を解くと

$\begin{pmatrix} x \\ y \\ z \end{pmatrix}=f\begin{pmatrix} 1 \\ 0 \\ 0 \end{pmatrix}$　(f は任意定数)

よって　$W_1=\left\langle\begin{pmatrix} 1 \\ 0 \\ 0 \end{pmatrix}\right\rangle$

$\dim W_1=1\neq 2$ であるから，行列 A は対角化不可能である。

以上から，行列 A が対角化可能であるための条件は　$\boldsymbol{k=0}$

大学教養線形代数の基礎の問題と本書の解答の対応表

各段において左から，TEXT「大学教養線形代数の基礎」の問題掲載頁，TEXT での問題種別，本書での問題種別，本書での該当問題の解答の掲載頁を章ごとに示している。

頁	TEXT 第1章	チャート第1章	頁
19	練習 1	例題 001	7
20	練習 2	例題 001	7
21	練習 3	PRACTICE 01	260
22	練習 4	例題 002	8
24	練習 5	例題 003	11
25	練習 6	例題 004	12
26	練習 7	PRACTICE 02	260
28	練習 8	例題 006	14
28	1節 補充問題 1	例題 003	11
28	1節 補充問題 2	例題 004	12
28	1節 補充問題 3	PRACTICE 02	260
28	1節 補充問題 4	例題 005	13
30	練習 9	例題 007	17
30	練習 10	PRACTICE 03	261
31	練習 11	例題 008	18
32	練習 12	例題 008	19
32	練習 13	例題 009	19
34	練習 14 (1)	例題 011	22
34	練習 14 (2)	PRACTICE 04	261
34	練習 15	例題 011	22
36	練習 16	PRACTICE 05	261
36	練習 17	例題 012	23
38	練習 18	例題 013	24
38	練習 19	例題 014	25
39	練習 20	例題 015	26
39	練習 21	PRACTICE 07	262
39	2節 補充問題 1	PRACTICE 06	261
39	2節 補充問題 2	例題 016	27
41	練習 22	例題 017	30
41	練習 23 (1),(2)	PRACTICE 08	263
41	練習 23 (3)	例題 018	31
43	練習 24	例題 019	32
43	練習 25 (1)	例題 020 (1)	33
43	練習 25 (2)	PRACTICE 10	264
44	練習 26	例題 021	34
44	練習 27	例題 021	34
45	練習 28	例題 021	34
46	練習 29	例題 020 (2),(3)	33
47	練習 30	例題 025	40
48	練習 31	PRACTICE 09	263
50	練習 32	例題 026	41
51	練習 33	例題 026	41
53	練習 34	例題 027	42
54	章末 1	EXERCISES 01	303
54	章末 2	EXERCISES 02	303
54	章末 3	EXERCISES 03	304
54	章末 4	EXERCISES 04	304
55	章末 5	例題 023	37
55	章末 6	EXERCISES 05	305
56	章末 7	EXERCISES 06	305
55	章末 8	EXERCISES 07	306
56	章末 9	EXERCISES 09	308

頁	TEXT 第2章	チャート第2章	頁
59	練習 1	例題 028	47
61	練習 2	例題 029	48
63	練習 3	例題 030	49
63	2節 補充問題 1	例題 028	47
63	2節 補充問題 2 (1)	例題 030	49
63	2節 補充問題 2 (2),(3)	PRACTICE 11	265
65	練習 4	例題 031	53
65	練習 5	PRACTICE 12	267
66	練習 6	PRACTICE 12	267
68	練習 7	例題 032	54
69	練習 8	例題 032	54
70	練習 9	例題 033	55
71	練習 10	例題 034	56
71	練習 11	例題 034	56
74	練習 12 (1),(3)	例題 035	57

74	練習 12 (2),(4)	PRACTICE 13	267
77	練習 13 (1),(2),(3)	例題 036	58
77	練習 13 (4)	PRACTICE 14	268
78	練習 14	例題 037	59
78	1 節 補充問題 1	PRACTICE 15	269
78	1 節 補充問題 2	PRACTICE 14	268
82	練習 15	PRACTICE 17	271
82	練習 16	例題 039	64
84	練習 17	例題 040	65
86	練習 18	例題 041	66
87	練習 19 (1)	例題 042	68
87	練習 19 (2)	PRACTICE 18	272
89	練習 20	例題 043	70
89	2 節 補充問題 1	PRACTICE 18	272
91	章末 1	EXERCISES 10	309
91	章末 2	EXERCISES 13	318
91	章末 3	EXERCISES 15	324
92	章末 4	EXERCISES 16	326
92	章末 5	EXERCISES 11	310
92	章末 6	EXERCISES 12	314

頁	TEXT 第 3 章	チャート第 3 章	頁
99	練習 1 (1),(2)	例題 044	76
99	練習 1 (3),(4)	PRACTICE 19	274
100	練習 2	例題 045	77
101	練習 3	例題 045	77
103	練習 4 (1),(2)	PRACTICE 21	275
103	練習 4 (3)	例題 046	78
105	練習 5 (1),(2)	PRACTICE 21	275
105	練習 5 (3)	例題 046	78
105	練習 6	例題 047	79
108	練習 7	例題 048	80
108	1 節 補充問題 1 (1)	PRACTICE 20	275
108	1 節 補充問題 1 (2)	例題 047	79
108	1 節 補充問題 2	PRACTICE 22	276
109	練習 8	PRACTICE 23	277
111	練習 9	例題 050	84
111	練習 10	例題 049	83
114	練習 11	PRACTICE 24	277
115	練習 12	例題 051	85
116	練習 13	PRACTICE 25	277
117	練習 14	例題 052	86
118	練習 15 (1)	例題 053	88
118	練習 15 (2),(3)	PRACTICE 27	280
118	3 節 補充問題 (1),(2)	PRACTICE 26	279
118	3 節 補充問題 (3)	例題 052	86
119	章末 1	EXERCISES 19	331
119	章末 2	EXERCISES 20	336
120	章末 3	EXERCISES 21	343
120	章末 4	EXERCISES 25	352
120	章末 5	EXERCISES 26	353

頁	TEXT 第 4 章	チャート第 4 章	頁
123	練習 1	例題 054	94
123	練習 2	PRACTICE 28	281
124	練習 3	例題 055	95
126	練習 4	例題 055	95
126	練習 5	例題 056	96
126	練習 6	例題 056	96
130	練習 7	例題 057	97
130	1 節 補充問題 1 (1)	例題 056	96
130	1 節 補充問題 1 (2)	PRACTICE 30	281
130	1 節 補充問題 2	PRACTICE 29	281
130	1 節 補充問題 3 (1)	PRACTICE 30	281
130	1 節 補充問題 3 (2)	例題 056	96
133	練習 8	PRACTICE 31	282
136	練習 9	例題 058	99
136	2 節 補充問題 1	PRACTICE 31	282
136	2 節 補充問題 2	例題 059	100
136	2 節 補充問題 3	例題 060	101
144	練習 10	例題 061	104
147	練習 11	例題 061	104
149	練習 12 (1),(3)	例題 062	108
149	練習 12 (2)	PRACTICE 32	282
150	練習 13	例題 063	109
150	練習 14	PRACTICE 33	283
153	練習 15	例題 064	110
154	練習 16	例題 065	111
155	練習 17	例題 066	112
157	5 節 補充問題 (1),(2)	例題 062	108
157	5 節 補充問題 (3)	PRACTICE 32	282
158	章末 1	EXERCISES 27	354
158	章末 2	EXERCISES 29	357
159	章末 3	EXERCISES 31	365

159	章末 4	EXERCISES 32	365
159	章末 5	EXERCISES 33	365

頁	TEXT 第5章	チャート第5章	頁
164	練習 1	例題 069	124
164	練習 2	PRACTICE 34	283
165	練習 3	例題 070	126
166	練習 4	例題 070	126
167	練習 5	例題 071	127
167	練習 6	PRACTICE 35	284
168	練習 7	例題 072	128
168	練習 8	例題 072	128
169	練習 9	例題 073	129
170	練習 10	例題 073	129
174	練習 11	PRACTICE 36	284
174	練習 12	例題 074	131
177	練習 13	例題 075	135
178	練習 14	例題 075	135
179	練習 15	PRACTICE 37	285
181	練習 16 (1)	基本事項B　例	134
181	練習 16 (2),(3)	PRACTICE 38	286
184	練習 17	例題 076	136
187	練習 18	例題 077	137
187	練習 19	例題 077	137
188	練習 20	例題 078	138
188	練習 21	例題 078	138
191	練習 22	例題 080	142
191	練習 23	例題 080	142
192	練習 24	PRACTICE 40	287
193	練習 25	例題 081	144
194	練習 26	例題 081	144
194	練習 27	PRACTICE 42	288
194	練習 28	例題 082	145
195	練習 29	PRACTICE 41	287
198	練習 30	例題 083	146
199	練習 31	例題 084	147
201	練習 32	例題 085	148
202	練習 33	PRACTICE 43	288
206	章末 1	EXERCISES 37	375
206	章末 2	EXERCISES 38	376
206	章末 3	EXERCISES 39	377
206	章末 4	EXERCISES 40	379
207	章末 5	EXERCISES 42	385
207	章末 6	EXERCISES 41	380
208	章末 7	EXERCISES 43	386

頁	TEXT 第6章	チャート第6章	頁
210	練習 1	例題 087	156
211	練習 2	例題 087	156
211	練習 3	基本事項A　例	154
212	練習 4	例題 087	156
216	練習 5 (1),(4)	基本事項A　例	158
216	練習 5 (2),(3)	PRACTICE 44	289
217	練習 6 (1),(4)	例題 089	161
217	練習 6 (2),(3)	PRACTICE 44	289
219	練習 7	例題 090	162
220	練習 8	PRACTICE 46	290
220	練習 9	PRACTICE 45	289
222	練習 10	例題 091	163
224	練習 11	例題 092	165
224	練習 12	例題 092	165
226	練習 13	PRACTICE 47	290
229	練習 14	例題 093	168
232	練習 15	例題 094	169
236	練習 16	例題 096	173
241	練習 17	例題 097	177
243	練習 18	PRACTICE 48	291
244	練習 19	例題 098	178
245	練習 20	PRACTICE 49	292
245	練習 21	基本事項B　例	183
256	練習 22	例題 100	184
259	練習 23	例題 101	186
260	練習 24	PRACTICE 50	292
261	章末 1	EXERCISES 46	387
261	章末 2	EXERCISES 47	388
261	章末 3	EXERCISES 48	389
261	章末 4	例題 099	180
262	章末 5	例題 102	190

頁	TEXT 第7章	チャート第7章	頁
265	練習 1	PRACTICE 51	294
266	練習 2	PRACTICE 51	294
266	練習 3	例題 103	199
267	練習 4	例題 103	199

270	練習 5	PRACTICE 51	294
271	練習 6 (1),(2)	例題 104	200
271	練習 6 (3)	PRACTICE 52	294
272	練習 7	例題 106	202
272	練習 8	例題 105	201
273	練習 9	例題 106	202
275	練習 10	PRACTICE 53	295
278	練習 11	例題 107	206
282	練習 12	例題 109	213
282	練習 13	例題 109	213
284	練習 14	例題 110	214
285	練習 15	例題 110	214
286	練習 16	PRACTICE 55	296
289	練習 17	例題 111	216
289	練習 18	例題 111	216
291	練習 19	例題 112	217
292	練習 20	例題 113	218
293	練習 21	例題 113	218
295	章末 1	EXERCISES 56	399
295	章末 2	EXERCISES 57	403
296	章末 3	EXERCISES 58	404
296	章末 4	EXERCISES 59	404
296	章末 5	EXERCISES 60	405

頁	TEXT 第 8 章	チャート第 8 章	頁
301	練習 1	PRACTICE 56	297
304	練習 2	例題 114	225
304	練習 3	PRACTICE 57	297
307	練習 4	例題 115	227
309	練習 5	例題 119	235
309	練習 6	例題 119	235
312	練習 7	PRACTICE 58	298
319	練習 8	例題 120	237
319	練習 9	例題 121	240
321	練習 10	例題 122	243
326	練習 11	例題 123	245
328	練習 12	PRACTICE 60	300
329	練習 13	PRACTICE 61	300
330	練習 14	PRACTICE 62	301
333	練習 15 (1)	例題 125	257
333	練習 15 (2)	PRACTICE 64	302
333	練習 16	例題 125	259
336	章末 1	EXERCISES 63	408
336	章末 2	EXERCISES 64	417
336	章末 3	EXERCISES 66	424
336	章末 4	EXERCISES 65	424
337	章末 5	EXERCISES 67	427
337	章末 6	EXERCISES 68	427

索　引

第 1 刷　2022 年 5 月 1 日　発行
第 2 刷　2023 年 2 月 1 日　発行
第 3 刷　2024 年 11 月 1 日　発行

●カバーデザイン　株式会社麒麟三隻館

ISBN978-4-410-15490-4

チャート式®シリーズ
大学教養
線形代数の基礎

監　修　市原一裕，加藤文元
編　著　数研出版編集部
発行者　星野 泰也
発行所　**数研出版株式会社**
〒101-0052　東京都千代田区神田小川町 2 丁目 3 番地 3
〔振替〕 00140-4-118431
〒604-0861　京都市中京区烏丸通竹屋町上る大倉町205番地
〔電話〕 代表 (075)231-0161
ホームページ　https://www.chart.co.jp
印刷　創栄図書印刷株式会社

[3] 先の 2 つの演算について，次の 8 つの条件が満たされる。

(V1) $(\boldsymbol{u}+\boldsymbol{v})+\boldsymbol{w}=\boldsymbol{u}+(\boldsymbol{v}+\boldsymbol{w})$ (和に関する結合律)

(V2) $\boldsymbol{0}\in V$ が存在して，任意の $\boldsymbol{v}\in V$ に対して，$\boldsymbol{v}+\boldsymbol{0}=\boldsymbol{0}+\boldsymbol{v}=\boldsymbol{v}$ が成り立つ (零元の存在)。

(V3) 任意の $\boldsymbol{v}\in V$ に対して，$\boldsymbol{w}\in V$ が存在して，$\boldsymbol{v}+\boldsymbol{w}=\boldsymbol{w}+\boldsymbol{v}=\boldsymbol{0}$ が成り立つ (和に関する逆元の存在)。

(V4) $\boldsymbol{v}+\boldsymbol{w}=\boldsymbol{w}+\boldsymbol{v}$ (和に関する交換律)

(V5) $a(b\boldsymbol{v})=(ab)\boldsymbol{v}$ (定数倍に関する結合律)

(V6) $(a+b)\boldsymbol{v}=a\boldsymbol{v}+b\boldsymbol{v}$ (分配法則)

(V7) $a(\boldsymbol{v}+\boldsymbol{w})=a\boldsymbol{v}+b\boldsymbol{w}$ (分配法則)

(V8) $1\cdot\boldsymbol{v}=\boldsymbol{v}$

このとき，Vをベクトル空間 (線形空間) という。また，ベクトル空間の各要素をベクトルという。

・ベクトル空間の部分空間

$W\subset V$ が次の条件を満たすとき，WはVの部分空間 (部分ベクトル空間あるいは線形部分空間) という。

[1] $\boldsymbol{0}_V\in W$ である ($\boldsymbol{0}_V$ はVの零ベクトル)。

[2] $\boldsymbol{v}\in W$，$\boldsymbol{w}\in W$ ならば $\boldsymbol{v}+\boldsymbol{w}\in W$ である。

[3] $\boldsymbol{v}\in W$，$c\in\mathbb{R}$ ならば $c\boldsymbol{v}\in W$ である。

・ベクトル空間の部分空間の共通部分と和

Vをベクトル空間とし，U，W をVの部分空間とする。

[1] Vの部分空間 $U\cap W$ を U，W の共通部分という。

[2] Vの部分空間 $\{\boldsymbol{u}+\boldsymbol{w}\mid\boldsymbol{u}\in U,\ \boldsymbol{w}\in W\}$ を U，W の和といい，$U+W$ と書く。

1 次結合と 1 次従属・1 次独立

・1 次結合

Vをベクトル空間とするとき，
$\boldsymbol{v}_1\in V$，$\boldsymbol{v}_2\in V$，……，$\boldsymbol{v}_n\in V$ と
$a_1\in\mathbb{R}$，$a_2\in\mathbb{R}$，……，$a_n\in\mathbb{R}$ に対して，
$a_1\boldsymbol{v}_1+a_2\boldsymbol{v}_2+\cdots\cdots+a_n\boldsymbol{v}_n$ を $\boldsymbol{v}_1$，$\boldsymbol{v}_2$，……，$\boldsymbol{v}_n$ の 1 次結合という。

・生成された部分空間

Vをベクトル空間とし，$\boldsymbol{v}_1\in V$，$\boldsymbol{v}_2\in V$，……，$\boldsymbol{v}_n\in V$ とする。Wを $\boldsymbol{v}_1$，$\boldsymbol{v}_2$，……，$\boldsymbol{v}_n$ の 1 次結合全体からなるVの部分空間とするとき，
$W=\langle\boldsymbol{v}_1,\ \boldsymbol{v}_2,\ \cdots\cdots,\ \boldsymbol{v}_n\rangle$ と表す。Wを
$\{\boldsymbol{v}_1,\ \boldsymbol{v}_2,\ \cdots\cdots,\ \boldsymbol{v}_n\}$ で生成されたVの部分空間または $\{\boldsymbol{v}_1,\ \boldsymbol{v}_2,\ \cdots\cdots,\ \boldsymbol{v}_n\}$ で張られたVの部分空間といい，またこのとき，集合
$\{\boldsymbol{v}_1,\ \boldsymbol{v}_2,\ \cdots\cdots,\ \boldsymbol{v}_n\}$ をWの生成系という。

・1 次関係式・1 次独立・1 次従属

Vをベクトル空間とし，$\boldsymbol{v}_1\in V$，$\boldsymbol{v}_2\in V$，……，$\boldsymbol{v}_n\in V$ とする。

[1] $a_1\in\mathbb{R}$，$a_2\in\mathbb{R}$，……，$a_n\in\mathbb{R}$ に対して，次のような関係式を $\boldsymbol{v}_1$，$\boldsymbol{v}_2$，……，$\boldsymbol{v}_n$ の 1 次関係式 (線形関係式) という。

$$a_1\boldsymbol{v}_1+a_2\boldsymbol{v}_2+\cdots\cdots a_n\boldsymbol{v}_n=\boldsymbol{0}$$

$(a_1,\ a_2,\ \cdots\cdots,\ a_n)\neq(0,\ 0,\ \cdots\cdots,\ 0)$ のときに成り立つ 1 次関係式を $\boldsymbol{v}_1$，$\boldsymbol{v}_2$，……，$\boldsymbol{v}_n$ の非自明な 1 次関係式といい，逆に，
$(a_1,\ a_2,\ \cdots\cdots,\ a_n)=(0,\ 0,\ \cdots\cdots,\ 0)$ のときの 1 次関係式を自明な 1 次関係式という (自明な 1 次関係式は，どんな
$\boldsymbol{v}_1$，$\boldsymbol{v}_2$，……，$\boldsymbol{v}_n$ でも成り立つ)。

[2] $\boldsymbol{v}_1$，$\boldsymbol{v}_2$，……，$\boldsymbol{v}_n$ の非自明な 1 次関係式が存在しないとき，$\{\boldsymbol{v}_1,\ \boldsymbol{v}_2,\ \cdots\cdots,\ \boldsymbol{v}_n\}$ は 1 次独立であるという。

[3] $\{\boldsymbol{v}_1,\ \boldsymbol{v}_2,\ \cdots\cdots,\ \boldsymbol{v}_n\}$ が 1 次独立でないとき，すなわち，$\boldsymbol{v}_1$，$\boldsymbol{v}_2$，……，$\boldsymbol{v}_n$ の非自明な 1 次関係式が存在するとき，
$\{\boldsymbol{v}_1,\ \boldsymbol{v}_2,\ \cdots\cdots,\ \boldsymbol{v}_n\}$ は 1 次従属であるという。

基底と次元

・ベクトル空間の基底

Vをベクトル空間とし，$\boldsymbol{v}_1\in V$，$\boldsymbol{v}_2\in V$，……，$\boldsymbol{v}_n\in V$ とする。次の 2 つの条件が満たされるとき，$\{\boldsymbol{v}_1,\ \boldsymbol{v}_2,\ \cdots\cdots,\ \boldsymbol{v}_n\}$ はVの基底であるという。

[1] $V=\langle\boldsymbol{v}_1,\ \boldsymbol{v}_2,\ \cdots\cdots,\ \boldsymbol{v}_n\rangle$

[2] $\{\boldsymbol{v}_1,\ \boldsymbol{v}_2,\ \cdots\cdots,\ \boldsymbol{v}_n\}$ は 1 次独立である。

・ベクトル空間の次元

Vを，生成系をもつベクトル空間とする。Vの基底をなすベクトルの個数を次元といい，
$\dim V$ と表す。

線形写像

線形写像とは

・線形写像

V，W をベクトル空間とする。$f:V\longrightarrow W$ が次の 2 つの条件を満たすとき，写像 f を線形写像という。

[1] 任意の $\boldsymbol{v}_1\in V$，$\boldsymbol{v}_2\in V$ に対して，
$f(\boldsymbol{v}_1+\boldsymbol{v}_2)=f(\boldsymbol{v}_1)+f(\boldsymbol{v}_2)$ が成り立つ。

[2]　任意の $\boldsymbol{v}\in V$, $c\in\mathbb{R}$ に対して,
$f(c\boldsymbol{v})=cf(\boldsymbol{v})$ が成り立つ。

更に，定義域のベクトル空間と終域のベクトル空間が同じ線形写像すなわち，$f: V \longrightarrow V$ という形の線形写像を，Vの1次変換あるいは線形変換という。

・ベクトル空間の同型・同型写像

V, W をベクトル空間とし，$f: V \longrightarrow W$ を線形写像とする。線形写像 f が全単射であるとき，f を同型写像という。またこのとき，VとWは同型であるといい，$V \cong W$ と書く。

線形写像とベクトル空間の部分空間

・線形写像の階数

V, W をベクトル空間とし，$f: V \longrightarrow W$ を線形写像とする。このとき，Wの部分空間 $f(V)$ の次元を，線形写像 f の階数といい，$\mathrm{rank}\, f$ と表す。すなわち，$\mathrm{rank}\, f=\dim f(V)$ である。

・線形写像の核

V, W をベクトル空間とし，$f: V \longrightarrow W$ を線形写像とする。Wの零ベクトルだけからなるWの部分空間 $\{\boldsymbol{0}_W\}$ の，線形写像 f による逆像 $f^{-1}(\{\boldsymbol{0}_W\})\subset V$ を，f の核（カーネル）といい，$\mathrm{Ker}(f)$ と表す。すなわち，
$\mathrm{Ker}(f)=\{\boldsymbol{v}\in V \mid f(\boldsymbol{v})=\boldsymbol{0}_W\}$ である。

線形写像と表現行列

・線形写像の表現行列

V, W をベクトル空間とし，$\dim V=n$, $\dim W=m$ として，Vの基底 $\{\boldsymbol{v}_1, \boldsymbol{v}_2, \cdots\cdots, \boldsymbol{v}_n\}$，$W$の基底 $\{\boldsymbol{w}_1, \boldsymbol{w}_2, \cdots\cdots, \boldsymbol{w}_m\}$ が与えられているとする。このとき，$f: V \longrightarrow W$ を線形写像とすると，各 $\boldsymbol{v}_j\in V$ $(j=1, 2, \cdots\cdots, n)$ に対して，$f(\boldsymbol{v}_j)\in W$ であるから，ある $a_{1j}\in\mathbb{R}$, $a_{2j}\in\mathbb{R}$, $\cdots\cdots$, $a_{mj}\in\mathbb{R}$ を用いて

$$f(\boldsymbol{v}_j)=a_{1j}\boldsymbol{w}_1+a_{2j}\boldsymbol{w}_2+\cdots\cdots+a_{mj}\boldsymbol{w}_m \quad \cdots\cdots (*)$$

とただ1通りに表される。現れた mn 個の係数 a_{11}, a_{21}, $\cdots\cdots$, a_{m1}, a_{12}, a_{22}, $\cdots\cdots$, a_{m2}, $\cdots\cdots$, a_{1n}, a_{2n}, $\cdots\cdots$, a_{mn} を並べてできる行列 $\begin{pmatrix} a_{11} & a_{12} & \cdots & a_{1n} \\ a_{21} & a_{22} & \cdots & a_{2n} \\ \vdots & \vdots & & \vdots \\ a_{m1} & a_{m2} & \cdots & a_{mn} \end{pmatrix}$ を，Vの基底 $\{\boldsymbol{v}_1, \boldsymbol{v}_2, \cdots\cdots, \boldsymbol{v}_n\}$ とWの基底 $\{\boldsymbol{w}_1, \boldsymbol{w}_2, \cdots\cdots, \boldsymbol{w}_m\}$ に関する線形写像 f の表現行列という。

1次変換と表現行列

・変換行列

Vをベクトル空間とし，Vの2つの基底 $\{\boldsymbol{v}_1, \boldsymbol{v}_2, \cdots\cdots, \boldsymbol{v}_n\}$, $\{\boldsymbol{v}_1', \boldsymbol{v}_2', \cdots\cdots, \boldsymbol{v}_n'\}$ が与えられているとすると，Vの1次変換 $\varphi: V \longrightarrow V$ が $\varphi(\boldsymbol{v}_i)=\boldsymbol{v}_i'$ $(n=1, 2, \cdots\cdots, n)$ で定まる。基底 $\{\boldsymbol{v}_1, \boldsymbol{v}_2, \cdots\cdots, \boldsymbol{v}_n\}$ と $\{\boldsymbol{v}_1', \boldsymbol{v}_2', \cdots\cdots, \boldsymbol{v}_n'\}$ に関するVの1次変換 φ の表現行列を，基底 $\{\boldsymbol{v}_1, \boldsymbol{v}_2, \cdots\cdots, \boldsymbol{v}_n\}$ から基底 $\{\boldsymbol{v}_1', \boldsymbol{v}_2', \cdots\cdots, \boldsymbol{v}_n'\}$ への変換行列または基底変換行列という。

内積

内積と計量ベクトル空間

・内積

Vをベクトル空間とし，任意の $\boldsymbol{v}\in V$, $\boldsymbol{w}\in V$ に対して，$(\boldsymbol{v}, \boldsymbol{w})\in\mathbb{R}$ が1つ定まり，次の条件を満たすとする。このとき，V上に内積 $(\ ,\ )$ が1つ定義されたという。

[1]　第1成分についての線形性が成り立つ。
すなわち，次が成り立つ。
$\boldsymbol{v}\in V$, $\boldsymbol{v}'\in V$, $\boldsymbol{w}\in V$, $c\in\mathbb{R}$ に対して，
$(\boldsymbol{v}+\boldsymbol{v}', \boldsymbol{w})=(\boldsymbol{v}, \boldsymbol{w})+(\boldsymbol{v}', \boldsymbol{w})$,
$(c\boldsymbol{v}, \boldsymbol{w})=c(\boldsymbol{v}, \boldsymbol{w})$ である。

[2]　第2成分についての線形性が成り立つ。
すなわち，次が成り立つ。
$\boldsymbol{v}\in V$, $\boldsymbol{w}\in V$, $\boldsymbol{w}'\in V$, $c\in\mathbb{R}$ に対して，
$(\boldsymbol{v}, \boldsymbol{w}+\boldsymbol{w}')=(\boldsymbol{v}, \boldsymbol{w})+(\boldsymbol{v}, \boldsymbol{w}')$,
$(\boldsymbol{v}, c\boldsymbol{w})=c(\boldsymbol{v}, \boldsymbol{w})$ である。

[3]　対称性が成り立つ。
すなわち，$\boldsymbol{v}\in V$, $\boldsymbol{w}\in V$ に対して，
$(\boldsymbol{v}, \boldsymbol{w})=(\boldsymbol{w}, \boldsymbol{v})$ が成り立つ。

[4]　任意の $\boldsymbol{v}\in V$ に対して $(\boldsymbol{v}, \boldsymbol{v})\geqq 0$ であり，$(\boldsymbol{v}, \boldsymbol{v})=0$ となるのは $\boldsymbol{v}=\boldsymbol{0}$ であるときに限る。

・計量ベクトル空間

Vをベクトル空間とし，V上の内積 $(\ ,\ )$ が1つ定められているとする。このように，内積を1つ定めたベクトル空間を，計量ベクトル空間または内積空間という。

・ベクトルのノルム

Vを計量ベクトル空間とし，その内積を $(\ ,\ )$ で表す。$\boldsymbol{v}\in V$ に対して，$\|\boldsymbol{v}\|=\sqrt{(\boldsymbol{v}, \boldsymbol{v})}$ とするとき，この値を（この内積に関する）$\boldsymbol{v}$ のノルムという。